22章 精通创意特效合成
电脑风暴
视频位置:光盘/教学视频第22章

07章 文字的编辑与应用
白金质感艺术字
视频位置:光盘/教学视频第07章

本书精彩案例欣赏

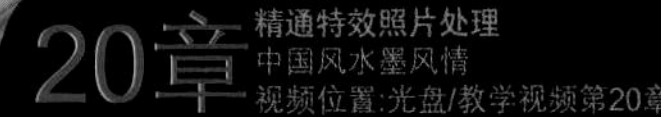

20章 精通特效照片处理
中国风水墨风情
视频位置:光盘/教学视频第20章

21章 精通平面设计精粹
创意手机广告
视频位置:光盘/教学视频第21章

07章 文字的编辑与应用
多彩花纹立体字
视频位置:光盘/教学视频第07章

22章 精通创意特效合成
巴黎夜玫瑰
视频位置：光盘/教学视频第22章

21章 精通平面设计精粹
宴会邀请函
视频位置：光盘/教学视频第21章

09章 图像颜色调整
使用阴影高光还原效果图暗部细节
视频位置：光盘/教学视频第09章

本书精彩案例欣赏

Asadal Contents

Asadal stands for the "morning land" in ancient Korean.
Asadal was originated from Korea but the eyes are open to the world.

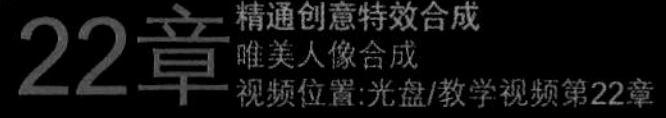

22章 精通创意特效合成
唯美人像合成
视频位置:光盘/教学视频第22章

20章 精通特效照片处理
古典工笔手绘效果
视频位置:光盘/教学视频第20章

本书精彩案例欣赏

21章 精通平面设计精粹
影楼主题婚纱版式
视频位置:光盘/教学视频第21章

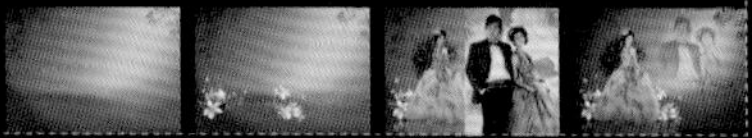

17章
3D功能的应用
使用3D功能制作
创意海报
视频位置
光盘/教学视频第17章

22章
精通创意特效合成
飞翔的气球
视频位置
光盘/教学视频第22章

本书精彩案例欣赏

20章 精通特效照片处理
欧美风格混合插画
视频位置:光盘/教学视频第20章

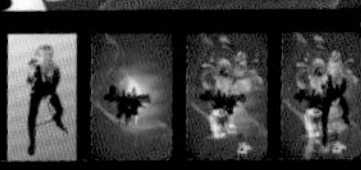

13章 通道的应用
使用通道为长发美女换背景
视频位置:光盘/教学视频第13章

22章 精通创意特效合成
机械美女
视频位置:光盘/教学视频第22章

20章 精通特效照片处理
爆炸破碎效果
视频位置:光盘/教学视频第20章

05章 选区的创建与编辑
时尚插画风格人像版式
视频位置：光盘/教学视频第05章

05章 选区的创建与编辑
储存选区与载入选区
视频位置：光盘/教学视频第05章

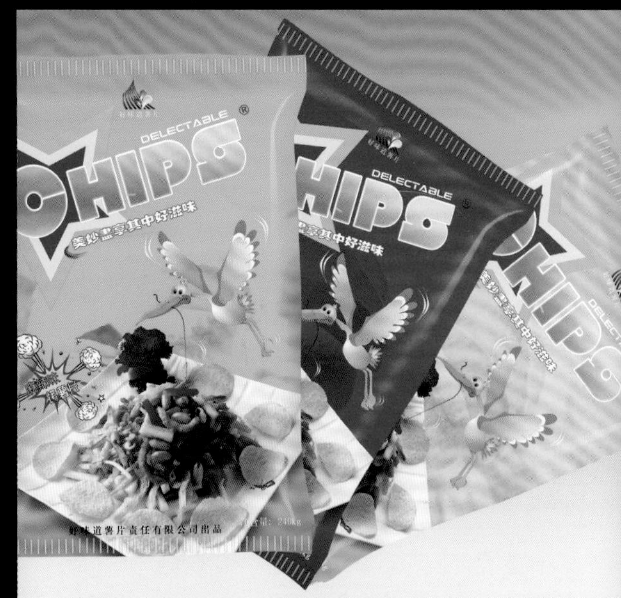

21章 精通平面设计精粹
薯片包装
视频位置：光盘/教学视频第21章

本书精彩案例欣赏

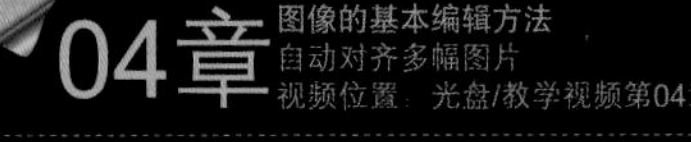

04章 图像的基本编辑方法
自动对齐多幅图片
视频位置：光盘/教学视频第04章

14章 滤镜与增效工具的使用
球面化滤镜制作按钮
视频位置：光盘/教学视频第14章

03章
文件的基本操作
从Illustrator中复制元素到Photoshop
视频位置：
光盘/教学视频03章

06章 图像绘制与修饰
使用背景橡皮擦快速擦除背景
视频位置：光盘/教学视频第06章

18章
自动化操作与打印输出
批处理图像文件
视频位置：
光盘/教学视频第07章

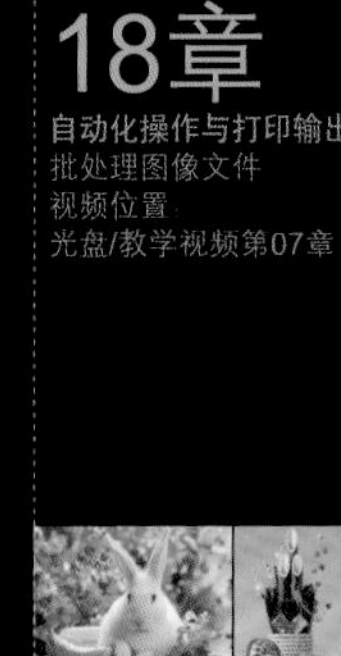

13章

通道的应用
打造唯美梦幻感婚纱照
视频位置：
光盘/教学视频13章

09章

图像颜色调整
使用色彩平衡打造冷调蓝紫色
视频位置：光盘/教学视频第09章

本书精彩案例欣赏

20章 精通特效照片处理
红外线摄影效果
视频位置：光盘/教学视频第20章

22章
精通创意特效合成
手绘感童话季节
视频位置：
光盘/教学视频第22章

13章
通道的应用
使用通道制作水彩画效果
视频位置：
光盘/教学视频第13章

22章 精通创意特效合成
光效奇幻秀
视频位置：光盘/教学视频第22章

11章 图层的操作
月色荷塘
视频位置：光盘/教学视频第11章

09章 图像颜色调整
暖光高彩效果
视频位置：光盘/教学视频第09章

09章 图像颜色调整
使用色阶制作怀旧青调
视频位置：光盘/教学视频第09章

本书精彩案例欣赏

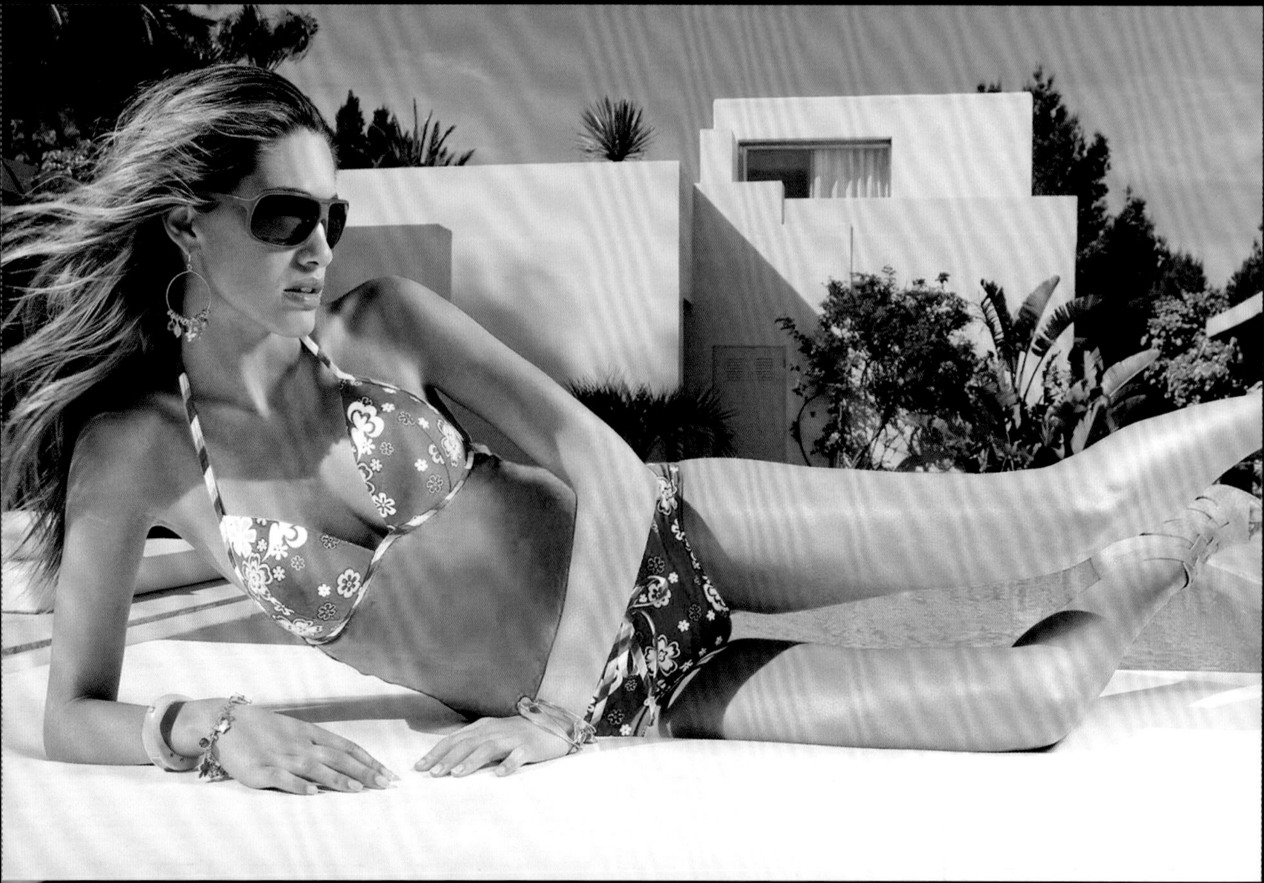

09章 图像颜色调整
使用替换颜色改变美女衣服颜色
视频位置：光盘/教学视频第09章

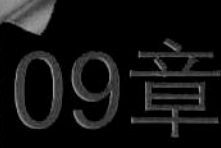

09章
图像颜色调整
唯美童话色彩
视频位置：
光盘/教学视频第09章

06章
图像绘制与修饰
利用渐变工具制作多彩人像
视频位置：
光盘/教学视频第06章

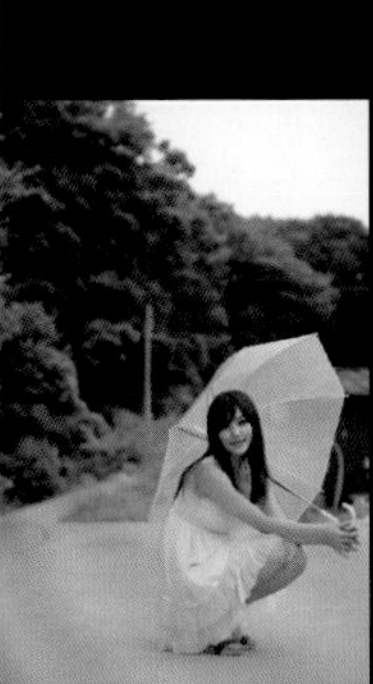

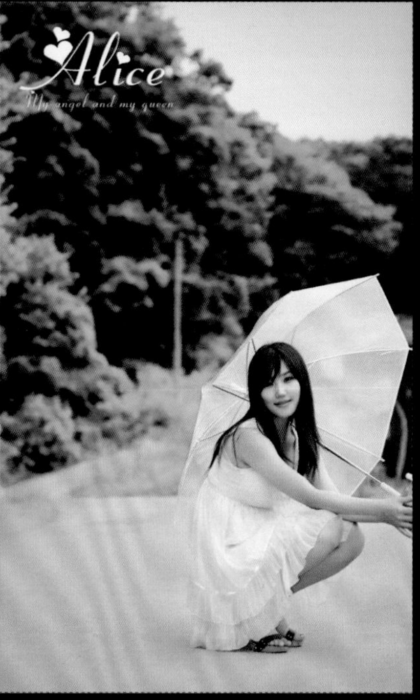

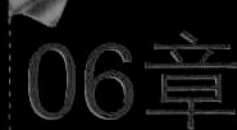

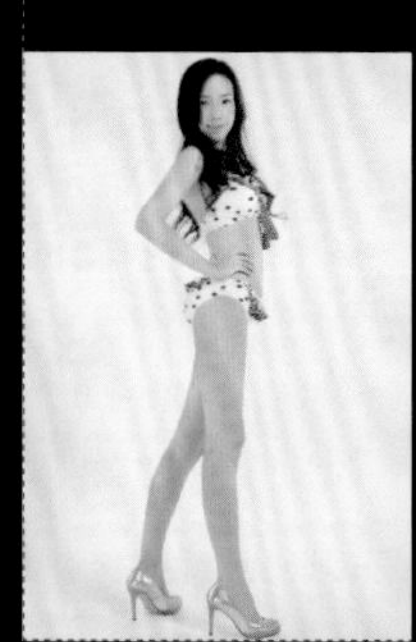

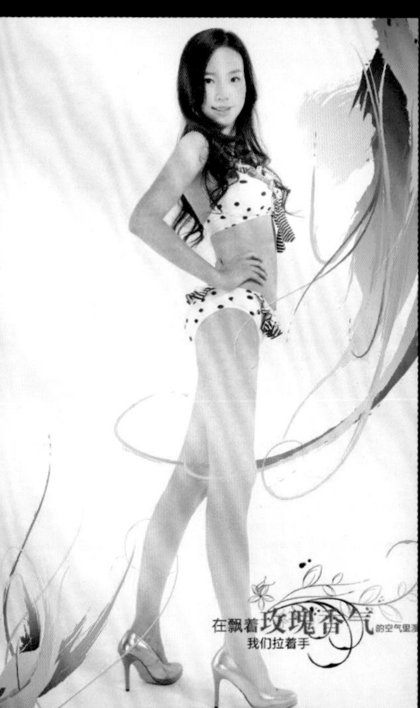

11章 图层的操作
替换智能对象内容
视频位置：光盘/教学视频第11章

06章 图像绘制与修饰
利用混合器画笔工具制作水粉画效果
视频位置：光盘/教学视频第06章

11章
图层的操作
使用对齐命令
视频位置
光盘/教学视频第11章

04章
图像的基本编辑方法
利用自由变换制作
飞舞的蝴蝶
视频位置
光盘/教学视频第04章

04章
图像的基本编辑方法
使用操控变形改变
美女姿势
视频位置
光盘/教学视频第04章

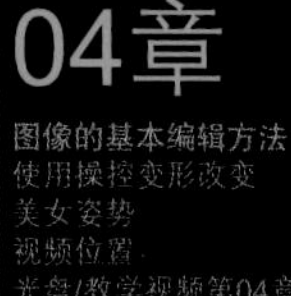

11章
图层的操作
利用外发光样式制作
空心发光字
视频位置
光盘/教学视频第11章

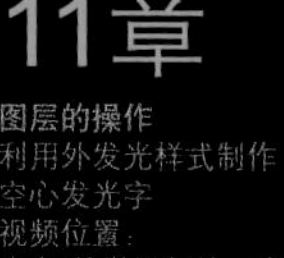

Photoshop CS6
从入门到精通

本书精彩案例欣赏

09章 图像颜色调整
制作层次丰富的黑白照片
视频位置：光盘/教学视频第09章

20章 精通特效照片处理
复古老照片
视频位置：光盘/教学视频第20章

22章 精通创意合成
炸开的破碎效果
视频位置：光盘/教学视频第22章

11章 图层的操作
描边与投影制作复古海报
视频位置：光盘/教学视频第11章

13章 通道的应用
通道错位制作迷幻视觉效果
视频位置：光盘/教学视频第13章

20章 精通特效照片处理
打造电影效果
视频位置：光盘/教学视频第20章

07章 文字的编辑与应用
燃烧的火焰文字的制作
视频位置：光盘/教学视频第07章

03章 文件的基本操作
为图像置入矢量花纹
视频位置：光盘/教学视频第03章

04章 图像的基本编辑方法
定义蝴蝶画笔
视频位置：光盘/教学视频第04章

09章 图像颜色调整
使用色相饱和度改变背景颜色
视频位置：光盘/教学视频第09章

06章 图像绘制与修饰
使用画笔制作唯美散景效果
视频位置：光盘/教学视频第06章

09章 图像颜色调整
自然饱和度打造高彩外景
视频位置：光盘/教学视频第09章

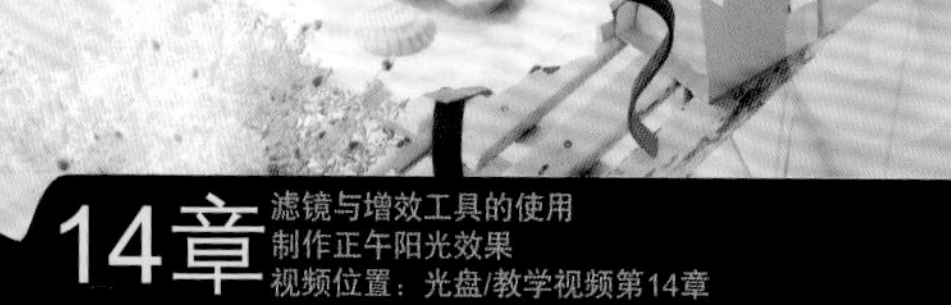

14章 滤镜与增效工具的使用
制作正午阳光效果
视频位置：光盘/教学视频第14章

本书精彩案例欣赏

18章 自动化操作与打印输出
利用数据组替换图像
视频位置：光盘/教学视频第18章

20章 精通特效照片处理
唯美水彩画效果
视频位置：光盘/教学视频第20章

14章 滤镜与增效工具的使用
使用添加杂色滤镜制作雪天效果
视频位置：光盘/教学视频第14章

11章 图层的操作
使用图案叠加制作糖果文字
视频位置：光盘/教学视频第11章

14章 滤镜与增效工具的使用
智能锐化的另类用法-打造HDR效果照片
视频位置：光盘/教学视频第14章

13章 通道的应用
使用通道抠图抠选云朵
视频位置：光盘/教学视频第13章

05章 选区的创建与编辑
使用快速选择工具制作迷你汽车
视频位置：光盘/教学视频第05章

09章 图像颜色调整
使用通道混合器使金秋变盛夏
视频位置：光盘/教学视频第09章

本书精彩案例欣赏

19章 精通人像照片精修
靓丽青春彩妆
视频位置：光盘/教学视频第19章

19章 精通人像照片精修
为照片换个美丽的背景吧
视频位置：光盘/教学视频第19章

08章 矢量工具与图形绘制
使用磁性钢笔工具提取人像
视频位置：光盘/教学视频第08章

13章 通道的应用
使用通道校正偏色图像
视频位置：光盘/教学视频第13章

19章 精通人像照片精修
使用液化滤镜调整身形
视频位置：光盘/教学视频第19章

本书精彩案例欣赏

04章 图像的基本编辑方法
制作无景深的风景照片

06章 图像绘制与修饰
使用海绵工具制作突出的主体
视频位置：光盘/教学视频第06章

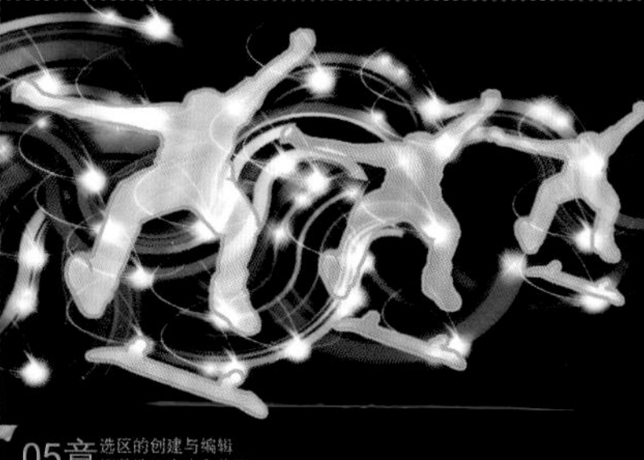

05章 选区的创建与编辑
调整选区大小和位置

14章 滤镜与增效工具的使用
利用Nik Color Efex Pro 3
视频位置：光盘/教学视频第14章

05章 选区的创建与编辑
利用多边形套索工具选择照片

11章 图层的操作
快速为照片添加绚丽光彩

17章 3D功能的应用
使用凸纹制作立体字

11章 图层的操作
打造意境风景照片
视频位置：光盘/教学视频第11章

本书精彩案例欣赏

edwina
I left for you

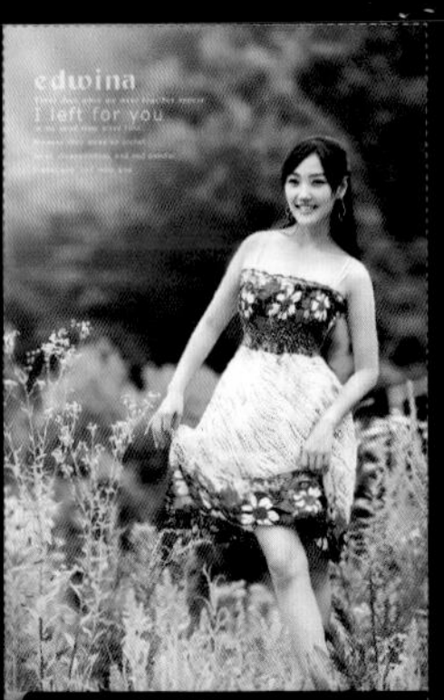

09章 图像颜色调整
浓郁通透的外景人像

SHOW

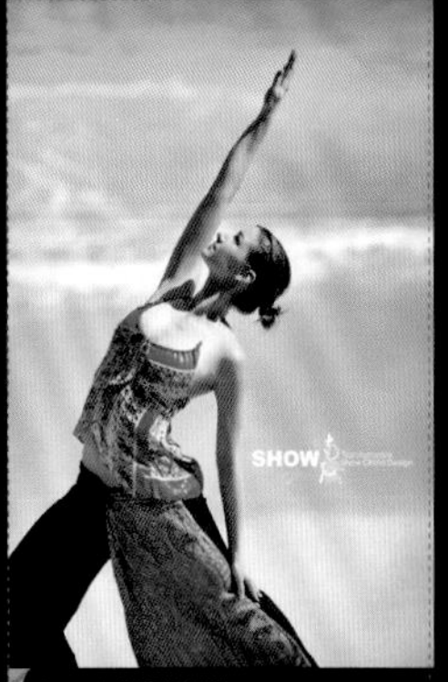

09章 图像颜色调整

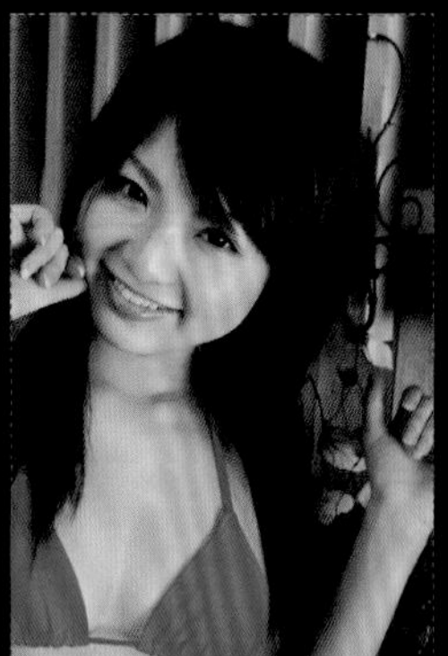

04章 图像的基本编辑方法

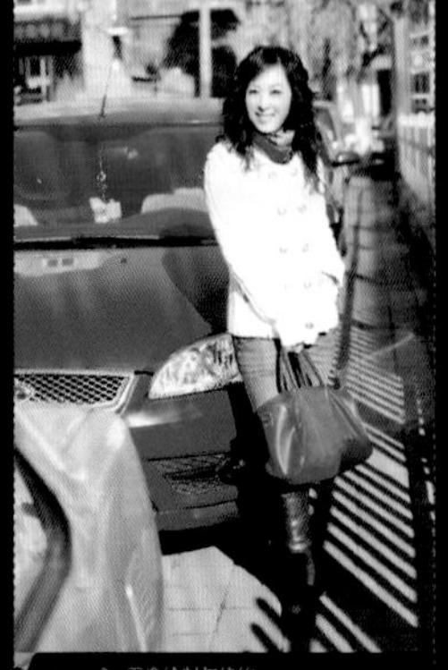

06章 图像绘制与修饰

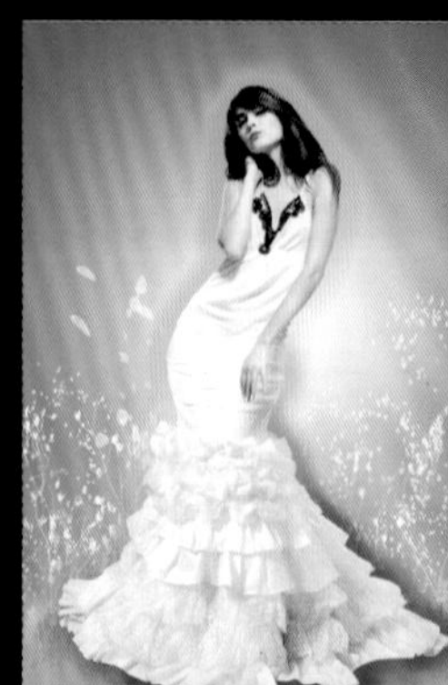

05章 选区的创建与编辑

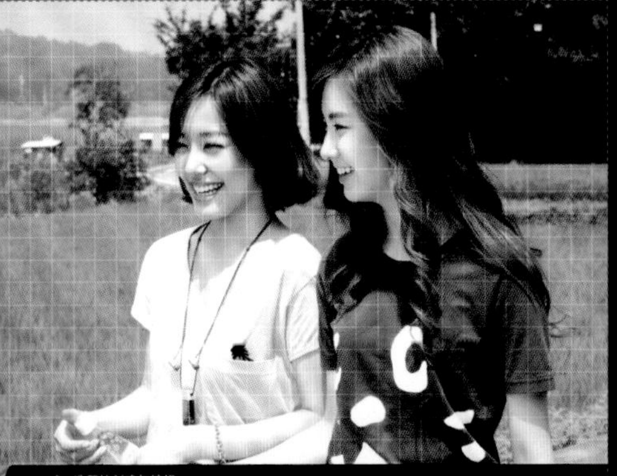

05章 选区的创建与编辑

Wonderful life
YOU GUIDE ME TO FIND

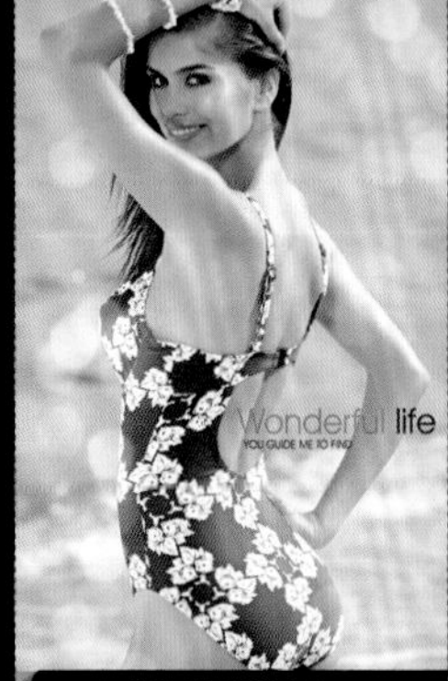

14章 滤镜与增效工具的使用

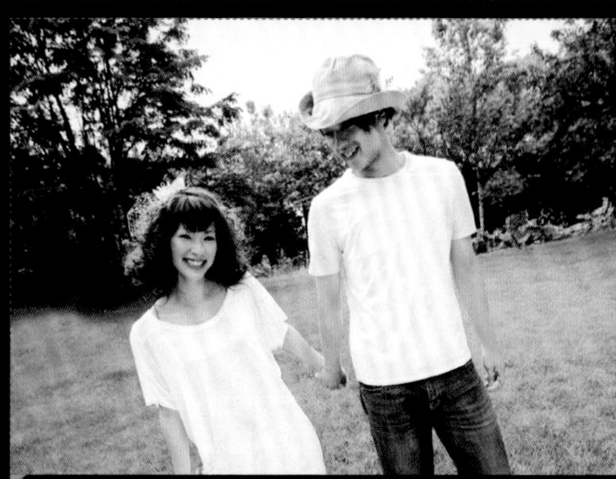

06章 图像绘制与修饰

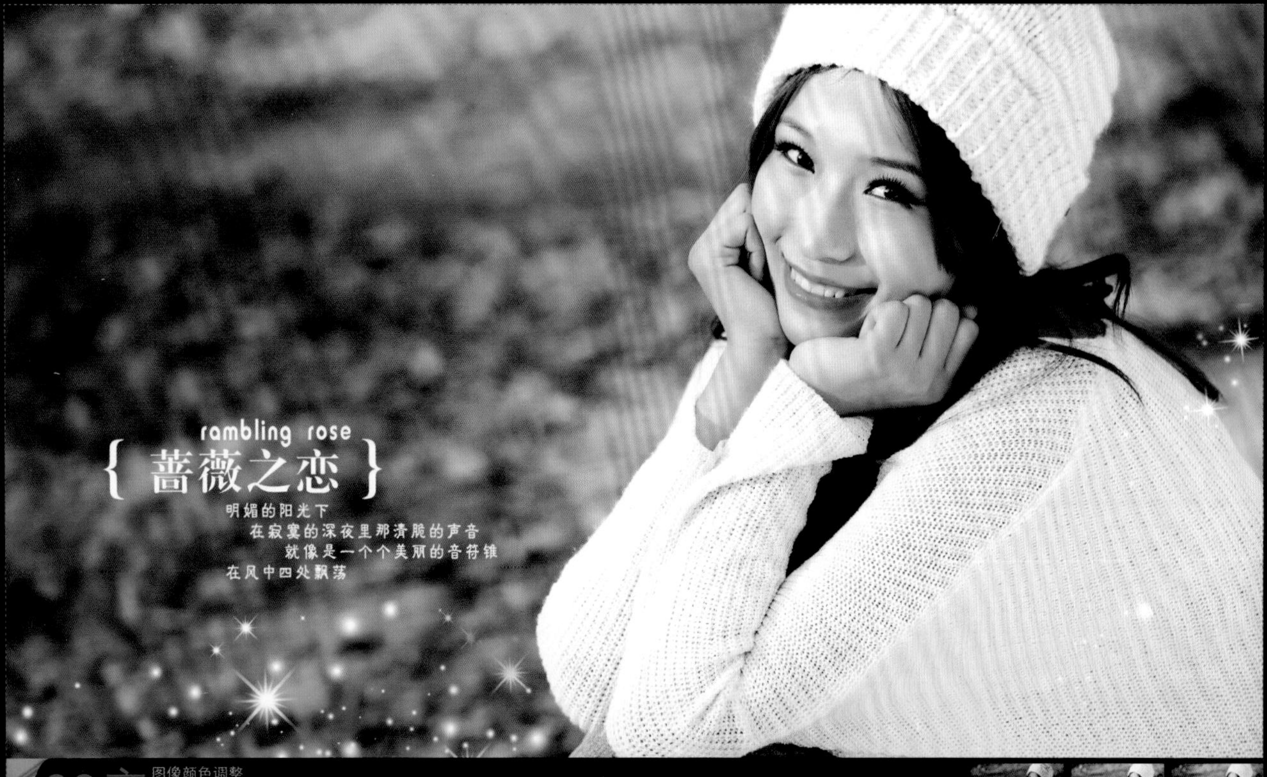
rambling rose
{ 蔷薇之恋 }
明媚的阳光下
在寂寞的深夜里那清脆的声音
就像是一个个美丽的音符锥
在风中四处飘荡

09章 图像颜色调整
金秋炫彩色调
视频位置：光盘/视频第09章

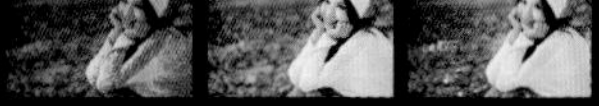

本书精彩案例欣赏

05章 选区的创建与编辑
使用磁性套索工具换背景
视频位置：光盘/视频第05章

04章 图像的基本编辑方法
利用裁切命令去掉留白
视频位置：光盘/教学视频第04章

06章 图像绘制与修饰
绘制纷飞的粉嫩花朵
视频位置：光盘/教学视频第06章

12章 蒙版的使用
用快速蒙版调整图像局部
视频位置：光盘/教学视频第12章

11章 图层的操作
斜面与浮雕样式制作可爱按钮
视频位置：光盘/教学视频第11章

07章 文字的编辑与应用
使用文字路径制作棉花文字
视频位置：光盘/教学视频第07章

本书精彩案例欣赏

21章

精通平面设计精粹
卡通风格星球世界海报
视频位置：
光盘/视频第21章

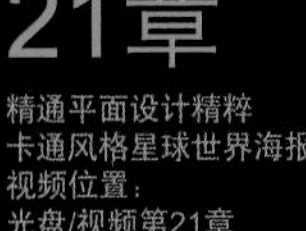

12章

蒙版的使用
使用蒙版合成瓶中小世界
视频位置：
光盘/视频第12章

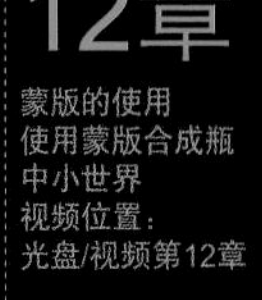

06章

图像绘制与修饰
利用加深减淡工具进行通道抠图
视频位置：光盘/视频第06章

04章

图像的基本编辑方法
使用油漆桶工具填充定义图案
视频位置：光盘/视频第04章

06章

图像绘制与修饰
使用形状动态选项进行画笔描边
视频位置：光盘/视频第06章

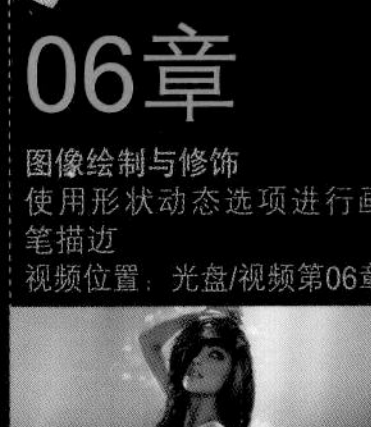

06章

图像绘制与修饰
历史记录艺术画笔制作手绘效果
视频位置：光盘/视频第06章

12章

蒙版的使用
使用图层蒙版制作唱歌的苹果
视频位置：光盘/视频第12章

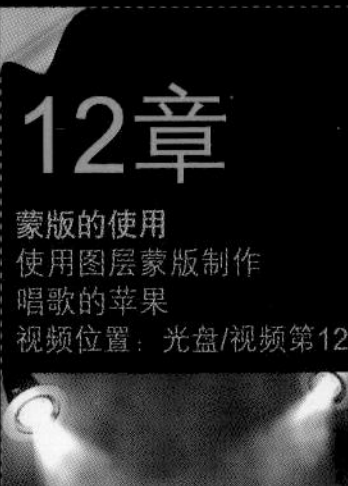

06章

图像绘制与修饰
使用魔术橡皮擦工具为图像换背景
视频位置：光盘/视频第06章

13章

通道的应用
保留细节的通道计算磨皮法
视频位置：
光盘/教学视频第13章

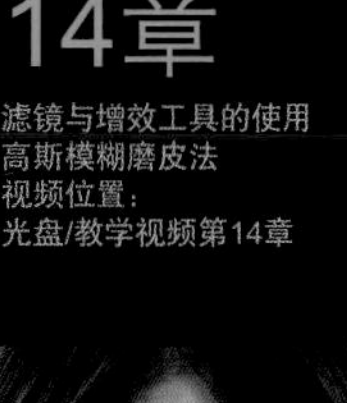

14章

滤镜与增效工具的使用
高斯模糊磨皮法
视频位置：
光盘/教学视频第14章

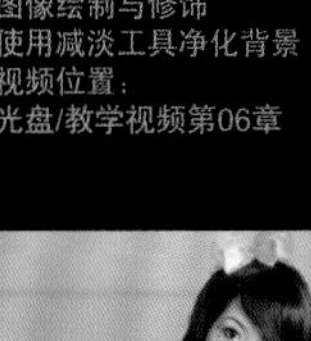

06章

图像绘制与修饰
使用减淡工具净化背景
视频位置：
光盘/教学视频第06章

14章

滤镜与增效工具的使用
使用蒙尘与划痕滤镜进行磨皮
视频位置：
光盘/教学视频第14章

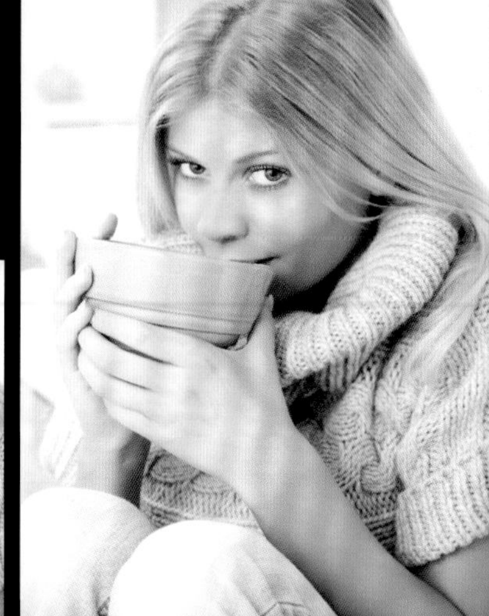

05章

选区的创建与编辑
利用选区运算选择对象
视频位置：
光盘/教学视频第05章

19章

精通人像照片精修
变身长腿美女
视频位置：
光盘/教学视频第19章

本书精彩案例欣赏

19章

精通人像照片精修
保留质感美白肌肤
视频位置：
光盘/教学视频第19章

19章

精通人像照片精修
衣服换颜色
视频位置：
光盘/教学视频第19章

06章

图像绘制与修饰
制作可爱斑点相框
视频位置：
光盘/教学视频第06章

06章

图像绘制与修饰
照片添加绚丽光斑
视频位置：
光盘/教学视频第06章

09章

图像颜色调整
使用匹配颜色制作梦幻沙滩
视频位置：
光盘/教学视频第09章

06章

图像绘制与修饰
使用模糊工具制作景深效果
视频位置：
光盘/教学视频第06章

本书精彩案例欣赏

20章

精通特效照片处理
模拟素描效果人像
视频位置：光盘/视频第20章

19章

精通人像照片精修
还原年轻面孔
视频位置：光盘/视频第19章

19章

精通人像照片精修
水润唇妆
视频位置：光盘/视频第19章

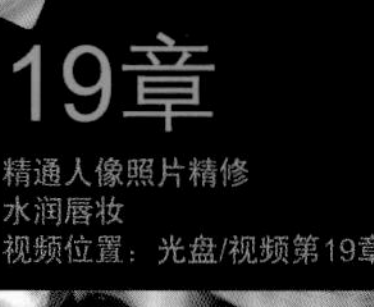

19章

精通人像照片精修
为美女带上美瞳
视频位置：光盘/视频第19章

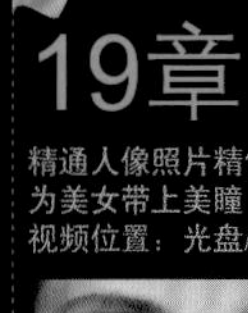

14章

滤镜与增效工具的使用
模糊图像变清晰
视频位置：光盘/视频第14章

06章

图像绘制与修饰
绘制飘雪效果
视频位置：光盘/视频第06章

07章

文字的编辑与应用
使用文字蒙版制作照片水印
视频位置：光盘/视频第07章

14章

滤镜与增效工具的使用
使用液化工具雕琢完美五官
视频位置：光盘/视频第14章

04章

图像的基本编辑方法
利用保护肤色功能缩放人像
视频位置：光盘/视频第04章

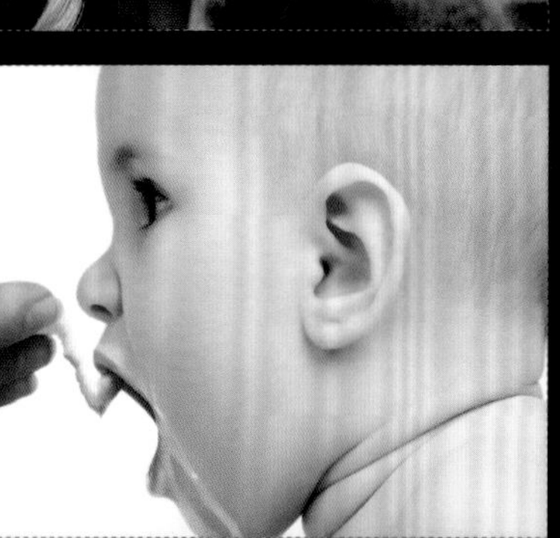

06章

图像绘制与修饰
污点修复画笔去除美女面部斑点
视频位置：光盘/视频第06章

本书精彩案例欣赏

19章

精通人像照片精修
魅惑烟熏妆
视频位置：光盘/视频第19章

09章

图像颜色调整
使用亮度对比度校正偏灰的图像
视频位置：光盘/视频第09章

06章

图像绘制与修饰
快速去掉照片中的红眼效果
视频位置：光盘/视频第06章

06章

图像绘制与修饰
使用修复画笔去除面部细纹
视频位置：光盘/视频第06章

05章

选区的创建与编辑
利用色彩范围改变沙发颜色
视频位置：光盘/视频第05章

19章

精通人像照片精修
炫彩发色使用加深工具使人像焕发神采
视频位置：光盘/视频第19章

19章

精通人像照片精修
美化脸型
视频位置：光盘/视频第19章

19章

精通人像照片精修
金色系派对彩妆
视频位置：光盘/视频第19章

19章

精通人像照片精修
快速打造嫩白肌肤
视频位置：光盘/视频第19章

06章

图像绘制与修饰
使用加深工具使人像焕发神采
视频位置：光盘/视频第06章

17章 3D功能的应用
3D炫彩立体文字
视频位置：光盘/教学视频第17章

11章 图层的操作
使用光泽样式制作彩色玻璃字
视频位置：光盘/教学视频第11章

21章 精通平面设计精粹
淡雅风格茶包装设计
视频位置：光盘/教学视频第21章

14章 滤镜与增效工具的使用
使用动感模糊制作幻影飞车
视频位置：光盘/教学视频第14章

05章 选区的创建与编辑
使用魔棒工具换背景
视频位置：光盘/教学视频第05章

13章 通道的应用
Lab模式调出淡雅青紫色
视频位置：光盘/教学视频第13章

07章 文字的编辑与应用
激情冰爽广告字
视频位置：光盘/教学视频第07章

13章 通道的应用
使用通道抠出毛茸茸的小动物
视频位置：光盘/教学视频第13章

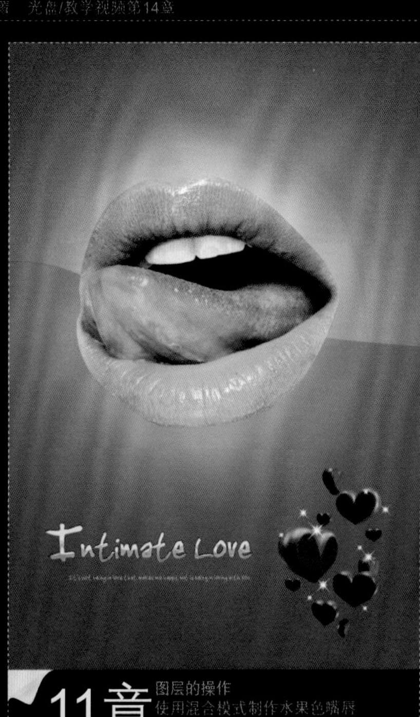

11章 图层的操作
使用混合模式制作水果色嘴唇
视频位置：光盘/教学视频第11章

本书精彩案例欣赏

14章 滤镜与增效工具的使用 使用表面模糊滤镜

07章 文字的编辑与应用 创建段落文字

07章 文字的编辑与应用 创建路径文字

06章 图像绘制与修饰 使用修补工具去除多余物体

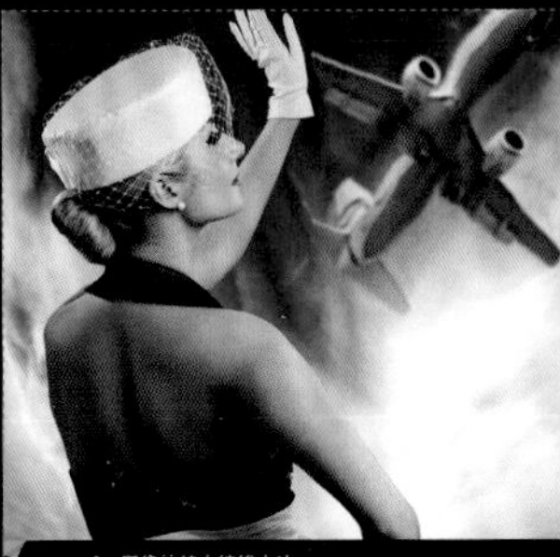

04章 图像的基本编辑方法 利用内容识别比例缩放图像

08章 矢量工具与图形绘制 使用钢笔绘制复杂的人像选区

06章 图像绘制与修饰 利用颜色库制作相近色背景

08章 矢量工具与图形绘制 使用圆角矩形制作LOMO照片

09章 图像颜色调整 用HDR色调打造奇幻风景图像

05章 选区的创建与编辑 利用矩形选框工具裁剪相框

06章 图像绘制与修饰 使用画笔工具绘制飘絮效果

03章 文件的基本操作 DIY自己的电脑壁纸

03章 文件的基本操作 合并拷贝全部图层

11章 图层的操作 编辑智能对象

09章 图像颜色调整 打造艳丽的风景照片

06章 图像绘制与修饰 使用仿制源面板与仿制图章工具

09章 图像颜色调整 渐变映射制作复古的唯美色调

11章 图层的操作 使用内发光制作炫彩文字

07章 文字的编辑与应用 动感字符文字

06章 图像绘制与修饰 制作斑驳的涂鸦效果

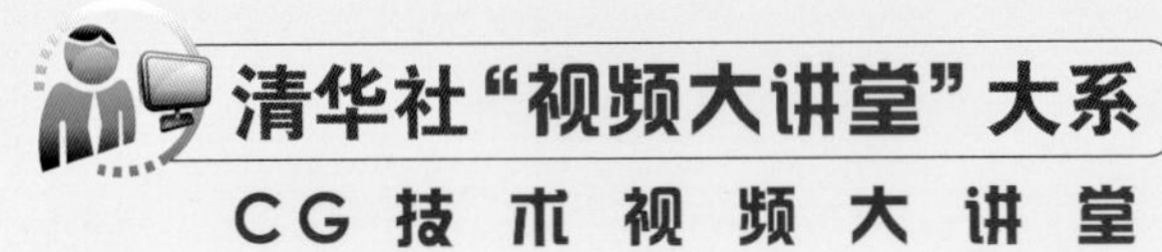

CG技术视频大讲堂

Photoshop CS6 从入门到精通

313节大型高清同步视频讲解

☑资深讲师编著 ☑海量精彩实例 ☑多种商业案例 ☑超值学习套餐

亿瑞设计 瞿颖健 曹茂鹏 编著

清華大學出版社
北京

内容简介

《Photoshop CS6从入门到精通》全书共分为22个章节，在内容安排上基本涵盖了日常工作所使用到的全部工具与命令。前18章主要从Photoshop安装和基础使用方法开始讲起，循序渐进详细讲解Photoshop的基本操作、文件管理、图像编辑、绘画、图像修饰、文字、路径与矢量工具、颜色与色调调整、RAW照片处理、图层、蒙版、通道、滤镜、Web图形、动态视频文件处理、3D功能、自动化操作以及打印与输出等核心功能与应用技巧。后4章则从Photoshop的实际应用出发，着重针对人像处理、特效数码照片、平面设计以及创意特效合成这四个方面进行案例式的针对性和实用性实战练习，不仅使读者巩固了前面学到的Photoshop中的技术技巧，更是为读者在以后实际学习工作进行提前"练兵"。

本书适合于Photoshop的初学者，同时对具有一定Photoshop使用经验的读者也有很好的参考价值，还可作为学校、培训机构的教学用书，以及各类读者自学Photoshop的参考用书。

本书和光盘有以下显著特点：

1. 313节大型高清同步自学视频，涵盖全书几乎所有实例，让学习更轻松、更高效！
2. 作者系经验丰富的专业设计师和资深讲师，确保图书"实用"和"好学"。
3. 讲解极为详细，中小实例达到212个，为的是能让读者深入理解、灵活应用！
4. 书后边给出不同类型的综合商业案例，以便积累实战经验，为工作就业搭桥。
5. 6大不同类型的笔刷、图案、样式等库文件；21类经常用到的设计素材，总计1106个；《色彩设计搭配手册》和常用颜色色谱表。

图书在版编目（CIP）数据

Photoshop CS6从入门到精通/亿瑞设计等编著. —北京：清华大学出版社，2013.5 (2020.4重印)

（清华社"视频大讲堂"大系CG技术视频大讲堂）

ISBN 978-7-302-30981-9

Ⅰ.①P… Ⅱ.①亿… Ⅲ.①图像处理软件 Ⅳ.①TP391.41

中国版本图书馆CIP数据核字（2012）第302034号

责任编辑：赵洛育
封面设计：杨静华
版式设计：文森时代
责任校对：张兴旺 赵丽杰
责任印制：杨 艳
出版发行：清华大学出版社

网 址：http://www.tup.com.cn，http://www.wqbook.com
地 址：北京清华大学学研大厦A座 邮 编：100084
社 总 机：010-62770175 邮 购：010-62786544
投稿与读者服务：010-62776969，c-service@tup.tsinghua.edu.cn
质 量 反 馈：010-62772015，zhiliang@tup.tsinghua.edu.cn

印 刷 者：涿州汇美亿浓印刷有限公司
经 销：全国新华书店
开 本：203mm×260mm（附DVD光盘1张） **印 张**：38.5 **插 页**：16 **字 数**：1602千字
版 次：2013年5月第1版 **印 次**：2020年4月第5次印刷
定 价：96.00元

产品编号：049410-01

前　言

Photoshop作为Adobe公司旗下最著名的图像处理软件，其应用范围覆盖数码照片处理、平面设计、视觉创意合成、数字插画创作、网页设计、交互界面设计等几乎所有设计方向，深受广大艺术设计人员和电脑美术爱好者喜爱。

本书内容编写特点

1. 零起点，入门快

本书以入门者为主要读者对象，通过对基础知识细致入微的介绍，辅以对比图示效果，结合中小实例，对常用工具、命令、参数等做了详细的介绍，同时给出了技巧提示，确保读者零起点、轻松快速入门。

2. 内容细致、全面

本书内容涵盖了Photoshop CS6几乎全部工具、命令的相关功能，是市场上内容最为全面的图书之一，可以说是入门者的百科全书，有基础者的参考手册。

3. 实例精美、实用

本书的实例均经过精心挑选，确保例子实用的基础上精美、漂亮，一方面熏陶读者朋友的美感，一方面让读者在学习中享受美的世界。

4. 编写思路符合学习规律

本书在讲解过程中采用了“知识点+理论实践+实例练习+综合实例+技术拓展+技巧提示”的模式，符合轻松易学的学习规律。

本书显著特色

1.同步视频讲解，让学习更轻松更高效

313节大型高清同步视频讲解，涵盖全书几乎所有实例，让学习更轻松、更高效！

2.资深讲师编著，让图书质量更有保障

作者系经验丰富的专业设计师和资深讲师，确保图书“实用”和“好学”。

3.大量中小实例，通过多动手加深理解

讲解极为详细，中小实例达到212多个，为的是能让读者深入理解、灵活应用！

4.多种商业案例，让实战成为终极目的

书后边给出不同类型的综合商业案例，以便积累实战经验，为工作就业搭桥。

5.超值学习套餐，让学习更方便、快捷

21类经常用到的设计素材，总计1106个；《色彩设计搭配手册》和常用颜色色谱表，设计色彩搭配不再烦恼。104集Photoshop CS6视频精讲课堂，囊括Photoshop CS6基础操作所有知识。

本书光盘

本书附带一张DVD教学光盘，内容包括：

（1）本书中实例的视频教学录像、源文件、素材文件，读者可看视频，调用光盘中的素材，完全按照书中操作步骤进行操作。

（2）6大不同类型的笔刷、图案、样式等库文件以及21类经常用到的设计素材总计1106个，方便读者使用。

（3）104集Photoshop CS6视频精讲课堂，囊括Photoshop CS6基础操作所有知识，让读者在Photoshop CS5和Photoshop CS6之间无缝衔接。

（4）附赠《色彩设计搭配手册》和常用颜色色谱表，设计色彩搭配不再烦恼。

本书服务

1.Photoshop CS6软件获取方式

本书提供的光盘文件包括教学视频和素材等，没有可以进行图像处理的Photoshop CS6软件，读者朋友需获取Photoshop CS6软件并安装后，才可以进行图像图片处理等，可通过如下方式获取Photoshop CS6简体中文版：

（1）购买正版或下载试用版：登录http://www.adobe.com/cn/。

（2）可到当地电脑城咨询，一般软件专卖店有售。

（3）可到网上咨询、搜索购买方式。

2.交流答疑QQ群

为了方便解答读者提出的问题，我们特意建立了如下QQ群：

Photoshop技术交流QQ群：185468056。（如果群满，我们将会建其他群，请留意加群时的提示）

3.YY语音频道教学

为了方便与读者进行语音交流，我们特意建立了亿瑞YY语音教学频道：62327506。（YY语音是一款可以实现即时在线交流的聊天软件）

4.留言或关注最新动态

为了方便读者，我们会及时发布与本书有关的信息，包括读者答疑、勘误信息，读者朋友可登录亿瑞设计官方网站：www.eraybook.com。

关于作者

本书由亿瑞设计工作室组织编写，瞿颖健和曹茂鹏参与了本书的主要编写工作。在编写的过程中，得到了吉林艺术学院副院长郭春方教授的悉心指导，得到了吉林艺术学院设计学院院长宋飞教授的大力支持，在此向他们表示诚挚的感谢。

另外，由于本书工作量巨大，以下人员也参与了本书的编写及资料整理工作，他们是：杨建超、马啸、李路、孙芳、李化、葛妍、丁仁雯、高歌、韩雷、瞿吉业、杨力、张建霞、瞿学严、杨宗香、董辅川、杨春明、马扬、王萍、曹诗雅、朱于振、于燕香、曹子龙、孙雅娜、曹爱德、曹玮、张效晨、孙丹、李进、曹元钢、张玉华、鞠闯、艾飞、瞿学统、李芳、陶恒斌、曹明、张越、瞿云芳、解桐林、张琼丹、解文耀、孙晓军、瞿江业、王爱花、樊清英等，在此一并表示感谢。

由于时间仓促，加之水平有限，书中难免存在错误和不妥之处，敬请广大读者批评和指正。

编　　者

目 录

Contents

106节大型高清同步视频讲解

第1章 Photoshop CS6基础知识初识........1

1.1 进入Photoshop CS6的世界........2
1.1.1 初识Photoshop CS6........2
1.1.2 Photoshop的应用领域........2
1.2 Photoshop CS6的安装与卸载........5
1.2.1 安装Photoshop CS6的系统要求........5
1.2.2 安装Photoshop CS6........6
1.2.3 卸载Photoshop CS6........7
1.3 Photoshop CS6的启动与退出........7
1.3.1 启动Photoshop CS6........7
1.3.2 退出Photoshop CS6........8
1.4 Photoshop CS6的界面与工具........8
1.4.1 Photoshop CS6的界面........8
重点 技术拓展: 状态栏菜单详解........9
1.4.2 Photoshop CS6工具详解........9
1.4.3 Photoshop CS6面板概述........12
1.5 Photoshop的常用设置........15
1.5.1 常规设置........15
1.5.2 界面设置........16
1.5.3 文件处理设置........16
1.5.4 性能设置........16
1.5.5 光标设置........17
1.6 内存清理——为Photoshop提速........17

第2章 图像处理的基础知识........18

2.1 位图与矢量图像........19
2.1.1 位图图像........19
2.1.2 矢量图像........19
重点 答疑解惑: 矢量图像主要应用在哪些领域?........20
2.2 像素与分辨率........20
2.2.1 像素........20
2.2.2 分辨率........20
重点 技术拓展: 分辨率的相关知识........21
2.3 图像的颜色模式........21
2.3.1 位图模式........22
重点 技术拓展: 位图的5种模式........23
2.3.2 灰度模式........23
2.3.3 双色调模式........24
2.3.4 索引颜色模式........25
2.3.5 RGB颜色模式........26
2.3.6 CMYK颜色模式........26
2.3.7 Lab颜色模式........27
2.3.8 多通道模式........27
2.4 图像的位深度........27
2.4.1 8位/通道........27
2.4.2 16位/通道........27
2.4.3 32位/通道........28
2.5 色域与溢色........28
2.5.1 色域........28
2.5.2 溢色........28
2.5.3 查找溢色区域........29
2.5.4 自定义色域警告颜色........29
重点 技术拓展: 透明度与色域设置详解........29

第3章 文件的基本操作........30

3.1 新建文件........31
重点 实例练习——DIY自己的计算机桌面壁纸........32
3.2 打开文件........33
3.2.1 使用“打开”命令打开文件........33
重点 答疑解惑: 为什么在打开文件时不能找到需要的文件?........33
3.2.2 使用“在Bridge中浏览”命令打开文件........34
3.2.3 使用“打开为”命令打开文件........34
3.2.4 使用“打开智能对象”命令打开文件........34
3.2.5 使用“最近打开文件”命令打开文件........34
3.2.6 使用快捷方式打开文件........35
3.3 置入文件........35
重点 实例练习——为图像置入矢量花纹........35
重点 实例练习——从Illustrator中复制元素到Photoshop........36
3.4 导入与导出文件........36
3.4.1 导入文件........36
3.4.2 导出文件........37
3.5 保存文件........37
3.5.1 利用“存储”命令保存文件........37
3.5.2 利用“存储为”命令保存文件........37
3.5.3 利用“签入”命令保存文件........38
3.5.4 文件保存格式........38
3.6 关闭文件........39
3.6.1 使用“关闭”命令关闭文件........40
3.6.2 使用“关闭全部”命令关闭文件........40
3.6.3 使用“关闭并转到Bridge”命令关闭文件........40
3.6.4 退出文件........40
3.7 复制文件........40
3.8 设置工作区域........41
3.8.1 认识基本功能工作区........41
3.8.2 使用预设工作区........41
3.8.3 自定义工作区........42
3.8.4 自定义菜单命令颜色........42
3.8.5 自定义命令快捷键........43
3.8.6 管理预设资源........44
3.9 辅助工具的运用........45
3.9.1 标尺与参考线........45
重点 理论实践——使用标尺........45
重点 理论实践——使用参考线........46
重点 答疑解惑: 怎么显示出隐藏的参考线?........46
重点 技术拓展: “单位与标尺”设置详解........47
3.9.2 智能参考线........47

3.9.3 网格 47
重点 答疑解惑：网格有什么用途？ 47
重点 技术拓展："参考线、网格和切片"设置详解 47
3.9.4 标尺工具 48
重点 答疑解惑：为什么选项栏中与"信息"面板中显示的长度值不同？ 48
3.9.5 注释工具 49
3.9.6 计数工具 49
重点 答疑解惑："测量记录"面板占用的操作空间太大了，该如何关闭该面板？ 50
3.9.7 对齐工具 50
3.9.8 测量 50
重点 技术拓展：显隐额外内容 52

3.10 查看图像窗口 52
3.10.1 图像的缩放级别 52
3.10.2 排列形式 53
3.10.3 屏幕模式 54
3.10.4 导航器 55
3.10.5 抓手工具 55

第4章 图像的基本编辑方法 56

4.1 像素尺寸及画布大小 57
4.1.1 像素大小 57
重点 答疑解惑：缩放比例与像素大小有什么区别？ 57
4.1.2 文档大小 58
4.1.3 缩放样式 58
4.1.4 约束比例 58
4.1.5 插值方法 59
4.1.6 自动 59
重点 理论实践——修改图像尺寸 59
重点 理论实践——修改图像分辨率 60
重点 理论实践——修改图像比例 60

4.2 修改画布大小 61
重点 答疑解惑：画布大小和图像大小有区别吗？ 61
4.2.1 当前大小 61
4.2.2 新建大小 61
4.2.3 画布扩展颜色 62

4.3 旋转画布 62
重点 答疑解惑：如何以任意角度旋转画布？ 63
重点 实例练习——矫正数码相片的方向 63

4.4 撤销/返回/恢复文件 63
4.4.1 还原与重做 64
4.4.2 前进一步与后退一步 64
4.4.3 恢复 64

4.5 使用"历史记录"面板还原操作 64
4.5.1 熟悉"历史记录"面板 64
4.5.2 创建与删除快照 65
重点 理论实践——创建快照 65
重点 理论实践——删除快照 65
重点 技术拓展：利用快照还原图像 65
4.5.3 历史记录选项 66

4.6 渐隐调整结果 66

4.7 剪切/复制/粘贴图像 66
4.7.1 剪切与粘贴 67
重点 实例练习——剪切并粘贴图像 67
4.7.2 拷贝与合并拷贝 67
重点 实例练习——合并复制全部图层 68
4.7.3 清除图像 69

4.8 图像变换与变形 69
4.8.1 认识定界框、中心点和控制点 69
4.8.2 移动图像 69
重点 理论实践——在同一个文档中移动图像 70
重点 理论实践——在不同的文档间移动图像 70
4.8.3 变换 70
重点 理论实践——缩放 71
重点 理论实践——旋转 71
重点 理论实践——斜切 71
重点 理论实践——扭曲 71
重点 理论实践——透视 71
重点 理论实践——变形 72
重点 理论实践——旋转180度/旋转90度（顺时针）/旋转90度（逆时针） 72
重点 理论实践——水平/垂直翻转 72
4.8.4 自由变换 72
重点 实例练习——利用缩放和扭曲制作饮料包装 74
重点 实例练习——利用自由变换制作飞舞的蝴蝶 75
重点 技术拓展：自由变换并复制图像 76

4.9 内容识别比例 76
重点 实例练习——利用内容识别比例缩放图像 76
重点 实例练习——利用"保护肤色"功能缩放人像 77
重点 实例练习——利用"通道保护"功能保护特定对象 78
重点 答疑解惑：Alpha1通道有什么作用？ 78

4.10 操控变形 78
重点 实例练习——使用操控变形改变美女姿势 80
重点 答疑解惑：怎么在图像上添加与删除图钉？ 80

4.11 自动对齐图层 81
重点 实例练习——自动对齐多幅图片 81

4.12 自动混合图层 82
重点 实例练习——制作无景深的风景照片 83

4.13 裁剪与裁切 84
4.13.1 使用裁剪工具 84
4.13.2 透视裁剪工具 84
4.13.3 裁切图像 85
重点 实例练习——利用"裁切"命令去掉留白 85

4.14 定义工具预设 86
4.14.1 定义画笔预设 86
重点 实例练习——定义蝴蝶画笔 87
重点 答疑解惑：为什么绘制出来的蝴蝶特别大？ 88
4.14.2 定义图案预设 88
重点 实例练习——使用油漆桶工具填充定义图案 88
4.14.3 定义形状预设 89

第5章 选区的创建与编辑 90

5.1 选区的基本功能 91

5.2 常用的选择的方法 91
5.2.1 内置选区工具选择法 91
5.2.2 路径选择法 92
5.2.3 色调选择法 92
5.2.4 通道选择法 92
5.2.5 快速蒙版选择法 93

5.3 选区的基本操作 93
5.3.1 选区的运算 93
重点 实例练习——利用选区运算选择对象 93
5.3.2 全选与反选 95
5.3.3 取消选择与重新选择 95
5.3.4 隐藏与显示选区 95
5.3.5 移动选区 95
5.3.6 变换选区 96

重点 实例练习——调整选区大小和位置 96
5.3.7 存储与载入选区 98
重点 理论实践——储存选区 98
重点 理论实践——载入选区 98
重点 实例练习——存储选区与载入选区 98

5.4 基本选择工具 99
5.4.1 选框工具组 100
重点 实例练习——利用矩形选框工具裁剪相框 100
重点 实例练习——使用椭圆选框工具制作图像 101
重点 实例练习——利用单列选框工具制作网格 102
5.4.2 套索工具组 103
重点 理论实践——使用套索工具 103
重点 实例练习——利用多边形套索工具选择照片 104
重点 实例练习——使用磁性套索工具换背景 105
5.4.3 快速选择工具与魔棒工具 106
重点 实例练习——使用快速选择工具制作迷你汽车 107
重点 实例练习——使用魔棒工具换背景 108

5.5 钢笔选择工具 109

5.6 “色彩范围”命令 110
重点 实例练习——利用“色彩范围”命令改变沙发颜色 111

5.7 快速蒙版 112
重点 答疑解惑: “颜色”和“不透明度”选项对选区有影响吗? 112
5.7.1 从当前选区创建蒙版 112
5.7.2 从当前图像创建蒙版 113

5.8 选区的编辑 113
5.8.1 调整边缘 113
5.8.2 创建边界选区 115
重点 实例练习——利用边界选区制作梦幻光晕 115
5.8.3 平滑选区 116
5.8.4 扩展与收缩选区 117
5.8.5 羽化选区 117
5.8.6 扩大选取 117
5.8.7 选取相似 117

5.9 填充与描边选区 118
5.9.1 填充选区 118
5.9.2 描边选区 118
重点 实例练习——时尚插画风格人像版式 119

第6章 图像的绘制与编辑 122

6.1 颜色设置 123
6.1.1 前景色与背景色 123
6.1.2 使用拾色器选取颜色 123
重点 技术拓展: 认识颜色库 124
重点 实例练习——利用颜色库制作相近色背景 124
6.1.3 使用吸管工具选取颜色 125
重点 答疑解惑: 为什么“显示取样环”选项处于不可用状态? 126
重点 理论实践——利用吸管工具采集颜色 126
6.1.4 认识“颜色”面板 126
重点 理论实践——利用“颜色”面板设置颜色 127
6.1.5 认识“色板”面板 127
重点 技术拓展: “色板”面板菜单详解 128
重点 理论实践——将颜色添加到色板 128

6.2 “画笔预设”面板和“画笔”面板 129
6.2.1 “画笔预设”面板 129
重点 技术拓展: “画笔预设”面板菜单详解 130
6.2.2 “画笔”面板 130
重点 实例练习——制作可爱斑点相框 132
重点 实例练习——使用“形状动态”选项进行画笔描边 133
重点 实例练习——使用画笔工具绘制飘絮效果 135
重点 实例练习——绘制纷飞的粉嫩花朵 137
重点 实例练习——绘制飘雪效果 138
重点 实例练习——使用画笔制作唯美散景效果 140

6.3 绘画工具 141
6.3.1 画笔工具 141
重点 实例练习——为照片添加绚丽光斑 142
重点 答疑解惑: 为什么要新建图层进行绘制? 142
6.3.2 铅笔工具 143
重点 实例练习——利用铅笔工具绘制像素画 144
重点 答疑解惑: 如何使用铅笔工具绘制直线? 144
重点 答疑解惑: 什么是像素画? 145
6.3.3 颜色替换工具 145
重点 实例练习——使用颜色替换工具改变汽车颜色 146
重点 答疑解惑: 为什么要复制背景图层? 146
6.3.4 混合器画笔工具 147
重点 实例练习——利用混合器画笔工具制作水粉画效果 147

6.4 图像修复工具 149
6.4.1 “仿制源”面板 150
重点 实例练习——使用“仿制源”面板与仿制图章工具 151
6.4.2 仿制图章工具 151
重点 实例练习——使用仿制图章工具修补草地 151
6.4.3 图案图章工具 152
6.4.4 污点修复画笔工具 152
重点 实例练习——使用污点修复画笔去除美女面部斑点 153
6.4.5 修复画笔工具 154
重点 实例练习——使用修复画笔去除面部细纹 154
6.4.6 修补工具 155
重点 实例练习——使用修补工具去除多余物体 155
6.4.7 内容感知移动工具 156
6.4.8 红眼工具 156
重点 答疑解惑: 如何避免“红眼”的产生? 156
重点 实例练习——快速去掉照片中的红眼效果 156
6.4.9 历史记录画笔工具 157
重点 实例练习——使用历史记录画笔还原局部效果 157
6.4.10 历史记录艺术画笔工具 158
重点 实例练习——历史记录艺术画笔制作手绘效果 158

6.5 图像擦除工具 159
6.5.1 橡皮擦工具 159
重点 实例练习——制作斑驳的涂鸦效果 160
6.5.2 背景橡皮擦工具 161
重点 实例练习——使用背景橡皮擦快速擦除背景 161
6.5.3 魔术橡皮擦工具 162
重点 实例练习——使用魔术橡皮擦工具为图像换背景 162

6.6 图像填充工具 163
6.6.1 渐变工具 163
重点 技术拓展: 渐变编辑器详解 164
重点 实例练习——利用渐变工具制作多彩人像 165
6.6.2 油漆桶工具 166
重点 实例练习——使用油漆桶工具填充图案 166

6.7 图像润饰工具 167
6.7.1 模糊工具 167
重点 实例练习——使用模糊工具制作景深效果 167
重点 技术拓展: 景深的作用与形成原理 168
6.7.2 锐化工具 168
重点 实例练习——使用锐化工具使人像五官更清晰 169
6.7.3 涂抹工具 169
6.7.4 减淡工具 170
重点 实例练习——使用减淡工具净化背景 170
6.7.5 加深工具 171
重点 实例练习——使用加深工具使人像焕发神采 171
重点 实例练习——利用加深/减淡工具进行通道抠图 172
重点 答疑解惑: 为什么要复制通道? 172
6.7.6 海绵工具 173

重点 实例练习——使用海绵工具制作突出的主体 174

第7章 文字的编辑与应用 175

7.1 认识文字工具 176
7.1.1 文字工具 176
重点 技术拓展:首选项“文字”设置详解 177
重点 理论实践——更改文本方向 177
重点 理论实践——设置字体系列 178
重点 答疑解惑: 如何为Photoshop添加其他字体? 178
重点 理论实践——设置字体样式 178
重点 理论实践——设置字体大小 179
重点 理论实践——消除锯齿 179
重点 理论实践——设置文本对齐 180
重点 理论实践——设置文本颜色 181
7.1.2 文字蒙版工具 181
重点 实例练习——使用文字蒙版制作照片水印 182
7.2 创建文字 183
7.2.1 点文字 183
重点 实例练习——创建点文字 183
7.2.2 段落文字 184
重点 实例练习——创建段落文字 184
7.2.3 路径文字 185
重点 实例练习——创建路径文字 185
7.2.4 变形文字 186
重点 实例练习——制作变形文字 187
重点 答疑解惑: 如何使用外置图案? 187
7.3 编辑文本 188
7.3.1 修改文本属性 188
7.3.2 拼写检查 189
7.3.3 查找和替换文本 189
重点 实例练习——使用编辑命令校对文档 189
7.3.4 更改文字方向 190
7.3.5 点文本和段落文本的转换 190
7.3.6 编辑段落文本 190
7.4 “字符”和“段落”面板 191
7.4.1 “字符”面板 191
7.4.2 “段落”面板 193
7.4.3 “字符样式”面板 195
7.4.4 “段落样式”面板 196
重点 实例练习——使用文字工具制作简约版式 196
7.5 转换文字图层 198
7.5.1 将文字图层转化为普通图层 198
7.5.2 将文字转化为形状 198
重点 实例练习——白金质感艺术字 198
7.5.3 创建文字的工作路径 200
重点 实例练习——使用文字路径制作棉花文字 200
重点 综合实例——制作逼真粉笔字 202
重点 实例练习——动感字符文字 203
重点 实例练习——燃烧的火焰文字 205
重点 实例练习——激情冰爽广告字 207
重点 实例练习——多彩花纹立体字 208

第8章 矢量工具与图形绘制 211

8.1 了解路径与绘图 212
8.1.1 了解绘图模式 212
重点 理论实践——创建形状 212
重点 理论实践——创建路径 213
重点 理论实践——创建像素 213
8.1.2 认识路径与锚点 214
8.2 钢笔工具组 214
8.2.1 钢笔工具 214
重点 理论实践——使用钢笔工具绘制直线 215
重点 理论实践——使用钢笔工具绘制波浪曲线 215
重点 理论实践——使用钢笔工具绘制多边形 215
8.2.2 自由钢笔工具 216
8.2.3 磁性钢笔工具 216
重点 实例练习——使用磁性钢笔工具提取人像 216
8.2.4 添加锚点工具 218
8.2.5 删除锚点工具 218
8.2.6 转换点工具 218
重点 实例练习——使用钢笔工具绘制复杂的人像选区 218
8.3 路径选择工具组 220
8.3.1 路径选择工具 221
8.3.2 直接选择工具 221
8.4 路径的基本操作 221
8.4.1 路径的运算 221
8.4.2 变换路径 222
8.4.3 对齐、分布与排列路径 222
8.4.4 定义为自定形状 223
重点 答疑解惑:定义为自定形状有什么用处? 223
8.4.5 将路径转换为选区 223
8.4.6 填充路径 223
8.4.7 描边路径 224
8.5 使用路径面板管理路径 224
8.5.1 认识“路径”面板 224
8.5.2 存储工作路径 225
8.5.3 新建路径 225
8.5.4 复制/粘贴路径 225
8.5.5 删除路径 226
8.5.6 显示/隐藏路径 226
重点 理论实践——显示路径 226
重点 理论实践——隐藏路径 226
8.6 形状工具组 226
8.6.1 矩形工具 227
8.6.2 圆角矩形工具 227
重点 实例练习——使用圆角矩形工具制作LOMO照片 227
8.6.3 椭圆工具 228
8.6.4 多边形工具 228
8.6.5 直线工具 229
8.6.6 自定形状工具 229
重点 答疑解惑: 如何加载Photoshop预设形状和外部形状? 229
重点 实例练习——使用形状工具制作水晶花朵 230
重点 实例练习——制作质感四叶草按钮 231
重点 实例练习——使用矢量工具制作儿童网页 232

第9章 图像颜色调整 236

9.1 色彩与调色 237
9.1.1 了解色彩 237
9.1.2 调色中常用的色彩模式 238
9.1.3 “信息”面板 238
9.1.4 “直方图”面板 238
9.2 调整图层 240
9.2.1 调整图层与调色命令的区别 240
9.2.2 “调整”面板 240
9.2.3 新建调整图层 241
重点 理论实践——新建调整图层 241
重点 实例练习——用调整图层更改局部颜色 241
9.2.4 修改与删除调整图层 242
重点 理论实践——修改调整参数 242
重点 理论实践——删除调整图层 242
9.3 图像快速调整工具 243

9.3.1 自动色调/对比度/颜色 243
9.3.2 照片滤镜 243
重点 实例练习——使用“照片滤镜”命令快速打造冷调图像 244
9.3.3 变化 245
重点 实例练习——使用“变化”命令制作视觉杂志 245
9.3.4 去色 246
重点 实例练习——使用“去色”命令制作老照片效果 246
9.3.5 色调均化 247

9.4 图像的影调调整 247

9.4.1 亮度/对比度 248
重点 实例练习——使用“亮度/对比度”命令校正偏灰的图像 248
9.4.2 色阶 249
重点 实例练习——使用“色阶”命令制作怀旧情调 250
9.4.3 曲线 251
重点 实例练习——使用“曲线”打造电影感场景 252
9.4.4 曝光度 253
9.4.5 阴影/高光 254
重点 实例练习——使用“阴影/高光”命令还原效果图暗部细节 255

9.5 图像的色调调整 255

9.5.1 自然饱和度 255
重点 实例练习——使用“自然饱和度”命令打造高彩外景 256
9.5.2 色相/饱和度 257
重点 实例练习——使用“色相/饱和度”命令改变背景颜色 258
重点 实例练习——使用“色相/饱和度”命令还原亮丽色彩 259
9.5.3 色彩平衡 260
重点 实例练习——使用“色彩平衡”命令打造冷调蓝紫色 261
9.5.4 黑白 262
重点 答疑解惑:“去色”命令与“黑白”命令有什么不同? 262
重点 实例练习——制作层次丰富的黑白照片 263
9.5.5 通道混和器 264
重点 实例练习——使用“通道混和器”命令使金秋变盛夏 265
9.5.6 颜色查找 265
9.5.7 可选颜色 266
重点 实例练习——使用“可选颜色”制作朦胧淡雅色调 266
9.5.8 匹配颜色 267
重点 实例练习——使用“匹配颜色”命令制作梦幻沙滩 268
9.5.9 替换颜色 269
重点 实例练习——使用“替换颜色”命令改变美女衣服颜色 270

9.6 特殊色调调整命令 271

9.6.1 反相 271
9.6.2 色调分离 271
9.6.3 阈值 271
重点 实例练习——使用“阈值”命令制作炭笔画 272
9.6.4 渐变映射 272
重点 实例练习——使用“渐变映射”命令制作复古的唯美色调 273
9.6.5 HDR色调 274
重点 实例练习——使用“HDR色调”命令打造奇幻风景图像 274
重点 实例练习——暖光高彩效果 275
重点 实例练习——唯美童话色彩 276
重点 实例练习——打造艳丽的风景照片 277
重点 实例练习——浓郁通透的外景人像 278
重点 实例练习——金秋炫彩色调 279

第10章 RAW照片处理 281

10.1 熟悉Camera Raw的基本操作 282

10.1.1 什么是RAW文件 282
10.1.2 熟悉Camera Raw的操作界面 282
重点 技术拓展: Camera Raw工具详解 282
10.1.3 打开RAW格式照片 283
10.1.4 在Camera Raw中打开其他格式文件 283
10.1.5 RAW照片格式转换 284
10.1.6 在Camera Raw中查看图像 284
重点 理论实践——使用缩放工具 284
重点 理论实践——使用抓手工具 285
10.1.7 在Camera Raw中裁切图像 285
重点 理论实践——裁切工具 285
重点 理论实践——拉直工具 286
10.1.8 在Camera Raw中旋转图像 287
10.1.9 调整照片大小和分辨率 287
10.1.10 Camera Raw首选项设置 287

10.2 在Camera Raw中进行局部调整 288

10.2.1 白平衡工具 288
10.2.2 目标调整工具 288
10.2.3 污点去除工具 289
10.2.4 红眼去除工具 290
10.2.5 调整画笔工具 291
10.2.6 渐变滤镜工具 293

10.3 在Camera Raw中调整颜色和色调 293

10.3.1 认识Camera Raw中的直方图 293
10.3.2 调整白平衡 293
重点 理论实践——调整图像的白平衡 294
10.3.3 清晰度、饱和度控件 295
10.3.4 调整色调曲线 295
重点 理论实践——参数曲线 296
重点 理论实践——点曲线 296
10.3.5 调整细节锐化 296
10.3.6 使用HSL/灰度调整图像色彩 297
10.3.7 分离色调 297
10.3.8 镜头校正 298
10.3.9 添加特效 298
10.3.10 调整相机的颜色显示 299
10.3.11 预设和快照 299

10.4 使用Camera Raw自动处理照片 299

第11章 图层的操作 301

11.1 图层的基础知识 302

11.1.1 图层的原理 302
11.1.2 “图层”面板 302
重点 技术拓展: 更改图层缩览图的显示方式 303
11.1.3 图层的类型 304

11.2 新建图层/图层组 304

11.2.1 创建新图层 305
重点 理论实践——在“图层”面板中创建图层 305
重点 理论实践——使用“新建”命令新建图层 305
重点 技术拓展: 标记图层颜色 305
11.2.2 创建图层组 306
重点 理论实践——创建图层组 306
重点 理论实践——从图层建立图层组 306
重点 理论实践——创建嵌套结构的图层组 306
11.2.3 通过复制/剪切创建图层 306
重点 理论实践——用“通过拷贝的图层”命令创建图层 307
重点 理论实践——用“通过剪切的图层”命令创建图层 307
11.2.4 背景和图层的转换 307
重点 理论实践——将“背景”图层转换为普通图层 307
重点 理论实践——将普通图层转换为“背景”图层 308

11.3 编辑图层 308

11.3.1 选择/取消选择图层 308
重点 理论实践——在“图层”面板中选择一个图层 308
重点 理论实践——在“图层”面板中选择多个连续图层 309
重点 理论实践——在“图层”面板中选择多个非连续图层 309
重点 理论实践——选择所有图层 309
重点 理论实践——在画布中快速选择某一图层 309
重点 理论实践——快速选择链接的图层 309
重点 理论实践——取消选择图层 310

11.3.2 复制图层 310
重点 理论实践——使用菜单命令复制图层 310
重点 理论实践——单击右键进行复制 310
重点 理论实践——在"图层"面板中快速复制 310
重点 理论实践——使用快捷键进行复制 311
重点 理论实践——在不同文档中复制图层 311
11.3.3 删除图层 311
11.3.4 显示与隐藏图层/图层组 311
重点 答疑解惑: 如何快速隐藏多个图层? 312
11.3.5 链接与取消链接图层 312
11.3.6 修改图层的名称与颜色 312
11.3.7 锁定图层 312
重点 答疑解惑: 为什么锁定状态图标有空心的和实心的? 313
重点 技术拓展: 锁定图层组内的图层 313
11.3.8 栅格化图层内容 313
11.3.9 清除图像的杂边 313
11.3.10 导出图层 314

11.4 排列与分布图层 314

11.4.1 调整图层的排列顺序 314
重点 理论实践——在"图层"面板中调整图层的排列顺序 314
重点 理论实践——使用"排列"命令调整图层的排列顺序 315
重点 答疑解惑: 如果图层位于图层组中, 排列顺序会怎样? 315
11.4.2 对齐图层 315
11.4.3 将图层与选区对齐 315
重点 实例练习——使用"对齐"命令 316
重点 答疑解惑: 如何以某个图层为基准来对齐图层? 316
11.4.4 分布图层 317
重点 实例练习——使用"对齐"与"分布"命令制作标准照 317

11.5 图层过滤 318

11.6 使用图层组管理图层 318

重点 理论实践——将图层移入或移出图层组 319
重点 理论实践——取消图层编组 319

11.7 合并与盖印图层 319

11.7.1 合并图层 319
11.7.2 向下合并图层 320
11.7.3 合并可见图层 320
11.7.4 拼合图像 320
11.7.5 盖印图层 320
重点 理论实践——向下盖印图层 320
重点 理论实践——盖印多个图层 321
重点 理论实践——盖印可见图层 321
重点 理论实践——盖印图层组 321

11.8 图层复合 321

11.8.1 "图层复合"面板 322
重点 答疑解惑: 为什么图层复合后面有一个感叹号? 322
11.8.2 创建图层复合 322
11.8.3 应用并查看图层复合 322
11.8.4 更改与更新图层复合 322
11.8.5 删除图层复合 323

11.9 图层的不透明度 323

11.10 图层的混合模式 324

11.10.1 混合模式的类型 324
11.10.2 详解各种混合模式 324
重点 实例练习——快速为照片添加绚丽光彩 326
重点 实例练习——使用混合模式制作水果色嘴唇 327
重点 实例练习——打造意境风景照片 327

11.11 高级混合与混合颜色带 329

11.11.1 通道混合设置 329
11.11.2 挖空 329
重点 技术拓展: "挖空"的选项 330
重点 理论实践——创建挖空 330
11.11.3 混合颜色带 331
重点 理论实践——使用混合颜色带混合光效 331

11.12 图层样式 332

11.12.1 添加图层样式 332
11.12.2 "图层样式"对话框 332
11.12.3 显示与隐藏图层样式 333
重点 答疑解惑: 怎样隐藏所有图层中的图层样式? 333
11.12.4 修改图层样式 333
11.12.5 复制/粘贴图层样式 333
11.12.6 清除图层样式 334
11.12.7 栅格化图层样式 334

11.13 图层样式详解 334

11.13.1 斜面和浮雕 334
重点 实例练习——使用"斜面和浮雕"样式制作可爱按钮 336
11.13.2 描边 337
重点 实例练习——使用"描边"与"投影"样式制作复古海报 337
11.13.3 内阴影 338
重点 实例练习——制作皮革压花效果 338
11.13.4 内发光 339
重点 实例练习——使用"内发光"样式制作炫彩文字 339
11.13.5 光泽 339
重点 实例练习——使用"光泽"样式制作彩色玻璃字 340
11.13.6 颜色叠加 341
11.13.7 渐变叠加 341
重点 实例练习——利用"渐变叠加"样式制作按钮 341
11.13.8 图案叠加 342
重点 实例练习——使用"图案叠加"样式制作糖果文字 343
重点 技术拓展: 载入外置图案 343
11.13.9 外发光 344
重点 实例练习——利用"外发光"样式制作空心发光字 345
11.13.10 投影 345
重点 实例练习——制作带有投影的文字 346

11.14 "样式"面板 347

11.14.1 "样式"面板 347
重点 理论实践——使用已有的图层样式 347
11.14.2 创建与删除样式 348
重点 理论实践——将当前图层的样式创建为预设 348
重点 理论实践——删除样式 348
11.14.3 存储样式库 348
11.14.4 载入样式库 349
重点 答疑解惑: 如何将"样式"面板中的样式恢复到默认状态? 349

11.15 填充图层 349

11.15.1 创建纯色填充图层 349
重点 理论实践——创建纯色填充图层 349
11.15.2 创建渐变填充图层 350
重点 理论实践——创建渐变填充图层 350
11.15.3 创建图案填充图层 350
重点 理论实践——创建图案填充图层 350

11.16 智能对象图层 350

11.16.1 创建智能对象 351
重点 理论实践——创建智能对象 351
11.16.2 编辑智能对象 351
重点 实例练习——编辑智能对象 351
11.16.3 复制智能对象 352
重点 理论实践——复制智能对象 352
11.16.4 替换对象内容 352
重点 实例练习——替换智能对象内容 352
11.16.5 导出智能对象 353
重点 理论实践——导出智能对象 353
11.16.6 将智能对象转换为普通图层 353
重点 理论实践 ——将智能对象转换为普通图层 353

11.16.7 为智能对象添加智能滤镜 353
重点 理论实践——为智能对象添加智能滤镜 353
11.17 图像堆栈 354
11.17.1 创建图像堆栈 354
11.17.2 编辑图像堆栈 354
重点 实例练习——月色荷塘 354

第12章 蒙版的使用 359

12.1 认识蒙版 360
12.2 使用属性面板调整蒙版 360
12.3 快速蒙版 361
12.3.1 创建快速蒙版 361
12.3.2 编辑快速蒙版 361
重点 实例练习——用快速蒙版调整图像局部 361
12.4 剪贴蒙版 362
重点 技术拓展: 剪贴蒙版与图层蒙版的差别 363
12.4.1 创建剪贴蒙版 363
12.4.2 释放剪贴蒙版 363
12.4.3 编辑剪贴蒙版 364
重点 理论实践——调整内容图层顺序 364
重点 理论实践——编辑内容图层 364
重点 理论实践——编辑基底图层 364
重点 实例练习——使用剪贴蒙版 364
重点 理论实践——为剪贴蒙版添加图层样式 365
重点 理论实践——加入剪贴蒙版 365
重点 理论实践——移出剪贴蒙版 365
12.5 矢量蒙版 366
12.5.1 创建矢量蒙版 366
12.5.2 在矢量蒙版中绘制形状 366
12.5.3 将矢量蒙版转换为图层蒙版 366
12.5.4 删除矢量蒙版 367
12.5.5 编辑矢量蒙版 367
12.5.6 链接/取消链接矢量蒙版 367
12.5.7 为矢量蒙版添加效果 367
12.6 图层蒙版 367
12.6.1 图层蒙版的工作原理 367
12.6.2 创建图层蒙版 368
重点 理论实践——在“图层”面板中创建图层蒙版 368
重点 理论实践——从选区生成图层蒙版 368
重点 理论实践——从图像生成图层蒙版 369
12.6.3 应用图层蒙版 369
12.6.4 停用/启用/删除图层蒙版 370
重点 理论实践——停用图层蒙版 370
重点 理论实践——启用图层蒙版 370
重点 理论实践——删除图层蒙版 371
12.6.5 转移/替换/复制图层蒙版 371
重点 理论实践——转移图层蒙版 371
重点 理论实践——替换图层蒙版 371
重点 理论实践——复制图层蒙版 371
12.6.6 蒙版与选区的运算 371
重点 理论实践——添加蒙版到选区 372
重点 理论实践——从选区中减去蒙版 372
重点 理论实践——蒙版与选区交叉 372
重点 实例练习——使用蒙版合成瓶中小世界 372
重点 实例练习——使用图层蒙版制作唱歌的苹果 373

第13章 通道的应用 375

13.1 了解通道的类型 376
13.1.1 颜色通道 376
13.1.2 Alpha通道 376
重点 技术拓展: Alpha通道与选区的相互转化 377
13.1.3 专色通道 377
13.2 “通道”面板 377
重点 答疑解惑: 如何更改通道的缩略图大小? 377
13.3 通道的基本操作 378
13.3.1 快速选择通道 378
重点 实例练习——通道错位制作迷幻视觉效果 378
13.3.2 显示/隐藏通道 379
13.3.3 排列通道 379
13.3.4 重命名通道 379
13.3.5 新建和编辑Alpha/专色通道 380
重点 理论实践——新建Alpha通道 380
重点 理论实践——新建和编辑专色通道 380
13.3.6 复制通道 381
13.3.7 将通道中的内容粘贴到图像中 382
重点 理论实践——将通道中的内容粘贴到图像中 382
13.3.8 将图像中的内容粘贴到通道中 382
重点 理论实践——将图像中的内容粘贴到通道中 382
13.3.9 删除通道 382
重点 答疑解惑: 可以删除颜色通道吗? 383
13.3.10 合并通道 383
重点 理论实践——合并通道 383
13.3.11 分离通道 384
13.4 通道的高级操作 385
13.4.1 用“应用图像”命令混合通道 385
重点 技术拓展: 相加模式与减去模式 385
13.4.2 用“计算”命令混合通道 386
重点 实例练习——保留细节的通道计算磨皮法 386
13.4.3 使用通道调整颜色 388
重点 实例练习——使用通道校正偏色图像 388
重点 实例练习——Lab模式调出淡雅青红色 389
13.4.4 通道抠图 390
重点 实例练习——使用通道抠出毛茸茸的小动物 390
重点 实例练习——使用通道抠图抠选云朵 391
重点 实例练习——使用通道抠图为长发美女换背景 392
重点 实例练习——打造唯美梦幻感婚纱照 393
重点 实例练习——使用通道制作水彩画效果 395

第14章 滤镜与增效工具的使用 397

14.1 初识滤镜 398
14.1.1 滤镜的使用方法 398
14.1.2 智能滤镜 399
重点 答疑解惑: 哪些滤镜可以作为智能滤镜使用? 399
14.1.3 渐隐滤镜效果 400
重点 理论实践——利用渐隐调整滤镜效果 400
重点 技术拓展: 提高滤镜性能 400
14.2 特殊滤镜 401
14.2.1 滤镜库 401
14.2.2 自适应广角 401
14.2.3 镜头校正 402
14.2.4 液化 402
重点 实例练习——打造S形身材美女 405
重点 实例练习——使用液化工具雕琢完美五官 406
14.2.5 油画 406
14.2.6 消失点 406
14.3 风格化滤镜组 408
14.3.1 查找边缘 408
14.3.2 等高线 408
14.3.3 风 408
重点 答疑解惑: 如何制作垂直效果的“风”? 408

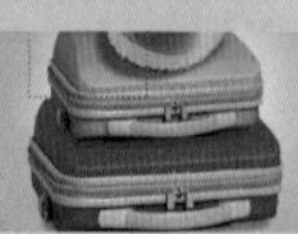

14.3.4 浮雕效果 409
14.3.5 扩散 409
14.3.6 拼贴 409
重点 实例练习——制作趣味拼图 409
14.3.7 曝光过度 410
14.3.8 凸出 410

14.4 模糊滤镜组 410
14.4.1 场景模糊 410
14.4.2 光圈模糊 411
14.4.3 倾斜偏移 411
14.4.4 表面模糊 411
重点 实例练习——使用"表面模糊"滤镜 412
14.4.5 动感模糊 412
重点 实例练习——使用"动感模糊"滤镜制作幻影飞车 413
14.4.6 方框模糊 413
14.4.7 高斯模糊 414
重点 实例练习——高斯模糊磨皮法 414
14.4.8 进一步模糊 415
14.4.9 径向模糊 415
14.4.10 镜头模糊 415
14.4.11 模糊 416
14.4.12 平均 416
14.4.13 特殊模糊 417
14.4.14 形状模糊 417

14.5 扭曲滤镜组 417
14.5.1 波浪 417
14.5.2 波纹 418
14.5.3 极坐标 418
重点 实例练习——使用"极坐标"滤镜制作极地星球 419
14.5.4 挤压 419
14.5.5 切变 420
14.5.6 球面化 420
重点 实例练习——使用"球面化"滤镜制作按钮 420
14.5.7 水波 422
14.5.8 旋转扭曲 422
14.5.9 置换 423

14.6 锐化滤镜组 423
14.6.1 USM锐化 423
14.6.2 进一步锐化 423
14.6.3 锐化 423
14.6.4 锐化边缘 423
14.6.5 智能锐化 423
重点 实例练习——模糊图像变清晰 424
重点 实例练习——打造HDR效果照片 425

14.7 视频滤镜组 425
14.7.1 NTSC颜色 426
14.7.2 逐行 426

14.8 像素化滤镜组 426
14.8.1 彩块化 426
14.8.2 彩色半调 426
14.8.3 点状化 426
14.8.4 晶格化 426
14.8.5 马赛克 427
14.8.6 碎片 427
14.8.7 铜版雕刻 427

14.9 渲染滤镜组 427
14.9.1 分层云彩 427
14.9.2 光照效果 428
14.9.3 镜头光晕 429
重点 实例练习——制作正午阳光效果 430
重点 答疑解惑: 为什么要新建黑色图层? 430
14.9.4 纤维 431
14.9.5 云彩 431

14.10 杂色滤镜组 431
14.10.1 减少杂色 431
14.10.2 蒙尘与划痕 432
重点 实例练习——使用"蒙尘与划痕"滤镜进行磨皮 432
14.10.3 去斑 433
14.10.4 添加杂色 433
重点 实例练习——使用"添加杂色"滤镜制作雪天效果 433
14.10.5 中间值 434

14.11 其他滤镜组 434
14.11.1 高反差保留 434
14.11.2 位移 435
14.11.3 自定 435
14.11.4 最大值 435
14.11.5 最小值 435

14.12 Digimarc滤镜组 436
重点 答疑解惑: 水印是什么? 436
14.12.1 嵌入水印 436
14.12.2 读取水印 436

14.13 外挂滤镜 436
14.13.1 安装外挂滤镜 436
14.13.2 专业调色滤镜——Nik Color Efex Pro 3.0 437
重点 实例练习——利用Nik Color Efex Pro 3.0 437
14.13.3 智能磨皮滤镜——Imagenomic Portraiture 438
14.13.4 位图特效滤镜——KPT 7.0 438
14.13.5 位图特效滤镜——Eye Candy 4000 439
14.13.6 位图特效滤镜——Alien Skin Xenofex 439
重点 技术拓展: 其他外挂滤镜 439

第15章 Web图形处理与切片 440

15.1 了解Web安全色 441
重点 理论实践——将非安全色转化为安全色 441
重点 理论实践——在安全色状态下工作 441

15.2 切片的创建与编辑 442
15.2.1 什么是切片 442
15.2.2 切片工具 442
15.2.3 创建切片 442
重点 理论实践——利用切片工具创建切片 442
重点 理论实践——基于参考线创建切片 443
重点 理论实践——基于图层创建切片 443
15.2.4 选择和移动切片 444
重点 理论实践——选择、移动与调整切片 444
15.2.5 删除切片 445
15.2.6 锁定切片 445
15.2.7 转换为用户切片 445
15.2.8 划分切片 445
15.2.9 设置切片选项 445
15.2.10 组合切片 446
重点 理论实践——组合切片 446
15.2.11 导出切片 446

15.3 网页翻转按钮 447
重点 实例练习——创建网页翻转按钮 447

15.4 Web图形输出 448
15.4.1 存储为Web所用格式 448
15.4.2 Web图形优化格式详解 449
15.4.3 Web图形输出设置 451

15.5 导出到Zoomify 451

第16章 动态视频文件处理....................452

16.1 了解Photoshop的视频处理功能....................453
16.1.1 什么是视频图层....................453
16.1.2 认识时间轴动画面板....................453
16.1.3 认识帧动画面板....................454
16.2 创建视频文档和视频图层....................454
16.2.1 创建视频文档....................454
16.2.2 新建视频图层....................455
16.3 视频文件的打开与导入....................456
16.3.1 打开视频文件....................456
重点 技术拓展: Photoshop可以打开的视频格式....................456
16.3.2 导入视频文件....................456
16.3.3 导入图像序列....................457
16.4 编辑视频图层....................457
16.4.1 校正像素长宽比....................458
重点 技术拓展: 像素长宽比和帧长宽比的区别....................458
16.4.2 修改视频图层的属性....................458
重点 实例练习——制作不透明度动画....................458
16.4.3 插入、复制和删除空白视频帧....................459
16.4.4 替换和解释素材....................459
16.4.5 恢复视频帧....................460
16.5 创建与编辑帧动画....................460
16.5.1 创建帧动画....................460
16.5.2 更改动画中图层的属性....................462
16.5.3 编辑动画帧....................462
重点 技术拓展: "优化动画"对话框详解....................464
16.6 存储、预览与输出....................465
16.6.1 存储工程文件....................465
16.6.2 预览视频....................465
16.6.3 渲染输出....................465
重点 实例练习——制作飞走的小鸟动画....................466

第17章 3D功能的应用....................468

17.1 什么是3D功能....................469
重点 技术拓展: 3D文件主要组成部分详解....................469
17.2 熟悉3D工具....................469
17.2.1 认识3D轴....................469
17.2.2 熟悉3D对象工具....................470
17.2.3 认识3D相机工具....................471
17.3 熟悉3D面板....................472
17.3.1 了解3D场景设置....................472
17.3.2 了解相机视图....................472
17.3.3 了解3D网格设置....................473
17.3.4 掌握3D材质设置....................473
重点 技术拓展: 纹理映射类型详解....................473
17.3.5 掌握3D光源设置....................474
17.4 创建3D对象....................475
17.4.1 从3D文件新建图层....................475
重点 答疑解惑: Photoshop CS6可以打开哪些格式的3D文件?....................475
17.4.2 从所选图层新建3D凸出....................475
17.4.3 从所选路径新建3D凸出....................476
17.4.4 从当前选区新建3D凸出....................476
17.4.5 创建3D明信片....................476
17.4.6 创建内置3D形状....................476
17.4.7 创建3D网格....................476
17.4.8 创建3D体积....................477
重点 实例练习——使用凸出制作立体字....................477
17.5 编辑3D对象....................479
17.5.1 合并3D对象....................479
17.5.2 拆分3D对象....................479
17.5.3 将3D图层转换为2D图层....................480
17.5.4 将3D图层转换为智能对象....................480
17.5.5 从3D图层生成工作路径....................480
17.5.6 创建3D动画....................481
17.6 3D纹理绘制与编辑....................481
17.6.1 编辑2D格式的纹理....................481
17.6.2 显示或隐藏纹理....................481
17.6.3 创建绘图叠加....................482
17.6.4 重新参数化纹理映射....................482
17.6.5 创建重复纹理的拼贴....................482
17.6.6 在3D模型上绘制纹理....................483
17.6.7 使用3D材质吸管工具....................483
17.6.8 使用3D材质拖放工具....................484
17.7 渲染3D模型....................484
17.7.1 渲染设置....................484
17.7.2 渲染....................485
17.7.3 恢复渲染....................485
17.8 存储和导出3D文件....................486
17.8.1 导出3D图层....................486
17.8.2 存储3D文件....................486
重点 综合实例——3D炫彩立体文字....................486
重点 答疑解惑: 如何制作白色斜条高光?....................488
重点 答疑解惑: 如何制作光效素材?....................488
重点 综合实例——使用3D功能制作创意海报....................489

第18章 自动化操作与打印输出....................491

18.1 使用"动作"面板....................492
18.1.1 认识"动作"面板....................492
18.1.2 记录动作....................493
重点 实例练习——录制与应用动作....................493
18.1.3 在动作中插入项目....................494
重点 理论实践——插入菜单项目....................494
重点 理论实践——插入停止....................494
重点 理论实践——插入路径....................495
18.1.4 播放动作....................495
18.1.5 指定回放速度....................495
18.1.6 管理动作和动作组....................496
重点 理论实践——调整动作排列顺序....................496
重点 理论实践——复制动作....................496
重点 理论实践——删除动作....................496
重点 理论实践——重命名动作....................496
重点 理论实践——存储动作组....................497
重点 理论实践——载入动作组....................497
重点 理论实践——复位动作....................497
重点 理论实践——替换动作....................497
18.2 自动化处理大量文件....................497
18.2.1 批处理....................497
重点 实例练习——批处理图像文件....................498
18.2.2 图像处理器....................499
18.3 脚本....................500
18.4 数据驱动图形....................500
18.4.1 定义变量....................500
18.4.2 定义数据组....................500
18.4.3 预览和应用数据组....................501
18.4.4 导入与导出数据组....................501
重点 综合实例——利用数据组替换图像....................501
18.5 创建颜色陷印....................503

18.6 打印设置与色彩管理......503
18.6.1 设置打印基本选项......503
18.6.2 指定色彩管理......503
18.6.3 指定印前输出......504

第19章 精通人像照片精修......505

19.1 美化脸形......506
19.2 快速打造嫩白肌肤......507
19.3 保留质感美白肌肤......507
19.4 还原年轻面孔......509
19.5 为美女带上美瞳......510
19.6 魅惑烟熏妆......510
19.7 水润唇妆......512
重点技术拓展：色阶参数详解......513
19.8 补全发色......513
19.9 炫彩发色......514
重点答疑解惑：为什么先为蒙版填充黑色？......514
19.10 短发变长发......515
重点答疑解惑：如何绘制自然的头发效果？......515
19.11 衣服换颜色......516
19.12 使用液化滤镜调整身形......516
19.13 变身长腿美女......518
重点答疑解惑：如何拉长或缩短局部图像？......519
重点技术拓展：人体比例结构......519
19.14 为照片换个美丽的背景......519
19.15 金色系派对彩妆......520
19.16 靓丽青春彩妆......523

第20章 精通特效照片处理......525

20.1 模拟素描效果人像......526
20.2 红外线摄影效果......527
20.3 打造电影效果......529
重点技术拓展："曝光度"参数详解......530
20.4 复古老照片......530
20.5 唯美水彩画效果......531
重点答疑解惑：自然饱和度与色相/饱和度有何不同？......533
20.6 中国风水墨风情......533
20.7 爆炸破碎效果......535
20.8 古典工笔手绘效果......539
20.9 欧美风格混合插画......544

第21章 精通平面设计......551

21.1 创意手机广告......552
21.2 影楼主题婚纱版式......554
21.3 宴会邀请函......556
21.4 炫彩音乐网站页面设计......559
21.5 薯片包装......563
重点技术拓展：自由变换工具快捷键......564
21.6 淡雅风格茶包装设计......567
21.7 卡通风格星球世界海报......570
重点答疑解惑：如何制作星光？......573

第22章 精通创意合成......575

22.1 唯美人像合成......576
22.2 炸开的破碎效果......578
22.3 飞翔的气球......581
重点答疑解惑：如何局部提亮人像？......583
22.4 电脑风暴......584
22.5 手绘感童话季节......586
22.6 机械美女......591
22.7 巴黎夜玫瑰......596
22.8 光效奇幻秀......598

Photoshop CS6基础知识初识

Photoshop 是目前应用最广泛的图形图像处理软件之一，因其集图像扫描、编辑、广告创意、图像的输入与输出于一体，深受广大平面设计人员和电脑美术设计爱好者的喜爱。本章将介绍 Photoshop 的基础知识，包括 Photoshop 的应用领域，Photoshop CS6 的安装和卸载，认识 Photoshop CS6 工作界面、工具箱和面板，以及 Photoshop CS6 的常用设置等。

本章学习要点：

- 了解Photoshop的发展史
- 了解Photoshop的应用领域
- 了解Photoshop的工作界面
- 掌握Photoshop首选项的设置

1.1 进入Photoshop CS6的世界

1.1.1 初识Photoshop CS6

Photoshop 是 Adobe 公司旗下最为出名的，集图像扫描、编辑修改、图像制作、广告创意、图像输入与输出于一体的图形图像处理软件，深受广大平面设计人员和电脑美术爱好者的喜爱。在 Photoshop 7.0 之后的 8.0 版本命名为 Photoshop CS，CS 是 Adobe Creative Suite 软件套装中后面两个单词的缩写，意为“创作集合”，是一个统一的设计环境。

Adobe Photoshop CS6 仍然支持主流的 Windows 以及 Mac OS 操作平台。Adobe 推荐使用 64 位硬件及操作系统，尤其是 Windows 7 64-bit 或 Mac OS X 10.6.x、10.7.x。Photoshop 将继续支持 Windows XP，但不支持非 64 位 Mac。Photoshop CS6 有标准版和扩展版两个版本，如图 1-1 所示。需要注意的是，如果在 Windows XP 系统下安装 Photoshop CS6 Extended，3D 功能和光照效果滤镜等某些需要启动 GPU 的功能将不可用。

Adobe Photoshop CS6：具有功能强大的摄影工具以及可实现出众的图像选择、图像润饰和逼真绘画的突破性功能，适用于摄影师、印刷设计人员等。

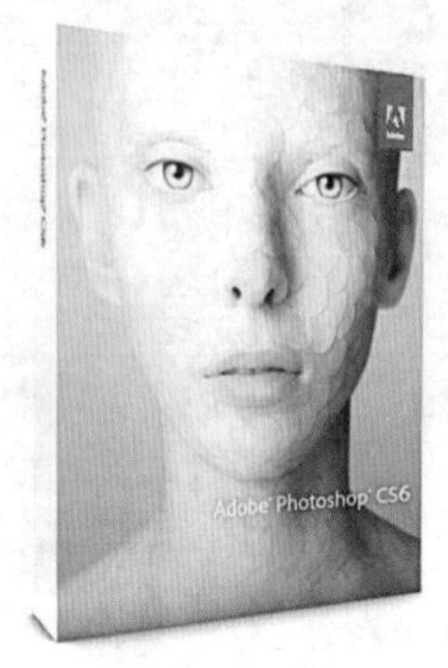

Adobe Photoshop CS6

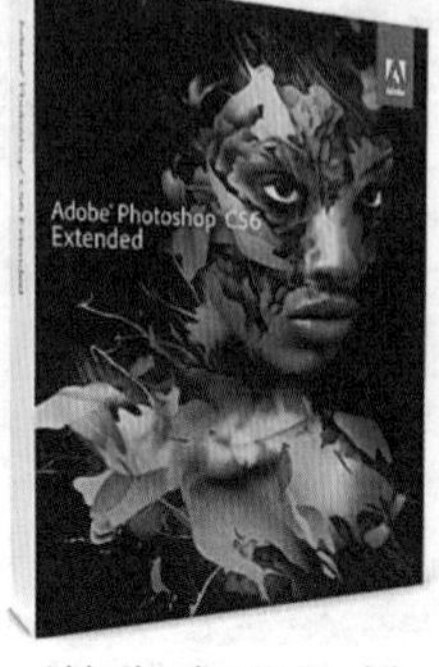

Adobe Photoshop CS6 Extended

图1-1

Adobe Photoshop CS6 Extended：包含 Photoshop CS6 中的所有高级编辑和合成功能以及可处理 3D 和基于动画内容的工具，适用于视频专业人士、跨媒体设计人员、Web 设计人员、交互式设计人员等。

1.1.2 Photoshop的应用领域

作为 Adobe 公司旗下最出名的图像处理软件，Photoshop 的应用领域非常广泛，覆盖平面设计、数字出版、网络传媒、视觉媒体、数字绘画、先锋艺术创作等领域。

- 平面设计：平面设计师应用最多的软件莫过于 Photoshop 了。在平面设计中，Photoshop 可应用的领域非常广阔，无论是书籍装帧、招贴海报、杂志封面，或是 LOGO 设计、VI 设计、包装设计都可以使用 Photoshop 制作或辅助处理。如图 1-2~ 图 1-6 所示。

图1-2

图1-3

图1-4

图1-5

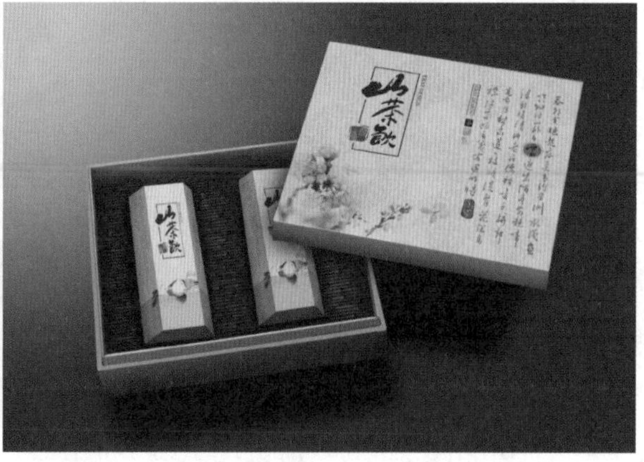

图1-6

- 数码照片处理：在数字时代，Photoshop 的功能不仅局限于对照片进行简单的图像修复，更多时候用于商业片的编辑、创意广告的合成、婚纱写真照片的制作等。毫无疑问，Photoshop 是数码照片处理必备“利器”，它具有强大的图像修补、润饰、调色、合成等功能，通过这些功能可以快速修复数码照片上的瑕疵或者制作艺术效果。如图 1-7~ 图 1-9 所示。

图1-7

图1-8

图1-9

- 网页设计：在网页设计中，除了著名的“网页三剑客”——Dreamweaver、Flash 和 Fireworks 外，网页中的很多元素需要在 Photoshop 中进行制作，因此，Photoshop 也是美化网页必不可少的工具。如图 1-10~ 图 1-12 所示。

图1-10

图1-11

图1-12

- 数字绘画：Photoshop 不仅可以针对已有图像进行处理，还可以帮助艺术家创造新的图像。Photoshop 中也包含众多优秀的绘画工具，使用 Photoshop 可以绘制各种风格的数字绘画。如图 1-13~ 图 1-15 所示。

图1-13

图1-14

图1-15

- **界面设计**：界面设计也就是通常所说的UI（User Interface，用户界面）。界面设计虽然是设计中的新兴领域，但也越来越受到重视。使用Photoshop进行界面设计是非常好的选择。如图1-16~图1-18所示。

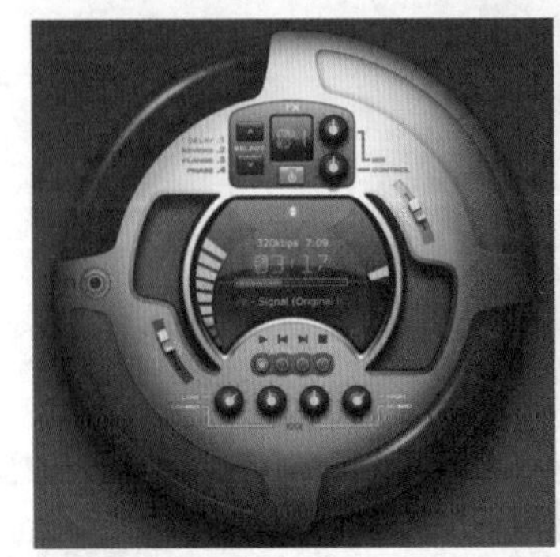

图1-16

图1-17

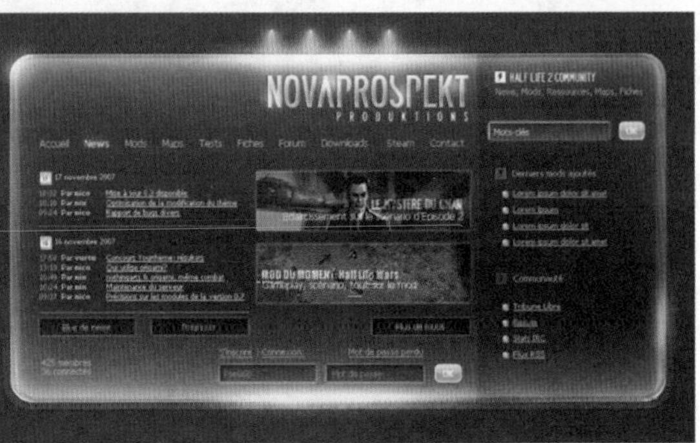

图1-18

- **三维设计**：三维设计比较常见的几种形态有室内外效果图、三维动画电影、广告包装、游戏制作、CG插画设计等。其中Photoshop主要用来绘制编辑三维模型表面的贴图，另外，还可以对静态的效果图或CG插画进行后期修饰。如图1-19和图1-20所示。

图1-19

图1-20

- **新锐视觉艺术**：这里所说的视觉艺术是近年来比较流行的一种创意表现形态，可以作为设计艺术的一个分支。此类设计通常没有非常明显的商业目的，但由于它为广大设计爱好者提供了无限的设计空间，因此越来越多的设计爱好者都开始注重视觉创意，并逐渐形成属于自己的一套创作风格。如图1-21~图1-23所示。

图1-21

图1-22

图1-23

- 文字设计：文字设计也是当今新锐设计师比较青睐的一种表现形态，利用 Photoshop 中强大的合成功能可以制作出各种质感、特效文字。如图 1-24~ 图 1-27 所示。

图1-24

图1-25

图1-26

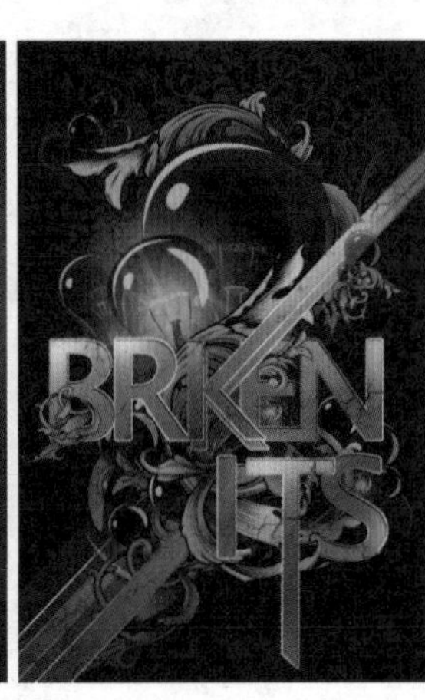

图1-27

1.2 Photoshop CS6的安装与卸载

想要学习和使用 Photoshop CS6，首先需要学习如何正确安装该软件。Photoshop CS6 的安装与卸载过程并不复杂，与其他应用软件的安装方法大致相同。由于 Photoshop CS6 是制图类设计软件，所以对硬件设备会有相应的配置需求。

1.2.1 安装Photoshop CS6的系统要求

Windows

- Intel® Pentium® 4 或 AMD Athlon® 64 处理器。
- Microsoft® Windows® XP*（装有 Service Pack 3）或 Windows 7（装有 Service Pack 1）。
- 1GB 内存。
- 1GB 可用硬盘空间用于安装；安装过程中需要额外的可用空间（无法安装在可移动闪存设备上）。
- 1024×768 分辨率（建议使用 1280×800），16 位颜色和 512 MB 的显存。
- 支持 OpenGL 2.0 系统。
- DVD-ROM 驱动器。

Mac OS

- Intel 多核处理器（支持 64 位）。
- Mac OS X 10.6.8 或 10.7.x 版。
- 1GB 内存。
- 2GB 可用硬盘空间用于安装；安装过程中需要额外的可用空间（无法安装在使用区分大小写的文件系统的卷或可移动闪存设备上）。
- 1024×768 分辨率（建议使用 1280×800），16 位颜色和 512 MB 的显存。
- 支持 OpenGL 2.0 系统。
- DVD-ROM 驱动器。

1.2.2 安装Photoshop CS6

安装 Photoshop CS6 的操作步骤如下。

（1）将安装光盘放入光驱中，然后在光盘根目录 Adobe CS6 文件夹中双击 Setup.exe 文件，或从 Adobe 官方网站下载试用版，运行 Setup.exe 文件。运行安装程序后开始初始化，如图 1-28 所示。

图1-28

（2）初始化完成后，在“欢迎”界面中可以选择“安装”或“试用”选项，如图 1-29 所示。

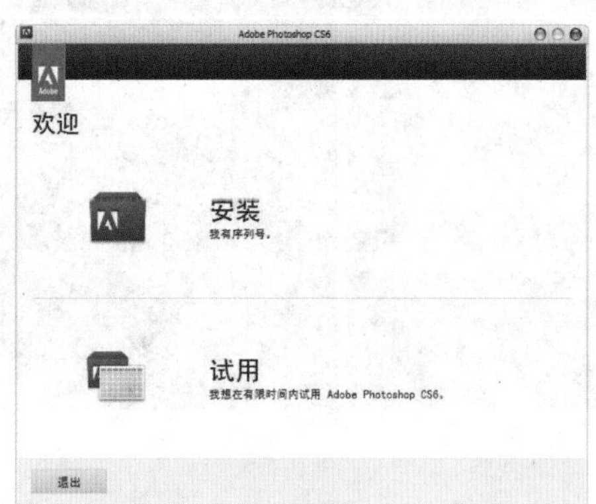

图1-29

（3）如果在欢迎窗口中选择“安装”选项，则会弹出“Adobe 软件许可协议”窗口，阅读许可协议后单击“接受”按钮，如图 1-30 所示。在弹出的“序列号”窗口中输入安装序列号，如图 1-31 所示。

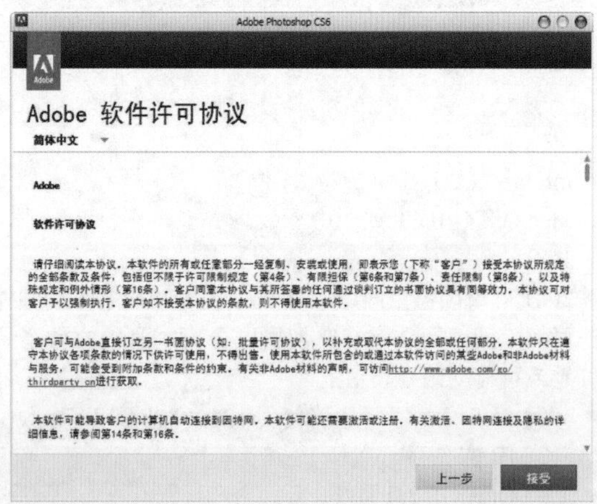

图1-30

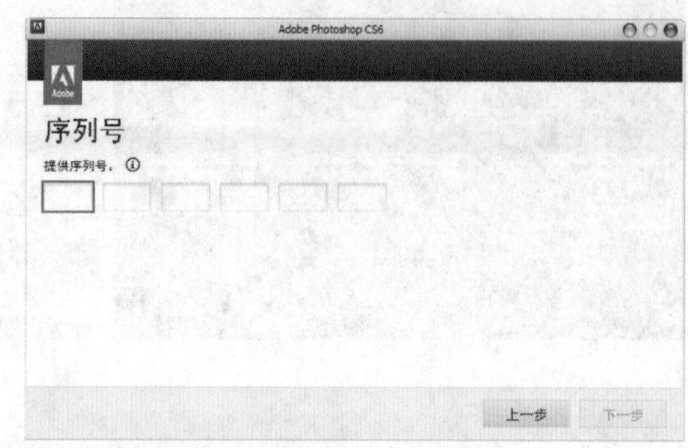

图1-31

（4）在弹出的“登录”窗口中输入 Adobe ID，并单击“登录”按钮，如图 1-32 所示。

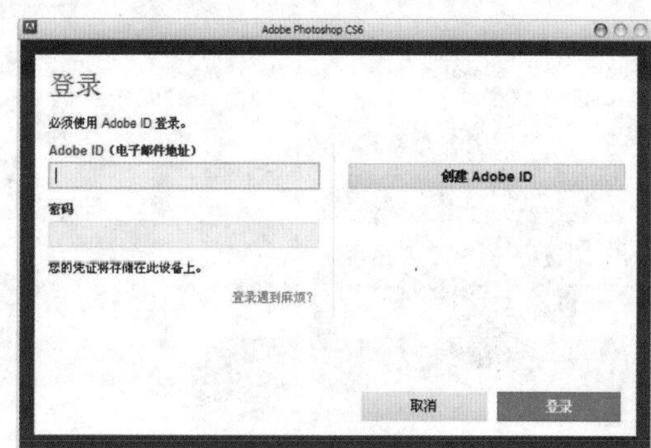

图1-32

（5）接着在“选项”窗口中选择合适的语言和安装路径，然后单击“安装”按钮开始安装，如图 1-33 所示。

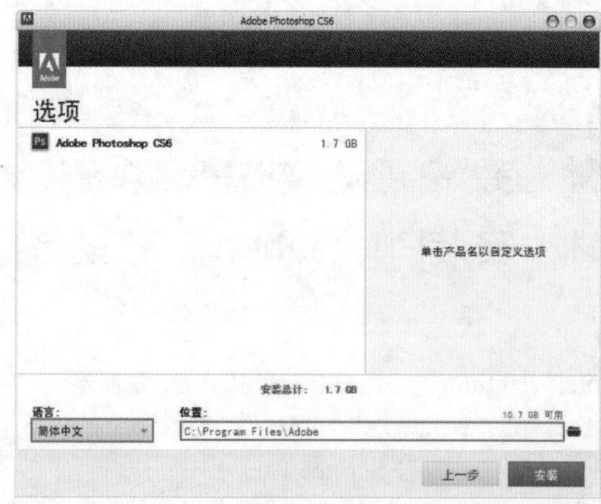

图1-33

如果在图 1-29 所示的窗口中选择“试用”选项，会进入图 1-33 所示的“选项”窗口。

（6）安装完成后显示“安装完成”窗口，如图 1-34 所示。在桌面上双击 Photoshop CS6 的快捷图标，即可启动 Photoshop CS6，如图 1-35 所示。

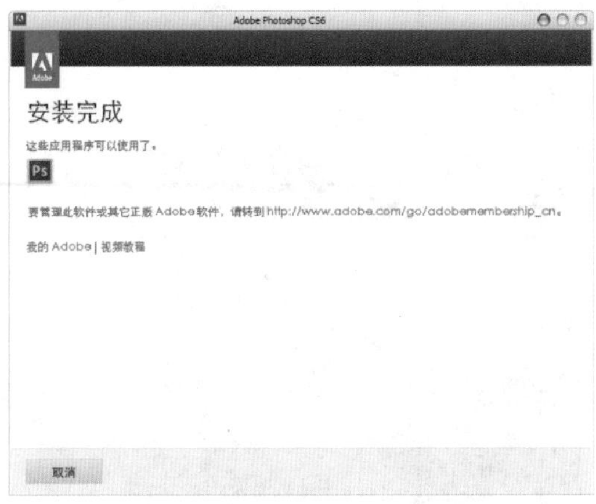

图1-34

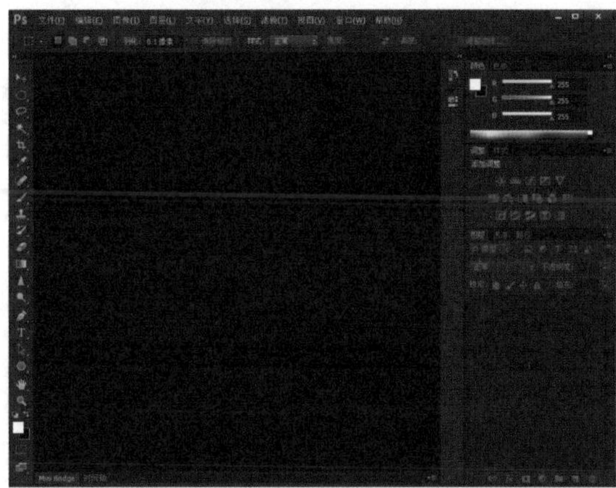

图1-35

1.2.3 卸载Photoshop CS6

与卸载其他软件相同，可以打开“控制面板”，然后双击“添加或删除程序”图标，打开“添加或删除程序”窗口，接着选择 Adobe Photoshop CS6，单击“删除”按钮即可将其卸载，如图 1-36 和图 1-37 所示。

图1-36

图1-37

1.3 Photoshop CS6的启动与退出

1.3.1 启动Photoshop CS6

成功安装 Photoshop CS6 之后，可以单击桌面左下角的“开始”按钮，打开“程序”菜单，选择 Adobe Photoshop CS6 命令即可启动 Photoshop CS6。或者双击桌面上的 Adobe Photoshop CS6 快捷方式图标，如图 1-38 所示。

图1-38

1.3.2 退出Photoshop CS6

若要退出 Photoshop CS6，可以像其他应用程序一样单击右上角的关闭按钮；执行“文件 > 退出”命令或使用快捷键 Ctrl+Q 同样可以快速退出软件，如图 1-39 所示。

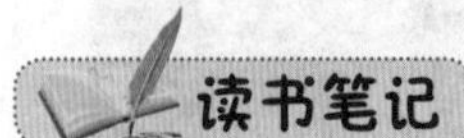

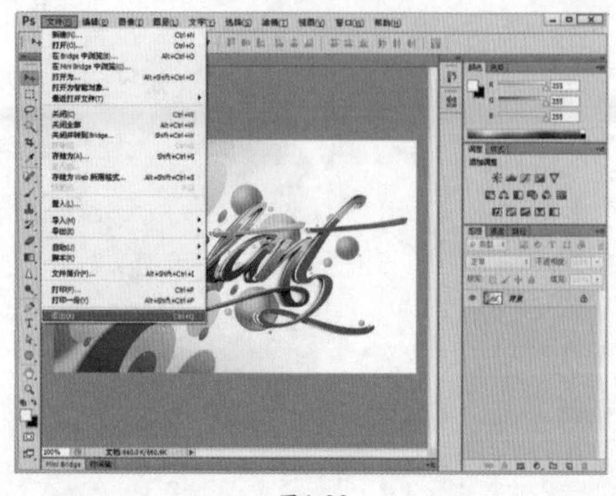

图1-39

1.4 Photoshop CS6的界面与工具

1.4.1 Photoshop CS6的界面

随着版本的不断升级，Photoshop 的工作界面布局也更加合理和人性化。启动 Photoshop CS6，即可看到其工作界面，包含菜单栏、选项栏、标题栏、工具箱、状态栏、文档窗口以及各式各样的面板等，如图 1-40 所示。

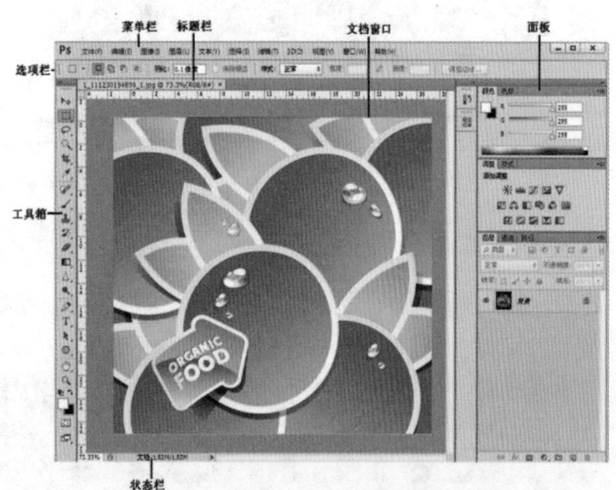

图1-40

- 菜单栏：Photoshop CS6 Extended 的菜单栏中包含 11 组菜单，分别是文件、编辑、图像、图层、文字、选择、滤镜、3D、视图、窗口和帮助。单击相应的菜单，即可打开子菜单。如果安装的是 Photoshop CS6 或在 Windows XP 系统下安装 Photoshop CS6 Extended，3D 菜单将不可见。
- 标题栏：打开一个文件以后，Photoshop 会自动创建一个标题栏。在标题栏中会显示该文件的名称、格式、窗口缩放比例以及颜色模式等信息。
- 文档窗口：是显示打开图像的地方。
- 工具箱：其中集合了 Photoshop CS6 的大部分工具。工具箱可以折叠显示或展开显示。单击工具箱顶部的折叠按钮▶▶，可以将其折叠为双栏；单击◀◀按钮，即可还原回展开的单栏模式。
- 选项栏：主要用来设置工具的参数选项，不同工具的选项栏不同。
- 状态栏：位于工作界面的最底部，可以显示当前文档的大小、文档尺寸、当前工具和窗口缩放比例等信息。单击状态栏中的三角形图标▶，可以设置要显示的内容，如图 1-41 所示。

图1-41

※ 技术拓展：状态栏菜单详解

- Adobe Drive：显示当前文档的 Version Cue 工具组状态。
- 文档大小：显示当前文档中图像的数据量信息。左侧的数值表示合并图层并保存文件后的大小；右侧的数值表示不合并图层与不删除通道的近似大小。
- 文档配置文件：显示当前图像所使用的颜色模式。
- 文档尺寸：显示当前文档的尺寸。
- 暂存盘大小：显示图像处理的内存与 Photoshop 暂存盘的内存信息。
- 效率：显示操作当前文档所花费时间的百分比。
- 计时：显示完成上一步操作所花费的时间。
- 当前工具：显示当前选择的工具名称。
- 32 位曝光：是 Photoshop 提供的预览调整功能，以使显示器显示的 HDR 图像的高光和阴影不会太暗或出现褪色现象。该选项只有在文档窗口中显示 HDR 图像时才可用。
- 存储进度：显示当前文件储存的进度百分比。

面板：主要用来配合图像的编辑、对操作进行控制以及设置参数等。每个面板的右上角都有一个图标，单击该图标可以打开该面板的菜单选项。如果需要打开某一个面板，可以单击菜单栏中的“窗口”菜单，在展开的子菜单中选择命令即可打开相应面板。

1.4.2 Photoshop CS6工具详解

Photoshop CS6 的工具箱中有很多个工具图标，右下角带有三角形图标表示这是一个工具组，每个工具组中又包含多个工具，在工具组上单击鼠标右键即可弹出隐藏的工具。单击工具箱中的某一个工具图标，即可选择该工具，如图 1-42 所示。

各工具的说明如表 1-1 所示。

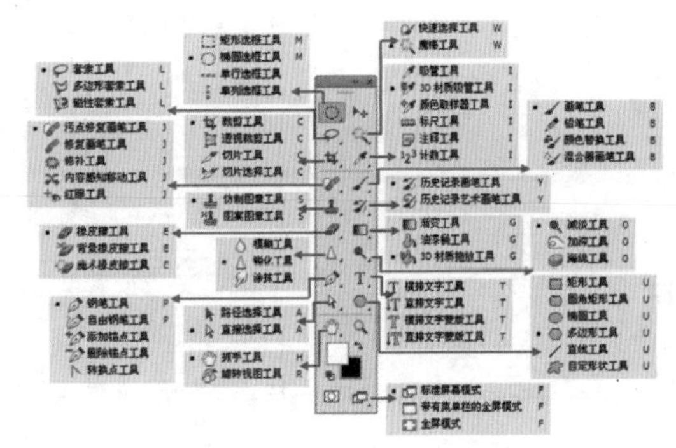

图1-42

表1-1

按　钮	工具名称	说　明	快捷键
	移动工具	移动图层、参考线、形状或选区内的像素	V
选框工具组			
	矩形选框工具	创建矩形选区和正方形选区，按住Shift键可以创建正方形选区	M
	椭圆选框工具	制作椭圆选区和正圆选区，按住Shift键可以创建正圆选区	M
	单行选框工具	创建高度为1像素的选区，常用来制作网格效果	无
	单列选框工具	创建宽度为1像素的选区，常用来制作网格效果	无
套索工具组			
	套索工具	自由地绘制出形状不规则的选区	L
	多边形套索	创建转角比较强烈的选区	L
	磁性套索工具	能够以颜色上的差异自动识别对象的边界，特别适合快速选择与背景对比强烈且边缘复杂的对象	L
快速选择工具组			
	快速选择工具	利用可调整的圆形笔尖迅速地绘制出选区	W

续表

按钮	工具名称	说明	快捷键
	魔棒工具	使用魔棒工具在图像中单击可选取颜色差别在容差值范围之内的区域	W
裁剪与切片工具组			
	裁剪工具	以任意尺寸裁剪图像	C
	透视裁剪工具	使用透视裁剪工具可以在需要裁剪的图像上制作出带有透视感的裁剪框，在应用裁剪后可以使图像带有明显的透视感	C
	切片工具	从一张图像创建切片图像	C
	切片选择工具	为改变切片的各种设置而选择切片	C
吸管与辅助工具组			
	吸管工具	拾取图像中的任意颜色作为前景色，按住Alt键进行拾取可将当前拾取的颜色作为背景色。可以在打开图像的任何位置采集色样来作为前景色或背景色	I
	颜色取样器工具	在信息浮动窗口显示取样的RGB值	I
	3D材质吸管工具	使用该工具可以快速地吸取3D模型中各个部分的材质	I
	标尺工具	在信息浮动窗口显示拖曳的对角线距离和角度	I
	注释工具	在图像内加入附注。PSD、TIFF、PDF文件都有此功能	I
1 2 3	计数工具	使用计数工具可以对图像中的元素进行计数，也可以自动对图像中的多个选定区域进行计数	I
修复画笔工具组			
	污点修复画笔工具	不需要设置取样点，自动从所修饰区域的周围进行取样，消除图像中的污点和某个对象	J
	修复画笔工具	用图像中的像素作为样本进行绘制	J
	修补工具	利用样本或图案来修复所选图像区域中不理想的部分	J
	内容感知移动工具	在用户整体移动图片中选中的某物体时，智能填充物体原来的位置	J
	红眼工具	可以去除由闪光灯导致的瞳孔红色反光	J
画笔工具组			
	画笔工具	使用前景色绘制出各种线条，同时也可以利用它来修改通道和蒙版	B
	铅笔工具	用无模糊效果的画笔进行绘制	B
	颜色替换工具	将选定的颜色替换为其他颜色	B
	混合器画笔工具	可以像传统绘画过程中混合颜料一样混合像素	B
图章工具组			
	仿制图章工具	将图像的一部分绘制到同一图像的另一个位置上，或绘制到具有相同颜色模式的任何打开的文档中，也可以将一个图层的一部分绘制到另一个图层上	S
	图案图章工具	使用预设图案或载入的图案进行绘画	S
历史记录画笔工具组			
	历史记录画笔工具	将标记的历史记录状态或快照用作源数据对图像进行修改	Y
	历史记录艺术画笔工具	将标记的历史记录状态或快照用作源数据，并以风格化的画笔进行绘画	Y

续表

按　钮	工具名称	说　明	快捷键
橡皮擦工具组			
	橡皮擦工具	以类似画笔描绘的方式将像素更改为背景色或透明	E
	背景橡皮擦工具	基于色彩差异的智能化擦除工具	E
	魔术橡皮擦工具	清除与取样区域类似的像素范围	E
渐变与填充工具组			
	渐变工具	以渐变方式填充拖曳的范围，在渐变编辑器内可以设置渐变模式	G
	油漆桶工具	可以在图像中填充前景色或图案	G
	3D材质拖放工具	在选项栏中选择一种材质，在选中模型上单击可以为其填充材质	G
模糊锐化工具组			
	模糊工具	柔化硬边缘或减少图像中的细节	无
	锐化工具	增强图像中相邻像素之间的对比，以提高图像的清晰度	无
	涂抹工具	模拟手指划过湿油漆时所产生的效果。可以拾取鼠标单击处的颜色，并沿着拖曳的方向展开这种颜色	无
加深减淡工具组			
	减淡工具	可以对图像进行减淡处理	O
	加深工具	可以对图像进行加深处理	O
	海绵工具	增加或降低图像中某个区域的饱和度。如果是灰度图像，该工具将通过灰阶远离或靠近中间灰色来增加或降低对比度	O
钢笔工具组			
	钢笔工具	以锚点方式创建区域路径，主要用于绘制矢量图形和选取矢量对象	P
	自由钢笔工具	用于绘制比较随意的图形，使用方法与套索工具相似	P
	添加锚点工具	将光标放在路径上，单击即可添加一个锚点	无
	删除锚点工具	删除路径上已经创建的锚点	无
	转换点工具	用来转换锚点的类型（角点和平滑点）	无
文字工具组			
	横排文字工具	创建横排文字图层	T
	直排文字工具	创建直排文字图层	T
	横排文字蒙版工具	创建水平文字形状的选区	T
	直排文字蒙版工具	创建垂直文字形状的选区	T
选择工具组			
	路径选择工具	在路径浮动窗口内选择路径，可以显示出锚点	A
	直接选择工具	只移动两个锚点之间的路径	A
形状工具组			
	矩形工具	创建长方形路径、形状图层或填充像素区域	U
	圆角矩形工具	创建圆角矩形路径、形状图层或填充像素区域	U
	椭圆工具	创建正圆或椭圆形路径、形状图层或填充像素区域	U

续表

按　钮	工具名称	说　明	快捷键
	多边形工具	创建多边形路径、形状图层或填充像素区域	U
	直线工具	创建直线路径、形状图层或填充像素区域	U
	自定形状工具	创建事先存储的形状路径、形状图层或填充像素区域	U
视图调整工具			
	抓手工具	拖曳并移动图像显示区域	H
	旋转视图工具	拖曳以及旋转视图	R
	缩放工具	放大、缩小显示的图像	Z
颜色设置工具			
	前景色/背景色	单击打开拾色器设置前景色/背景色	无
	切换前景色和背景色	切换所设置的前景色和背景色	X
	默认前景色和背景色	恢复默认的前景色和背景色	D
快速蒙版			
	以快速蒙版模式编辑	切换快速蒙版模式和标准模式	Q
更改屏幕模式			
	标准屏幕模式	标准屏幕模式可以显示菜单栏、标题栏、滚动条和其他屏幕元素	F
	带有菜单栏的全屏模式	带有菜单栏的全屏模式可以显示菜单栏、50%的灰色背景、无标题栏和滚动条的全屏窗口	F
	全屏模式	全屏模式只显示黑色背景和图像窗口，如果要退出全屏模式，可以按Esc键。如果按Tab键，将切换到带有面板的全屏模式	F

1.4.3 Photoshop CS6面板概述

面板是Photoshop的重要组成部分，Photoshop中的很多设置操作都需要在面板中完成，下面将详细介绍一下面板的相关知识。

- "颜色"面板：采用类似于美术调色的方式来混合颜色，如果要编辑前景色，可单击前景色块；如果要编辑背景色，则单击背景色块，如图1-43所示。
- "色板"面板：其中的颜色都是预先设置好的，如图1-44所示。单击一个颜色样本，即可将其设置为前景色；按住Ctrl键单击，则可将其设置为背景色。

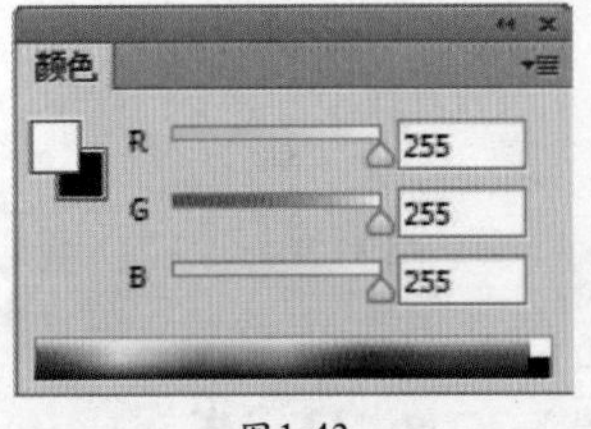

图1-43

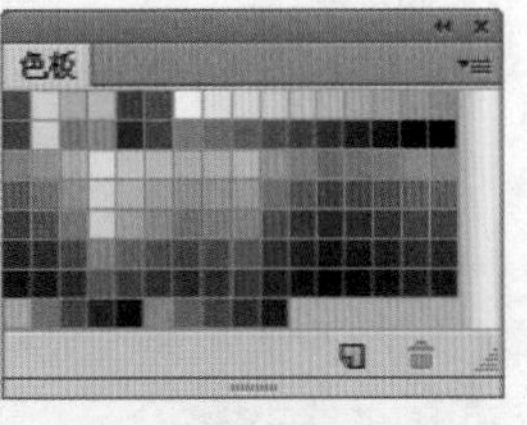

图1-44

- "样式"面板：其中提供了Photoshop提供的以及载入的各种预设的图层样式，如图1-45所示。

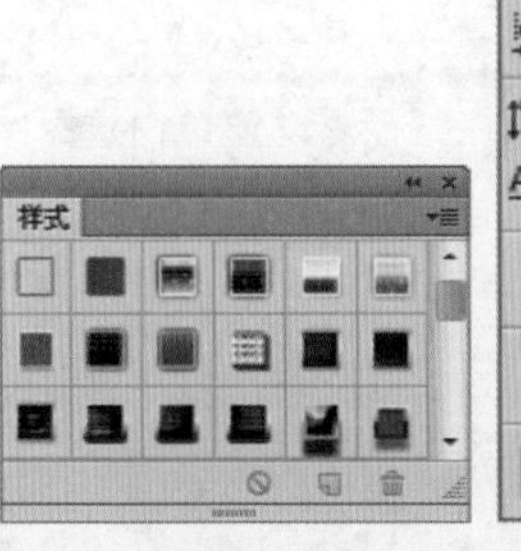

图1-45

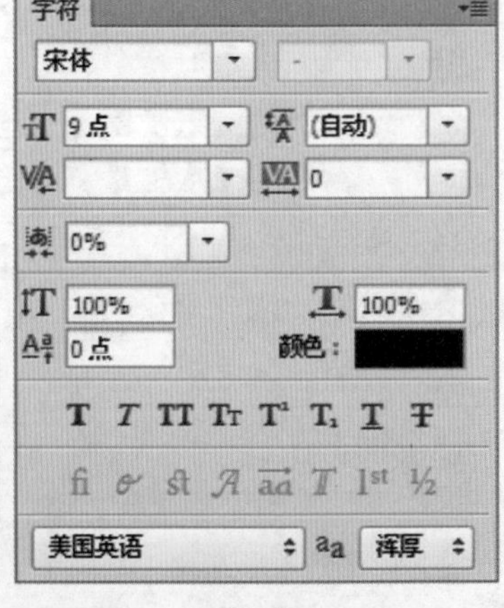

图1-46

- “字符”面板：可额外设置文字的字体、大小和样式，如图 1-46 所示。
- “段落”面板：可以设置文字的段落、位置、缩排、版面，以及避头尾法则和字间距组合，如图 1-47 所示。
- “字符样式”面板：在“字符样式”面板中可以创建字符样式，更改字符属性，并将字符属性储存在“字符样式”面板中。需要使用时，只需要选中文字图层，并单击相应字符样式即可，如图 1-48 所示。
- “段落样式”面板：“段落样式”面板与“字符样式”面板的使用方法相同，都可以进行样式的定义、编辑与调用。字符样式主要用于类似标题的较少文字的排版，而段落样式则多应用于正文等大段文字的排版，如图 1-49 所示。

图1-47　　图1-48

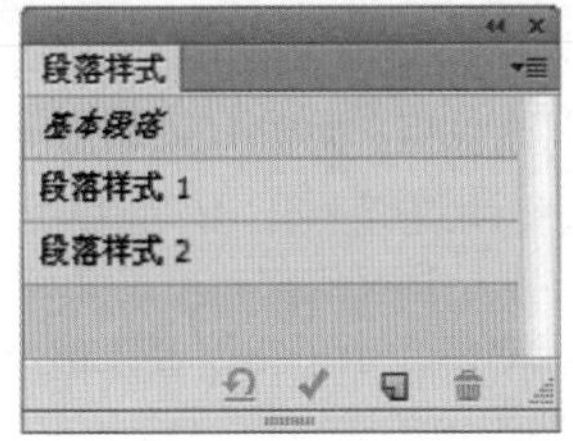

图1-49

- “图层”面板：用于创建、编辑和管理图层，以及为图层添加样式。面板中列出了所有的图层、图层组和图层效果，如图 1-50 所示。
- “通道”面板：可以创建、保存和管理通道，如图 1-51 所示。
- “路径”面板：用于保存和管理路径，面板中显示了每条存储的路径、当前工作路径和当前矢量蒙版的名称及缩览图，如图 1-52 所示。

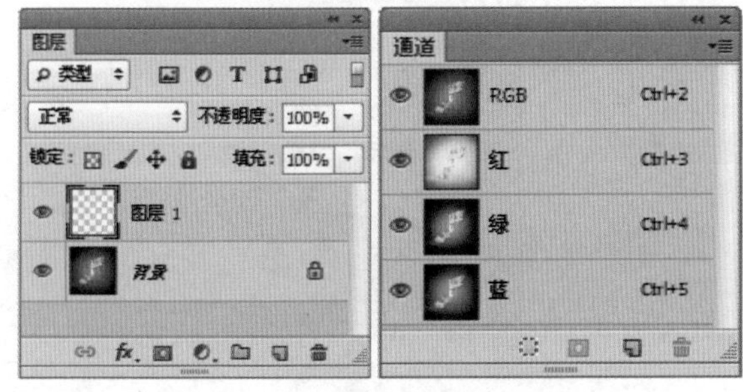

图1-50　　图1-51

图1-52

- “调整”面板：其中包含了用于调整颜色和色调的工具，如图 1-53 所示。
- “属性”面板：可以用于调整所选图层中的图层蒙版和矢量蒙版属性，以及光照效果滤镜、图层参数，如图 1-54 所示。
- “信息”面板：显示图像的相关信息，如选区大小、光标所在位置的颜色及方位等。另外，还能显示颜色取样器工具和标尺工具等的测量值，如图 1-55 所示。

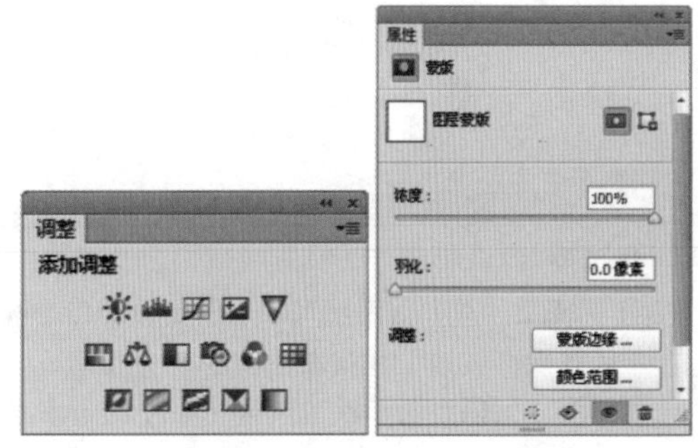

图1-53　　图1-54

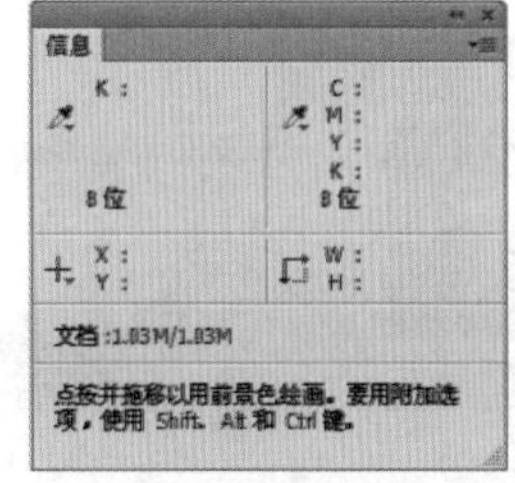

图1-55

- “画笔预设”面板：提供了各种预设的画笔。预设画笔带有诸如大小、形状和硬度等定义的特性，如图 1-56 所示。
- “画笔”面板：可以设置绘画工具（画笔、铅笔、历史记录画笔等）和修饰工具（涂抹、加深、减淡、模糊、锐化等）的笔尖种类、画笔大小和硬度，还可以创建自己需要的特殊画笔，如图 1-57 所示。
- “仿制源”面板：使用仿制图章工具或修复画笔工具时，可以通过“仿制源”面板设置不同的样本源，显示样本源的叠加，以帮助用户在特定位置仿制源。此外，还可以缩放或旋转样本源，更好地匹配目标的大小和方向，如图 1-58 所示。

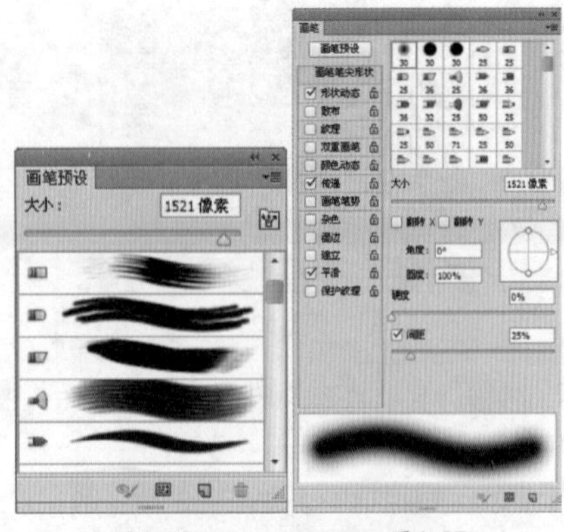

图1-56　　图1-57

图1-58

- “导航器”面板：包含图像的缩览图和窗口缩放工具，如图 1-59 所示。
- “直方图”面板：直方图用图形表示了图像中每个亮度级别的像素数量，展现了像素在图像中的分布情况。通过观察直方图，可以判断出照片的阴影、中间调和高光中包含的细节是否充足，以便做出正确的调整，如图 1-60 所示。

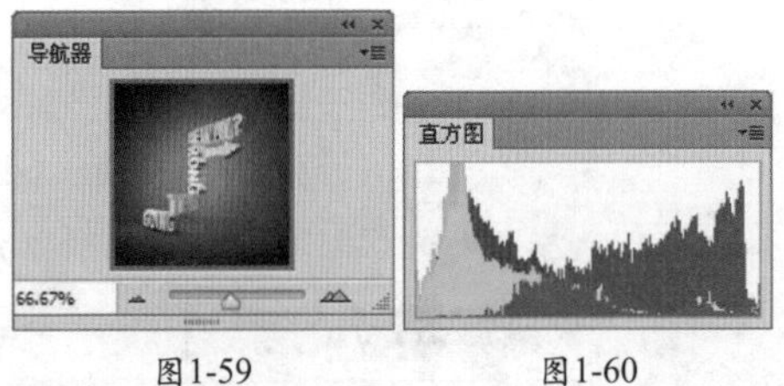

图1-59　　图1-60

- “图层复合”面板：图层复合可保存图层状态，“图层复合”面板用来创建、编辑、显示和删除图层复合，如图 1-61 所示。
- “注释”面板：可以在静态画面上新建、存储注释。注释的内容以图标方式显示在画面中（不是以图层方式显示，而是直接贴在图像上），如图 1-62 所示。

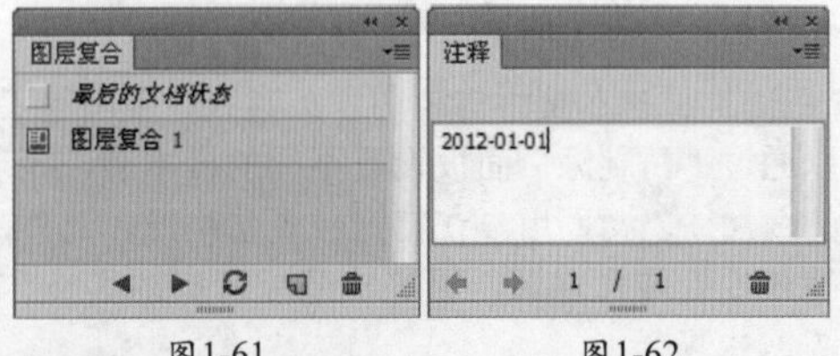

图1-61　　图1-62

- 动画面板：用于制作和编辑动态效果，包括“帧动画”和“时间轴”动画面板两种模式。“时间轴”面板如图 1-63 所示。
- “测量记录”面板：可以测量以套索工具或魔棒工具定义区域的高度、宽度、面积，如图 1-64 所示。

图1-63

图1-64

- “历史记录”面板：在编辑图像时，用户所做的每一步操作，Photoshop 都会记录在“历史记录”面板中，如图 1-65 所示。通过该面板可以将图像恢复到操作过程中的某一步状态，也可以再次回到当前的操作状态，或者将处理结果创建为快照或新文件。
- “工具预设”面板：用来存储工具的各项设置，载入、编辑和创建工具预设库，如图 1-66 所示。
- 3D 面板：选择 3D 图层后，3D 面板中会显示与之关联的 3D 文件组件，面板顶部列出了文件中的网格、材料和光源，面板底部显示了在面板顶部选择的 3D 组件的相关选项，如图 1-67 所示。

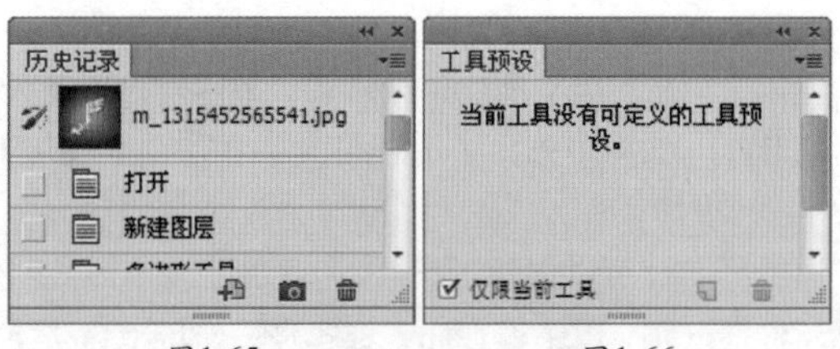

图1-65　　图1-66

图1-67

1.5 Photoshop的常用设置

选择“编辑>首选项>常规”命令或按Ctrl+K组合键，可以打开“首选项”对话框。在该对话框中，可以进行Photoshop CS6的常规、界面、文件处理、性能、光标、透明度与色域等参数的修改。设置好后，每次启动Photoshop都会按照该设置来运行。如图1-68和图1-69所示。

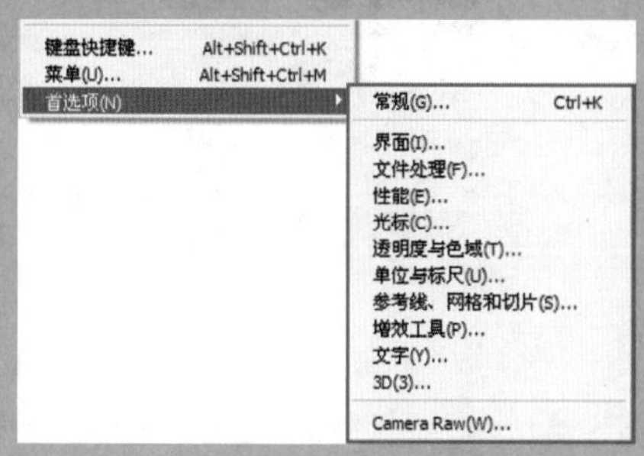

图1-68

图1-69

技巧提示

在开启“首选项”对话框时按住Alt键，“取消”按钮变为“复位”按钮，单击该按钮即可将首选项设置恢复为默认设置。

1.5.1 常规设置

在“常规”面板中，可以进行常规设置的修改，如图1-70所示。

- 拾色器：包含Windows和Adobe两种拾色器。
- HUD拾色器：选择“色相条纹”选项，可显示垂直拾色器；选择“色相轮”选项，可显示圆形拾色器。
- 图像插值：当改变图像的大小时，Photoshop会按设置的插值方法来增加或删除图像的像素。选择“邻近”方式，可以以低精度的方法来生成像素；选择“两次线性”方式，可以通过平均化图像周围像素颜色值的方法来生成像素；选择“两次立方”方式，可以对周围像素进行分析，以分析依据生成像素。
- 选项：在该选项组中可以设置Photoshop的一些常规选项。
- 历史记录：在该选项组中可以设置存储及编辑历史记录的方式。
- 复位所有警告对话框：在执行某些命令时，Photoshop会弹出一个警告对话框，选中“不再显示”复选框，下一次执行相同的操作时就不会显示该警告对话框。如果要恢复警告对话框的显示，可以单击“复位所有警告对话框”按钮。

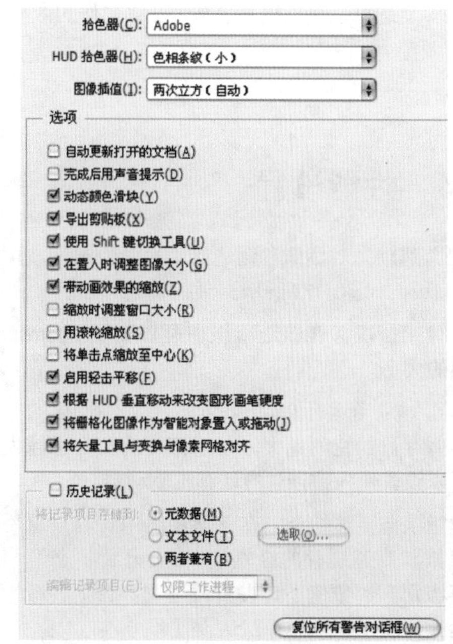

图1-70

1.5.2 界面设置

在“首选项”对话框左侧选择“界面”选项，可切换到“界面”面板，如图 1-71 所示。

- 外观：在该选项组中可以对操作界面的颜色方案进行设置，还可以对标准屏幕模式的显示、全屏显示、通道显示、图标显示、菜单颜色显示，以及工具提示等进行设置。
- 选项：在该选项组中可以设置面板和文档的显示，其中包含面板的折叠方式、是否隐藏面板、面板位置、打开文档的方式，以及是否启用浮动文档窗口停放等。
- 文本：在该选项组中可以设置界面的语言和用户界面的字体大小。

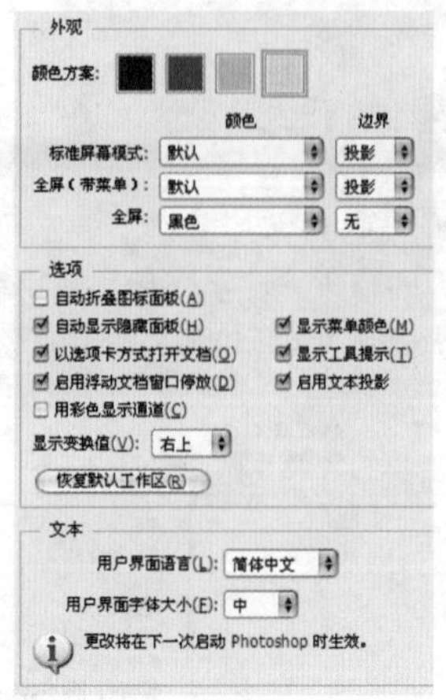

图1-71

1.5.3 文件处理设置

在“首选项”对话框左侧选择“文件处理”选项，可切换到“文件处理”面板，如图 1-72 所示。

- 文件存储选项：在该选项组中可以设置图像在预览时文件的存储方法、文件扩展名的写法、是否后台存储以及是否自动存储。
- 文件兼容性：在该选项组中可以设置 Camera Raw 首选项，以及文件兼容性的相关选项。
- Adobe Drive：简化工作组文件管理。选中“启用 Adobe Drive”复选框，可以提高上传 / 下载文件的效率。

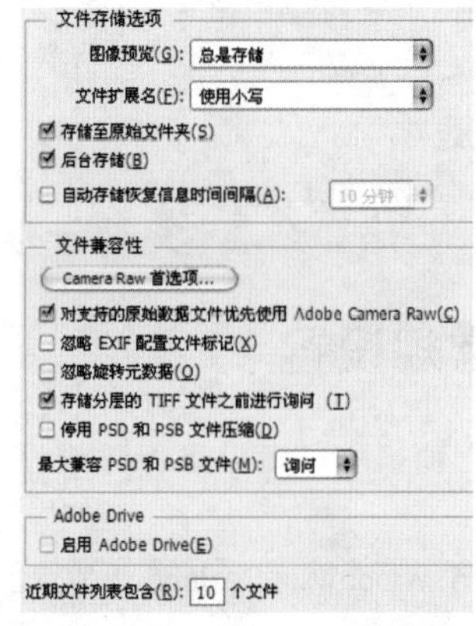

图1-72

1.5.4 性能设置

在“首选项”对话框左侧选择“性能”选项，可切换到“性能”面板，如图 1-73 所示。

- 内存使用情况：在该选项组中可以设置 Photoshop 使用内存的大小。
- 暂存盘：是当运行 Photoshop 时，文件暂存的空间。选择的暂存盘的空间越大，可以打开的文件也越大。在这里可以设置作为暂存盘的计算机驱动器。
- 历史记录与高速缓存：在该选项组中可以设置历史记录的次数和高速缓存的级别。“历史记录状态”和“高速缓存级别”的数值不宜设置得过大，否则会减慢计算机的运行速度，一般保持默认设置即可。
- 图形处理器设置：选中“使用图形处理器”复选框，可以加速处理大型的文件和复杂的图像（如 3D 文件）。

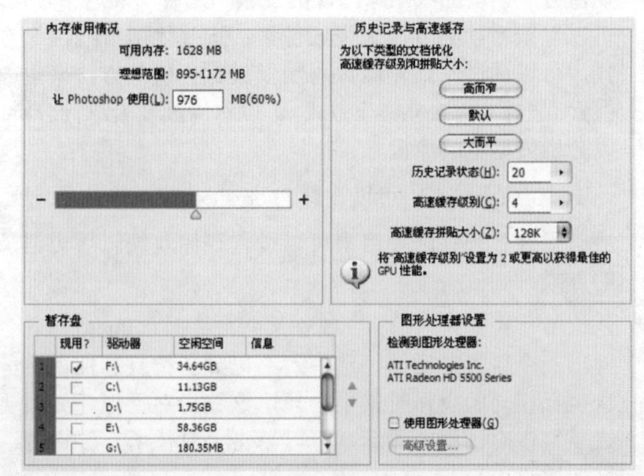

图1-73

1.5.5 光标设置

在“首选项”对话框左侧选择“光标”选项，可切换到“光标”面板，如图 1-74 所示。

- 绘画光标：设置使用画笔、铅笔、橡皮擦等绘画工具时光标的显示效果。
- 其它光标：设置除绘画工具以外的其他工具的光标显示效果。
- 画笔预览：设置预览画笔时的颜色。

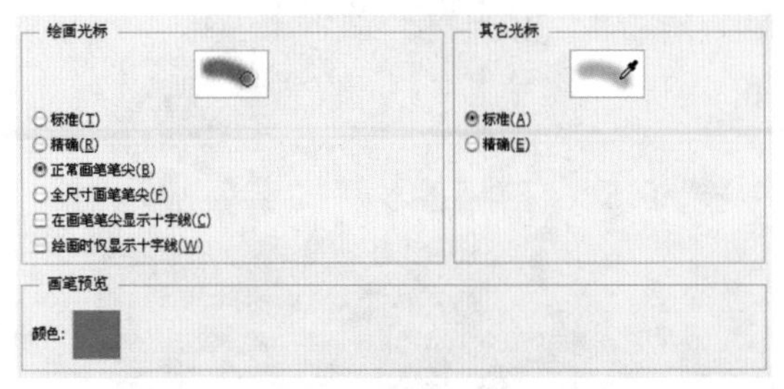

图1-74

1.6 内存清理——为Photoshop提速

选择“编辑>清理”命令下的子命令（见图 1-75），可以清理 Photoshop 制图过程中产生的还原操作、历史记录、剪贴板以及视频高速缓存，这样可以缓解因编辑图像的操作过多导致的 Photoshop 运行速度变慢的问题。在执行“清理”命令时，系统会弹出一个警告对话框，提醒用户该操作会将缓冲区所存储的记录从内存中永久清除，无法还原，如图 1-76 所示。

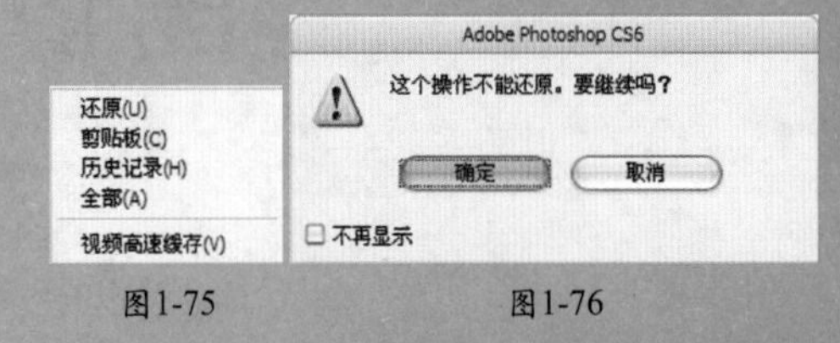

图1-75　　图1-76

读书笔记

Chapter 2

第2章

图像处理的基础知识

在正式学习用 Photoshop CS6 处理图像前，需要对图像的基础知识进行了解。本章将详细介绍位图与矢量图、像素与分辨率以及图像的颜色模式等内容，使用户对图像的相关内容有大致的了解，为更好地处理图像打下坚实的基础。

本章学习要点：

- 了解位图与矢量图像的差异
- 了解像素与分辨率
- 掌握颜色模式的特性与切换方法
- 了解色域与溢色

2.1 位图与矢量图像

2.1.1 位图图像

如果将一张位图图像放大到原图的 8 倍，可以发现图像变模糊，而放大到更多倍时，就可以清晰地观察到图像中有很多小方块，这些小方块就是构成图像的像素，这就是位图最显著的特点，如图 2-1 所示。

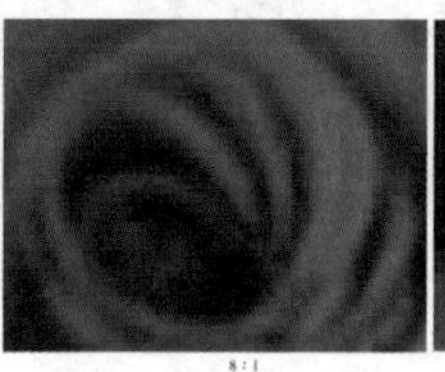
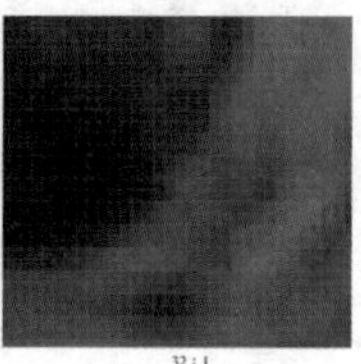

图2-1

位图图像在技术上被称为栅格图像，也就是通常所说的点阵图像或绘制图像。位图图像由像素组成，每个像素都会被分配一个特定位置和颜色值。相对于矢量图像，在处理位图图像时所编辑的对象是像素而不是对象或形状。

位图图像是连续色调图像，最常见的有数码照片和数字绘画，位图图像可以更有效地表现阴影和颜色的细节层次。如图 2-2~ 图 2-4 所示分别为位图、矢量图和矢量图的形状显示方式，可以发现位图图像表现出的效果非常细腻真实，而矢量图像相对于位图的过渡则显得有些生硬。

图2-2

图2-3

图2-4

技巧提示

位图图像与分辨率有关，也就是说，位图包含了固定数量的像素。缩放位图尺寸会使原图变形，因为这是通过减少像素来使整个图像变小或变大的。因此，如果在屏幕上以高缩放比率对位图进行缩放或以低于创建时的分辨率来打印位图，则会丢失其中的细节，并且会出现锯齿。

2.1.2 矢量图像

矢量图像也称为矢量形状或矢量对象，在数学上定义为一系列由线连接的点。比较有代表性的矢量软件有 Adobe Illustrator、CorelDRAW、AutoCAD 等。如图 2-5 和图 2-6 所示为矢量作品。

图2-5

图2-6

与位图图像不同，矢量文件中的图形元素称为矢量图像的对象，每个对象都是一个自成一体的实体，具有颜色、形状、轮廓、大小和屏幕位置等属性，所以矢量图形与分辨率无关，任意移动或修改矢量图形都不会丢失细节或影响其清晰度。当调整矢量图形的大小，将矢量图形打印到任何尺寸的介质上，在 PDF 文件中保存矢量图形或将矢量图形导入到基于矢量的图形应用程序中时，矢量图形都将保持清晰的边缘。如图 2-7 和图 2-8 所示是将矢量图像放大 5 倍前后的效果，可以发现图像仍然保持清晰的颜色和锐利的边缘。

图2-7

图2-8

答疑解惑：矢量图像主要应用在哪些领域？

矢量图像在设计中应用得比较广泛。例如常见的室外大型喷绘，既要保证放大数倍后的喷绘质量，又需要在设备能够承受的尺寸内进行制作，所以使用矢量软件进行制作非常合适；又如网络中比较常见的Flash动画，因其独特的视觉效果以及较小的空间占用量而广受欢迎。矢量图像的每一点都有自己的属性，因此放大后不会失真，而位图由于受到像素的限制，放大后会失真模糊。

2.2 像素与分辨率

在计算机图像世界中存在两种图像类型：位图与矢量图像。通常情况下所说的在Photoshop中进行图像处理是指对位图图像进行修饰、合成等。而图像的尺寸及清晰度则是由图像的像素与分辨率来控制的。

2.2.1 像素

像素又称为点阵图或光栅图，是构成位图图像的最基本单位。在通常情况下，一张普通的数码相片必然有连续的色相和明暗过渡。如果把位图图像放大数倍，则会发现这些连续色调是由许多色彩相近的小方点组成的，这些小方点就是构成图像的最小单位——像素。如图2-9和图2-10所示。

图2-9

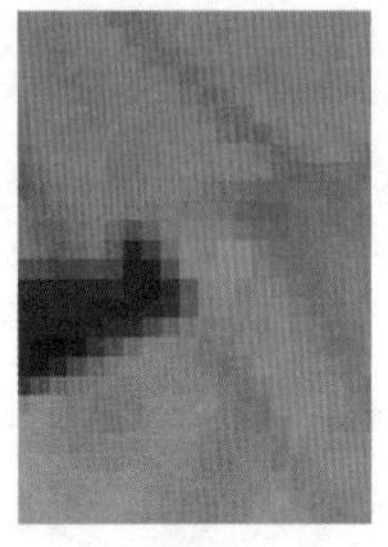

图2-10

构成一幅图像的像素点越多，色彩信息越丰富，效果就越好，当然文件所占的空间也就越大。在位图中，像素的大小是指沿图像的宽度和高度测量出的像素数目，如图2-11所示的3张图像的像素大小分别为1000×726像素、600×435像素和400×290像素。

像素大小为1000×726

像素大小为600×435

像素大小为400×290

图2-11

2.2.2 分辨率

这里所说的分辨率是指图像分辨率。图像分辨率用于控制位图图像中的细节精细度，测量单位是像素每英寸（ppi），每英寸的像素越多，分辨率越高。一般来说，图像的分辨率越高，印刷出来的质量就越好。如图2-12所示，这是两张尺寸相同、内容相同的图像，左图的分辨率为300ppi，右图的分辨率为72ppi，可以看出这两张图像的清晰度有明显的差异，即左图的清晰度明显高于右图。

图2-12

图像的分辨率和尺寸一起决定文件的大小及输出质量。在一般情况下，分辨率和尺寸越大，图形文件所占用的磁盘空间也就越多。另外，图像分辨率以及比例关系也会影响文件的大小，即文件大小与图像分辨率的平方成正比。如果保持图像尺寸不变，将图像分辨率提高 1 倍，那么文件大小将变成原来的 4 倍。

在 Photoshop 中，可以通过选择“图像 > 图像大小”命令打开“图像大小”对话框，在该对话框中可以查看图像的大小及分辨率，如图 2-13 所示。

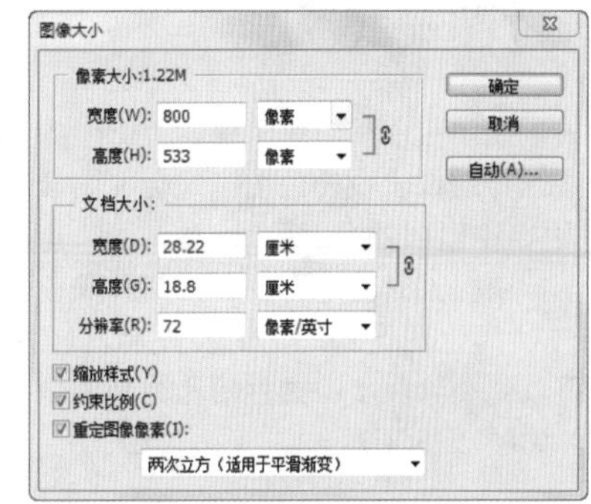

图2-13

※ 技术拓展：分辨率的相关知识

其他行业中也经常会用到“分辨率”的概念。分辨率（Resolution）是衡量图像品质的一个重要指标，它有多种单位和定义。

- 图像分辨率：是指一幅具体作品的品质高低，通常都用像素点（Pixel）的多少来加以区分。在图片内容相同的情况下，像素点越多，品质就越高，但相应的记录信息量也呈正比增加。
- 显示分辨率：是表示显示器清晰程度的指标，通常以显示器的扫描点 Pixel 多少来加以区分。如 800 × 600、1024 × 768、1280 × 1024、1920 × 1200 等，它与屏幕尺寸无关。
- 扫描分辨率：是指扫描仪的采样精度或采样频率，一般用 PPI 或 DPI 来表示。PPI 值越高，图像的清晰度就越高。但扫描仪通常有光学分辨率和插值分辨率两个指标，光学分辨率是指扫描仪感光器件固有的物理精度；而插值分辨率仅表示了扫描仪对原稿的放大能力。
- 打印分辨率：是指打印机在单位距离上所能记录的点数。因此，一般也用 PPI 来表示打印分辨率的高低。

2.3 图像的颜色模式

使用计算机处理数码照片经常会涉及“颜色模式”这一概念。图像的颜色模式是指将某种颜色表现为数字形式的模型，或者说是一种记录图像颜色的方式。在 Photoshop 中，颜色模式分为位图模式、灰度模式、双色调模式、索引颜色模式、RGB 颜色模式、CMYK 颜色模式、Lab 颜色模式和多通道模式，如图 2-14 所示。不同颜色模式之间的对比效果如图 2-15 所示。

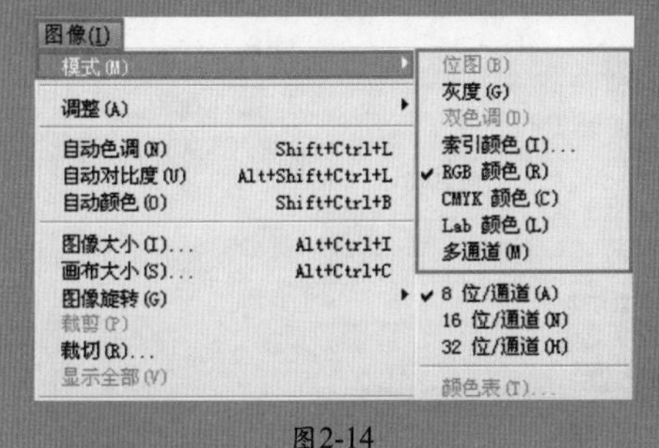

图2-14

图2-15

2.3.1 位图模式

位图模式指使用黑色和白色两种颜色值中的一个来表示图像中的像素。将图像转换为位图模式会使图像减少到两种颜色，从而大大简化图像中的颜色信息，同时也减小了文件的大小。由于位图模式只能包含黑、白两种颜色，所以将一幅彩色图像转换为位图模式时，需要先将其转换为灰度模式，这样就可以先删除像素中的色相和饱和度信息，从而只保留亮度值，如图 2-16 所示。

图2-16

技巧提示

由于在位图模式图像只有很少的编辑命令可用，因此需要在灰度模式下编辑图像，然后再将其转换为位图模式。

想要将图像转换为位图模式，当图像为彩色模式时执行“图像 > 模式 > 位图”命令，可以发现“位图”命令处于灰色不可用状态，这是由于位图模式只包含黑、白两种颜色，而此时彩色图像包含的颜色信息非常丰富，因此“位图”命令处于不可用状态。需要首先执行“图像 > 模式 > 灰度”命令，然后在弹出的“信息”对话框中单击“扔掉”按钮（扔掉所有颜色信息），如图 2-17 和图 2-18 所示。

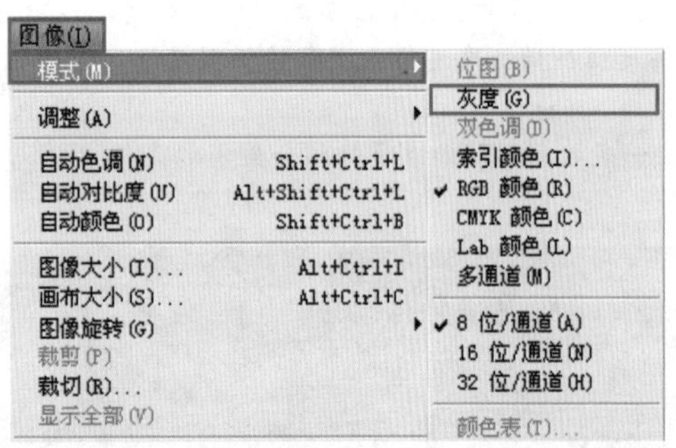

图2-17

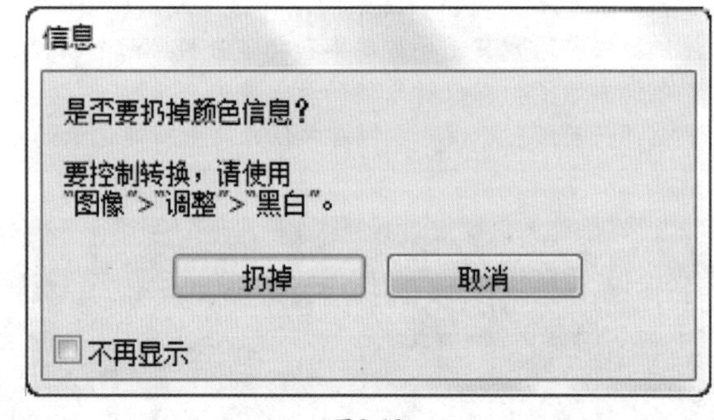

图2-18

将图像转换为灰度图像后，再执行“图像 > 模式 > 位图”命令，然后在弹出的“位图”对话框中设置合适的输出分辨率及方法即可，如图 2-19 和图 2-20 所示。

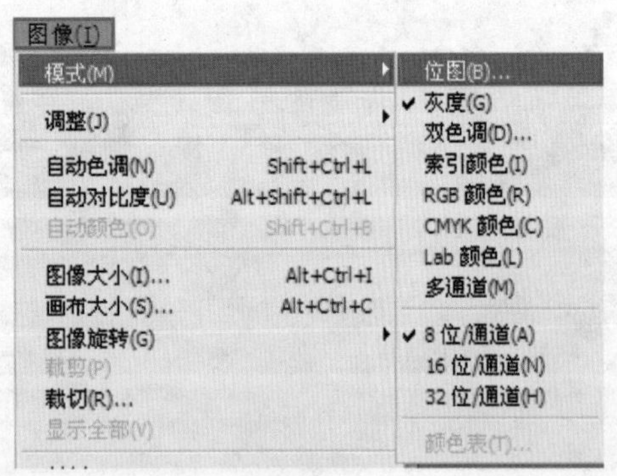

图2-19

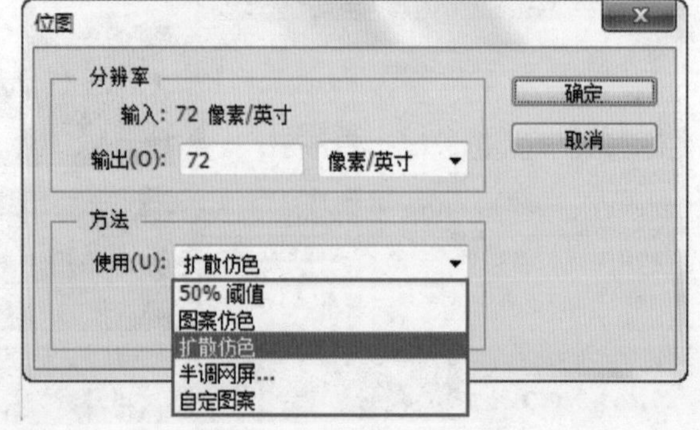

图2-20

※ 技术拓展：位图的 5 种模式

在"位图"对话框中可以观察到转换位图的方法有 5 种。

- 50% 阈值：将灰色值高于中间灰阶 128 的像素转换为白色，将灰色值低于该灰阶的像素转换为黑色，结果将是高对比度的黑白图像，如图 2-21 所示。
- 图案仿色：通过将灰阶组织成白色和黑色网点的几何配置来转换图像，如图 2-22 所示。
- 扩散仿色：从位于图像左上角的像素开始，通过使用误差扩散来转换图像，如图 2-23 所示。

图2-21

图2-22

图2-23

- 半调网屏：用来模拟转换后的图像中半调网点的外观，如图 2-24 所示。
- 自定图案：模拟转换后的图像中自定半调网屏的外观，所选图案通常是一个包含各种灰度级的图案，如图 2-25 所示。

图2-24

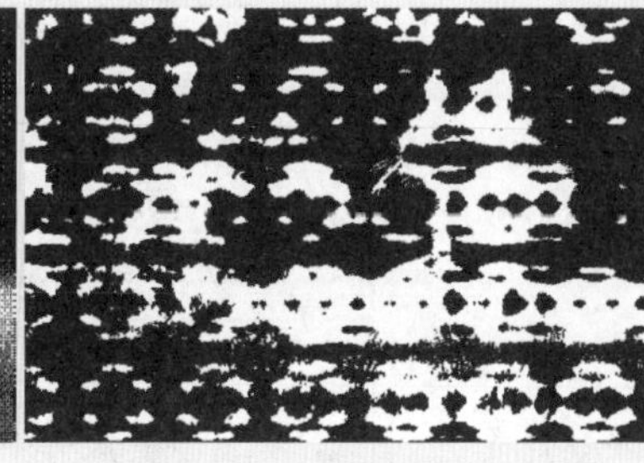

图2-25

2.3.2 灰度模式

灰度模式是用单一色调来表现图像，在图像中可以使用不同的灰度级，如图 2-26 所示。在 8 位图像中，最多有 256 级灰度，灰度图像中的每个像素都有一个 0（黑色）~ 255（白色）之间的亮度值；在 16 位和 32 位图像中，图像的级数比 8 位图像要大得多。

RGB模式

灰度模式

图2-26

2.3.3 双色调模式

在 Photoshop 中，双色调模式并不是指由两种颜色构成图像的颜色模式，而是通过 1~4 种自定油墨创建的单色调、双色调、三色调和四色调的灰度图像。单色调是用非黑色的单一油墨打印的灰度图像，双色调、三色调和四色调分别是用 2 种、3 种和 4 种油墨打印的灰度图像，如图 2-27 所示。

图2-27

想要将图像转换为双色调模式，首先需要执行“图像 > 模式 > 灰度”命令，然后在弹出的“信息”对话框中单击“扔掉”按钮，将图像转换为灰度模式，效果如图 2-28 所示。

执行“图像 > 模式 > 双色调”命令，然后在弹出的“双色调选项”对话框中设置“类型”为“双色调”，分别设置“油墨 1”和“油墨 2”的颜色如图 2-29 所示，完成后效果如图 2-30 所示。

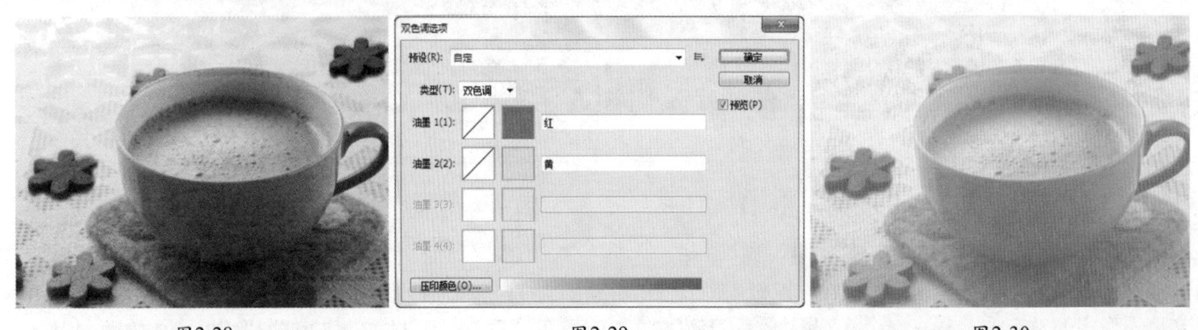

图2-28　　图2-29　　图2-30

如果想要制作三色调图像和四色调图像，只需更改“类型”的选项，并更改每种颜色即可，如图 2-31 和图 2-32 所示。

图2-31　　图2-32

2.3.4 索引颜色模式

索引颜色是位图图像的一种编码方法，需要基于 RGB、CMYK 等更基本的颜色编码方法。可以通过限制图像中的颜色总数来实现有损压缩，如图 2-33 和图 2-34 所示。如果要将图像转换为索引颜色模式，那么这张图像必须是 8 位 / 通道的图像、灰度图像或 RGB 颜色模式的图像。

图2-33　　　　图2-34

技巧提示

索引颜色模式的位图较其他模式的位图占用更少的空间，所以索引颜色模式位图广泛用于网络图形、游戏制作中，常见的格式有 GIF、PNG-8 等。

索引颜色模式可以生成最多 256 种颜色的 8 位图像文件。将图像转换为索引颜色模式后，Photoshop 将构建一个颜色查找表（CLUT），用以存放并索引图像中的颜色。如果原始图像中的某种颜色没有出现在该表中，则程序将选取最接近的一种，或使用仿色以及现有颜色来模拟该颜色。将颜色模式转换为索引颜色模式后，所有可见图层都将被拼合，处于隐藏状态的图层将被扔掉。对于灰度图像，转换过程将自动进行，不会出现“索引颜色”对话框；对于 RGB 图像，将出现“索引颜色”对话框。将图像转换为索引颜色模式后，执行“文件 > 存储为”命令，然后在弹出的对话框中将图像存储为 GIF 格式的图像即可。执行“调整 > 模式 > 索引颜色”命令，可打开“索引颜色”对话框，如图 2-35 所示。

图2-35

- 调板：用于设置索引颜色的调板类型。
- 颜色：对于“平均”、“局部（可感知）”、“局部（可选择）”和“局部（随样性）”调板，可以通过输入“颜色”值来指定要显示的实际颜色数量。
- 强制：将某些颜色强制包含在颜色表中，包含“黑白”、“三原色”、Web、“自定”4 种选项。黑白：将纯黑色和纯白色添加到颜色表中；三原色：将红色、绿色、蓝色、青色、洋红、黄色、黑色和白色添加到颜色表中；Web：将 216 种 Web 安全色添加到颜色表中；自定：用户自行选择要添加的颜色。
- 透明度：指定是否保留图像的透明区域。选中该复选框将在颜色表中为透明色添加一条特殊的索引项；取消选中该复选框，将用杂边颜色或白色填充透明区域。
- 杂边：指定用于填充与图像的透明区域相邻的消除锯齿边缘的背景色。如果选中“透明度”复选框，则对边缘区域应用杂边；如果取消选中“透明度”复选框，则不对透明区域应用杂边。
- 仿色：若要模拟颜色表中没有的颜色，可以采用仿色。
- 数量：当设置“仿色”为“扩散”方式时，该选项才可用，主要用来设置仿色数量的百分比值。该值越高，所仿颜色越多，但是可能会增加文件大小。

技巧提示

将颜色模式转换为索引颜色模式后，存储为GIF格式的图像相对于之前的JPEG图像所占用的空间就会少很多，如图2-36所示。

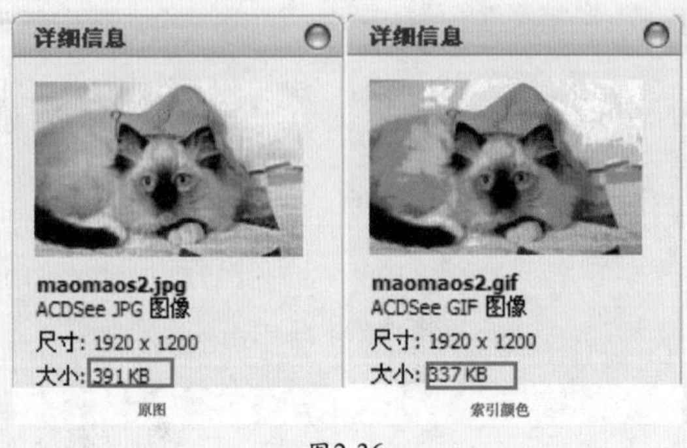

图2-36

2.3.5 RGB颜色模式

RGB颜色模式是进行图像处理时最常使用的一种模式，RGB模式是一种发光模式（也叫加光模式）。RGB分别代表Red（红色）、Green（绿色）、Blue（蓝），在“通道”面板中可以查看到3种颜色通道的状态信息，如图2-37和图2-38所示。RGB颜色模式下的图像只有在发光体上才能显示出来，如显示器、电视等，该模式所包括的颜色信息（色域）有1670多万种，是一种真彩色颜色模式。

图2-37 图2-38

2.3.6 CMYK颜色模式

CMYK颜色模式是一种印刷模式，C、M、Y是3种印刷油墨名称的首字母，C代表Cyan（青色）、M代表Magenta（洋红）、Y代表Yellow（黄色），而K代表Black（黑色）。CMYK模式也叫减光模式，该模式下的图像只有在印刷体上才可以观察到，如纸张。CMYK颜色模式包含的颜色总数比RGB模式少很多，所以在显示器上观察到的图像要比印刷出来的图像亮丽一些。在“通道”面板中可以查看到4种颜色通道的状态信息，如图2-39和图2-40所示。

图2-39 图2-40

技巧提示

在制作需要印刷的图像时需要使用CMYK颜色模式。将RGB图像转换为CMYK图像会产生分色。如果原始图像是RGB图像，那么最好先在RGB颜色模式下进行编辑，编辑结束后再转换为CMYK颜色模式。在RGB模式下，可以通过执行“视图>校样设置”菜单下的子命令来模拟转换为CMYK后的效果。

2.3.7 Lab颜色模式

Lab 颜色模式是由照度（L）和有关色彩的 a、b 这 3 个要素组成的。L 表示 Luminosity（照度），相当于亮度；a 表示从红色到绿色的范围；b 表示从黄色到蓝色的范围，如图 2-41 和图 2-42 所示。Lab 颜色模式的亮度分量（L）范围是 0 ~100，在 Adobe 拾色器和“颜色”面板中，a 分量（绿色 - 红色轴）和 b 分量（蓝色 - 黄色轴）的范围是 +127 ~-128。

图2-41　　图2-42

技巧提示

Lab 颜色模式是最接近真实世界颜色的一种色彩模式，它同时包括 RGB 颜色模式和 CMYK 颜色模式中的所有颜色信息。所以在将 RGB 颜色模式转换成 CMYK 颜色模式之前，要先将 RGB 颜色模式转换成 Lab 颜色模式，再将 Lab 颜色模式转换成 CMYK 颜色模式，这样就不会丢失颜色信息。

2.3.8 多通道模式

多通道模式图像在每个通道中都包含 256 个灰阶，在需要特殊打印时非常有用。将一张 RGB 颜色模式的图像转换为多通道模式的图像后，之前的红、绿、蓝 3 个通道将变成青色、洋红、黄色 3 个通道，如图 2-43 和图 2-44 所示。多通道模式图像可以存储为 PSD、PSB、EPS 和 RAW 格式。

技巧提示

如果图像处于 RGB、CMYK 或 Lab 颜色模式，删除其中某个颜色通道，图像将会自动转换为多通道模式。

图2-43

图2-44

2.4 图像的位深度

位深度主要用于指定图像中的每个像素可以使用的颜色信息数量，每个像素使用的信息位数越多，可用的颜色就越多，色彩的表现就越逼真。执行“图像 > 模式”命令，在子菜单中的“8 位 / 通道”、“16 位 / 通道”和“32 位 / 通道”3 个子命令就是通常所说的“位深度”，如图 2-45 所示。

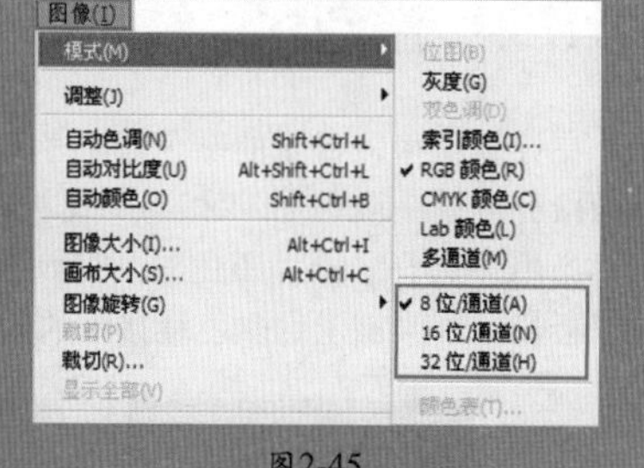

图2-45

2.4.1 8位/通道

8 位 / 通道的 RGB 图像中的每个通道可以包含 256 种颜色，这就意味着这张图像可能拥有 1600 万个以上的颜色值。

2.4.2 16位/通道

16 位 / 通道的图像的位深度为 16 位，每个通道包含 65000 种颜色信息。所以图像中的色彩通常会更加丰富、细腻。

2.4.3 32位/通道

32位/通道的图像也称为高动态范围（HDRI）图像。它是一种亮度范围非常广的图像，与其他模式的图像相比，32位/通道的图像有着更大亮度的数据储存，而且记录亮度的方式与传统的图片不同：不是用非线性方式将亮度信息压缩到8bit或16bit的颜色空间内，而是用直接对应的方式记录亮度信息。它记录了图片环境中的照明信息，因此通常可以使用这种图像来“照亮”场景。有很多HDRI文件是以全景图的形式提供的，同样也可以用它作为环境背景来产生反射与折射，如图2-46所示。

图2-46

2.5 色域与溢色

2.5.1 色域

色域是另一种形式上的色彩模型，它具有特定的色彩范围。例如，RGB色彩模型就有好几个色域，如Adobe RGB、sRGB和ProPhoto RGB等。在现实世界中，自然界中可见光谱的颜色组成了最大的色域空间，该色域空间中包含了人眼所能见到的所有颜色。

为了能够直观地表示色域这一概念，CIE（国际照明委员会）制定了一个用于描述色域的方法，即CIE-xy色度图，如图2-47所示。在这个坐标系中，各种显示设备能表现的色域范围用RGB三点连线组成的三角形区域来表示，三角形的面积越大，表示这种显示设备的色域范围越大。

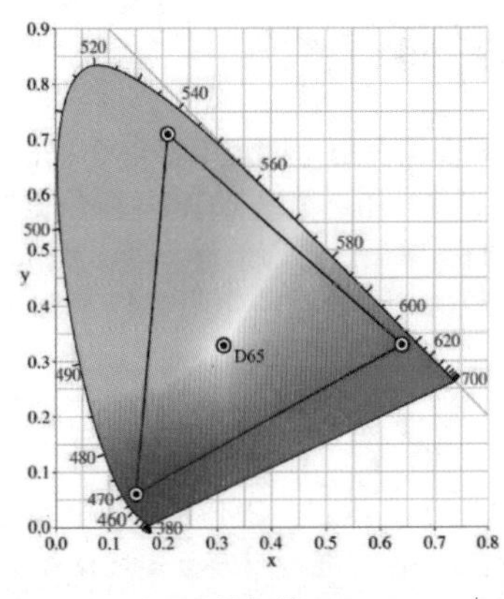

图2-47

2.5.2 溢色

在计算机中，显示的颜色超出了CMYK颜色模式的色域范围时，就会出现溢色。在RGB颜色模式下，在图像窗口中将鼠标指针放置在溢色上，“信息”面板中的CMYK值旁会出现一个感叹号，如图2-48和图2-49所示。

当用户选择了一种溢色时，“拾色器”对话框和“颜色”面板中都会出现一个“溢色警告”的三角形感叹号⚠，同时色块中会显示与当前所选颜色最接近的CMYK颜色，单击三角形感叹号⚠即可选定色块中的颜色，如图2-50所示。

图2-48　图2-49

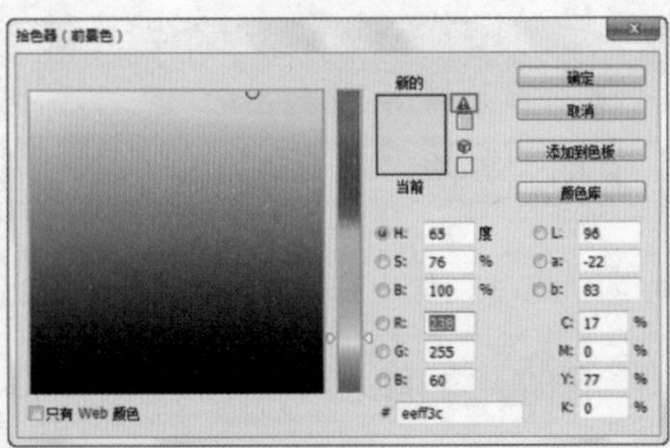

图2-50

2.5.3 查找溢色区域

执行“视图 > 色域警告”命令，图像中溢色的区域将被高亮显示出来，默认以灰色显示，如图 2-51 和图 2-52 所示。

图2-51　　图2-52

2.5.4 自定义色域警告颜色

默认的色域警告颜色为灰色，当图像颜色与默认的色域警告颜色相近时，可以通过更改色域警告颜色的方法来查找溢色区域。执行“编辑 > 首选项 > 透明度与色域”命令，打开“首选项”对话框，在“色域警告”选项组下修改“颜色”即可更改色域警告的颜色，如图 2-53 所示。

如果将色域警告颜色设置为绿色，执行“视图 > 色域警告”命令后，图像中溢色的区域就会显示为绿色，如图 2-54 和图 2-55 所示。

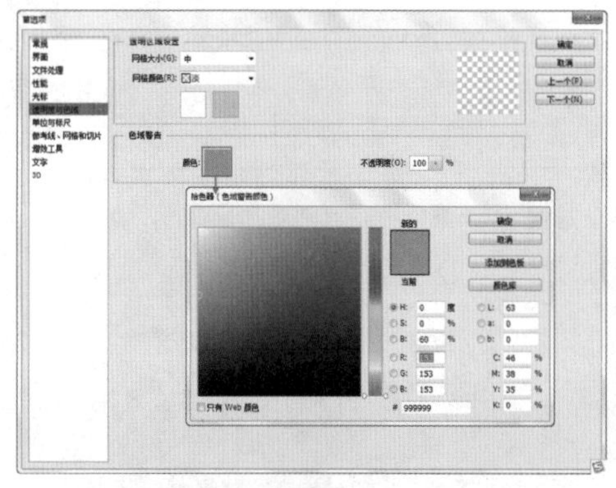

图2-53

图2-54

图2-55

※ 技术拓展：透明度与色域设置详解

在“首选项”对话框左侧选择“透明度与色域”选项，可切换到“透明度与色域”面板，如图 2-56 所示。

- 透明区域设置：在该选项组中可以设置网格的大小及颜色。当文档中出现透明区域时，通过这里的设置可以改变透明区域的显示效果。
- 色域警告：设置警告颜色和不透明度。

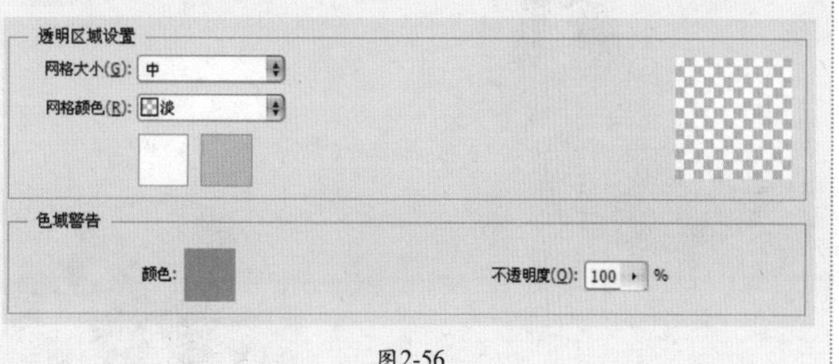

图2-56

文件的基本操作

在 Photoshop 中，文件的基本操作包括新建、打开、存储和关闭等，执行相应命令或使用快捷键，即可完成操作。

本章学习要点：

- 熟练掌握文件新建、打开、存储、关闭等操作
- 了解Adobe Bridge组件的使用方法
- 掌握工作区域的设置方法
- 掌握辅助工具的使用方法
- 掌握图像窗口的基本操作方法

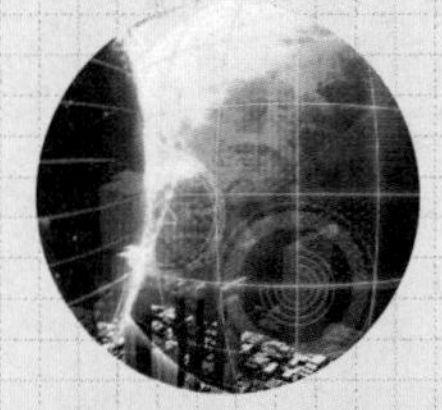

3.1 新建文件

在处理已有的图像时，可以直接在 Photoshop 中打开相应文件。如果需要制作一个新的文件，则需要执行“文件 > 新建”命令或按 Ctrl+N 组合键，打开“新建”对话框，如图 3-1 所示。在“新建”对话框中可以设置文件的名称、尺寸、分辨率、颜色模式等。

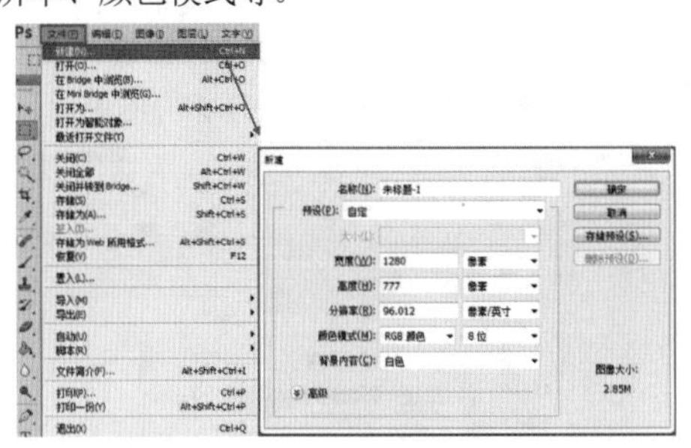

图3-1

- 名称：设置文件的名称，默认文件名为“未标题 -1”。如果在新建文件时没有对文件进行命名，可以通过执行“文件 > 储存为”命令对文件进行名称的修改。
- 预设：选择一些内置的常用尺寸，“预设”下拉列表中包含“剪贴板”、“默认 Photoshop 大小”、“美国标准纸张”、“国际标准纸张”、“照片”、Web、“移动设备”、“胶片和视频”和“自定”9 个选项，如图 3-2 所示。

图3-2

- 大小：用于设置预设类型的大小，在设置“预设”为“美国标准纸张”、“国际标准纸张”、“照片”、Web、“移动设备”或“胶片和视频”时，“大小”选项才可用，以“国际标准纸张”预设为例，如图 3-3 所示。

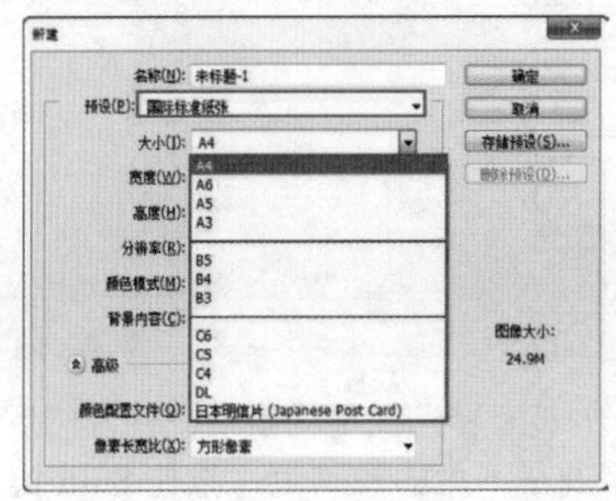

图3-3

- 宽度 / 高度：设置文件的宽度和高度，其单位有“像素”、“英寸”、“厘米”、“毫米”、“点”、“派卡”和“列”7 种，如图 3-4 所示。

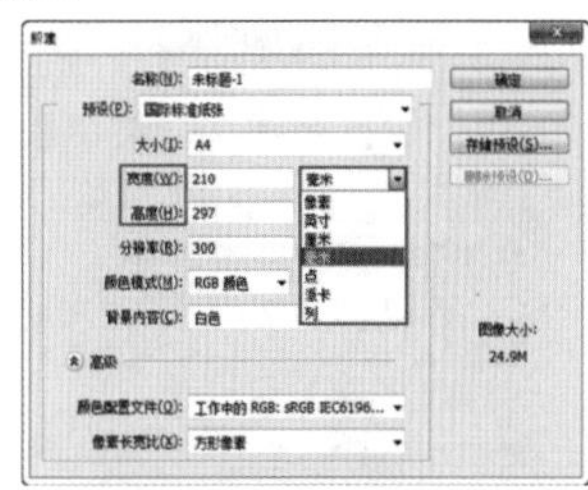

图3-4

- 分辨率：用来设置文件的分辨率大小，其单位有“像素 / 英寸”和“像素 / 厘米”两种，如图 3-5 所示。在一般情况下，图像的分辨率越高，印刷出来的质量就越好。

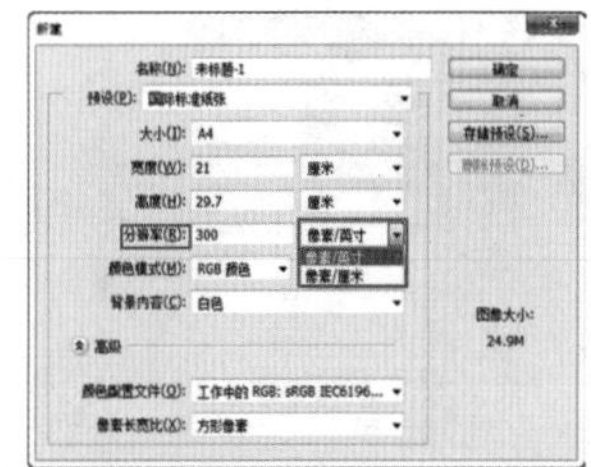

图3-5

- 颜色模式：设置文件的颜色模式以及相应的颜色深度，如图 3-6 所示。

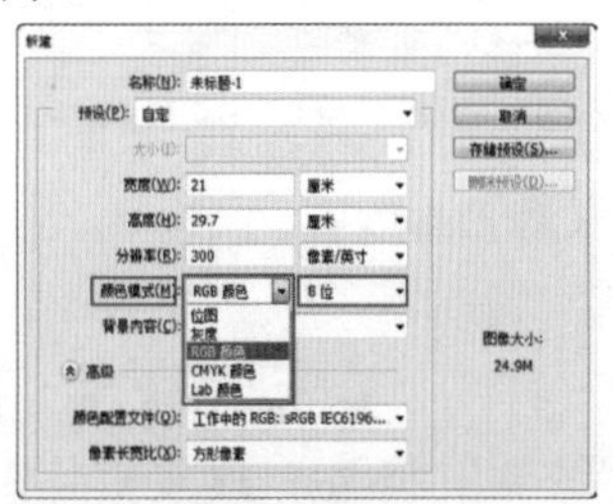

图3-6

- 背景内容：设置文件的背景内容，有“白色”、“背景色”和“透明”3 个选项，如图 3-7 所示。

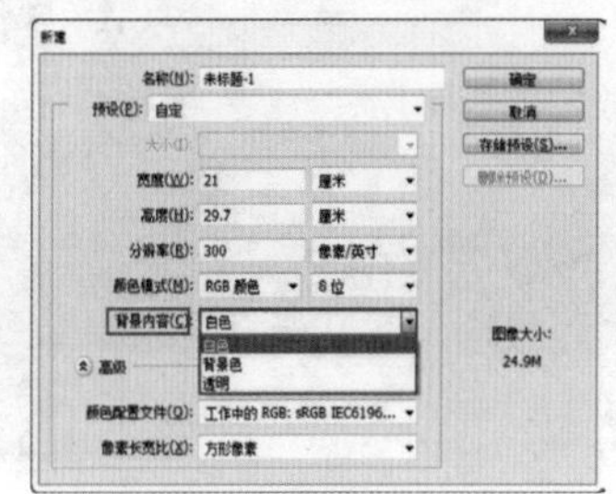

图3-7

技巧提示

如果设置“背景内容”为“白色”，那么新建文件的背景色为白色；如果设置“背景内容”为“背景色”，那么新建文件的背景色就是背景色，即 Photoshop 当前的背景色；如果设置“背景内容”为“透明”，那么新建文件的背景色是透明的，如图 3-8 所示。

图3-8

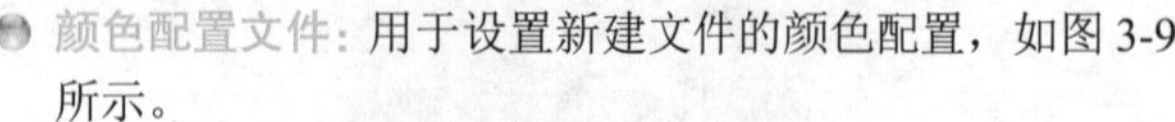

- 颜色配置文件：用于设置新建文件的颜色配置，如图 3-9 所示。

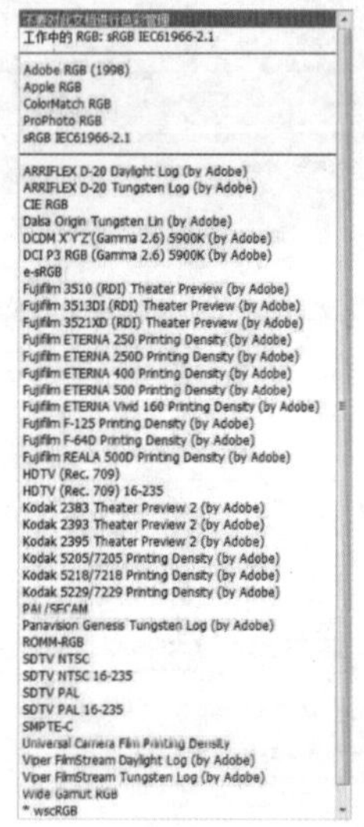

图3-9

- 像素长宽比：用于设置单个像素的长宽比例，如图 3-10 所示。通常情况下保持默认的“方形像素”即可，如果需要应用于视频文件，则需要进行相应的更改。

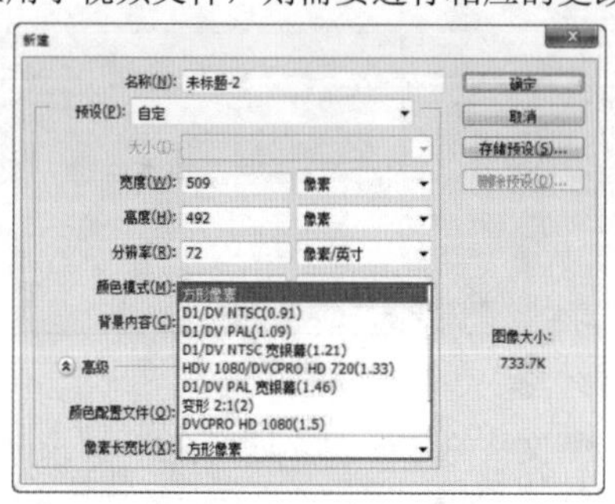

图3-10

技巧提示

完成设置后，可以单击“存储预设”按钮 存储预设(S)... ，将这些设置存储到预设列表中。

实例练习——DIY 自己的计算机桌面壁纸

实例文件	实例练习——DIY 自己的计算机桌面壁纸 .psd
视频教学	实例练习——DIY 自己的计算机桌面壁纸 .flv
难易指数	
知识掌握	掌握桌面壁纸的制作方法

实例介绍

本例的原始素材是一张 1700×1000 像素的图片，这里需要将其制作成一张 1024×768 像素的桌面壁纸，如图 3-11 所示。

图3-11

操作步骤

步骤 01 执行“文件 > 新建”命令，打开“新建”对话框，设置“宽度”为 1024 像素，“高度”为 768 像素，“分辨率”为 72 像素 / 英寸，背景内容为“透明”，最后单击“确定”按钮 确定 ，如图 3-12 所示，新建的文件效果如图 3-13 所示。

图3-12　　图3-13

步骤 02 选择本书配套光盘中的素材文件，然后将其拖曳到画布中，并单击左下角的控制点，按住 Shift 键进行等比缩放，使源图像的高度与新建画布高度相同，并移动到合适的位置，如图 3-14~ 图 3-16 所示。

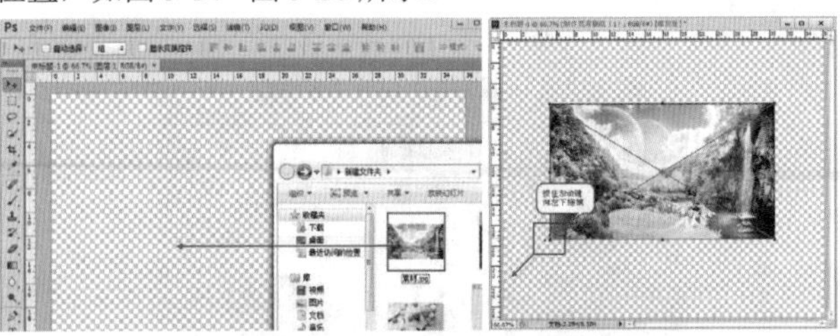

图3-14　　图3-15

图3-16

技巧提示

使用拖曳的方法打开素材，素材将作为智能对象导入，可以直接缩放到当前图层的尺寸。

步骤 03 双击或按 Enter 键完成操作，效果如图 3-17 所示。

步骤 04 执行“文件 > 储存为”命令或按 Ctrl+Shift+S 组合键，将文件储存为 JPEG 格式的图像，如图 3-18 所示。

图3-17

图3-18

步骤 05 至此，壁纸制作完成，用户可以将其设置为计算机的桌面，最终效果如图 3-19 所示。

图3-19

3.2 打开文件

3.2.1 使用“打开”命令打开文件

在 Photoshop 中打开文件的方法很多，执行“文件 > 打开”命令，然后在弹出的对话框中选择需要打开的文件，接着单击“打开”按钮 打开(O) 或直接双击文件，都可在 Photoshop 中打开该文件，如图 3-20 和图 3-21 所示。

图3-20　　图3-21

技巧提示

在灰色的 Photoshop 程序窗口中双击或按 Ctrl+O 组合键，都可以弹出“打开”对话框。

“打开”对话框中各选项的含义如下：

- 查找范围：可以通过此处设置打开文件的路径。
- 文件名：显示所选文件的文件名。
- 文件类型：显示需要打开文件的类型，默认为“所有格式”。

答疑解惑：为什么在打开文件时不能找到需要的文件？

如果发生这种现象，可能有两个原因。第一个原因是 Photoshop 不支持这种文件格式；第二个原因是“文件类型”没有设置正确，比如设置“文件类型”为 JPEG 格式，那么在“打开”对话框中就只能显示这种格式的图像文件，这时可以设置“文件类型”为“所有格式”，就可以查看到相应的文件了（前提是计算机中存在该文件）。

3.2.2 使用“在Bridge中浏览”命令打开文件

执行“文件>在 Bridge 中浏览”命令，可以运行 Adobe Bridge，在 Bridge 中选择并双击一个文件，即可在 Photoshop 中将其打开，如图 3-22 所示。

图3-22

3.2.3 使用“打开为”命令打开文件

执行“文件>打开为”命令，可打开“打开为”对话框，在该对话框中可以选择需要打开的文件，并且可以设置所需要的文件格式，如图 3-23 和图 3-24 所示。

技巧提示

如果文件使用与实际格式不匹配的扩展名（如用扩展名为 GIF 的文件存储 PSD 文件），或者文件没有扩展名，则 Photoshop 可能无法打开该文件，选择正确的格式才能让 Photoshop 识别并打开该文件。

图3-23　图3-24

3.2.4 使用“打开智能对象”命令打开文件

智能对象是包含栅格图像或矢量图像的数据的图层，它将保留图像的源内容及其所有原始特性，因此无法对该图层进行破坏性编辑。执行“文件>打开为智能对象”命令，然后在弹出的对话框中选择一个文件将其打开，此时该文件将以智能对象的形式打开，如图 3-25 所示。

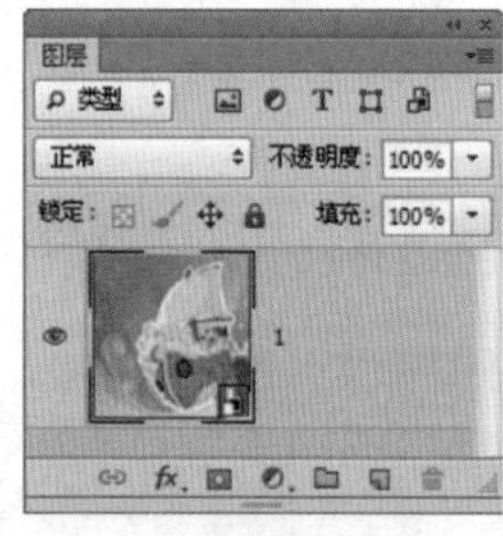

图3-25

3.2.5 使用“最近打开文件”命令打开文件

Photoshop 可以记录最近使用过的 10 个文件，执行“文件>最近打开文件”命令，在其子菜单中单击文件名即可将其在 Photoshop 中打开，选择底部的“清除最近的文件列表”命令可以删除历史打开记录，如图 3-26 所示。

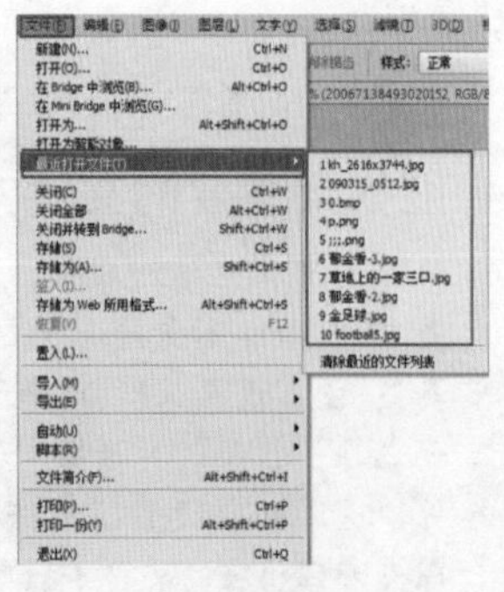

图3-26

技巧提示

首次启动 Photoshop 时，或者在运行 Photoshop 期间执行过“清除最近的文件列表”命令，“最近打开文件”命令将处于灰色不可用状态，如图 3-27 所示。

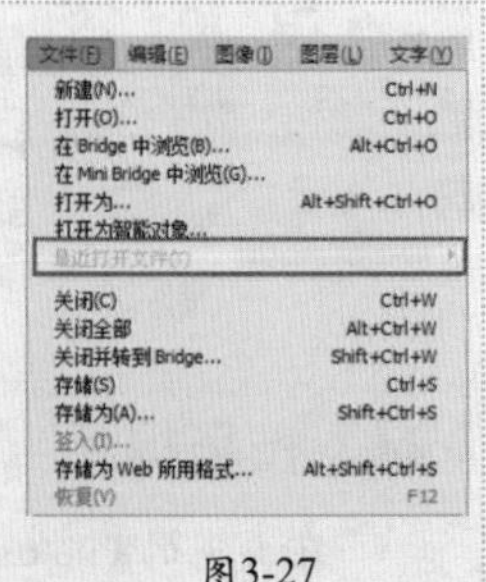

图3-27

3.2.6 使用快捷方式打开文件

利用快捷方式打开文件的方法主要有以下 3 种。

（1）选择一个需要打开的文件，然后将其拖曳到 Photoshop 的应用程序图标上，如图 3-28 所示。

（2）选择一个需要打开的文件，然后单击鼠标右键，在弹出的菜单中执行“打开方式 >Adobe Photoshop CS6”命令，如图 3-29 所示。

图3-28　　图3-29

（3）如果已经运行了 Photoshop，可以直接在 Windows 资源管理器中将文件拖曳到 Photoshop 的窗口中，如图 3-30 所示。

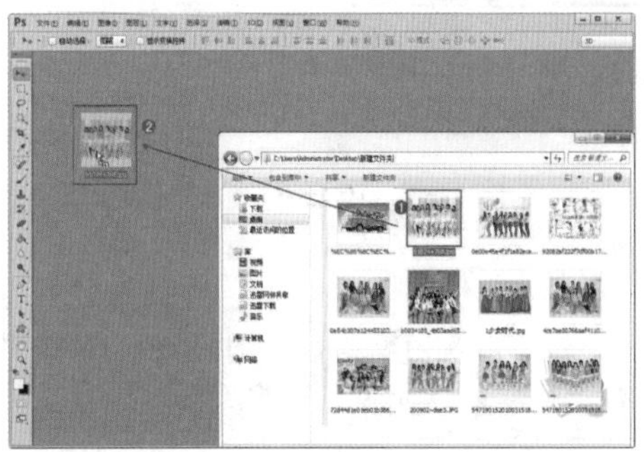

图3-30

3.3 置入文件

置入文件是将照片、图片或任何 Photoshop 支持的文件作为智能对象添加到当前操作的文档中。执行“文件 > 置入”命令，然后在弹出的对话框中选择需要置入的文件，即可将其置入到 Photoshop 中，如图 3-31 和图 3-32 所示。

在置入文件时，置入的文件将自动放置在画布的中间，且文件会保持其原始长宽比。但是如果置入的文件比当前编辑的图像大，那么该文件将被重新调整到与画布相同大小的尺寸。

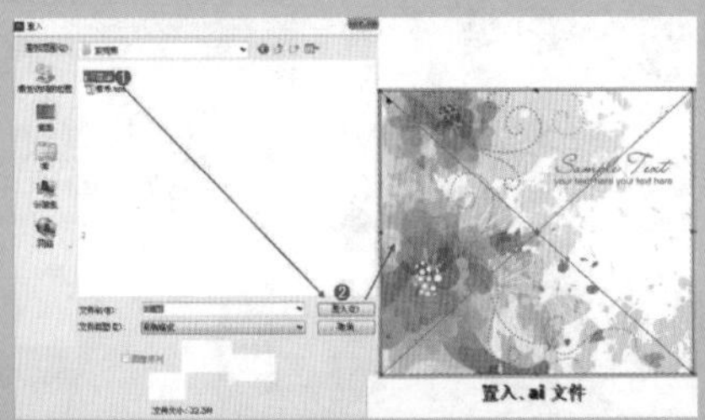

图3-31

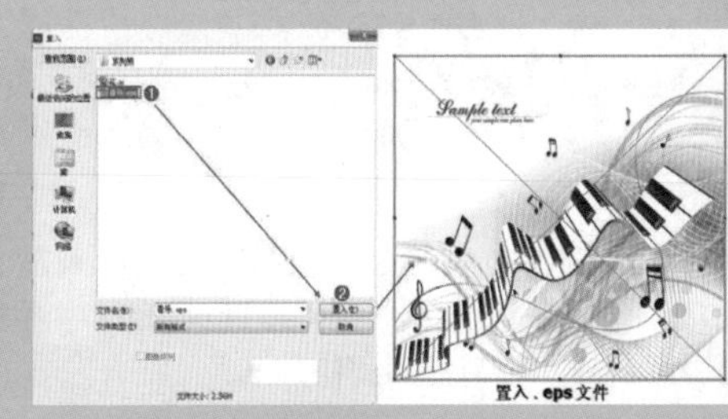

图3-32

技巧提示

在置入文件之后，可以对作为智能对象的图像进行缩放、定位、斜切、旋转或变形操作，并且不会降低图像的质量。操作完成之后可以将智能对象栅格化，以减少硬件设备负担。

实例练习——为图像置入矢量花纹

实例文件	实例练习——为图像置入矢量花纹 .psd
视频教学	实例练习——为图像置入矢量花纹 .flv
难易指数	★★★★★
知识掌握	如何置入 AI 文件

实例介绍

本例的原始素材是一张没有任何装饰元素的图片，如图 3-33 所示。下面利用“置入”功能为其置入矢量花纹作为装饰，效果如图 3-34 所示。

图3-33　　图3-34

操作步骤

步骤 01 执行“文件 > 打开”命令，然后在弹出的对话框中选择本书配套光盘中的素材文件，如图 3-35 所示。

步骤 02 执行“文件 > 置入”命令，然后在弹出的对话框中选择本书配套光盘中的矢量文件，接着单击“置入”按钮，在弹出的“置入PDF”对话框中单击“确定”按钮，如图3-36所示。

图3-35　　图3-36

> **技巧提示**
>
> 如果置入的是PDF或Illustrator文件(即AI文件)，系统才会弹出“置入PDF”对话框。

步骤03 将置入的文件放置在画布的中间位置，如图3-37和图3-38所示，接着双击确定操作，最终效果如图3-39所示。

图3-37　　图3-38

图3-39

实例练习——从Illustrator中复制元素到Photoshop

实例文件	实例练习——从Illustrator中复制元素到Photoshop.psd
视频教学	实例练习——从Illustrator中复制元素到Photoshop.flv
难易指数	★★★★★
知识掌握	Illustrator与Photoshop配合使用

实例介绍

在进行图像编辑合成的过程中经常会使用矢量文件中的部分素材，直接将整个文件置入到Photoshop中显然不合适。下面讲解一种比较简便的解决方法。

操作步骤

步骤01 除了使用“置入”功能置入AI和EPS文件以外，还可以直接从Illustrator中复制部分元素，然后将其粘贴到Photoshop文档中，首先在Adobe Illustrator中打开矢量文件2.ai，如图3-40所示。

图3-40

步骤02 选择需要的矢量元素，按Ctrl+C组合键，如图3-41所示。

步骤03 回到Photoshop中，打开所需背景图像，并使用粘贴快捷键Ctrl+V，在弹出的“粘贴”对话框中选择粘贴的方式，适当调整矢量对象大小以及摆放位置，如图3-42所示。

图3-41

图3-42

步骤04 按Enter键完成当前操作，最终效果如图3-43所示。

图3-43

3.4 导入与导出文件

3.4.1 导入文件

Photoshop可以编辑变量数据组、视频帧到图层、注释和WIA支持等内容，当新建或打开图像文件后，可以通过执行“文件>导入”菜单中的命令，将这些内容导入到Photoshop中进行编辑，如图3-44所示。

将数码相机与计算机连接，在 Photoshop 中执行“文件 > 导入 >WIA 支持”命令，可以将照片导入到 Photoshop 中。如果计算机配置有扫描仪并安装了相关的软件，则可以在“导入”菜单中选择扫描仪的名称，使用扫描仪制造商的软件扫描图像，并将其存储为 TIFF、PICT、BMP 格式，然后在 Photoshop 中打开这些图像。

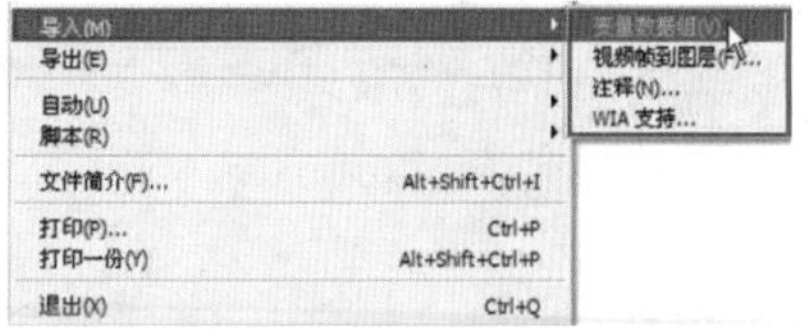

图3-44

3.4.2 导出文件

在 Photoshop 中创建和编辑好图像以后，可以将其导出到 Illustrator 或视频设备中。执行“文件 > 导出”命令，可以在其子菜单中选择一些导出类型，如图 3-45 所示。

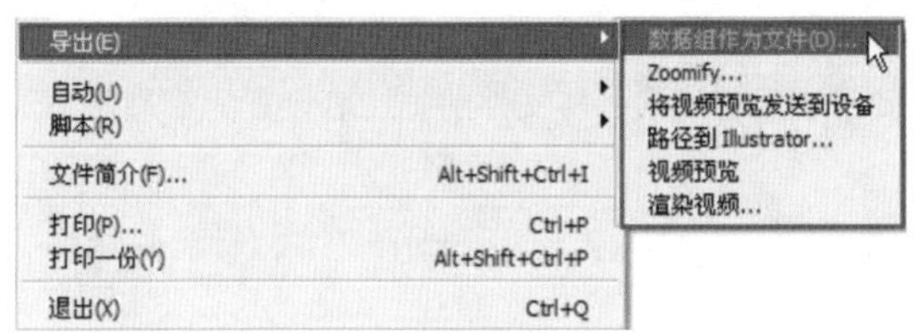

图3-45

- 数据组作为文件：可以按批处理模式使用数据组值将图像输出为 PSD 文件。
- Zoomify：可以将高分辨率的图像发布到 Web 上，利用 Viewpoint Media Player，用户可以平移或缩放图像以查看它的不同部分。在导出时，Photoshop 会创建 JPEG 和 HTML 文件，用户可以将这些文件上传到 Web 服务器。
- 将视频预览发送到设备：可以将视频预览发送到设备上。
- 路径到 Illustrator：将路径导出为 AI 格式，在 Illustrator 中可以继续对路径进行编辑。
- 视频预览：可以在预览之前设置输出选项，也可以在视频设备上查看文档。
- 渲染视频：可以将视频导出为 QuickTime 影片。在 Photoshop CS6 中，还可以将时间轴动画与视频图层一起导出。

3.5 保存文件

与 Word 等软件相同，在 Photoshop 中对文档编辑完成后需要对文件进行保存、关闭。当然在编辑过程中也需要经常保存，因为当 Photoshop 出现程序错误、计算机出现程序错误或发生断电等情况时，所有的操作都将丢失，在编辑过程中及时保存可避免很多不必要的损失。

3.5.1 利用“存储”命令保存文件

执行“文件 > 存储”命令或按 Ctrl+S 组合键可以对文件进行保存，如图 3-46 所示。存储时将保留所做的更改，并且会替换掉上一次保存的文件，同时按照当前格式和名称进行保存。

技巧提示

如果是新建的一个文件，那么在执行“文件 > 存储”命令后，系统会弹出“存储为”对话框。

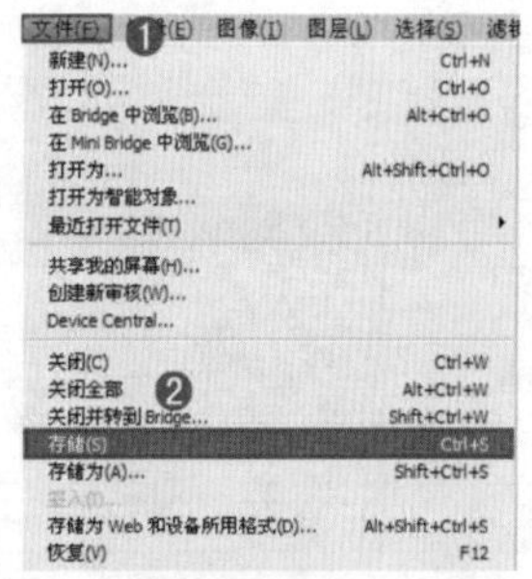

图3-46

3.5.2 利用“存储为”命令保存文件

执行“文件 > 存储为”命令或按 Shift+Ctrl+S 组合键，可以将文件保存到另一个位置或使用另一文件名进行保存，如图 3-47 所示。

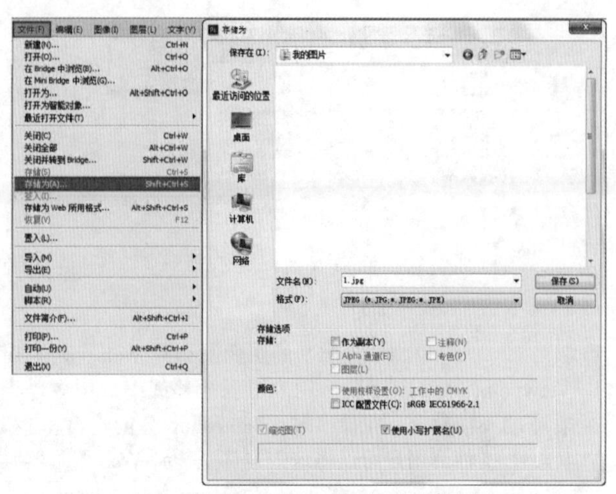

图3-47

“存储为”对话框中各选项的含义如下。

- 文件名：设置保存的文件名。
- 格式：选择文件的保存格式。
- 作为副本：选中该复选框时，可以另外保存一个副本文件。
- 注释 /Alpha 通道 / 专色 / 图层：可以选择是否存储注释、Alpha 通道、专色和图层。
- 使用校样设置：将文件的保存格式设置为 EPS 或 PDF 时，该选项可用。选中该复选框后，可以保存打印用的校样设置。
- ICC 配置文件：可以保存嵌入在文档中的 ICC 配置文件。
- 缩览图：为图像创建并显示缩览图。
- 使用小写扩展名：将文件的扩展名设置为小写。

3.5.3 利用“签入”命令保存文件

使用“签入”命令可以存储文件的不同版本以及各版本的注释。该命令可以用于 Version Cue 工作区管理的图像，如果使用的是来自 Adobe Version Cue 项目的文件，则文档标题栏会显示有关文件状态的其他信息。

3.5.4 文件保存格式

不同类型的文件其格式也不相同，例如可执行文件的后缀名为 exe，Word 文档的后缀名则为 doc。图像文件格式就是存储图像数据的方式，它决定了图像的压缩方法、支持何种 Photoshop 功能以及文件是否与一些文件相兼容等属性。保存图像时，可以在弹出的对话框中选择图像的保存格式，如图 3-48 所示。

图3-48

图像的保存格式有以下几种。

- PSD：PSD 格式是 Photoshop 的默认存储格式，能够保存图层、蒙版、通道、路径、未栅格化的文字、图层样式等。在一般情况下，保存文件都采用这种格式，以便随时进行修改。

技巧提示

PSD 格式应用非常广泛，可以直接将这种格式的文件置入到 Illustrator、InDesign 和 Premiere 等 Adobe 软件中。

- PSB：PSB 格式是一种大型文档格式，可以支持最高 300000 像素的超大图像文件。它支持 Photoshop 所有的功能，可以保存图像的通道、图层样式和滤镜效果不变，但是该格式文件只能在 Photoshop 中打开。
- BMP：BMP 格式是微软开发的固有格式，这种格式被大多数软件所支持。BMP 格式采用了一种称为 RLE 的无损压缩方式，不会对图像质量产生影响。

技巧提示

BMP 格式主要用于保存位图图像，支持 RGB、位图、灰度和索引颜色模式，但是不支持 Alpha 通道。

- GIF：GIF 格式是输出图像到网页最常用的格式。它采用 LZW 压缩，支持透明背景和动画，被广泛应用在网络中。
- Dicom：Dicom 格式通常用于传输和保存医学图像，如超声波和扫描图像。Dicom 格式文件包含图像数据和标头，其中存储了有关医学图像的信息。
- EPS：EPS 是为 PostScript 打印机上输出图像而开发的文件格式，是处理图像工作中最重要的格式，被广泛应用在 Mac 和 PC 环境下的图形设计和版面设计中，几乎所有的图形、图表和页面排版程序都支持这种格式。

技巧提示

如果仅仅是保存图像，建议不要使用 EPS 格式。如果文件要打印到无 PostScript 的打印机上，为避免出现打印错误，最好也不要使用 EPS 格式，可以用 TIFF 格式或 JPEG 格式来代替。

- IFF：IFF 格式是由 Commodore 公司开发的，由于该公司已退出计算机市场，因此 IFF 格式也逐渐被弃用。
- DCS：DCS 格式是 Quark 开发的 EPS 格式的变种，主要在支持这种格式的 QuarkXPress、PageMaker 和其他应用软件上工作。DCS 便于分色打印，Photoshop 在使用 DCS 格式时，必须转换成 CMYK 颜色模式。
- JPEG：JPEG 格式是平时最常用的一种图像格式。它是一个最有效、最基本的有损压缩格式，被绝大多数图形处理软件所支持。

技巧提示

若要求进行图像输出打印，最好不要使用 JPEG 格式，因为该格式是以损坏图像质量而提高压缩率的。

- PCX：PCX 格式是 DOS 格式下的古老程序 PC PaintBrush 的固有格式，目前并不常用。
- PDF：PDF 格式是由 Adobe Systems 创建的一种文件格式，允许在屏幕上查看电子文档。PDF 文件还可被嵌入到 Web 的 HTML 文档中。
- RAW：RAW 是一种灵活的文件格式，主要用于在应用程序与计算机平台之间传输图像。RAW 格式支持具有 Alpha 通道的 CMYK、RGB 和灰度模式，以及无 Alpha 通道的多通道、Lab、索引和双色调模式。
- PXR：PXR 格式是专门为高端图形应用程序设计的文件格式，它支持具有单个 Alpha 通道的 RGB 和灰度图像。
- PNG：PNG 格式是专门为 Web 开发的，它是一种将图像压缩到 Web 上的文件格式。PNG 格式与 GIF 格式不同的是，PNG 格式支持 24 位图像并产生无锯齿状的透明背景。

技巧提示

由于 PNG 格式可以实现无损压缩，并且背景部分是透明的，因此常用来存储背景透明的素材。

- SCT：SCT 格式支持灰度图像、RGB 图像和 CMYK 图像，但是不支持 Alpha 通道，主要用于 Scitex 计算机上的高端图像处理。
- TGA：TGA 格式专用于使用 Truevision 视频板的系统，它支持一个单独 Alpha 通道的 32 位 RGB 文件，以及无 Alpha 通道的索引、灰度模式，并且支持 16 位和 24 位的 RGB 文件。
- TIFF：TIFF 格式是一种通用的文件格式，所有的绘画、图像编辑和排版程序都支持该格式，而且几乎所有的桌面扫描仪都可以产生 TIFF 图像。TIFF 格式支持具有 Alpha 通道的 CMYK、RGB、Lab、索引颜色和灰度图像，以及没有 Alpha 通道的位图模式图像。Photoshop 可以在 TIFF 文件中存储图层和通道，但是如果在另外一个应用程序中打开该文件，那么只有拼合图像才是可见的。
- PBM：便携位图格式 PBM 支持单色位图（即 1 位 / 像素），可以用于无损数据传输。因为许多应用程序都支持这种格式，所以可以在简单的文本编辑器中编辑或创建这类文件。

3.6 关闭文件

当编辑完图像后，首先需要将该文件进行保存，然后关闭文件。Photoshop 中提供了 4 种关闭文件的方法，如图 3-49 所示。

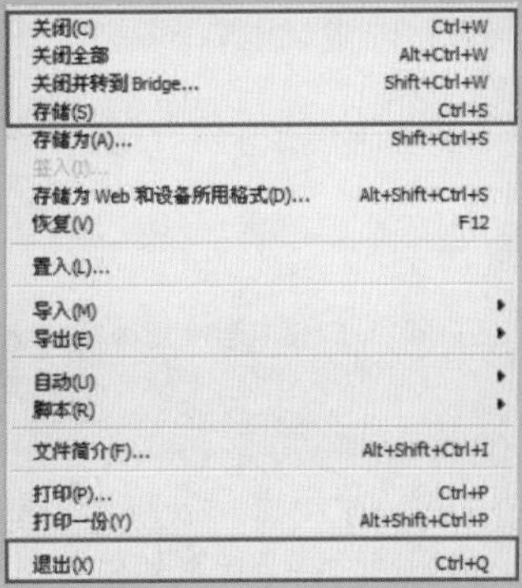

图3-49

3.6.1 使用"关闭"命令关闭文件

执行"文件 > 关闭"命令、按 Ctrl+W 组合键或单击文档窗口右上角的"关闭"按钮☒，可以关闭当前处于激活状态的文件，如图 3-50 所示。使用这种方法关闭文件时，其他文件将不受任何影响。

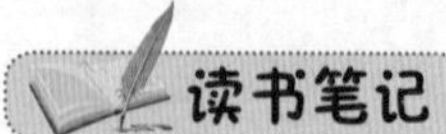

图3-50

3.6.2 使用"关闭全部"命令关闭文件

执行"文件 > 关闭全部"命令或按 Alt+Ctrl+W 组合键，可以关闭所有的文件，如图 3-51 所示。

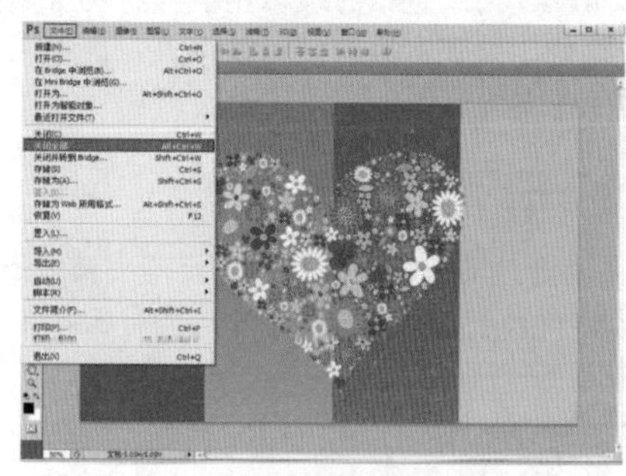

图3-51

3.6.3 使用"关闭并转到Bridge"命令关闭文件

执行"文件 > 关闭并转到 Bridge"命令，可以关闭当前处于激活状态的文件，然后转到 Bridge 中。

3.6.4 退出文件

执行"文件 > 退出"命令或者单击程序窗口右上角的"关闭"按钮，可关闭所有的文件并退出 Photoshop，如图 3-52 所示。

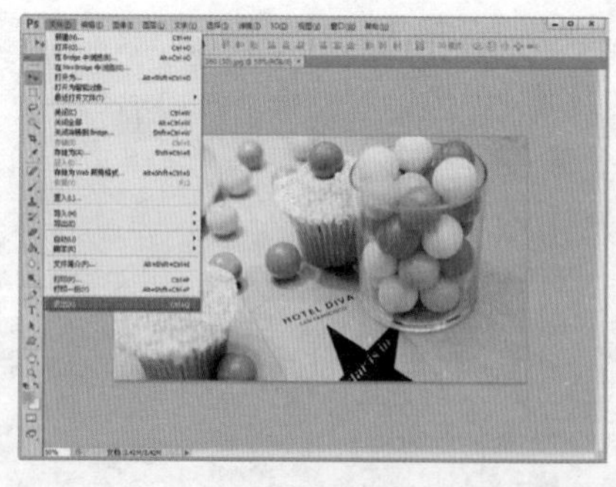

图3-52

3.7 复制文件

在 Photoshop 中，执行"图像 > 复制"命令可以将当前文件复制一份，复制的文件将作为一个副本文件单独存在，如图 3-53 和图 3-54 所示。

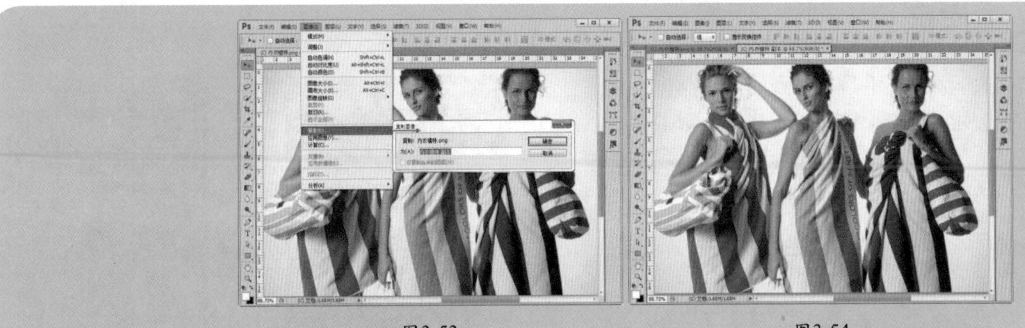

图3-53　　　　图3-54

3.8 设置工作区域

Photoshop 中工作区包括文档窗口、工具箱、菜单栏和各种面板。Photoshop 提供了适合于不同任务的预设工作区，并且可以存储适合于个人的工作区布局，如图 3-55 和图 3-56 所示。

图3-55　　　　图3-56

3.8.1 认识基本功能工作区

基本功能工作区是 Photoshop 默认的工作区。在这个工作区中，包括一些很常用的面板，如“颜色”面板、“调整”面板、“图层”面板等，如图 3-57 所示。

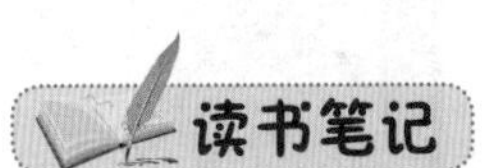

图3-57

3.8.2 使用预设工作区

执行“窗口 > 工作区”命令，在该菜单中可以选择系统预设的一些工作区，如 CS6 新增功能工作区、3D 工作区、动感工作区、绘画工作区、摄影工作区、排版规则工作区，用户可以选择适合自己的一个工作区，如图 3-58 所示。

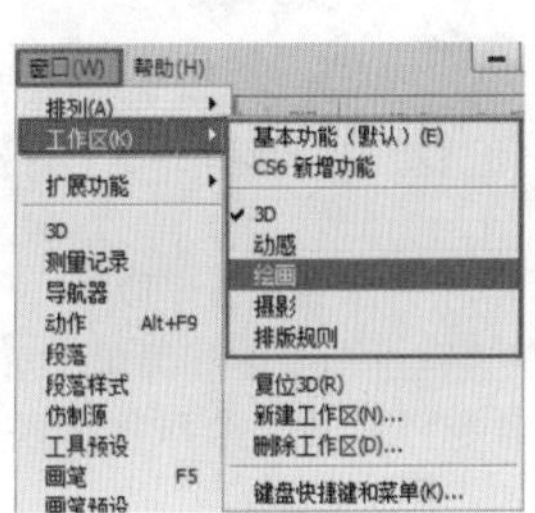

图3-58

3.8.3 自定义工作区

在进行一些操作时，部分面板几乎是用不到的，而操作界面中存在过多的面板会占用较多的操作空间，从而影响工作效率。所以可以定义一个适合用户自己的工作区，以符合个人的操作习惯。如图3-59和图3-60所示。

预设工作区

图3-59

用户定义的工作区

图3-60

具体操作如下。

（1）在“窗口”菜单下关闭不需要的面板，只保留必要的面板，如图3-61和图3-62所示。

图3-61

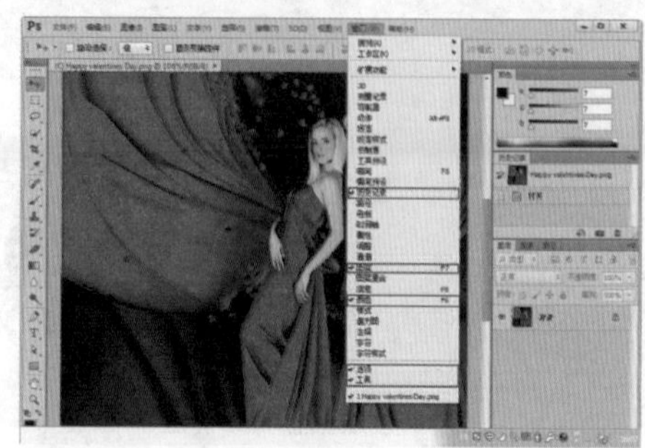

图3-62

（2）执行“窗口＞工作区＞新建工作区”命令，然后在弹出的对话框中为工作区设置一个名称，接着单击“存储”按钮 存储 ，存储工作区，如图3-63所示。

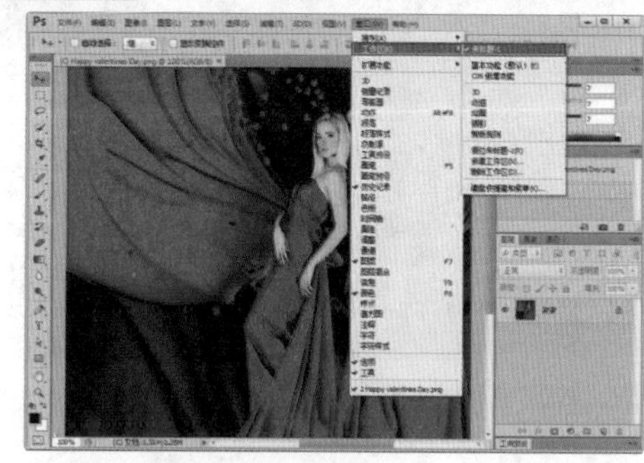

图3-63

（3）关闭然后重启Photoshop CS6，就可以在“窗口＞工作区”菜单中选择前面自定义的工作区了，如图3-64所示。

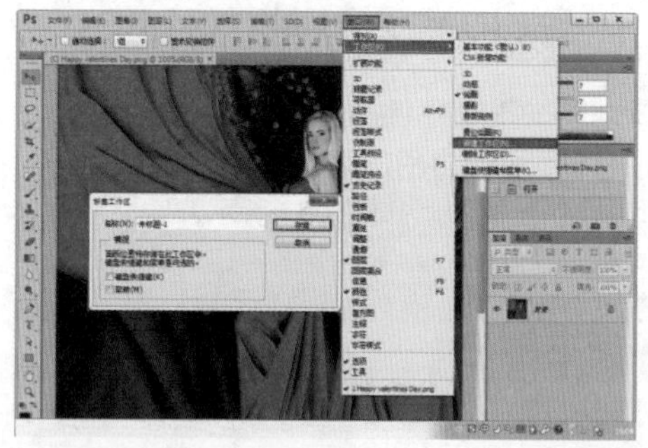

图3-64

（4）要删除自定义的工作区，只需执行“窗口＞工作区＞删除工作区”命令即可。

3.8.4 自定义菜单命令颜色

对于Photoshop用户来说，全部为单一颜色的菜单命令可能不够醒目。在“键盘快捷键和菜单”对话框中，用户可以为一些常用的命令自定义一个颜色，以便快速查找，如图3-65所示。

具体操作如下。

（1）执行“编辑＞菜单”命令或按Alt+Shift+Ctrl+M组合键，打开“键盘快捷键和菜单”对话框，然后在“应用程序菜单命令”选项组中单击“图像”菜单组，展开其子命令，如图3-66所示。

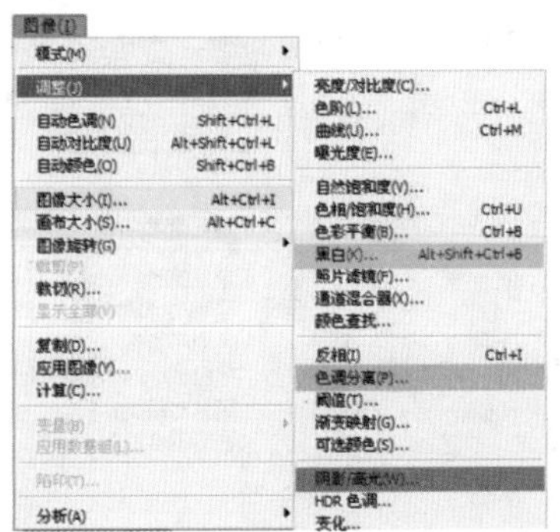

图3-65

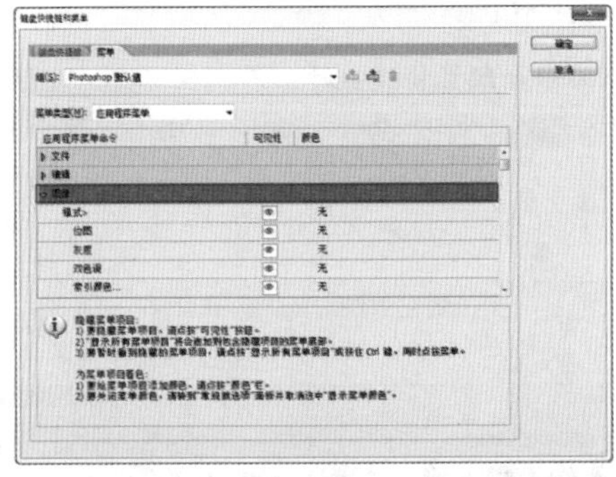

图3-66

（2）选择一个需要更改颜色的命令，这里选择“曲线”命令，如图3-67所示。

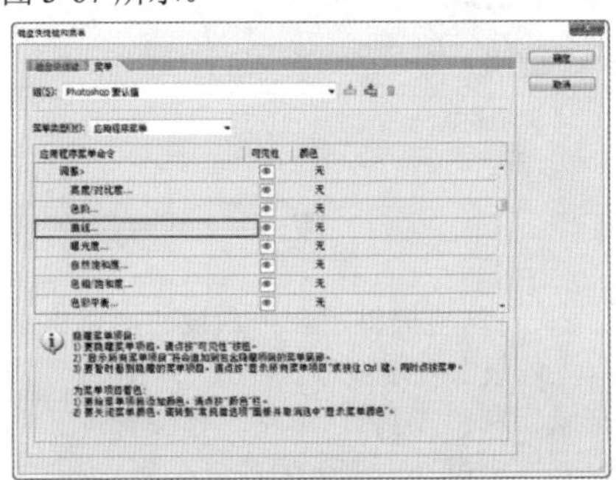

图3-67

（3）单击“曲线”命令后的“无”，然后在下拉列表中选择一个合适的颜色，接着单击“确定”按钮 确定 关闭对话框，如图3-68所示。此时在“图像>调整”菜单下就可以观察到“曲线”命令的颜色已经变成了所选择的颜色，如图3-69所示。

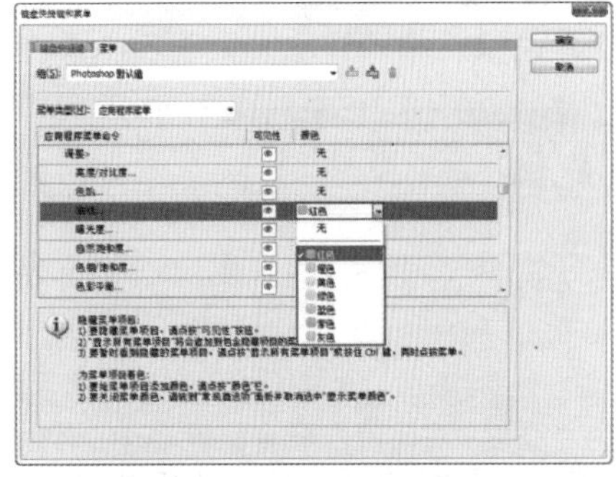

图3-68

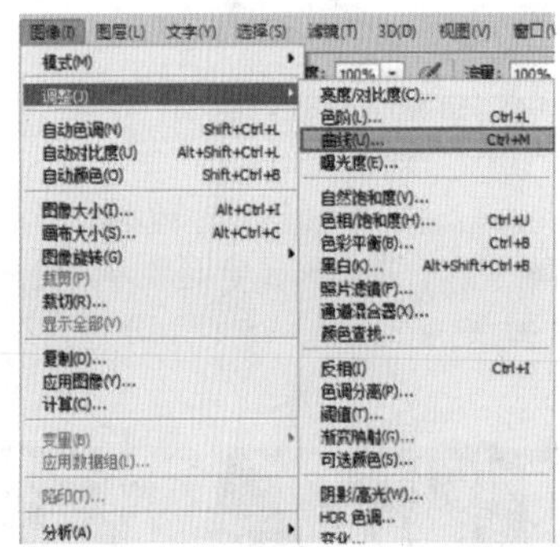

图3-69

技巧提示

如果要存储对当前菜单组所做的所有更改，需要在“键盘快捷键和菜单”对话框中单击“存储对当前菜单组的所有更改”按钮；如果存储的是对Photoshop默认值组所做的更改，系统会弹出“存储”对话框，提醒用户为新组设置一个名称。

3.8.5 自定义命令快捷键

在Photoshop中，可以对默认的快捷键进行更改，也可以为没有配置快捷键的常用命令和工具设置一个快捷键，这样可以大大提高工作效率。以较常用的“亮度/对比度”命令为例，在默认情况下是没有配置快捷键的，因此为其配置一个快捷键是非常必要的。

（1）执行“编辑>键盘快捷键”命令，打开“键盘快捷键和菜单”对话框，然后在“图像>调整”菜单组下选择“亮度/对比度”命令，此时会出现一个用于定义快捷键的文本框，如图3-70所示。

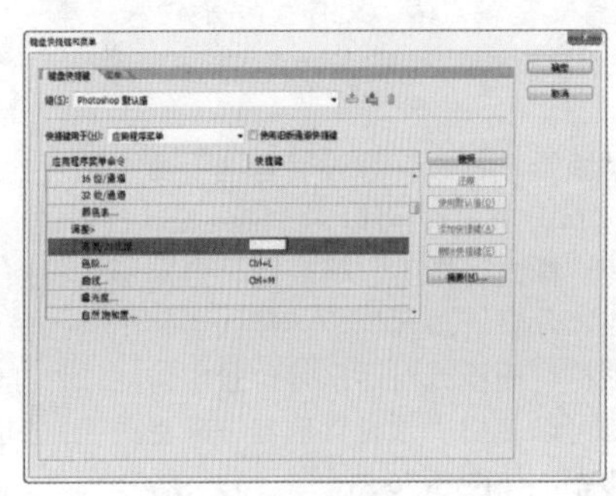

图3-70

（2）同时按住 Ctrl 键和 / 键，此时文本框会出现 Ctrl+/ 组合键，然后单击“确定”按钮 确定 完成操作，如图 3-71 所示。

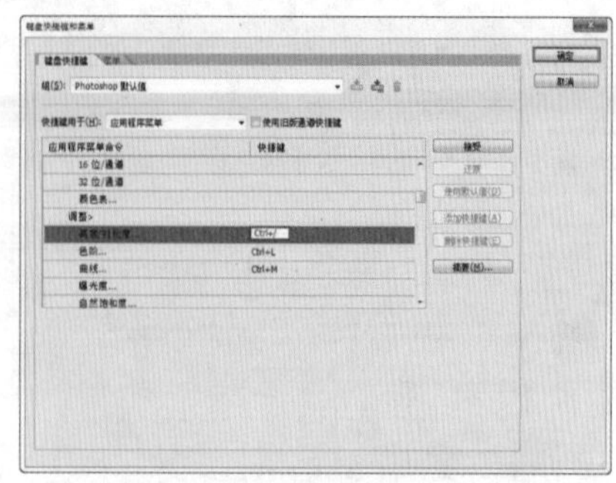

图3-71

（3）为“亮度 / 对比度”命令配置 Ctrl+/ 组合键后，在“图像 > 调整”菜单下可以观察到“亮度 / 对比度”命令后面有一个快捷键 Ctrl+/，如图 3-72 所示。

图3-72

技巧提示

在为命令配置快捷键时，只能在键盘上进行操作，不能手动输入，因为 Photoshop 目前还不支持手动输入功能。

3.8.6 管理预设资源

使用 Photoshop 进行编辑创作过程中，经常会用到一些外挂资源，如渐变库、图案库、笔刷库等。用户还可以自定义预设工具。如图 3-73~ 图 3-75 所示分别为渐变库、图案库和笔刷库。

图3-73 图3-74 图3-75

技巧提示

在 Photoshop 中，渐变库、图案库中的“库”主要是指同类工具或素材批量打包而成的文件，在调用时只需导入某个“库”文件，即可载入“库”中的全部内容，非常方便。

执行“编辑 > 预设 > 预设管理器”命令，可打开“预设管理器”窗口，在其中可以对 Photoshop 自带的预设画笔、色板、渐变、样式、图案、等高线、自定形状和预设工具进行管理。在“预设管理器”中，载入了某个外挂资源后，就能够在选项栏、面板或对话框等位置中访问该外挂资源的项目。同时，可以使用“预设管理器”来更改当前的预设项目集或创建新库，如图 3-76 所示。

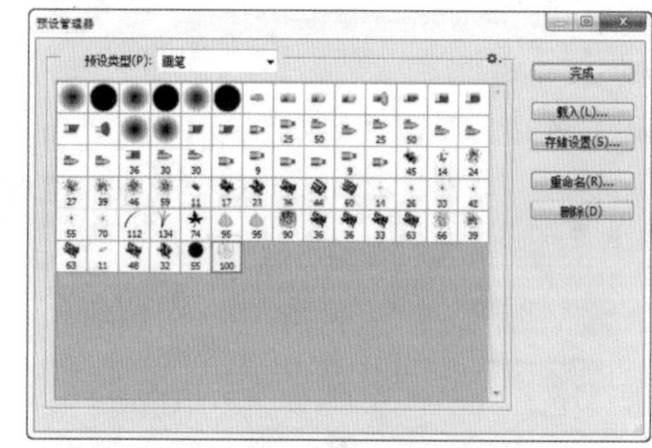

图3-76

- **预设类型**：在这里提供了 8 种预设的库可供选择，包括“画笔”、“色板”、“渐变”、“样式”、“图案”、“等高线”、“自定形状”和“工具”，单击“预设管理器”右上角的按钮，还可以调出更多的预设选项，如图 3-77 所示。

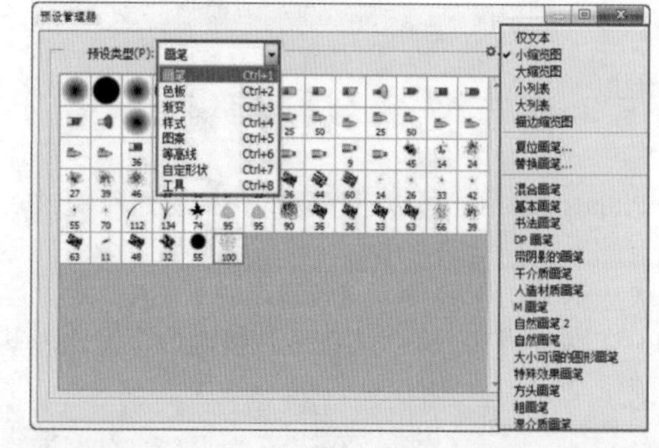

图3-77

- **完成**：单击该按钮将完成“预设管理器”的操作。
- **载入**：单击该按钮可以载入外挂画笔、色板、渐变等资源，如图 3-78 所示。载入外挂资源后，就可以使用它来制作相应的效果（使用方法与预设类型相同）。

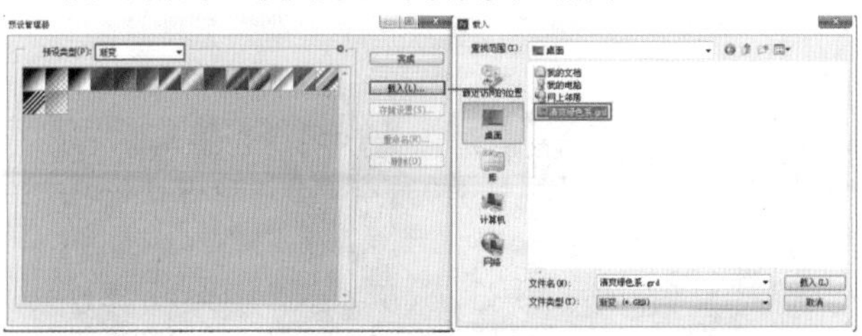

图3-78

● 存储设置：单击该按钮可以将资源存储起来。

● 重命名：选择资源后单击该按钮，可以对其进行重命名。

● 删除：选择资源后单击该按钮，可以将其删除。

> **技巧提示**
>
> 在进行重命名和删除操作时，用户可以按住 Ctrl 键进行加选，也可以按住 Shift 键进行批量选择。

3.9 辅助工具的运用

常用的辅助工具包括标尺、参考线、网格和注释工具等，借助这些辅助工具可以进行参考、对齐、对位等操作。

3.9.1 标尺与参考线

参考线以浮动的状态显示在图像上方，可以帮助用户精确地定位图像或元素，并且在输出和打印图像时，参考线都不会显示出来。同时，可以对参考线进行移动、删除以及锁定等操作。如图 3-79 和图 3-80 所示。

图3-79　　图3-80

理论实践——使用标尺

标尺在实际工作中经常用来定位图像或元素位置，从而让用户更精确地处理图像。

（1）执行“文件 > 打开”命令，打开一张图片。执行“视图 > 标尺”命令或按 Ctrl+R 组合键，此时看到窗口顶部和左侧会出现标尺，如图 3-81 所示。

图3-81

（2）默认情况下，标尺的原点位于窗口的左上方，用户可以修改原点的位置。将光标放置在原点上，然后使用鼠标左键拖曳原点，画面中会显示出十字线，释放鼠标左键后，释放处便成为原点的新位置，并且此时的原点数字也会发生变化，如图 3-82 和图 3-83 所示。

图3-82　　图3-83

> **技巧提示**
>
> 在使用标尺时，为了得到最精确的数值，可以将画布缩放比例设置为 100%。

理论实践——使用参考线

参考线在实际工作中应用广泛，特别是在平面设计中。使用参考线可以快速定位图像中的某个特定区域或某个元素的位置，以便用户在这个区域或位置内进行操作。

（1）执行“文件 > 打开”命令，打开一张图片，如图 3-84 所示。

图3-84

（2）将光标放置在水平标尺上，然后使用鼠标左键向下拖曳，即可拖出水平参考线，如图 3-85 所示。

（3）将光标放置在左侧的垂直标尺上，然后使用鼠标左键向右拖曳，即可拖出垂直参考线，如图 3-86 所示。

图3-85

图3-86

（4）如果要移动参考线，可以在工具箱中单击“移动工具”按钮，然后将光标放置在参考线上，当光标变成分隔符形状时，使用鼠标左键即可移动参考线，如图 3-87 所示。

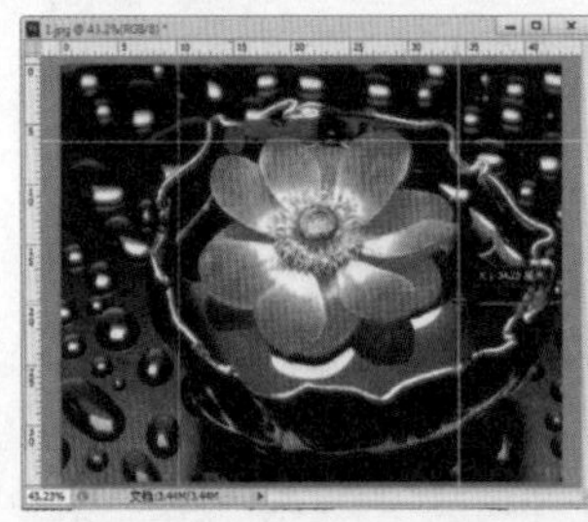

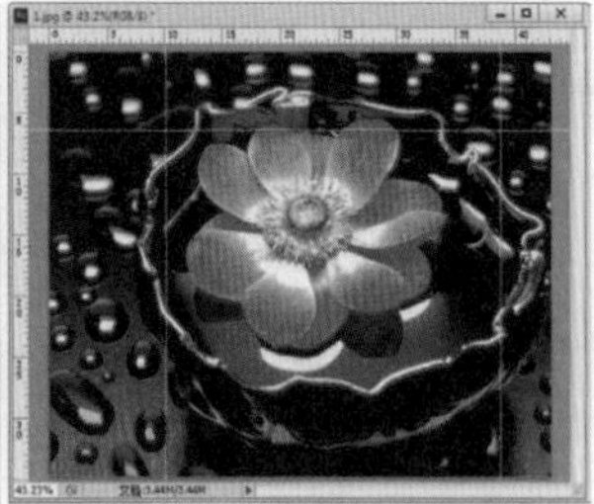

图3-87

（5）如果使用“移动工具”将参考线拖曳出画布之外，那么可以删除这条参考线，如图 3-88 所示。

（6）如果要隐藏参考线，可以执行“视图 > 显示额外内容”命令或按 Ctrl+H 组合键，如图 3-89 所示。

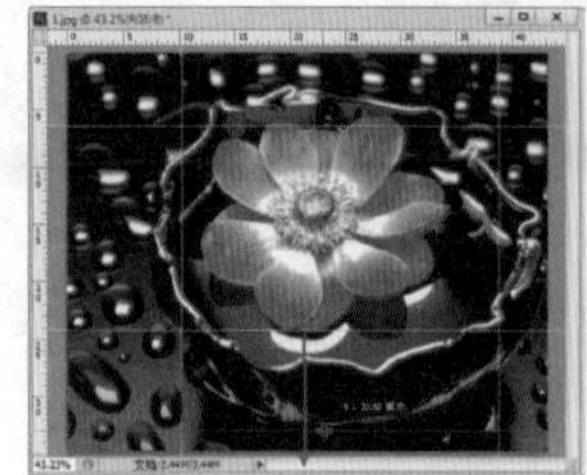

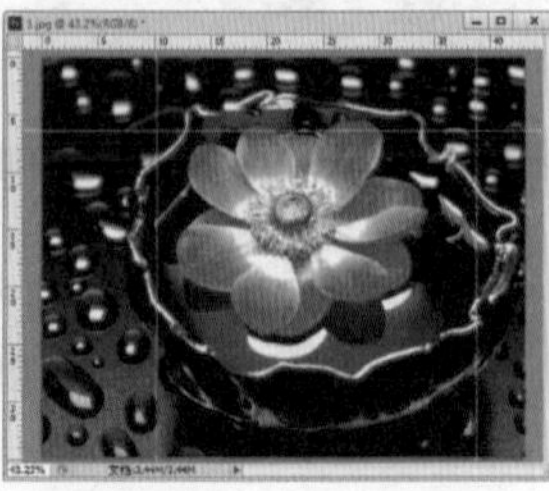

图3-88

视图(V) 窗口(W) 帮助(H)
校样设置(U)
校样颜色(L) Ctrl+Y
色域警告(W) Shift+Ctrl+Y
像素长宽比(S)
像素长宽比校正(P)
32 位预览选项...
放大(I) Ctrl++
缩小(O) Ctrl+-
按屏幕大小缩放(F) Ctrl+0
实际像素(A) Ctrl+1
打印尺寸(Z)
屏幕模式(M)
✔ 显示额外内容(X) Ctrl+H
显示(H)

图3-89

答疑解惑：怎么显示出隐藏的参考线?

在 Photoshop 中，如果菜单命令左边带有一个勾选符号✔，那么就说明这个命令可以顺逆操作。

以隐藏和显示参考线为例，执行一次“视图 > 显示 > 参考线”命令可以将参考线隐藏，再次执行该命令即可将参考线显示出来。按 Ctrl+H 组合键也可以切换参考线的显示与隐藏。

（7）如果需要删除画布中的所有参考线，可以执行“视图 > 清除参考线”命令，如图 3-90 所示。

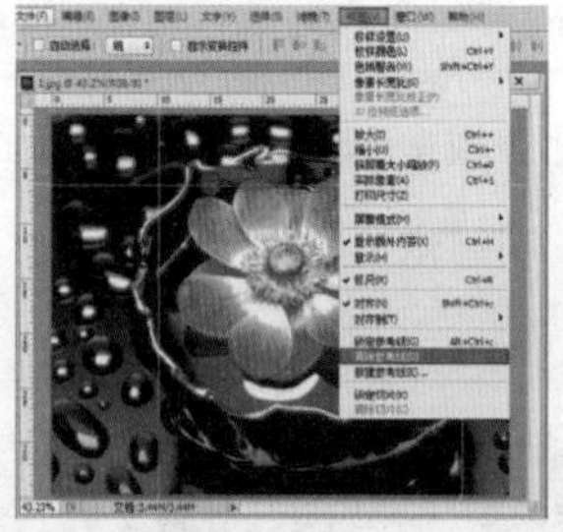

图3-90

技巧提示

在创建、移动参考线时，按住 Shift 键可以使参考线与标尺刻度进行对齐；按住 Ctrl 键可以将参考线放置在画布中的任意位置，并且可以让参考线不与标尺刻度进行对齐。

※ 技术拓展：“单位与标尺”设置详解

执行“编辑 > 首选项 > 常规”命令或按 Ctrl+K 组合键，可以打开“首选项”对话框。在“首选项”对话框左侧选择“单位与标尺”选项，可切换到“单位与标尺”面板，如图 3-91 所示。

各选项的含义如下。

- 单位：设置在默认状态下 Photoshop 所用的所有单位，主要包含标尺的单位和文字的单位。
- 列尺寸：设置默认状态下列尺寸的宽度单位和装订线的单位。
- 新文档预设分辨率：设置新建文档时默认的打印分辨率和屏幕分辨率。
- 点/派卡大小：设置点/派卡的大小。选择“PostScript（72 点/英寸）”选项，设置一个兼容的单位大小，以便打印到 PostScript 设备；选择“传统（72.27 点/英寸）”选项，可以使用 72.27 点/英寸的传统大小。

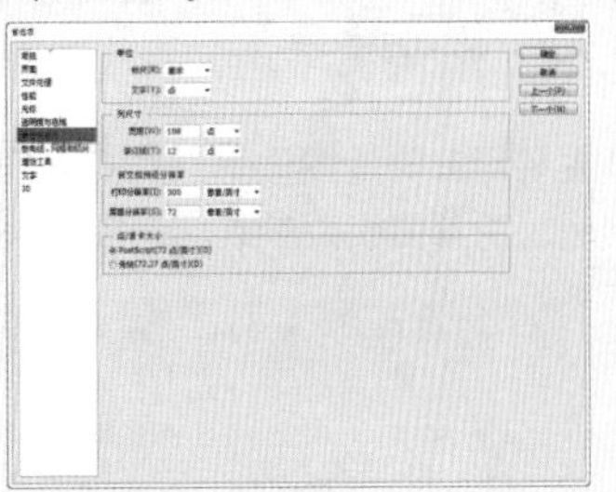

图3-91

3.9.2 智能参考线

智能参考线可以帮助对齐形状、切片和选区。启用智能参考线后，当绘制形状、创建选区或切片时，智能参考线会自动出现在画布中。执行“视图 > 显示 > 智能参考线”命令，可以启用智能参考线，如图 3-92 所示为使用智能参考线和“切片工具”进行操作时的画布状态，其中粉色线条为智能参考线。

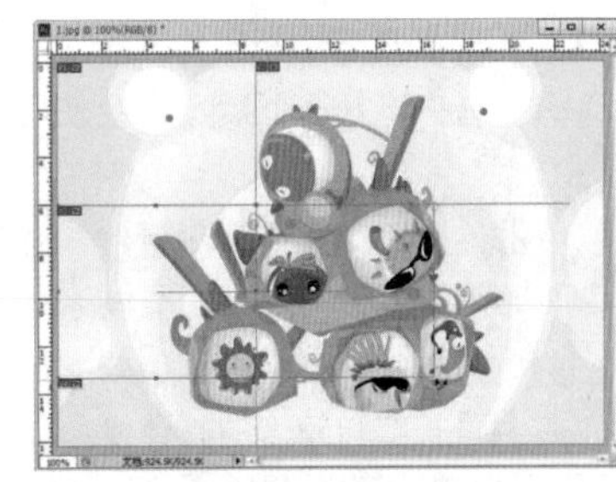

图3-92

3.9.3 网格

网格主要用来对称排列图像，在默认情况下显示为不打印出来的线条，但也可以显示为点。执行“视图 > 显示 > 网格”命令，就可以在画布中显示出网格，如图 3-93 和图 3-94 所示。

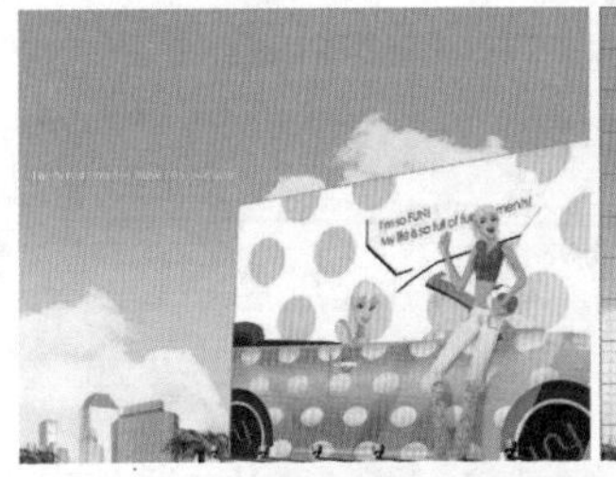

图3-93　　图3-94

? 答疑解惑：网格有什么用途？

网格主要用来对齐对象。显示出网格后，可以执行“视图 > 对齐 > 网格”命令，启用对齐功能，此后在进行创建选区或移动图像等操作时，对象将自动对齐到网格上。

※ 技术拓展：“参考线、网格和切片”设置详解

执行“编辑 > 首选项 > 常规”命令或按 Ctrl+K 组合键，可以打开“首选项”对话框。在“首选项”对话框左侧选择“参考线、网格和切片”选项，可切换到“参考线、网格和切片”面板，如图 3-95 所示。

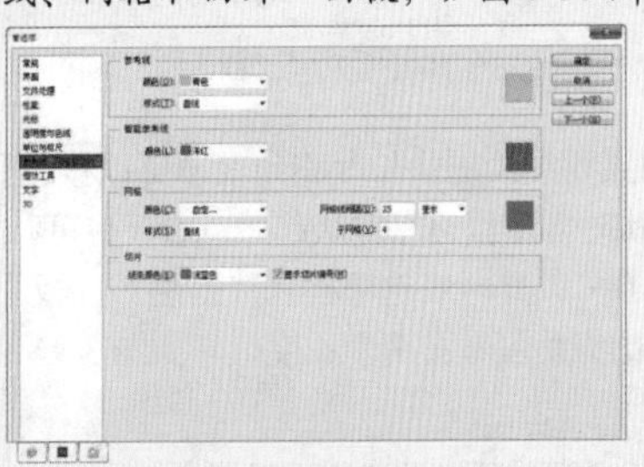

图3-95

各选项的含义如下。

- 参考线：在该选项组中可以设置参考线的颜色和

样式。

- 智能参考线：在该选项组中可以设置智能参考线的颜色。
- 网格：在该选项组中可以设置网格的颜色以及样式，同时还可以设置网格线的间距以及子网格的数量。

3.9.4 标尺工具

标尺工具主要用来测量图像中点到点之间的距离、位置和角度等。在工具箱中单击"标尺工具"按钮，在工具选项栏中可以观察到标尺工具的相关参数，如图 3-96 所示。

X: 0.00　Y: 0.00　W: 0.00　H: 0.00　A: 0.0°　L1: 0.00　L2:　使用测量比例　拉直图层　清除

图3-96

- X/Y：测量的起始坐标位置。
- W/H：在 X 轴和 Y 轴上移动的水平（W）和垂直（H）距离。
- A：相对于轴测量的角度。
- L1/L2：使用量角器时移动的两个长度。
- 使用测量比例：选中该复选框后，将会使用测量比例进行测量。
- 拉直图层：单击该按钮，并绘制测量线，画面将按照测量线进行自动旋转。
- 清除：单击该按钮，将清除画面中的标尺。

使用标尺工具测量长度和角度的具体操作如下。

（1）在工具箱中单击"标尺工具"按钮或者执行"图像 > 分析 > 标尺工具"命令，当光标变成形状时，用鼠标左键从起始点 A 拖曳到结束点 B，此时在选项栏和"信息"面板中将显示出倾斜角度和测量长度，如图 3-97 所示。

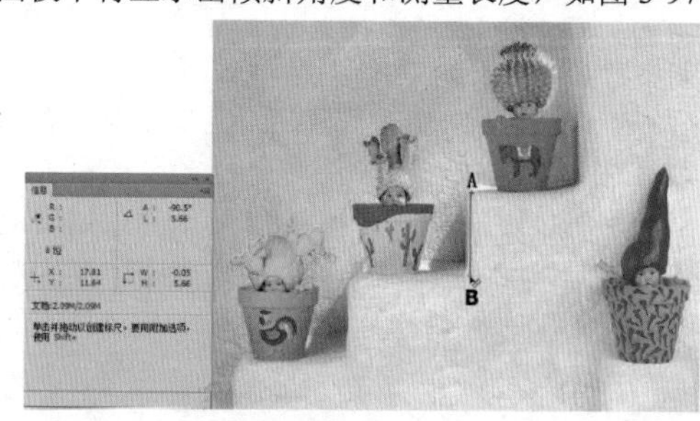

图3-97

答疑解惑：为什么选项栏中与"信息"面板中显示的长度值不同？

系统默认的标尺单位为厘米，而在选项栏中的单位为像素，因此显示的结果会不一样。如果要将"信息"面板中的长度单位设置为像素，可以执行"编辑 > 首选项 > 单位与标尺"命令，然后在弹出的对话框中设置标尺的单位为"像素"即可，如图 3-98 所示。

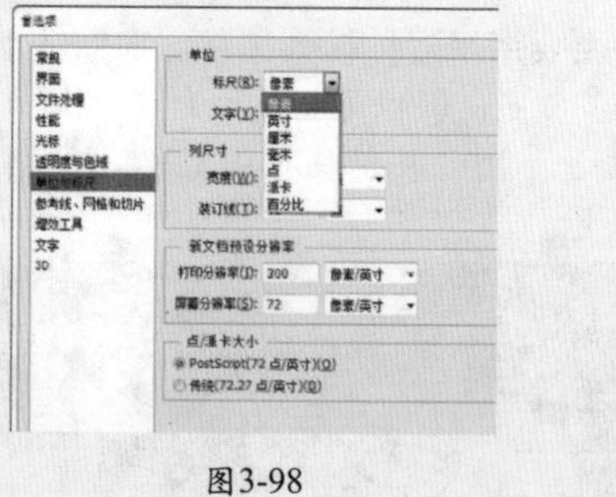

图3-98

（2）如果要继续测量长度和角度，可以按住 Alt 键，当光标变成形状时，用鼠标左键从起始点 B（也可以从起始点 A）拖曳到结束点 C，此时在选项栏和"信息"面板中将显示出两个长度之间的夹角度数和两个长度值，如图 3-99 所示。

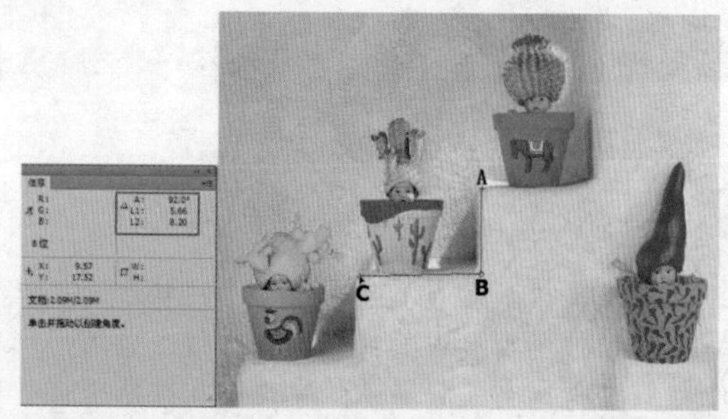

图3-99

技巧提示

在创建完测量线以后，按住 Shift 键可以在水平方向、垂直方向以及以 45° 为倍数的方向上移动测量线；如果不按住 Shift 键，可以在任意位置上移动和旋转测量线。

3.9.5 注释工具

使用注释工具可以在图像中添加文字注释、内容等，可用来协同制作图像、备忘录等。

在工具箱中单击“注释工具”按钮，然后在图像上单击，此时会出现记事本图标，并且系统会自动弹出“注释”面板，在“注释”面板中输入文字即可，如图3-100所示。

再次单击“注释工具”按钮，然后在图像上单击，接着在“注释”面板中单击“选择下一个注释”按钮，可切换到下一个页面。在“注释”面板中，按Backspace键可以逐字删除注释中的文字，但是注释页面仍然存在，不会被删除。若要删除注释，需要在“注释”面板中选择相应的注释并单击“删除注释”按钮，如图3-101所示。

图3-100　　图3-101

3.9.6 计数工具

使用计数工具可以对图像中的元素进行计数，也可以自动对图像中的多个选定区域进行计数。执行“图像 > 分析 > 计数工具”命令或在工具箱中单击“计数工具”按钮，都可以激活计数工具。计数工具的选项栏中显示计数的数目、颜色、标记大小等选项，如图3-102所示。

图3-102

- 计数：显示所有的计数个数。
- 计数组：类似于图层组，可以包含计数，每个计数组都可以有自己的名称、标记、标签大小以及颜色。
- “切换计数组的可见性”按钮：在为图像的某个元素进行计数后，单击该按钮可以切换计数组的可见性。
- “创建新的计数组”按钮：单击该按钮，可以创建一个新的计数组。
- “清除”按钮：单击该按钮，可以将计数重新复原到0。
- 颜色块图标：设置计数组的颜色。
- 标记大小：可以输入1~10之间的值，以定义计数标记的大小。
- 标签大小：可以输入8~72之间的值，以定义计数标签的大小。

使用计数工具的具体操作如下。

（1）在工具箱中单击“计数工具”按钮，然后依次单击图片中的颜色，此时Photoshop会跟踪单击的次数，并将计数数目显示在图片上以及选项栏中，如图3-103和图3-104所示。

（2）执行“图像 > 分析 > 记录测量”命令，可以将计数数目记录到“测量记录”面板中，如图3-105所示。

图3-103

图3-104

图3-105

第3章　文件的基本操作

答疑解惑："测量记录"面板占用的操作空间太大了，该如何关闭该面板？

如果要关闭一个面板，最简单的方法就是单击该面板右上角的按钮，然后在弹出的菜单中执行"关闭"或"关闭选项卡组"命令，如图3-106所示。

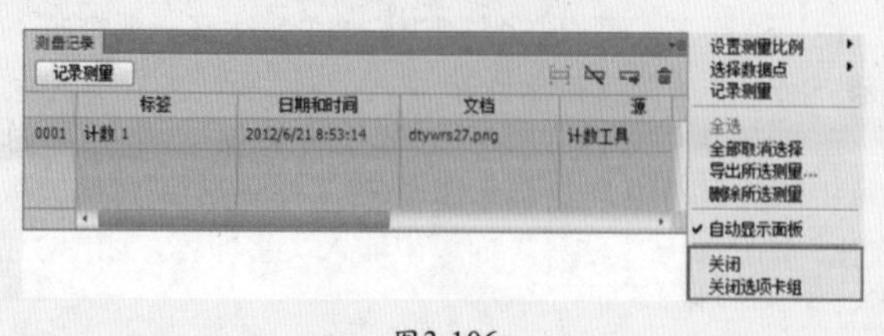

图3-106

3.9.7 对齐工具

对齐工具有助于精确地放置选区、裁剪选框、切片等。在"视图>对齐到"菜单下包括"参考线"、"网格"、"图层"、"切片"、"文档边界"、"全部"和"无"7个命令，如图3-107所示。

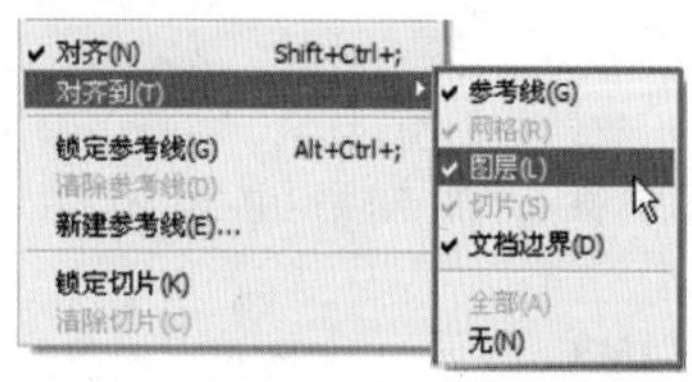

图3-107

- 参考线：可以使对象与参考线进行对齐。
- 网格：可以使对象与网格进行对齐。网格被隐藏时该选项不可用。
- 图层：可以使对象与图层中的内容进行对齐。
- 切片：可以使对象与切片边界进行对齐。切片被隐藏时该选项不可用。
- 文档边界：可以使对象与文档的边缘进行对齐。
- 全部：选择所有"对齐到"选项。
- 无：取消选择所有"对齐到"选项。

技巧提示

如果要启用对齐功能，首先需要执行"视图>对齐"命令，使"对齐"命令处于选中状态。

3.9.8 测量

使用Photoshop的测量功能，可以测量用标尺工具或选择工具定义的任何区域，包括用套索工具、快速选择工具或魔棒工具选定的不规则区域。也可以计算高度、宽度、面积和周长，或跟踪一个或多个图像的测量，测量数据会记录在"测量记录"面板中。另外，还可以自定测量记录列，将列内的数据排序，并将记录中的数据导出到以制表符分隔的Unicode文本文件中。

1. 设置测量比例

使用标尺工具设置文档的测量比例，可以为经常使用的测量比例创建测量比例预设。这些预设将添加到"图像>分析>设置测量比例"菜单下。执行"图像>分析>设置测量比例>自定"命令，可以打开"测量比例"对话框，如图3-108所示。

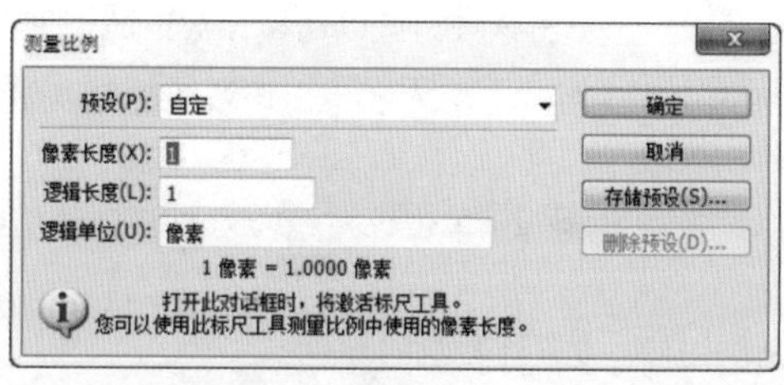

图3-108

各选项的含义如下。

- 预设：如果创建了自定义的测量比例预设，可以在该下拉列表中进行选择。
- 像素长度：可以使用"标尺工具"测量图像中的像素距离，或在该文本框中输入一个长度值。
- 逻辑长度/逻辑单位：可以输入要设置为与像素长度相等的逻辑长度和逻辑单位。
- 存储预设/删除预设：单击相应的按钮，可以保存当前设置的测量比例或删除保存的测量比例。

2. 使用比例标记

测量比例标记将显示文档中使用的测量比例（注意，需要在创建比例标记之前设置文档的测量比例）。执行"图像>分析>置入比例标记"命令，可以打开"测量比例标记"对话框，在该对话框中可以用逻辑单位设置标记长度，并将标记和题注颜色设置为黑色或白色，如图3-109和图3-110所示。

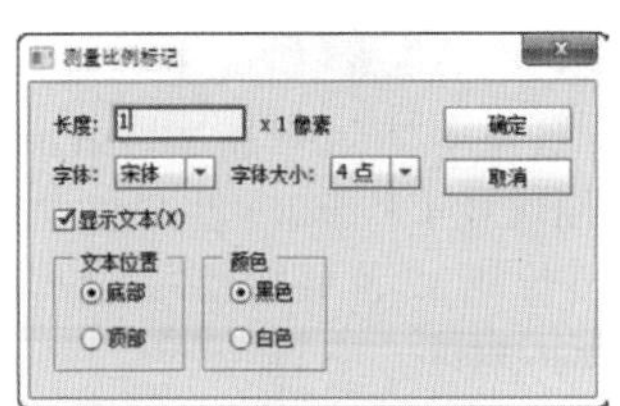

图3-109

图3-110

“测量比例标记”对话框中各选项的含义如下。

- 长度：输入一个值以设置比例标记的长度。标记的长度（以“像素”为单位）将取决于当前为文档选定的测量比例。
- 字体：设置文本的字体。
- 字体大小：设置字体的大小。
- 显示文本：选中该复选框以后，可以显示比例标记的逻辑长度和单位。
- 文本位置：在比例标记的底部或顶部显示题注。
- 颜色：将比例标记和题注颜色设置为黑色或白色。

3. 编辑比例标记

如果在文档中创建了测量比例标记，可以使用“移动工具”移动比例标记，另外还可以使用文字工具编辑题注或修改文本的大小、字体和颜色，如图3-111和图3-112所示。

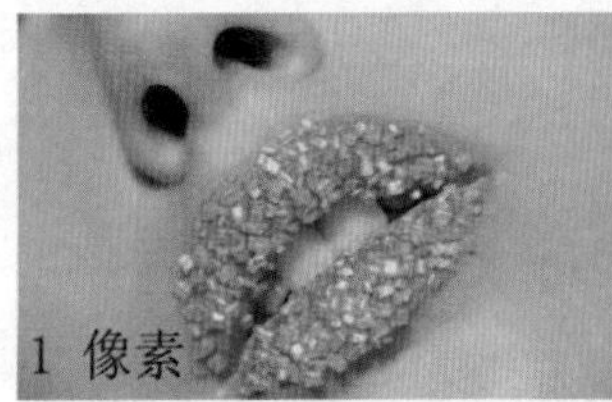

图3-111

图3-112

技巧提示

可以在文档中放置多个比例标记或替换现有标记。执行“图像 > 分析 > 置入比例标记”命令，可以打开“测量比例标记”对话框，单击“移去”或“保留”按钮，可以修改标记或输入新标记的设置。如果要删除比例标记，将“测量比例标记”图层组拖曳到“删除图层”按钮上，如图3-113和图3-114所示。

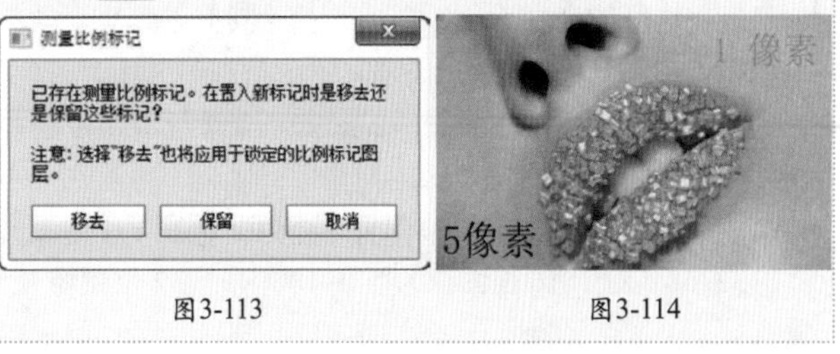

图3-113　图3-114

4. 选择数据点

执行“图像 > 分析 > 选择数据点 > 自定”命令，可以打开“选择数据点”对话框，如图3-115所示。在该对话框中，数据点将根据可以测量它们的测量工具进行分组。

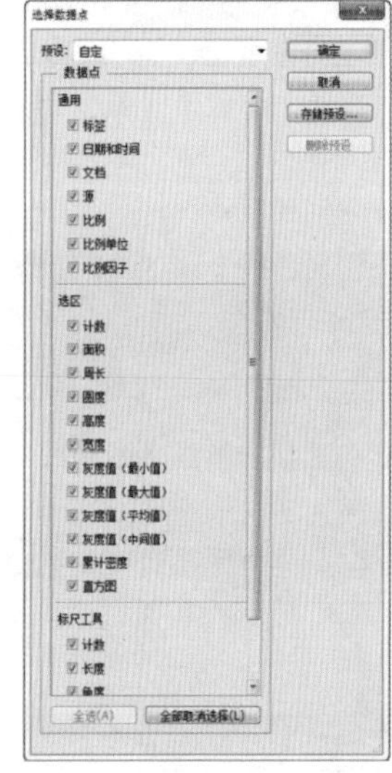

图3-115

- 标签：标识每个测量并自动将每个测量编号为“测量1”、“测量2”等。
- 日期和时间：应用表示测量发生时间的日期 / 时间。
- 文档：标识测量的文档。
- 源：测量的源，也就是“标尺工具”、“计数工具”或“选择工具”。
- 比例：源文档的测量比例。
- 比例单位：测量比例的逻辑单位。
- 比例因子：分配给比例单位的像素数量。
- 计数：根据使用的测量工具发生变化。
- 面积：用方形像素或根据当前测量比例校准的单位表示的选区的面积。
- 周长：选区的周长。对于一次测量的多个选区，将为所有选区的总周长生成一个测量，并为每个选区生成附加测量。

- 圆度：4pi（面积 / 周长 2）。若值为 1，则表示一个完整的圆形。
- 高度：选区的高度（max y - min y），其单位取决于当前的测量比例。
- 宽度：选区的宽度（max x - min x），其单位取决于当前的测量比例。
- 灰度值：对亮度的测量，范围为 0 ~255（对于 8 位图像）、0~32768（对于 16 位图像）或 0~10（对于 32 位图像）。
- 累计密度：选区中的像素值的总和。
- 直方图：为图像中的每个通道（RGB 图像有 3 个通道，CMYK 图像有 4 个通道）生成直方图数据，并记录 0~255（将 16 位或 32 位值转换为 8 位）之间的每个值所表示的像素的数目。
- 长度：标尺工具在图像上定义的直线距离，其单位取决于当前的测量比例。
- 角度：标尺工具的方向角度（±0~180）。

※ 技术拓展：显隐额外内容

Photoshop 中的辅助工具都可以进行显示 / 隐藏的控制，执行"视图 > 显示额外内容"命令（使该选项处于选中状态），然后执行"视图 > 显示"菜单下的命令，可以在画布中显示出图层边缘、选区边缘、目标路径、网格、参考线、数量、智能参考线、切片等额外内容，如图 3-116 所示。

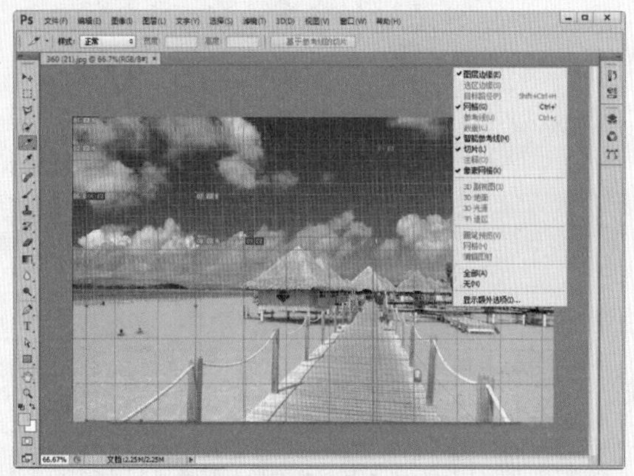

图3-116

- 图层边缘：显示图层内容的边缘。在编辑图像时，通常不会启用该功能。
- 选区边缘：显示或隐藏选区的边框。
- 目标路径：显示或隐藏路径。
- 网格：显示或隐藏网格。
- 参考线：显示或隐藏参考线。
- 数量：显示或隐藏计数数目。
- 智能参考线：显示或隐藏智能参考线。
- 切片：显示或隐藏切片的定界框。
- 注释：显示或隐藏添加的注释。
- 3D 副视图 /3D 地面 /3D 光源 /3D 选区：在处理 3D 文件时，显示或隐藏 3D 副视图、地面、光源和选区。
- 画笔预览：使用画笔工具时，如果选择的是毛刷笔尖，选中该项可以在窗口中预览笔尖效果和笔尖方向。
- 网格：显示或隐藏操控变形的网格。
- 编辑图钉：显示或隐藏编辑图钉模式。
- 全部：显示以上所有选项。
- 无：隐藏以上所有选项。
- 显示额外选项：执行该命令后，可在打开的"显示额外选项"对话框中设置同时显示或隐藏以上多个项目。

3.10 查看图像窗口

在 Photoshop 中打开多个文件时，选择合理的方式查看图像窗口可以更好地对图像进行编辑。查看图像窗口的方式包括图像的缩放级别、多种图像的排列形式、多种屏幕模式、使用导航器查看图像、使用抓手工具查看图像等，如图 3-117 和图 3-118 所示。

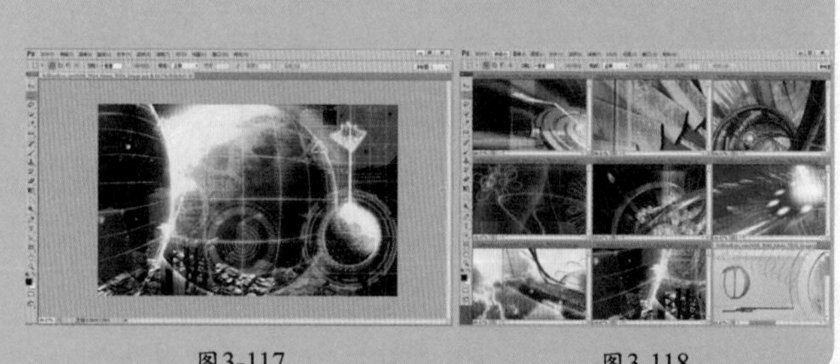

图3-117 图3-118

3.10.1 图像的缩放级别

使用缩放工具可以将图像的显示比例进行放大和缩小，如图 3-119 所示为缩放工具的选项栏。

图3-119

技巧提示

需要注意，使用缩放工具放大或缩小图像时，图像的真实大小是不会跟着发生改变的。因为使用缩放工具放大或缩小图像，只是改变了图像在屏幕上的显示比例，并没有改变图像的大小比例，它们之间有着本质的区别。

“放大”按钮/“缩小”按钮：切换缩放的方式。单击“放大”按钮，可以切换到放大模式，在画布中单击可以放大图像；单击“缩小”按钮，可以切换到缩小模式，在画布中单击可以缩小图像，如图3-120所示。

缩小

正常

放大

图3-120

技巧提示

如果当前使用的是放大模式，那么按住Alt键可以切换到缩小模式；如果当前使用的是缩小模式，那么按住Alt键可以切换到放大模式。

- 调整窗口大小以满屏显示：在缩放窗口的同时自动调整窗口的大小。
- 缩放所有窗口：同时缩放所有打开的文档窗口。
- 细微缩放：选中该复选框后，在画面中向左侧或右侧拖曳鼠标，能够以平滑的方式快速放大或缩小窗口。
- 实际像素：单击该按钮，图像将以实际像素的比例进行显示。也可以双击缩放工具来实现相同的操作。
- 适合屏幕：单击该按钮，可以在窗口中最大化显示完整的图像。
- 填充屏幕：单击该按钮，可以在整个屏幕范围内最大化显示完整的图像。
- 打印尺寸：单击该按钮，可以按照实际的打印尺寸来显示图像。

技巧提示

按Ctrl++组合键可以放大窗口的显示比例；按Ctrl+－组合键可以缩小窗口的显示比例；按Ctrl+0组合键可以自动调整图像的显示比例，使之能够完整地在窗口中显示出来；按Ctrl+1组合键可以使图像按照实际的像素比例显示出来。

3.10.2 排列形式

在Photoshop中打开多个文档时，用户可以选择文档的排列方式。在“窗口>排列”菜单下可以选择一个合适的排列方式，如图3-121所示。

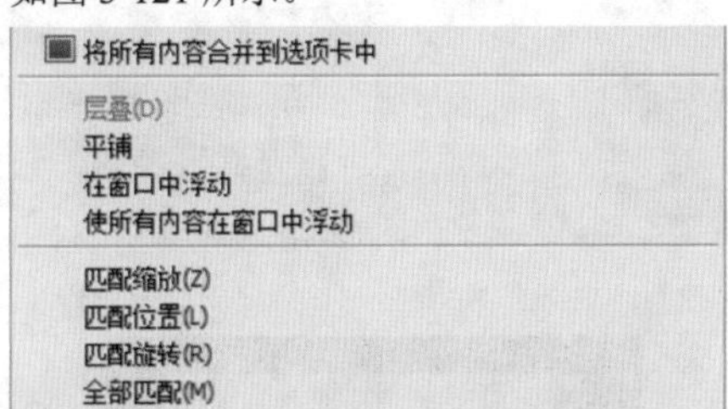

图3-121

- 将所有内容合并到选项卡中：当选择“将所有内容合并到选项卡中”方式时，窗口中只显示一个图像，其他图像将最小化到选项卡中，如图3-122所示。
- 层叠：“层叠”方式是从屏幕的左上角到右下角以堆叠和层叠的方式显示未停放的窗口，如图3-123所示。

图3-122

图3-123

- 平铺：当选择“平铺”方式时，窗口会自动调整大小，并以平铺的方式填满可用的空间，如图3-124所示。
- 在窗口中浮动：当选择“在窗口中浮动”方式时，图像可以自由浮动，并且可以任意拖曳标题栏来移动窗口，如图3-125所示。

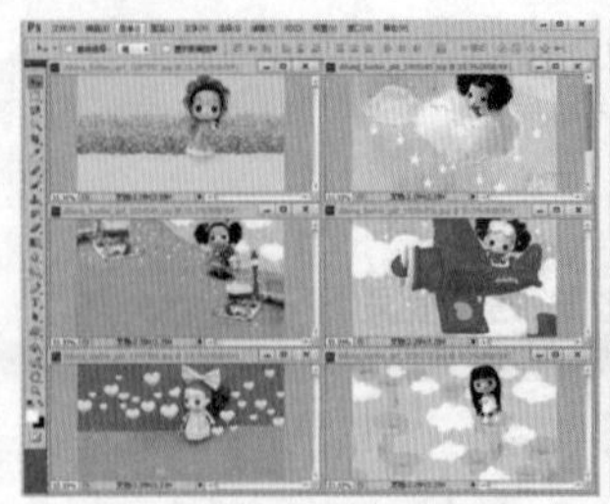
图3-124

图3-125

- **使所有内容在窗口中浮动：**当选择“使所有内容在窗口中浮动”方式时，所有文档窗口都将变成浮动窗口，如图 3-126 所示。

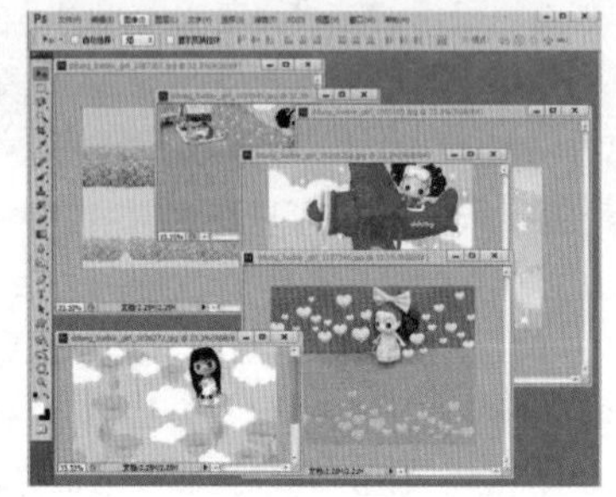
图3-126

- **匹配缩放：**“匹配缩放”方式是将所有窗口都匹配到与当前窗口相同的缩放比例。例如，将当前窗口进行缩放，然后执行“匹配缩放”命令，其他窗口的显示比例也会随之缩放，如图 3-127 和图 3-128 所示。
- **匹配位置：**“匹配位置”方式是将所有窗口中图像的显示位置都匹配到与当前窗口相同，如图 3-129 所示。

图3-127　　图3-128

图3-129

- **匹配旋转：**“匹配旋转”方式是将所有窗口中画布的旋转角度都匹配到与当前窗口相同，如图 3-130 所示。

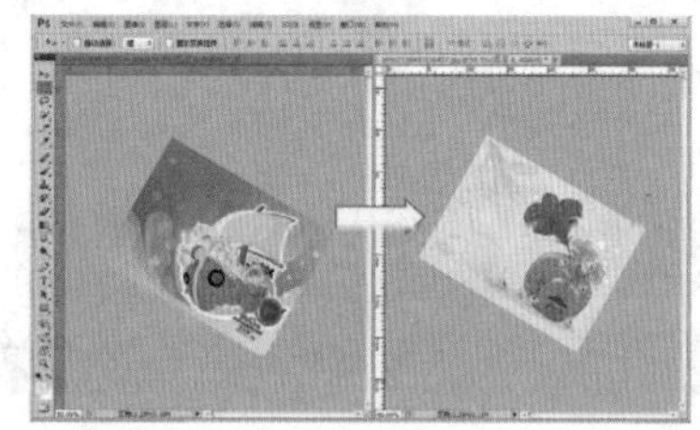
图3-130

- **全部匹配：**“全部匹配”方式是将所有窗口的缩放比例、图像显示位置、画布旋转角度与当前窗口进行匹配。

3.10.3 屏幕模式

在工具箱中单击“屏幕模式”按钮，在弹出的菜单中可以选择屏幕模式，其中包括“标准屏幕模式”、“带有菜单栏的全屏模式”和“全屏模式”3 种，如图 3-131 所示。

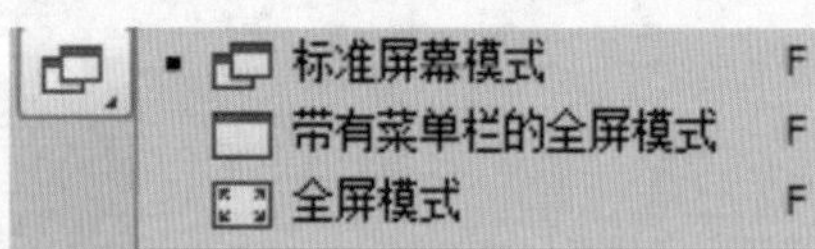

图3-131

1. 标准屏幕模式

标准屏幕模式可以显示菜单栏、标题栏、滚动条和其他屏幕元素，如图 3-132 所示。

2. 带有菜单栏的全屏模式

带有菜单栏的全屏模式可以显示菜单栏、50% 的灰色背景、无标题栏和滚动条的全屏窗口，如图 3-133 所示。

3. 全屏模式

全屏模式只显示黑色背景和图像窗口，如图 3-134 所示。

图3-132　　图3-133

图3-134

技巧提示

如果要退出全屏模式，可以按Esc键。如果按Tab键，将切换到带有面板的全屏模式，如图3-135所示。

图3-135

3.10.4 导航器

在“导航器”面板中，通过滑动鼠标可以查看图像的某个区域。执行“窗口＞导航器”命令，可以调出“导航器”面板，如果要在“导航器”面板中移动画面，可以将光标放置在缩览图上，当光标变成抓手形状时（只有图像的缩放比例大于全屏显示比例时，才会出现图标），拖曳鼠标即可移动图像画面，如图3-136和图3-137所示。

图3-136

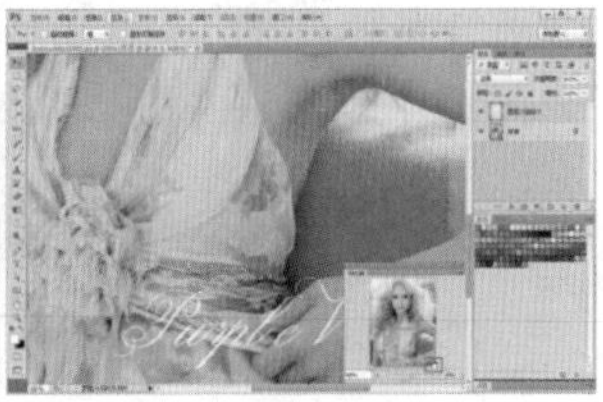

图3-137

- 缩放数值输入框 50%：可以输入缩放数值，按Enter键可以确认操作，如图3-138和图3-139所示。

图3-138

图3-139

- “缩小”按钮/“放大”按钮：单击“缩小”按钮可以缩小图像的显示比例；单击“放大”按钮可以放大图像的显示比例，如图3-140和图3-141所示。

图3-140

图3-141

- 缩放滑块：拖曳缩放滑块可以放大或缩小窗口，如图3-142和图3-143所示。

图3-142

图3-143

3.10.5 抓手工具

抓手工具与缩放工具一样，在实际工作中的使用频率相当高。当放大一个图像后，可以使用抓手工具将图像移动到特定的区域内查看图像。在工具箱中单击“抓手工具”按钮，可以激活抓手工具，如图3-144所示是抓手工具的选项栏。

滚动所有窗口 | 实际像素 | 适合屏幕 | 填充屏幕 | 打印尺寸

图3-144

- 滚动所有窗口：选中该复选框，允许滚动所有窗口。
- 实际像素：单击该按钮，图像以实际像素比例进行显示。
- 适合屏幕：单击该按钮，可以在窗口中最大化显示完整的图像。
- 填充屏幕：单击该按钮，可以在整个屏幕范围内最大化显示完整的图像。
- 打印尺寸：单击该按钮，可以按照实际的打印尺寸显示图像。

技巧提示

在使用其他工具编辑图像时，来回切换抓手工具会非常麻烦。比如在使用画笔工具进行绘图时，可以按住Space键（即空格键）切换到抓手状态，当松开Space键时，系统会自动切换回画笔工具。

Chapter 4

第4章

图像的基本编辑方法

通常情况下，用户最关注图像的尺寸、大小及分辨率等属性，这些可通过执行相应命令进行修改。另外，还能对图像进行多种变换操作。

本章学习要点：

- 掌握图像尺寸、分辨率的修改方法
- 掌握撤销与返回操作的方法
- 掌握图像的多种变换方法
- 掌握定义工具预设的方法

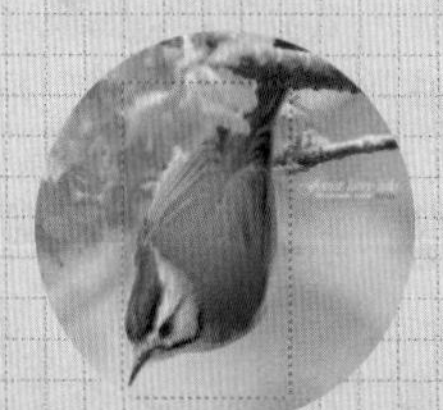

4.1 像素尺寸及画布大小

通常情况下，用户最关注图像的尺寸、大小及分辨率等属性。如图 4-1 和图 4-2 所示为像素尺寸分别是 600 像素 ×600 像素与 200 像素 ×200 像素的同一图片的对比效果，尺寸大的图像所占计算机空间也要相对大一些。

执行“图像 > 图像大小”命令或按 Alt+Ctrl+I 组合键，可打开“图像大小”对话框，如图 4-3 和图 4-4 所示。

图4-1

图4-2

在“像素大小”选项组下即可修改图像的像素大小，更改图像的像素大小不仅会影响图像在屏幕上的大小，还会影图像的质量及其打印特性（图像的打印尺寸和分辨率）。

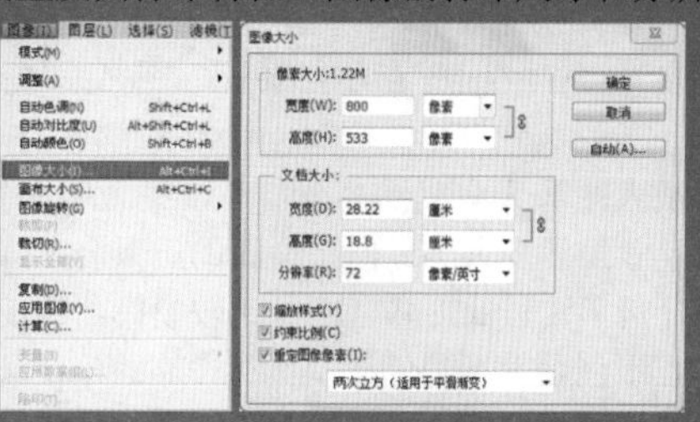

图4-3　　图4-4

4.1.1 像素大小

“像素大小”选项组下的参数主要用来设置图像的尺寸。顶部显示了当前图像的大小，括号内显示的是旧文件大小。修改图像宽度和高度数值，像素大小也会发生变化，如图 4-5 所示。

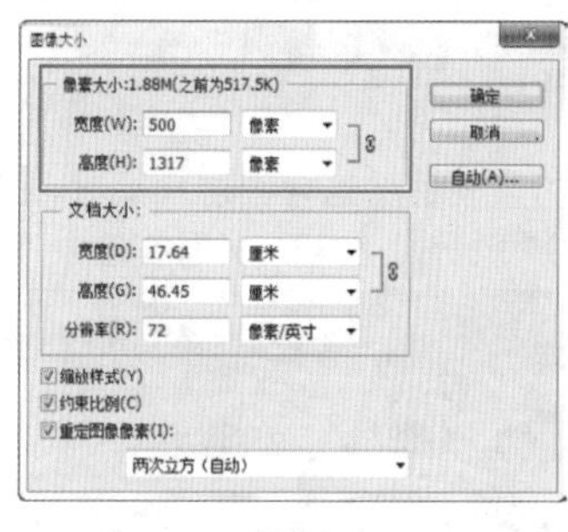

图4-5

答疑解惑：缩放比例与像素大小有什么区别？

当使用“缩放工具”缩放图像时，改变的是图像在屏幕中的显示比例，也就是说，无论怎么放大或缩小图像的显示比例，图像本身的大小和质量并没有发生任何改变，如图 4-6 所示。

图4-6

当调整图像的大小时，改变的是图像的像素大小和分辨率等，因此图像的大小和质量都有可能发生改变，如图 4-7 所示。

图4-7

4.1.2 文档大小

“文档大小”选项组中的参数主要用来设置图像的打印尺寸。当选中“重定图像像素”复选框时，如果减小图像的大小，就会减少像素数量，此时图像虽然变小了，但是画面质量仍然保持不变，如图 4-8 和图 4-9 所示。

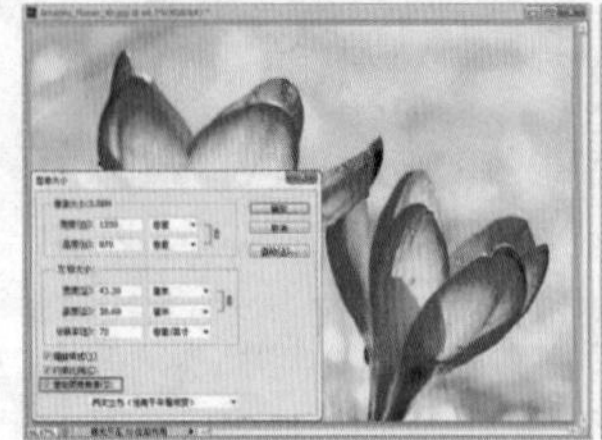
图4-8

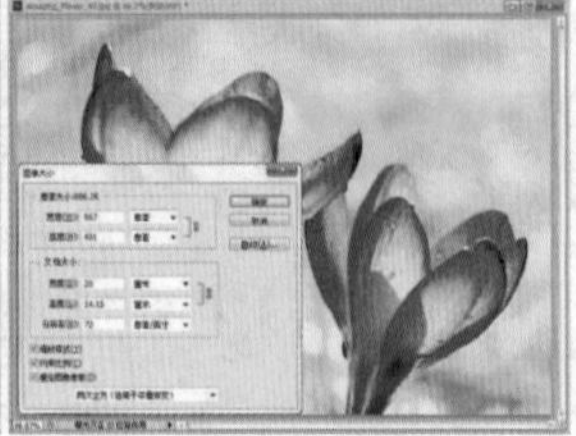
图4-9

如果增大图像大小或提高分辨率，则会增加新的像素，此时图像尺寸虽然变大了，但是画面的质量会下降，如果一张图像的分辨率比较低，并且图像比较模糊，即使提高图像的分辨率也不能使其变得清晰。因为 Photoshop 只能在原始数据的基础上进行调整，无法生成新的原始数据。如图 4-10 和图 4-11 所示。

当取消选中“重定图像像素”复选框时，即使修改图像的宽度和高度，图像的像素总量也不会发生变化，也就是说，减少宽度和高度时，会自动提高分辨率；当增大宽度和高度时，会自动降低分辨率，如图 4-12 和图 4-13 所示。

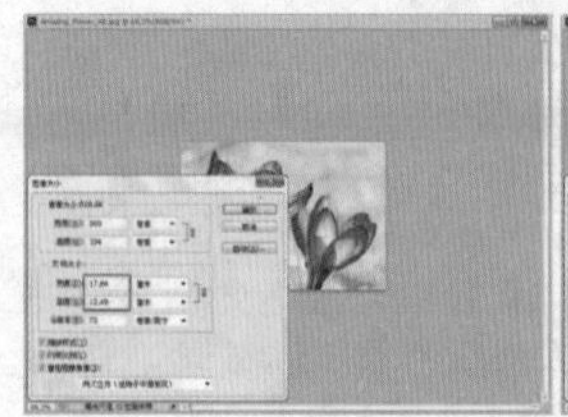
图4-10

图4-11

图4-12

图4-13

技巧提示

当取消选中“重定图像像素”复选框时，无论是增大或减小宽度和高度值，图像的视觉大小看起来都不会发生任何变化，画面的质量也没有变化。

4.1.3 缩放样式

当文档中的某些图层包含图层样式时，选中“缩放样式”复选框，可以在调整图像的大小时自动缩放样式效果（如图 4-14 ～图 4-17 所示）。注意，只有在选中“约束比例”复选框时，“缩放样式”才可用。

图4-14

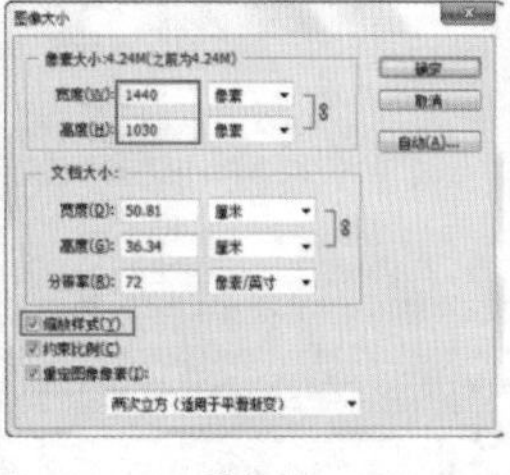
图4-15

图4-16

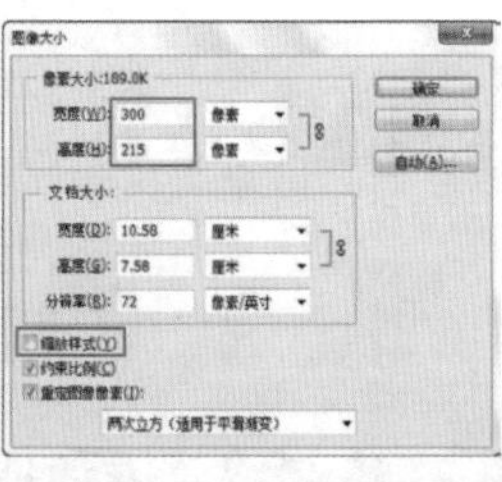
图4-17

4.1.4 约束比例

选中“约束比例”复选框，可以在修改图像的宽度或高度时，保持宽度和高度的比例不变。在一般情况下对数码照片进行处理时都应该选中该选项。如图 4-18 ～图 4-21 所示。

图4-18

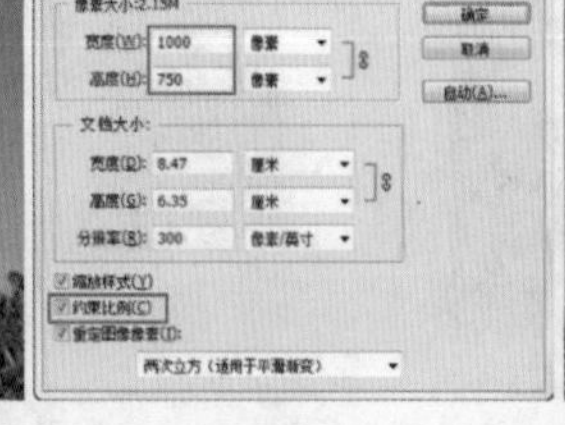
图4-19

图4-20

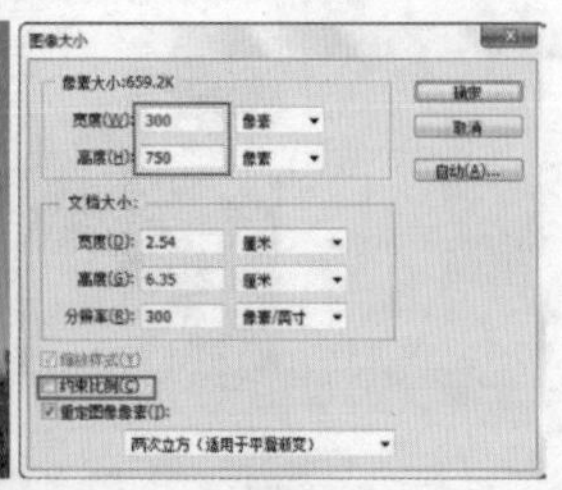
图4-21

4.1.5 插值方法

修改图像的像素大小在Photoshop中称为重新取样。当减少像素的数量时，就会从图像中删除一些信息；当增加像素的数量或增加像素取样时，则会增加一些新的像素。在“图像大小”对话框底部的下拉列表中提供了6种插值方法来确定添加或删除像素的方式，分别是“邻近（保留硬边缘）”、“两次线性”、“两次立方（适用于平滑渐变）”、“两次立方较平滑（适用于扩大）”、“两次立方较锐利（适用于缩小）”和“两次立方（自助）”，如图4-22所示。

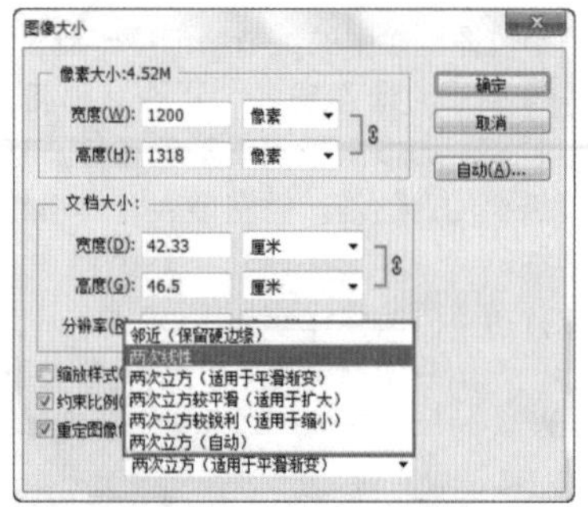

图4-22

4.1.6 自动

单击“图像大小”对话框窗口右侧的“自动”按钮  可以打开“自动分辨率”对话框，如图4-23所示。在该对话框中输入“挂网”的线数后，Photoshop可以根据输出设备的网频来确定建议使用的图像分辨率。

读书笔记

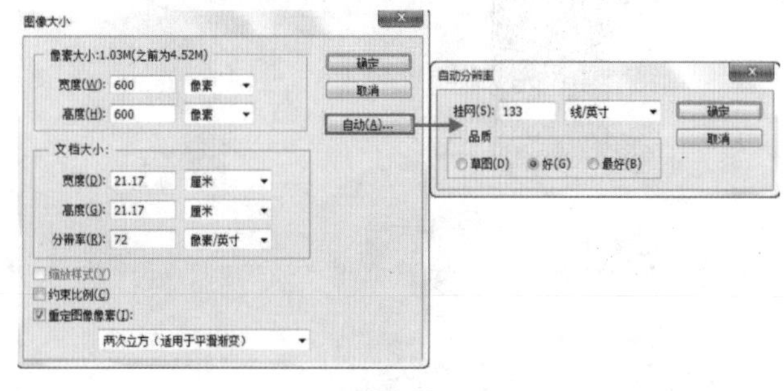

图4-23

理论实践——修改图像尺寸

很多时候图像素材的尺寸与需要的尺寸不符，例如制作计算机桌面壁纸、个性化虚拟头像或传输到个人网络空间等，都需要对图像的尺寸进行特定的修改，以适合不同的要求。

修改图像尺寸的具体操作如下：

（1）打开一张图片，执行“图像 > 图像大小”命令或按Alt+Ctrl+I组合键，打开“图像大小”对话框，从该对话框中可以观察到图像的宽度为2300像素，高度为3450像素，如图4-24和图4-25所示。

（2）在“图像大小”对话框中设置图像的“宽度”为1500像素，“高度”为2250像素，如图4-26所示，此时在图像窗口中可以明显观察到图像变小了，如图4-27所示。

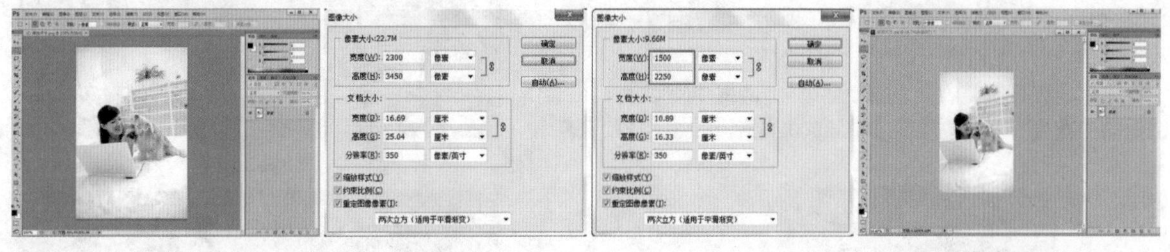

图4-24　　图4-25　　图4-26　　图4-27

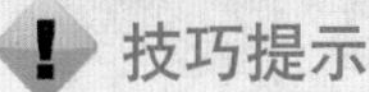

技巧提示

如果在“图像大小”对话框中选中“约束比例”复选框，那么只需要修改“宽度”和“高度”中的一个参数值，另外一个参数会跟着发生相应的变化。

理论实践——修改图像分辨率

分辨率是指位图图像中的细节精细度，测量单位是像素/英寸（PPI），每英寸的像素越多，分辨率越高。一般来说，图像的分辨率越高，印刷出来的质量就越好，当然所占设备空间也更大。需要注意的是，凭空增大分辨率数值，图像并不会变得更精细。

修改图像分辨率的具体操作如下：

（1）打开一张图片素材文件，在“图像大小”对话框可以观察到图像默认的“分辨率”为300，如图4-28所示。

图4-28

（2）在“图像大小”对话框将“分辨率”更改为150，此时可以观察到像素大小也会随之而减小，如图4-29所示。

图4-29

（3）按Ctrl+Z或Ctrl+Alt+Z组合键，返回到修改分辨率之前的状态，然后在“图像大小”对话框中将“分辨率”更改为600，此时可以观察到像素大小也会随之而增大，如图4-30所示。

图4-30

理论实践——修改图像比例

当选中“约束比例”复选框时，可以在修改图像的宽度或高度时，保持宽度和高度的比例不变；当取消选中“约束比例”复选框时，修改图像的宽度或高度就会导致图像发生变形，如图4-31和图4-32所示。

图4-31

图4-32

（1）打开一张图片，在“图像大小”对话框中可以观察到图像的“宽度”和“高度”都为3000像素，如图4-33所示。

图4-33

（2）在“图像大小”对话框中取消选中“约束比例”复选框（同时也将导致“缩放样式”选项不可用），然后设置“宽度”为3500像素，此时可以观察到图像变宽了，如图4-34所示。

（3）按Ctrl+Z或Ctrl+Alt+Z组合键，返回到修改宽度之前的状态，在“图像大小”对话框中设置“高度”为1500像素，此时可以观察到图像变高了，如图4-35所示。

图4-34

图4-35

4.2 修改画布大小

执行"图像 > 画布大小"命令，可打开"画布大小"对话框，如图 4-36 所示。在该对话框中可以对画布的宽度、高度、定位和扩展背景颜色进行调整。增大画布大小，原始图像大小不会发生变化，而增大的部分则使用选定的填充颜色进行填充；减小画布大小，图像则会被裁切掉一部分，如图 4-37 所示。

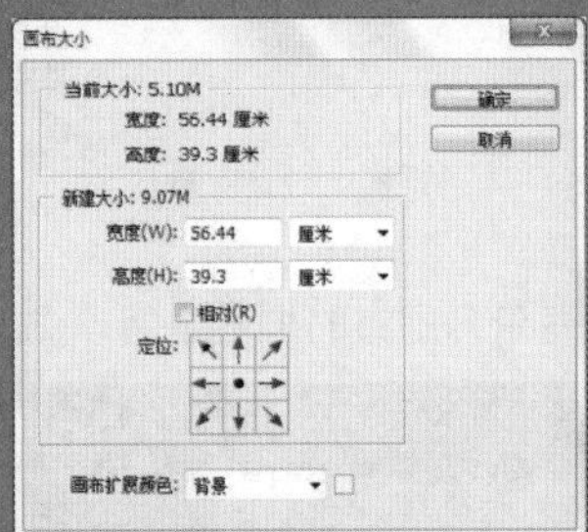

图4-36

图4-37

答疑解惑：画布大小和图像大小有区别吗？

画布大小与图像大小有着本质的区别。画布大小是指工作区域的大小，它包含图像和空白区域；图像大小是指图像的像素大小，如图 4-38 所示。

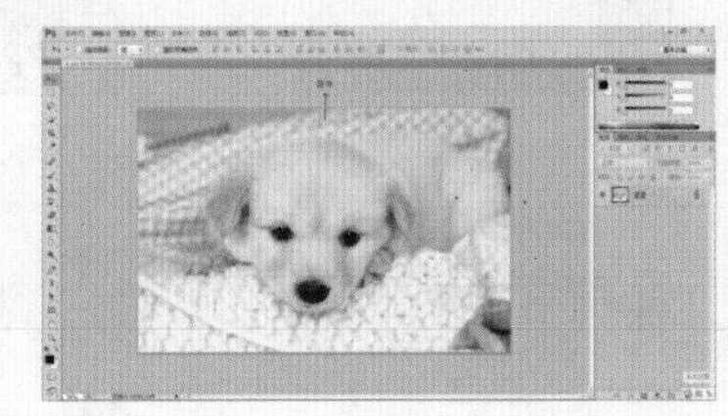

图4-38

4.2.1 当前大小

"当前大小"选项组下显示的是文档的实际大小，以及图像的宽度和高度的实际尺寸，如图 4-39 所示。

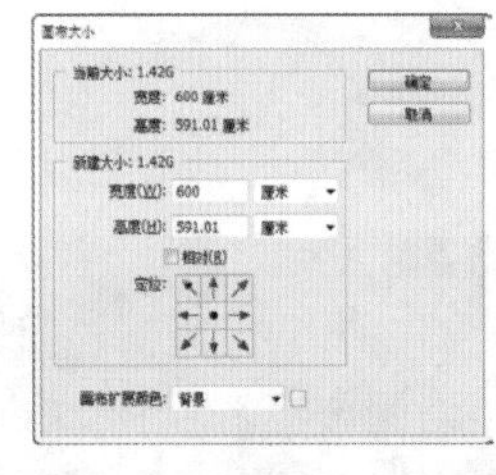

图4-39

4.2.2 新建大小

新建大小是指修改画布尺寸后的大小。当输入的"宽度"和"高度"值大于原始画布尺寸时，会增加画布尺寸，如图 4-40 所示。当输入的"宽度"和"高度"值小于原始画布尺寸时，Photoshop 会裁切超出画布区域的图像，如图 4-41 所示。

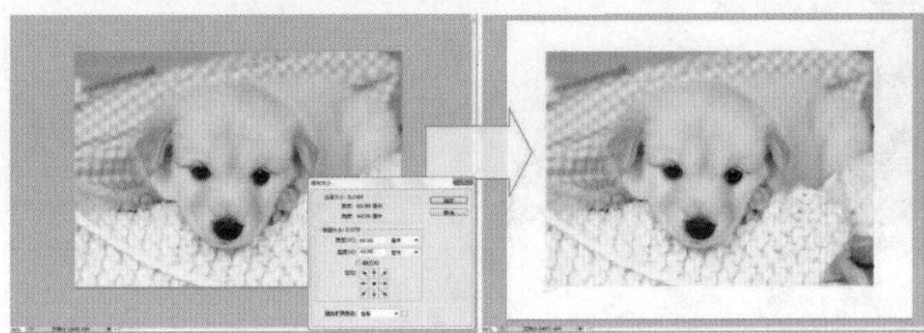

图4-40

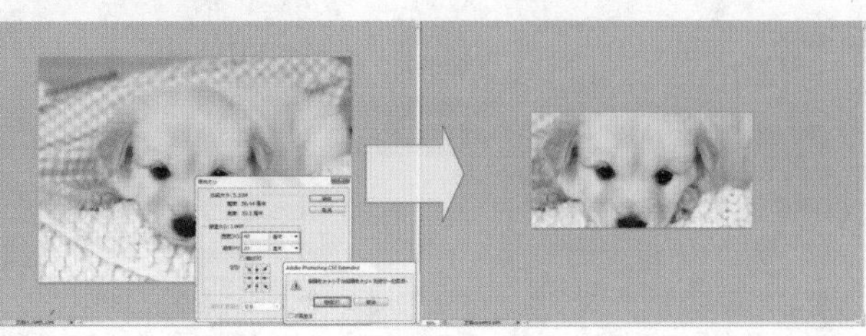

图4-41

选中“相对”复选框时，“宽度”和“高度”数值将代表实际增加或减少的区域的大小，而不再代表整个文档的大小。输入正值表示增加画布尺寸，如设置“宽度”为10cm，那么画布就在宽度方向上增加10cm，如图4-42所示；输入负值表示减小画布，如设置“高度”为-10cm，那么画布就在高度方向上减小10cm，如图4-43所示。

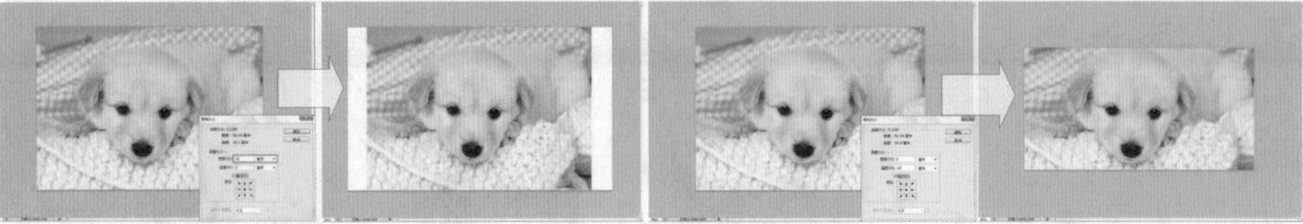

图4-42　　图4-43

“定位”选项主要用来设置当前图像在新画布上的位置，如图4-44所示（黑色背景为画布的扩展颜色）。

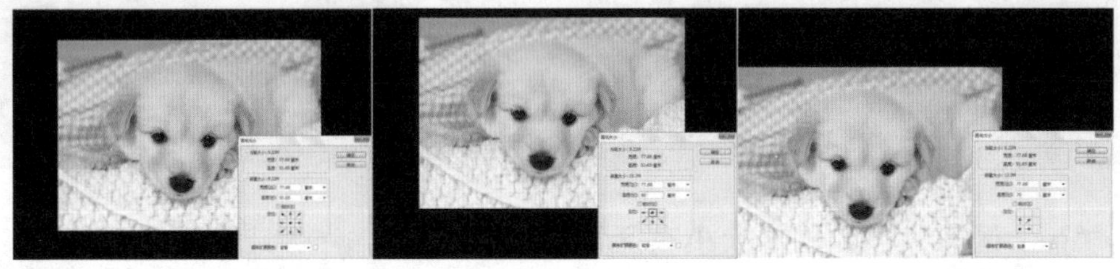

图4-44

4.2.3 画布扩展颜色

画布扩展颜色是指填充新画布的颜色。如果图像的背景是透明的，那么“画布扩展颜色”选项将不可用，新增加的画布也是透明的，如图4-45和图4-46所示。

图4-45

图4-46

4.3 旋转画布

执行“图像>图像旋转”命令，在该菜单下提供了6种旋转画布的命令，包括“180度”、“90度（顺时针）”、“90度（逆时针）”、“任意角度”、“水平翻转画布”和“垂直翻转画布”如图4-47所示。在执行这些命令时，可以旋转或翻转整个图像。如图4-48和图4-49所示分别为原图以及执行“垂直翻转画布”命令后的图像效果。

图4-47　　图4-48　　图4-49

答疑解惑：如何以任意角度旋转画布?

在“图像 > 图像旋转”菜单下提供了一个“任意角度”命令，该命令主要用来以任意角度旋转画布。

执行“任意角度”命令，系统会弹出“旋转画布”对话框，在该对话框中可以设置旋转的角度和方式（顺时针和逆时针），如图 4-50 所示是将图像顺时针旋转 45° 后的效果。

图4-50

实例练习——矫正数码相片的方向

实例文件	实例练习——矫正数码相片的方向 .psd
视频教学	实例练习——矫正数码相片的方向 .flv
难易指数	★★★★★
技术要点	图像旋转命令

实例效果

实例效果如图 4-51 和图 4-52 所示。

图4-51

图4-52

操作步骤

步骤 01 执行“文件 > 打开”命令，打开素材文件，如图 4-53 所示。

图4-53

步骤 02 执行“图像 > 图像旋转 >90 度 (逆时针)”命令，此时图像的方向将被矫正过来，效果如图 4-54 所示。

步骤 03 还可以执行“图像 > 图像旋转 > 水平翻转画布”命令，调整人像的头部方向，如图 4-55 所示。

图4-54

图4-55

技巧提示

“图像旋转”命令只适合于旋转或翻转画布中的所有图像，不适用于单个图层或图层的一部分、路径以及选区边界。如果要旋转选区或图层，就需要用到本章即将讲到的“变换”或“自由变换”功能。

4.4 撤销/返回/恢复文件

在传统的绘画过程中，出现错误的操作时只能选择擦除或覆盖。而在 Photoshop 中进行数字化编辑时，出现错误操作则可以撤销或返回所做的操作，然后重新编辑图像，这也是数字编辑的优势之一。

4.4.1 还原与重做

执行“编辑＞还原”命令或按Ctrl+Z组合键，可以撤销最近的一次操作，将图像还原到上一步操作状态。如果要取消还原操作，可以执行“编辑＞重做”命令，如图4-56和图4-57所示。

编辑(E)
还原(O) Ctrl+Z
前进一步(W) Shift+Ctrl+Z
后退一步(K) Alt+Ctrl+Z
渐隐(D)... Shift+Ctrl+F

图4-56

编辑(E)
重做(O) Ctrl+Z
前进一步(W) Shift+Ctrl+Z
后退一步(K) Alt+Ctrl+Z
渐隐(D)... Shift+Ctrl+F

图4-57

4.4.2 前进一步与后退一步

由于“还原”命令只可以还原一步操作，而实际操作中经常需要还原多个操作，就需要使用到“编辑＞后退一步”命令，或连续使用Alt+Ctrl+Z组合键来逐步撤销操作。如果要取消还原的操作，可以连续执行“编辑＞前进一步”命令，或连续按Shift+Ctrl+Z组合键来逐步恢复被撤销的操作，如图4-58所示。

编辑(E)
还原状态更改(O) Ctrl+Z
前进一步(W) Shift+Ctrl+Z
后退一步(K) Alt+Ctrl+Z
渐隐(D)... Shift+Ctrl+F

图4-58

4.4.3 恢复

执行“文件＞恢复”命令，可以直接将文件恢复到最后一次保存时的状态，或返回到刚打开文件时的状态。

技巧提示

“恢复”命令只能针对已有图像的操作进行恢复，如果是新建的空白文件，“恢复”命令将不可用。

4.5 使用“历史记录”面板还原操作

“历史记录”面板用于记录编辑图像过程中所进行的操作步骤。也就是说，通过“历史记录”面板可以恢复到某一步的状态，同时也可以再次返回到当前的操作状态。

4.5.1 熟悉“历史记录”面板

执行“窗口＞历史记录”命令，可打开“历史记录”面板，如图4-59所示。

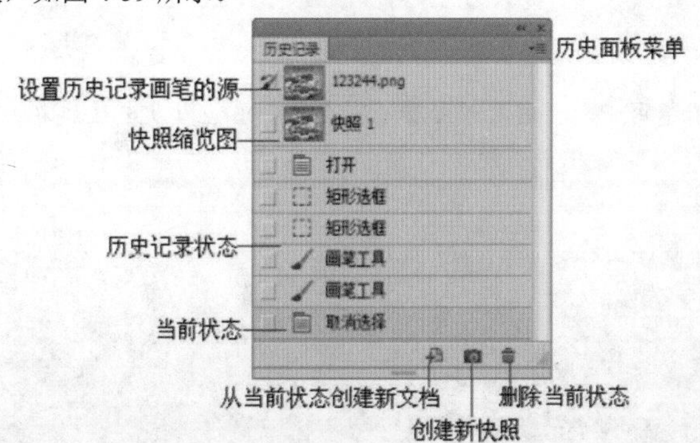

图4-59

- “设置历史记录画笔的源”图标：使用历史记录画笔时，该图标所在的位置代表历史记录画笔的源图像。
- 快照缩览图：被记录为快照的图像状态。
- 历史记录状态：Photoshop记录的每一步操作的状态。
- “从当前状态创建新文档”按钮：以当前操作步骤中图像的状态创建一个新文档。
- “创建新快照”按钮：以当前图像的状态创建一个新快照。
- “删除当前状态”按钮：选择一个历史记录后，单击该按钮可以将该记录以及后面的记录删除。

4.5.2 创建与删除快照

在“历史记录”面板中，默认状态下可以记录20步操作，超过限定数量的操作将不能够返回。通过创建快照，可以在图像编辑的任何状态创建副本，即可以随时返回到快照所记录的状态。

理论实践——创建快照

为某一状态创建新的快照，可以采用以下两种方法中的一种。

（1）在“历史记录”面板中选择需要创建快照的状态，然后单击“创建新快照”按钮，此时Photoshop会自动为其命名，如图4-60所示。

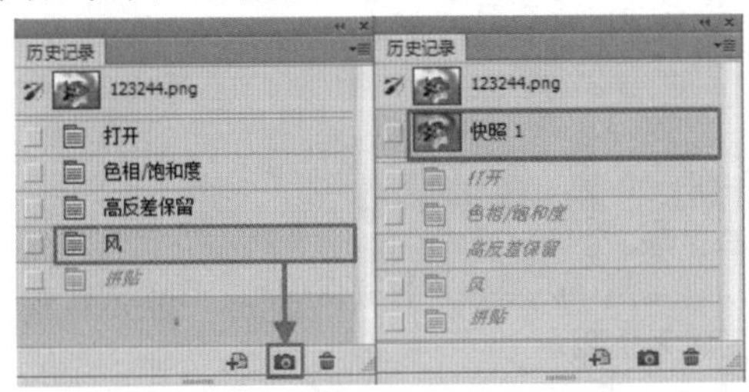

图4-60

（2）选择需要创建快照的状态，然后在“历史记录”面板右上角单击图标，接着在弹出的菜单中执行“新建快照”命令，如图4-61所示。

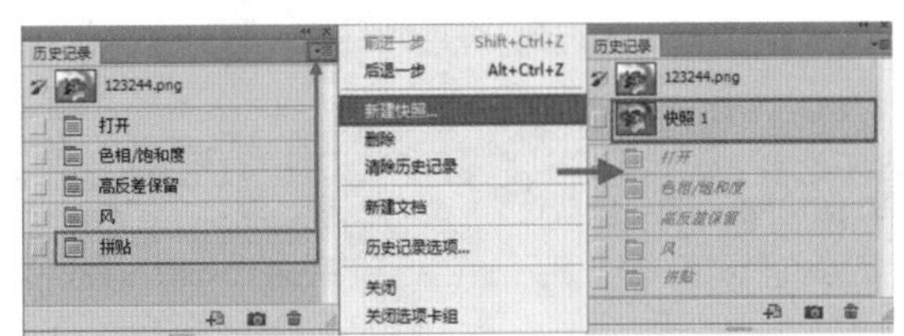

图4-61

技巧提示

在使用第(2)种方法创建快照时，系统会弹出一个“新建快照”对话框，在该对话框中可以为快照进行命名，并且可以选择需要创建快照的对象类型，如图4-62所示。

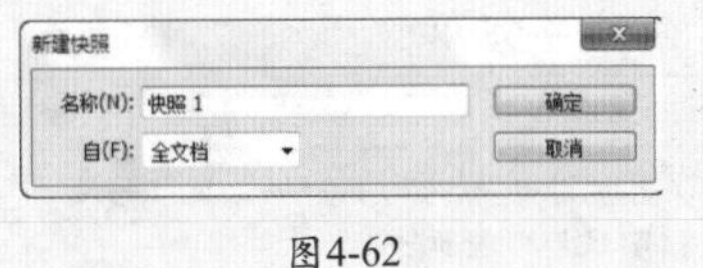

图4-62

理论实践——删除快照

删除快照也有两种方法，介绍如下。

（1）在“历史记录”面板中选择需要删除的快照，然后单击“删除当前状态”按钮或将快照拖曳到该按钮上，接着在弹出的对话框中单击“是”按钮，如图4-63所示。

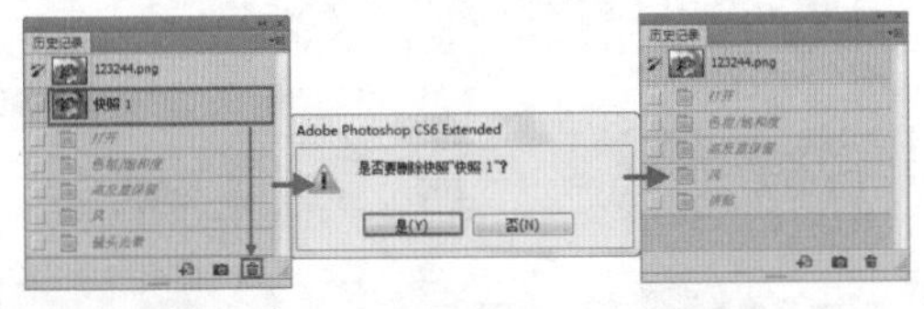

图4-63

（2）选择要删除的快照，然后在“历史记录”面板右上角单击图标，接着在弹出的菜单中执行“删除”命令，最后在弹出的对话框中单击“是”按钮，如图4-64所示。

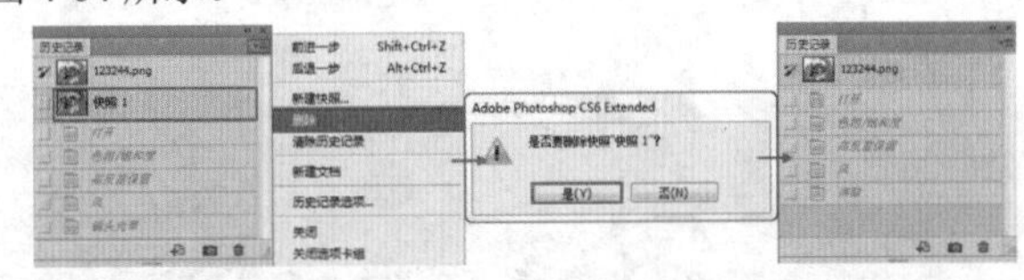

图4-64

※ 技术拓展：利用快照还原图像

“历史记录”面板只能记录20步操作，但是如果使用画笔、涂抹等绘画工具编辑图像时，每单击一次鼠标，Photoshop就会自动记录为一个操作步骤，这样势必会出现历史记录不够用的情况。例如在如图4-65所示的“历史记录”面板中，记录的全是画笔工具的操作步骤，根本无法分别哪个步骤是自己需要的状态，这就让“历史记录”面板的还原能力非常有限。

解决以上问题的方法主要有以下两种。

（1）执行“编辑>首选项>性能”命令，然后在弹出的“首选项”对话框中增大“历史记录状态”的数值，如图4-66所示。但是如果将“历史记录状态”数值设置得过大，会占用很多系统内存。

（2）绘制完一个比较重要的效果时，就在“历史记录”面板中单击“创建新快照”按钮，将当前画面保存为一个快照，如图4-67所示。这样无论以后绘制了多少步，都可以通过单击这个快照将图像恢复到快照记录效果。

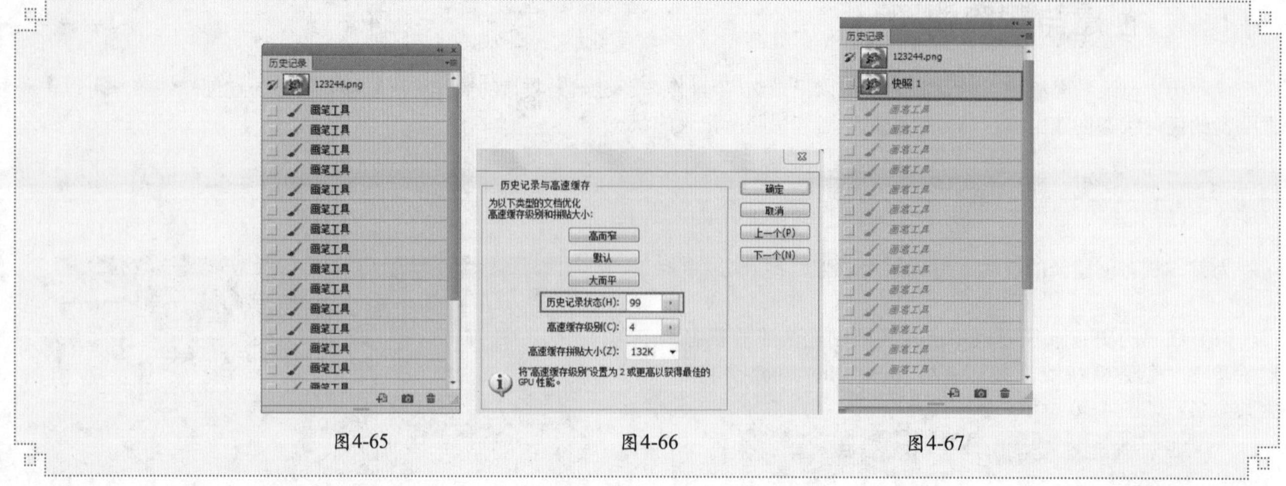

图4-65　　图4-66　　图4-67

4.5.3 历史记录选项

在“历史记录”面板右上角单击图标，接着在弹出的菜单中执行“历史记录选项”命令，可打开“历史记录选项”对话框，如图4-68所示。

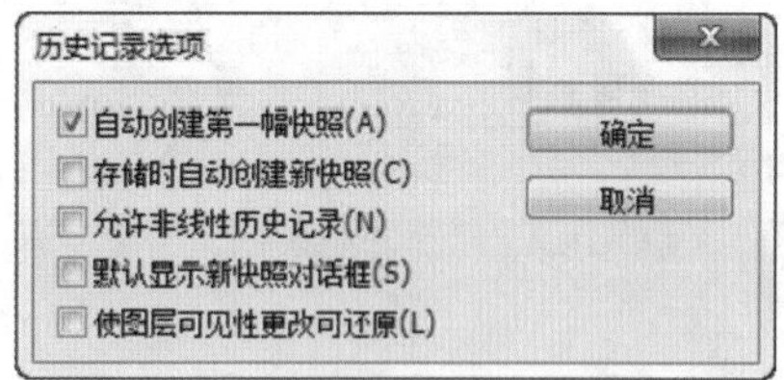

图4-68

- 自动创建第一幅快照：打开图像时，图像的初始状态自动创建为快照。
- 存储时自动创建新快照：在编辑的过程中，每保存一次文件，都会自动创建一个快照。
- 允许非线性历史记录：选中该复选框，然后选择一个快照，当更改图像时将不会删除历史记录的所有状态。
- 默认显示新快照对话框：强制Photoshop提示用户输入快照名称。
- 使图层可见性更改可还原：保存对图层可见性的更改。

4.6 渐隐调整结果

执行“编辑 > 渐隐”命令可以修改操作结果的不透明度和混合模式，该操作的效果相当于图层面板中包含“原始效果”与“调整后效果”两个图层（“调整后效果”图层在顶部）。渐隐命令就相当于修改“调整后效果”图层的不透明度与混合模式后得到的效果。当使用画笔、滤镜编辑图像，或进行了填充、颜色调整、添加图层样式等操作以后，“渐隐”命令才可用，在“渐隐”对话框中可以进行不透明度以及模式的设置。如图4-69所示。

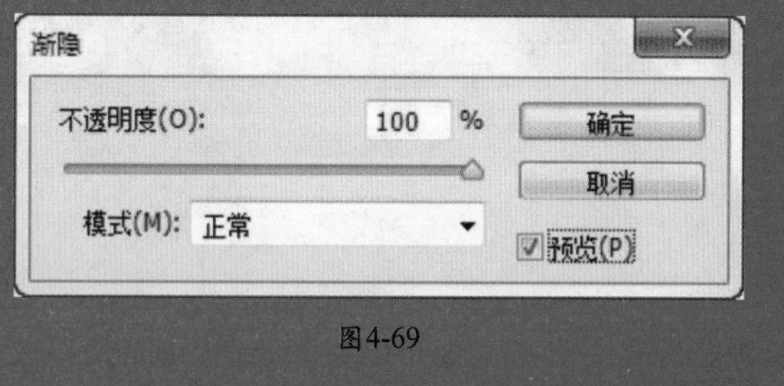

图4-69

4.7 剪切/复制/粘贴图像

与Windows下的剪切、复制、粘贴命令相同，在photoshop中也可以快捷地完成复制、粘贴任务。但是在Photoshop中还可以对图像进行原位置粘贴、合并复制等特殊操作。

4.7.1 剪切与粘贴

创建选区后，执行“编辑 > 剪切”命令或按 Ctrl+X 组合键，可以将选区中的内容剪切到剪贴板上，如图 4-70 所示。

图4-70

然后执行“编辑 > 粘贴”命令或按 Ctrl+V 组合键，可以将剪切的图像粘贴到画布中，并生成一个新的图层，如图 4-71 所示。

图4-71

实例练习——剪切并粘贴图像

实例文件	实例练习——剪切并粘贴图像 .psd
视频教学	实例练习——剪切并粘贴图像 .flv
难易指数	★★★★★
技术要点	剪切命令、粘贴命令

实例效果

本例将讲解剪切并粘贴功能的使用方法，效果如图 4-72 和图 4-73 所示。

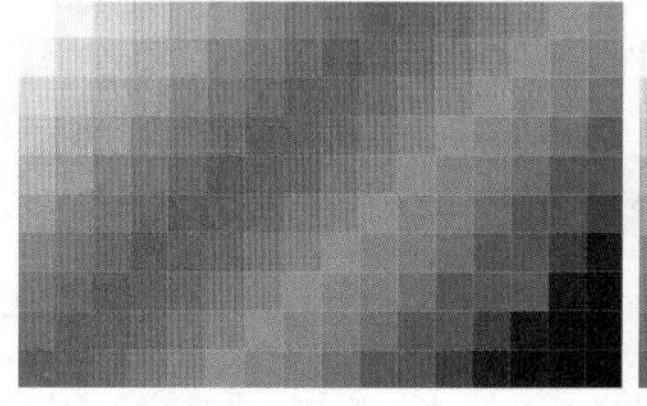

图4-72

图4-73

操作步骤

步骤 01 执行“文件 > 打开”命令，打开背景素材文件，如图 4-74 所示。

步骤 02 打开本书配套光盘中的卡通人物素材文件，如图 4-75 所示。

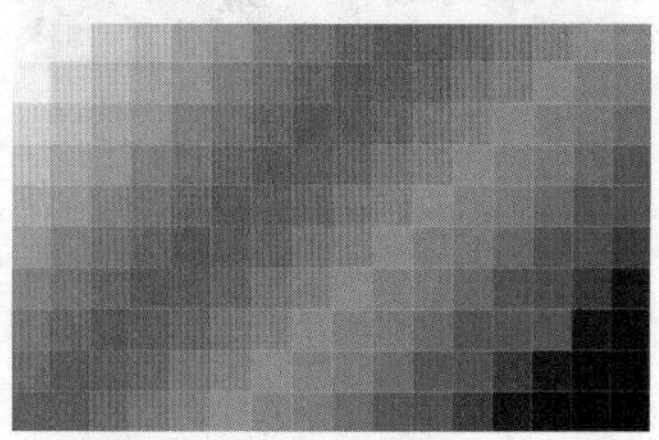

图4-74

图4-75

步骤 03 在工具箱中单击“魔棒工具”按钮，然后在选项栏中设置“容差”为 32，如图 4-76 所示。

图4-76

步骤 04 在人像背景区域单击，然后按住 Shift 键的同时单击背景的其他区域，将整个区域添加到选区中，再按 Delete 键，删除背景部分，如图 4-77 和图 4-78 所示。使用反向选择快捷键 Ctrl+Shift+I 进行反向，接着按 Ctrl+X 组合键将选区中的图像剪切到剪贴板中。

图4-77

图4-78

步骤 05 切换到背景素材操作界面，然后按 Ctrl+V 组合键将剪切的图像粘贴到画布中，此时系统会自动生成“图层 1”图层，如图 4-79 所示。

步骤 06 按 Ctrl+T 组合键进入自由变换状态，然后按住 Shift 键的同时将人像等比例缩小到合适的大小，最终效果如图 4-80 所示。

图4-79

图4-80

4.7.2 拷贝与合并拷贝

创建选区后，执行“编辑 > 拷贝”命令或按 Ctrl+C 组合键，可以将选区中的图像复制到剪贴板中，然后执行“编辑 > 粘贴”命令或按 Ctrl+V 组合键，可以将复制的图像粘贴到画布中，并生成一个新的图层，如图 4-81 所示。

图4-81

当文档中包含很多图层时，执行“选择 > 全选”命令或按 Ctrl+A 组合键全选当前图像，然后执行“编辑 > 合并拷贝”命令或按 Ctrl+Shift+C 组合键，将所有可见图层复制合并到剪切板中。最后按 Ctrl+V 组合键将合并复制的图像粘贴到当前文档或其他文档中，如图 4-82 所示。

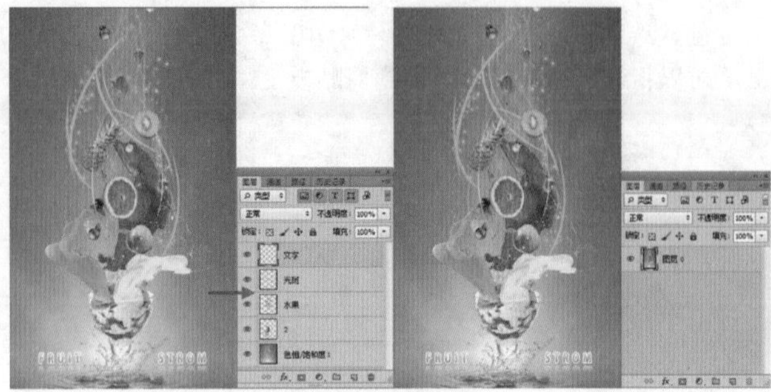

图4-82

实例练习——合并复制全部图层

实例文件	实例练习——合并复制全部图层 .psd
视频教学	实例练习——合并复制全部图层 .flv
难易指数	★★★★★
技术要点	合并复制

实例效果

本例将讲解合并复制功能的使用方法，如图 4-83 和图 4-84 所示分别是原始素材和将装饰元素粘贴到图像上以后的效果。

图4-83　图4-84

操作步骤

步骤 01 执行“文件 > 打开”命令打开背景素材，如图 4-85 所示。

步骤 02 打开猫素材文件，按住 Alt 键双击背景图层将其转换为普通图层，如图 4-86 所示。

图4-85

图4-86

步骤 03 在“工具箱”中单击“魔棒工具”按钮，在选项栏中设置合适的容差值，单击选择背景区域。按 Delete 键，删除背景部分，然后使用自由变换快捷键 Ctrl+T 调整猫的大小和位置。再使用“画笔工具”设置前景颜色为黑色，选择柔角画笔为猫绘制投影效果，并将该图层放置在猫图层的下一层。如图 4-87 和 4-88 所示。

图4-87

图4-88

步骤 04 在图层面板中，按 Shift 键选择“图层 1”、“图层 2”，拖动到创建新图层按钮上建立“图层 1 副本”、“图层 2 副本”。如图 4-89 所示。

步骤 05 按 Ctrl+A 组合键选择所有的图像，执行“编辑 > 合并拷贝”命令，然后切换到背景文件画布中，接着按 Ctrl+V 组合键，将复制图像粘贴到画布中，如图 4-90 所示。

图4-89

图4-90

步骤 06 对合并的图层执行“滤镜 > 艺术效果 > 木刻”命令，设置“色阶数”为 7，“边缘简化度”为 0，“边缘逼真度”为 3，如图 4-91 所示，单击确定按钮完成操作，最终效果如图 4-92 所示。

图4-91

图4-92

4.7.3 清除图像

若选中的图层为包含选区状态下的普通图层，那么执行“编辑 > 清除”命令，可以清除选区中的图像。

选中图层为“背景”图层时，被清除的区域将填充背景色，如图 4-93 ～图 4-95 所示分别为创建选区、清除“背景”图层上的图像与清除普通图层上的图像的对比效果。

图4-93

图4-94

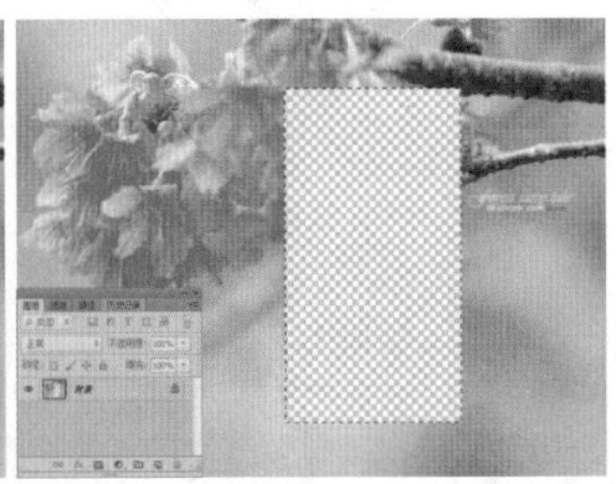

图4-95

4.8 图像变换与变形

移动、旋转、缩放、扭曲、斜切等是处理图像的基本方法。其中，移动、旋转和缩放称为变换操作，而扭曲和斜切称为变形操作。通过执行“编辑”菜单下的“自由变换”和“变换”命令，可以改变图像的形状。

4.8.1 认识定界框、中心点和控制点

在执行“自由变换”或“变换”命令时，当前对象的周围会出现一个用于变换的定界框，定界框的中间有一个中心点，四周还有控制点，如图 4-96 所示。在默认情况下，中心点位于变换对象的中心，用于定义对象的变换中心，拖曳中心点可以移动它的位置；控制点主要用来变换图像。

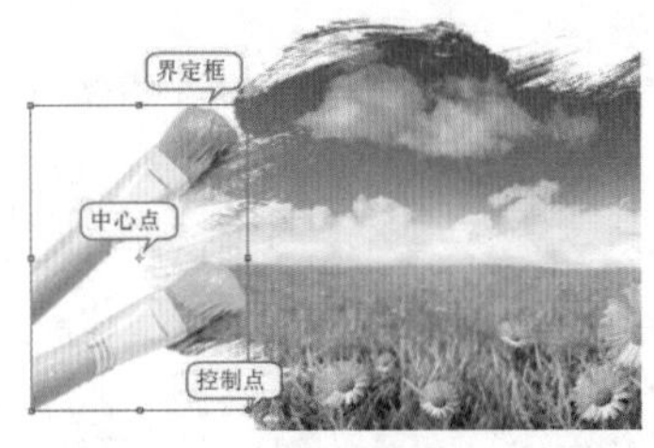

图4-96

4.8.2 移动图像

移动工具位于工具箱的最顶端，是最常用的工具之一，无论是在文档中移动图层、选区中的图像，还是将其他文档中的图像拖曳到当前文档，都需要使用移动工具，如图 4-97 所示是移动工具的选项栏。

自动选择： 组 显示变换控件

图4-97

- 自动选择：如果文档中包含多个图层或图层组，可以在后面的下拉列表中选择要移动的对象。如果选择“图层”选项，使用移动工具在画布中单击时，可以自动选择移动工具下面包含像素的最顶层的图层；如果选择“组”选项，在画布中单击时，可以自动选择移动工具下面包含像素的最顶层的图层所在的图层组。
- 显示变换控件：选中该复选框，当选择一个图层时，就会在图层内容的周围显示定界框。用户可以拖曳控制点来对图像进行变换操作，如图 4-98 所示。
- 对齐图层：当同时选择了两个或两个以上的图层时，单击相应的按钮可以将所选图层进行对齐。对齐方式包括“顶对齐”、

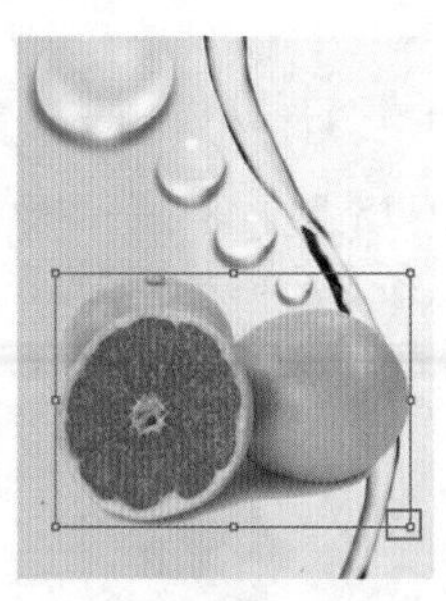

图4-98

"垂直居中对齐"、"底对齐"、"左对齐"、"水平居中对齐"和"右对齐"。

- 分布图层：如果选择了3个或3个以上的图层时，单击相应的按钮可以将所选图层按一定规则进行均匀分布排列。分布方式包括"按顶分布"、"垂直居中分布"、"按底分布"、"按左分布"、"水平居中分布"和"按右分布"。

理论实践——在同一个文档中移动图像

在"图层"面板中选择要移动的对象所在的图层，然后在工具箱中单击"移动工具"按钮，接着在画布中拖曳鼠标左键即可移动选中的对象，如图4-99所示。

图4-99

如果需要移动选区中的内容，可以在包含选区的状态下将光标放置在选区内，拖曳鼠标左键即可移动选中的图像，如图4-100所示。

图4-100

技巧提示

在使用移动工具移动图像时，按住Alt键拖曳图像，可以复制图像，同时会生产一个新的图层。

理论实践——在不同的文档间移动图像

若要在不同的文档间移动图像，首先需要使用移动工具将光标放置在其中一个画布中，拖曳到另外一个文档的标题栏上，停留片刻后即可切换到目标文档，接着将图像移动到画面中释放鼠标左键，即可将图像拖曳到文档中，同时Photoshop会生成一个新的图层，如图4-101和图4-102所示。

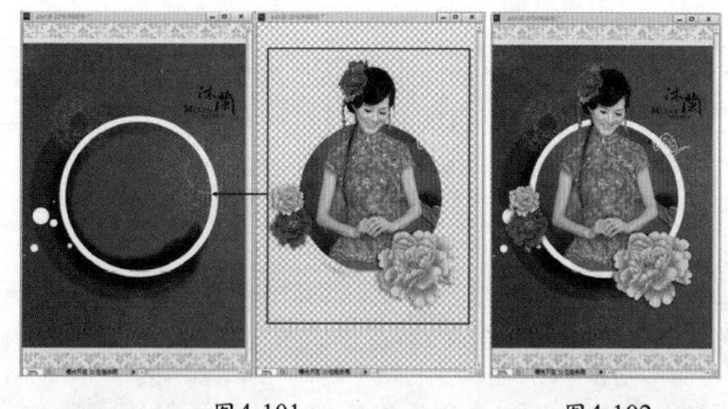

图4-101　　图4-102

4.8.3 变换

在"编辑>变换"菜单中提供了多种变换命令，如图4-103所示。使用这些命令可以对图层、路径、矢量图形以及选区中的图像进行变换操作。另外，还可以对矢量蒙版和Alpha应用变换。

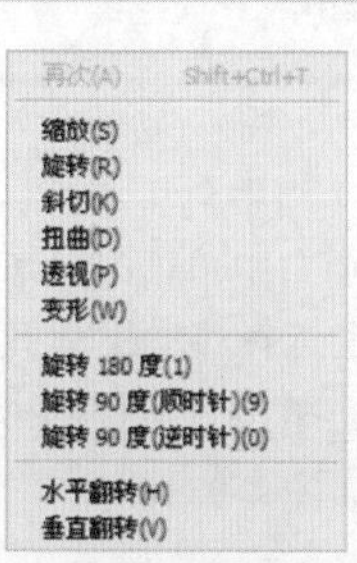

图4-103

理论实践——缩放

使用“缩放”命令可以相对于变换对象的中心点对图像进行缩放。如果不按住任何快捷键，可以任意缩放图像，如图 4-104 所示；如果按住 Shift 键，可以等比例缩放图像，如图 4-105 所示；如果按住 Shift+Alt 组合键，可以以中心点为基准等比例缩放图像，如图 4-106 所示。

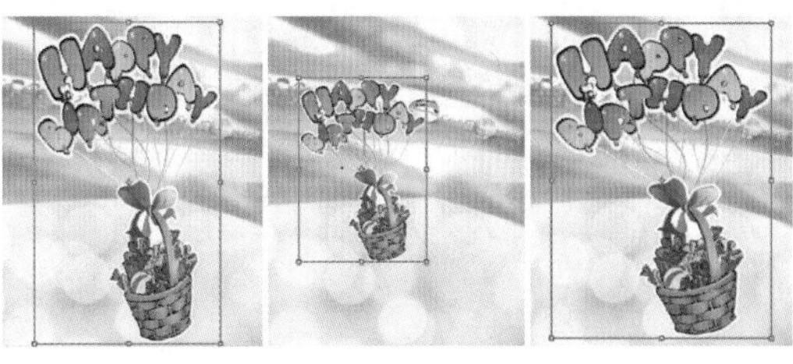

图4-104　图4-105　图4-106

理论实践——旋转

使用“旋转”命令可以围绕中心点转动变换对象。如果不按住任何快捷键，可以以任意角度旋转图像，如图 4-107 所示；如果按住 Shift 键，可以以 15° 为单位旋转图像，如图 4-108 所示。

图4-107　图4-108

理论实践——斜切

使用“斜切”命令可以在任意方向、垂直方向或水平方向上倾斜图像。如果不按住任何快捷键，可以在任意方向上倾斜图像，如图 4-109 所示；如果按住 Shift 键，可以在垂直或水平方向上倾斜图像，如图 4-110 所示。

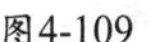

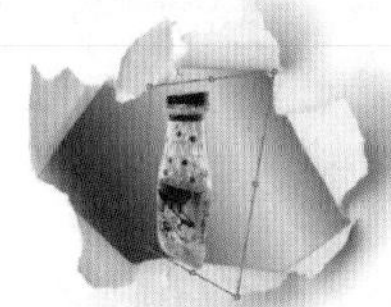

图4-109　图4-110

理论实践——扭曲

使用“扭曲”命令可以在各个方向上伸展变换对象。如果不按住任何快捷键，可以在任意方向上扭曲图像，如图 4-111 所示；如果按住 Shift 键，可以在垂直或水平方向上扭曲图像，如图 4-112 所示。

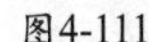

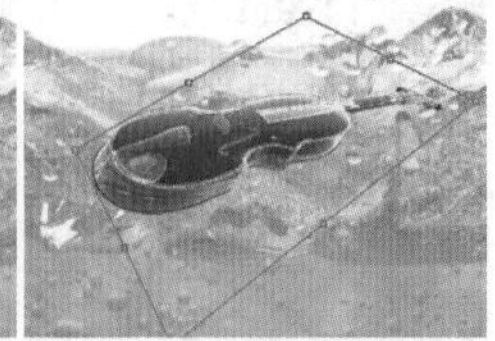

图4-111　图4-112

理论实践——透视

使用“透视”命令可以对变换对象应用单点透视。拖曳定界框 4 个角上的控制点，可以在水平或垂直方向上对图像应用透视，如图 4-113 和图 4-114 所示分别为应用水平透视和垂直透视的对比效果。

读书笔记

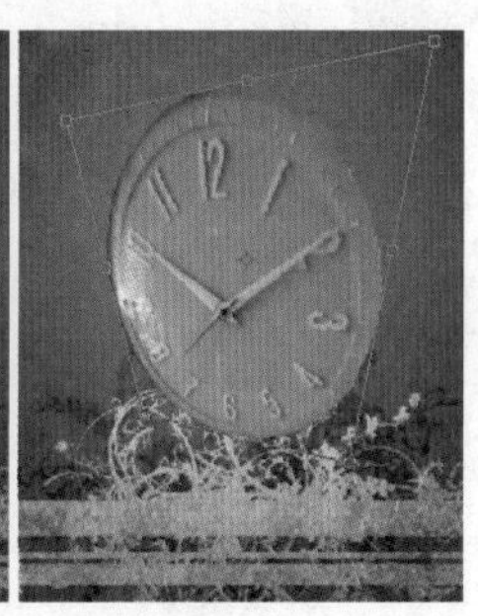

图4-113　图4-114

理论实践——变形

如果要对图像的局部内容进行扭曲，可以使用“变形”命令来操作。执行该命令时，图像上将会出现变形网格和锚点，拖曳锚点或调整锚点的方向线可以对图像进行更加自由和灵活的变形处理，如图 4-115 所示。

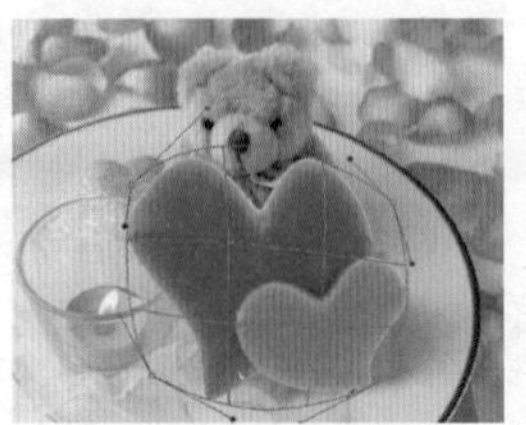

图4-115

理论实践——旋转 180 度 / 旋转 90 度（顺时针）/ 旋转 90 度（逆时针）

执行“旋转 180 度”命令，可以将图像旋转 180°，如图 4-116 所示；执行“旋转 90 度（顺时针）”命令，可以将图像顺时针旋转 90°，如图 4-117 所示；执行“旋转 90 度（逆时针）”命令，可以将图像逆时针旋转 90°，如图 4-118 所示。

图4-116

图4-117

图4-118

理论实践——水平 / 垂直翻转

执行“水平翻转”命令，可以将图像在水平方向上进行翻转，如图 4-119 所示；执行“垂直翻转”命令，可以将图像在垂直方向上进行翻转，如图 4-120 所示。

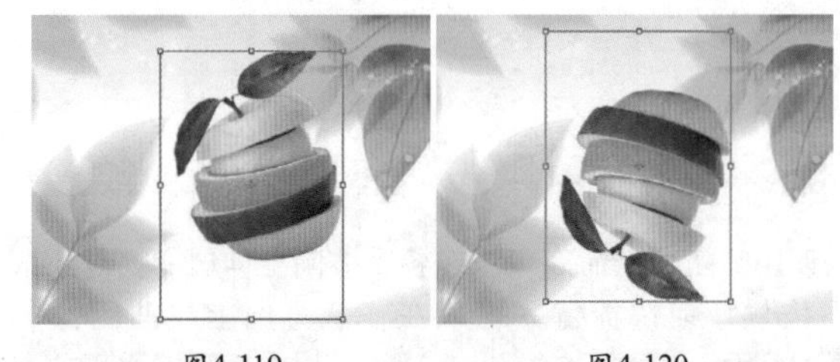

图4-119　　图4-120

4.8.4 自由变换

自由变换其实也是变换的一种，按 Ctrl+T 组合键可以使所选图层或选区内的图像进入自由变换状态。“自由变换”命令与“变换”命令非常相似，但是“自由变换”命令可以在一个连续的操作中应用旋转、缩放、斜切、扭曲、透视和变形（如果是变换路径，“自由变换”命令将自动切换为“自由变换路径”命令；如果是变换路径上的锚点，“自由变换”命令将自动切换为“自由变换点”命令），并且可以不必选取其他变换命令，如图 4-121 ～图 4-123 所示分别为缩放操作、移动操作和旋转操作效果。

熟练掌握“自由变换”命令可以大大提高工作效率，在自由变换状态下，经常结合 Ctrl 键、Alt 键和 Shift 键来操作。Ctrl 键可以使变换更加自由；Shift 键主要用来控制方向、旋转角度和等比例缩放；Alt 键主要用来控制中心对称。

图4-121

图4-122

图4-123

1. 不使用任何快捷键

拖曳定界框 4 个角上的控制点，可以形成以对角不变的自由矩形方式变换，也可反向拖动形成翻转变换。

拖曳定界框边上的控制点，可以形成对边不变的等高或等宽自由变形。

在定界框外拖曳可以自由旋转图像，精确至0.1°，也可以直接在选项栏中定义旋转角度。

2. 按住 Shift 键

按住 Shift 键拖曳定界框 4 个角上的控制点，可以等比例放大或缩小图像，也可以反向拖曳形成翻转变换，如图 4-124 和图 4-125 所示。

图 4-124

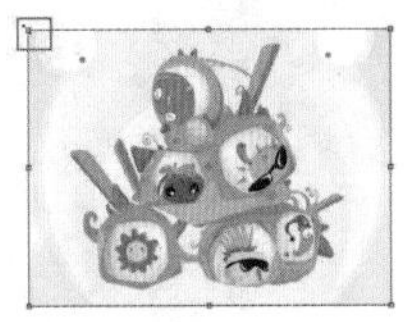

图 4-125

按住 Shift 键在定界框外拖曳，可以以 15°为单位顺时针或逆时针旋转图像，如图 4-126 所示。

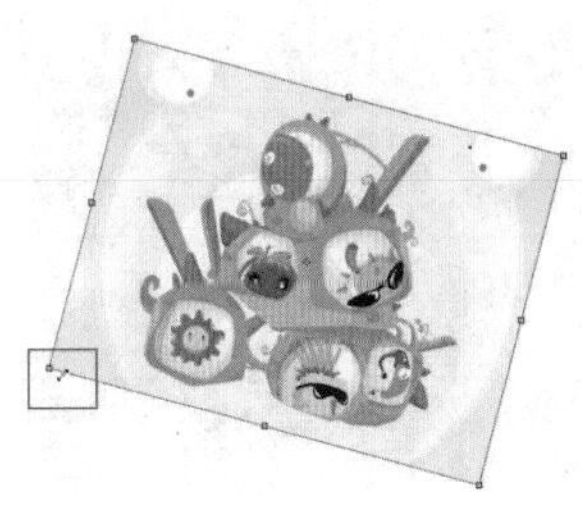

图 4-126

3. 按住 Ctrl 键

按住 Ctrl 键拖曳定界框 4 个角上的控制点，可以形成以对角为直角的自由四边形方式变换，如图 4-127 所示。

按住 Ctrl 键拖曳定界框边上的控制点，可以形成以对边不变的自由平行四边形方式变换，如图 4-128 所示。

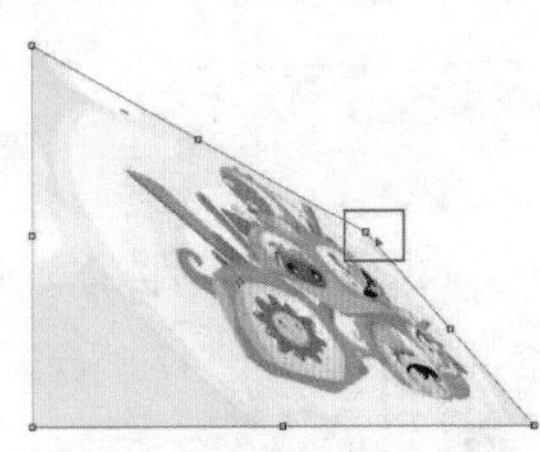

图 4-127

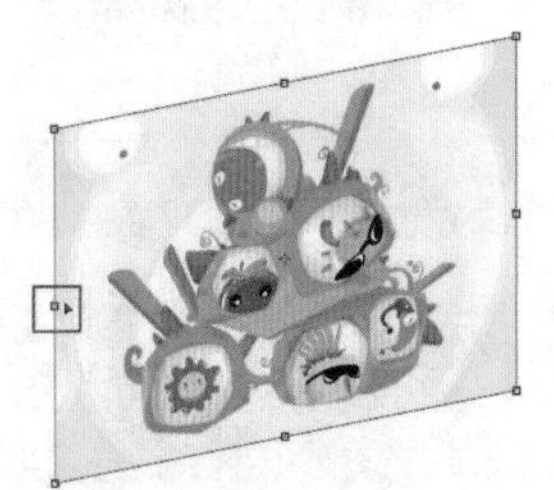

图 4-128

4. 按住 Alt 键

按住 Alt 键拖曳定界框 4 角上的控制点，可以形成以中心对称的自由矩形方式变换，如图 4-129 所示。

按住 Alt 键拖曳定界框边上的控制点，可以形成以中心对称的等高或等宽的自由矩形方式变换，如图 4-130 所示。

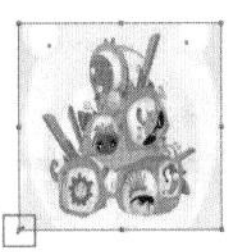

图 4-129

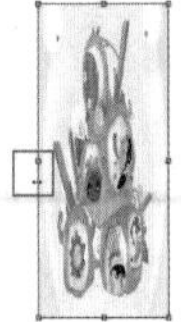

图 4-130

5. 按住 Shift +Ctrl 组合键

按住 Shift+Ctrl 组合键拖曳定界框 4 个角上的控制点，可以形成以对角为直角的直角梯形方式变换，如图 4-131 所示。

按住 Shift+Ctrl 组合键拖曳定界框边上的控制点，可以形成以对边不变的等高或等宽的自由平行四边形方式变换，如图 4-132 所示。

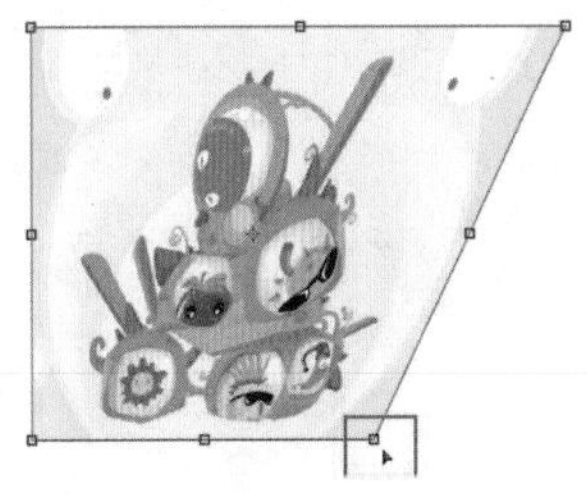

图 4-131

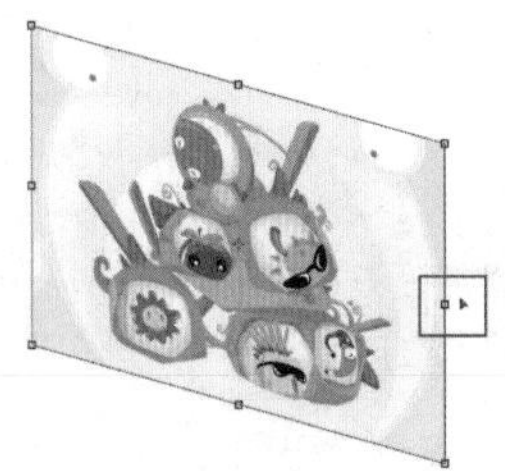

图 4-132

6. 按住 Ctrl+Alt 组合键

按住 Ctrl+Alt 组合键拖曳定界框 4 个角上的控制点，可以形成以相邻两角位置不变的中心对称自由平行四边形方式变换，如图 4-133 所示。

按住 Ctrl+Alt 组合键拖曳定界框边上的控制点，可以形成以相邻两边位置不变的中心对称自由平行四边形方式变换，如图 4-134 所示。

图 4-133

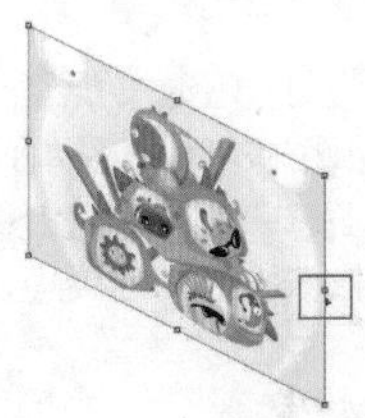

图 4-134

7. 按住 Shift+Alt 组合键

按住 Shift+Alt 组合键拖曳定界框 4 个角上的控制点，可以形成以中心对称的等比例放大或缩小的矩形方式变换，如图 4-135 和图 4-136 所示。

按住 Shift+Alt 组合键拖曳定界框边上的控制点，可以形成以中心对称的对边不变的矩形方式变换，如图 4-137

所示。

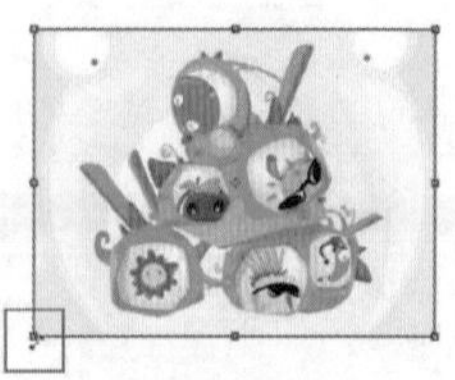

图4-135

图4-136

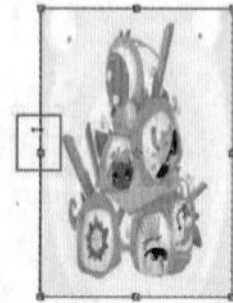

图4-137

8. 按住Shift+Ctrl+ Alt组合键

按住 Shift+Ctrl+ Alt 组合左键拖曳定界框 4 个角上的控制点，可以形成以等腰梯形、三角形或相对等腰三角形方式变换，如图 4-138 所示。

按住 Shift+Ctrl+ Alt 组合键拖曳定界框边上的控制点，可以形成以中心对称等高或等宽的自由平行四边形方式变换，如图 4-139 所示。

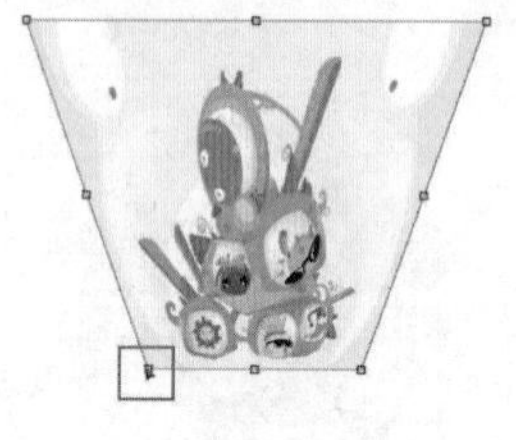

图4-138

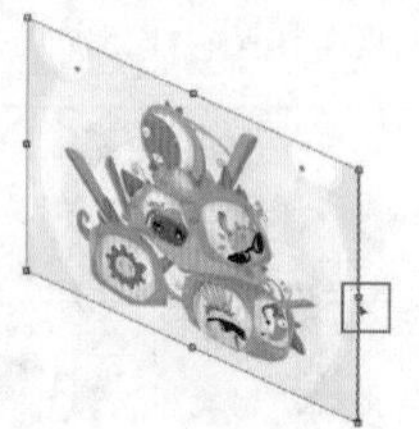

图4-139

实例练习——利用缩放和扭曲制作饮料包装

实例文件	实例练习——利用缩放和扭曲制作饮料包装 .psd
视频教学	实例练习——利用缩放和扭曲制作饮料包装 .flv
难易指数	★★★★★
技术要点	自由变换工具

实例效果

案例效果如图 4-140 所示。

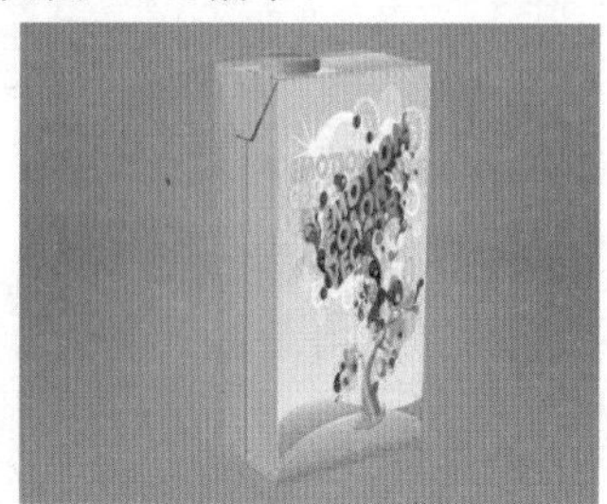

图4-140

操作步骤

步骤 01 打开本书配套光盘中的素材文件，并导入正面图片，如图 4-141 和图 4-142 所示。

图4-141

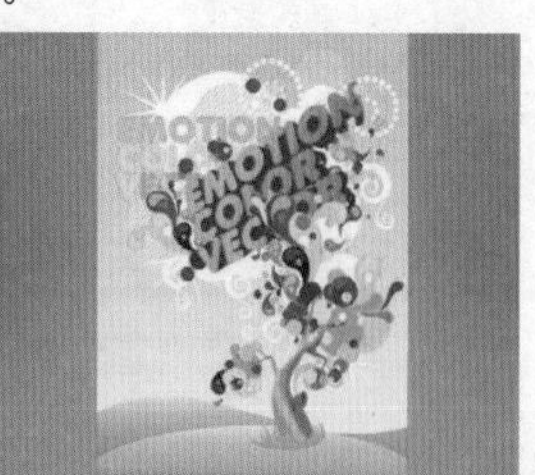

图4-142

步骤 02 使用自由变换工具快捷键 Ctrl+T，按住 Shift 键等比例缩小图像，如图 4-143 所示。

步骤 03 单击鼠标右键，选择“扭曲”命令，如图 4-144 所示。单击右上控制点并拖动到包装盒的右上角位置，如图 4-145 所示。

图4-143

图4-144

图4-145

技巧提示

为了便于观察底部效果，可以在“图层”面板中降低前景图层的不透明度，如图 4-146 和图 4-147 所示。

图4-146

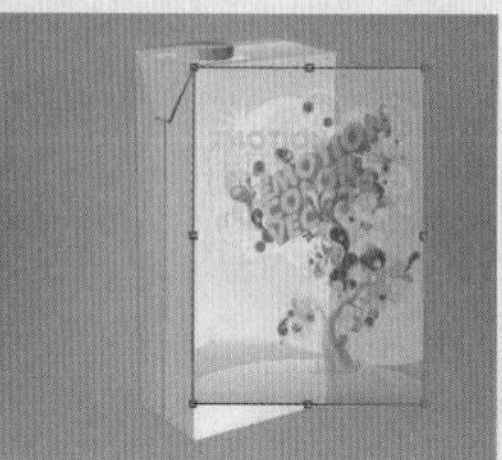

图4-147

步骤 04 用同样的方法选择右下控制点并向左侧移动，如图 4-148 所示。

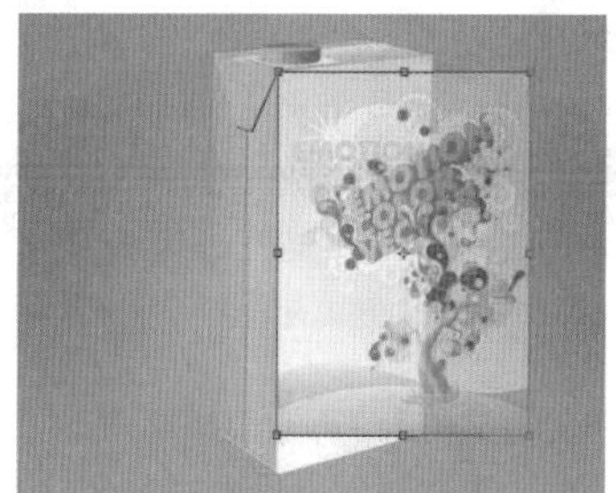

图4-148

步骤 05 继续将光标移动到左侧纵向的控制线位置，当光标变为如图 4-149 所示的箭头时，向右拖曳到与包装盒匹配的位置。

步骤 06 选中左下控制点并向下方移动，调整完成后按 Enter 键或单击选项栏中的✔按钮，最终效果如图 4-150 所示。

图4-149　　图4-150

实例练习——利用自由变换制作飞舞的蝴蝶

实例文件	实例练习——利用自由变换制作飞舞的蝴蝶 .psd
视频教学	实例练习——利用自由变换制作飞舞的蝴蝶 .flv
难易指数	★★★★★
知识掌握	掌握“自由变换”功能的使用方法

实例效果

本例使用“自由变换”功能制作的蝴蝶飞舞效果如图 4-151 所示。

图4-151

操作步骤

步骤 01 按 Ctrl+O 组合键，打开本书配套光盘中的素材文件，如图 4-152 所示。

步骤 02 导入蝴蝶素材文件，如图 4-153 所示。

图4-152　　图4-153

步骤 03 框选其中一只蝴蝶，使用复制和粘贴的快捷键（Ctrl+C，Ctrl+V）复制出一个单独的蝴蝶，隐藏“蝴蝶”图层，单独制作框选出来的“蝴蝶副本”，如图 4-154 所示。

步骤 04 按 Ctrl+T 组合键进入自由变换状态，然后按住 Shift 键的同时将图像等比例缩放。然后在弹出的菜单中执行“旋转”命令，接着将图像逆时针旋转到如图 4-155 所示的角度。

图4-154　　图4-155

步骤 05 在画布中单击鼠标右键，然后在弹出的菜单中执行“变形”命令，如图 4-156 所示；接着拖曳变形网格和锚点，将图像变形成如图 4-157 所示的效果。

图4-156　　图4-157

步骤 06 打开“蝴蝶”图层，框选剩下的另一只蝴蝶，利用复制和粘贴的快捷键（Ctrl+C，Ctrl+V）复制出另一个单独的蝴蝶，然后利用“缩放”、“透视”和“旋转”变换将其调整成如图 4-158 所示的效果。

步骤 07 再次复制两只蝴蝶，然后利用“缩放”、“斜切”和“旋转”变换调整其形态，最终效果如图 4-159 所示。

图4-158　　图4-159

※ 技术拓展：自由变换并复制图像

在 Photoshop 中，可以边在变换图像的同时复制图像，该功能在实际工作中的使用频率非常高。

选中圆形按钮图层，如图 4-160 所示。按 Ctrl+Alt+T 组合键进入自由变换并复制状态，将中心点定位在右上角，如图 4-161 所示，然后将其缩小并向右移动一段距离，接着按 Enter 键确认操作，如图 4-162 所示。通过这一系列的操作，就奠定了一个变换规律，同时 Photoshop 会生成一个新的图层。

奠定好变换规律以后，就可以按照这个规律继续变换并复制图像。只需连续按 Shift+Ctrl+Alt+T 组合键，直到达到要求为止，如图 4-163 所示。

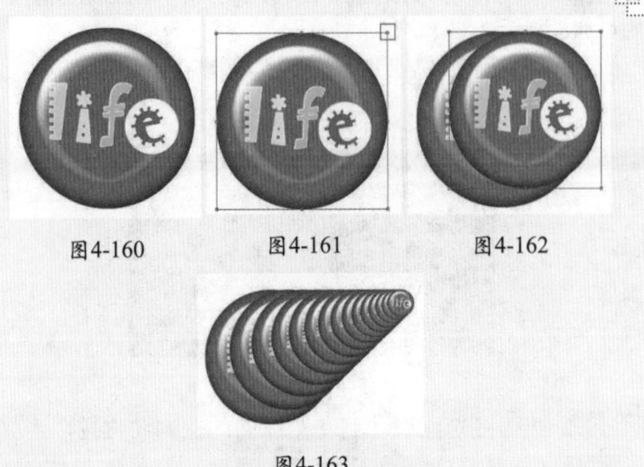

图4-160　图4-161　图4-162

图4-163

4.9 内容识别比例

内容识别比例是 Photoshop 中一个非常实用的缩放功能，它可以在不更改重要可视内容（如人物、建筑、动物等）的情况下缩放图像大小。常规缩放在调整图像大小时会影响所有像素，而“内容识别比例”命令主要影响没有重要可视内容区域中的像素，如图 4-164 所示分别为原图、使用“自由变换”命令进行常规缩放以及使用“内容识别比例”缩放的对比效果。

原图　自由变换　内容识别比例

图4-164

执行“内容识别比例”命令，调出该命令的选项栏，如图 4-165 所示。

图4-165

- “参考点位置”图标：单击灰方块，可以指定缩放图像时要围绕的固定点。在默认情况下，参考点位于图像的中心。
- “使用参考点相对定位”按钮：单击该按钮，可以指定相对于当前参考点位置的新参考点位置。
- X/Y：设置参考点的水平和垂直位置。
- W/H：设置图像按原始大小的缩放百分比。
- 数量：设置内容识别缩放与常规缩放的比例。在一般情况下，将该值设置为 100%。
- 保护：选择要保护的区域的 Alpha 通道。如果要在缩放图像时保留特定的区域，“内容识别比例”允许在调整大小的过程中使用 Alpha 通道来保护内容。
- “保护肤色”按钮：激活该按钮后，在缩放图像时，可以保护人物的肤色区域。

技巧提示

“内容识别比例”命令适用于处理图层和选区，图像可以是 RGB、CMYK、Lab 和灰度颜色模式以及所有位深度。注意，“内容识别比例”命令不适用于处理调整图层、图层蒙版、各个通道、智能对象、3D 图层、视频图层、图层组，或者同时处理多个图层。

实例练习——利用内容识别比例缩放图像

实例文件	实例练习——利用内容识别比例缩放图像 .psd
视频教学	实例练习——利用内容识别比例缩放图像 .flv
难易指数	★★★★★
知识掌握	掌握“内容识别比例”功能的使用方法

实例效果

使用“内容识别比例”功能可以很好地保护图像中的重

要内容，如图 4-166 和图 4-167 所示分别是原始素材与使用“内容识别比例”缩放后的效果。

图4-166

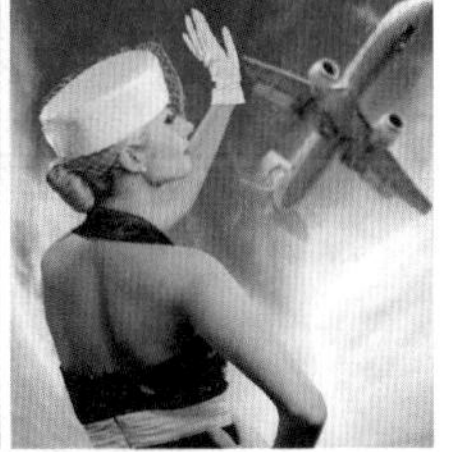

图4-167

操作步骤

步骤 01 按 Ctrl+O 组合键，打开本书配套光盘中的素材，如图 4-168 所示。

步骤 02 按 Ctrl+J 组合键，复制一个“图层 1”，如图 4-169 所示。

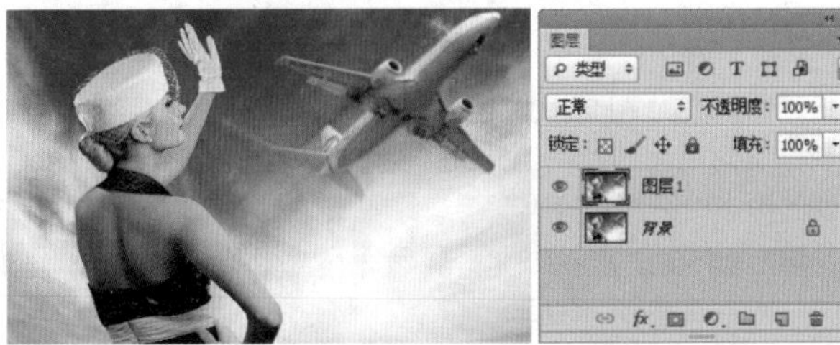

图4-168　　图4-169

步骤 03 执行“编辑 > 内容识别比例”命令或按 Alt+Shift+Ctrl+C 组合键，进入内容识别缩放状态，然后向左拖曳定界框右侧中间的控制点，如图 4-170 所示。

步骤 04 此时可以观察到人物几乎没有发生变形，最终效果如图 4-171 所示。

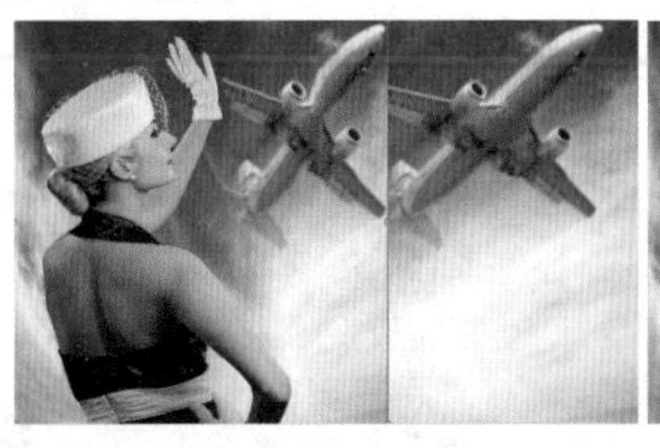

图4-170

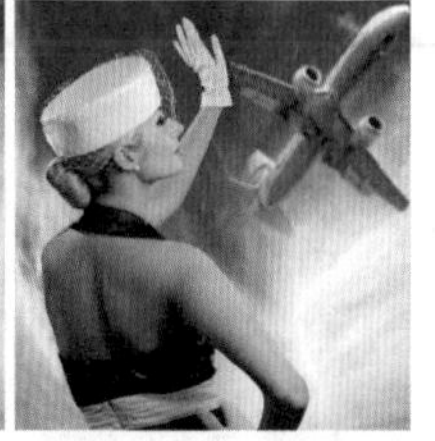

图4-171

技巧提示

如果采用常规缩放方法来缩放这张图像，人物将发生很大的变形，如图 4-172 所示。

图4-172

实例练习——利用“保护肤色”功能缩放人像

实例文件	实例练习——利用保护肤色功能缩放人像 .psd
视频教学	实例练习——利用保护肤色功能缩放人像 .flv
难易指数	
知识掌握	掌握“保护肤色”功能的使用方法

实例效果

使用“内容识别比例”的“保护肤色”功能可以保护人物的肤色不会变形，如图 4-173 和图 4-174 所示分别为原始素材与使用“保护肤色”功能缩放图像后的效果对比。

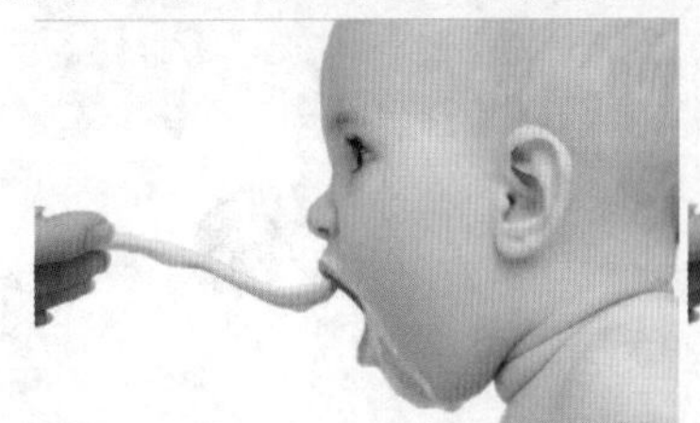

图4-173

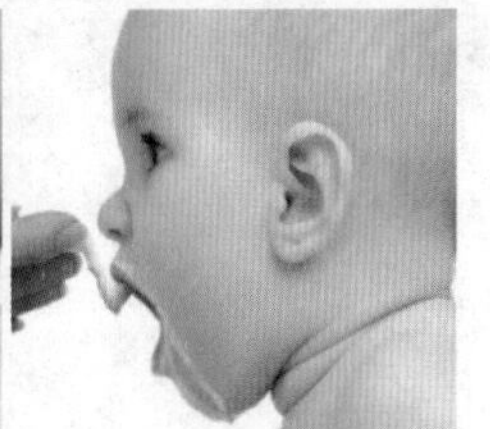

图4-174

操作步骤

步骤 01 按 Ctrl+O 组合键，打开本书配套光盘中的素材文件，如图 4-175 所示。

步骤 02 按 Ctrl+J 组合键，复制一个“图层 1”，然后执行“编辑 > 内容识别比例”命令，然后向右拖曳定界框，此时可以发现人像发生了变形，如图 4-176 所示。

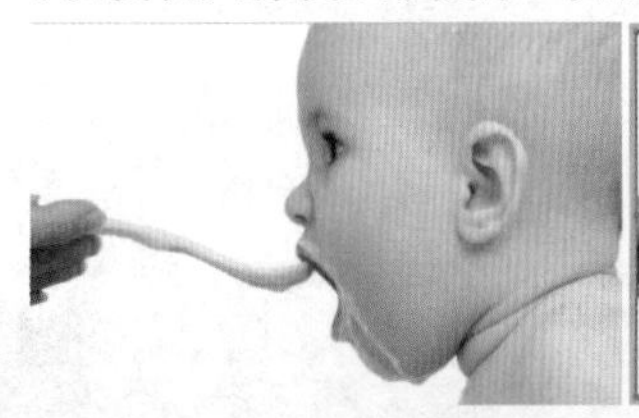

图4-175

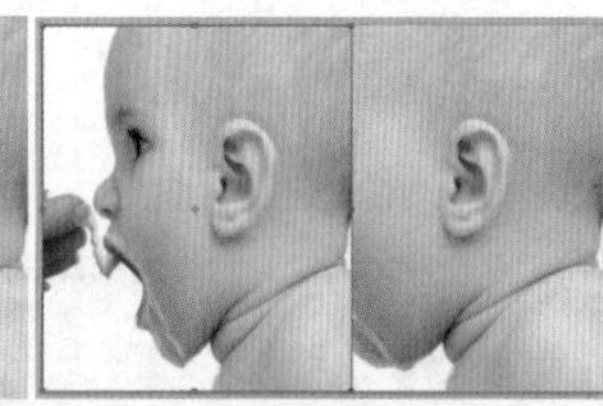

图4-176

步骤 03 在选项栏中单击“保护肤色”按钮，此时人物的手部比例就会恢复正常，如图 4-177 所示，最终效果如图 4-178 所示。

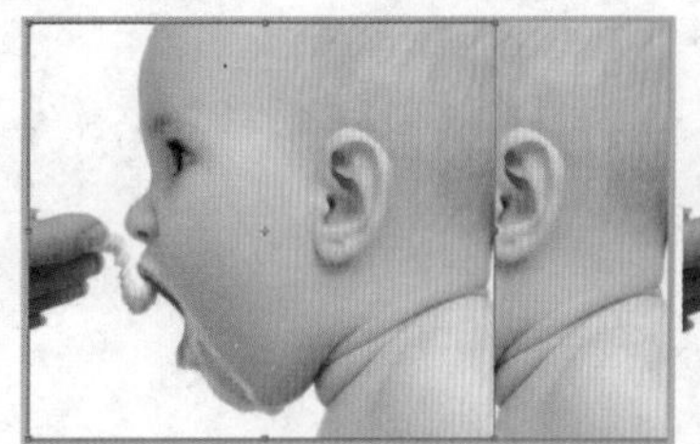

图4-177

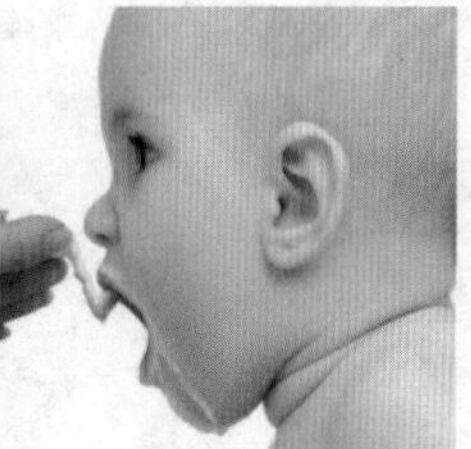

图4-178

实例练习——利用“通道保护”功能保护特定对象

实例文件	实例练习——利用“通道保护”功能保护特定对象.psd
视频教学	实例练习——利用“通道保护”功能保护特定对象.flv
难易指数	★★★★★
知识掌握	掌握“通道保护”功能的使用方法

实例效果

使用“内容识别比例”的“通道保护”功能可以保护通道区域中的图像不会变形，如图4-179和图4-180所示分别为原始素材与使用“通道保护”功能缩放图像后的效果对比。

图4-179

图4-180

操作步骤

步骤01 按Ctrl+O组合键，打开本书配套光盘中的素材文件，如图4-181所示。

步骤02 按Ctrl+J组合键，复制一个“背景 副本”图层，然后切换到“通道”面板，可以观察到该面板下有一个Alpha1通道，如图4-182所示。

图4-181

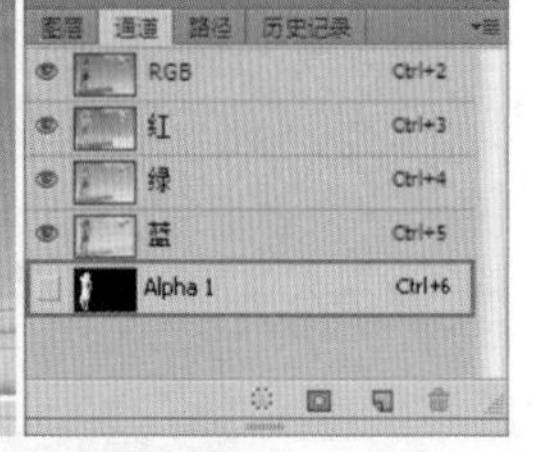

图4-182

答疑解惑：Alpha1通道有什么作用？

Alpha1通道存储的是人像的选区，主要用来保护人像对象在变换时不发生变形。按住Ctrl键的同时单击Alpha1通道可以载入该通道的选区，如图4-183所示。如果要取消选区，可以按Ctrl+D组合键。

图4-183

步骤03 执行“编辑>内容识别比例”命令，然后在选项栏中设置“保护”为Alpha1通道，如图4-184所示，接着向右拖曳定界框右侧中间的控制点，此时可以发现无论怎么缩放图像，人像的形态始终都保持不变，最终效果如图4-185所示。

X: 264.00 像素 Y: 158.50 像素 W: 100.00% H: 100.00% 数量: 100% 保护: Alpha 1

图4-184

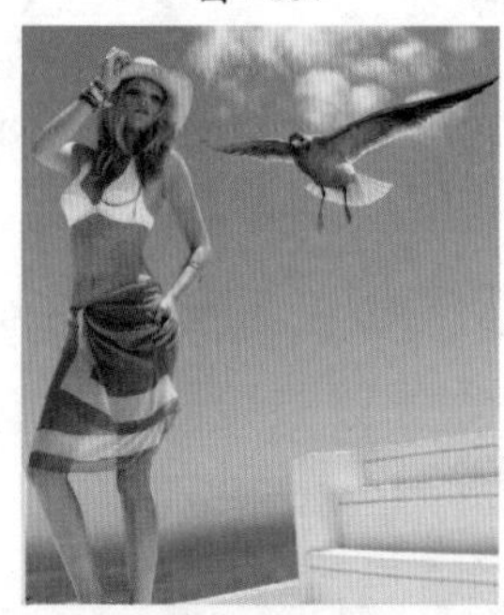

图4-185

4.10 操控变形

“操控变形”功能与Autodesk 3ds Max的骨骼系统有相似之处，它是一种可视网格。借助该网格，可以随意扭曲特定图像区域，并保持其他区域不变。

“操控变形”功能通常用来修改人物的动作、发型等。执行“编辑>操控变形”命令，图像上将会布满网格，如图4-186所示，通过在图像中的关键点上添加“图钉”，可以修改人物的一些动作，如图4-187和图4-188所示是修改腿部动作前后的效果对比。

图4-186

图4-187

图4-188

技巧提示

除了图像图层、形状图层和文字图层之外，还可以对图层蒙版和矢量蒙版应用操控变形。如果要以非破坏性的方式变形图像，需要将图像转换为智能对象。

操控变形的选项栏如图 4-189 所示。

模式： 正常 浓度： 正常 扩展： 2像素 显示网格 图钉深度： 旋转： 自动 0 度

图4-189

- 模式：包括“刚性”、“正常”和“扭曲”3 种模式。选择“刚性”模式时，变形效果比较精确，但是过渡效果不是很柔和，如图 4-190 所示；选择“正常”模式时，变形效果比较准确，过渡也比较柔和，如图 4-191 所示；选择“扭曲”模式时，可以在变形的同时创建透视效果，如图 4-192 所示。

图4-190

图4-191

图4-192

- 浓度：包括“较少点”、“正常”和“较多点”3 个选项。选择“较少点”选项时，网格点数量较少，如图 4-193 所示，同时可添加的图钉数量也较少，并且图钉之间需要间隔较大的距离；选择“正常”选项时，网格点数量比较适中，如图 4-194 所示；选择“较多点”选项时，网格点非常细密，如图 4-195 所示，当然可添加的图钉数量也更多。

图4-193

图4-194

图4-195

- 扩展：用来设置变形效果的衰减范围。设置较大的像素值后，变形网格的范围也会相应地向外扩展，变形之后，图像的边缘会变得更加平滑，如图 4-196 所示是将“扩展”设置为 20px 时的效果；设置较小的像素值后（可以设置为负值），图像的边缘变化效果会变得很生硬，如图 4-197 所示是将“扩展”设置为 -20px 时的效果。

图4-196

图4-197

- 显示网格：控制是否在变形图像上显示出变形网格。
- 图钉深度：选择一个图钉以后，单击“将图钉前移”按钮，可以将图钉向上层移动一个堆叠顺序；单击“将图钉后移”按钮，可以将图钉向下层移动一个堆叠顺序。
- 旋转：包括“自动”和“固定”两个选项。选择“自动”选项时，在拖曳图钉变形图像时，系统会自动对图像进行旋转处理，如图 4-198 所示（按住 Alt 键，将光标放置在图钉范围之外即可显示旋转变形框）；如果要设定精确的旋转角度，可以选择“固定”选项，然后在后面的文本框中输入旋转度数即可，如图 4-199 所示。

图4-198

图4-199

实例练习——使用操控变形改变美女姿势

实例文件	实例练习——使用操控变形改变美女姿势 .psd
视频教学	实例练习——使用操控变形改变美女姿势 .flv
难易指数	★★★★★
知识掌握	掌握"操控变形"功能的使用方法

实例效果

本例使用"操控变形"功能修改美少女动作前后的对比效果如图 4-200 和图 4-201 所示。

图4-200　　图4-201

操作步骤

步骤 01 按 Ctrl+O 组合键，打开本书配套光盘中的素材文件，如图 4-202 所示。

步骤 02 再次打开本书配套光盘中的素材文件，然后将其拖曳到"素材"操作界面中，如图 4-203 所示。

图4-202

图4-203

步骤 03 执行"编辑 > 操控变形"命令，然后在人像的重要位置添加一些图钉，如图 4-204 所示。

图4-204

答疑解惑：怎么在图像上添加与删除图钉？

执行"编辑 > 操控变形"命令以后，光标会变成形状，在图像上单击即可在单击处添加图钉。如果要删除图钉，可以选择该图钉，然后按 Delete 键，或者按住 Alt 键单击要删除的图钉；如果要删除所有的图钉，可以在网格上单击鼠标右键，然后在弹出的菜单中执行"移去所有图钉"命令。

步骤 04 将光标放置在图钉上，然后使用鼠标左键仔细调节图钉的位置，此时图像也会随之发生变形，如图 4-205 所示。

图4-205

技巧提示

如果在调节图钉位置时发现图钉不够用，可以继续添加图钉来完成变形操作。

步骤 05 按 Enter 键关闭"操控变形"命令，最终效果如图 4-206 所示。

图4-206

技巧提示

"操作变形"命令类似于三维软件中的骨骼绑定系统，使用起来非常方便，可以通过控制几个图钉来快速调节图像的变形效果。

4.11 自动对齐图层

为了节约成本，拍摄全景图像时经常拍摄多张后在后期软件中进行拼接。使用“自动对齐图层”命令可以根据不同图层中的相似内容（如角和边）自动对齐图层。可以指定一个图层作为参考图层，也可以让 Photoshop 自动选择参考图层，其他图层将与参考图层对齐，以便使匹配的内容能够自动进行叠加，如图 4-207 和图 4-208 所示。

图4-207

图4-208

在“图层”面板中选择两个或两个以上的图层，然后执行“编辑 > 自动对齐图层”命令，打开“自动对齐图层”对话框，如图 4-209 所示。

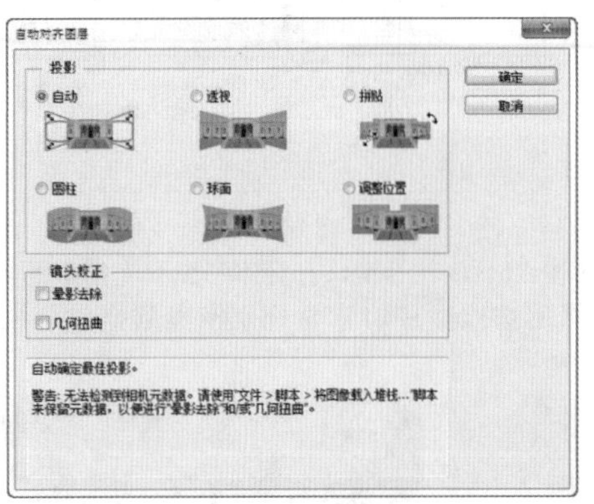

图4-209

- 自动：通过分析源图像，应用“透视”或“圆柱”版面。
- 透视：通过将源图像中的一张图像指定为参考图像来创建一致的复合图像，然后变换其他图像，以匹配图层的重叠内容。
- 圆柱：通过在展开的圆柱上显示各个图像来减少在“透视”版面中出现的“领结”扭曲，同时图层的重叠内容仍然相互匹配。
- 球面：将图像与宽视角对齐（垂直和水平）。指定某个源图像（默认情况下是中间图像）作为参考图像以后，对其他图像执行球面变换，以匹配重叠的内容。
- 拼贴：对齐图层并匹配重叠内容，并且不更改图像中对象的形状（如圆形仍然保持为圆形）。
- 调整位置：对齐图层并匹配重叠内容，但不会变换（伸展或斜切）任何源图层。
- 晕影去除：对导致图像边缘（尤其是角落）比图像中心暗的镜头缺陷进行补偿。
- 几何扭曲：补偿桶形、枕形或鱼眼失真。

技巧提示

自动对齐图像之后，可以执行“编辑 > 自由变换”命令来微调对齐效果。

实例练习——自动对齐多幅图片

实例文件	实例练习——自动对齐多幅图片 .psd
视频教学	实例练习——自动对齐多幅图片 .flv
难易指数	★★★★★
知识掌握	掌握“自动对齐图层”功能的使用方法

实例效果

本例使用“自动对齐图层”功能将多张图片对齐，其效果如图 4-210 所示。

操作步骤

步骤 01 按 Ctrl+N 组合键，打开“新建”对话框，然后设置“宽度”为 3660 像素，“高度”为 1240 像素，“分辨率”为 72 像素 / 英寸，具体参数设置如图 4-211 所示。

图4-210

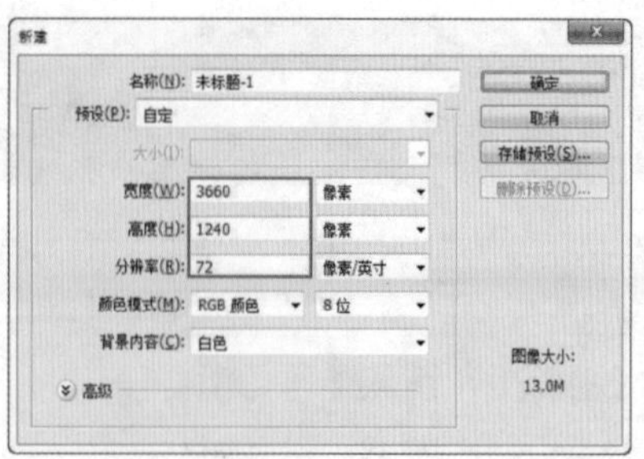

图4-211

步骤 02 按 Ctrl+O 组合键，打开本书配套光盘中的 4 张素材文件，然后按照顺序将素材分别拖曳到操作界面中，如图 4-212 所示。

图4-212

步骤 03 在“图层”面板中选择其中一个图层，然后按住 Ctrl 键的同时分别单击另外几个图层的名称（注意，不能单击图层的缩略图，因为这样会载入图层的选区），这样可以同时选中这些图层，如图 4-213 所示。

图4-213

技巧提示

在这里也可以先选择“图层 1”，然后按住 Shift 键的同时单击“图层 4”的名称或缩略图，这样也可以同时选中这 4 个图层。使用 Shift 键选择图层时，可以选择多个连续的图层，而使用 Ctrl 键选择图层时，可以选择多个连续或间隔开的图层。

步骤 04 执行“编辑 > 自动对齐图层”命令，在弹出的“自动对齐图层”对话框中选中“自动”单选按钮，如 4-214 所示。效果如图 4-215 所示。

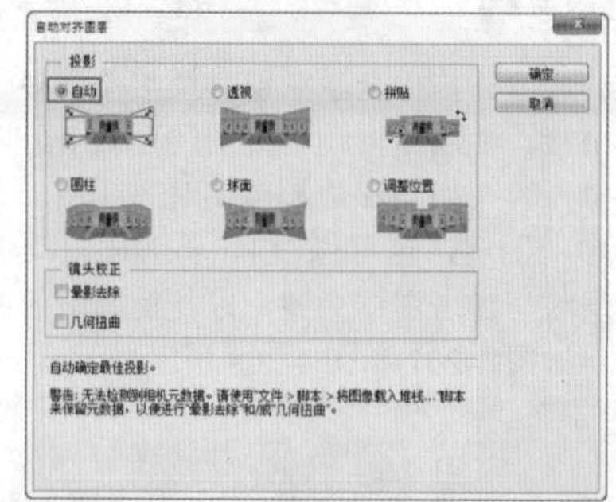

图4-214

图4-215

步骤 05 使用“剪切工具”将图剪切整齐。此时可以观察到这 4 张图像已经对齐了，并且图像之间毫无间隙，最终效果如图 4-216 所示。

图4-216

技巧提示

如果“自动”投影方式未能完全套准图层，可以尝试使用“调整位置”投影方式。

4.12 自动混合图层

使用“自动混合图层”命令可以缝合或者组合图像，从而在最终图像中获得平滑的过渡效果，如图 4-217 所示。“自动混合图层”功能是根据需要对每个图层应用图层蒙版，以遮盖过渡曝光或曝光不足的区域或内容差异，如图 4-218 所示。“自动混合图层”功能仅适用于 RGB 或灰度图像，不适用于智能对象、视频图层、3D 图层或背景图层。

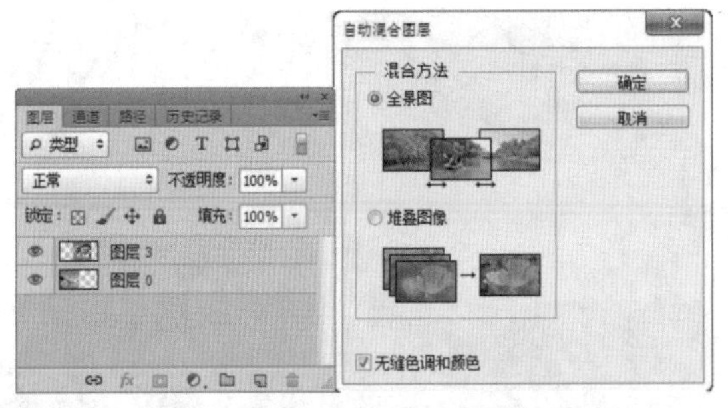

图4-217

图4-218

选择两个或两个以上的图层，然后执行“编辑 > 自动混合图层”命令，可打开“自动混合图层”对话框，如图 4-219 所示。

图4-219

- 全景图：将重叠的图层混合成全景图。
- 堆叠图像：混合每个相应区域中的最佳细节。该选项最适合用于已对齐的图层。

实例练习——制作无景深的风景照片

实例文件	实例练习——制作无景深的风景照片.psd
视频教学	实例练习——制作无景深的风景照片.flv
难易指数	★★★★
知识掌握	掌握“堆叠图像”混合方法的运用

实例效果

本例使用“自动混合图层”的“堆叠图像”混合方法将两张有景深效果的图像混合成无景深效果的图像，效果如图 4-220 所示。

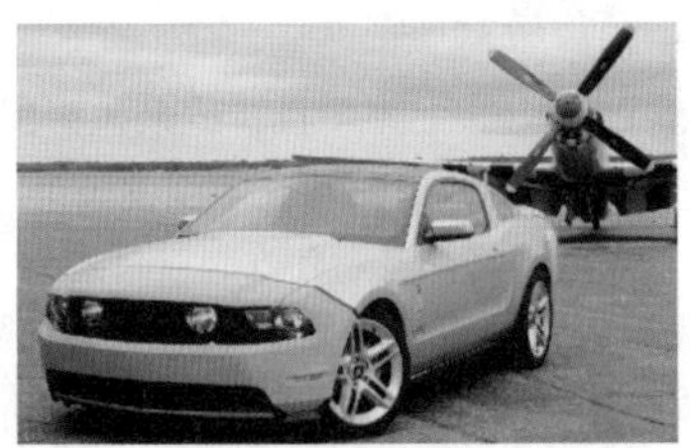

图4-220

操作步骤

步骤 01 按 Ctrl+O 组合键，打开本书配套光盘中的文件，这是一张背景有景深效果的照片，如图 4-221 所示。

步骤 02 再次打开本书配套光盘中的文件，然后将其拖曳到另外一张图像中，这是一张前景有景深效果的照片，如图 4-222 所示。

图4-221

图4-222

步骤 03 在“图层”面板中同时选择“背景”图层和“图层 1”，然后执行“编辑 > 自动混合图层”命令，接着在弹出的“自动混合图层”对话框中设置“混合方法”为“堆叠图像”，如图 4-223 所示，最终效果如图 4-224 所示。

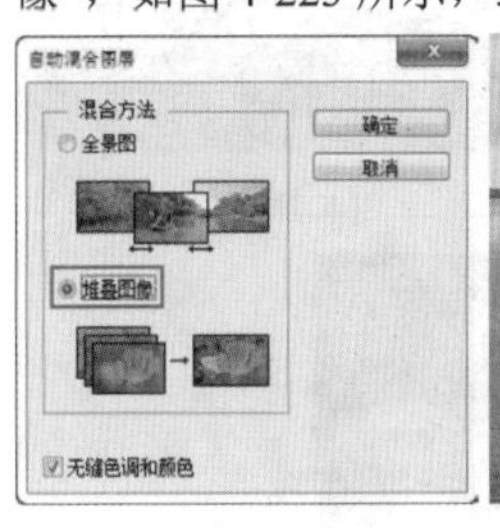

图4-223

图4-224

技巧提示

本例的两幅图像在同一个拍摄角度拍摄，但是拍摄的焦点不同，所以要设置“混合方法”为“堆叠图像”，如果选择“全景图”方式，最终效果仍然存在景深效果，如图 4-225 所示。

图4-225

4.13 裁剪与裁切

使用数码相机拍摄的照片经常会出现构图上的问题，在 Photoshop 中使用裁剪工具、“裁剪”命令和“裁切”命令可以轻松去掉画面多余的部分，如图 4-226 和图 4-227 所示为裁剪前与后的效果。

图4-226　　图4-227

4.13.1 使用裁剪工具

裁剪是指移去部分图像，以突出或加强构图效果的过程。使用裁剪工具可以裁剪掉多余的图像，并重新定义画布的大小。选择“裁剪工具”后，在画面中调整裁切框，以确定需要保留的部分，或拖曳出一个新的裁切区域，然后按 Enter 键或双击完成裁剪。如图 4-228 ～图 4-230 所示。

图4-228

图4-229

图4-230

裁剪工具的选项栏如图 4-231 所示。

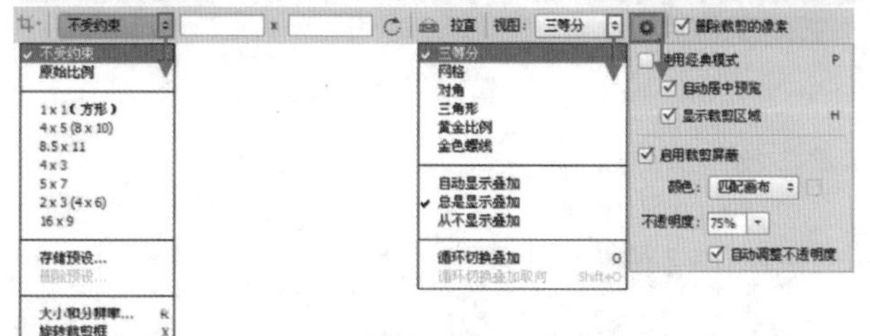

图4-231

- 约束方式 不受约束：在该下拉列表中可以选择多种裁切的约束比例。
- 约束比例 ×：在该文本框中可以输入自定的约束比例数值。
- 旋转：单击该按钮，将光标定位到裁切框以外的区域拖动光标即可旋转裁切框。
- 拉直：通过在图像上画一条直线来拉直图像。
- 视图：在该下拉列表中可以选择裁剪的参考线的方式，如“三等分”、“网格”、“对角”、“三角形”、“黄金比例”、“金色螺线”等。也可以设置参考线的叠加显示方式。
- 设置其他裁切选项：在这里可以对裁切的其他参数进行设置，如可以使用经典模式，或设置裁剪屏蔽的颜色、透明度等参数。
- 删除裁剪的像素：确定是否保留或删除裁剪框外部的像素数据。如果取消选中该复选框，多余的区域可以处于隐藏状态；如果想要还原裁切之前的画面，只需要再次选择裁剪工具，然后随意操作即可看到原文档。

4.13.2 透视裁剪工具

使用“透视裁剪工具”可以在需要裁剪的图像上制作出带有透视感的裁剪框，在应用裁剪后可以使图像带有明显的透视感。打开一张图像，如图 4-232 所示。单击工具箱中的“透视裁剪工具”按钮，在画面中绘制一个裁剪框，如图 4-233 所示。

将光标定位到裁剪框的一个控制点上，并向内拖动，如图 4-234 所示。

用同样的方法调整其他控制点，调整完成后单击选项栏中的“提交当前裁剪操作”按钮，即可得到带有透视感的画面效果，如图 4-235 和图 4-236 所示。

图4-232

图4-233

图4-234

图4-235

图4-236

4.13.3 裁切图像

使用“裁切”命令可以基于像素的颜色来裁剪图像。执行“图像 > 裁切”命令，可打开“裁切”对话框，如图 4-237 所示。

- 透明像素：可以裁剪掉图像边缘的透明区域，只将非透明像素区域的最小图像保留下来。该选项只有图像中存在透明区域时才可用。
- 左上角像素颜色：从图像中删除左上角像素颜色的区域。
- 右下角像素颜色：从图像中删除右下角像素颜色的区域。
- 顶 / 底 / 左 / 右：设置修正图像区域的方式。

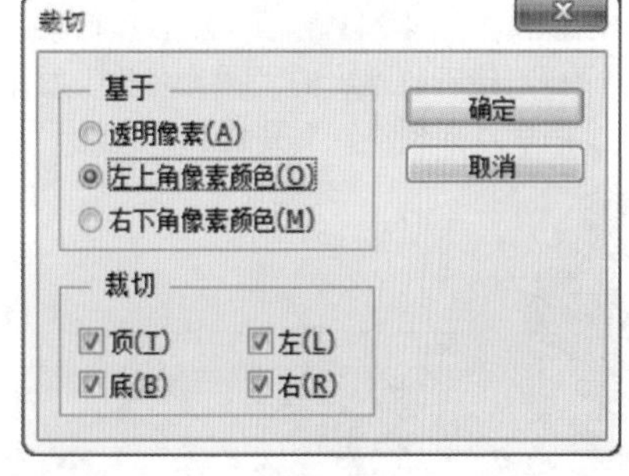

图4-237

实例练习——利用“裁切”命令去掉留白

实例文件	实例练习——利用“裁切”命令去掉留白 .psd
视频教学	实例练习——利用“裁切”命令去掉留白 .flv
难易指数	★★★★★
知识掌握	掌握“裁切”命令的使用方法

实例效果

在很多时候，拍摄出来的照片都有一定的留白，这样就在一定程度上影响了照片的美观，因此裁切掉留白区域是非常必要的。如图 4-238 和图 4-239 所示分别是素材图片与使用“裁切”命令裁切掉留白区域后的效果。

图4-238

图4-239

操作步骤

步骤 01 按 Ctrl+O 组合键，打开本书配套光盘中的素材文件，可以观察到这张图像有很多留白区域，如图 4-240 所示。

图4-240

步骤 02 执行“图像 > 裁切”命令，然后在弹出的“裁切”对话框中设置“基于”为“左上角像素颜色”或“右下角像素颜色”，如图 4-241 所示，最终效果如图 4-242 所示。

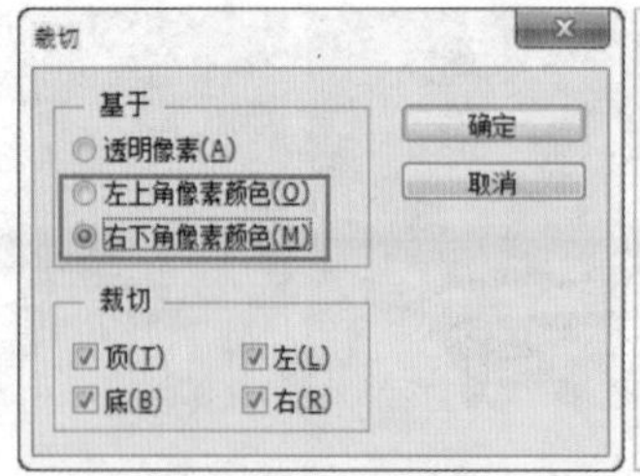

图4-241

图4-242

技巧提示

因为素材图像的四周都是白色，所以无论选择何种方式，裁切模式都是基于白色像素。

4.14 定义工具预设

Photoshop 中内置了大量的形状库、画笔库、渐变库、样式库、图案库等设计资源。当然，在不同类型的设计作品中，内置的工具预设未必最适合当前操作，这时就需要用户自己制作相应的样式来完成设计工作。

4.14.1 定义画笔预设

预设画笔是一种存储的画笔笔刷，带有大小、形状和硬度等特性。如果要自己定义一个笔刷样式，可以先选择要定义成笔刷的图像，如图 4-243 所示，然后执行“编辑 > 定义画笔预设”命令，接着在弹出的“画笔名称”对话框中为笔刷样式取一个名字，如图 4-244 所示。

图4-243

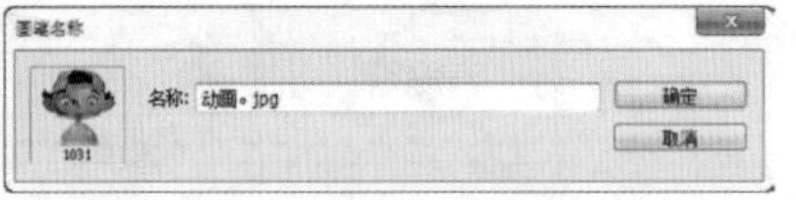

图4-244

定义好笔刷样式以后，在工具箱中单击“画笔工具”按钮，然后在选项栏中单击下拉按钮，在弹出的“画笔预设”管理器中即可选择自定义的画笔笔刷，如图 4-245 所示。

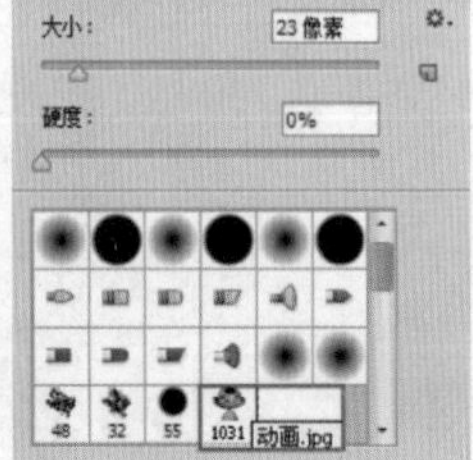

图4-245

技巧提示

选择画笔工具以后，在画布中单击鼠标右键，也可以打开“画笔预设”管理器。

选择自定义的笔刷后，就可以像使用系统预设的笔刷一样进行绘制了，如图 4-246 所示。

图4-246

技巧提示

当更改预设画笔的大小、形状或硬度时，Photoshop 会把这些设置保存下来，在下一次使用画笔工具时，就会套用这些设置。

实例练习——定义蝴蝶画笔

实例文件	实例练习——定义蝴蝶画笔.psd
视频教学	实例练习——定义蝴蝶画笔.flv
难易指数	★★★★★
知识掌握	掌握如何定义画笔预设

实例效果

本例先是将一只蝴蝶图像定义为笔刷，然后使用这个笔刷在一张背景图像上绘制出不同效果的蝴蝶，如图 4-247 所示。

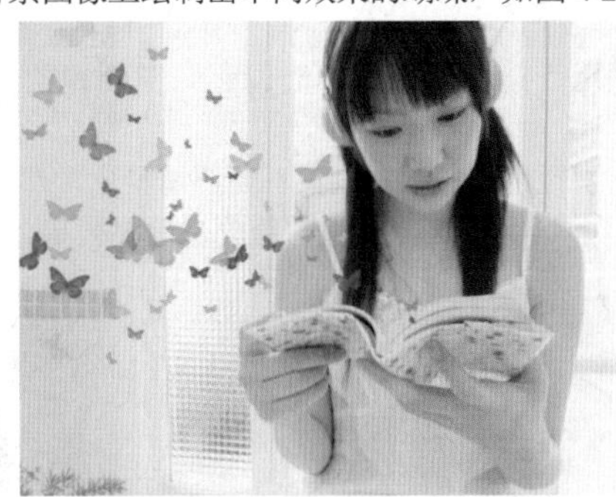

图4-247

操作步骤

步骤 01 按 Ctrl+O 组合键，打开本书配套光盘中的素材文件，如图 4-248 所示。

步骤 02 在工具箱中单击"魔棒工具"按钮，然后在白色区域单击，这样可以选择除了蝴蝶以外的区域，如图 4-249 所示。

图4-248　　图4-249

技巧提示

注意，在使用魔棒工具选择白色区域时，一定要在选项栏中选中"连续"复选框，如图 4-250 所示，否则会选择整个图像中的所有白色区域，如图 4-251 所示。

图4-250

图4-251

步骤 03 按 Shift+Ctrl+I 组合键反向选择选区，这样就选择了蝴蝶，如图 4-252 所示。接着执行"选择 > 修改 > 平滑"命令，在弹出的"平滑选区"对话框中设置"取样半径"为 1 像素，如图 4-253 所示。

图4-252　　图4-253

步骤 04 按 Ctrl+J 组合键将选区中的图像复制到一个新的图层中，接着单击"背景"图层前面的"指示图层可见性"图标，将该图层隐藏起来，如图 4-254 所示。

图4-254

步骤 05 执行"编辑 > 定义画笔预设"命令，然后在弹出的对话框中为画笔命名，如图 4-255 所示。

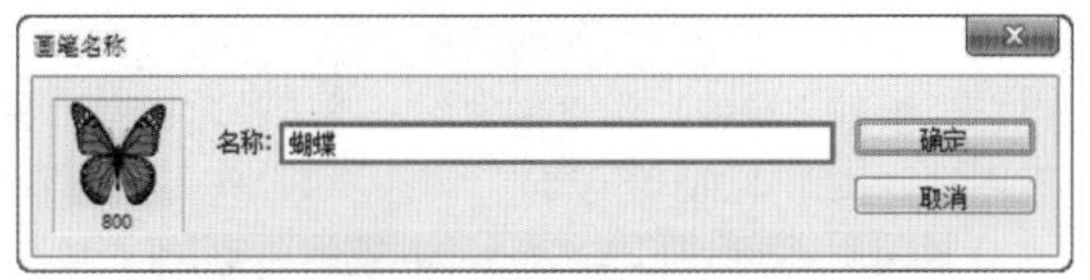

图4-255

步骤 06 打开本书配套光盘中的背景文件，如图 4-256 所示。

步骤 07 在工具箱中单击"画笔工具"按钮，然后在画布中单击鼠标右键，在弹出的"画笔预设"管理器中选择前面定义的"蝴蝶"笔刷，如图 4-257 所示。

图4-256　　图4-257

步骤 08 在“图层”面板中单击“创建新图层”按钮，新建一个图层，并设置前景色为红色，接着在画布中单击，即可绘制一只红色的蝴蝶，如图 4-258 所示。

图4-258

答疑解惑：为什么绘制出来的蝴蝶特别大？

如果绘制出来的蝴蝶特别大，如图 4-259 所示，这就说明笔刷的半径过大了，此时可以在“画笔预设”管理器中修改“大小”数值来修改笔刷的半径大小，如图 4-260 所示。

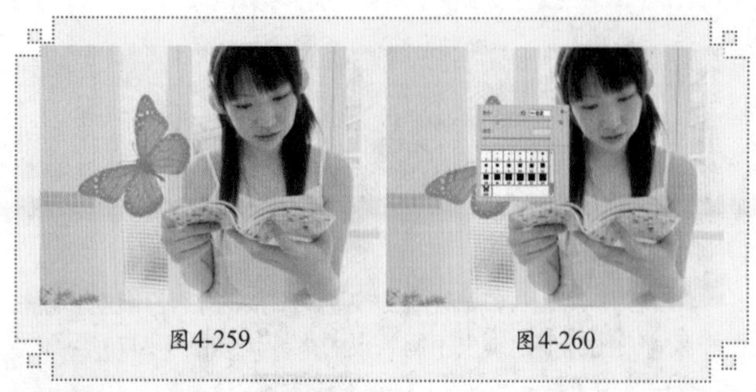

图4-259　　图4-260

步骤 09 利用“自由变换”功能调整一下蝴蝶的角度，如图 4-261 所示。

步骤 10 继续新建图层，并设置不同的前景色，然后绘制出其他蝴蝶，并调整好这些蝴蝶的角度，最终效果如图 4-262 所示。

图4-261　　图4-262

4.14.2 定义图案预设

在 Photoshop 中可以将打开的图像文件定义为图案，也可以将选区中的图像定义为图案。选择一个图案或选区中的图像以后，执行“编辑 > 定义图案”命令，就可以将其定义为预设图案，如图 4-263 所示。

图4-263

执行“编辑 > 填充”命令可以用定义的图案填充画布。在“填充”对话框中设置“使用”为“图案”，单击“指定图案”选项后面的下拉按钮，在弹出的“图案”拾色器中选择自定义的图案，如图 4-264 所示。单击“确定”按钮后即可用自定义的图案填充整个画布，如图 4-265 所示。

图4-264　　图4-265

实例练习——使用油漆桶工具填充定义图案

实例文件	实例练习——使用油漆桶工具填充定义图案 .psd
视频教学	实例练习——使用油漆桶工具填充定义图案 .flv
难易指数	★★★★
知识掌握	掌握如何使用油漆桶工具填充定义图案

实例效果

本例先将玫瑰花图像定义为图案，然后使用油漆桶工具填充，效果如图 4-266 所示。

操作步骤

步骤 01 按 Ctrl+O 组合键，打开本书配套光盘中的花朵素材文件，如图 4-267 所示。

步骤 02 执行“编辑 > 定义图案”命令，然后在弹出的“图案名称”对话框中为图案命名，如图 4-268 所示。

图4-266

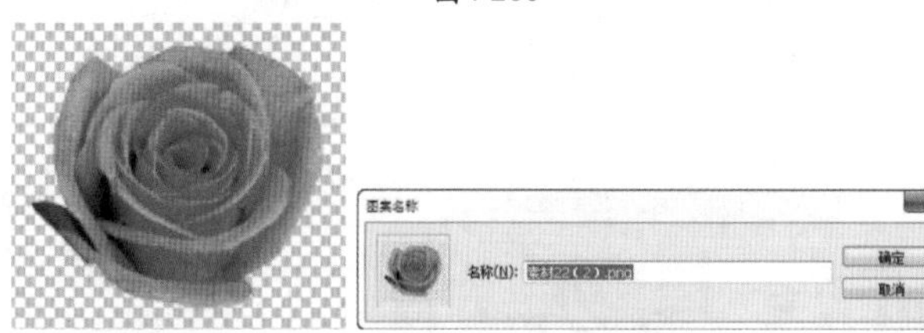

图4-267　　图4-268

步骤 03 打开本书配套光盘中的人像素材文件，如图 4-269 所示。

图4-269

步骤 04 在工具栏中单击“油漆桶工具”按钮，然后在选项栏中设置“填充区域的源”为“图案”，“模式”为“正片叠底”，“不透明度”为 70%，“容差”为 40%，如图 4-270 所示。在人像衣服处单击，最终效果如图 4-271 所示。

图4-270　　图4-271

4.14.3 定义形状预设

首先选择工作路径、路径、形状图层的矢量蒙版，然后执行“编辑 > 定义自定形状”命令，在弹出的“形状名称”对话框中为形状命名，如图 4-272 所示。

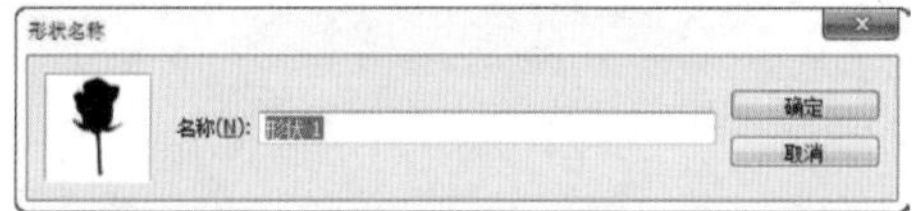

图4-272

在工具箱中单击“自定形状工具”按钮，然后在选项栏中单击“形状”选项后面的下拉按钮，接着在弹出的“自定形状”面板中进行选择即可，如图 4-273 所示。

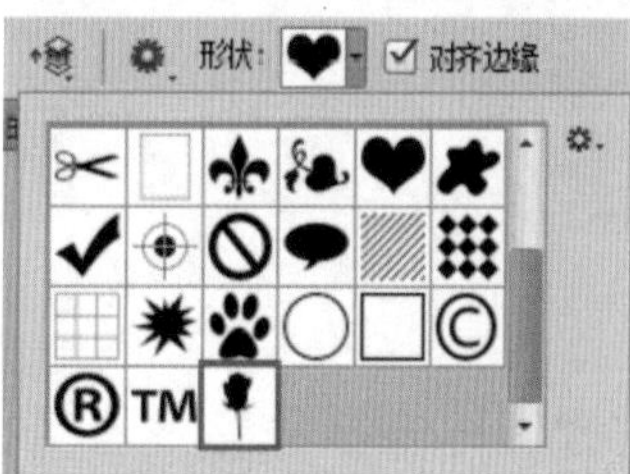

图4-273

Chapter 5

第5章

选区的创建与编辑

在 Photoshop 中处理图像时，经常需要针对局部效果进行调整，通过选择特定区域，可以对该区域进行编辑，并保持未选定区域不会被改动。这时就需要为图像指定一个有效的编辑区域，这个区域就是选区。

本章学习要点：

- 掌握选区工具的使用方法
- 掌握常用抠图工具的使用方法与技巧
- 掌握选区的编辑方法
- 掌握填充与描边选区的应用

5.1 选区的基本功能

在 Photoshop 中处理图像时，经常需要针对局部效果进行调整，通过选择特定区域，可以对该区域进行编辑，并保持未选定区域不会被改动。这时就需要为图像指定一个有效的编辑区域，这个区域就是选区。

以图 5-1 为例，只需要改变字母和数字部分的颜色，这时就可以使用磁性套索工具或钢笔工具绘制出需要调色的区域选区，然后对这些区域进行单独调色即可。

原始素材　　绘制选区　　编辑选区内图像

图5-1

选区的另外一项重要功能是图像局部的分离，也就是抠图。以图 5-2 为例，要将图中的前景物体分离出来，就可以使用快速选择工具或磁性套索工具制作主体部分选区，接着将选区中的内容复制、粘贴到其他合适的背景文件中，并添加其他合成元素，即可完成一个合成作品，如图 5-3 ～图 5-5 所示。

图5-2

图5-3

图5-4

图5-5

5.2 常用的选择的方法

Photoshop 中包含多种用于制作选区的工具和命令，不同图像需要使用不同的选择工具来制作选区。

5.2.1 内置选区工具选择法

对于比较规则的圆形或方形对象可以使用选框工具组，选框工具组是 Photoshop 中最常用的选区工具，适合于形状比较规则的图案（如圆形、椭圆形、正方形、长方形），如图所 5-6 和图 5-7 示的图像就可以使用矩形选区工具以及椭圆选区工具进行选择，它们为典型的矩形选区和圆形选区。

图5-6

图5-7

对于不规则选区，则可以使用套索工具组。对于转折处比较强烈的图案，可以使用“多边形套索工具”来进行选择，对于转折比较柔和的图案，可以使用“套索工具”，如图5-8和图5-9所示分别为转折处比较强烈的选区和转折处比较柔和的选区。

图5-8

图5-9

5.2.2 路径选择法

Photoshop 中的“钢笔工具”属于典型的矢量工具，通过钢笔工具可以绘制出平滑或者尖锐的任何形状路径，绘制完成后可以将其转换为相同形状的选区，从而选出对象，如图5-10和图5-11所示。

图5-10　　图5-11

5.2.3 色调选择法

如果需要选择的对象与背景之间的色调差异比较明显，使用魔棒工具、快速选择工具、磁性套索工具和“色彩范围”命令可以快速地将对象分离出来。这些工具和命令都可以基于色调之间的差异来创建选区。如图5-12和图5-13所示是使用“快速选择工具”将前景对象抠选出来并更换背景后的效果。

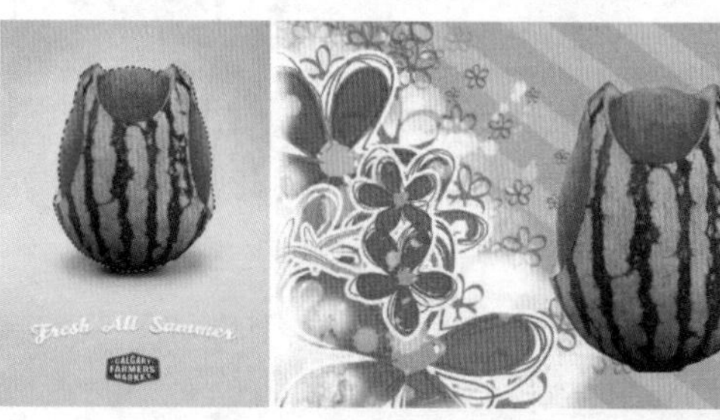

图5-12　　图5-13

5.2.4 通道选择法

通道抠图主要利用具体图像的色相差别或者明度差别用不同的方法建立选区。通道抠图法非常适合于半透明与毛发类对象选区的制作，例如，如果要抠取毛发、婚纱、烟雾、玻璃以及具有运动模糊的物体，使用前面介绍的工具就很难保留精细的半透明选区，这时就需要使用通道来进行抠像，如图5-14～图5-17所示为婚纱抠图和毛发抠图。

图5-14

图5-15

图5-16

图5-17

5.2.5 快速蒙版选择法

在快速蒙版状态下，可以使用各种绘画工具和滤镜对选区进行细致的处理。例如，如果要将图中的前景对象抠选出来，就可以进入快速蒙版状态，然后使用“画笔工具”在快速蒙版中的背景部分上进行绘制（绘制出的选区为红色状态），绘制完成后按Q键退出快速蒙版状态，Photoshop会自动创建选区，这时就可以删除背景，也可以为前景对象重新添加背景，如图5-18～图5-21所示分别为原始素材、绘制通道、删除背景、重新添加背景的效果。

图5-18

图5-19

图5-20

图5-21

5.3 选区的基本操作

选区作为一个非实体对象，也可以对其进行运算（新选区、添加到选区、从选区减去和与选区交叉）、全选与反选、取消选择与重新选择、移动与变换、储存与载入等操作。

5.3.1 选区的运算

如果当前图像中包含选区，在使用任何选框工具、套索工具或魔棒工具创建选区时，选项栏中就会出现选区运算的相关工具，如图5-22所示。

羽化：0像素 消除锯齿

图5-22

- “新选区”按钮：激活该按钮以后，可以创建一个新选区，如图5-23所示。如果已经存在选区，那么新创建的选区将替代原来的选区。
- “添加到选区”按钮：激活该按钮以后，可以将当前创建的选区添加到原来的选区中（按住Shift键也可以实现相同的操作），如图5-24所示。
- “从选区减去”按钮：激活该按钮以后，可以将当前创建的选区从原来的选区中减去（按住Alt键也可以实现相同的操作），如图5-25所示。
- “与选区交叉”按钮：激活该按钮以后，新建选区时只保留原有选区与新创建的选区相交的部分（按住Alt+Shift组合键也可以实现相同的操作），如图5-26所示。

图5-23

图5-24

图5-25

图5-26

实例练习——利用选区运算选择对象

实例文件	实例练习——利用选区运算选择对象.psd
视频教学	实例练习——利用选区运算选择对象.flv
难易指数	★★★★★
知识掌握	掌握选区的运算方法

实例效果

本例主要针对选区的运算方法进行练习，如图5-27所示。

图5-27

操作步骤

步骤 01 打开本书配套光盘中的素材文件，如图 5-28 所示。按住 Alt 键并双击背景图层，使其转换为普通图层，如图 5-29 所示。

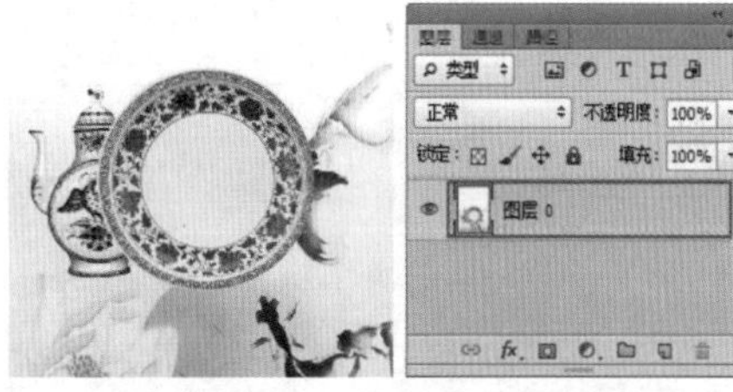

图5-28 图5-29

技巧提示

如果这里不将背景图层转换为普通图层，那么在后面的操作中，需要删除背景图层上的部分内容时，则会弹出“填充”对话框。在该对话框中可以选择用前景色、背景色、颜色（自定义颜色）、内容识别、图案、历史记录、黑色、50% 灰色或白色来填充删除的区域，如图 5-30 所示。

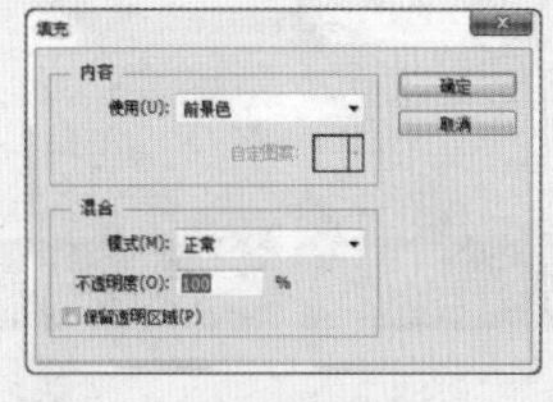

图5-30

步骤 02 在工具箱中单击“椭圆选框工具”按钮，将光标放置在圆盘的中心位置，如图 5-31 所示，接着按住 Shift+Alt 组合键的同时以圆盘的中心为基准绘制一个圆形选区，如图 5-32 所示。

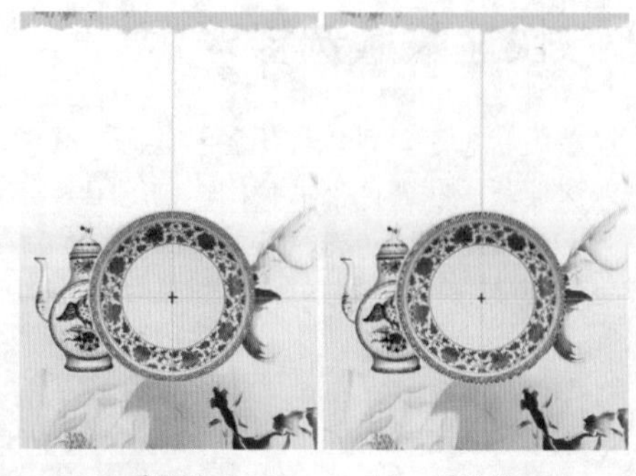

图5-31 图5-32

技巧提示

新建参考线以后，就可以很方便地定位圆形选区的中心。如果先绘制一个大致的圆形出来，势必要通过变换来调整圆形的大小和中心点。

步骤 03 保持选区状态，在工具箱中单击“磁性套索工具”按钮，然后按住 Shift 键的同时沿着酒壶边缘将花朵勾选出来，当与圆形选区相接时按 Enter 键确认操作，选区效果如图 5-33 所示。

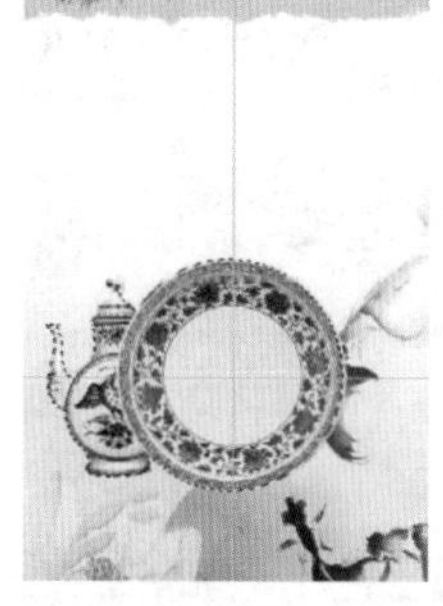

图5-33

技巧提示

在按住 Shift 键的状态下，绘制出的新选区会直接添加到之前的选区中。

步骤 04 在画布中单击鼠标右键，在弹出的菜单中执行“选择反向”命令，如图 5-34 所示。按 Delete 键删除选区中的图像，然后按 Ctrl+D 组合键取消选区，效果如图 5-35 所示。

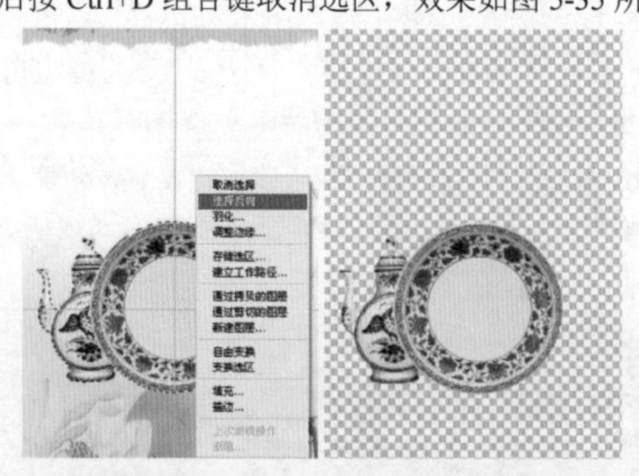

图5-34 图5-35

步骤 05 导入前景与背景素材文件，最终效果如图 5-36 所示。

图5-36

5.3.2 全选与反选

全选图像常用于复制整个文档中的图像。执行“选择 > 全部”命令或按 Ctrl+A 组合键，可以选择当前文档边界内的所有图像，如图 5-37 所示。

图5-37

创建选区以后，执行“选择 > 反向选择”命令或按 Shift+Ctrl+I 组合键，可以选择反相的选区，也就是选择图像中没有被选择的部分，如图 5-38 和图 5-39 所示。

图5-38　　图5-39

5.3.3 取消选择与重新选择

执行“选择 > 取消选择”命令或按 Ctrl+D 组合键，可以取消选区状态。

如果要恢复被取消的选区，可以执行“选择 > 重新选择”命令。

5.3.4 隐藏与显示选区

使用“视图 > 显示 > 选区边缘”命令可以切换选区的显示与隐藏。创建选区以后，执行“视图 > 显示 > 选区边缘”命令或按 Ctrl+H 组合键，可以隐藏选区（注意，隐藏选区后，选区仍然存在）；如果要将隐藏的选区显示出来，可以再次执行“视图 > 显示 > 选区边缘”命令或按 Ctrl+H 组合键。

5.3.5 移动选区

将光标放置在选区内，当光标变为形状时，拖曳光标即可移动选区，如图 5-40 所示。

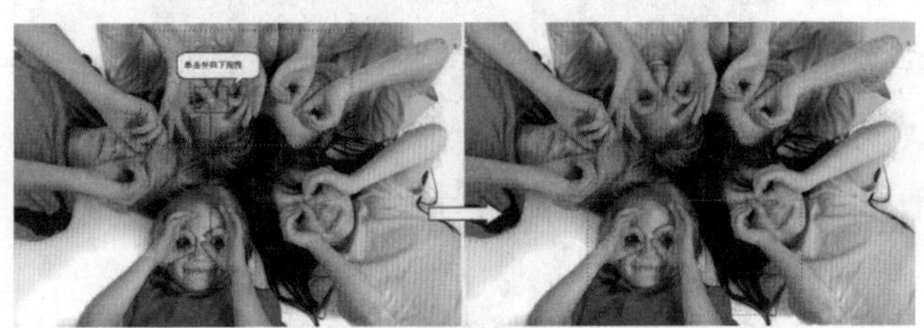

图5-40

使用选框工具创建选区时，在释放鼠标左键之前，按住 Space 键（即空格键）拖曳光标，可以移动选区，如图 5-41 和图 5-42 所示。

图5-41

图5-42

技巧提示

在包含选区的状态下，按→、←、↑、↓键可以1px的距离移动选区。

5.3.6 变换选区

（1）首先使用矩形选框工具绘制一个长方形选区，如图5-43所示。

（2）对创建好的选区执行“选择 > 变换选区”命令或按Alt+S+T组合键，可以对选区进行移动，如图5-44所示。

图5-43　　图5-44

（3）在选区变换状态下，在画布中单击鼠标右键，还可以选择其他变换方式，如图5-45～图5-47所示。

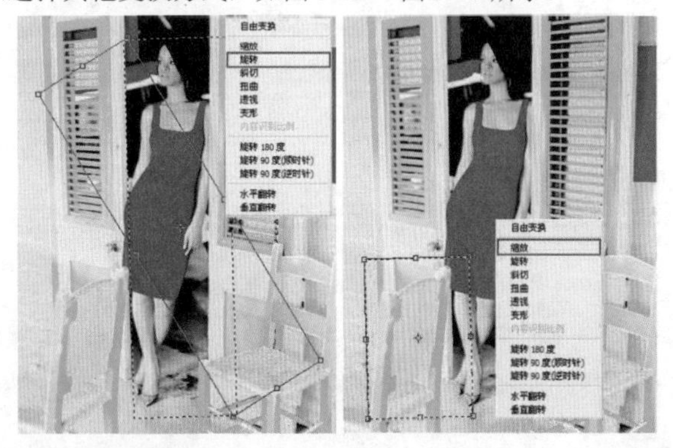

图5-45　　图5-46

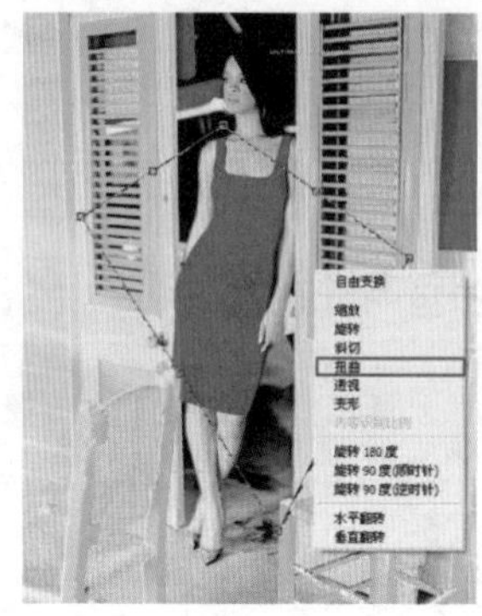

图5-47

技巧提示

在缩放选区时，按住Shift键可以等比例缩放；按住Shift+Alt组合键可以以中心点为基准等比例缩放。

（4）变换完成之后，按Enter键即可完成变换，如图5-48所示。

图5-48

实例练习——调整选区大小和位置

实例文件	实例练习——调整选区大小和位置.psd
视频教学	实例练习——调整选区大小和位置.flv
难易指数	★★★★★
知识掌握	调整选区

实例效果

本例主要针对如何调整选区的大小和位置进行练习，如图5-49所示。

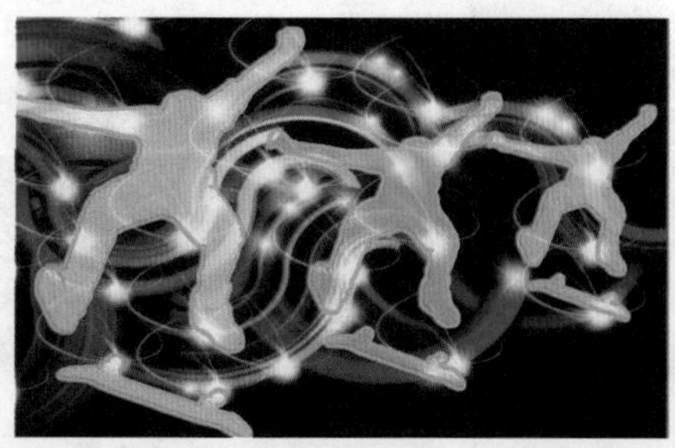

图5-49

操作步骤

步骤01 打开背景素材文件，如图5-50所示。

步骤 02 打开人像素材文件，然后将其拖曳到背景素材界面中，如图 5-51 所示。

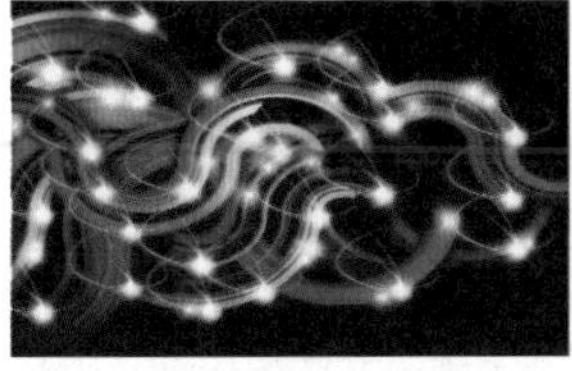

图5-50

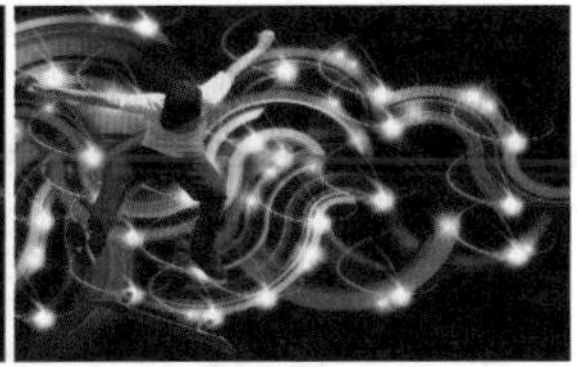

图5-51

步骤 03 按住 Ctrl 键的同时单击“图层 1”的缩略图，载入该图层的选区，如图 5-52 所示，“图层 1”左侧的眼睛图标将其隐藏，效果如图 5-53 所示。

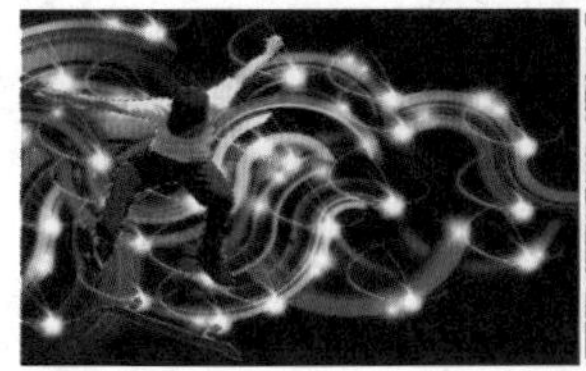

图5-52

图5-53

步骤 04 选择“背景”图层，然后按 Ctrl+J 组合键将选区内的图像复制到一个新的图层中，如图 5-54 所示。

图5-54

步骤 05 按 Ctrl+U 组合键打开“色相 / 饱和度”对话框，设置“明度”数值为 +76，如图 5-55 所示。图像效果如图 5-56 所示。

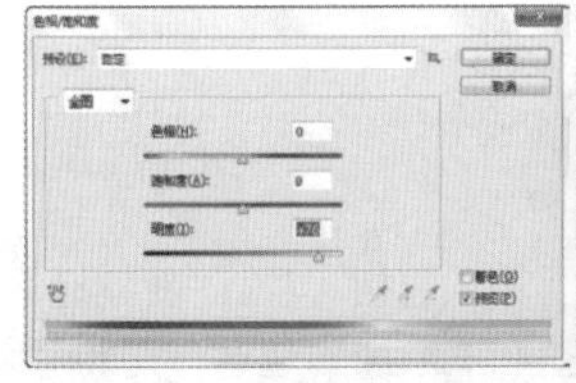

图5-55

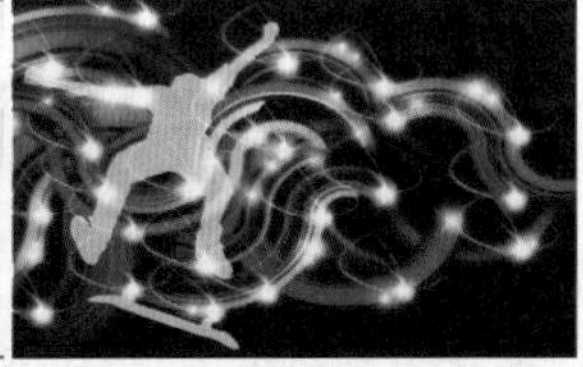

图5-56

步骤 06 按住 Ctrl 键的同时单击“图层 2”的缩略图，载入该图层的选区，然后执行“编辑 > 描边”命令，接着在弹出的“描边”对话框中设置“宽度”为 10 像素、“颜色”为蓝色（R：4，G：192，B：237），如图 5-57 所示，最后按 Ctrl+D 组合键取消选区，图像效果如图 5-58 所示。

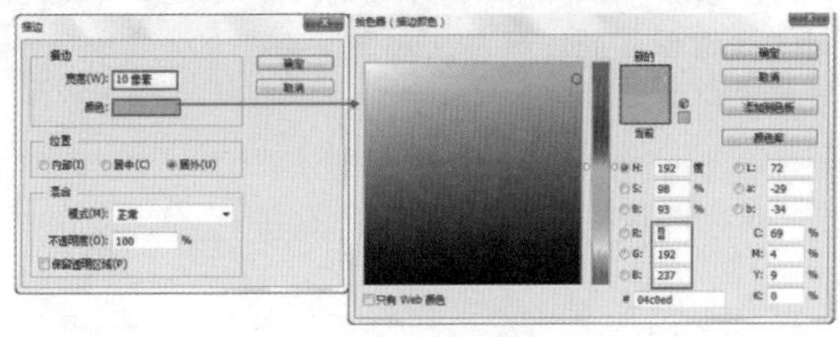

图5-57

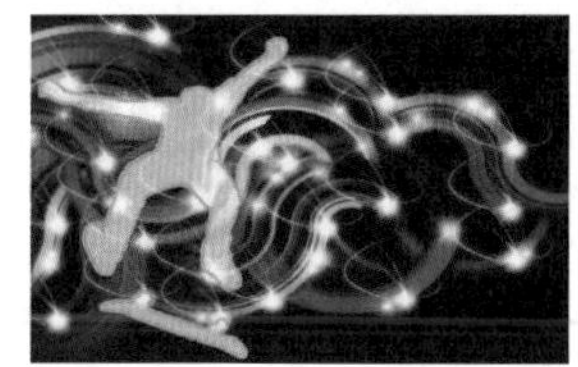

图5-58

步骤 07 载入“图层 2”的选区，然后将其拖曳到右侧，如图 5-59 所示。

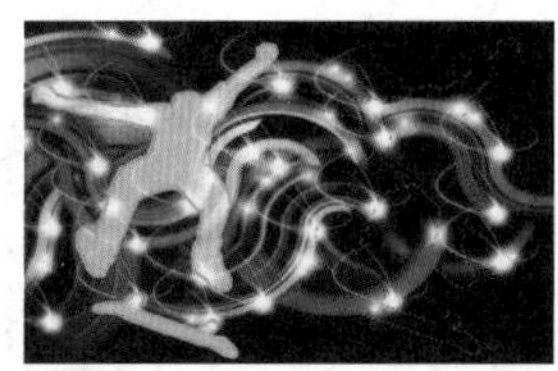

图5-59

步骤 08 执行“选择 > 变换选区”命令，然后拖曳左上角的控制点，如图 5-60 所示，接着将选区缩小到如图 5-61 所示的大小。

图5-60

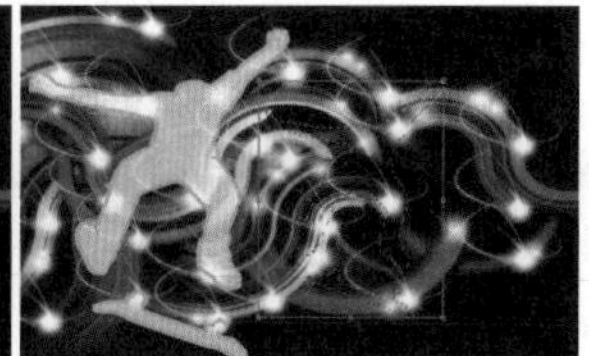

图5-61

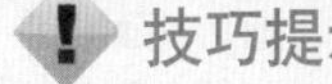

技巧提示

在变换选区时，一定要注意选择的图层，首先确定图层，再进行相应的操作。

步骤 09 选择“背景”图层，然后按 Ctrl+J 组合键将选区内的图像复制到一个新的图层中，如图 5-62 所示。接着采用前面的方法调整好其亮度并描边。完成后的效果如图 5-63 所示。

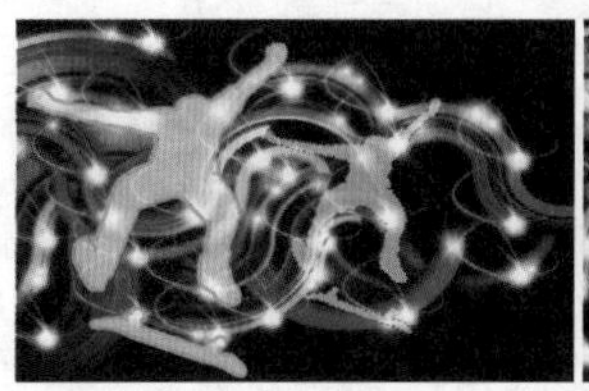

图5-62

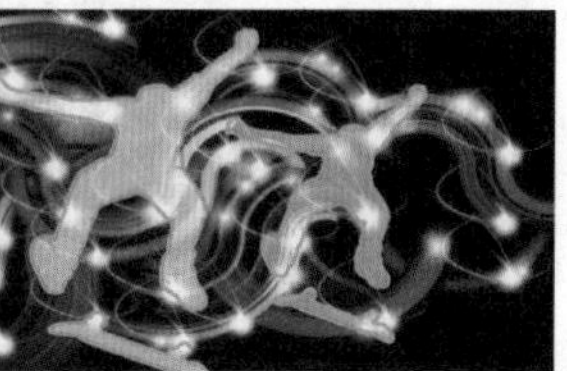

图5-63

步骤 10 采用相同的方法继续制作一个比较小的人像图形。最终效果如图 5-64 所示。

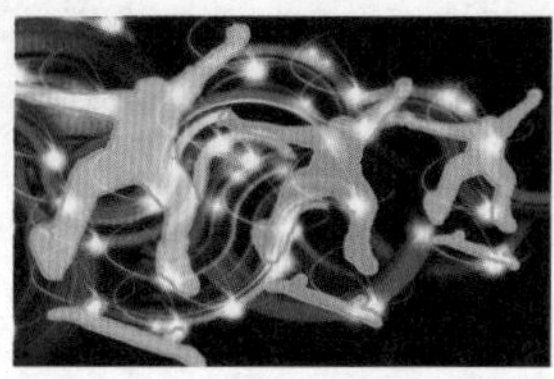

图5-64

5.3.7 存储与载入选区

理论实践——储存选区

在 Photoshop 中，选区可以作为通道进行存储。执行“选择 > 存储选区”命令，或在“通道”面板中单击“将选区存储为通道”按钮，可以将选区存储为 Alpha 通道蒙版，如图 5-65 和图 5-66 所示。

图5-65

图5-66

当执行“选择 > 存储选区”命令时，Photoshop 会弹出“存储选区”对话框，如图 5-67 所示。

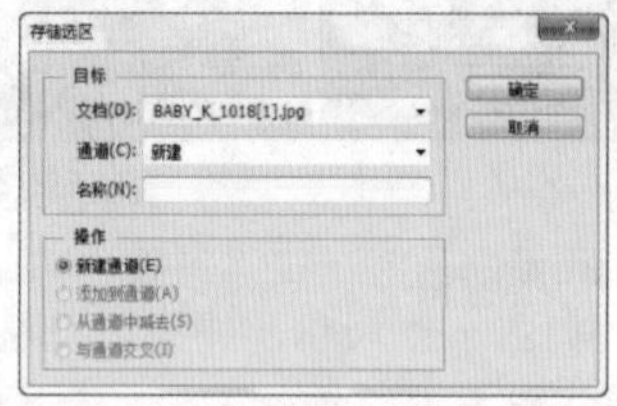

图5-67

- 文档：选择保存选区的目标文件。默认情况下将选区保存在当前文档中，也可以将其保存在一个新建的文档中。
- 通道：选择将选区保存到一个新建的通道中，或保存到其他 Alpha 通道中。
- 名称：设置选区的名称。
- 操作：选择选区运算的操作方式，包括 4 种方式。“新建通道”是将当前选区存储在新通道中；“添加到通道”是将选区添加到目标通道的现有选区中；“从通道中减去”是从目标通道中的现有选区中减去当前选区；“与通道交叉”是将当前选区与目标通道的选区交叉，并存储交叉区域的选区。

理论实践——载入选区

执行“选择 > 载入选区”命令，或在“通道”面板中按住 Ctrl 键的同时单击存储选区的通道蒙版缩略图，即可重新载入存储起来的选区，如图 5-68 所示。

图5-68

当执行“选择 > 载入选区”命令时，Photoshop 会弹出“载入选区”对话框，如图 5-69 所示。

- 文档：选择包含选区的目标文件。
- 通道：选择包含选区的通道。
- 反相：选中该复选框，可以反转选区，相当于载入选区后执行“选择 > 反向”命令。

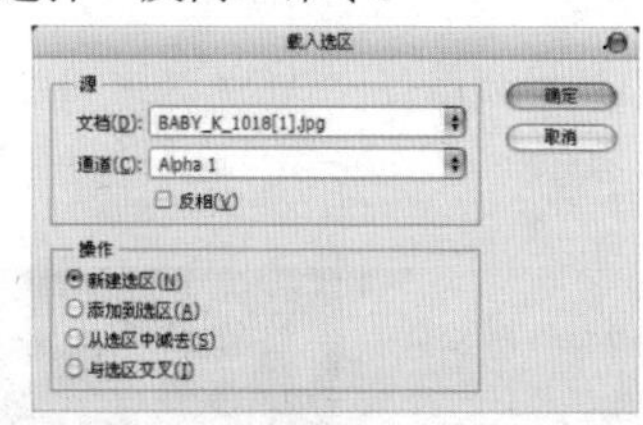

图5-69

- 操作：选择选区运算的操作方式，包括 4 种。“新建选区”是用载入的选区替换当前选区；“添加到选区”是将载入的选区添加到当前选区中；“从选区中减去”是从当前选区中减去载入的选区；“与选区交叉”可以得到载入的选区与当前选区交叉的区域。

技巧提示

如果要载入单个图层的选区，可以按住 Ctrl 键的同时单击该图层的缩略图。

实例练习——存储选区与载入选区

实例文件	实例练习——存储选区与载入选区 .psd
视频教学	实例练习——存储选区与载入选区 .flv
难易指数	
知识掌握	存储选区、载入选区

实例效果

本例主要针对如何存储与载入选区进行练习，如图 5-70

所示。

图5-70

操作步骤

步骤 01 打开 1.psd 素材，如图 5-71 所示。

步骤 02 按住 Ctrl 键的同时单击“图层 1”（即人物所在的图层）的缩略图，载入该图层的选区，如图 5-72 所示。

图5-71　　图5-72

步骤 03 执行“选择 > 存储选区”命令，然后在弹出的“存储选区”对话框中设置“名称”为“人物选区”，如图 5-73 所示。

步骤 04 按住 Ctrl 键的同时单击“图层 2”（即花所在的图层）的缩略图，载入该图层的选区，如图 5-74 所示。

图5-73　　图5-74

步骤 05 执行“选择 > 载入选区”命令，然后在弹出的“载入选区”对话框中设置“通道”为“人物选区”，“操作”为“添加到选区”，如图 5-75 所示。

步骤 06 在“图层”面板中单击“创建新图层”按钮，新建一个“图层 3”，然后执行“编辑 > 描边”命令，接着在弹出的“描边”对话框中设置“宽度”为 18 像素、“颜色”为黄色（R：255，G：245，B：62），“位置”为“居外”，具体参数设置如图 5-76 所示，效果如图 5-77 所示。

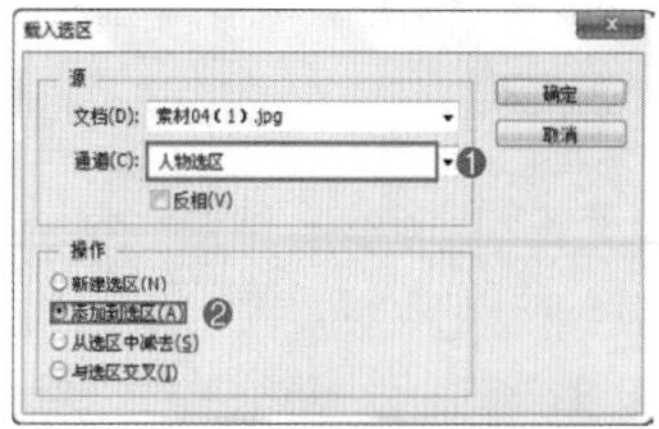

图5-75

图5-76　　图5-77

步骤 07 继续新建“图层 4”，然后执行“编辑 > 描边”命令，接着在弹出的“描边”对话框中设置“宽度”为 12 像素、“颜色”为绿色（R：84，G：193，B：68），“位置”为“居外”，具体参数设置如图 5-78 所示，效果如图 5-79 所示。

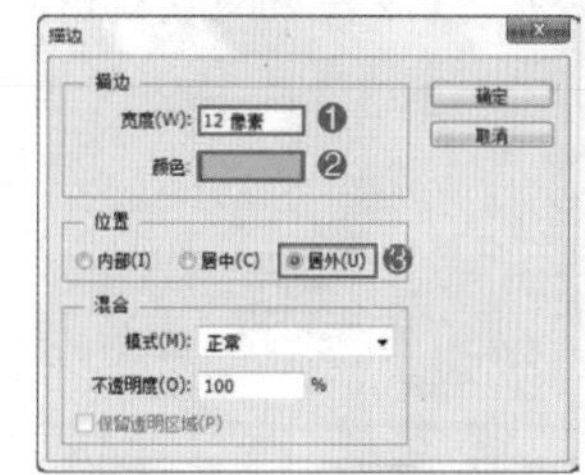

图5-78　　图5-79

步骤 08 继续新建“图层 5”，然后执行“编辑 > 描边”命令，接着在弹出的“描边”对话框中设置“宽度”为 6 像素、“颜色”为蓝色（R：82，G：144，B：255），“位置”为“居外”，具体参数设置如图 5-80 所示，最终效果如图 5-81 所示。

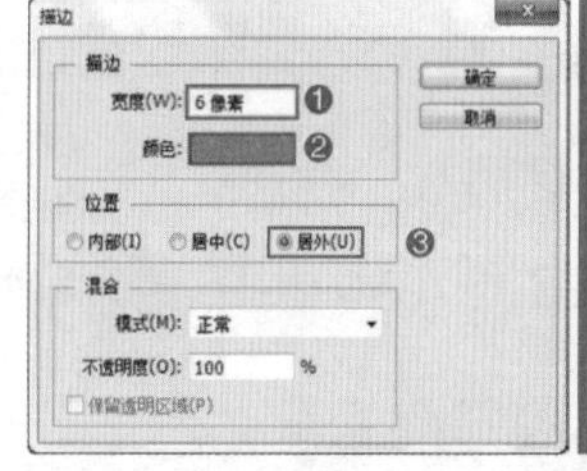

图5-80　　图5-81

5.4 基本选择工具

Photoshop 中包含多种方便快捷的选区工具组，基本选择工具包括选框工具组、套索工具组、魔棒与快速选择工具组，每个工具组中又包含多种工具。熟练掌握这些基本工具的使用方法，可以快速地选择需要的选区。

5.4.1 选框工具组

1. 矩形选框工具

“矩形选框工具”主要用于创建矩形选区与正方形选区，按住 Shift 键可以创建正方形选区，如图 5-82 和图 5-83 所示。

图5-82

图5-83

矩形选框工具的选项栏如图 5-84 所示。

图5-84

- 羽化：主要用来设置选区边缘的虚化程度。羽化值越大，虚化范围越宽；羽化值越小，虚化范围越窄。如图 5-85 和图 5-86 所示为羽化数值分别为 0px 与 20px 时的边界效果。

图5-85

图5-86

> **技巧提示**
>
> 当设置的“羽化”数值过大，以至于任何像素都不大于 50% 选择对，Photoshop 会弹出一个警告对话框，提醒用户羽化后的选区将不可见（选区仍然存在），如图 5-87 所示。
>
> 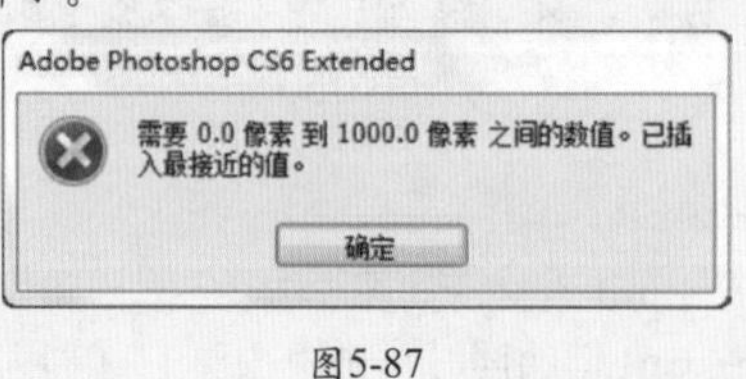
>
>
> 图5-87

- 消除锯齿：矩形选框工具的“消除锯齿”选项是不可用的，因为矩形选框没有不平滑效果，只有在使用椭圆选框工具时“消除锯齿”选项才可用。
- 样式：用来设置矩形选区的创建方法。当选择“正常”选项时，可以创建任意大小的矩形选区；当选择“固定比例”选项时，可以在右侧的“宽度”和“高度”文本框中输入数值，以创建固定比例的选区。比如，设置“宽度”为 1、“高度”为 2，那么创建出来的矩形选区的高度就是宽度的 2 倍；当选择“固定大小”选项时，可以在右侧的“宽度”和“高度”文本框中输入数值，然后单击即可创建一个固定大小的选区（单击“高度和宽度互换”按钮可以切换“宽度”和“高度”的数值）。
- 调整边缘：与执行“选择 > 调整边缘”命令相同，单击该按钮可以打开“调整边缘”对话框，在该对话框中可以对选区进行平滑、羽化等处理。

实例练习——利用矩形选框工具裁剪相框

实例文件	实例练习——利用矩形选框工具裁剪相框 .psd
视频教学	实例练习——利用矩形选框工具裁剪相框 .flv
难易指数	★★★★★
知识掌握	掌握如何制作矩形选区

实例效果

本例主要针对矩形选框工具的用法进行练习，如图 5-88 所示。

图5-88

操作步骤

步骤 01 打开本书配套光盘中的素材文件，如图 5-89 所示。

步骤 02 导入前景素材文件，如图 5-90 所示。

图5-89

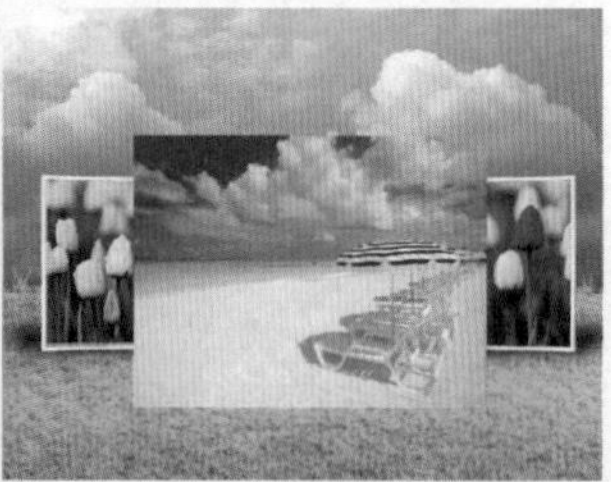

图5-90

步骤 03 降低前景不透明度为 30%，如图 5-91 所示。在工具箱中单击“矩形选框工具”按钮，然后在图像上绘制一个矩形选区，将照片框边缘框选出来，如图 5-92 所示。

图5-91　　图5-92

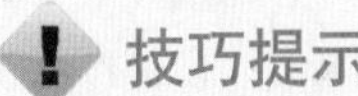

技巧提示

如果绘制的矩形并不符合相框的大小，可以重新使用矩形选框工具绘制矩形选区，或是利用“变换选区”命令调整选区的大小。

步骤 04 单击鼠标右键，执行“选择反向”命令，如图 5-93 所示。按 Delete 键，将矩形选区以外的内容裁剪掉（还原“前景”图层不透明度为 100%），最终效果如图 5-94 所示。

图5-93　　图5-94

2. 椭圆选框工具

“椭圆选框工具”主要用来制作椭圆选区和正圆选区，按住 Shift 键可以创建正圆选区，如图 5-95 和图 5-96 所示。

图5-95

图5-96

椭圆选框工具的选项栏如图 5-97 所示。

图5-97

- 消除锯齿：通过柔化边缘像素与背景像素之间的颜色过渡效果，来使选区边缘变得平滑，如图 5-98 和图 5-99 所示分别为未选中“消除锯齿”复选框和选中“消除锯齿”复选框时的图像边缘效果。由于“消除锯齿”只影响边缘像素，因此不会丢失细节，在剪切、复制和粘贴选区图像时非常有用。

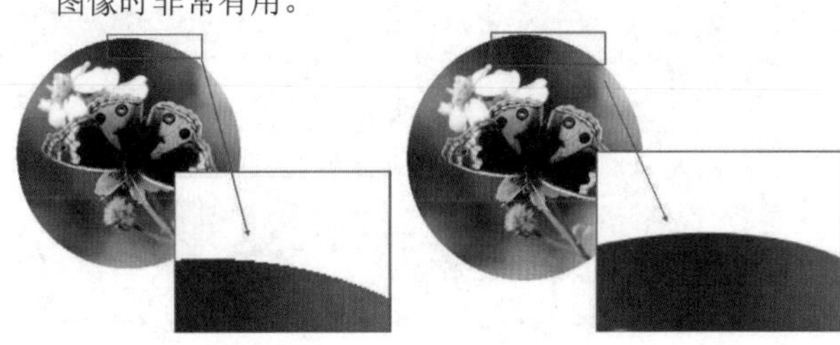

图5-98　　图5-99

技巧提示

其他选项的用法与矩形选框工具的相同，因此这里不再讲解。

实例练习——使用椭圆选框工具制作图像

实例文件	实例练习——使用椭圆选框工具制作图像 .psd
视频教学	实例练习——使用椭圆选框工具制作图像 .flv
难易指数	★★★★★
技术要点	椭圆选框工具

实例效果

本例主要针对椭圆选框工具的用法进行练习，如图 5-100 所示。

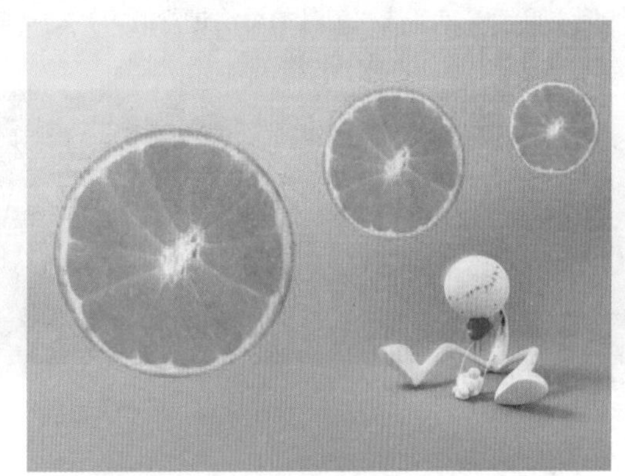

图5-100

操作步骤

步骤 01 打开本书配套光盘中的素材文件，执行“视图 > 标尺”命令，将标尺显示出来，并在标尺上拖曳创建横竖两条交叉的辅助线，如图 5-101 所示。

步骤 02 在工具箱中单击“椭圆选框工具”按钮，然后按住Shift+Alt组合键的同时以橙子截面的中心为基准绘制一个圆形选区，将橙子框选出来，并使用复制快捷键Ctrl+C复制选区内部分，如图5-102所示。

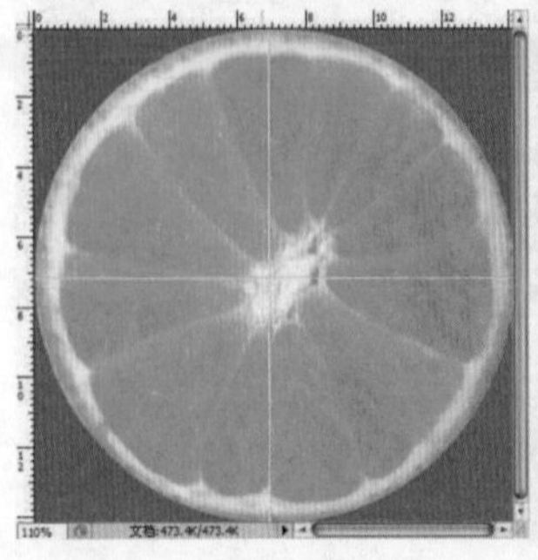

图5-101

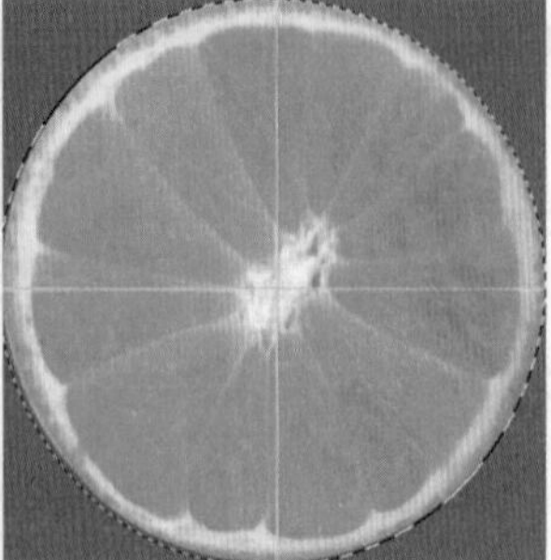

图5-102

步骤 03 打开背景素材文件，按Ctrl+V组合键，将橙子粘贴到背景文件中，如图5-103所示。

步骤 04 拖曳“图层1”到“创建新图层”按钮，复制出“图层1副本”和“图层1副本2”，如图5-104所示。

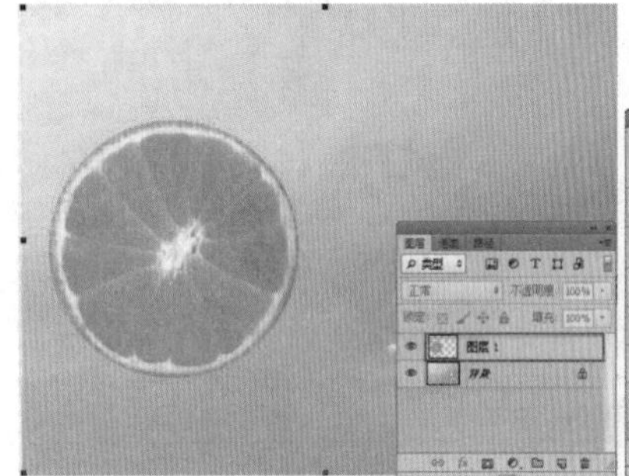

图5-103

图5-104

步骤 05 单击“图层1副本”，按Ctrl +T组合键调整橙子的大小及位置，如图5-105所示。

步骤 06 用同样的方法调整另外一个橙子，最终效果如图5-106所示。

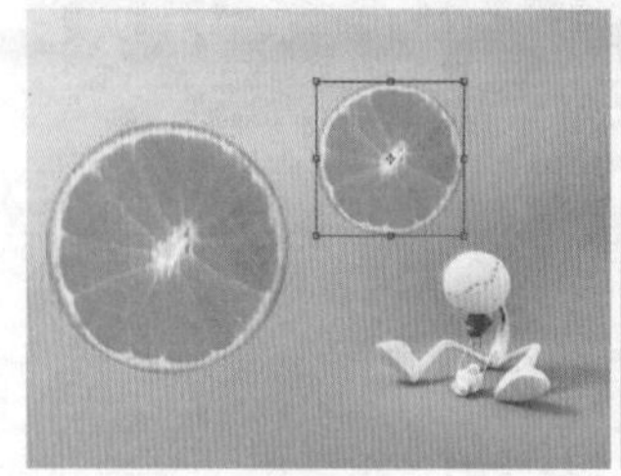

图5-105

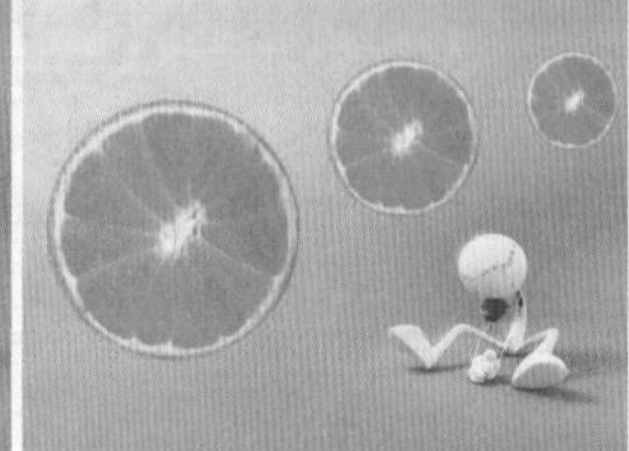

图5-106

3. 单行/单列选框工具

“单行选框工具”和“单列选框工具”主要用来创建高度或宽度为1像素的选区，常用来制作网格效果，如图5-107所示。

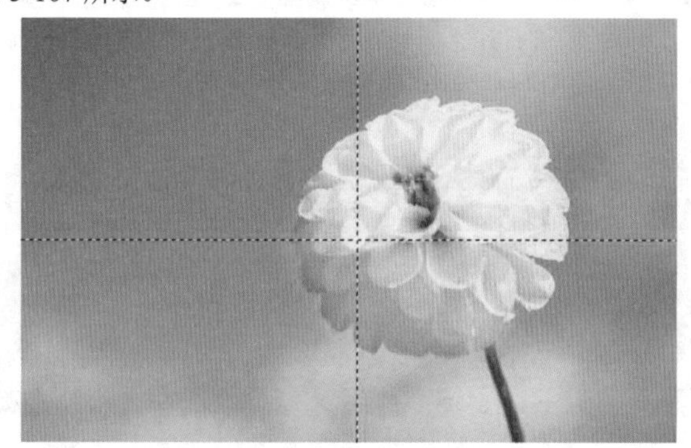

图5-107

实例练习——利用单列选框工具制作网格

实例文件	实例练习——利用单列选框工具制作网格.psd
视频教学	实例练习——利用单列选框工具制作网格.flv
难易指数	★★★★★
技术要点	单列选框工具

实例效果

本例主要针对单列选框工具的用法进行练习，处理前后对比效果如图5-108和图5-109所示。

图5-108

图5-109

操作步骤

步骤 01 打开本书配套光盘中的素材文件，如图5-110所示。

步骤 02 执行“视图 > 显示 > 网格”命令，显示出网格，以便于控制网格的疏密程度，如图5-111所示。

图5-110

图5-111

步骤 03 在工具箱中单击“单列选框工具”按钮，然后在左侧的第1个网格上单击，创建一个单列选区，如图5-112所示，接着按住Shift键的同时每隔一个网格创建一个单列选区，完成后的效果如图5-113所示。

步骤 04 在“图层”面板中单击“创建新图层”按钮，新建一个“图层1”，然后设置前景色为白色，接着按Alt+Delete组合键用前景色填充选区，最后按Ctrl+D组合键取消选区，效果如图 5-114 所示。

图5-112

图5-113

图5-114

步骤 05 复制网格图层为“图层 1 副本”图层，然后执行“编辑 > 变换 > 旋转 90 度（顺时针）”命令，效果如图 5-115 所示。

图5-115

> **技巧提示**
>
> 由于水平方向上的网格还没有铺满整张图像，因此下面还需要对其进行变换操作。

步骤 06 按 Ctrl+T 组合键进入自由变换状态，然后按住 Shift+Alt 组合键的同时拖曳定界框右侧的控制点，使水平网格铺满整张图像，如图 5-116 所示。

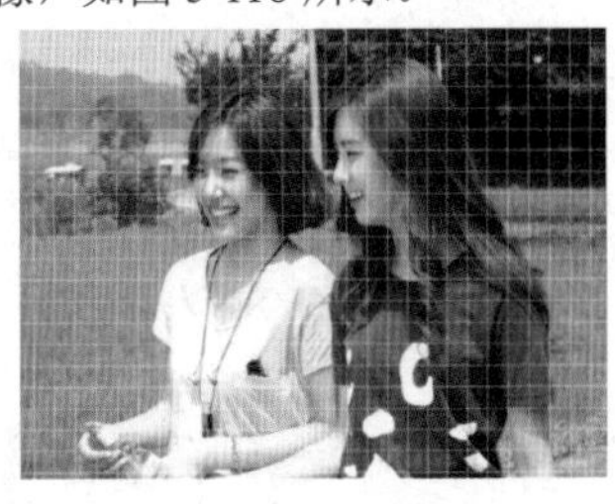
图5-116

步骤 07 按 Ctrl+E 组合键向下合并图层，这样可以将“图层 1 副本”和“图层 1”图层合并为一个图层，然后设置合并后的“图层 1”的混合模式为“叠加”、“不透明度”为 68%，如图 5-117 所示，最终效果如图 5-118 所示。

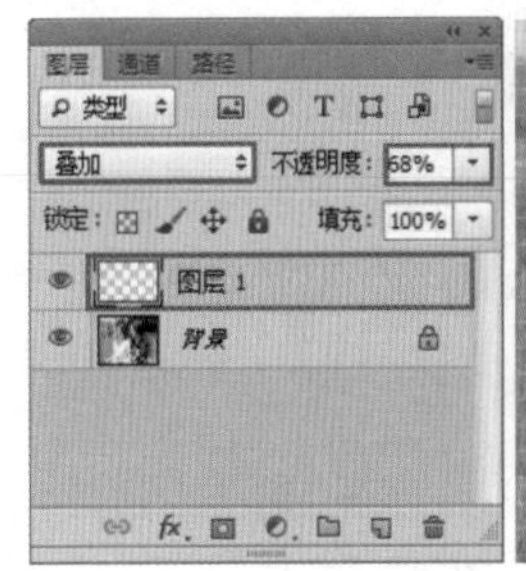

图5-117

图5-118

5.4.2 套索工具组

 1. 套索工具

使用“套索工具”可以非常自由地绘制出形状不规则的选区。在工具箱中单击“套索工具”按钮，在图像上拖曳光标绘制选区边界，当松开鼠标左键时，选区将自动闭合，如图 5-119 和图 5-120 所示分别为绘制选区边界和选区闭合。

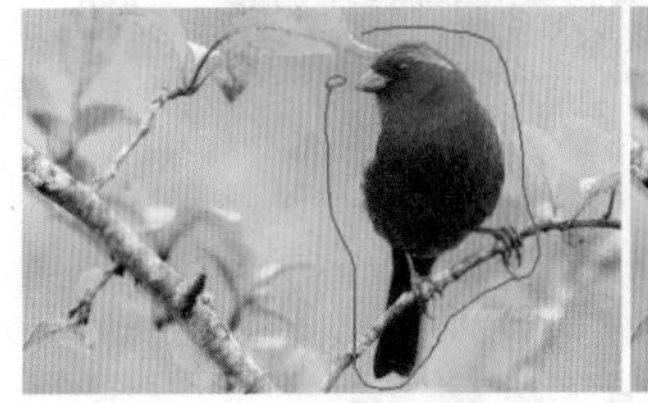
图5-119

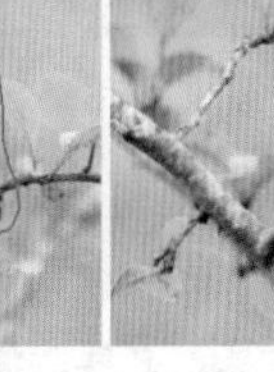
图5-120

> **技巧提示**
>
> 当使用套索工具绘制选区时，如果在绘制过程中按住 Alt 键，松开鼠标左键以后（不松开 Alt 键），Photoshop 会自动切换到多边形套索工具。

理论实践——使用套索工具

（1）在工具箱中单击“套索工具”按钮，然后在图像上单击，确定起点位置，接着拖曳光标绘制选区，如图 5-121 所示。

（2）结束绘制时松开鼠标左键，选区会自动闭合，效果如图 5-122 所示。

技巧提示

如果在绘制中途松开鼠标左键，Photoshop 会在该点与起点之间建立一条直线以封闭选区。

图5-121

图5-122

2. 多边形套索工具

“多边形套索工具”与“套索工具”的使用方法类似。“多边形套索工具”适合于创建一些转角比较强烈的选区，如图 5-123 和图 5-124 所示。

技巧提示

在使用多边形套索工具绘制选区时，按住 Shift 键，可以在水平方向、垂直方向或45°方向上绘制直线。另外，按 Delete 键可以删除最近绘制的直线。

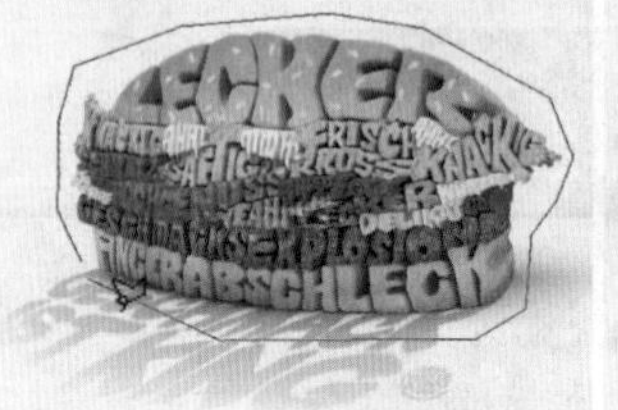

图5-123

图5-124

实例练习——利用多边形套索工具选择照片

实例文件	实例练习——利用多边形套索工具选择照片.psd
视频教学	实例练习——利用多边形套索工具选择照片.flv
难易指数	★★★★★
知识掌握	掌握多边形套索工具的使用方法

实例效果

本例主要针对多边形套索工具的用法进行练习，如图 5-125 所示。

图5-125

操作步骤

步骤 01 打开本书配套光盘中的素材文件，如图 5-126 所示。

步骤 02 导入光盘中的素材文件，如图 5-127 所示。

图5-126

图5-127

步骤 03 在“图层”面板上降低此图层的“不透明度”为 70%，如图 5-128 所示。

步骤 04 在工具箱中单击“多边形套索工具”按钮，然后在一张照片的边角上单击，确定起点，如图 5-129 所示。

图5-128

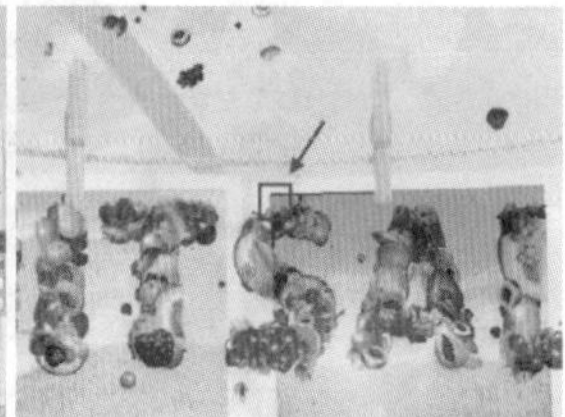

图5-129

步骤 05 在照片的第 2 个角上单击，确定第 2 个点，然后使用相同的方法确定第 3 个点和第 4 个点，接着将光标放置在起点上，当光标变成形状时单击鼠标，确定选区范围，如图 5-130 所示，选区效果如图 5-131 所示。

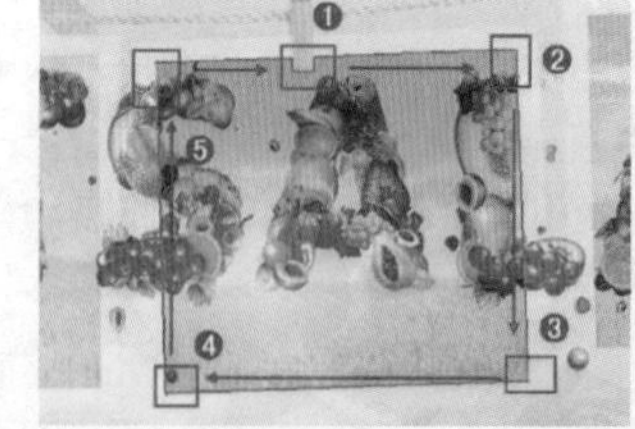

图5-130

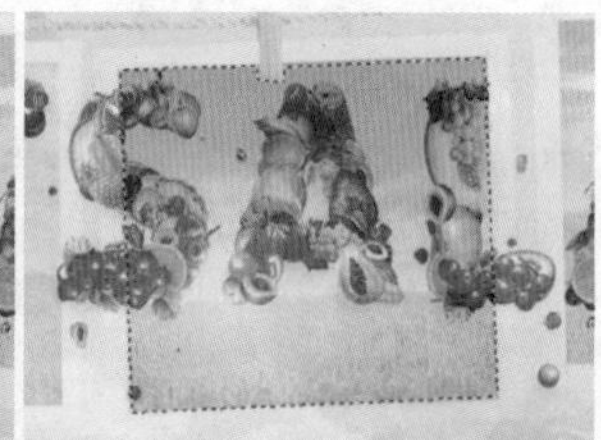

图5-131

技巧提示

确定第 4 个点以后，也可以直接按 Enter 键闭合选区。

步骤 06 接着单击按钮，为此图层选区添加图层蒙版，如图 5-132 所示。然后对第 2 张照片使用多边形套索工具进行绘制，如图 5-133 所示。

图5-132　　图5-133

步骤07 选中图层蒙版，设置前景色为白色，按 Alt+Delete 组合键填充白色，第2张照片显示出来，如图5-134所示。

步骤08 依照此方法制作另外两张照片，并且把“不透明度”设置为100%，最终效果如图5-135所示。

图5-134

图5-135

3. 磁性套索工具

“磁性套索工具”能够以颜色上的差异自动识别对象的边界，特别适合于快速选择与背景对比强烈且边缘复杂的对象。使用磁性套索工具时，套索边界会自动对齐图像的边缘，如图5-136所示。当选择完比较复杂的边界时，还可以按住 Alt 键切换到“多边形套索工具”，以选择转角比较强烈的边缘，如图5-137所示。

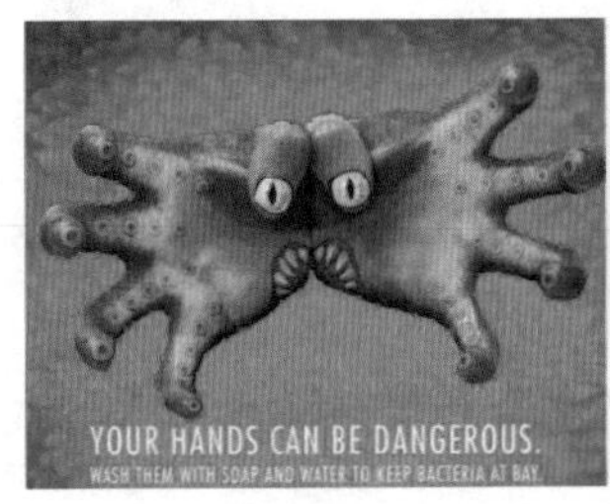

图5-136

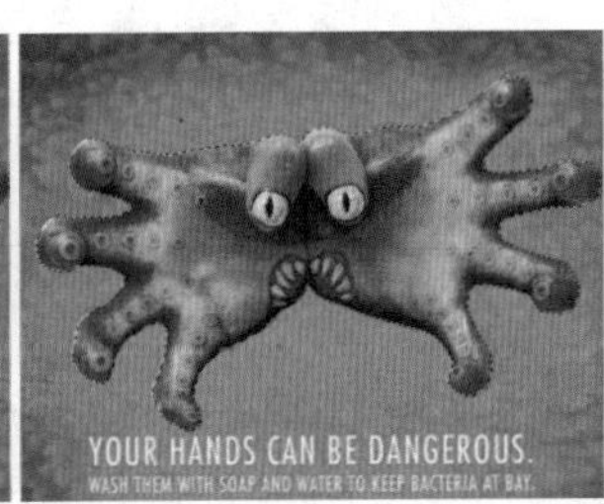

图5-137

技巧提示

注意，磁性套索工具不能用于32位/通道的图像。

磁性套索工具的选项栏如图5-138所示。

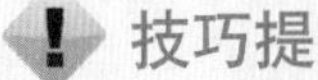

图5-138

- 宽度：宽度值决定了以光标中心为基准，光标周围有多少个像素能够被“磁性套索工具”检测到，如果对象的边缘比较清晰，可以设置较大的值；如果对象的边缘比较模糊，可以设置较小的值，如图5-139和图5-140所示分别是“宽度”设置为20和200时检测到的边缘。

技巧提示

在使用磁性套索工具勾画选区时，按住 CapsLock 键，光标会变成⊙形状，圆形的大小就是该工具能够检测到的边缘宽度。另外，按↑键和↓键可以调整检测宽度。

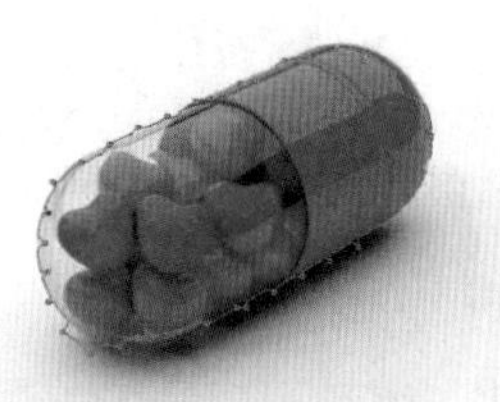

图5-139

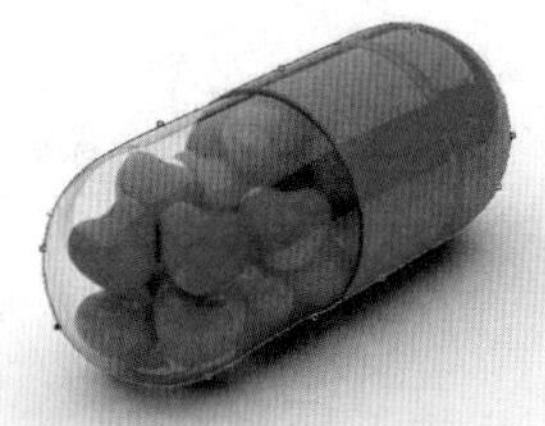

图5-140

- 对比度：该选项主要用来设置磁性套索工具感应图像边缘的灵敏度。如果对象的边缘比较清晰，可以将该值设置得高一些；如果对象的边缘比较模糊，可以将该值设置得低一些。
- 频率：在使用磁性套索工具勾画选区时，Photoshop 会生成很多锚点，该选项用来设置锚点的数量。数值越高，生成的锚点越多，捕捉到的边缘越准确，但是可能会造成选区边缘不够平滑，如图5-141和图5-142所示分别是“频率”为10和100时生成的锚点。

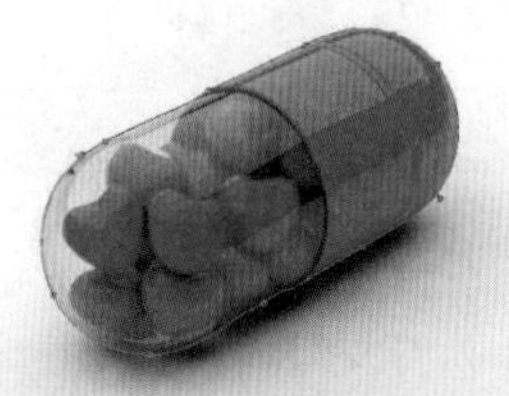

图5-141

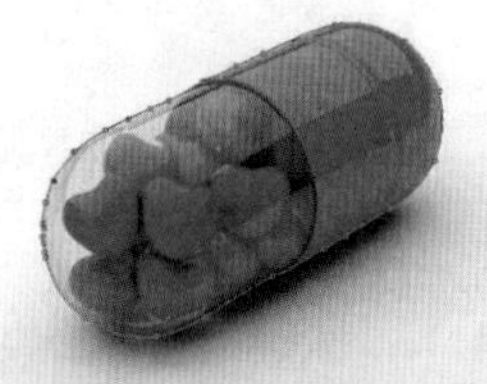

图5-142

- “钢笔压力”按钮：如果计算机配有数位板和压感笔，可以激活该按钮，Photoshop 会根据压感笔的压力自动调节磁性套索工具的检测范围。

实例练习——使用磁性套索工具换背景

实例文件	实例练习——使用磁性套索工具换背景.psd
视频教学	实例练习——使用磁性套索工具换背景.flv
难易指数	★★★★★
知识掌握	掌握磁性套索工具的使用方法

实例效果

本例主要针对磁性套索工具的用法进行练习，如

图 5-143 所示。

图5-143

操作步骤

步骤 01 打开本书配套光盘中的素材文件，按住 Alt 键双击背景图层，将其转换为普通图层，如图 5-144 所示。

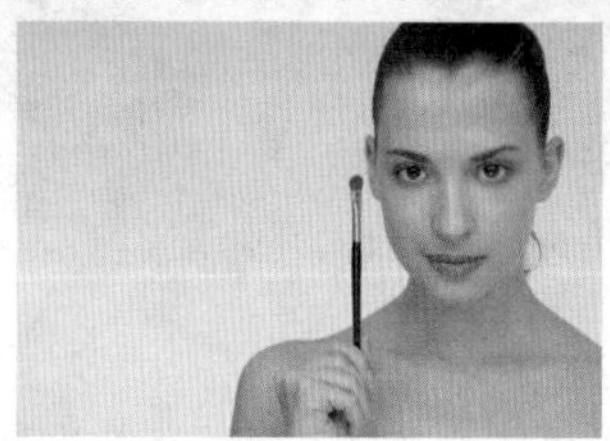

图5-144

步骤 02 在工具箱中单击“磁性套索工具”按钮，然后在人像肩膀的边缘单击，确定起点，如图 5-145 所示，接着沿着人像边缘移动光标，此时 Photoshop 会生成很多锚点，如图 5-146 所示，当勾画到起点处时按 Enter 键闭合选区，效果如图 5-147 所示。

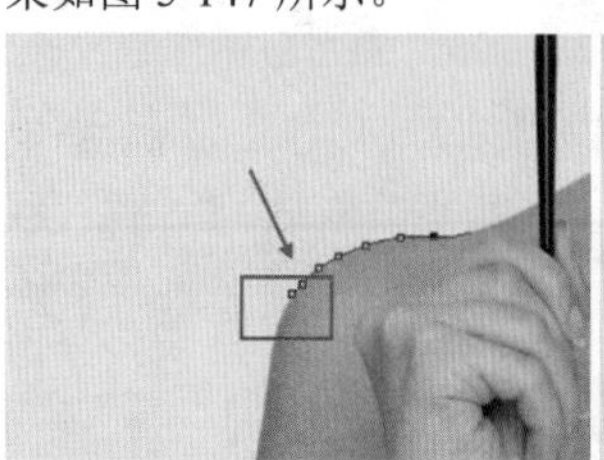

图5-145

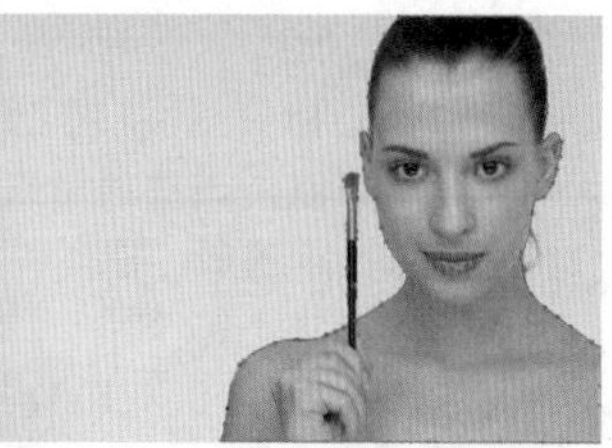

图5-146

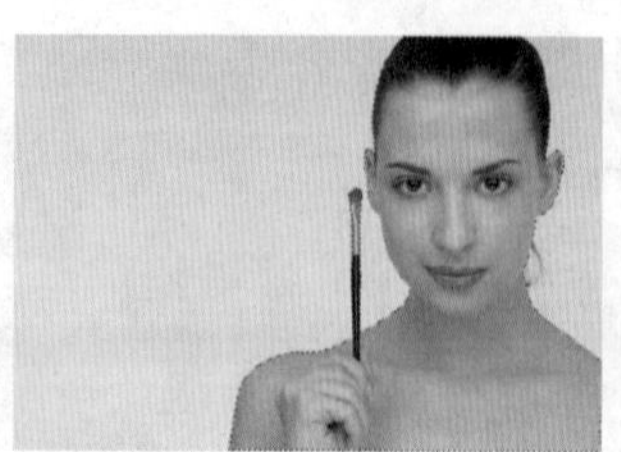

图5-147

技巧提示

如果在勾画过程中生成的锚点位置远离了人像，可以按 Delete 键删除最近生成的一个锚点，然后继续绘制。

步骤 03 单击鼠标右键，选择“选择反向”命令，如图 5-148 所示，按 Delete 键删除背景，按 Ctrl+D 组合键取消选区，如图 5-149 所示。

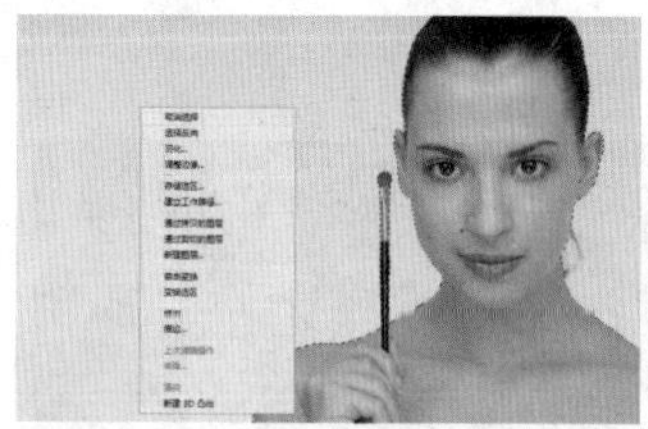

图5-148

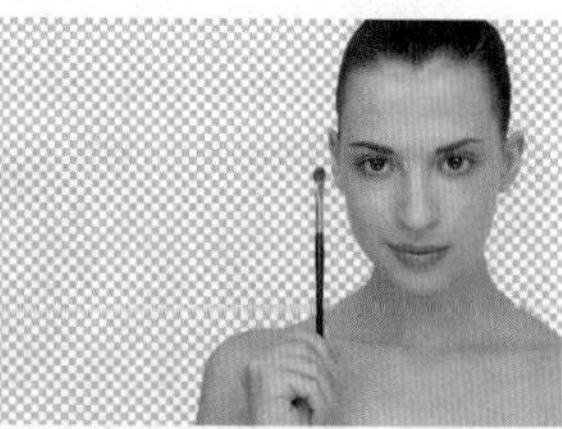

图5-149

步骤 04 置入背景素材，放置在最底层，最终效果如图 5-150 所示。

图5-150

5.4.3 快速选择工具与魔棒工具

1. 快速选择工具

使用“快速选择工具”可以利用可调整的圆形笔尖迅速地绘制出选区。当拖曳笔尖时，选取范围不但会向外扩张，而且还可以自动寻找并沿着图像的边缘来描绘边界。快速选择工具的选项栏如图 5-151 所示。

图5-151

- 选区运算按钮：单击“新选区”按钮，可以创建一个新的选区；单击“添加到选区”按钮，可以在原有选区的基础上添加新创建的选区；单击“从选区减去”按钮，可以在原有选区的基础上减去当前绘制的选区。
- 画笔选择器：单击下拉按钮，可以在弹出的画笔选择器中设置画笔的大小、硬度、间距、角度以及圆度，如图 5-152 所示。在绘制选区的过程中，可以按] 键和 [键增大或减小画笔的大小。
- 对所有图层取样：如果选中该复选框，Photoshop 会根据所有的图层建立选取范围，而不仅是只针对当前图层，如图 5-153 和图 5-154 所示分别是未选中该复选框与选中该复选框时的选区效果。

- 自动增强：降低选取范围边界的粗糙度与区块感，如图5-155和图5-156所示分别是未选中该复选框与选中该复选框时的选区效果。

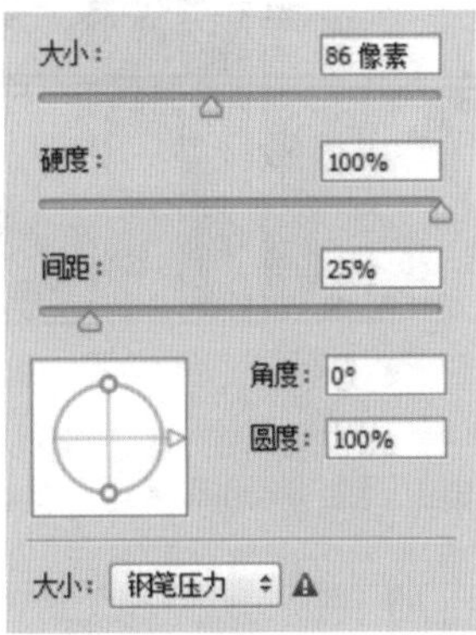

图5-152

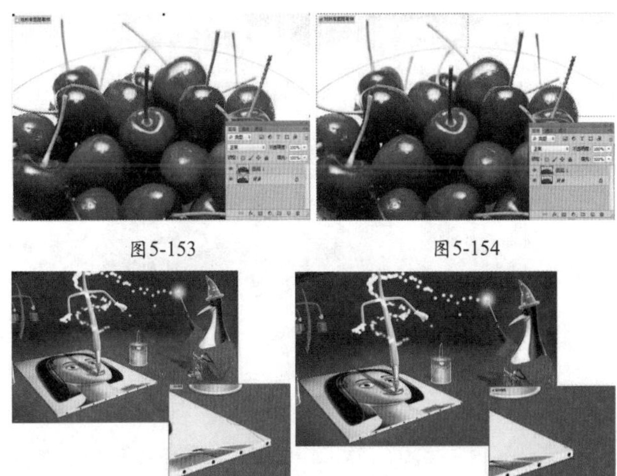

图5-153　图5-154

图5-155　图5-156

实例练习——使用快速选择工具制作迷你汽车

实例文件	实例练习——使用快速选择工具制作迷你汽车.psd
视频教学	实例练习——使用快速选择工具制作迷你汽车.flv
难易指数	★★★★★
技术要点	魔棒工具，自由变换工具，高斯模糊命令

实例效果

本例处理前后对比效果如图5-157和图5-158所示。

图5-157　图5-158

操作步骤

步骤01 打开本书配套光盘中的素材文件，如图5-159所示。

图5-159

步骤02 创建新组，命名为“白车”，导入白车素材文件，如图5-160所示。

步骤03 使用“快速选择工具”单击白色背景并进行拖动，可以将白色背景部分完全选择出来，如图5-161所示。

步骤04 按Delete键删除白色背景，接着按自由变换工具快捷键Ctrl+T，适当缩小汽车并进行旋转，然后单击鼠标右键选择“斜切”命令，调整汽车的形状，如图5-162所示。

图5-160　图5-161

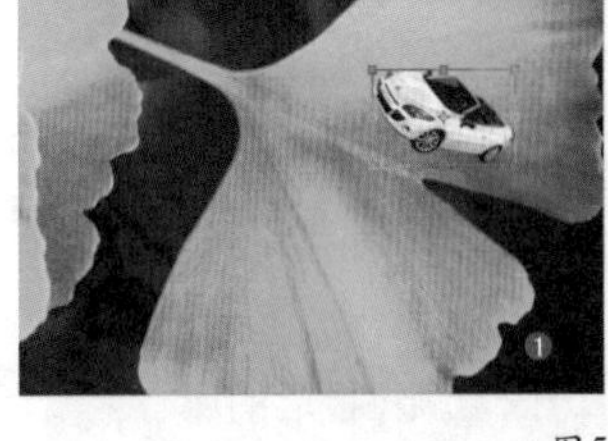

图5-162

步骤05 按Ctrl + J组合键复制汽车图层，放在“白车”组中的最下层，制作阴影部分，载入车的选区，填充黑色，如图5-163所示。执行“滤镜 > 模糊 > 高斯模糊”命令，设置半径为15，如图5-164所示。将阴影移动到合适位置，然后设置图层“不透明度”为55%，如图5-165所示。

图5-163

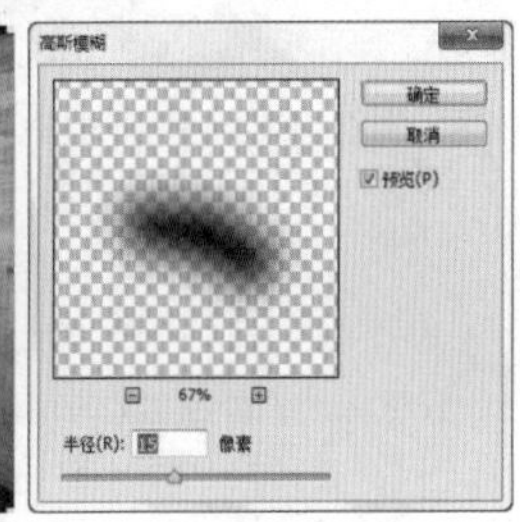

图5-164

第5章　选区的创建与编辑

图5-165

步骤 06 用同样的方法制作另外一辆迷你车，如图 5-166 所示。最终效果如图 5-167 所示。

图5-166

图5-167

2. 魔棒工具

“魔棒工具”在实际工作中的使用频率相当高，使用魔棒工具在图像中单击可选取颜色差别在容差值范围之内的区域，其选项栏如图 5-168 所示。

图5-168

- 容差：决定所选像素之间的相似性或差异性，其取值范围为 0 ～ 255。数值越低，对像素的相似程度的要求越高，所选的颜色范围就越小；数值越高，对像素的相似程度的要求越低，所选的颜色范围就越广，如图 5-169 和图 5-170 所示分别为容差为 30 和 60 时的选区效果。

图5-169

图5-170

- 连续：选中该复选框，只选择颜色连接的区域；取消选中该复选框，可以选择与所选像素颜色接近的所有区域，当然也包含不连接的区域，如图 5-171 和图 5-172 所示。
- 对所有图层取样：如果文档中包含多个图层，如图 5-173 所示，当选中复选框时，可以选择所有可见图层上颜色相近的区域，如图 5-174 所示；当取消选中复选框时，仅选择当前图层上颜色相近的区域，如图 5-175 所示。

图5-171

图5-172

图5-173

图5-174

图5-175

实例练习——使用魔棒工具换背景

实例文件	实例练习——使用魔棒工具换背景 .psd
视频教学	实例练习——使用魔棒工具换背景 .flv
难易指数	★★★★★
技术要点	魔棒工具

实例效果

本例处理前后对比效果如图 5-176 和图 5-177 所示。

图5-176

图5-177

操作步骤

步骤 01 打开本书配套光盘中的素材文件，如图 5-178 所示。

图5-178

步骤 02 选择"魔棒工具"，在选项栏中单击"添加到选区"按钮，设置"容差"为20，选中"消除锯齿"和"连续"复选框。如图5-179所示。单击背景区域，第一次单击背景时可能会有遗漏的部分，可以多次单击没有被添加到选区内的部分，如图5-180所示。

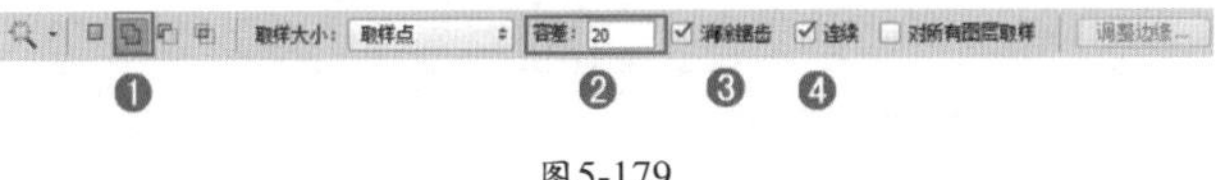

图5-179

图5-180

技巧提示

此处不适宜把容差值设得太大，因为容差值越大，选择的区域越大，很容易选择到人像身体部分，如图5-181所示。

图5-181

步骤 03 下面选择草地部分，由于草地色差较多，此时需要调整"容差"为80，然后在图中进行多次选择，如图5-182所示。

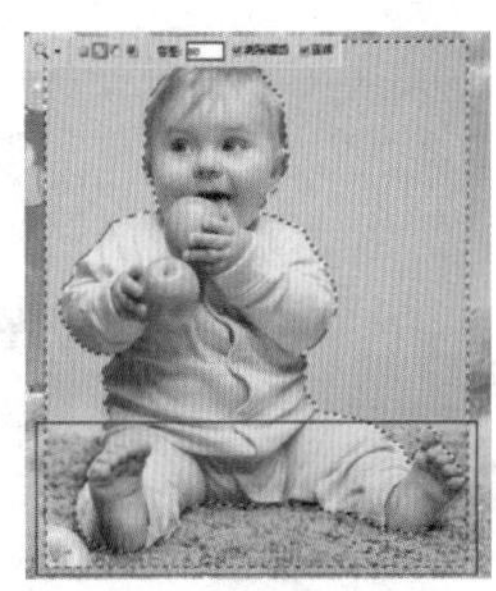

图5-182

步骤 04 按Ctrl + Shift + I组合键反向选择，然后为图像添加图层蒙版，则人像背景被自动抠出，如图5-183所示。最终效果如图5-184所示。

图5-183 图5-184

5.5 钢笔选择工具

Photoshop提供了多种钢笔工具。标准的"钢笔工具"主要用于绘制高精度的图像，如图5-185所示；"自由钢笔工具"可以像使用铅笔在纸上绘图一样来绘制路径，如图5-186所示，如果在选项栏中选中"磁性的"复选框，"自由钢笔工具"将变成磁性钢笔，使用这种钢笔可以像使用"磁性套索工具"一样绘制路径，图5-187所示。

图5-185 图5-186 图5-187

说明

钢笔工具的相关知识将在后面的章节中进行重点讲解。

5.6 “色彩范围”命令

“色彩范围”命令与“魔棒工具”类似，可根据图像的颜色范围创建选区，但是该命令提供了更多的控制选项，因此其选择精度也要高一些，如图5-188所示。需要注意的是，“色彩范围”命令不可用于32位/通道的图像。执行“选择>色彩范围”命令，可打开“色彩范围”对话框，如图5-189所示。

图5-188

图5-189

- 选择：用来设置选区的创建方式，其选项如图5-190所示。选择“取样颜色”选项时，光标会变成形状，将光标放置在画布中的图像上，或在“色彩范围”对话框中的预览图像上单击，可以对颜色进行取样；选择“红色”、“黄色”、“绿色”、“青色”等选项时，可以选择图像中特定的颜色；选择“高光”、“中间调”或“阴影”选项时，可以选择图像中特定的色调；选择“肤色”选项时，会自动检测皮肤区域；选择“溢色”选项时，可以选择图像中出现的溢色。
- 本地化颜色簇：选中“本地化颜色簇”复选框后，拖曳“范围”滑块可以控制要包含在蒙版中的颜色与取样点的最大和最小距离，如图5-191所示。

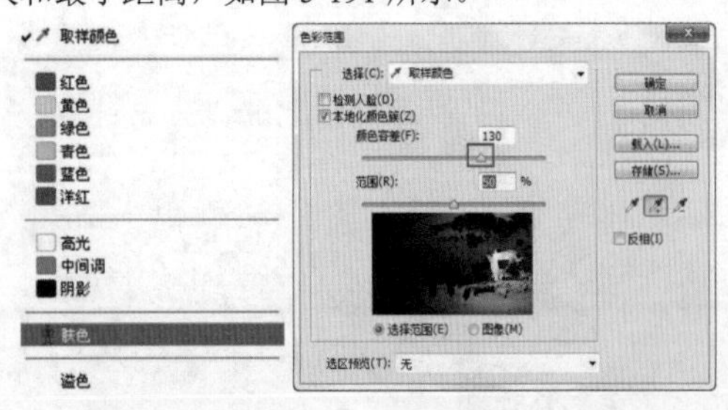

图5-190　图5-191

- 颜色容差：用来控制颜色的选择范围。数值越高，包含的颜色越多；数值越低，包含的颜色越少，如图5-192和图5-193所示分别为设置较低的颜色容差和较高的颜色容差。

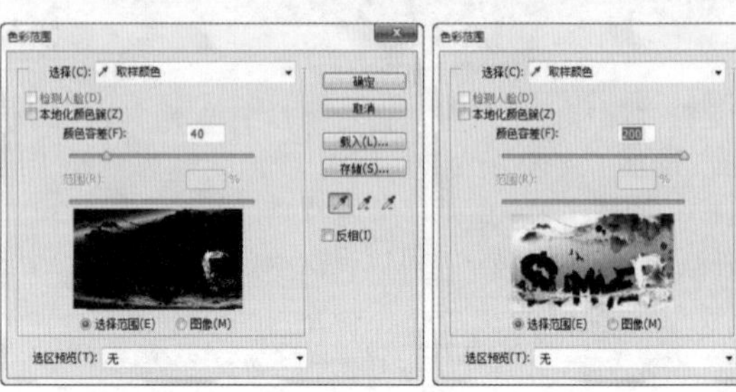

图5-192　图5-193

- 选区预览图：选区预览图下面有“选择范围”和“图像”两个单选按钮。当选中“选择范围”单选按钮时，预览区域中的白色代表被选择的区域，黑色代表未选择的区域，灰色代表被部分选择的区域（即有羽化效果的区域），如图5-194所示；当选中“图像”单选按钮时，预览区内会显示彩色图像，如图5-195所示。

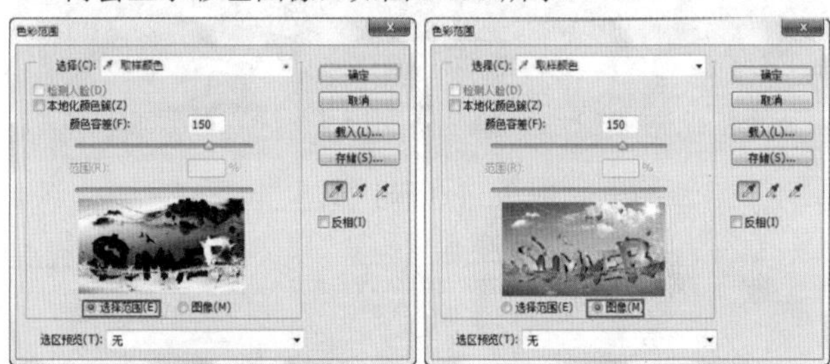

图5-194　图5-195

- 选区预览：用来设置文档窗口中选区的预览方式。选择“无”选项时，表示不在窗口中显示选区，如图5-196所示；选择“灰度”选项时，可以按照选区在灰度通道中的外观来显示选区，如图5-197所示；选择“黑色杂边”选项时，可以在未选择的区域上覆盖一层黑色，如图5-198所示；选择“白色杂边”选项时，可以在未选择的区域上覆盖一层白色，如图5-199所示；选择“快速蒙版”选项时，可以显示选区在快速蒙版状态下的效果，如图5-200所示。

图5-196　图5-197

图5-198

图5-199

图5-200

- 存储/载入：单击“存储”按钮，可以将当前的设置状态保存为选区预设；单击“载入”按钮，可以载入存储的选区预设文件。
- 添加到取样/从取样中减去：当选择“取样颜色”选项时，可以对取样颜色进行添加或减去操作。如果要添加取样颜色，可以单击“添加到取样”按钮，然后在预览图像上单击，以取样其他颜色，如图5-201所示；如果要减去取样颜色，可以单击“从取样中减去”按钮，然后在预览图像上单击，以减去其他取样颜色，如图5-202所示。

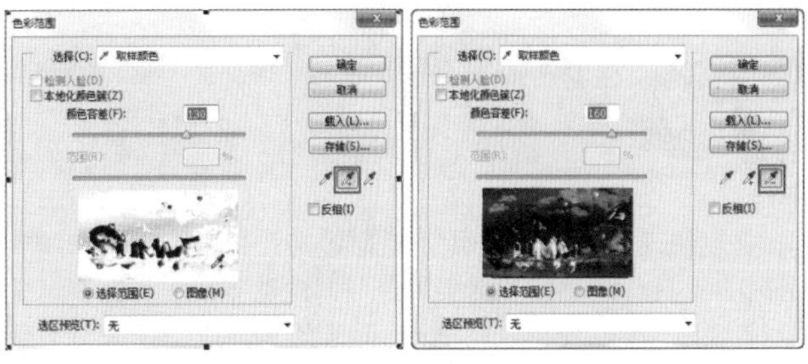

图5-201　　图5-202

- 反相：将选区进行反转，相当于创建选区以后，执行“选择>反向”命令。

实例练习——利用“色彩范围”命令改变沙发颜色

实例文件	实例练习——利用“色彩范围”命令改变沙发颜色.psd
视频教学	实例练习——利用“色彩范围”命令改变沙发颜色.flv
难易指数	★★★★★
知识掌握	“色彩范围”命令

实例效果

本例主要针对“色彩范围”命令的用法进行强化练习，处理前后对比效果如图5-203和图5-204所示。

图5-203

图5-204

操作步骤

步骤01 打开本书配套光盘中的素材文件，如图5-205所示。

图5-205

步骤02 执行“选择>色彩范围”命令，在弹出的“色彩范围”对话框中设置“选择”为“取样颜色”，并设置“颜色容差”为67，接着在沙发上单击，如图5-206所示，选区效果如图5-207所示。

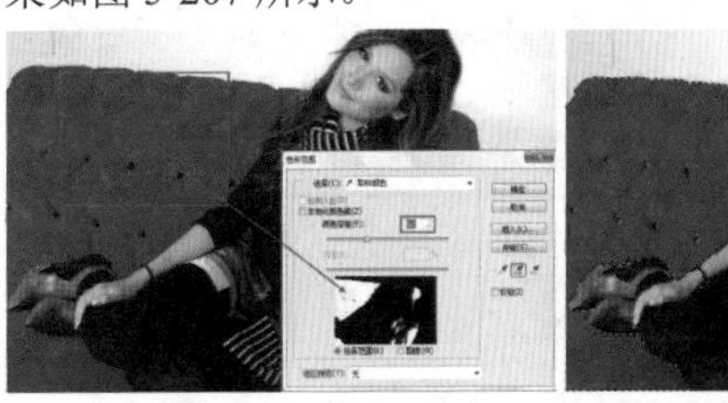

图5-206

图5-207

技巧提示

在这里，“颜色容差”的数值并不固定，“颜色容差”数值越小，所选择的范围也越小，读者在使用过程中可以根据实际情况，一边观察预览效果一边进行调整，如图5-208和图5-209所示。

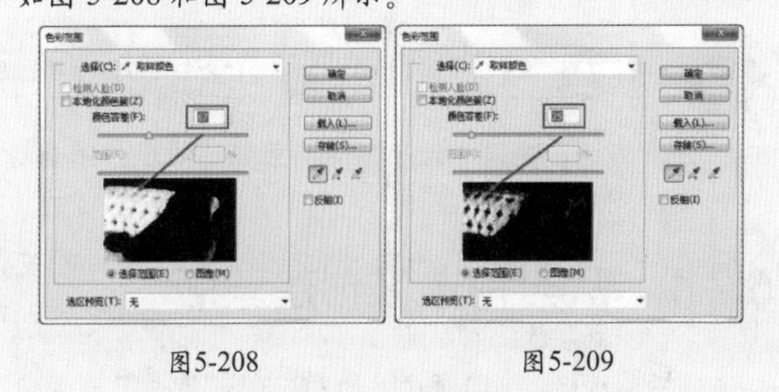

图5-208　　图5-209

步骤03 执行“图像>调整>色相/饱和度”命令，打开“色相/饱和度”对话框，设置“色相”为-34，“明度”

为 -8，如图 5-210 所示。此时可以看到红色的沙发变为了紫红色，如图 5-211 所示。

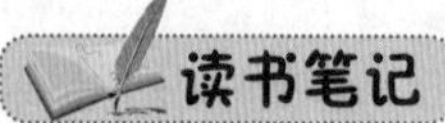

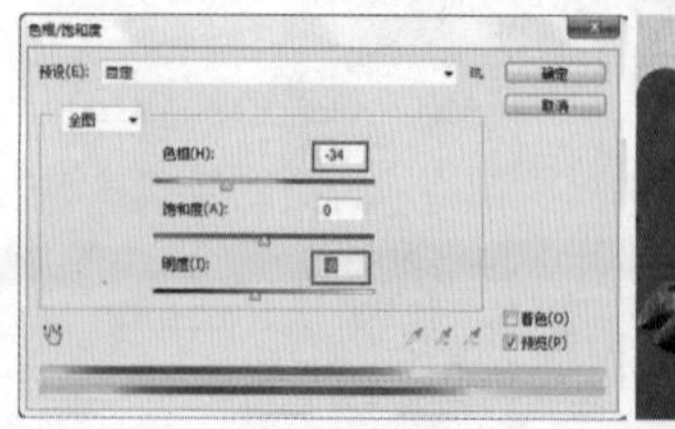

图5-210

图5-211

5.7 快速蒙版

“以快速蒙版模式编辑”工具▣是一种用于创建和编辑选区的工具，其功能非常实用，可调性也非常强。在快速蒙版状态下，可以使用任何 Photoshop 的工具或滤镜来修改蒙版，如图 5-212 和图 5-213 所示。

图5-212

图5-213

双击工具箱中的“以快速蒙版模式编辑”按钮▣，可打开“快速蒙版选项”对话框，如图 5-214 所示。

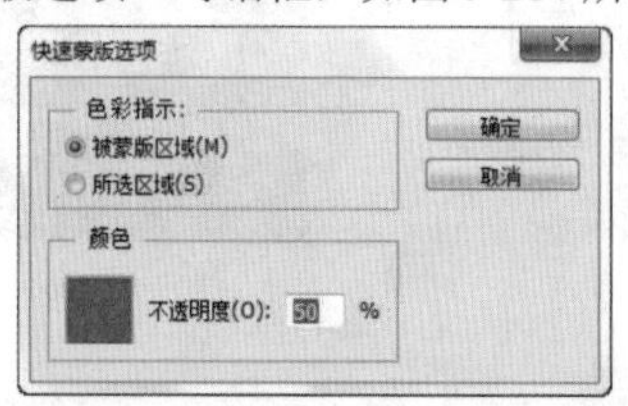

图5-214

- 色彩指示：当选中“被蒙版区域”单选按钮时，选中的区域将显示为原始图像，如图 5-215 所示，而未选中的区域将会被覆盖蒙版颜色，如图 5-216 所示；当选中“所选区域”单选按钮时，选中的区域将会被覆盖蒙版颜色，如图 5-217 所示。

图5-215

图5-216

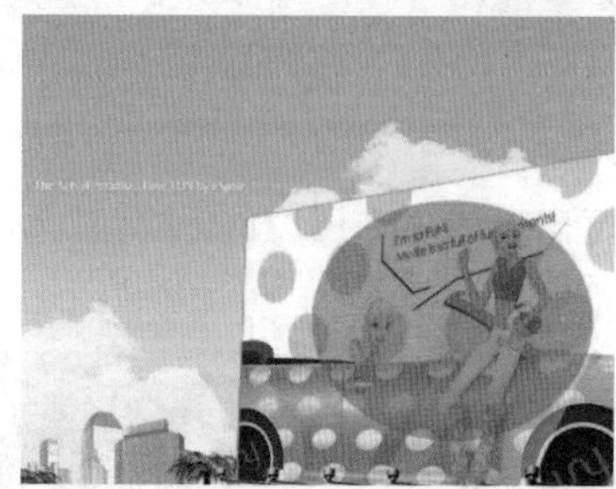

图5-217

- 颜色 / 不透明度：单击颜色色块，可以在弹出的“拾色器”对话框中设置蒙版的颜色。如果对象的颜色与蒙版颜色非常接近，可以适当修改蒙版颜色加以区别。“不透明度”选项主要用来设置蒙版颜色的不透明度。

答疑解惑：“颜色”和“不透明度”选项对选区有影响吗？

没有影响。这两个选项只影响蒙版的外观，不会对选区产生任何影响。

5.7.1 从当前选区创建蒙版

保持当前选区，如图 5-218 所示。在工具箱中单击“以快速蒙版模式编辑”按钮▣，此时选区会自动转换为蒙版，默认情况下选区以外的区域被覆盖上半透明的红色，如图 5-219 所示。

图5-218

图5-219

5.7.2 从当前图像创建蒙版

在没有选区的状态下，在工具箱中单击“以快速蒙版模式编辑”按钮，接着使用绘画工具在快速蒙版状态下进行绘制，如图5-220所示。按Q键退出快速蒙版模式以后，红色以外的区域就会被选中，如图5-221所示。

 **技巧提示**

使用绘画工具绘制蒙版时，只有设置前景色为黑色，才能绘制出选区；如果设置前景色为白色，相当于擦除蒙版。

图5-220

图5-221

5.8 选区的编辑

选区的编辑包括调整选区边缘、创建边界选区、平滑选区、扩展与收缩选区、羽化选区、扩大选取、选取相似等，如图5-222所示。熟练掌握这些操作对于快速选择需要的选区非常重要。

调整边缘(F)... Alt+Ctrl+R
修改(M) ▸ 边界(B)... 平滑(S)... 扩展(E)... 收缩(C)... 羽化(F)... Shift+F6
扩大选取(G)
选取相似(R)
变换选区(T)

图5-222

5.8.1 调整边缘

“调整边缘”命令可以对选区的半径、平滑度、羽化、对比度、边缘位置等属性进行调整，从而提高选区边缘的品质，并且可以在不同的背景下查看选区。创建选区以后，在选项栏中单击“调整边缘”按钮 调整边缘... ，或选择“选择>调整边缘”命令（快捷键为Alt+Ctrl+R），可打开“调整边缘”对话框，如图5-223所示。

 1. 视图模式

在“视图模式”选项组中提供了多种可以选择的显示模式，可以更加方便地查看选区的调整结果，如图5-224和图5-225所示。

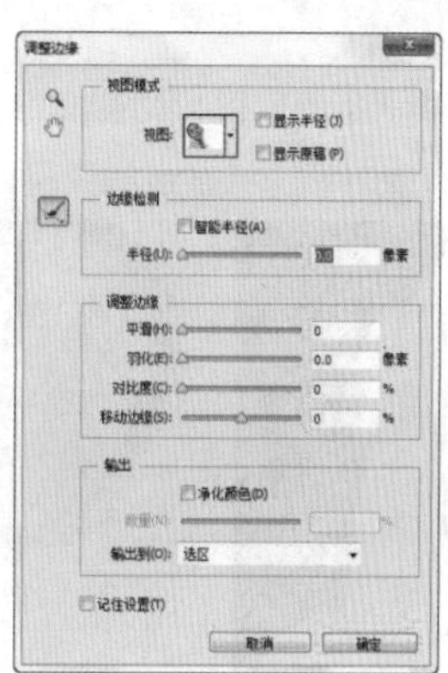

图5-223

图5-224

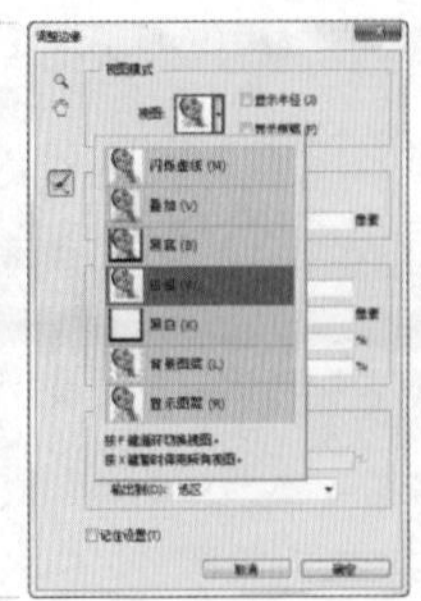

图5-225

- 闪烁虚线：可以查看具有闪烁的虚线边界的标准选区。如果当前选区包含羽化效果，那么闪烁虚线边界将围绕被选中50%以上的像素，如图5-226所示。
- 叠加：在快速蒙版模式下查看选区效果，如图5-227所示。

图5-226

图5-227

- 黑底：在黑色的背景下查看选区，如图5-228所示。
- 白底：在白色的背景下查看选区，如图5-229所示。

图5-228

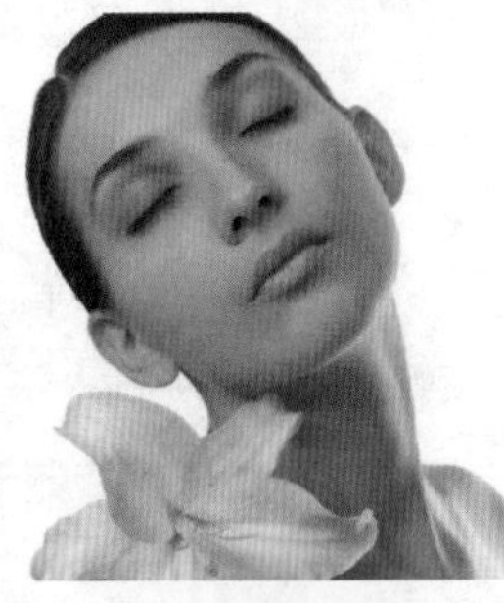

图5-229

- 黑白：以黑白模式查看选区，如图5-230所示。
- 背景图层：可以查看被选区蒙版的图层，如图5-231所示。

图5-230

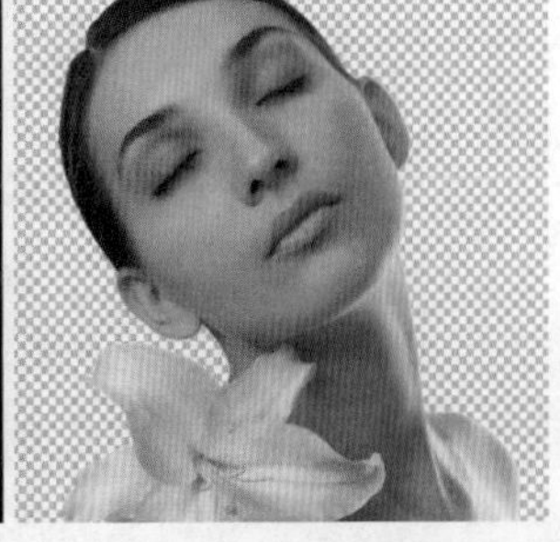

图5-231

- 显示图层：可以在未使用蒙版的状态下查看整个图层，如图5-232所示。

图5-232

- 显示半径：显示以半径定义的调整区域。
- 显示原稿：可以查看原始选区。
- "缩放工具"：使用该工具可以缩放图像，与工具箱中的"缩放工具"的使用方法相同。
- "抓手工具"：使用该工具可以调整图像的显示位置，与工具箱中的"抓手工具"的使用方法相同。

2. 边缘检测

使用"边缘检测"选项组（如图5-233所示）中的选项可以轻松地抠出细密的毛发。

图5-233

- "调整半径工具"/"抹除调整工具"：使用这两个工具可以精确调整发生边缘调整的边界区域。制作头发或毛皮选区时可以使用调整半径工具柔化区域以增加选区内的细节。
- 智能半径：自动调整边界区域中发现的硬边缘和柔化边缘的半径。
- 半径：确定发生边缘调整的选区边界的大小。对于锐边，可以使用较小的半径；对于较柔和的边缘，可以使用较大的半径。

3. 调整边缘

"调整边缘"选项组主要用来对选区进行平滑、羽化和扩展等处理，如图5-234所示。

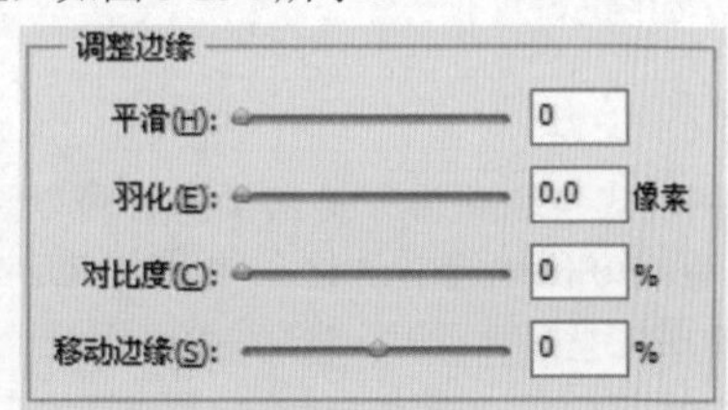

图5-234

- 平滑：减少选区边界中的不规则区域，以创建较平滑的轮廓。
- 羽化：模糊选区与周围像素之间的过渡效果。
- 对比度：锐化选区边缘并消除模糊的不协调感。通常情况下，配合“智能半径”选项调整出来的选区效果会更好。
- 移动边缘：当设置为负值时，可以向内收缩选区边界；当设置为正值时，可以向外扩展选区边界。

4. 输出

“输出”选项组主要用来消除选区边缘的杂色以及设置选区的输出方式，如图 5-235 所示。

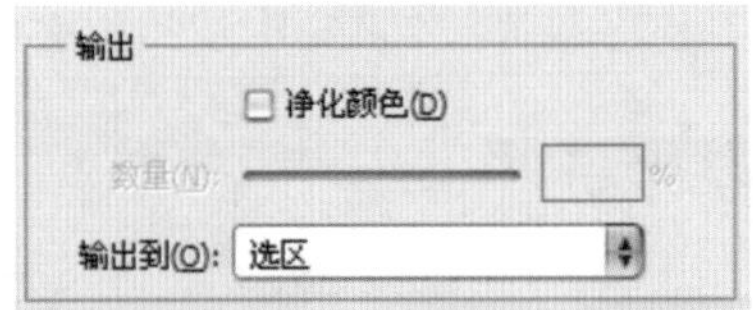

图5-235

- 净化颜色：将彩色杂边替换为附近完全选中的像素颜色。颜色替换的强度与选区边缘的羽化程度成正比。
- 数量：更改净化彩色杂边的替换程度。
- 输出到：设置选区的输出方式。

5.8.2 创建边界选区

创建选区以后，执行“选择 > 修改 > 边界”命令，可以将选区的边界向内或向外进行扩展，扩展后的选区边界将与原来的选区边界形成新的选区，如图 5-236 ～图 5-239 所示分别是在“边界选区”对话框中设置“宽度”为 20 像素和 100 像素时的选区对比。

图5-236

图5-237

图5-238

图5-239

实例练习——利用边界选区制作梦幻光晕

实例文件	实例练习——利用边界选区制作梦幻光晕 .psd
视频教学	实例练习——利用边界选区制作梦幻光晕 .flv
难易指数	★★★★★
知识掌握	掌握选区边界的创建方法

实例效果

本例主要针对选区边界的创建方法进行练习，创建选区边界的前后对比效果如图 5-240 和图 5-241 所示。

图5-240

图5-241

操作步骤

步骤 01 打开本书配套光盘中的素材文件，如图 5-242 所示。

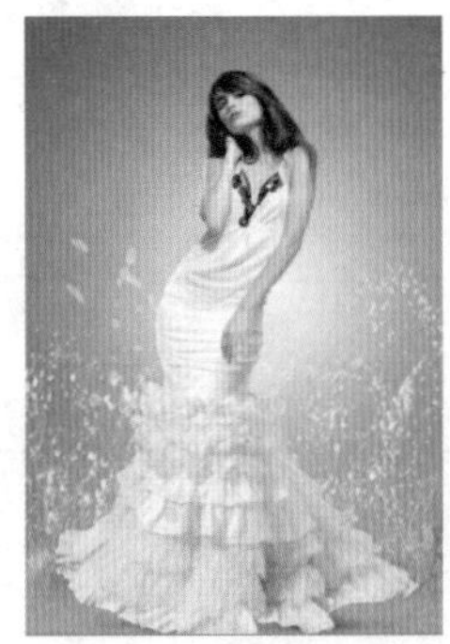

图5-242

步骤 02 在“图层”面板中单击“创建新图层”按钮，新建一个“图层 1”，然后在工具箱中单击“渐变工具”按钮，接着在选项栏中单击“点按可编辑渐变”按钮，最后在弹出的“渐变编辑器”对话框中设置渐变色，如图 5-243 所示。使用“渐变工具”从画布的右上角向左下角拉出渐变，如图 5-244 所示。

步骤 03 选择“背景”图层，然后按 Ctrl+J 组合键创建一个“背景副本”图层，然后将该图层命名为“人像”，如图 5-245 所示。使用“魔棒工具”将人像图像抠出，放置在“图层1”的上一层，效果如图5-246所示。

图5-243　　图5-244

图5-245

图5-246

步骤04 载入人像的选区，然后执行“选择>修改>边界”命令，在弹出的“边界选区”对话框中设置“宽度”为50像素，如图5-247所示，选区效果如图5-248所示。

图5-247　　图5-248

步骤05 选择“图层1”，然后按Ctrl+J组合键将选区内的图像复制到一个新的图层“图层2”，如图5-249所示，隐藏“图层1”，效果如图5-250所示。

图5-249　　图5-250

步骤06 拖曳“图层2”到“创建新图层”按钮，为此图层添加高斯模糊效果，如图5-251所示。执行“滤镜>模糊>高斯模糊”命令，在“高斯模糊”对话框中设置“半径”为22，如图5-252所示。

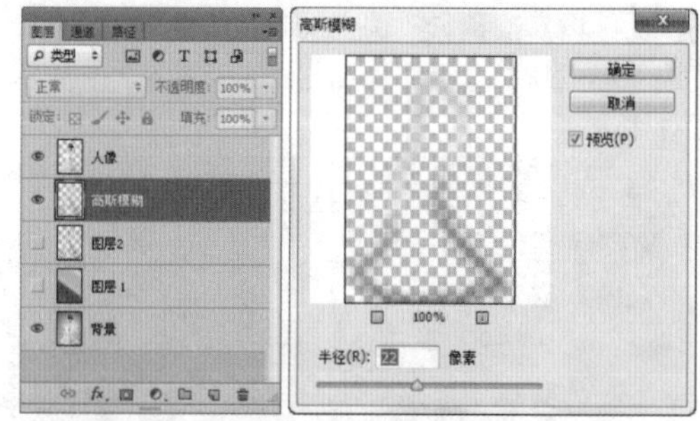

图5-251　　图5-252

步骤07 最终效果如图5-253所示。

图5-253

5.8.3 平滑选区

对选区执行“选择>修改>平滑”命令，可以将选区进行平滑处理，如图5-254和图5-255所示分别是设置“取样半径”为10像素和100像素时的选区效果。

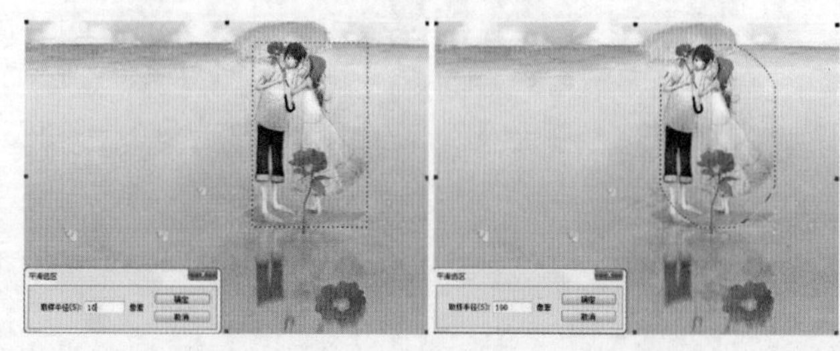

图5-254　　图5-255

5.8.4 扩展与收缩选区

对选区执行“选择 > 修改 > 扩展”命令，可以将选区向外扩展。如图 5-256 所示为原始选区，设置“扩展量”为 100 像素，效果如图 5-257 所示。

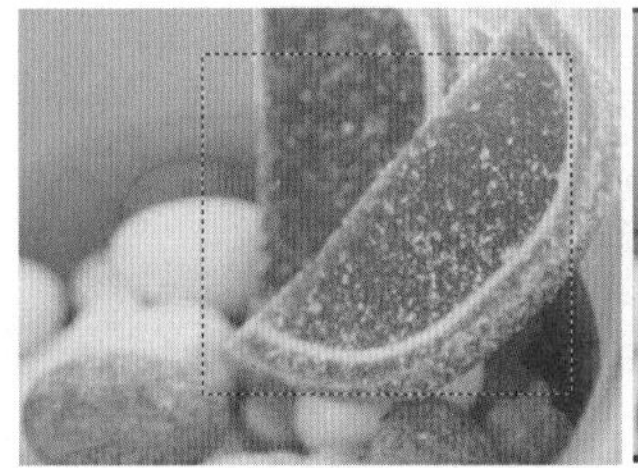

图5-256

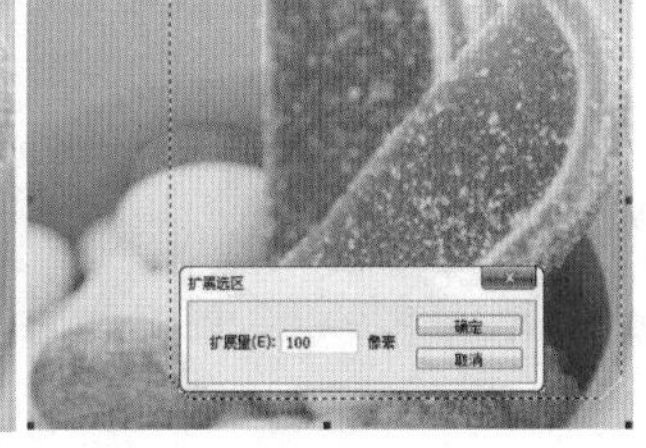

图5-257

如果要向内收缩选区，可以执行“选择 > 修改 > 收缩”命令。如图 5-258 所示为原始选区，设置“收缩量”为 100 像素，效果如图 5-259 所示。

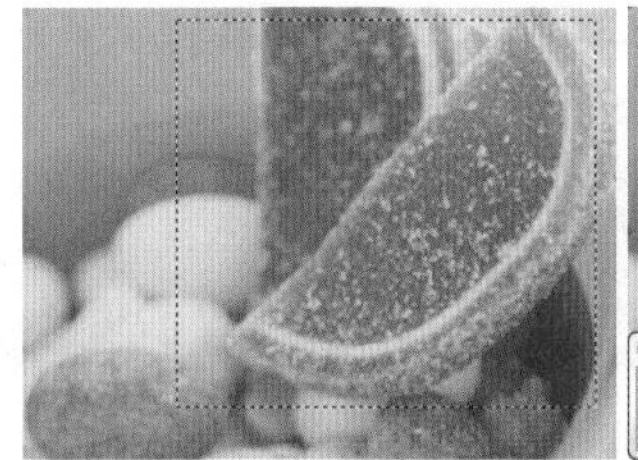

图5-258

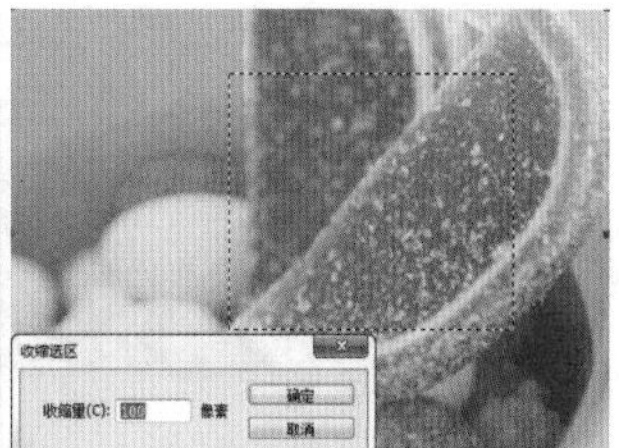

图5-259

5.8.5 羽化选区

羽化选区是通过建立选区和选区周围像素之间的转换边界来模糊边缘，这种模糊方式将丢失选区边缘的一些细节。

对如图 5-260 所示的选区执行“选择 > 修改 > 羽化”命令或按 Shift+F6 组合键，在弹出的“羽化选区”对话框中定义选区的“羽化半径”为 50 像素，效果如图 5-261 所示。

技巧提示

如果选区较小，而羽化半径又设置得很大，Photoshop 会弹出一个警告对话框。单击“确定”按钮以后，确认当前设置的羽化半径，此时选区可能会变得非常模糊，以至于在画面中观察不到，但是选区仍然存在。

图5-260

图5-261

5.8.6 扩大选取

“扩大选取”命令是基于魔棒工具选项栏中指定的“容差”范围来决定选区的扩展范围。例如，图 5-262 中只选择了一部分黄色背景，执行“选择 > 扩大选取”命令后，Photoshop 会查找并选择那些与当前选区中像素色调相近的像素，从而扩大选择区域，如图 5-263 所示。

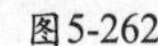

图5-262

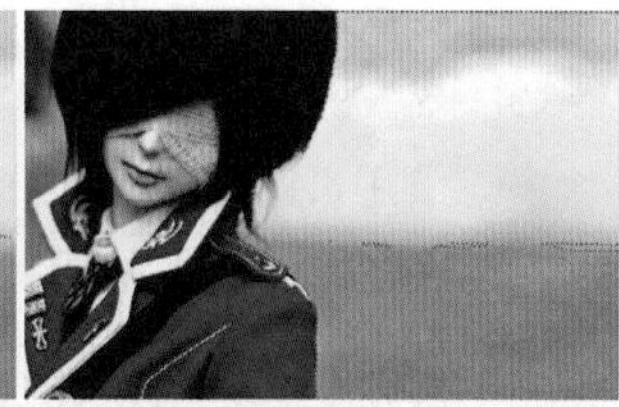

图5-263

5.8.7 选取相似

“选取相似”命令与“扩大选取”命令相似，都是基于魔棒工具选项栏中指定的“容差”范围来决定选区的扩展范围。如图 5-264 所示，只选择了一部分黄色背景，执行“选择 > 选取相似”命令后，Photoshop 同样会查找并选择那些与当前选区中像素色调相近的像素，从而扩大选择区域，如图 5-265 所示。

图5-264

图5-265

技巧提示

“扩大选取”和“选取相似”命令的最大共同之处就在于它们都用于扩大选区区域。但是“扩大选取”命令只针对当前图像中连续的区域，非连续的区域不会被选择；而“选取相似”命令针对的是整张图像，即该命令可以选择整张图像中处于“容差”范围内的所有像素。

如果执行一次“扩大选取”和“选取相似”命令不能达到预期的效果，可以多执行几次来扩大选区范围。

5.9 填充与描边选区

5.9.1 填充选区

利用“填充”命令可以在当前图层或选区内填充颜色或图案，同时也可以设置填充时的不透明度和混合模式。执行“编辑 > 填充”命令或按 Shift+F5 组合键，可打开“填充”对话框，如图 5-266 所示。需要注意的是，文字图层和被隐藏的图层不能使用“填充”命令。

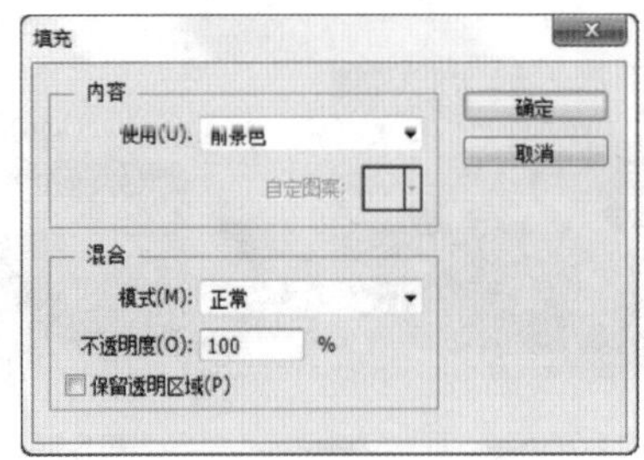

图5-266

- 内容：用来设置填充的内容，包括“前景色”、“背景色”、“颜色”、“内容识别”、“图案”、“历史记录”、“黑色”、“50% 灰色”和“白色”选项，如图 5-267 所示是一个杯子的选区，如图 5-268 所示是使用图案填充选区后的效果。
- 模式：用来设置填充内容的混合模式，如图 5-269 所示是设置“模式”为“叠加”后的填充效果。

图5-267

图5-268

- 不透明度：用来设置填充内容的不透明度，如图 5-270 所示是设置“不透明度”为 50% 后的填充效果。

图5-269

图5-270

- 保留透明区域：选中该复选框以后，只填充图层中包含像素的区域，而透明区域不会被填充。

5.9.2 描边选区

使用“描边”命令可以在选区、路径或图层周围创建彩色或者花纹的边框效果。创建出选区，如图 5-271 所示，然后执行“编辑 > 描边”命令或按 Alt+E+S 组合键，打开“描边”对话框，如图 5-272 所示。

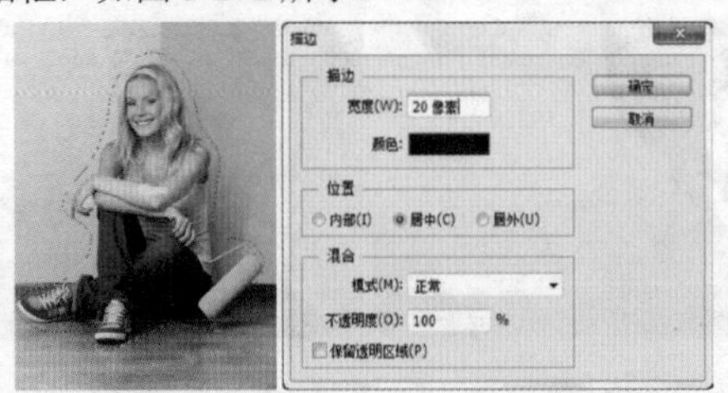

图5-271　　图5-272

- 描边：该选项组主要用来设置描边的宽度和颜色，如图 5-273 和图 5-274 所示分别是不同宽度和颜色的描边效果。

图5-273　　图5-274

- 位置：设置描边相对于选区的位置，包括“内部”、“居中”和“居外”3 个选项，效果如图 5-275 ～图 5-277 所示。

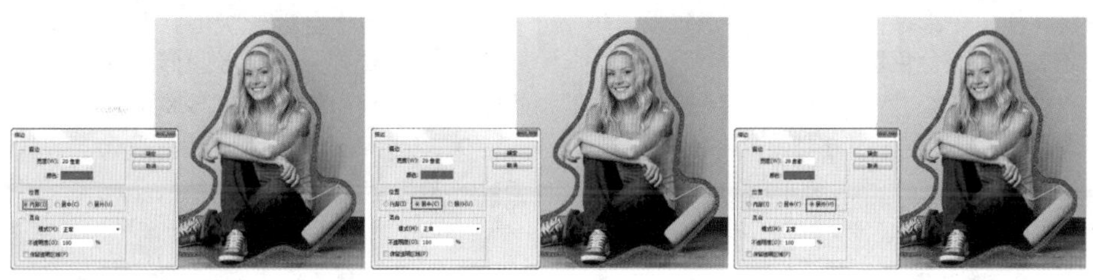

图5-275　　图5-276　　图5-277

● 混合：用来设置描边颜色的混合模式和不透明度。如果选中“保留透明区域”复选框，则只对包含像素的区域进行描边。

实例练习——时尚插画风格人像版式

实例文件	实例练习——时尚插画风格人像版式.psd
视频教学	实例练习——时尚插画风格人像版式.flv
难易指数	★★★★★
技术要点	定义图案、图层样式、钢笔工具、描边路径、自定形状工具

实例效果

本例效果如图5-278所示。

图5-278

操作步骤

步骤01 按快捷键Ctrl+N，在弹出的“新建”对话框中设置“宽度”为2740像素，“高度”为1884像素，如图5-279所示。

步骤02 设置前景色为黄色（R：243，G：251，B：202），进行填充，如图5-280所示。

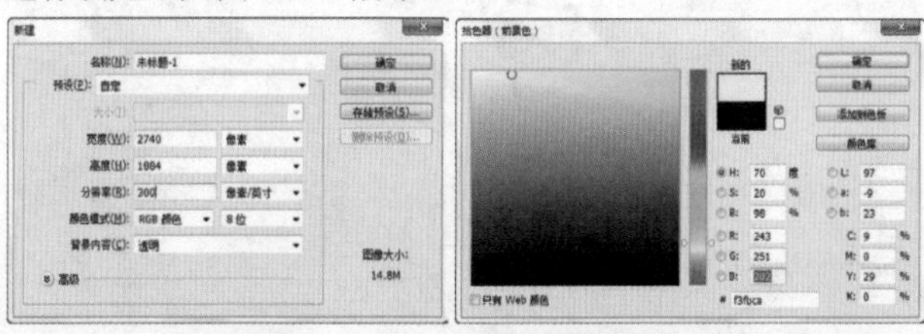

图5-279　　图5-280

步骤03 创建新图层，单击工具箱中的画笔工具，设置其“大小”为40像素，“硬度”为100%，如图5-281所示。设置前景色为白色，在图像中绘制白色斑点，如图5-282所示。

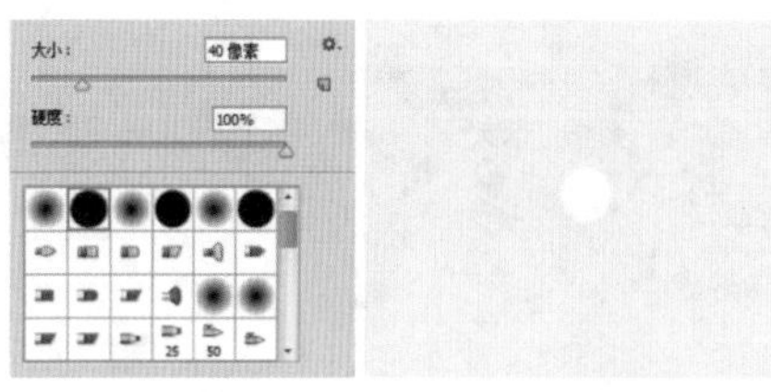

图5-281　　图5-282

步骤04 隐藏背景图层，如图5-283所示。执行“编辑>定义图案”命令，如图5-284所示。

图5-283　　图5-284

步骤05 新建图层，添加图层样式，选中“图案叠加”复选框，设置“混合模式”为“正常”，“不透明度”为100%，单击图案右侧的下拉按钮，找到定义的圆点图像，如图5-285所示。接着设置“缩放”为35%，选中“与图层链接”复选框，如图5-286所示。效果如图5-287所示。

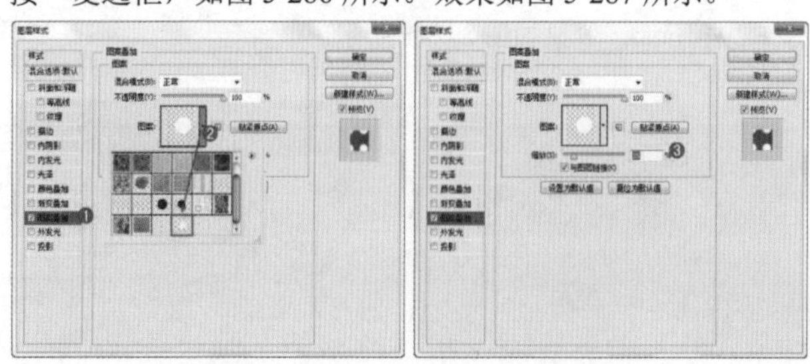

图5-285　　图5-286

图5-287

步骤 06 创建新图层，使用矩形选框工具绘制矩形选框，填充为土黄色，同理绘制其他颜色色块，如图 5-288 所示。

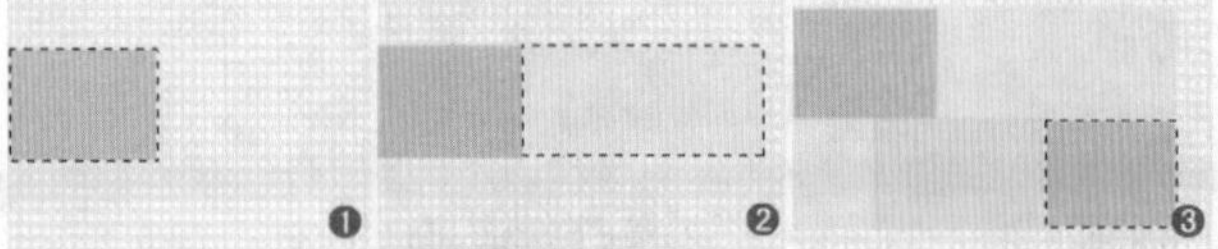

图5-288

步骤 07 添加图层样式，选中“图案叠加”复选框，设置“混合模式”为“正常”，“不透明度”为 25%，单击图案右侧的下拉按钮，再次找到圆点图像，接着设置“缩放”为 25%，选中“与图层链接”复选框，如图 5-289 所示。效果如图 5-290 所示。

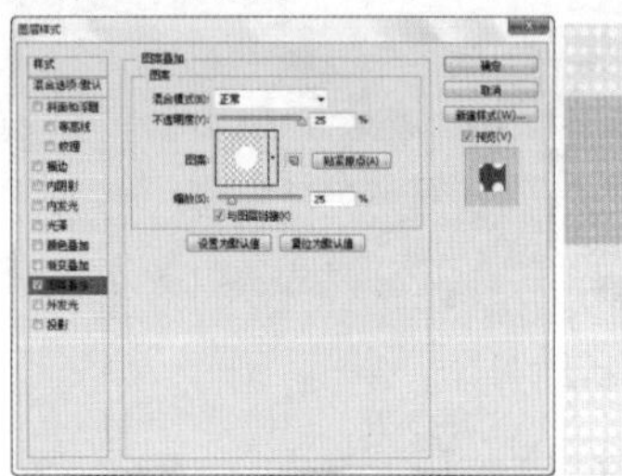

图5-289

图5-290

步骤 08 再次创建新图层，接着使用钢笔工具绘制一个四边形，如图 5-291 所示。闭合路径，按 Ctrl+Enter 组合键建立选区，填充为黄色，如图 5-292 所示。

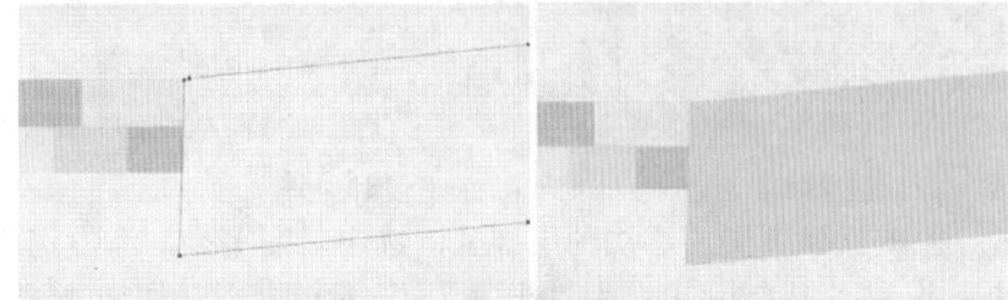

图5-291　图5-292

步骤 09 创建新图层，使用椭圆选框工具绘制圆形，填充为橘色，如图 5-293 所示。同理绘制其他圆形选区，如图 5-294 所示。效果如图 5-295 所示。

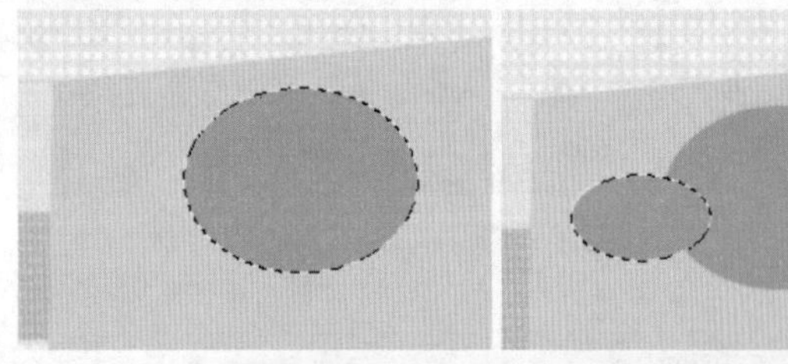

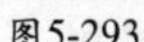

图5-293　图5-294

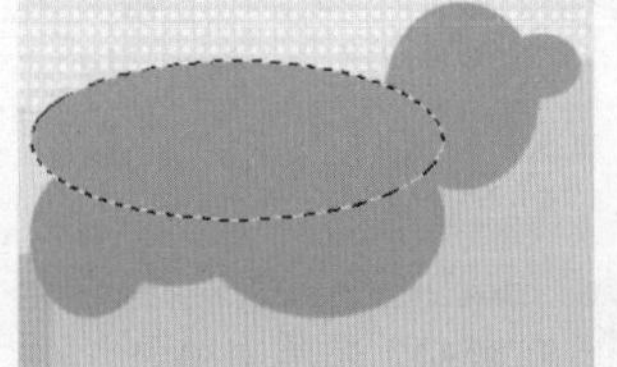

图5-295

步骤 10 单击“自定形状工具”，在选项栏中单击“像素填充”按钮并选择一个星形图形，如图 5-296 所示。在图像中进行多次绘制，如图 5-297 所示。

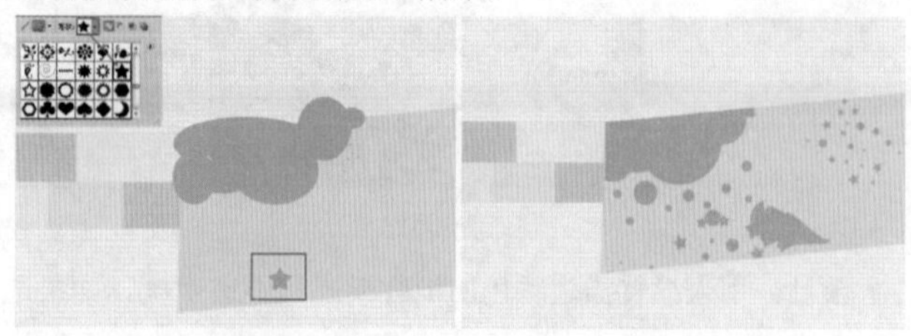

图5-296　图5-297

步骤 11 导入花纹素材文件，如图 5-298 所示。

图5-298

步骤 12 导入人像素材文件，如图 5-299 所示。使用魔棒工具选出背景选区，并按 Delete 键删除人像背景，如图 5-300 所示。

图5-299　图5-300

步骤 13 创建“曲线”调整图层，在下拉列表中选择 RGB 选项，设置曲线“输入”为 161，“输出”为 130，如图 5-301 所示。单击鼠标右键，选择“创建剪切蒙版”命令，效果如图 5-302 所示。

图5-301　图5-302

步骤 14 选择横排文字工具，设置合适的大小与字体，输入文字，如图 5-303 所示。

步骤 15 关闭“色块”、“花纹素材”和“背景”3 个图层，然后按 Ctrl + Alt + Shift + E 组合键盖印图层，重命名为“投影”，载入选区，设置前景色为红色，按 Alt+Delete 组合键填充前景色，如图 5-304 所示。

图5-303　　图5-304

步骤 16 拖曳“投影”图层，放在背景图层上面，并向左上进行适当移动，如图 5-305 所示。

图5-305

步骤 17 新建图层，按 Ctrl+A 组合键全选当前画布，单击鼠标右键执行“描边”命令，在“描边”对话框中设置“宽度”为 20 像素，“颜色”为“白色”，“位置”为“内部”，如图 5-306 所示。效果如图 5-307 所示。

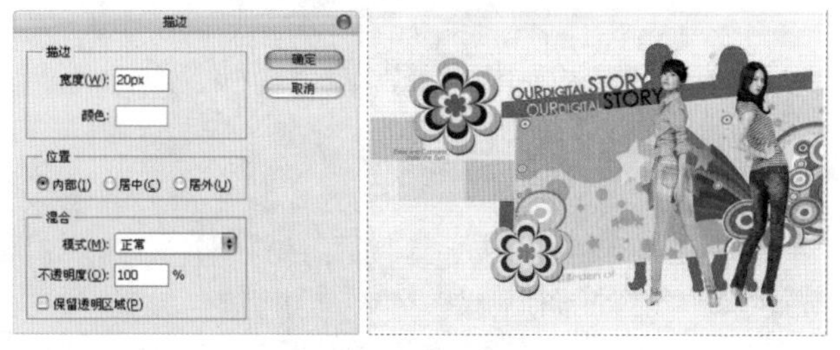

图5-306　　图5-307

步骤 18 复制图层，载入选区，并填充为黄色，使用自由变换工具（快捷键为 Ctrl+T），按住 Shift+Alt 组合键等比例缩小一圈边框，如图 5-308 所示。最终效果如图 5-309 所示。

图5-308　　图5-309

读书笔记

图像的绘制与编辑

任何图像都离不开颜色，使用 Photoshop 的画笔、文字、渐变、填充、蒙版、描边等工具修饰图像时，都需要设置相应的颜色。在 Photoshop 中提供了很多种选取颜色的方法。

本章学习要点：

- 掌握前景色、背景色的设置方法
- 熟练掌握画笔工具与擦除工具的使用方法
- 掌握多种画笔的设置与应用
- 掌握多种修复工具的特性与使用方法
- 掌握图像润饰工具的使用方法

6.1 颜色设置

任何图像都离不开颜色，使用 Photoshop 的画笔、文字、渐变、填充、蒙版、描边等工具修饰图像时，都需要设置相应的颜色。在 Photoshop 中提供了很多种选取颜色的方法。

6.1.1 前景色与背景色

在 Photoshop 中，前景色通常用于绘制图像、填充和描边选区等；背景色常用于生成渐变填充和填充图像中已抹除的区域。一些特殊滤镜也需要使用前景色和背景色，如“纤维”滤镜和“云彩”滤镜等。如图 6-1 和图 6-2 所示。

图6-1

图6-2

在 Photoshop 工具箱的底部有一组前景色和背景色设置按钮。在默认情况下，前景色为黑色，背景色为白色，如图 6-3 所示。

- 前景色：单击前景色图标，可以在弹出的“拾色器”对话框中选取一种颜色作为前景色。

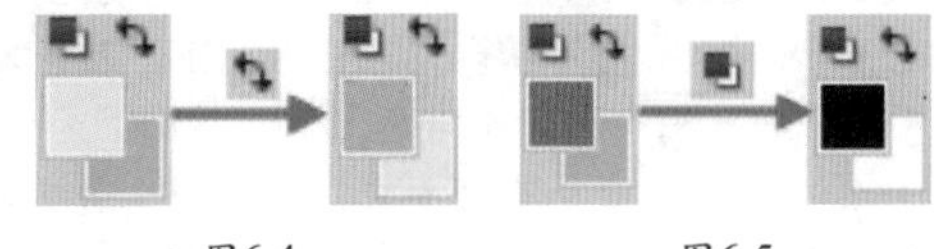

图6-3

- 背景色：单击背景色图标，可以在弹出的“拾色器”对话框中选取一种颜色作为背景色。
- 切换前景色和背景色：单击图标可以切换所设置的前景色和背景色（快捷键为 X 键），如图 6-4 所示。
- 默认前景色和背景色：单击图标可以恢复默认的前景色和背景色（快捷键为 D 键），如图 6-5 所示。

图6-4　　图6-5

6.1.2 使用拾色器选取颜色

在 Photoshop 中经常会使用“拾色器”对话框来设置颜色。在该对话框中，可以选择用 HSB、RGB、Lab 和 CMYK 四种颜色模式来指定颜色，如图 6-6 所示。

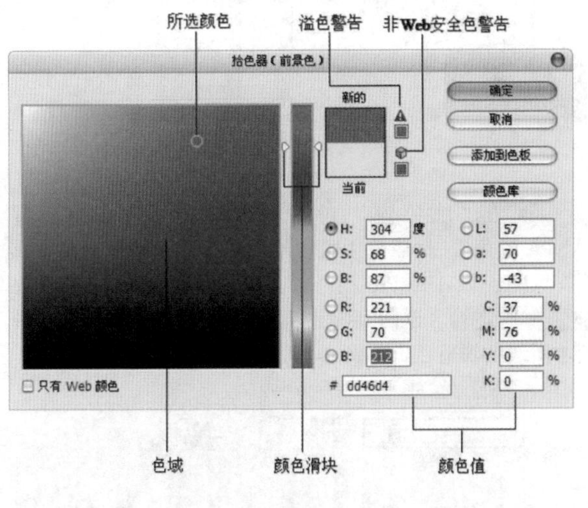

图6-6

- 色域 / 所选颜色：在色域中拖曳光标可以改变当前拾取的颜色。
- 新的 / 当前：“新的”颜色块中显示的是当前所设置的颜色；“当前”颜色块中显示的是上一次使用过的颜色。
- 溢色警告：由于 HSB、RGB 以及 Lab 颜色模式中的一些颜色在 CMYK 印刷模式中没有等同的颜色，所以无法准确印刷出来，这些颜色就是常说的溢色。出现警告以后，可以单击警告图标下面的小颜色块，将颜色替换为 CMYK 颜色中与其最接近的颜色。
- 非 Web 安全色警告：该警告图标表示当前所设置的颜色不能在网络中准确显示出来。单击警告图标下面的小颜色块，可以将颜色替换为与其最接近的 Web 安全颜色。
- 颜色滑块：拖曳颜色滑块可以更改当前可选的颜色范围。在使用色域和颜色滑块调整颜色时，对应的颜色数值会发生相应的变化。
- 颜色值：显示当前所设置颜色的数值。可以通过输入数值来设置精确的颜色。
- 只有 Web 颜色：选中该复选框后，只在色域中显示 Web 安全色，如图 6-7 所示。
- 添加到色板：单击该按钮，可以将当前所设置的颜色添加到“色板”面板中。

- 颜色库：单击该按钮，可以打开“颜色库”对话框。

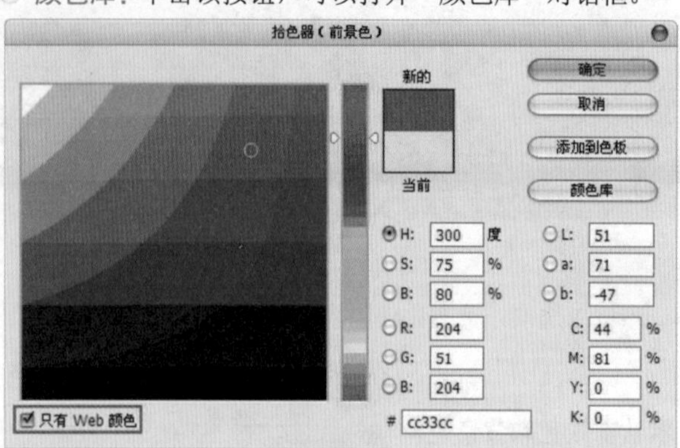

图6-7

※ 技术拓展：认识颜色库

“颜色库”对话框中提供了多种内置的色库供用户选择，如图 6-8 所示。下面简单介绍一下这些内置色库。

- ANPA 颜色：通常应用于报纸。
- DIC 颜色参考：在日本通常用于印刷项目。
- FOCOLTONE：由 763 种 CMYK 颜色组成，通过显示补偿颜色的压印。FOCOLTONE 颜色有助于避免印前陷印和对齐问题。
- HKS 色系：这套色系主要应用在欧洲，通常用于印刷项目。每种颜色都有指定的 CMYK 颜色。可以从 HKS E（适用于连续静物）、HKS K（适用于光面艺术纸）、HKS N（适用于天然纸）和 HKS Z（适用于新闻纸）中选择。

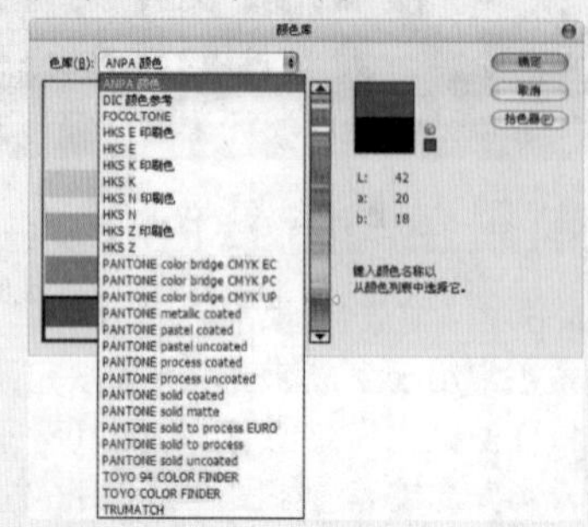

图6-8

- PANTONE 色系：这套色系用于专色重现，可以渲染 1114 种颜色。PANTONE 颜色参考和样本簿会印在涂层、无涂层和哑面纸样上，以确保精确显示印刷结果并更好地进行印刷控制。可在 CMYK 下印刷 PANTONE 纯色。
- TOYO COLOR FINDER：由基于日本最常用的印刷油墨的 1000 多种颜色组成。
- TRUMATCH：提供了可预测的 CMYK 颜色。这种颜色可以与 2000 多种可实现的、计算机生成的颜色相匹配。

实例练习——利用颜色库制作相近色背景

实例文件	实例练习——利用颜色库制作相近色背景 .psd
视频教学	实例练习——利用颜色库制作相近色背景 .flv
难易指数	★★★★★
技术掌握	掌握颜色库的基本使用方法

实例效果

本例主要针对如何使用颜色库拾取相近色进行练习，如图 6-9 所示。

操作步骤

步骤 01 打开本书配套光盘中的素材文件，如图 6-10 所示。

图6-9

图6-10

步骤 02 在工具箱中单击前景色图标，打开“拾色器”对话框，然后单击“颜色库”按钮 颜色库 ，打开“颜色库”对话框，如图 6-11 所示。

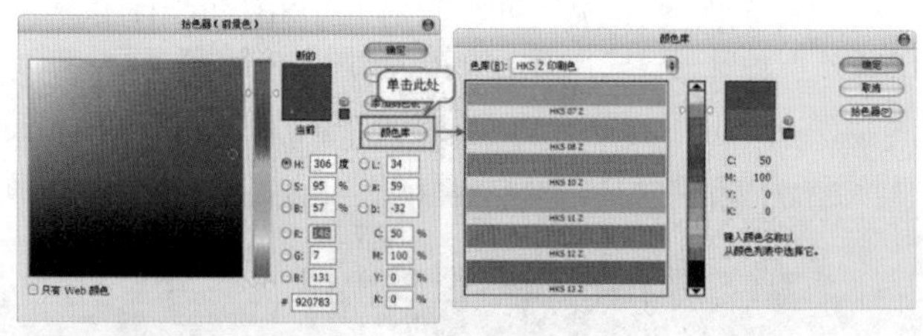

图6-11

步骤 03 在“颜色库”对话框中设置“色库”类型为“ANPA 颜色”，然后使用吸管拾取第 1 个蓝色系色块，接着选择 ANPA 71-1 AdPro 颜色。选择完成后单击“确定”按钮 确定 ，返回到操作界面中，可以看到前景色变为刚才所选的浅蓝色，如图 6-12 和图 6-13 所示。

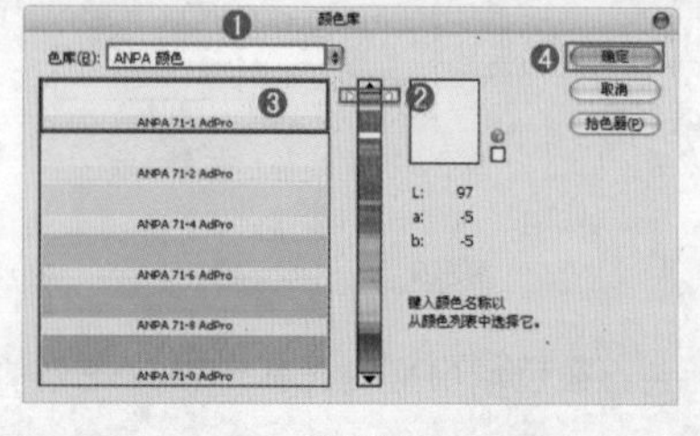

图6-12

图6-13

> **技巧提示**
>
> 如果色块太小而难以选中，可以单击▲和▼按钮来选择色系。

步骤 04 按住 Ctrl 键的同时在“图层”面板下单击“创建新图层”按钮，在“图层 0”的下一层新建一个“图层 1”，然后使用“矩形选框工具”在画布中绘制一个 800 × 100 像素的矩形选区，如图 6-14 所示，接着按 Alt+Delete 组合键用前景色填充选区，效果如图 6-15 所示。

图6-14

图6-15

> **技巧提示**
>
> 人像素材图像的尺寸为 800 × 600 像素，可以将背景部分纵向分为 6 等份，每个色块的大小为 800 × 100 像素。为了绘制出精确的尺寸，可以在矩形选框工具的选项栏中设置“样式”为“固定大小”，并设置“宽度”与“高度”，如图 6-16 所示。
>
> 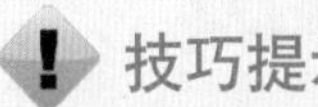
>
> 图6-16

步骤 05 再次打开“颜色库”对话框，然后选择 ANPA 71-2 AdPro 颜色，如图 6-17 所示，接着使用“矩形选框工具”在画布中绘制一个 800 × 100 像素的矩形选区，再按 Alt+Delete 组合键用前景色填充选区，效果如图 6-18 所示。

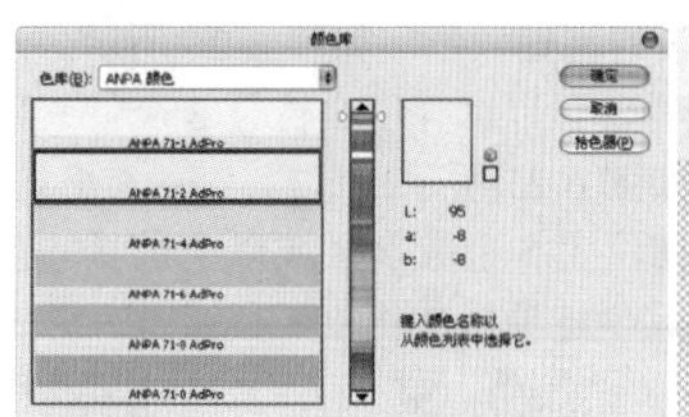

图6-17

图6-18

> **技巧提示**
>
> 在“拾色器”对话框中打开“颜色库”对话框以后，第 2 次单击前景色图标，打开的不再是“拾色器”对话框，而是直接打开“颜色库”对话框。如果要切换到“拾色器”对话框，可以在“颜色库”对话框中单击“拾色器”按钮，如图 6-19 所示。
>
> 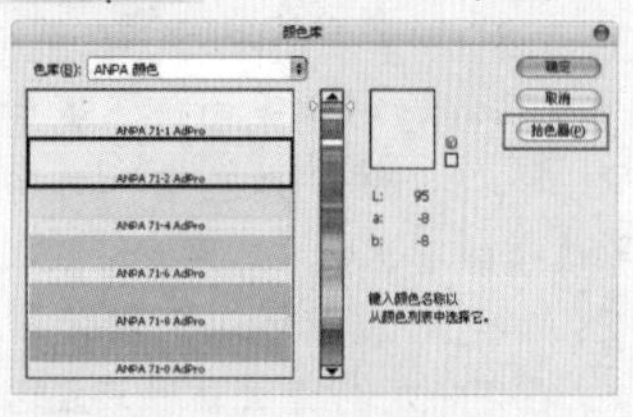
>
> 图6-19

步骤 06 采用相同的方法制作剩下的 4 个相近色，最终效果如图 6-20 所示。

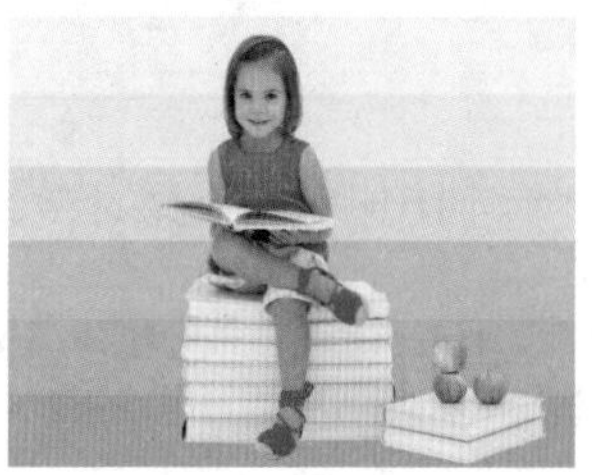

图6-20

6.1.3 使用吸管工具选取颜色

使用“吸管工具”可以拾取图像中的任意颜色作为前景色，按住 Alt 键进行拾取可将当前拾取的颜色作为背景色。在打开图像的任何位置采集色样来作为前景色或背景色。如图 6-21 和图 6-22 所示。

图6-21

图6-22

> **技巧提示**
>
> (1) 如果在使用绘画工具时需要暂时使用吸管工具拾取前景色，可以按住 Alt 键将当前工具切换到吸管工具，松开 Alt 键后即可恢复到之前使用的工具。
>
> (2) 使用吸管工具采集颜色时，按住鼠标左键并将光标拖曳出画布之外，可以采集 Photoshop 的界面和界面以外的颜色信息。

吸管工具的选项栏如图 6-23 所示。

取样大小：取样点 样本：所有图层 ☑显示取样环

图6-23

- 取样大小：设置吸管取样范围的大小。选择“取样点”

选项时，可以选择像素的精确颜色，如图6-24所示；选择“3×3平均”选项时，可以选择所在位置3个像素区域以内的平均颜色，如图6-25所示；选择“5×5平均”选项时，可以选择所在位置5个像素区域以内的平均颜色，如图6-26所示。其他选项依此类推。

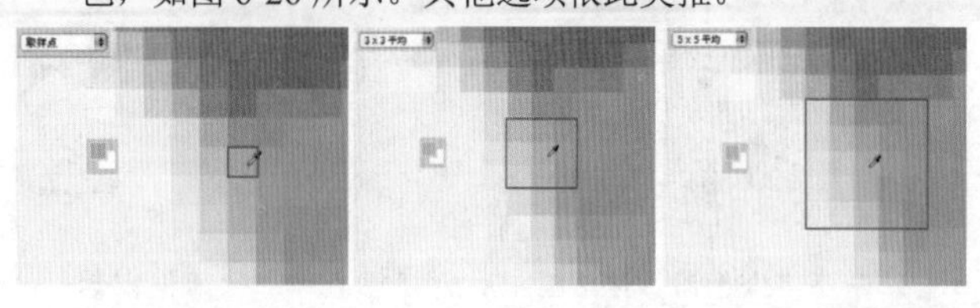

图6-24　图6-25　图6-26

- 样本：可以从“当前图层”或“所有图层”中采集颜色。
- 显示取样环：选中该复选框后，可以在拾取颜色时显示取样环，如图6-27所示。

图6-27

答疑解惑：为什么“显示取样环”选项处于不可用状态？

在默认情况下，“显示取样环”选项处于不可用状态，需要启用OpenGL功能才可用。执行“编辑>首选项>性能”命令，打开“首选项”对话框，然后在“GPU设置”选项组下选中“启用OpenGL绘图”复选框，如图6-28所示。开启OpenGL功能以后，无需重启Photoshop，在下一次打开文档时“显示取样环”选项即为可用状态。

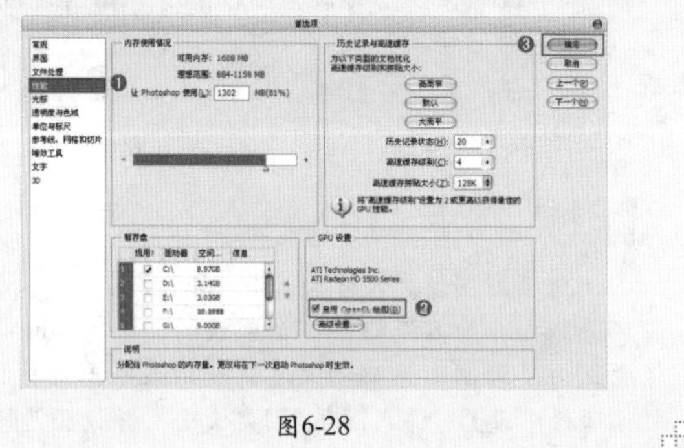

图6-28

理论实践——利用吸管工具采集颜色

（1）打开一张图片，在工具箱中单击“吸管工具”按钮，然后在选项栏中设置“取样大小”为“取样点”，“样本”为“所有图层”，并选中“显示取样环”复选框。然后使用“吸管工具”在人像嘴唇区域单击，此时拾取的肉色将作为前景色，如图6-29～图6-31所示。

（2）按住Alt键单击图像中的绿色叶子区域，此时拾取的绿色将作为背景色，如图6-32所示。

图6-29

图6-30

图6-31

图6-32

6.1.4　认识“颜色”面板

“颜色”面板中显示了当前设置的前景色和背景色，也可以在该面板中设置前景色和背景色。执行“窗口>颜色”命令，可打开“颜色”面板，如图6-33所示。

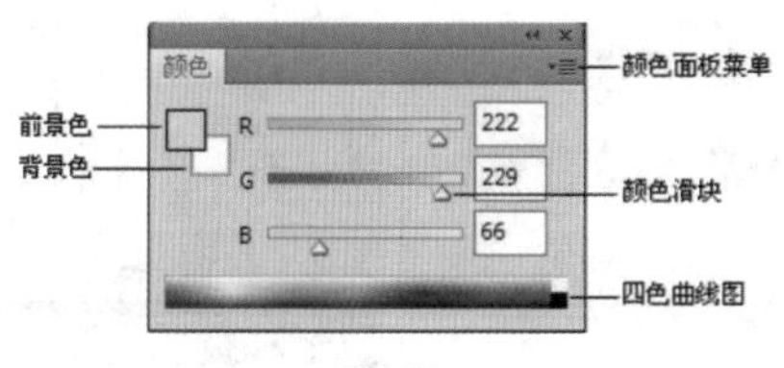

图6-33

- 前景色：显示当前所设置的前景色。
- 背景色：显示当前所设置的背景色。
- 颜色滑块：通过拖曳滑块，可以改变当前所设置的颜色。
- 四色曲线图：将光标放置在四色曲线图上，光标会变成吸管状，单击即可将拾取的颜色作为前景色。若按住 Alt 键进行拾取，则拾取的颜色将作为背景色。
- 颜色面板菜单：单击图标，可以打开"颜色"面板的菜单，如图 6-34 所示。通过这些菜单命令可以切换不同模式滑块和色谱。

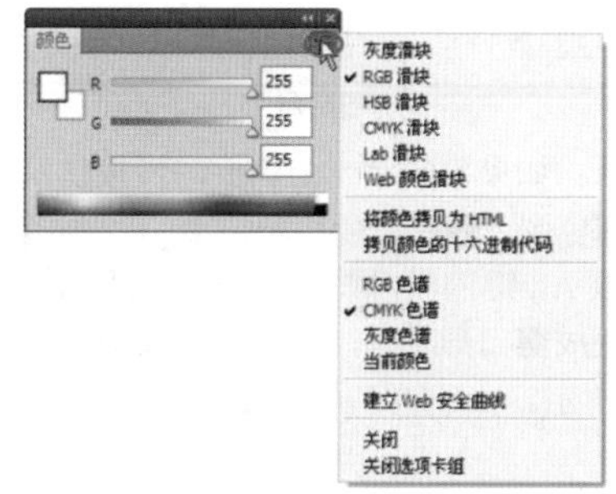

图6-34

理论实践——利用"颜色"面板设置颜色

（1）执行"窗口 > 颜色"命令，打开"颜色"面板。如果要在四色曲线图上拾取颜色，可以将光标放置在四色曲线图上，当光标变成吸管形状时，单击即可拾取颜色，此时拾取的颜色将作为前景色，如图 6-35 所示。

（2）如果按住 Alt 键拾取颜色，此时拾取的颜色将作为背景色，如图 6-36 所示。

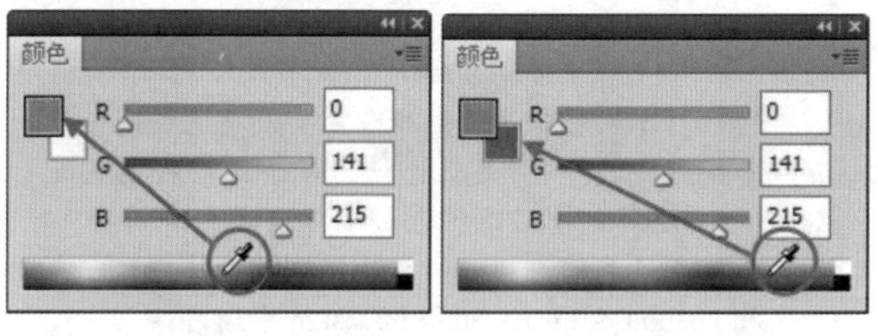
图6-35　　图6-36

（3）如果要直接设置前景色，可以单击前景色图标，然后在弹出的"拾色器"对话框中进行设置；如果要直接设置背景色，操作方法相同。如图 6-37 所示。

（4）如果要通过颜色滑块来设置颜色，可以分别拖曳 R、G、B 颜色滑块，如图 6-38 所示。

（5）如果要通过输入数值来设置颜色，可以先单击前景色或背景色图标，然后在 R、G、B 后面的文本框中输入相应的数值即可，如输入（R：0，G：149，B：255），所设置的颜色就是白色，如图 6-39 所示。

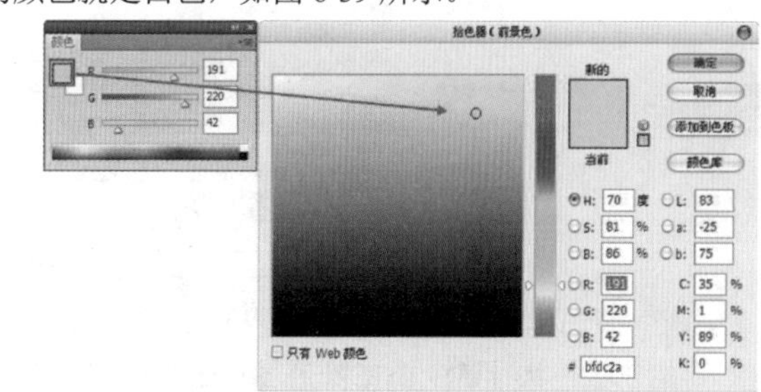
图6-37

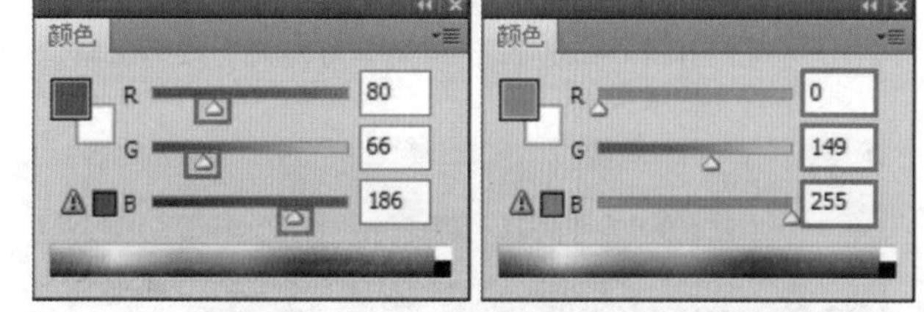
图6-38　　图6-39

6.1.5 认识"色板"面板

"色板"面板中默认情况下包含一些系统预设的颜色，单击相应的颜色即可将其设置为前景色。执行"窗口 > 色板"命令，可打开"色板"面板，如图 6-40 所示。

- 创建前景色的新色板：使用"吸管工具"拾取一种颜色以后，单击"创建前景色的新色板"按钮可以将其添加到"色板"面板中。
- 如果要修改新色板的名称，可以双击添加的色板，然后在弹出的"色板名称"对话框中进行设置，如图 6-41 所示。

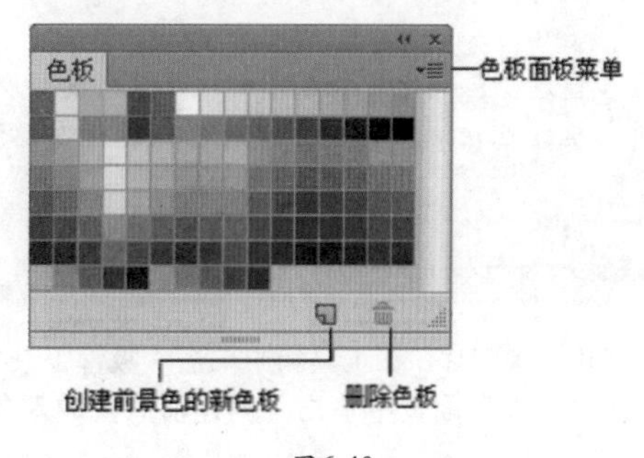

图6-40

图6-41

- 删除色板：如果要删除一个色板，可按住鼠标左键的同时将其拖曳到“删除色板”按钮上，如图 6-42 所示；或者按住 Alt 键的同时将光标放置在要删除的色板上，当光标变成剪刀形状时，单击该色板即可将其删除，如图 6-43 所示。

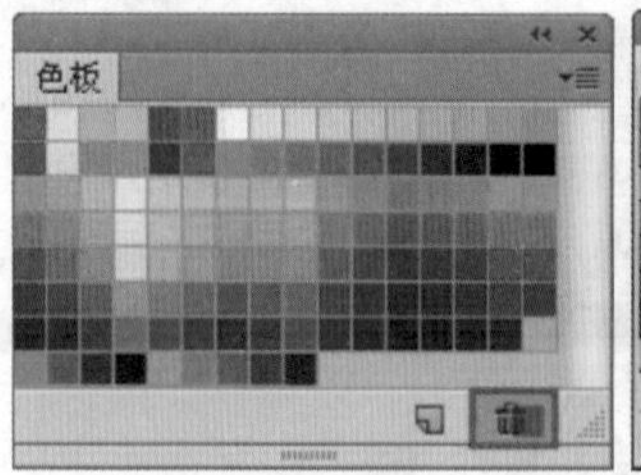

图6-42

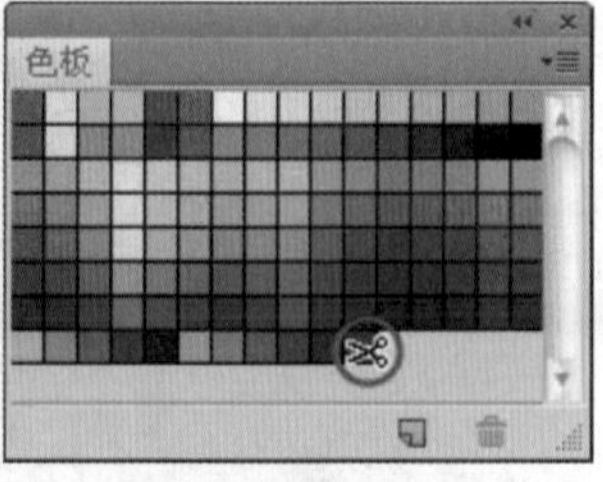

图6-43

- 色板面板菜单：单击图标，可以打开“色板”面板的菜单。

※ 技术拓展：“色板”面板菜单详解

“色板”面板的菜单命令非常多，但是可以将其分为 6 大类，如图 6-44 所示。

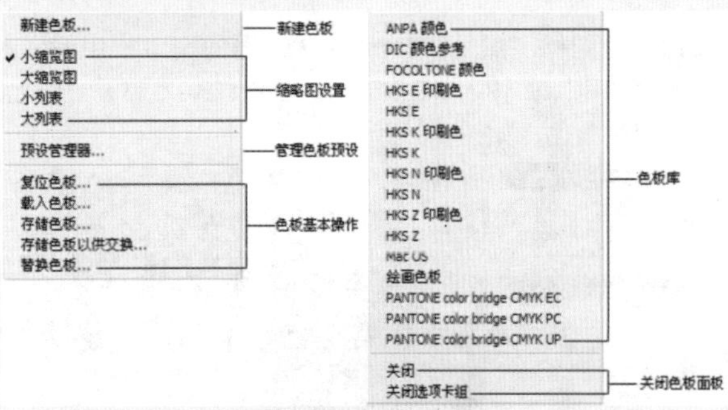

图6-44

- 新建色板：执行该命令可以用当前选择的前景色来新建一个色板。
- 缩略图设置：设置色板在“色板”面板中的显示方式，如图 6-45 和图 6-46 所示分别是大缩略图和小列表显示方式。

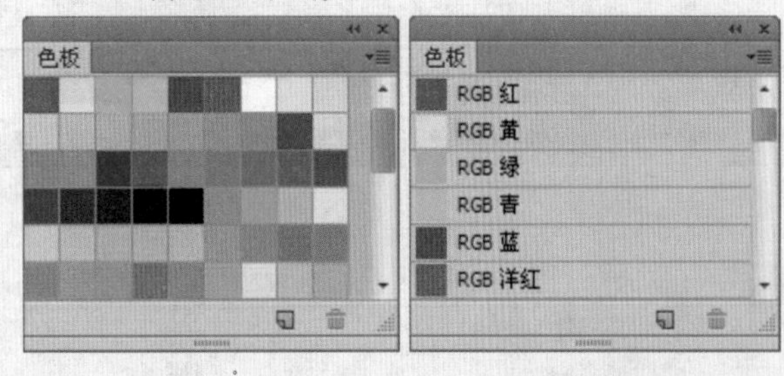

图6-45　　图6-46

- 预设管理器：执行该命令可以打开“预设管理器”对话框，在该对话框中可以对色板进行存储、重命名和删除操作，同时也可以载入外部色板资源，如图 6-47 所示。

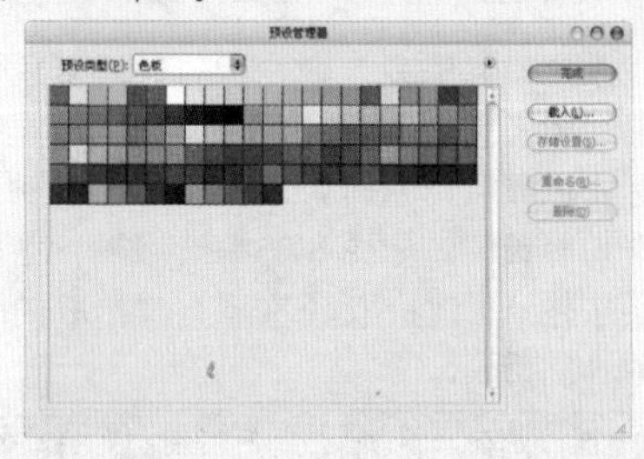

图6-47

- 色板基本操作：这一组命令主要是对色板进行基本操作，其中，“复位色板”命令可以将色板复位到默认状态；“存储色板以供交换”命令是将当前色板存储为 .ase 的可共享格式，并且可以在 Photoshop、Illustrator 和 InDesign 中调用。
- 色板库：这一组命令是系统预设的色板。执行这些命令时，Photoshop 会弹出一个提示对话框，如图 6-48 所示。如果单击“确定”按钮，载入的色板将替换当前的色板；如果单击“追加”按钮，载入的色板将追加到当前色板的后面。

图6-48

- 关闭“色板”面板：如果执行“关闭”命令，只关闭“色板”面板；如果执行“关闭选项卡组”命令，将关闭“色板”面板以及同组内的其他面板。

理论实践——将颜色添加到色板

（1）打开一张图片，在工具箱中单击“吸管工具”按钮，然后在图像上拾取粉色，如图 6-49 所示。

（2）在“色板”面板中单击“创建前景色的新色板”按钮，此时所选择的前景色就会被添加到色板中，如图 6-50 所示。

图6-49

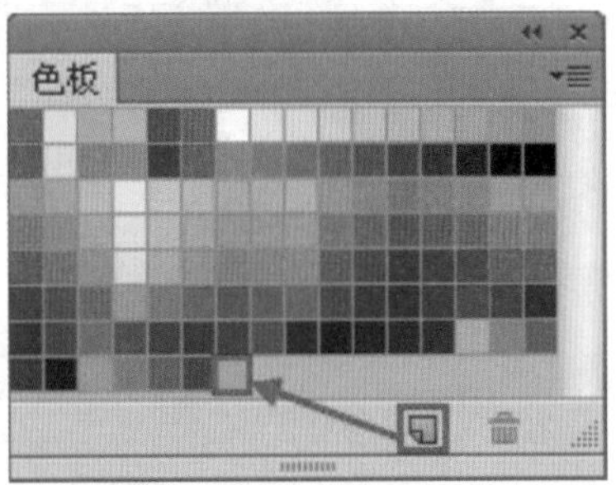

图6-50

技巧提示

在"拾色器"对话框中单击"添加到色板"按钮，也可以将所选颜色添加到色板中，如图6-51所示。

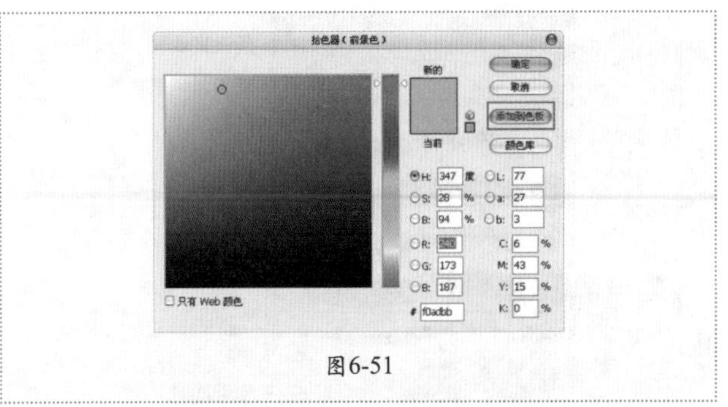

图6-51

（3）在"色板"面板中双击添加的色板，然后在弹出的"色板名称"对话框中为该色板取一个名字，如图6-52所示。设置好名字以后，将光标放置在色板上，就会显示出该色板的名字，如图6-53所示。

图6-52

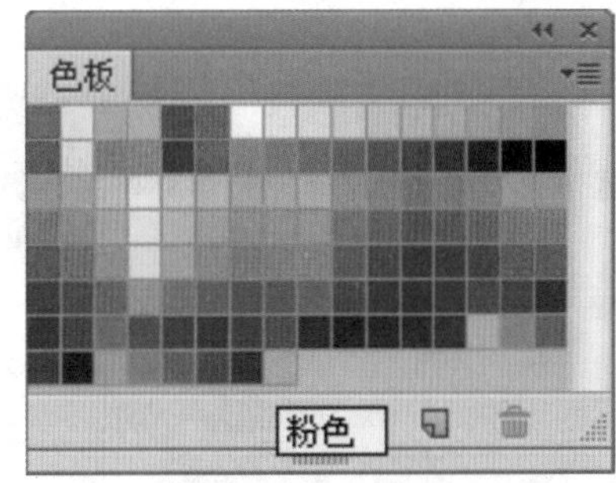

图6-53

6.2 "画笔预设"面板和"画笔"面板

本节着重讲解"画笔预设"面板与"画笔"面板。这两个面板并不是只针对"画笔工具"属性的设置，而是针对大部分以画笔模式进行工作的工具。这两个面板主要用于各种笔尖属性的设置，如画笔工具、铅笔工具、仿制图章工具、历史记录画笔工具、橡皮擦工具、加深工具、模糊工具等。

6.2.1 "画笔预设"面板

"画笔预设"面板中提供了各种系统预设的画笔，这些预设的画笔带有大小、形状和硬度等属性。用户在使用绘画工具、修饰工具时，都可以从"画笔预设"面板中选择画笔的形状。执行"窗口>画笔预设"命令，可打开"画笔预设"面板，如图6-54所示。

- 大小：通过输入数值或拖曳下面的滑块以调整画笔的大小。
- 切换画笔面板：单击该按钮，可以打开"画笔"面板。
- 切换硬毛刷画笔预览：使用毛刷笔尖时，在画布中实时显示笔尖的样式。
- 打开预设管理器：单击该按钮，可打开"预设管理器"对话框。
- 创建新画笔：单击该按钮，可将当前设置的画笔保存为一个新的预设画笔。
- 删除画笔：选中画笔后，单击该按钮，可以将选中的画笔删除。也可直接将画笔拖曳到该按钮上，进行删除。

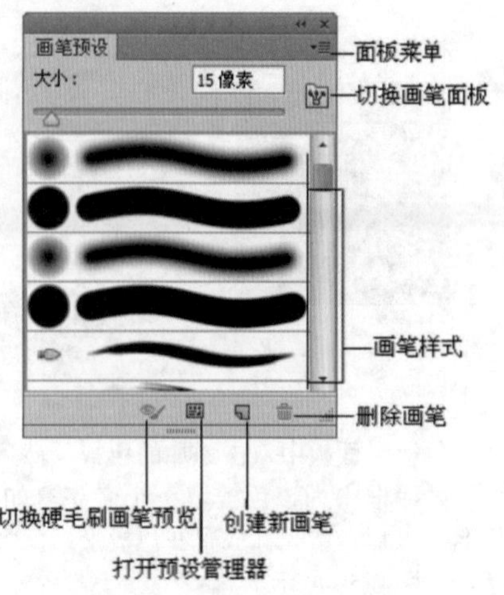

图6-54

- 画笔样式：显示预设画笔的笔刷样式。
- 面板菜单：单击▾☰图标，可以打开"画笔预设"面板的菜单。

※ 技术拓展："画笔预设"面板菜单详解

"画笔预设"面板的菜单分为7大部分，如图6-55所示。

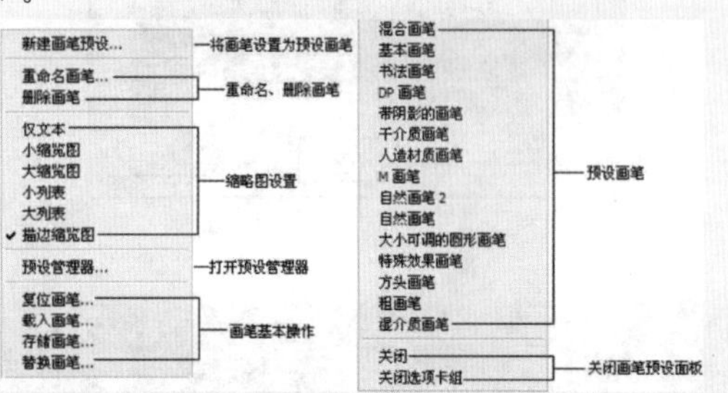

图6-55

- 新建画笔预设：将当前设置的画笔保存为一个新的预设画笔。
- 重命名/删除画笔：选择一个画笔以后，执行相应的命令可以对其进行重命名或删除操作。
- 缩略图设置：设置画笔在"画笔预设"面板中的显示方式，默认显示方式为描边缩略图。执行"仅文本"命令以后，只显示画笔的名称，如图6-56所示。

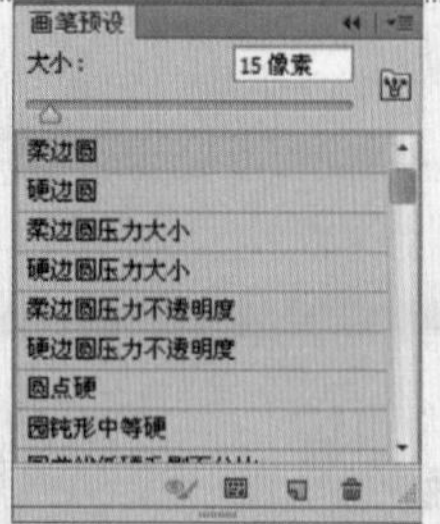

图6-56

- 预设管理器：执行该命令可以打开"预设管理器"对话框，在该对话框中可以对画笔进行存储、重命名和删除操作，同时也可以载入外部画笔资源，如图6-57所示。

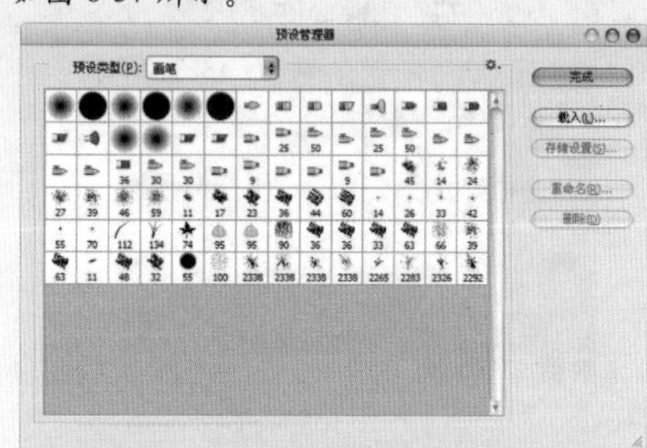

图6-57

- 画笔基本操作：当进行了添加或删除画笔操作以后，执行"复位画笔"命令，可以将面板恢复到默认的画笔状态；执行"载入画笔"命令，可以载入外部的画笔资源；执行"存储画笔"命令，可以将"画笔预设"面板中的画笔保存为一个画笔库；执行"替换画笔"命令，可以从弹出的"载入"对话框中选择一个外部画笔库来替换面板中的画笔。
- 预设画笔：这一组菜单是系统预设的画笔库。执行这些命令时，Photoshop会弹出一个提示对话框，如果单击"确定"按钮，载入的画笔将替换当前的画笔；如果单击"追加"按钮，载入的画笔将追加到当前画笔的后面。
- 关闭"画笔预设"面板：如果执行"关闭"命令，只关闭"画笔预设"面板；如果执行"关闭选项卡组"命令，将关闭"画笔预设"面板以及同组内的其他面板。

6.2.2 "画笔"面板

在认识其他绘制及修饰工具之前，首先需要掌握"画笔"面板。"画笔"面板是最重要的面板之一，它可以设置绘画工具、修饰工具的笔刷种类、画笔大小和硬度等属性。"画笔"面板如图6-58所示。

- 画笔预设：单击该按钮，可以打开"画笔预设"面板。
- 画笔设置：可以切换到与选项相对应的内容。
- 启用/关闭选项：处于选中状态的选项代表启用状态；处于未选中状态的选项代表关闭状态。
- 锁定/未锁定：🔒图标代表该选项处于锁定状态；🔓图

标代表该选项处于未锁定状态。锁定与解锁操作可以相互切换。

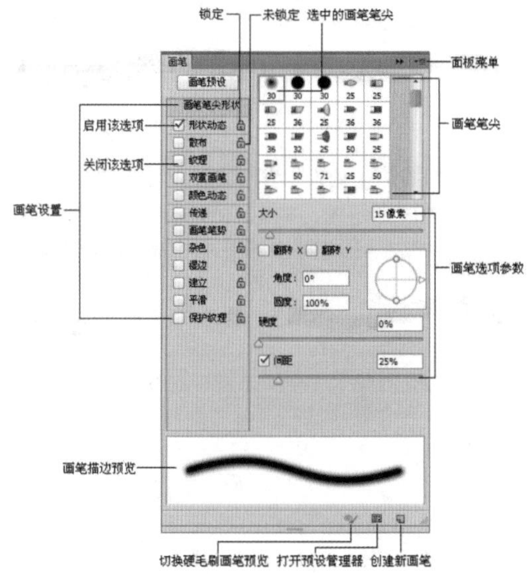

图6-58

- 选中的画笔笔尖：当前处于选择状态的画笔笔尖。
- 画笔笔尖：显示 Photoshop 提供的预设画笔笔尖。
- 面板菜单：单击图标，可以打开“画笔”面板的菜单。
- 画笔选项参数：用来设置画笔的相关参数。
- 画笔描边预览：选择一个画笔以后，可以在预览框中预览该画笔的外观形状。
- 切换硬毛刷画笔预览：使用毛刷笔尖时，在画布中实时显示笔尖的样式。
- 打开预设管理器：打开“预设管理器”对话框。
- 创建新画笔：将当前设置的画笔保存为一个新的预设画笔。

技巧提示

打开“画笔”面板有以下 4 种方法。

第 1 种：在工具箱中单击“画笔工具”按钮，然后在选项栏中单击“切换画笔面板”按钮。

第 2 种：执行“窗口 > 画笔”命令。

第 3 种：按 F5 键。

第 4 种：在“画笔预设”面板中单击“切换画笔面板”按钮。

1. 笔尖形状设置

“画笔笔尖形状”选项面板中可以设置画笔的形状、大小、硬度和间距等属性，如图 6-59 所示。

- 大小：控制画笔的大小，可以直接输入像素值，也可以通过拖曳“大小”滑块来设置画笔大小，如图 6-60 所示。

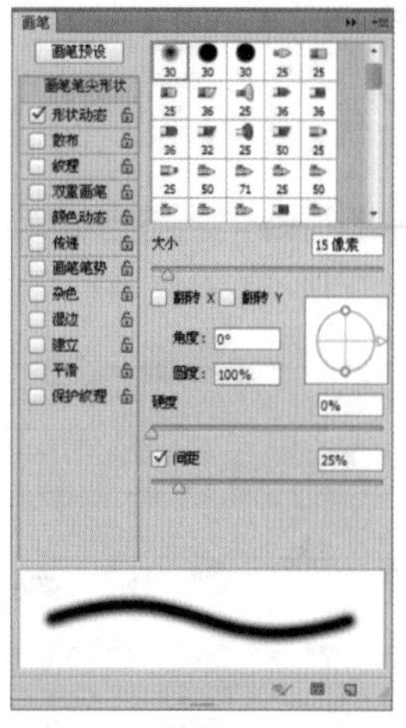

图6-59

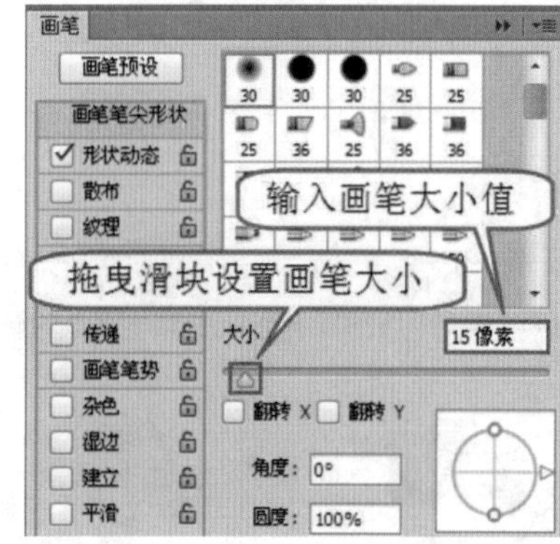

图6-60

- “恢复到原始大小”按钮：将画笔恢复到原始大小。
- 翻转 X/Y：将画笔笔尖在其 X 轴或 Y 轴上进行翻转，如图 6-61 和图 6-62 所示。

图6-61　　图6-62

- 角度：指定椭圆画笔或样本画笔的长轴在水平方向旋转的角度，如图 6-63 所示。

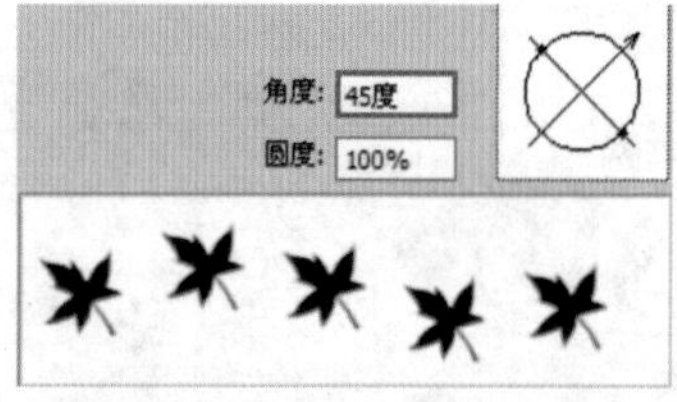

图6-63

- 圆度：设置画笔短轴和长轴之间的比率。当“圆度”值为 100% 时，表示圆形画笔，如图 6-64 所示；当“圆度”值为 0% 时，表示线性画笔，如图 6-65 所示；介于 0% ～ 100% 之间时，表示椭圆画笔（呈“压扁”状态），如图 6-66 所示。

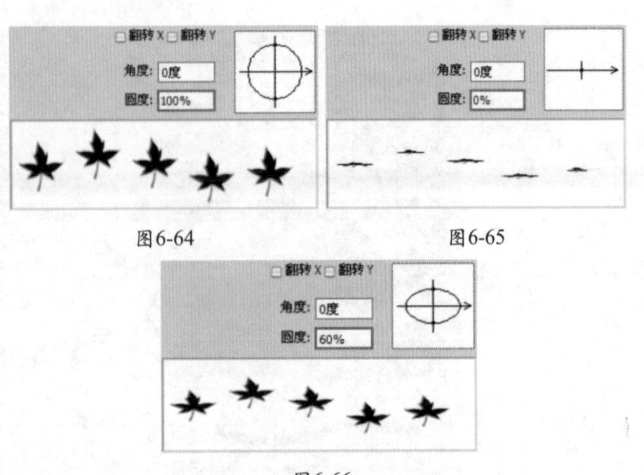

图6-64　图6-65

图6-66

- 硬度：控制画笔硬度中心的大小。数值越小，画笔的柔和度越高，如图6-67和图6-68所示。

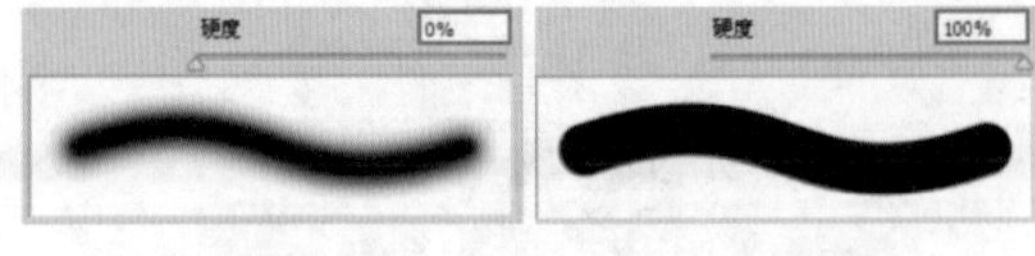

图6-67　图6-68

- 间距：控制描边中两个画笔笔迹之间的距离。数值越大，笔迹之间的间距越大，如图6-69和图6-70所示。

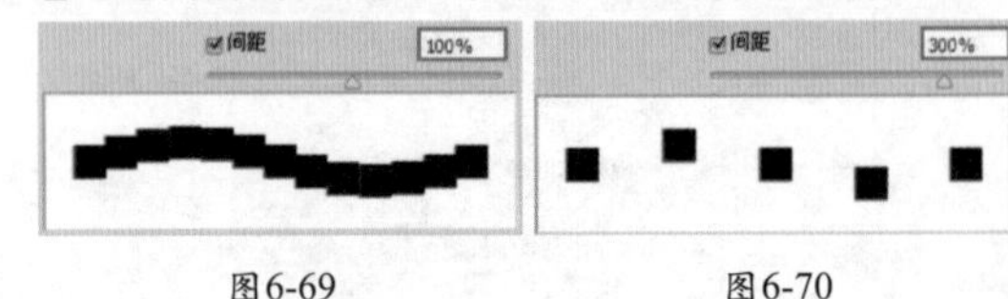

图6-69　图6-70

实例练习——制作可爱斑点相框

实例文件	实例练习——制作可爱斑点相框.psd
视频教学	实例练习——制作可爱斑点相框.flv
难易指数	★★★★★
技术要点	画笔工具

实例效果

本例处理前后对比效果如图6-71和图6-72所示。

图6-71　图6-72

操作步骤

步骤01 打开本书配套光盘中的人像背景素材文件。设置前景色为淡粉色，单击工具箱中的"画笔工具"按钮，按F5键打开"画笔"面板，设置其"大小"为50像素，"间距"为155%，如图6-73和图6-74所示。

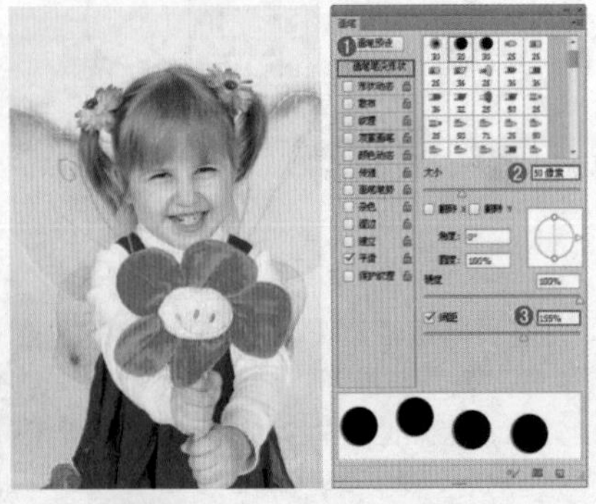

图6-73　图6-74

步骤02 将画笔移动到左上角，并按住Shift键向右拖曳鼠标，此时可以看到图像顶端出现淡粉色的不连续的圆形斑点，用同样的方法绘制出另外3条边上的斑点，如图6-75和图6-76所示。

图6-75　图6-76

> **技巧提示**
>
> 使用画笔工具时，按住Shift键可以绘制出水平或垂直的直线。

步骤03 继续设置前景色为较深的粉红色，在"画笔"面板中设置其"大小"为50像素，"间距"为155%，如图6-77所示，绘制内侧深粉的斑点，最终效果如图6-78所示。

图6-77　图6-78

2. 形状动态

“形状动态”选项可以决定描边中画笔笔迹的变化，它可以使画笔的大小、圆度等产生随机变化的效果，如图 6-79 ～图 6-81 所示。

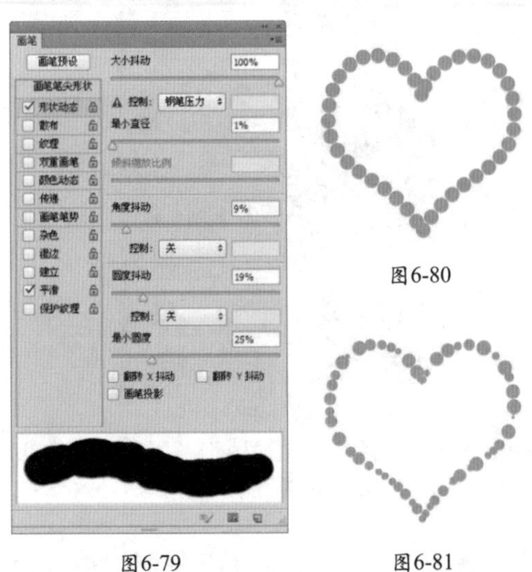

图6-79　图6-80　图6-81

- 大小抖动：指定描边中画笔笔迹大小的改变方式。数值越大，图像轮廓越不规则，如图 6-82 和图 6-83 所示。

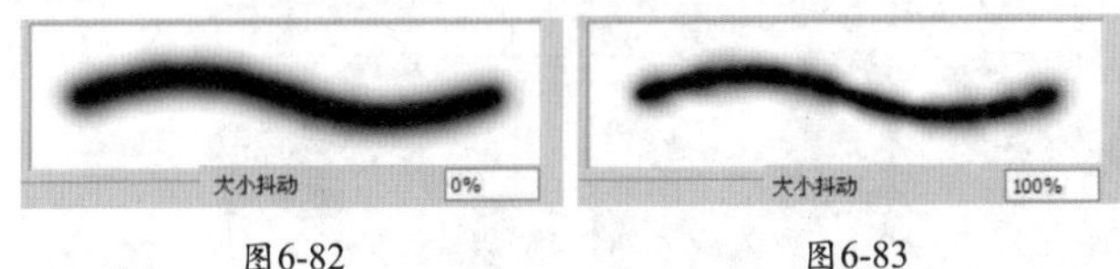

图6-82　图6-83

- 控制：在该下拉列表中可以设置大小抖动的方式，其中，“关”选项表示不控制画笔笔迹的大小变换；“渐隐”选项是按照指定数量的步长在初始直径和最小直径之间渐隐画笔笔迹的大小，使笔迹产生逐渐淡出的效果；如果计算机配置有绘图板，可以选择“钢笔压力”、“钢笔斜度”、“光笔轮”或“旋转”选项，然后根据钢笔的压力、斜度、位置或旋转角度来改变初始直径和最小直径之间的画笔笔迹大小。如图 6-84 和图 6-85 所示。

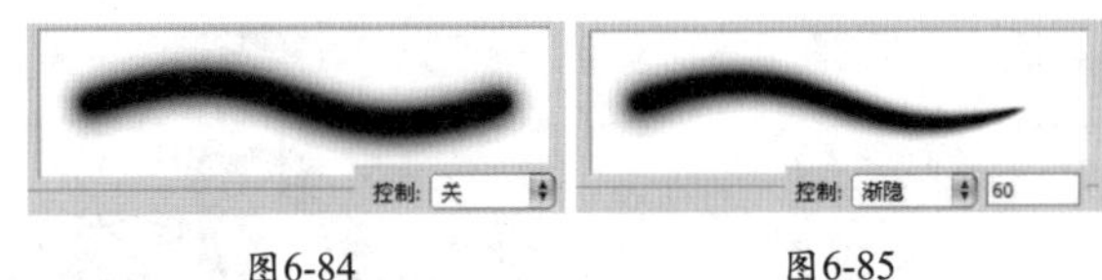

图6-84　图6-85

- 最小直径：当启用“大小抖动”选项以后，通过该选项可以设置画笔笔迹缩放的最小缩放百分比。数值越高，笔尖的直径变化越小，如图 6-86 和图 6-87 所示。

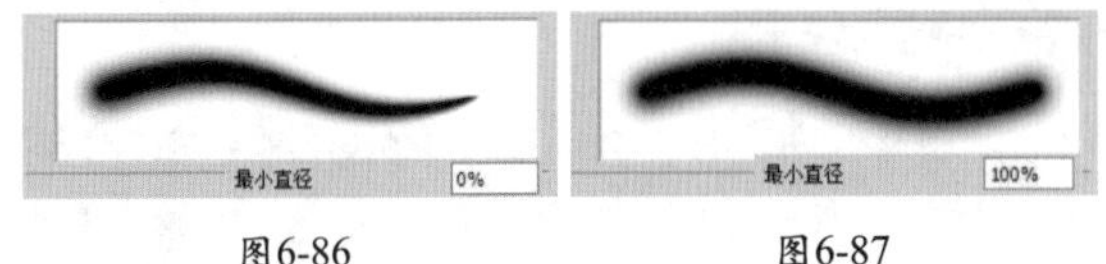

图6-86　图6-87

- 倾斜缩放比例：当“大小抖动”设置为“钢笔斜度”选项时，该选项用来设置在旋转前应用于画笔高度的比例因子。
- 角度抖动 / 控制：“角度抖动”选项用来设置画笔笔迹的角度，如图 6-88 和图 6-89 所示。如果要设置“角度抖动”的方式，可以在下面的“控制”下拉列表中进行选择。

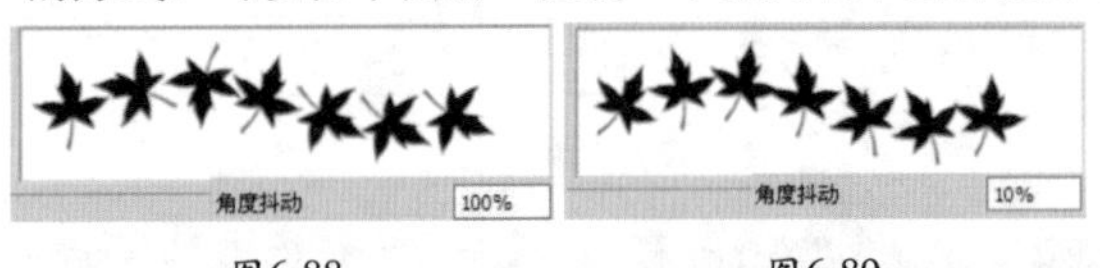

图6-88　图6-89

- 圆度抖动 / 控制 / 最小圆度：用来设置画笔笔迹的圆度在描边中的变化方式，如图 6-90 和图 6-91 所示。如果要设置“圆度抖动”的方式，可以在下面的“控制”下拉列表中进行选择。另外，“最小圆度”选项可以用来设置画笔笔迹的最小圆度。

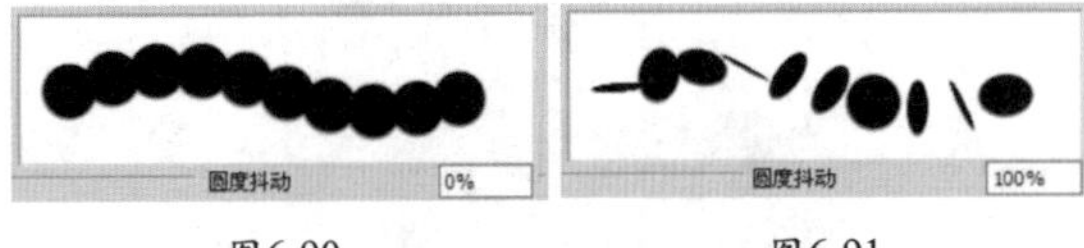

图6-90　图6-91

- 翻转 X/Y 抖动：将画笔笔尖在其 X 轴或 Y 轴上进行翻转。
- 画笔投影：可应用光笔倾斜和旋转来产生笔尖形状。使用光笔绘画时，需要将光笔更改为倾斜状态并旋转光笔以改变笔尖形状。

实例练习——使用“形状动态”选项进行画笔描边

实例文件	实例练习——使用“形状动态”选项进行画笔描边 .psd
视频教学	实例练习——使用“形状动态”选项进行画笔描边 .flv
难易指数	★★★★★
技术掌握	掌握如何使用画笔工具描边路径

实例效果

本例主要针对如何使用画笔工具描边路径进行练习，如图 6-92 所示。

操作步骤

步骤 01 打开本书配套光盘中的背景素材文件，如图 6-93 所示。

步骤 02 在工具箱中单击“钢笔工具”按钮，然后根据人物的造型绘制一条如图 6-94 所示的路径。

图6-92

图6-93

图6-94

技巧提示

这条路径用户可以自己进行绘制，也可以在“路径”面板中选择“路径1”(源文件中保存了路径)，如图6-95所示。

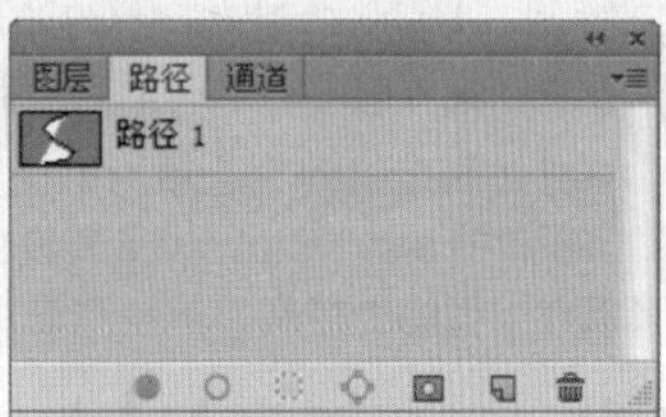

图6-95

步骤03 在工具箱中单击“画笔工具”按钮，然后按F5键打开“画笔”面板，接着选择蝴蝶画笔，最后设置“大小”为74像素，“间距”为186%，如图6-96所示。

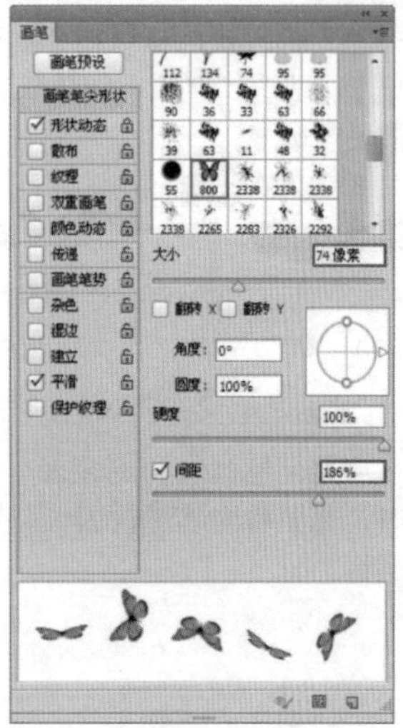

图6-96

技巧提示

没有蝴蝶笔刷可以使用其他笔刷代替，也可以自行定义一个蝴蝶笔刷，关于自定义画笔的知识在前面的章节已经讲解过，这里不再重复叙述。

步骤04 选中“形状动态”复选框，然后设置“大小抖动”为100%，“角度抖动”为100%，“圆角抖动”为100%，“最小圆度”为25%，具体参数设置如图6-97所示。

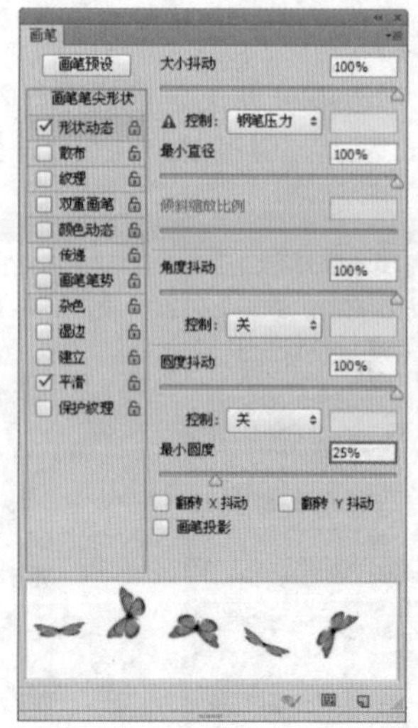

图6-97

步骤05 新建一个名称为“图层1”的图层，然后设置前景色为黑色，接着按Enter键为路径进行描边，效果如图6-98所示。

步骤06 切换到“路径”面板，然后将“路径1”拖曳到下面的“创建新路径”按钮上，复制一个“路径1副本”，接着在工具箱中单击“路径选择工具”按钮，最后将路径移动到如图6-99所示的位置，并适当调整形状。

图6-98

图6-99

步骤07 切换到“图层”面板，然后新建一个名称为“图层2”的图层，接着在工具箱中选择“画笔工具”，再设置前景色为紫色，最后按Enter键为路径进行描边，效果如图6-100所示。

步骤08 新建一个名称为“路径描边1”的图层（放置在“枫叶1”图层的下一层），然后设置前景色为白色，接着在“画笔工具”的选项栏中选择一个柔边画笔，最后设置“大小”为7像素、“硬度”为0%，如图6-101所示。

图6-100

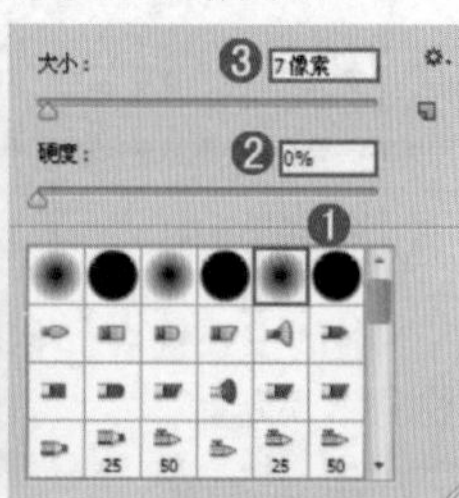

图6-101

步骤09 在工具箱中单击“钢笔工具”按钮，然后在“路径”面板中选择“路径 1”，接着在路径上单击鼠标右键，并在弹出的菜单中执行“描边路径”命令，在弹出的“描边路径”对话框中设置“工具”为“画笔”，并选中“模拟压力”复选框，如图 6-102 所示。采用相同的方法制作另外的路径，如图 6-103 所示。

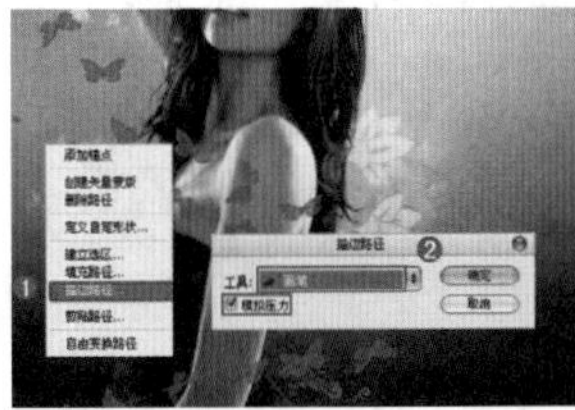

图6-102

图6-103

步骤 10 新建一个名称为“光晕”的图层，然后在“画笔工具”的选项栏中选择一个柔边画笔，接着设置“大小”为 74 像素、“硬度”为 0%，最后设置“不透明度”和“流量”为 50%，具体参数设置如图 6-104 和图 6-105 所示。最终效果如图 6-106 所示。

图6-104

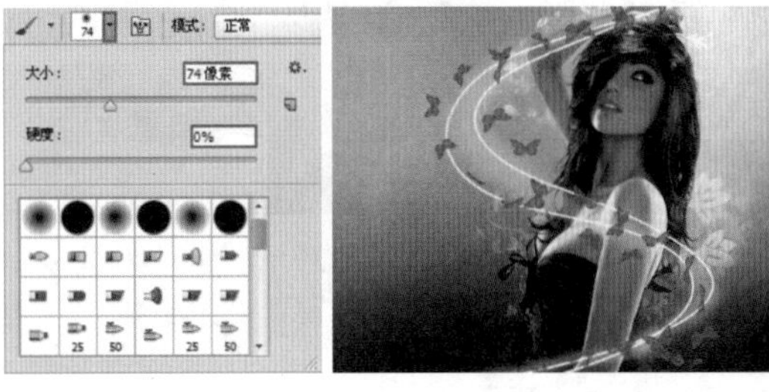

图6-105　图6-106

3. 散布

在“散布”选项中可以设置描边中笔迹的数目和位置，使画笔笔迹沿着绘制的线条扩散，如图 6-107 ～图 6-109 所示。

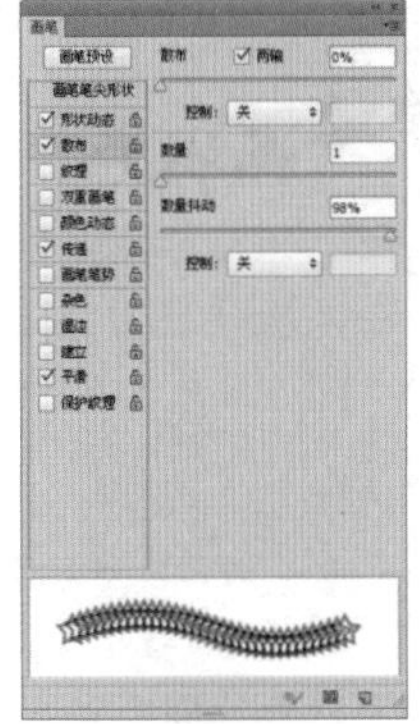

图6-107

图6-108　图6-109

- 散布 / 两轴 / 控制：指定画笔笔迹在描边中的分散程度，该值越高，分散的范围越广。当选中“两轴”复选框时，画笔笔迹将以中心点为基准，向两侧分散。如果要设置画笔笔迹的分散方式，可以在下面的“控制”下拉列表中进行选择。如图 6-110 和图 6-111 所示。

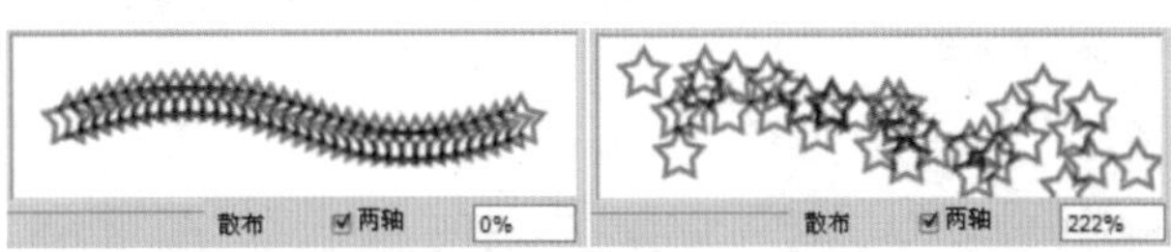

图6-110　图6-111

- 数量：指定在每个间距间隔应用的画笔笔迹数量。数值越高，笔迹重复的数量越大，如图 6-112 和图 6-113 所示。

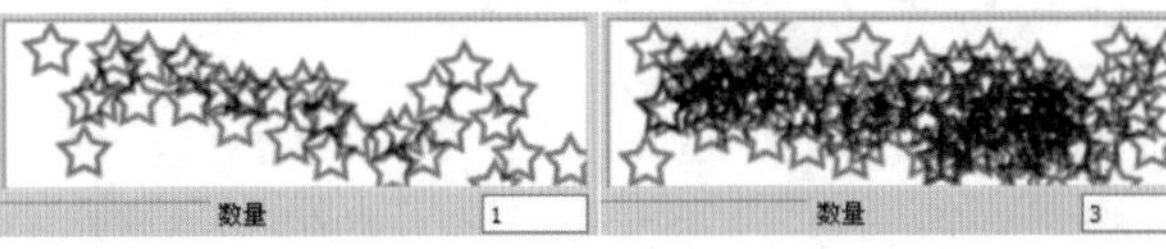

图6-112　图6-113

- 数量抖动 / 控制：指定画笔笔迹的数量如何针对各种间距间隔产生变化，如图 6-114 和图 6-115 所示。如果要设置“数量抖动”的方式，可以在下面的“控制”下拉列表中进行选择。

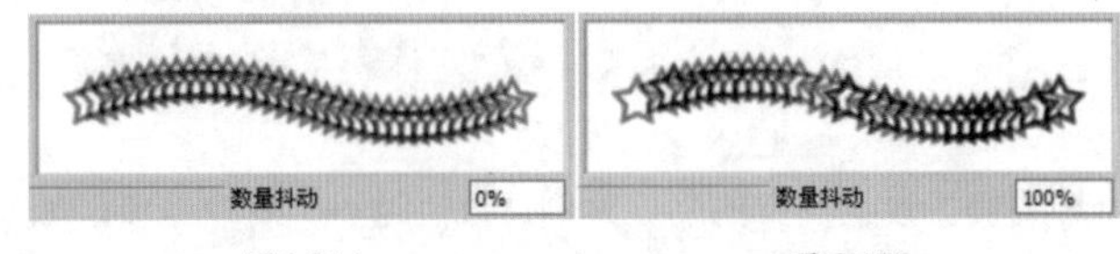

图6-114　图6-115

实例练习——使用画笔工具绘制飘絮效果

实例文件	实例练习——使用画笔工具绘制飘絮效果 .psd
视频教学	实例练习——使用画笔工具绘制飘絮效果 .flv
难易指数	★★★★★
技术要点	画笔“形状动态”、“散布”选项设置

实例效果

本例效果如图 6-116 所示。

操作步骤

步骤 01 打开素材文件，如图 6-117 所示。单击工具箱中的“画笔工具”按钮，设置前景色为白色，按 F5 键打开“画笔”面板，单击“画笔笔尖形状”按钮，选择一种合适

图6-116

的笔尖，并设置“大小”为50像素，“间距”为98%，如图6-118所示。

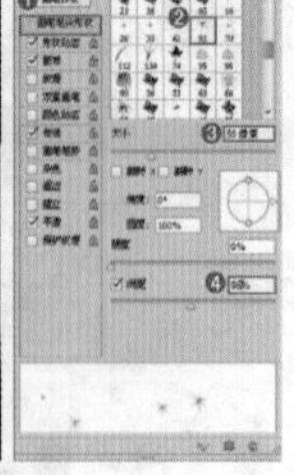

图6-117　　图6-118

步骤 02 选中“形状动态”复选框，设置“大小抖动”为70%，如图 6-119 所示。

步骤 03 选中“散布”复选框，设置“散布”为 654%，“数量”为 1，如图 6-120 所示。新建图层，多次拖曳鼠标制作飘絮效果，最终效果如图 6-121 所示。

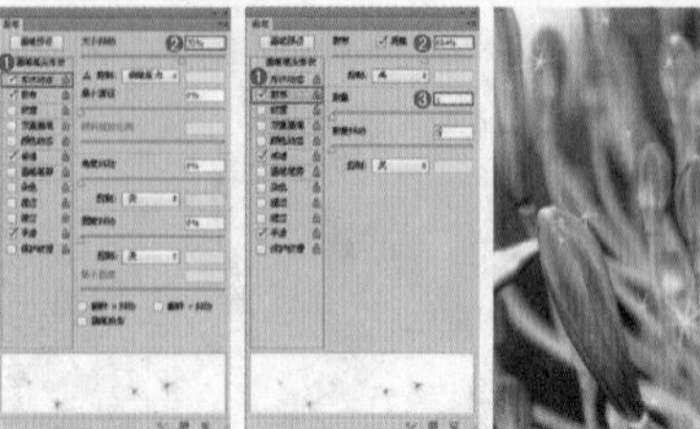

图6-119　　图6-120　　图6-121

4. 纹理

使用“纹理”选项可以绘制出带有纹理质感的笔触，例如在带纹理的画布上绘制效果等，如图 6-122 ～图 6-124 所示。

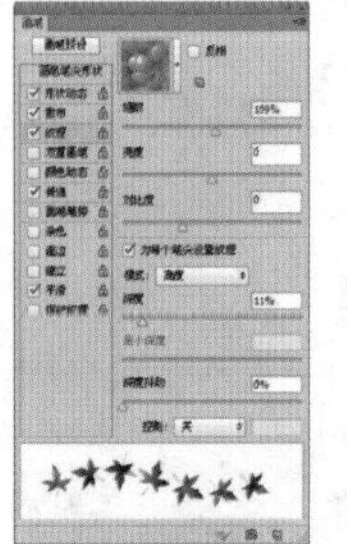

图6-122　　图6-123　　图6-124

- 设置纹理 / 反相：单击图案缩览图右侧的下拉按钮，可以在弹出的“图案”拾色器中选择一个图案，并将其设置为纹理。如果选中“反相”复选框，可以基于图案中的色调来反转纹理中的亮点和暗点，如图 6-125 所示。

图6-125

- 缩放：设置图案的缩放比例。数值越小，纹理越多，如图 6-126 所示。

图6-126

- 为每个笔尖设置纹理：将选定的纹理单独应用于画笔描边中的每个画笔笔迹，而不是作为整体应用于画笔描边。如果取消选中“为每个笔尖设置纹理”，下面的“深度抖动”选项将不可用。
- 模式：设置用于组合画笔和图案的混合模式，如图 6-127 所示分别是“正片叠底”和“线性高度”模式。

图6-127

- 深度：设置油彩渗入纹理的深度。数值越大，渗入的深度越大，如图 6-128 所示。

图6-128

- 最小深度：当“深度抖动”下面的“控制”选项设置为“渐隐”、“钢笔压力”、“钢笔斜度”或“光笔轮”选项，并且选中“为每个笔尖设置纹理”时，“最小深度”选项用来设置油彩可渗入纹理的最小深度。
- 深度抖动 / 控制：当选中“为每个笔尖设置纹理”复选框时，“深度抖动”选项用来设置深度的改变方式，如图 6-129 所示。如果要指定如何控制画笔笔迹的深度变化，可以从下面的“控制”下拉列表中进行选择。

图6-129

5. 双重画笔

启用“双重画笔”选项可以使绘制的线条呈现出两种画笔的效果。首先设置“画笔笔尖形状”主画笔的参数属性，然后选中“双重画笔”，并从“双重画笔”选项中选择另外一个笔尖（即双重画笔）。

其参数非常简单，大多与其他选项中的参数相同。顶部的“模式”下拉列表框用于选择从主画笔和双重画笔组合画笔笔迹时要使用的混合模式。如图 6-130 ～图 6-132 所示。

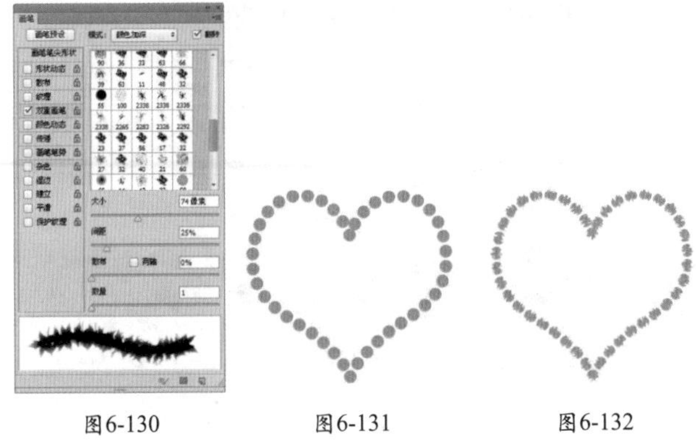

图6-130　图6-131　图6-132

6. 颜色动态

选择“颜色动态”选项，可以通过设置选项绘制出颜色变化的效果，如图 6-133 ～图 6-135 所示。

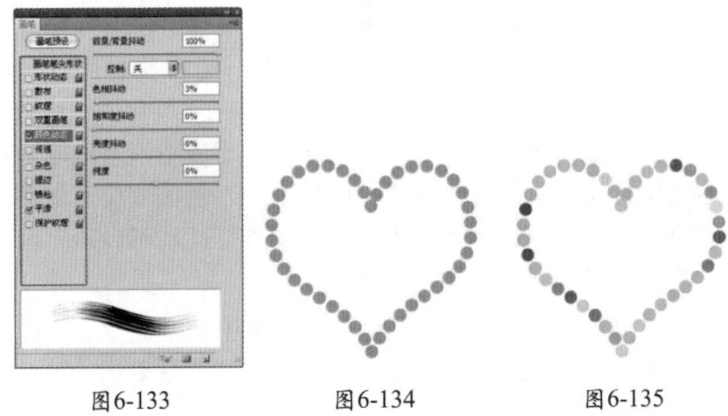

图6-133　图6-134　图6-135

- 前景 / 背景抖动 / 控制：用来指定前景色和背景色之间的颜色变化方式。数值越小，变化后的颜色越接近前景色；数值越大，变化后的颜色越接近背景色。如果要指定如何控制画笔笔迹的颜色变化，可以在下面的“控制”下拉列表中进行选择。如图 6-136 和图 6-137 所示。
- 色相抖动：设置颜色变化范围。数值越小，颜色越接近前景色；数值越大，色相变化越丰富，如图 6-138 所示。

图6-136　图6-137　图6-138

- 饱和度抖动：设置颜色的饱和度变化范围。数值越小，饱和度越接近前景色；数值越大，色彩的饱和度越高，如图 6-139 所示。
- 亮度抖动：设置颜色的亮度变化范围。数值越小，亮度越接近前景色；数值越大，颜色的亮度值越大，如图 6-140 所示。

图6-139　图6-140

- 纯度：用来设置颜色的纯度。数值越小，笔迹的颜色越接近于黑白色，如图 6-141 所示；数值越大，颜色饱和度越高，如图 6-142 所示。

图6-141

图6-142

实例练习——绘制纷飞的粉嫩花朵

实例文件	实例练习——绘制纷飞的粉嫩花朵 .psd
视频教学	实例练习——绘制纷飞的粉嫩花朵 .flv
难易指数	★★★★★
技术要点	“颜色动态”选项的使用

实例效果

本例效果如图 6-143 所示。

图6-143

操作步骤

步骤 01 打开本书配套光盘中的素材文件，如图 6-144 所示。单击工具箱中的“画笔工具”按钮，设置前景色为深粉色，背景色为浅粉色，如图 6-145 所示。按 F5 键打开“画笔”面板，单击“画笔笔尖形状”按钮，选择一种合适的花纹，设置“大小”为 66 像素，“间距”为 25%，如图 6-146 所示。

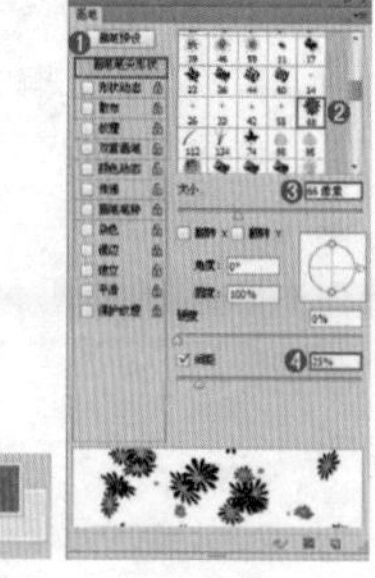

图6-144　　图6-145　　图6-146

步骤 02 选中“形状动态”复选框，设置“角度抖动”为100%，“圆度抖动”为61%，“最小圆度”为25%，如图6-147所示。

步骤 03 选中“散布”复选框，再选中“两轴”复选框，并设置其数值为1000%，“数量抖动”为100%，如图6-148所示。

步骤 04 选中“颜色动态”复选框，设置其“前景/背景抖动”为100%，“色相抖动”为5%，如图6-149所示。新建图层“1”，多次单击制作右侧花纹，如图6-150所示。

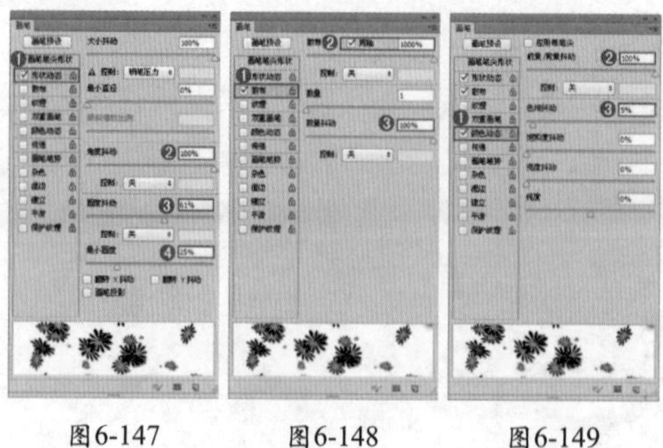

图6-147　　图6-148　　图6-149

图6-150

7. 传递

“传递”选项中包含不透明度、流量、湿度、混合抖动等的控制，可以用来确定油彩在描边路线中的改变方式，如图6-151～图6-153所示。

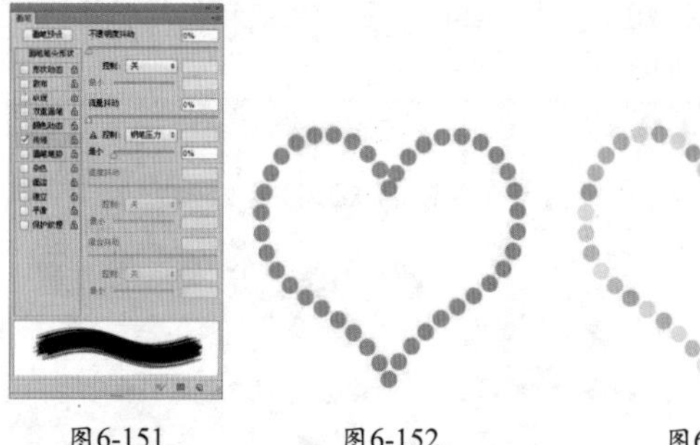

图6-151　　图6-152　　图6-153

- **不透明度抖动/控制**：指定画笔描边中油彩不透明度的变化方式，最高值是选项栏中指定的不透明度值。如果要指定如何控制画笔笔迹的不透明度变化，可以从下面的“控制”下拉列表中进行选择。
- **流量抖动/控制**：用来设置画笔笔迹中油彩流量的变化程度。如果要指定如何控制画笔笔迹的流量变化，可以从下面的“控制”下拉列表中进行选择。
- **湿度抖动/控制**：用来控制画笔笔迹中油彩湿度的变化程度。如果要指定如何控制画笔笔迹的湿度变化，可以从下面的“控制”下拉列表中进行选择。
- **混合抖动/控制**：用来控制画笔笔迹中油彩混合的变化程度。如果要指定如何控制画笔笔迹的混合变化，可以从下面的“控制”下拉列表中进行选择。

实例练习——绘制飘雪效果

实例文件	实例练习——绘制飘雪效果.psd
视频教学	实例练习——绘制飘雪效果.flv
难易指数	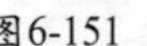
技术要点	“传递”选项的使用

实例效果

本例效果如图6-154所示。

图6-154

操作步骤

步骤 01 打开本书配套光盘中的人像素材文件，如图6-155所示。

图6-155

步骤 02 单击工具箱中的“画笔工具”按钮，设置前景色为白色，按F5键打开“画笔”面板，单击“画笔笔尖形状”按钮，选择一种圆形的花纹，并设置“大小”为118像素，

"间距"为 85%，如图 6-156 所示。

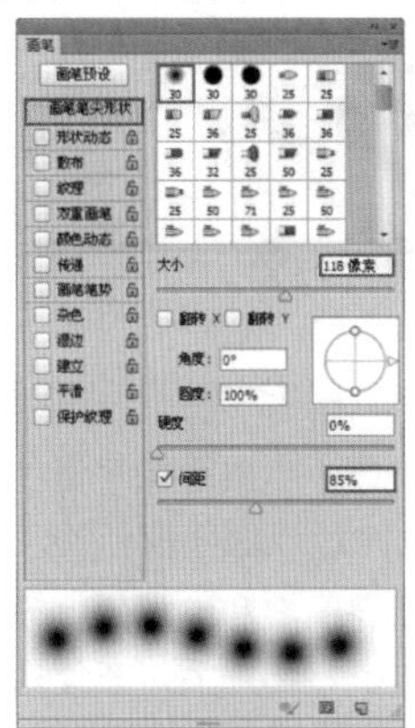

图6-156

步骤 03 选中"形状动态"复选框，设置"大小抖动"为 56%，"角度抖动"为 100%，"圆度抖动"为 61%，"最小圆度"为 25%，如图 6-157 所示。

步骤 04 选中"散布"复选框，选中"两轴"复选框并设置其数值为 1000%，"数量抖动"为 100%，如图 6-158 所示。

步骤 05 选中"传递"复选框，设置其"不透明度抖动"为 100%，如图 6-159 所示。新建图层"1"，多次在图像中拖曳绘制出人像两侧的飘雪，如图 6-160 所示。

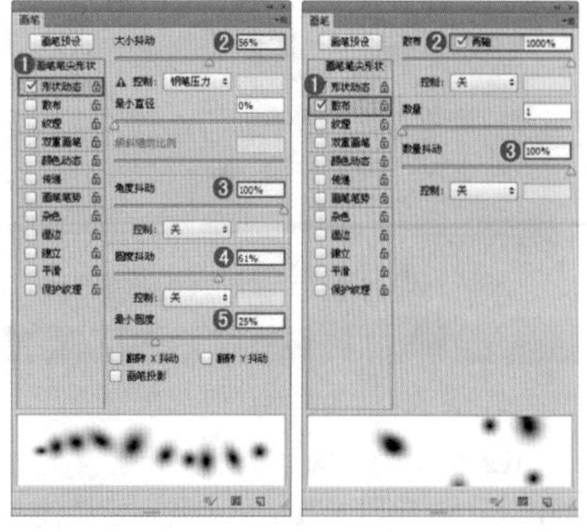

图6-157　　图6-158

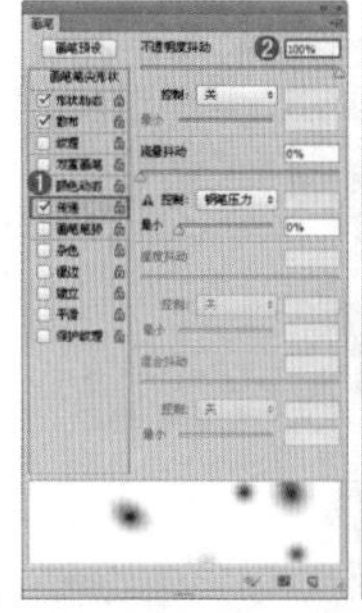

图6-159　　图6-160

8. 画笔笔势

"画笔笔势"选项用于调整毛刷画笔笔尖和侵蚀画笔笔尖的角度，如图 6-161 所示。

图6-161

- 倾斜 X / 倾斜 Y：使笔尖沿 X 轴或 Y 轴倾斜。
- 旋转：设置笔尖旋转效果。
- 压力：压力数值越大，绘制速度越快，线条效果越粗犷。

9. 其他选项

"画笔"面板中还有"杂色"、"湿边"、"建立"、"平滑"和"保护纹理"5 个选项，如图 6-162 所示。这些选项不能调整参数，如果要启用其中某个选项，选中相应的复选框即可。

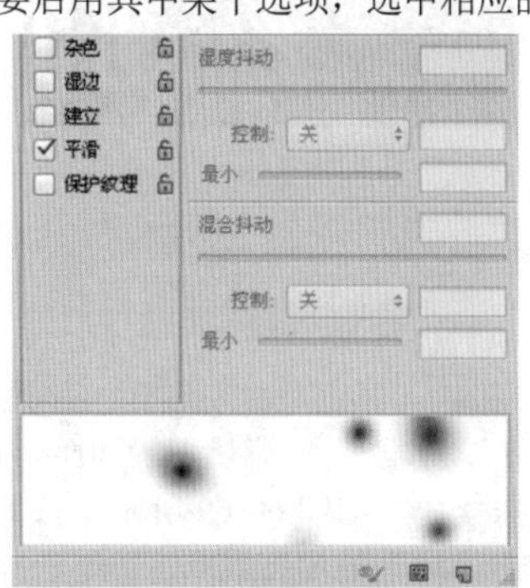

图6-162

- 杂色：为个别画笔笔尖增加额外的随机性，如图 6-163 和图 6-164 所示分别是关闭与开启"杂色"选项时的笔迹效果。当使用柔边画笔时，该选项效果最明显。

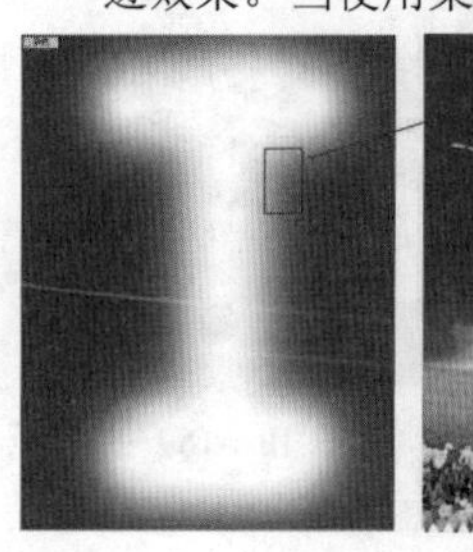

图6-163

图6-164

- 湿边：沿画笔描边的边缘增大油彩量，从而创建出水彩效果，如图6-165和图6-166所示分别是关闭与开启“湿边”选项时的笔迹效果。
- 建立：模拟传统的喷枪技术，根据鼠标按键的单击程度确定画笔线条的填充数量。

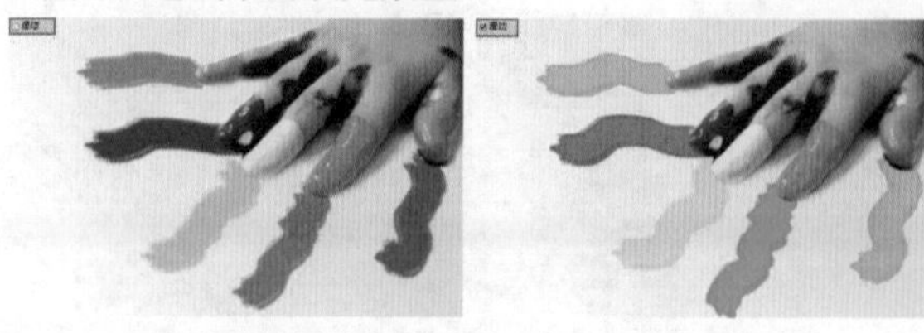

图6-165　　图6-166

- 平滑：在画笔描边中生成更加平滑的曲线。当使用压感笔进行快速绘画时，该选项最有效。
- 保护纹理：将相同图案和缩放比例应用于具有纹理的所有画笔预设。选中该选项后，在使用多个纹理画笔绘画时，可以模拟出一致的画布纹理。

实例练习——使用画笔制作唯美散景效果

实例文件	实例练习——使用画笔制作唯美散景效果.psd
视频教学	实例练习——使用画笔制作唯美散景效果.flv
难易指数	★★★★★
技术要点	“形状动态”、“散布”、“颜色动态”、“传递”、“湿边”等选项的设置

实例效果

本例效果如图6-167所示。

图6-167

操作步骤

步骤01 打开素材文件，如图6-168所示。单击工具箱中的“画笔工具”按钮，在选项栏中选择一种柔圆边画笔，设置其“不透明度”为40%，“流量”为40%，前景色为浅紫色，背景色为深紫色，如图6-169所示。按F5键打开“画笔”面板，单击“画笔笔尖形状”，选择一种圆形的花纹，并设置“大小”为94像素，“硬度”为100%，“间距”为293%，如图6-170所示。

图6-168　　图6-169

图6-170

步骤02 选中“形状动态”复选框，设置“大小抖动”为100%，“最小直径”为1%，如图6-171所示。

步骤03 选中“散布”复选框，选中“两轴”复选框并设置其数值为1000%，“数量”为1，如图6-172所示。

步骤04 选中“颜色动态”复选框，设置其“前景/背景抖动”为100%，如图6-173所示。

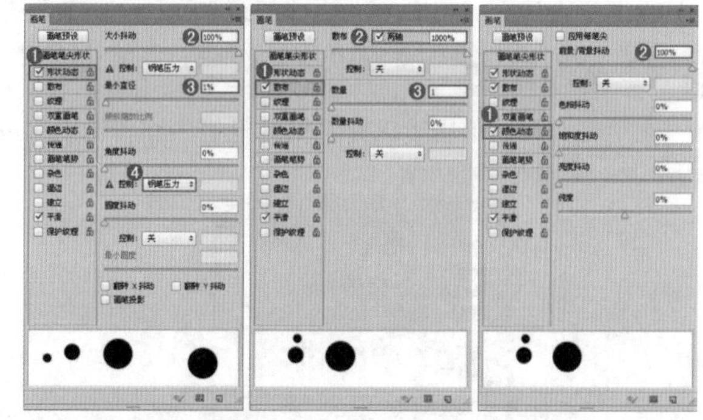

图6-171　　图6-172　　图6-173

步骤05 选中“传递”复选框，设置其“不透明度抖动”为100%，如图6-174所示。

步骤06 分别选中“平滑”和“湿边”复选框，新建图层，多次单击制作人像周围的光斑，最终效果如图6-175所示。

图6-174　　图6-175

6.3 绘画工具

Photoshop 中的绘画工具有很多种，包括“画笔工具”、“铅笔工具”、“颜色替换工具”和“混合器画笔工具”。使用这些工具不仅能够绘制出传统意义上的插画，还能够对数码相片进行美化处理，同时还能够对数码相片制作各种特效，如图 6-176 和图 6-177 所示。

图6-176

图6-177

6.3.1 画笔工具

“画笔工具”是使用频率最高的工具之一，它可以使用前景色绘制出各种线条，同时也可以用来修改通道和蒙版。画笔工具选项栏如图 6-178 所示。

图6-178

- “画笔预设”选取器：单击下拉按钮，可以打开“画笔预设”选取器，在其中可以选择笔尖、设置画笔的大小和硬度。

技巧提示

在英文输入法状态下，可以按 [键和] 键来减小或增大画笔笔尖的大小。

- 模式：设置绘画颜色与下面现有像素的混合方法，如图 6-179 和图 6-180 所示分别是使用“正片叠底”模式和“强光”模式绘制的笔迹效果。可用模式将根据当前选定工具的不同而变化。

图6-179

图6-180

- 不透明度：设置画笔绘制出来的颜色的不透明度。数值越大，笔迹的不透明度越高，如图 6-181 所示；数值越小，笔迹的不透明度越低，如图 6-182 所示。

技巧提示

在使用画笔工具绘画时，可以按数字键 0 ～ 9 来快速调整画笔的不透明度，数字 1 代表 10% 的不透明度，数字 9 则代表 90% 的不透明度，0 代表 100%。

图6-181

图6-182

- 流量：设置当将光标移到某个区域上方时应用颜色的速率。在某区域上方进行绘画时，如果一直按住鼠标左键，颜色量将根据移动速率增大，直至达到“不透明度”设置。

技巧提示

“流量”也有自己的快捷键，按住 Shift+0 ～ 9 的数字键即可快速设置流量。

- “启用喷枪模式”按钮：激活该按钮以后，可以启用喷枪功能，Photoshop 会根据鼠标左键的单击程度来确定画笔笔迹的填充数量。例如，关闭喷枪功能时，每单击一次会绘制一个笔迹，如图 6-183 所示；而启用喷枪功能以后，按住鼠标左键不放，即可持续绘制笔迹，如图 6-184 所示。

图6-183

图6-184

- “绘图板压力控制大小”按钮：使用压感笔压力可以覆盖“画笔”面板中的“不透明度”和“大小”设置。

技巧提示

如果使用绘图板绘画，则可以在“画笔”面板和选项栏中通过设置钢笔压力、角度、旋转或光笔轮来控制应用颜色的方式。

实例练习——为照片添加绚丽光斑

实例文件	实例练习——为照片添加绚丽光斑 .psd
视频教学	实例练习——为照片添加绚丽光斑 .flv
难易指数	★★★★★
技术要点	画笔工具

实例效果

本例主要针对画笔工具的使用方法进行练习。原图与效果图对比效果如图 6-185 和图 6-186 所示。

图6-185

图6-186

操作步骤

步骤 01 打开背景素材文件，如图 6-187 所示。新建图层，单击工具箱中的画笔工具，打开画笔预设面板，在面板菜单中执行“载入画笔”命令，选择画笔笔刷素材，如图 6-188 所示。

图6-187

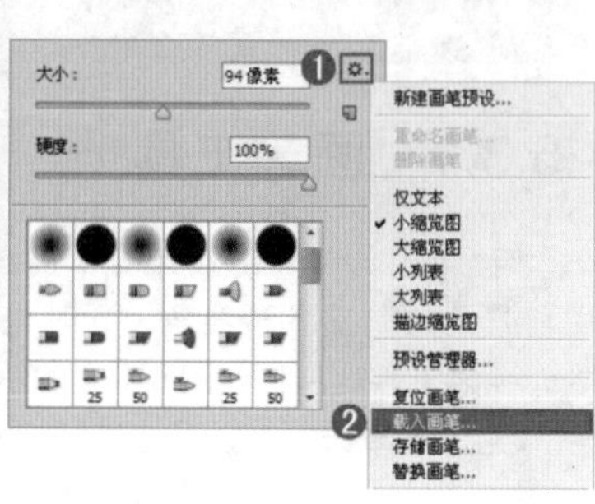

图6-188

答疑解惑：为什么要新建图层进行绘制？

新建图层绘制光斑可以在不破坏源图像的基础上便于后期增加或减少光斑数量，以及调整光斑位置。而且在后面还需要使用图层为光斑制作炫彩效果，所以新建图层是必不可少的一个步骤。

步骤 02 打开画笔面板，找到新载入的星星笔刷，然后点击画笔笔尖形状，设置大小为 134px，间距为 25%，如图 6-189 所示。

步骤 03 选中“形状动态”复选框，设置“大小抖动”为 100%，“最小直径”为 53%，如图 6-190 所示。

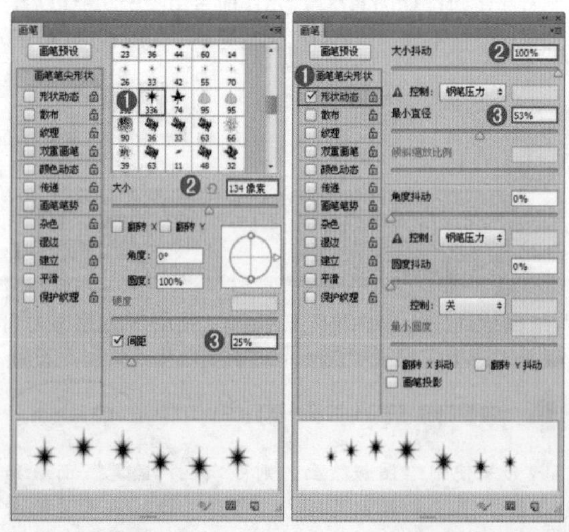

图6-189 图6-190

步骤 04 选中“散布”复选框，设置“散布”为 220%，如图 6-191 所示

步骤 05 在图像上拖动绘制，如图 6-192 所示。

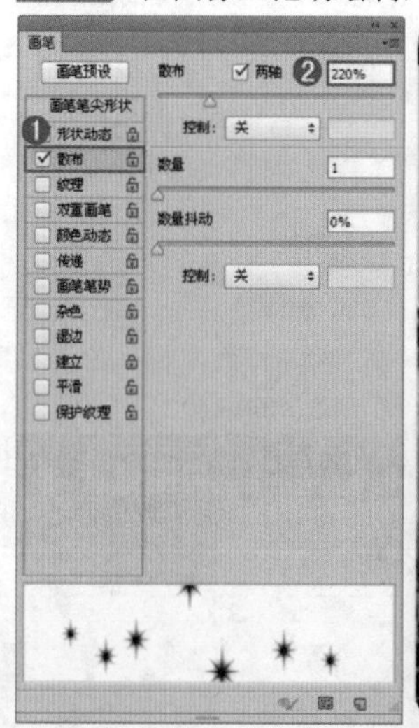

图6-191

图6-192

> **技巧提示**
>
> 可以在绘制的过程中多次调整画笔大小和散布数值，以便于绘制出更加灵活的光斑。

步骤 06 下面载入光斑图层选区，单击工具箱中的“渐变工具”按钮，编辑一种多彩的渐变，如图 6-193 所示。回到图像中进行拖曳填充，最终效果如图 6-194 所示。

图6-193

图6-194

6.3.2 铅笔工具

“铅笔工具”与“画笔工具”相似，但是铅笔工具更善于绘制硬边线条，例如近年来比较流行的像素画以及像素游戏都可以使用铅笔工具进行绘制，如图 6-195 ～图 6-197 所示。

图6-195

图6-196

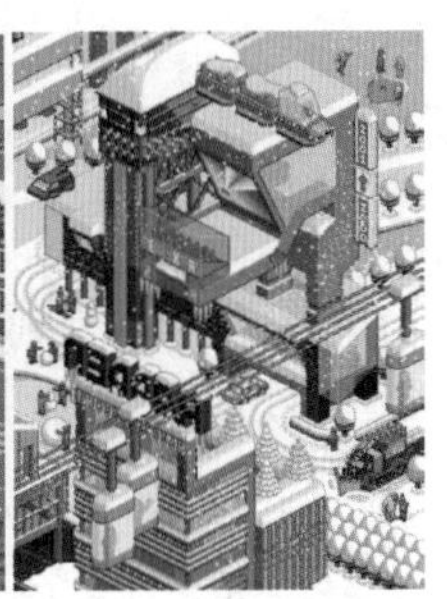

图6-197

铅笔工具的选项栏如图 6-198 所示。

图6-198

- “画笔预设”选取器：单击下拉按钮，可以打开“画笔预设”选取器，在其中可以选择笔尖、设置画笔的大小和硬度。
- 模式：设置绘画颜色与下面现有像素的混合方法，如图 6-199 和图 6-200 所示分别是使用“正常”模式和“正片叠底”模式绘制的笔迹效果。

图6-199

图6-200

- 不透明度：设置铅笔绘制出来的颜色的不透明度。数值越大，笔迹的不透明度越高，如图 6-201 所示；数值越小，笔迹的不透明度越低，如图图 6-202 所示。

图6-201

图6-202

- 自动抹除：选中该复选框，如果将光标中心放置在包含前景色的区域上，可以将该区域涂抹成背景色，如图 6-203 所示；如果将光标中心放置在不包含前景色的区域上，则可以将该区域涂抹成前景色，如图 6-204 所示。

图6-203

图6-204

> **技巧提示**
>
> 注意，“自动抹除”选项只适用于原始图像，即只能在原始图像上绘制出设置的前景色和背景色。如果是在新建的图层中进行涂抹，则“自动抹除”选项不起作用。

实例练习——利用铅笔工具绘制像素画

实例文件	实例练习——利用铅笔工具绘制像素画.psd
视频教学	实例练习——利用铅笔工具绘制像素画.flv
难易指数	★★★★★
技术要点	铅笔工具

实例效果

本例主要针对铅笔工具的使用方法进行练习。效果如图 6-205 所示。

图6-205

操作步骤

步骤 01 按 Ctrl+N 组合键新建一个 100×100 像素、“背景内容”为白色的文档，如图 6-206 所示。

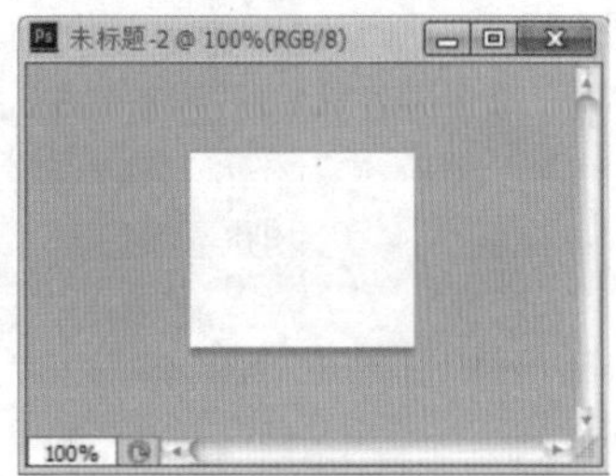

图6-206

技巧提示

由于像素画所需要的画布相当小，所以可以使用“放大工具”将画布放大数倍，或者直接更改画布左下角的缩放数值，如图 6-207 所示。

图6-207

放大画布的快捷键是 Ctrl++ 组合键；缩小画布的快捷键是 Ctrl+- 组合键。另外，按住 Alt 键的同时滚动鼠标滚轮也可以缩放画布。

步骤 02 在工具箱中单击“铅笔工具”按钮，接着在画笔上单击鼠标右键，并在弹出的“画笔预设”选取器中选择“柔边圆”画笔，最后设置“大小”为 1 像素，如图 6-208 所示。

步骤 03 为了看的更清晰一些，首先为空白背景填充淡蓝色背景，然后新建一个名称为“轮廓”的图层，设置前景色为土黄色，然后使用设置好的“铅笔工具”绘制出卡通形象的轮廓线，设置前景色颜色为棕色，绘制鼻子和嘴的部分，如图 6-209 所示。

图6-208　　图6-209

答疑解惑：如何使用铅笔工具绘制直线？

使用画笔工具、铅笔工具和钢笔工具等绘制线条时，按住 Shift 键可以绘制出水平、垂直或者 45° 的直线。

步骤 04 在“轮廓”图层的下一层新建一个名称为“暗部 1”的图层，然后设置前景色为（R：245，G：169，B：65），接着使用“铅笔工具”绘制出图像暗部，如图 6-210 所示。

步骤 05 在“暗部”图层的上一层新建一个名称为“暗部 2”的图层，然后设置前景色为（R：248，G：188，B：105），接着使用“铅笔工具”绘制出图像的其他暗部，如图 6-211 所示。

步骤 06 在“暗部 2”图层的上一层新建一个名称为“中间调”的图层，然后设置前景色为（R：255，G：206，B：138），接着使用“铅笔工具”绘制出图像的紧邻暗部的部分，如图 6-212 所示。

图6-210　　图6-211

图6-212

步骤 07 在“中间调”图层的上一层新建一个名称为“亮部”的图层，然后设置前景色为（R：255，G：222，B：175），接着使用“铅笔工具”绘制出亮部部分，如图 6-213 所示。

步骤 08 在“亮部”图层的上一层新建一个名称为“亮部 2”的图层，然后设置前景色为（R：255，G：242，B：221），接着使用“铅笔工具”绘制出亮部的其他部分，如图 6-214 所示。

步骤09 在“亮部2”图层的上一层新建一个名称为“高光”的图层，然后设置前景色为（R：255，G：253，B：251），接着使用“铅笔工具”绘制出高光部分，如图6-215所示。

图6-213

图6-214

图6-215

步骤10 下面绘制胸前的红心。在“高光”图层的上一层新建一个名称为“红心”的图层，然后设置颜色为枚红色，接着使用“铅笔工具”绘制出红心，如图6-216所示。

步骤11 在“红心”图层的上一层新建一个名称为“眼框”的图层，然后设置前景色为（R：255，G：226，B：164），接着使用“铅笔工具”绘制出眼镜内部眼眶部分，如图6-217所示。

图6-216

图6-217

技巧提示

在文件图层较多的情况下，可以使用图层组对文件图层进行管理，例如在这里可以新建一个名为“眼睛”的图层组，然后在该组中多次新建图层并进行绘制。

步骤12 在“眼框”图层的上一层新建一个名称为“眼球1”的图层，然后设置前景色为（R：0，G：37，B：114），接着使用“铅笔工具”绘制出眼球暗部，如图6-218所示。

步骤13 在“眼球1”图层的上一层新建一个名称为“眼球2”的图层，然后设置前景色为（R：50，G：142，B：255），接着使用“铅笔工具”绘制出眼球亮部，如图6-219所示。

步骤14 在“眼球2”图层的上一层新建一个名称为“腮红”的图层，然后设置颜色由粉红色到淡粉色渐变，接着使用“铅笔工具”绘制出腮红部分，如图6-220所示。

图6-218

图6-219

图6-220

步骤15 为小熊添加翅膀，方法与前面基本相同，效果如图6-221所示。

步骤16 最后删除背景图层，导入背景素材放置在图层最下面，最终效果如图6-222所示。

图6-221

图6-222

答疑解惑：什么是像素画？

像素画也属于点阵式图像，但它是一种图标风格的图像，更强调清晰的轮廓、明快的色彩，几乎不用混叠方法来绘制光滑的线条，所以常常采用GIF格式，同时它的造型比较卡通，而当今像素画更是成为了一门艺术而存在，得到很多朋友的喜爱。如图6-223～图6-225所示。

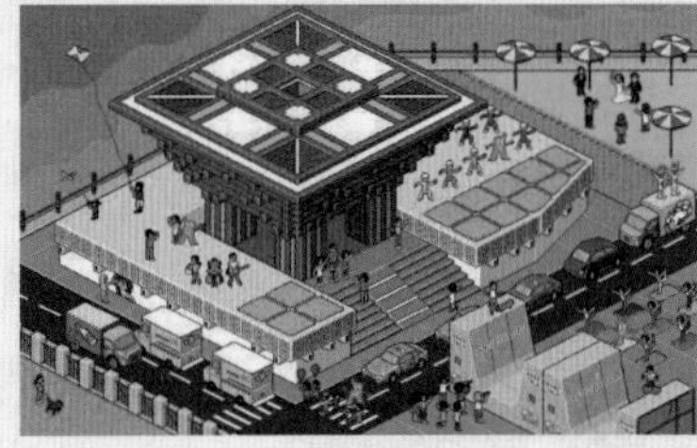
图6-223

图6-224

图6-225

像素画的应用范围相当广泛，从多年前家用红白机的画面直到今天的GBA手掌机，从黑白的手机图片直到今天全彩的掌上电脑；包括当前计算机中也无不充斥着各类软件的像素图标。

6.3.3 颜色替换工具

“颜色替换工具”可以将选定的颜色替换为其他颜色，其选项栏如图6-226所示。

图6-226

- 模式：选择替换颜色的模式，包括“色相”、“饱和度”、“颜色”和“明度”4个选项。当选择“颜色”选项时，可以同时替换色相、饱和度和明度。
- 取样：用来设置颜色的取样方式。单击“取样：连续”按钮，在拖曳光标时，可以对颜色进行取样；单击“取样：一次”按钮，只替换包含第1次单击的颜色区域中的目标颜色；单击“取样：背景色板”按钮，只替换包含当前背景色的区域。
- 限制：当选择“不连续”选项时，可以替换出现在光标下任何位置的样本颜色；当选择“连续”选项时，只替换与光标下的颜色接近的颜色；当选择“查找边缘”选项时，可以替换包含样本颜色的连接区域，同时保留形状边缘的锐化程度。
- 容差：用来设置颜色替换工具的容差，如图6-227所示分别是“容差”为20%和100%时的颜色替换效果。

图6-227

- 消除锯齿：选中该复选框，可以消除颜色替换区域的锯齿效果，从而使图像变得平滑。

实例练习——使用颜色替换工具改变汽车颜色

实例文件	实例练习——使用颜色替换工具改变汽车颜色.psd
视频教学	实例练习——使用颜色替换工具改变汽车颜色.flv
难易指数	★★★★★
技术要点	颜色替换工具

实例效果

本例主要针对颜色替换工具的使用方法进行练习。原图与效果图对比效果如图6-228和图6-229所示。

图6-228　　图6-229

操作步骤

步骤01 打开本书配套光盘中的素材文件，如图6-230所示。

图6-230

步骤02 按Ctrl+J组合键复制一个图层，然后在“颜色替换工具”的选项栏中设置画笔的“大小”为400像素，“硬度”为62，“容差”为50%，“模式”为“色相”，如图6-231所示。

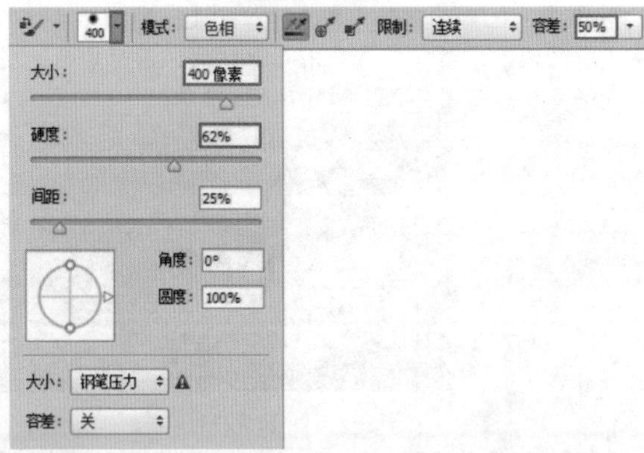

图6-231

答疑解惑：为什么要复制背景图层？

由于使用替换颜色画笔工具必须在原图上进行操作，而在操作中可能会造成不可返回的错误。为了避免破坏原图像，以备后面进行修改，复制出原图的副本是一项非常好的习惯。

步骤 03 按住 Alt 键将当前工具切换为吸管工具，采集人像手中的皮包颜色（R：254，G：82，B：192）。松开 Alt 键继续使用“颜色替换工具”在图像中的汽车部分进行涂抹，注意不要涂抹到车窗上，这样红色汽车就变成粉色汽车，如图 6-232 所示。

技巧提示

在替换颜色的同时可适当减小画笔大小以及画笔间距，这样在绘制小范围时比较准确。

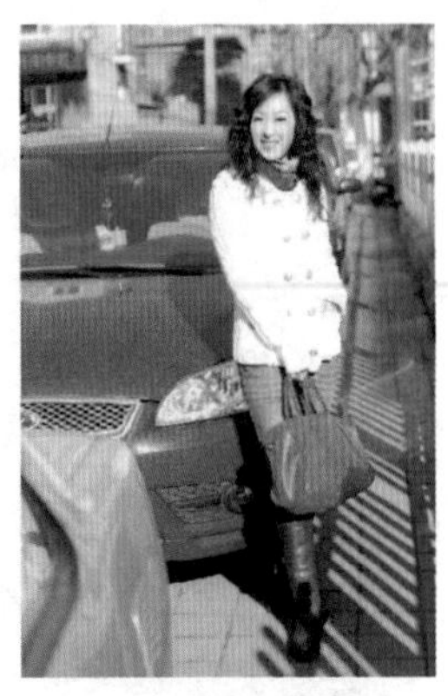

图6-232

6.3.4 混合器画笔工具

混合器画笔工具可以像传统绘画过程中混合颜料一样混合像素。所以使用混合器画笔工具可以轻松模拟真实的绘画效果，并且可以混合画布颜色和使用不同的绘画湿度（见图 6-233 和图 6-234），其选项栏如图 6-235 所示。

图6-233

图6-234

- 潮湿：控制画笔从画布拾取的油彩量。较高的设置会产生较长的绘画条痕，如图 6-236 和图 6-237 所示分别是“潮湿”为 100% 和 0% 时的条痕效果。

图 6-235

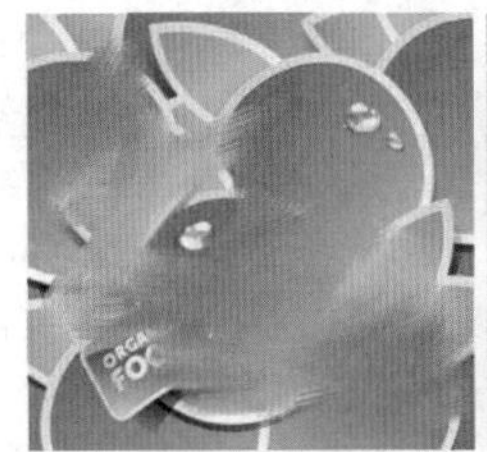

图6-236

图6-237

- 载入：指定储槽中载入的油彩量。载入速率较低时，绘画描边干燥的速度会更快。
- 混合：控制画布油彩量与储槽油彩量的比例。当混合比例为 100% 时，所有油彩将从画布中拾取；当混合比例为 0% 时，所有油彩都来自储槽。
- 流量：控制混合画笔的流量大小。
- 对所有图层取样：拾取所有可见图层中的画布颜色。

实例练习——利用混合器画笔工具制作水粉画效果

实例文件	实例练习——利用混合器画笔工具制作水粉画效果 .psd
视频教学	实例练习——利用混合器画笔工具制作水粉画效果 .flv
难易指数	★★★★★
知识掌握	掌握混合器画笔工具的使用方法

实例效果

本例主要使用混合画笔工具，将数码照片转换为手绘效果。原图与效果图对比效果如图 6-238 和图 6-239 所示。

操作步骤

步骤 01 打开本书配套光盘中的素材，如图 6-240 所示。按 Ctrl+J 组合键复制一个“背景 副本”图层，然后将该图层更名为“天空”，在绘制的过程中选择分层绘制的方法，也就

图6-238

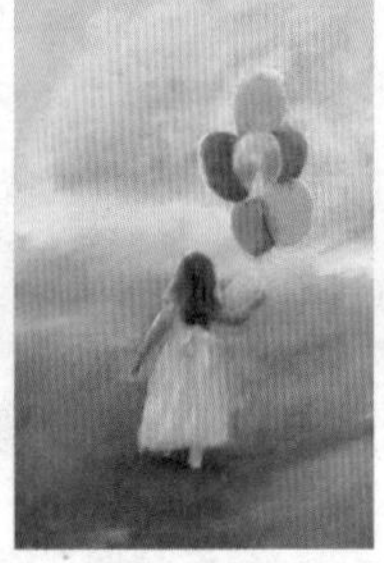

图6-239

是说将每一部分作为单独的一个图层进行绘制，这样操作可避免绘制不同颜色区域时相互影响，图6-241所示。

步骤 02 隐藏“背景”图层，使用套索工具框选天空部分的选区，按 Shift+Ctrl+I 组合键反向选择，然后按 Delete 删除多余部分，如图 6-242 所示。

图6-240　图6-241　图6-242

步骤 03 在工具箱中单击“混合器画笔工具”按钮，然后在选项栏中选择一种毛刷画笔，并设置“大小”为 146px，接着选择“潮湿，深混合”模式，如图 6-243 所示。

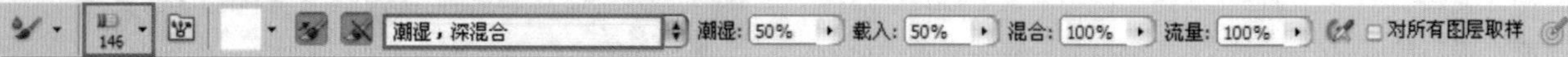

图6-243

步骤 04 设置前景色为（R：152，G：222，B：255），然后使用“混合器画笔工具”涂抹天空的大体轮廓和走向，如图 6-244 所示。

图6-244

步骤 05 在选项栏中更改画笔的类型和大小，如图 6-245 所示，然后绘制大树的走向，如图 6-246 所示。

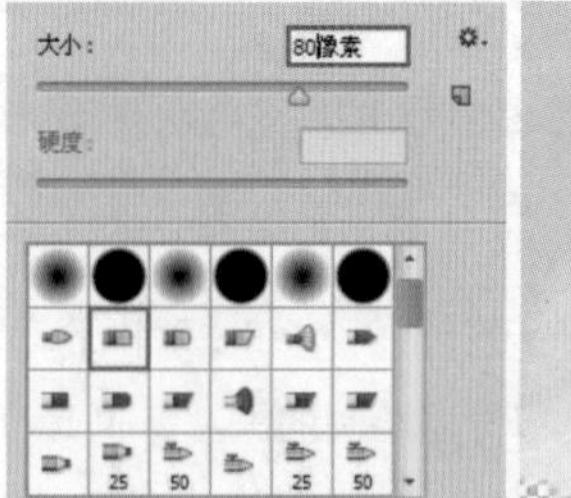

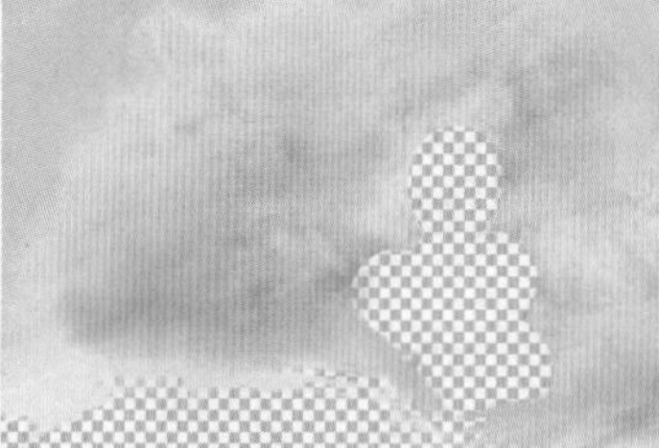

图6-245　图6-246

步骤 06 设置画笔的“大小”为 50px，然后细致涂抹颜色的过渡部分，使颜色的过渡更加柔和，效果如图 6-247 所示。

步骤 07 隐藏“天空”图层，然后选择“背景”图层，接着使用“钢笔工具”勾画出草地轮廓，再单击鼠标右键，在弹出的菜单中执行“建立选区”命令，如图 6-248 所示。使用复制和粘贴快捷键（Ctrl+C，Ctrl+V）复制出一个单独的草地选区，然后将该图层命名为“草地”，接着隐藏“背景”图层，效果如图 6-249 所示。

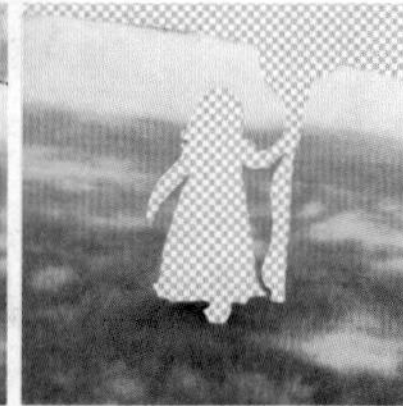

图6-247　图6-248　图6-249

步骤 08 在“混合器画笔工具”的选项栏中选择一种毛刷画笔，并设置“大小”为 33 像素，如图 6-250 所示，接着设置前景色为白色，最后绘制出风吹草地的色块效果，如图 6-251 所示。

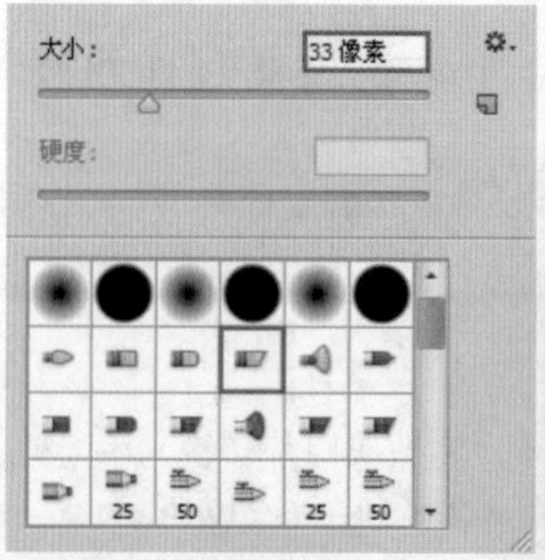

图6-250　图6-251

步骤 09 在选项栏中更改画笔的类型和大小，如图 6-252 所示，然后细致涂抹过渡区域，如图 6-253 所示。

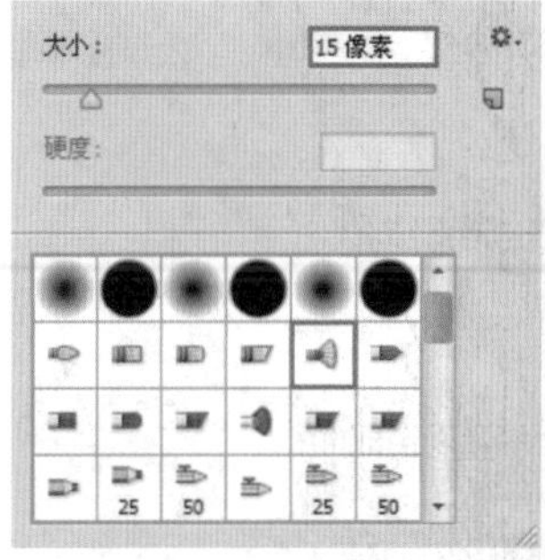

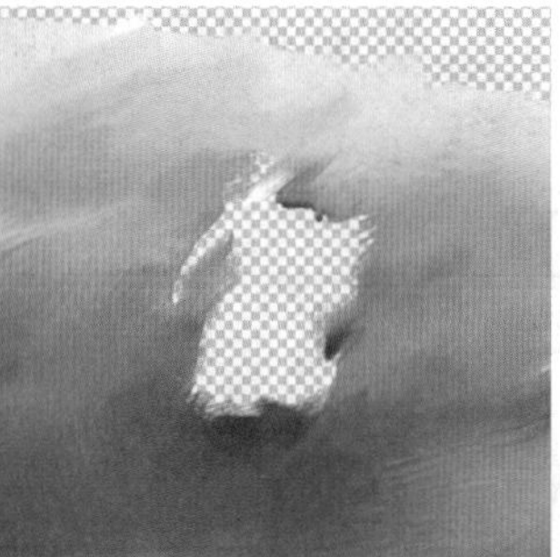

图6-252　　图6-253

步骤 10 将“草地”图层放置在“背景天空”图层的下面，然后显示出“背景天空”图层，效果如图 6-254 所示。

步骤 11 选择“背景”图层，然后暂时隐藏其他图层，接着使用“钢笔工具”勾画出人像和气球的轮廓，按 Ctrl+Enter 组合键载入路径的选区，按 Ctrl+J 组合键将选区内的图像复制到一个新的图层中，然后将该图层命名为“人像”，接着将其放置到最上层，并暂时隐藏其他图层，如图 6-255 所示。

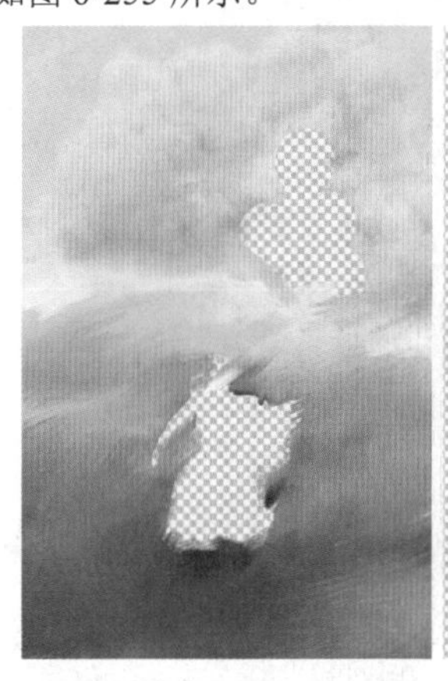

图6-254　　图6-255

步骤 12 在“混合器画笔工具”的选项栏中选择一种毛刷画笔，并设置“大小”为 50 像素，如图 5-256 所示，绘制气球区域的油画效果，如图 6-257 所示。

步骤 13 设置前景色为白色，然后在选项栏中更改画笔的类型和大小，如图 6-258 所示，接着仔细绘制出人像的头发及裙子，效果如图 6-259 所示。

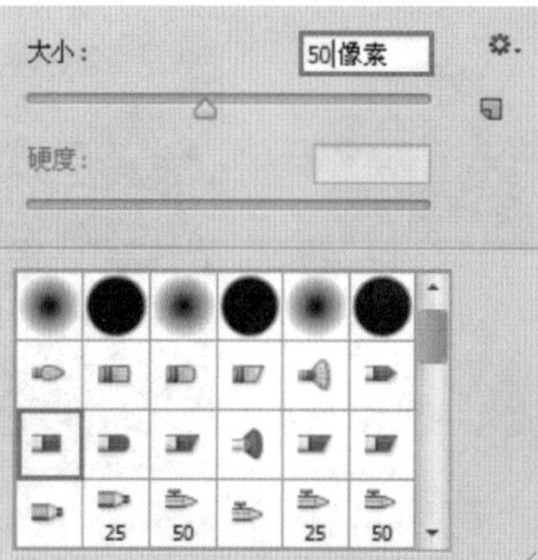

图6-256　　图6-257

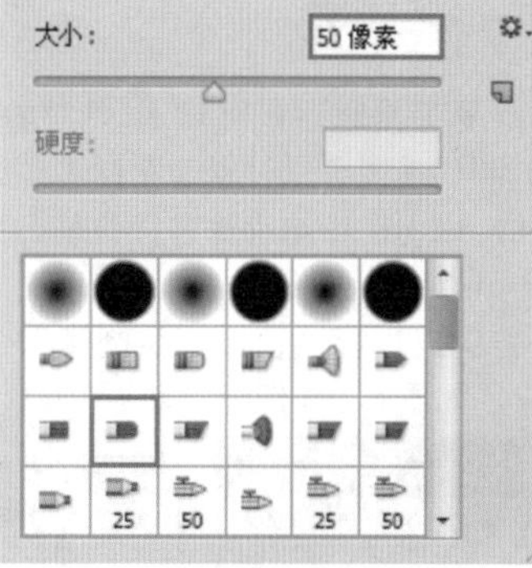

图6-258　　图6-259

步骤 14 显示出“草地”、“天空”和“人像”3 个图层，为了增强艺术效果，可以使用柔边白色“画笔工具”（参数设置如图 6-260 所示）在气球和人像手臂上绘制一些白色线条，当作白色油彩效果。最终效果如图 6-261 所示。

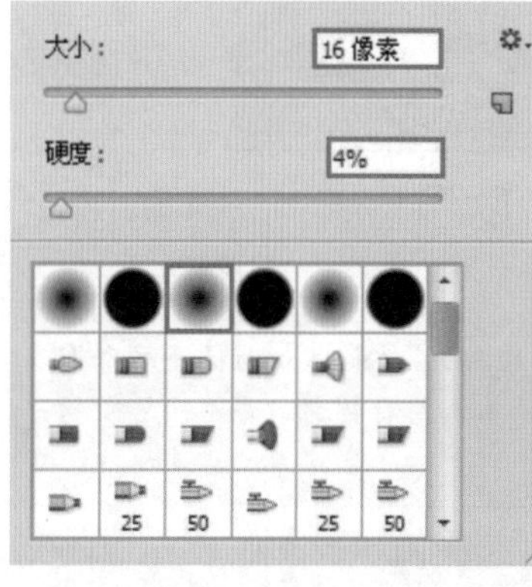

图6-260　　图6-261

6.4 图像修复工具

在传统摄影中，很多元素都需要“一次成型”，这对操作人员以及设备提出了很高的要求，但瑕疵也在所难免。图像的数字化处理则解决了这个问题，Photoshop 的修复工具组包括“污点修复画笔工具”、“修复画笔工具”、“修补工具”和“红眼工具”。使用这些工具能够方便快捷地修复数码照片中的瑕疵，如人像面部的斑点、皱纹、红眼、环境中多余的人以及不合理的杂物等。如图 6-262 ～图 6-264 所示。

图6-262　　图6-263　　图6-264

6.4.1 “仿制源”面板

使用图章工具或图像修复工具时，都可以通过“仿制源”面板来设置不同的样本源（最多可以设置5个样本源），并且可以查看样本源的叠加，以便在特定位置进行仿制。另外，通过“仿制源”面板还可以缩放或旋转样本源，以更好地匹配仿制目标的大小和方向。执行“窗口>仿制源”命令，可打开“仿制源”面板，如图6-265所示。

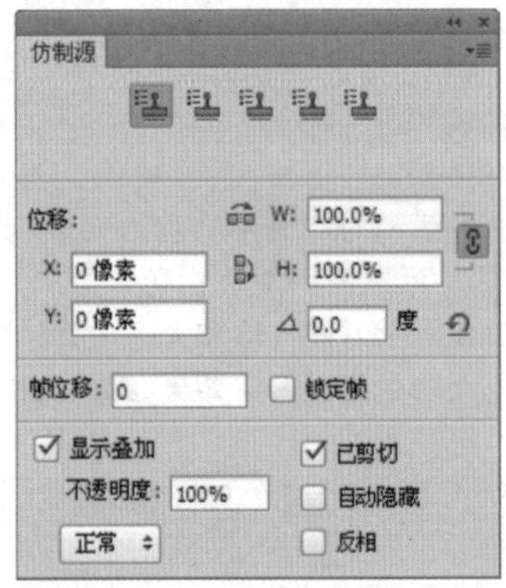

图6-265

> **技巧提示**
>
> 对于基于时间轴的动画，“仿制源”面板还可以用于设置样本源视频/动画帧与目标视频/动画帧之间的帧关系。

- **仿制源**：单击“仿制源”按钮，按住Alt键的同时使用图章工具或图像修复工具在图像中单击，可以设置取样点，如图6-266所示。单击下一个“仿制源”按钮，可以继续取样。
- **位移**：指定X轴和Y轴的像素位移，可以在相对于取样点的精确位置进行仿制。
- **W/H**：输入W（宽度）或H（高度）值，可以缩放所仿制的源，如图6-267所示。
- **旋转**：在文本框中输入旋转角度，可以旋转仿制的源，如图6-268所示。

图6-266　　图6-267

图6-268

- **翻转**：单击“水平翻转”按钮，可以水平翻转仿制源，如图6-269所示；单击“垂直翻转”按钮，可以垂直翻转仿制源，如图6-270所示。

图6-269　　图6-270

- **“复位变换”按钮**：将W、H、角度值和翻转方向恢复到默认的状态。
- **帧位移/锁定帧**：在“帧位移”文本框中输入帧数，可以使用与初始取样的帧相关的特定帧进行仿制，输入正值时，要使用的帧在初始取样的帧之后；输入负值时，要使用的帧在初始取样的帧之前。如果选中“锁定帧”复选框，则总是使用初始取样的相同帧进行仿制。
- **显示叠加**：选中“显示叠加”复选框，并设置了叠加方式以后，可以在使用图章工具或修复工具时，更好地查看叠加以及下面的图像，如图 6-271 所示。“不透明度”文本框用来设置叠加图像的不透明度；选中“自动隐藏”复选框可以在应用绘画描边时隐藏叠加；选中“已剪切”复选框可将叠加剪切到画笔大小；如果要设置叠加的外观，可以从下面的叠加下拉列表中进行选择；选中“反相”复选框可反相叠加图像中的颜色。

图6-271

实例练习——使用“仿制源”面板与仿制图章工具

案例文件	实例练习——使用“仿制源”面板与仿制图章工具 .psd
视频教学	实例练习——使用“仿制源“面板与仿制图章工具 .flv
难易指数	★★★★★
技术要点	仿制图章工具

案例效果

本例原图与效果图对比效果如图 6-272 和图 6-273 所示。

图6-272

图6-273

操作步骤

步骤 01 打开素材文件，如图 6-274 所示。单击工具箱中的“仿制图章工具”按钮，执行“窗口 > 仿制源”命令，打开“仿制源 ”面板。单击“仿制源”按钮，然后单击“水平翻转”按钮，并设置其 W 和 H 值为 80%，如图 6-275 所示。

步骤 02 在选项栏中设置图章大小，按住 Alt 键单击右键，采集左边小鸟像素，在画面右侧单击并进行涂抹，绘制出右边的小鸟，如图 6-276 和图 6-277 所示。

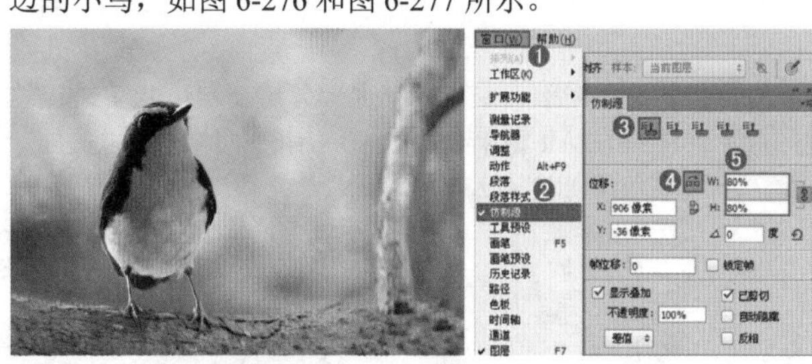

图6-274　　图6-275

图6-276

图6-277

6.4.2 仿制图章工具

“仿制图章工具”可以将图像的一部分绘制到同一图像的另一个位置上，或绘制到具有相同颜色模式的任何打开文档的另一部分，当然也可以将一个图层的一部分绘制到另一个图层上。它对于复制对象或修复图像中的缺陷非常有用，其选项栏如图 6-278 所示。

图6-278

- “切换画笔面板”按钮：打开或关闭“画笔”面板。
- “切换仿制源面板”按钮：打开或关闭“仿制源”面板。
- 对齐：选中该复选框，可以连续对像素进行取样，即使是释放鼠标以后，也不会丢失当前的取样点。

> **技巧提示**
>
> 如果取消选中“对齐”复选框，则会在每次停止并重新开始绘制时使用初始取样点中的样本像素。

- 样本：从指定的图层中进行数据取样。

实例练习——使用仿制图章工具修补草地

实例文件	实例练习——使用仿制图章工具修补草地 .psd
视频教学	实例练习——使用仿制图章工具修补草地 .flv
难易指数	★★★★★
技术要点	仿制图章工具

实例效果

本例原图和效果图对比效果如图 6-279 和图 6-280 所示。

第6章　图像的绘制与编辑

操作步骤

步骤 01 打开素材文件，如图 6-281 所示。单击工具箱中的“仿制图章工具”按钮，在选项栏中设置一种柔边圆图章，设置其大小为 100，“模式”为“正常”，“不透明度”为 100%，“流量”为 100%，选中“对齐”复选框，“样本”设置为当前图层，如图 6-282 所示。

图6-279　　图6-280　　图6-281

图6-282

步骤 02 按住 Alt 键单击，吸取草地部分，在左下角单击，遮盖多余的杂草，如图 6-283 所示。

步骤 03 同样按住 Alt 键单击，吸取周围的草地，在树丛处单击，遮盖多余部分，如图 6-284 所示。

步骤 04 最终效果如图 6-285 所示。

图6-283　　图6-284　　图6-285

6.4.3 图案图章工具

“图案图章工具”可以使用预设图案或载入的图案进行绘画，其选项栏如图 6-286 所示。

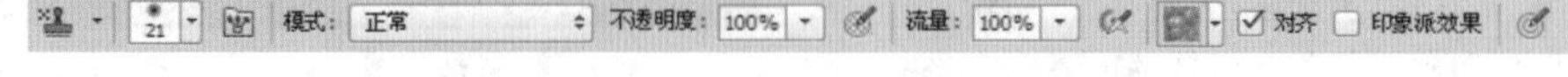

图6-286

- 对齐：选中该复选框，可以保持图案与原始起点的连续性，即使多次单击也不例外，如图 6-287 所示；取消选中该复选框，则每次单击都重新应用图案，如图 6-288 所示。

图6-287

图6-288

- 印象派效果：选中该复选框，可以模拟出印象派效果的图案，如图 6-289 和图 6-290 所示分别是取消选中和选中“印象派效果”复选框时的效果。

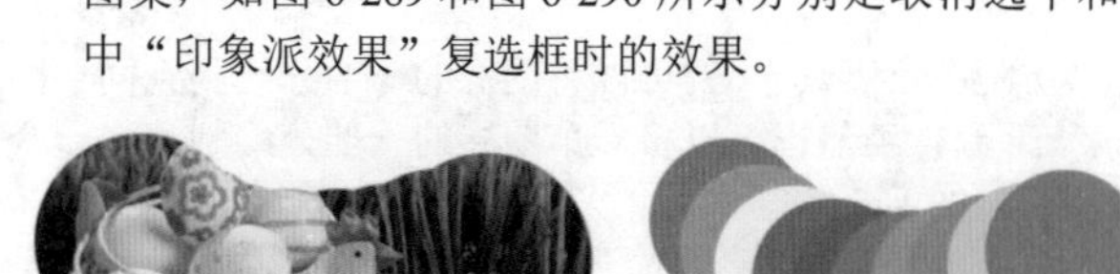

图6-289　　图6-290

6.4.4 污点修复画笔工具

使用“污点修复画笔工具”可以消除图像中的污点和某个对象，如图 6-291 和 6-292 所示。“污点修复画笔工具”不需要设置取样点，因为它可以自动从所修饰区域的周围进行取样，其选项栏如图 6-293 所示。

- 模式：用来设置修复图像时使用的混合模式。除“正常”、“正片叠底”等常用模式以外，还有“替换”模式，该

图6-291

图6-292

19 模式：正常 类型：○近似匹配 ○创建纹理 ⊙内容识别 □对所有图层取样

图6-293

模式可以保留画笔描边边缘处的杂色、胶片颗粒和纹理，如图 6-294 和图 6-295 所示分别原始图像和各种模式效果。

- 类型：用来设置修复的方法。选中“近似匹配”单选按钮时，可以使用选区边缘周围的像素来查找要用作选定区域修补的图像区域；选中“创建纹理”单选按钮时，可以使用选区中的所有像素创建一个用于修复该区域的纹理；选中“内容识别”单选按钮时，可以使用选区周围的像素进行修复。

图6-294　　图6-295

实例练习——使用污点修复画笔去除美女面部斑点

实例文件	实例练习——使用污点修复画笔去除美女面部斑点.psd
视频教学	实例练习——使用污点修复画笔去除美女面部斑点.flv
难易指数	★★★★★
技术要点	污点修复画笔工具

实例效果

本例效果如图 6-296 所示。

图6-296

操作步骤

步骤 01 打开素材文件，单击工具箱中的“污点修复画笔工具”按钮，在人像左边面部有斑点的地方单击，进行修复，如图 6-297 所示。

图6-297

步骤 02 同样在人像右边面部有斑点的地方单击，进行修复，最终效果如图 6-298 所示。

图6-298

6.4.5 修复画笔工具

与“仿制图章工具”相似，“修复画笔工具”可以修复图像的瑕疵，也可以用图像中的像素作为样本进行绘制。不同的是，修复画笔工具还可将样本像素的纹理、光照、透明度和阴影与所修复的像素进行匹配，从而使修复后的像素不留痕迹地融入图像的其他部分，如图6-299所示，其选项栏如图6-300所示。

图6-299

图6-300

- 源：设置用于修复像素的源。选中“取样”单选按钮时，可以使用当前图像的像素来修复图像；选中“图案”单选按钮时，可以使用某个图案作为取样点。
- 对齐：选中该复选框，可以连续对像素进行取样，即使释放鼠标也不会丢失当前的取样点；取消选中该复选框，则会在每次停止并重新开始绘制时使用初始取样点中的样本像素。

实例练习——使用修复画笔去除面部细纹

实例文件	实例练习——使用修复画笔去除面部细纹.psd
视频教学	实例练习——使用修复画笔去除面部细纹.flv
难易指数	★★★★★
技术要点	修复画笔工具

实例效果

本例主要使用修复画笔工具去除人像眼部的细纹以及脖子部分的皱纹，处理前后对比效果如图6-301和图6-302所示。

图6-301 图6-302

操作步骤

步骤01 打开素材文件，如图6-303所示。

步骤02 单击工具箱中的“修复画笔”工具按钮，执行“窗口>仿制源”命令。单击“仿制源”按钮，设置“源”的X数值为1901像素，Y数值为1595像素，如图6-304所示。

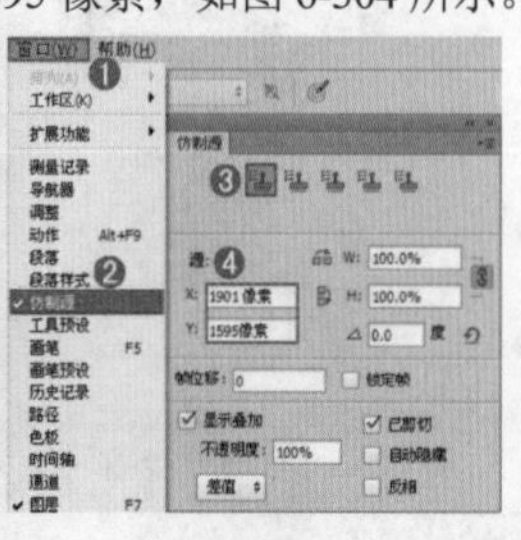

图6-303 图6-304

步骤03 在选项栏中设置画笔大小，按住Alt键单击，吸取眼部周围的皮肤，在眼部皱纹处单击，遮盖细纹，如图6-305所示。

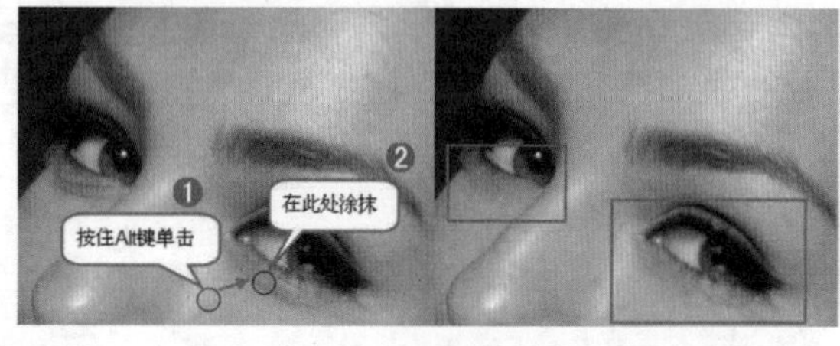

图6-305

步骤04 同样按住Alt键单击，吸取颈部周围的皮肤，在颈部皱纹处单击，遮盖细纹，如图6-306所示。

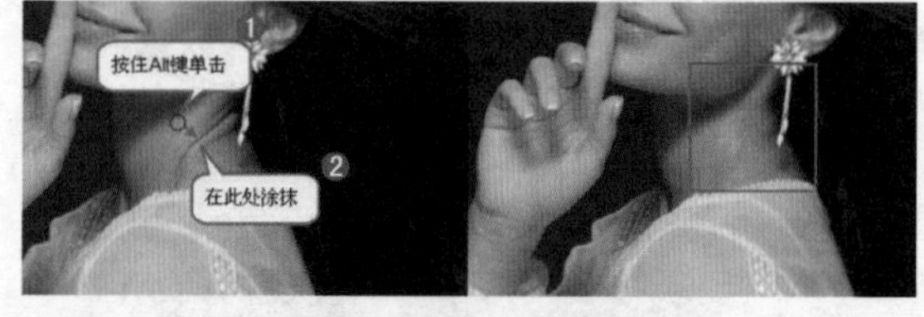

图6-306

步骤05 最终效果如图6-307所示。

图6-307

6.4.6 修补工具

“修补工具”可以利用样本或图案来修复所选图像区域中不理想的部分，如图 6-308 和图 6-309 所示。其选项栏如图 6-310 所示。

图6-308

图6-309

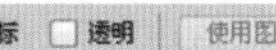

图6-310

- 选区创建方式：单击“新选区”按钮，可以创建一个新选区（如果图像中存在选区，则原始选区将被新选区替代）；单击“添加到选区”按钮，可以在当前选区的基础上添加新的选区；单击“从选区减去”按钮，可以在原始选区中减去当前绘制的选区；单击“与选区交叉”按钮，可以得到原始选区与当前创建的选区相交的部分。

技巧提示

“添加到选区”的快捷键为 Shift 键；“从选区减去”的快捷键为 Alt 键；“与选区交叉”的快捷键为 Alt+Shift 组合键。

- 修补：创建选区以后，选中“源”单选按钮，将选区拖曳到要修补的区域，松开鼠标左键就会用当前选区中的图像修补原来选中的内容，如图 6-311 所示；选中“目标”单选按钮，则会将选中的图像复制到目标区域，如图 6-312 和图 6-313 所示。

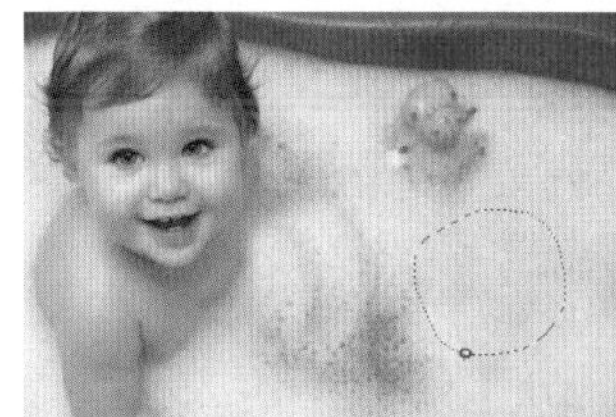

图6-311

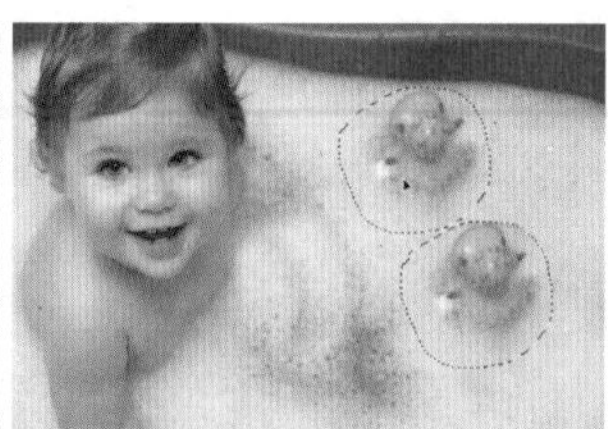

图6-312

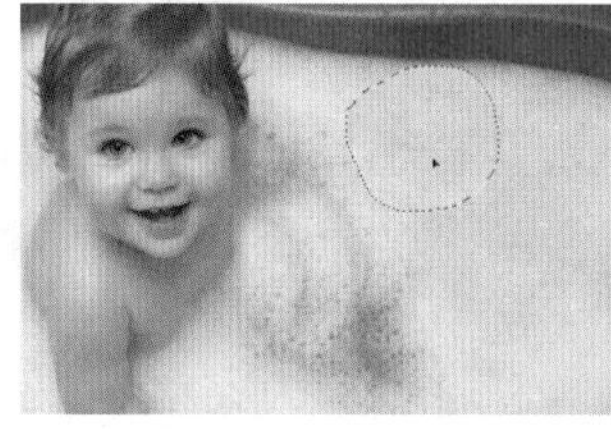

图6-313

- 透明：选中该复选框，可以使修补的图像与原始图像产生透明的叠加效果，适于修补清晰分明的纯色背景或渐变背景。
- 使用图案：使用“修补工具”创建选区以后，单击“使用图案”按钮，可以使用图案修补选区内的图像，如图 6-314 和图 6-315 所示。

图6-314

图6-315

实例练习——使用修补工具去除多余物体

实例文件	实例练习——使用修补工具去除多余物体
视频教学	实例练习——使用修补工具去除多余物体
难易指数	★★★★★
技术要点	修补工具

实例效果

本例主要使用修补工具去除图像左侧多余的牌子部分。处理前后对比效果如图 6-316 和图 6-317 所示。

图6-316

图6-317

操作步骤

步骤 01 打开本书配套光盘中的素材文件，如图 6-318 所示。

图6-318

步骤 02 单击工具箱中的“修补工具”按钮，在选项栏中单击“新选区”按钮，并选中“源”单击按钮，然后拖曳鼠标绘制左侧牌子的选区，并按住左键向上拖曳，如图 6-319 所示。

步骤 03 松开鼠标能够看到岩石部分与底图进行了混合，最终效果如图 6-320 所示。

图6-319

图6-320

6.4.7 内容感知移动工具

使用“内容感知移动工具”可以在无需复杂图层或慢速精确的选择选区的情况下快速地重构图像。“内容感知移动工具”的选项栏与“修补工具”的选项栏相似，如图 6-321 所示。首先单击工具箱中的“内容感知移动工具”按钮，在图像上绘制区域，并将影像任意地移动到指定的区块中，这时 Photoshop CS6 就会自动将影像与四周的影物融合在一起，而原始的区域则会进行智能填充，如图 6-322 ～ 6-324 所示。

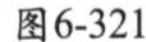

图6-321

图6-322

图6-323

图6-324

6.4.8 红眼工具

在光线较暗的环境中照相时，由于主体的虹膜张开得很宽，经常会出现“红眼”现象。“红眼工具”可以去除由闪光灯导致的红色反光，如图 6-325 和图 6-326 所示。其选项栏如图 6-327 所示。

图6-325

图6-326

瞳孔大小：50%　变暗量：50%

图6-327

- 瞳孔大小：用来设置瞳孔的大小，即眼睛暗色中心的大小。
- 变暗量：用来设置瞳孔的暗度。

答疑解惑：如何避免“红眼”的产生？

“红眼”是由于相机闪光灯在主体视网膜上反光引起的。为了避免出现红眼，除了可以在 Photoshop 中进行矫正以外，还可以使用相机的红眼消除功能来消除红眼。

实例练习——快速去掉照片中的红眼效果

实例文件	实例练习——快速去掉照片中的红眼效果 .psd
视频教学	实例练习——快速去掉照片中的红眼效果 .flv
难易指数	★★★★★
技术要点	红眼工具

实例效果

本例效果如图 6-328 所示。

操作步骤

步骤 01 打开素材文件，如图 6-329 所示。

步骤 02 单击工具箱中的“红眼工具”按钮，在选项栏中设置“瞳孔大小”为 50%，“变暗量”为 50%，单击人像左眼，可以看到左眼红色的瞳孔变为黑色，如图 6-330 所示。

图6-328

图6-329

步骤 03 同样方法，对人像右眼进行制作，最终效果如图 6-331 所示。

图6-330

图6-331

6.4.9 历史记录画笔工具

“历史记录画笔工具” 可以理性、真实地还原某一区域的某一步操作，它可以将标记的历史记录状态或快照用作源数据对图像进行修改。其选项栏与画笔工具的选项栏基本相同，这里不再赘述。如图 6-332 和图 6-333 分别为原始图像以及使用“历史记录画笔工具”还原“拼贴”的效果图。

图6-332

图6-333

技巧提示

历史记录画笔工具通常与“历史记录”面板一起使用，关于“历史记录”面板的内容请参考前面章节中的相关部分。

实例练习——使用历史记录画笔还原局部效果

实例文件	实例练习——使用历史记录画笔还原局部效果 .psd
视频教学	实例练习——使用历史记录画笔还原局部效果 .flv
难易指数	★★★★★
技术要点	历史记录画笔工具

实例效果

本例效果如图 6-334 所示。

图6-334

操作步骤

步骤 01 打开素材文件，执行“图像 > 调整 > 色相 / 饱和度”命令，如图 6-335 和图 6-336 所示。

图6-335　　图6-336

步骤 02 在弹出的“色相 / 饱和度”对话框中“色相”数值为 -157，如图 6-337 所示。效果如图 6-338 所示。

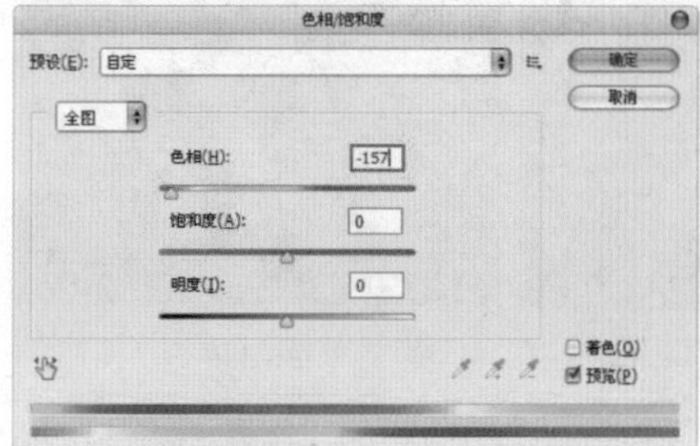

图6-337

图6-338

步骤 03 进入“历史记录”面板，在最后一步“色相/饱和度”前的方框中单击，标记该步骤，并选择上一步骤“打开”，如图 6-339 所示。回到图像中，此时可以看到图像还原到原始效果，如图 6-340 所示。单击工具箱中的“历史记录画笔工具”按钮，适当调整画笔大小，对衣服部分进行适当涂抹，最终效果如图 6-341 所示。

图 6-339

图 6-340

图 6-341

6.4.10 历史记录艺术画笔工具

与“历史记录画笔工具”相似，“历史记录艺术画笔工具”也可以将标记的历史记录状态或快照用作源数据对图像进行修改。不同的是，历史记录艺术画笔工具在使用原始数据的同时，还可以为图像创建不同的颜色和艺术风格，其选项栏如图 6-342 所示。

模式：正常 不透明度：100% 样式：绷紧短 区域：50 像素 容差：0%

图 6-342

技巧提示

历史记录艺术画笔工具在实际中的使用频率并不高。因为它属于任意涂抹工具，很难有规整的绘画效果，不过它提供了一种全新的创作思维方式，可以创作出一些独特的效果。

- 样式：用来设置绘画描边的形状，包括“绷紧短”、“绷紧中”和“绷紧长”等，如图 6-343 和图 6-344 所示分别是“绷紧短”和“绷紧卷曲”的效果。
- 区域：用来设置绘画描边所覆盖的区域。数值越大，覆盖的区域越大，描边的数量也越多。

图 6-343

图 6-344

- 容差：限定可应用绘画描边的区域。低容差可以用于在图像中的任何地方绘制无数条描边；高容差会将绘画描边限定在与源状态或快照中的颜色明显不同的区域。

实例练习——历史记录艺术画笔制作手绘效果

实例文件	操作实践——历史记录艺术画笔制作手绘效果.psd
视频教学	操作实践——历史记录艺术画笔制作手绘效果.flv
难易指数	★★★★★
技术要点	历史记录艺术画笔工具

实例效果

本例主要针对历史记录艺术画笔工具的使用方法进行练习，处理前后对比效果如图 6-345 和图 6-346 所示。

图 6-345

图 6-346

操作步骤

步骤 01 打开本书配套光盘中的素材文件，如图 6-347 所示。

步骤 02 单击工具箱中的“历史记录艺术画笔工具”按钮，在选项栏中设置画笔的“大小”为 5 像素，在儿童的头部区域进行精细绘制，如图 6-348 所示。

图 6-347

步骤 03 在选项栏中设置画笔的“大小”为 15 像素，绘制身体部分，如图 6-349 所示。

步骤 04 执行“图像 > 调整 > 色相/饱和度”命令，设置“色相”为 100，如图 6-350 所示。效果如图 6-351 所示。

图6-348　　图6-349

步骤 05 进入“历史记录”面板，在最后一步“色相/饱和度”前的方框中单击，标记该步骤，并选择上一步骤，如图 6-352 所示。回到图像中，此时可以看到图像还原到原始效果，如图 6-353 所示。

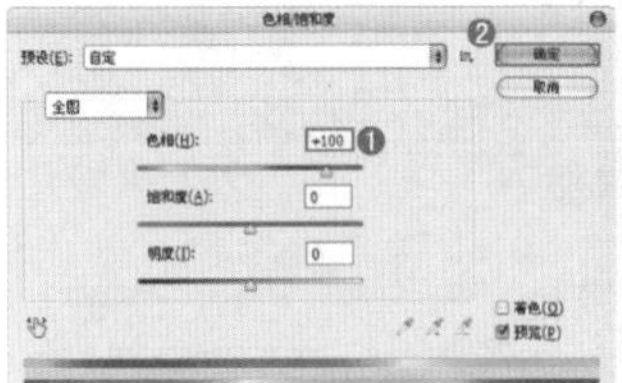

图6-350　　图6-351

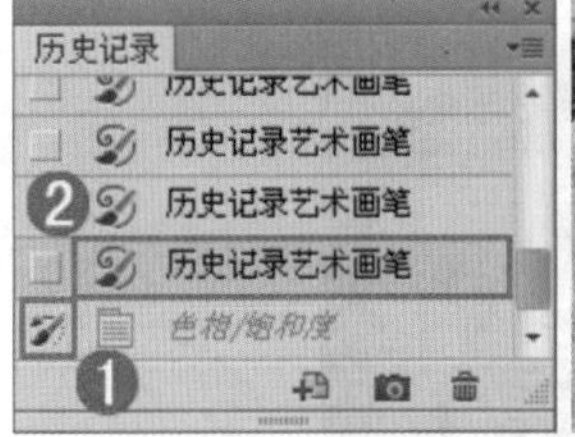

图6-352　　图6-353

步骤 06 单击工具箱中的“历史记录艺术画笔工具”按钮，设置“大小”为 70 像素，然后设置“样式”为“绷紧短”，在环境区域进行绘制，如图 6-354 和图 6-355 所示。

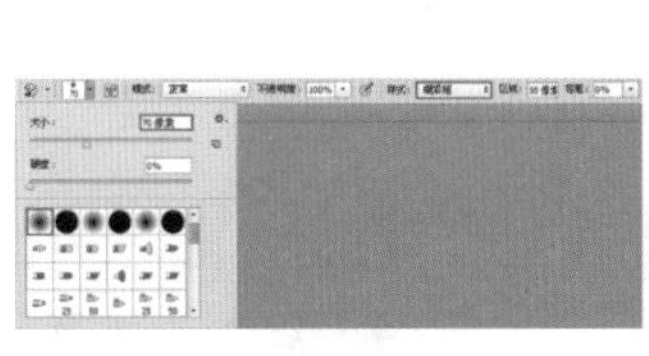

图6-354　　图6-355

步骤 07 导入前景素材，最终效果如图 6-356 所示。

图6-356

技巧提示

在用历史记录艺术画笔工具绘画之前，可以尝试应用滤镜或用纯色填充图像以获得更奇异的视觉效果。

6.5 图像擦除工具

Photoshop 提供了 3 种擦除工具，分别是“橡皮擦工具”、“背景橡皮擦工具”和“魔术橡皮擦工具”。

6.5.1 橡皮擦工具

“橡皮擦工具”可以将像素更改为背景色或透明，在普通图层中进行擦除，则擦除的像素将变成透明；在“背景”图层或锁定了透明像素的图层中进行擦除，则擦除的像素将变成背景色，如图 6-357 和 6-358 所示。其选项栏如图 6-359 所示。

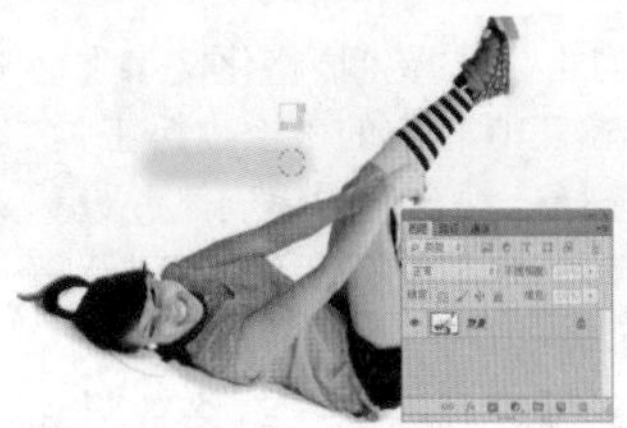

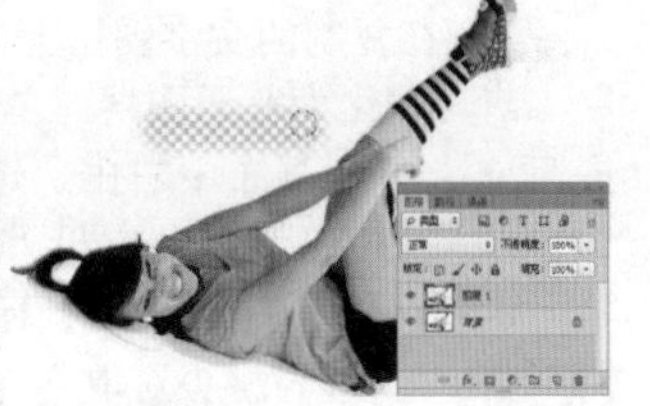

图6-357　　图6-358

模式：画笔　不透明度：100%　流量：45%　抹到历史记录

图6-359

- 模式：选择橡皮檫的种类。选择“画笔”选项时，可以创建柔边擦除效果；选择“铅笔”选项时，可以创建硬边擦除效果；选择“块”选项时，擦除的效果为块状。
- 不透明度：用来设置橡皮擦工具的擦除强度。设置为 100% 时，可以完全擦除像素。当“模式”设置为“块”时，该选项将不可用。
- 流量：用来设置橡皮擦工具的涂抹速度，如图 6-360 和图 6-361 所示分别为设置“流量”为 35% 和 100% 时的擦除效果。

- 抹到历史记录：选中该复选框，橡皮擦工具的作用相当于历史记录画笔工具。

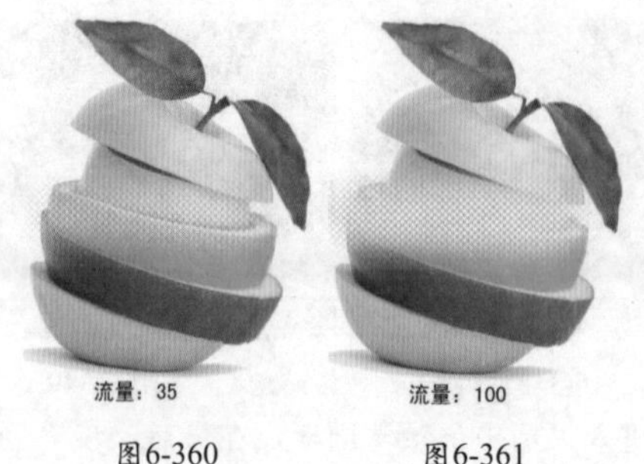

图6-360　　图6-361

实例练习——制作斑驳的涂鸦效果

实例文件	实例练习——制作斑驳的涂鸦效果.psd
视频教学	实例练习——制作斑驳的涂鸦效果.flv
难易指数	
技术要点	文字工具、橡皮擦工具

实例效果

本例效果如图 6-362 所示。

图6-362

操作步骤

步骤01 打开素材文件，如图 6-363 所示。

步骤02 单击工具箱中的“横排文字工具”按钮T，设置前景色为白色，选择合适的字体及大小，输入“SMILE”，然后适当调整位置，如图 6-364 所示。

图6-363　　图6-364

步骤03 在“图层”面板中设置“填充”为0%，单击“图层”面板中的“添加图层样式”按钮，选择“内发光”样式，如图 6-365 所示，设置其“混合模式”为“颜色加深”，“不透明度”为 100%，颜色为浅灰色，并设置一种由灰到透明的渐变，“大小”为 90 像素，单击“确定”按钮结束操作，如图 6-366 所示。效果如图 3-367 所示。

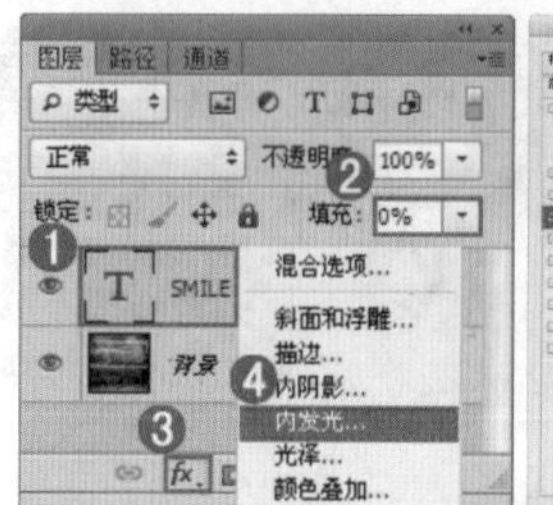

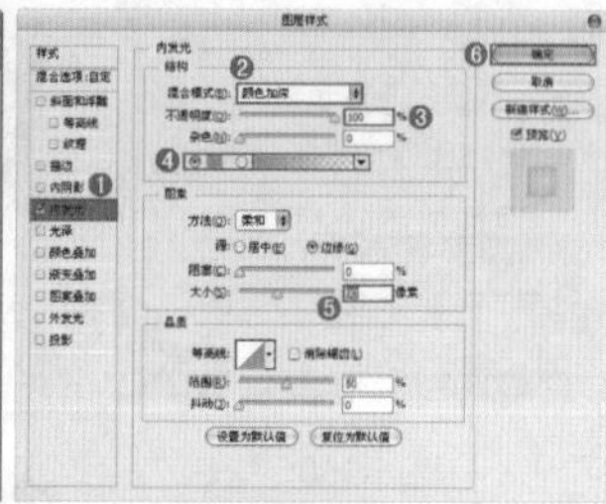

图6-365　　图6-366

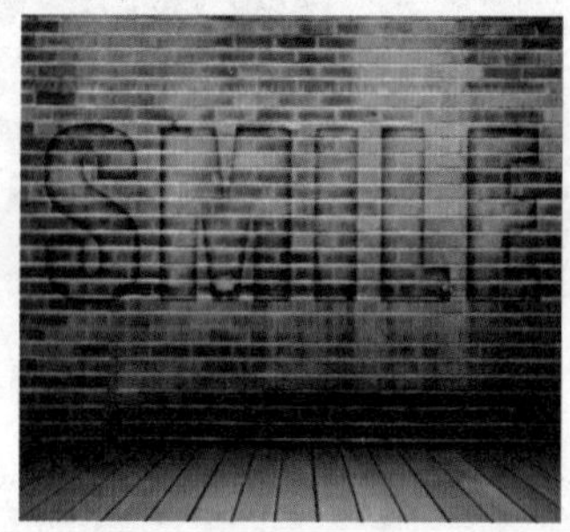

图6-367

步骤04 复制文字图层，去掉图层样式，在“图层”面板中设置其“不透明度”为 85%，如图 6-368 和图 6-369 所示。

图6-368　　图6-369

步骤05 在复制的文字图层上右击，选择“栅格化文字”命令，使其转化为普通图层。单击工具箱中的“橡皮擦工具”按钮，并在画布中右击，选择一种合适的笔刷，并设置“大小”为 39 像素，在字母“S”顶部边缘以及底部进行擦除，如图 6-370 ～图 6-372 所示。

步骤06 用同样方法对其他字母进行擦除，最终效果如图 6-373 所示。

图6-370

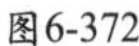

图6-371

图6-372　　图6-373

6.5.2 背景橡皮擦工具

"背景橡皮擦工具" 是一种基于色彩差异的智能化擦除工具。其功能非常强大，除了可以用来擦除图像以外，最重要的是运用在抠图中。设置好背景色以后，使用该工具可以在抹除背景的同时保留前景对象的边缘，如图 6-374 和图 6-375 所示。其选项栏如图 3-376 所示。

原图像　　使用"背景橡皮擦"

图6-374　　图6-375

图6-376

- 取样：用来设置取样的方式。单击"取样：连续"按钮，在拖曳鼠标时可以连续对颜色进行取样，凡是出现在光标中心十字线以内的图像都将被擦除，如图 6-377 所示；单击"取样：一次"按钮，只擦除包含第 1 次单击处颜色的图像，如图 6-378 所示；单击"取样：背景色板"按钮，只擦除包含背景色的图像，如图 6-379 所示。

图6-377　　图6-378

图6-379

- 限制：设置擦除图像时的限制模式。选择"不连续"选项时，可以擦除出现在光标下任何位置的样本颜色；选择"连续"选项时，只擦除包含样本颜色并且相互连接的区域；选择"查找边缘"选项时，可以擦除包含样本颜色的连接区域，同时更好地保留形状边缘的锐化程度。
- 容差：用来设置颜色的容差范围。
- 保护前景色：选中该复选框，可以防止擦除与前景色匹配的区域。

实例练习——使用背景橡皮擦快速擦除背景

实例文件	实例练习——使用背景橡皮擦快速擦除背景 .psd
视频教学	实例练习——使用背景橡皮擦快速擦除背景 .psd
难易指数	★★★★★
技术要点	背景橡皮擦工具

实例效果

本例处理前后对比效果如图 6-380 和图 6-381 所示。

图6-380　　图6-381

操作步骤

步骤 01 打开素材文件，按住 Alt 键双击背景图层，将其转换为普通图层。单击工具箱中的“吸管工具”按钮，单击采集盘子边缘的颜色为前景色，并按住 Alt 键单击蓝色的桌面部分作为背景色，如图 6-382 和图 6-383 所示。

图6-382

图6-383

步骤 02 单击工具箱中的“背景橡皮擦工具”按钮，单击选项栏中画笔预设下拉按钮，设置“大小”为 264 像素，“硬度”为 0%，单击“取样：背景色板”按钮，设置“容差”为 50%，并选中“保护前景色”复选框，如图 6-384 所示。

步骤 03 回到图像中，从右上角盘子边缘区域开始涂抹，可以看到背景部分变为透明，而盘子部分被完全保留下来，如图 6-385 所示。

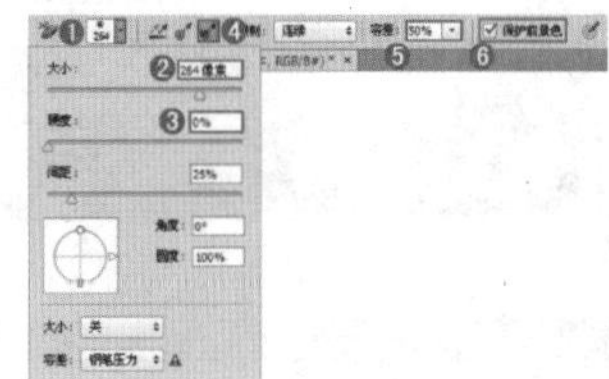

图6-384

图6-385

步骤 04 使用同样的方法继续进行涂抹。需要注意的是，当擦除到图像中颜色与当前的前景色或背景色不匹配时，需要重新按照步骤 01 的方法进行设置，如图 6-386 和图 6-387 所示。

图6-386

图6-387

步骤 05 为了使擦除效果更好，可以多次修改前景色与背景色。导入背景素材文件，将其放在副本图层下方，如图 6-388 所示。

步骤 06 在背景图层上方新建图层，单击工具箱中的“画笔工具”按钮，设置前景色为黑色，选择一种柔边圆画笔，适当调整大小，绘制出杯子阴影部分，如图 6-389 所示。

图6-388

图6-389

6.5.3 魔术橡皮擦工具

使用“魔术橡皮擦工具”在图像中单击时，可以将所有相似的像素更改为透明（如果在已锁定了透明像素的图层中工作，这些像素将更改为背景色），其选项栏如图 6-390 所示。

容差: 32 | 消除锯齿 | 连续 | 对所有图层取样 | 不透明度: 100%

图6-390

- 容差：用来设置可擦除的颜色范围。
- 消除锯齿：选中该复选框，可以使擦除区域的边缘变得平滑。
- 连续：选中该复选框，只擦除与单击点像素邻近的像素；取消选中该复选框，可以擦除图像中所有相似的像素。
- 不透明度：用来设置擦除的强度。值为 100% 时，将完全擦除像素；较低的值可以擦除部分像素。

实例练习——使用魔术橡皮擦工具为图像换背景

实例文件	实例练习——使用魔术橡皮擦工具为图像换背景 .psd
视频教学	实例练习——使用魔术橡皮擦工具为图像换背景 .flv
难易指数	★★★★★
技术要点	魔术橡皮擦工具

实例效果

本例处理前后对比效果如图 6-391 和图 6-392 所示。

图6-391

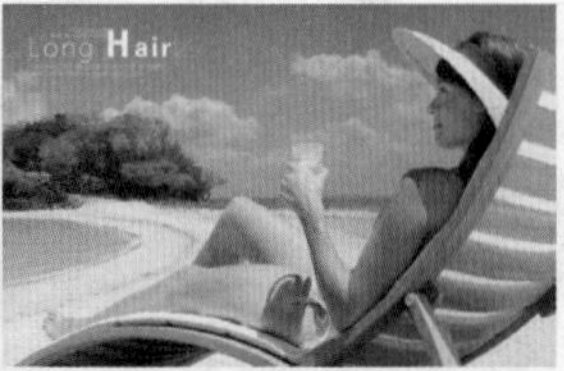

图6-392

操作步骤

步骤 01 打开素材文件，如图 6-393 所示。

图6-393

步骤 02 复制素材 1 并隐藏原图层，单击工具箱中的“魔术橡皮擦工具”按钮，在选项栏中设置“容差”为 15，选中“消除锯齿”和“连续”复选框，如图 6-394 所示。在图像顶部单击，可以看到顶部的天空被去除，如图 6-395 所示。

图6-394

图6-395

步骤 03 用同样的方法依次向下进行单击，可以顺利擦除，如图 6-396 所示。

步骤 04 由于左下角的背景颜色稍微复杂，所以可以将容差值增大为 30 左右，并继续单击擦除剩余部分，如图 6-397 所示。

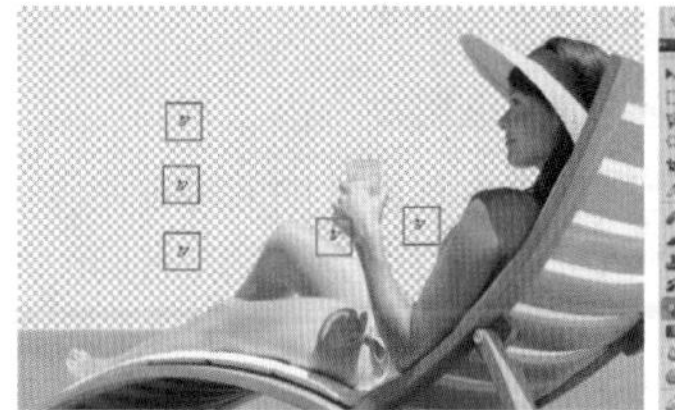

图6-396

图6-397

步骤 05 导入背景素材，最终效果如图 6-398 所示。

图6-398

6.6 图像填充工具

Photoshop 提供了两种图像填充工具：“渐变工具”和“油漆桶工具”。通过这两种填充工具，可在指定区域或整个图像中填充纯色、渐变或者图案等。

6.6.1 渐变工具

“渐变工具”的应用非常广泛，它不仅可以填充图像，还可以用来填充图层蒙版、快速蒙版和通道等。“渐变工具”可以在整个文档或选区内填充渐变色，并且可以创建多种颜色间的混合效果，其选项栏如图 6-399 所示。

图6-399

- 渐变颜色条：显示了当前的渐变颜色，单击右侧的下拉按钮，可以打开“渐变”拾色器，如图 6-400 所示。如果直接单击渐变颜色条，则会弹出“渐变编辑器”对话框，在该对话框中可以编辑渐变颜色或者保存渐变等，如图 6-401 所示。

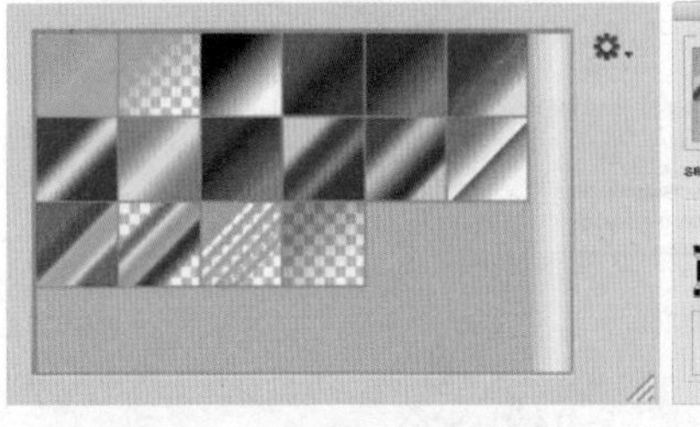

图6-400

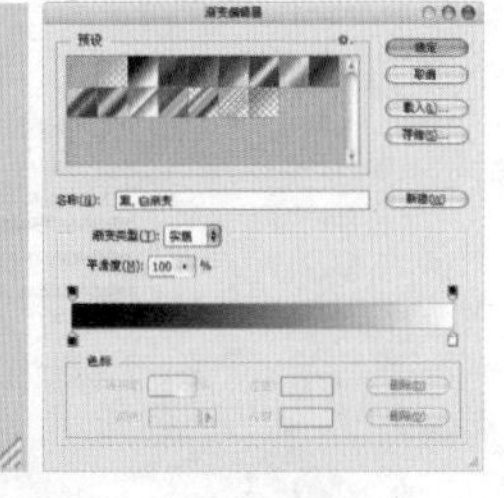

图6-401

- 渐变类型：单击“线性渐变”按钮，可以以直线方式创建从起点到终点的渐变，如图 6-402 所示；单击“径向渐变”按钮，可以以圆形方式创建从起点到终点的渐变，如图 6-403 所示；单击“角度渐变”按钮，可以创建围绕起点以逆时针扫描方式的渐变，如图 6-404 所示；单击“对称渐变”按钮，可以使用均衡的线性渐变在起点的任意一侧创建渐变，如图 6-405 所示；单击“菱形渐变”按钮，可以以菱形方式从起点向外产生渐变，终点定义菱形的一个角，如图 6-406 所示。

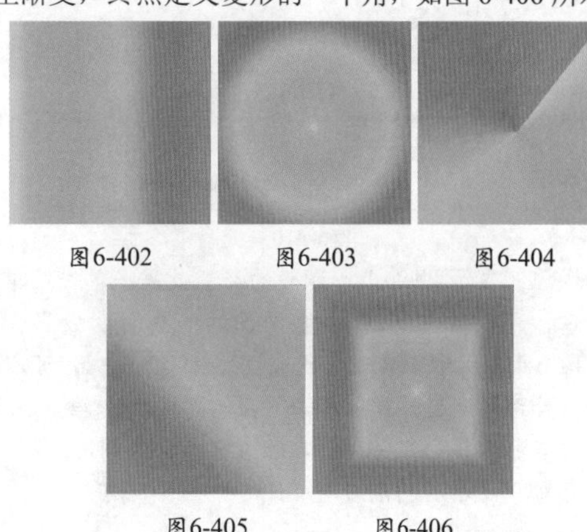

图6-402 图6-403 图6-404

图6-405 图6-406

- **模式**：用来设置应用渐变时的混合模式。
- **不透明度**：用来设置渐变色的不透明度。
- **反向**：转换渐变中的颜色顺序，得到反方向的渐变结果，如图 6-407 和图 6-408 所示分别是正常渐变和反向渐变的效果。
- **仿色**：选中该复选框，可以使渐变效果更加平滑。主要用于防止打印时出现条带化现象，但在计算机屏幕上并不能明显地体现出来。
- **透明区域**：选中该复选框，可以创建包含透明像素的渐变，如图 6-409 所示。

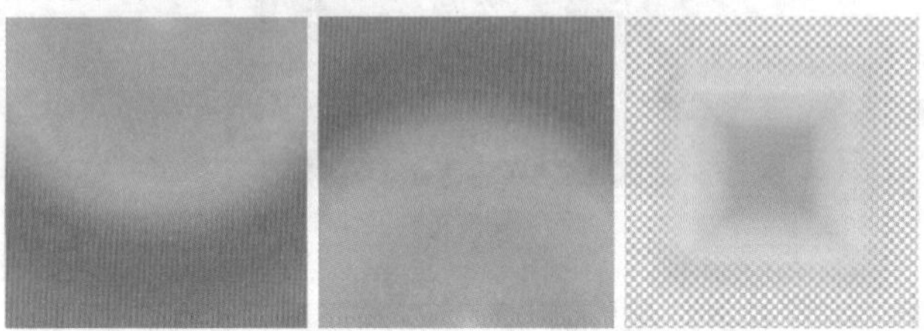

图6-407　　图6-408　　图6-409

技巧提示

需要特别注意的是，渐变工具不能用于位图或索引颜色图像。在切换颜色模式时，有些方式观察不到任何渐变效果，此时就需要将图像切换到可用模式下进行操作。

※ 技术拓展：渐变编辑器详解

“渐变编辑器”对话框主要用来创建、编辑、管理、删除渐变，如图 6-410 所示。

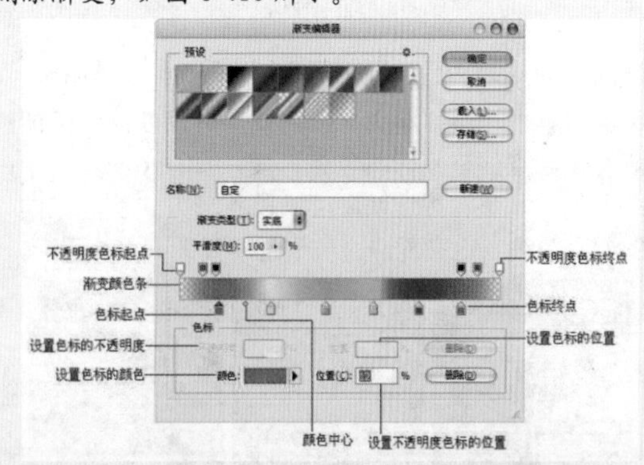

图6-410

- **预设**：显示 Photoshop 预设的渐变效果。单击菜单按钮，可以载入 Photoshop 预设的一些渐变效果，如图 6-411 所示；单击“载入”按钮 载入(L)... ，可以载入外部的渐变资源；单击“存储”按钮 存储(S)... 可以将当前选择的渐变存储起来，以备以后调用。
- **名称**：显示当前渐变色名称。
- **渐变类型**：包含“实底”和“杂色”两种。“实底”渐变是默认的渐变色；“杂色”渐变包含了在指定范围内随机分布的颜色，其颜色变化效果更加丰富。
- **平滑度**：设置渐变色的平滑程度。
- **不透明度色标**：拖曳不透明度色标可以移动它的位置。在“色标”选项组下可以精确设置色标的不透明度和位置，如图 6-412 所示。

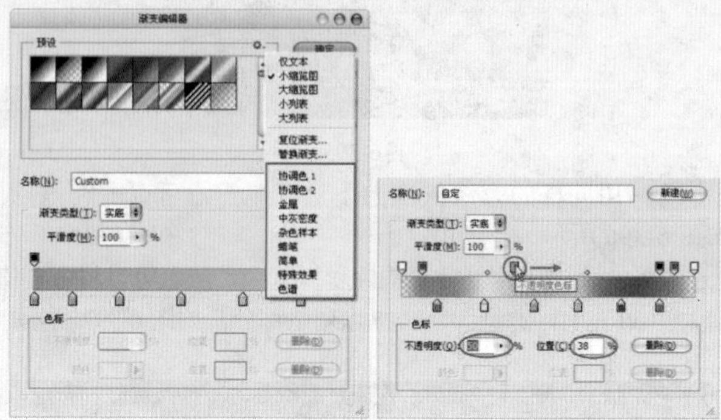

图6-411　　图6-412

- **不透明度中点**：用来设置当前不透明度色标的中心点位置。也可以在“色标”选项组下进行设置，如图 6-413 所示。
- **色标**：拖曳色标可以移动它的位置。在“色标”选项组下可以精确设置色标的颜色和位置，如图 6-414 所示。

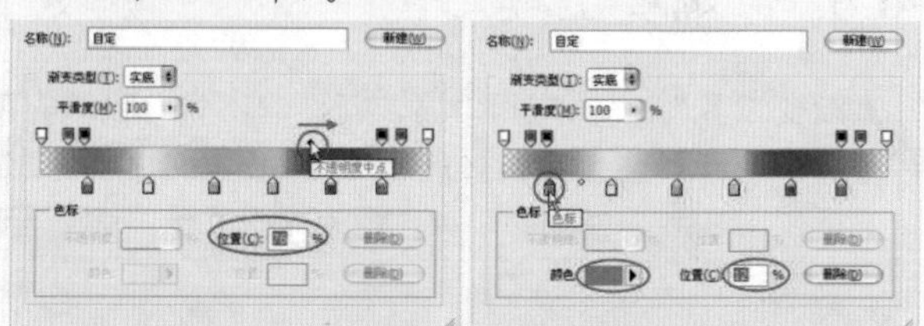

图6-413　　图6-414

- **删除**：删除不透明度色标或者色标。

下面讲解“杂色”渐变。设置“渐变类型”为“杂色”，如图 6-415 所示。

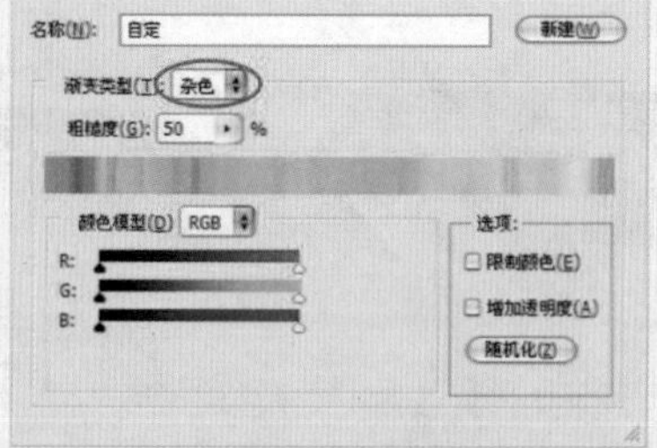

图6-415

- **粗糙度**：控制渐变中的两个色带之间逐渐过渡的方式。
- **颜色模型**：选择一种颜色模型来设置渐变色，包含 RGB、HSB 和 Lab 模式，如图 6-416 ~图 6-418 所示。

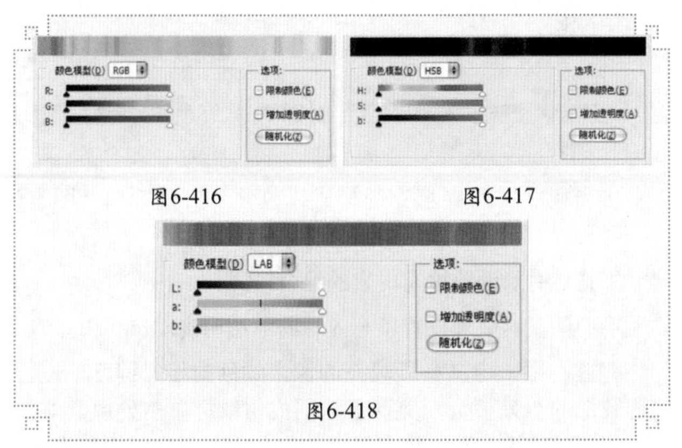
图6-416　图6-417
图6-418

- 限制颜色：将颜色限制在可以打印的范围内，以防止颜色过于饱和。
- 增加透明度：选中该复选框，可以增加随机颜色的透明度，如图 6-419 所示。
- 随机化：每单击一次该按钮，Photoshop 就会随机生成一个新的渐变色，如图 6-420 所示。

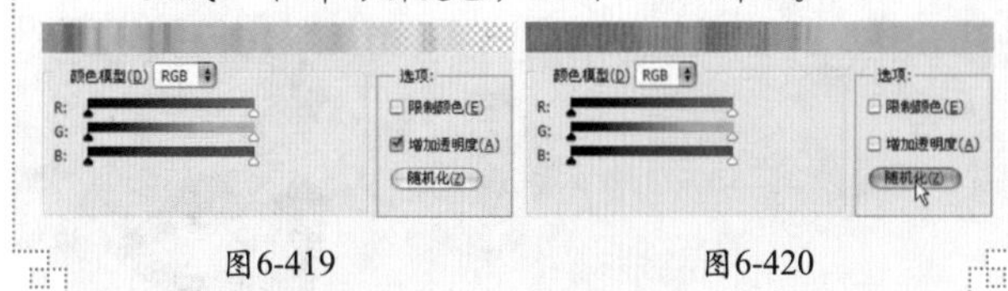
图6-419　图6-420

实例练习——利用渐变工具制作多彩人像

实例文件	实例练习——利用渐变工具制作多彩人像 .psd
视频教学	实例练习——利用渐变工具制作多彩人像 .flv
难易指数	★★★★★
知识掌握	掌握渐变工具的基本使用方法

实例效果

本例主要是针对“渐变工具”的基本使用方法进行练习，处理前后对比效果如图 6-421 和图 6-422 所示。

图6-421　图6-422

操作步骤

步骤 01 打开本书配套光盘中的素材文件，如图 6-423 所示。

步骤 02 在工具箱中单击“渐变工具”按钮，并在选项栏中单击渐变预设下拉按钮，选择“色谱”渐变，然后单击“线性渐变”按钮，如图 6-424 所示。

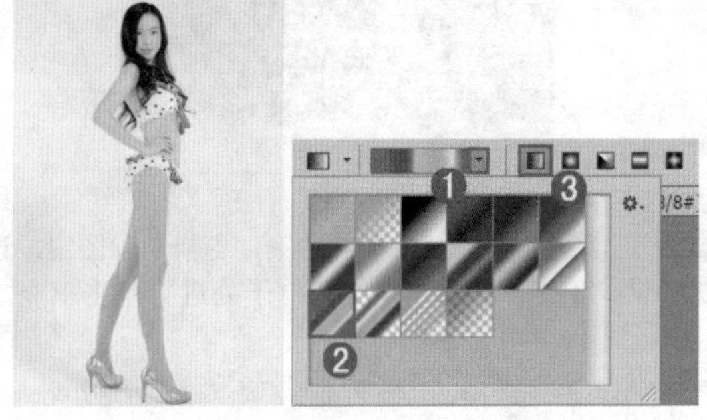
图6-423　图6-424

步骤 03 新建“图层 1”，使用“渐变工具”在画布的右上角单击并向左下角拖曳，填充渐变，如图 6-425 和图 6-426 所示。

步骤 04 在“图层”面板中设置“图层 1”的混合模式为“柔光”，效果如图 6-427 所示。

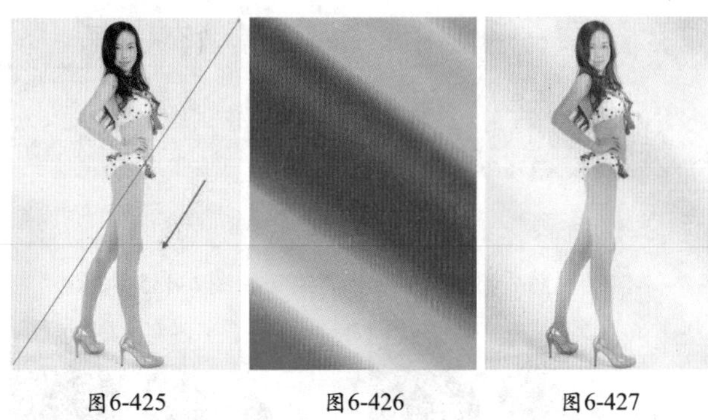
图6-425　图6-426　图6-427

步骤 05 单击“图层”面板下面的“添加图层蒙版”按钮，为“图层 1”添加一个图层蒙版，然后使用黑色柔边画笔工具在脸部进行涂抹（需要适当降低不透明度），将人像的脸部显现出来，如图 6-428 和图 6-429 所示。

步骤 06 导入前景素材，放在“图层”面板的顶部，最终效果如图 6-430 所示。

图6-428　图6-429　图6-430

6.6.2 油漆桶工具

“油漆桶工具” 可以在图像中填充前景色或图案，如果创建了选区，填充的区域为当前选区；如果没有创建选区，填充的就是与鼠标单击处颜色相近的区域。如图 6-431 和图 6-432 所示。

图6-431

图6-432

“油漆桶工具” 的选项栏如图 6-433 所示。

图6-433

- 填充模式：选择填充的模式，包含“前景”和“图案”两种模式。
- 模式：用来设置填充内容的混合模式。
- 不透明度：用来设置填充内容的不透明度。
- 容差：用来定义必须填充的像素颜色的相似程度。设置较低的容差值会填充颜色范围内与鼠标单击处像素非常相似的像素；设置较高的容差值会填充更大范围的像素。
- 消除锯齿：选中该复选框，可以平滑填充选区的边缘。
- 连续的：选中该复选框，只填充图像中处于连续范围内的区域；取消选中该复选框，可以填充图像中的所有相似像素。
- 所有图层：选中该复选框，可以对所有可见图层中的合并颜色数据填充像素；取消选中该复选框，仅填充当前选择的图层。

实例练习——使用油漆桶工具填充图案

实例文件	实例练习——使用油漆桶工具填充图案 .psd
视频教学	实例练习——使用油漆桶工具填充图案 .flv
难易指数	★★★★
技术要点	油漆桶工具

实例效果

本例处理前后对比效果如图 6-434 和图 6-435 所示。

图6-434　　图6-435

操作步骤

步骤 01 打开本书配套光盘中的素材文件，如图 6-436 所示。

图6-436

步骤 02 首先制作右侧的椅子。单击工具箱中的“油漆桶工具”按钮，在选项栏中设置一种适当的图案，设置“模式”为“划分”，“容差”为 95，选中“连续的”复选框，如图 6-437 所示。

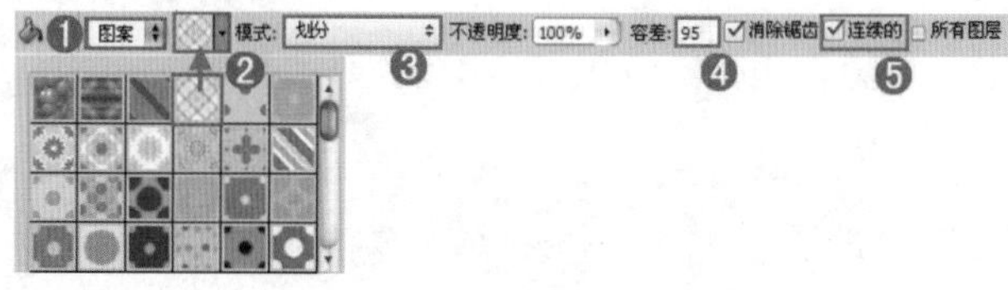

图6-437

步骤 03 在绿色的区域单击，即可以当前图案填充绿色区域，如图 6-438 所示。

图6-438

步骤 04 下面制作第 2 把椅子的图案，更换一种图案，设置“模式”为“色相”，并在第 2 把椅子处进行单击填充，如图 6-439 和图 6-440 所示。

图6-439

图6-440

步骤 05 用同样的方法，切换不同的图案，使用“色相”模式进行填充，最终效果如图 6-441 所示。

图6-441

技巧提示

光盘中提供了本案例使用的图案素材，执行“编辑 > 预设 > 预设管理器”命令，在打开为“预设管理器”对话框中设置“预设类型”为“图案”，单击“载入”按钮，选择图案素材即可，如图 6-442 所示。

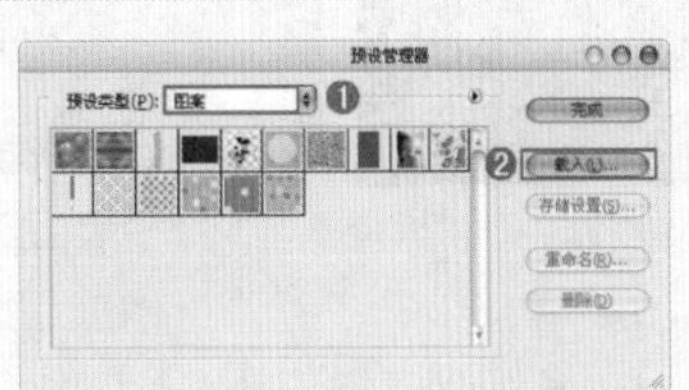

图6-442

6.7 图像润饰工具

图像润饰工具组包括 2 组 6 个工具：“模糊工具”、“锐化工具”和“涂抹工具”可以对图像进行模糊、锐化和涂抹处理；“减淡工具”、“加深工具”和“海绵工具”可以对图像局部的明暗、饱和度等进行处理。

6.7.1 模糊工具

“模糊工具”可柔化硬边缘或减少图像中的细节。使用该工具在某区域上方绘制的次数越多，该区域就越模糊，如图 6-443 和图 6-444 所示。

图6-443　图6-444

“模糊工具”的选项栏如图 6-445 所示。

图6-445

- 模式：用来设置混合模式，包括“正常”、“变暗”、“变亮”、“色相”、“饱和度”、“颜色”和“明度”选项。
- 强度：用来设置模糊强度。

读书笔记

实例练习——使用模糊工具制作景深效果

实例文件	实例练习——使用模糊工具制作景深效果 .psd
视频教学	实例练习——使用模糊工具制作景深效果 .flv
难易指数	★★★★★
技术要点	模糊工具

实例效果

本例处理前后对比效果如图 6-446 和图 6-447 所示。

操作步骤

步骤 01 打开本书配套光盘中的素材文件，如图 6-448 所示。

步骤 02 单击工具箱中的“模糊工具”按钮，在选项栏中选择比较大的圆形柔角笔刷，设置“强度”为 100%，在图像中拖动绘制较远处的天空部分，如图 6-449 所示。

图6-446

图6-447

图6-448

图6-449

步骤 03 为了模拟真实的景深效果，降低选项栏中“强度”为50%，然后绘制中间白楼部分，如图 6-450 所示。

步骤 04 最后设置“模糊工具”的“强度”为20%，绘制人像部分，如图 6-451 所示。

图6-450

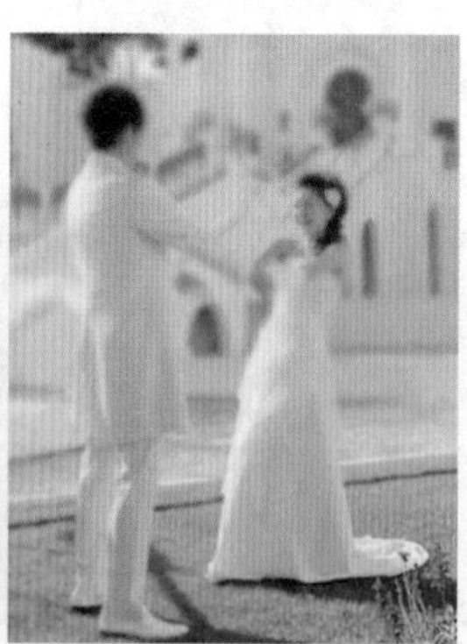
图6-451

步骤 05 导入前景边框与艺术字素材，最终效果如图 6-452 所示。

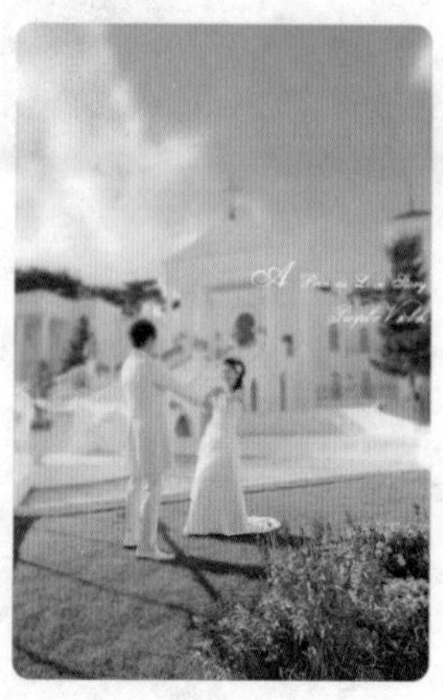
图6-452

※ 技术拓展：景深的作用与形成原理

景深就是指拍摄主题前后所能在一张照片上成像的空间层次的深度。简单地说，景深就是聚焦清晰的焦点前后可接受的清晰区域。景深在实际工作中的使用频率非常高，常用于突出画面重点。如图 6-453 所示，其背景非常模糊，则显得前景的鸟和花朵非常突出。

图6-453

景深可以很好地突出画面的主题，不同的景深效果也是不同的，如图 6-454 所示突出的是右边的人物，而图 6-455 突出的是左边的人物。

图6-454

图6-455

6.7.2 锐化工具

“锐化工具”与“模糊工具”相反，可以增强图像中相邻像素之间的对比，以提高图像的清晰度，如图 6-456 和图 6-457 所示。

“锐化工具”与“模糊工具”选框栏的大部分选项相同。如图 6-458 所示。选中“保护细节”复选框后，在进行锐化处理时，将对图像的细节进行保护。

图6-456

图6-457

图6-458

实例练习——使用锐化工具使人像五官更清晰

实例文件	实例练习——使用锐化工具使人像五官更清晰 .psd
视频教学	实例练习——使用锐化工具使人像五官更清晰 .flv
难易指数	★★★★★
技术要点	锐化工具

实例效果

本例处理前后对比效果如图 6-459 和图 6-460 所示。

图6-459

图6-460

操作步骤

步骤 01 打开本书配套光盘中的素材文件，如图 6-461 所示。

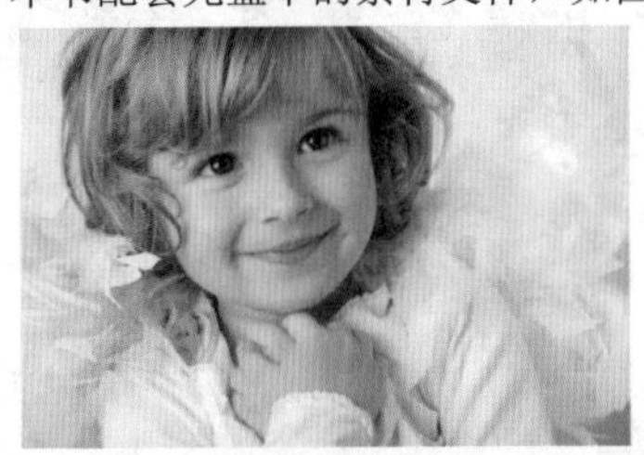

图6-461

步骤 02 单击工具箱中的“锐化工具”按钮，在选项栏中选择一个圆形柔角画笔并设置合适的大小，设置“强度”为 50%，对人像眼睛鼻子和嘴的部分进行涂抹，如图 6-462 和图 6-463 所示。

图6-462

图6-463

步骤 03 为了保持皮肤柔和的效果，可以只对面部外轮廓与手部的交界处涂抹锐化，如图 6-464 所示。

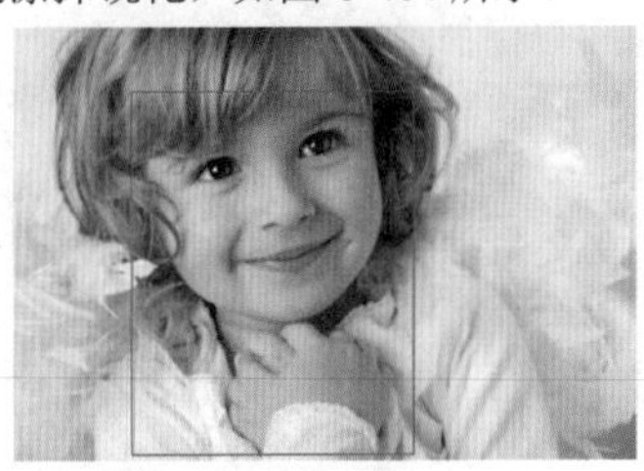

图6-464

步骤 04 下面增大画笔大小，并增大“强度”为 80%，涂抹锐化头发的部分，如图 6-465 和图 6-466 所示。

图6-465

图6-466

6.7.3 涂抹工具

“涂抹工具”可以模拟手指划过湿油漆时所产生的效果。该工具可以拾取鼠标单击处的颜色，并沿着拖曳的方向展开这种颜色，如图 6-467 所示。

“涂抹工具”的选项栏如图 6-468 所示。

- 模式：用来设置混合模式，包括“正常”、“变暗”、“变亮”、“色相”、“饱和度”、“颜色”和“明度”选项。
- 强度：用来设置涂抹强度。
- 手指绘画：选中该复选框，可以使用前景颜色进行涂抹绘制。

原图

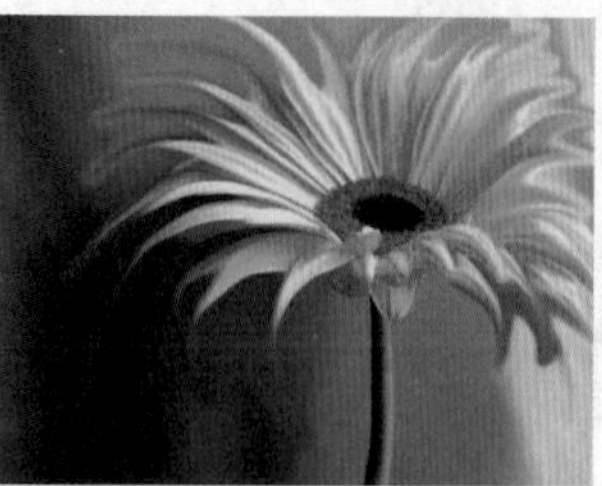

使用涂抹工具涂抹

图6-467

模式: 正常　强度: 50%　对所有图层取样　手指绘画

图6-468

6.7.4 减淡工具

“减淡工具” 可以对图像亮部、中间调和暗部分别进行减淡处理。在某区域上方绘制的次数越多，该区域就会变得越亮。其选项栏如图 6-469 所示。

图6-469

- 范围: 选择要修改的色调。选择“中间调”选项时，可以更改灰色的中间范围; 选择“阴影”选项时，可以更改暗部区域; 选择“高光”选项时，可以更改亮部区域，如图 6-470 所示。
- 曝光度: 用于设置减淡的强度。
- 保护色调: 可以保护图像的色调不受影响，如图 6-471 所示。

原图　减淡中间调部分　减淡阴影部分　减淡高光部分

图6-470

原图　选中“保护色调”　未选中“保护色调”

图6-471

实例练习——使用减淡工具净化背景

实例文件	实例练习——使用减淡工具净化背景 .psd
视频教学	实例练习——使用减淡工具净化背景 .flv
难易指数	★★★★★
技术要点	减淡工具

实例效果

本例效果如图 6-472 所示。

图6-472

操作步骤

步骤 01 打开本书配套光盘中的素材文件，如图 6-473 所示。

步骤 02 单击工具箱中的“仿制图章工具”按钮，按 Alt 键并单击，吸取附近干净的墙面，然后在下面脏的地方涂抹，如图 6-474 所示。

图6-473　图6-474

步骤03 单击工具箱中的“减淡工具”按钮，在选项栏中选择适当画笔大小，设置“范围”为“阴影”，在图像背景上单击进行适当涂抹，如图6-475所示。

图6-475

步骤04 单击“图层”面板中的“调整图层”按钮，执行“曲线”命令，如图6-476所示。在弹出的“曲线”面板中适当调整RGB曲线，如图6-477所示。最终效果如图6-478所示。

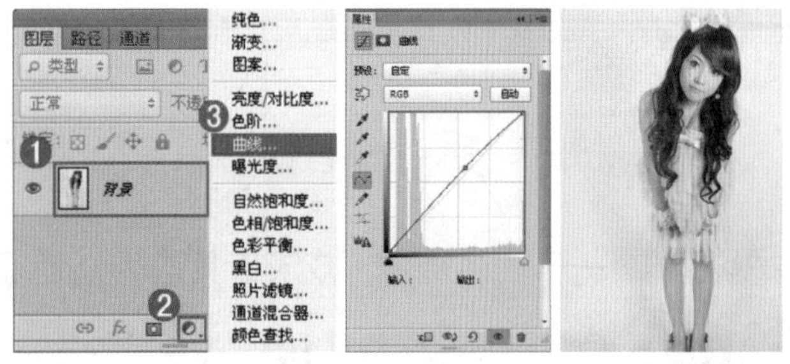

图6-476 图6-477 图6-478

6.7.5 加深工具

“加深工具”可以对图像进行加深处理，其选项栏如图6-479所示。在某区域上方绘制的次数越多，该区域就会变得越暗，如图6-480和图6-481所示。

图6-479

技巧提示

加深工具的选项栏与减淡工具的选项栏完全相同，因此这里不再讲解。

图6-480 图6-481

实例练习——使用加深工具使人像焕发神采

实例文件	实例练习——使用加深工具使人像焕发神采.psd
视频教学	实例练习——使用加深工具使人像焕发神采.flv
难易指数	★★★★★
技术要点	加深工具

实例效果

本例处理前后对比效果如图6-482和图6-483所示。

图6-482

图6-483

操作步骤

步骤01 打开本书配套光盘中的素材文件，如图6-484所示。单击工具箱中的“加深工具”按钮，在选项栏中打开画笔笔尖预设面板，设置合适的大小，选择一个圆形柔角画笔，并设置加深工具“范围”为“阴影”，“曝光度”为22%，如图6-485所示。

图6-484

图6-485

步骤02 在人像左眼及眉毛部分进行适当的涂抹，使人像眼睛更加有神，如图6-486所示。

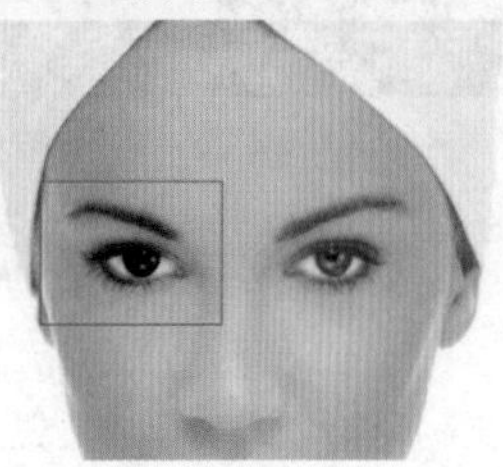

图6-486

步骤 03 用同样的方法，调整画笔大小后，对人像右眼部分进行涂抹。对人像眉眼进行加深能够使人像更加神采奕奕，如图 6-487 所示。

步骤 04 导入艺术字素材，最终效果如图 6-488 所示。

图6-487

图6-488

实例练习——利用加深 / 减淡工具进行通道抠图

实例文件	实例练习——利用加深 / 减淡工具进行通道抠图 .psd
视频教学	实例练习——利用加深 / 减淡工具进行通道抠图 .flv
难易指数	★★★★★
知识掌握	加深工具、减淡工具

实例效果

本例使用当前最主流的通道抠图法。本例所涉及的通道知识并不多，主要就是通过加深工具和减淡工具来将某一个通道的前景与背景颜色拉开层次，本例处理前后对比效果如图 6-489 和图 6-490 所示。

图6-489

图6-490

操作步骤

步骤 01 打开本书配套光盘中的素材文件，按 Ctrl+J 组合键复制一个“背景副本”图层，并将其更名为“人像”，如图 6-491 所示。

图6-491

步骤 02 进入“通道”面板，分别观察“红”、“绿”、“蓝”通道，可以发现“绿”通道的头发部分与背景的对比最强烈，将“绿”通道拖曳到“通道”面板下面的“创建新通道”按钮上，复制出一个“绿副本”通道，如图 6-492 和图 6-493 所示。

图6-492

图6-493

答疑解惑：为什么要复制通道？

如果直接在“绿”通道上进行操作，会破坏原始图像。

步骤 03 在“减淡工具”的选项栏中选择一种柔边画笔，并设置画笔的“大小”为 162 像素、“硬度”为 0%，然后设置“范围”为“高光”，“曝光度”为 100%，涂抹“绿副本”通道中左侧背景部分，使其变为白色，如图 6-494 和图 6-495 所示。

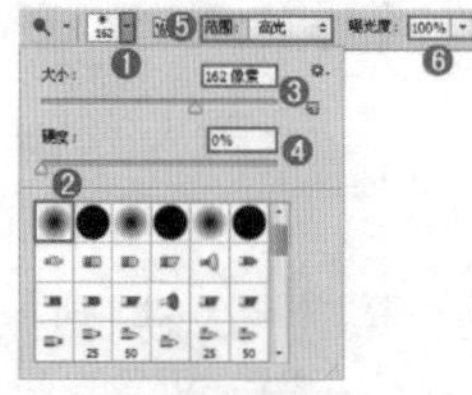

图6-494

图6-495

步骤 04 按 Ctrl+M 组合键打开“曲线”对话框，然后单击“使用黑场”按钮，到图像中单击人像头发边缘的灰色部分，单击之后可以看到曲线发生变化，并且单击的区域变为黑色，如图 6-496 所示。

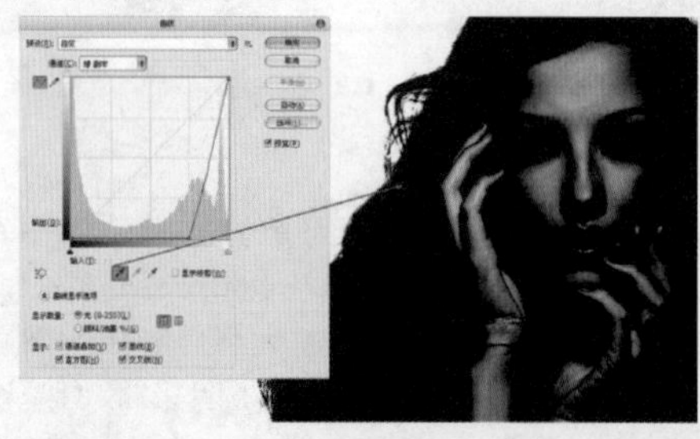
图6-496

步骤 05 单击工具箱中的“加深工具”按钮，在选项栏中选择一种柔边画笔，并设置画笔的“大小”为 114 像素，“硬度”为 0%，然后设置“范围”为“阴影”，“曝光度”为 100%，接着涂抹人像部分，使人像变为纯黑色，如图 6-497 和图 6-498 所示。

图6-497

图6-498

步骤 06 按住 Ctrl 键的同时单击“绿 副本”通道的缩略图，载入背景部分选区（白色部分为所选区域），然后单击 RGB 通道，并切换到“图层”面板，选区效果如图 6-499 和图 6-500 所示。

图6-499　图6-500

步骤 07 按 Delete 键删除背景区域，效果如图 6-501 所示。

图6-501

步骤 08 导入背景素材，放在“人像”图层下方。导入光效素材文件，放在“人像”图层的上一层。设置“混合模式”为“线性减淡添加”，最终效果如图 6-502 和图 6-503 所示。

图6-502　图6-503

6.7.6 海绵工具

“海绵工具”可以增加或降低图像中某个区域的饱和度。如果是灰度图像，该工具将通过灰阶远离或靠近中间灰色来增加或降低对比度。其选项栏如图 6-504 所示。

图6-504

- 模式：选择“饱和”选项时，可以增加色彩的饱和度；选择“降低饱和度”选项时，可以降低色彩的饱和度，如图 6-505 所示。

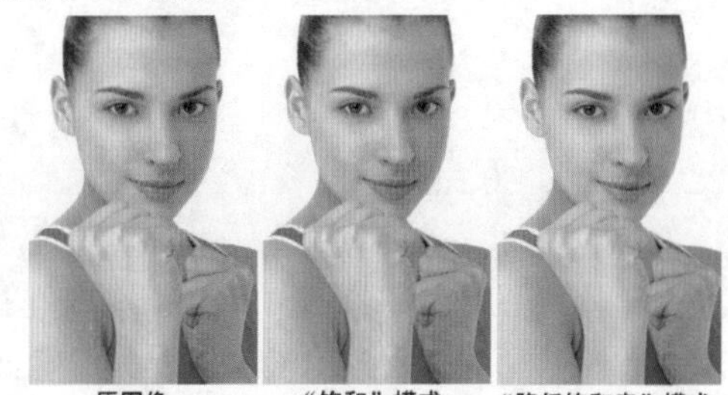

图6-505

- 流量：可以为海绵工具指定流量。数值越大，海绵工具的强度越大，效果越明显，如图 6-506 和图 6-507 所示分别为是“流量”30% 和 80% 时的涂抹效果。

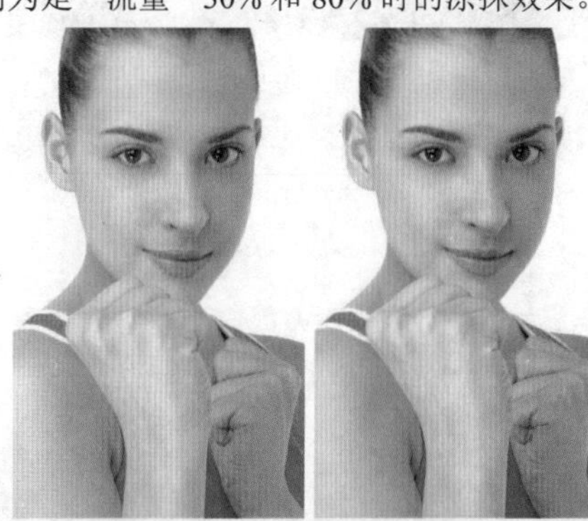

图6-506　图6-507

- 自然饱和度：选中该复选框，可以在增加饱和度的同时防止颜色过度饱和而产生溢色现象。

实例练习——使用海绵工具制作突出的主体

实例文件	实例练习——使用海绵工具制作突出的主体 .psd
视频教学	实例练习——使用海绵工具制作突出的主体 .flv
难易指数	★★★★★
技术要点	海绵工具

实例效果

本例效果如图 6-508 所示。

图6-508

操作步骤

步骤 01 打开素材文件，如图 6-509 所示。单击工具箱中的“海绵工具”按钮，在选项栏中选择柔角圆形画笔，设置较大的笔刷大小，并设置其“模式”为“降低饱和度”，“流量”为 100%，取消选中“自然饱和度”复选框，如图 6-510 所示。

图6-509

图6-510

步骤 02 调整完毕之后，对图像左侧比较大的背景区域进行多次涂抹，降低其饱和度，如图 6-511 所示。

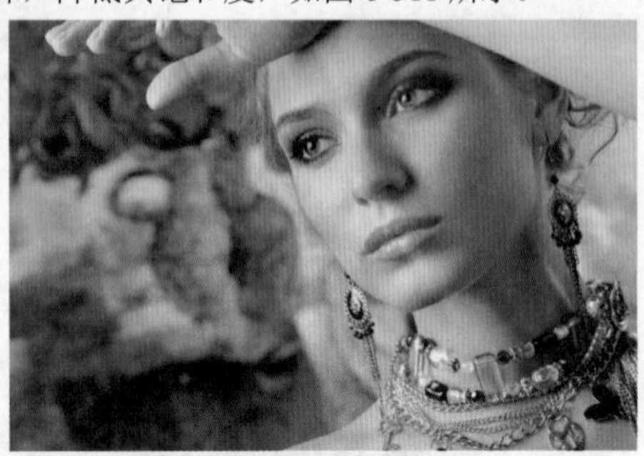

图6-511

步骤 03 下面可以适当减小画笔大小，对背景部分的细节进行精细的涂抹，如图 6-512 所示。

图6-512

步骤 04 导入艺术字素材，最终效果如图 6-513 所示。

图6-513

读书笔记

文字的编辑与应用

文字工具不只应用于排版方面，在平面设计与图像编辑中也占有非常重要的地位，Photoshop 中的文字工具由基于矢量的文字轮廓组成。对已有的文字对象进行编辑时，可以任意缩放文字或调整文字大小而不会产生锯齿现象。

本章学习要点：

- 掌握文字工具的使用方法
- 掌握路径文字与变形文字的制作
- 掌握段落版式的设置方法
- 掌握文字特效的制作思路与技巧

7.1 认识文字工具

文字工具不只应用于排版方面，在平面设计与图像编辑中也占有非常重要的地位，Photoshop 中的文字工具由基于矢量的文字轮廓组成。对已有的文字对象进行编辑时，可以任意缩放文字或调整文字大小而不会产生锯齿现象。如图 7-1 ～图 7-3 所示。

图7-1　　图7-2　　图7-3

Photoshop 提供了 4 种创建文字的工具。“横排文字工具”和“直排文字工具”主要用来创建点文字、段落文字和路径文字；“横排文字蒙版工具”和“直排文字蒙版工具”主要用来创建文字选区。如图 7-4 和图 7-5 所示。

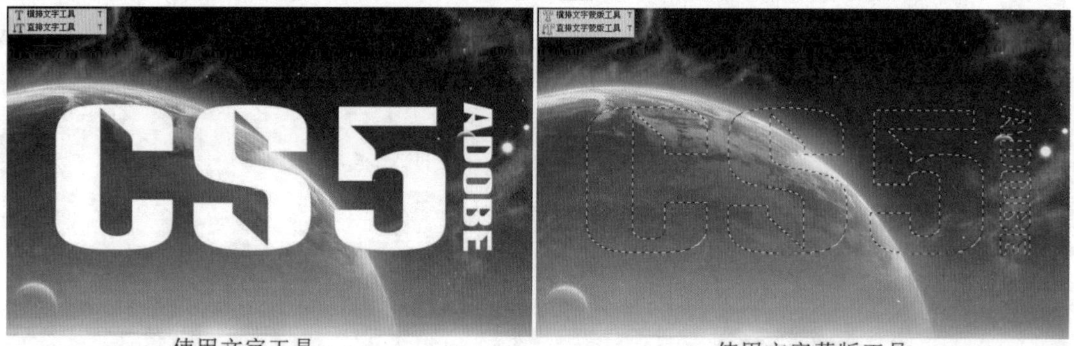

图7-4　　图7-5

7.1.1 文字工具

Photoshop 中包括两种文字工具，分别是“横排文字工具”和“直排文字工具”。“横排文字工具”可以用来输入横向排列的文字；“直排文字工具”可以用来输入竖向排列的文字，如图 7-6 和图 7-7 所示。

图7-6　　图7-7

两种文字工具的选项栏参数相同，下面以横排文字工具为例来讲解文字工具的参数选项。在文字工具选项栏中可以设置字体的系列、样式、大小、颜色和对齐方式等，如图 7-8 所示。

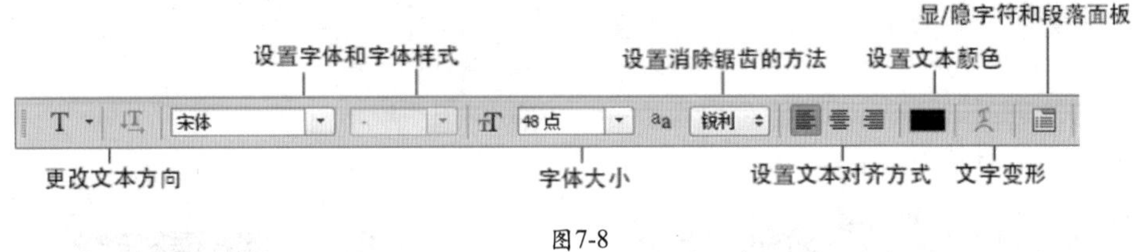

图7-8

※ 技术拓展：首选项“文字”设置详解

执行“编辑 > 首选项 > 常规”命令或按 Ctrl+K 组合键，可以打开“首选项”对话框。在“首选项”对话框左侧选择“文字”选项，可切换到“文字”面板，如图 7-9 所示。

各选项含义介绍如下。

- 使用智能引号：设置在 Photoshop 中是否显示智能引号。
- 启用丢失字形保护：设置是否启用丢失字形保护。选中该复选框，如果文件中丢失了某种字体，Photoshop 会弹出警告提示。
- 以英文显示字体名称：选中该复选框，在字体列表中只能以英文的方式来显示字体的名称。
- 选取文本引擎选项：在“东亚”和“中东”两个选项中选择文本引擎。

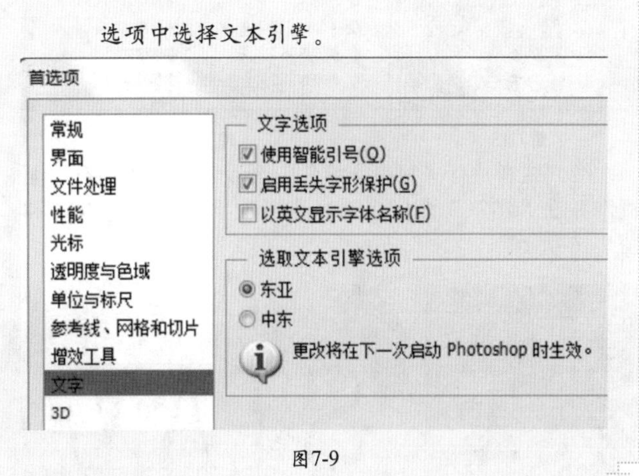

图7-9

理论实践——更改文本方向

（1）单击工具箱中的“横排文字工具”按钮，在选项栏中设置合适的字体，设置字号为 150 点，字体颜色为粉红色，在视图中输入字母。输入完毕后，单击选项栏中的“提交当前编辑”按钮或按 Ctrl+Enter 键完成当前操作，如图 7-10 所示。

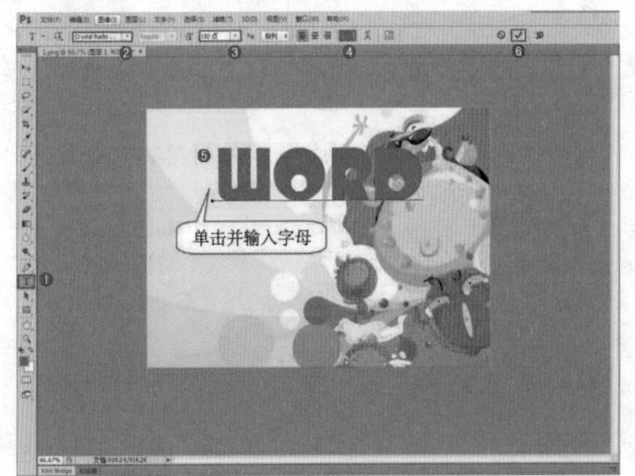

图7-10

（2）在选项栏中单击“切换文本取向”按钮，可以将横向排列的文字更改为直向排列，如图 7-11 所示。

图7-11

（3）单击工具箱中的“移动工具”按钮，调整直排文字的位置，如图 7-12 所示。

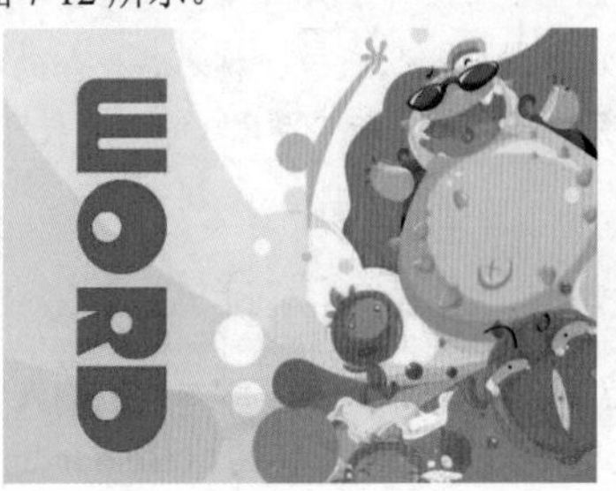

图7-12

理论实践——设置字体系列

（1）在文档中输入文字以后，如果要更改整个文字图层的字体，可以在“图层”面板中选中该文字图层，在选项栏中单击“设置字体系列”下拉按钮，并在下拉列表中选择合适的字体。如图 7-13 和图 7-14 所示。

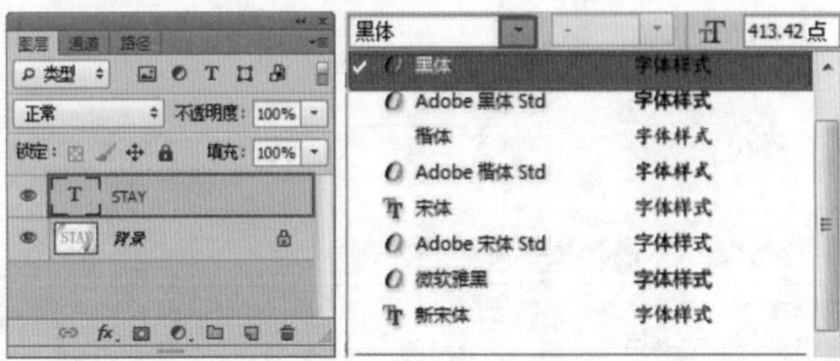

图7-13　　图7-14

（2）或者执行“窗口 > 字符”命令，打开“字符”面板，并在“字符”面板中选择合适的字体，如图 7-15 和图 7-16 所示。

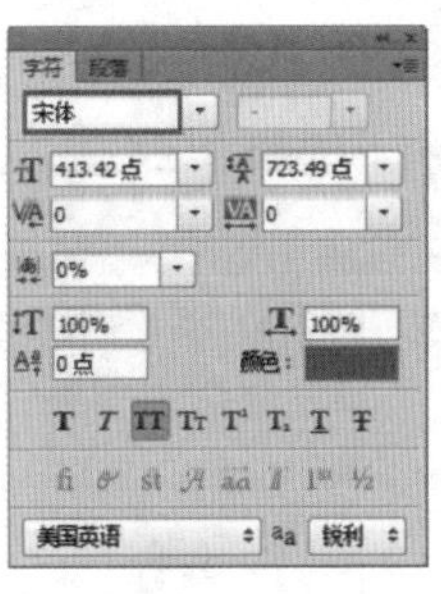

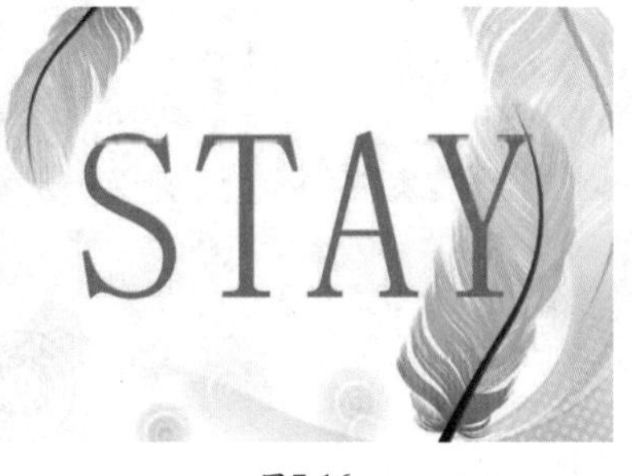

图7-15　　图7-16

（3）若要改变一个文字图层中的部分字符，可以使用文字工具在需要更改的字符后方向前拖动选择需要更改的字符，如图 7-17 所示。

图7-17

选中需要更改的字符后，可以按照步骤（1）或（2）进行字体的更改，如图 7-18 所示。

图7-18

答疑解惑：如何为 Photoshop 添加其他字体？

在实际工作中，为了达到特殊效果，经常需要使用各种各样的字体，这时就需要用户自己安装额外的字体。Photoshop 中所使用的字体其实是调用操作系统中的系统字体，所以用户只需要把字体文件安装在操作系统的字体文件夹下即可。目前比较常用的字体安装方法有以下几种。

- 光盘安装：打开光驱，放入字体光盘，光盘会自动运行安装字体程序，选中所需要安装的字体，按照提示即可安装到指定目录下。
- 自动安装：很多时候我们使用的字体文件是 EXE 格式的可执行文件，这种字库文件的安装比较简单，双击运行并按照提示进行操作即可。
- 手动安装：当遇到没有自动安装程序的字体文件时，需要执行“开始 > 设置 > 控制面板”命令，打开“控制面板”，然后双击“字体”选项，接着将外部的字体复制到打开的“字体”文件夹中。

安装好字体以后，重新启动 Photoshop 就可以在选项栏中的字体系列中查找到安装的字体。

理论实践——设置字体样式

字体样式只针对部分英文字体有效。输入字符后，可以在选项栏中设置字体的样式，如图 7-19 所示，包括 Regular（规则）、Italic（斜体）、Bold（粗体）和 Bold Italic（粗斜体），这几种样式的效果如图 7-20 ～图 7-23 所示。

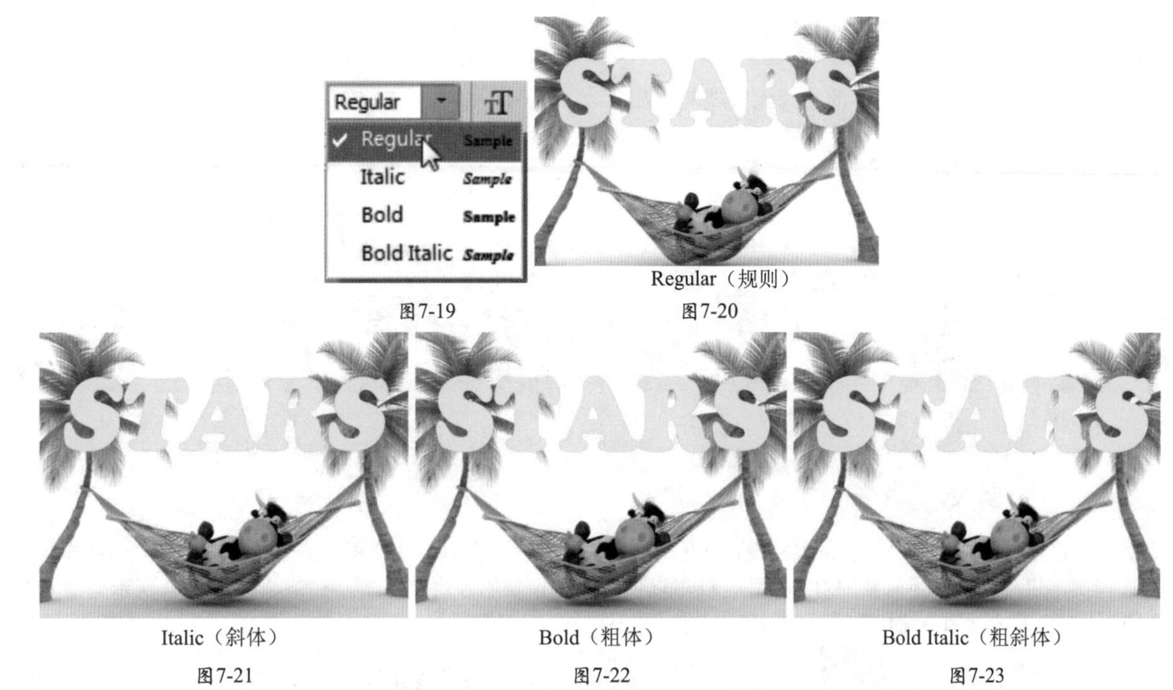

图7-19

Regular（规则）

图7-20

Italic（斜体）

图7-21

Bold（粗体）

图7-22

Bold Italic（粗斜体）

图7-23

理论实践——设置字体大小

输入文字以后，如果要更改字体的大小，可以直接在选项栏中输入数值，也可以在下拉列表中选择预设的字体大小，如图 7-24 所示。

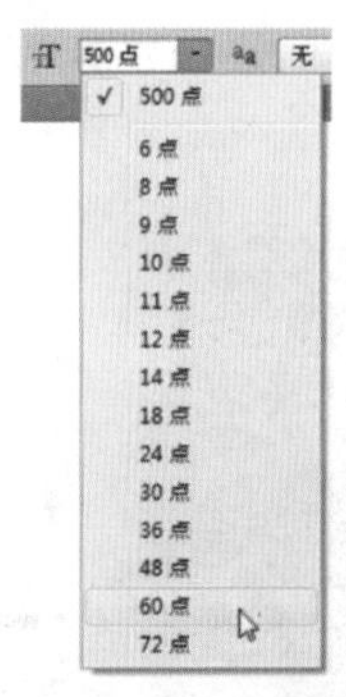

图7-24

若要改变部分字符的大小，则需要选中需要更改的字符后进行设置，如图 7-25 所示。

选择需要更改的字符　　更改字符大小

图7-25

理论实践——消除锯齿

输入文字以后，可以在选项栏中为文字指定一种消除锯齿的方式，如图 7-26 所示。

（1）选择“无”方式时，Photoshop 不会应用消除锯齿，如图 7-27 所示。

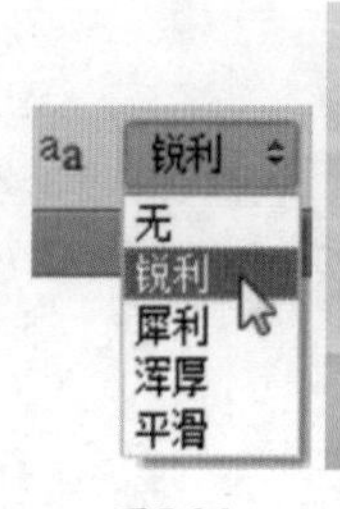

图7-26　　图7-27

（2）选择“锐利”方式时，文字的边缘最为锐利，如图 7-28 所示。

（3）选择“犀利”方式时，文字的边缘比较锐利，如图 7-29 所示

（4）选择“浑厚”方式时，文字会变粗一些，如图 7-30 所示

（5）选择“平滑”方式时，文字的边缘会非常平滑，如图 7-31 所示。

图7-28　　图7-29

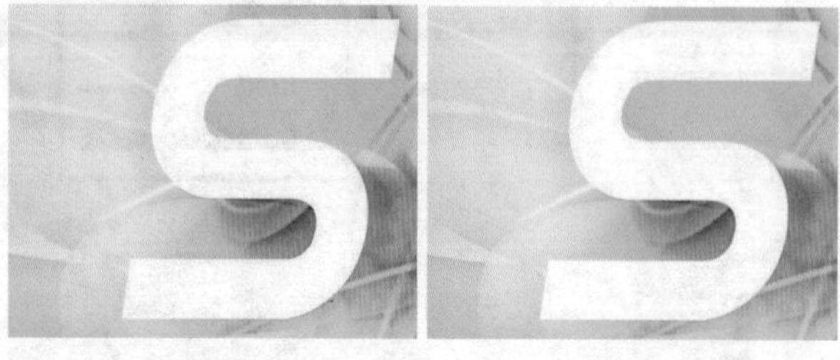

图7-30　　图7-31

理论实践——设置文本对齐

文本对齐是根据输入字符时光标的位置来设置文本对齐方式。在文字工具的选项栏中提供了 3 种设置文本段落对齐方式的按钮，选择文本以后，单击所需要的对齐按钮，就可以使文本按指定的方式对齐，如图 7-32 ~ 图 7-34 所示分别为“左对齐文本”、“居中对齐文本”和“右对齐文本”效果。

图7-32

图7-33

图7-34

对多行文本进行对齐设置效果比较明显，多用于文字排版的设置，如图 7-35 ～图 7-37 所示分别为左对齐文本、居中对齐文本和右对齐文本的效果。

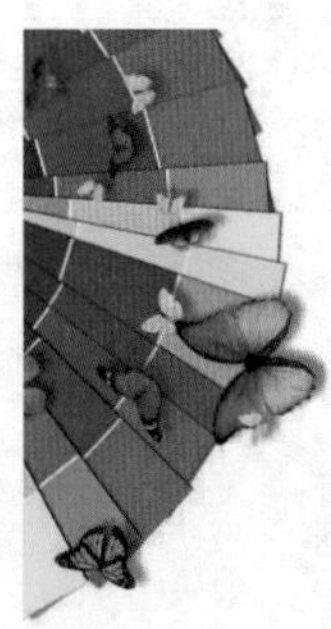

图7-35

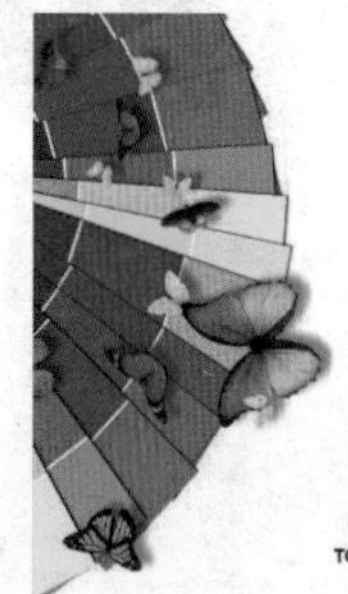

图7-36

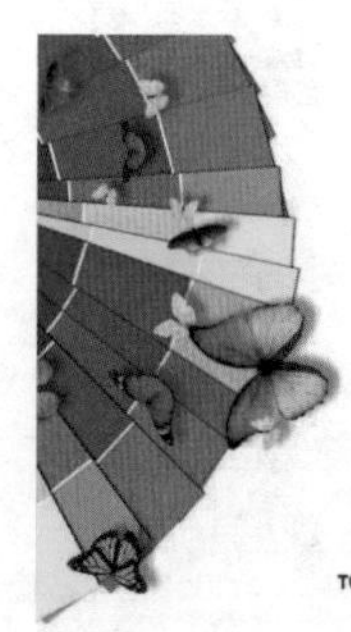

图7-37

技巧提示

如果当前使用的是直排文字工具，那么对齐按钮会分别变成“顶对齐文本”按钮、“居中对齐文本”按钮和“底对齐文本”按钮。这 3 种对齐方式的效果如图 7-38 ～图 7-40 所示。

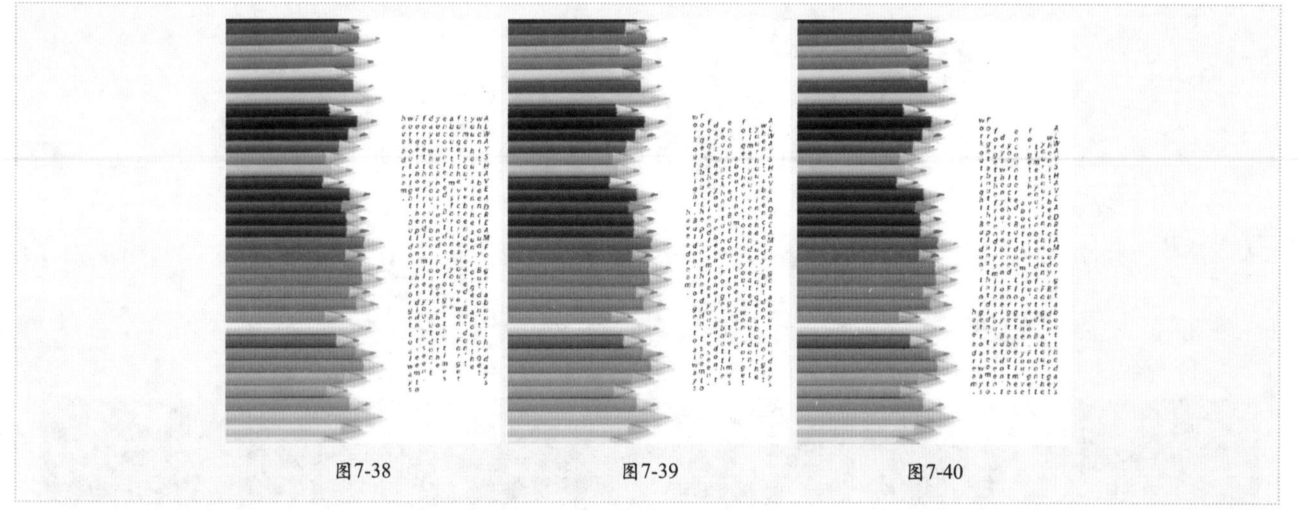

图7-38　　图7-39　　图7-40

理论实践——设置文本颜色

输入文本时，文本颜色默认为前景色。如图 7-41 所示，如果要修改文字颜色，可以先在文档中选择文本，然后在选项栏中单击颜色块，接着在弹出的“选择文本颜色”对话框中设置所需要的颜色，如图 7-42 所示为更改文本颜色后的效果。

图7-41

图7-42

7.1.2　文字蒙版工具

使用文字蒙版工具可以创建文字选区，包括“横排文字蒙版工具”和“直排文字蒙版工具”两种。使用文字蒙版工具输入文字以后，文字将以选区的形式出现。在文字选区中，可以填充前景色、背景色以及渐变色等，如图 7-43 ～图 7-45 所示。

图7-43

图7-44

图7-45

技巧提示

在使用文字蒙版工具输入文字时，光标移动到文字以外区域时会变为移动状态，这时拖曳可以移动文字蒙版的位置，如图 7-46 所示。

按住 Ctrl 键，文字蒙版四周会出现类似自由变换的界定框，如图 7-47 所示，可以对该文字蒙版进行移动、旋转、缩放、斜切等操作，如图 7-48 所示。

图7-46　　图7-47

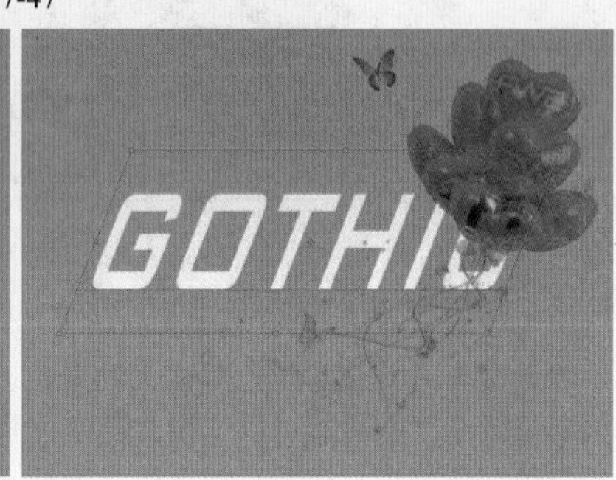

图7-48

实例练习——使用文字蒙版制作照片水印

实例文件	实例练习——使用文字蒙版制作照片水印 .psd
视频教学	实例练习——使用文字蒙版制作照片水印 .flv
难易指数	★★★★★
技术要点	文字蒙版工具

实例效果

本例效果如图 7-49 所示。

操作步骤

步骤 01 打开素材文件，如图 7-50 所示。单击工具箱中的“横排文字蒙版工具”按钮，在选项栏中选择合适的字体，并设置合适的大小，如图 7-51 所示。

图7-49　　图7-50

图7-51

步骤 02 在图像底部单击并输入字母，如图 7-52 所示。

步骤 03 输入结束后按 Ctrl+Enter 键完成当前操作，图像中即可出现文字选区，如图 7-53 所示。

图7-52　　图7-53

步骤 04 在保持当前选区选取状态下执行“图像 > 调整 > 亮度 / 对比度”命令，设置“亮度”为 92，如图 7-54 所示，最终效果如图 7-55 所示。

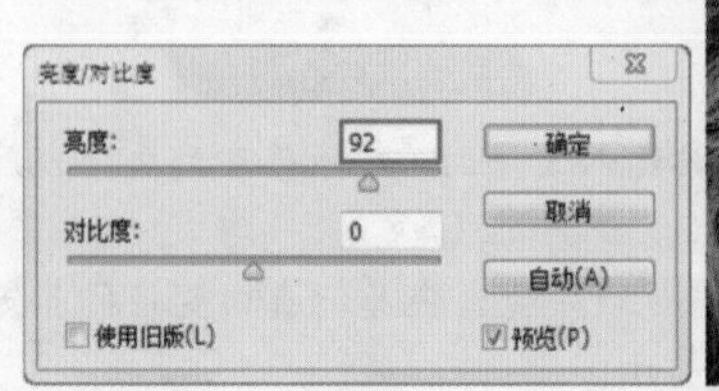

图7-54

图7-55

7.2 创建文字

在平面设计中经常需要使用多种版式类型的文字，在 Photoshop 中将文字分为几个类型，如点文字、段落文字、路径文字和变形文字等。如图 7-56 ～图 7-59 所示为一些包含多种文字类型的平面设计作品。

图7-56

图7-57

图7-58

图7-59

7.2.1 点文字

点文字是一个水平或垂直的文本行，每行文字都是独立的。行的长度随着文字的输入而不断增加，不会进行自动换行，需要手动按 Enter 键换行，如图 7-60 和图 7-61 所示。

读书笔记

图7-60

图7-61

实例练习——创建点文字

实例文件	实例练习——创建点文字 .psd
视频教学	实例练习——创建点文字 .flv
难易指数	★★★★★
知识掌握	掌握点文字的创建方法

实例效果

本例主要针对点文字的创建方法进行练习，效果如图 7-62 所示。

图7-62

图7-63

操作步骤

步骤 01 打开素材文件，如图 7-63 所示。

步骤 02 在“直排文字工具” 的选项栏中设置合适的字体，设置字号大小为 7 点，消除锯齿方式为“锐利”，字体颜色为黑色，如图 7-64 所示。

图 7-64

步骤 03 在画布中单击设置插入点，然后输入文字，接着按小键盘上的 Enter 键确认操作，如图 7-65 和图 7-66 所示。

图 7-65 　　图 7-66

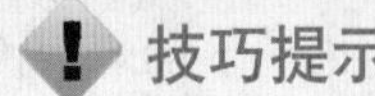

技巧提示

如果要在输入文字时移动文字的位置，可以将光标放置在文字输入区域以外，按住鼠标左键拖曳即可移动文字。

步骤 04 执行“窗口 > 样式”命令，打开“样式”面板，然后单击其中一个样式图标，如图 7-67 所示，为文字添加图层样式效果，如图 7-68 所示。

图 7-67

图 7-68

7.2.2 段落文字

段落文字具有自动换行、可调整文字区域大小等优势，常用于大量文字的文本排版中，如海报、画册等，如图 7-69 ~ 图 7-71 所示。

图 7-69　　图 7-70　　图 7-71

实例练习——创建段落文字

实例文件	实例练习——创建段落文字 .psd
视频教学	实例练习——创建段落文字 .flv
难易指数	★★★★★
技术要点	段落文字的使用

实例效果

本例效果如图 7-72 所示。

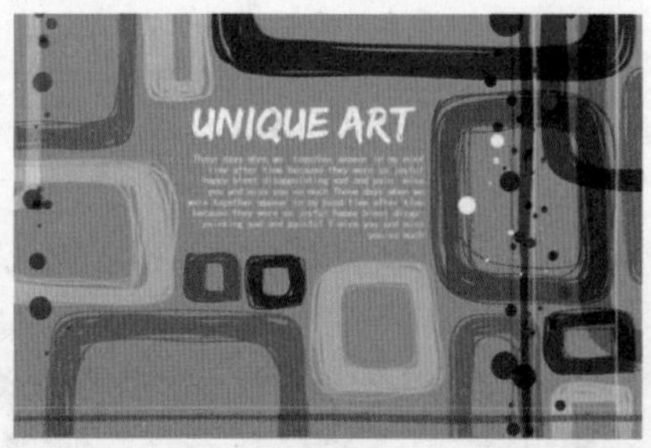

图 7-72

操作步骤

步骤 01 打开本书配套光盘中的素材文件，如图 7-73 所示。

步骤 02 单击工具箱中的“横排文字工具”按钮T，设置前景色为白色，并设置合适的字体及大小，在操作界面拖曳创建出文本框，如图 7-74 所示。

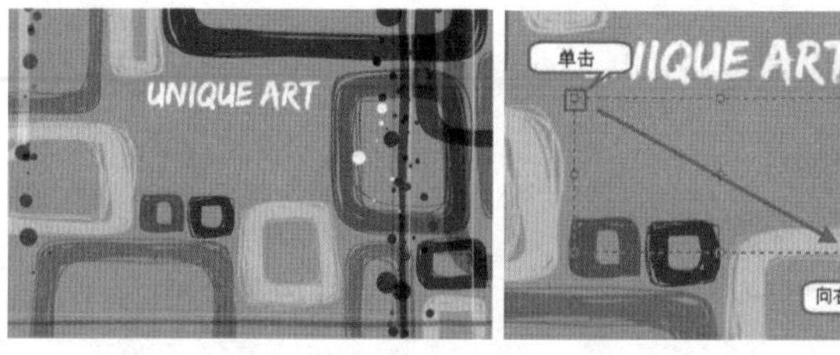

图7-73　　图7-74

步骤 03 输入所需英文，完成后选择该文字图层，打开“段落”面板，设置为“右对齐文本”，如图 7-75 所示，最终效果如图 7-76 所示。

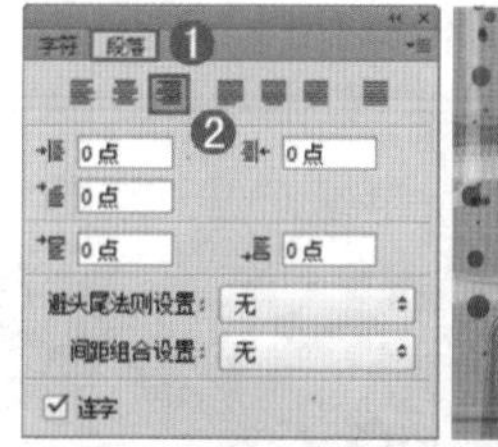

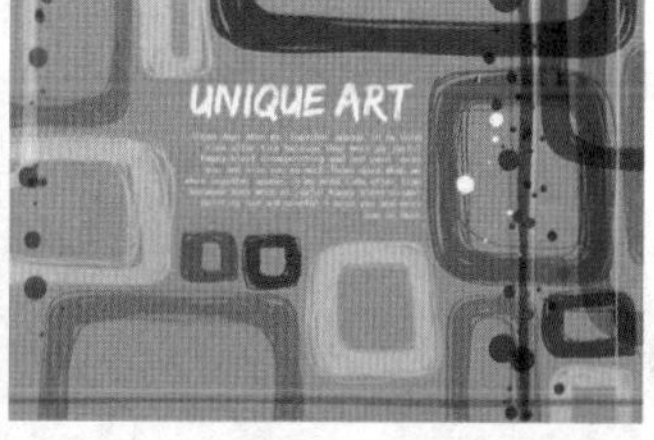

图7-75　　图7-76

7.2.3 路径文字

路径文字常用于创建走向不规则的文字行，在 Photoshop 中为了制作路径文字需要先绘制路径，然后将文字工具指定到路径上，创建的文字会沿着路径排列。改变路径形状时，文字的排列方式也会随之发生改变。如图 7-77 和图 7-78 所示。

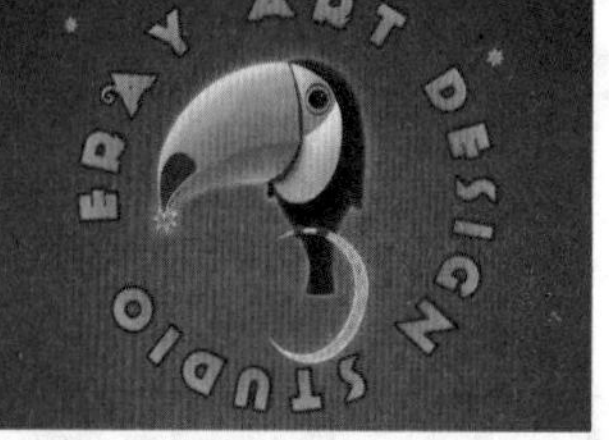

图7-77　　图7-78

实例练习——创建路径文字

实例文件	实例练习——创建路径文字 .psd
视频教学	实例练习——创建路径文字 .flv
难易指数	★★★★★
技术要点	文字工具、钢笔工具

实例效果

本例效果如图 7-79 所示。

操作步骤

步骤 01 打开素材文件，如图 7-80 所示。

图7-79　　图7-80

步骤 02 单击工具箱中的“钢笔工具”按钮，在图像左下的位置沿盘子边缘绘制一段弧形路径，如图 7-81 所示。

步骤 03 单击工具箱中的“横排文字工具”按钮T，设置文字颜色为绿色，选择合适的字体及大小，将光标移动到路径的一端上，当光标变为⌶时，输入文字，如图 7-82 所示。

步骤 04 输入文字后发现字符显示不全，这时需要将光标移动到路径上并按住 Ctrl 键，待光标变为形状时，向路径的另一端拖曳，随着光标移动，字符会逐个显现出来，如图 7-83 和图 7-84 所示。

图7-81　　图7-82

图7-83　　图7-84

步骤 05 用同样的办法制作另一侧的文字，并将文字颜色设置为红色，最终效果如图 7-85 所示。

图7-85

7.2.4 变形文字

在 Photoshop 中，可以对文字对象进行一系列内置的变形操作，通过这些变形操作可以在不栅格化文字图层的情况下制作多种变形文字，如图 7-86 和图 7-87 所示。

图7-86

图7-87

输入文字，在文字工具的选项栏中单击“创建文字变形”按钮，可打开“变形文字”对话框，在该对话框中可以选择变形文字的方式，如图 7-88 所示，变形文字的效果如图 7-89 所示。

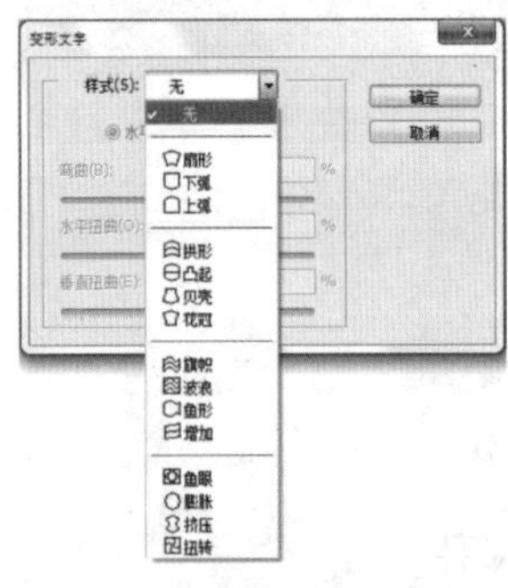

图7-88

图7-89

技巧提示

对带有“仿粗体”样式的文字进行变形会弹出图 7-90 所示的对话框，单击“确定”按钮将去除文字的“仿粗体”样式，并且经过变形操作的文字不能再添加“仿粗体”样式。

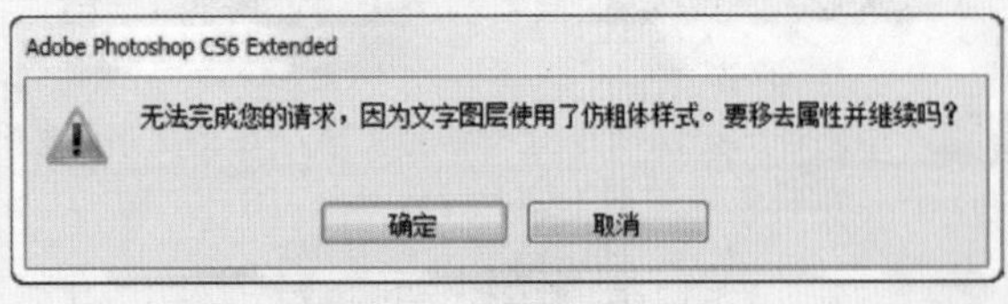

图7-90

创建变形文字后，可以调整其他参数选项来调整变形效果。每种样式都包含相同的参数选项，下面以“鱼形”样式为例来介绍变形文字的各项功能，如图 7-91 和图 7-92 所示。

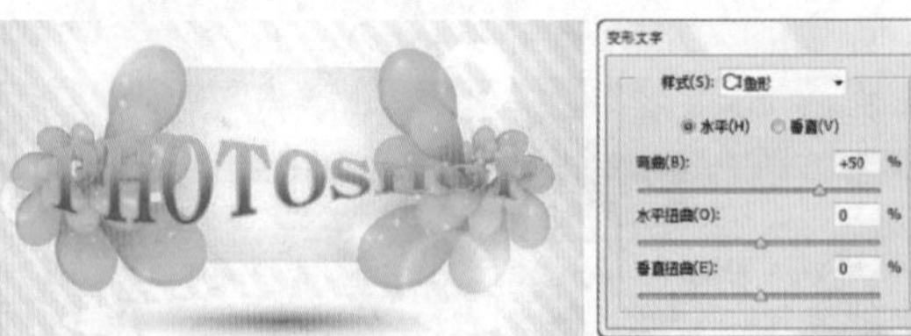

图7-91　图7-92

- 水平 / 垂直：选中“水平”单选按钮，文本扭曲的方向为水平方向，如图 7-93 所示；选中“垂直”单选按钮，文本扭曲的方向为垂直方向，如图 7-94 所示。

图7-93

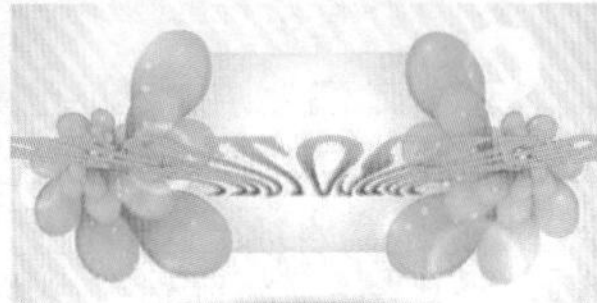

图7-94

- 弯曲：用来设置文本的弯曲程度，如图 7-95 和图 7-96 所示分别是“弯曲”为 -50% 和 100% 时的效果。

图7-95　图7-96

- 水平扭曲：设置水平方向透视扭曲变形的程度，如图 7-97 和图 7-98 所示分别是“水平扭曲”为 -66% 和 86% 时的扭曲效果。

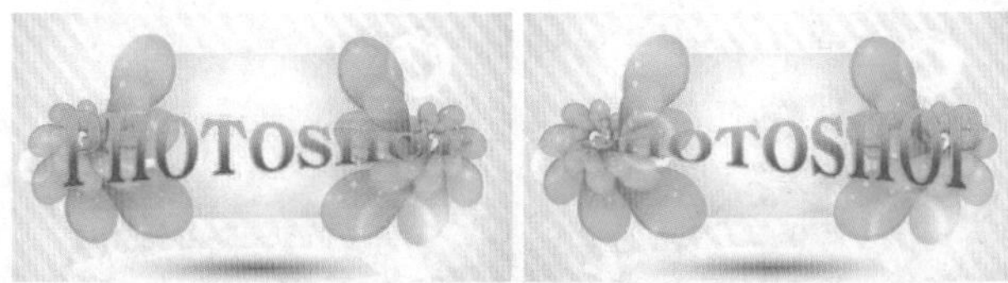

图7-97　图7-98

- 垂直扭曲：用来设置垂直方向透视扭曲变形的程度，如图 7-99 和图 7-100 所示分别是“垂直扭曲”为 -60% 和 60% 时的扭曲效果。

图7-99　图7-100

实例练习——制作变形文字

实例文件	实例练习——制作变形文字 .psd
视频教学	实例练习——制作变形文字 .flv
难易指数	★★★★★
技术要点	文字工具

实例效果

本例效果如图 7-101 所示。

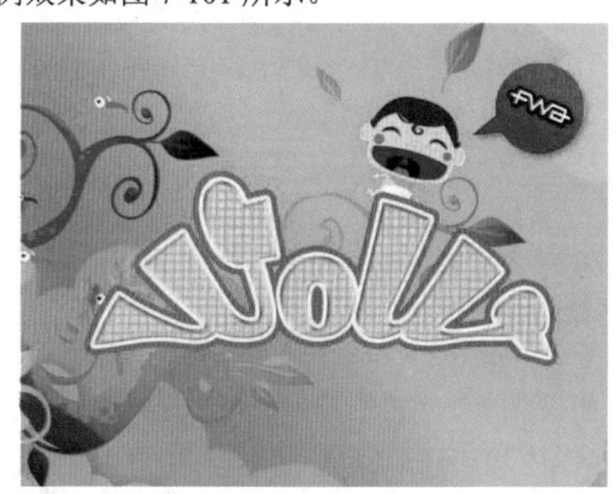

图7-101

操作步骤

步骤 01 打开素材文件，如图 7-102 所示。

步骤 02 单击工具箱中的“横排文字工具”按钮T，设置前景色为橙色，选择合适的字体及大小，输入“WOW”，单击选项栏中的“创建文字变形”按钮，设置“样式”为“花冠”，“弯曲”为 100%，“水平扭曲”为 1%，“垂直扭曲”为 0%，单击“确定”按钮结束操作，如图 7-103 所示。

图7-102　　图7-103

步骤 03 单击“图层”面板中的“添加图层样式”按钮，选择“投影”选项，设置其“不透明度”为 100%，“距离”为 0 像素，“扩展”为 100%，“大小”为 18 像素，如图 7-104 和图 7-105 所示。

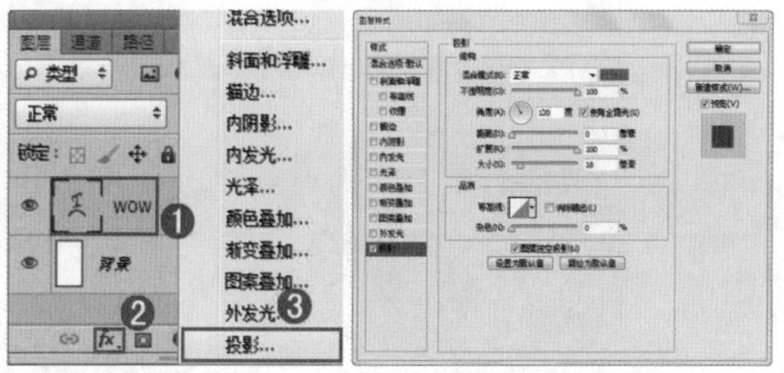

图7-104　　图7-105

步骤 04 选择“斜面和浮雕”选项，设置其“深度”为 103%，“大小”为 6 像素，“软化”为 5 像素，“阴影模式”的颜色为深一点的黄色；选择“图案叠加”选项，设置“混合模式”为“叠加”，“图案”为一种圆点图案，如图 7-106 所示。

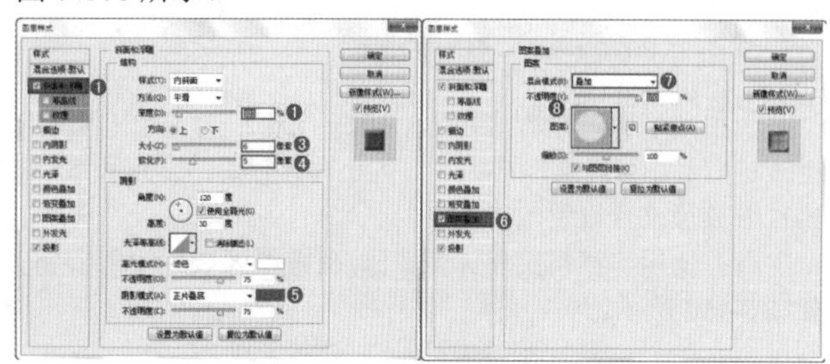

图7-106

答疑解惑：如何使用外置图案？

执行“编辑 > 预设 > 预设管理器”命令，打开“预设管理器”对话框。将“预设类型”设置为“图案”，单击“载入”按钮，选择素材文件所在位置并载入，单击“完成”按钮即可，如图 7-107 所示。

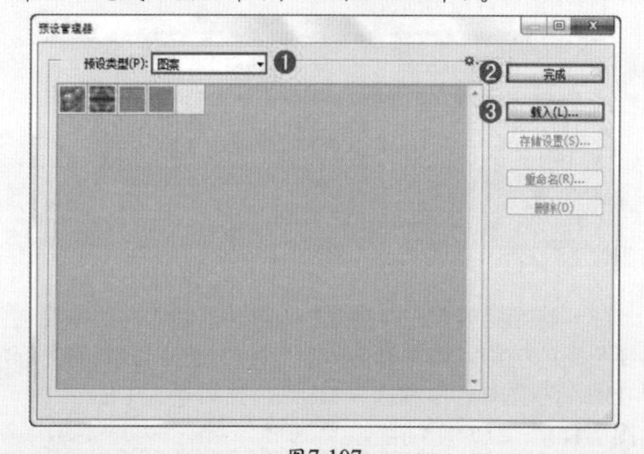

图7-107

步骤 05 选择“描边”选项，设置其“大小”为 8 像素，颜色为白色，单击“确定”按钮结束操作，如图 7-108 所示，最终效果如图 7-109 所示。

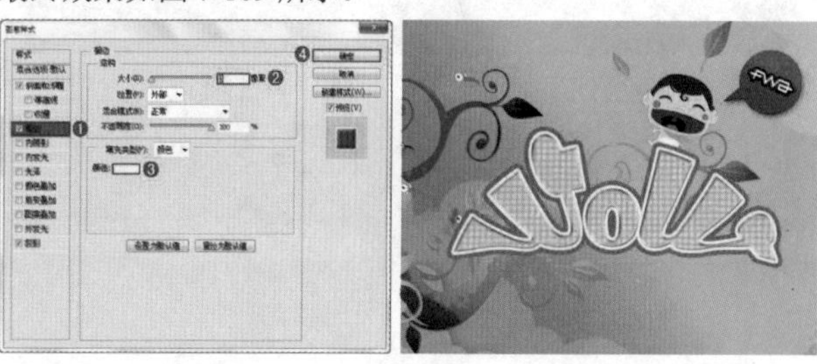

图7-108　　图7-109

7.3 编辑文本

Photoshop 的文字编辑与 Microsoft Office Word 类似，不仅可以对文字进行大小写、颜色、行距等参数的修改，还可以检查和更正拼写、查找和替换文本、更改文字的方向等。

7.3.1 修改文本属性

使用文字工具输入文字以后，在“图层”面板中单击选中文字图层，可对文字的大小、大小写、行距、字距和水平/垂直缩放等进行设置。

（1）使用“横排文字工具”T在操作区域中输入字符，如图 7-110 所示。

图7-110

（2）如果要修改文本内容，可以在“图层”面板中双击文字图层，此时该文字图层的文本处于全部选择的状态，如图 7-111 和图 7-112 所示。

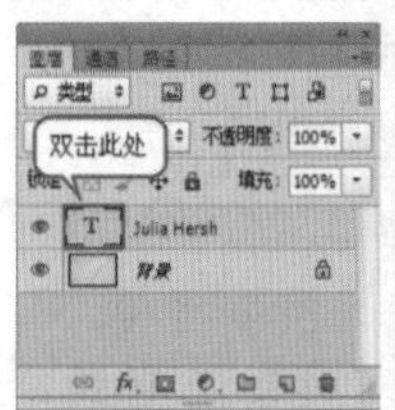

图7-111　　图7-112

（3）将光标放置在要修改的内容的前面，向后拖曳选中需要更改的字符，如将 Hersh 修改为 Claude，需要将光标放置在 Hersh 前向后拖曳选中 Hersh，然后输入 Claude 即可，如图 7-113 ～图 7-115 所示。

图7-113　　图7-114

图7-115

技巧提示

在文本输入状态下，单击 3 次可以选择一行文字；单击 4 次可以选择整个段落的文字；按 Ctrl+A 组合键可以选择所有的文字。

（4）如果要修改字符的颜色，可以选择要修改颜色的字符，如图 7-116 所示，然后在“字符”面板中修改字号以及颜色，如图 7-117 所示，可以看到只有选中的文字发生了变化，如图 7-118 所示。

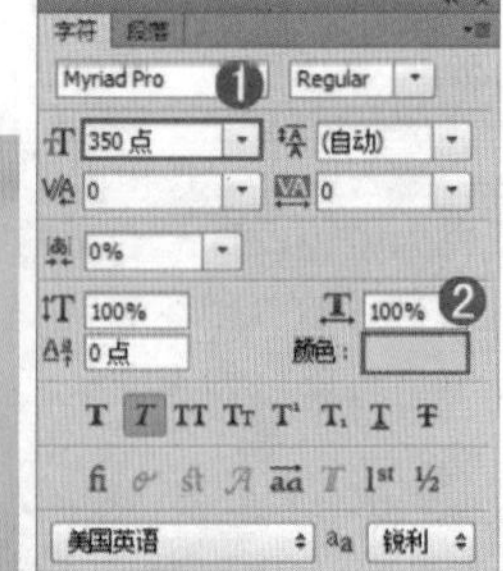

图7-116　　图7-117

图7-118

（5）用同样的方法修改其他文字的属性，效果如图 7-119 所示。

图7-119

7.3.2 拼写检查

如果要检查当前文本中的英文单词拼写是否有误，可以先选择文本，然后执行“编辑 > 拼写检查”命令，打开“拼写检查”对话框，Photoshop 会提供修改建议，如图 7-120 和图 7-121 所示。

图7-120　　图7-121

“拼写检查”对话框中各选项含义如下。

- 不在词典中：显示错误的单词。
- 更改为 / 建议：在“建议”列表中选择单词以后，“更改为”文本框中就会显示选中的单词。
- 忽略：单击该按钮，继续拼写检查而不更改文本。
- 全部忽略：单击该按钮，在剩余的拼写检查过程中忽略有疑问的字符。
- 更改：单击该按钮，可以校正拼写错误的字符。
- 更改全部：单击该按钮，校正文档中出现的所有拼写错误。
- 添加：单击该按钮，可以将无法识别的正确单词存储在词典中。这样后面再次出现该单词时，就不会被检查为拼写错误。
- 检查所有图层：选中该复选框，可以对所有文字图层进行拼写检查。

7.3.3 查找和替换文本

使用“查找和替换文本”命令能够快速查找和替换指定的文字，执行“编辑 > 查找和替换文本”命令，可打开“查找和替换文本”对话框，如图 7-122 所示。

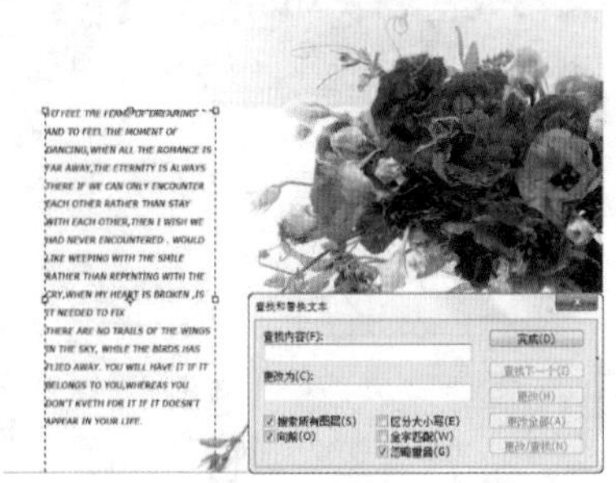

图7-122

- 查找内容：在这里输入要查找的内容。
- 更改为：在这里输入要更改的内容。
- 查找下一个：单击该按钮，即可查找到需要更改的内容。
- 更改：单击该按钮，即可将查找到的内容更改为指定的文字内容。
- 更改全部：若要替换所有要查找的文本内容，可以单击该按钮。
- 完成：单击该按钮，可以关闭“查找和替换文本”对话框，完成查找和替换文本的操作。
- 搜索所有图层：选中该复选框，可以搜索当前文档中的所有图层。
- 向前：从文本中的插入点向前搜索。如果取消选中该复选框，不管文本中的插入点在什么位置，都可以搜索图层中的所有文本。
- 区分大小写：选中该复选框，可以搜索与“查找内容”文本框中的文本大小写完全匹配的一个或多个文字。
- 全字匹配：选中该复选框，可以忽略嵌入在更长字中的搜索文本。

实例练习——使用编辑命令校对文档

实例文件	实例练习——使用编辑命令校对文档 .psd
视频教学	实例练习——使用编辑命令校对文档 .flv
难易指数	★★★★★
技术要点	“拼写检查”命令、“查找和替换文本”命令

实例效果

本例效果如图 7-123 所示。

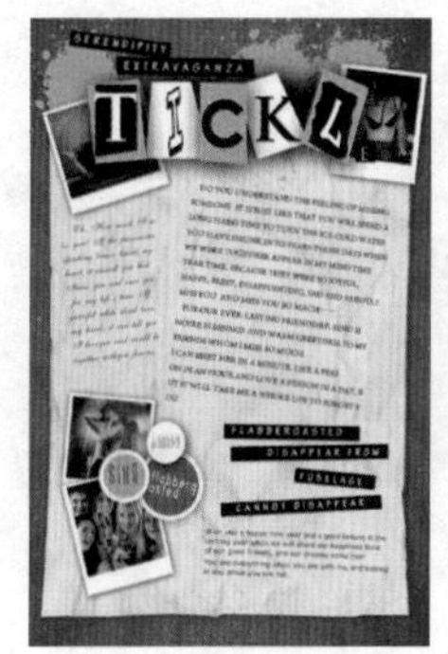

图7-123

操作步骤

步骤 01 打开素材文件，如图 7-124 所示，需要对右侧的段落进行编辑，在“图层”面板中选中该图层，如图 7-125 所示。

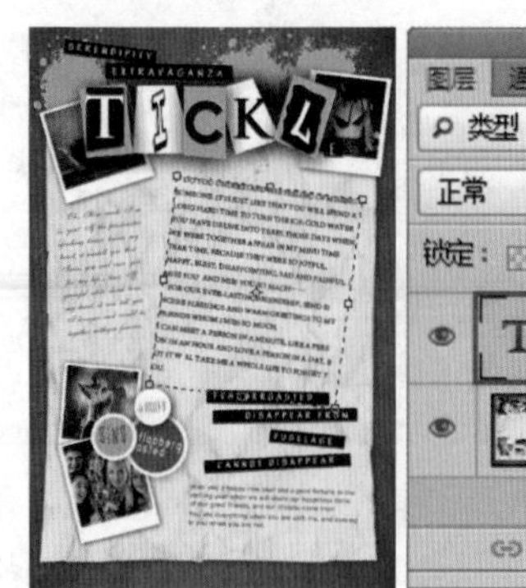

图7-124　　图7-125

步骤 02 执行“编辑>拼写检查”命令，打开“拼写检查”对话框，文本中的部分字符出现被选中的状态，并且在对话框的左侧显示“不在词典中”以及“建议”更改为的文本。如果确定所选单词并不需要更改，单击“忽略”按钮；如需更改，则单击“更改”按钮，即可将当前单词进行校正并且自动查找下一个需要更改的单词，更改完毕后单击“完成”按钮结束操作，如图7-126和图7-127所示。

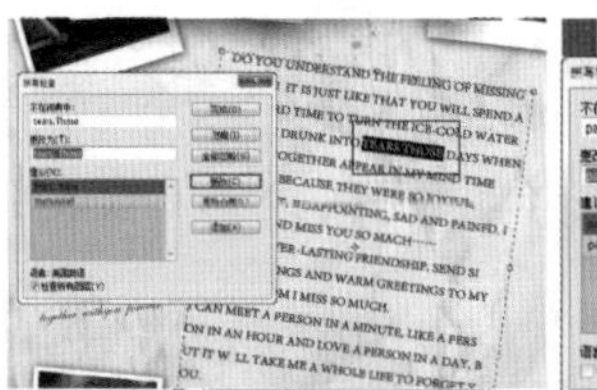

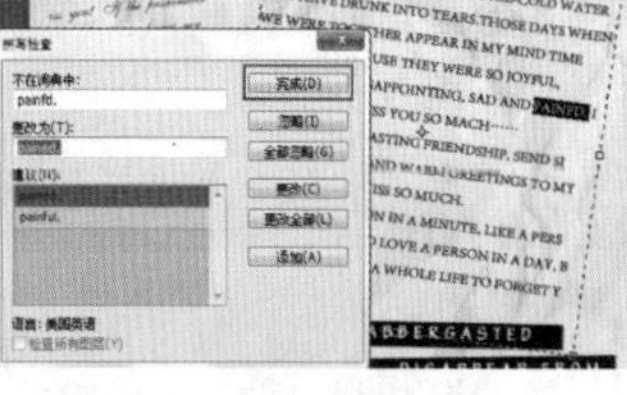

图7-126　　图7-127

步骤 03 如需将部分文本进行替换，执行“编辑>查找和替换文本”命令，打开“查找和替换文本”对话框，在“查找内容”文本框中输入“ a person ”，在“更改为”文本框中输入“her”。单击“查找下一个”按钮，此时文本中“A PERSON”处于选中状态，如图7-128所示。

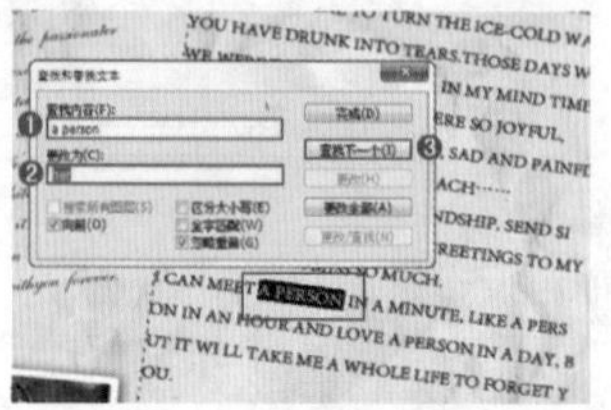

图7-128

步骤 04 单击“更改”按钮，可以看到“A PERSON”被更改为“HER”，如图7-129所示。单击“完成”按钮结束操作，如图7-130所示。

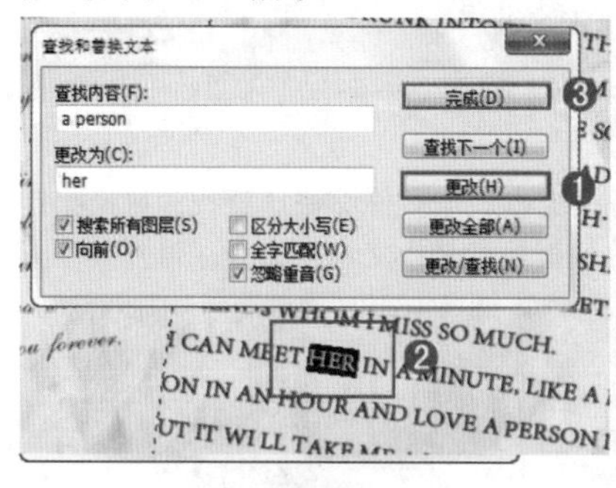

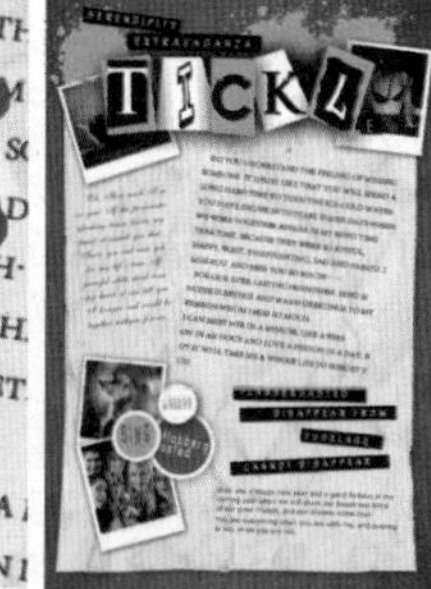

图7-129　　图7-130

7.3.4 更改文字方向

执行“文字>垂直/水平”命令，可以切换当前文字是以横排文字还是直排文字的方式显示，如图7-131和图7-132所示。

技巧提示

在使用文字工具的状态下，单击选项栏中的按钮，也可以更改文字的方向。

图7-131　　图7-132

7.3.5 点文本和段落文本的转换

如果当前选择的是点文本，执行“文字>转换为段落文本”命令，可以将点文本转换为段落文本；如果当前选择的是段落文本，执行“文字>转换为点文本”命令，可以将段落文本转换为点文本。

7.3.6 编辑段落文本

创建段落文本以后，可以根据实际需求来调整文本框的大小，文字会自动在调整后的文本框内重新排列。另外，通过文本框还可以旋转、缩放和斜切文字，如图7-133～图7-135所示。

TO FEEL THE FLAME OF DREAM-
ING AND TO FEEL THE MOMENT
OF DANCING,WHEN ALL THE RO-
MANCE IS FAR AWAY,THE ETER-
NITY IS ALWAYS THERE

图7-133

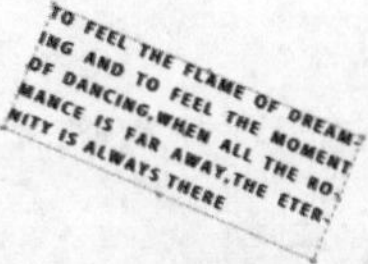

图7-134

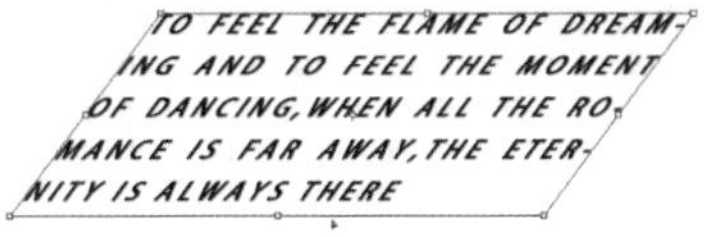

图 7-135

具体操作步骤如下。

（1）使用“横排文字工具” 在段落文字中单击显示出文字的定界框，如图 7-136 所示。

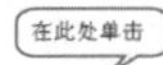

图 7-136

（2）拖动控制点调整定界框的大小，文字会在调整后的定界框内重新排列，如图 7-137 所示。

（3）当定界框较小而不能显示全部文字时，其右下角的控制点会变为状，如图 7-138 所示。

图 7-137

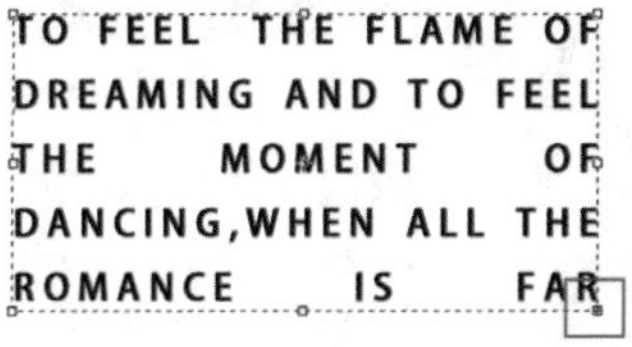

图 7-138

（4）如果按住 Alt 键拖动控制点，可以等比缩放文字，如图 7-139 和图 7-140 所示。

（5）将光标移至定界框外，当指针变为弯曲的双向箭头时，拖动鼠标可以旋转文字，如图 7-141 所示。

（6）在旋转过程中按住 Shift 键，能够以 15° 角为增量进行旋转，如图 7-142 所示。

图 7-139　图 7-140

图 7-141 　图 7-142

（7）在进行编辑的过程中按住 Ctrl 键可出现类似自由变换的定界框，将光标移动到定界框边缘位置，当光标变为形状时拖动即可。需要注意的是，此时定界框与文字本身都会发生变化，如图 7-143 所示。

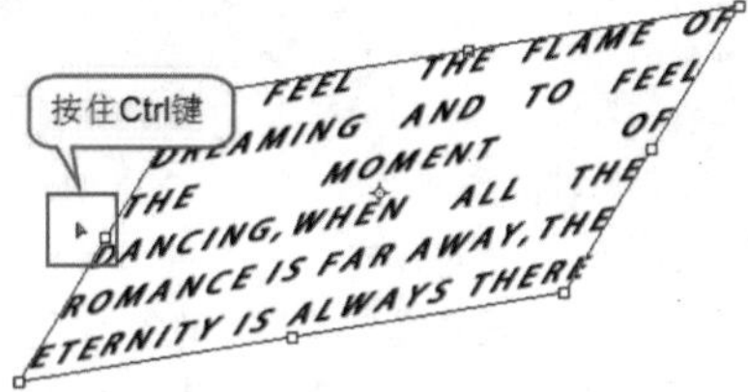

图 7-143

（8）如果想要完成对文本的编辑操作，可以单击选项栏中的按钮或者按 Ctrl+Enter 组合键。如果要放弃对文字的修改，可以单击选项栏中的按钮或者按 Esc 键。

7.4 “字符”和“段落”面板

在文字工具的选项栏中，可以快捷地对文本的部分属性进行修改。如果要对文本进行更多的设置，就需要用到“字符”面板和“段落”面板。

7.4.1 “字符”面板

“字符”面板中提供了比文字工具选项栏更多的调整选项。在“字符”面板中，除了包括常见的字体系列、字体样式、字体大小、文本颜色和消除锯齿等设置外，还包括行距、字距等常见设置，如图 7-144 所示。

- 设置字体大小：在下拉列表中选择预设数值或者输入自定义数值即可更改字符大小。
- 设置行距：行距就是上一行文字基线与下一行文字基线之间的距离。选择需要调整的文字图层，然后在“设

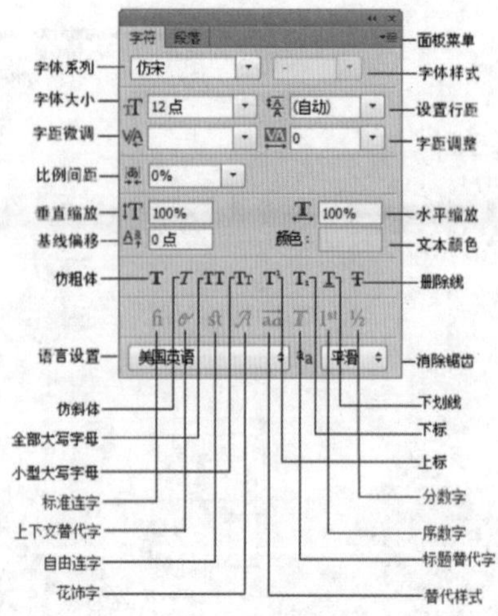

图7-144

置行距”文本框中输入行距数值或在其下拉列表中选择预设的行距值，按Enter键确定即可，如图7-145和图7-146所示分别是行距值为30点和60点时的文字效果。

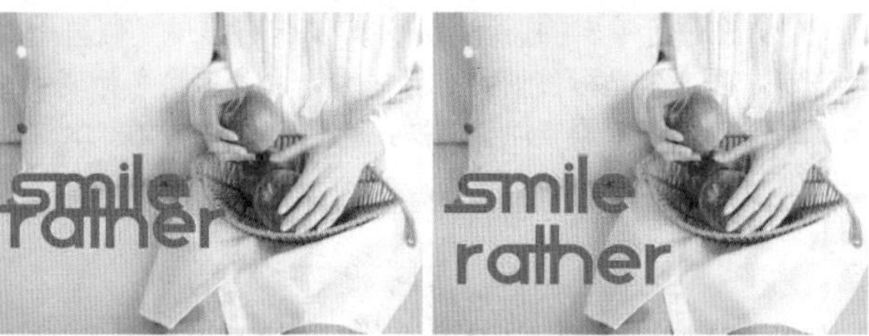

图7-145　　图7-146

- 字距微调：用于进行两个字符之间的字距微调。在设置时先要将光标插入到需要进行字距微调的两个字符之间，如图7-147所示；然后在文本框中输入所需的字距微调数量。输入正值时，字距会扩大；输入负值时，字距会缩小，如图7-148和图7-149所示分别为字距为200与-100的对比效果。

图7-147　　图7-148

图7-149

- 字距调整：字距用于设置文字的字符间距。输入正值时，字距会扩大；输入负值时，字距会缩小，如图7-150和图7-151所示分别为设置正字距与负字距的效果。

图7-150　　图7-151

- 比例间距：比例间距是按指定的百分比来减少字符周围的空间。因此，字符本身并不会被伸展或挤压，而是字符之间的间距被伸展或挤压了，如图7-152所示是比例间距为0%和100%时的字符效果。

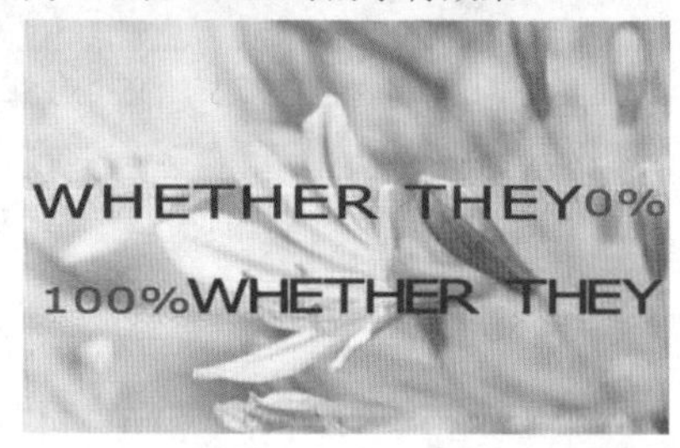

图7-152

- 垂直缩放 / 水平缩放：用于设置文字的垂直或水平缩放比例，以调整文字的高度或宽度，如图7-153～图7-155所示分别为100%垂直和水平缩放，300%垂直、120%水平以及80%垂直、150%水平缩放比例的文字效果对比。

图7-153　　图7-154

图7-155

- 基线偏移：用来设置文字与文字基线之间的距离。输入正值时，文字会上移；输入负值时，文字会下移，如图7-156和图7-157所示分别为基线偏移50点与-50点的效果。

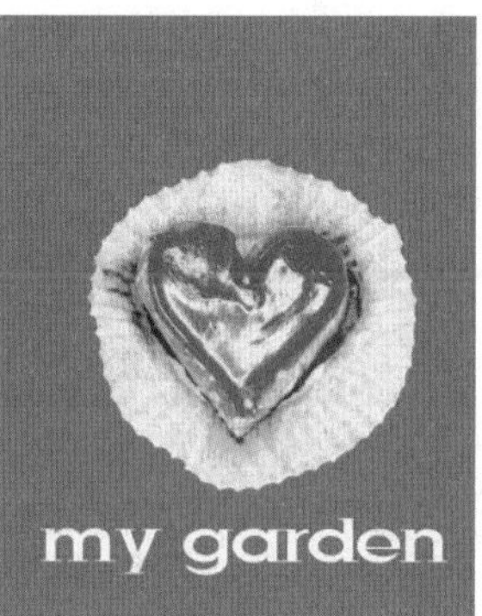

图7-156　　图7-157

- 颜色：单击色块，即可在弹出的拾色器中选取字符的颜色。
- 文字样式 T T TT Tr T¹ T₁ T T：设置文字的效果，包括正常、仿粗体、仿斜体、全部大写字母、小型大写字母、上标、下标、下划线和删除线 9 种，如图 7-158 所示。
- Open Type 功能 fi ℴ st A ad T 1st ½：分别为“标准连字”fi、“上下文替代字”ℴ、“自由连字”st、“花饰字”A、“文体替代字”ad、“标题替代字”T、“序数字”1st、“分数字”½。
- 语言设置：用于设置文本连字符和拼写的语言类型。
- 消除锯齿方式：输入文字以后，可以在选项栏中为文字指定一种消除锯齿的方式。

图7-158

7.4.2 “段落”面板

在文字排版中经常会用到“段落”面板，它提供了用于设置段落编排格式的所有选项。通过“段落”面板可以设置段落文本的对齐方式和缩进量等参数，如图 7-159 所示。

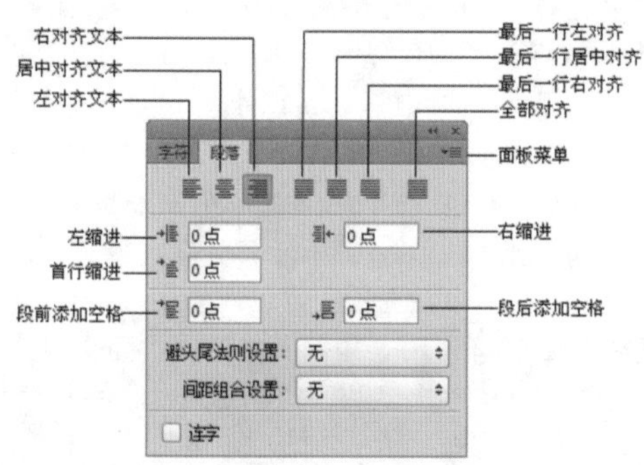

图7-159

- 左对齐文本：文字左对齐，段落右端参差不齐，如图 7-160 所示。
- 居中对齐文本：文字居中对齐，段落两端参差不齐，如图 7-161 所示。

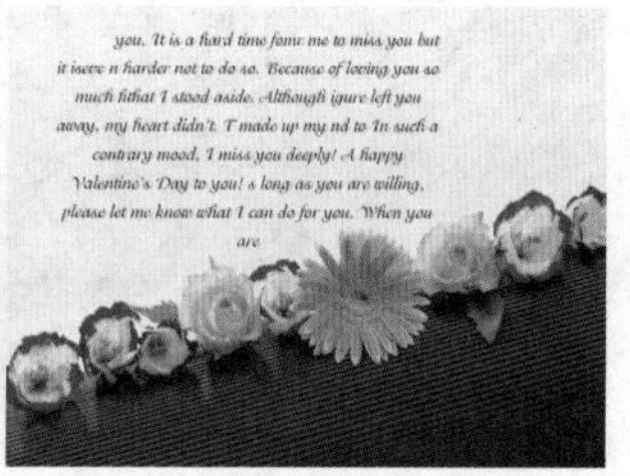

图7-160　　图7-161

- 右对齐文本：文字右对齐，段落左端参差不齐，如图 7-162 所示。
- 最后一行左对齐：最后一行左对齐，其他行左右两端强制对齐，如图 7-163 所示。

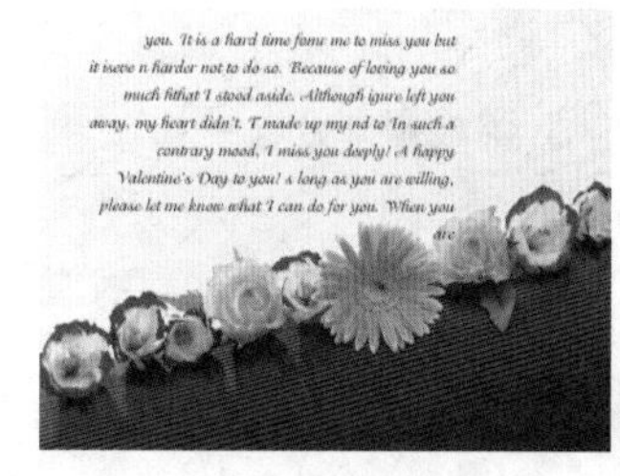

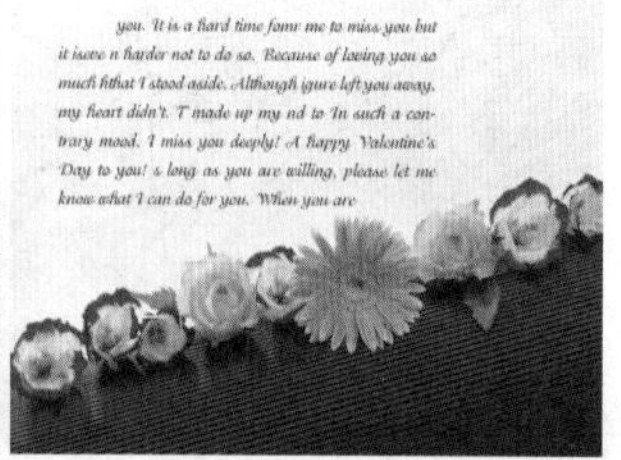

图7-162　　图7-163

- 最后一行居中对齐：最后一行居中对齐，其他行左右两端强制对齐，如图 7-164 所示。
- 最后一行右对齐：最后一行右对齐，其他行左右两端强制对齐，如图 7-165 所示。

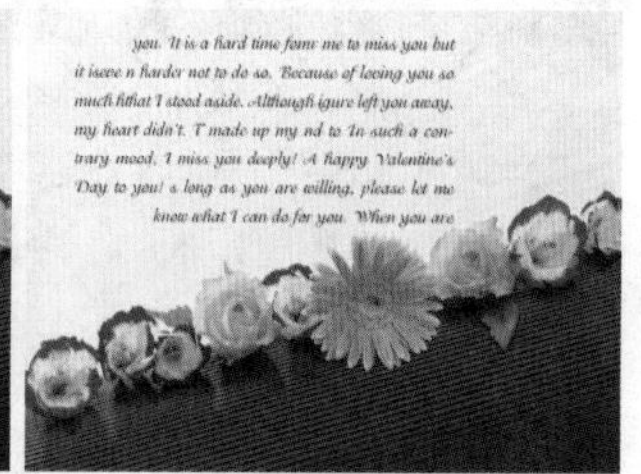

图7-164　　图7-165

- 全部对齐：在字符间添加额外的间距，使文本左右两端强制对齐，如图 7-166 所示。

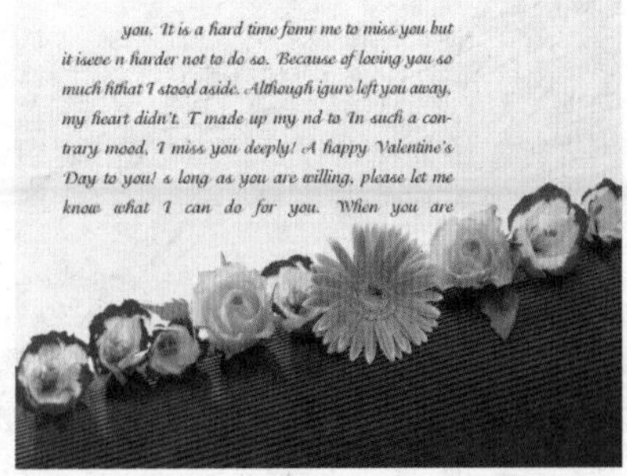

图7-166

技巧提示

当文字为直排方式时，对齐按钮会发生一些变化，如图 7-167 所示。

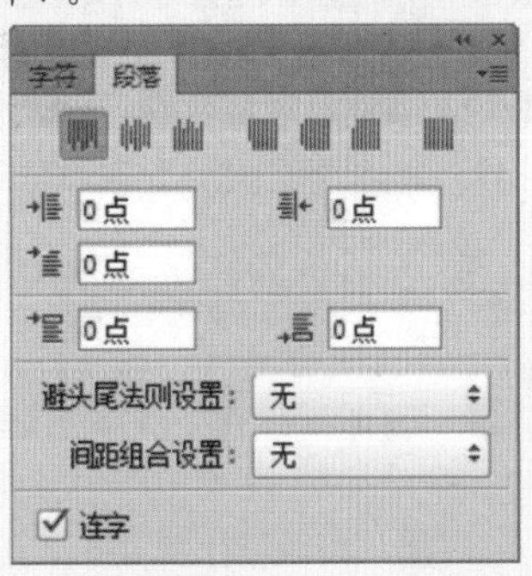

图7-167

- **左缩进**：用于设置段落文本向右（横排文字）或向下（直排文字）的缩进量，如图 7-168 所示是设置“左缩进”为 6 点时的段落效果。
- **右缩进**：用于设置段落文本向左（横排文字）或向上（直排文字）的缩进量，如图 7-169 所示是设置“右缩进”为 6 点时的段落效果。

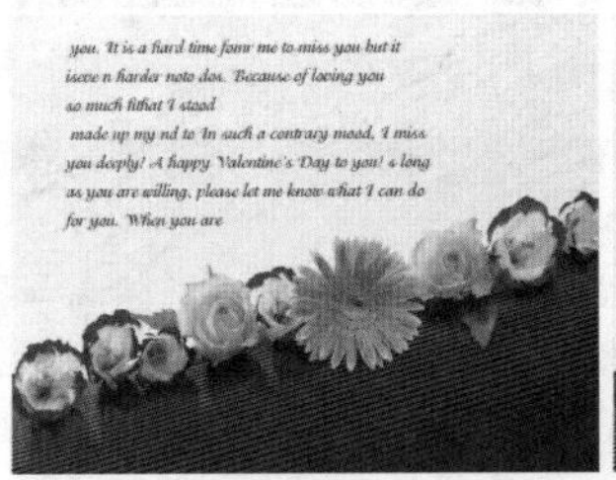

图7-168

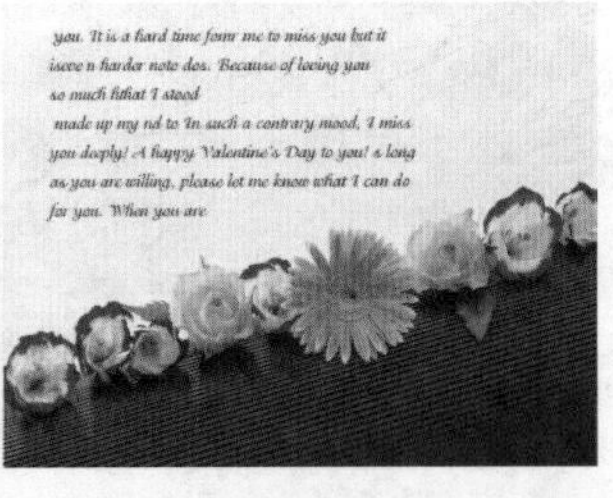

图7-169

- **首行缩进**：用于设置段落文本中每个段落的第 1 行文本向右（横排文字）或第 1 列文本向下（直排文字）的缩进量，如图 7-170 所示是设置“首行缩进”为 10 点时的段落效果。
- **段前添加空格**：设置光标所在段落与前一个段落之间的间隔距离，如图 7-171 所示是设置“段前添加空格”为 10 点时的段落效果。

图7-170

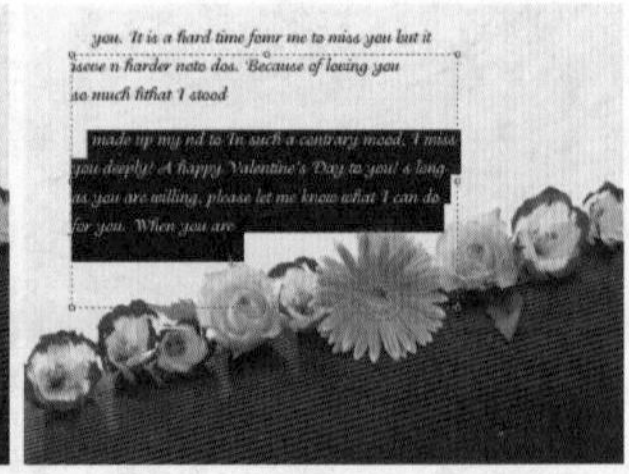

图7-171

- **段后添加空格**：设置当前段落与另外一个段落之间的间隔距离，如图 7-172 所示是设置“段后添加空格”为 10 点时的段落效果。

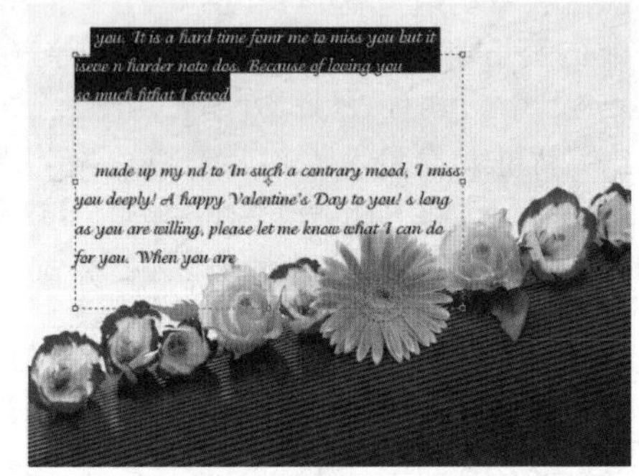

图7-172

- **避头尾法则设置**：不能出现在一行的开头或结尾的字符称为避头尾字符，Photoshop 提供了基于 JIS 标准的宽松和严格避头尾集，宽松的避头尾设置忽略长元音字符和小平假名字符。选择“JIS 宽松”或“JIS 严格”选项时，可以防止在一行的开头或结尾出现不能使用的字母。
- **间距组合设置**：用于设置日语字符、罗马字符、标点和特殊字符在行开头、行结尾和数字的间距文本编排方式。选择“间距组合 1”选项，可以对标点使用半角间距；选择“间距组合 2”选项，可以对行中除最后一个字符外的大多数字符使用全角间距；选择“间距组合 3”选项，可以对行中的大多数字符和最后一个字符使用全角间距；选择“间距组合 4”选项，可以对所有字符使用全角间距。
- **连字**：选中该复选框，在输入英文单词时，如果段落文本框的宽度不够，英文单词将自动换行，并在单词之间用连字符连接起来，如图 7-173 所示。

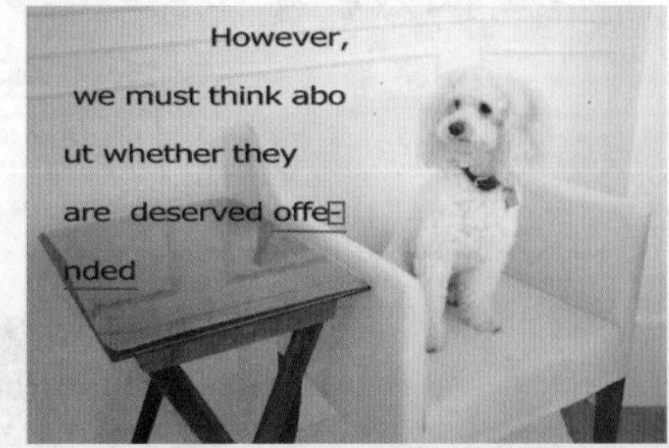

图7-173

7.4.3 “字符样式”面板

在进行书籍、报刊杂志等包含大量文字的排版工作时，经常会需要为多个文字图层赋予相同的样式，而Photoshop CS6中的“字符样式”面板为此提供了便利的操作方式。在“字符样式”面板中可以创建字符样式、更改字符属性，并将字符属性存储在“字符样式”面板中。在需要使用时，只需要选中文字图层，然后单击相应的字符样式即可，如图7-174所示。

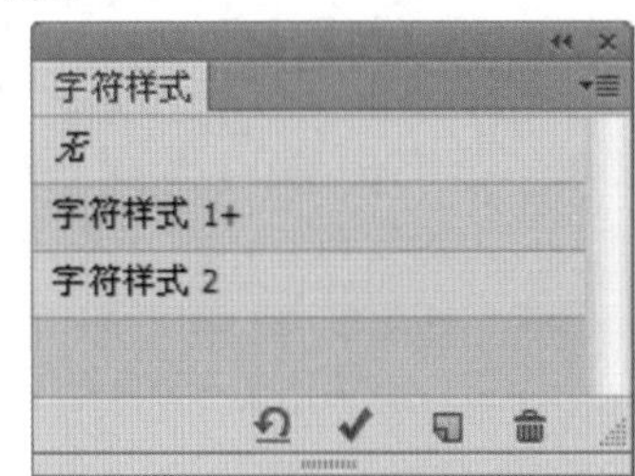

图7-174

- 清除覆盖：单击该按钮即可清除当前字体样式。
- 通过合并覆盖重新定义字符样式：单击该按钮即可以所选文字合并覆盖当前字符样式。
- 创建新样式：单击该按钮可以创建新的样式。
- 删除选项样式/组：单击该按钮，可以将当前选中的新样式或新样式组删除。

在“字符样式”面板中单击“创建新样式”按钮，然后双击新创建出的字符样式，即可弹出“字符样式选项”对话框，其中包含3组设置页面：“基本字符格式”、“高级字符格式”与“OpenType功能”，可以对字符样式进行详细的编辑，如图7-175～图7-177所示。“字符样式选项”对话框中的选项与“字符”面板中的设置选项基本相同，这里不再重复讲解。

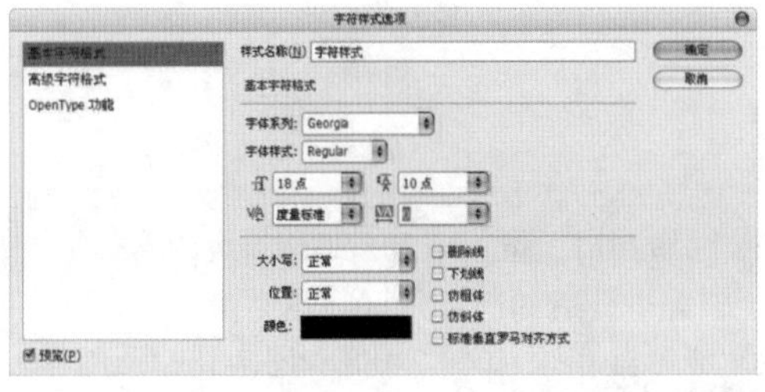

图7-175

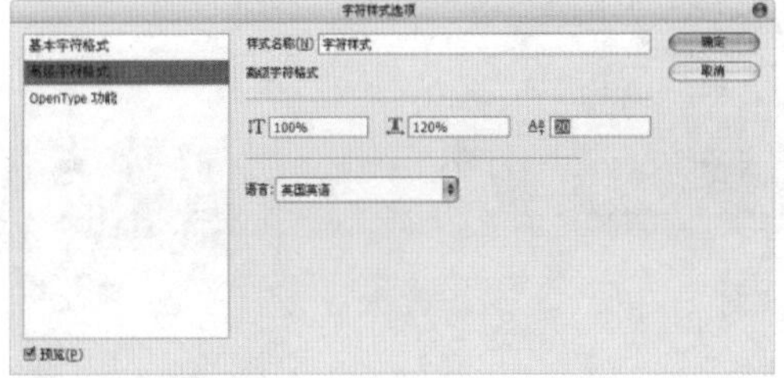

图7-176

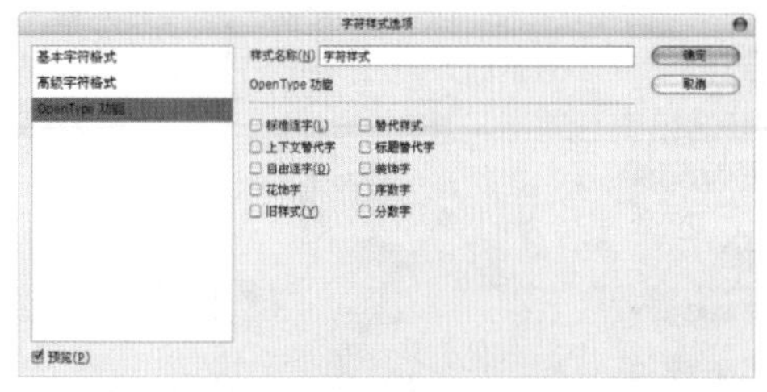

图7-177

如果需要将当前文字样式定义为可以调用的字符样式，那么可以在“字符样式”面板中单击“创建新样式”按钮，创建一个新的样式，如图7-178所示。选中所需文字图层，并在“字符样式”面板中选中新建的样式，在该样式名称的后方会出现“+”，单击“通过合并覆盖重新定义字符样式”按钮即可，如图7-179所示。

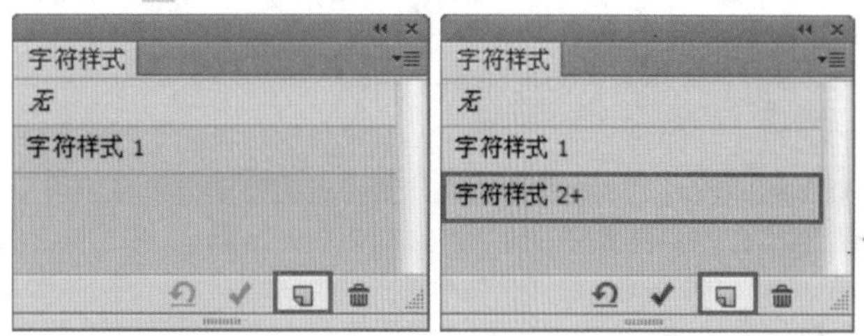

图7-178　图7-179

如果需要为某个文字使用新定义的字符样式，则选中该文字图层，然后在“字符样式”面板中单击所需样式即可，如图7-180和图7-181所示。

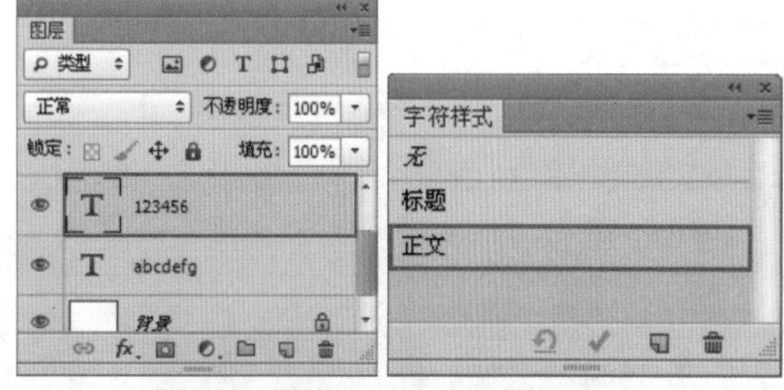

图7-180　图7-181

如果需要去除当前文字图层的样式，可以选中该文字图层，然后单击“字符样式”面板中的“无”即可，如图7-182所示。

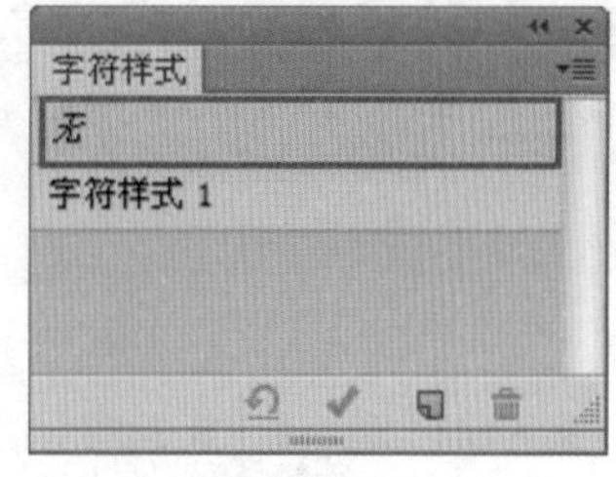

图7-182

另外，可以将另一个 PSD 文档的字符样式导入到当前文档中。打开“字符样式”面板，在“字符样式”面板菜单中选择“载入字符样式”命令。然后在弹出的“载入”对话框中找到需要导入的素材，双击即可将该文件包含的样式导入到当前文档中，如图 7-183 所示。

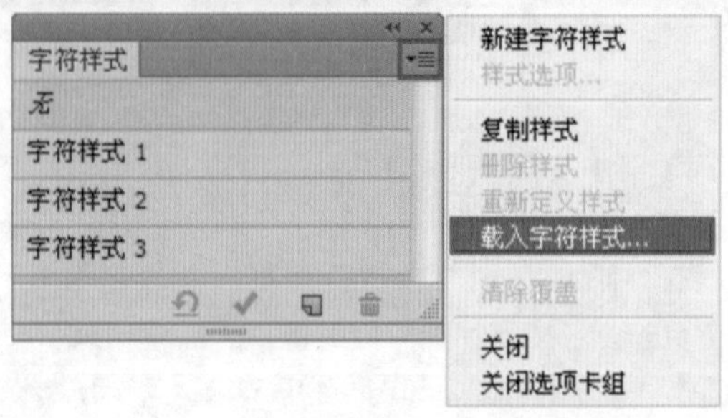

图7-183

如果需要复制或删除某一字符样式，只需在“字符样式”面板中将其选中，然后在面板菜单中选择“复制样式”或“删除样式”命令即可，如图 7-184 所示。

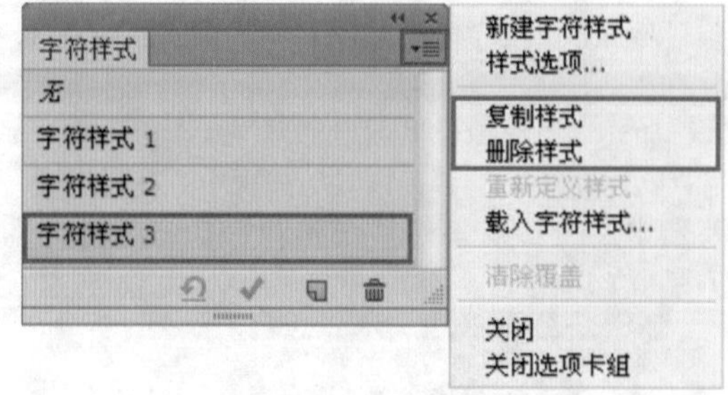

图7-184

7.4.4 “段落样式”面板

“段落样式”面板与“字符样式”面板的使用方法相同，都可以进行样式的定义、编辑与调用。字符样式主要用于类似标题的较少文字的排版，而段落样式的设置选项多应用于类似正文的大段文字的排版。如图 7-185 所示。

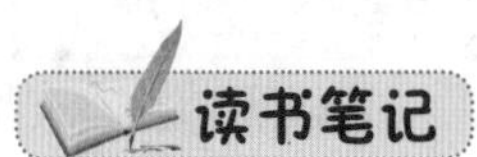

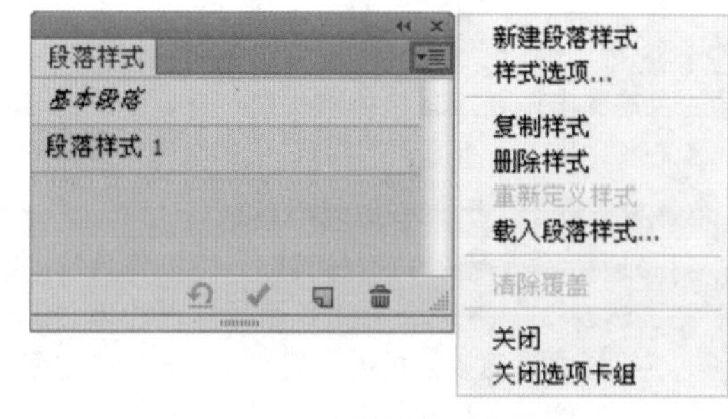

图7-185

实例练习——使用文字工具制作简约版式

实例文件	实例练习——使用文字工具制作简约版式.psd
视频教学	实例练习——使用文字工具制作简约版式.flv
难易指数	★★★★★
技术要点	文字工具、选框工具

实例效果

本例效果如图 7-186 所示。

图7-186

操作步骤

步骤 01 新建背景为白色的文件，新建图层组“黄”，导入照片 1 放在底部，如图 7-187 所示。

图7-187

步骤 02 新建图层，单击工具箱中的“椭圆选框工具”按钮，绘制大小合适的圆形选区并填充黄色，设置“混合模式”为“正片叠底”，如图 7-188 和图 7-189 所示。

图7-188

图7-189

步骤 03 载入圆形选区，为人像图层添加图层蒙版，去除圆形以外的区域，如图 7-190 和图 7-191 所示。

图7-190　　图7-191

步骤 04 用同样的方法制作另外一组人像，注意顶部人像混合模式需要设置为“正片叠底”，如图 7-192 和图 7-193 所示。

图7-192　　图7-193

步骤 05 继续新建图层，使用椭圆选框工具绘制圆形选区并填充洋红，设置模式为“整片叠底”，如图 7-194 所示。

图7-194

步骤 06 单击工具箱中的“横排文字工具”按钮，设置合适的大小和字体，在靠上的位置单击并输入文字，完成后按 Ctrl+Enter 组合键或单击选项栏中的完成当前操作按钮，如图 7-195 和图 7-196 所示。

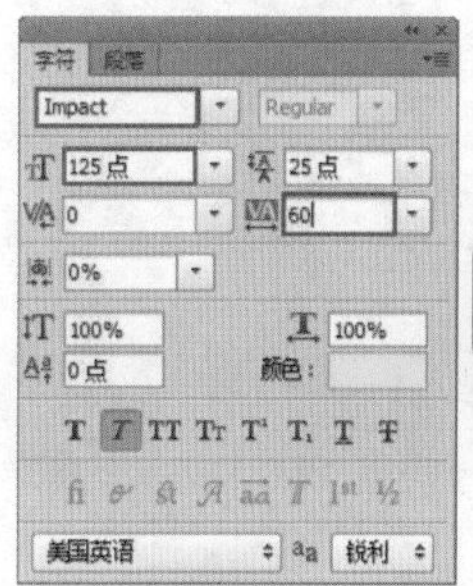

图7-195　　图7-196

步骤 07 用同样的方法输入另外的点文字，如图 7-197 所示。

图7-197

步骤 08 继续在左下的位置输入几行文字，在需要另起一行时按 Enter 键即可。打开“字符”与“段落”面板，设置字符“大小”为“20 点”，“字间距”为“25 点”，单击“仿粗体”按钮，设置“段落”为“居中对齐文本”，如图 7-198～图 7-200 所示。

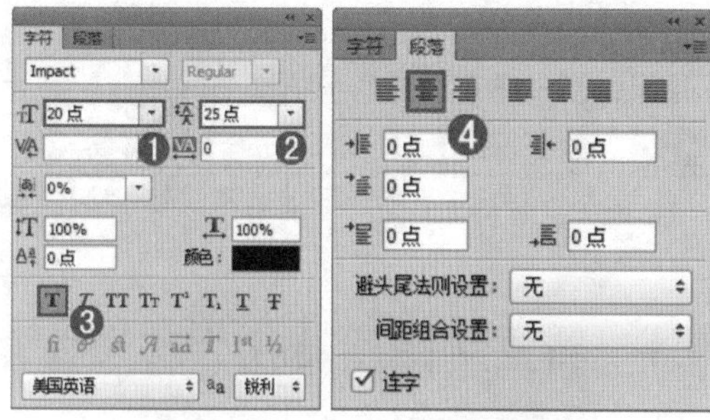

图7-198　　图7-199

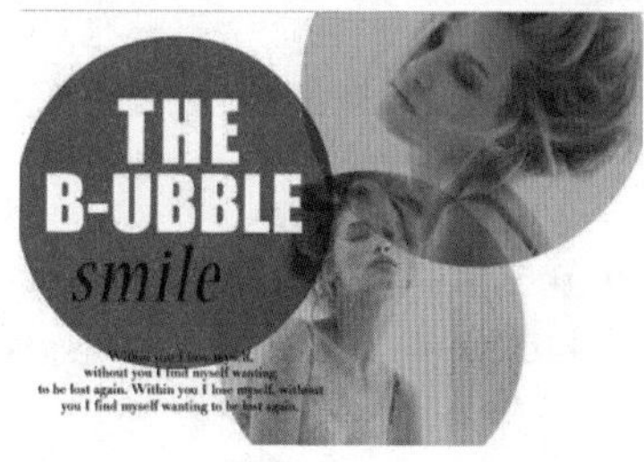

图7-200

步骤 09 新建图层组“首字下沉”，制作右下角的文字部分。设置前景色为橙色，使用横排文字工具，在合适位置输入字母“L”，如图 7-201 所示。

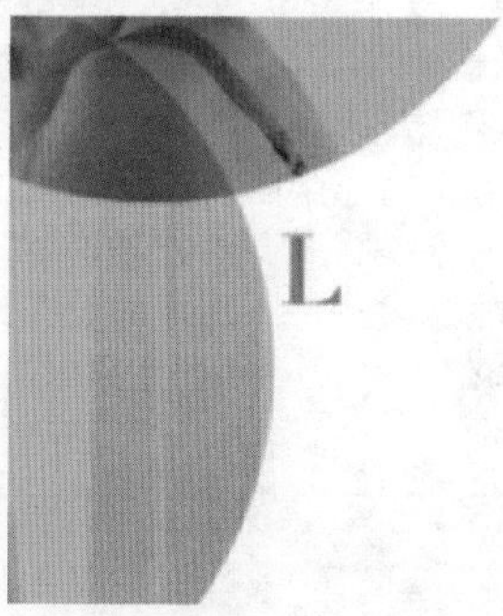

图7-201

步骤 10 下面开始制作段落文字部分。单击“横排文字工具”按钮，在操作界面拖曳创建出文本框，选择合适字体和大小，输入英文，如图 7-202 和图 7-203 所示。

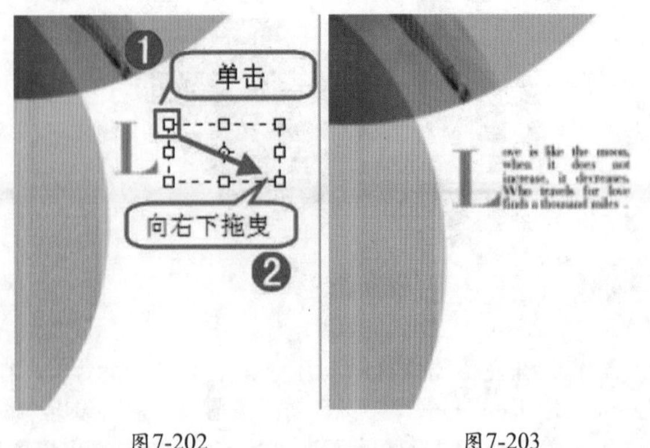

图7-202　　图7-203

步骤 11 使用同样的办法，继续使用横排文字工具拖曳出文本框，并输入其他英文，如图7-204所示。最终效果如图7-205所示。

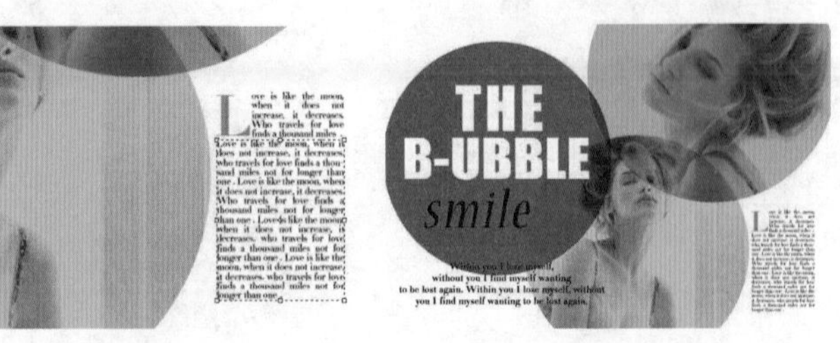

图7-204　　图7-205

7.5 转换文字图层

在Photoshop中，文字图层作为特殊的矢量对象，不能够像普通图层一样进行编辑。因此为了进行更多操作，可以在编辑和处理文字时将文字图层转换为普通图层，或将文字转换为形状、路径。

7.5.1 将文字图层转化为普通图层

Photoshop中的文字图层不能直接应用滤镜或进行涂抹绘制等变换操作，若要对文本应用这些操作，就需要将其转换为普通图层，使矢量文字对象变成像素图像。

在"图层"面板中选择文字图层，然后在图层名称上单击鼠标右键，在弹出的菜单中执行"栅格化文字"命令，就可以将文字图层转换为普通图层，如图7-206所示。

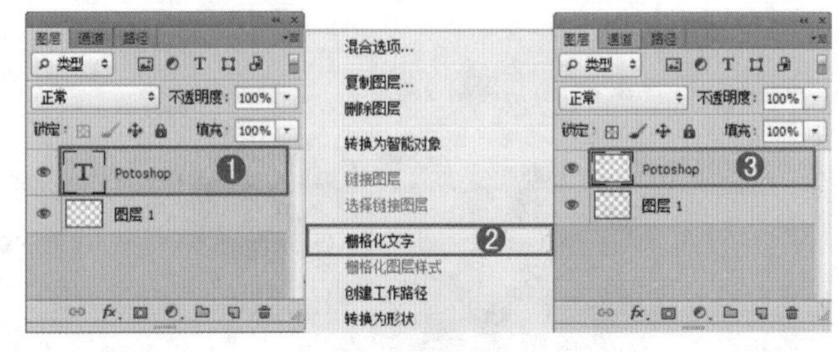

图7-206

7.5.2 将文字转化为形状

选择文字图层，然后在图层名称上单击鼠标右键，在弹出的菜单中执行"转换为形状"命令，可以将文字转换为带有矢量蒙版的形状图层。执行"转换为形状"命令以后，不会保留文字图层，如图7-207所示。

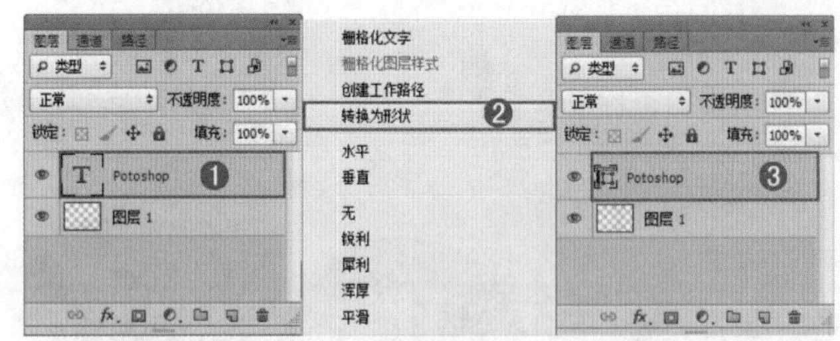

图7-207

实例练习——白金质感艺术字

实例文件	实例练习——白金质感艺术字.psd
视频教学	实例练习——白金质感艺术字.flv
难易指数	★★★★☆
技术要点	文字工具、图层蒙版

实例效果

本例效果如图7-208所示。

图7-208

操作步骤

步骤01 打开背景素材文件，如图7-209所示。

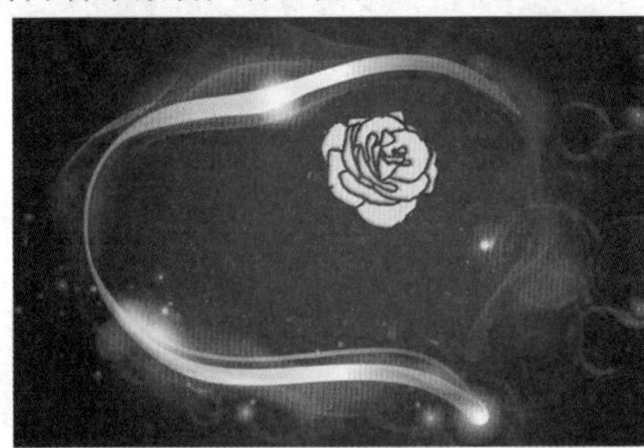

图7-209

步骤02 单击工具箱中的“横排文字工具”按钮T，在选项栏中选择合适的字体，输入文字“相”，在“图层”面板“相”图层上单击鼠标右键，执行“转换为形状”命令，此时文字图层转换为形状图层，如图7-210和图7-211所示。

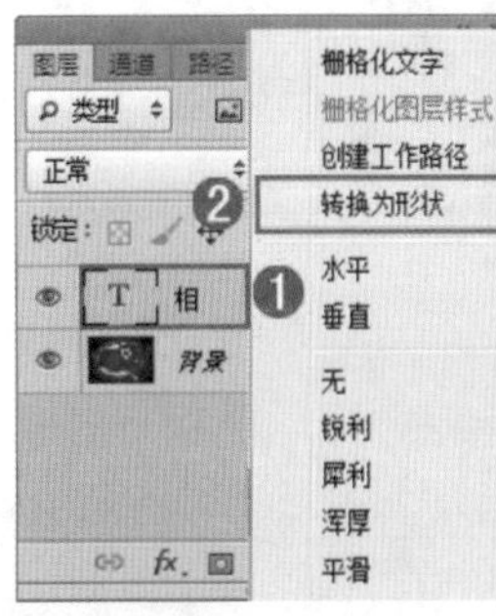

图7-210

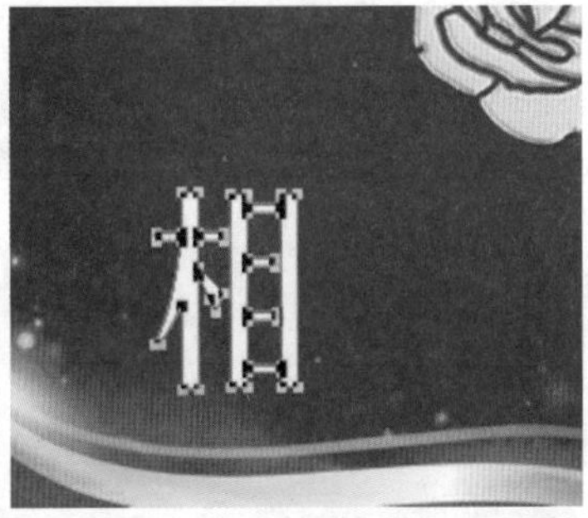

图7-211

步骤03 单击工具箱中的“直接选择工具”按钮，选中“相”字左侧的两个锚点，并向左进行移动，如图7-212和图7-213所示。

步骤04 继续选择左上角的点，并向左移动，制作出尖角效果，如图7-214所示。

图7-212　　图7-213　　图7-214

步骤05 使用横排文字工具，输入文字“永”，用同样的方法将其转换为形状。首先对“永”字左侧笔画进行调整，使用直接选择工具，选择左侧的锚点并向外拖曳拉长，如图7-215和图7-216所示。

图7-215　　图7-216

步骤06 下面需要对其进一步变形，但是可进行调整的控制点明显不足，所以需要使用钢笔工具，在路径上进行单击添加控制点，如图7-217和图7-218所示。

图7-217　　图7-218

步骤07 使用“直接选择工具”调整点的位置，并配合转换点工具调整路径弧度，如图7-219所示。

步骤08 用同样的方法制作右边效果，如图7-220所示。

图7-219　　图7-220

步骤09 使用横排文字工具输入其他文字，同样将其转换为形状并进行调整，如图7-221所示。

图7-221

步骤10 执行“窗口>样式”命令，打开“样式”面板，在面板菜单执行“载入样式”命令，选择样式素材文件并载入，如图7-222所示。

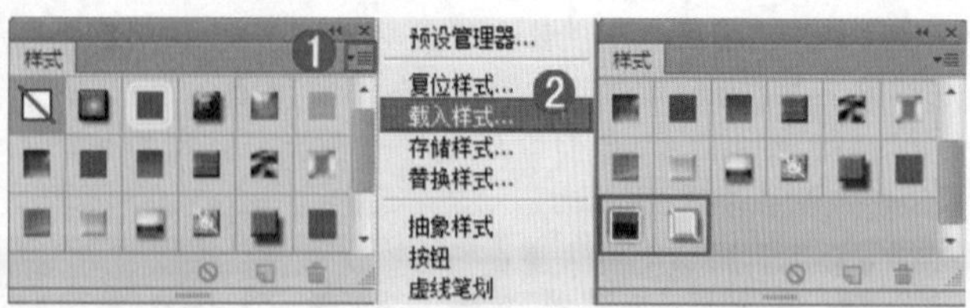

图7-222

步骤 11 在“图层”面板中选择“相”图层，并单击“样式”面板中载入的银色样式，可以看到“相”字出现了该样式效果。依次为“永”、“恒”添加该样式，如图 7-223 和图 7-224 所示。

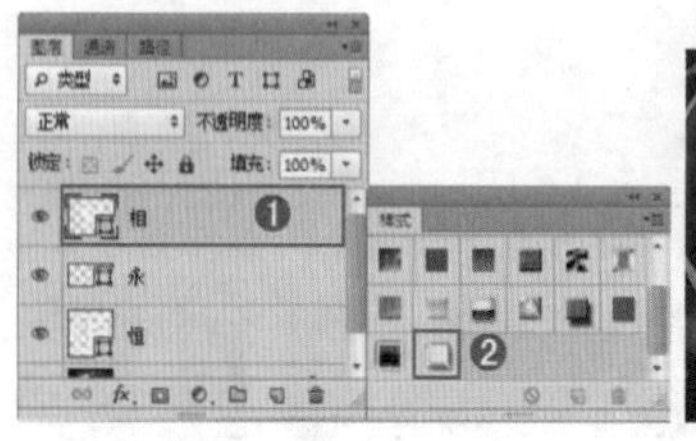

图7-223

图7-224

步骤 12 用同样的方法为“流沙”添加紫色的图层样式，最后使用画笔工具绘制光斑效果，最终效果如图 7-225 所示。

图7-225

7.5.3 创建文字的工作路径

选中文字图层，然后执行“文字 > 创建工作路径”命令，或在文字图层上单击鼠标右键，执行“创建工作路径”命令，可以将文字的轮廓转换为工作路径，如图 7-226 和图 7-227 所示。

图7-226

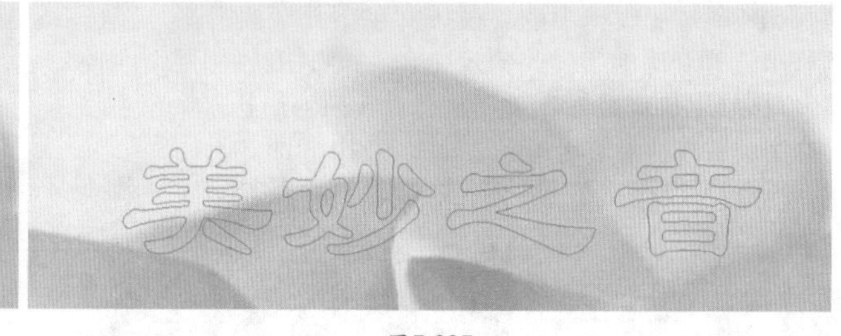

图7-227

实例练习——使用文字路径制作棉花文字

实例文件	实例练习——使用文字路径制作棉花文字 .psd
视频教学	实例练习——使用文字路径制作棉花文字 .flv
难易指数	★★★★★
技术要点	横排文字工具、“画笔”面板，创建工作路径、自定形状工具

实例效果

本例效果如图 7-228 所示。

图7-228

操作步骤

步骤 01 打开素材文件，单击工具箱中的“横排文字工具”按钮T，在“字符”面板中选择一种合适的字体和字号（颜色可以随意设置），如图 7-229 和图 7-230 所示。

图7-229

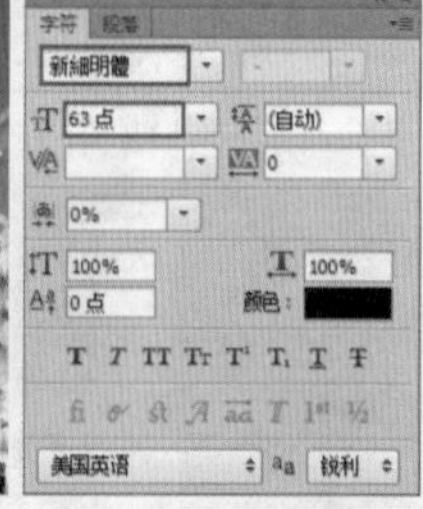

图7-230

步骤 02 接着在操作区域中输入不同大小的两组文字，如图 7-231 所示。

图7-231

技巧提示

字体系列、字体大小等可以根据个人喜好进行设置。但是本例要选择一款较细的文字，否则制作出来将难以辨认。

步骤 03 在“图层”面板中右击文字图层，执行“创建工作路径”命令，然后隐藏文字图层，如图 7-232 和图 7-233 所示。

图7-232　　图7-233

步骤 04 选择“画笔工具”，然后在选项栏中选择一种柔边画笔，并设置“大小”为 68 像素，“硬度”为 0%，如图 7-234 所示。

步骤 05 按 F5 键打开“画笔”面板，选中“形状动态”选项，然后设置“大小抖动”为 100%，如图 7-235 所示。

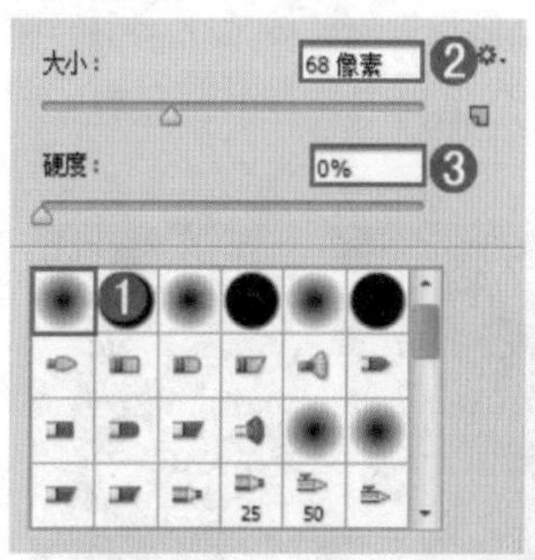

图7-234　　图7-235

步骤 06 选中“散布”选项，取消选中“两轴”复选框，并设置“散布”为 181%，“数量”为 4，“数量抖动”为 100%，如图 7-236 所示。

步骤 07 选中“传递”选项，设置“不透明度抖动”为 85%，“流量抖动”为 40%，如图 7-237 所示。

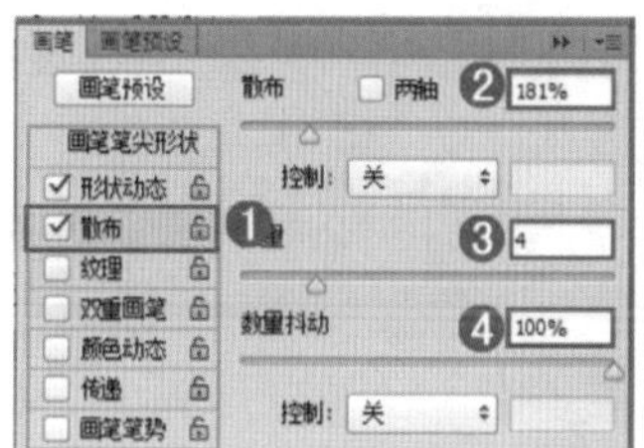

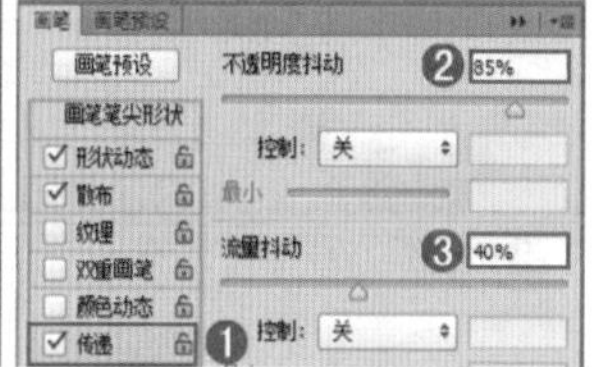

图7-236　　图7-237

步骤 08 画笔属性设置完毕后，设置前景色为白色，使用画笔工具，按 Enter 键，即可实现使用当前画笔设置描边钢笔路径的效果。如图 7-238 所示。

图7-238

技巧提示

通常情况下，描边路径可以在使用钢笔工具绘制完路径之后进行，单击鼠标右键，执行“描边路径”命令，然后在弹出的“描边路径”对话框中选择合适的工具。也可以在路径存在的情况下使用画笔工具直接按 Enter 键进行描边。

步骤 09 在选项栏中设置“不透明度”为 75%，“流量”为 75%，如图 7-239 所示。多次按 Enter 键，使用当前画笔为路径描边，如图 7-240 所示。

图7-239

图7-240

步骤 10 单点击工具箱中的“自定形状工具”按钮，并在选项栏中选择一个合适的自定义形状，在画布中进行绘制。如图 7-241 和图 7-242 所示。

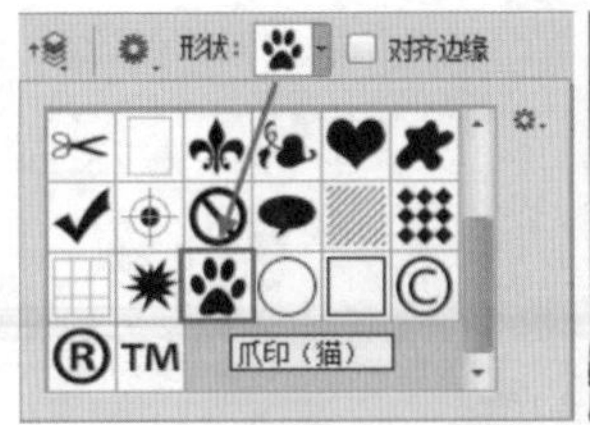

图7-241

图7-242

步骤 11 用同样的方法更改画笔属性，并进行描边路径，最终效果如图 7-243 所示。

图7-243

综合实例——制作逼真粉笔字

实例文件	综合实例——制作逼真粉笔字 .psd
视频教学	综合实例——制作逼真粉笔字 .flv
难易指数	★★★★★
知识掌握	文字工具的使用、文字属性的更改、图层蒙版的使用

实例效果

本例效果如图 7-244 所示。

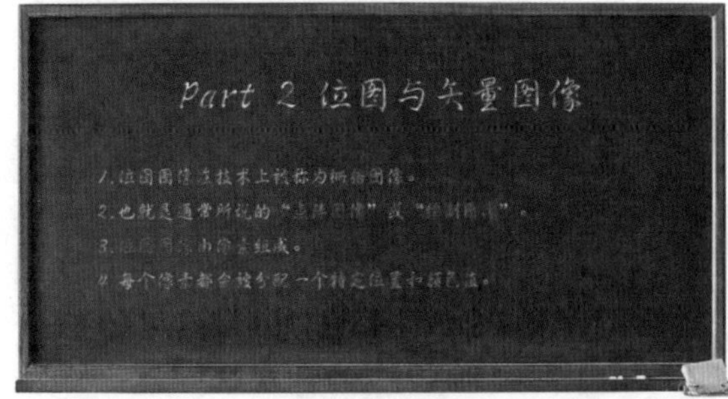

图7-244

操作步骤

步骤 01 首先打开素材“黑板”，如图 7-245 所示。

图7-245

步骤 02 单击工具箱中的“横排文字工具”按钮T，在“字符”面板中选择一种接近手写效果的字体，设置合适的字号，并设置前景色为白色，输入文字，如图 7-246 和图 7-247 所示。

步骤 03 为文字图层添加图层蒙版，单击“画笔工具”按钮，并在画笔笔尖预设窗口中选择一种不规则的笔刷，设置大小为 300 像素，如图 7-248 和图 7-249 所示。

图7-246

图7-247

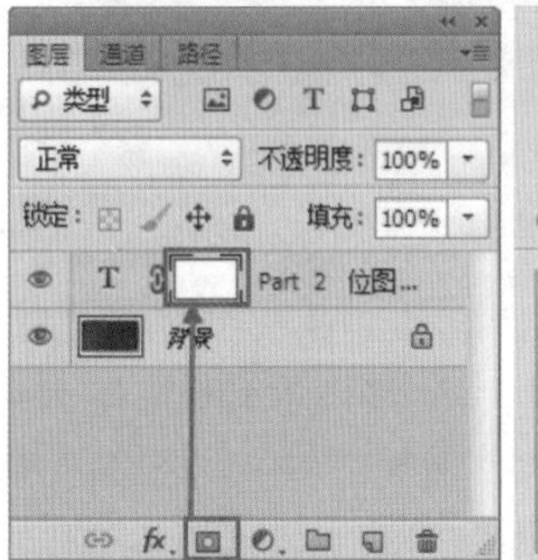

图7-248

图7-249

步骤 04 设置前景色为黑色，使用设置好的画笔在文字的蒙版上单击，使部分文字笔画呈现半透明或隐藏的效果，如图 7-250 和图 7-251 所示。

图7-250

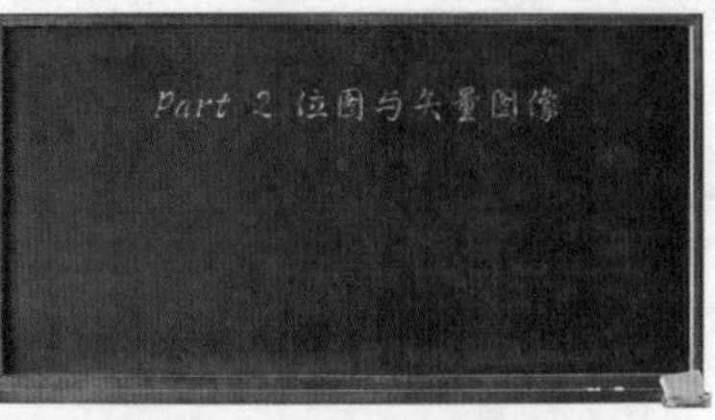

图7-251

步骤 05 用同样的方法输入第二部分文字，如图 7-252 所示。

步骤 06 为了使粉笔字效果更加真实，可以继续使用文字工具在文字中单击并框选出部分文字，然后在“字符”面板中更改颜色，如图 7-253 ～图 7-255 所示。

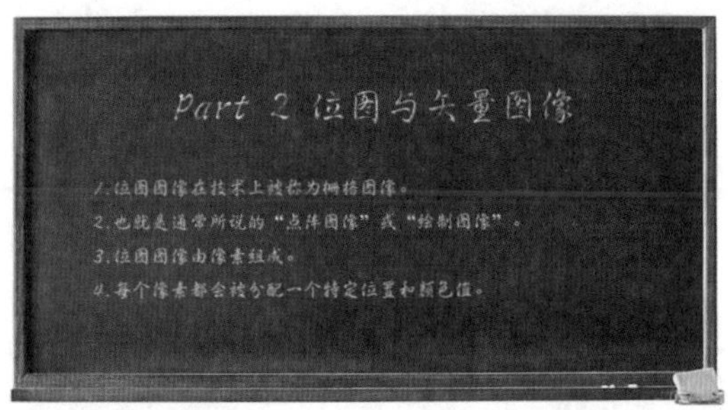

图7-252

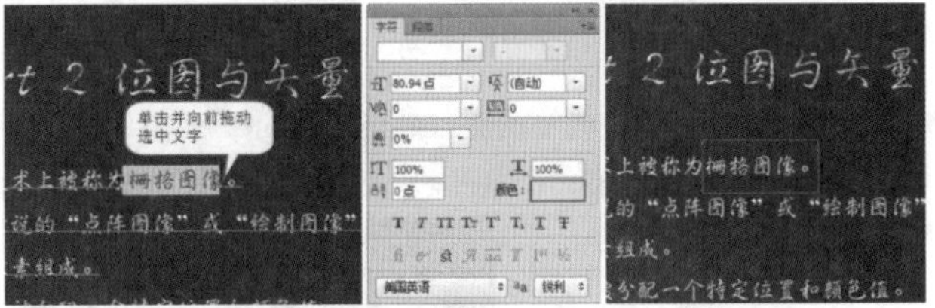

图7-253　　图7-254　　图7-255

步骤07 用同样的方法修改其他文字颜色，如图7-256所示。

Part 2 位图与矢量图像

1.位图图像在技术上被称为栅格图像。

2.也就是通常所说的“点阵图像”或“绘制图像”。

3.位图图像由像素组成。

4.每个像素都会被分配一个特定位置和颜色值。

图7-256

步骤08 为这部分文字添加图层蒙版，并使用同样的笔刷在图层蒙版中涂掉部分文字，如图7-257所示。

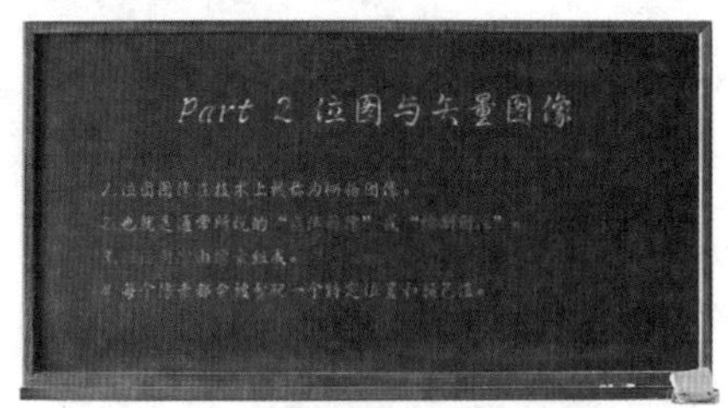

图7-257

实例练习——动感字符文字

实例文件	实例练习——动感字符文字.psd
视频教学	实例练习——动感字符文字.flv
难易指数	★★★★★
技术要点	自定形状工具、图层蒙版、添加图层样式、滤镜动感模糊

实例效果

本例效果如图7-258所示。

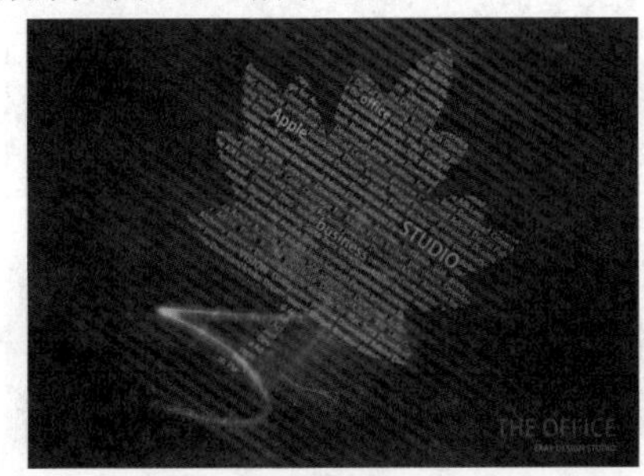

图7-258

操作步骤

步骤01 打开素材文件，如图7-259所示。

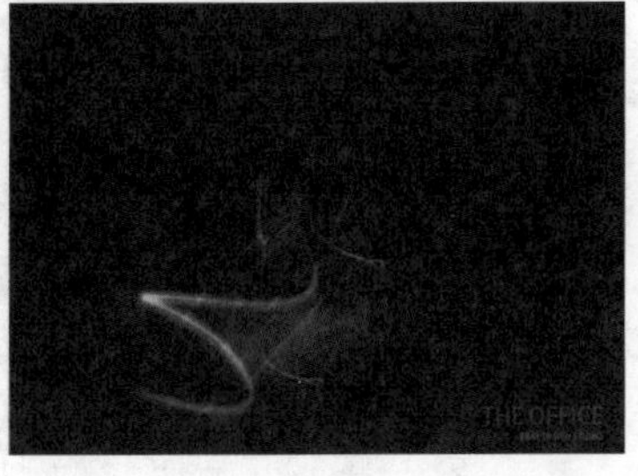

图7-259

步骤02 创建新组，命名为“文字”。单击工具箱中的“横排文字工具”按钮，在字符面板中设置合适的字体、字号以及字间距，并在段落面板中单击“全部对齐按钮”，如图7-260和图7-261所示。

图7-260　　图7-261

步骤03 回到画布中，使用横排文字工具绘制如图7-262所示的文本框，并输入文字，如图7-263所示。然后使用自由变换快捷键Ctrl+T将文字图层适当旋转，如图7-264所示。

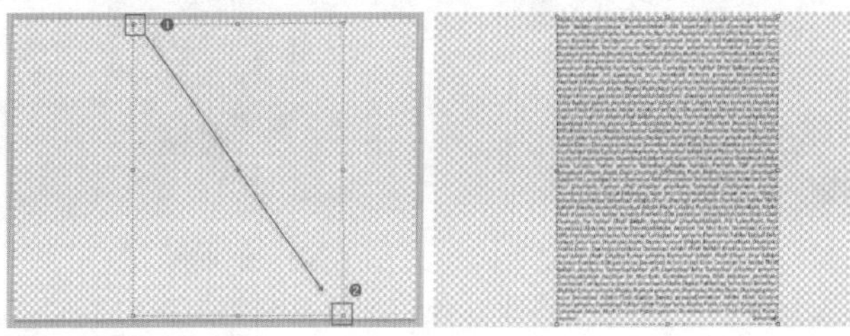

图7-262　　图7-263

图7-264

步骤04 为了使下面制作时预览更清晰，因此隐藏背景图层。设置前景色为黑色，创建新图层，单击“自定形状工具”按钮，在选项栏中单击“像素填充”按钮，在“形状”下拉列表中选择枫叶图形，如图7-265所示。在图层中进行绘制并适当旋转，如图7-266所示。

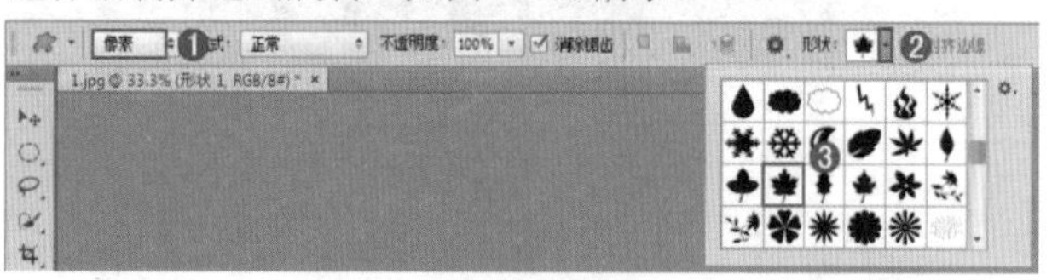

图7-265

图7-266

步骤05 按Ctrl键单击“枫叶”图层缩览图，载入枫叶选区。再回到英文图层添加图层蒙版，则文字也变成枫叶型的效果，如图7-267所示。使用黑色画笔工具在文字图层蒙版中进行适当绘制，涂抹掉部分单词，如图7-268所示。

图7-267　　图7-268

步骤06 下面在每个被涂抹掉英文的部分添加新的英文单词，并且字号要比原来的文字大一些，如图7-269所示。

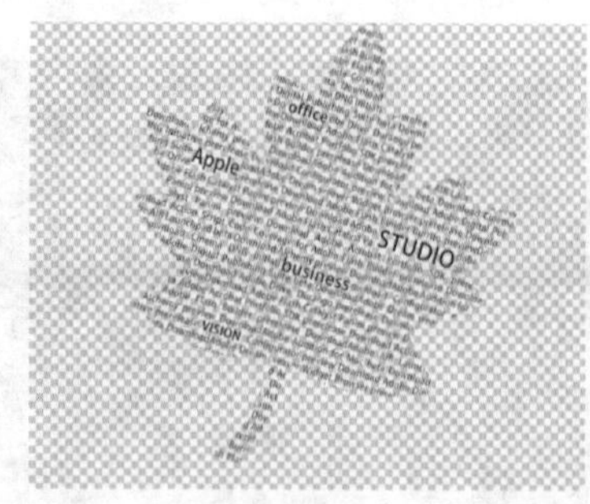

图7-269

步骤07 拖曳文字组建立文字组副本，右击合并组，接着添加图层样式，在“图层样式”对话框中选中“渐变叠加”复选框，设置“混合模式”为“正常”，“不透明度”为100%，“样式”为“线性”，“角度”为90度，“缩放”为100%，如图7-270所示。

步骤08 打开背景图层，预览此时效果，如图7-271所示。

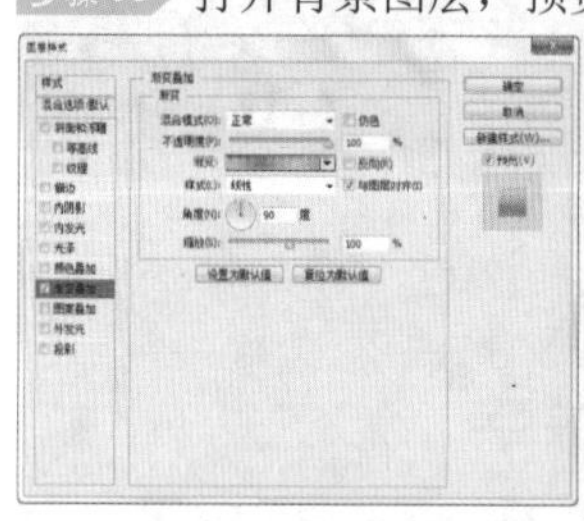

图7-270　　图7-271

步骤09 复制“文字”图层，建立文字副本，使用自由变换工具快捷键Ctrl+T调整位置，然后隐藏文字图层，如图7-272所示。

图7-272

步骤10 执行“滤镜>模糊>动感模糊”命令，设置“角度”为0度，“距离”为190像素，如图7-273所示。效果如图7-274所示。

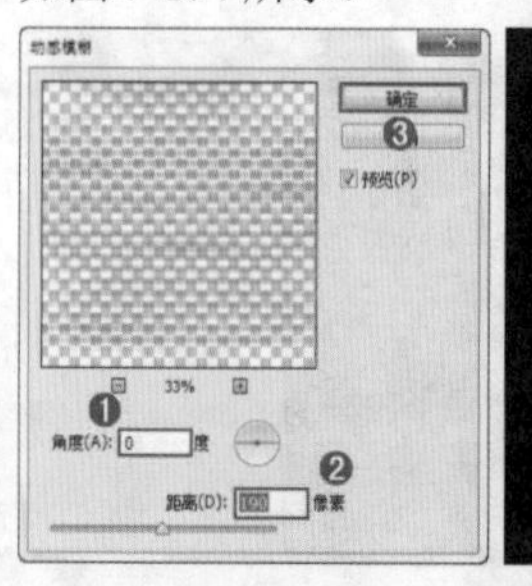

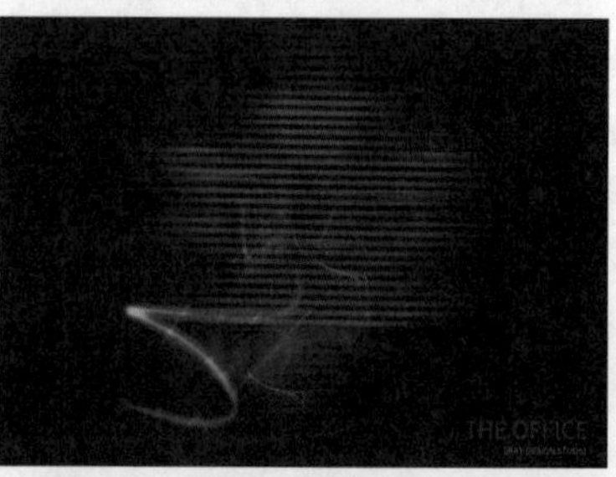

图7-273　　图7-274

步骤 11 再次按 Ctrl+T 键，自由变换旋转回之前的角度，为了增强效果可多次复制，如图 7-275 所示。

步骤 12 最后显示文字图层，最终效果如图 7-276 所示。

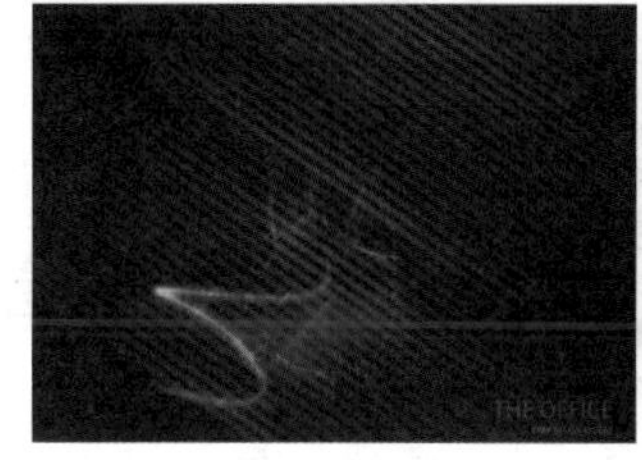

图 7-275

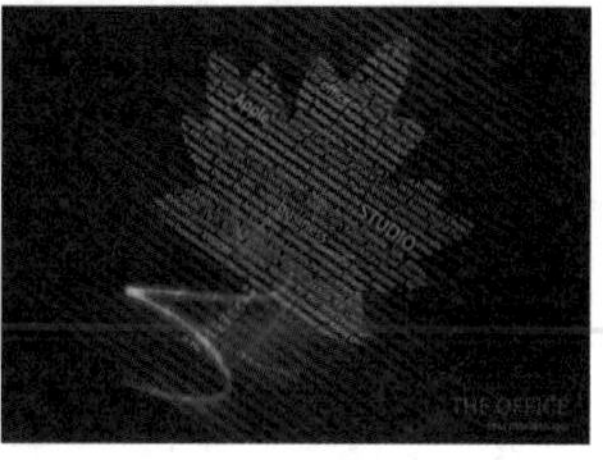

图 7-276

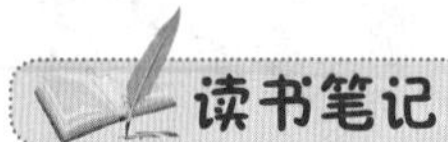

读书笔记

实例练习——燃烧的火焰文字

实例文件	实例练习——燃烧的火焰文字 .psd
视频教学	实例练习——燃烧的火焰文字 .flv
难易指数	★★★★★
技术要点	文字工具、图层样式、液化滤镜

实例效果

本例效果如图 7-277 所示。

图 7-277

操作步骤

步骤 01 打开素材文件，如图 7-278 所示。

步骤 02 单击工具箱中的“横排文字工具”按钮T，选择合适的大小及字体，在图像中单击并输入“LIFE”，如图 7-279 所示。

图 7-278

图 7-279

步骤 03 单击“图层”面板底部的“添加图层样式”按钮，在“图层样式”对话框中选中“投影”，设置其“混合模式”为“正常”，颜色为红色，“角度”为 30 度，“距离”为 0 像素，“扩展”为 36%，“大小”为 47 像素，如图 7-280 所示；选中“内发光”样式，设置其“混合模式”为“正常”，“不透明度”为 100%，颜色为黄色并设置由黄色到透明的渐变，“方法”为“精确”，“阻塞”为 60%，“大小”为 29 像素，如图 7-281 所示。

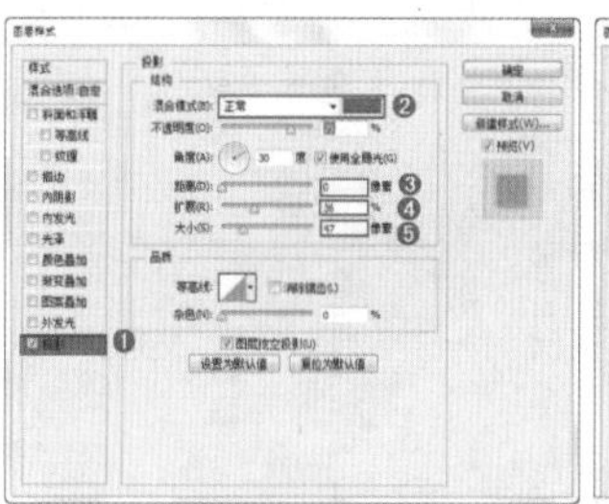

图 7-280

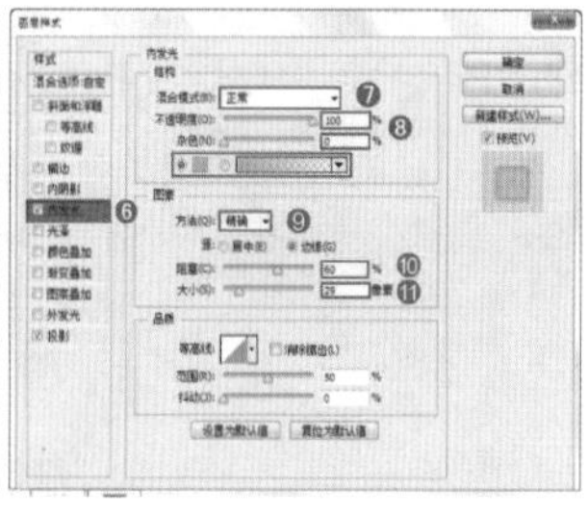

图 7-281

步骤 04 选中“光泽”样式，设置其“混合模式”为“正片叠底”，颜色为红色，“角度”为 19 度，“距离”为 32 像素，“大小”为 41 像素，如图 7-282 所示；选中“颜色叠加”样式，设置其“混合模式”为“正常”，颜色为红色，单击“确定”按钮结束操作，如图 7-283 所示。效果如图 7-284 所示。

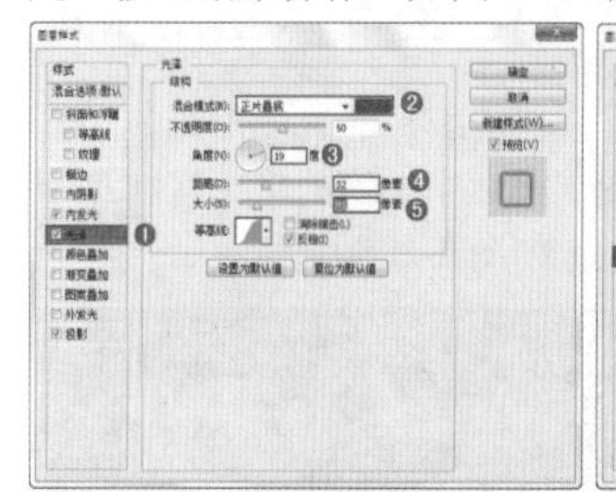

图 7-282

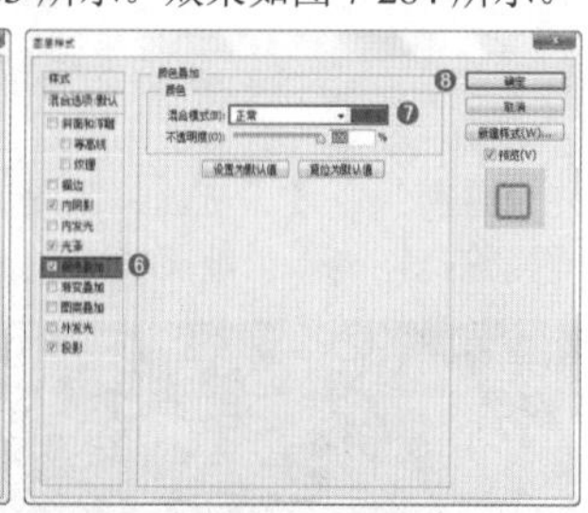

图 7-283

图 7-284

步骤 05 隐藏除 LIFE 图层以外的其他图层，新建图层并命名为“火焰文字”，如图 7-285 所示。使用快捷键 Ctrl+Alt+Shift+E 盖印当前图像，命名为“火焰文字”并隐藏原文字图层，效果如图 7-286 所示。

图7-285

图7-286

步骤 06 对“火焰文字”图层执行“滤镜 > 液化”命令，在弹出的“液化”对话框中选中“高级模式”，使用“向前变形工具”以及“顺时针旋转扭曲”工具在字体上操作，使文字产生燃烧后融化变形的效果，单击“确定”按钮结束操作，如图 7-287 所示。

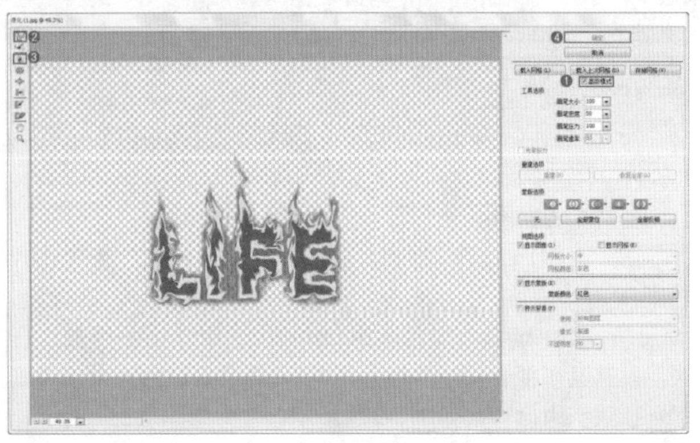

图7-287

步骤 07 为“火焰文字”图层添加蒙版，然后使用画笔工具并设置前景色为深灰色，在图层蒙版中文字的顶部区域进行适当涂抹，制作出渐隐的效果，如图 7-288 所示。

图7-288

步骤 08 新建图层组 L，打开火焰素材文件，将火苗贴附在字体上，并设置其模式为“滤色”，为火苗图层添加蒙版，然后使用画笔工具并设置前景色为黑色，在图层蒙版中行适当绘制去掉多余部分，如图 7-289 和图 7-290 所示。

步骤 09 用同样的方法制作其他字母，为了使火焰效果更加灵活，可以多次复制并变换火焰素材，效果如图 7-291 所示。

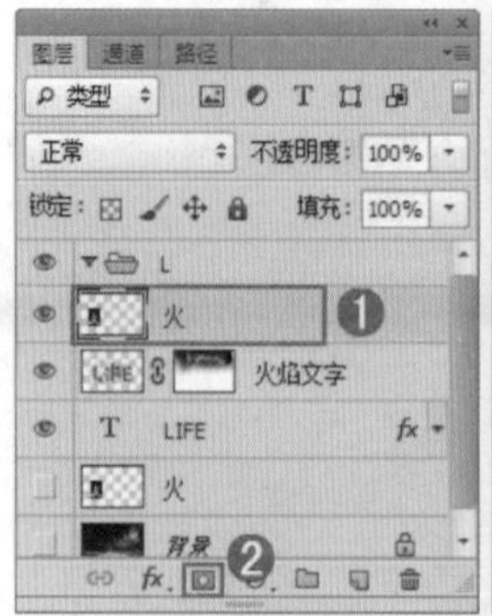

图7-289

图7-290

图7-291

步骤 10 单击“横排文字工具”按钮，设置合适的字体及大小，输入英文，单击“图层”面板底部的“添加图层样式”按钮，选中“投影”，设置其“混合模式”为“正常”，颜色为红色，“不透明度”为 100%，“角度”为 30 度，“距离”为 0 像素，“扩展”为 26%，“大小”为 11 像素，单击“确定”按钮结束编辑，如图 7-292 所示。

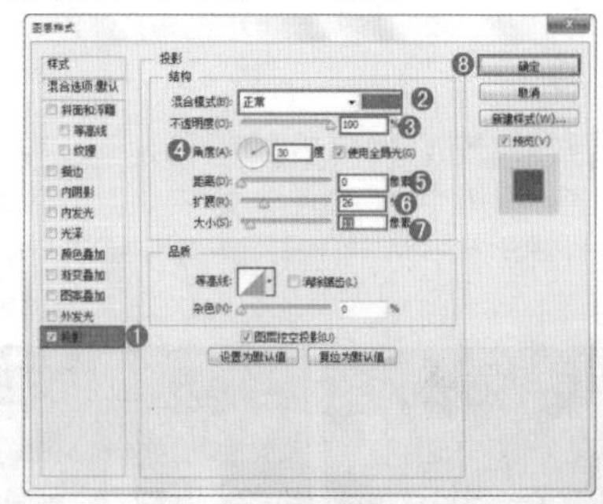

图7-292

步骤 11 选择英文图层，在“图层”面板中设置“填充”为 0%，如图 7-293 所示。最终效果如图 7-294 所示。

图7-293　　图7-294

实例练习——激情冰爽广告字

实例文件	实例练习——激情冰爽广告字 .psd
视频教学	实例练习——激情冰爽广告字 .flv
难易指数	★★★★★
技术要点	文字工具、图层蒙版

实例效果

本例效果如图 7-295 所示。

图7-295

操作步骤

步骤 01 打开素材文件，如图 7-296 所示。

图7-296

步骤 02 单击工具箱中的“横排文字工具”按钮 T，在选项栏中选择合适的字体，输入“激”，在“图层”面板中右击，选择“转换为形状”命令，如图 7-297 所示。效果如图 7-298 所示。单击工具箱中的“直接选择工具”按钮，对文字进行调点改变形状，如图 7-299 所示。

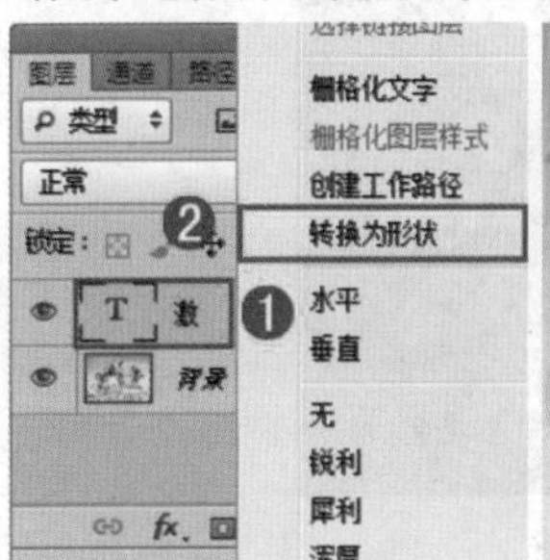

图7-297　图7-298

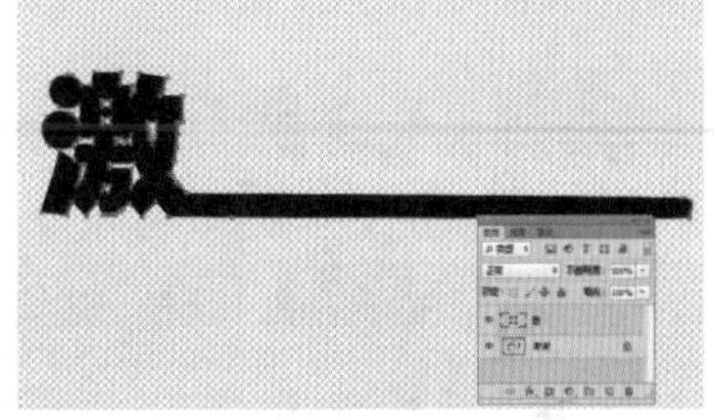

图7-299

步骤 03 用同样的方法，使用横排文字工具输入“情”，使用直接选择工具进行调点，如图 7-300 所示。效果如图 7-301 所示。

图7-300　图7-301

步骤 04 然后，使用横排文字工具输入“冰”，使用直接选择工具进行调点，如图 7-302 所示。效果如图 7-303 所示。

图7-302　图7-303

步骤 05 再使用横排文字工具输入“爽”，使用直接选择工具进行调点，如图 7-304 所示。效果如图 7-305 所示。

图7-304　图7-305

步骤 06 合并图层“激”、“情”、“冰”、“爽”，并调整合适位置，如图 7-306 所示。

图7-306

步骤07 导入水珠素材文件，将“水珠”图层放在文字图层上面，按住 Ctrl 键单击调取文字选区，选择“水珠”图层，添加蒙版，如图 7-307 所示。效果如图 7-308 所示。

图7-307

图7-308

步骤08 选择文字图层，按住 Ctrl 键单击调取文字选区，单击工具栏中的“选框工具”按钮，在图像中单击鼠标右键，选中“描边”选项，修改其“宽度”为 15 像素、“颜色”为白色，单击“确定”按钮结束操作，如图 7-309 所示。效果如图 7-310 所示。

步骤09 导入前景素材，最终效果如图 7-311 所示。

图7-309　图7-310

图7-311

实例练习——多彩花纹立体字

实例文件	实例练习——多彩花纹立体字 .psd
视频教学	实例练习——多彩花纹立体字 .flv
难易指数	★★★★★
技术要点	文字工具、图层样式、图层蒙版、画笔工具

实例效果

本例主要是通过为图层添加多彩的图层样式，制作绚丽可爱的文字效果，如图 7-312 所示。

操作步骤

步骤01 打开本书配套光盘中的素材文件 1.jpg，如图 7-313 所示。

图7-312

图7-313

步骤02 新建图层，使用椭圆选框工具绘制椭圆选区并为其填充蓝色，如图 7-314 所示。适当降低图层的不透明度，如图 7-315 所示。用同样的方法在画面合适位置绘制其他椭圆，并制作出光斑效果，如图 7-316 所示。

图7-314

图7-315

图7-316

步骤03 用同样的方法制作出白色的光斑效果，如图 7-317

所示。

步骤 04 设置前景色为黑色，使用横排文字工具，设置合适的字体和字号，在画面中输入字母“D”，如图 7-318 所示。

图 7-317

图 7-318

步骤 05 在字母“D”下方新建图层，命名为“阴影”，使用黑色柔角画笔绘和字母的阴影，如图 7-319 所示。

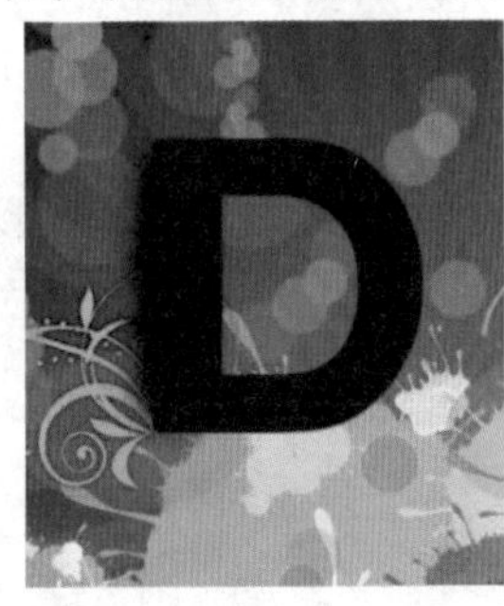
图 7-319

步骤 06 在字母“D”图层上单击右键，执行“栅格化文字”命令，然后对其进自由变换操作，并进行适当斜切。执行“图层 > 图层样式 > 渐变叠加”命令，设置其“混合模式”为“正常”，“不透明度”为 100%，编辑一种从紫色到粉色的渐变，设置“样式”为“线性”，“角度”为 90 度，“缩放”为 100%，如图 7-320 所示。效果如图 7-321 所示。

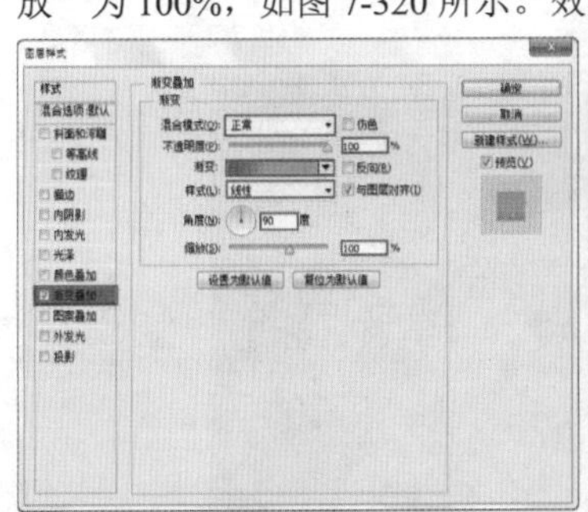
图 7-320

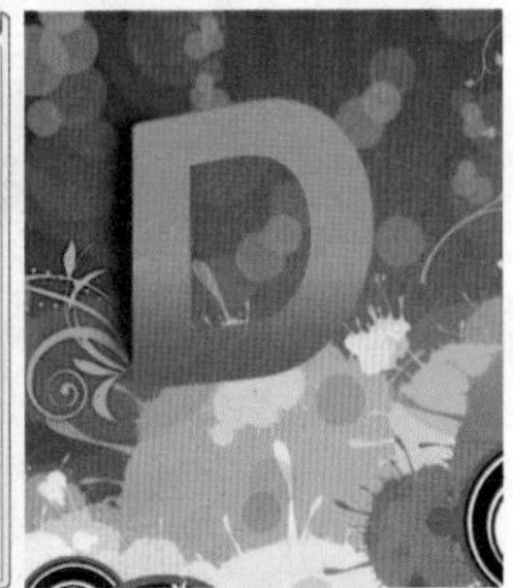
图 7-321

步骤 07 复制字母图层，向右上方适当移动，如图 7-322 所示。用同样的方法继续复制并移动字母图层，制作出厚度效果，如图 7-323 所示。

步骤 08 将顶层字母图层的图层样式清除。单击右键执行“清除图层样式”命令，如图 7-324 所示。效果如图 7-325 所示。

图 7-322

图 7-323

图 7-324

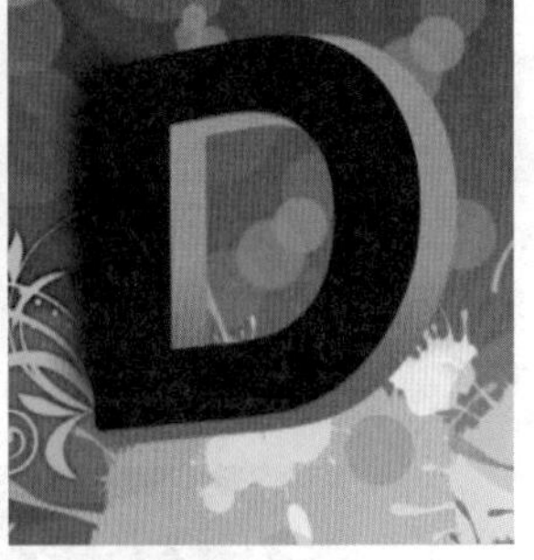
图 7-325

步骤 09 复制此图层，为其添加图层样式，选中“内发光”复选框，设置“混合模式”为“正常”，“不透明度”为 75%，颜色为淡黄色，“方法”为柔和，“源”为“边缘”，“阻塞”为 10%，“大小”为 18 像素，如图 7-326 所示。

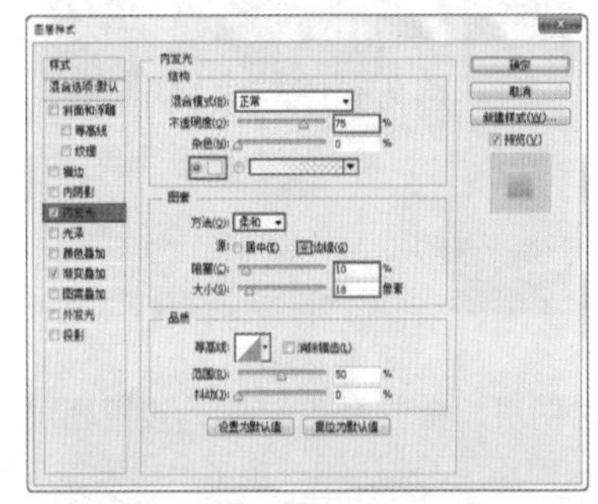
图 7-326

步骤 10 选中“渐变叠加”复选框，设置“混合模式”为“正常”，“不透明度”为 100%，编辑一种绿色系的渐变，设置“样式”为“线性”，“角度”为 90 度，“缩放”为 100%，如图 7-327 所示。向左上方进行适当移动，效果如图 7-328 所示。

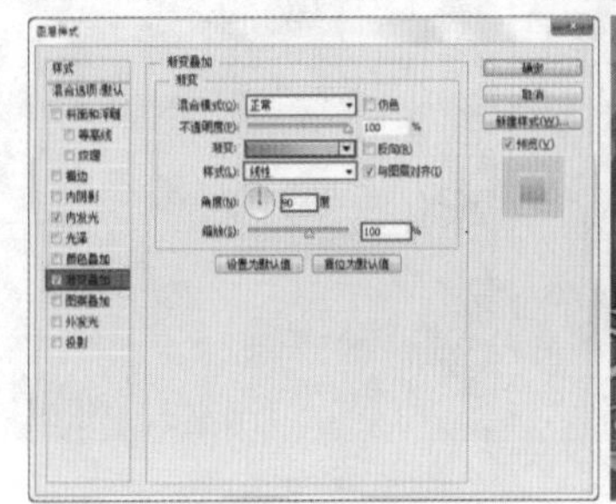
图 7-327

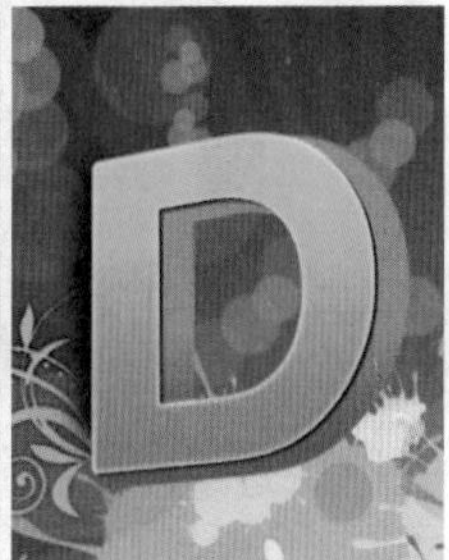
图 7-328

步骤 11 导入花纹素材 2.png，调整图层的“不透明度”为 70%，并为其添加图层蒙版、填充黑色，使用白色画笔工具绘制出字母顶层部分，如图 7-329 所示。效果如图 7-330 所示。

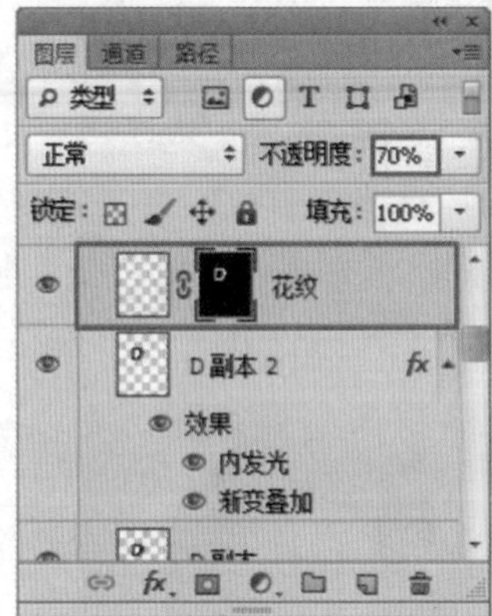

图7-329

图7-330

步骤 12 用同样的方法再次导入花纹素材，并置于画面中合适的位置，如图 7-331 所示。

图7-331

步骤 13 新建图层，命名为“光感”，设置图层的“不透明度”为 70%，如图 7-332 所示。使用白色柔角画笔在画面中合适位置绘制字母的光斑，效果如图 7-333 所示。

图7-332

图7-333

步骤 14 用同样的方法在画面中合适位置制作出其他字母，效果如图 7-334 所示。

图7-334

步骤 15 导入素材 3.png，置于画面中合适的位置，如图 7-335 所示。在此图层下方新建图层，使用黑色柔角画笔绘制鸟的阴影，并设置其“不透明度”为 70%，如图 7-336 所示。效果如图 7-337 所示。

图7-335

图7-336

图7-337

矢量工具与图形绘制

在使用 Photoshop 中的钢笔工具和形状工具绘图前，首先要了解使用这些工具可以绘制出什么图形，也就是通常所说的绘图模式。而在了解了绘图模式之后，就需要了解路径与锚点之间的关系，因为在使用钢笔工具等矢量工具绘图时，基本上都会涉及它们。

本章学习要点：

- 熟练掌握钢笔工具的使用方法
- 掌握路径的操作与编辑方法
- 掌握形状工具的使用方法
- 掌握“路径”面板的使用方法

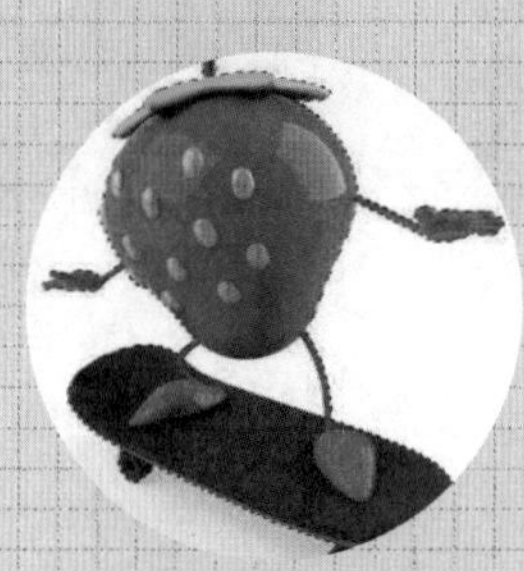

8.1 了解路径与绘图

在使用 Photoshop 中的钢笔工具和形状工具绘图前，首先要了解使用这些工具可以绘制出什么图形，也就是通常所说的绘图模式。而在了解了绘图模式之后，就需要了解路径与锚点之间的关系，因为在使用钢笔工具等矢量工具绘图时，基本上都会涉及它们。用矢量工具绘制的图形如图 8-1 ～图 8-4 所示。

图 8-1　图 8-2　图 8-3　图 8-4

8.1.1 了解绘图模式

Photoshop 的矢量绘图工具包括钢笔工具和形状工具。钢笔工具主要用于绘制不规则的图形，而形状工具则是通过选取内置的图形样式绘制较为规则的图形。在绘图前，首先要在工具选项栏中选择绘图模式，包括：形状、路径和像素 3 种，如图 8-5 和图 8-6 所示。

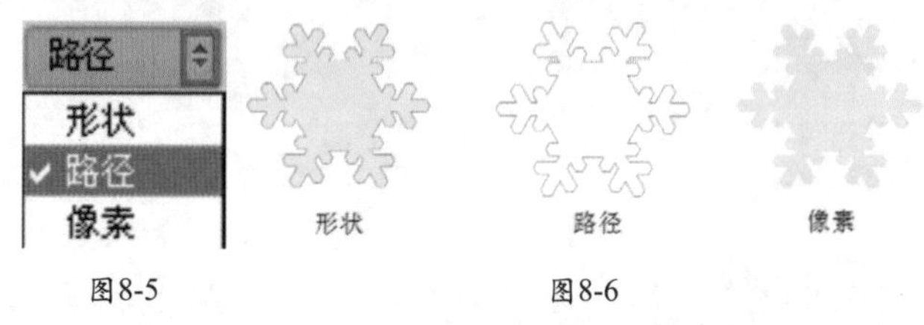

图8-5　图8-6

理论实践——创建形状

（1）在工具箱中单击“自定形状工具”按钮，然后设置绘制模式为“形状”，可以在选项栏中设置填充类型，单击“填充”按钮，如图 8-7 所示，可以在弹出的“填充”面板中选择“无颜色”、“纯色”、“渐变”或“图案”类型。

图8-7

（2）单击“无颜色”按钮，即可取消填充，如图 8-8 所示；单击“纯色”按钮，可以从颜色列表中选择预设颜色，或单击“拾色器”按钮，在弹出的拾色器中选择所需颜色，如图 8-9 所示；单击“渐变”按钮，即可设置渐变效果的填充，如图 8-10 所示；单击“图案”按钮，可以选择某种图案，并设置合适的缩放数值，如图 8-11 所示。

（3）描边也可以进行“无颜色”、“纯色”、“渐变”和“图案”4 种类型的设置。在颜色设置的右侧可以进行描边粗细的设置，如图 8-12 所示。

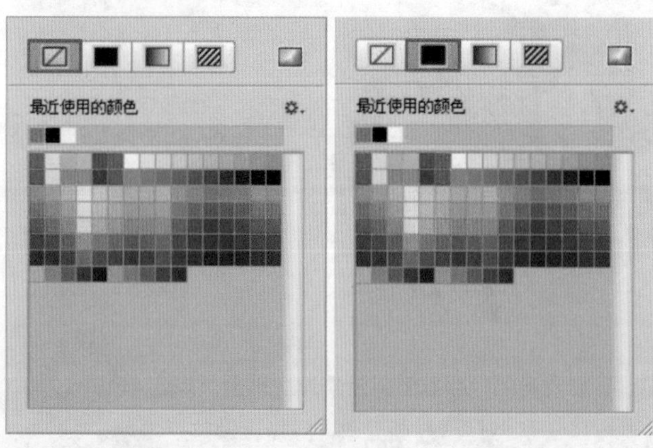

图8-8　图8-9

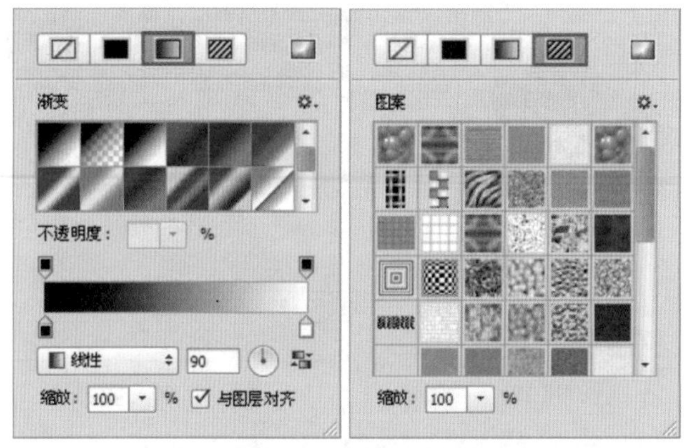

图8-10　　图8-11

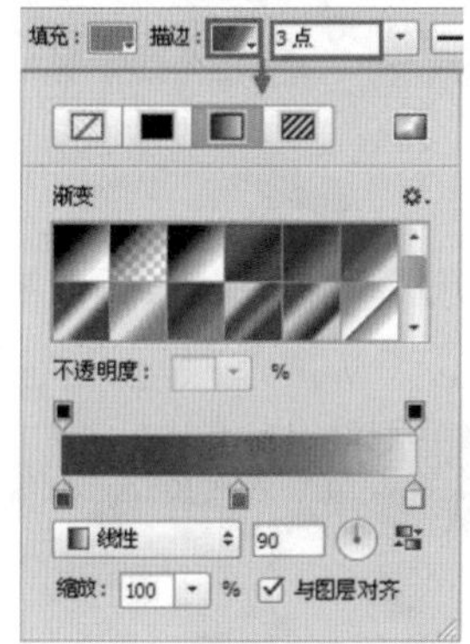

图8-12

（4）还可以对形状描边类型进行设置，单击下拉按钮，在弹出的面板中可以选择预设的描边类型，还可以对描边的对齐方式、端点类型以及角点类型进行设置，如图8-13所示。单击“更多选项”按钮，可以在弹出的“描边”对话框中创建新的描边类型，如图8-14所示。

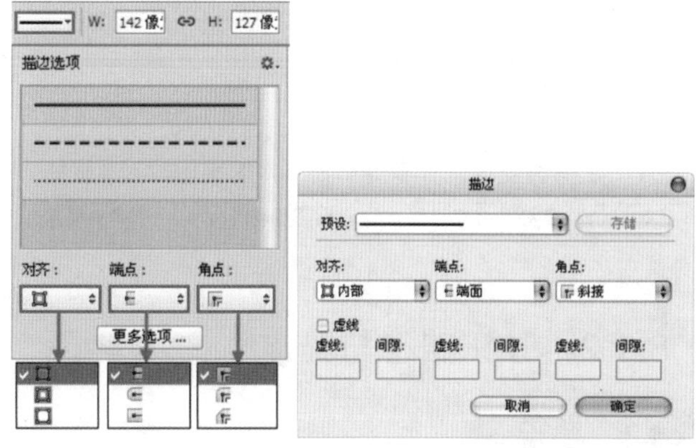

图8-13　　图8-14

（5）设置了合适的选项后，在画布中进行拖曳即可出现形状，绘制形状时，可以在单独的一个图层中创建形状，在“路径”面板中显示了这一形状的路径，如图8-15所示。

图8-15

理论实践——创建路径

单击工具箱中的“形状工具”按钮，然后在选项栏中选择“路径”选项 路径 ，可以创建工作路径。工作路径不会出现在“图层”面板中，只出现在“路径”面板中，如图8-16所示。绘制完毕后可以在选项栏中快速地将路径转换为选区、蒙版或形状，如图8-17所示。

图8-16

路径　建立：　选区…　蒙版　形状　形状：

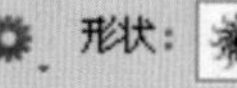

图8-17

理论实践——创建像素

在使用形状工具状态下可以选择“像素”方式，在选项栏中设置绘制模式为“像素”，如图8-18所示，设置合适的混合模式与不透明度。这种绘图模式会以当前前景色在所选图层中进行绘制，如图8-19和图8-20所示。

像素 模式：正常 不透明度：100% 消除锯齿

图8-18

图8-19

图8-20

8.1.2 认识路径与锚点

1. 路径

路径是一种轮廓，虽然路径不包含像素，但是可以使用颜色填充或描边。路径可以作为矢量蒙版来控制图层的显示区域。为了方便随时使用，可以将其保存在“路径”面板中。另外，路径可以转换为选区。

路径可以使用钢笔工具和形状工具来绘制，绘制的路径可以是开放式、闭合式和组合式，如图 8-21 所示。

图8-21

2. 锚点

路径由一条或多条直线段或曲线段组成，锚点标记路径段的端点。在曲线段上，每个选中的锚点显示一条或两条方向线，方向线以方向点结束，方向线和方向点的位置共同决定了曲线段的大小和形状，如图 8-22 所示（A：曲线段，B：方向点，C：方向线，D：选中的锚点，E：未选中的锚点）。

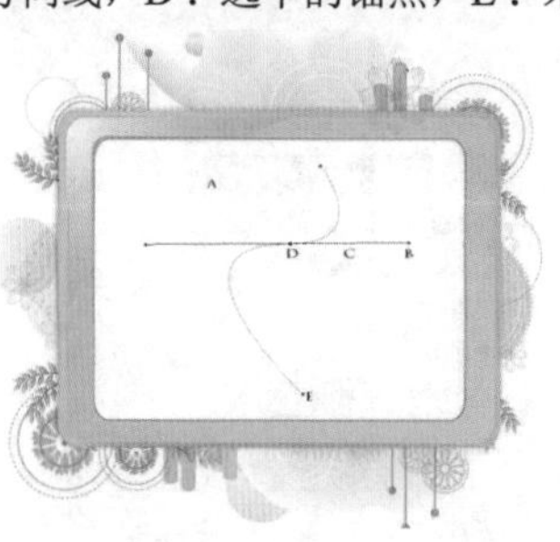

图8-22

锚点分为平滑点和角点两种。由平滑点连接的路径段可以形成平滑的曲线，如图 8-23 所示；由角点连接起来的路径段可以形成直线或转折曲线，如图 8-24 所示。

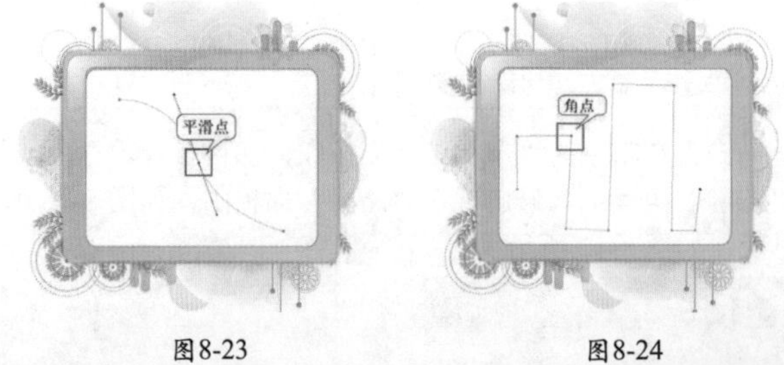

图8-23　图8-24

8.2 钢笔工具组

8.2.1 钢笔工具

“钢笔工具”是最基本、最常用的路径绘制工具，使用该工具可以绘制任意形状的直线或曲线路径，其选项栏如图 8-25 所示。其中有一个“橡皮带”复选框，选中该复选框后，可以在绘制路径的同时观察到路径的走向。

图8-25

理论实践——使用钢笔工具绘制直线

（1）单击工具箱中的“钢笔工具”按钮，然后在选项栏中选择“路径”选项，将光标移至画面中，单击可创建一个锚点，如图8-26所示。

图8-26

（2）释放鼠标，将光标移至下一处位置单击创建第二个锚点，两个锚点会连接成一条由角点定义的直线路径，如图8-27和图8-28所示。

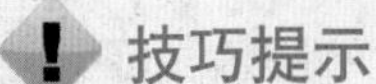

技巧提示

按住Shift键可以绘制水平、垂直或以45°角为增量的直线。

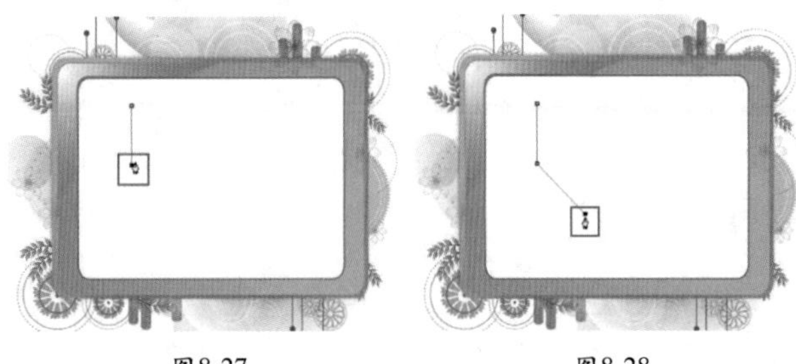

图8-27 图8-28

（3）将光标放在路径的起点，当光标变为形状时，单击即可闭合路径，如图8-29所示。

（4）如果要结束一段开放式路径的绘制，可以按住Ctrl键并在画面的空白处单击，再选择其他工具，或者按Esc键也可以结束路径的绘制，如图8-30所示。

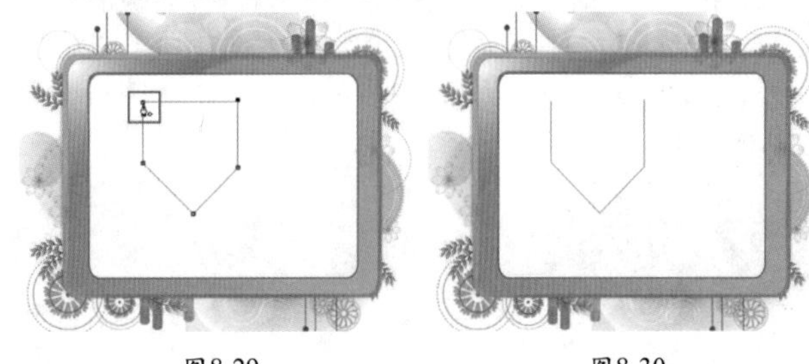

图8-29 图8-30

理论实践——使用钢笔工具绘制波浪曲线

（1）按Ctrl+N组合键新建一个大小为500×500像素的文档，选择“钢笔工具”，然后在选项栏中选择“路径”选项，接着在画布中拖曳光标创建一个平滑点，如图8-31所示。

（2）将光标放置在下一个位置，然后单击并拖曳光标创建第2个平滑点，注意要控制好曲线的走向，如图8-32所示。

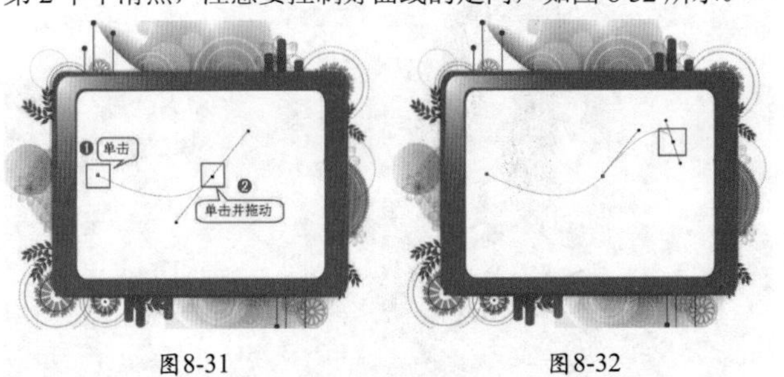

图8-31 图8-32

（3）继续绘制出其他的平滑点，如图8-33所示。

（4）选择“直接选择工具”，选择各个平滑点，并调节好其方向线，使其生成平滑的曲线，如图8-34所示。

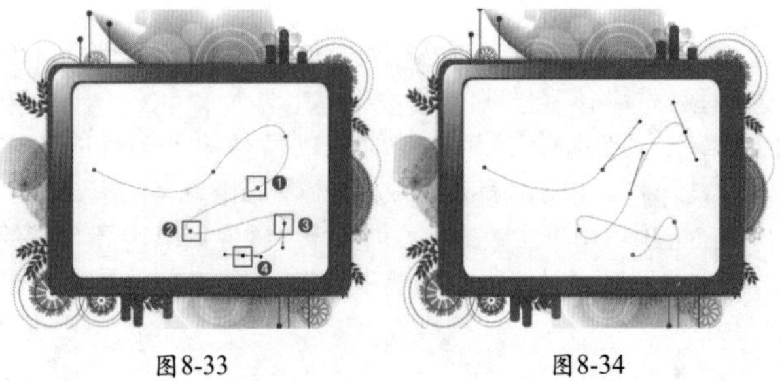

图8-33 图8-34

理论实践——使用钢笔工具绘制多边形

本例主要以绘制一个多边形来讲解如何使用“钢笔工具”绘制闭合路径。

（1）按Ctrl+N组合键新建一个大小为500×500像素的文档，然后执行“视图>显示>网格”命令，显示出网格，如图8-35所示。

（2）选择“钢笔工具”，然后在选项栏中选择“路径”选项 路径 ，接着将光标放置在一个网格上，当光标变成形状时单击，确定路径的起点，如图 8-36 所示。

（3）将光标移动到下一个网格处，然后单击创建一个锚点，两个锚点会连为一条直线路径，如图 8-37 所示。

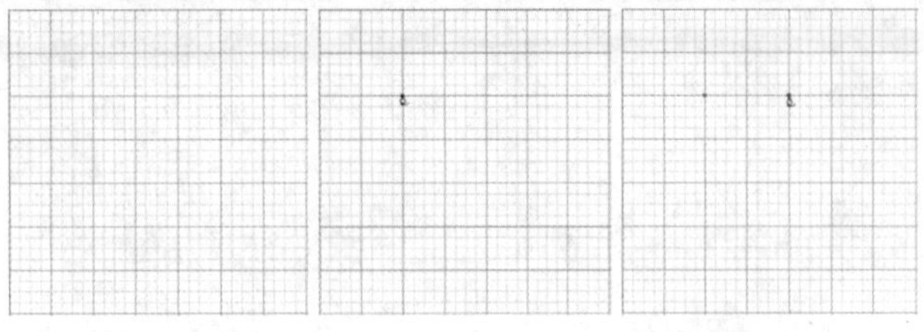

图8-35　　图8-36　　图8-37

（4）继续在其他网格上创建出锚点，如图 8-38 所示。

（5）将光标放置在起点上，当光标变成形状时，单击闭合路径，然后隐藏网格，绘制的多边形如图 8-39 所示。

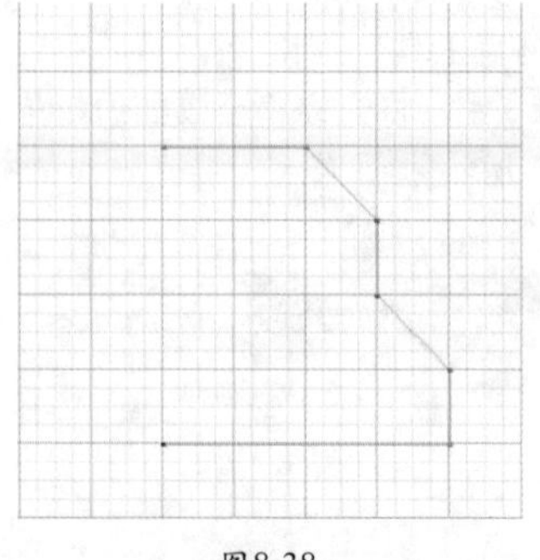

图8-38

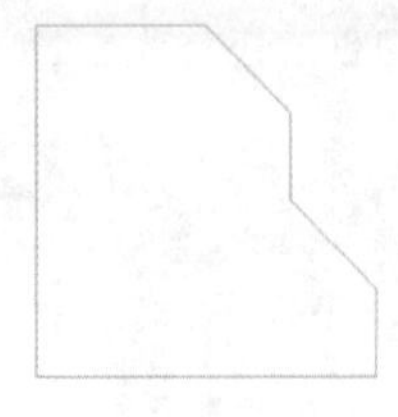

图8-39

8.2.2 自由钢笔工具

使用“自由钢笔工具”绘图时，将自动添加锚点，无需确定锚点的位置，可以绘制出比较随意的图形，就像用铅笔在纸上绘图一样，完成路径后可进一步对其进行调整，如图 8-40 所示。

图8-40

8.2.3 磁性钢笔工具

在“自由钢笔工具”的选项栏中有一个“磁性的”复选框，选中该复选框，“自由钢笔工具”将切换为“磁性钢笔工具”，使用该工具可以像使用“磁性套索工具”一样，快速勾勒出对象的轮廓，如图 8-41 所示。

在选项栏中单击图标，可打开“磁性钢笔工具”的选项，这同时也是“自由钢笔工具”的选项，如图 8-42 所示。

图8-41　　图8-42

实例练习——使用磁性钢笔工具提取人像

实例文件	实例练习——使用磁性钢笔工具提取人像 .psd
视频教学	实例练习——使用磁性钢笔工具提取人像 .flv
难易指数	★★★★★
技术要点	磁性钢笔工具、调整图层

实例效果

本例主要使用磁性钢笔工具提取人像部分，并将背景部分变为黑白效果，如图 8-43 和图 8-44 所示。

图8-43

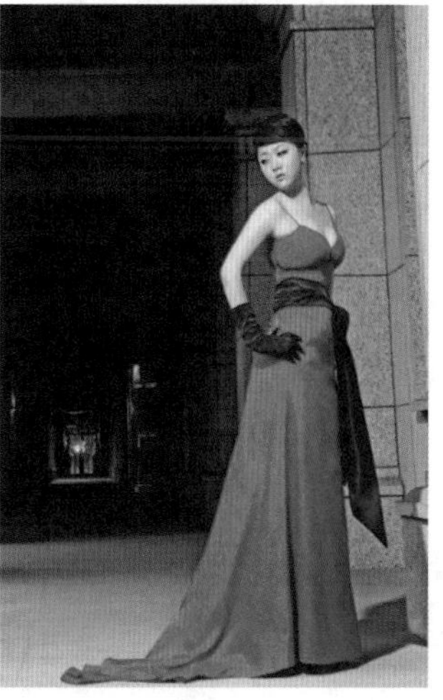

图8-44

操作步骤

步骤 01 打开素材文件，复制背景图层，并将背景图层隐藏。从图 8-45 中可以看出，人像与背景颜色反差较大，所以可以使用磁性钢笔工具绘制背景选区并删除。

步骤 02 首先单击工具箱中的“自由钢笔工具”按钮，并在选项栏中选中“磁性的”复选框，此时光标变为形状，在人像面部边缘沿交界处拖动鼠标，可以看到随着鼠标拖动即可创建出新的路径，如图 8-46 所示。

图8-45

图8-46

步骤 03 如果想要一次绘制整个人像轮廓可能会偏离边界，所以可以先绘制部分背景路径。继续沿人像与背景交界处拖动光标，绘制到手臂关节处将光标移动到远离人像的区域，并从人像以外的区域回到起点，完成闭合路径的绘制，如图 8-47 所示。

步骤 04 单击鼠标右键，选择“建立选区”命令，在弹出的对话框中单击“确定”按钮，建立选区，如图 8-48 所示。

图8-47

图8-48

步骤 05 按 Delete 键删除选区内部分，如图 8-49 所示。

步骤 06 继续使用同样的方法删除剩余背景部分，如图 8-50 所示。

图8-49

图8-50

步骤 07 下面显示出背景图层，并创建新的“色相 / 饱和度”调整图层，设置“饱和度”为 -100，如图 8-51 所示。创建新的“亮度 / 对比度”调整图层，设置“对比度”为 100，如图 8-52 所示。最终效果如图 8-53 所示。

图8-51

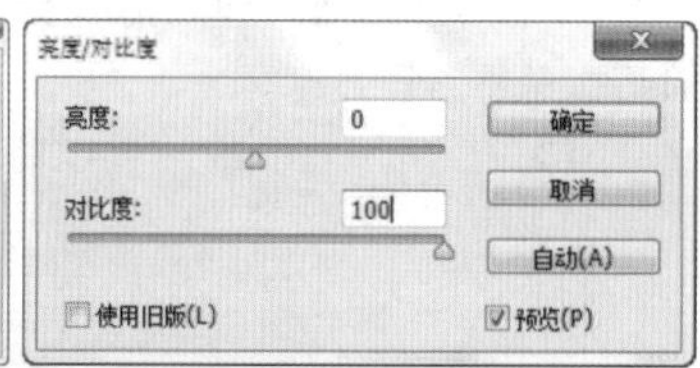

图8-52

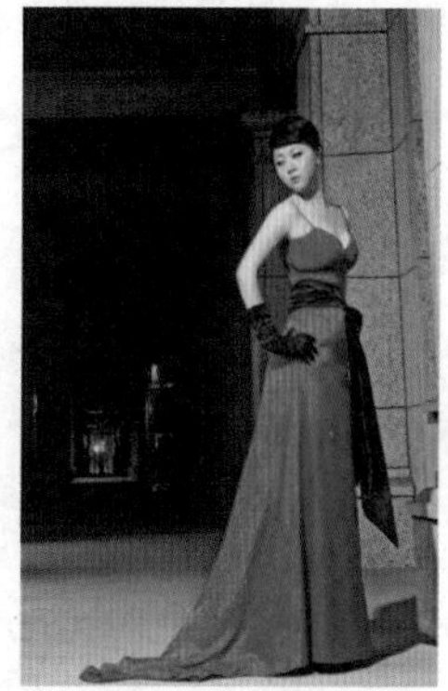

图8-53

8.2.4 添加锚点工具

使用“添加锚点工具”可以直接在路径上添加锚点。在使用钢笔工具的状态下，将光标放在路径上，待光标变成形状，在路径上单击也可添加一个锚点，如图 8-54 所示。

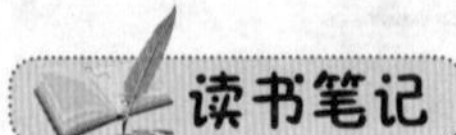

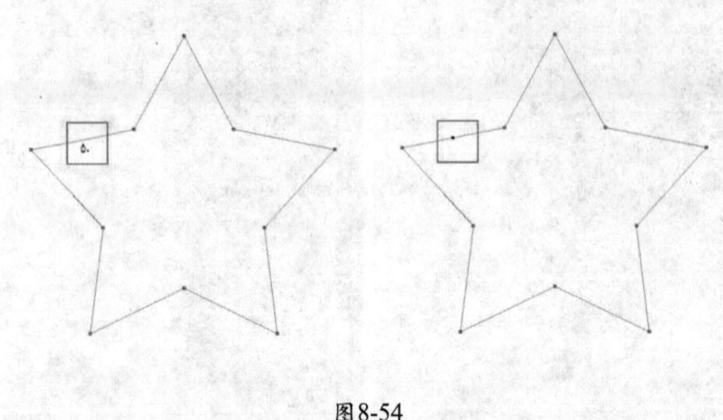

图8-54

8.2.5 删除锚点工具

使用“删除锚点工具”可以删除路径上的锚点。将光标放在锚点上，如图 8-55 所示，当光标变成形状时，单击即可删除锚点。或者在使用钢笔工具的状态下，直接将光标移动到锚点上，光标也会变为形状，单击即可删除锚点，如图 8-56 所示。

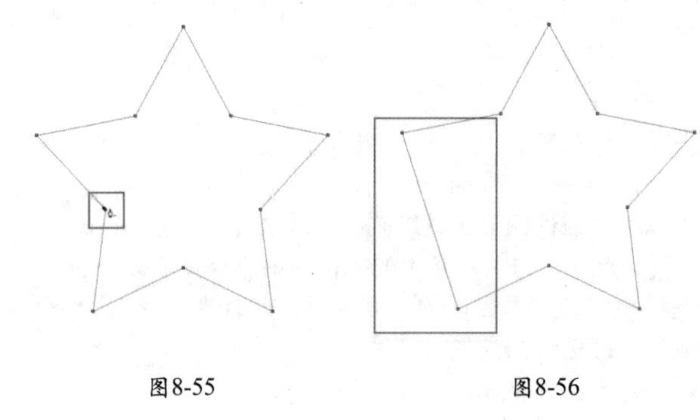

图8-55　　图8-56

8.2.6 转换点工具

“转换点工具”主要用来转换锚点的类型，使用该工具可以调整路径弧度。

（1）在角点上单击，可以将角点转换为平滑点，如图 8-57 所示。

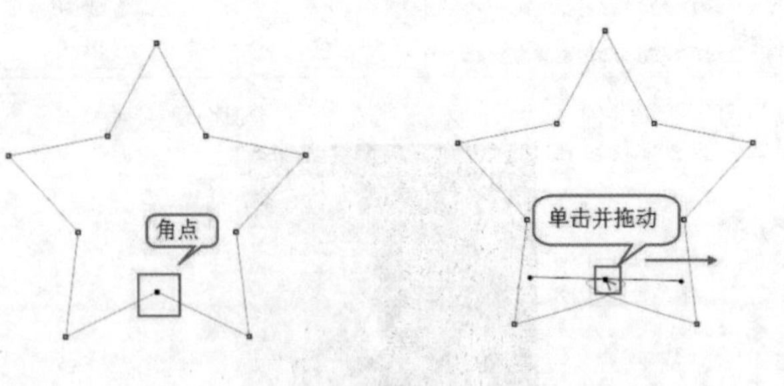

图8-57

（2）在平滑点上单击，可以将平滑点转换为角点，如图 8-58 所示。

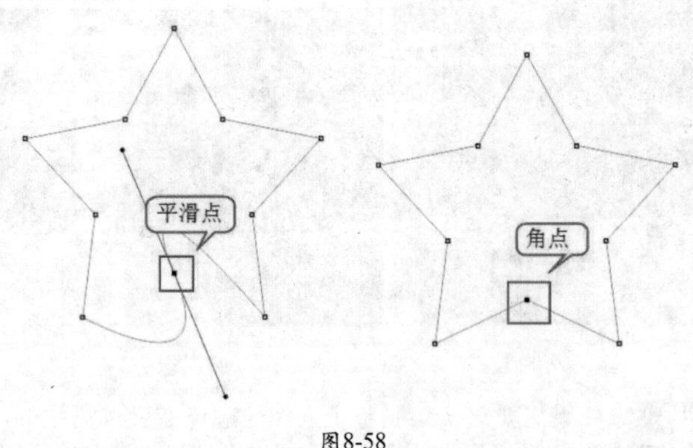

图8-58

实例练习——使用钢笔工具绘制复杂的人像选区

实例文件	实例练习——使用钢笔工具绘制复杂的人像选区 .psd
视频教学	实例练习——使用钢笔工具绘制复杂的人像选区 .flv
难易指数	
技术要点	钢笔工具、添加与删除锚点工具、转换点工具、直接选择工具

实例效果

本例主要使用钢笔工具绘制出人像的精细路径，并通过转换为选区的方式去除背景，对比效果如图 8-59 所示。

图8-59

操作步骤

步骤 01 打开人像素材，按住 Alt 键双击背景图层，将其转换为普通图层，单击工具箱中的“钢笔工具”按钮，如图 8-60 所示。

步骤 02 首先从人像面部与苹果交界的部分开始绘制，单击即可添加一个锚点，继续在另一处单击添加锚点，即可出现一条直线路径，多次沿人像肩部转折处单击，如图 8-61 所示。

图8-60

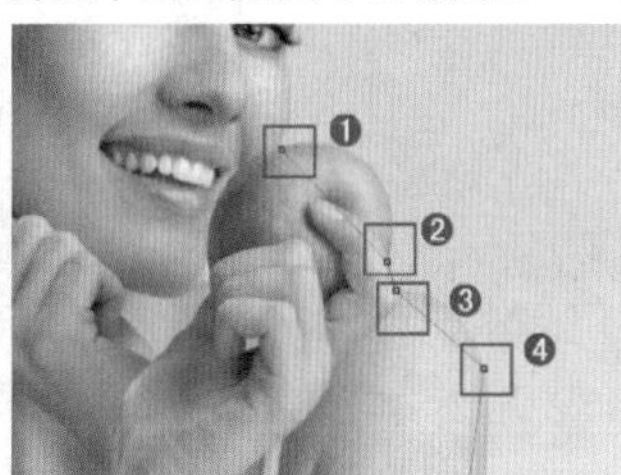

图8-61

技巧提示

在绘制复杂路径时，经常会为了绘制得更加精细而添加很多锚点。但是路径上的锚点越多，编辑调整时就越麻烦。所以在绘制路径时可以先在转折处添加尖角锚点绘制出大体形状，之后再使用添加锚点工具增加细节或使用转换点工具调整弧度。

步骤 03 继续使用同样的方法从右侧手臂绘制到左侧手臂并沿头部边缘绘制，最终回到起始点处并单击闭合路径，如图 8-62 所示。

图8-62

步骤 04 路径闭合之后需要调整路径细节处的弧度，例如苹果的边缘在前面绘制的是直线路径，为了将路径变为弧线，需要在直线路径的中间处单击添加一个锚点，并使用“直接选择工具”调整新添加的锚点的位置，如图 8-63 和图 8-64 所示。

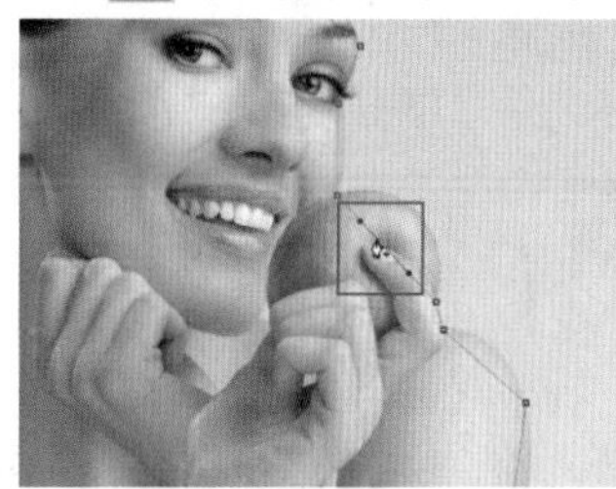

图8-63

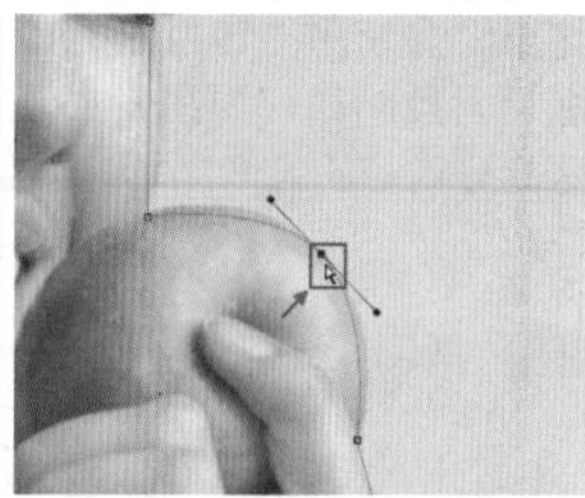

图8-64

步骤 05 此处新添加的锚点即为平滑的锚点，所以直接拖曳调整两侧控制棒的长度即可调整这部分路径的弧度，如图 8-65 所示。

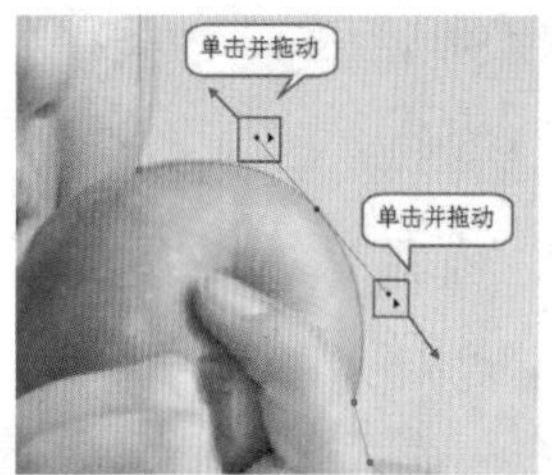

图8-65

步骤 06 可以继续使用钢笔工具，移动到没有锚点的区域单击即可添加锚点，并且使用直接选择工具调整锚点的位置，如图 8-66 和图 8-67 所示。

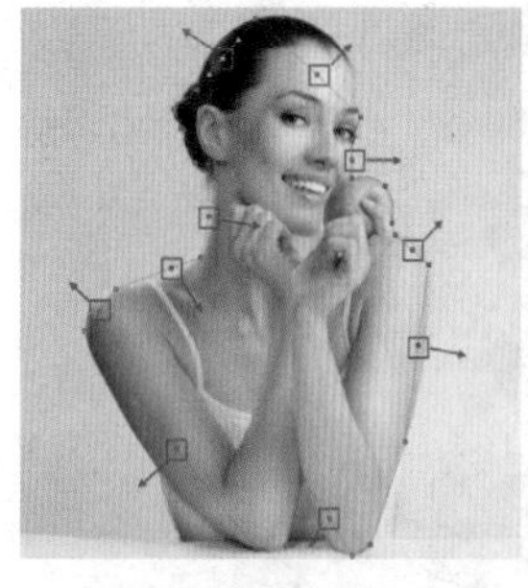

图8-66

图8-67

步骤 07 大体形状调整完成后，下面需要放大图像显示比例仔细观察细节部分。以右侧额头边缘为例，额头边缘呈些许的“S”型，而之前绘制的路径则为倒“C”型，所以仍然需要添加锚点，并调整锚点位置。如图 8-68 和图 8-69 所示。

图8-68

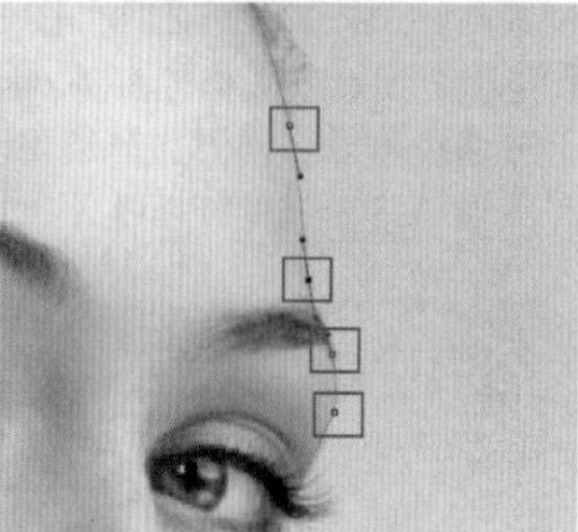

图8-69

步骤 08 继续观察右侧手臂边缘，虽然路径形状大体匹配，但是角点类型的锚点导致转折过于强烈，如图 8-70 所示，这里需要使用“转换点工具” 单击该锚点并向下拖动鼠标调出控制棒，如图 8-71 所示，然后单击一侧控制棒拖动这部分路径的弧度，如图 8-72 所示。

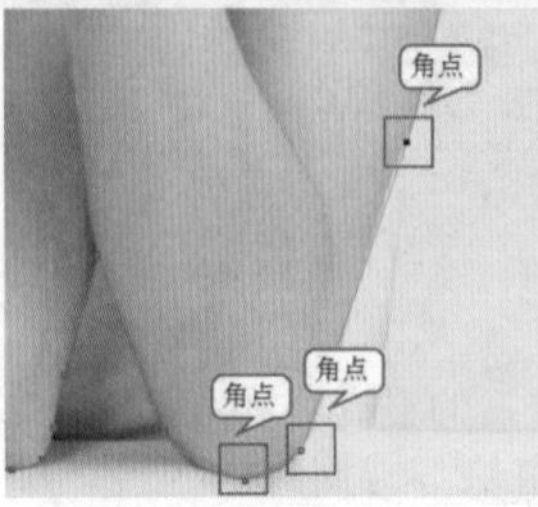

图8-70

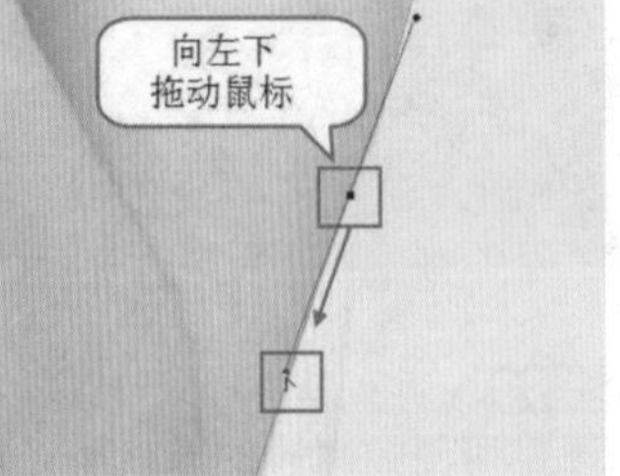

图8-71

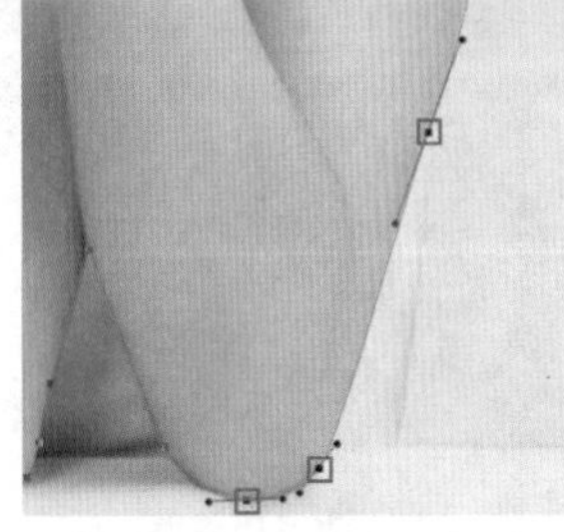

图8-72

步骤 09 用同样的方法处理左侧肩膀处的锚点，将其转换为平滑锚点并调整弧度，如图 8-73 所示。

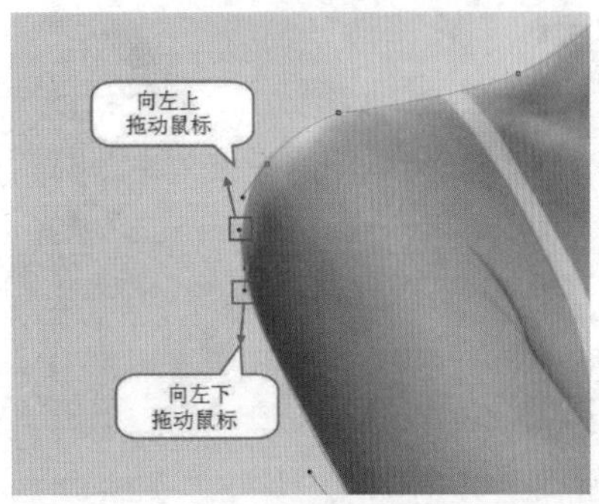

图8-73

步骤 10 左侧脖颈处有一个多余的锚点，这时可以使用“删除锚点工具” 或者直接使用“钢笔工具”移动到多余的锚点上单击删除，然后分别调整相邻的两个锚点的控制棒，使其与脖颈处弧度匹配，如图 8-74 和图 8-75 所示。

步骤 11 到这里大体轮廓基本绘制完毕，而比较复杂的发髻部分路径可以多次添加锚点并调整锚点的位置，配合转换点工具调整路径弧度制作而成，如图 8-76 所示。

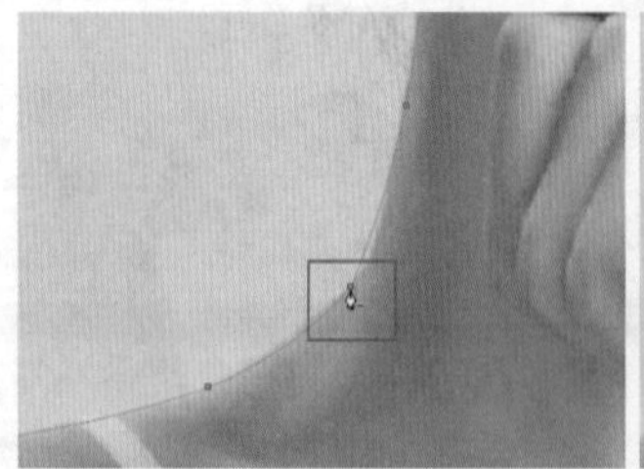

图8-74

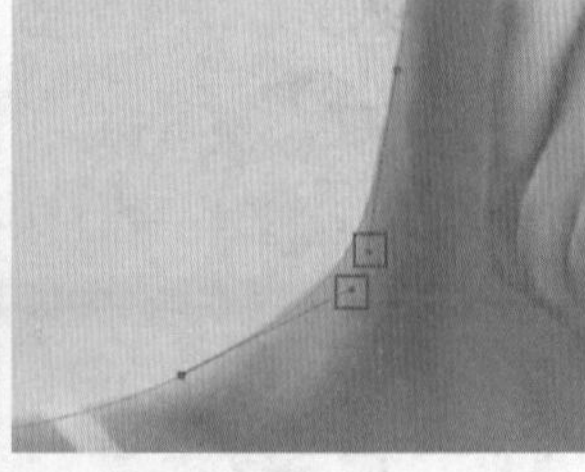

图8-75

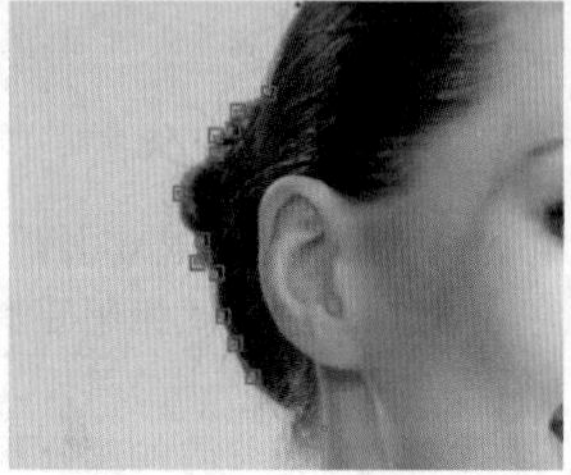

图8-76

步骤 12 路径全部调整完毕之后，可以单击鼠标右键，执行“建立选区”命令，或按 Ctrl+Enter 组合键打开“建立选区”对话框，设置“羽化半径”为 0 像素，单击“确定”按钮建立当前选区，如图 8-77 所示。

步骤 13 由于当前选区为人像部分，所以需要按 Ctrl+Shift+I 组合键建立制作出背景部分选区，如图 8-78 所示。

图8-77

图8-78

步骤 14 按 Delete 键删除背景，并导入背景素材放在人像图层底部，如图 8-79 和图 8-80 所示。

图8-79

图8-80

8.3 路径选择工具组

路径选择工具组主要用来选择和调整路径的形状，包括“路径选择工具” 和“直接选择工具” 两个工具。

8.3.1 路径选择工具

使用“路径选择工具”单击路径上的任意位置可以选择单个的路径，按住 Shift 键单击可以选择多个路径，同时它还可以用来组合、对齐和分布路径，其选项栏如图 8-81 所示。按住 Alt 键并单击可以将当前工具转换为“直接选择工具”。

图8-81

- **合并形状**：选择两个或多个路径，然后单击该按钮，可以将当前路径添加到原有的路径中，如图 8-82 所示。
- **减去顶层形状**：选择两个或多个路径，然后单击该按钮，可以从原有的路径中减去当前路径，如图 8-83 所示。

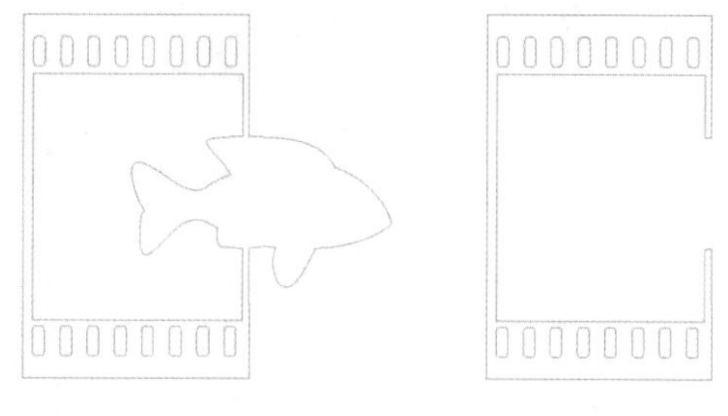

图8-82　　图8-83

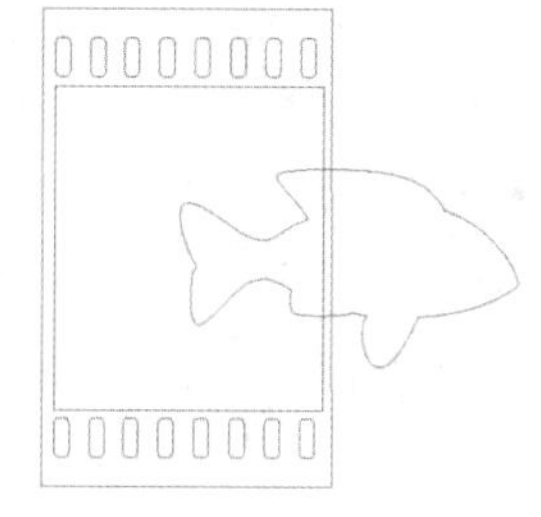

图8-84　　图8-85

- **与形状区域交叉**：选择两个或多个路径，然后单击该按钮，可以得到当前路径与原有路径的交叉区域，如图 8-84 所示。
- **重叠形状区域除外**：选择两个或多个路径，然后单击该按钮，可以得到当前路径与原有路径重叠部分以外的区域，如图 8-85 所示。
- **路径对齐方式**：设置路径对齐与分布的选项。
- **路径排列**：设置路径的层级排列关系。

8.3.2 直接选择工具

“直接选择工具”主要用来选择路径上的单个或多个锚点，可以移动锚点、调整方向线。单击可以选中其中某一个锚点，框选可以选中多个锚点，按住 Shift 键单击可以选择多个锚点，按住 Ctrl 键并单击可以将当前工具转换为“路径选择工具”。如图 8-86 所示。

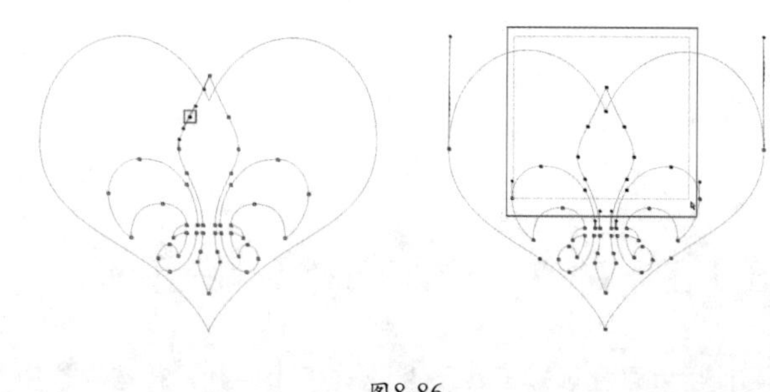

图8-86

8.4 路径的基本操作

可以对路径进行变换、定义为形状、建立选区、描边等操作，并且可以像选区运算一样对路径进行运算。

8.4.1 路径的运算

创建多个路径或形状时，可以在工具选项栏中单击相应的运算按钮，设置子路径的重叠区域的交叉结果，如图 8-87 所示。下面通过“五角星”图形以及“复选标记”图形的运算为例，来讲解路径的运算方法，如图 8-88 所示。

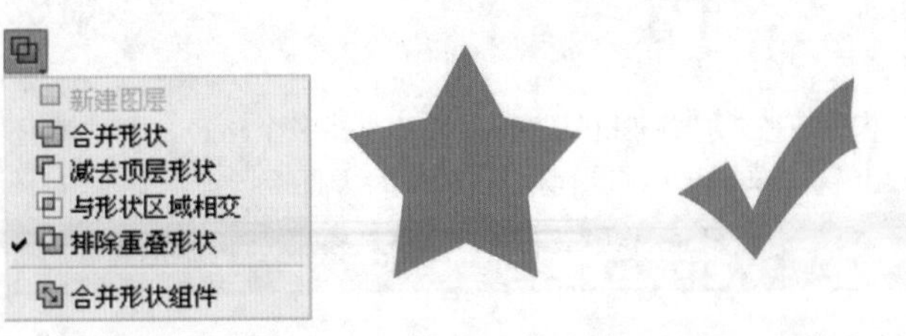

图8-87　图8-88

- 合并形状：单击该按钮，新绘制的图形将添加到原有的图形中，如图 8-89 所示。
- 减去顶层形状：单击该按钮，可以从原有的图形中减去新绘制的图形，如图 8-90 所示。
- 与形状区域交叉：单击该按钮，可以得到新图形与原有图形的交叉区域，如图 8-91 所示。
- 排除重叠形状：单击该按钮，可以得到新图形与原有图形重叠部分以外的区域，如图 8-92 所示。

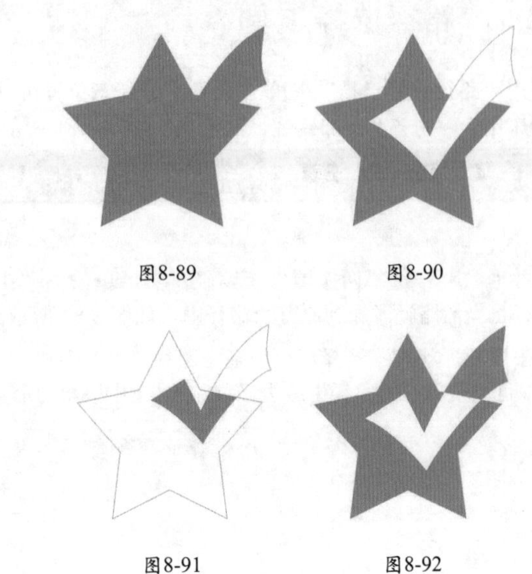

图8-89　图8-90

图8-91　图8-92

8.4.2 变换路径

在“路径”面板中选择路径，然后执行“编辑 > 变换路径”菜单下的命令，即可对其进行相应的变换，如图 8-93 所示。变换路径与变换图像的方法完全相同，这里不再进行重复讲解。

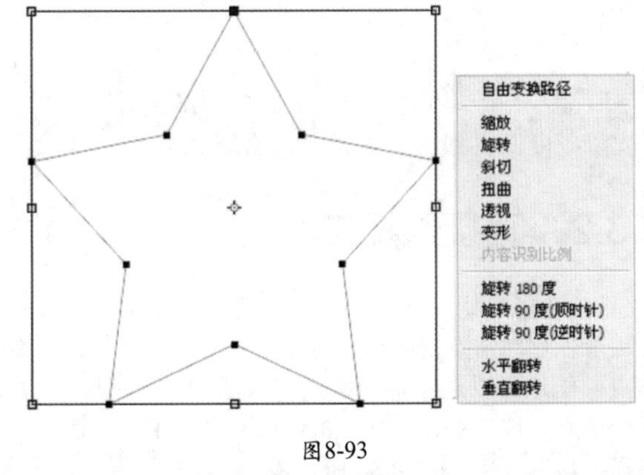

图8-93

8.4.3 对齐、分布与排列路径

使用“路径选择工具”选择多个路径，在选项栏中单击“路径对齐方式”按钮，在弹出的菜单中可以对所选路径进行对齐、分布等操作，如图 8-94 所示。

当文件中包含多个路径时，选择路径，单击选项栏中的“路径排列方法”按钮，在下拉列表中选择相关命令，可以对选中的路径的层级关系进行相应的排列，如图 8-95 所示。

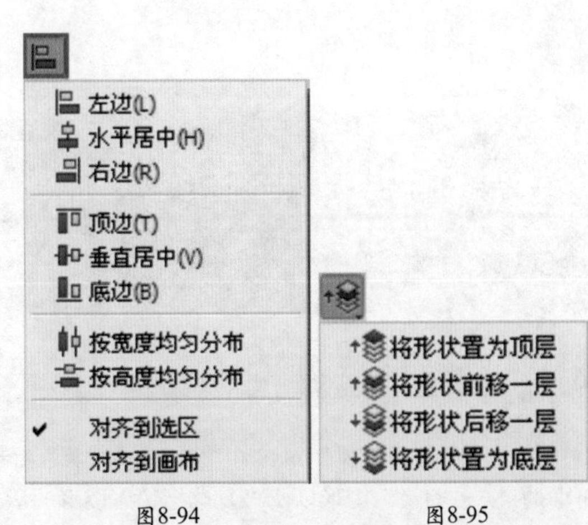

图8-94　图8-95

8.4.4 定义为自定形状

绘制路径后，执行“编辑 > 定义自定形状”命令可以将其定义为形状，如图 8-96 所示。

答疑解惑：定义为自定形状有什么用处？

定义形状与定义图案、样式画笔类似，可以保存到“自定形状工具”的形状预设中，以后如果需要绘制相同的形状，可以直接调用自定的形状。

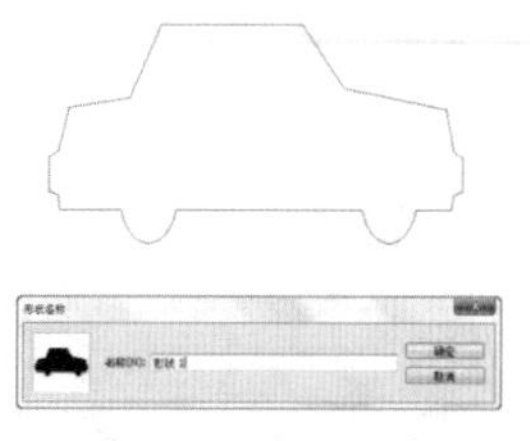

图8-96

8.4.5 将路径转换为选区

将路径转换为选区有多种方式：

（1）在路径上单击鼠标右键，然后在弹出的菜单中执行“建立选区”命令，打开“建立选区”对话框，如图 8-97 所示。

图8-97

（2）按住 Ctrl 键在“路径”面板中单击路径的缩略图，或单击“将路径作为选区载入”按钮，如图 8-98 所示。

（3）可以使用快捷键，按 Ctrl+Enter 组合键将路径转换为选区，如图 8-99 所示。

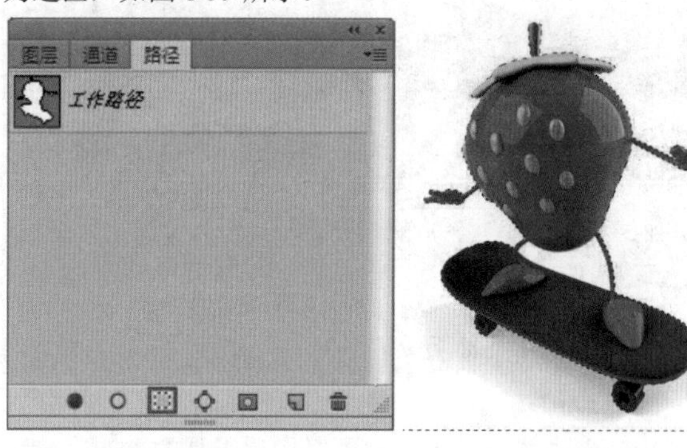

图8-98　图8-99

8.4.6 填充路径

（1）使用钢笔工具或形状工具（自定形状工具除外）状态下，在绘制完成的路径上单击鼠标右键，执行“填充路径”命令，打开“填充路径”对话框，如图 8-100 所示。

（2）在“填充路径”对话框中可以对填充内容进行设置，这里包含多种类型的填充内容，并且可以设置当前填充内容的混合模式以及不透明度等属性，如图 8-101 所示。

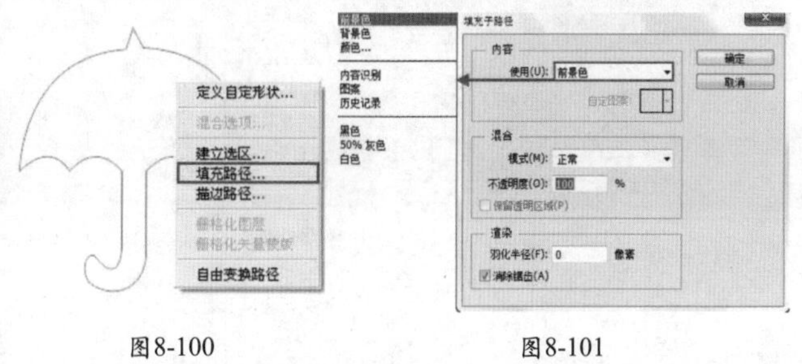

图8-100　图8-101

（3）可以尝试使用“颜色”与“图案”填充路径，效果如图 8-102 所示。

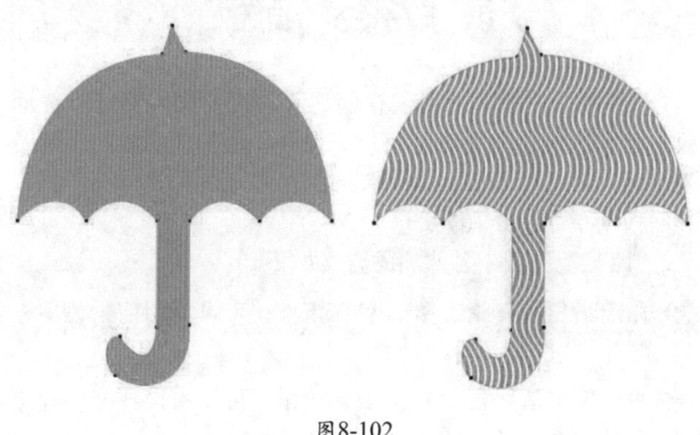

图8-102

8.4.7 描边路径

“描边路径”命令能够以当前所使用的绘画工具沿任何路径创建描边。在Photoshop中，可以使用多种工具进行描边路径，如画笔、铅笔、橡皮擦、仿制图章等，如图8-103所示。选中“模拟压力”复选框，可以模拟手绘描边效果；取消选中此复选框，描边为线性、均匀的效果，如图8-104和图8-105所示。

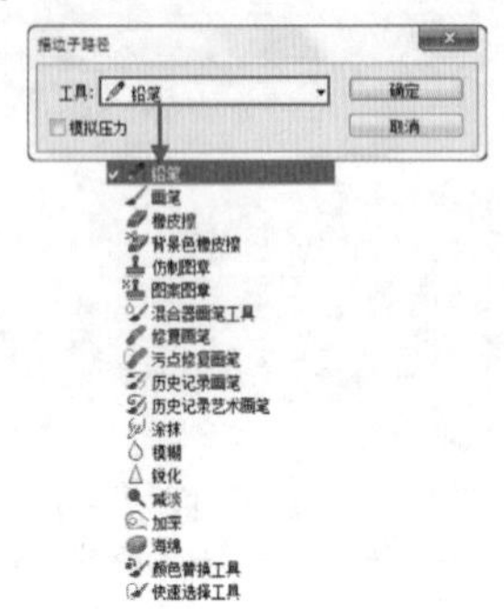

图8-103

图8-104

图8-105

（1）在描边之前需要先设置好描边工具的参数，使用“钢笔工具”或“形状工具”绘制出路径，如图8-106所示。

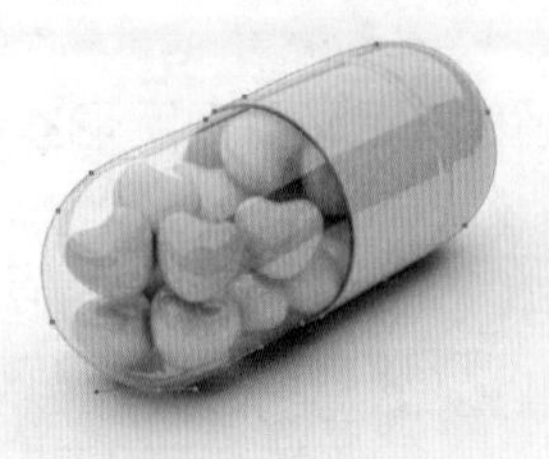
图8-106

（2）在路径上单击鼠标右键，在弹出的菜单中执行“描边路径”命令，打开“描边子路径”对话框，在该对话框中可以选择描边的工具，如图8-107所示，使用画笔描边路径的效果如图8-108所示。

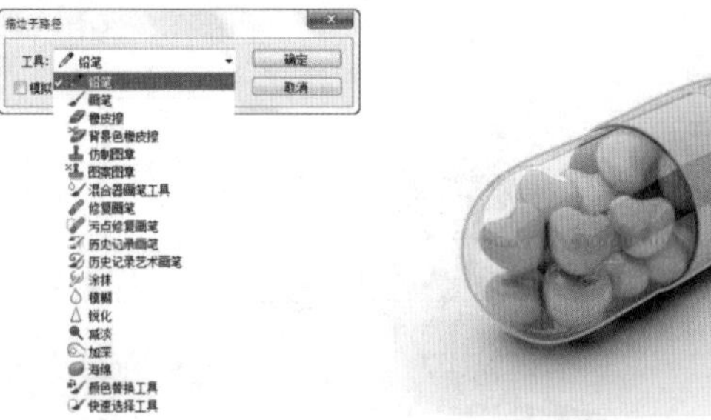

图8-107　　图8-108

技巧提示

设置好画笔的参数以后，在使用画笔状态下按Enter键可以直接为路径描边。

8.5 使用路径面板管理路径

8.5.1 认识“路径”面板

“路径”面板主要用来存储、管理以及调用路径，在面板中显示了存储的所有路径、工作路径和矢量蒙版的名称及缩览图。执行“窗口>路径”命令，可打开“路径”面板，其面板菜单如图8-109所示。

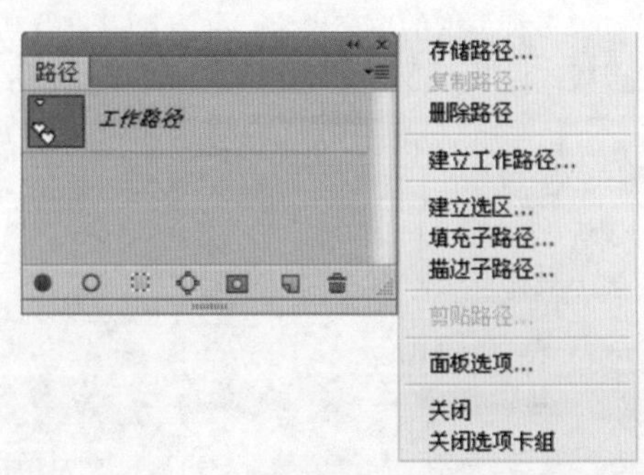

图8-109

“路径”面板中各选项的含义如下。

- **用前景色填充路径**：单击该按钮，可以用前景色填充路径区域。
- **用画笔描边路径**：单击该按钮，可以用设置好的画笔工具对路径进行描边。

- 将路径作为选区载入：单击该按钮，可以将路径转换为选区。
- 从选区生成工作路径：如果当前文档中存在选区，单击该按钮，可以将选区转换为工作路径。
- 添加图层蒙版：单击该按钮，可以当前选区为图层添加图层蒙版。
- 创建新路径：单击该按钮，可以创建一个新的路径。按住 Alt 键的同时单击该按钮，可以弹出"新建路径"对话框，并进行名称的设置。拖曳需要复制的路径到按钮上，可以复制出路径的副本。
- 删除当前路径：将路径拖曳到该按钮上，可以将其删除。

8.5.2 存储工作路径

工作路径是临时路径，是在没有新建路径的情况下使用钢笔工具等绘制的路径，一旦重新绘制了路径，原有的路径将被当前路径所替代，如图 8-110 所示。

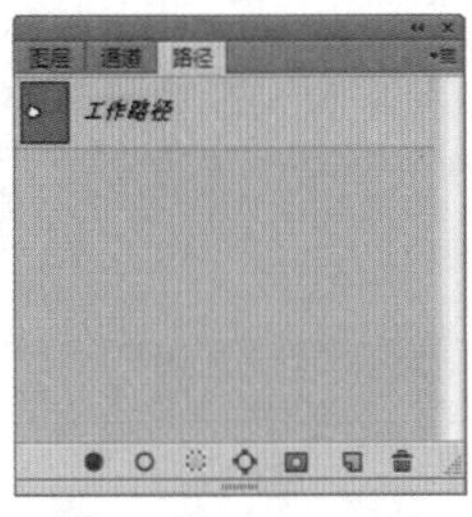

图8-110

如果不想工作路径被替换掉，可以双击其缩略图，打开"存储路径"对话框，将其保存起来，如图 8-111 和图 8-112 所示。

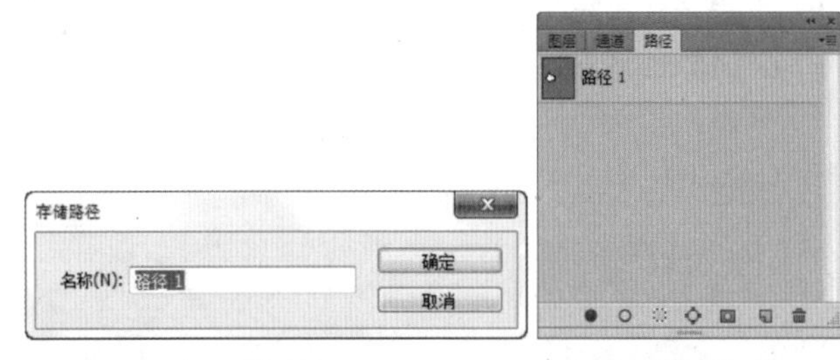

图8-111　图8-112

8.5.3 新建路径

在"路径"面板下单击"创建新路径"按钮，可以创建一个新路径层，此后使用钢笔工具等绘制的路径都将包含在该路径层中，如图 8-113 所示。

按住 Alt 键的同时单击"创建新路径"按钮，可以弹出"新建路径"对话框，并进行名称的设置，如图 8-114 所示。

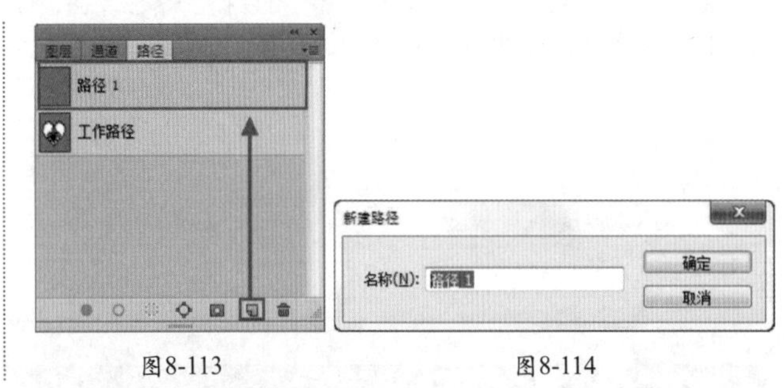

图8-113　图8-114

8.5.4 复制/粘贴路径

如果要复制路径，在"路径"面板中拖曳需要复制的路径到"创建新路径"按钮上，即可复制出路径的副本，如图 8-115 所示。

如果要将当前文档中的路径复制到其他文档中，可以执行"编辑 > 拷贝"命令，然后切换到其他文档中，执行"编辑 > 粘贴"命令即可，如图 8-116 所示。

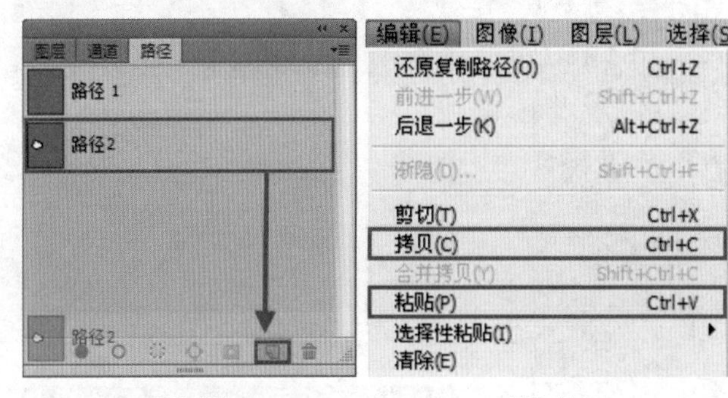

图8-115　图8-116

8.5.5 删除路径

如果要删除某个不需要的路径，可以将其拖曳到“路径”面板下面的“删除当前路径”按钮上，或者直接按 Delete 键将其删除。

8.5.6 显示/隐藏路径

理论实践——显示路径

如果要将路径在文档窗口中显示出来，可以在“路径”面板单击该路径，如图 8-117 所示。

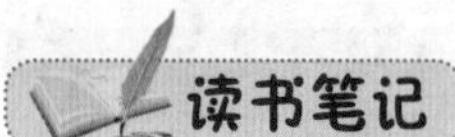

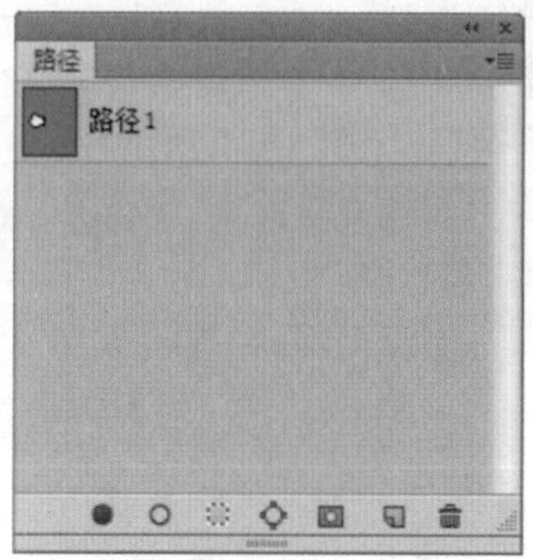

图8-117

理论实践——隐藏路径

在“路径”面板中单击路径以后，文档窗口中就会始终显示该路径，如果不希望显示该路径，可以在“路径”面板的空白区域单击，即可取消对路径的选择，将其隐藏起来，如图 8-118 所示。

技巧提示

按 Ctrl+H 组合键也可以切换路径的显示与隐藏状态。

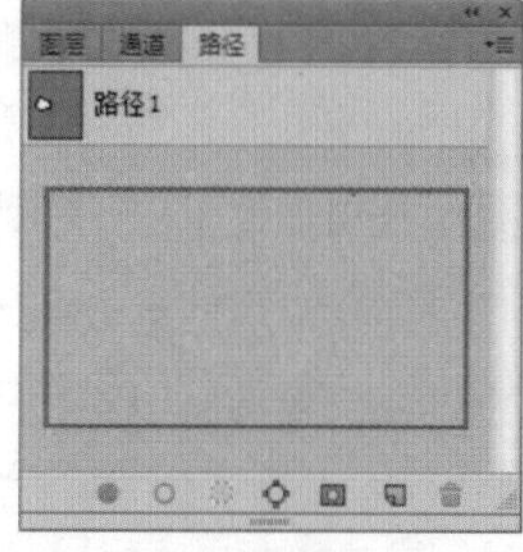

图8-118

8.6 形状工具组

Photoshop 中的形状工具组包括“矩形工具”、“圆角矩形工具”、“椭圆工具”、“多边形工具”、“直线工具”和“自定形状工具”，使用各工具绘制的图形如图 8-119 所示。

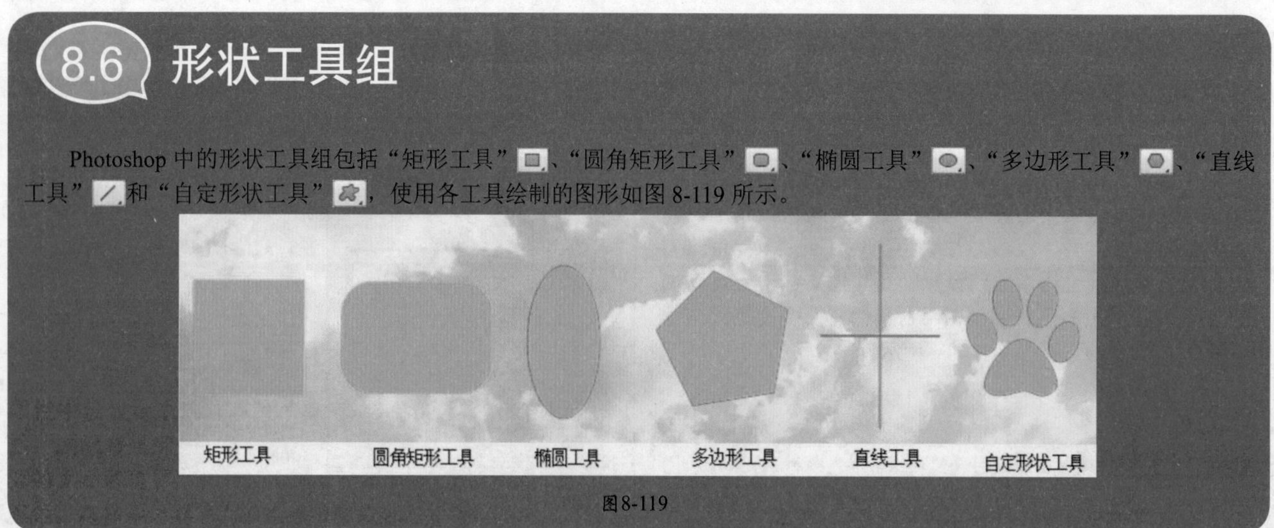

图8-119

8.6.1 矩形工具

"矩形工具"的使用方法与"矩形选框工具"类似，可以绘制出正方形和矩形，如图8-120所示。绘制时按住Shift键可以绘制出正方形；按住Alt键可以以鼠标单击点为中心绘制矩形；按住Shift+Alt组合键可以以鼠标单击点为中心绘制正方形。在选项栏中单击图标，可打开"矩形工具"的设置选项，如图8-121所示。

图8-120

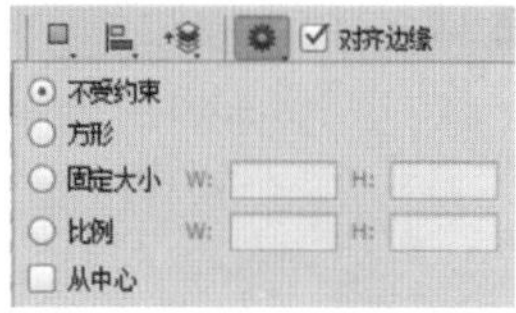

图8-121

- 不受约束：选中该单选按钮，可以绘制出任意大小的矩形。
- 方形：选中该单选按钮，可以绘制出任意大小的正方形。
- 固定大小：选中该单选按钮，可以在其后面的文本框中输入宽度（W）和高度（H）值，然后在图像上单击，即可创建出该尺寸的矩形，如图8-122所示。
- 比例：选中该单选按钮，可以在其后面的文本框中输入宽度（W）和高度（H）比例，此后创建的矩形始终保持这个比例，如图8-123所示。

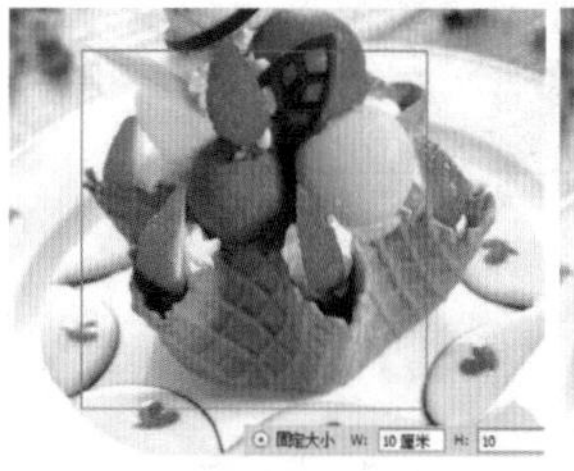

图8-122

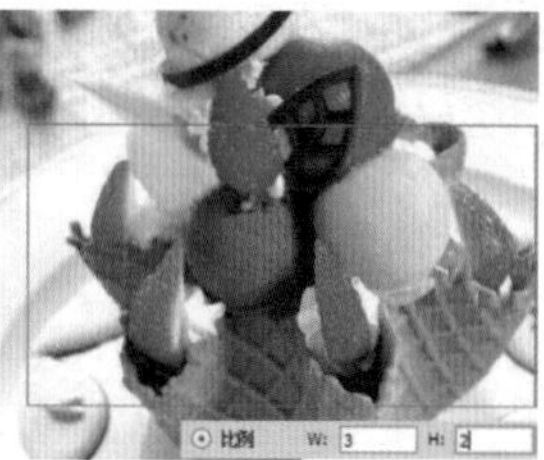

图8-123

- 从中心：以任何方式创建矩形时，选中该复选框，鼠标单击点即为矩形的中心。
- 对齐边缘：选中该复选框，可以使矩形的边缘与像素的边缘相重合，这样图形的边缘就不会出现锯齿。

8.6.2 圆角矩形工具

使用"圆角矩形工具"可以创建出具有圆角效果的矩形，其创建方法和选项栏选项与矩形工具完全相同。在选项栏中可以对"半径"数值进行设置，"半径"选项用来设置圆角的半径，数值越大，圆角越大。如图8-124和图8-125所示。

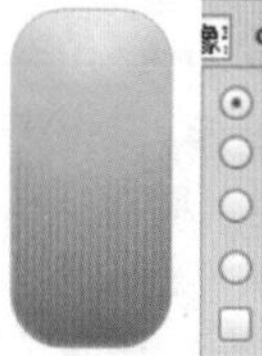

图8-124

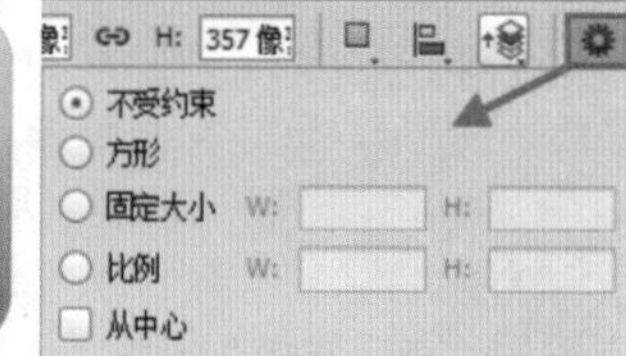

图8-125

实例练习——使用圆角矩形工具制作LOMO照片

实例文件	实例练习——使用圆角矩形工具制作LOMO照片.psd
视频教学	实例练习——使用圆角矩形工具制作LOMO照片.flv
难易指数	★★★★★
技术要点	圆角矩形工具

实例效果

本例效果如图8-126所示。

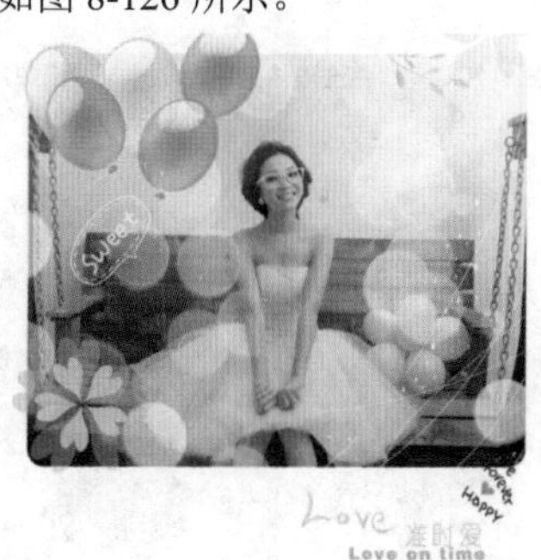

图8-126

操作步骤

步骤01 打开素材文件，单击工具箱中的"圆角矩形工具"按钮，并在选项栏中选择"路径"选项，设置半径为30像素，如图8-127所示。

图8-127

步骤02 回到图像中，从左上角单击确定圆角矩形的起点，并向右下角拖动绘制出圆角矩形，然后单击鼠标右键，执行"建立选区"命令，如图8-128所示。

步骤03 将当前路径转换为选区之后单击鼠标右键，执行"选择反向"命令，如图8-129所示。

步骤04 新建"图层1"，设置前景色为白色，并使用填充前景色快捷键Alt+Delete填充白色，如图8-130所示。

步骤05 最后导入前景素材，最终效果如图8-131所示。

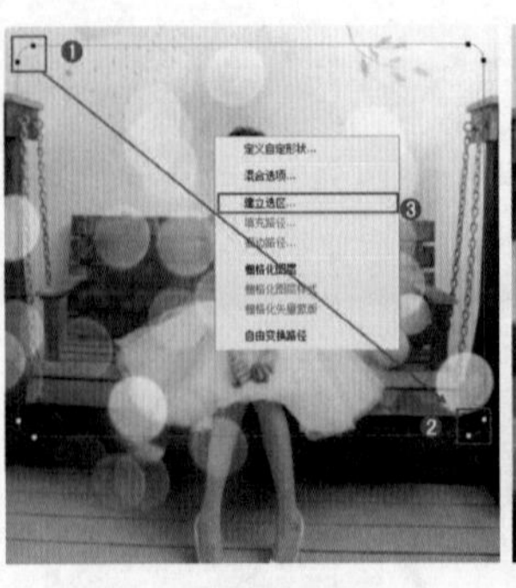

图8-128

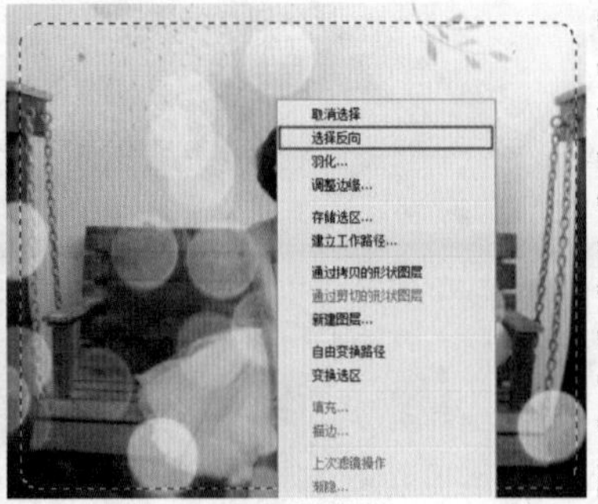

图8-129

图8-130

图8-131

8.6.3 椭圆工具

使用“椭圆工具”可以创建出椭圆和圆形，如图 8-132 所示，其设置选项与矩形工具相似，如图 8-133 所示。如果要创建椭圆，拖曳鼠标进行创建即可；如果要创建圆形，可以按住 Shift 键或 Shift+Alt 组合键（以鼠标单击点为中心）进行创建。

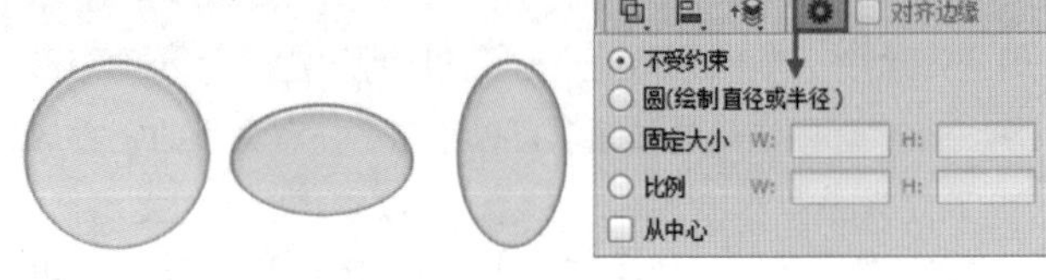

图8-132　　图8-133

8.6.4 多边形工具

使用“多边形工具”可以创建出正多边形（最少为 3 条边）和星形，如图 8-134 所示。其设置选项如图 8-135 所示。

图8-134　　图8-135

- 边：设置多边形的边数，设置为 3 时，可以绘制正三角形；设置为 4 时，可以绘制正方形；设置为 5 时，可以绘制出五边形，如图 8-136 所示。

图8-136

- 半径：用于设置多边形或星形的半径长度（单位为 cm），设置好半径以后，在画面中拖曳鼠标即可创建相应半径的多边形或星形。
- 平滑拐角：选中该复选框，可以创建出具有平滑拐角效果的多边形或星形，如图 8-137 所示。
- 星形：选中该复选框，可以创建星形，下面的“缩进边依据”文本框主要用来设置星形边缘向中心缩进的百分比，数值越高，缩进量越大，如图 8-138 所示分别是 20%、50% 和 80% 的缩进效果。

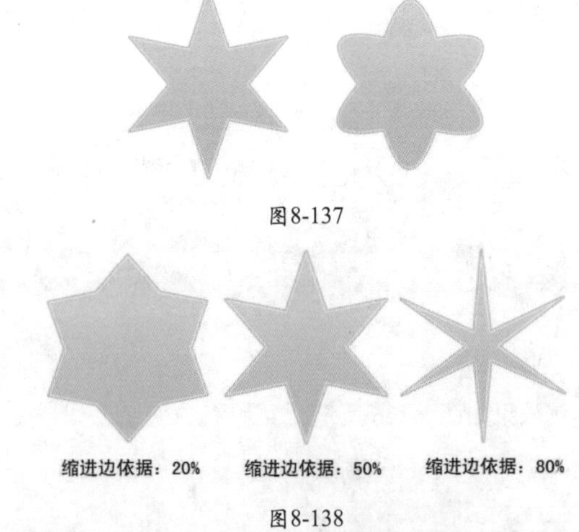

图8-137

图8-138

- 平滑缩进：选中该复选框，可以使星形的每条边向中心平滑缩进，如图 8-139 所示。

图8-139

8.6.5 直线工具

使用“直线工具”可以创建直线和带有箭头的路径，如图 8-140 所示。其设置选项如图 8-141 所示。

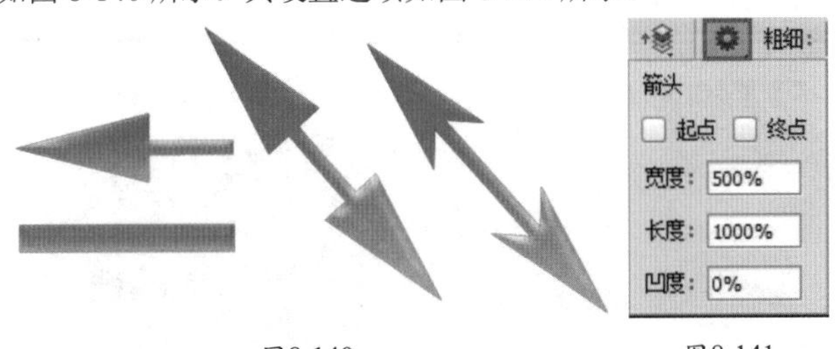

图8-140

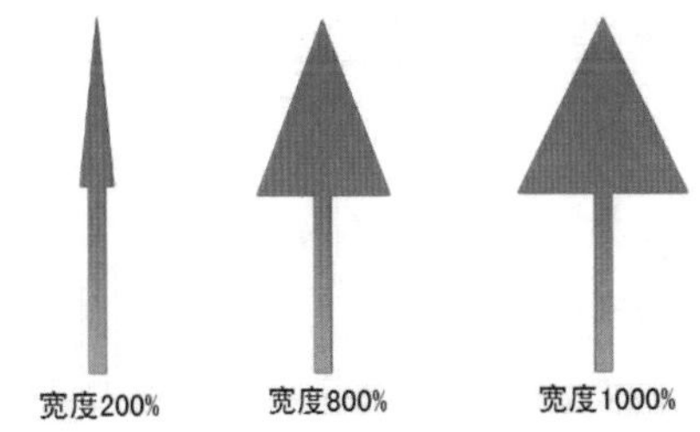

图8-141

- **粗细**：设置直线或箭头线的粗细，单位为“px”，如图 8-142 所示。
- **起点 / 终点**：选中“起点”复选框，可以在直线的起点处添加箭头；选中“终点”复选框，可以在直线的终点处添加箭头；同时选中“起点”和“终点”复选框，则可以在两端添加箭头，如图 8-143 所示。

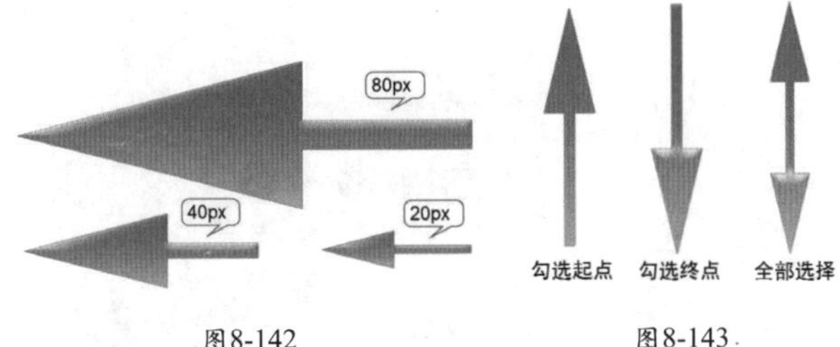

图8-142　图8-143

- **宽度**：用来设置箭头宽度与直线宽度的百分比，范围为 10%~1000%，如图 8-144 所示分别为使用 200%、800% 和 1000% 宽度创建的箭头。

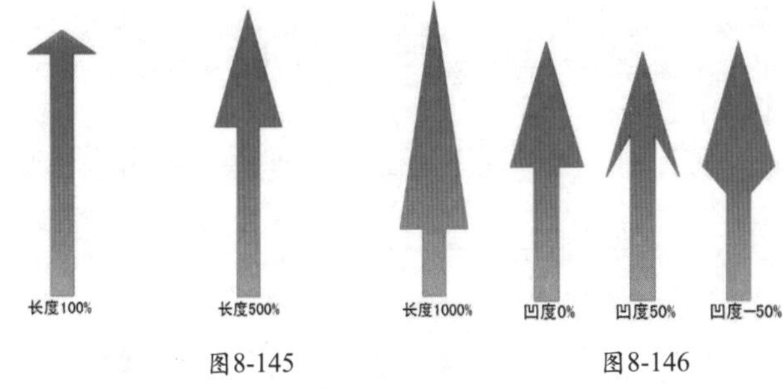

图8-144

- **长度**：用来设置箭头长度与直线宽度的百分比，范围为 10% ～ 5000%，如图 8-145 所示分别为使用 100%、500% 和 1000% 长度创建的箭头。
- **凹度**：用来设置箭头的凹陷程度，范围为 -50% ～ 50%。值为 0% 时，箭头尾部平齐；值大于 0% 时，箭头尾部向内凹陷；值小于 0% 时，箭头尾部向外凸出，如图 8-146 所示。

图8-145　图8-146

8.6.6 自定形状工具

使用“自定形状工具”可以创建出很多形状，其选项设置如图 8-147 所示。这些形状既可以是 Photoshop 的预设，也可以是用户自定义或加载的外部形状。

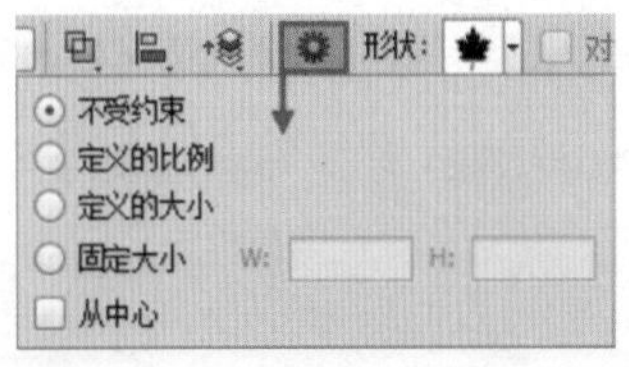

图8-147

答疑解惑：如何加载 Photoshop 预设形状和外部形状?

在选项栏中单击图标，打开“自定形状”拾色器，可以看到 Photoshop 只提供了少量的形状，这时可以单击图标，然后在弹出的菜单中执行“全部”命令，如图 8-148 所示。这样可以将 Photoshop 预设的所有形状都加载到“自定形状”拾色器中，如图 8-149 所示。如果要加载外部的形状，可以在拾色器菜单中执行“载入形状”命令，然后在弹出的“载入”对话框中选择形状即可（形状的格式为 .csh 格式）。

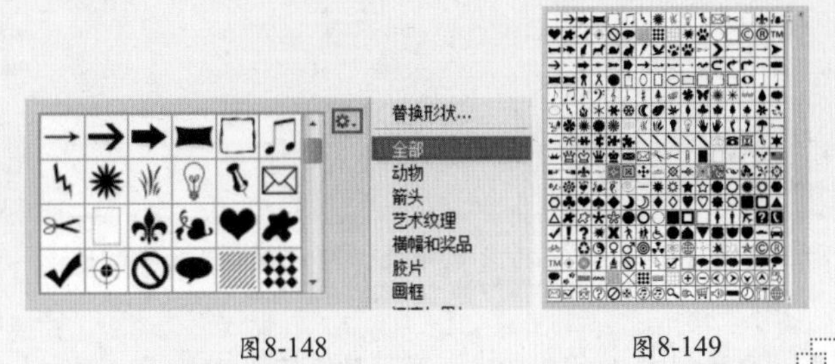

图8-148　图8-149

实例练习——使用形状工具制作水晶花朵

实例文件	实例练习——使用形状工具制作水晶花朵 .psd
视频教学	实例练习——使用形状工具制作水晶花朵 .flv
难易指数	★★★★
技术要点	填充路径、描边路径

实例效果

本例效果如图 8-150 所示。

操作步骤

步骤 01 按 Ctrl+N 组合键新建一个大小为 1400×1300 像素的文档，如图 8-151 所示。

图8-150

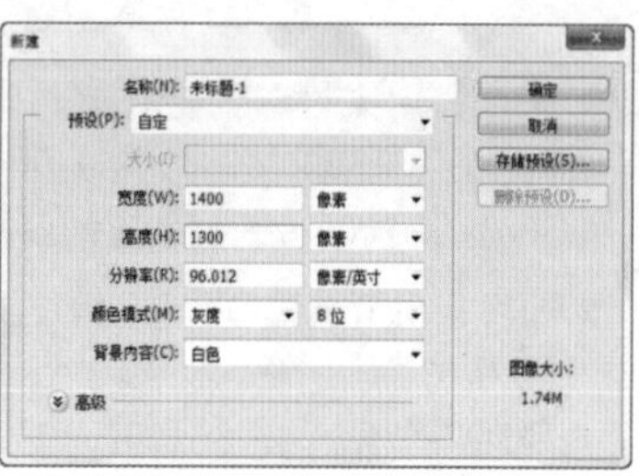
图8-151

步骤 02 创建新图层 1，单击工具箱中的按钮，并在选项栏中选择“路径”选项，并选择 种花朵的形状，如图 8-152 所示。

图8-152

技巧提示

默认情况下，自定形状中没有本案例中需要使用的形状。需要单击图标，然后在弹出的菜单中执行“全部”命令，载入所有自定形状即可。

步骤 03 在画布中拖曳绘制一个花朵的路径，单击鼠标右键，选择“建立选区”命令，打开“建立选区”如图 8-153 所示。

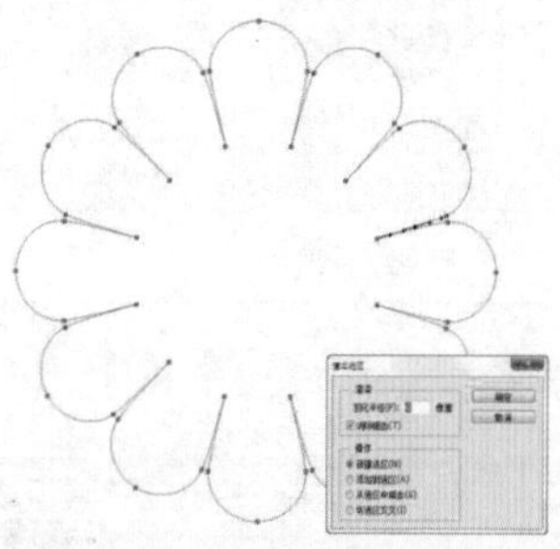
图8-153

技巧提示

为了保证花朵的长宽等比，可以按住 Shift 键进行绘制。

步骤 04 单击工具箱中的“渐变工具”按钮，在选项栏中单击渐变色块，弹出“渐变编辑器”窗口，编辑一种粉色到紫色的渐变，并进行填充，如图 8-154 和图 8-155 所示。

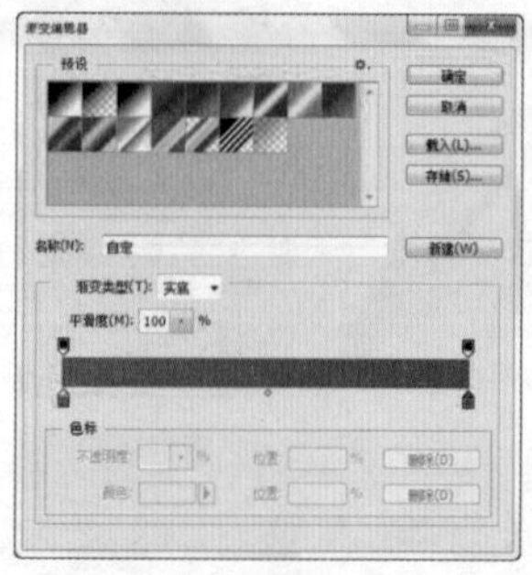
图8-154

图8-155

步骤 05 创建新图层 2，首先设置前景色为浅粉色，使用画笔工具，单击鼠标右键，选择一个圆形画笔，并设置“大小”为 10 像素，“硬度”为 100%，如图 8-156 和图 8-157 所示。

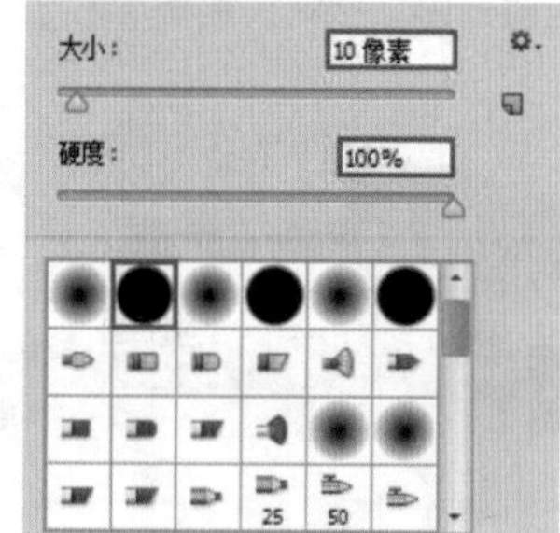

图8-156　图8-157

步骤 06 单击工具箱中的按钮，用同样的方法绘制较小的花朵路径，在使用钢笔工具的状态下单击鼠标右键，执行“描边路径”命令，选择“画笔”进行描边。如图 8-158 和图 8-159 所示。

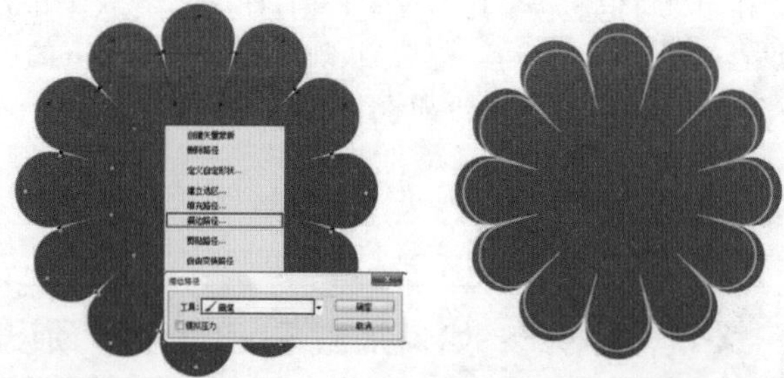
图8-158　图8-159

步骤 07 继续创建新图层 3，设置前景色为白色，使用“椭圆工具”，在选项栏中选择“像素填充”选项，并按住 Shift 键绘制一个白色正圆，然后调整其“不透明度”为 10%，如图 8-160 所示。

步骤 08 创建新图层 4，使用“钢笔工具”绘制出高光部分的闭合路径，如图 8-161 所示。按 Ctrl+Enter 组合键将当前路径转换为选区。使用渐变工具填充一种由白色到透

明的渐变，如图 8-162 所示，并调整图层的“不透明度”为52%，如图 8-163 所示。

图8-160

图8-161

图8-162

图8-163

步骤 09 最后输入文字并添加投影样式，效果如图 8-164 所示。

图8-164

实例练习——制作质感四叶草按钮

实例文件	实例练习——制作质感四叶草按钮.psd
视频教学	实例练习——制作质感四叶草按钮.flv
难易指数	★★★★★
技术要点	渐变工具、圆角矩形工具

实例效果

本例效果如图 8-165 所示。

图8-165

操作步骤

步骤 01 按 Ctrl+N 组合键新建大小为 1000×1000 像素的文件，创建图层 1，将前景色调整为黑色，单击工具箱中的“圆角矩形工具”按钮，在选项栏中设置类型为“像素”，“半径”为 60 像素，在图层 1 中按 Shift 键绘制大小适合的圆角矩形，如图 8-166 和图 8-167 所示。

图8-166

图8-167

步骤 02 图层 1 上方新建图层 2，同样使用圆角矩形工具，绘制小一点的圆角矩形。载入选区，单击工具箱中的“渐变工具”按钮，调整渐变样式为灰色系渐变，并进行填充，如图 8-168 和图 8-169 所示。

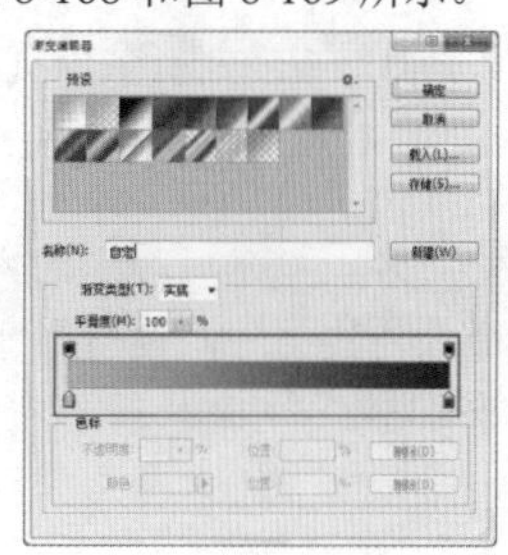

图8-168　　图8-169

步骤 03 新建图层 3，将前景色调整为灰色，使用圆角矩形工具绘制小一点的圆角矩形，并调整到合适的位置，如图 8-170 所示。

步骤 04 新建图层 4，使用圆角矩形工具绘制小一点的圆角矩形，载入选区后，填充灰色系渐变，如图 8-171 和图 8-172 所示。

图8-170

图8-171

图8-172

步骤 05 新建图层 5，使用圆角矩形工具绘制更小一点的圆角矩形，载入选区后，使用渐变工具填充深灰到浅灰的渐变，如图 8-173 和图 8-174 所示。

步骤 06 新建图层 6，将前景色调整为黑色，使用圆角矩形工具绘制小一点的圆角矩形，放置在居中位置，如图 8-175 所示。

图8-173

图8-174

图8-175

步骤 07 新建图层 7，使用圆角矩形工具绘制小一点的圆角矩形，使用渐变工具，填充橘黄到浅黄的渐变，如图 8-176 和图 8-177 所示。

图8-176

图8-177

步骤 08 新建图层 8，制作高光效果。使用圆角矩形工具，设置半径为 50px，在偏上的位置绘制小一点的圆角矩形，载入选区后，使用渐变工具填充白色到黄色的渐变，如图 8-178 和图 8-179 所示。

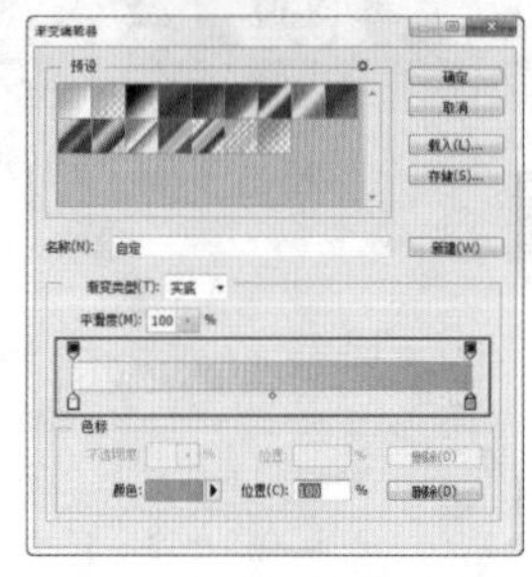

图8-178

图8-179

步骤 09 导入前景素材，最终效果如图 8-180 所示。

图8-180

实例练习——使用矢量工具制作儿童网页

实例文件	使用矢量工具制作儿童网页 .psd
视频教学	使用矢量工具制作儿童网页 .flv
难易指数	★★★★★
技术要点	圆角矩形工具、钢笔工具、自定形状工具、图层样式

实例效果

本例主要运用自定形状工具制作可爱的儿童卡通风格网页，如图 8-181 所示。

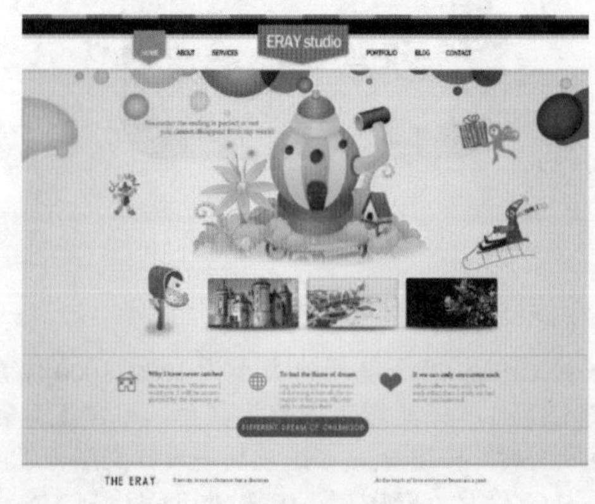

图8-181

操作步骤

步骤 01 执行“文件 > 新建”命令新建文件，设置“宽度”为 3500 像素，“高度”为 2923 像素，“背景内容”为“白色”，如图 8-182 所示。

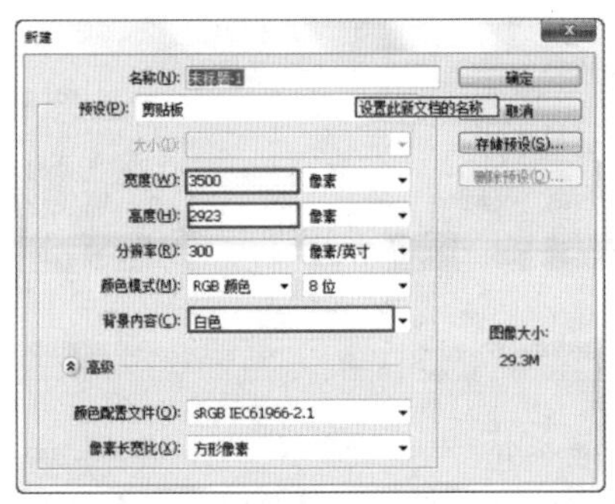

图8-182

步骤 02 新建图层，使用渐变工具为背景填充银白色的径向渐变，如图 8-183 所示。为其添加图层样式，在弹出的对话框中选中“投影”选项，设置“混合模式”为“正片叠底”，“颜色”为黑色，“距离”为 5 像素，“扩展”为 0%，“大小”为 15 像素，如图 8-184 所示。

图8-183

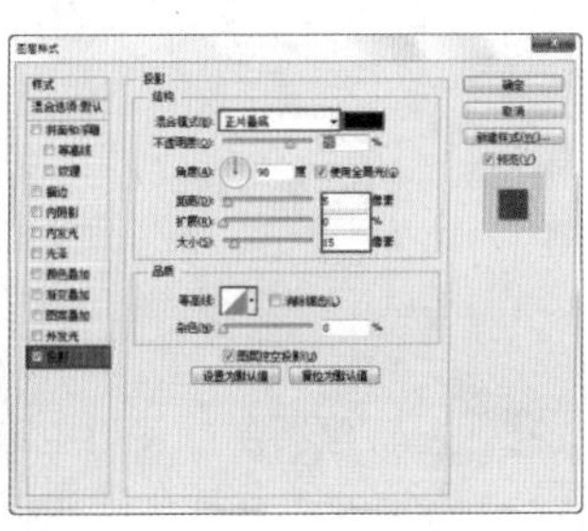

图8-184

步骤 03 选择钢笔工具，在选项栏中设置模式为“形状”，“填充”为无，描边颜色为灰色，大小为 2，形状描边类型为虚线，如图 8-185 所示。按住 Shift 键在画面中绘制一条水平直线，如图 8-186 所示。

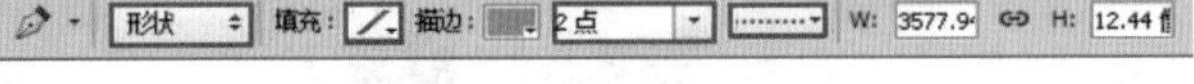

图8-185

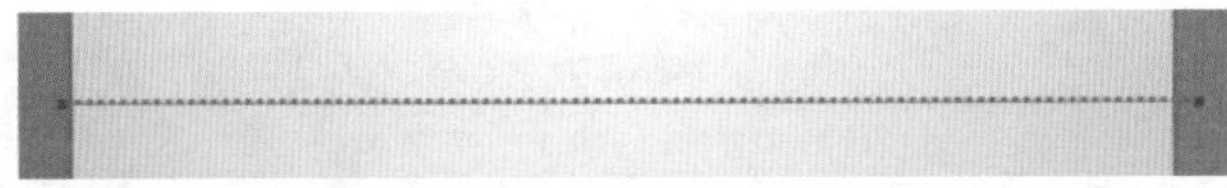

图8-186

步骤 04 用同样的方法在画面底部绘制其他直线，如图 8-187 所示。

步骤 05 使用工具箱中的圆角矩形工具，设置绘制模式为“形状”，“填充”为桃红色，在画面中绘制合适的圆角矩形，如图 8-188 所示。

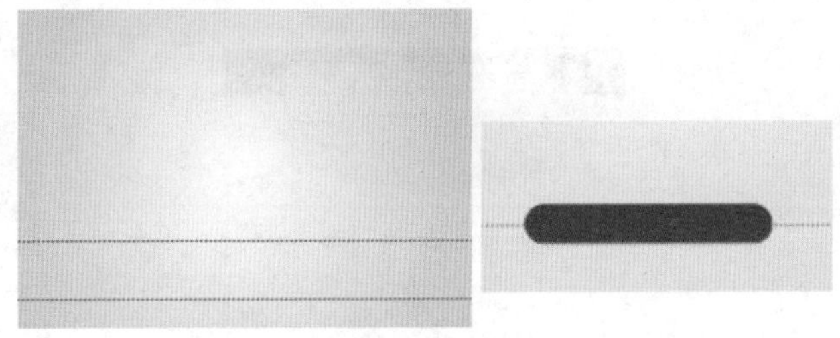

图8-187　　图8-188

步骤 06 使用钢笔工具，设置绘制模式为“形状”，“填充”为无，描边颜色为黄色，描边粗细为 1.5 点，形状描边类型为直线，如图 8-189 所示。在画面顶部绘制合适的形状，效果如图 8-190 所示。

图8-189

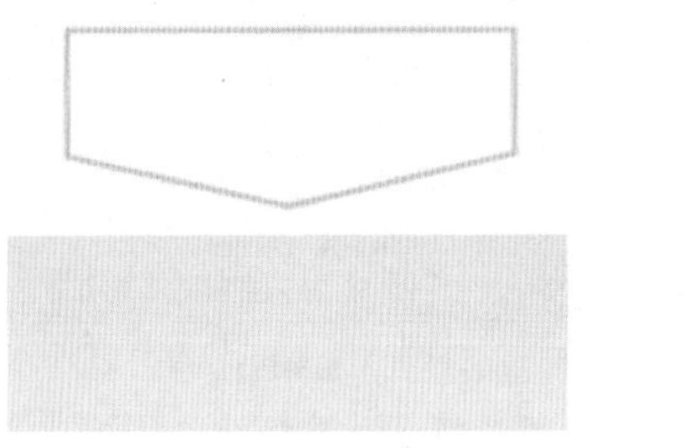

图8-190

步骤 07 使用自定形状工具，在选项栏中设置绘制模式为“形状”，“填充”为灰色，“描边”为无，“大小”为 3 点，选择一个合适的形状，在画面合适位置进行绘制。用同样的方法绘制其他形状，如图 8-191 和图 8-192 所示。

图8-191

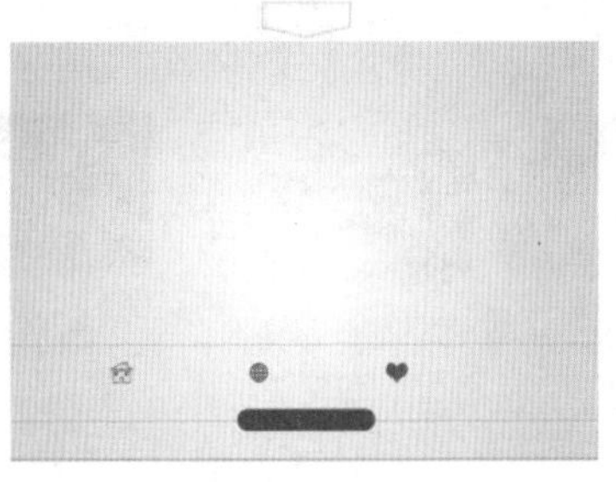

图8-192

步骤 08 设置前景色为黑色，选择横排文字工具，设置合适的字号以及字体，在画面中合适位置分别单击输入文字，效果如图 8-193 所示。

步骤 09 导入素材 1.png，置于画面中合适的位置，使用圆角矩形工具绘制合适的圆角矩形路径，转换为选区后为其添加图层蒙版，隐藏多余的部分，效果如图 8-194 所示。

图8-193　　图8-194

步骤 10 为图层添加图层样式。选中“内发光”选项，设置

"混合模式"为"正常","不透明度"为25%,"方法"为"柔和","源"为"边缘","阻塞"为0%,"大小"为21像素,如图8-195所示。效果如图8-196所示。

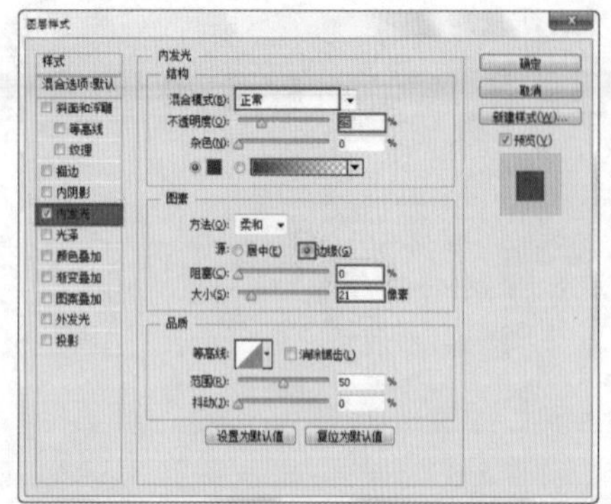

图8-195

图8-196

步骤 11 在素材图层底部新建图层,使用黑色柔角画笔工具沿着素材底部边缘进行涂抹绘制,制作出素材的阴影效果,如图8-197所示。

图8-197

步骤 12 使用横排文字工具设置合适的前景色,以及字号和字体,在画面的合适位置输入文字,如图8-198所示。

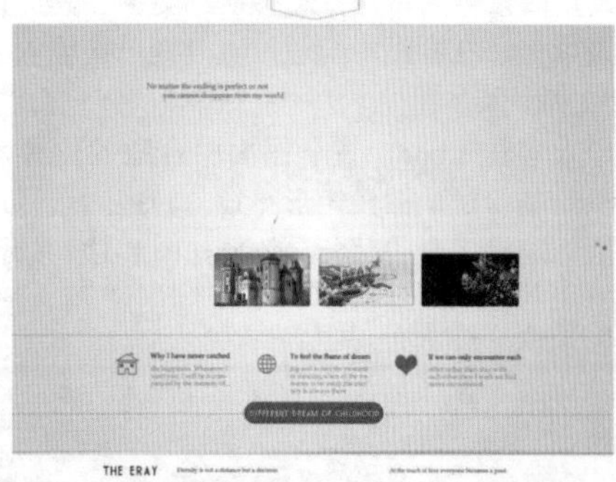

图8-198

步骤 13 导入前景卡通素材2.png,置于画面中合适的位置,效果如图8-199所示。

步骤 14 使用矩形选框工具在画面顶部绘制合适大小的矩形选区,并为其填充灰色,如图8-200所示。

图8-199

图8-200

步骤 15 用同样的方法绘制白色的矩形,并为其添加图层样式,选中"投影"选项,设置"混合模式"为"正片叠底","不透明度"为40,"距离"为5像素,"扩展"为0%,"大小"为15像素,如图8-201所示。效果如图8-202所示。

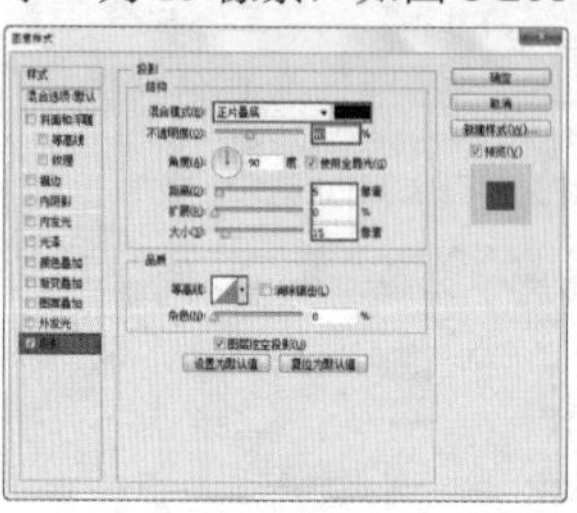

图8-201

图8-202

步骤 16 新建图层,使用矩形工具,设置绘制模式为"像素",颜色为黑色,在画面顶部绘制一个黑色的矩形,如图8-203所示。

图8-203

步骤 17 选择自定形状工具,设置绘制模式为"形状",填充颜色为玫粉色,"描边"为无,大小为3点,选择合适的形状,如图8-204所示。在画面中合适的位置进行绘制,效果如图8-205所示。

图8-204

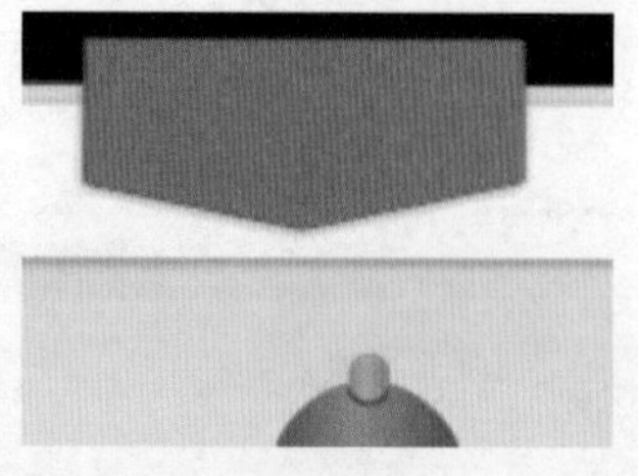

图8-205

步骤 18 用同样的方法绘制另外一个橘黄色的形状，如图 8-206 所示。

步骤 19 使用横排文字工具，设置合适的前景色，以及字号和字体，在顶部导航栏处输入文字，如图 8-207 所示。

图8-206

图8-207

步骤 20 在所有矩形图层底部新建图层，设置合适的前景色，使用矩形选框工具在画面顶部绘制合适的矩形并为其填充颜色，如图 8-208 所示。

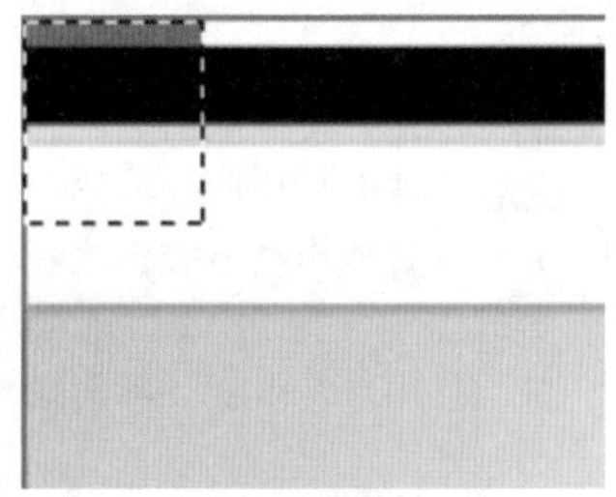

图8-208

步骤 21 用同样的方法分层绘制其他彩色矩形，效果如图 8-209 所示。

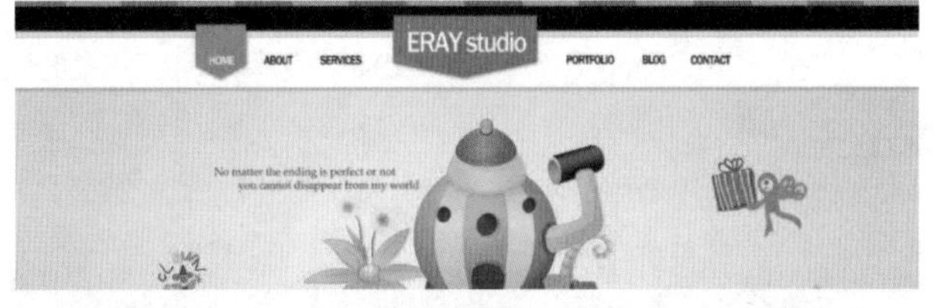

图8-209

步骤 22 新建图层，使用矩形选框工具在画面中绘制选区，并为其填充红色，如图 8-210 所示。

图8-210

步骤 23 为其添加图层样式，选中“内发光”选项，设置“混合模式”为“正常”，“不透明度”为 100%，“颜色”为深红色，“方法”为“柔和”，“源”为“边缘”，“大小”为 128 像素，单击“确定”按钮，如图 8-211 所示。效果如图 8-212 所示。

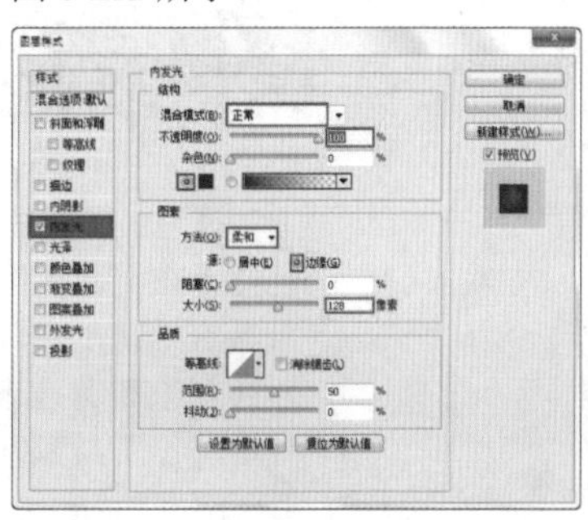

图8-211

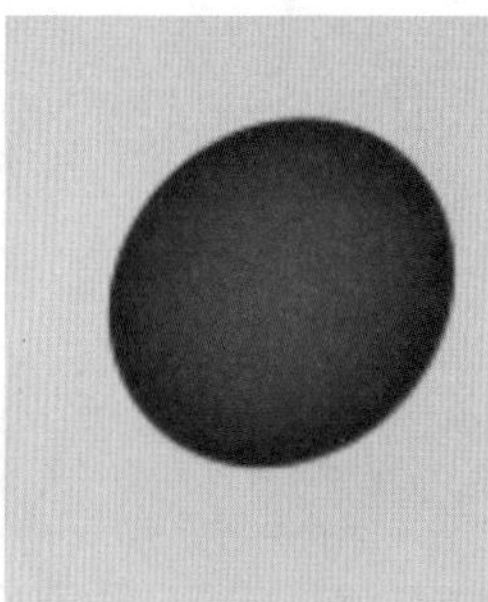

图8-212

步骤 24 用同样的方法绘制其他图形，最终效果如图 8-213 所示。

图8-213

读书笔记

Chapter 9

第9章

图像颜色调整

调色技术是指将特定的色调加以改变，形成不同感觉的另一色调图片。而调色技术在实际应用中又分为两个方面：校正错误色彩和创造风格化色彩。调色技术虽然纷繁复杂，但也是具有一定规律性的，主要涉及色彩构成理论、颜色模式转换理论和通道理论，如冷暖对比、近实远虚等。在 Photoshop 中，比较常用的基本调色工具包括色阶、曲线、色彩平衡、色相 / 饱和度、可选颜色、通道混合器、渐变映射、信息面板和拾色器等。

本章学习要点：

- 熟悉色彩的相关知识
- 掌握矫正问题图像的方法
- 熟练掌握常用调整命令
- 掌握多种风格化调色技巧

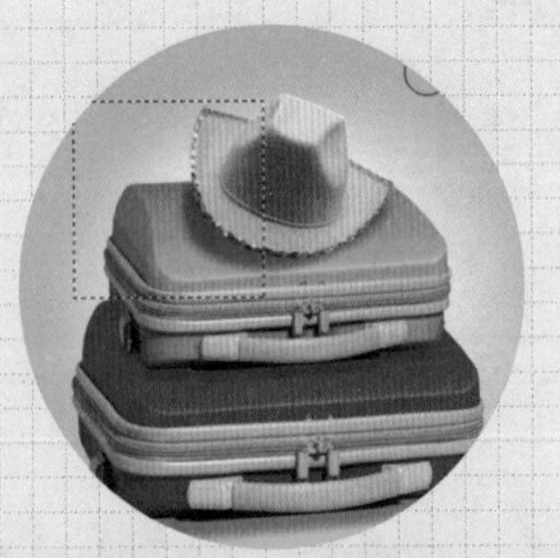

9.1 色彩与调色

调色技术是指将特定的色调加以改变，形成不同感觉的另一色调图片。而调色技术在实际应用中又分为两个方面：校正错误色彩和创造风格化色彩。调色技术虽然纷繁复杂，但也是具有一定规律性的，主要涉及色彩构成理论、颜色模式转换理论和通道理论，如冷暖对比、近实远虚等。在 Photoshop 中，比较常用的基本调色工具包括色阶、曲线、色彩平衡、色相 / 饱和度、可选颜色、通道混合器、渐变映射、信息面板和拾色器等。

9.1.1 了解色彩

色彩在物理学中指由不同波段的光在眼睛中的映射，对于人类而言，色彩是人的眼睛所感观的色的元素。而在计算机，中，则是用红、绿、蓝 3 种基色的相互混合来表现所有色彩。

色彩主要分为两类：无彩色和有彩色。无彩色包括白、灰、黑；有彩色则是灰、白、黑以外的颜色，分为彩色和其他一般色彩。色彩包含色相、明度和纯度 3 个方面的性质，又称色彩的三要素。当色彩间发生作用时，除了色相、明度和纯度这 3 个基本条件以外，各种色彩彼此间会形成色调，并显现出自己的特性。因此，色相、明度、纯度、色性及色调 5 项就构成了色彩的要素，如图 9-1 和图 9-2 所示。

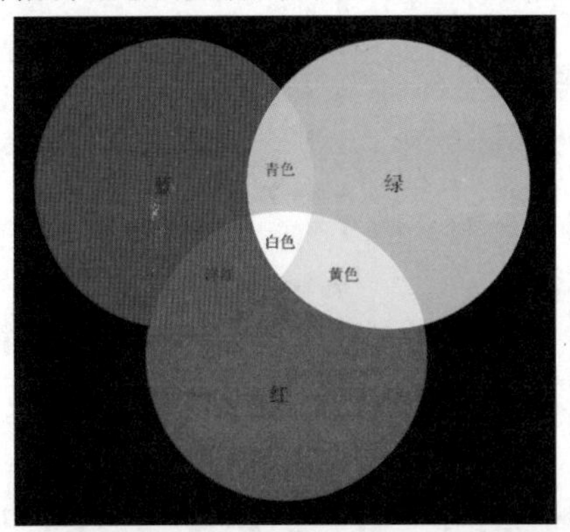

图9-1

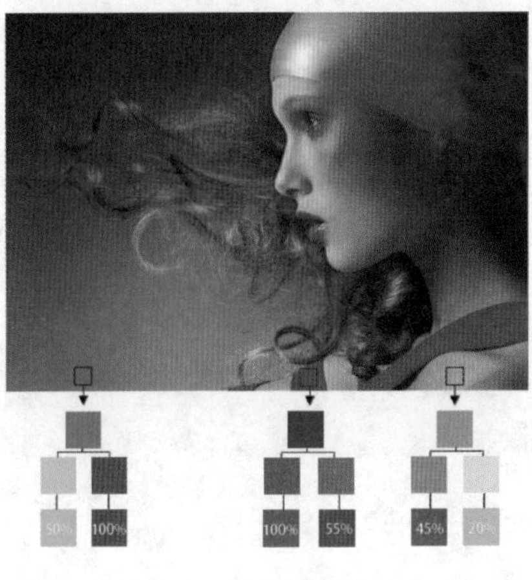

图9-2

- 色相：色彩的相貌，是区别色彩种类的名称，如图 9-3 所示。

图9-3

- 明度：色彩的明暗程度，即色彩的深浅差别。明度差别既指同色的深浅变化，又指不同色相之间存在的明度差别，如图 9-4 所示。

图9-4

- 纯度：色彩的纯净程度，又称彩度或饱和度。某一纯净色加上白色或黑色，可以降低其纯度，或趋于柔和，或趋于沉重，如图 9-5 所示。

图9-5

- 色性：指色彩的冷暖倾向，如图 9-6 所示。

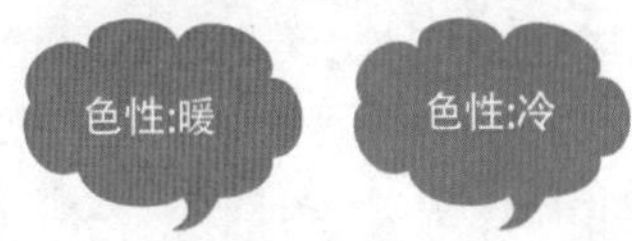

图9-6

- 色调：画面中总是由具有某种内在联系的各种色彩组成一个完整统一的整体，形成画面色彩的总的趋向称为色调，如图 9-7 所示。

图9-7

9.1.2 调色中常用的色彩模式

在前面的章节中讲解过图像的颜色模式，但并不是所有的颜色模式都适合在后期软件中处理数码照片时使用。在处理数码照片时，一般比较常用 RGB 颜色模式，如图 9-8 所示。涉及需要印刷的产品时，需要使用 CMYK 颜色模式，如图 9-9 所示。而 Lab 颜色模式是色域最宽的色彩模式，也是最接近真实世界颜色的一种色彩模式，如图 9-10 所示。

图9-8

图9-9

图9-10

9.1.3 “信息”面板

在“信息”面板中可以快速、准确地查看多种信息，如光标所处的坐标、颜色信息（RGB 颜色值和 CMYK 颜色的百分比数值）、选区大小、定界框的大小和文档大小等。执行“窗口 > 信息”命令，可打开“信息”面板。在“信息”面板的菜单中执行“面板选项”命令，可以打开“信息面板选项”对话框。在该对话框中可以设置更多的颜色信息和状态信息，如图 9-11 和图 9-12 所示。

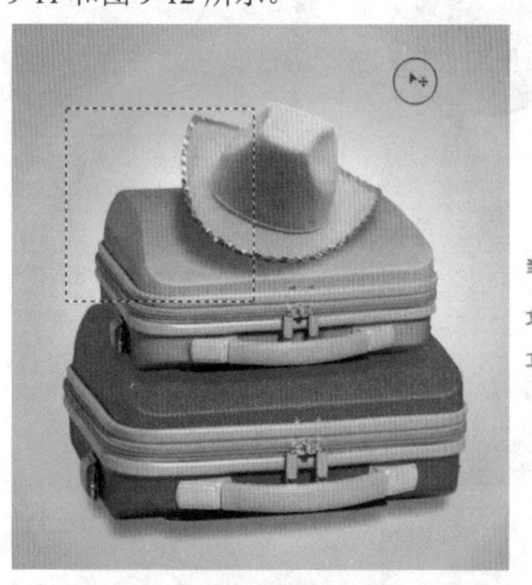

图9-11

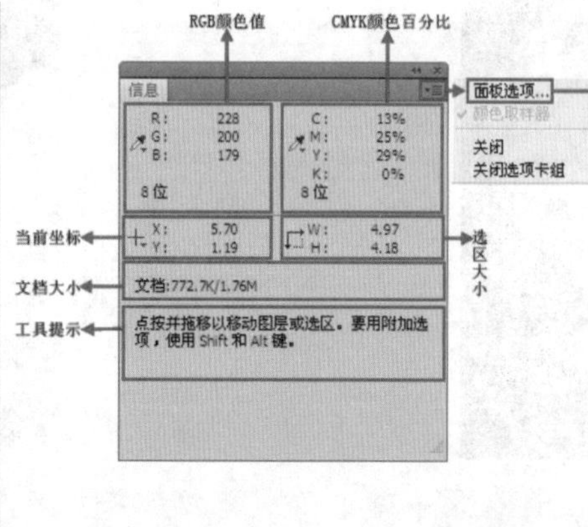

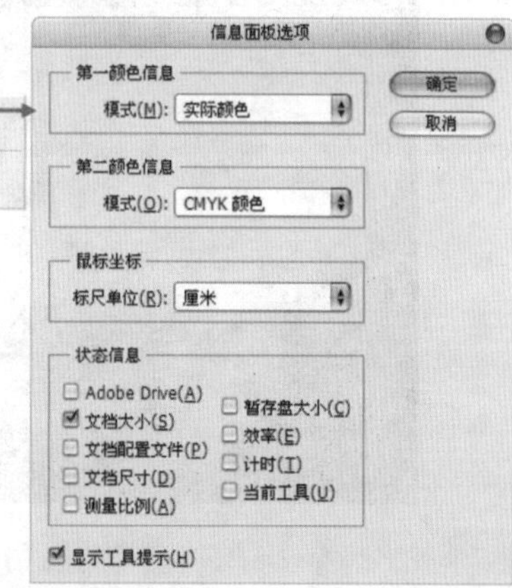

图9-12

“信息面板选项”对话框中各选项含义如下。

- 第一颜色信息 / 第二颜色信息：设置第 1 个 / 第 2 个吸管显示的颜色信息。选择“实际颜色”选项，将显示图像当前颜色模式下的颜色值；选择“校样颜色”选项，将显示图像的输出颜色空间的颜色值；选择“灰度”、“RGB 颜色”、“Web 颜色”、“HSB 颜色”、“CMYK 颜色”或“Lab 颜色”选项，可以显示相对应的颜色值；选择“油墨总量”选项，可以显示当前颜色所有 CMYK 油墨的总百分比；选择“不透明度”选项，可以显示当前图层的不透明度。
- 鼠标坐标：设置当前光标所处位置的度量单位。
- 状态信息：选中相应的复选框，可以在“信息”面板中显示出相应的状态信息。
- 显示工具提示：选中该复选框以后，可以显示出当前工具的相关使用方法。

9.1.4 “直方图”面板

直方图是用图形来表示图像的每个亮度级别的像素数量，展示像素在图像中的分布情况。通过直方图可以快速浏览图像色调范围或图像基本色调类型，而色调范围有助于确定相应的色调校正。如图 9-13~ 图 9-15 所示的分别是曝光过度、曝光正常以及曝光不足的图像，在直方图中可以清晰地看出其差别。

图9-13

图9-14

图9-15

低色调图像的细节集中在阴影处，高色调图像的细节集中在高光处，而平均色调图像的细节集中在中间调处，全色调范围的图像在所有区域中都有大量的像素。执行“窗口 > 直方图”命令，可打开“直方图”面板，如图 9-16 所示。

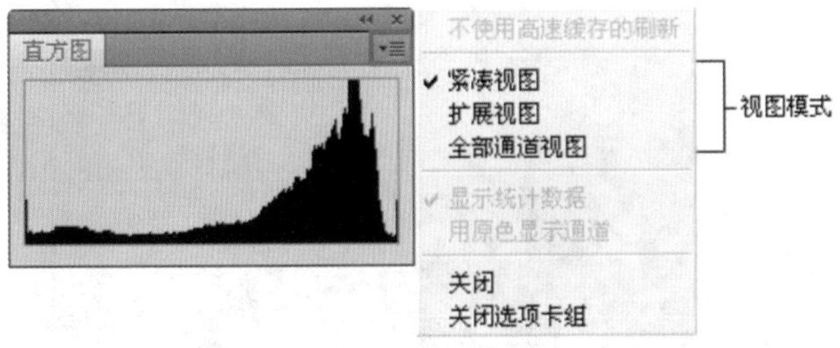

图9-16

技巧提示

在“直方图”面板菜单中有 3 种视图模式可以选择。

- 紧凑视图：这是默认的显示模式，显示不带控件或统计数据的直方图。该直方图代表整个图像，如图 9-17 所示。
- 扩展视图：显示有统计数据的直方图，如图 9-18 所示。
- 全部通道视图：除了显示扩展视图的所有选项外，还显示各个通道的单个直方图，如图 9-19 所示。

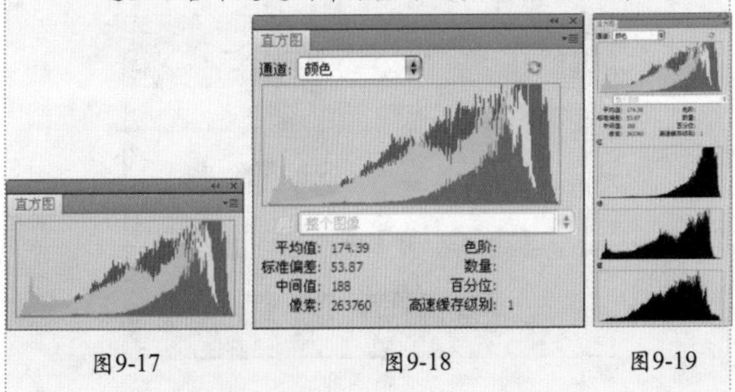

图9-17　图9-18　图9-19

当“直方图”面板视图方式为“扩展视图”时，可以看到“直方图”面板上显示的多种选项。

- 通道：包含 RGB、红、绿、蓝、明度和颜色 6 个通道。选择相应的通道以后，在面板中就会显示该通道的直方图。
- 不使用高速缓存的刷新：单击该按钮，可以刷新直方图并显示当前状态下的最新统计数据。
- 源：可以选择当前文档中的整个图像、图层和复合图像，选择相应的图像或图层后，在面板中就会显示出其直方图。
- 平均值：显示像素的平均亮度值（0~255 之间的平均亮度）。直方图的波峰偏左，表示该图偏暗，如图 9-20 所示；直方图的波峰偏右，表示该图偏亮，如图 9-21 所示。

图9-20

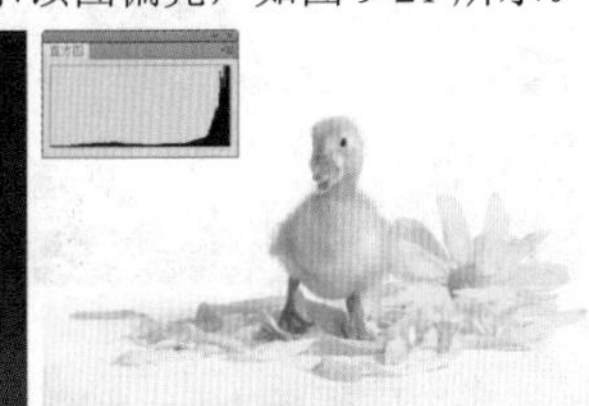

图9-21

- 标准偏差：显示亮度值的变化范围。数值越低，表示图像的亮度变化不明显；数值越大，表示图像的亮度变化很强烈。
- 中间值：显示图像亮度值范围以内的中间值。图像的色调越亮，其中间值就越高。
- 像素：显示用于计算直方图的像素总量。
- 色阶：显示当前光标下的波峰区域的亮度级别，如图 9-22 所示。
- 数量：显示当前光标下的亮度级别的像素总数，如图 9-23 所示。

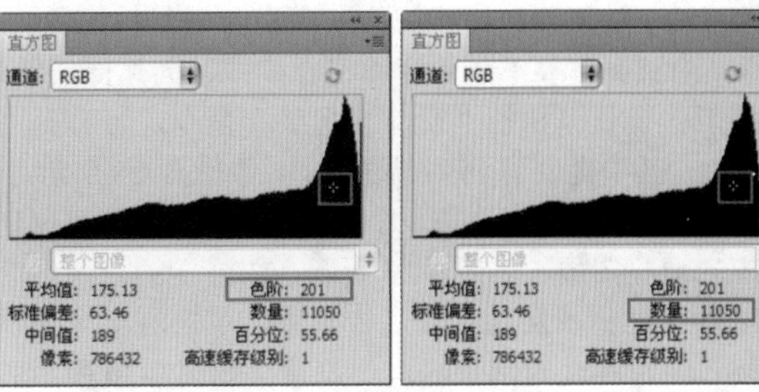

图9-22　图9-23

- 百分位：显示当前光标所处的级别或该级别以下的像素累计数。
- 高速缓存级别：显示当前用于创建直方图的图像高速缓存的级别。

9.2 调整图层

调整图层在 Photoshop 中既是一种非常重要的工具，又是一种特殊的图层。作为“工具”，它可以调整当前图像显示的颜色和色调，并且不会破坏文档中的图层，还可以重复修改；作为“图层”，它具备图层的一些属性，如不透明度、混合模式、图层蒙版、剪贴蒙版等属性的可调性。

9.2.1 调整图层与调色命令的区别

在 Photoshop 中，图像色彩的调整共有两种方式。一种是直接执行“图像 > 调整”菜单下的调色命令进行调节，这种方式属于不可修改方式，即一旦调整了图像的色调，就不可以再重新修改调色命令的参数；另外一种方式就是使用调整图层，这种方式属于可修改方式，即如果对调色效果不满意，还可以重新对调整图层的参数进行修改，直到满意为止。如图 9-24~图 9-27 所示。

图9-24

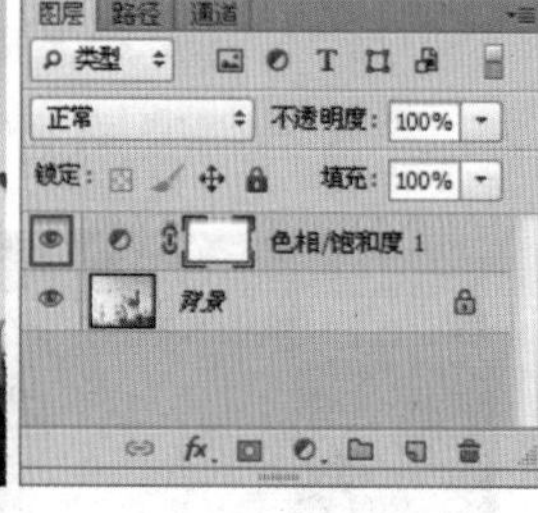

图9-25

图9-26

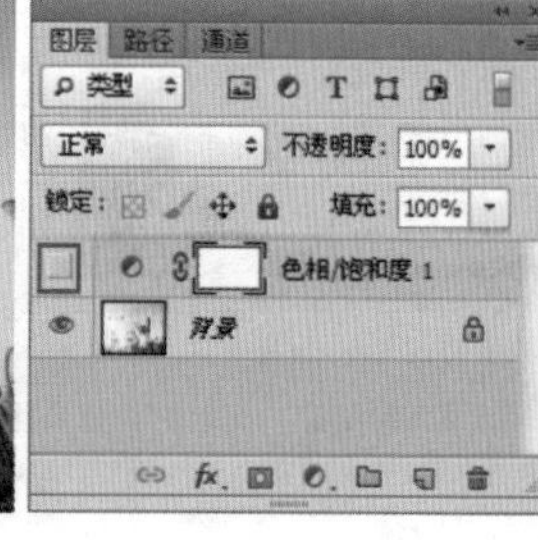

图9-27

调整图层具有以下优点。

- 使用调整图层不会对其他图层造成破坏。
- 可以随时修改调整图层的相关参数值。
- 可以修改其“混合模式”与“不透明度”。
- 在调整图层的蒙版上绘画，可以将调整应用于图像的一部分。
- 创建剪贴蒙版时，调整图层可以只对一个图层产生作用。不创建剪贴蒙版时，可以对下面的所有图层产生作用。

9.2.2 “调整”面板

调整图层与调整命令相似，都可以对图像进行颜色的调整。不同的是调整命令每次只能对一个图层进行操作，而调整图层则会影响在该图层下方的所有图层的效果，可以重复修改参数并且不会破坏原图层。调整图层作为“图层”，还具备图层的一些属性，如可以像普通图层一样进行删除、切换显示 / 隐藏、调整不透明度和混合模式、创建图层蒙版、剪贴蒙版等操作。执行“窗口 > 调整”命令，可打开“调整”面板，其中提供了 16 种调整工具，如图 9-28 所示。

图9-28

在“调整”面板中单击一个调整图层图标，即可创建一个相应的调整图层，如图 9-29 所示。在弹出的“属性”面板中可以对调整图层的参数进行设置，单击右上角的“自动”按钮即可实现对图像的自动调整，如图 9-30 所示。在“图层”面板中单击“创建新的填充或调整图层”按钮，或执行“图层>新建调整图层”菜单下的调整命令也可以创建调整图层。

“属性”面板中相关按钮的作用如下。

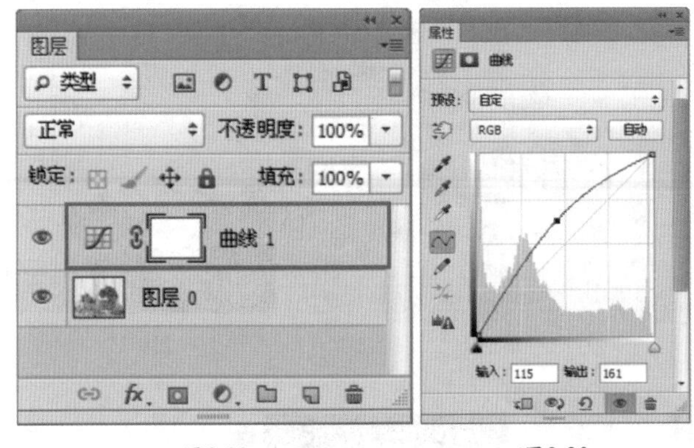

图9-29　　图9-30

- 蒙版：单击该按钮可进入该调整图层蒙版的设置状态。
- 此调整影响下面的所有图层：单击该按钮可为下方图层创建剪贴蒙板。
- 切换图层可见性：单击该按钮，可以隐藏或显示调整图层。
- 查看上一状态：单击该按钮，可以在文档窗口中查看图像的上一个调整效果，以进行比较。
- 复位到调整默认值：单击该按钮，可以将调整参数恢复到默认值。
- 删除此调整图层：单击该按钮，可以删除当前调整图层。

9.2.3 新建调整图层

理论实践——新建调整图层

新建调整图层的方法共有以下 3 种。

（1）执行“图层 > 新建调整图层”菜单下的调整命令，如图 9-31 所示。

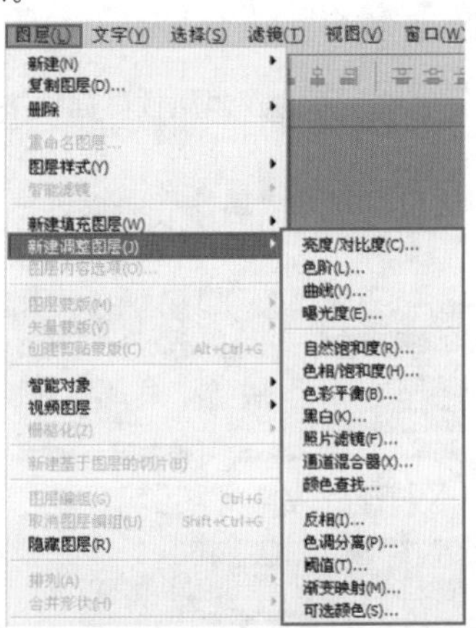

图9-31

（2）单击“图层”面板下面的“创建新的填充或调整图层”按钮，然后在弹出的菜单中执行相应的调整命令，如图 9-32 所示。

（3）在“调整”面板中单击调整图层图标，如图 9-33 所示。

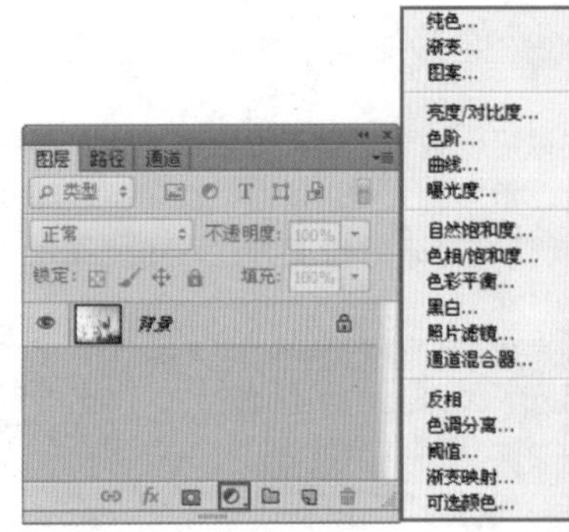

图9-32　　图9-33

> **技巧提示**
>
> 因为调整图层包含的是调整数据而不是像素，所以它们增加的文件大小远小于标准像素图层。如果要处理的文件非常大，可以将调整图层合并到像素图层中来减小文件的大小。

实例练习——用调整图层更改局部颜色

实例文件	实例练习——用调整图层更改局部颜色 .psd
视频教学	实例练习——用调整图层更改局部颜色 .flv
难易指数	★★★★★
知识掌握	调整图层的使用

实例效果

本例主要针对如何使用调整图层调整图像局部的色调进行练习，效果如图 9-34 所示。

图9-34

操作步骤

步骤 01 打开素材文件，如图 9-35 所示。

图9-35

步骤 02 创建一个“色相 / 饱和度”调整图层，然后设置“色相”为 -51，“饱和度”为 +42，如图 9-36 所示。此时图像效果如图 9-37 所示。

步骤 03 选择“色相 / 饱和度”调整图层的蒙版，填充黑色，然后使用白色柔角“画笔工具”在左侧水果截面的区域涂抹，使调整图层只对水果的截面部分起作用，如图 9-38 所示。图像效果如图 9-39 所示。

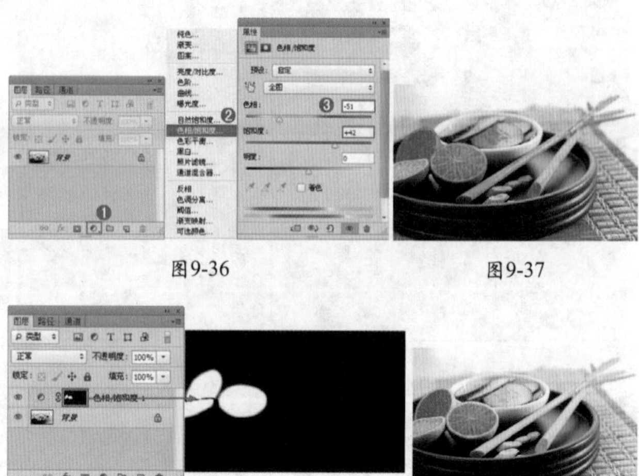

图9-36　图9-37

图9-38　图9-39

9.2.4 修改与删除调整图层

理论实践——修改调整参数

（1）创建好调整图层以后，在“图层”面板中单击调整图层的缩略图，如图 9-40 所示。在“属性”面板中可以显示其相关参数。如果要修改参数，重新输入相应的数值即可，如图 9-41 所示。

（2）在“属性”面板没有打开的情况下，双击“图层”面板中的调整图层也可打开“属性”面板进行参数修改，如图 9-42 所示。

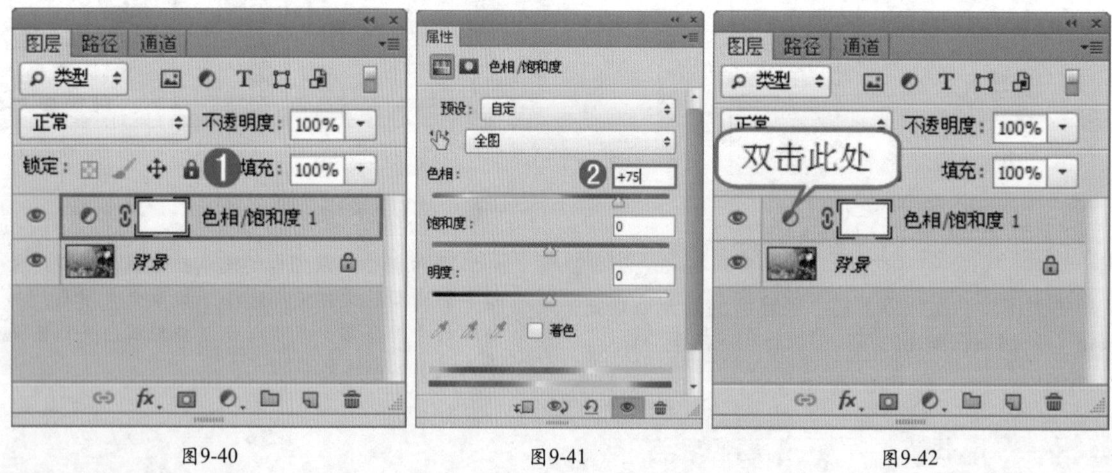

图9-40　图9-41　图9-42

理论实践——删除调整图层

（1）如果要删除调整图层，可以直接按 Delete 键，也可以将其拖曳到“图层”面板下的“删除图层”按钮上，如图 9-43 所示。

（2）也可以在“属性”面板中单击“删除此调整图层”按钮，如图 9-44 所示。

（3）如果要删除调整图层的蒙版，可以将蒙版缩略图拖曳到“图层”面板下面的“删除图层”按钮上，如图 9-45 所示。

图9-43　　图9-44　　图9-45

9.3 图像快速调整工具

“图像”菜单中包含大量与调色相关的命令，其中包含多个可以快速调整图像颜色和色调的命令，如“自动色调”、“自动对比度”、“自动颜色”、“照片滤镜”、“变化”、“去色”和“色调均化”等。

9.3.1 自动色调/对比度/颜色

“自动色调”、“自动对比度”和“自动颜色”命令不需要进行参数设置，通常用于校正数码相片出现的明显的偏色、对比过低、颜色暗淡等常见问题。如图 9-46 和图 9-47 所示分别为发灰的图像与偏色图像的校正效果。

图9-46　　图9-47

9.3.2 照片滤镜

“照片滤镜”命令可以模仿在相机镜头前面添加彩色滤镜的效果，使用该命令可以快速调整通过镜头传输的光的色彩平衡、色温和胶片曝光，以改变照片颜色倾向，如图 9-48 所示。执行“图像 > 调整 > 照片滤镜”命令，可打开“照片滤镜”对话框，如图 9-49 所示。

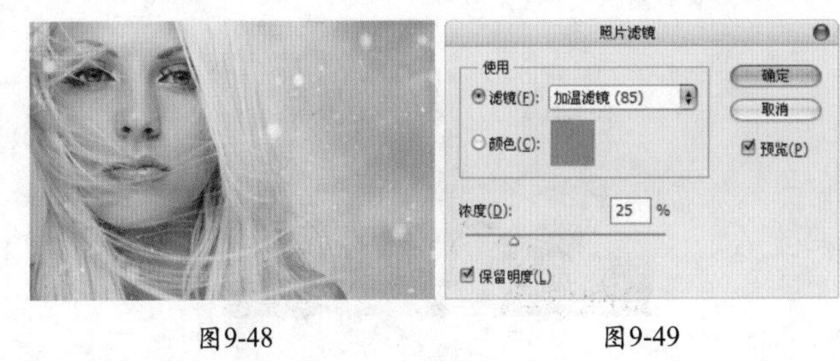

图9-48　　图9-49

技巧提示

在调色命令的对话框中，如果对参数的设置不满意，可以按住 Alt 键，此时“取消”按钮将变成“复位”按钮，单击该按钮可以将参数设置恢复到默认值，如图 9-50 所示。

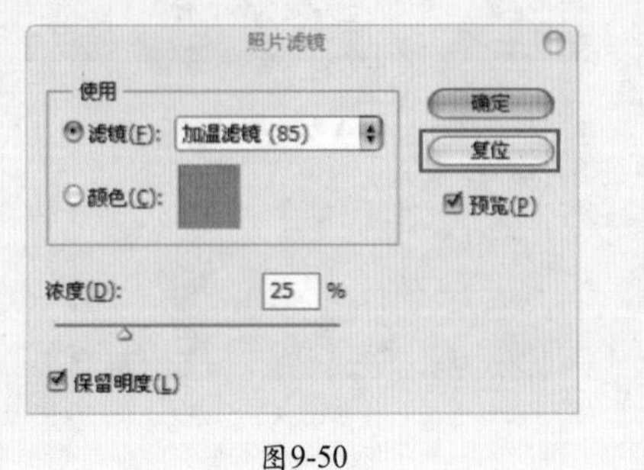

图9-50

- 滤镜：在“滤镜”下拉列表中可以选择一种预设的效果应用到图像中，如图 9-51 所示。
- 颜色：选中“颜色”单选按钮，可以自行设置颜色，如图 9-52 所示。

图9-51

图9-52

- 浓度：设置滤镜颜色应用到图像中的颜色百分比。数值越大，应用到图像中的颜色浓度就越高，如图 9-53 所示；数值越小，应用到图像中的颜色浓度就越低，如图 9-54 所示。

图9-53

图9-54

- 保留明度：选中该复选框，可以保留图像的明度不变。

实例练习——使用“照片滤镜”命令快速打造冷调图像

实例文件	实例练习——使用“照片滤镜”命令快速打造冷调图像 .psd
视频教学	实例练习——例用“照片滤镜”命令快速打造冷调图像 .flv
难易指数	★★★★★
知识掌握	掌握“照片滤镜”命令的使用方法

实例效果

本例主要针对“照片滤镜”命令的使用方法进行练习，如图 9-55 和图 9-56 所示为应用该滤镜的前后对比效果。

图9-55

图9-56

操作步骤

步骤 01 打开素材文件，如图 9-57 所示，执行“图层 > 新建调整图层 > 照片滤镜”命令，创建一个“照片滤镜”调整图层。

图9-57

步骤 02 在“属性”面板中，设置“滤镜”为“冷却滤镜（80）”，然后设置“浓度”为 85%，如图 9-58 所示。效果如图 9-59 所示。

图9-58

图9-59

步骤 03 执行“图层 > 新建调整图层 > 曲线”命令，创建一个“曲线”调整图层，然后调节好曲线的样式，如图 9-60 所示。效果如图 9-61 所示。

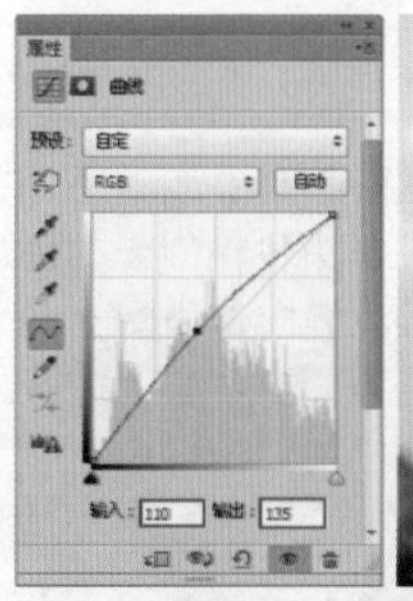

图9-60

图9-61

9.3.3 变化

“变化”命令提供了多种可供选择的效果，通过简单的单击即可调整图像的色彩、饱和度和明度，同时还可以预览调色的整个过程，是一个非常简单直观的调色命令。在使用“变化”命令时，单击调整缩览图产生的效果是累积性的。对图 9-62 执行“图像 > 调整 > 变化”命令，可打开“变化”对话框，如图 9-63 所示。

图9-62

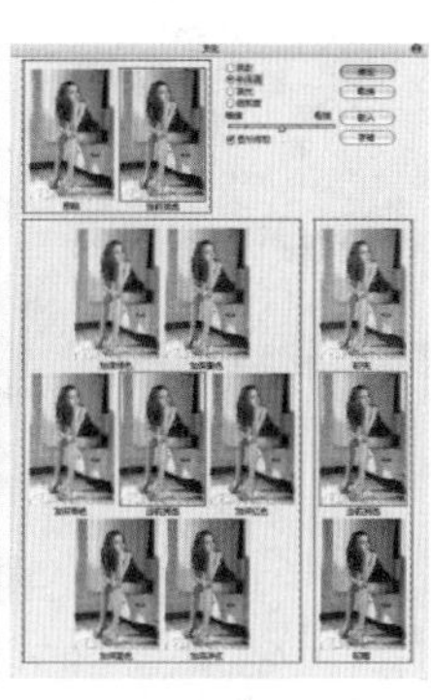

图9-63

- 原稿 / 当前挑选：“原稿”缩略图显示的是原始图像；“当前挑选”缩略图显示的是图像调整结果。
- 阴影 / 中间调 / 高光：可以分别对图像的阴影、中间调和高光进行调节。
- 饱和度 / 显示修剪：“饱和度”选项专门用于调节图像的饱和度。选中该单选按钮，在对话框的下面会显示“减少饱和度”、“当前挑选”和“增加饱和度”3 个缩略图，单击“减少饱和度”缩略图可以减少图像的饱和度，单击“增加饱和度”缩略图可以增加图像的饱和度。另外，选中“显示修剪”复选框，可以警告超出饱和度范围的最高限度。
- 精细 - 粗糙：该选项用来控制每次进行调整的量。需特别注意，每移动一下滑块，调整数量会双倍增加。
- 各种调整缩略图：单击相应的缩略图，可以进行相应的调整，如单击加深颜色缩略图，可以应用一次加深颜色效果。

实例练习——使用“变化”命令制作视觉杂志

实例文件	实例练习——使用“变化”命令制作视觉杂志 .psd
视频教学	实例练习——使用“变化”命令制作视觉杂志 .flv
难易指数	★★★★★
知识掌握	掌握“变化”命令的使用方法

实例效果

本例使用“变化”命令制作视觉杂志效果，处理前后对比效果如图 9-64 和图 9-65 所示。

图9-64　　图9-65

操作步骤

步骤 01 打开素材文件，接着导入照片素材文件，如图 9-66 所示。然后调整好其大小和位置，如图 9-67 所示。

步骤 02 选择素材照片图层，然后执行“图像 > 调整 > 变化”命令，打开“变化”对话框。单击两次“加深黄色”缩略图，如图 9-68 所示，将黄色加深两个色阶，此时可以看到照片颜色明显倾向于黄色，如图 9-69 所示。

图9-66　　图9-67

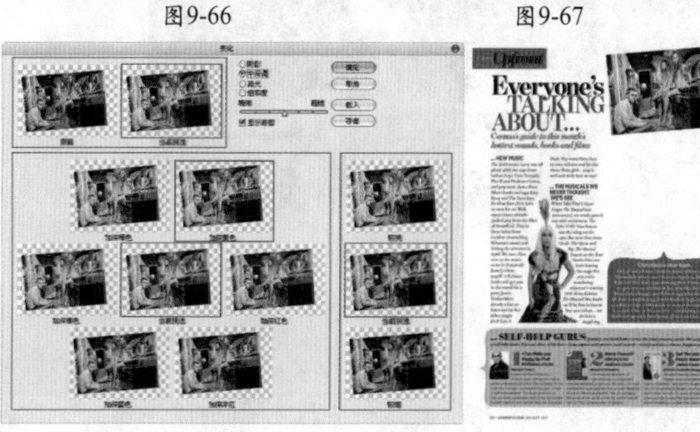

图9-68　　图9-69

步骤 03 导入第 2 张照片素材，然后执行“图像 > 调整 > 变化”命令，打开“变化”对话框。单击两次“加深蓝色”缩略图，如图 9-70 所示，将青色加深两个色阶，效果如图 9-71 所示。

图9-70

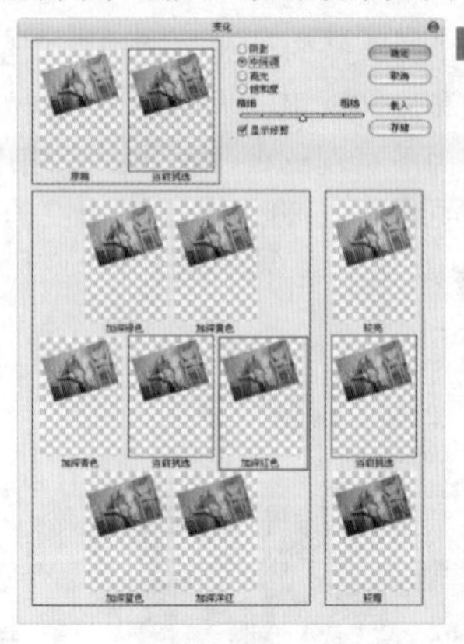

图9-71

步骤 04 接着导入第 3 张照片文件，执行“变化”命令，然后单击两次“加深红色”缩略图，如图 9-72 所示。将红色加深两个色阶，最终效果如图 9-73 所示。

图9-72

图9-73

9.3.4 去色

对图像使用“去色”命令可以将图像中的颜色去掉，使其成为灰度图像。打开一张图像，如图 9-74 所示，然后执行“图像 > 调整 > 去色”命令或按 Shift+Ctrl+U 组合键，可以将其调整为灰度效果，如图 9-75 所示。

图9-74

图9-75

实例练习——使用“去色”命令制作老照片效果

实例文件	实例练习——使用“去色”命令制作老照片效果.psd
视频教学	实例练习——使用“去色”命令制作老照片效果.flv
难易指数	★★★★
技术要点	“去色”命令

实例效果

本例效果如图 9-76 所示。

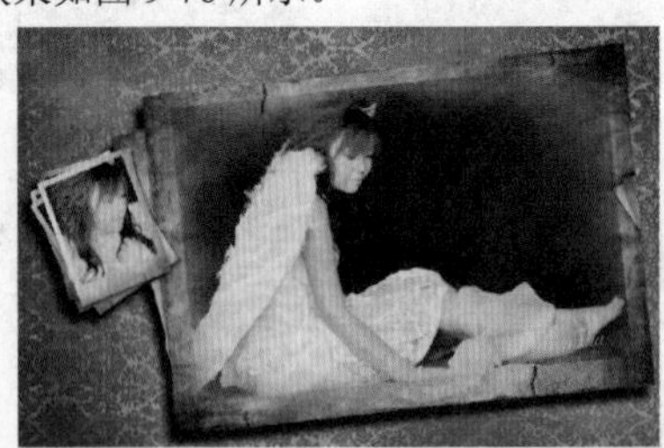

图9-76

操作步骤

步骤 01 打开背景素材，导入照片素材。按自由变换快捷键 Ctrl+T，调整大小及角度，如图 9-77 和图 9-78 所示。

图9-77

图9-78

步骤 02 选择照片图层，单击“图层”面板中的“添加图层蒙版”按钮，为其添加图层蒙版如图 9-79 所示。单击工具箱中的“画笔工具”按钮，设置前景色为黑色，在选项栏中设置一种柔边圆画笔，并设置“大小”为 300 像素，“不透明度”为 55%，“流量”为 60%，适当涂抹照片边缘，使照片与底图更好地融合，效果如图 9-80 所示。

图9-79

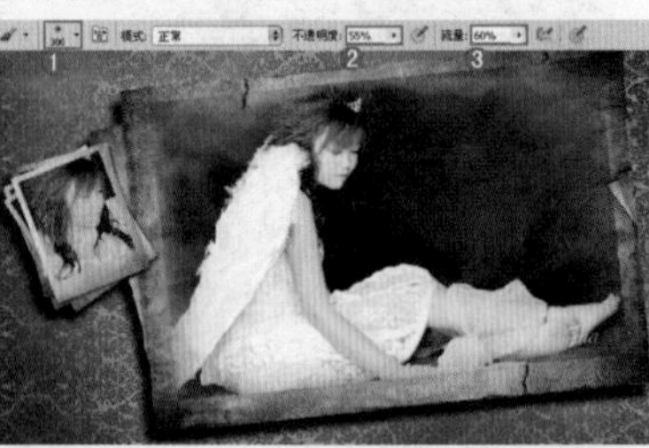

图9-80

步骤 03 执行“图像 > 调整 > 去色”命令或按 Shift+Ctrl+U 组合键，此时可以看到照片变为黑白效果，如图 9-81 所示。

步骤 04 导入纸张素材，放在右侧照片的位置，并适当调整角度及大小，如图 9-82 所示。

图9-81

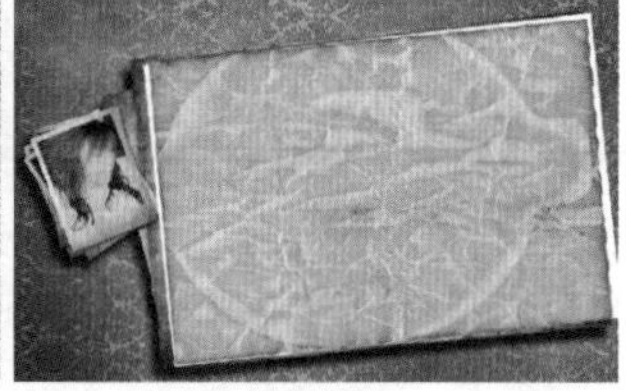

图9-82

步骤 05 由于纸张素材仍有多余的部分，所以可以将照片的图层蒙版复制到纸张图层上。选中照片图层蒙版并按住 Alt 键将光标移动到纸张图层上，如图 9-83 所示。此时可以看到纸张图层中多余的部分被蒙版隐藏了，如图 9-84 所示。

步骤 06 选择“纸张”图层，在“图层”面板中调整混合模式为“正片叠底”，“不透明度”为 44%，最终效果如图 9-85 所示。

图9-83

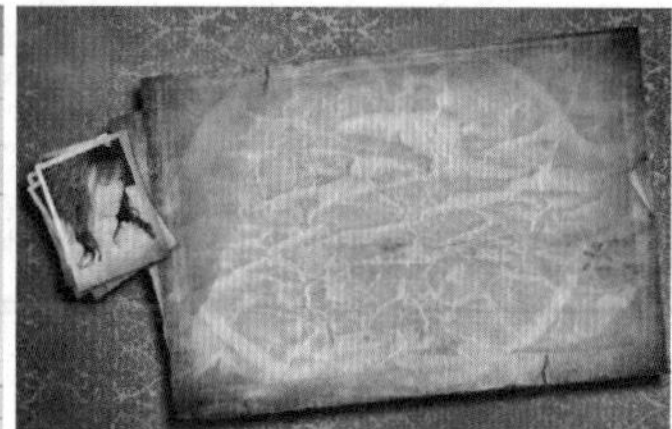

图9-84

图9-85

9.3.5 色调均化

“色调均化”命令是将图像中像素的亮度值进行重新分布，图像中最亮的值将变成白色，最暗的值将变成黑色，中间的值将分布在整个灰度范围内，使图像更均匀地呈现所有范围的亮度级。如图 9-86 和图 9-87 所示。

图9-86

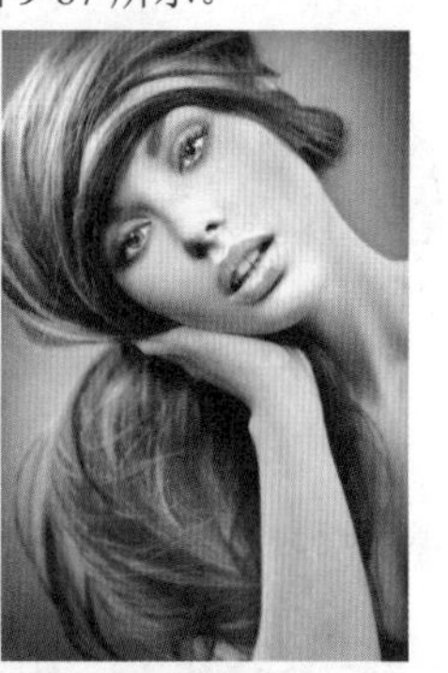

图9-87

如果图像中存在选区，如图 9-88 所示，则执行“色调均化”命令时会弹出“色调均化”对话框，如图 9-89 所示。

- “仅色调均化所选区域”：选中该单选按钮，则仅均化选区内的像素，如图 9-90 所示。
- “基于所选区域色调均化整个图像”：选中该单选按钮，则可以按照选区内的像素均化整个图像的像素，如图 9-91 所示。

图9-88

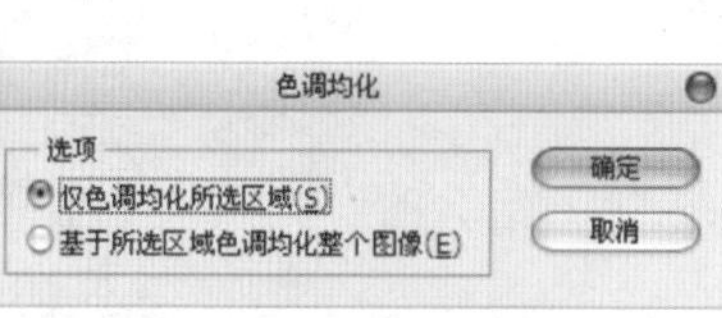

图9-89

图9-90

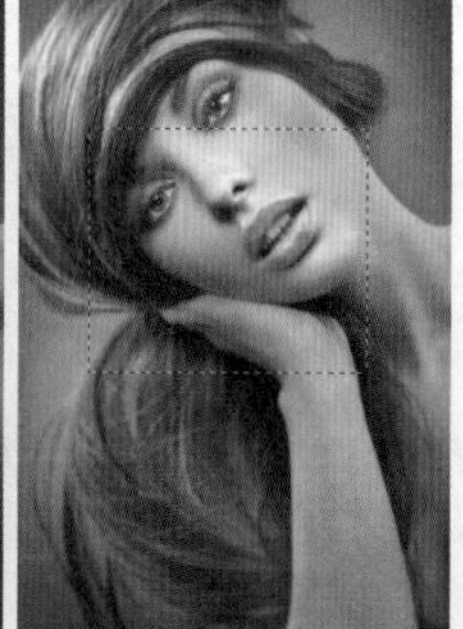

图9-91

9.4 图像的影调调整

影调指画面的明暗层次、虚实对比和色彩的色相明暗等之间的关系。通过这些关系，使欣赏者感到光的流动与变化。而图像影调的调整主要是针对图像的明暗、曝光度和对比度等属性的调整。“图像”菜单下的“色阶、“曲线”、“曝光度”等命令都可以对图像的影调进行调整。

9.4.1 亮度/对比度

使用“亮度 / 对比度”命令可以对图像的色调范围进行简单的调整，该命令是非常常用的影调调整命令，能够快速地校正图像发灰的问题。执行“图像 > 调整 > 亮度 / 对比度”命令可以打开“亮度 / 对比度”对话框，如图 9-92 所示。调整效果如图 9-93 所示。

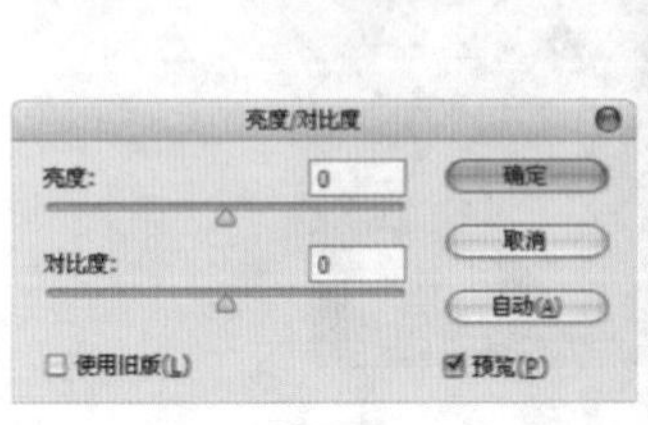

图9-92

图9-93

技巧提示

使用图像调整菜单命令修改参数之后，如果需要还原成原始参数，可以按住 Alt 键，对话框中的“取消”按钮会变为“复位”按钮，单击该按钮即可还原原始参数，如图 9-94 所示。

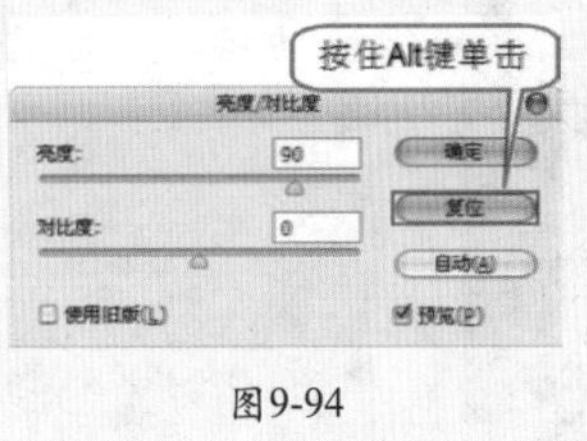

图9-94

- 亮度：用来设置图像的整体亮度。数值为负值时，表示降低图像的亮度，如图 9-95 所示；数值为正值时，表示提高图像的亮度，如图 9-96 所示。

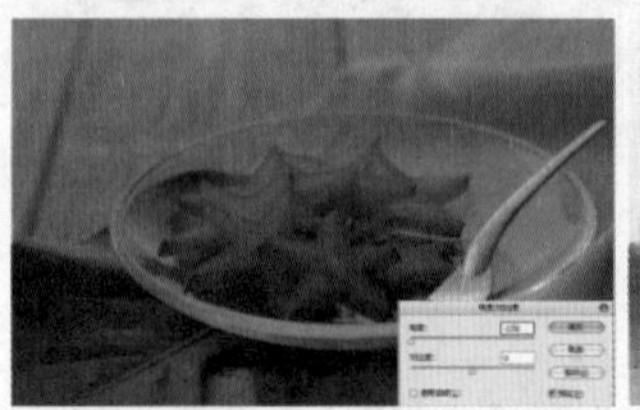

图9-95

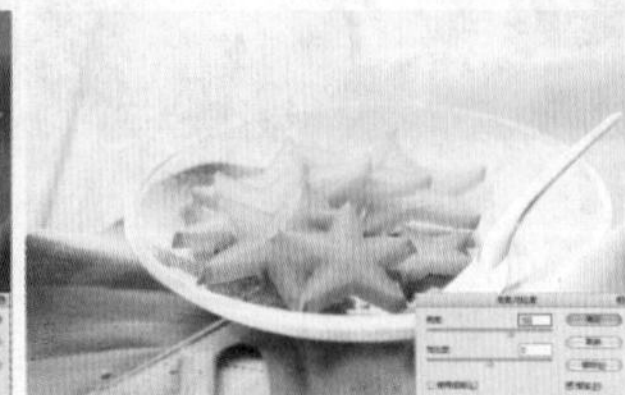

图9-96

- 对比度：用于设置图像亮度对比的强烈程度，如图 9-97 和图 9-98 所示。

图9-97

图9-98

- 预览：选中该复选框，在“亮度 / 对比度”对话框中调节参数时，可以在文档窗口中观察图像的亮度变化。
- 使用旧版：选中该复选框，可以得到与 Photoshop CS3 以前的版本相同的调整结果。

实例练习——使用“亮度 / 对比度”命令校正偏灰的图像

实例文件	实例练习——使用“亮度 / 对比度”命令校正偏灰的图像 .psd
视频教学	实例练习——使用“亮度 / 对比度”命令校正偏灰的图像 .flv
难易指数	★★★★★
技术要点	“亮度 / 对比度”命令

实例效果

原图如图 9-99 所示，校正后的效果如图 9-100 所示。

图9-99

图9-100

操作步骤

步骤 01 打开素材文件，如图 9-101 所示。

步骤 02 执行“图像 > 调整 > 亮度 / 对比度”命令，设置“亮度”为 73，“对比度”为 59，如图 9-102 所示。效果如图 9-103 所示。

图9-101

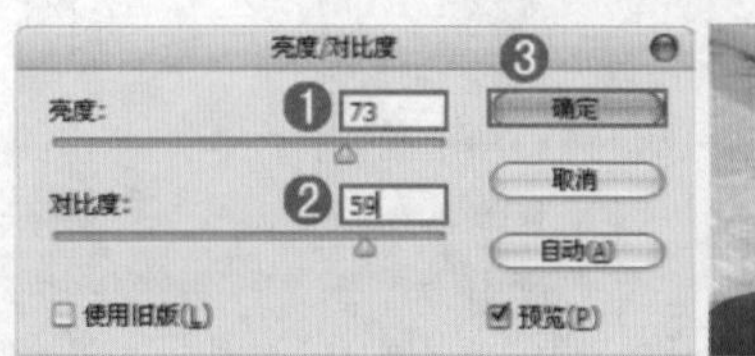

图9-102

图9-103

技巧提示

除了执行菜单命令，也可以在“图层”面板底部单击“创建新的填充或调整图层”按钮，并选择“亮度/对比度”命令，如图 9-104 所示。在弹出的窗口中进行参数设置即可，如图 9-105 所示。

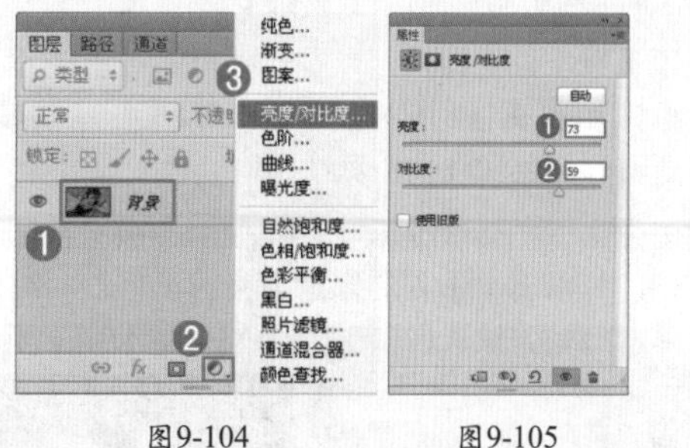

图9-104　　图9-105

9.4.2 色阶

使用“色阶”命令不仅可以针对图像进行明暗对比的调整，还可以对图像的阴影、中间调和高光强度级别进行调整，以及分别对各个通道进行调整，以调整图像明暗对比或者色彩倾向，如图 9-106 所示。执行“图像 > 调整 > 色阶”命令或按 Ctrl+L 组合键，可以打开“色阶”对话框，如图 9-107 所示。

图9-106

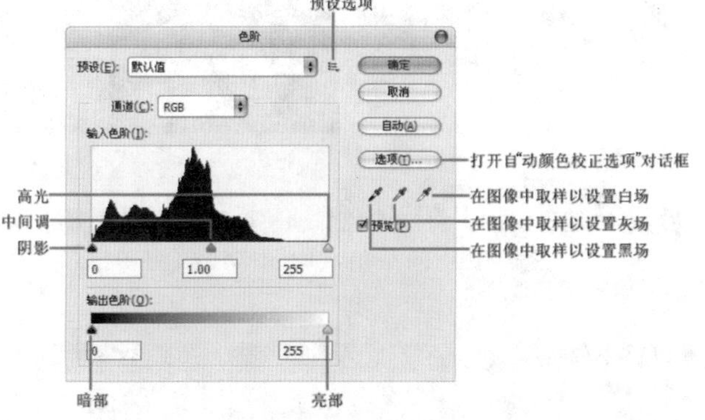

图9-107

- 预设 / 预设选项：在“预设”下拉列表中，可以选择一种预设的色阶调整选项来对图像进行调整；单击“预设选项”按钮，可以对当前设置的参数进行保存，或载入一个外部的预设调整文件。
- 通道：在“通道”下拉列表中可以选择一个通道来对图像进行调整，以校正图像的颜色，如图 9-108 所示。
- 输入色阶：可以通过拖曳滑块来调整图像的阴影、中间调和高光，同时也可以直接在对应的文本框中输入数值。

图9-108

将滑块向左拖曳，可以使图像变暗，如图 9-109 所示；将滑块向右拖曳，可以使图像变亮，如图 9-110 所示。

图9-109　　图9-110

- 输出色阶：可以设置图像的亮度范围，从而降低对比度，如图 9-111 所示。

图9-111

- 自动：单击该按钮，Photoshop 会自动调整图像的色阶，使图像的亮度分布更加均匀，从而达到校正图像颜色的目的。

- 选项：单击该按钮，可以打开“自动颜色校正选项”对话框，如图 9-112 所示。在该对话框中可以设置单色、每通道、深色和浅色的算法等。
- 在图像中取样以设置黑场：使用该吸管在图像中单击取样，可以将单击处的像素调整为黑色，同时图像中比该单击点暗的像素也会变成黑色，如图 9-113 所示。

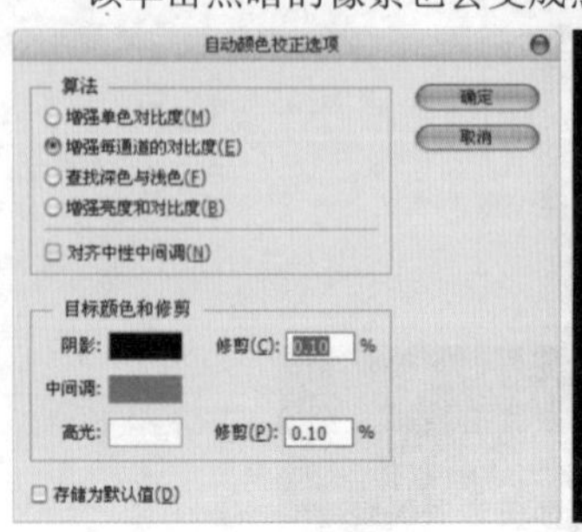

图9-112

图9-113

- 在图像中取样以设置灰场：使用该吸管在图像中单击取样，可以根据单击像素的亮度来调整其他中间调的平均亮度，如图 9-114 所示。
- 在图像中取样以设置白场：使用该吸管在图像中单击取样，可以将单击处的像素调整为白色，同时图像中比该单击点亮的像素也会变成白色，如图 9-115 所示。

图9-114

图9-115

实例练习——使用“色阶”命令制作怀旧情调

实例文件	实例练习——使用“色阶”命令制作怀旧情调 .psd
视频教学	实例练习——使用“色阶”命令制作怀旧情调 .flv
难易指数	★★★★★
知识掌握	使用“色阶”命令调整图像明暗以及色调的方法

实例效果

本例效果如图 9-116 所示。

图9-116

操作步骤

步骤 01 打开素材文件，如图 9-117 所示。

步骤 02 创建新图层，设置前景色为黑色，单击“画笔工具”，选择圆形画笔，设置较大的画笔大小以及较小的硬度。在照片四角处绘制暗角效果，并调整图层不透明度为 82%，如图 9-118 所示。

图9-117

图9-118

步骤 03 创建新的“色阶”调整图层，首先调整红通道，设置色阶数值为 77：1.82：255，如图 9-119 所示；然后调整 RGB 通道，设置色阶数值为 43：1.00：255，如图 9-120 所示。效果如图 9-121 所示。

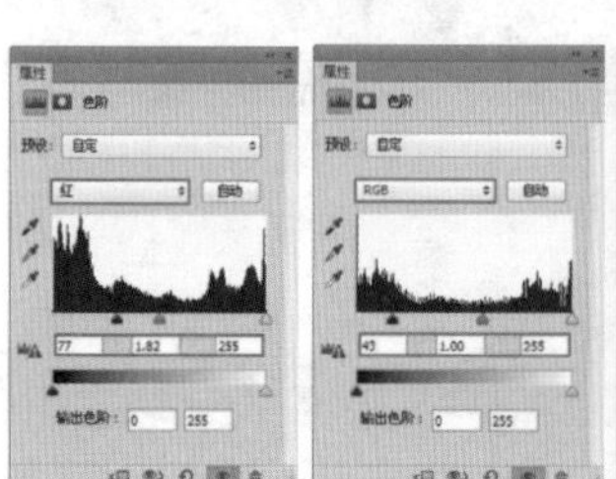
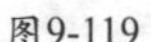

图9-119

图9-120

图9-121

步骤 04 创建新的“可选颜色”调整图层，分别调节绿色、白色、中性色、黑色的数值，如图 9-122~ 图 9-125 所示。效果如图 9-126 所示。

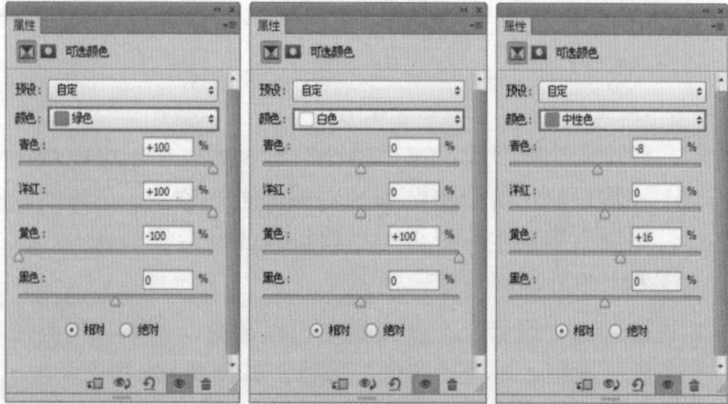

图9-122　　图9-123　　图9-124

图9-125

图9-126

步骤 05 最终效果如图 9-127 所示。

图9-127

9.4.3 曲线

“曲线”命令的功能非常强大，不仅可以进行图像明暗的调整，还具备“亮度 / 对比度”、“色彩平衡”、“阈值”和“色阶”等命令的功能。通过调整曲线的形状，可以对图像的色调进行非常精确的调整，如图 9-128 所示。执行“图像 > 调整 > 曲线”命令或按 Ctrl+M 组合键，可以打开“曲线”对话框，如图 9-129 所示。

曲线调整前

曲线调整后

图9-128

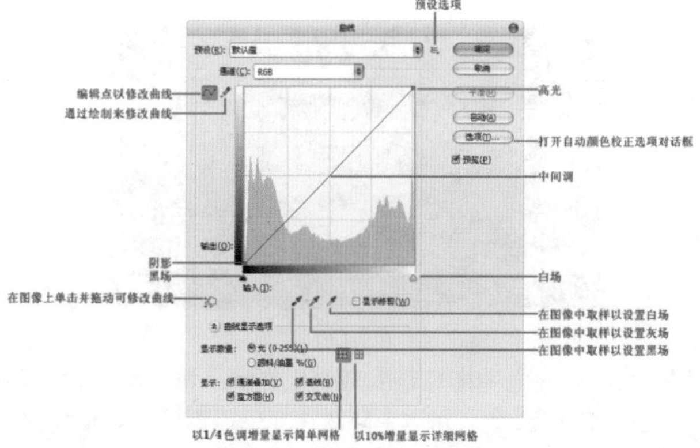

图9-129

1. 曲线基本选项

- 预设 / 预设选项：在“预设”下拉列表中共有 9 种曲线预设效果，对图 9-130 应用各预设效果，如图 9-131 所示；单击“预设选项”按钮，可以对当前设置的参数进行保存，或载入一个外部的预设调整文件。
- 通道：在“通道”下拉列表中可以选择一个通道来对图像进行调整，以校正图像的颜色。

图9-130 图9-131

- 编辑点以修改曲线：使用该工具在曲线上单击，可以添加新的控制点，拖曳控制点可以改变曲线的形状，从而达到调整图像的目的，如图 9-132 所示。
- 通过绘制来修改曲线：使用该工具可以以手绘的方式自由地绘制曲线，绘制好曲线后单击“编辑点以修改曲线”按钮，可以显示出曲线上的控制点，如图 9-133 所示。

图9-132

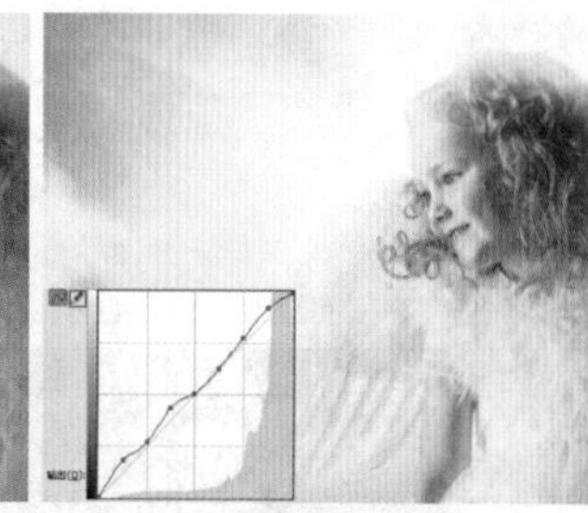

图9-133

- 平滑：使用“通过绘制来修改曲线”绘制出曲线以后，单击“平滑”按钮，可以对曲线进行平滑处理，如图 9-134 所示。

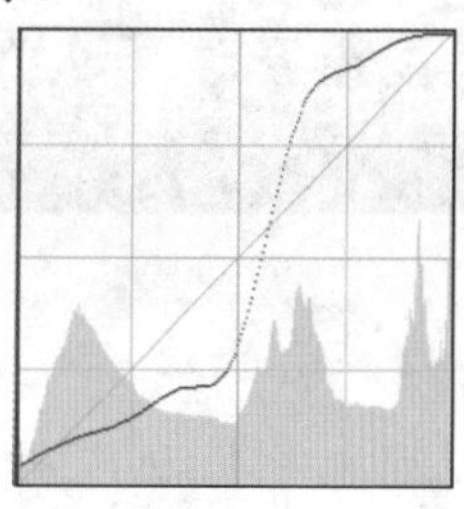

图9-134

- 在曲线上拖动可修改曲线：选择该工具以后，将光标放置在图像上，曲线上会出现一个圆圈，表示光标处的色调在曲线上的位置，如图 9-135 所示，在图像中按住左键拖曳鼠标可以添加控制点以调整图像的色调，如图 9-136 所示。

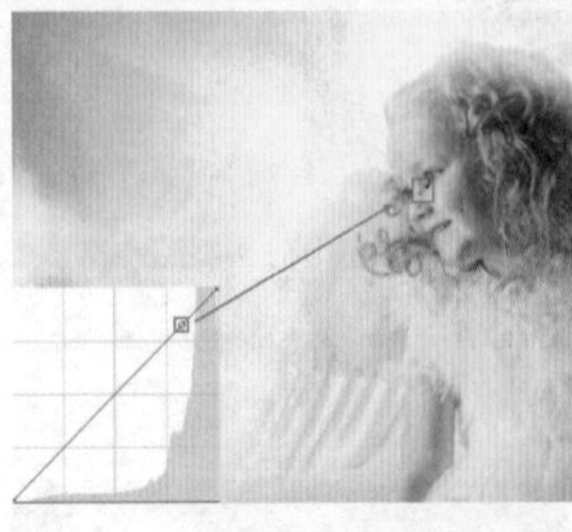

图9-135

图9-136

- 输入 / 输出："输入"即输入色阶，显示调整前的像素值；"输出"即输出色阶，显示调整以后的像素值。
- 自动：单击该按钮，可以对图像应用"自动色调"、"自动对比度"或"自动颜色"校正。
- 选项：单击该按钮，可以打开"自动颜色校正选项"对话框。在该对话框中可以设置单色、每通道、深色和浅色的算法等。

2. 曲线显示选项

- 显示数量：包括"光（0-255）"和"颜料 / 油墨 %"两种显示方式。
- 以 1/4 色调增量显示简单网格 / 以 10% 增量显示详细网格：单击"以 1/4 色调增量显示简单网格"按钮，可以以 1/4（即 25%）的增量来显示网格，这种网格比较简单，如图 9-137 所示；单击"以 10% 增量显示详细网格"按钮，可以以 10% 的增量来显示网格，这种网络更加精细，如图 9-138 所示。

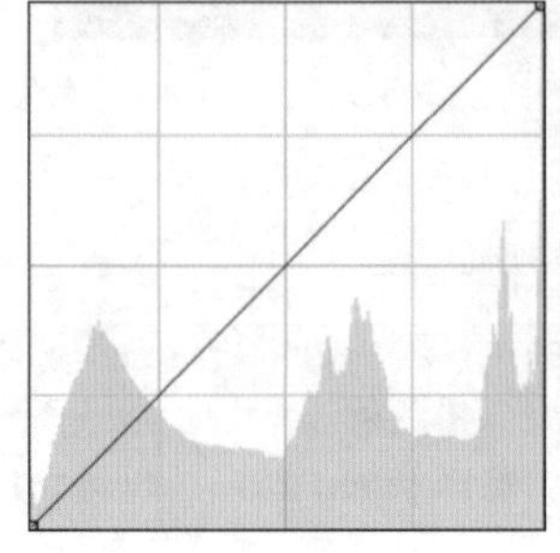

图9-137

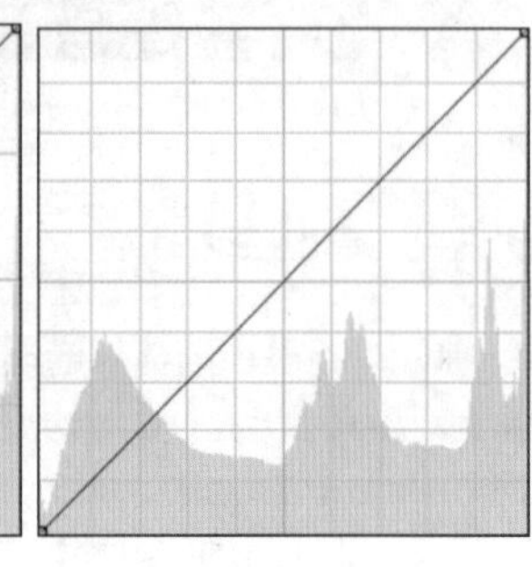

图9-138

- 通道叠加：选中该复选框，可以在复合曲线上显示颜色通道。
- 基线：选中该复选框，可以显示基线曲线值的对角线。
- 直方图：选中该复选框，可在曲线上显示直方图以作为参考。
- 交叉线：选中该复选框，可以显示用于确定点的精确位置的交叉线。

实例练习——使用"曲线"打造电影感场景

实例文件	实例练习——使用"曲线"打造电影感场景 .psd
视频教学	实例练习——使用"曲线"打造电影感场景 .flv
难易指数	★★★★★
技术要点	曲线调整图层、裁剪工具、文字工具

实例效果

本例效果如图 9-139 所示。

图9-139

操作步骤

步骤 01 打开素材文件，如图 9-140 所示。

图9-140

步骤 02 设置背景色为黑色，单击工具箱中的"裁剪工具"按钮，在画面中拖曳得到裁切定界框。将光标定位到顶部和底部的控制点上并适当向两端拖曳，调整界定框位置，如图 9-141 所示。按 Enter 键结束操作，如图 9-142 所示。

图9-141

图9-142

> **技巧提示**
>
> 使用“裁剪工具”不仅可以将画布缩小，还能够将画布放大。对于包含背景图层的图像，使用裁切工具扩展出的空白区域将使用背景颜色进行填充，而对于只包含普通图层的文件，扩展出的空白区域将保持透明。

步骤 03 创建新的“曲线”调整图层，调整 RGB 通道曲线形状，将图像提亮。如图 9-143 和图 9-144 所示。

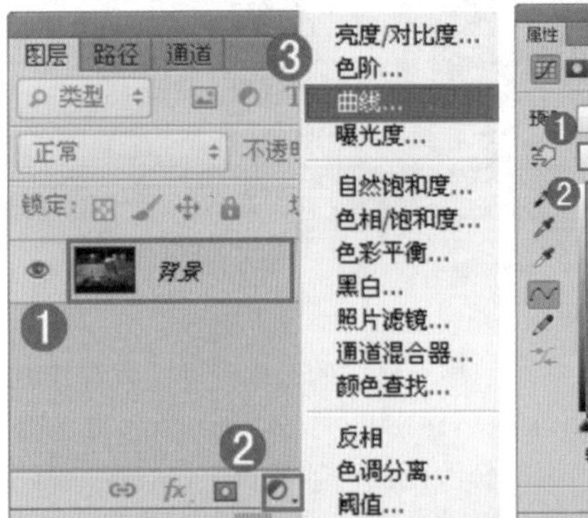

图9-143

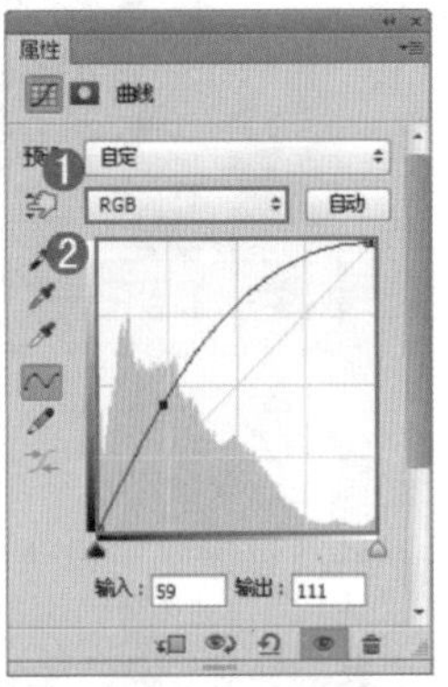

图9-144

步骤 04 继续设置通道分别为“绿”和“蓝”，并调整这两个通道的曲线形状，使图像颜色倾向发生改变，如图 9-145 所示。效果如图 9-146 所示。

步骤 05 单击工具箱中的“横排文字工具”按钮，设置前景色为白色，调整合适字体及大小，分别输入汉字及英文，模拟电影中字幕的效果，如图 9-147 所示。

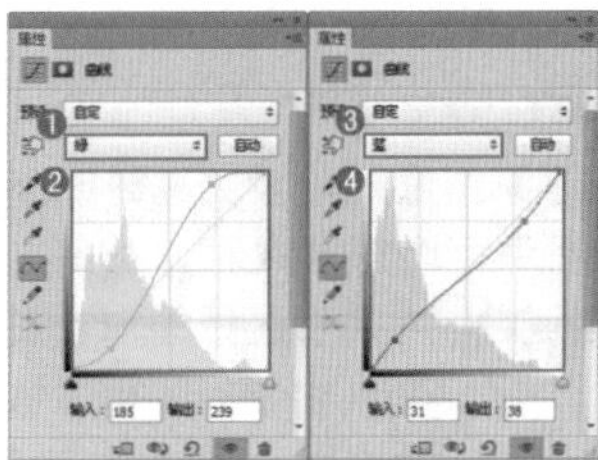

图9-145

图9-146

图9-147

步骤 06 选择文字图层，执行“图层 > 图层样式 > 投影”命令。设置其“角度”为 30 度，“距离”为 5 像素，“大小”为 5 像素，单击“确定”按钮结束操作，如图 9-148 所示。最终效果如图 9-149 所示。

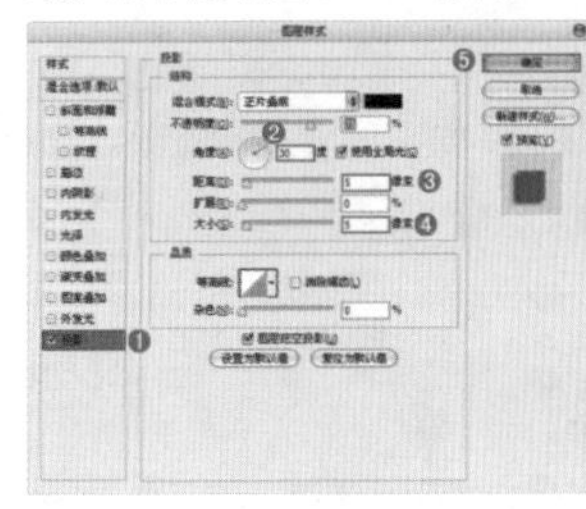

图9-148

图9-149

9.4.4 曝光度

“曝光度”命令不是通过当前颜色空间而是通过在线性颜色空间执行计算而得出曝光效果。使用“曝光度”命令可以通过调整曝光度、位移、灰度系数 3 个参数调整照片的对比反差，修复数码照片中常见的曝光过度与曝光不足等问题，如图 9-150 所示。执行“图像 > 调整 > 曝光度”命令，可以打开“曝光度”对话框，如图 9-151 所示。

- 预设 / 预设选项: Photoshop 预设了 4 种曝光效果，分别是“减 1.0”、“减 2.0”、“加 1.0”和“加 2.0”；单击“预设选项”按钮，可以对当前设置的参数进行保存，或载入一个外部的预设调整文件。
- 曝光度：向左拖曳滑块，可以降低曝光效果，如图 9-152 所示；向右拖曳滑块，可以增强曝光效果，如图 9-153 所示。
- 位移：该选项主要影响阴影和中间调，可以使其变暗，但对高光基本不会产生影响。
- 灰度系数校正：使用一种乘方函数来调整图像灰度系数。

图9-150

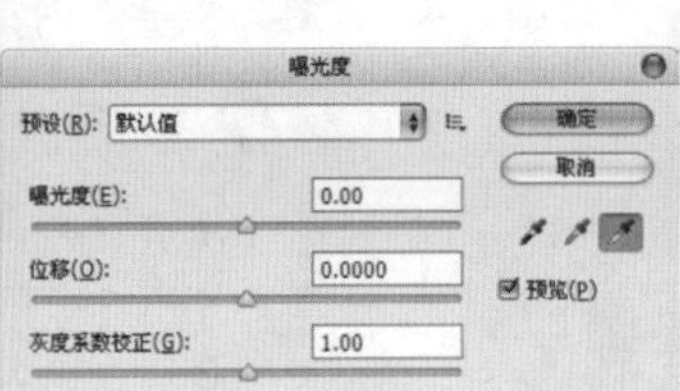

图9-151

图9-152

图9-153

9.4.5 阴影/高光

“阴影 / 高光”命令常用于还原图像阴影区域过暗或高光区域过亮造成的细节损失。在调整阴影区域时，对高光区域的影响很小；而调整高光区域时，对阴影区域的影响很小。“阴影 / 高光”命令可以基于阴影 / 高光中的局部相邻像素来校正每个像素。如图 9-154 和图 9-155 所示为还原暗部细节的前后对比效果。

原图

图9-154

效果图

图9-155

打开一张图像，如图 9-156 所示。从图中可以直观的看出，人像面部以及天空云朵的部分为高光区域，头发部分为阴影区域。执行“图像 > 调整 > 阴影 / 高光”命令，打开“阴影 / 高光”对话框，选中“显示更多选项”复选框，如图 9 157 所示，可以显示“阴影 / 高光”的完整选项，如图 9-158 所示。

图9-156

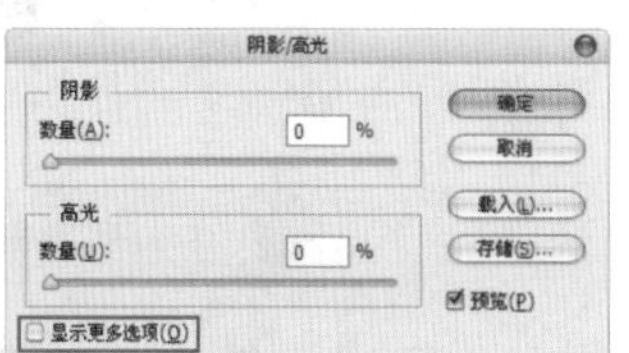

图9-157

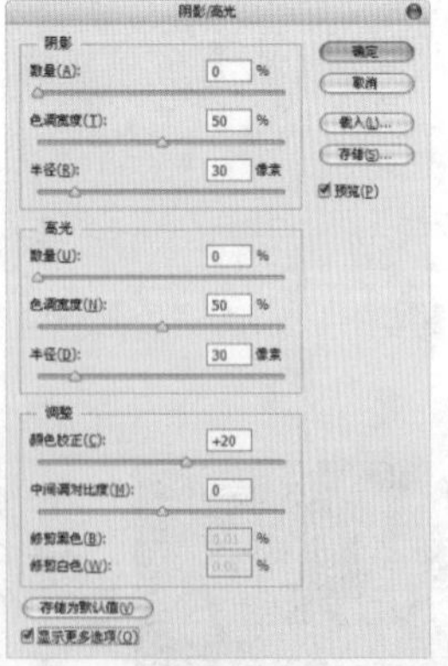

图9-158

● 阴影:“数量”选项用来控制阴影区域的亮度，数值越大，阴影区域就越亮，如图 9-159 和图 9-160 所示;“色调宽度”选项用来控制色调的修改范围，数值越小，修改的范围就只针对较暗的区域;“半径”选项用来控制像素是在阴影中还是在高光中。

图9-159

图9-160

● 高光:“数量”用来控制高光区域的黑暗程度，数值越大，高光区域越暗，如图 9-161 和 9-162 所示;“色调宽度”选项用来控制色调的修改范围，数值越小，修改的范围就只针对较亮的区域;“半径”选项用来控制像素是在阴影中还是在高光中。

图9-161

图9-162

● 调整:“颜色校正”选项用来调整已修改区域的颜色;“中间调对比度”选项用来调整中间调的对比度;“修剪黑色”和“修剪白色”选项决定了在图像中将多少阴影和高光剪到新的阴影中。

● 存储为默认值：如果要将对话框中的参数设置存储为默认值，可以单击该按钮。存储为默认值后，再次打开“阴影 / 高光”对话框时，就会显示该参数。

技巧提示

如果要将存储的默认值恢复为 Photoshop 的默认值，可以在“阴影 / 高光”对话框中按住 Shift 键，此时“存储为默认值”按钮会变成“复位默认值”按钮，单击即可复位为 Photoshop 的默认值。

实例练习——使用“阴影 / 高光”命令还原效果图暗部细节

实例文件	实例练习——使用“阴影 / 高光”命令还原效果图暗部细节 .psd
视频教学	实例练习——使用“阴影 / 高光”命令还原效果图暗部细节 .flv
难易指数	★★★★★
知识掌握	掌握“阴影 / 高光”命令的使用方法

实例效果

本例主要针对“阴影 / 高光”命令的使用方法进行练习。素材如图 9-163 所示，效果如图 9-164 所示。

图9-163

图9-164

操作步骤

步骤 01 打开素材文件，如图 9-165 所示。为了避免破坏原图像，按 Ctrl+J 组合键复制背景图层，作为“图层 1”，如图 9-166 所示。

图9-165

图9-166

步骤 02 执行“图像 > 调整 > 阴影 / 高光”命令，打开“阴影 / 高光”对话框，选中“显示更多选项”复选框，如图 9-167 所示。然后设置各项参数，如图 9-168 所示。此时可以看到，原图中暗部区域的细节明显了很多，如图 9-169 所示。

步骤 03 下面调整天花板闲和床品部分，可以为“图层 1”添加图层蒙版，使用黑色画笔工具涂抹天花板部分，如图 9-170 所示。

图9-167

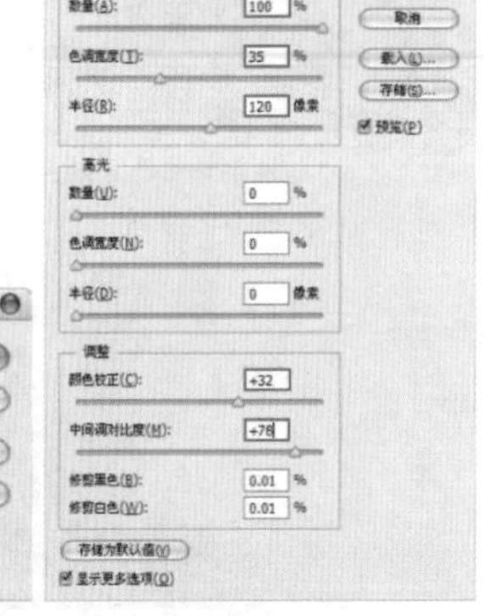

图9-168

图9-169

图9-170

步骤 04 创建新的“曲线”调整图层，然后调整曲线形状，如图 9-171 所示。将图像整体提亮，最终效果如图 9-172 所示。

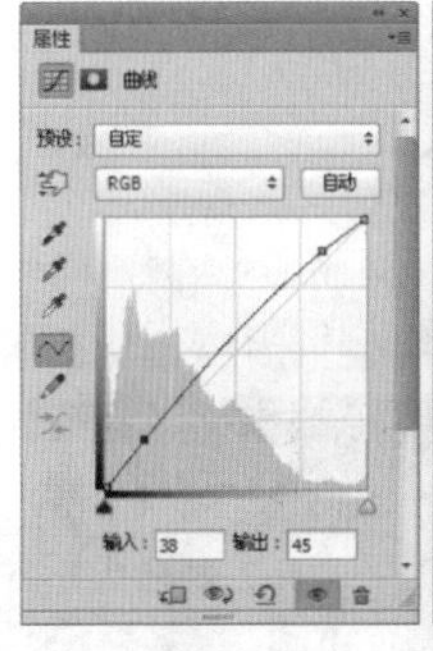

图9-171

图9-172

9.5 图像的色调调整

9.5.1 自然饱和度

“自然饱和度”是 Adobe Photoshop CS4 及之后的版本中出现的调整命令。与“色相 / 饱和度”命令相似，都可针对图像饱和度进行调整，但是使用“自然饱和度”命令可以在增加图像饱和度的同时有效地防止颜色过于饱和而出现溢色现象。如图 9-173 ～图 9-175 所示分别为原图、使用“自然饱和度”命令、使用“色相 / 饱和度”命令的对比效果。

图9-173

图9-174

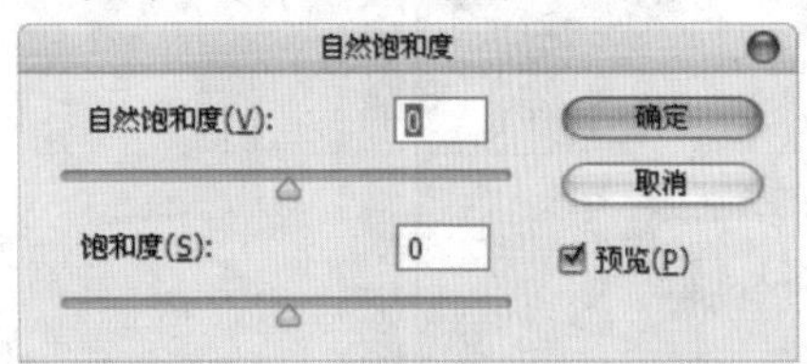
图9-175

执行“图像 > 调整 > 自然饱和度”命令，可以打开“自然饱和度”对话框，如图 9-176 所示。

自然饱和度
自然饱和度(V): 0 确定
取消
饱和度(S): 0 ☑ 预览(P)

图9-176

- 自然饱和度：向左拖曳滑块，可以降低颜色的饱和度，如图 9-177 所示；向右拖曳滑块，可以增加颜色的饱和度，如图 9-178 所示。

图9-177

图9-178

> **技巧提示**
>
> 调节“自然饱和度”选项，不会生成饱和度过高或过低的颜色，画面始终会保持一个比较平衡的色调，对于调节人像非常有用。

- 饱和度：向左拖曳滑块，可以增加所有颜色的饱和度，如图 9-179 所示；向右拖曳滑块，可以降低所有颜色的饱和度，如图 9-180 所示。

图9-179

图9-180

实例练习——使用“自然饱和度”命令打造高彩外景

实例文件	实例练习——使用“自然饱和度”命令打造高彩外景 .psd
视频教学	实例练习——使用“自然饱和度”命令打造高彩外景 .flv
难易指数	★★★★★
技术要点	调整图层、画笔工具

实例效果

本例素材如图 9-181 所示。效果如图 9-182 所示。

图9-181

图9-182

操作步骤

步骤 01 打开素材文件，复制背景图层，如图 9-183 所示。

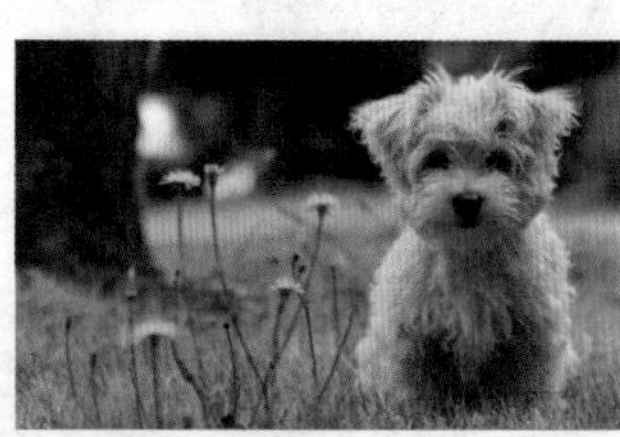
图9-183

步骤 02 按 Ctrl+M 快捷键，适当调整 RGB 曲线，如图 9-184 所示。单击“确定”按钮结束操作，提亮画面，如图 9-185 所示。

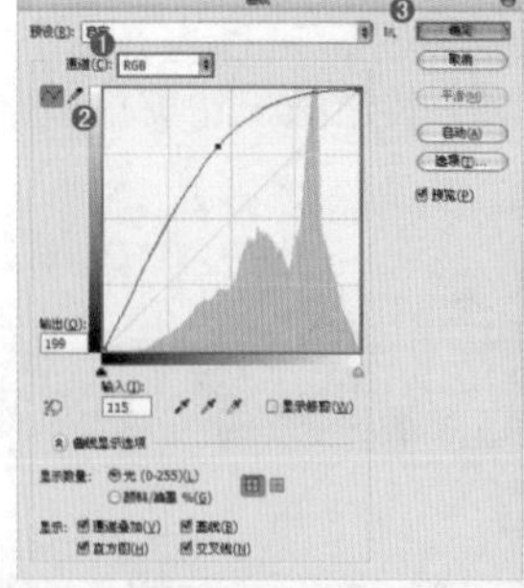
图9-184

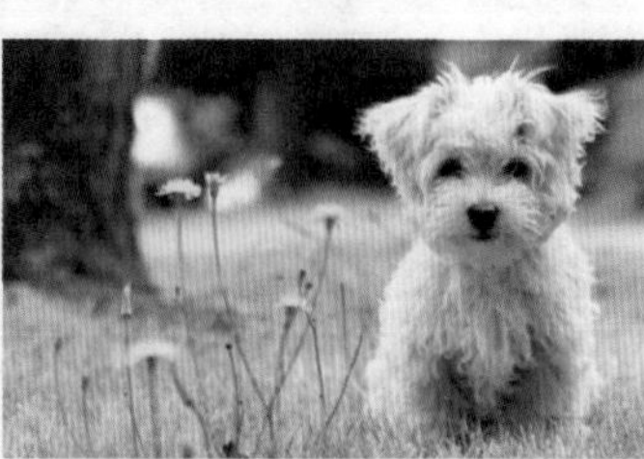
图9-185

步骤 03 单击“图层”面板中的调整图层按钮，选择“自然饱和度”命令，如图 9-186 所示。设置“自然饱和度”为 100，“饱和度”为 17，如图 9-187 所示。效果如图 9-188 所示。

步骤 04 添加“自然饱和度”调整图层之后可以发现，图像中小狗的颜色有些过于鲜艳，下面需要设置前景色为黑色，

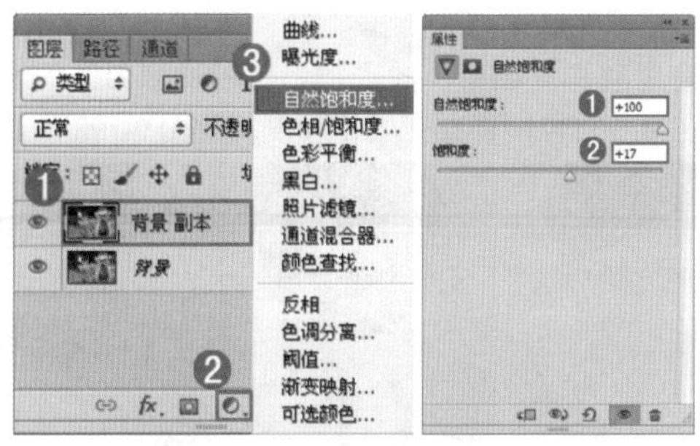

图9-186　　图9-187

图9-188

单击工具箱中的“画笔工具”按钮，选择圆形柔角画笔并设置合适的画笔大小，在调整图层蒙版中涂抹小狗的区域，使其不受自然饱和度调整图层的影响，如图9-189所示。

步骤05 新建图层，制作白色边框。单击工具箱中的“圆角矩形工具”按钮，在选项栏中选择“路径”选项，设置“半径”为30像素，绘制适当大小的圆角矩形，单击右键执行“建立选区”命令，然后使用选择反相快捷键Ctrl+Shift+I进行反选，并填充白色，如图9-190所示。

图9-189

图9-190

步骤06 选择白色边框，单击“图层”面板中的“添加图层样式”按钮，选中“外发光”命令，如图9-191所示。设置其“大小”为59像素，单击“确定”按钮结束操作，如图9-192所示。效果如图9-193所示。

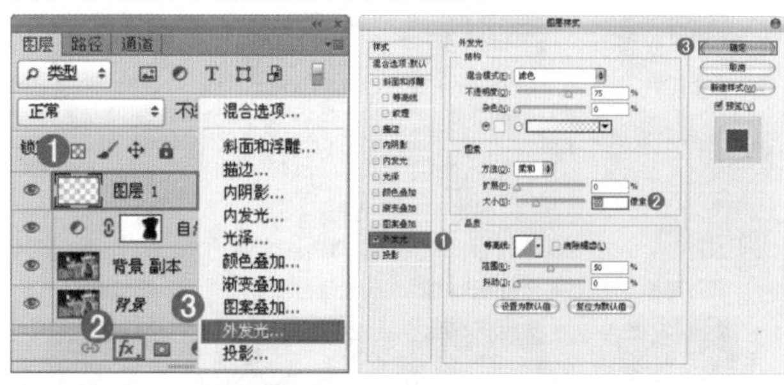

图9-191　　图9-192

图9-193

步骤07 最后可以使用画笔工具绘制一些可爱的前景装饰，最终效果如图9-194所示。

图9-194

9.5.2 色相/饱和度

执行“图像>调整>色相/饱和度”命令或按Ctrl+U组合键，可打开“色相/饱和度”对话框，在其中可以进行色相、饱和度、明度的调整，同时也可以在“色相/饱和度”菜单中选择某一单个通道进行调整，如图9-195所示。效果如图9-196所示。

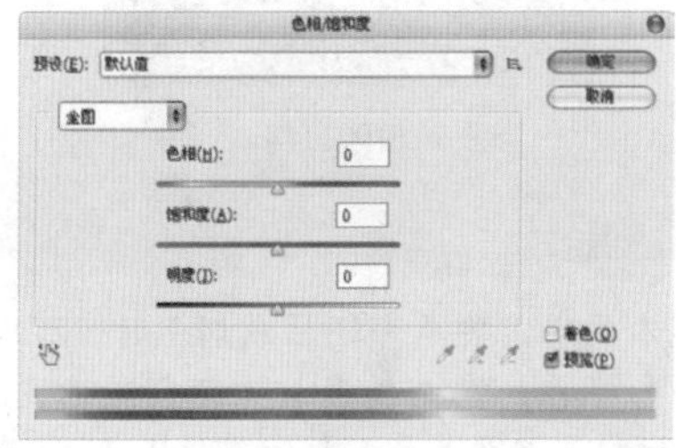

图9-195

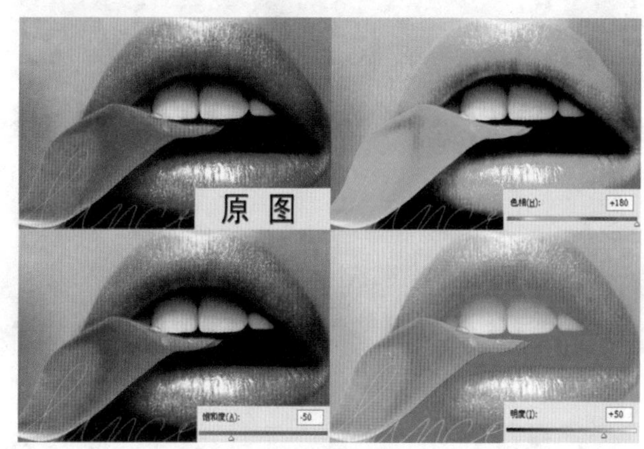

图9-196

- 预设/预设选项：在“预设”下拉列表中提供了8种色相/饱和度预设，其效果如图9-197所示；单击“预设选项”按钮，可以对当前设置的参数进行保存，或载入一个外部的预设调整文件。

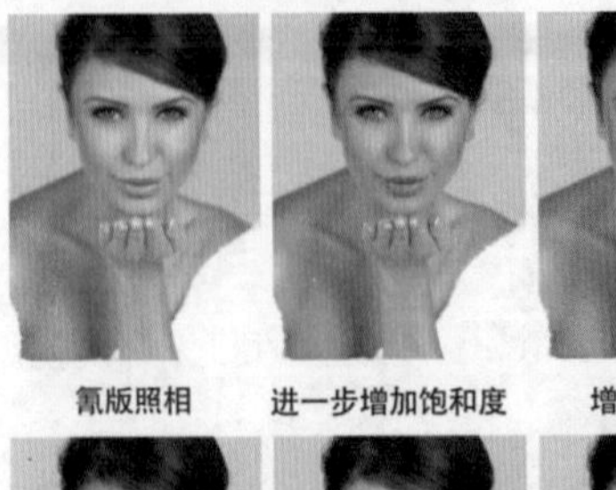

氰版照相　进一步增加饱和度　增加饱和度　旧版式

红色提升　深褐　强饱和度　黄色提升

图9-197

- 通道下拉列表：在通道下拉列表中可以选择“全图”、“红色”、“黄色”、“绿色”、“青色”、“蓝色”和“洋红”通道进行调整。选择好通道以后，拖曳下面的“色相”、“饱和度”和“明度”滑块，可以对该通道的色相、饱和度和明度进行调整。

- 在图像上拖动可修改饱和度：使用该工具在图像上单击设置取样点以后，向右拖曳可以增加图像的饱和度，向左拖曳可以降低图像的饱和度，如图9-198所示。

图9-198

- 着色：选中该复选框，图像会整体偏向于单一的红色调，还可以通过拖曳3个滑块来调节图像的色调，如图9-199所示。

图9-199

实例练习——使用“色相/饱和度”命令改变背景颜色

实例文件	实例练习——使用“色相/饱和度”命令改变背景颜色.psd
视频教学	实例练习——使用“色相/饱和度”命令改变背景颜色.flv
难易指数	★★★★★
技术要点	色相/饱和度中通道的使用

实例效果

本例素材如图9-200所示，效果如图9-201所示。

图9-200

图9-201

操作步骤

步骤01 打开素材文件，如图9-202所示。

步骤02 执行“图像>调整>色相/饱和度”命令，设置通道为“青色”，“色相”为145，单击“确定”按钮完成当前操作，如图9-203所示。

步骤03 由于背景部分颜色比较单一，所以在调整某一通道时能够非常容易地将背景颜色改变，同时发现人像裤子的颜色也发生了变化，如图9-204所示。

图9-202

图9-203

图9-204

技巧提示

类似本例中需要局部还原或调色时，可以使用调整图层进行操作，在调整图层中可以随意更改数值，并且可以控制色彩调整命令起作用的区域。

步骤 04 为了还原裤子的颜色，可以打开“历史记录”面板，如图 9-205 所示。标记初始状态，然后单击工具箱中的“历史记录画笔工具”按钮，设置合适的大小后，涂抹人像裤子部分，使其颜色还原为初始效果，如图 9-206 所示。

图9-205

图9-206

实例练习——使用“色相 / 饱和度”命令还原亮丽色彩

实例文件	实例练习——使用“色相 / 饱和度”命令还原亮丽色彩 .psd
视频教学	实例练习——使用“色相 / 饱和度”命令还原亮丽色彩 .flv
难易指数	★★★★★
技术要点	“色相 / 饱和度”调整图层的使用

实例效果

本例效果如图 9-207 所示，效果如图 9-208 所示。

图9-207

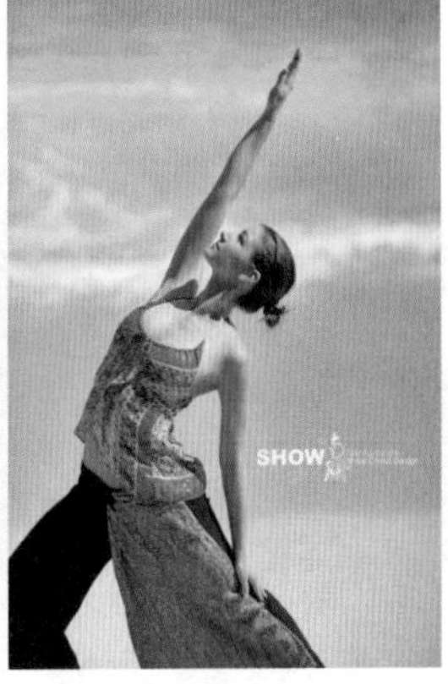

图9-208

操作步骤

步骤 01 打开素材文件，如图 9-209 所示。执行“图层 > 新建调整图层 > 色相 / 饱和度”命令，创建“色相 / 饱和度 1”调整图层，如图 9-210 所示。

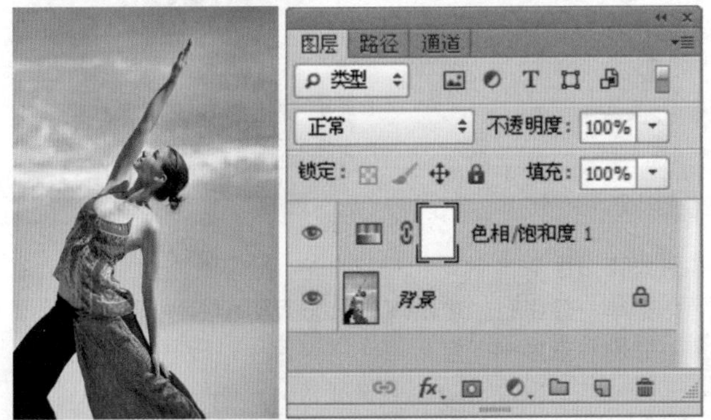

图9-209　　图9-210

步骤 02 设置通道为“全图”，调整其“饱和度”为 46；设置通道为“红色”，调整其“饱和度”为 19；设置通道为“黄色”，调整“饱和度”为 19；设置通道为“青色”，调整“色相”为 -6，“饱和度”为 31；设置通道为“蓝色”，调整“饱和度”为 10；如图 9-211 所示。图像效果如图 9-212 所示。

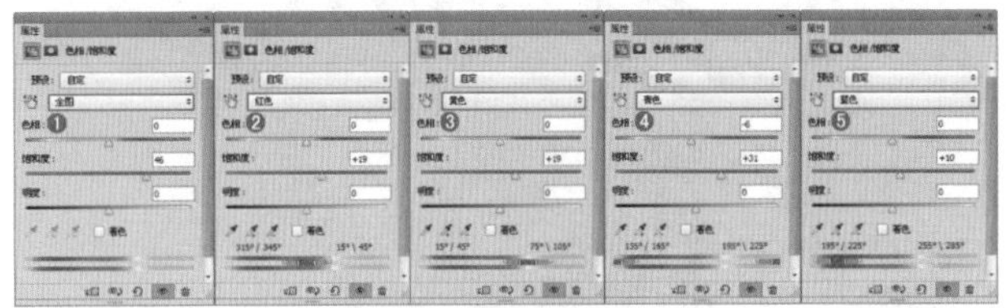

图9-211

图9-212

步骤 03 此时可以看到环境颜色非常鲜艳，但是人像部分颜色饱和度过高，需要使用黑色画笔在该调整图层的图层蒙版中涂抹人像部分，使其不受影响。最后加入艺术字，最终效果如图 9-213 所示。

图9-213

技巧提示

在调整图层蒙版上使用画笔工具进行涂抹时，不要使用硬度过高的画笔，否则体现在图像中是过渡非常生硬的效果，如图 9-214 所示。

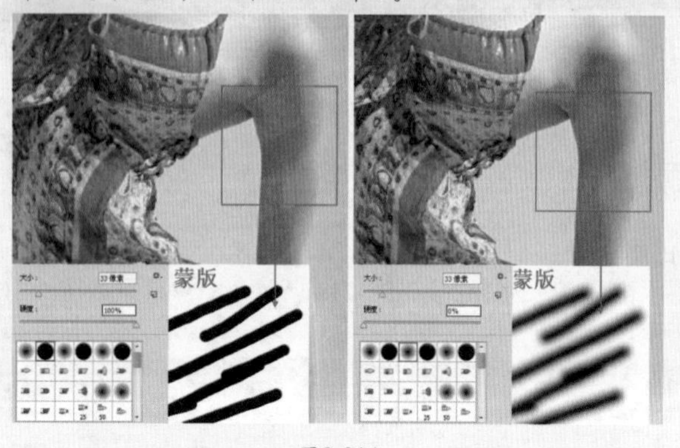

图9-214

另外，在蒙版绘制过程中并不是所有的区域都是相同的明暗度，所以可以在选项栏中将画笔的不透明度和流量降低，可以通过多次涂抹的方法控制蒙版中绘制的明暗程度，如图 9-215 所示。效果如图 9-216 所示。

图9-215

图9-216

9.5.3 色彩平衡

使用"色彩平衡"命令调整图像的颜色是根据颜色的补色原理，即要减少某个颜色就增加这种颜色的补色。该命令可以控制图像的颜色分布，使图像整体达到色彩平衡。执行"图像 > 调整 > 色彩平衡"命令或按 Ctrl+B 组合键，可以打开"色彩平衡"对话框，如图 9-217 所示。效果如图 9-218 所示。

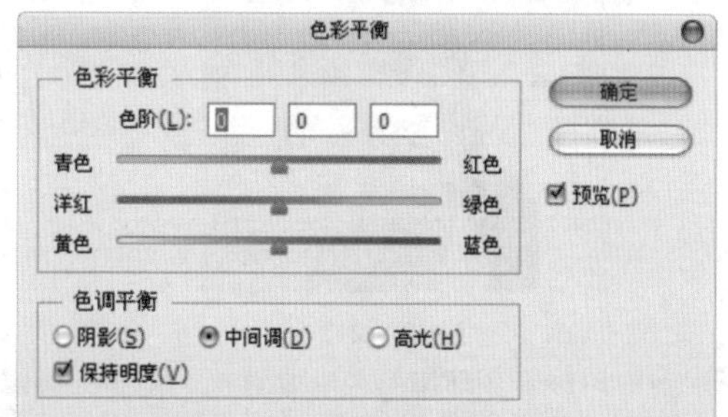

图9-217

图9-218

- 色彩平衡：用于调整"青色 - 红色"、"洋红 - 绿色"以及"黄色 - 蓝色"在图像中所占的比例，可以手动输入，也可以拖曳滑块来进行调整。例如，向左拖曳"青色 - 红色"滑块，可以在图像中增加青色，同时减少其补色红色；向右拖曳"青色 - 红色"滑块，可以在图像中增加红色，同时减少其补色青色，如图 9-219 和图 9-220 所示。

图9-219

图9-220

- 色调平衡：选择调整色彩平衡的方式，包含"阴影"、"中间调"和"高光"3 个选项，如图 9-221~ 图 9-223 所示分别是向"阴影"、"中间调"和"高光"添加蓝色以后的效果。如果选中"保持明度"复选框，还可以保持图像的色调不变，以防止亮度值随着颜色的改变而改变。

图9-221

图9-222

图9-223

实例练习——使用“色彩平衡”命令打造冷调蓝紫色

实例文件	实例练习——使用“色彩平衡”命令打造冷调蓝紫色.psd
视频教学	实例练习——使用“色彩平衡”命令打造冷调蓝紫色.flv
难易指数	★★★★★
技术要点	“色彩平衡”、“色阶”、“镜头光晕”滤镜

实例效果

本例素材如图9-224所示，效果如图9-225所示。

图9-224

图9-225

操作步骤

步骤01 打开素材文件，执行“图层>新建调整图层>色阶”命令，创建新的“色阶”调整图层，如图9-226所示。

图9-226

步骤02 首先设置通道为“红”通道，设置参数为0：0.85：255，如图9-227所示；继续设置通道为“RGB”，设置参数为0：1.35：255，如图9-228所示。效果如图9-229所示。

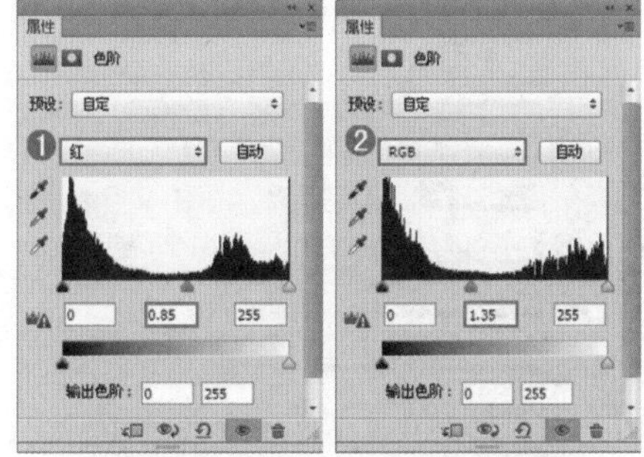

图9-227 图9-228

图9-229

步骤03 由于“色阶”调整图层人像肤色有些偏黄，所以需要使用黑色画笔在图层蒙版中涂抹，去掉人像皮肤部分，如图9-230所示。

图9-230

步骤04 继续创建新的“色彩平衡”调整图层，分别设置阴影、中间调、高光的参数，具体数值如图9-231～图9-233所示。在图层蒙版中使用黑色画笔涂抹右侧区域，如图9-234所示。效果如图9-235所示。

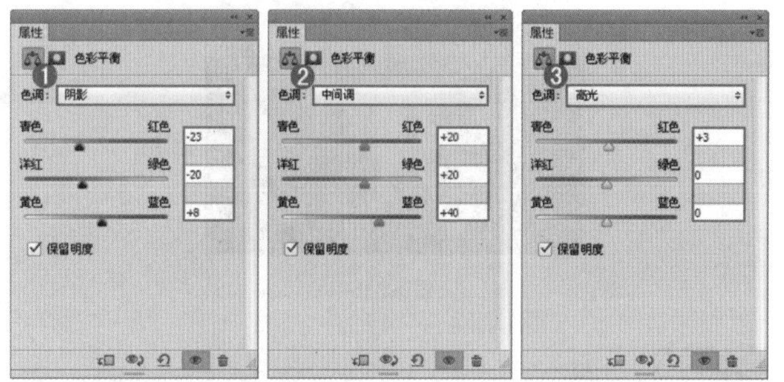

图9-231 图9-232 图9-233

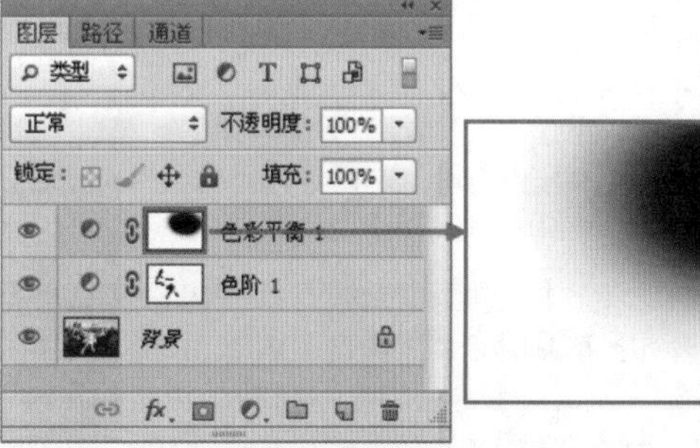

图9-234

图9-235

步骤 05 再次创建新的“色阶”调整图层，然后设置参数为0：0.92：255，如图 9-236 所示。单击工具箱中的“渐变工具”按钮，编辑一种从黑到白的渐变，设置渐变类型为“线性渐变”，如图 9-237 所示。在图层蒙版中自右上到左下进行填充，如图 9-238 所示。

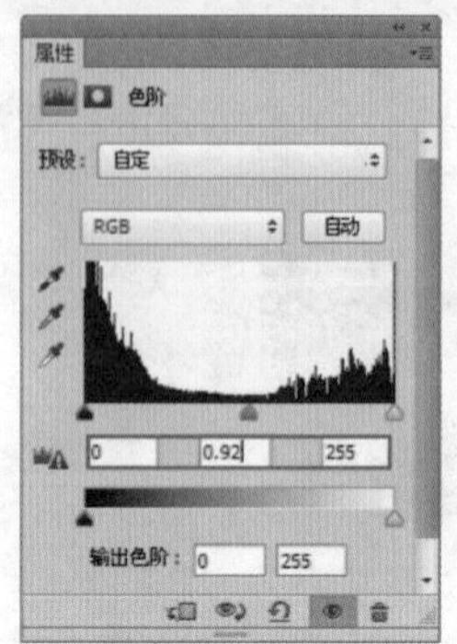

图9-236

图9-237

图9-238

步骤 06 创建“图层 1”，框选中间区域，然后填充图层为黑色。执行“滤镜 > 渲染 > 镜头光晕”命令，设置亮度为 100%，如图 9-239 所示。然后将混合模式设置为“滤色”，调整“不透明度”为 60%，并添加一个图层蒙版，在图层蒙版中使用黑色画笔涂抹光圈，如图 9-240 所示。

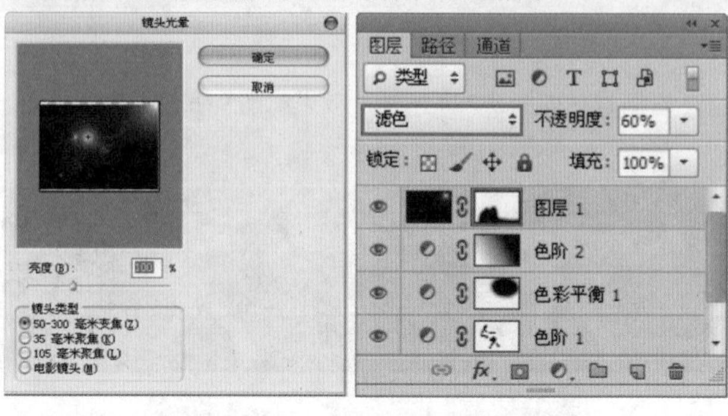

图9-239　图9-240

步骤 07 最后输入艺术字，效果如图 9-241 所示。

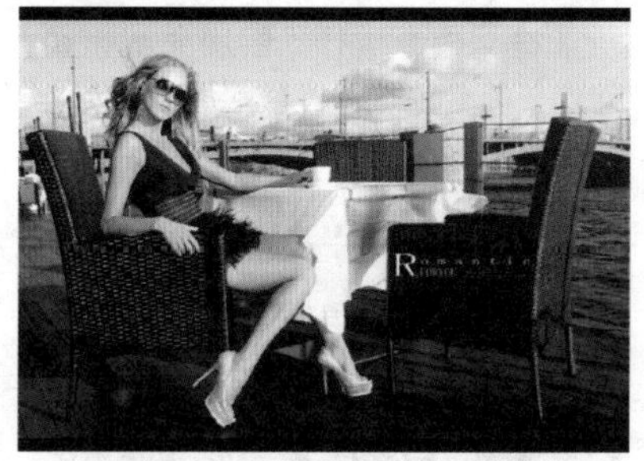
图9-241

9.5.4 黑白

“黑白”命令具有两项功能：可以把彩色图像转换为黑色图像，同时还可以控制每一种色调的量；可以将黑白图像转换为带有颜色的单色图像。执行“图像 > 调整 > 黑白”命令或按 Alt+Shift+Ctrl+B 组合键，可以打开“黑白”对话框，如图 9-242 所示。

- 预设：在“预设”下拉列表中提供了 12 种黑白效果，可以直接选择相应的预设来创建黑白图像。
- 颜色：这 6 个选项用来调整图像中特定颜色的灰色调。例如，对于图 9-243，向左拖曳“红色”滑块，可以使由红色转换而来的灰度色变暗，如图 9-244 所示；向右拖曳，则可以使灰度色变亮，如图 9-245 所示。

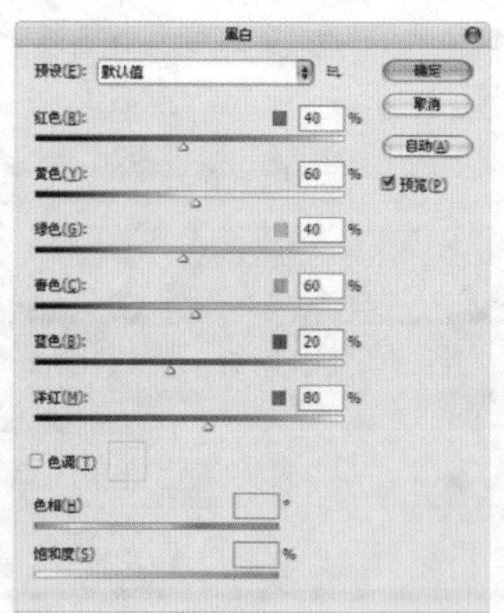

图9-242

答疑解惑：“去色”命令与“黑白”命令有什么不同？

“去色”命令只能简单地去掉所有颜色，只保留原图像中单纯的黑白灰关系，并且将丢失很多细节。而“黑白”命令则可以通过参数的设置，调整各个颜色在黑白图像中的亮度，这是“去色”命令所不能实现的，所以如果想要制作高质量的黑白照片，则需要使用“黑白”命令。

- **色调/色相/饱和度**：选中“色调”复选框，可以为黑色图像着色，以创建单色图像。另外，还可以调整单色图像的色相和饱和度，如图 9-246 所示。

图9-243

图9-244

图9-245

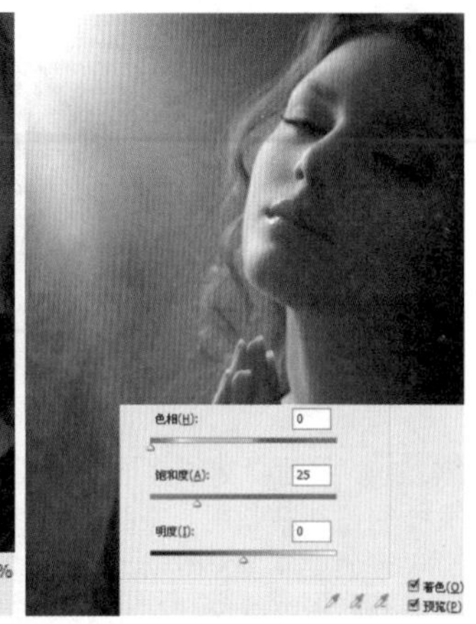

图9-246

实例练习——制作层次丰富的黑白照片

实例文件	实例练习——制作层次丰富的黑白照片.psd
视频教学	实例练习——制作层次丰富的黑白照片.flv
难易指数	★★★★★
技术要点	“黑白”命令、“曲线”命令

实例效果

本例素材如图 9-247 所示，效果如图 9-248 所示。

图9-247

图9-248

操作步骤

步骤 01 打开背景文件，如图 9-249 所示。导入风景照片素材并摆放到合适的位置，如图 9-250 所示。

图9-249

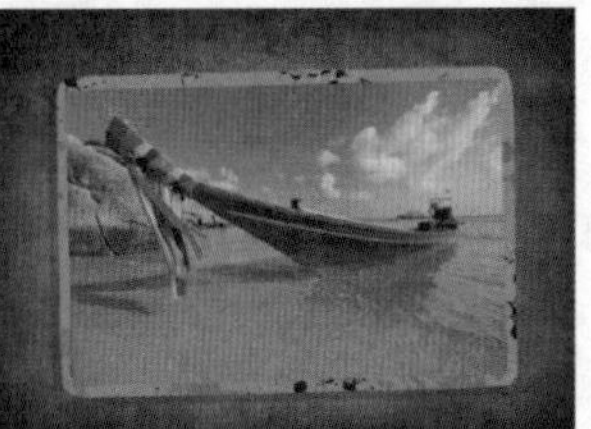
图9-250

步骤 02 创建“黑白”调整图层，在“属性”面板中调整参数，如图 9-251 所示。然后在“图层”面板中单击右键，选择“创建剪贴蒙版”命令，如图 9-252 和图 9-253 所示，使该调整图层只对风景图层起作用，如图 9-254 所示。

图9-251　图9-252　图9-253

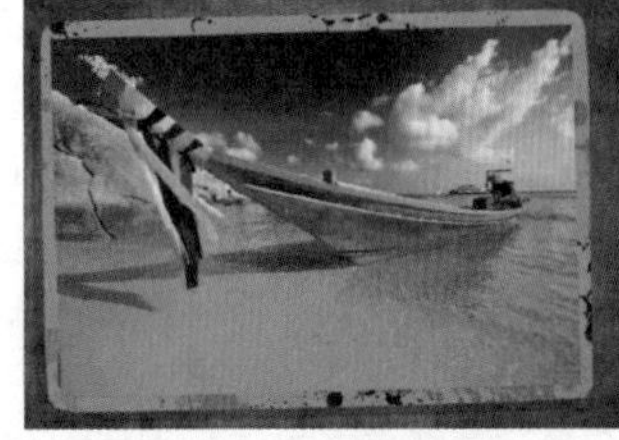
图9-254

步骤 03 创建“曲线 1”调整图层，单击右键，创建剪贴蒙版。在弹出的曲线“属性”面板对话框中调整曲线形状，如图 9-255 所示。使图像中沙滩部分细节更明显，如图 9-256 所示。

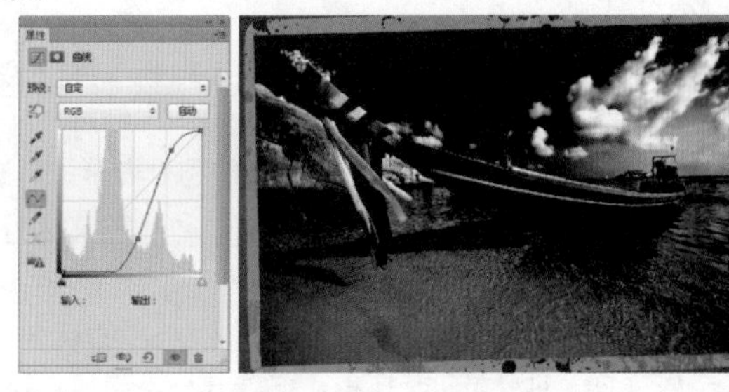
图9-255　图9-256

步骤 04 单击“曲线”图层蒙版，设置蒙版背景为黑色，使用白色柔角画笔涂抹沙滩部分，使沙滩部分受曲线调整图层影响，如图 9-257 所示。

图9-257

步骤 05 创建“曲线 2”调整图层，针对天空部分进行调整，同样创建剪贴蒙版。在弹出的曲线“属性”面板中调整曲线形状，如图 9-258 所示。使用黑色画笔在该调整图层蒙版中去掉对天空以外区域的影响，如图 9-259 所示。

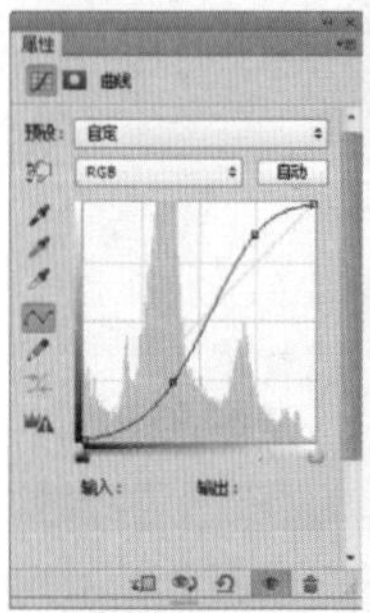

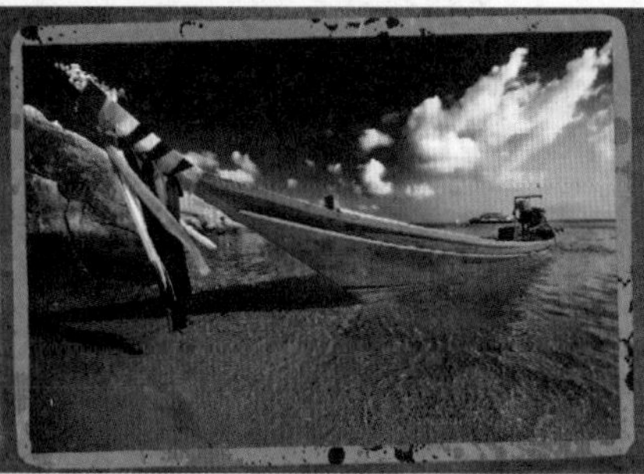

图9-258　　图9-259

步骤 06 下面开始制作暗角效果，使用套索工具，在选项栏中设置较大的羽化值，创建“曲线 3”调整图层，单击右键，创建剪贴蒙版，并调整曲线形状，将所选区域压暗，如图 9-260 和如图 9-261 所示。

步骤 07 创建“色阶”调整图层，在弹出的色阶“属性”面板中调整颜色参数，如图 9-262 所示。单击右键，创建剪贴蒙版，如图 9-263 所示。

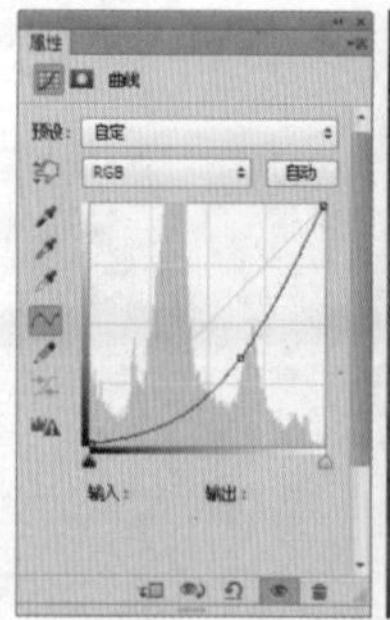

图9-260　　图9-261

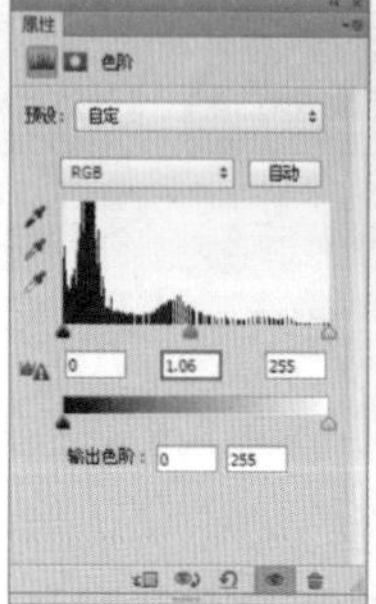

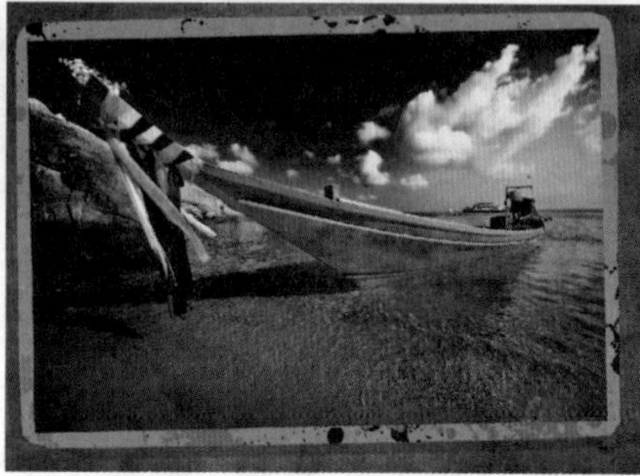

图9-262　　图9-263

步骤 08 最后导入胶带素材文件，最终效果如图 9-264 所示。

图9-264

9.5.5 通道混和器

对图像执行“图像 > 调整 > 通道混和器”命令可以对图像的某一个通道的颜色进行调整，以创建出各种不同色调的图像。同时，也可以用来创建高品质的灰度图像。执行“通道混和器”命令，可弹出“通道调和器”对话框，如图 9-265 所示。

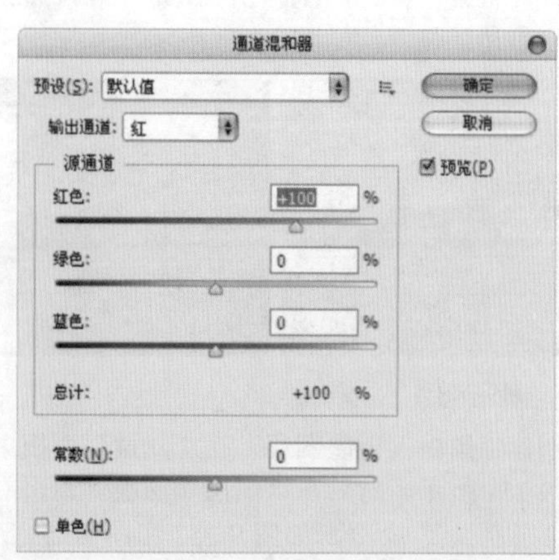

图9-265

- 预设 / 预设选项：Photoshop 提供了 6 种制作黑白图像的预设效果；单击“预设选项”按钮，可以对当前设置的参数进行保存，或载入一个外部的预设调整文件。
- 输出通道：在该下拉列表中可以选择一种通道来对图像的色调进行调整。
- 源通道：用来设置源通道在输出通道中所占的百分比。将一个源通道的滑块向左拖曳，可以减小该通道在输出通道中所占的百分比；向右拖曳，则可以增加其百分比。如图 9-266 ～图 9-268 所示。

- 总计：显示源通道的计数值。如果计数值大于 100%，则有可能会丢失一些阴影和高光细节。
- 常数：用来设置输出通道的灰度值，负值可以在通道中增加黑色；正值可以在通道中增加白色。
- 单色：选中该复选框，图像将变成黑白效果。

图9-266

图9-267

图9-268

实例练习——使用“通道混和器”命令使金秋变盛夏

实例文件	实例练习——使用“通道混和器”命令使金秋变盛夏 .psd
视频教学	实例练习——使用“通道混合器”命令使金秋变盛夏 .flv
难易指数	★★★★★
技术要点	“通道混和器”命令

实例效果

本例处理前后对比效果如图 9-269 和图 9-270 所示。

图9-269

图9-270

操作步骤

步骤 01 打开素材文件，如图 9-271 所示。单击工具箱中的“裁剪工具”按钮，设置背景色为黑色。使用裁剪工具框选风景，然后上下向外拖曳放大画布，效果如图 9-272 所示。

图9-271

图9-272

步骤 02 创建“通道混和器”调整图层，首先设置“输出通道”为“红”，并设置“红色”为 89%，“绿色”为 -91%，“蓝色”为 104%，如图 9-273 所示。然后设置“输出通道”为“蓝”，并设置“红色”为 7%，“绿色”为 -7%，“蓝色”为 105%，如图 9-274 所示。效果如图 9-275 所示。

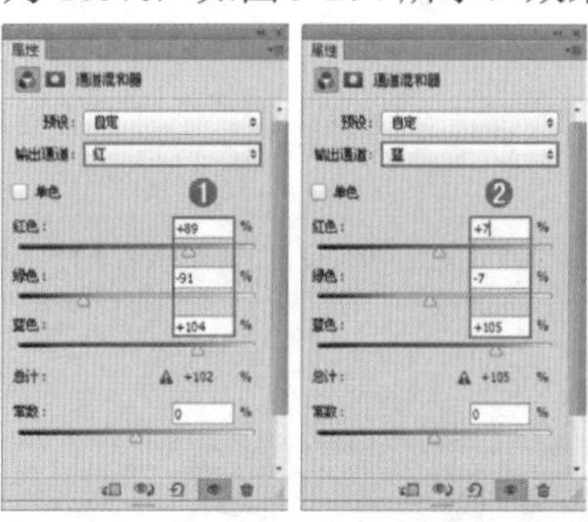

图9-273 图9-274

图9-275

步骤 03 最后可以适当对图像锐化并嵌入艺术字，如图 9-276 所示。

图9-276

9.5.6 颜色查找

执行“图像 > 调整 > 颜色查找”命令，在弹出的对话框中可以从以下方式中选择用于颜色查找的方式：3DLUT 文件、摘要和设备链接。在每种方式的下拉列表中选择合适的类型，可以看到图像整体颜色产生了风格化的效果，如图 9-277~ 图 9-279 所示。

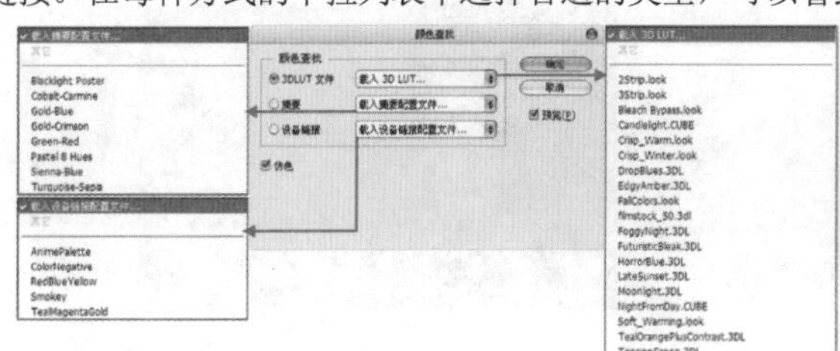

图9-277

图9-278

图9-279

9.5.7 可选颜色

“可选颜色”命令可以在图像中的每个主要原色成分中更改印刷色的数量，也可以在不影响其他主要颜色的情况下有选择地修改任何主要颜色中的印刷色数量。打开一张图像，执行“图像 > 调整 > 可选颜色”命令，打开“可选颜色”对话框，可在其中进行相应设置，如图 9-280 和图 9-281 所示。

图9-280

图9-281

- 颜色：在该下拉列表中选择要修改的颜色，然后对下面的颜色进行调整，可以调整该颜色中青色、洋红、黄色和黑色所占的百分比，如图 9-282 和图 9-283 所示。

图9-282

图9-283

- 方法：选择“相对”方式，可以根据颜色总量的百分比来修改青色、洋红、黄色和黑色的数量；选择“绝对”方式，可以采用绝对值来调整颜色。

实例练习——使用“可选颜色”制作朦胧淡雅色调

实例文件	实例练习——使用“可选颜色”命令制作朦胧淡雅色调 .psd
视频教学	实例练习——使用“可选颜色”命令制作朦胧淡雅色调 .flv
难易指数	★★★★★
技术要点	调整图层

实例效果

本例效果如图 9-284 所示。

图9-284

操作步骤

步骤 01 打开素材文件，如图 9-285 所示。

图9-285

步骤 02 单击“图层”面板中的“调整图层”按钮，选择“曲线”命令，如图 9-286 所示。设置“RGB”曲线形状，如图 9-287 所示。

步骤 03 分别适当调整“红”和“蓝”的曲线，如图 9-288 所示。效果如图 9-289 所示。

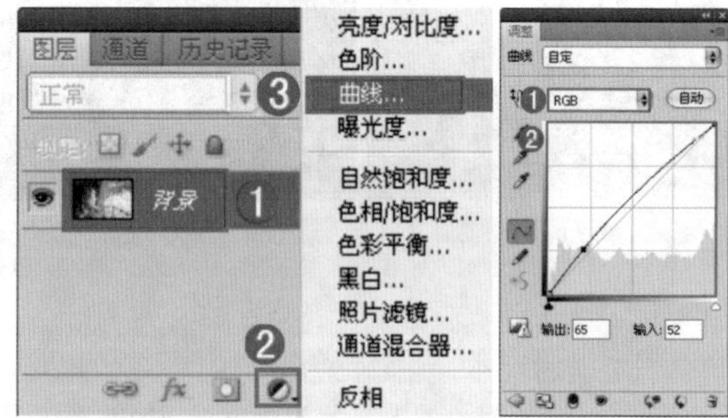

图9-286　　图9-287

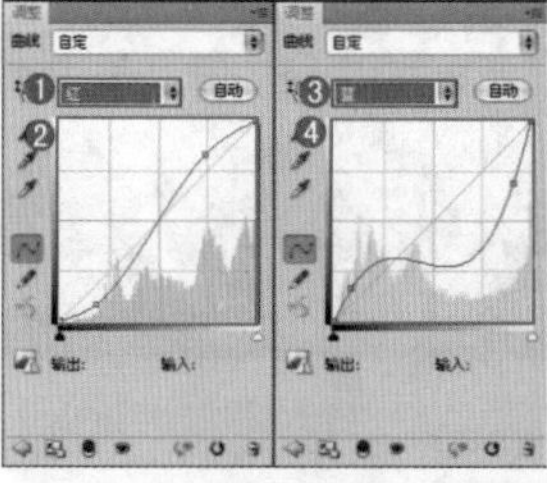

图9-288

图9-289

步骤 04 设置前景色为黑色，单击工具箱中的“画笔工具”按钮，设置画笔的大小，在曲线调整图层的图层蒙版中涂抹人像部分，以去除对人像的影响，如图 9-290 所示。

图9-290

步骤 05 创建“可选颜色”调整图层，调整“黄色”，设置其“青色”为 -100%，“黄色”为 100%，“黑色”为 -27%，如图 9-291 所示；调整“白色”，设置其“黄色”为 56%，如图 9-292 所示；调整“中性色”，设置其“黄色”为 -32%，如图 9-293 所示。

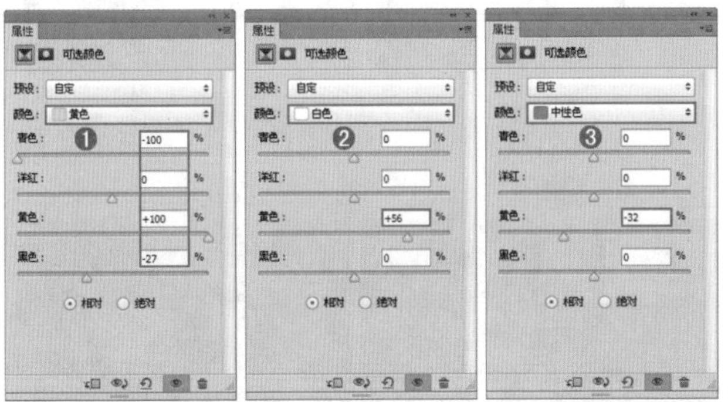

图9-291 图9-292 图9-293

步骤 06 调整“黑色”，设置其“黄色”为 -35%，如图 9-294 所示。选择画笔工具，设置画笔的大小，涂抹调整图层对人像的影响，如图 9-295 所示。

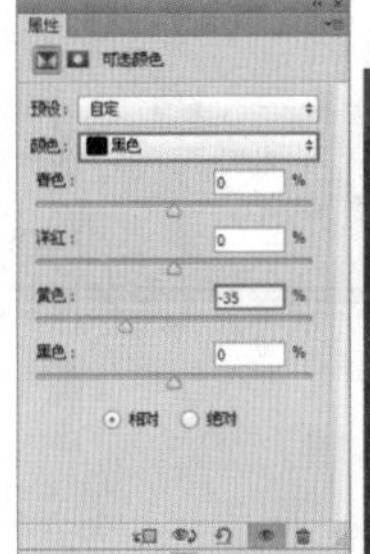

图9-294

图9-295

步骤 07 导入前景素材，最终效果如图 9-296 所示。

图9-296

9.5.8 匹配颜色

“匹配颜色”命令是：将一个图像作为源图像，另一个图像作为目标图像，然后以源图像的颜色与目标图像的颜色进行匹配。源图像和目标图像可以是两个独立的文件，也可以匹配同一个图像中不同图层之间的颜色。

打开两张图像，如图 9-297 和图 9-298 所示。选中其中一张图像，执行“图像 > 调整 > 匹配颜色”命令，打开“匹配颜色”对话框，如图 9-299 所示。

图9-297

图9-298

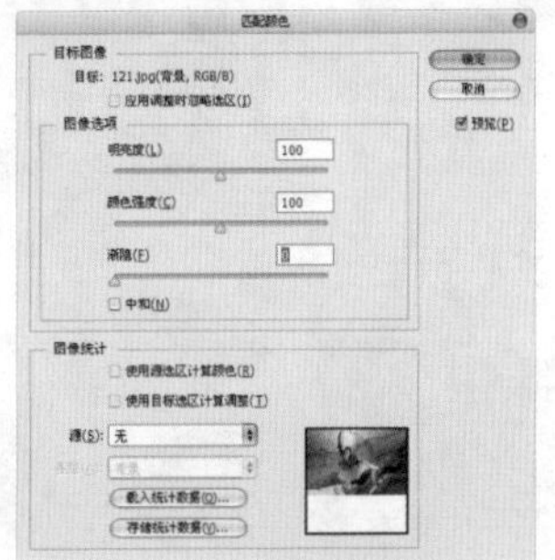

图9-299

- 目标：显示要修改的图像的名称以及颜色模式。
- 应用调整时忽略选区：如果目标图像（即被修改的图像）中存在选区，选中该复选框，Photoshop 将忽视选区的存在，并将调整应用到整个图像，如图 9-300 所示；如果取消选中该复选框，那么调整只针对选区内的图像，如图 9-301 所示。

图9-300

图9-301

- 明亮度：用来调整图像匹配的明亮程度。
- 颜色强度：相当于图像的饱和度，用来调整图像的饱和度，如图 9-302 和图 9-303 所示分别是设置该值为 1 和 200 时的颜色匹配效果。

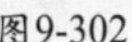

图9-302

图9-303

- 渐隐：该选项类似于图层蒙版，它决定了有多少源图像的颜色匹配到目标图像的颜色中，如图 9-304 和图 9-305 所示分别是设置该值为 50 和 100（不应用调整）时的匹配效果。

图9-304

图9-305

- 中和：主要用来去除图像中的偏色现象，如图 9-306 所示。

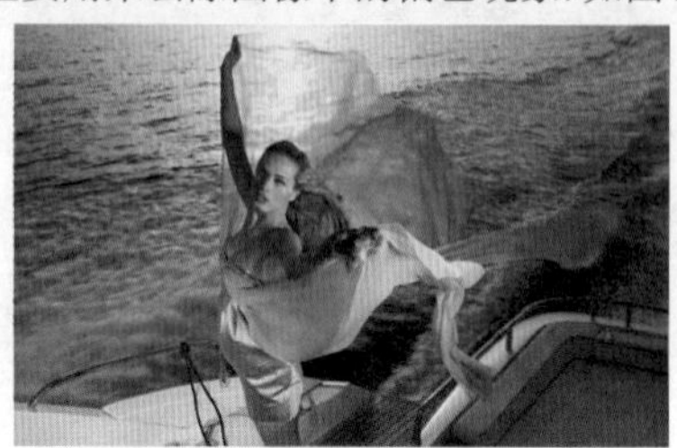
图9-306

- 使用源选区计算颜色：可以使用源图像中选区图像的颜色来计算匹配颜色，如图 9-307 和图 9-308 所示。

图9-307

图9-308

- 使用目标选区计算调整：可以使用目标图像中选区图像的颜色来计算匹配颜色（注意，这种情况必须选择源图像为目标图像），如图 9-309 和图 9-310 所示。

图9-309

图9-310

- 源：用来选择源图像，即将颜色匹配到目标图像的图像。
- 图层：用来选择需要用来匹配颜色的图层。
- 载入统计数据和存储统计数据：主要用来载入已存储的设置与存储当前的设置。

实例练习——使用“匹配颜色”命令制作梦幻沙滩

实例文件	实例练习——使用“匹配颜色”命令制作梦幻沙滩 .psd
视频教学	实例练习——使用“匹配颜色”命令制作梦幻沙滩 .flv
难易指数	★★★★★
知识掌握	掌握“匹配颜色”命令的使用方法

实例效果

本例素材和效果如图 9-311 和图 9-312 所示。

图9-311　　图9-312

操作步骤

步骤 01 打开素材文件，如图 9-313 所示。导入另外一张图像，作为“图层 1”，如图 9-314 所示。

步骤 02 选择“背景”图层，然后执行“图像 > 调整 > 匹配颜色”命令，打开“匹配颜色”对话框，接着设置“源”为“素材 1.jpg”图像，“图层”为“图层 1”，最后设置“明亮度”为 100，“颜色强度”为 100，“渐隐”为 27，如图 9-315 所示。效果如图 9-316 所示。

图9-313　　图9-314

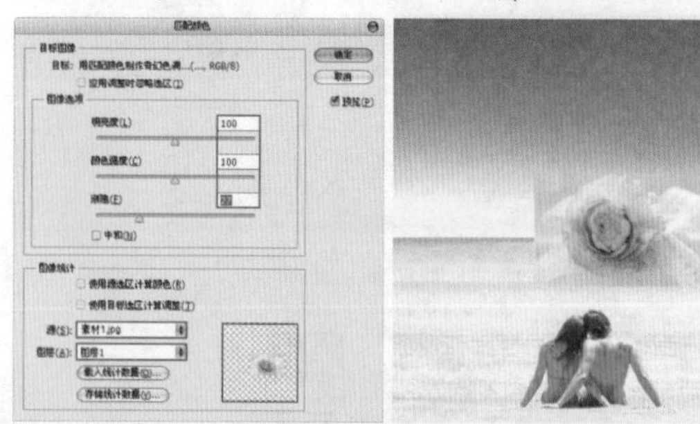
图9-315　　图9-316

步骤 03 隐藏“图层 1”并导入光效素材，设置光效的“混合模式”为“滤色”，然后添加图层蒙版，在图层蒙版中使用黑色画笔涂抹底部区域，如图 9-317 所示。效果如

图 9-318 所示。

图9-317　　图9-318

步骤 04 嵌入艺术字，最终效果如图 9-319 所示。

图9-319

9.5.9 替换颜色

使用“替换颜色”命令可以修改图像中选定颜色的色相、饱和度和明度，从而将选定的颜色替换为其他颜色。打开一张图像，如图 9-320 所示。然后执行“图像 > 调整 > 替换颜色”命令，打开“替换颜色”对话框，如图 9-321 所示。

图9-320　　图9-321

- 吸管：使用“吸管工具”在图像上单击，可以选中单击点处的颜色，同时在“选区”缩略图中也会显示选中的颜色区域（白色代表选中的颜色，黑色代表未选中的颜色），如图 9-322 所示；使用“添加到取样”在图像上单击，可以将单击处的颜色添加到选中的颜色中，如图 9-323 所示；使用“从取样中减去”在图像上单击，可以将单击处的颜色从选定的颜色中减去，如图 9-324 所示。
- 本地化颜色簇：主要用来在图像上选择多种颜色。例如，如果要选中图像中的红色和黄色，可以先选中该复选框，

图9-322

图9-323

图9-324

然后使用“吸管工具”在红色上单击，再使用“添加到取样”在黄色上单击，同时选中这两种颜色（如果继续单击其他颜色，还可以选中多种颜色），如图 9-325 所示，这样就可以同时调整多种颜色的色相、饱和度和明度，如图 9-326 所示。

图9-325

图9-326

- 颜色：显示选中的颜色。
- 颜色容差：用来控制选中颜色的范围。数值越大，选中的颜色范围越广。
- 选区/图像：选中“选区”单选按钮，可以以蒙版方式进行显示，其中白色表示选中的颜色，黑色表示未选中的颜色，灰色表示只选中了部分颜色，如图9-327所示；选中“图像”单选按钮，则只显示图像，如图9-328所示。

图9-327　图9-328

- 色相/饱和度/明度：这3个选项与“色相/饱和度”命令的3个选项相同，可以调整选定颜色的色相、饱和度和明度。

实例练习——使用“替换颜色”命令改变美女衣服颜色

实例文件	实例练习——使用“替换颜色”命令改变美女衣服颜色.psd
视频教学	实例练习——使用“替换颜色”命令改变美女衣服颜色.flv
难易指数	★★★★★
技术要点	“替换颜色”命令

实例效果

本例素材如图9-329所示。效果如图9-330所示。

图9-329　图9-330

操作步骤

步骤01 按Ctrl+O组合键，打开本书配套光盘中的素材文件，如图9-331所示。

图9-331

步骤02 执行“图像>调整>替换颜色”命令，在弹出的窗口中使用滴管工具吸取服装的颜色，并使用第二个滴管工具加选没有被选择的区域，将“颜色容差”调整为78，并设置“色相”为-100，如图9-332所示。

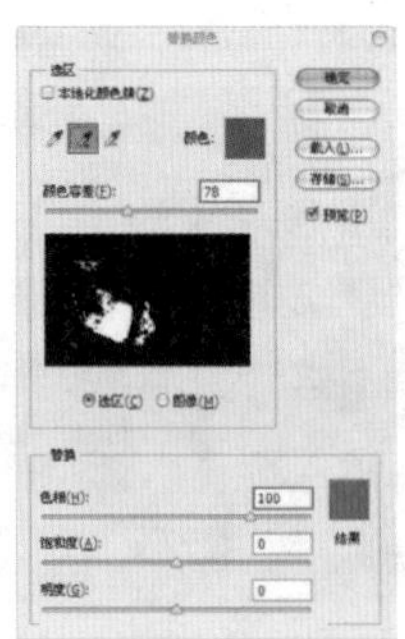

图9-332

步骤03 此时衣服部分的颜色调整完成，但是眼镜部分的颜色并不是这里所需要的效果，所以需要在“历史记录”面板中选中最初的图像效果，并使用历史记录画笔涂抹眼镜框的部分，将其还原。如图9-333和图9-334所示。

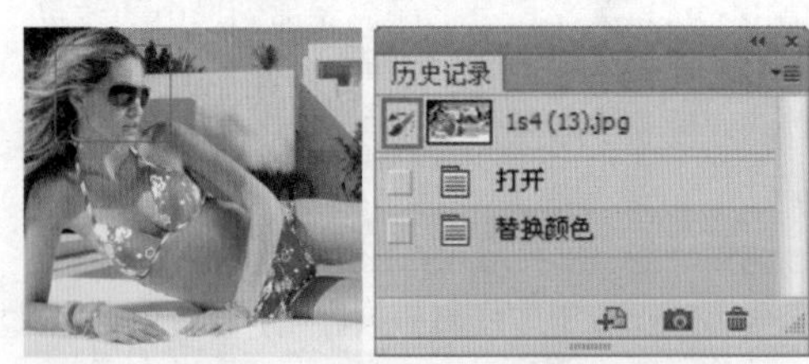

图9-333　图9-334

步骤04 最终效果如图9-335所示。

图9-335

9.6 特殊色调调整命令

9.6.1 反相

“反相”命令可以将图像中的某种颜色转换为其补色，即将原来的黑色变成白色，将原来的白色变成黑色，从而创建负片效果。执行“图层 > 调整 > 反相”命令或按 Ctrl+I 组合键，即可得到反相效果。“反相”命令是一个可以逆向操作的命令，比如对一张图像执行“反相”命令，创建出负片效果，再次对负片图像执行“反相”命令，又会得到原来的图像。如图 9-336 和图 9-337 所示。

图9-336

图9-337

9.6.2 色调分离

“色调分离”命令可以指定图像中每个通道的色调级数目或亮度值，然后将像素映射到最接近的匹配级别。在“色调分离”对话框中可以进行“色阶”数量的设置，设置的“色阶”值越小，分离的色调越多；“色阶”值越大，保留的图像细节就越多，如图 9-338~ 图 9-341 所示。

图9-338

图9-339

图9-340

图9-341

9.6.3 阈值

阈值是基于图片亮度的一个黑白分界值。在 Photoshop 中使用“阈值”命令可删除图像中的色彩信息，将其转换为只有黑、白两种颜色的图像，并且比阈值亮的像素将转换为白色，比阈值暗的像素将转换为黑色。在“阈值”对话框中拖曳直方图下面的滑块或输入“阈值色阶”数值可以指定一个色阶作为阈值，如图 9-342~ 图 9-344 所示。

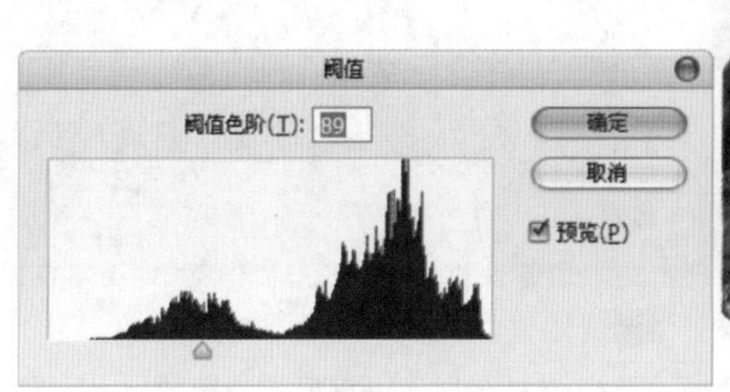

图9-342

图9-343

图9-344

实例练习——使用“阈值”命令制作炭笔画

实例文件	实例练习——使用“阈值”命令制作炭笔画 .psd
视频教学	实例练习——使用“阈值”命令制作炭笔画 .flv
难易指数	★★★★★
知识掌握	“阈值”命令、“高反差保留”滤镜

实例效果

本例为了制作出炭笔画的描边效果，需要使用“高反差保留”滤镜强化照片中边缘线的效果，并通过“阈值”命令将图像转化为黑白效果。本例处理前后对比效果如图 9-345 和图 9-346 所示。

图 9-345

图 9-346

操作步骤

步骤 01 打开素材文件，如图 9-347 所示。执行“滤镜 > 其他 > 高反差保留”命令，如图 9-348 所示。

步骤 02 在弹出的“高反差保留”对话框中设置“半径”为 4.0 像素，单击“确定”按钮结束操作，如图 9-349 所示。效果如图 9-350 所示。

步骤 03 执行“图像 > 调整 > 阈值”命令，设置“阈值色阶”为 123，单击“确定”按钮，如图 9-351 所示。效果如图 9-352 所示。

图 9-347　　图 9-348

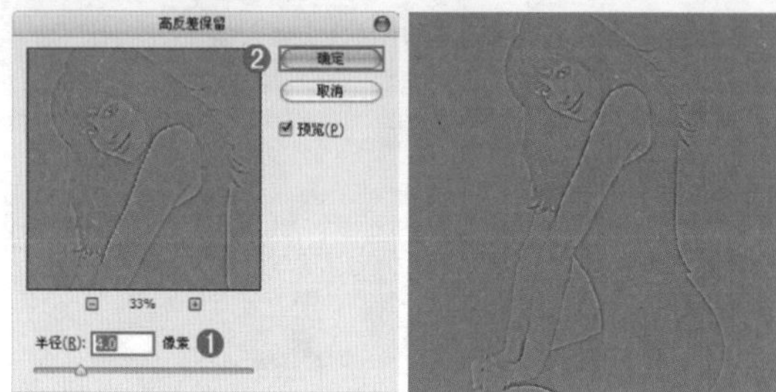

图 9-349　　图 9-350

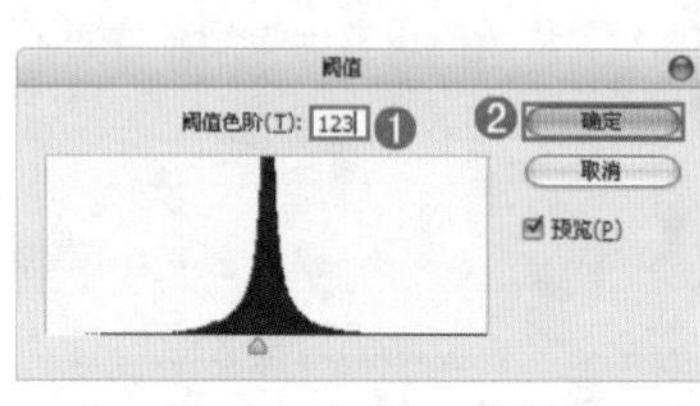

图 9-351

图 9-352

9.6.4 渐变映射

“渐变映射”命令，先将图像转换为灰度图像，然后将相等的图像灰度范围映射到指定的渐变填充色，即将渐变色映射到图像上。打开一张图像，如图 9-353 所示。执行“图像 > 调整 > 渐变映射”命令，可打开“渐变映射”对话框，如图 9-354 所示。

图 9-353

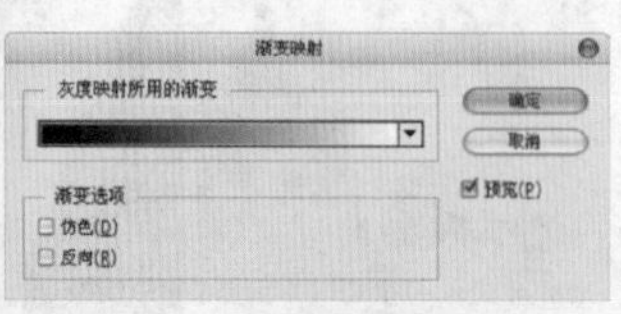

图 9-354

- 灰度映射所用的渐变：单击下面的渐变条，可打开“渐变编辑器”对话框，在该对话框中可以选择或重新编辑一种渐变应用到图像上，如图 9-355 所示。效果如图 9-356 所示。

图 9-355　　图 9-356

- 仿色：选中该复选框，Photoshop 会添加一些随机的杂色来平滑渐变效果。
- 反向：选中该复选框，可以反转渐变的填充方向，映射出的渐变效果也会发生变化。

实例练习——使用“渐变映射”命令制作复古的唯美色调

实例文件	实例练习——使用“渐变映射”命令制作复古的唯美色调.psd
视频教学	实例练习——使用“渐变映射”命令制作复古的唯美色调.flv
难易指数	★★★★★
技术要点	调整图层、图层蒙版

实例效果

本例效果如图 9-357 所示。

图9-357

操作步骤

步骤 01 打开素材文件，如图 9-358 所示。单击“图层”面板中的“调整图层”按钮，选择“渐变映射”命令，如图 9-359 所示。

图9-358

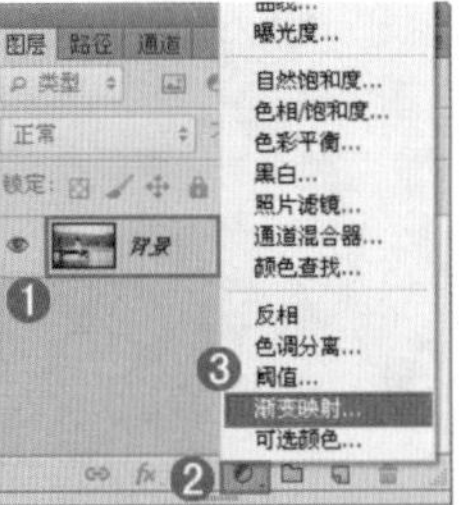

图9-359

步骤 02 在渐变映射“属性”面板中编辑一种合适的渐变方式，如图 9-360 所示。效果如图 9-361 所示。

图9-360

图9-361

步骤 03 在“图层”面板中选中新创建的“渐变映射 1”图层，设置其“不透明度”为 26%，如图 9-362 所示。效果如图 9-363 所示。

步骤 04 此时可以观察到环境部分颜色不错，但是人像部分颜色偏重一些，可以使用浅灰色的画笔在该调整图层的图层

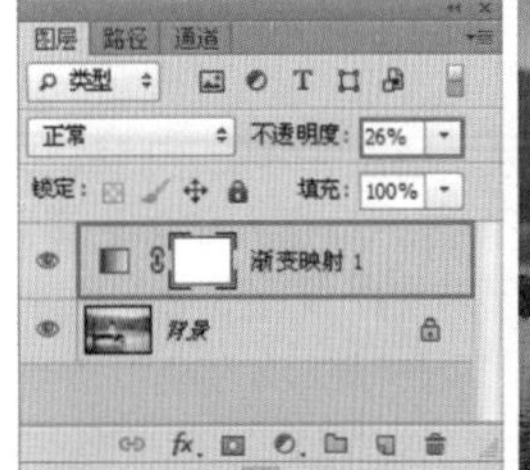

图9-362

图9-363

蒙版中去除对人像部分的影响，如图 9-364 所示。效果如图 9-365 所示。

图9-364

图9-365

步骤 05 导入光效素材，在“图层”面板中调整“混合模式”为“滤色”，“不透明度”为 23%，如图 9-366 所示。效果如图 9-367 所示。

图9-366

图9-367

步骤 06 选择光效图层，单击“图层”面板中的“添加图层蒙版”按钮，单击工具箱中的“画笔工具”按钮，设置前景色为灰色，在选项栏中设置一种柔边圆画笔，涂抹素材对人像面部的影响，如图 9-368 所示。最终效果如图 9-369 所示。

图9-368

图9-369

9.6.5 HDR色调

HDR 的全称是 High Dynamic Range，即高动态范围，“HDR 色调”命令可以用来修补太亮或太暗的图像，制作出高动态范围的图像效果，对于处理风景图像非常有用。打开一张图像，如图 9-370 所示。执行“图像 > 调整 >HDR 色调”命令，打开“HDR 色调”对话框，可以使用预设选项，也可以自行设定参数，如图 9-371 所示。

图9-370

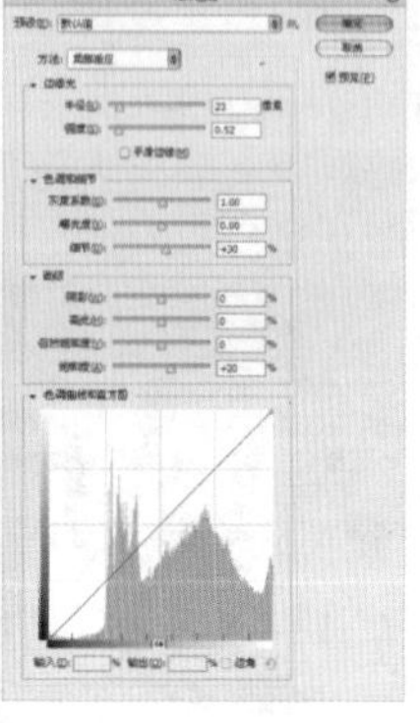

图9-371

- 预设：在该下拉列表中可以选择预设的 HDR 效果，既有黑白效果，也有彩色效果。
- 方法：选择调整图像采用何种 HDR 方法。

> **技巧提示**
>
> HDR 图像具有几个明显的特征：亮的地方可以非常亮，暗的地方可以非常暗，并且亮部和暗部的细节都很明显。

- 边缘光：该选项组用于调整图像边缘光的强度，如图 9-372 所示。
- 色调和细节：调节该选项组中的选项可以使图像的色调和细节更加丰富细腻，如图 9-373 所示。

图9-372

图9-373

- 高级：在该选项组中可以控制画面整体阴影、高光以及饱和度。
- 色调曲线和直方图：该选项组的使用方法与“曲线”命令中的使用方法相同。

实例练习——使用“HDR 色调”命令打造奇幻风景图像

实例文件	实例练习——使用“HDR 色调”命令打造奇幻风景图像 .psd
视频教学	实例练习——使用“HDR 色调”命令打造奇幻风景图像 .flv
难易指数	★★★★★
知识掌握	掌握“HDR 色调”命令的使用方法

实例效果

本例使用“HDR 色调”命令制作奇幻风景图像，处理前后对比效果如图 9-374 和图 9-375 所示。

图9-374

图9-375

操作步骤

步骤 01 打开素材文件，如图 9-376 所示。

图9-376

步骤 02 执行“图像 > 调整 >HDR 色调”命令，打开“HDR 色调”对话框，设置边缘光“半径”为 26 像素，“强度”为 0.52。色调和细节的“灰度系数”为 1.00，“曝光度”为 0.32，“细节”为 105%，如图 9-377 所示。效果如图 9-378 所示。

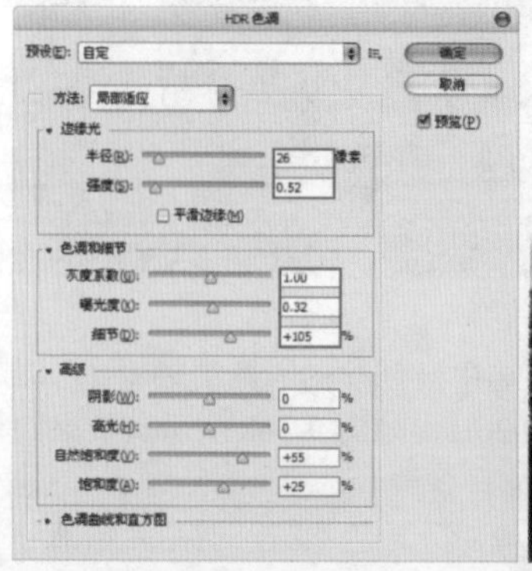

图9-377

图9-378

实例练习——暖光高彩效果

实例文件	实例练习——暖光高彩效果 .psd
视频教学	实例练习——暖光高彩效果 .flv
难易指数	★★★★★
技术要点	可选颜色调整图层、色相饱和度调整图层、镜头光晕

实例效果

本例效果如图 9-379 所示。

图9-379

操作步骤

步骤 01 打开素材文件，如图 9-380 所示。单击“图层”面板中的“创建新的填充或调整图层”按钮，选择“可选颜色”命令，如图 9-381 所示。

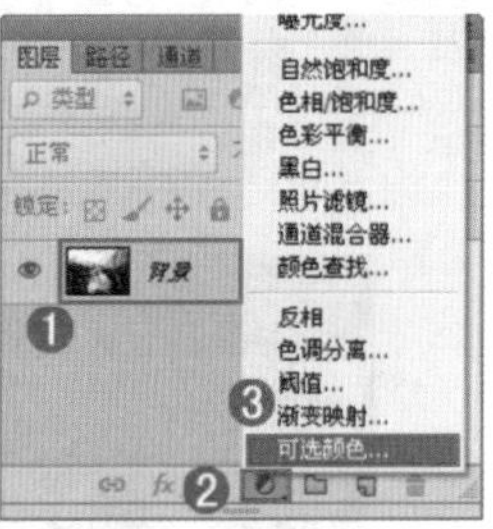

图9-380　图9-381

步骤 02 调整“颜色”为“红色”，设置其“青色”为 -100%，“洋红”为 10%，如图 9-382 所示；设置“颜色”为黄色，调整其“青色”为 -100%，如图 9-383 所示。效果如图 9-384 所示。

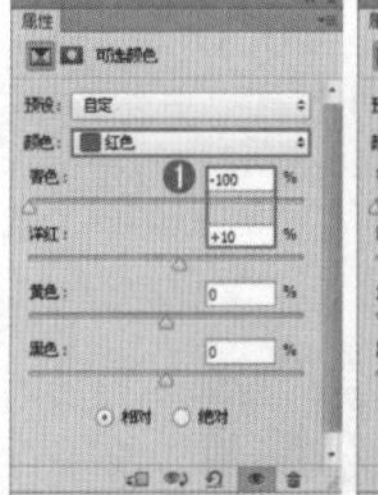

图9-382　图9-383　图9-384

步骤 03 通过对“可选颜色”调整图层参数的调整可以看到，图像整体红的部分鲜艳了很多，但是人像肤色部分显得有些偏红。单击工具箱中的“画笔工具”按钮，设置前景色为黑色，降低画笔不透明度以及流量，使用圆形柔角画笔涂抹人像部分，去掉调整图层对人像的影响，如图 9-385 所示。

图9-385

步骤 04 创建“色相 / 饱和度”调整图层，设置其“饱和度”为 34，如图 9-386 所示。同样使用画笔工具去掉其对人像部分的影响，如图 9-387 所示。

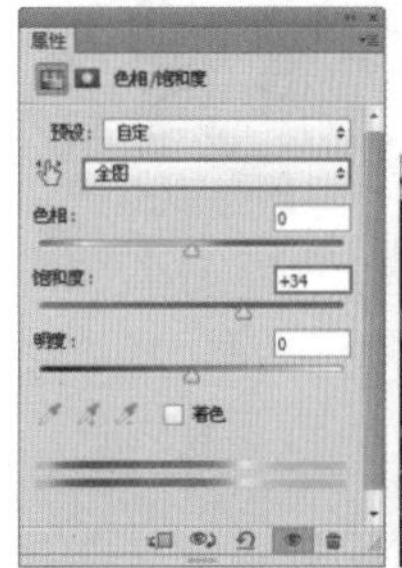

图9-386　图9-387

步骤 05 新建图层并填充为黑色，执行“滤镜 > 渲染 > 镜头光晕”命令，如图 9-388 所示。调整光晕角度，单击“确定”按钮结束操作，如图 9-389 所示。

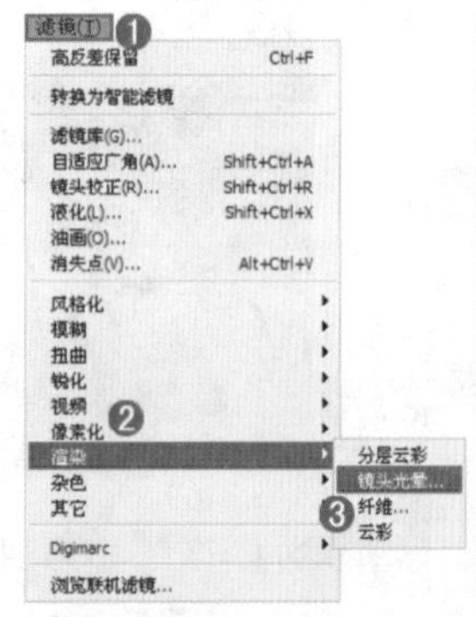

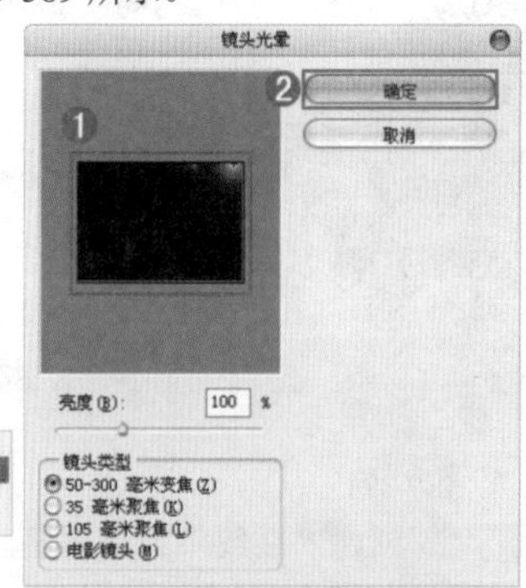

图9-388　图9-389

步骤 06 在“图层”面板中设置“图层 1”的“混合模式”为“滤色”，如图 9-390 所示。最终效果如图 9-391 所示。

图9-390　图9-391

实例练习——唯美童话色彩

实例文件	实例练习——唯美童话色彩 .psd
视频教学	实例练习——唯美童话色彩 .flv
难易指数	★★★★★
技术要点	调整图层、画笔工具

实例效果

本例素材如图 9-392 所示，效果如图 9-393 所示。

图9-392

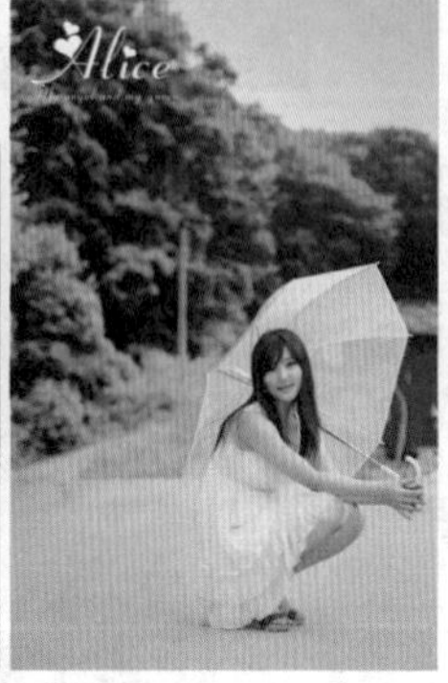

图9-393

操作步骤

步骤 01 打开素材文件，如图 9-394 所示。

步骤 02 由于原图有些灰暗，首先创建一个“亮度 / 对比度”调整图层，设置其“对比度”为 39，如图 9-395 所示。增强图像明暗对比，如图 9-396 所示。

图9-394

图9-395

图9-396

步骤 03 创建“曲线”调整图层，如图 9-397 所示。适当调亮图像，如图 9-398 所示。

图9-397　　图9-398

步骤 04 创建“可选颜色”调整图层，设置“颜色”为“绿色”，调整其“青色”为 -100%，“洋红”为 -100%，如图 9-399 所示，使树林细节更加丰富，如图 9-400 所示。

图9-399　　图9-400

步骤 05 图像中天空比较灰暗。新建图层，单击工具箱中的“渐变工具”按钮，在选项栏中编辑一种青色到透明的渐变，并选择线性渐变方式，如图 9-401 所示。从图像的右上角向左下拖曳填充渐变，如图 9-402 所示。

步骤 06 新建图层，用同样的方法制作地面效果，并在左上角输入英文，然后调整至合适位置，如图 9-403 所示。

图9-401

图9-402

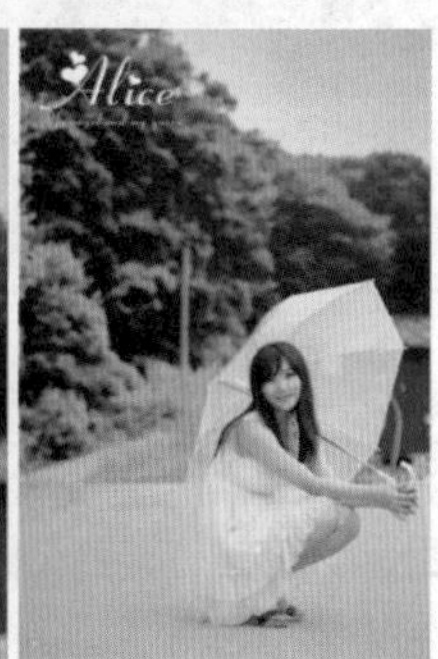

图9-403

步骤 07 创建“自然饱和度”调整图层，设置其“自然饱和度”为 83，如图 9-404 所示。最终效果如图 9-405 所示。

图9-404　　图9-405

实例练习——打造艳丽的风景照片

实例文件	实例练习——打造艳丽的风景照片.psd
视频教学	实例练习——打造艳丽的风景照片.flv
难易指数	★★★★★
技术要点	"曲线"调整图层、"自然饱和"度调整图层

实例效果

本例效果如图 9-406 所示。

图9-406

操作步骤

步骤 01 打开素材文件，如图 9-407 所示。

图9-407

步骤 02 导入光效素材文件，在"图层"面板中调整其"混合模式"为"滤色"，如图 9-408 所示。效果如图 9-409 所示。

图9-408

图9-409

步骤 03 单击"图层"面板中的"创建新的填充或调整图层"按钮，选择"曲线"命令，如图 9-410 所示。调整曲线形状，如图 9-411 所示。使暗部细节明显一些，如图 9-412 所示。

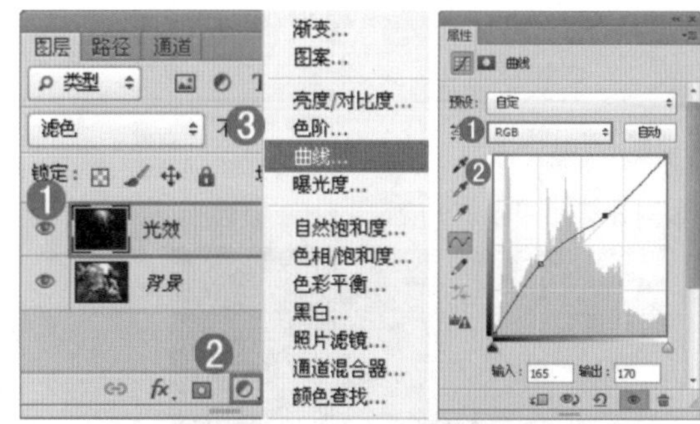

图9-410 图9-411

图9-412

步骤 04 创建"曲线"调整图层，设置"RGB"曲线，如图 9-413 所示。适当调亮图像，如图 9-414 所示。

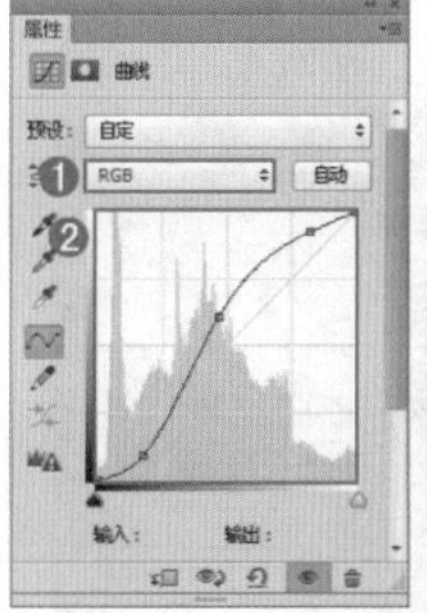

图9-413

图9-414

步骤 05 创建"自然饱和度"调整图层，设置其"自然饱和度"为 -100，"饱和度"为 36，如图 9-415 所示。最终效果如图 9-416 所示。

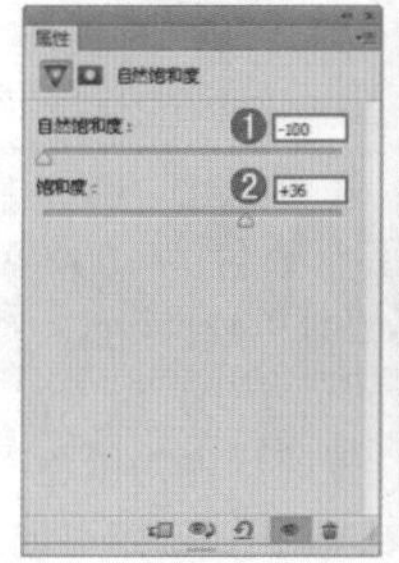

图9-415

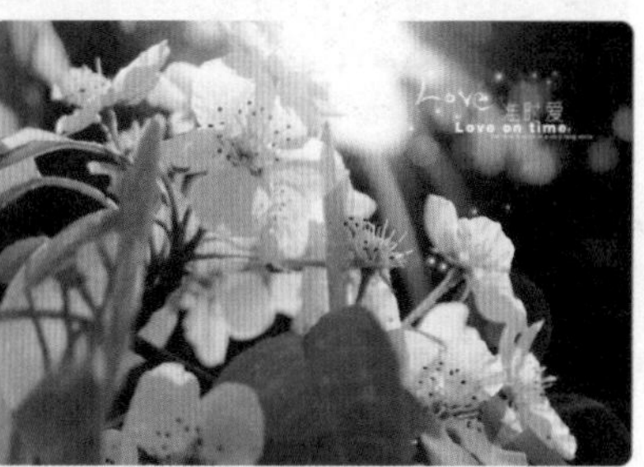

图9-416

实例练习——浓郁通透的外景人像

实例文件	实例练习——浓郁通透的外景人像 .psd
视频教学	实例练习——浓郁通透的外景人像 .flv
难易指数	★★★★★
技术要点	调整图层、画笔工具

实例效果

本例效果如图 9-417 所示。

图9-417

操作步骤

步骤 01 打开素材文件，如图 9-418 所示。

步骤 02 创建“可选颜色”调整图层，设置其“颜色”为“黄色”，“青色”为 -100%，“洋红”为 -100%，如图 9-419 所示。

图9-418

图9-419

步骤 03 设置“颜色”为“绿色”，调整其“青色”为 -100%，“洋红”数值为 -13%，“黄色”数值为 100%，“黑色”为 100%，如图 9-420 所示。效果如图 9-421 所示。

步骤 04 由于上面的颜色调整主要针对地上的植物，所以需要单击工具箱中的“画笔工具”按钮，设置前景色为黑色，调整画笔大小，在该调整图层的图层蒙版中涂抹，去掉对地面植物以外区域的影响，如图 9-422 所示。

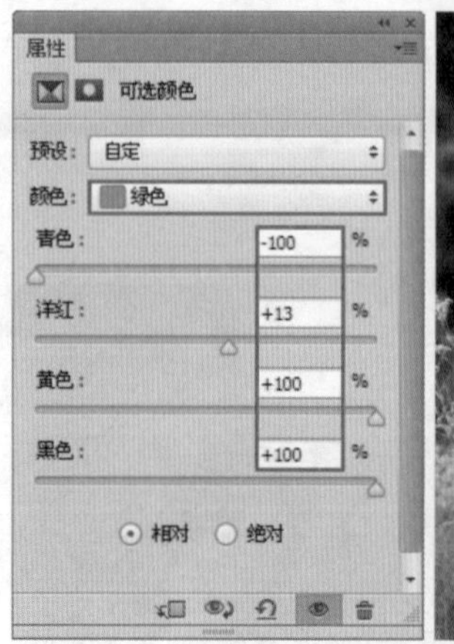

图9-420

图9-421

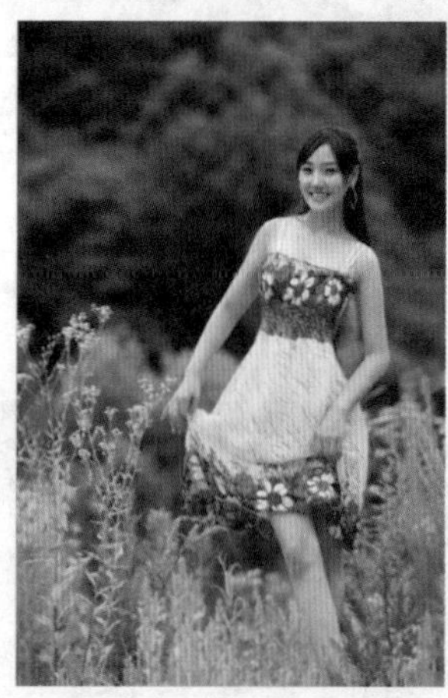

图9-422

步骤 05 创建“色相 / 饱和度”调整图层，调整为“全图”，设置其“色相”为 -2，“饱和度”为 25，如图 9-423 所示。使用黑色画笔工具，涂抹，去掉对人像部分的影响，如图 9-424 所示。

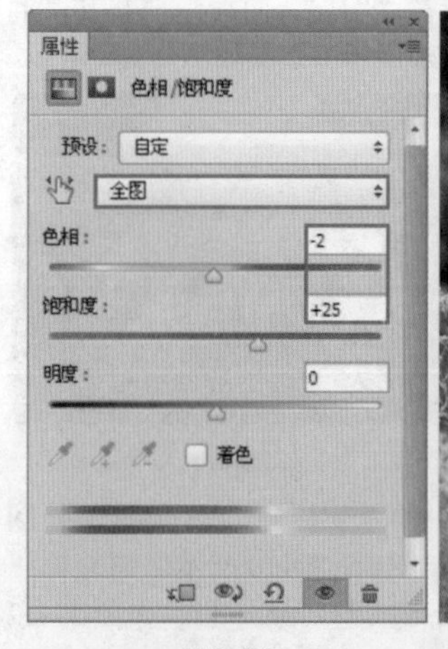

图9-423

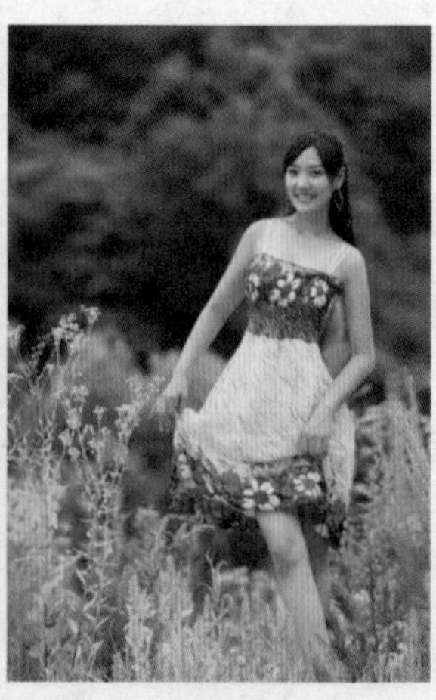

图9-424

步骤 06 创建“色彩平衡”调整图层，调整远处的植物颜色，设置“色调”为“中间调”，“青色”为 -58，“蓝色”为 66，如图 9-425 所示。同样，在蒙版中去掉对远处植物以外区域的影响，如图 9-426 所示。

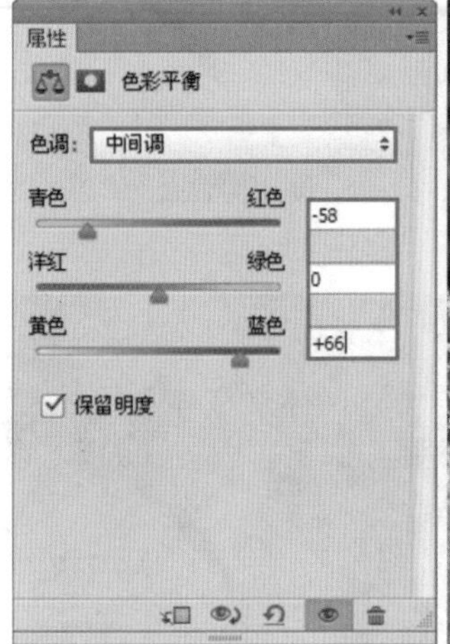

图9-425

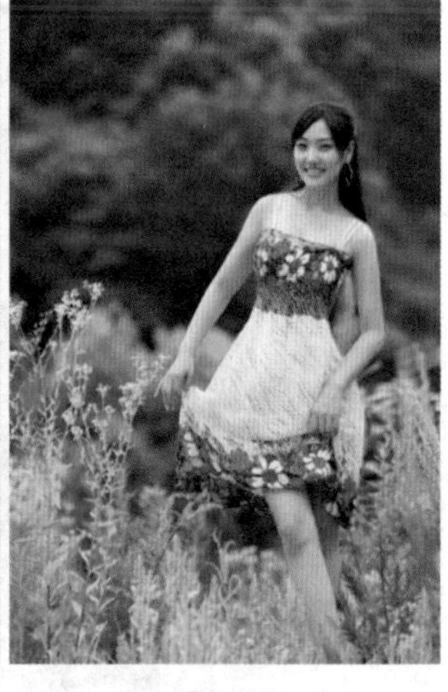

图9-426

步骤 07 创建“曲线”调整图层，适当调整曲线将画面调亮，如图 9-427 所示。效果如图 9-428 所示。

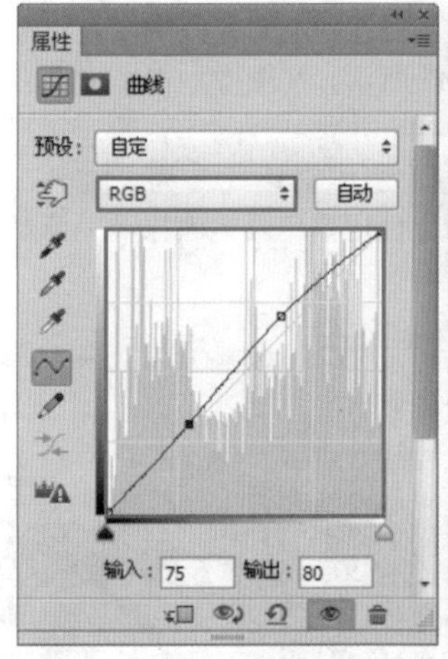

图9-427

图9-428

步骤 08 新建图层“光斑”，单击工具箱中的“渐变工具”按钮，在选项栏中单击“线性渐变”按钮，如图 9-429 所示。设置由白色到透明的渐变，单击“确定”按钮结束操作，如图 9-430 所示。在画面中从左上角到右下角拖曳填充渐变，如图 9-431 所示。

图9-429

图9-430

图9-431

步骤 09 在“图层”面板中设置“图层 1”的“不透明度”为 85%，也可以使用橡皮擦工具擦除多余部分，如图 9-432 所示。效果如图 9-433 所示。

图9-432

图9-433

步骤 10 在左上角输入文字，最终效果如图 9-434 所示。

图9-434

实例练习——金秋炫彩色调

实例文件	实例练习——金秋炫彩色调 .psd
视频教学	实例练习——金秋炫彩色调 .flv
难易指数	★★★★★
技术要点	曲线调整图层、可选颜色调整图层、亮度 / 对比度调整图层、渐变工具

实例效果

本例素材如图 9-435 所示。效果如图 9-436 所示。

图9-435

图9-436

步骤01 打开素材文件，按Ctrl+Shift+Alt+2组合键载入亮部选区，如图9-437所示。

图9-437

步骤02 创建“曲线”调整图层，调整好曲线的形状，如图9-438所示。此操作只会对亮部调整，效果如图9-439所示。

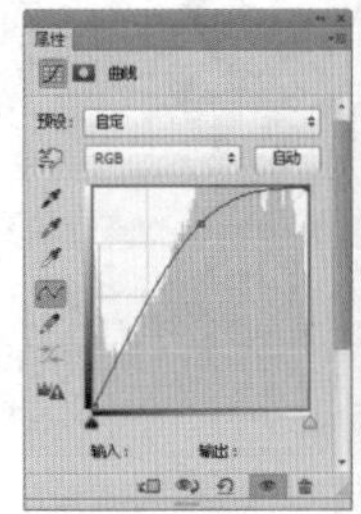
图9-438

图9-439

步骤03 下面对人像皮肤进行调整，当前肤色偏黄，创建“可选颜色”调整图层。选择“红色”，设置其“洋红”为-8%，“黄色”为-33%，如图9-440所示；选择“黄色”，设置其“青色”为-5%，“洋红”为8%，“黄色”为-42%，“黑色”为-11%，如图9-441所示。在图层蒙版中填充黑色，使用白色画笔涂抹出皮肤部分，此时可以看到人像肤色变为粉嫩的效果，如图9-442所示。

图9-440

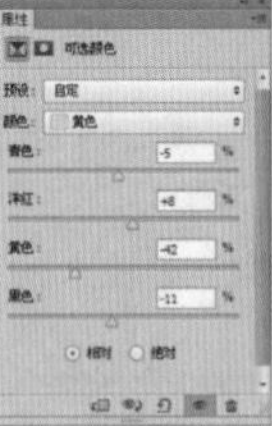
图9-441

图9-442

步骤04 创建“曲线”调整图层，然后调整好曲线的形状，如图9-443所示。使图像整体提亮，如图9-444所示。

步骤05 创建“亮度/对比度”调整图层，设置“亮度”为-18，“对比度”为51，如图9-445所示。接着使用黑色画笔在蒙版中绘制圆点，并使用自由变换工具快捷键Ctrl+T将其放大变虚，使其边角变暗中间变亮，如图9-446所示。

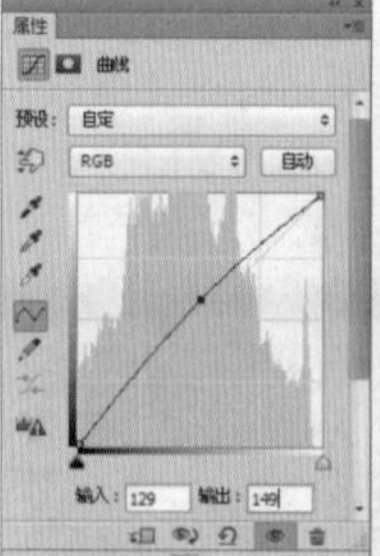

图9-443

图9-444

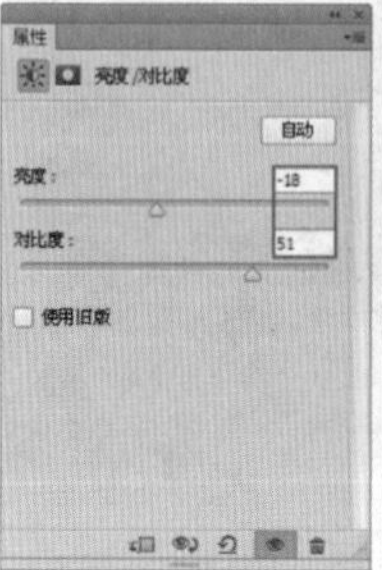

图9-445

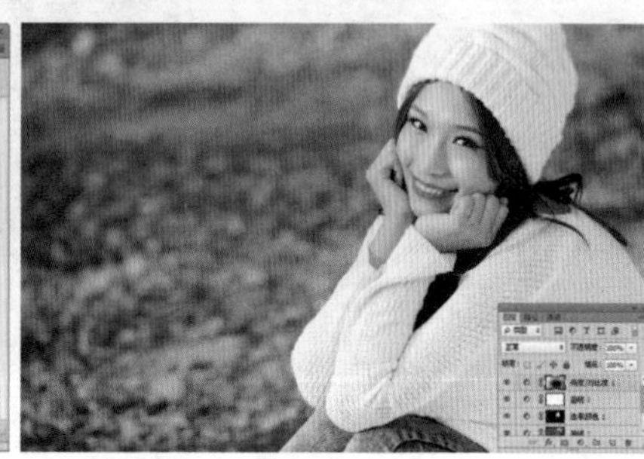
图9-446

步骤06 新建图层，选择“渐变工具”，在选项栏中单击编辑渐变窗口，拖动滑块调整渐变颜色为彩色渐变。设置渐变类型为线性渐变，如图9-447所示。在图像中自左下向右上拖曳填充彩色渐变，如图9-448所示。

步骤07 接着设置该渐变图层的“混合模式”为“柔光”，并添加图层蒙版。在图层蒙版中使用黑色画笔涂抹，去掉对人像部分的影响，效果如图9-449所示。

模式：正常　不透明度：100%

图9-447

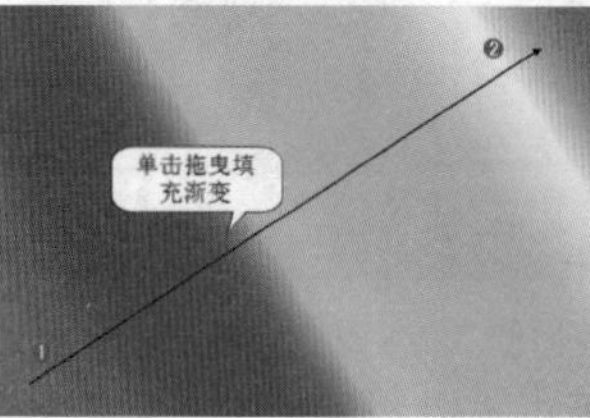

图9-448

图9-449

步骤08 为了增强炫彩渐变的效果，复制渐变图层，然后设置其“不透明度”为48%，如图9-450所示。

步骤09 最后嵌入艺术字效果。最终效果如图9-451所示。

图9-450

图9-451

RAW照片处理

Camera Raw 是 Adobe Photoshop 的一项增效工具，但是就其功能来说，实际上是一款独立的图像处理软件。由于 Camera Raw 采取无损化处理，所以用它来处理 JPEG 图像文件的优势是很明显的。Camera Raw 不但提供了导入和处理相机原始数据文件的功能，并且也可以用来处理 JPEG 和 TIFF 文件。

本章学习要点：

- 掌握Camera Raw的使用方法
- 熟练使用Camera Raw调整照片颜色
- 熟练掌握Camera Raw去除瑕疵的方法

10.1 熟悉Camera Raw的基本操作

Camera Raw 是 Adobe Photoshop 的一项增效工具，但是就其功能来说，实际上是一款独立的图像处理软件。由于 Camera Raw 采取无损化处理，所以用它来处理 JPEG 图像文件的优势是很明显的。Camera Raw 不但提供了导入和处理相机原始数据文件的功能，并且也可以用来处理 JPEG 和 TIFF 文件。

10.1.1 什么是RAW文件

RAW 文件不是图像文件，而是一个数据包，一般的图像浏览软件是不能预览 RAW 文件的，需要特定的图像处理软件将其转换为图像文件。与 JPEG 文件不同，RAW 文件是从数码相机的光电传感器直接获取的原始数据，所以相对来说，其包含的颜色和亮度内容是极其丰富的。RAW 文件拥有 12 位和 16 位数据的层次和颜色的细节，通过转换软件，可以从所摄图像中获得 8 位的 JPEG 或 TIFF 格式文件所不能保留的更多细节。

10.1.2 熟悉Camera Raw的操作界面

启动 Adobe Bridge，选择需要在 Camera Raw 中打开的图像，执行“文件 > 在 Camera Raw 中打开”命令或按 Ctrl+R 组合键，即可启动 Camera Raw，如图 10-1 所示。

图10-1

Camera Raw 的界面相对于 Photoshop 的操作界面要简洁得多，主要由工具栏、直方图、图像调整选项与图像窗口构成。可以对图像的白平衡、色调、饱和度进行调整，也可以对图像进行修饰、锐化、降噪、镜头矫正等操作。如图 10-2 所示为 Camera Raw 7.0 的操作界面。

图10-2

- 工具栏：显示 Camera Raw 中的工具按钮，将在后面的章节中进行详细讲解。
- 切换全屏模式：单击该按钮，可以将对话框切换为全屏模式。
- 图像窗口：可在窗口中实时显示对照片所做的调整。
- 缩放级别：可以从菜单中选取一个放大设置，或单击按钮缩放窗口的视图比例。
- 直方图：显示图像的直方图。
- 图像调整选项栏：选择需要使用的调整命令。
- Camera Raw 设置菜单：单击该按钮，可以打开“Camera Raw 设置”菜单，访问菜单中的命令。
- 调整窗口：调整命令的参数窗口，可以通过修改调整窗口中的参数或移动滑块调整图像。
- 工作流程选项：单击可以打开“工作流程选项”对话框。可以为从 Camera Raw 输出的所有文件指定设置，包括色彩深度、色彩空间和像素尺寸等。

※ 技术拓展：Camera Raw 工具详解

- 缩放工具：单击可以放大窗口中图像的显示比例，按住 Alt 键单击则缩小图像的显示比例。如果要恢复到 100% 显示，双击即可。
- 抓手工具：放大窗口以后，可使用该工具在预览窗口中移动图像。此外，按住空格键可以切换为该工具。
- 白平衡工具：使用该工具在白色或灰色的图像内容上单击，可以校正照片的白平衡。
- 颜色取样器工具：使用该工具在图像中单击，

可以建立颜色取样点，对话框顶部会显示取样像素的颜色值，以便于用户调整时观察颜色的变化情况，如图 10-3 所示。一个图像最多可以放置 9 个取样点。

图10-3

- 目标调整工具：单击该工具，在打开的下拉列表中选择一个选项，包括“参数曲线”、“色相”、“饱和度”、“明亮度”，然后在图像中拖动鼠标即可应用调整。
- 裁剪工具：可用于裁剪图像。
- 拉直工具：可用于校正倾斜的照片。
- 污点去除：可以使用另一区域中的样本修复图像中选中的区域。
- 红眼去除：与 Photoshop 中的“红眼工具”相同，可以去除红眼。
- 调整画笔：处理局部图像的曝光度、亮度、对比度、饱和度、清晰度等。
- 渐变滤镜：用于对图像进行局部处理。
- 打开首选项对话框：单击该按钮，可打开“Camera Raw 首选项”对话框。
- 旋转工具：可以逆时针或顺时针旋转照片。

10.1.3 打开RAW格式照片

在 Photoshop 中，执行“文件 > 打开”命令，或按 Ctrl+O 组合键，在弹出的“打开”对话框中选择 RAW 图片所在位置，单击“打开”按钮或按 Enter 键可将其打开，如图 10-4 和图 10-5 所示。

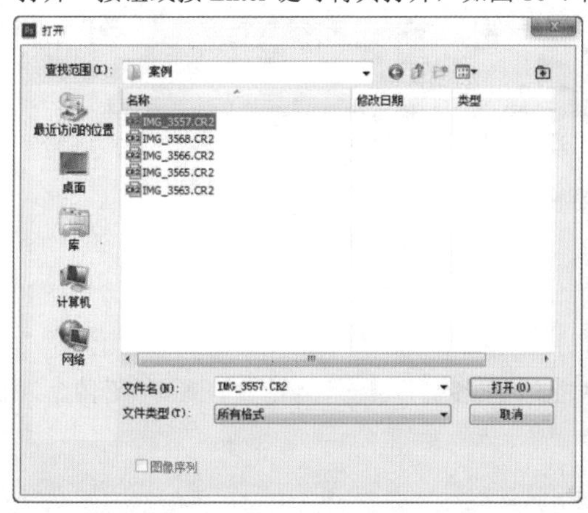

图10-4

图10-5

技巧提示

不同相机的 RAW 文件的拓展名也不同，.cr2 为佳能相机 RAW 文件的拓展名。常见相机厂商的 RAW 文件拓展名为富士：*.raf、佳能：*.crw，*.cr2、柯达：*.kdc、美能达：*.mrw、尼康：*.nef、奥林巴斯：*.orf、Adobe：*.dng、宾得：*.ptx，*.pef、索尼：*.arw、适马：*.x3f、松下：*.rw2。

10.1.4 在Camera Raw中打开其他格式文件

要在 Camera Raw 中处理 JPEG 和 TIFF 格式的图像，可在 Photoshop 中执行“文件 > 打开为”命令或按 Alt+Shift+Ctrl+O 快捷键，弹出“打开为”对话框，选择照片后在“打开为”下拉列表中选择“Camera Raw”，单击“打开”按钮结束操作，即可在 Camera Raw 中打开图片。如图 10-6 所示。

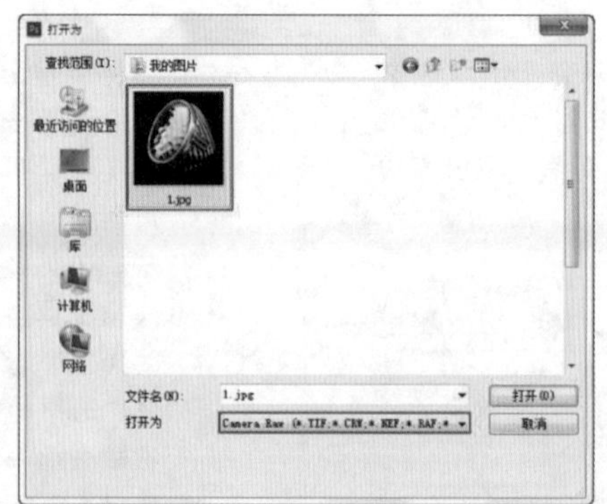

图10-6

10.1.5 RAW照片格式转换

当完成对RAW照片的编辑以后，可单击对话框左下角的“存储图像”按钮 存储图像... ，如图10-7所示。在弹出的“储存选项”对话框中设置文件名称及位置，在“文件扩展名”下拉列表中选择所要存储的PSD、TIFF、JPEG和DNG等文件格式，单击“存储”按钮结束操作，如图10-8所示。

图10-7 图10-8

10.1.6 在Camera Raw中查看图像

与在Photoshop中相似，在Camera Raw中打开图像后也可以使用缩放、平移工具调整图像缩放比例及查看图像。

理论实践——使用缩放工具

使用“缩放工具”单击即可将预览缩放设置为下一较高预设值，也就是放大图像，如图10-9所示。反之，按住Alt键即可缩小图像；双击可使图像恢复到100%，显示如图10-10所示。

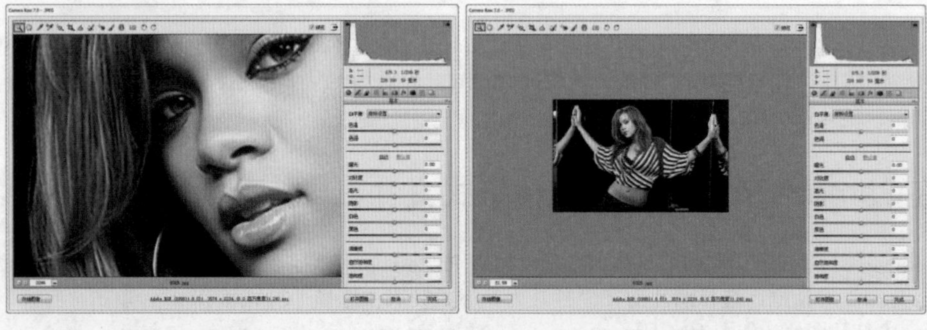

图10-9 图10-10

技巧提示

使用快捷键Z能够快速切换到缩放工具；按住Ctrl+Alt键时滚动鼠标滚轮可以快速切换图像缩放级别；按住Alt键时滚动鼠标滚轮可以以1.7%的增量调整图像缩放级别，也可以在左下角缩放级别列表中进行选择，如图10-11所示。

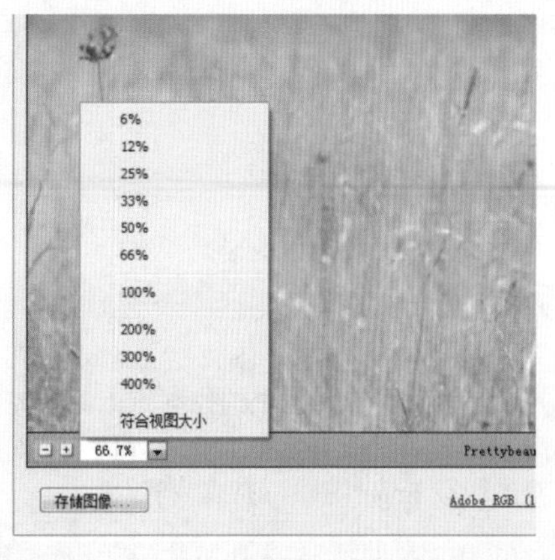

图10-11

理论实践——使用抓手工具

“抓手工具”用于在预览窗口中调整图像显示区域，如图10-12所示。在使用其他工具时，按住空格键可以切换为该工具。双击可以将预览图像设置为适合窗口的大小。在使用抓手工具时，按住Ctrl键可暂时切换为“放大工具”，按住Alt键可暂时切换为“缩小工具”，如图10-13所示。

图10-12　　图10-13

10.1.7 在Camera Raw中裁切图像

在Camera Raw中有两种可供裁切图像的工具：裁切工具和拉直工具。

理论实践——裁切工具

“裁切工具”用于对图像进行裁剪，以达到调整图像大小和构图的目的。

（1）在工具箱中选择裁切工具，在图像中向另一方向进行拖曳，界定框以内的部分为保留区域，如图10-14所示。

（2）单击工具箱中的“裁切工具”按钮，在下拉列表中可以进行长宽比的选择，并裁切出特定长宽比的图像，如图10-15所示。

图10-14

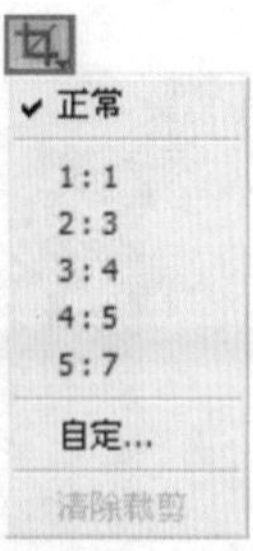

图10-15

（3）将光标移动到界定框上的控制点上，待光标变为双箭头时拖曳鼠标即可更改界定框大小，如图 10-16 所示。在界定框内双击或按 Enter 键即可完成裁剪。

图10-16

（4）将光标移动到界定框以外，待光标变为弯曲的双箭头时拖曳鼠标即可更改界定框角度，如图 10-17 所示。在界定框内双击或按 Enter 键即可完成裁剪。

图10-17

技巧提示

Camera Raw 中的裁切工具 Photoshop 中的裁切工具不同，使用 Camera Raw 的裁切工具裁切图片后，再次单击裁切工具，图像会自动还原裁切掉的部分和上次裁切的界定框，以便再次调整图像大小。

理论实践——拉直工具

使用“拉直工具”可以快速绘制出任意角度的裁切界定框，常用于校正倾斜的照片和旋转并裁切图像。

（1）选择拉直工具，在画面上以任意角度绘制直线，如图 10-18 所示。画面会以此直线对照片进行最大矩形裁剪，并自动跳转到“裁剪工具”状态下，如图 10-19 所示。

（2）界定框出现后的操作方法与使用裁剪工具完全相同，可以对界定框进行旋转、调整大小等操作，按 Enter 键即可结束操作，如图 10-20 所示。

图10-18

图10-19

图10-20

10.1.8 在Camera Raw中旋转图像

Camera Raw 中有两个旋转工具："逆时针旋转 90° 工具" 和 "顺时针旋转 90° 工具 "。单击相应工具的按钮即可快速便捷地旋转图像，如图 10-21 和图 10-22 所示。

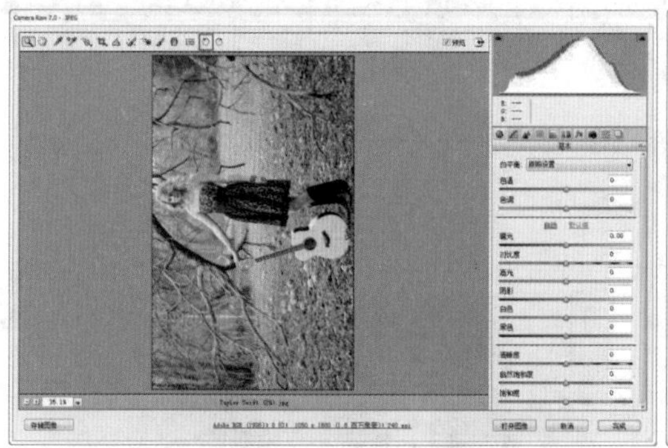

图10-21

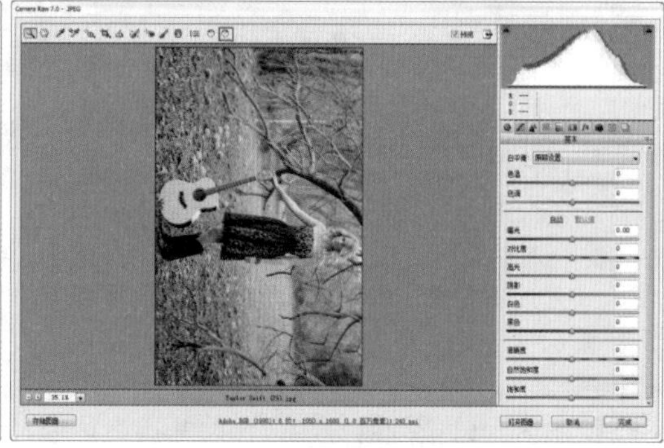

图10-22

10.1.9 调整照片大小和分辨率

单击 Camera Raw 对话框底部的工作流程选项，在弹出的"工作流程选项"对话框中可以对"色彩空间"、"色彩深度"、"大小"、"分辨率"和"锐化"等进行设置。在"大小"下拉列表中可以选择合适的尺寸，也可以直接修改分辨率数值，单击"确定"按钮结束操作，如图 10-23 所示。

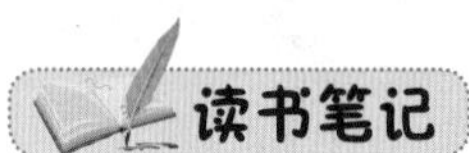

图10-23

10.1.10 Camera Raw首选项设置

单击工具箱中的"Camera Raw 首选项"按钮即可打开"Camera Raw 首选项"窗口，在这里可以进行"常规"、"默认图像设置"、"Camera Raw 高速缓存"、"DNG 文件处理"和"JPEG 和 TIFF 处理"的设置，如图 10-24 所示。

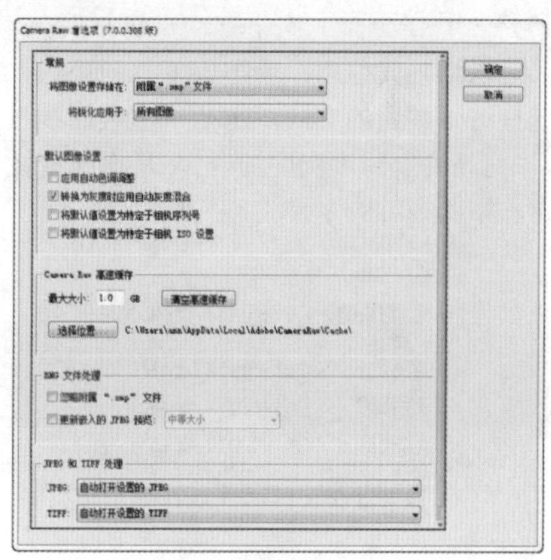

图10-24

10.2 在Camera Raw中进行局部调整

在 Camera Raw 中包含多种可以快速校正拍摄中出现的常见问题的工具，可以校正镜头缺陷，调整照片的颜色、白平衡、去除污点及红眼等。

10.2.1 白平衡工具

“白平衡工具”主要用于校正白平衡设置不当引起的偏色问题，使用该工具在图像中本应是白色或灰色的区域上单击，可以重新设定白平衡；双击该工具，可以将白平衡恢复到照片最初状态。

如图 10-25 所示为一张婚纱照片，白色的礼服有些偏黄，所以这里可以以服装为样本像素。使用“白平衡工具”单击白色的裙子部分，此时可以看到服装部分不再偏黄了，如图 10-26 所示。

图10-25

图10-26

技巧提示

处于白平衡工具状态时，在画面单击鼠标右键可以分别将照片设置为不同预设效果，如图 10-27 所示。

原照设置
自动
日光
阴天
阴影
白炽灯
荧光灯
闪光灯

图10-27

10.2.2 目标调整工具

“目标调整工具”可以更加直观地通过在照片上拖动光标来校正色调和颜色，而无需调节面板中的滑块。例如，使用目标调整工具在画面上向下拖动，可以降低其饱和度；向上拖动，可以增强其色相。单击该工具的按钮，在下拉列表中可以选择进行调整的方式，包括“参数曲线”、“色相”、“饱和度”、“明亮度”和“灰度混合”，从而改变图像局部的颜色与色调，如图 10-28 所示。

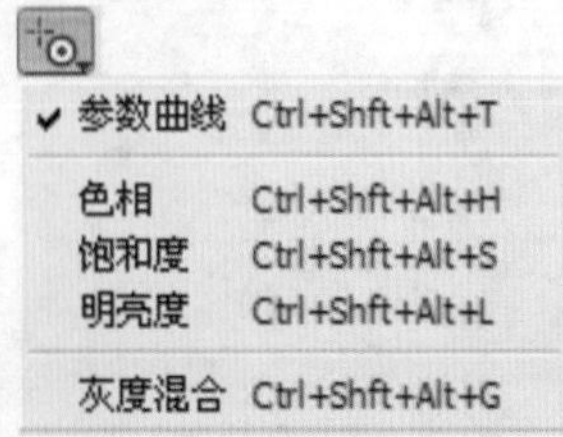

图10-28

使用目标调整工具调节图像饱和度的操作步骤如下。

（1）首先打开一张图像，在工具箱中单击“目标调整工具”按钮，并在下拉列表中选择“饱和度”选项，此时调整面板会同时显示对应的调整设定页“饱和度”页面，如图 10-29 所示。

图10-29

（2）使用该工具在图像中花的部分单击并向左拖动，如图 10-30 所示。此时可以看到图像中偏黄色的部分基本变为灰色，而绿色部分饱和度降低很少，如图 10-31 所示。

（3）也可以在参数调整面板中修改参数以改变图像，如将绿色数值调为 -100，此时图像中绿色的部分也变为灰色，如图 10-32 所示。

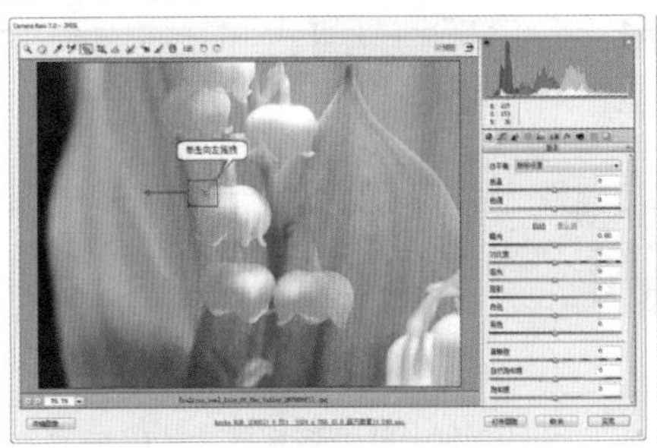

图10-30

图10-31

图10-32

10.2.3 污点去除工具

单击“污点去除工具”按钮，右侧将出现其相应的参数设置面板，如图 10-33 所示。

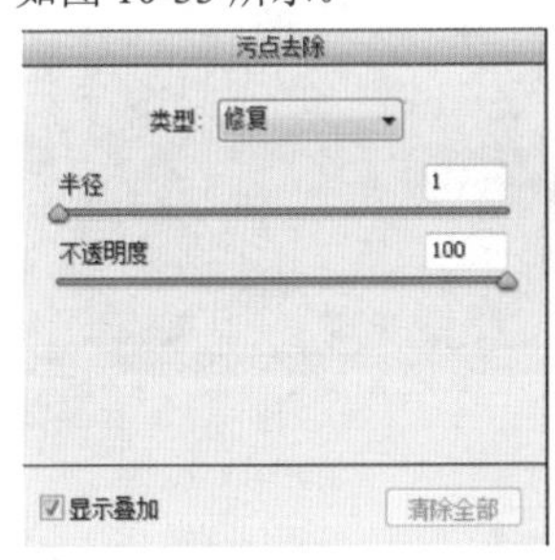

图10-33

- 类型：选择“修复”选项，可以使样本区域的纹理、光照和阴影与所选区域相匹配；选择“仿制”选项，则将图像的样本区域应用于所选区域。
- 半径：用来指定污点去除工具影响的区域的大小。
- 不透明度：可以调整取样的图像的不透明度。
- 显示叠加：用来显示或隐藏选框。
- 清除全部：单击该按钮，可以撤销所有的修复。

使用污点去除工具去除人像面部斑点的操作步骤如下。

（1）打开图片，使用“污点去除”工具在污点处单击，如图 10-34 所示。

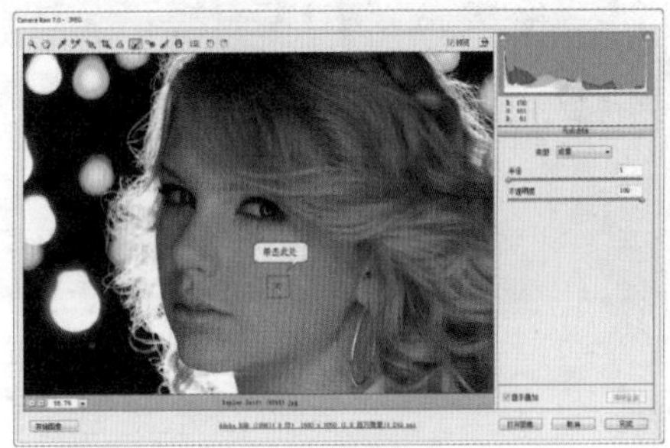

图10-34

（2）单击并拖曳出一个圆形的区域，如图 10-35 所示。

图10-35

（3）松开鼠标后出现另一个圆形区域，也就是用于修复的样本，移动该区域到合适的位置，如图 10-36 所示。松开鼠标即可修复当前污点，如图 10-37 所示。

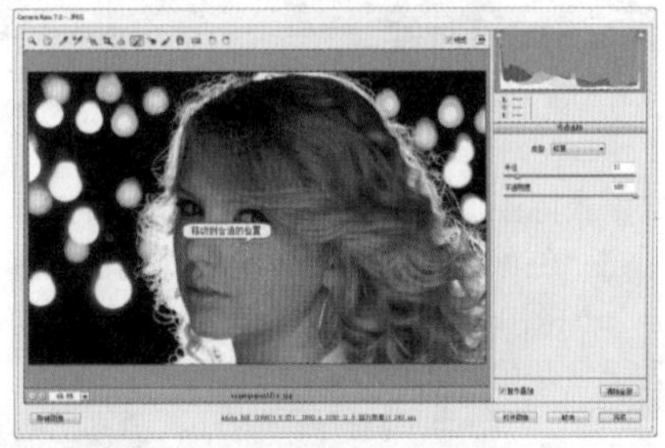

图10-36

图10-37

10.2.4 红眼去除工具

单击“红眼去除工具”按钮，右侧将出现其参数设置面板，如图 10-38 所示。

图10-38

- 瞳孔大小：拖动滑块可以扩大或缩小校正区域，如图 10-39 所示。

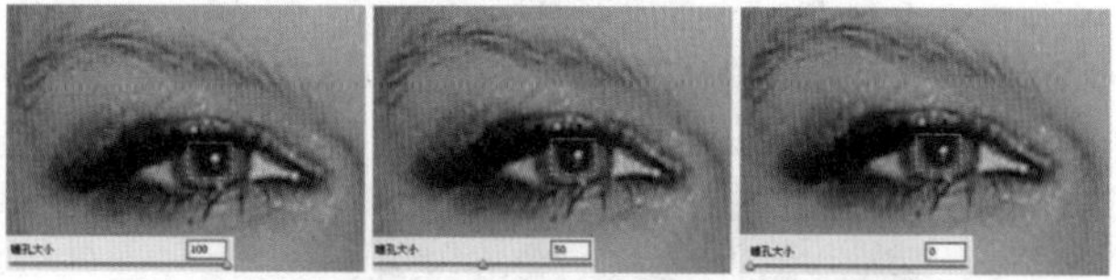

图10-39

- 变暗：向右拖动滑块可以使选区中的瞳孔区域和选区外的光圈区域变暗，如图 10-40 所示。

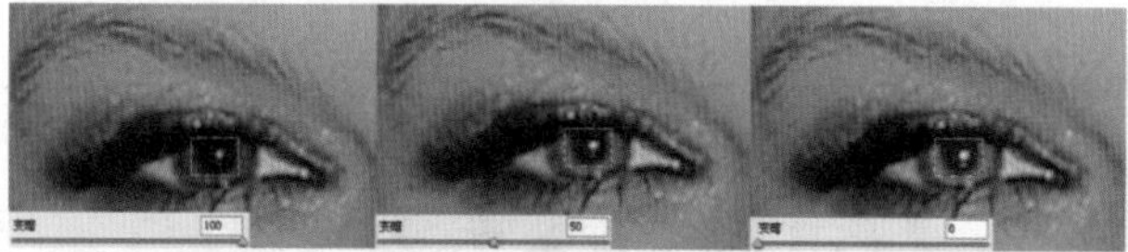

图10-40

使用红眼去除工具去除红眼的操作步骤如下。

（1）单击“红眼去除工具”按钮，在图像中拖曳绘制出红眼的选区，如图 10-41 所示。松开鼠标后红眼部分饱和度降低，变为正常颜色，如图 10-42 所示。

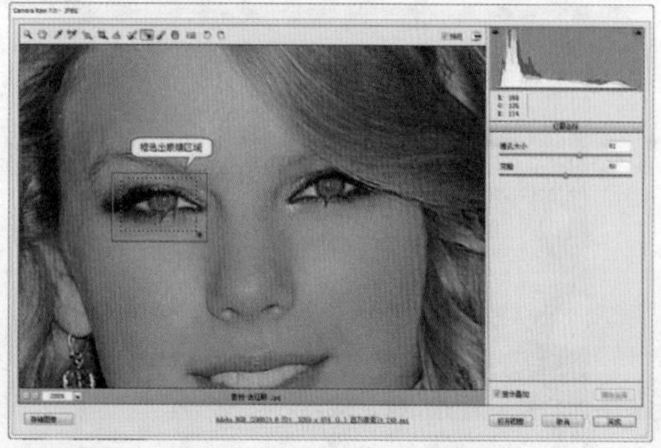

图10-41

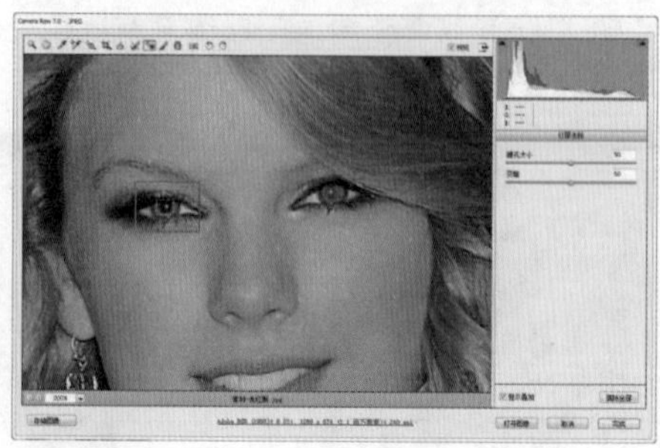

图10-42

（2）去除红眼后，将图像放大可以看到瞳孔的附近有一个选区，选区内部分的饱和度为 0，如图 10-43 所示。选区外的眼球部分饱和度稍高，调整该选区大小可以控制饱和度为 0 的区域大小，如图 10-44 所示。

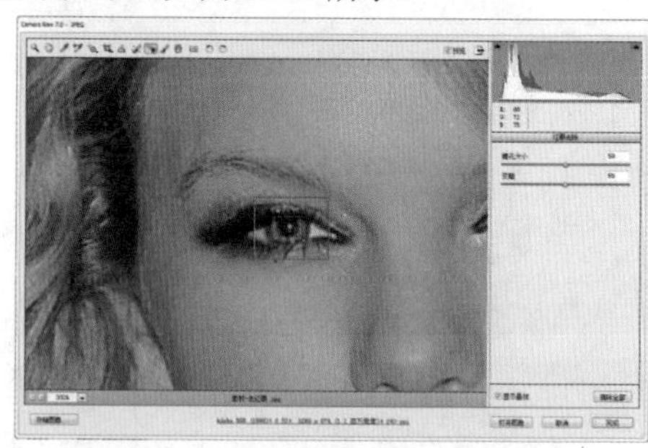

图10-43

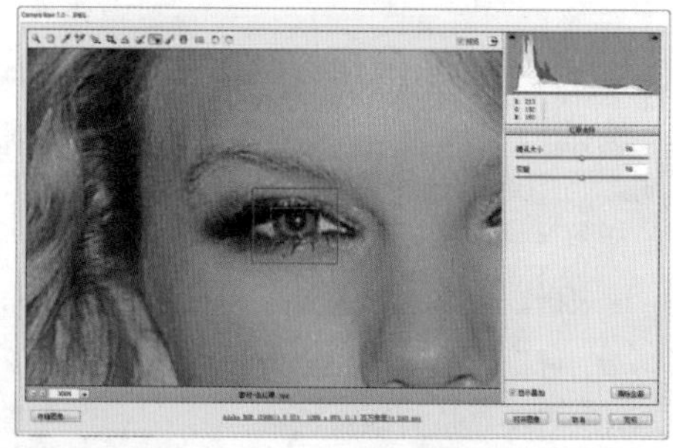

图10-44

（3）用同样的方法修复另一只眼睛的红眼问题，效果如图 10-45 所示。

图10-45

10.2.5 调整画笔工具

使用“调整画笔工具”在需要调整的区域绘制可调整图像局部效果，具体调整参数可以通过其右侧面板进行控制，如图 10-46 所示。

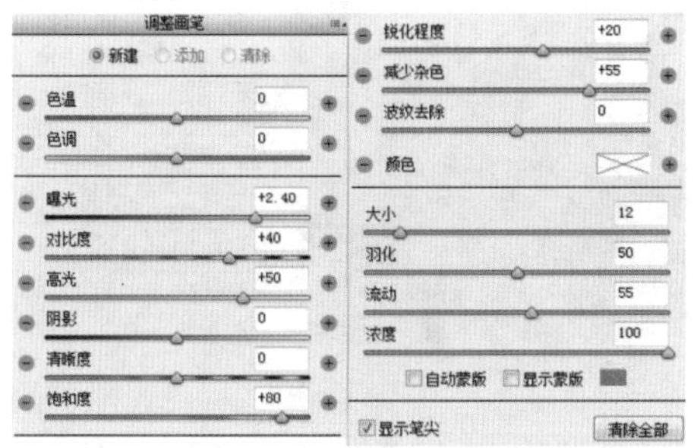

图10-46

- 新建：选择调整画笔工具后，默认选中该单选按钮，此时在图像中涂抹可以绘制蒙版。
- 添加：绘制一个蒙版区域后，选中该单选按钮，可在其他区域添加新的蒙版。
- 清除：要删除部分蒙版或者撤销部分调整，可以选中该单选按钮，并在原蒙版区域上涂抹。创建多个调整区域以后，如果要删除其中的一个调整区域，则可单击该区域的图钉图标，然后按 Delete 键。
- 色温：色温是人眼对发光体或白色反光体的感觉。在实际拍摄照片时，如果光线色温较低或偏高，则可通过调整该选项来进行校正。提高色温，图像颜色会变得更暖（黄）；降低色温，图像颜色会变得更冷（蓝）。
- 色调：可通过设置白平衡来补偿绿色或洋红色色调。减少色调，可在图像中添加绿色；增加色调，则在图像中添加洋红色。
- 曝光：调整图像整体亮度。
- 对比度：调整图像对比度，对中间调的影响较大。向右拖动滑块可增加对比度；向左拖动滑块可减少对比度。
- 高光：调整高光区域亮度。
- 阴影：调整阴影区域亮度。
- 清晰度：通过增加局部对比度来增加图像深度。向右拖动滑块可增加对比度；向左拖动滑块可减少对比度。
- 饱和度：调整颜色鲜明度或纯度。向右拖动滑块可增加饱和度；向左拖动滑块可减少饱和度。
- 锐化程度：可增强边缘清晰度以显示细节。向右拖动滑块可锐化细节；向左拖动滑块可模糊细节。
- 减少杂色：设置减少画面杂色的程度。数值越大，杂色去除程度越大。
- 波纹去除：去除颜色波纹，波纹一般出现在图像密集区域。
- 颜色：可以在选中的区域中叠加颜色。单击右侧的颜色块，可以修改颜色。
- 大小：用来指定画笔笔尖的直径，也可以在视图中单击鼠标右键并拖动鼠标以调整画笔大小。
- 羽化：用来控制画笔描边的硬度。羽化值越高，画笔的边缘越柔和。
- 流动：用来控制应用调整的速率。
- 浓度：用来控制描边中的透明度程度。
- 自动蒙版：将画笔描边限制到颜色相似的区域。
- 显示蒙版：选中该复选框可以显示蒙版。如果要修改蒙版颜色，可单击选项右侧的颜色块，在打开的拾色器中调整。
- 显示笔尖：选中该复选框可以显示图钉图标。
- 清除全部：单击该按钮，可删除所有调整和蒙版。

使用调整画笔工具调整局部效果的操作步骤如下。

（1）在 Camera Raw 中打开素材照片，照片中左侧的建筑物处于背光的区域，亮度低并且颜色暗淡，如图 10-47 所示。下面需要对其进行调整，单击工具栏中的“调整画笔工具”按钮，在右侧的“调整画笔”面板中设置画笔“大小”为 30，“羽化”为 50，“流动”为 55，“浓度”为 100，并选中“显示蒙版”复选框，为了便于观察蒙版区域，设置蒙版颜色为红色，如图 10-48 所示。

图10-47

图10-48

（2）使用调整画笔工具涂抹左侧建筑部分，如图 10-49 所示。

（3）若在绘制过程中出现绘制错误的区域，可以在右侧“调整画笔”面板中设置画笔类型为“清除”，并设置画笔“大小”为 15，“羽化”为 50，“流动”为 50。然后在建筑边缘处进行涂抹，擦去绘制的多余部分，如图 10-50 所示。

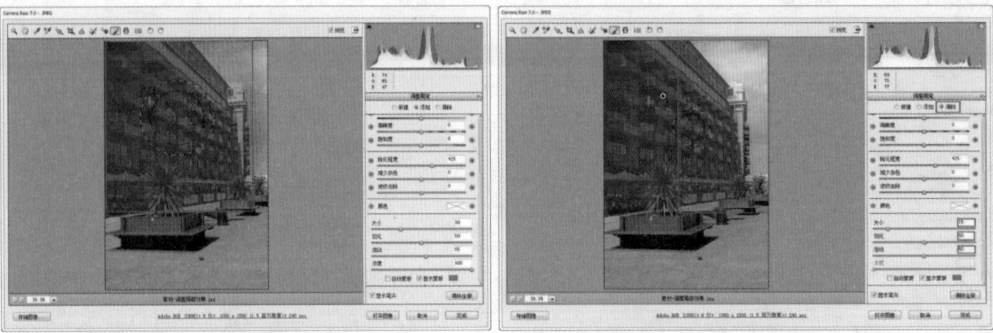

图10-49　　图10-50

技巧提示

当画笔类型为“添加”时，也可以按住 Alt 键将画笔快速切换为“清除”类型。

（4）蒙版区域绘制完毕后，可以取消选中“显示蒙版”复选框或按 Y 键，隐藏蒙版。设置“曝光”为 1.50，“对比度”为 40，“饱和度”为 80，此时建筑部分呈现出明亮艳丽的效果，如图 10-51 所示。单击左下角的“存储图像”按钮，在弹出的“存储选项”对话框中单击“选择文件夹”按钮，选择合适的存储位置，并在“文件命名”选项组中输入文件名和文件扩展名，如图 10-52 所示。

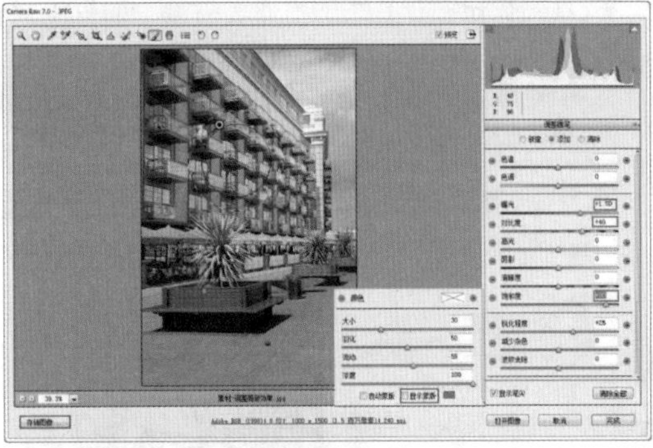

图10-51

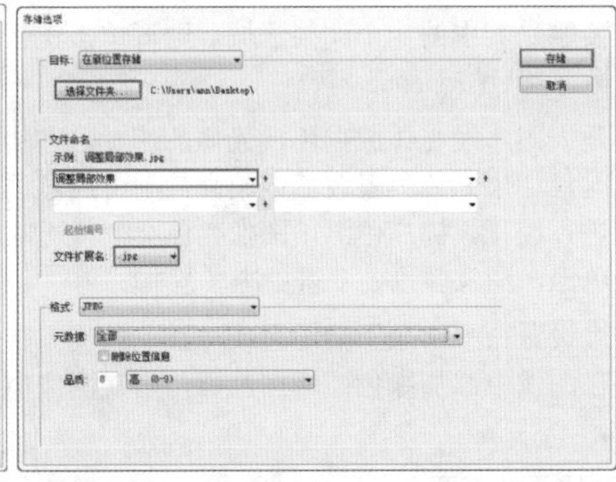

图10-52

技巧提示

将调整画笔类型设置为“新建”即可添加其他调整区域，如图 10-53 所示。

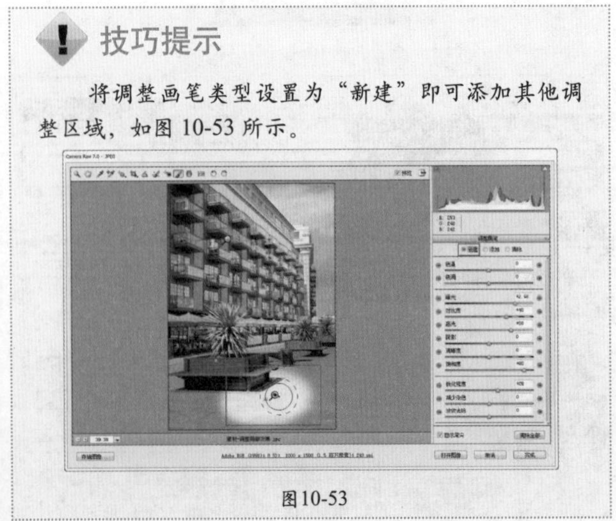

图10-53

步骤 05 对比效果如图 10-54 所示。

图10-54

10.2.6 渐变滤镜工具

“渐变滤镜工具” 也用于对图像进行局部调整。该工具以渐变的方式将图像分为“两极”，分别是调整后的效果和未调整的效果，两极中间则是过渡带。选择该工具，在图像中单击，出现绿色圆点“调整后的效果”，拖曳即可出现红色圆点“未调整的效果”，中间的区域为过渡区。在窗口右侧可以进行相应的参数设置，如图 10-55 所示。

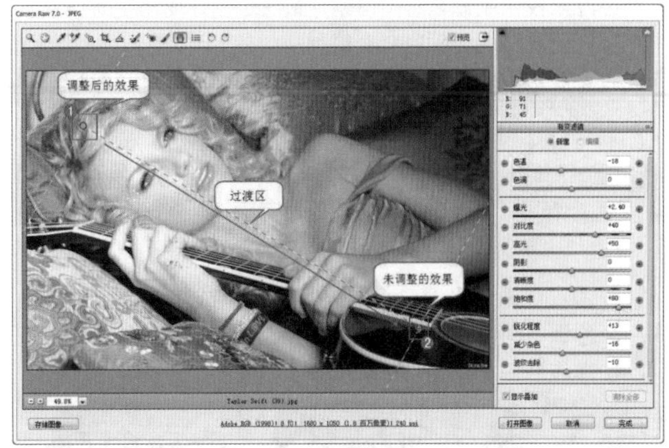

图10-55

10.3 在Camera Raw中调整颜色和色调

在使用 Camera Raw 调整 RAW 照片的颜色及色调时，将保留原图像的相机数据，调整内容可存储在 Camera Raw 数据库中，作为数据嵌入图像文件中。

10.3.1 认识Camera Raw中的直方图

直方图是用于了解图像曝光情况及观察图像调整处理结果的工具。Camera Raw 中的直方图由红、绿、蓝 3 个颜色组成，当 3 个通道重叠时，将显示为白色。其中两个通道重叠时，分别显示为青色、黄色或洋红色。根据直方图的形态，用户可以方便地判断图像存在的问题，以便有目的的对图像进行调整，如图 10-56 所示。

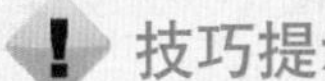

技巧提示

红色 + 绿色通道为黄色；红色 + 蓝色通道为洋红色；绿色 + 蓝色通道为青色。

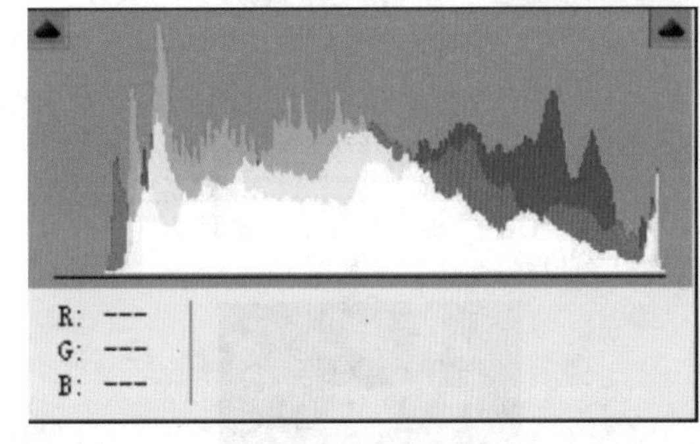

图10-56

10.3.2 调整白平衡

调整白平衡首先需要确定图像中应具有中性色（白色或灰色）的对象，然后调整图像中的颜色，使这些对象变为中性色。调整白平衡不仅可以使用白平衡工具进行快速调整，也可以在“基本”面板中进行详细调整，如图 10-57 所示。

- 白平衡：默认情况下显示的原照设置为相机拍摄此照片时所使用的原始白平衡设置；还可以选择使用相机的白平衡设置，或基于图像数据来计算白平衡的“自动”选项。

图10-57

- 色温：色温是人眼对发光体或白色反光体的感觉。在实际拍摄照片时，如果光线色温较低或偏高，则可通过调整色温来校正照片。提高色温，图像颜色会变得更暖（黄）；降低色温，图像颜色会变得更冷（蓝），如图 10-58 所示。

图10-58

- 色调：可通过设置白平衡来补偿绿色或洋红色色调。减少色调，可在图像中添加绿色；增加色调则在图像中添加洋红色，如图 10-59 所示。

图10-59

- 曝光：调整整体图像的亮度，对高光部分的影响较大。减少曝光，会使图像变暗；增加曝光，则使图像变亮。该值的每个增量等同于一个光圈大小，如图 10-60 所示。

图10-60

- 对比度：可以增加或减小图像对比度，主要影响中间色调。增加对比度时，中到暗图像区域会变得更暗，中到亮图像区域会变得更亮，如图 10-61 所示。

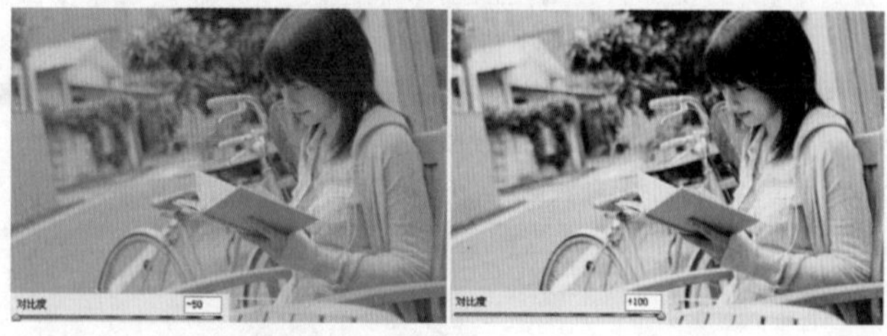

图10-61

- 高光：调整高光区域亮度。
- 阴影：调整阴影区域亮度。
- 白色：指定哪些输入色阶将在最终图像中映射为白色。增加白色，可以扩展映射为白色的区域，使图像的对比度看起来更高。它主要影响高光区域，对中间调和阴影影响较小。
- 黑色：指定哪些输入色阶将在最终图像中映射为黑色。增加黑色，可以扩展映射为黑色的区域，使图像的对比度看起来更高。它主要影响阴影区域，对中间调和高光影响较小。
- 清晰度：通过增加局部对比度来增加图像深度。向右拖动滑块可增加对比度；向左拖动滑块可减小对比度。
- 自然饱和度：控制图像的自然饱和度。
- 饱和度：调整颜色鲜明度或纯度。向右拖动滑块可增加饱和度；向左拖动滑块可减小饱和度。

理论实践——调整图像的白平衡

（1）按 Ctrl+O 快捷键，打开本书配套光盘中的素材文件“调整图像的白平衡 .jpg”，如图 10-62 所示。

图10-62

（2）这张照片的色调偏冷色，在 Camera Raw 面板中单击“白平衡工具”按钮，在图像中性色（白色或灰色）区域单击，Camera Raw 可以确定场景的光线颜色进行自动调整，如图 10-63 所示。

图10-63

技巧提示

当照片主体是人像，并且环境中没有明显的中性色时，可以以眼白作为中性色区域。

（3）此时人物肤色明显变得更加红润，如图 10-64 所示。

图10-64

（4）为了使图像整体更暖一些，可以在 Camera Raw 的“基本”面板中增大色温数值，最终效果如图 10-65 所示。

图10-65

10.3.3 清晰度、饱和度控件

在 Camera Raw 中，可在“基本”面板中通过调整“清晰度”、“自然饱和度”和“饱和度”的数值，更改图像的清晰度和颜色纯度，使图像色调更加鲜亮、明快，如图 10-66 所示。

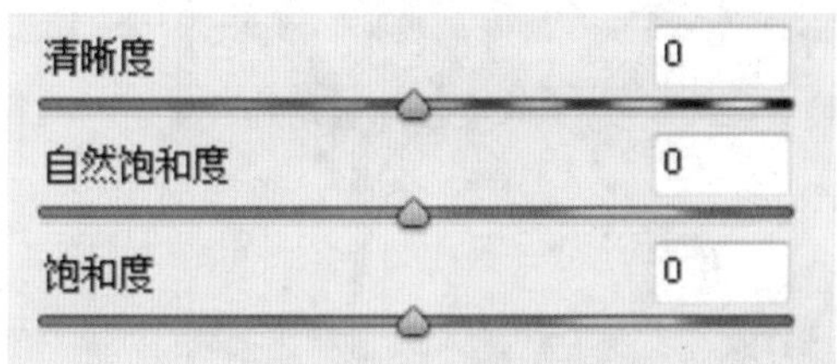

图10-66

- 清晰度：可以调整图像的清晰度。
- 自然饱和度：可以调整饱和度，并在颜色接近最大饱和度时减少溢色。该设置更改所有低饱和度颜色的饱和度，对高饱和度颜色的影响较小，类似于 Photoshop 中的“自然饱和度”命令。
- 饱和度：可以均匀地调整所有颜色的饱和度，调整范围为 -100（单色）～ +100（饱和度加倍）。该命令的功能类似于 Photoshop 中“色相 / 饱和度”命令中的“饱和度”功能。

10.3.4 调整色调曲线

色调曲线表示对图像色调范围所做的更改，它包含两种不同的调整方式，分别是参数曲线和点曲线。参数曲线是通过调整曲线的数值调整图像的亮度及对比度；“点曲线”的使用方法与传统的曲线相同，通过调整曲线形状调整图像，如图 10-67 所示。

技巧提示

水平轴表示图像的原始色调值（输入值），左侧为黑色，并向右逐渐变亮。垂直轴表示更改的色调值（输出值），底部为黑色，并向上逐渐变为白色。如果曲线中的点上移，则输出为更亮的色调；如果下移，则输出为更暗的色调。45° 斜线表示没有对色调响应曲线进行更改，即原始输入值与输出值完全匹配。

图10-67

理论实践——参数曲线

参数曲线是通过调整曲线坐标数值来调整图像的，可以使用“参数”选项卡中的色调曲线来调整图像中特定色调范围的值。沿图形水平轴拖移区域分隔控件，扩展或收缩滑块所影响的曲线区域，然后拖移“参数”选项卡中的“高光”、“亮区”、“暗区”或“阴影”滑块调整参数，即可调整曲线形状。中间区域属性（“暗区”和“亮区”）主要影响曲线的中间区域。“高光”和“阴影”属性主要影响色调范围的两端。如图 10-68 所示。

图10-68

理论实践——点曲线

点曲线相对参数曲线更加直观，调整曲线形状时，只需在曲线上拖移曲线上的点即可，色调曲线下面将显示“输入”和“输出”色调值。也可以使用曲线预设选项，包括“线性”、“中对比度”、“强对比度”和“自定”来改变曲线形状，如图 10-69 所示。

图10-69

10.3.5 调整细节锐化

Camera Raw 的锐化只应用于图像的亮度，并不影响色彩。单击 Camera Raw 面板中的“细节”按钮，进入“细节”面板，拖动滑块或修改数值均可对图像进行锐化调节，如图 10-70 所示。

- 数量：调整边缘的清晰度。该值为 0 时关闭锐化。
- 半径：调整应用锐化的细节的大小。该值过大会导致图像内容不自然。
- 细节：调整锐化影响的边缘区域的范围，决定了图像细节的显示程度。较低的值将主要锐化边缘，以便消除模糊；较高的值则可以使图像中的纹理更清楚。
- 蒙版：Camera Raw 是通过强调图像边缘的细节来实现锐化效果的。将“蒙版”设置为 0 时，图像中的所有部分

图10-70

均接受等量的锐化；设置为 100 时，可将锐化限制在饱和度最高的边缘附近，避免非边缘区域锐化。

技巧提示

锐化和降噪是两个相对的调整，锐化的同时也会产生噪点，锐化作用越强，产生的噪点也就越多。所以在调整“锐化”面板的同时，也要适当调整“减少杂色”面板，使图像呈现最佳状态，如图 10-71 所示。

图10-71

10.3.6 使用HSL/灰度调整图像色彩

单击 Camera Raw 对话框中的“HSL/ 灰度”按钮，通过对“HSL/ 灰度”面板中的“色相”、“饱和度”和“明亮度”的调整来控制各个颜色的范围，如图 10-72 所示。

图10-72

选中“转换为灰度”复选框，可以进入灰度模式，将彩色图像转换为黑白效果，通过调整颜色的滑块，使图像呈现出不同的饱和度。进行 HSL 调整时，除了观察画面的变化，也要注意观察直方图的变化，当其中一种颜色对直方图不起任何作用时，不必滑动该滑块。HSL 用于对红、橙、黄、绿、浅绿、蓝、紫和洋红 8 种在图像中常见的颜色进行一定的调整，如图 10-73 所示。

图10-73

10.3.7 分离色调

在 Camera Raw 中单击“分离色调”按钮，通过调整“高光”和“阴影”的“色相”及“饱和度”，可以为黑白照片或灰度图像着色，形成单色调或双色调图像；也可以为彩色图像应用特殊处理，如反冲处理的外观。如图 10-74 和图 10-75 所示。

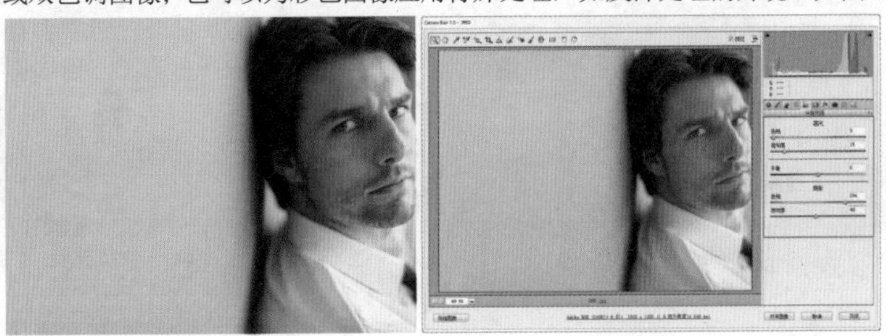

图10-74　　图10-75

10.3.8 镜头校正

镜头校正主要用于消除由于镜头原因造成的图像缺陷，单击 Camera Raw 对话框中的“镜头校正”按钮，在“镜头校正”面板中可以对配置文件和镜头配置文件进行设置，如图 10-76 所示。单击“手动”按钮可以对镜头校正的具体参数进行设置，如图 10-77 所示。

图10-76

图10-77

- 扭曲度：设置画面的扭曲畸变度，数值为正值时向内凹陷；数值为负值时向外膨胀。
- 垂直：设置垂直透视效果。
- 水平：设置水平透视效果。
- 旋转：调整画面旋转程度。
- 缩放：设置画面的缩放数值。
- 去边：包含 3 个选项，可去除镜面高光周围出现的色彩散射现象的颜色。选择“所有边缘”选项、可以校正所有边缘的色彩散射现象，如果导致边缘附近出现细灰线或者其他不想要的效果，则可以选择“高光边缘”选项，仅校正高光边缘。选择“关”选项可关闭去边效果。
- 数量：正值使角落变亮；负值使角落变暗。
- 中点：调整晕影的校正范围，向左拖动滑块可以使变亮区域向画面中心扩展；向右拖动滑块则收缩变亮区域。

10.3.9 添加特效

单击 Camera Raw 对话框中的“效果”按钮，可进入“效果”面板。在“效果”面板中可以通过移动滑块调整数值为图像添加“颗粒”和“裁剪后晕影”两大类画面特效。对图 10-78 添加颗粒特效和晕影特效的效果分别如图 10-79 和图 10-80 所示。

图10-78

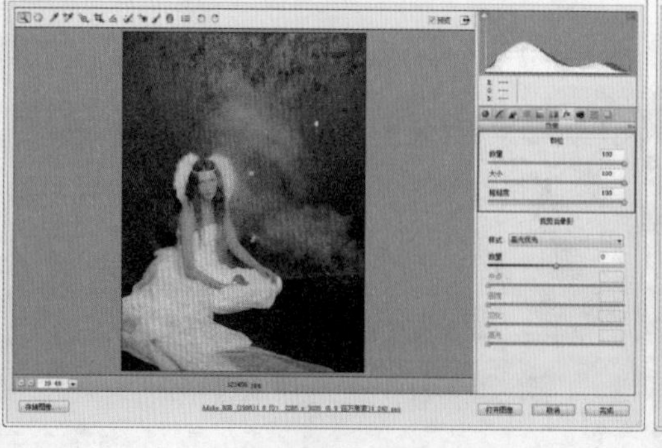

图10-79

图10-80

10.3.10 调整相机的颜色显示

在 Camera Raw 中调整相机的颜色显示可单击“相机校准”按钮，该调整项主要用于校正某些相机普遍性的色偏问题。在这里可以通过对“阴影”、“红原色”、“绿原色”和“蓝原色”的“色相”及“饱和度”的滑块调整来校正偏色问题，也可以用来模拟不同类型的胶卷，如图 10-81 所示。在 Camera Raw 对话框中进行调整并将其定义为某款相机的默认设置，以后打开用该相机拍摄的照片时，就会自动对颜色进行补偿。

图10-81

10.3.11 预设和快照

Camera Raw 中的“预设”是一个非调整项，其目的是将已调整好的图像调整设置应用到其他图像。单击“预设”按钮，在“预设”面板右下角单击“新建预设”按钮，可弹出“新建预设”对话框，在其中设置名称及所要保留的项目后，单击“确定”按钮结束操作，如图 10-82 所示。

图10-82

10.4 使用Camera Raw自动处理照片

与 Photoshop 中的批处理相似，在 Camera Raw 中也可以进行类似的操作。当需要对多张照片进行相同的处理时，可以在 Camera Raw 中对其中一张照片进行处理，然后将操作快速地应用到其他照片中，从而进行批处理，这样可以大大提高处理效率。具体操作如下。

（1）首先需要打开 Adobe Bridge，浏览需要操作的文件夹，如图 10-83 所示。

（2）选择其中一张图像并单击鼠标右键，执行“在 Camera Raw 中打开”命令，如图 10-84 所示。在弹出的 Camera Raw 对话框中，设置“基本”面板中的“饱和度”数值为 -100，此时图像变为黑白效果，单击“完成”按钮结束操作，如图 10-85 所示。

（3）回到 Adobe Bridge 中，可以看到处理过的图像右上角有标志。按 Ctrl 键单击加选所要处理的其他图像，单击右键执行“开发设置 > 上一次转换”命令，如图 10-86 所示。可以看到所选图像被应用了上一次的操作，如图 10-87 所示。

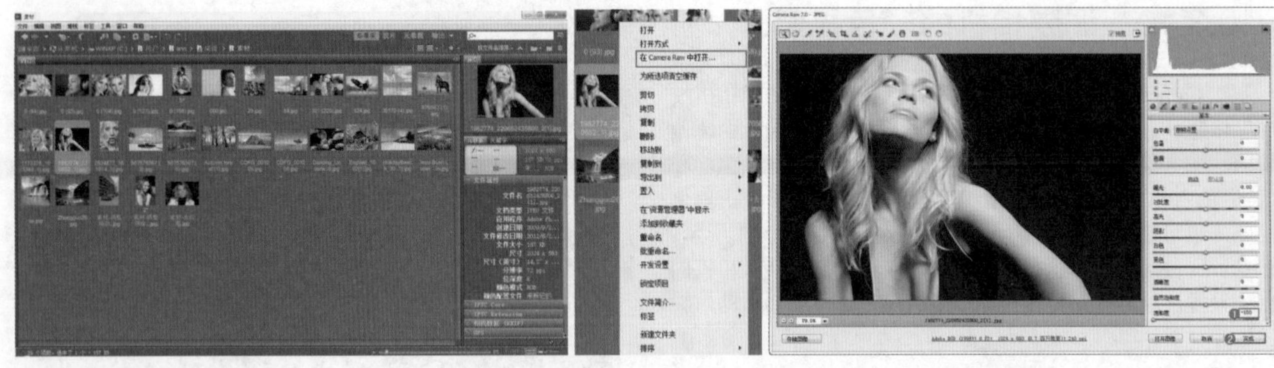

图10-83　　图10-84　　图10-85

图10-86　　图10-87

（4）如果要将图像恢复为原状，可以选中图像，单击右键，执行“开发设置 > 清除设置”命令，如图 10-88 所示。

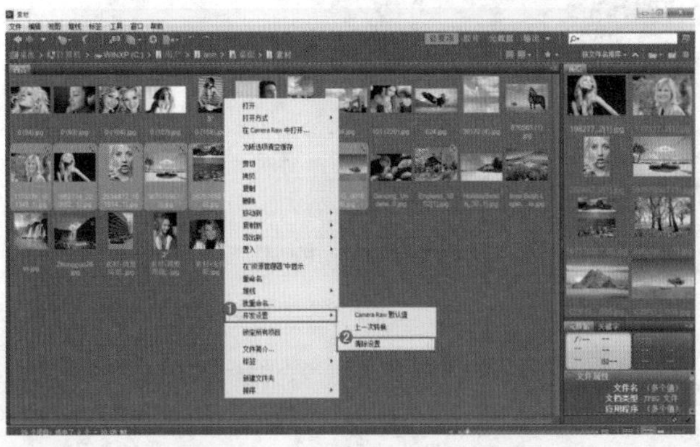

图10-88

图层的操作

相对于传统绘画的“单一平面操作”模式而言，以 Photoshop 为代表的“多图层”模式数字制图大大增强了图像编辑的扩展空间。在使用 Photoshop 制图时，有了“图层”这一功能不仅能够更加快捷地达到目的，更能够制作出意想不到的效果。

本章学习要点：

- 掌握各种图层的创建和编辑方法
- 掌握图层样式的使用方法
- 掌握图层混合模式的使用方法
- 了解智能对象的运用

11.1 图层的基础知识

相对于传统绘画的“单一平面操作”模式而言，以Photoshop为代表的“多图层”模式数字制图大大增强了图像编辑的扩展空间。在使用Photoshop制图时，有了“图层”这一功能不仅能够更加快捷地达到目的，更能够制作出意想不到的效果，如图11-1和图11-2所示。在Photoshop中，图层是图像处理时必备的承载元素。通过图层的堆叠与混合可以制作出多种多样的效果，用图层来实现效果是一种直观而简便的方法。

图11-1

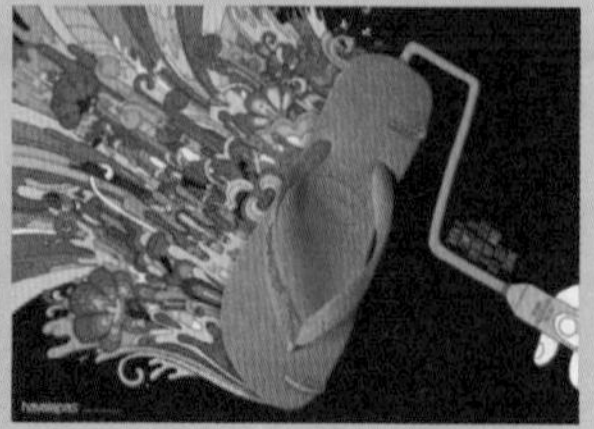

图11-2

11.1.1 图层的原理

图层的原理其实非常简单，就像分别在多个透明的玻璃上绘画一样，在“玻璃1”上进行绘画不会影响到其他玻璃上的图像；移动“玻璃2”的位置时，那么“玻璃2”上的对象也会跟着移动；将“玻璃3”放在“玻璃4”上，那么“玻璃4”上的对象将被“玻璃3”覆盖；将所有玻璃叠放在一起，则显现出图像的最终效果，如图11-3所示。

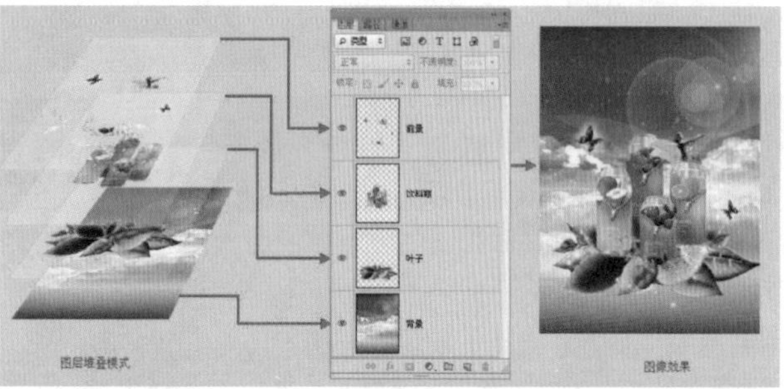

图11-3

使用图层的优势在于每个图层中的对象都可以进行单独处理，既可以移动图层，也可以调整图层堆叠的顺序，而不会影响其他图层中的内容，如图11-4所示。

图11-4

> **技巧提示**
>
> 在编辑图层之前，首先需要在“图层”面板中选中该图层，所选图层将成为当前图层。绘画以及色调调整只能在一个图层中进行，而移动、对齐、变换或应用“样式”面板中的样式等可以一次处理所选的多个图层。

11.1.2 “图层”面板

“图层”面板是用于创建、编辑和管理图层以及图层样式的一种直观的“控制器”，如图11-5所示。在“图层”面板中，图层名称的左侧是图层的缩览图，它显示了图层中包含的图像内容，其中的棋盘格代表图像的透明区域。

- 锁定透明像素 ⊠：将编辑范围限制为只针对图层的不透明部分。
- 锁定图像像素 🖌：防止使用绘画工具修改图层的像素。
- 锁定位置 ✥：防止图层的像素被移动。
- 锁定全部 🔒：锁定透明像素、图像像素和位置，处于这种状态下的图层将不能进行任何操作。

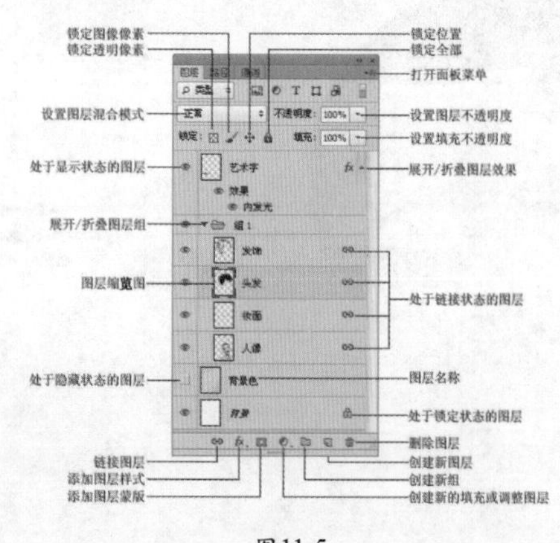

图11-5

技巧提示

注意，对于文字图层和形状图层，“锁定透明像素”按钮和“锁定图像像素”按钮在默认情况下处于激活状态，而且不能更改，只有将其栅格化以后才能解锁透明像素和图像像素。

- 设置图层混合模式：用来设置当前图层的混合模式，使之与下面的图像产生混合。
- 设置图层不透明度：用来设置当前图层的不透明度。
- 设置填充不透明度：用来设置当前图层的填充不透明度。该选项与“不透明度”选项类似，但是不会影响图层样式效果。
- 处于显示/隐藏状态的图层 / ：当该图标显示为眼睛形状时，表示当前图层处于可见状态；而处于空白状态时，则表示处于不可见状态。单击该图标可以在显示与隐藏之间进行切换。
- 展开/折叠图层组：单击该图标可以展开或折叠图层组。
- 展开/折叠图层效果：单击该图标可以展开或折叠图层效果，以显示当前图层添加的所有效果的名称。
- 图层缩览图：显示图层中所包含的图像内容。其中棋盘格区域表示图像的透明区域，非棋盘格区域表示像素区域（即具有图像的区域）。

※技术拓展：更改图层缩览图的显示方式

在默认状态下，缩览图的显示方式为小缩览图。在不同的操作情况下，可以更改不同的图层显示方式以更好地配合操作，如图11-6所示。

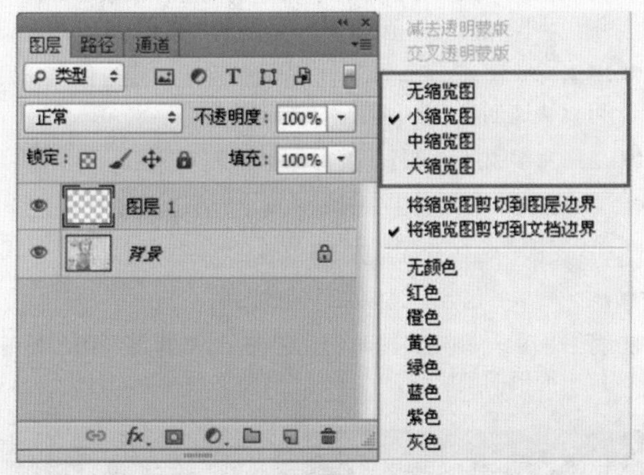

图11-6

在图层缩览图上单击鼠标右键，然后在弹出的菜单中选择相应的显示方式即可，效果如图11-7所示。

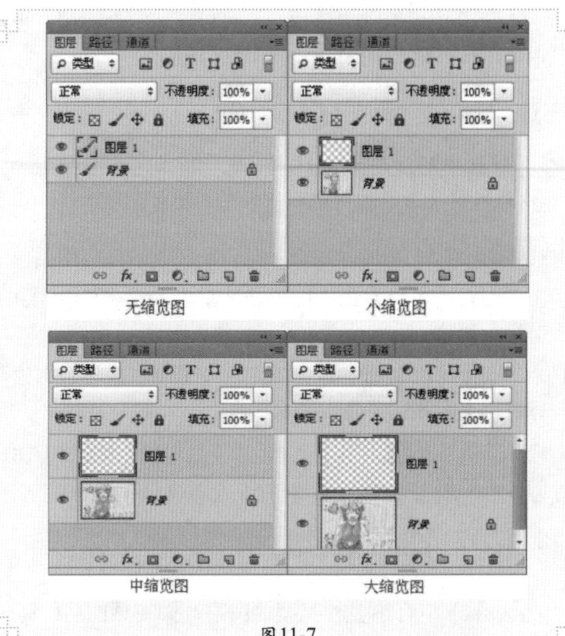

图11-7

- 链接图层：用来链接当前选择的多个图层。
- 处于链接状态的图层：当链接好两个或两个以上的图层以后，图层名称的右侧就会显示出链接标志。

技巧提示

被链接的图层可以在选中其中某一图层的情况下进行共同移动或变换等操作。

- 添加图层样式：单击该按钮，在弹出的菜单中选择一种样式，可以为当前图层添加一个图层样式。
- 添加图层蒙版：单击该按钮，可以为当前图层添加一个蒙版。

技巧提示

在没有选区的状态下，单击“添加图层蒙版”按钮可为图层添加空白蒙版；在有选区的情况下单击此按钮，选区内的部分在蒙版中显示为白色，选区以外的区域则显示为黑色。

- 创建新的填充或调整图层：单击该按钮，在弹出的菜单中选择相应的命令即可创建填充图层或调整图层。
- 创建新组：单击该按钮，可以新建一个图层组，也可以使用快捷键Ctrl+G创建新图层组。

技巧提示

如果需要为所选图层创建一个图层组，可以将选中的图层拖曳到“创建新组”按钮上。

- 创建新图层：单击该按钮，可以新建一个图层，也可以使用快捷键 Ctrl+Shift+N 创建新图层。

技巧提示

将选中的图层拖曳到“创建新图层”按钮上，可以为当前所选图层创建相应的副本图层。

- 删除图层：单击该按钮，可以删除当前选择的图层或图层组，也可以在选中图层或图层组的状态下按 Delete 键进行删除。
- 处于锁定状态的图层：当图层缩览图右侧显示有该图标时，表示该图层处于锁定状态。
- 打开面板菜单：单击该按钮，可以打开“图层”面板的面板菜单，如图 11-8 所示。

图11-8

11.1.3 图层的类型

Photoshop 中有很多种类型的图层，如视频图层、智能图层、3D 图层等，而每种图层都有不同的功能和用途；也有处于不同状态的图层，如选中状态、锁定状态、链接状态等。当然，它们在“图层”面板中的显示状态也不相同，如图 11-9 所示。

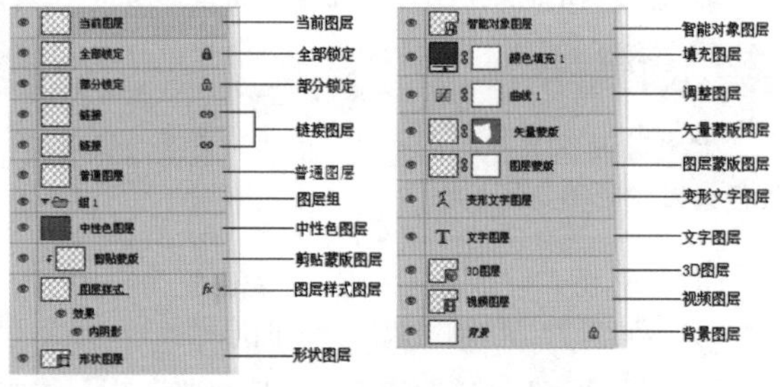

图11-9

- 当前图层：当前所选择的图层。
- 全部锁定图层：锁定“透明像素”、“图像像素”、“位置”全部属性。
- 部分锁定图层：锁定“透明像素”、“图像像素”、“位置”属性中的一种或两种。
- 链接图层：保持链接状态的多个图层。
- 图层组：用于管理图层，以便于随时查找和编辑图层。
- 中性色图层：填充了中性色的特殊图层，结合特定的混合模式可以用来承载滤镜或在上面绘画。
- 剪贴蒙版图层：蒙版中的一种，可以使用一个图层中的图像来控制它上面多个图层内容的显示范围。
- 图层样式图层：添加了图层样式的图层，双击图层样式可以进行样式参数的编辑。
- 形状图层：使用形状工具或钢笔工具可以创建形状图层。形状中会自动填充当前的前景色，也可以很方便地改用其他颜色、渐变或图案来进行填充。
- 智能对象图层：包含有智能对象的图层。
- 填充图层：通过填充纯色、渐变或图案来创建的具有特殊效果的图层。
- 调整图层：可以调整图像的色调，并且可以重复调整。
- 矢量蒙版图层：带有矢量形状的蒙版图层。
- 图层蒙版图层：添加了图层蒙版的图层，蒙版可以控制图层中图像的显示范围。
- 图层样式图层：添加了图层样式的图层，通过图层样式可以快速创建出各种特效。
- 变形文字图层：进行了变形处理的文字图层。
- 文字图层：使用文字工具输入文字时所创建的图层。
- 3D 图层：包含有置入的 3D 文件的图层。
- 视频图层：包含有视频文件帧的图层。
- 背景图层：新建文档时创建的图层。“背景”图层始终位于面板的最底部，名称为“背景”两个字，且为斜体。

11.2 新建图层/图层组

新建图层 / 图层组的方法很多，可以通过执行图层菜单中的命令、使用“图层”面板中的按钮或使用快捷键创建新的图层/图层组。当然，也可以通过复制已有的图层来创建新的图层，还可以将图像中的局部创建为新的图层，或者通过相应的命令来创建不同类型的图层。

11.2.1 创建新图层

理论实践——在“图层”面板中创建图层

在“图层”面板底部单击“创建新图层”按钮，即可在当前图层的上一层新建一个图层。如图 11-10 所示。

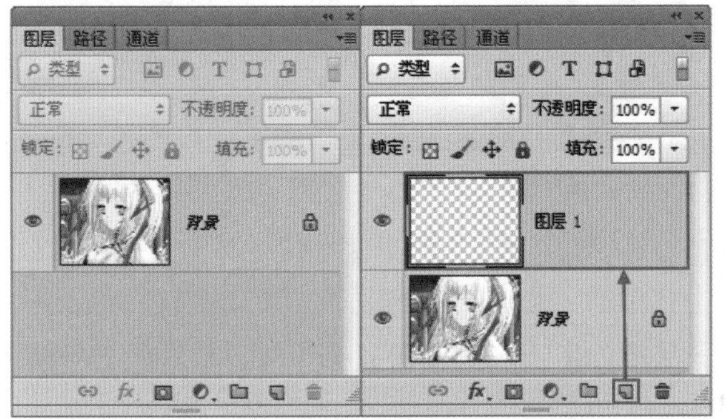

图11-10

如果要在当前图层的下一层新建一个图层，可以按住Ctrl 键单击“创建新图层”按钮，如图 11-11 所示。

图11-11

技巧提示

“背景”图层永远处于“图层”面板的底部，即使按住 Ctrl 键也不能在其下方新建图层。

理论实践——使用“新建”命令新建图层

（1）如果要在创建图层的同时设置图层的属性，可以执行“图层 > 新建 > 图层”命令，如图 11-12 所示。在弹出的“新建图层”对话框中可以设置图层的名称、颜色、混合模式和不透明度等，如图 11-13 所示。

图11-12　　图11-13

（2）按住 Alt 键单击“创建新图层”按钮或直接按 Shift+Ctrl+N 组合键也可以打开“新建图层”对话框，如图 11-14 所示。

图11-14

※ 技术拓展：标记图层颜色

在图层过多时，为了便于区分查找，可以在“新建图层”对话框中设置图层的颜色，如设置“颜色”为“绿色”（如图 11-15 所示）那么新建出来的图层就会被标记为绿色，这样有助于区分不同用途的图层，如图 11-16 所示。

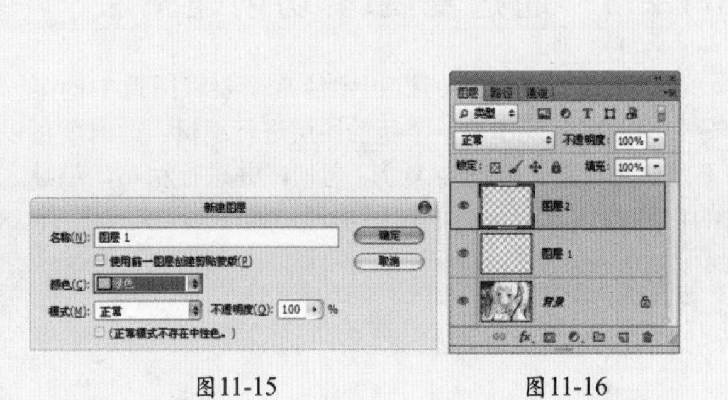

图11-15　　图11-16

11.2.2 创建图层组

理论实践——创建图层组

（1）单击“图层”面板底部的“创建新组”按钮，即可在“图层”面板中创建新的图层组，如图11-17所示。

（2）或者执行“图层>新建>组”命令，在弹出的“新建组”对话框中可以对组的名称、颜色、模式、不透明度进行设置，设置结束之后单击“确定”按钮即可，如图11-18所示。

图11-17

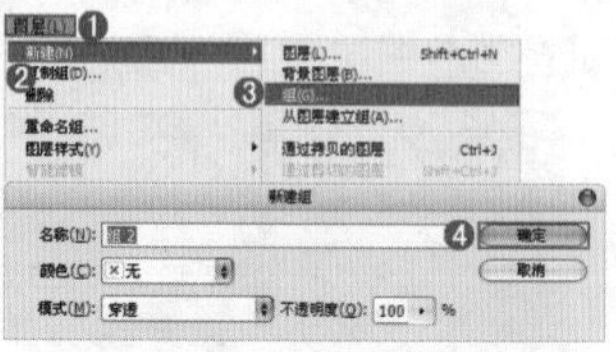

图11-18

理论实践——从图层建立图层组

（1）首先在“图层”面板中按住Alt键选择需要的图层，然后按住鼠标左键将其拖曳至“创建新组”按钮上，即可为所选图层创建新组，如图11-19和图11-20所示。

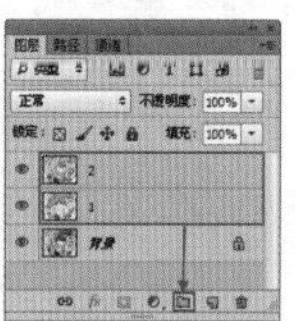

图11-19

图11-20

（2）也可以在选中图层的情况下执行“图层>新建>从图层建立组”命令，如图11-21所示，然后在“从图层新建组”对话框中进行设置即可，如图11-22所示。

图11-21

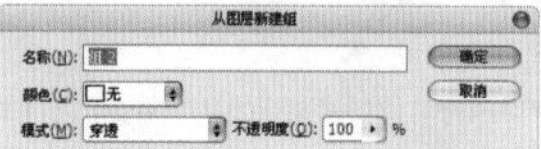

图11-22

理论实践——创建嵌套结构的图层组

嵌套结构的图层组就是在一个图层组内还包含其他图层组，即“组中组”。创建方法是将当前图层组拖曳到“创建新组”按钮上，这样原始图层组将成为新组的下级组。或者创建新组，将原有的图层组拖曳放置在新创建的图层组中，如图11-23和图11-24所示。

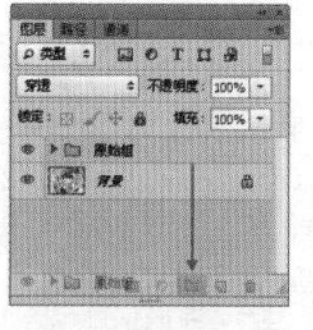

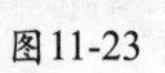

图11-23

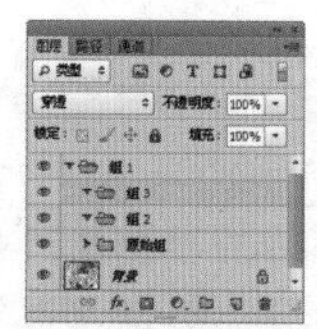

图11-24

11.2.3 通过复制/剪切创建图层

在对图像进行编辑的过程中经常需要将图像中的某一部分去除、复制或作为一个新的图层进行编辑。此时就可以针对选区内部的图像进行复制/剪切，并进行粘贴，粘贴之后的内容将作为一个新的图层出现，如图11-25～图11-28所示。

图11-25

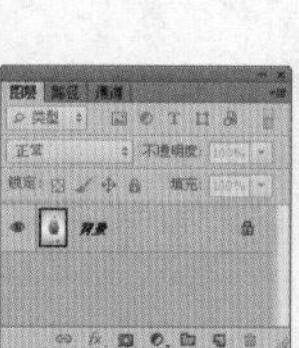

图11-26

图11-27

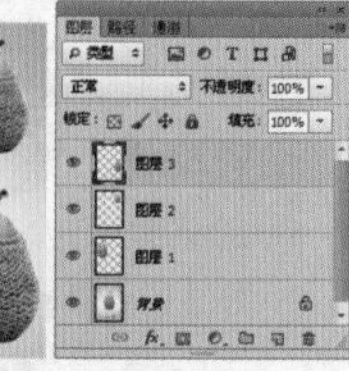

图11-28

理论实践——用“通过拷贝的图层”命令创建图层

（1）选择一个图层以后，执行“图层 > 新建 > 通过拷贝的图层”命令或按 Ctrl+J 快捷键，可以将当前图层复制一份，如图 11-29 所示。

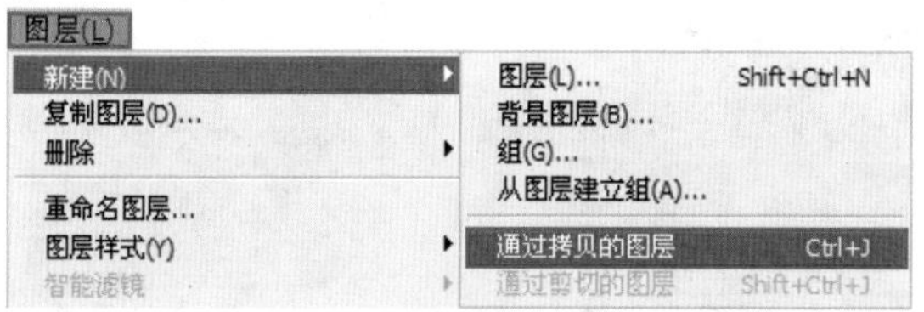

图11-29

（2）如果当前图像中存在选区，如图 11-30 所示。使用“复制”、“粘贴”命令或者执行“通过拷贝的图层”命令都可以将选区中的图像复制到一个新的图层中，如图 11-31 所示。

图11-30

图11-31

理论实践——用“通过剪切的图层”命令创建图层

如果在图像中创建了选区，执行“图层 > 新建 > 通过剪切的图层”命令或按 Shift+Ctrl+J 快捷键，可以将选区内的图像剪切到一个新的图层中，如图 11-32 和图 11-33 所示。

图11-32

图11-33

11.2.4 背景和图层的转换

在 Photoshop 中打开一张数码照片时，“图层”面板中通常只有一个“背景”图层，并且处于锁定状态。因此，如果要对“背景”图层进行操作，就需要将其转换为普通图层，同时也可以将普通图层转换为“背景”图层，如图 11-34 所示。

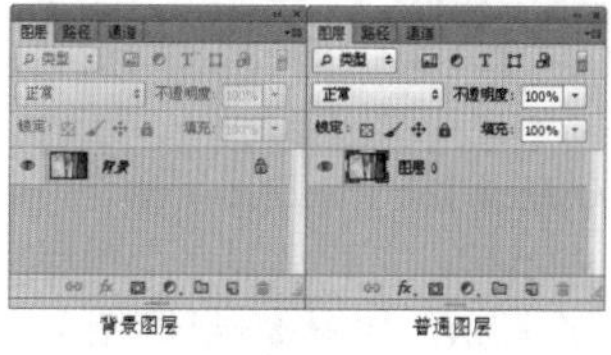

图11-34

理论实践——将“背景”图层转换为普通图层

（1）在“背景”图层上单击鼠标右键，然后在弹出的菜单中选择“背景图层”命令，将打开“新建图层”对话框，单击“确定”按钮即可将其转换为普通图层，如图 11-35 所示。

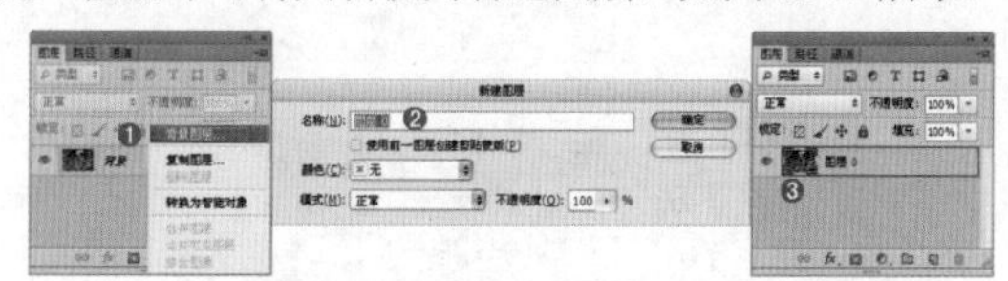

图11-35

（2）在“背景”图层的缩览图上双击，也可以打开“新建图层”对话框，设置后单击“确定”按钮即可，如图 11-36 所示。

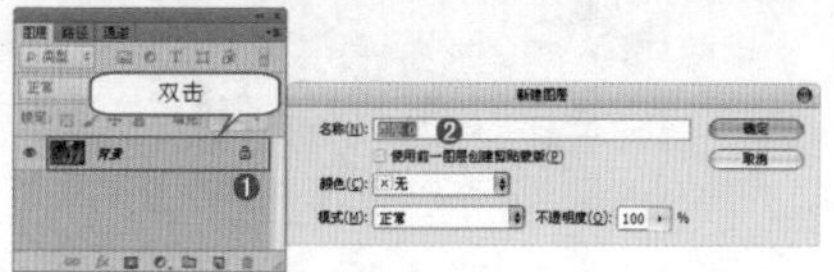

图11-36

（3）按住 Alt 键的同时双击“背景”图层的缩览图，如图 11-37 所示。“背景”图层将直接转换为普通图层，如图 11-38 所示。

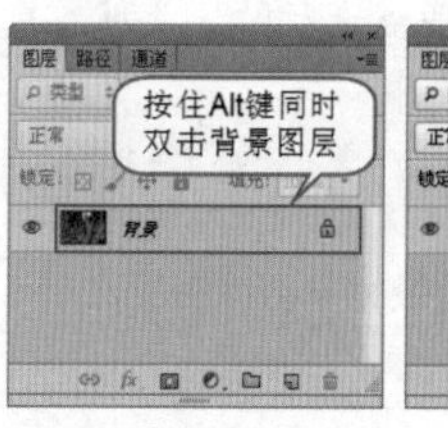

图11-37

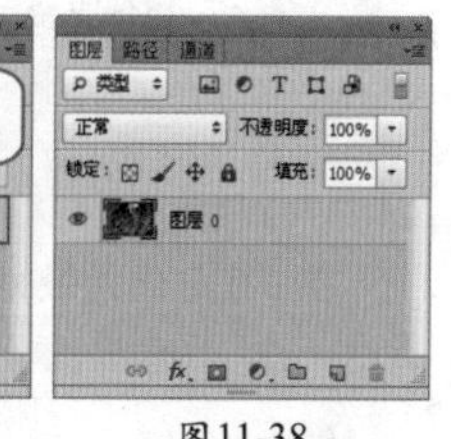

图11-38

（4）执行“图层 > 新建 > 背景图层”命令，如图 11-39 所示，可以将“背景”图层转换为普通图层，如图 11-40 所示。

图11-39

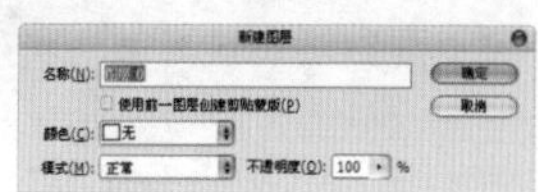

图11-40

理论实践——将普通图层转换为“背景”图层

（1）执行“图层 > 新建 > 背景图层”命令，可以将普通图层转换为“背景”图层，如图11-41所示。

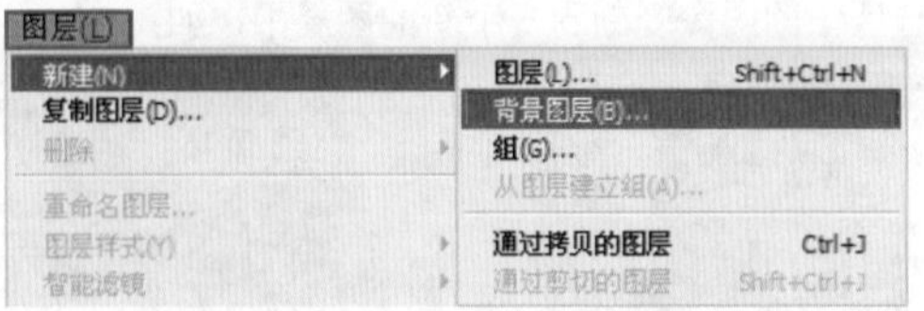

图11-41

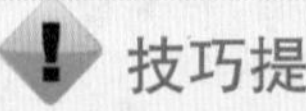

技巧提示

在将普通图层转换为“背景”图层时，图层中的任何透明像素都会被转换为背景色，并且该图层将放置到图层堆栈的最底部。

（2）在图层名称上单击鼠标右键，然后在弹出的菜单中选择“拼合图像”命令，如图11-42所示，此时图层将被转换为“背景”图层，如图11-43所示。

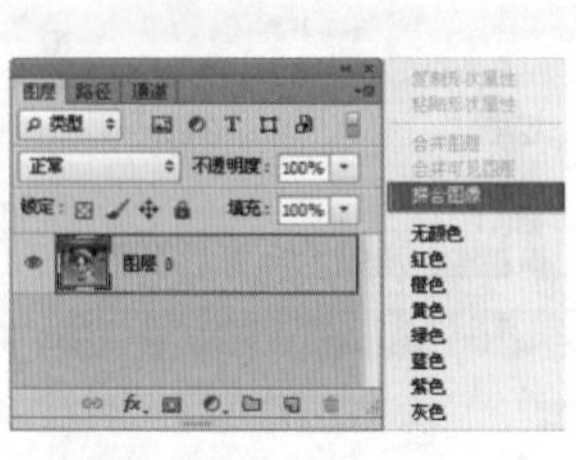

图11-42

图11-43

技巧提示

使用“拼合图像”命令之后，当前所有图层都会被合并到背景中。

11.3 编辑图层

图层是Photoshop的核心之一，因为它具有很强的可编辑性，如选择某一图层、复制图层、删除图层、显示与隐藏图层以及栅格化图层内容等，本节将对图层编辑进行详细讲解。

11.3.1 选择/取消选择图层

如果要对文档中的某个图层进行操作，就必须先选中该图层。在Photoshop中，可以选择单个图层，也可以选择连续或非连续的多个图层，如图11-44和图11-45所示。

技巧提示

在选中多个图层时，可以对多个图层进行删除、复制、移动、变换等操作。但是很多类似绘画以及调色等操作是不能够进行的。

图11-44

图11-45

理论实践——在“图层”面板中选择一个图层

在“图层”面板中单击该图层，即可将其选中，如图11-46所示。

技巧提示

选择一个图层后，按Alt+]快捷键可以将当前图层切换为与之相邻的上一个图层，按Alt+[快捷键可以将当前图层切换为与之相邻的下一个图层。

图11-46

理论实践——在“图层”面板中选择多个连续图层

如果要选择多个连续的图层，可以先选择位于连续顶端的图层，如图 11-47 所示，然后按住 Shift 键单击位于连续底端的图层，即可选择这些连续的图层，如图 11-48 所示。当然，也可以先选择位于连续底端的图层，然后按住 Shift 键单击位于连续顶端的图层。

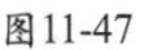
图11-47

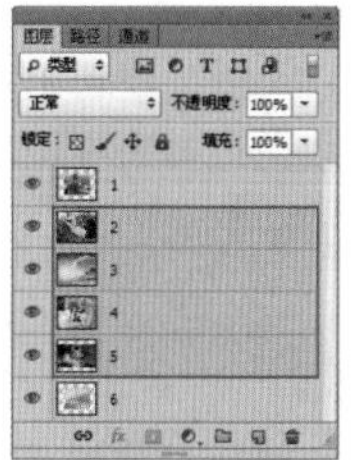
图11-48

理论实践——在“图层”面板中选择多个非连续图层

如果要选择多个非连续的图层，可以先选择其中一个图层，如图 11-49 所示，然后按住 Ctrl 键单击其他图层的名称，如图 11-50 所示。

技巧提示

注意，如果使用 Ctrl 键选择多个图层，只能单击其他图层的名称，而不能单击图层缩览图，否则会载入图层的选区。

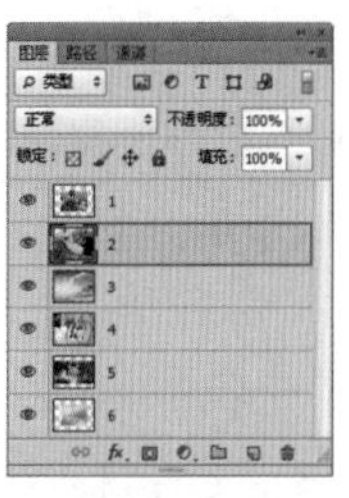
图11-49

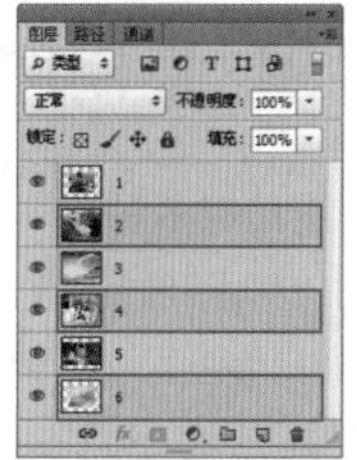
图11-50

理论实践——选择所有图层

如果要选择所有图层，可以执行“选择 > 所有图层”命令或按 Alt+Ctrl+A 快捷键。使用该命令只能选择“背景”图层以外的图层，如果要选择包含“背景”图层在内的所有图层，可以按住 Ctrl 键单击“背景”图层的名称，如图 11-51 所示。

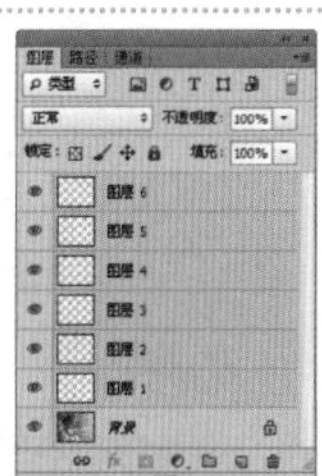
图11-51

读书笔记

理论实践——在画布中快速选择某一图层

当画布中包含很多相互重叠的图层，难以在“图层”面板中进行辨别时，可以在使用移动工具的状态下在目标图像的位置右击，在弹出的当前重叠图层列表中选择需要的图层即可，如图 11-52 所示。

技巧提示

在使用其他工具的状态下可以按住 Ctrl 键暂时切换到移动工具状态下，然后单击右键，同样可以显示当前位置重叠的图层列表。

图11-52

理论实践——快速选择链接的图层

如果要选择链接的图层，可以先选择一个链接图层，如图 11-53 所示。然后执行“图层 > 选择链接图层”命令即可，如图 11-54 所示。

理论实践——取消选择图层

如果不想选择任何图层，可执行“选择 > 取消选择图层”命令。另外，也可以在“图层”面板最下面的空白处单击，即可取消选择所有图层，如图 11-55 和图 11-56 所示。

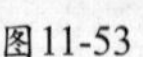

图11-53

图11-54

图11-55

图11-56

11.3.2 复制图层

复制图层有多种方法，可以通过菜单命令复制图层，也可以在“图层”面板中单击右键进行复制，或者使用快捷键。

理论实践——使用菜单命令复制图层

选择一个图层，然后执行“图层 > 复制图层”命令，可打开“复制图层”对话框，单击“确定”按钮即可复制该图层，如图 11-57 和图 11-58 所示。

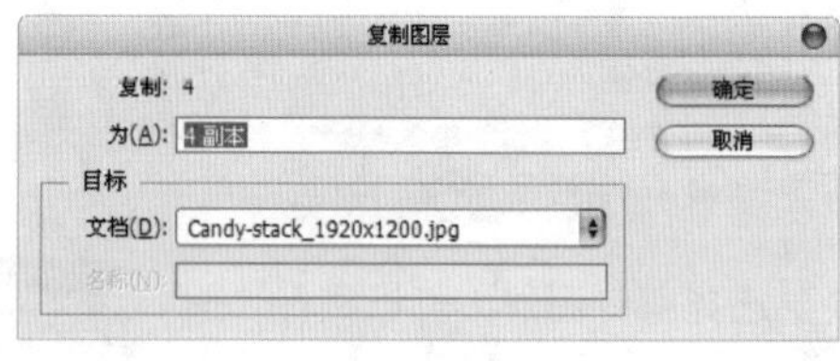

图11-57

理论实践——单击右键进行复制

选择要进行复制的图层，然后在其名称上单击鼠标右键，接着在弹出的菜单中选择“复制图层”命令，此时弹出“复制图层”对话框，单击“确定”按钮即可，如图 11-59 所示。

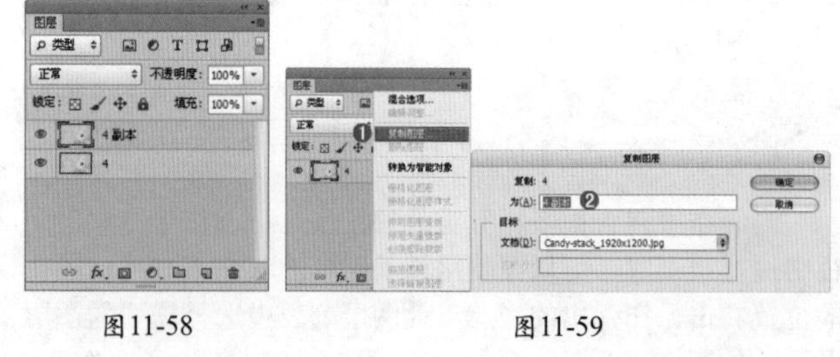

图11-58　图11-59

理论实践——在“图层”面板中快速复制

（1）将需要复制的图层拖曳到“创建新图层”按钮上，即可复制出该图层的副本，如图 11-60 所示。

（2）也可以在“图层”面板中选中某一图层，并按住 Alt 键向其他两个图层交界处移动，当光标变为双箭头形状时松开鼠标，即可快捷复制所选图层，如图 11-61 和图 11-62 所示。

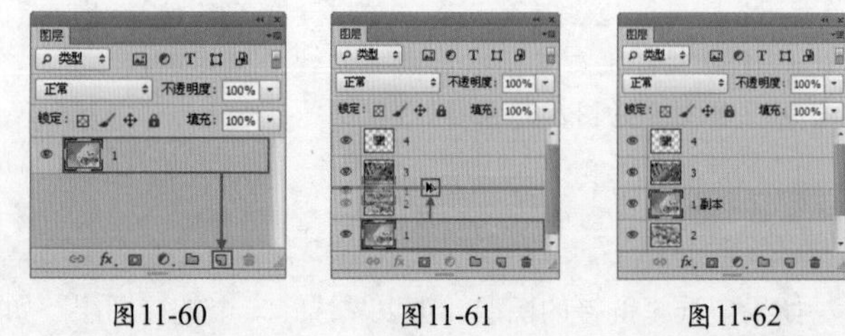

图11-60　图11-61　图11-62

理论实践——使用快捷键进行复制

选择需要进行复制的图层，然后直接按 Ctrl+J 组合键即可复制出所选图层，如图 11-63 和图 11-64 所示。

图11-63

图11-64

理论实践——在不同文档中复制图层

（1）使用移动工具将需要复制的图像拖曳到目标文档中。注意，如果需要进行复制的文档的图像大小与目标文档的图像大小相同，按住 Shift 键使用移动工具将图像拖曳到目标文档时，源图像与复制好的图像会被放在同一位置，如图 11-65 所示；如果图像大小不同，按住 Shift 键拖曳到目标文档时，图像将被放在画布的正中间，如图 11-66 所示。

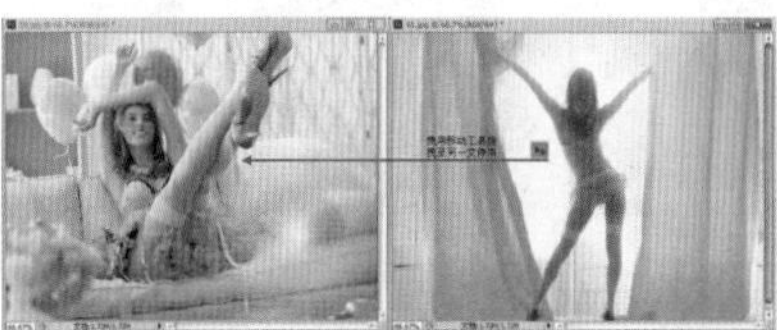

图11-65

图11-66

（2）选择需要复制的图层，然后执行“图层 > 复制图层”或“图层 > 复制组”命令，可打开“复制图层”或“复制组”对话框，选择好目标文档即可，如图 11-67 所示。

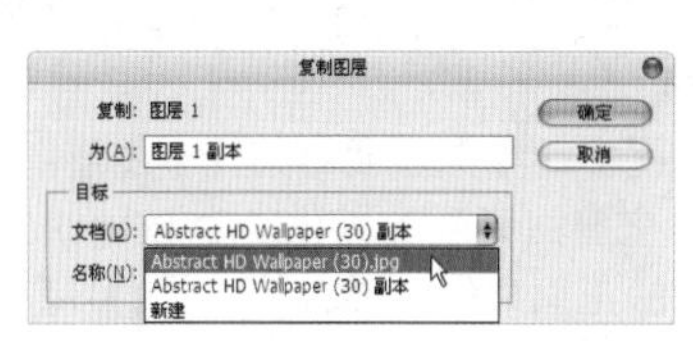

图11-67

（3）使用选框工具选择需要进行复制的图像，然后执行“编辑 > 拷贝”命令或按 Ctrl+C 快捷键，接着切换到目标文档，再按 Ctrl+V 快捷键即可。注意，该方法只能复制图像，不能复制图层的属性，如图层的混合模式等，如图 11-68 所示。

图11-68

11.3.3 删除图层

如果要删除图层，可以选择该图层，然后执行“图层 > 删除 > 图层”命令，即可将其删除。如图 11-69 所示，

如果要快速删除图层，可以将其拖曳到“删除图层”按钮上，如图 11-70 所示。也可以直接按 Delete 键。

执行“图层 > 删除 > 隐藏图层”命令，可以删除所有隐藏的图层，如图 11-71 所示。

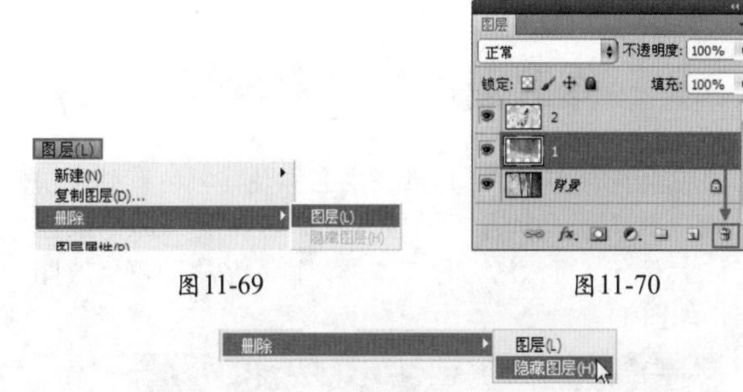

图11-69　　图11-70

图11-71

11.3.4 显示与隐藏图层/图层组

图层缩览图左侧的图标用来控制图层的可见性。图标出现时，该图层为可见，如图 11-72 和图 11-73 所示；图标出现时，该图层为隐藏，如图 11-74 和图 11-75 所示。单击该图标可以在图层的显示与隐藏之间进行切换。如果同时选择了多个图层，执行“图层 > 隐藏图层”命令，可以将这些选中的图层隐藏起来。

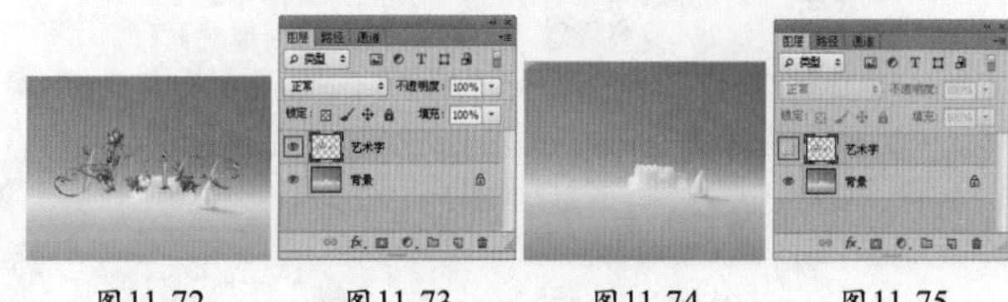

图11-72　　图11-73　　图11-74　　图11-75

答疑解惑：如何快速隐藏多个图层？

将光标放在一个图层左侧的眼睛图标上，然后按住鼠标左键垂直向上或向下拖曳光标，可以快速隐藏多个相邻的图层，这种方法也可以快速显示隐藏的图层；如图 11-76 所示。

如果文档中存在两个或两个以上的图层，按住 Alt 键单击眼睛图标，可以快速隐藏该图层以外的所有图层，按住 Alt 键再次单击眼睛图标，可以显示被隐藏的图层。

图11-76

11.3.5 链接与取消链接图层

在编辑过程中，经常需要对某几个图层同时进行移动、应用变换或创建剪贴蒙版等操作（如 LOGO 的文字和图形部分、包装盒的正面和侧面部分等）。如果每次操作都必须选中这些图层将会很麻烦，此时可以将这些图层链接在一起，如图 11-77 和图 11-78 所示。

图11-77

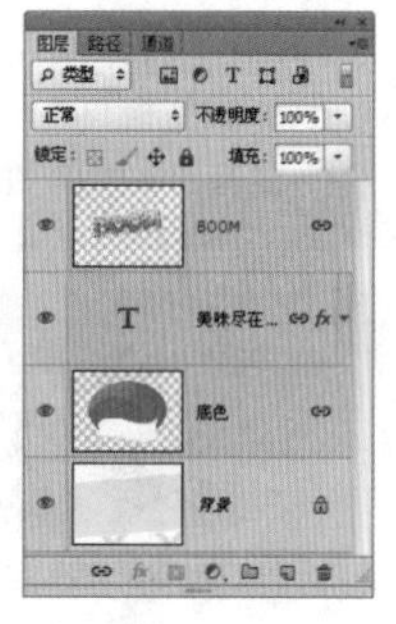

图11-78

选择需要进行链接的图层（两个或多个图层），然后执行“图层 > 链接图层”命令或单击“图层”面板底部的“链接图层”按钮，可以将这些图层链接起来，如图 11-79 所示。效果如图 11-80 所示。

图11-79

图11-80

如果要取消某一图层的链接，可以选择其中一个链接图层，然后单击“链接图层”按钮；若要取消全部链接图层，需要选中全部链接图层并单击“链接图层”按钮。

11.3.6 修改图层的名称与颜色

在图层较多的文档中，修改图层名称及其颜色有助于快速找到相应的图层。执行“图层 > 重命名图层”命令或在图层名称上双击，可激活名称文本框，输入名称即可修改图层名称，如图 11-81 所示。

图11-81

更改图层颜色也是一种便于快速找到图层的方法，在图层上单击鼠标右键，在弹出的菜单中可以看到多种颜色名称，选择其中一种即可更改当前图层前方的色块效果，选择“无颜色”即可去除颜色效果，如图 11-82 所示。

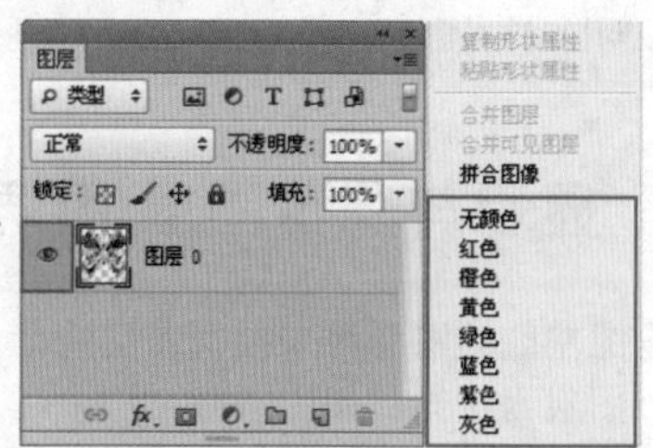

图11-82

11.3.7 锁定图层

在“图层”面板中有多个锁定按钮，具有保护图层透明区域、图像像素和位置的锁定功能，使用这些按钮可以根据需要完全锁定或部分锁定图层，以免因操作失误而对图层的内容造成破坏，如图11-83所示。

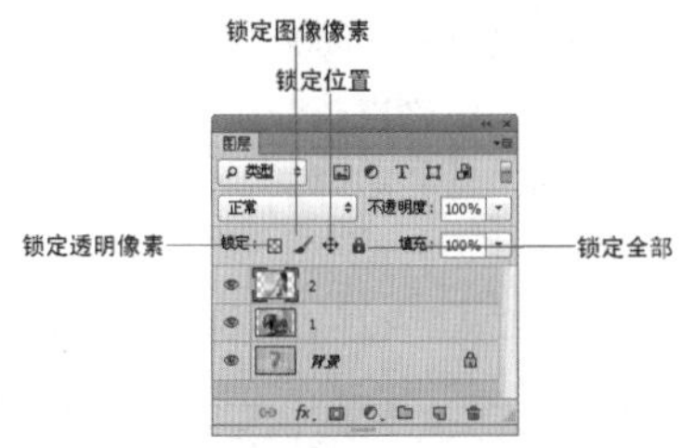

图11-83

- 锁定透明像素：打开素材图像，如图11-84所示。单击“锁定透明像素”按钮后，可以将编辑范围限定在图层的不透明区域，图层的透明区域会受到保护，如图11-85所示。锁定了图层的透明像素，使用画笔工具在图像上进行涂抹时，只能在含有图像的区域进行绘画，如图11-86所示。

图11-84

图11-85

图11-86

答疑解惑：为什么锁定状态图标有空心的和实心的？

当图层被完全锁定之后，图层名称的右侧会出现一个实心的锁图标，如图11-87所示；当图层只有部分属性被锁定时，图层名称的右侧会出现一个空心的锁图标，如图11-88所示。

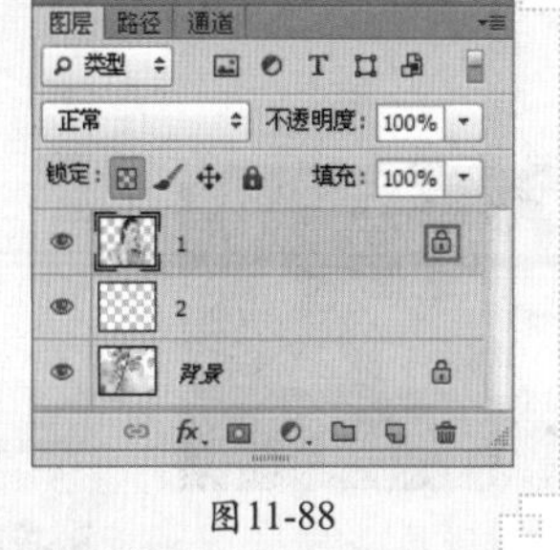

图11-87　　图11-88

- 锁定图像像素：单击“锁定图像像素”按钮，只能对图层进行移动或变换操作，不能在图缩层上绘画、擦除或应用滤镜。
- 锁定位置：单击“锁定位置”按钮后，图层将不能移动。该功能对于设置了精确位置的图像非常有用。
- 锁定全部：单击锁定全部按钮，图层将不能进行任何操作。

技术拓展：锁定图层组内的图层

在“图层”面板中选择图层组，如图11-89所示，然后执行“图层>锁定组内的所有图层”命令，打开“锁定组内的所有图层”对话框，在该对话框中可以选择需要锁定的属性，如图11-90所示。

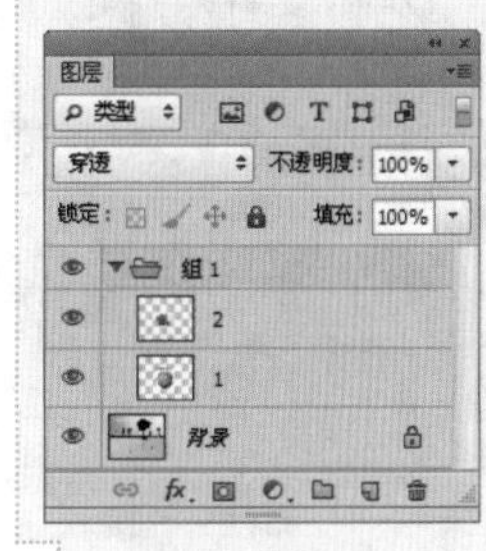

图11-89

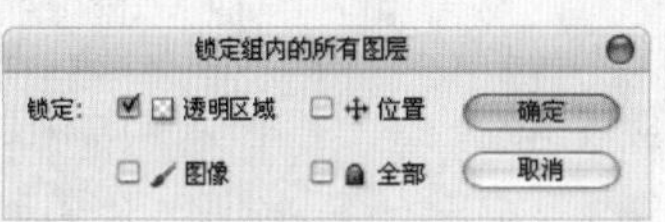

图11-90

11.3.8 栅格化图层内容

文字图层、形状图层、矢量蒙版图层和智能对象图层等包含矢量数据的图层是不能够直接进行编辑的，如图11-91所示。需要先将其栅格化以后才能进行相应的编辑。选择需要栅格化的图层，然后执行“图层>栅格化”菜单下的子命令，可以将相应的图层栅格化；或者在“图层”面板中选择该图层并单击右键，执行栅格化命令，如图11-92所示；也可以在图像上单击右键，执行栅格化命令，如图11-93所示。

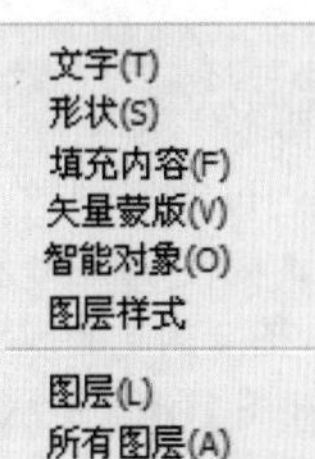

图11-91

图11-92

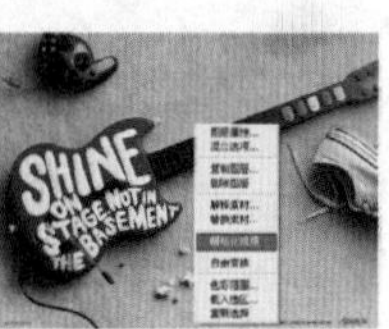

图11-93

11.3.9 清除图像的杂边

在抠图过程中，尤其是针对人像头发部分的抠图，经常会残留一些多余的与前景颜色差异较大的像素，如图11-94所示。执行“图层>修边”菜单下的子命令可以去除这些多余的像素，如图11-95所示。效果如图11-96所示。

图11-94

图11-95

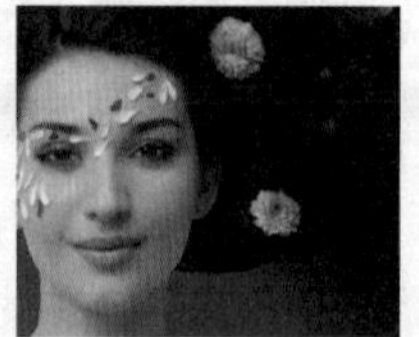

图11-96

- 颜色净化：去除一些彩色杂边。
- 去边：用包含纯色（不包含背景色的颜色）的邻近像素的颜色替换任何边缘像素的颜色。
- 移去黑色杂边：如果将黑色背景上创建的消除锯齿的选区图像粘贴到其他颜色的背景上，可执行该命令来消除黑色杂边。
- 移去白色杂边：如果将白色背景上创建的消除锯齿的选区图像粘贴到其他颜色的背景上，可执行该命令来消除白色杂边。

11.3.10 导出图层

执行“文件＞脚本＞将图层导出到文件”命令可以将图层作为单个文件进行导出。在弹出的“将图层导出到文件”对话框中可以设置图层的保存路径、文件名前缀、保存类型等，同时还可以只导出可见图层，如图 11-97 所示。

技巧提示

如果要在导出的文件中嵌入工作区配置文件，可以选中“包含ICC配置文件”复选框，对于有色彩管理的工作流程，这一点很重要。

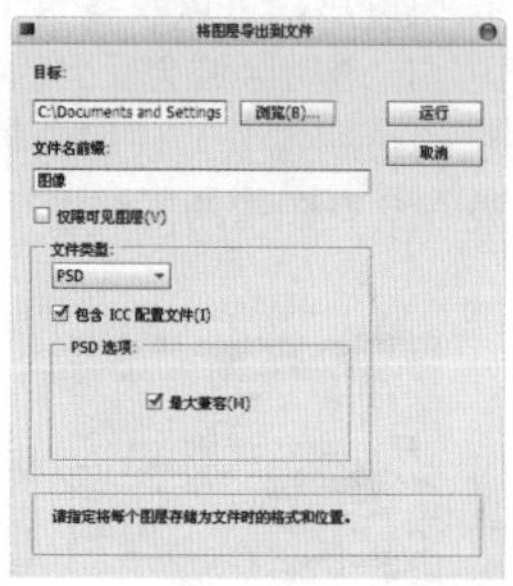

图11-97

11.4 排列与分布图层

在“图层”面板中排列着很多图层，排列位置靠上的图层优先显示，而排列在后面的图层则可能被遮盖住，如图 11-98 所示。所以在操作的过程中经常需要调整“图层”面板中图层的顺序以配合操作需要，如图 11-99 所示。

图11-98

图11-99

11.4.1 调整图层的排列顺序

理论实践——在“图层”面板中调整图层的排列顺序

在一个包含多个图层的文档中，可以通过改变图层在堆栈中所处的位置来改变图像的显示状况，如图 11-100 和图 11-101 所示。将一个图层拖曳到另外一个图层的上面或下面，即可调整图层的排列顺序，如图 11-102 和图 11-103 所示。

图11-100

图11-101

图11-102

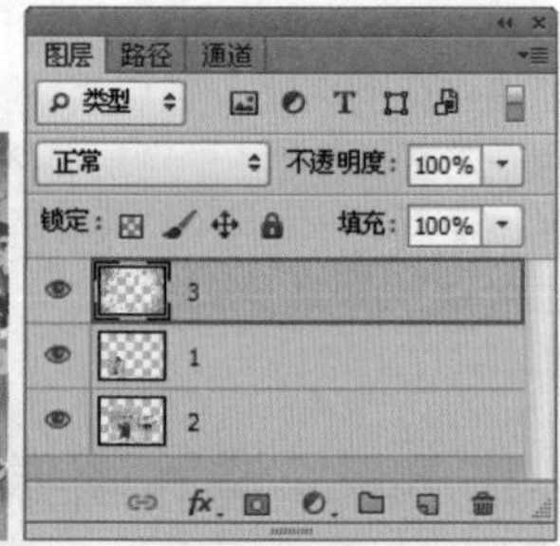

图11-103

理论实践——使用“排列”命令调整图层的排列顺序

选择一个图层，然后执行“图层 > 排列”菜单下的子命令，可以调整图层的排列顺序，如图 11-104 所示。

图11-104

- 置为顶层：将所选图层调整到最顶层，快捷键为 Shift+Ctrl+]。
- 前移一层 / 后移一层：将所选图层向上或向下移动一个堆叠顺序，快捷键分别为 Ctrl+] 和 Ctrl+[。
- 置为底层：将所选图层调整到最底层，快捷键为 Shift+Ctrl+[。
- 反向：在“图层”面板中选择多个图层，执行该命令可以反转所选图层的排列顺序。

答疑解惑：如果图层位于图层组中，排列顺序会怎样？

如果所选图层位于图层组中，执行“前移一层”、“后移一层”和“反向”命令时，与图层不在图层组中没有区别，但是执行“置为顶层”和“置为底层”命令时，所选图层将被调整到当前图层组的最顶层或最底层。

11.4.2 对齐图层

在“图层”面板中选择图层，然后执行“图层 > 对齐”菜单下的子命令，可以将多个图层进行对齐，如图 11-105 所示。

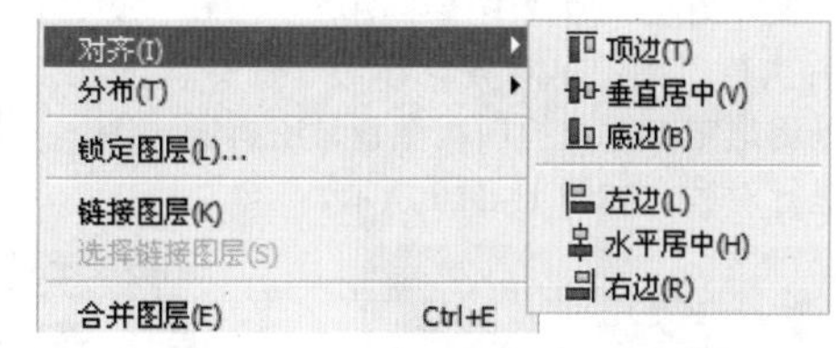

图11-105

技巧提示

使用移动工具的状态下，选项栏中有一排对齐按钮分别与“图层 > 对齐”菜单下的子命令相对应，如图 11-106 所示。

另外，如果需要将多张图像进行拼合对齐，可以在移动工具的选项栏中单击“自动对齐图层”按钮，打开“自动对齐图层”对话框，然后选择相应的投影方法即可，如图 11-107 所示。

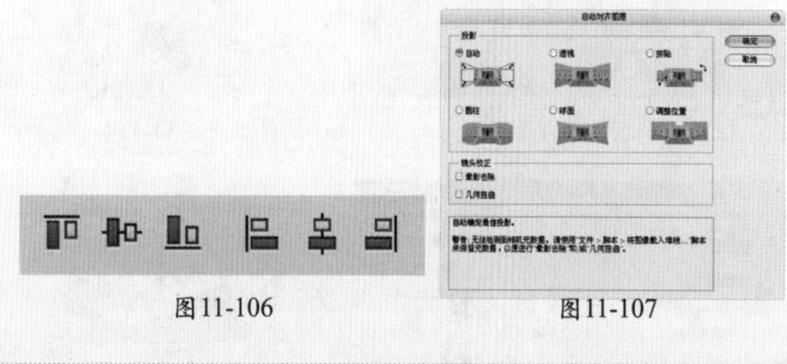

图11-106　图11-107

11.4.3 将图层与选区对齐

当画面中存在选区时，选择一个图层，执行“图层 > 将图层与选区对齐”命令，在子菜单中选择一种对齐方法，所选图层即可以选择的方法进行对齐，如图 11-108 ～图 11-111 所示。

图11-108

图11-109

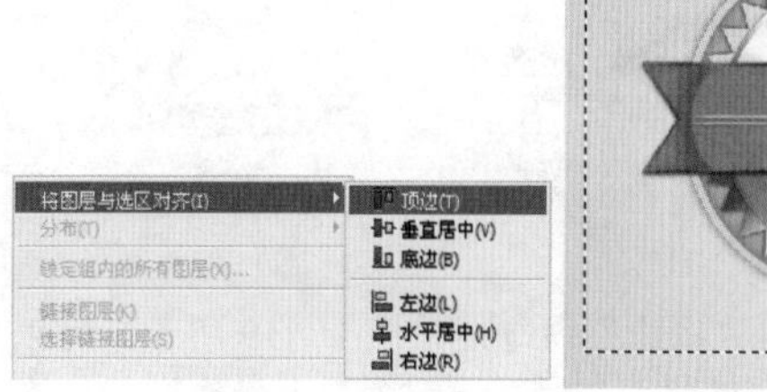

图11-110

图11-111

实例练习——使用“对齐”命令

实例文件	实例练习——使用“对齐”命令.psd
视频教学	实例练习——使用“对齐”命令.flv
难易指数	★★★★★
技术要点	“对齐”命令

实例效果

本例效果如图 11-112 所示。

图11-112

操作步骤

步骤 01 打开背景素材文件 1.jpg，分别导入 2.png ～ 7.png，如图 11-113 所示。

步骤 02 在“图层”面板中选中图层 1 ～ 6，如图 11-114 所示，然后执行“图层 > 对齐 > 顶边”命令，如图 11-115 所示。可以将选定图层上的顶端像素与所有选定图层上最顶端的像素进行对齐，如图 11-116 所示。

图11-113

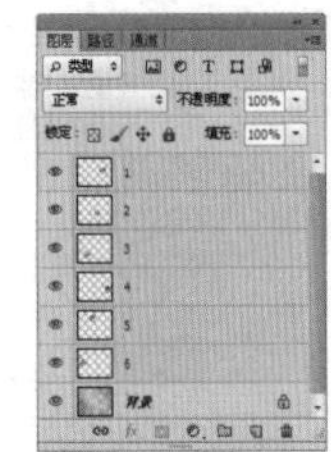
图11-114

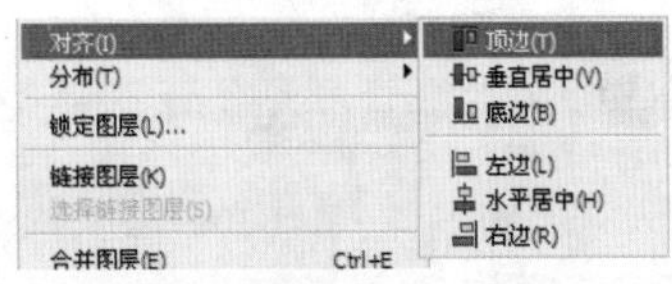

图11-115

图11-116

步骤 03 如果执行“垂直居中”命令，如图 11-117 所示，可以将每个选定图层上的垂直中心像素与所有选定图层的垂直中心像素进行对齐，如图 11-118 所示。

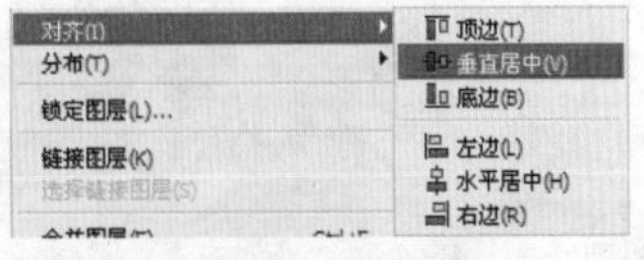

图11-117

图11-118

步骤 04 如果执行“底边”命令，如图 11-119 所示，可以将选定图层上的底端像素与所有选定图层上最底端的像素进行对齐，如图 11-120 所示。

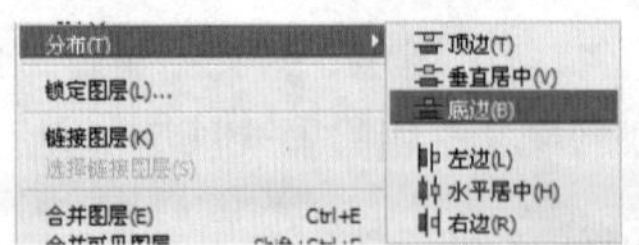

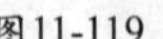
图11-119

图11-120

步骤 05 如果执行“左边”命令，如图 11-121 所示，可以将选定的图层上左端像素与最左端图层的左端像素进行对齐，如图 11-122 所示。

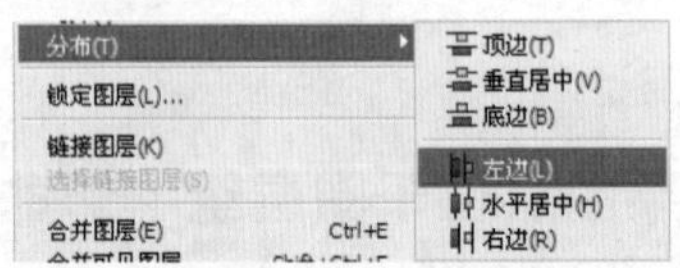

图11-121

图11-122

步骤 06 如果执行“水平居中”命令，如图 11-123 所示，可以将选定图层上的水平中心像素与所有选定图层的水平中心像素进行对齐，如图 11-124 所示。

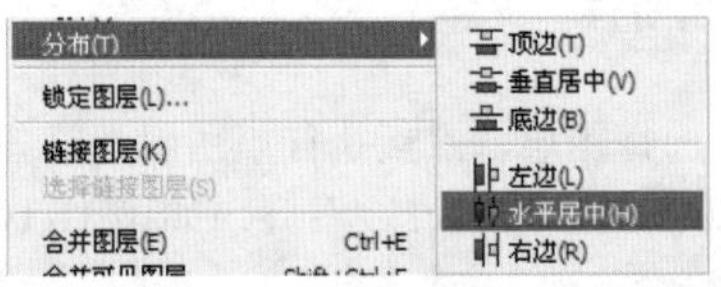

图11-123

图11-124

步骤 07 如果执行“右边”命令，如图 11-125 所示，可以将选定图层上的右端像素与所有选定图层上的最右端像素进行对齐，如图 11-126 所示。

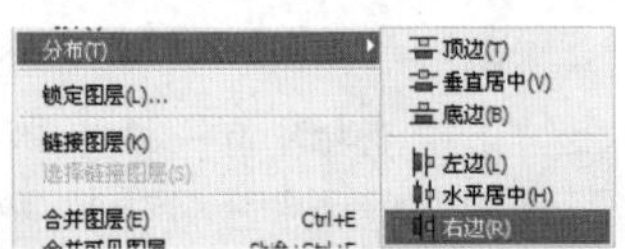

图11-125

图11-126

答疑解惑：如何以某个图层为基准来对齐图层？

如果要以某个图层为基准来对齐图层，首选要链接好需要对齐的图层，如图 11-127 所示，然后选择作为基准的图层，接着执行“图层 > 对齐”菜单下的子命令。如图 11-128 所示是执行“底边”命令后的对齐效果。

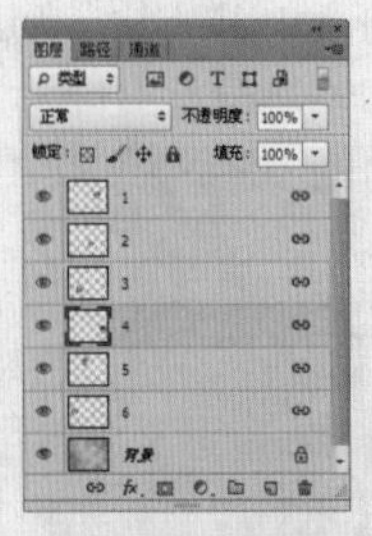
图11-127

图11-128

11.4.4 分布图层

当一个文档中包含多个图层（至少为3个图层，且“背景”图层除外）时，执行“图层 > 分布”菜单下的子命令可将这些图层按照一定的规律均匀分布，如图11-129所示。

在使用移动工具的状态下，选项栏中有一排按钮分别与“图层 > 分布”菜单下的子命令相对应，如图11-130所示。

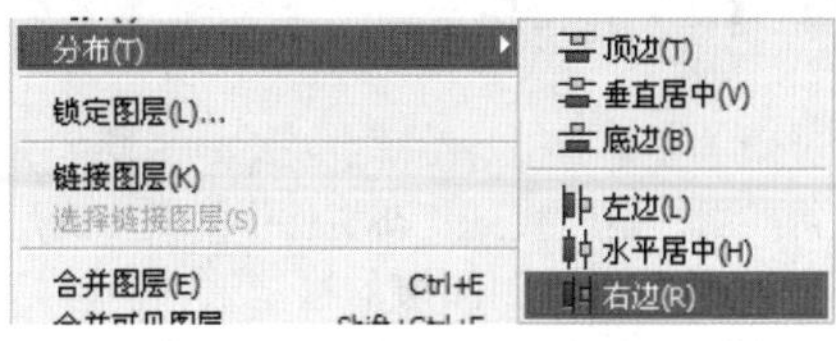

图11-129

图11-130

实例练习——使用“对齐”与“分布”命令制作标准照

实例文件	实例练习——使用“对齐”与“分布”命令制作标准照.psd
视频教学	实例练习——使用“对齐”与“分布”命令制作标准照.flv
难易指数	★★★★★
技术要点	“对齐”与“分布”命令

实例效果

本例效果如图11-131所示。

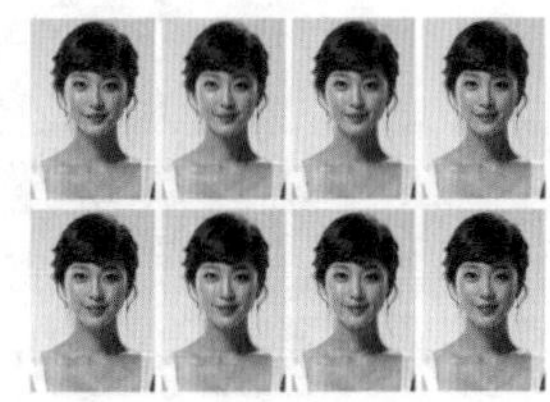

图11-131

操作步骤

步骤01 使用快捷键Ctrl+N新建文件，在弹出的“新建”对话框中设置单位为“英寸”，“宽度”为5英寸，“高度”为3.5英寸，如图11-132所示。

步骤02 导入本书配套光盘中的照片文件1.jpg，并将其放置在界面的左上角，如图11-133所示。

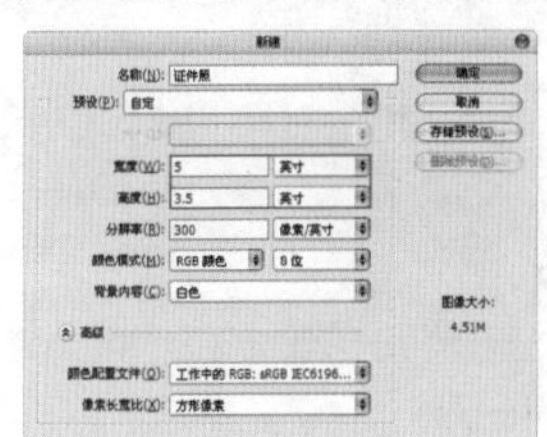

图11-132

图11-133

步骤03 按住Shift+Alt快捷键的同时使用移动工具水平向右移动复制出3张照片，如图11-134所示。

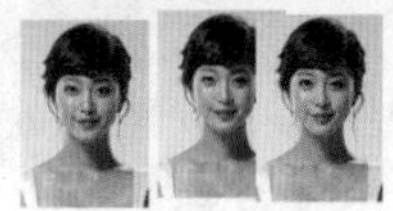

图11-134

技巧提示

执行“视图 > 对齐”命令后进行移动复制能够更容易地将复制出地图层对齐到同一水平线上。

步骤04 在“图层”面板中选中这些图层，接着执行“图层 > 分布 > 水平居中”命令，此时可以看到4张照片间距相同，如图11-135和图11-136所示。

图11-135

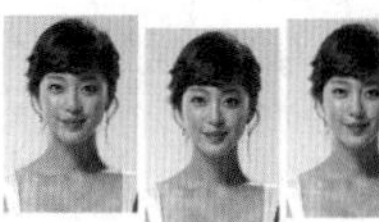

图11-136

步骤05 接着执行“图层 > 对齐 > 顶边”命令，4张照片即可排列整齐，如图11-137所示。

图11-137

步骤06 同时选择4张照片，然后按住Shift+Alt快捷键的同时使用移动工具向下移动复制出4张照片，完成证件照的制作，最终效果如图11-138所示。

图11-138

11.5 图层过滤

图层过滤主要是通过对图层进行多种方法的分类、过滤与检索，帮助用户迅速找到复杂文件中的某个图层。在“图层”面板的顶部可以看到图层的过滤选项，包括“类型”、“名称”、“效果”、“模式”、“属性”和“颜色”6种过滤方式，如图11-139所示。在使用某种图层过滤时，单击右侧的“打开或关闭图层过滤”按钮即可显示出所有图层，如图11-140所示。

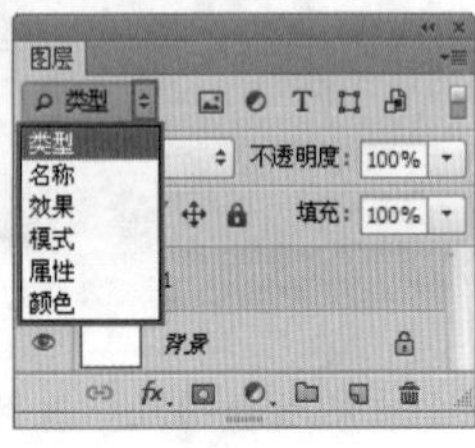

图11-139

图11-140

设置过滤方式为“类型”时，可以从“像素图层滤镜”、“调整图层滤镜”、“文字图层滤镜”、“形状图层滤镜”、“智能对象滤镜”中选择一种或多种图层滤镜，可以看到“图层”面板中所选图层滤镜类型以外的图层全部被隐藏了，如图11-141所示。如果没有该类型的图层，则不显示任何图层，如图11-142所示。

设置过滤方式为“名称”时，可以在右侧的文本框中输入关键字，所有包含该关键字的图层都将显示出来，如图11-143所示。

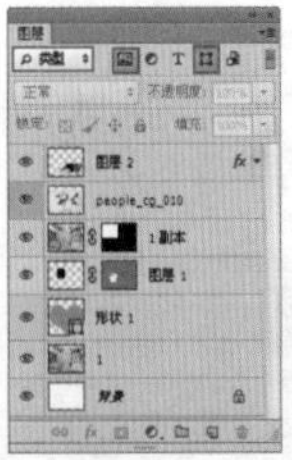

图11-141

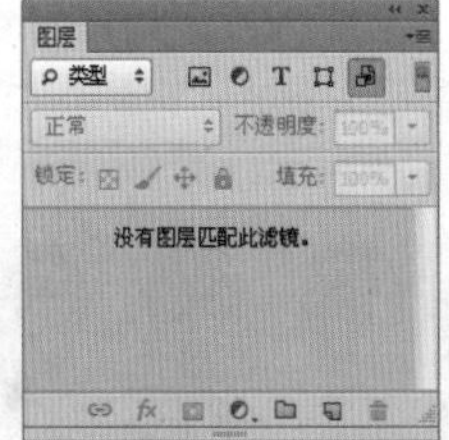

图11-142

图11-143

设置过滤方式为“效果”时，在右侧的下拉列表中选中某种效果，所有包含该效果的图层将显示在“图层”面板中，如图11-144所示。

设置过滤方式为“模式”时，在右侧的下拉列表中选中某种模式，使用该模式的图层将显示在“图层”面板中，如图11-145所示。

图11-144

图11-145

设置过滤方式为“属性”时，在右侧的下拉列表中选中某种属性（如图11-146所示）。含有该属性的图层将显示在“图层”面板中，如图11-147所示。

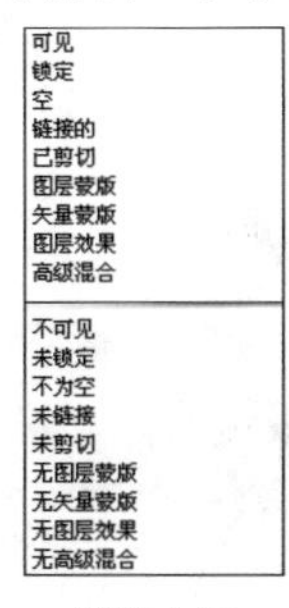

图11-146

图11-147

设置过滤方式为“颜色”时，在右侧的下拉列表中选中某种颜色，该颜色的图层将显示在“图层”面板中，如图11-148所示。

图11-148

11.6 使用图层组管理图层

在进行一些比较复杂的合成时，图层的数量往往会越来越多，要在如此之多的图层中找到需要的图层，将会是一件非常麻烦的事情。但是将这些图层分门别类地放在不同的图层组中进行管理，就会更加有条理，查找起来也更加方便快捷。

理论实践——将图层移入或移出图层组

（1）选择一个或多个图层，然后将其拖曳到图层组内，如图 11-149 所示，就可以将其移入到该组中，如图 11-150 所示。

（2）将图层组中的图层拖曳到组外，如图 11-151 所示。就可以将其从图层组中移出，如图 11-152 所示。

图11-149

图11-150

图11-151

图11-152

理论实践——取消图层编组

取消图层编组有 3 种常用的方法。

（1）创建图层组以后，如果要取消图层编组，可以执行“图层 > 取消图层编组”命令或按 Shift+Ctrl+G 快捷键，如图 11-153 所示。

（2）在图层组名称上单击鼠标右键，然后在弹出的菜单中选择“取消图层编组”命令，如图 11-154 所示。

（3）选中图层组，单击“图层”面板底部的“删除”按钮，并在弹出的对话框中单击“仅组”按钮，如图 11-155 所示。

图11-153

图11-154

图11-155

读书笔记

11.7 合并与盖印图层

在编辑过程中，经常会需要将几个图层进行合并编辑或将文件进行整合，以减少占用的内存，这时就需要使用到合并与盖印图层命令。

11.7.1 合并图层

如果要将多个图层合并为一个图层，可以在“图层”面板中选择要合并的图层，然后执行“图层 > 合并图层”命令或按 Ctrl+E 快捷键，合并以后的图层使用最上面图层的名称，如图 11-156 和图 11-157 所示。

图11-156

图11-157

11.7.2 向下合并图层

执行“图层 > 向下合并”命令或按 Ctrl+E 快捷键，可将一个图层与它下面的图层合并，如图 11-158 所示。合并以后的图层使用下面图层的名称，如图 11-159 所示。

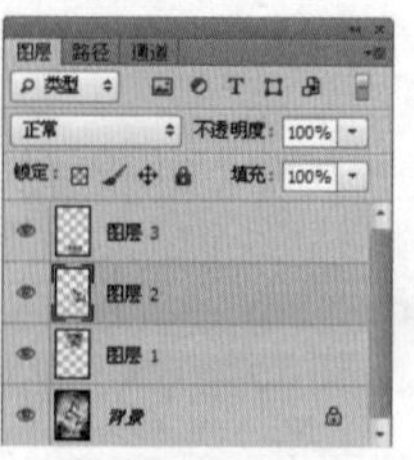
图 11-158

图 11-159

11.7.3 合并可见图层

执行“图层 > 合并可见图层”命令或按 Ctrl+Shift+E 快捷键，可以合并“图层”面板中的所有可见图层，如图 11-160 和图 11-161 所示。

图 11-160

图 11-161

11.7.4 拼合图像

执行“图层 > 拼合图像”命令可以将所有图层都拼合到“背景”图层中。如果有隐藏的图层，则会弹出一个提示对话框，提醒用户是否要扔掉隐藏的图层，如图 11-162 所示。

图 11-162

11.7.5 盖印图层

“盖印”是一种合并图层的特殊方法，可以将多个图层的内容合并到一个新的图层中，同时保持其他图层不变。盖印图层在实际工作中经常使用，是一种很实用的图层合并方法，如图 11-163 ～图 11-165 所示。

图 11-163

图 11-164

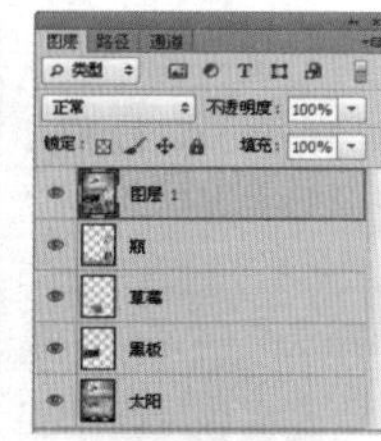
图 11-165

理论实践——向下盖印图层

选择一个图层，如图 11-166 所示，然后按 Ctrl+Alt+E 快捷键，可以将该图层中的图像盖印到下面的图层中，原始图层的内容保持不变，如图 11-167 所示。

图 11-166

图 11-167

理论实践——盖印多个图层

选择多个图层并使用“盖印图层”快捷键 Ctrl+Alt+E，可以将这些图层中的图像盖印到一个新的图层中，原始图层的内容保持不变，如图 11-168 和图 11-169 所示。

图11-168

图11-169

理论实践——盖印可见图层

按 Ctrl+Shift+Alt+E 快捷键，可以将所有可见图层盖印到一个新的图层中，如图 11-170 所示。

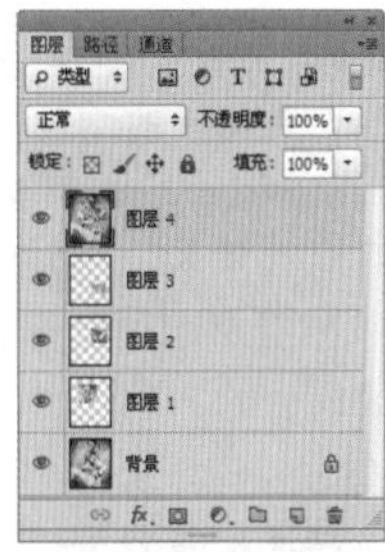

图11-170

理论实践——盖印图层组

选择图层组，如图 11-171 所示，然后按 Ctrl+Alt+E 快捷键，可以将组中所有图层内容盖印到一个新的图层中，原始图层组中的内容保持不变，如图 11-172 所示。

图11-171

图11-172

11.8 图层复合

图层复合是图层调板状态的快照，它记录了当前文件中的图层可视性、位置和外观（如图层的不透明度、混合模式及图层样式）。通过图层复合，可以在单个文件中创建多个方案，便于管理和查看方案的不同效果，如图 11-173 所示。

图11-173

11.8.1 “图层复合”面板

执行“窗口＞图层复合”命令，可以打开“图层复合”面板。在“图层复合”面板中，可以创建、编辑、切换和删除图层复合，如图 11-174 所示。

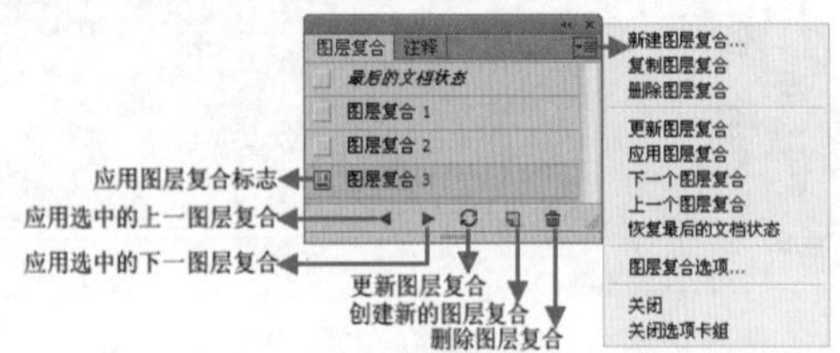

图11-174

- 应用图层复合标志：如果一个图层复合前面有该标志，表示该图层复合为当前使用的图层复合。
- 应用选中的上一图层复合：切换到上一个图层复合。
- 应用选中的下一图层复合：切换到下一个图层复合。
- 更新图层复合：如果对图层复合进行重新编辑，单击该按钮可以更新编辑后的图层复合。
- 创建新的图层复合：单击该按钮可以新建一个图层复合。
- 删除图层复合：将图层复合拖曳到该按钮上，可以将其删除。

答疑解惑：为什么图层复合后面有一个感叹号？

如果在图层复合的后面出现了标志（如图 11-175 所示），说明该图层复合不能完全恢复。不能完全恢复的操作包括合并图层、删除图层、转换图层色彩模式等。

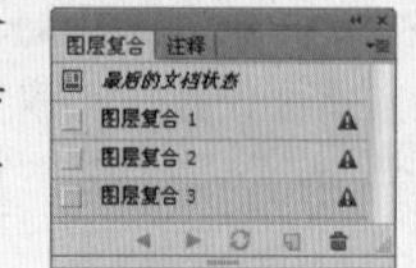

图11-175

如果要清除感叹号警告标志，可以单击该标志，然后在弹出的对话框中单击“清除”按钮，如图 11-176 所示。也可以在标志上单击鼠标右键，在弹出的菜单中选择“清除图层复合警告”命令或“清除所有图层复合警告”命令，如图 11-177 所示。

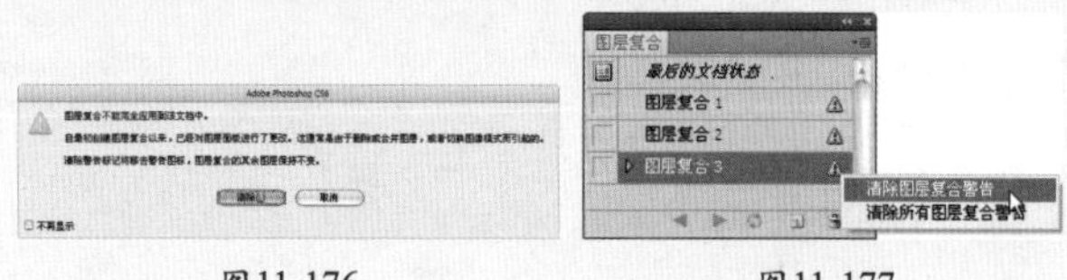

图11-176　　图11-177

11.8.2 创建图层复合

当创建好一个图像时，单击“图层复合”面板底部的“创建新的图层复合”按钮，可以创建一个图层复合，新的复合将记录“图层”面板中图层的当前状态。

在创建图层复合时，Photoshop 会弹出“新建图层复合”对话框，如图 11-178 所示。在该对话框中可以选择应用于图层的选项，包含“可见性”、“位置”和“外观（图层样式）”，同时也可以为图层复合添加文本注释，如图 11-179 所示。

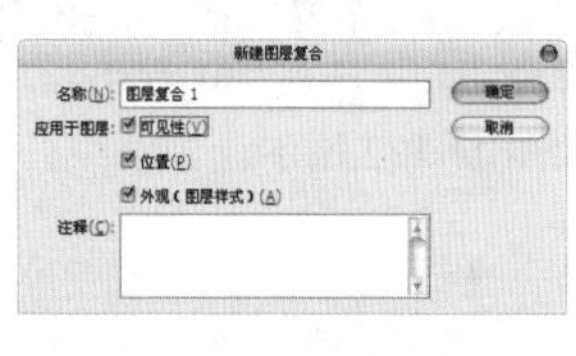

图11-178

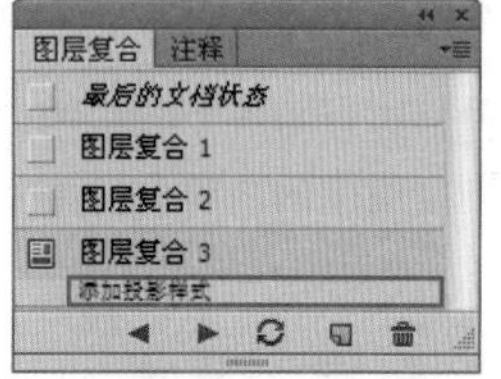

图11-179

11.8.3 应用并查看图层复合

在某一图层复合的前面单击，显示出图标以后，当前文档即可应用该图层复合，如果需要查看多个图层复合的图像效果，可以在“图层复合”面板底部单击“应用选中的上一图层复合”按钮或“应用选中的下一图层复合”按钮进行查看，如图 11-180 所示。

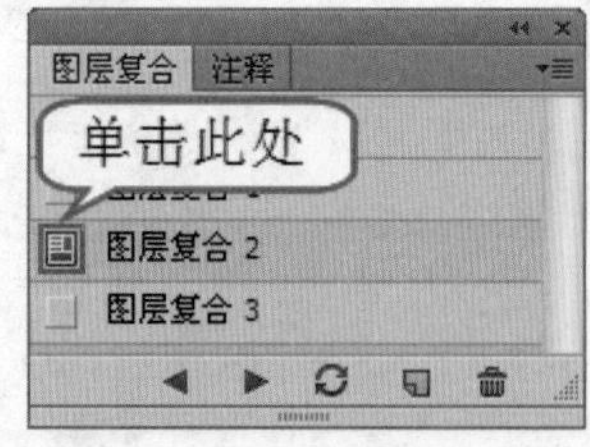

图11-180

11.8.4 更改与更新图层复合

如果要更改创建好的图层复合，可以在面板菜单中选择“图层复合选项”命令，打开“图层复合选项”对话框进行设置；如果要更新重新设置的图层复合，可以在“图层复合”面板底部单击“更新图层复合”按钮。

11.8.5 删除图层复合

如果要删除创建的图层复合，可以将其拖曳到“图层复合”面板底部的“删除图层复合”按钮上，如图 11-181 所示。

技巧提示

删除图层复合不可使用 Delete 键，按 Delete 键删除的将是被选中的图层本身。

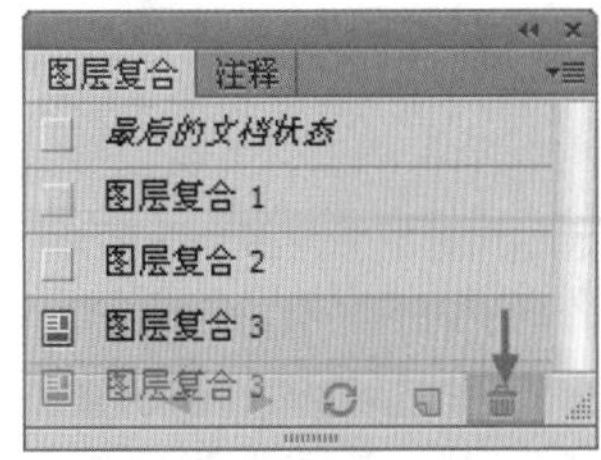

图11-181

11.9 图层的不透明度

“图层”面板中有专门针对图层的不透明度与填充进行调整的选项，两者在一定程度上来讲都是针对透明度进行调整。数值为 100% 时为完全不透明；数值为 50% 时为半透明；数值为 0% 时为完全透明，如图 11-182 所示。

图11-182

技巧提示

按键盘上的数字键即可快速修改图层的不透明度，例如按一次 7 键，不透明度会变为 70%；如果按两次 7 键，不透明度会变成 77%。

“不透明度”选项控制着整个图层的透明属性，包括图层中的形状、像素以及图层样式，而“填充”选项只影响图层中绘制的像素和形状的不透明度。

以图 11-183 为例，该图包含一个“背景”图层与一个“图层 0”图层，“图层 0”图层包含“外发光”与“描边”样式，如图 11-184 所示。

图11-183

图11-184

如果将“不透明度”调整为 50%，可以观察到图像以及图层样式都变为半透明的效果，如图 11-185 和图 11-186 所示。

若将“填充”数值调整为 50%，可以观察到图像变为半透明效果，但“外发光”和“描边”效果则没有发生任何变化，如图 11-187 和图 11-188 所示。

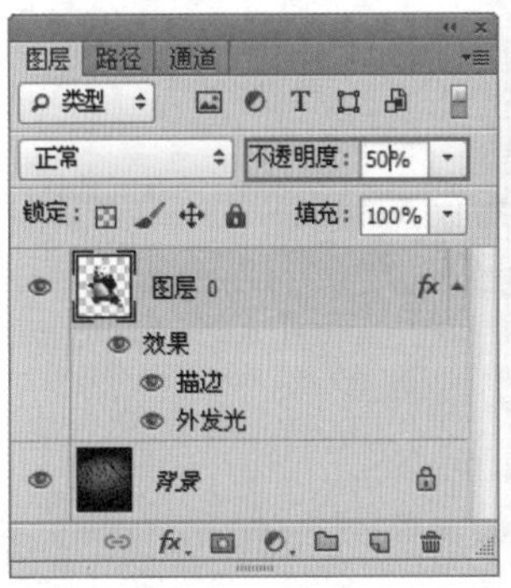

图11-185

图11-186

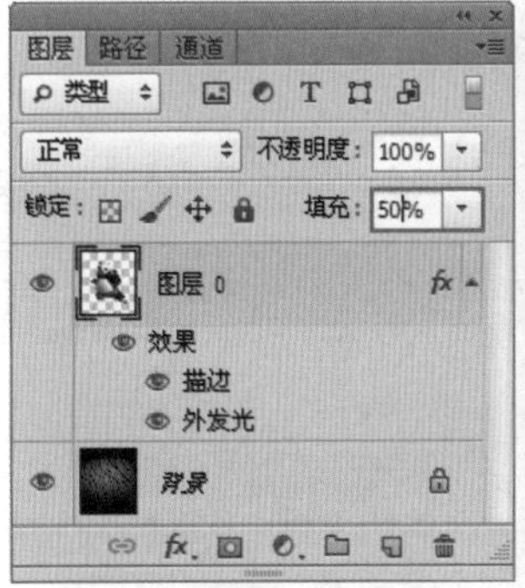

图11-187

图11-188

11.10 图层的混合模式

所谓图层的混合模式是指一个图层与其下方图层的色彩叠加方式，通常情况下新建图层的混合模式为“正常”，除此以外，还有很多种混合模式，它们都可以产生迥异的合成效果。图层的混合模式是Photoshop的一项非常重要的功能，它不仅存在于“图层”面板中，在使用绘画工具时也可以通过更改混合模式来调整绘制对象与下面图像的像素的混合方式，从而创建各种特效，并且不会损坏原始图像的任何内容。在绘画工具和修饰工具的选项栏，以及“渐隐”、“填充”、“描边”命令和“图层样式”对话框中都包含“混合模式”选项。如图11-189～图11-191所示为一些使用混合模式制作的作品。

图11-189

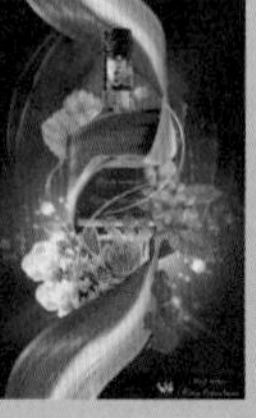

图11-190

图11-191

11.10.1 混合模式的类型

在“图层”面板中选择一个图层，单击面板顶部的≑按钮，在弹出的下拉列表中可以选择一种混合模式。图层的混合模式分为6组，共27种，如图11-192所示。

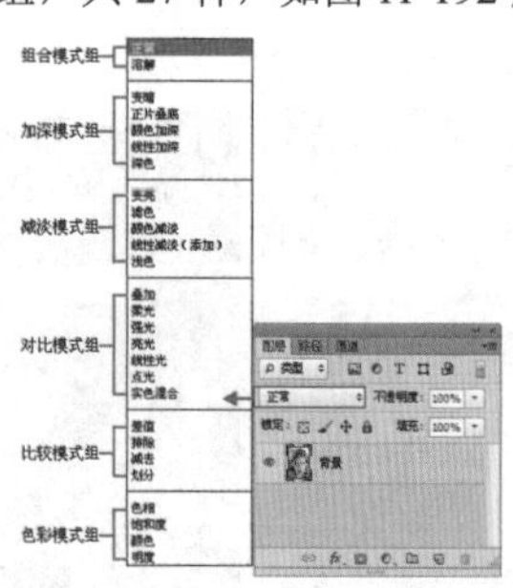

图11-192

- 组合模式组：该组中的混合模式需要降低图层的“不透明度”或“填充”数值才能起作用，这两个参数的数值越小，就越能看到下面的图像。
- 加深模式组：该组中的混合模式可以使图像变暗。在混合过程中，当前图层的白色像素会被下层较暗的像素替代。
- 减淡模式组：该组与加深模式组产生的混合效果完全相反，它可以使图像变亮。在混合过程中，图像中的黑色像素会被较亮的像素替代，而任何比黑色亮的像素都可能提亮下层图像。
- 对比模式组：该组中的混合模式可以加强图像的差异。在混合时，50%的灰色会完全消失，任何亮度值高于50%灰色的像素都可能提亮下层的图像，亮度值低于50%灰色的像素则可能使下层图像变暗。
- 比较模式组：该组中的混合模式可以比较当前图像与下层图像，将相同的区域显示为黑色，不同的区域显示为灰色或彩色。如果当前图层中包含白色，那么白色区域会使下层图像反相，而黑色不会对下层图像产生影响。
- 色彩模式组：使用该组中的混合模式时，Photoshop会将色彩分为色相、饱和度和亮度3种成分，然后将其中的一种或两种应用在混合后的图像中。

11.10.2 详解各种混合模式

下面以包含上下两个图层的文档来讲解图层的各种混合模式的特点，当前“人像”图层的混合模式为“正常”，如图11-193和图11-194所示。

图11-193

图11-194

- 正常：是Photoshop默认的模式。在正常情况下（“不透明度”为100%），如图11-195所示，上层图像将完全遮盖住下层图像，只有降低“不透明度”数值以后才能与下层图像相混合，如图11-196所示是设置“不透明度”为70%时的混合效果。

图11-195

图11-196

- 溶解：在“不透明度”和“填充”数值为100%时，该模式不会与下层图像相混合，只有这两个数值中的任何一个低于 100% 时才能产生效果，使透明度区域上的像素离散，如图 11-197 所示。

- 变暗：比较每个通道中的颜色信息，并选择基色或混合色中较暗的颜色作为结果色，同时替换比混合色亮的像素，而比混合色暗的像素保持不变，如图 11-198 所示。

图11-197

图11-198

- 正片叠底：任何颜色与黑色混合产生黑色，任何颜色与白色混合保持不变，如图 11-199 所示。
- 颜色加深：通过增加上下层图像之间的对比度来使像素变暗，与白色混合后不产生变化，如图 11-200 所示。

图11-199

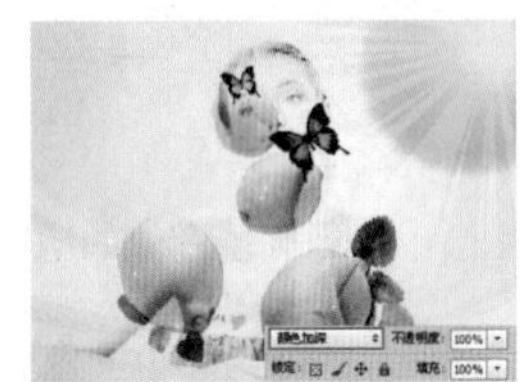
图11-200

- 线性加深：通过减小亮度使像素变暗，与白色混合不产生变化，如图 11-201 所示。
- 深色：比较两个图像的所有通道的数值总和，然后显示数值较小的颜色，如图 11-202 所示。

图11-201

图11-202

- 变亮：比较每个通道中的颜色信息，并选择基色或混合色中较亮的颜色作为结果色，同时替换比混合色暗的像素，而比混合色亮的像素保持不变，如图 11-203 所示。
- 滤色：与黑色混合时颜色保持不变，与白色混合时产生白色，如图 11-204 所示。

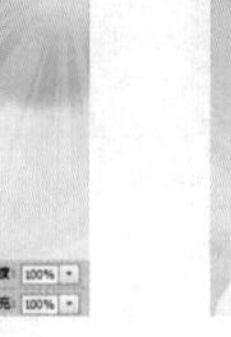
图11-203

图11-204

- 颜色减淡：通过减小上下层图像之间的对比度来提亮底层图像的像素，如图 11-205 所示。
- 线性减淡（添加）：与“线性加深”模式产生的效果相反，可以通过提高亮度来减淡颜色，如图 11-206 所示。

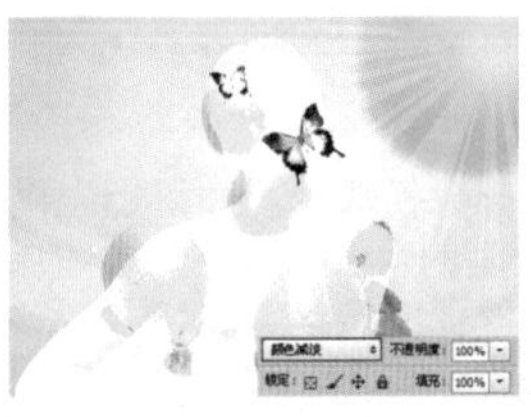
图11-205

图11-206

- 浅色：比较两个图像的所有通道的数值总和，然后显示数值较大的颜色，如图 11-207 所示。
- 叠加：对颜色进行过滤并提亮上层图像，具体取决于底层颜色，同时保留底层图像的明暗对比，如图 11-208 所示。

图11-207

图11-208

- 柔光：使颜色变暗或变亮，具体取决于当前图像的颜色。如果上层图像比 50% 灰色亮，则图像变亮；如果上层图像比 50% 灰色暗，则图像变暗，如图 11-209 所示。
- 强光：对颜色进行过滤，具体取决于当前图像的颜色。如果上层图像比 50% 灰色亮，则图像变亮；如果上层图像比 50% 灰色暗，则图像变暗，如图 11-210 所示。

图11-209

图11-210

- 亮光：通过增加或减小对比度来加深或减淡颜色，具体取决于上层图像的颜色。如果上层图像比 50% 灰色亮，则图像变亮；如果上层图像比 50% 灰色暗，则图像变暗，如图 11-211 所示。
- 线性光：通过减小或增加亮度来加深或减淡颜色，具体取决于上层图像的颜色。如果上层图像比 50% 灰色亮，则图像变亮；如果上层图像比 50% 灰色暗，则图像变暗，如图 11-212 所示。

图11-211

图11-212

- 点光：根据上层图像的颜色来替换颜色。如果上层图像比 50% 灰色亮，则替换比较暗的像素；如果上层图像比 50% 灰色暗，则替换较亮的像素，如图 11-213 所示。
- 实色混合：将上层图像的 RGB 通道值添加到底层图像的 RGB 值。如果上层图像比 50% 灰色亮，则使底层图像变亮；如果上层图像比 50% 灰色暗，则使底层图像变暗，如图 11-214 所示。

图11-213

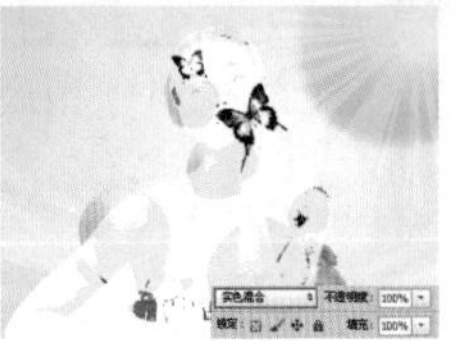
图11-214

- 差值：上层图像与白色混合将反转底层图像的颜色，与黑色混合则不产生变化，如图 11-215 所示。
- 排除：创建一种与“差值”模式相似，但对比度更小的混合效果，如图 11-216 所示。

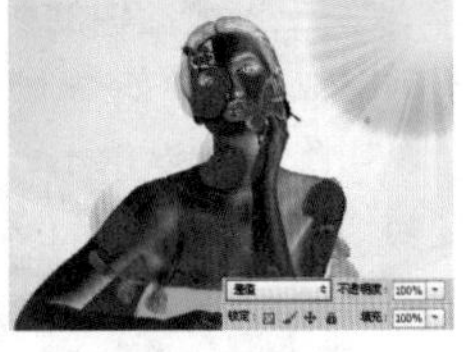
图11-215

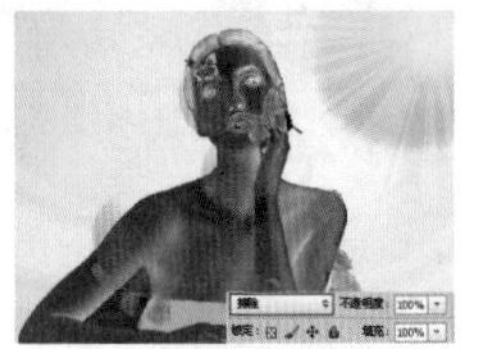
图11-216

- 减去：从目标通道中相应的像素上减去源通道中的像素值，如图 11-217 所示。
- 划分：比较每个通道中的颜色信息，然后从底层图像中划分上层图像，如图 11-218 所示。

图11-217

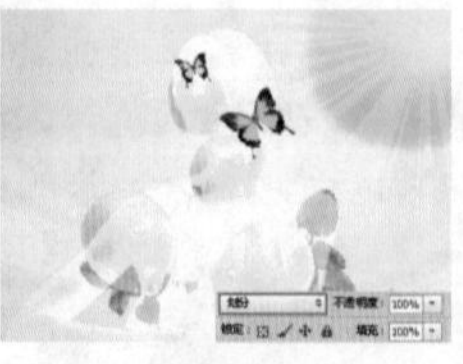
图11-218

- 色相：用底层图像的明亮度和饱和度以及上层图像的色相来创建结果色，如图 11-219 所示。
- 饱和度：用底层图像的明亮度和色相以及上层图像的饱和度来创建结果色，在饱和度为 0 的灰度区域应用该模式不会产生任何变化，如图 11-220 所示。

图11-219

图11-220

- 颜色：用底层图像的明亮度以及上层图像的色相和饱和度来创建结果色，这样可以保留图像中的灰阶，对于为单色图像上色或给彩色图像着色非常有用，如图 11-221 所示。
- 明度：用底层图像的色相和饱和度以及上层图像的明亮度来创建结果色，如图 11-222 所示。

图11-221

图11-222

实例练习——快速为照片添加绚丽光彩

实例文件	实例练习——快速为照片添加绚丽光彩 .psd
视频教学	实例练习——快速为照片添加绚丽光彩 .flv
难易指数	★★★★★
技术要点	“滤色”混合模式

实例效果

“变亮”和“滤色”混合模式都能够有效地将图层中的黑色部分隐去，而我们常用的光效素材通常都是黑色背景。在本例中使用了“滤色”混合模式，如图 11-223 和图 11-224 所示。

图11-223

图11-224

操作步骤

步骤 01 打开本书配套光盘中的 1.jpg 文件，如图 11-225 所示。

步骤 02 导入光效 2.jpg，放置在人像图层上方，设置其混合模式为“滤色”，效果如图 11-226 所示。

图11-225

图11-226

实例练习——使用混合模式制作水果色嘴唇

实例文件	实例练习——使用混合模式制作水果色嘴唇.psd
视频教学	实例练习——使用混合模式制作水果色嘴唇.flv
难易指数	★★★★★
技术要点	“颜色”混合模式

实例效果

改变图像颜色的方法很多，可以使用色彩调整命令，也可以使用颜色进行混合。本例中使用纯色图层配合“颜色”模式改变嘴唇的颜色，效果如图11-227所示。

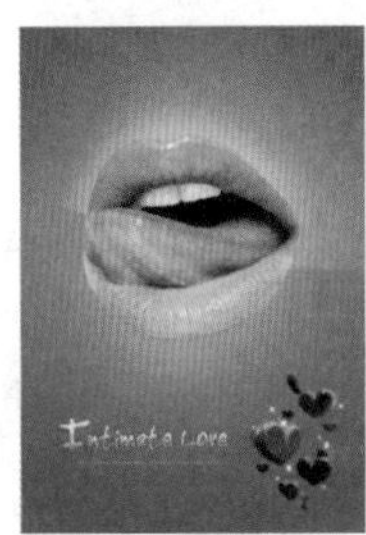

图11-227

操作步骤

步骤01 打开本书配套光盘中的1.jpg文件，如图11-228所示。

步骤02 导入本书配套光盘中的2.jpg文件，作为图层“嘴”，如图11-229所示。

步骤03 使用钢笔工具绘制嘴唇闭合路径，单击鼠标右键选择“建立选区”命令，如图11-230所示。

步骤04 选择图层“嘴”，单击“图层”面板底部的“添加图层蒙版”按钮，如图11-231所示。

步骤05 新建“黄嘴唇”图层，使用钢笔工具绘制出嘴唇上半部分轮廓闭合路径，单击右键执行“建立选区”命令并填充黄色，如图11-232所示。设置图层混合模式为“颜色”，如图11-233所示。

图11-228

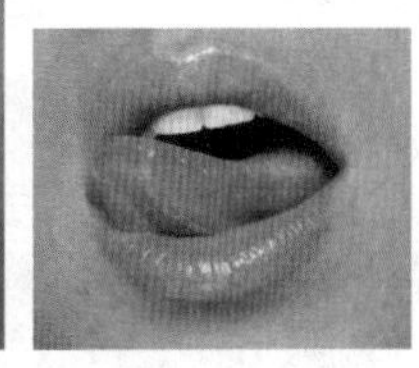

图11-229

图11-230

图11-231

图11-232

图11-233

步骤06 新建图层“绿嘴唇”，使用钢笔工具绘制出嘴唇下半部分轮廓闭合路径，单击右键执行“建立选区”命令并填充绿色，如图11-234所示。设置图层混合模式为“颜色”，如图11-235所示。

步骤07 最终效果如图11-236所示。

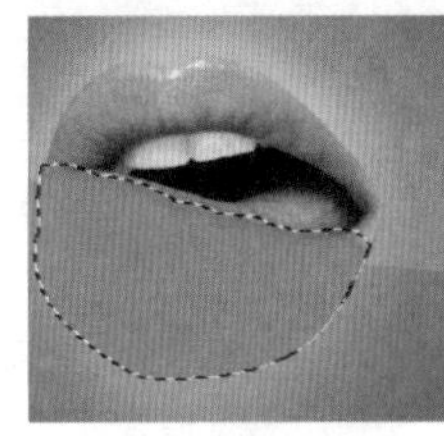

图11-234

图11-235

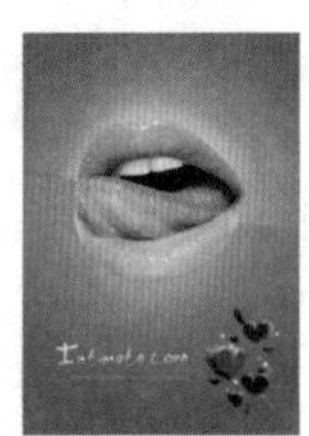

图11-236

实例练习——打造意境风景照片

实例文件	实例练习——打造意境风景照片.psd
视频教学	实例练习——打造意境风景照片.flv
难易指数	★★★★★
技术要点	“叠加”混合模式

实例效果

在制作怀旧效果图像时，经常会需要使图像产生一些质感比较粗糙的“痕迹”，这时就需要找到一张带有做旧质感的素材，通过改变图层的混合模式使素材与原图进行混合。由于素材和目标效果不同，使用的混合模式也是不固定的，如果素材为黑白图像，则可以使用“叠加”模式进行混合。效果如图11-237所示。

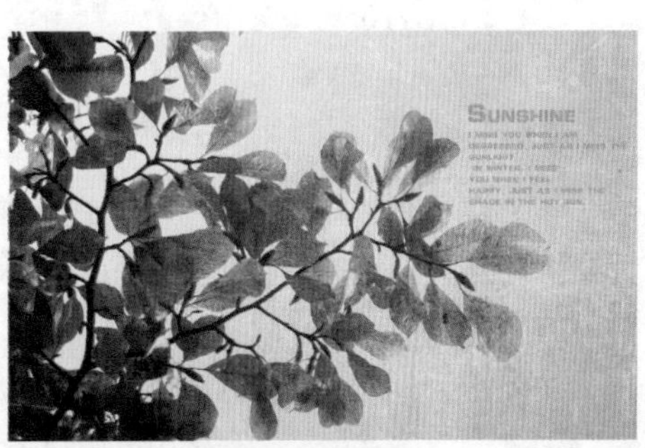

图11-237

操作步骤

步骤01 打开本书配套光盘中的1.jpg文件，如图11-238所示。

图11-238

步骤 02 双击“背景”图层，将“背景”图层变为普通图层。使用魔棒工具选择背景区域，然后按反向选择快捷键Ctrl+Shift+I，并为图层添加蒙版，图像被完整地分离出来，如图 11-239 和图 11-240 所示。

图11-239

图11-240

步骤 03 创建“图层 1”，选择渐变工具，在选项栏中设置渐变类型为线性渐变，如图 11-241 所示。单击渐变色弹出“渐变编辑器”窗口，拖动滑块调整渐变颜色为白色到浅绿色渐变，如图 11-242 所示。在图层中的选区部分自上而下填充渐变颜色，如图 11-243 所示。

图11-241

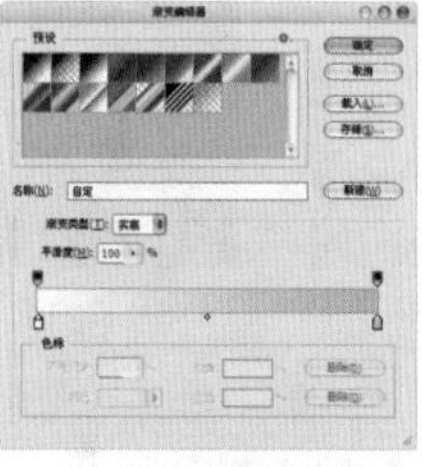

图11-242

图11-243

步骤 04 在“图层”面板中拖曳“图层 1”，将其放置在最底层，如图 11-244 所示。效果如图 11-245 所示。

图11-244

图11-245

步骤 05 对图像颜色进行调整。创建“色阶 1”调整图层，向右拖动黑色滑块，数值为 26、1.00、255，如图 11-246 所示。效果如图 11-247 所示。

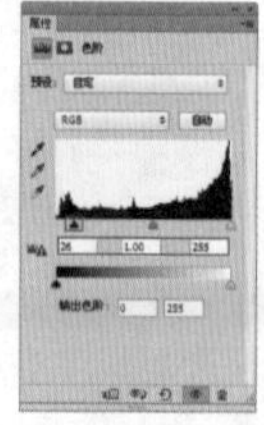

图11-246

图11-247

步骤 06 创建“色彩平衡 1”调整图层，设置“色调”为“中间调”，青色与红色调整为 +13，洋红与绿色调整为 -2，黄色与蓝色调整为 -20，如图 11-248 所示。效果如图 11-249 所示。

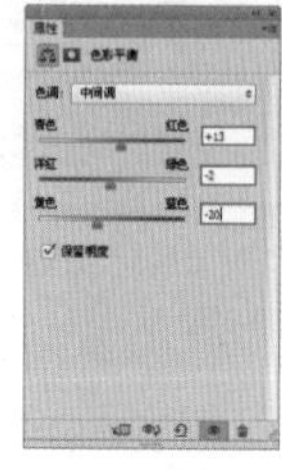

图11-248

图11-249

步骤 07 创建“色相 / 饱和度 1”调整图层，设置“饱和度”为 +30，如图 11-250 所示。效果如图 11-251 所示。

图11-250

图11-251

步骤 08 导入 19.12（2）.jpg 到画布中，如图 11-252 所示。将该图层的混合模式设置为“叠加”，如图 11-253 所示。效果如图 11-254 所示。

图11-252

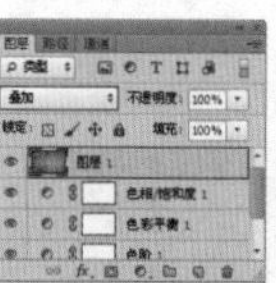

图11-253

图11-254

步骤 09 在右侧输入文字，如图 11-255 所示。

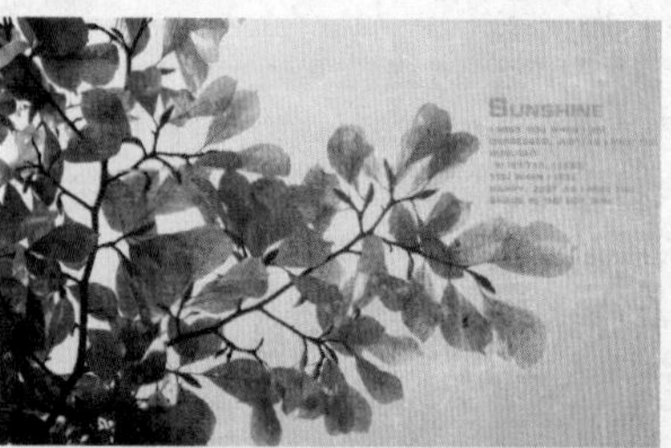

图11-255

11.11 高级混合与混合颜色带

执行“图层 > 图层样式 > 混合选项”命令或双击一个图层，可打开“图层样式”对话框。其中，“混合选项”是第一项，包括“常规混合”、“高级混合”与“混合颜色带”3 个选项组，如图 11-256 所示。

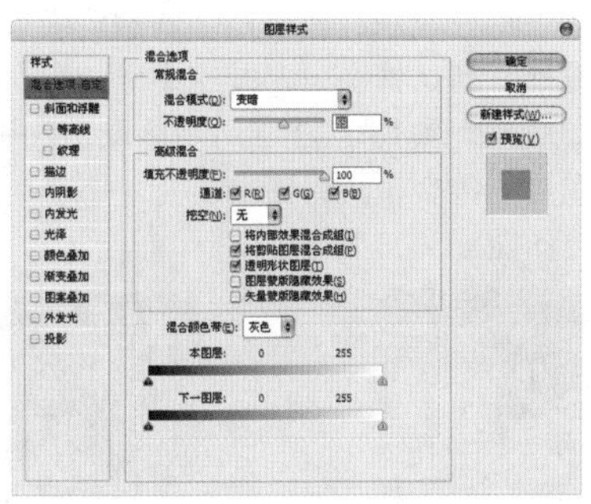

图 11-256

> **技巧提示**
>
> “常规混合”选项组中的“混合模式”和“不透明度”选项以及“高级混合”选项组中的“填充不透明度”选项，与“图层”面板中的选项是完全相同的，如图 11-257 和图 11-258 所示。

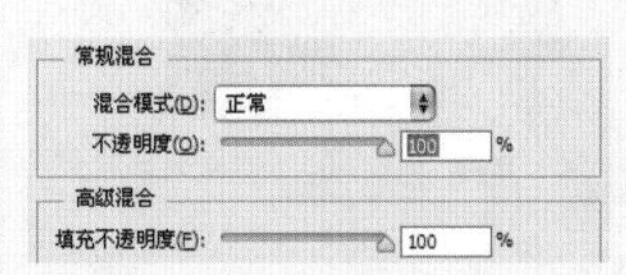

图 11-257

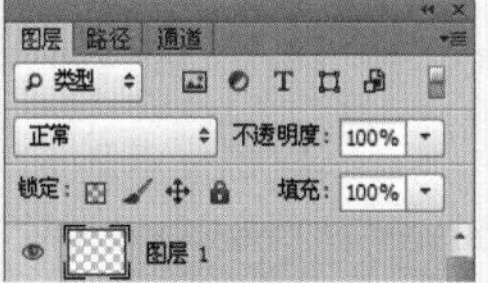

图 11-258

11.11.1 通道混合设置

“通道”选项中的 R、G、B 分别代表红（R）、绿（G）和蓝（B）3 个颜色通道，与“通道”面板中的通道相对应，如图 11-259 所示。R、G、B 图像包含 3 种颜色，混合生成 RGB 复合通道，复合通道中的图像也就是窗口中的彩色图像，如图 11-260 所示。

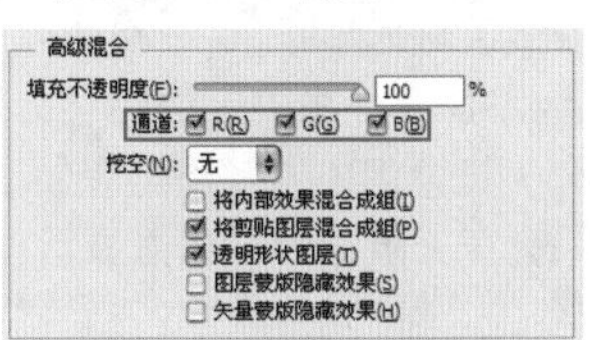

图 11-259

图 11-260

> **技巧提示**
>
> 由于当前图像模式为“RGB 模式”，所以在“通道”选项里显示的是 R、G、B 3 个通道。如果当前图像模式为 CMYK，那么则显示 C、M、Y、K 4 个通道，如图 11-261 和 11-262 所示。

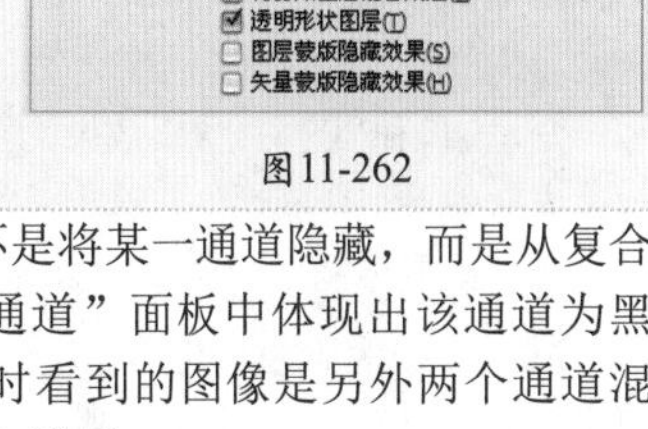

图 11-261

图 11-262

取消选中某个通道并不是将某一通道隐藏，而是从复合通道中排除此通道，在“通道”面板中体现出该通道为黑色，如图 11-263 所示。此时看到的图像是另外两个通道混合生成的效果，如图 11-264 所示。

图 11-263

图 11-264

11.11.2 挖空

通过“挖空”选项可以指定下面的图像全部或部分穿透上面的图层显示出来。创建挖空通常需要 3 种图层，分别是要挖空的图层、被穿透的图层、要显示的图层，如图 11-265 和图 11-266 所示。

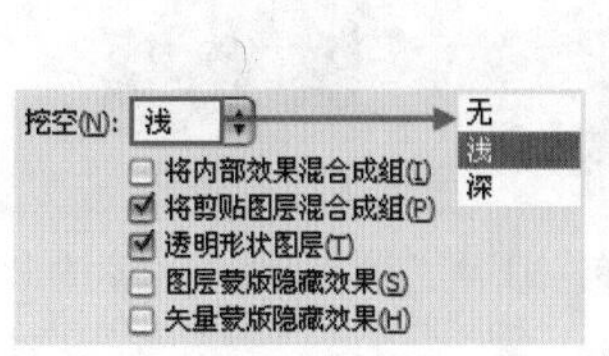

图 11-265

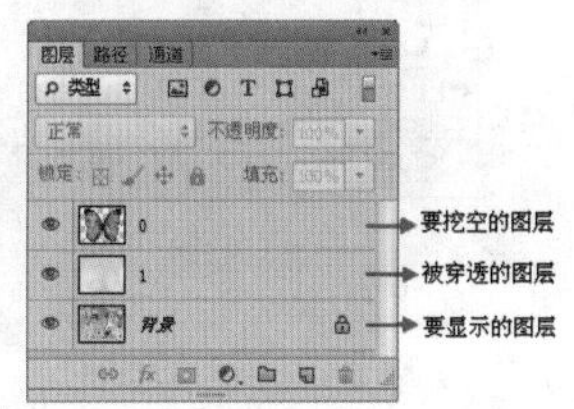

图 11-266

※技术拓展："挖空"的选项

"挖空"包括3个选项。

- 无：不挖空。
- 浅：将挖空到第一个可能的停止点，如图层组之后的第一个图层或剪贴蒙版的基底图层，如图11-267所示。

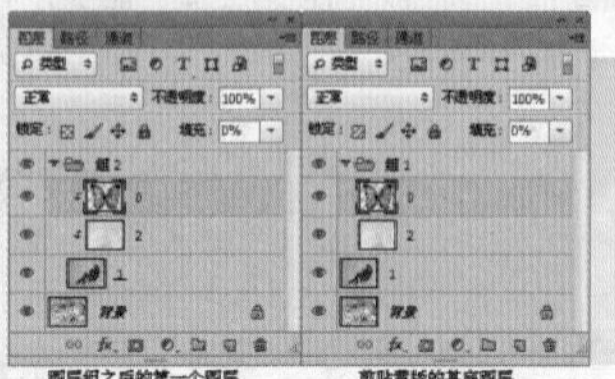

图11-267

- 深：将挖空到背景。如果没有背景，选择"深"选项会挖空到透明，如图11-268和图11-269所示。

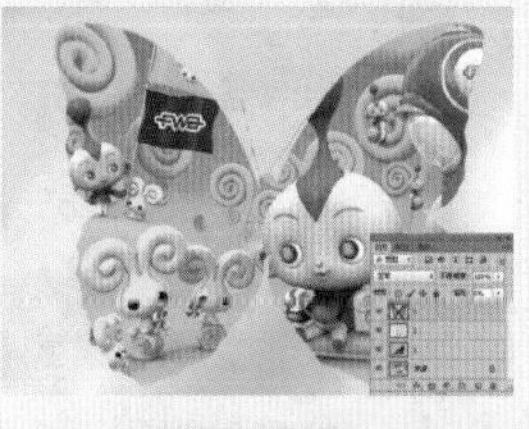

图11-268

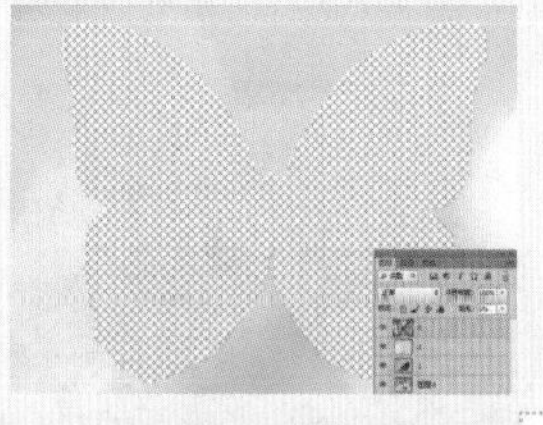

图11-269

- 将内部效果混合成组：当为添加了"内发光"、"颜色叠加"、"渐变叠加"和"图案叠加"效果的图层设置挖空时，如果选中"将内部效果混合成组"复选框，则添加的效果不会显示；取消选中该复选框，则显示该图层样式，如图11-270和图11-271所示。

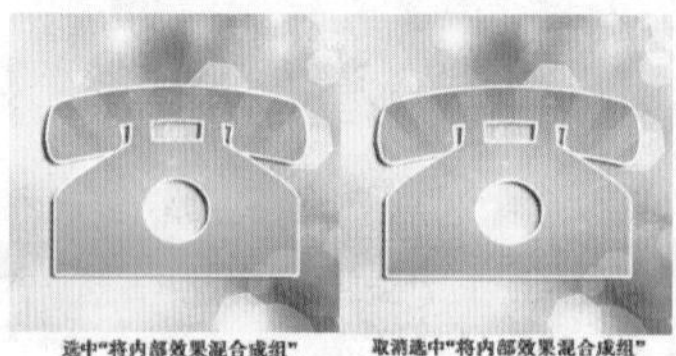

图11-270

图11-271

- 将剪贴图层混合成组：用来控制剪贴蒙版组中基底图层的混合属性。默认情况下，基底图层的混合模式影响整个剪贴蒙版组，如图11-272所示。取消选中该复选框，则基底图层的混合模式仅影响自身，不会对内容图层产生影响，如图11-273所示。

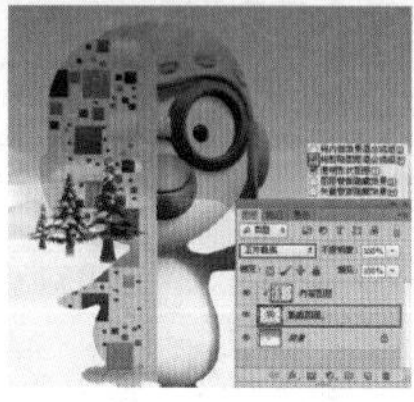

图11-272

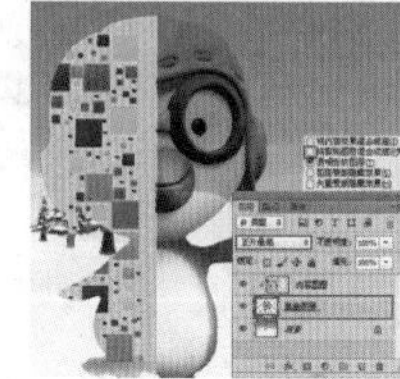

图11-273

- 透明形状图层：可以限制图层样式和挖空范围。默认情况下，该复选框为选中状态，此时图层样式或挖空被限定在图层的不透明区域；取消选中该复选框，则可在整个图底层范围内应用这些效果。
- 图层蒙版隐藏效果：为添加了图层蒙版的图层应用图层样式。选中该复选框，蒙版中的效果不会显示；取消选中该复选框，则效果会在蒙版区域内显示。
- 矢量蒙版隐藏效果：如果为添加了矢量蒙版的图层应用图层样式，选中该复选框，矢量蒙版中的效果不会显示；取消选中该复选框，则效果会在矢量蒙版区域内显示。

理论实践——创建挖空

（1）首先将被挖空的图层放到要被穿透的图层上方，如图11-274所示，将需要显示出来的图层设置为"背景"图层，如图11-275所示。

图11-274

图11-275

（2）双击要挖空的图层，打开"图层样式"对话框，设置"填充不透明度"为0%，在"挖空"下拉列表中选择"浅"，单击"确定"按钮完成操作，如图11-276所示。

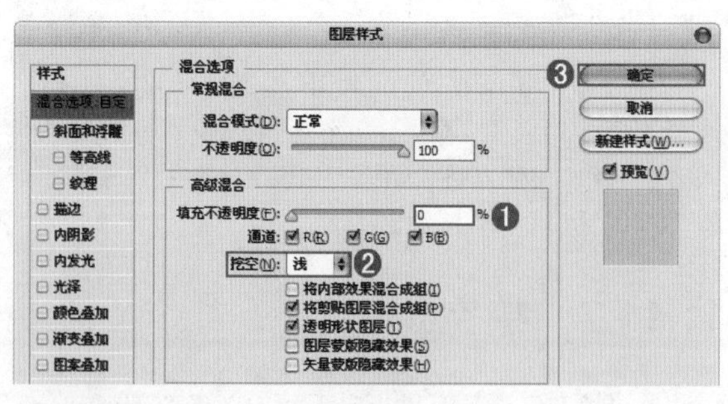

图11-276

技巧提示

这里的"填充不透明度"控制的是要挖空图层的不透明度，当数值为100%时没有挖空效果；为50%是半透明的挖空效果；为0%则是完全挖空效果，如图11-277所示。

图11-277

（3）由于当前文件包含"背景"图层，所以最终显示的是背景图层，如果文档中没有"背景"图层，则无论选择"浅"还是"深"，都会挖空到透明区域，如图 11-278 所示。

图11-278

11.11.3 混合颜色带

混合颜色带是一种高级蒙版，用图像本身的灰度映射图像的透明度，用来混合上、下两个图层的内容。使用混合颜色带可快速隐藏像素，创建图像混合效果。需要注意的是，在混合颜色带中进行设置是隐藏像素而不是删除像素。重新打开"图层样式"对话框后，将滑块拖回原来的起始位置，便可以将隐藏的像素显示出来，如图 11-279 所示。

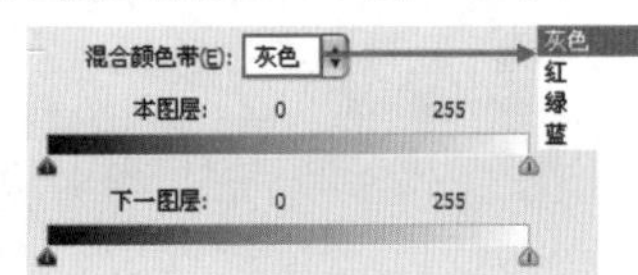

图11-279

- 混合颜色带：在该下拉列表中可以选择控制混合效果的颜色通道。选择"灰色"选项，表示使用全部颜色通道控制混合效果，也可以选择一个颜色通道来控制混合。
- 本图层：指当前正在处理的图层，拖动滑块，可以隐藏当前图层中的像素，显示出下面图层中的内容。例如，将左侧的黑色滑块移向右侧时，当前图层中所有比该滑块所在位置暗的像素都会被隐藏；将右侧的白色滑块移向左侧时，当前图层中所有比该滑块所在位置亮的像素都会被隐藏，如图 11-280 所示。

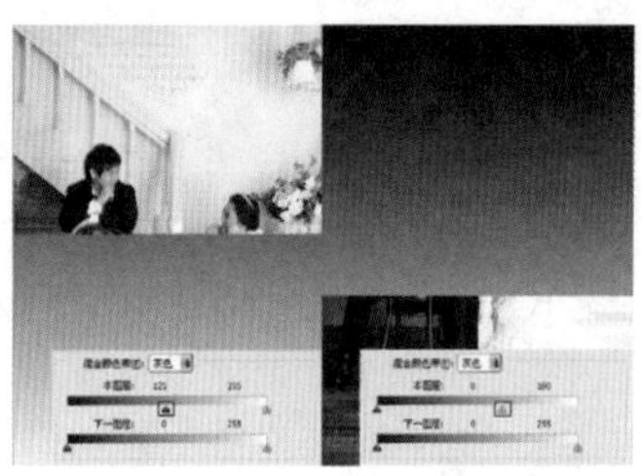
图11-280

- 下一图层：指当前图层下面的一个图层，拖动滑块，可以使下面图层中的像素穿透当前图层显示出来。例如，将左侧的黑色滑块移向右侧时，可以显示下面图层中较暗的像素；将右侧的白色滑块移向左侧时，可以显示下面图层中较亮的像素，如图 11-281 所示。

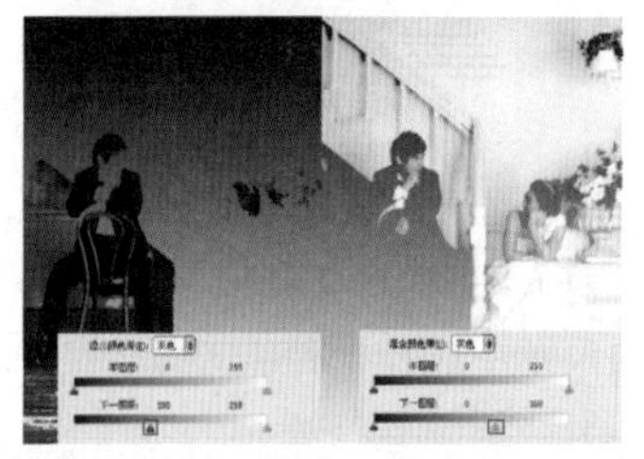
图11-281

理论实践——使用混合颜色带混合光效

（1）打开背景素材，并导入光效素材，放在"图层"面板的顶端，如图 11-282 和图 11-283 所示。

图11-282

图11-283

（2）双击"光效"图层，在弹出的"图层样式"对话框中设置"混合模式"为"滤色"。此时"光效"图层的黑色部分被隐藏，如图 11-284 和图 11-285 所示。

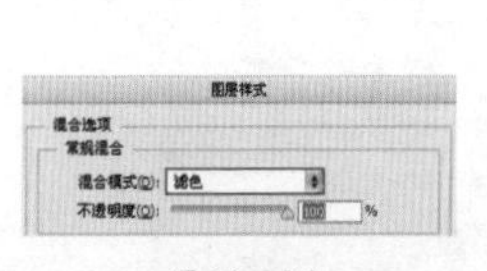

图11-284

图11-285

（3）在"混合颜色带"选项组中按住 Alt 键单击"本图层"的黑色滑块，如图 11-286 所示，使其由▲变为▲▲（分开两半）效果，然后向右拖动右侧的滑块，如图 11-287 所示，可以看到光效图像显示范围变小，最终效果如图 11-288 所示。

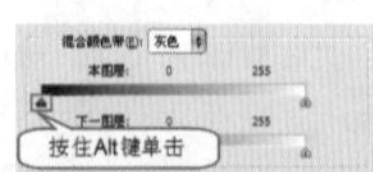

图11-286

图11-287

图11-288

> **技巧提示**
>
> 混合颜色带常用来混合云彩、光效、火焰、烟花、闪电等半透明素材，如图 11-289 ～图 11-292 所示。

图11-289

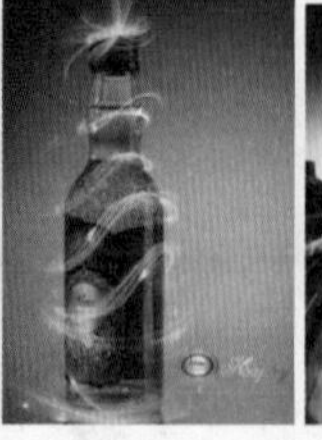

图11-290

图11-291

图11-292

11.12 图层样式

图层样式的出现是 Photoshop 一个划时代的进步。在 Photoshop 中，图层样式几乎是制作质感、效果的“绝对利器”。Photoshop 中的图层样式以其使用简单、修改方便等特性广受用户的青睐，尤其是涉及创意文字或是 LOGO 设计时，图层样式更是必不可少的工具。如图 11-293 ～图 11-296 所示为一些使用多种图层样式制作的作品。

图11-293

图11-294

图11-295

图11-296

11.12.1 添加图层样式

如果要为一个图层添加图层样式，可以采用以下 3 种方法来完成。

（1）执行“图层 > 图层样式”菜单下的子命令，此时将弹出“图层样式”对话框，调整好相应的设置即可，如图 11-297 和图 11-298 所示。

（2）单击“图层”面板底部的“添加图层样式”按钮 fx，在弹出的菜单中选择一种样式即可打开“图层样式”对话框，如图 11-299 所示。

（3）在“图层”面板中双击需要添加样式的图层缩览图，打开“图层样式”对话框，然后在对话框左侧选择要添加的效果即可，如图 11-300 所示。

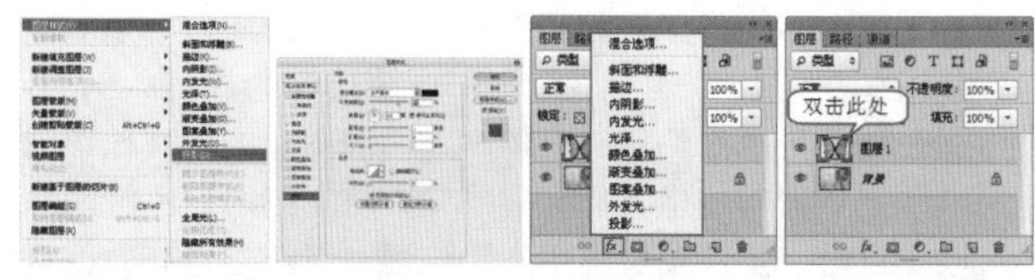

图11-297　图11-298　图11-299　图11-300

11.12.2 “图层样式”对话框

“图层样式”对话框的左侧列出了 10 种样式。样式名称前面有 ☑ 标记，表示在图层中添加了该样式，如图 11-301 所示。

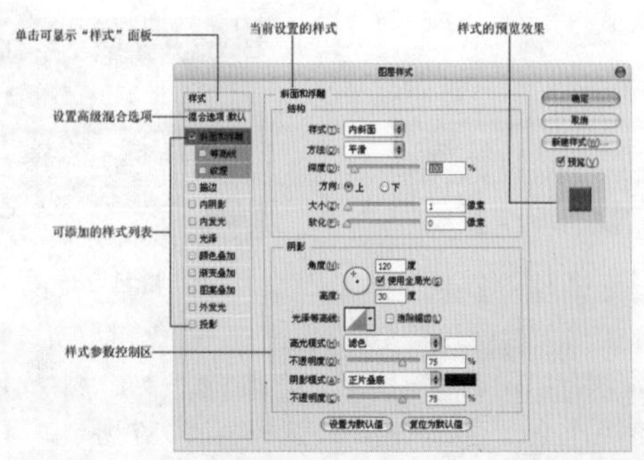

图11-301

单击一个样式的名称，可以选中该样式，同时切换到该样式的设置面板，如图 11-302 所示。

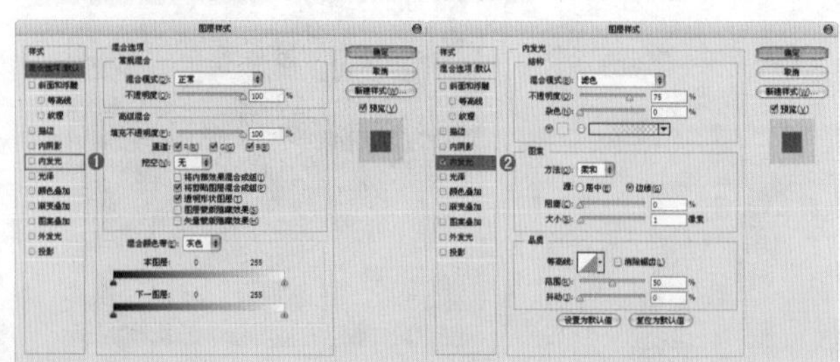

图11-302

技巧提示

注意，如果单击样式名称前面的复选框，则可以应用该样式，但不会显示样式设置面板。

在“图层样式”对话框中设置好样式参数以后，单击“确定”按钮即可为图层添加样式，添加了样式的图层右侧会出现fx图标，如图 11-303 所示。

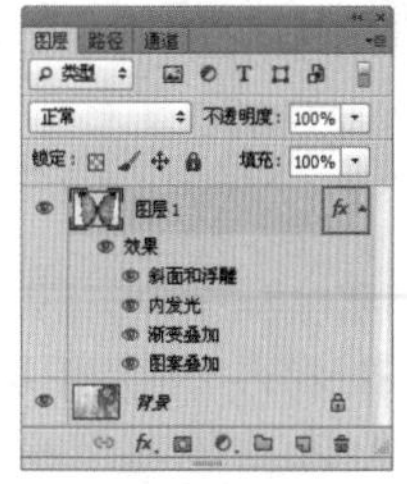

图11-303

11.12.3 显示与隐藏图层样式

如果要隐藏一个样式，可以在“图层”面板中单击该样式前面的👁图标，如图 11-304 ～图 11-307 所示。

图11-304

图11-305

图11-306

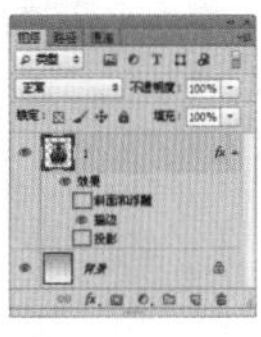

图11-307

如果要隐藏某个图层中的所有样式，可以单击“效果”前面的👁图标，如图 11-308 和图 11-309 所示。

图11-308

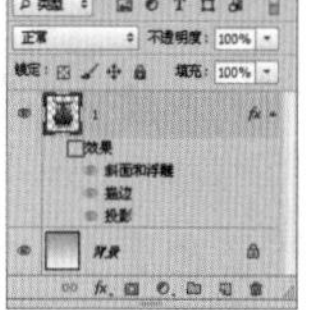

图11-309

答疑解惑：怎样隐藏所有图层中的图层样式？

如果要隐藏整个文档中所有图层的图层样式，可以执行“图层 > 图层样式 > 隐藏所有效果”命令。

11.12.4 修改图层样式

再次对图层执行“图层 > 图层样式”命令或在“图层”面板中双击该样式的名称即可弹出相应的“图层样式”面板，进行参数修改即可，如图 11-310 和图 11-311 所示。

图11-310

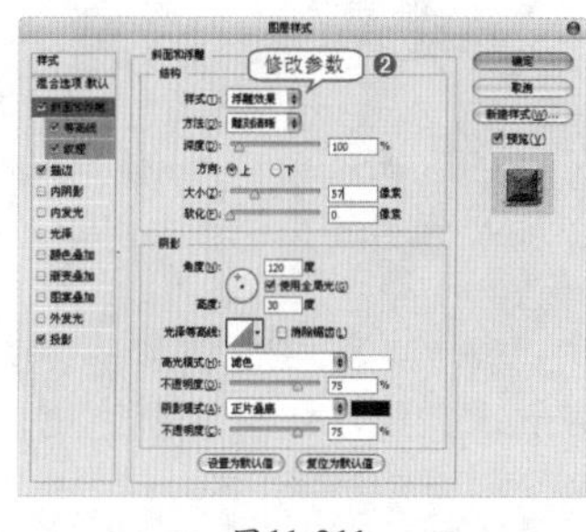

图11-311

11.12.5 复制/粘贴图层样式

当文档中有多个需要使用同样样式的图层时，可以进行图层样式的复制。选择该图层，然后执行“图层 > 图层样式 > 拷贝图层样式”命令，或者在图层名称上单击鼠标右键，在弹出的菜单中选择“拷贝图层样式”命令，接着选择目标图层，再执行“图层 > 图层样式 > 粘贴图层样式”命令，或者在目标图层的名称上单击鼠标右键，在弹出的菜单中选择“粘贴图层样式”命令，如图 11-312 和图 11-313 所示。

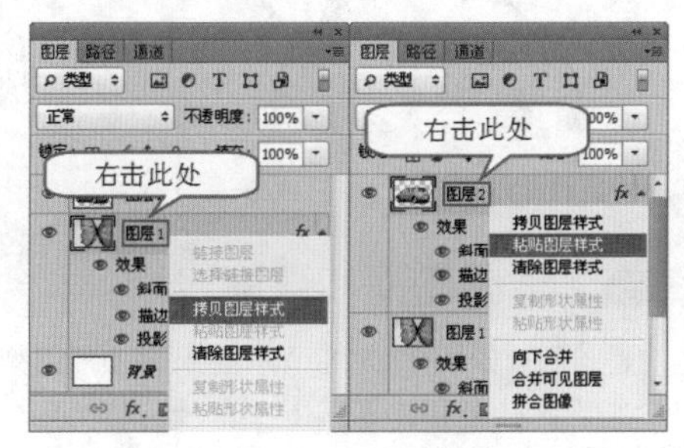

图11-312　　图11-313

技巧提示

按住 Alt 键的同时将“效果”拖曳到目标图层上，可以复制 / 粘贴所有样式，如图 11-314 所示。

按住 Alt 键的同时将单个样式拖曳到目标图层上，可以复制 / 粘贴该样式，如图 11-315 所示。

需要注意的是，如果没有按住 Alt 键，则是将样式移动到目标图层中，原始图层不再有该样式。

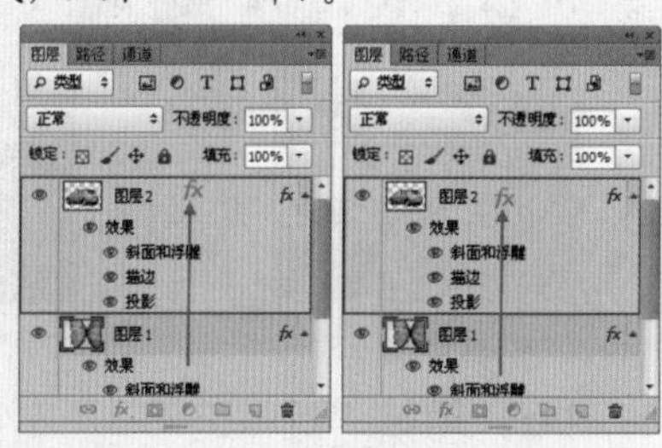

图11-314　　图11-315

11.12.6 清除图层样式

将某一样式拖曳到“删除图层”按钮上，可以删除某个图层样式，如图 11-316 所示。

如果要删除某个图层中的所有样式，可以选择该图层，然后执行“图层 > 图层样式 > 清除图层样式”命令，或在图层名称上单击鼠标右键，在弹出的菜单中执行“清除图层样式”命令，如图 11-317 所示。

图11-316

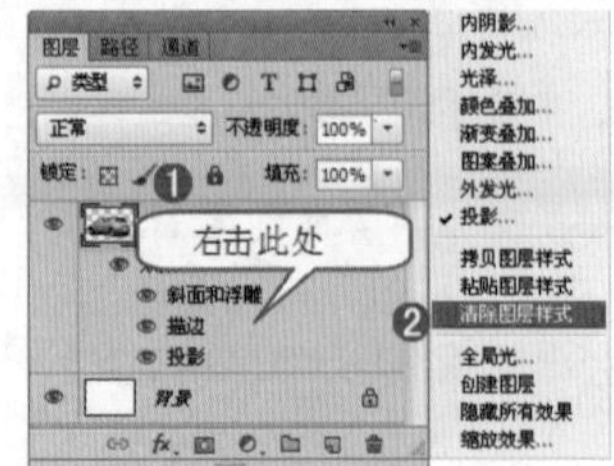

图11-317

11.12.7 栅格化图层样式

选中图层样式图层，如图 11-318 所示，执行“图层 > 栅格化 > 图层样式”命令，即可将当前图层的图层样式栅格化到当前图层中，如图 11-319 所示。栅格化的样式部分可以像普通图层的其他部分一样进行编辑处理，但是不再具有可以调整图层参数的功能，如图 11-320 所示。

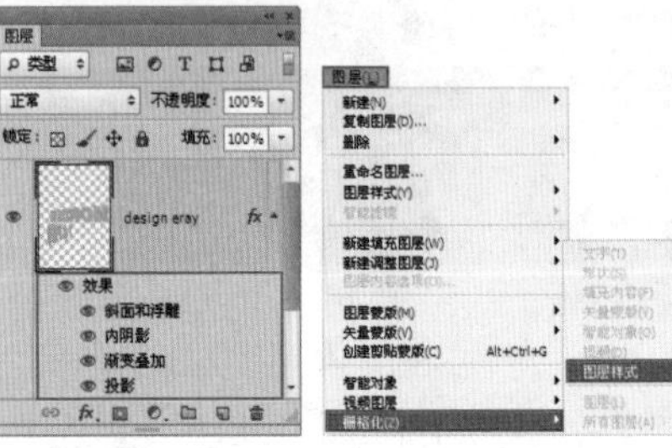
图11-318　图11-319

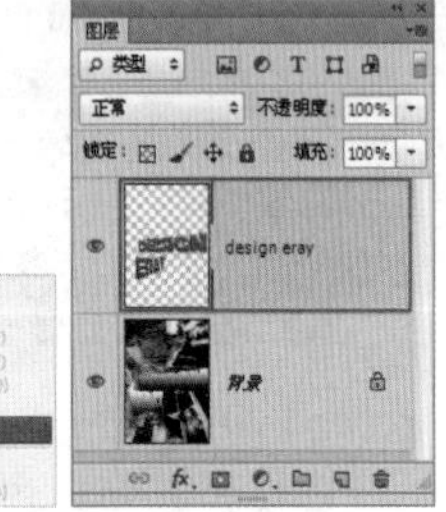
图11-320

11.13 图层样式详解

在 Photoshop CS6 中包含 10 种图层样式，分别为斜面和浮雕、描边、内阴影、内发光、光泽、颜色叠加、渐变叠加、图案叠加、外发光与投影，从每种图层样式的名称上就能够了解，这些图层样式基本包括阴影、发光、光泽、叠加和描边等几种属性，如图 11-321 和图 11-322 所示。当然，除了以上属性外，多种图层样式共同使用还可以制作出更加丰富的奇特效果。

图11-321

图11-322

11.13.1 斜面和浮雕

“斜面和浮雕”样式可以为图层添加高光与阴影，使图像产生立体的浮雕效果，常用于立体文字的模拟，如图 11-323 和图 11-324 所示。

图11-323

图11-324

如图 11-325 ～图 11-327 所示分别为原始图像、添加了“斜面和浮雕”样式以后的图像效果及样式的具体参数。

图11-325

图11-326

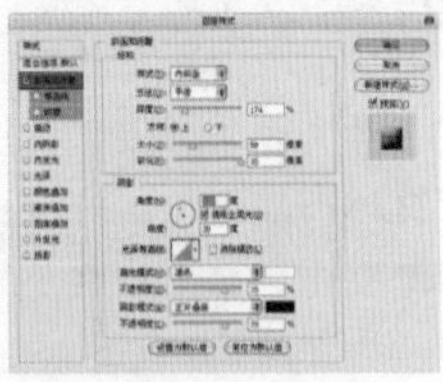
图11-327

1.设置斜面和浮雕

- 样式：如图 11-328 所示为未添加任何效果的原图片。选择“斜面和浮雕”样式。设置“样式”为“外斜面”，可以在图层内容的外侧边缘创建斜面，如图 11-329 所示；

选择“内斜面”，可以在图层内容的内侧边缘创建斜面，如图 11-330 所示；选择“浮雕效果”，可以使图层内容相对于下方图层产生浮雕状的效果，如图 11-331 所示；选择“枕状浮雕”，可以模拟图层内容的边缘嵌入到下方图层中产生的效果，如图 11-332 所示；选择“描边浮雕”，可以将浮雕应用于图层的“描边”样式的边界（注意，如果图层没有“描边”样式，则不会产生效果），如图 11-333 所示。

图11-328

图11-329

图11-330

图11-331

图11-332

图11-333

- 方法：用来选择创建浮雕的方法。选择“平滑”，可以得到比较柔和的边缘，如图 11-334 所示；选择“雕刻清晰”，可以得到最精确的浮雕边缘，如图 11-335 所示；选择“雕刻柔和”，可以得到中等水平的浮雕效果，如图 11-336 所示。

图11-334

图11-335

图11-336

- 深度：用来设置浮雕斜面的应用深度，该值越大，浮雕的立体感越强，如图 11-337 和图 11-338 所示。

图11-337

图11-338

- 方向：用来设置高光和阴影的位置，该选项与光源的角度有关。
- 大小：表示斜面和浮雕的阴影面积的大小。
- 软化：用来设置斜面和浮雕的平滑程度，如图 11-339 和图 11-340 所示。
- 角度 / 高度：“角度”选项用来设置光源的发光角度；“高度”选项用来设置光源的高度，如图 11-341 和图 11-342 所示。

图11-339

图11-340

图11-341

图11-342

- 使用全局光：如果选中复选框，那么所有浮雕样式的光照角度都将保持在同一个方向。
- 光泽等高线：选择不同的等高线样式，可以为斜面和浮雕的表面添加不同的光泽质感，也可以自己编辑等高线样式，如图 11-343 和图 11-344 所示。

图11-343

图11-344

- 消除锯齿：当设置了光泽等高线时，斜面边缘可能会产生锯齿，选中该复选框可以消除锯齿。
- 高光模式 / 不透明度：这两个选项用来设置高光的混合模式和不透明度，后面的色块用于设置高光的颜色。
- 阴影模式 / 不透明度：这两个选项用来设置阴影的混合模式和不透明度，后面的色块用于设置阴影的颜色。

2.设置等高线

选项“斜面和浮雕”样式下面的“等高线”选项，可切换到“等高线”设置面板。使用“等高线”可以在浮雕中创建凹凸起伏的效果。

3.设置纹理

选择“等高线”选项下面的“纹理”选项，可切换到“纹理”设置面板，如图 11-345 和图 11-346 所示。

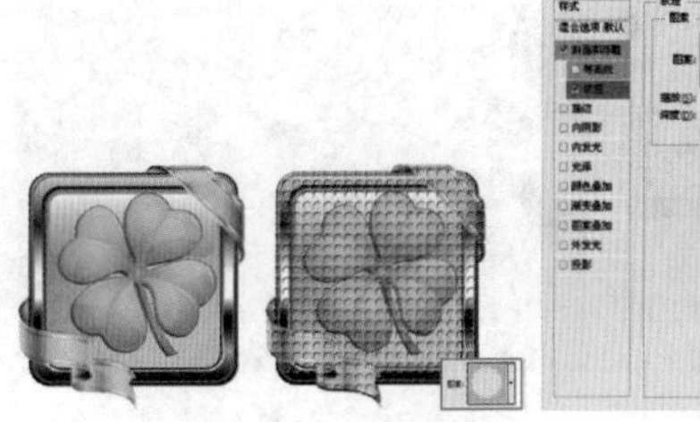

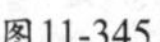

图11-345

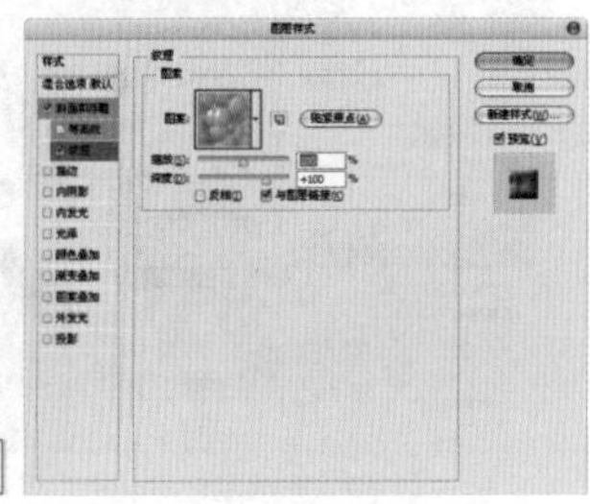

图11-346

- **图案**：单击“图案”选项右侧的▾图标，可以在弹出的“图案”拾色器中选择一个图案，并将其应用到斜面和浮雕上。
- **从当前图案创建新的预设**：单击该按钮，可以将当前设置的图案创建为一个新的预设图案，同时新图案会保存在“图案”拾色器中。
- **贴紧原点**：将原点对齐图层或文档的左上角。
- **缩放**：用来设置图案的大小。
- **深度**：用来设置图案纹理的使用程度。
- **反相**：选中该复选框，可以反转图案纹理的凹凸方向。
- **与图层链接**：选中该复选框，可以将图案和图层链接在一起，这样在对图层进行变换等操作时，图案也会跟着一同变换。

实例练习——使用“斜面和浮雕”样式制作可爱按钮

实例文件	实例练习——使用“斜面和浮雕”样式制作可爱按钮 .psd
视频教学	实例练习——使用“斜面和浮雕”样式制作可爱按钮 .flv
难易指数	★★★★☆
知识掌握	掌握如何使用“斜面和浮雕”样式制作浮雕文字

实例效果

本例主要针对如何使用“斜面和浮雕”样式制作浮雕文字进行练习，效果如图11-347所示。

图11-347

操作步骤

步骤01 打开本书配套光盘中的1.jpg文件，如图11-348所示。

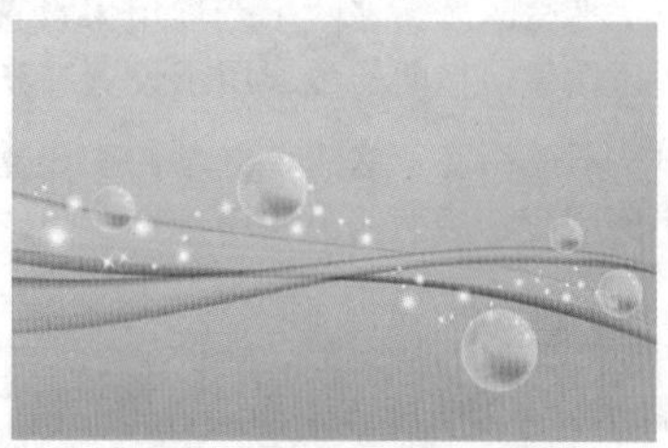

图11-348

步骤02 新建图层1，单击工具箱中的“矩形选框工具”按钮，执行“选择>修改>平滑”命令，设置“取样半径”为30像素，如图11-349所示，并填充任意颜色，效果如图11-350所示。

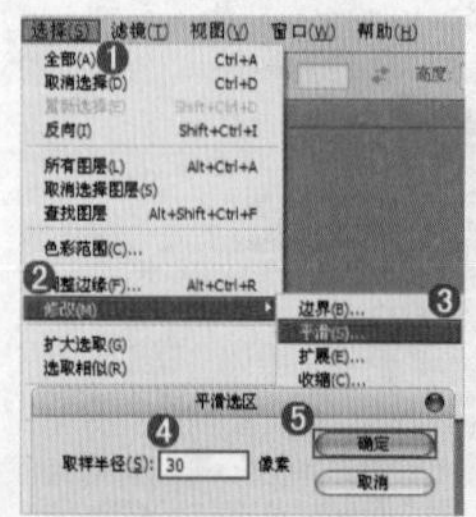

图11-349

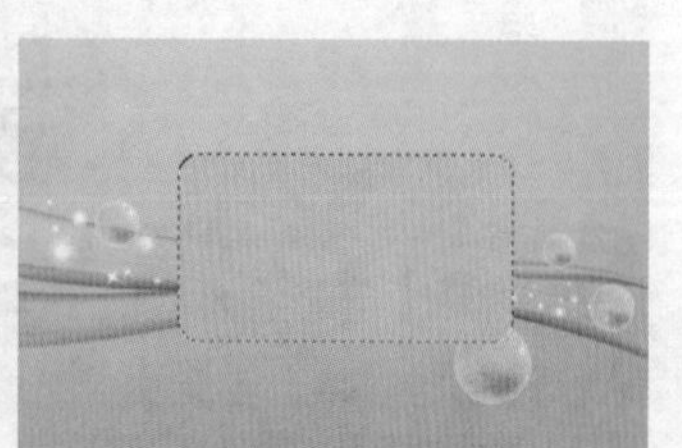

图11-350

> **技巧提示**
>
> 由于后面将对该图层进行渐变叠加，所以此处的颜色不会出现在最终效果中。

步骤03 单击“图层”面板底部的“添加图层样式”按钮，选中“斜面和浮雕”选项，设置其“深度”为42%，“大小”为120像素，“角度”为90度，“高度”为70度，取消选中“使用全局光”复选框；选中“渐变叠加”选项，设置其“渐变”方式为绿色到黄色的一种渐变，单击“确定”按钮结束操作，如图11-351所示。

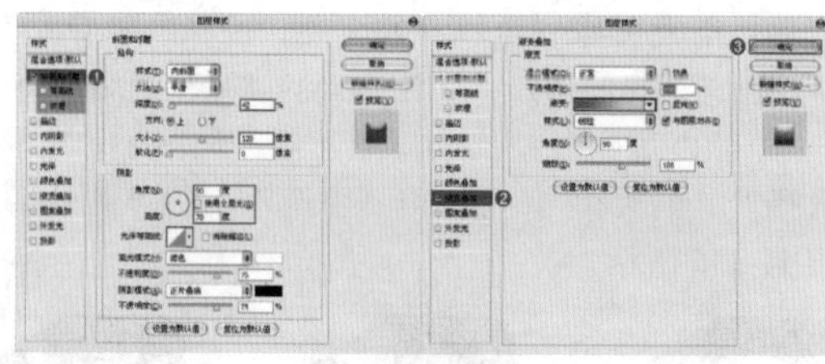

图11-351

步骤04 单击工具箱中的“横排文字工具”按钮T，在选项栏中选择合适的字体，输入文字“SKY”，并设置该图层“填充”为0。单击“图层”面板底部的“添加图层样式”按钮，选择“投影”样式，设置“混合模式”颜色为绿色，“不透明度”为82%，“角度”为117度，“距离”为9像素，“大小”为7像素，如图11-352所示。效果如图11-353所示。

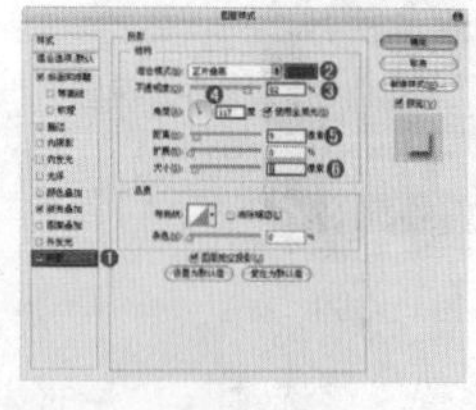

图11-352

图11-353

步骤05 选中“斜面和浮雕”选项，设置其“大小”为19像素，“软化”为4像素，“角度”为90度，取消选中“使用全局光”复选框，“高度”为67度，“不透明度”为100%，“不透明度”为0%；选中“等高线”选项，选择一种等高线形状，并设置范围为90%；选中“描边”，设置其“颜色”为黄色，单击“确定”按钮结束操作，如图11-354所示。

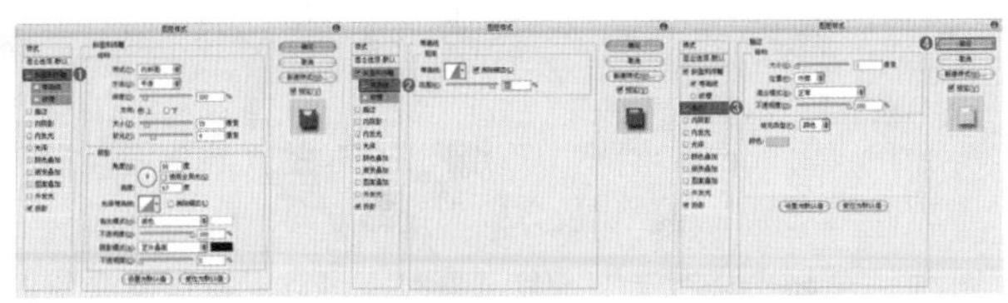

图11-354

步骤 06 导入前景素材文件 2.jpg，放到“图层”面板最顶层，最终效果如图 11-355 所示。

图11-355

11.13.2 描边

“描边”样式可以使用颜色、渐变以及图案来描绘图像的轮廓边缘，如图 11-356 所示为颜色描边、渐变描边和图案描边的效果。

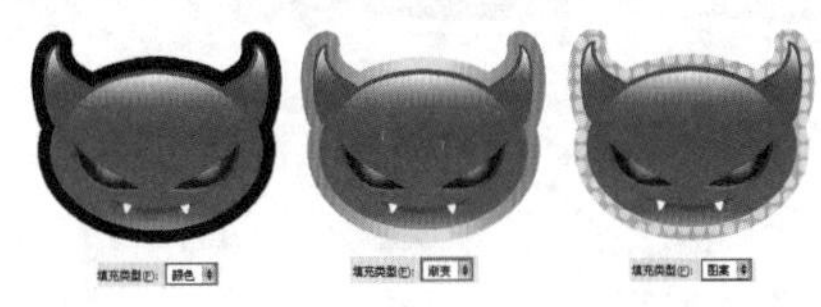

图11-356

实例练习——使用“描边”与“投影”样式制作复古海报

实例文件	实例练习——使用“描边”与“投影”样式制作复古海报 .psd
视频教学	实例练习——使用“描边”与“投影”样式制作复古海报 .flv
难易指数	★★★★★
知识掌握	掌握“描边”样式的使用方法

实例效果

本例效果如图 11-357 所示。

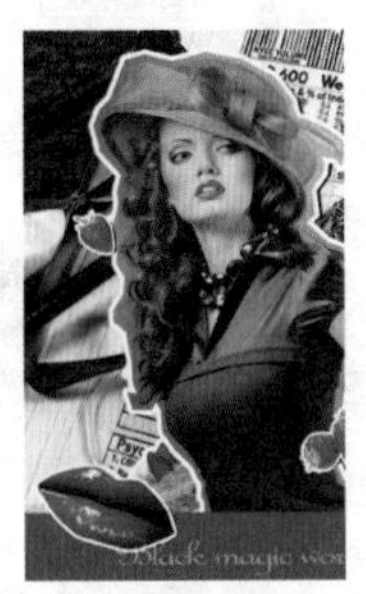

图11-357

操作步骤

步骤 01 打开本书配套光盘中的 1.jpg 文件，如图 11-358 所示。

步骤 02 导入文件 2.jpg 并调整好素材的位置，如图 11-359 所示。

步骤 03 单击工具箱中的“多边形套索工具”按钮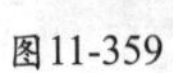，沿着人像的边缘绘制选区，单击右键，选择“选择反向”命令，按 Delete 键删除多余的部分，如图 11-360 所示。

图11-358

图11-359

图11-360

步骤 04 单击“图层”面板底部的“添加图层样式”按钮，选择“投影”样式，设置“混合模式”为“正常”，“不透明度”为 100%，“角度”为 171 度，“距离”为 23 像素，“大小”为 0 像素，如图 11-361 所示。

步骤 05 选中“描边”选项，设置其“大小”为 14 像素，“颜色”为白色，单击“确定”按钮结束操作，如图 11-362 所示。效果如图 11-363 所示。

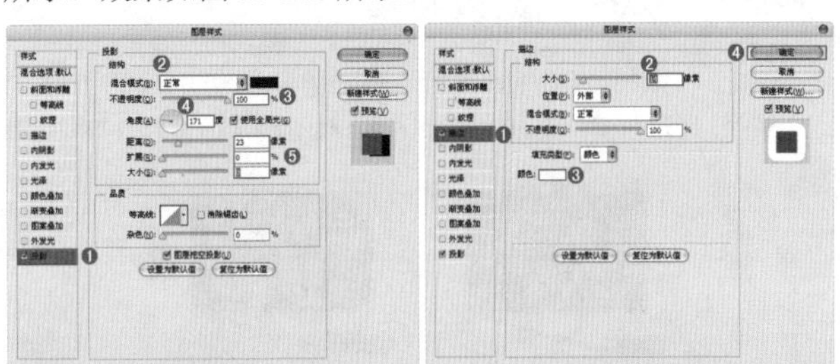

图11-361　图11-362

步骤 06 导入前景文件 3.png，并将素材放入相应位置，最终效果如图 11-364 所示。

图11-363

图11-364

11.13.3 内阴影

“内阴影”样式可以在紧靠图层内容的边缘内添加阴影，使图层内容产生凹陷效果，如图11-365～图11-367所示为原始图像、添加了“内阴影”样式以后的图像以及内阴影参数面板。“内阴影”与“投影”的参数设置基本相同。

图11-365

图11-366

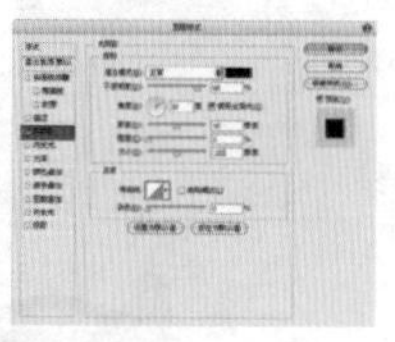
图11-367

- 混合模式：用来设置内阴影与图层的混合方式，默认设置为“正片叠底”模式。
- 阴影颜色：单击“混合模式”选项右侧的颜色块，可以设置内阴影的颜色。
- 不透明度：设置内阴影的不透明度。数值越小，内阴影越淡。
- 角度：用来设置内阴影应用于图层时的光照角度，指针方向为光源方向，相反方向为投影方向。
- 使用全局光：当选中该复选框时，可以保持所有光照的角度一致；取消选中该复选框时，可以为不同的图层分别设置光照角度。
- 距离：用来设置内阴影偏移图层内容的距离。
- 大小：用来设置投影的模糊范围，该值越大，模糊范围越广，反之内阴影越清晰。
- 扩展：用来设置内阴影的扩展范围，注意，该值会受到“大小”选项的影响。
- 等高线：以调整曲线的形状来控制内阴影的形状，可以手动调整曲线形状，也可以选择内置的等高线预设。
- 消除锯齿：混合等高线边缘的像素，使投影更加平滑。该选项对于尺寸较小且具有复杂等高线的内阴影比较实用。
- 杂色：用来在投影中添加杂色的颗粒感效果，数值越大，颗粒感越强。

实例练习——制作皮革压花效果

实例文件	实例练习——制作皮革压花效果.psd
视频教学	实例练习——制作皮革压花效果.flv
难易指数	★★★★★
技术要点	“内阴影”样式、“正片叠底”混合模式

实例效果

本例素材如图11-368所示，效果如图11-369所示。

图11-368

图11-369

操作步骤

步骤01 按Ctrl+O组合键打开素材文件1.jpg、2.png，并将压花素材摆放在皮包的上半部分，如图11-370和图11-371所示。

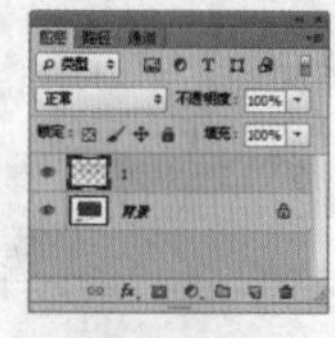
图11-370

图11-371

步骤02 为了使压花部分体现出纹理，选择图层1，在“图层”面板中设置其混合模式为“正片叠底”，如图11-372和图11-373所示。

步骤03 在“图层”面板中，单击“添加图层样式”按钮 fx，选中“内阴影”选项，在“图层样式”面板中设置内阴影“角度”为120度，“距离”为1像素，“大小”为1像素，单击“确定”按钮结束操作，如图11-374所示。

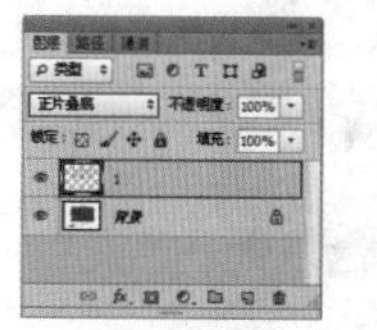
图11-372

图11-373

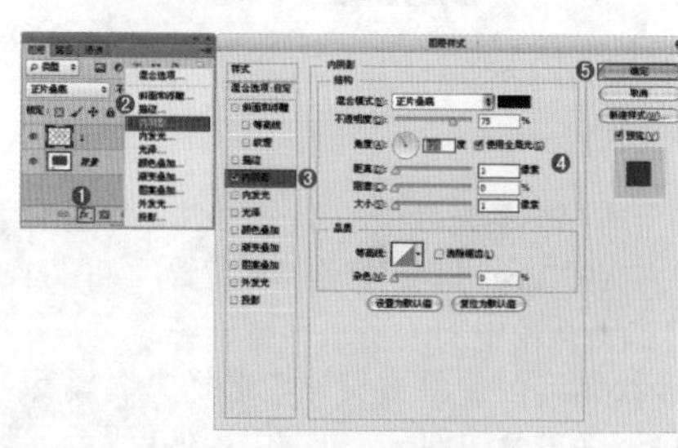
图11-374

步骤04 添加了“内阴影”的图层样式后，花纹出现了内陷的效果，如图11-375所示。最终效果如图11-376所示。

图11-375

图11-376

11.13.4 内发光

“内发光”效果可以沿图层内容的边缘向内创建发光效果，也会使对象出现些许的突起感。如图 11-377 ～图 11-379 所示分别为原始图像、添加了“内发光”样式以后的图像效果和“内发光”参数面板。

图11-377

图11-378

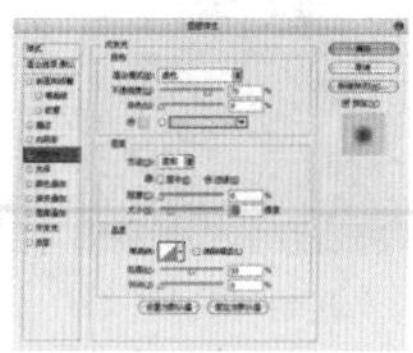
图11-379

技巧提示

“内发光”样式面板中除了“源”和“阻塞”外，其他选项都与“外发光”样式相同。“源”选项用来控制光源的位置；“阻塞”选项用来在模糊之前收缩内发光的杂边边界。

实例练习——使用“内发光”样式制作炫彩文字

实例文件	实例练习——使用“内发光”样式制作炫彩文字 .psd
视频教学	实例练习——使用“内发光”样式制作炫彩文字 .flv
难易指数	★★★★★
知识掌握	掌握“内发光”样式的使用方法

实例效果

本例使用“内发光”样式制作炫彩文字效果，如图 11-380 所示。

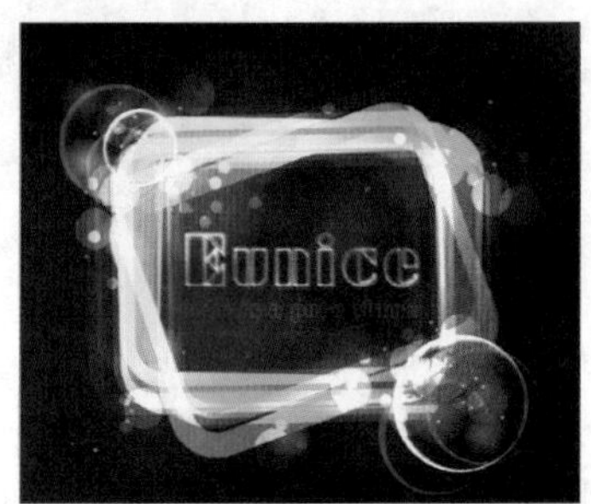
图11-380

操作步骤

步骤 01 打开本书配套光盘中的 1.jpg 文件，如图 11-381 所示。

步骤 02 单击工具箱中的“横排文字工具”按钮[T]，在选项栏中选择合适的字体，设置“文本颜色”为黑色，输入“Eunice”，如图 11-382 所示。

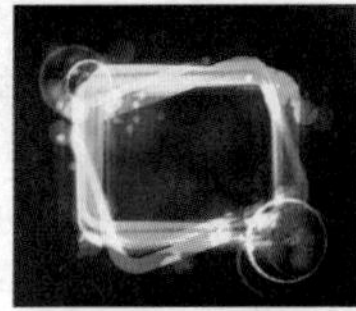
图11-381

Eunice

图11-382

步骤 03 选择图层 Eunice，设置文字图层混合模式为“减去”，此时可以看到文字被隐藏。单击“图层”面板底部的“添加图层样式”按钮，选择“内发光”样式，设置“混合模式”为“颜色减淡”，“不透明度”为 55%，颜色为白色，“大小”为 5 像素，单击“确定”按钮结束操作，如图 11-383 所示。效果如图 11-384 所示。

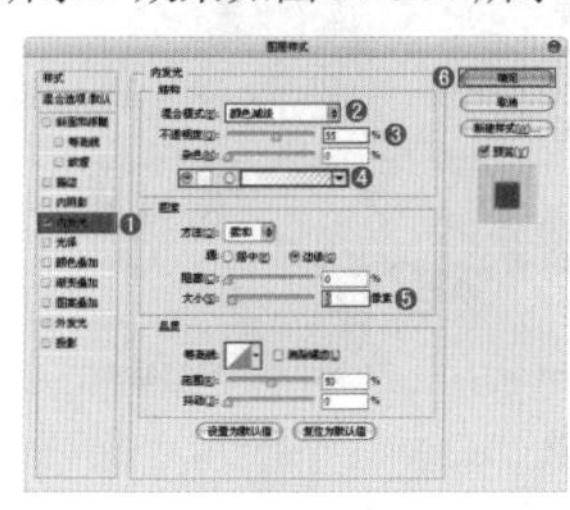
图11-383

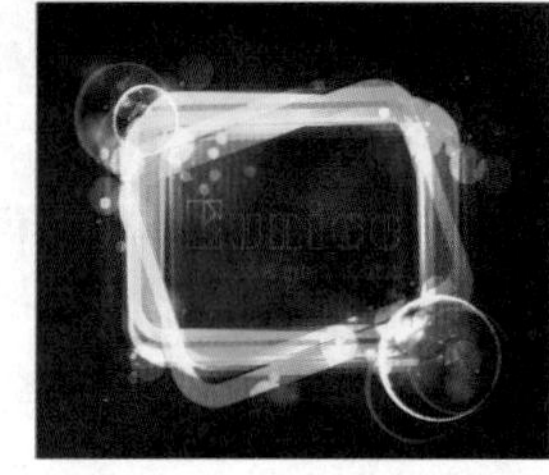
图11-384

步骤 04 建立图层组 1，复制图层 Eunice 为图层 1，使其与原图层重叠，如图 11-385 所示。

步骤 05 为了制作出层次丰富且光感较强的效果，需要多次复制该文字层。可以选中文字图层，使用移动工具并按住 Alt 键，当光标变为双箭头形状时，单击并拖动即可复制出新的图层。重复多次操作，并且每次都将文字进行适当的移动，最终效果如图 11-386 所示。

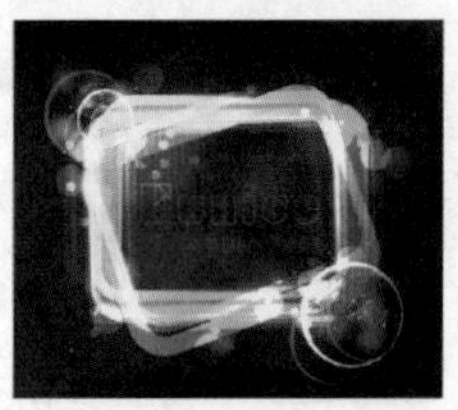
图11-385

图11-386

11.13.5 光泽

“光泽”样式可以为图像添加光滑的、具有光泽的内部阴影，通常用来制作具有光泽质感的按钮和金属，如图 11-387 ～图 11-389 所示分别为原始图像、添加了“光泽”样式以后的图像效果和“光泽”参数面板。

图11-387

图11-388

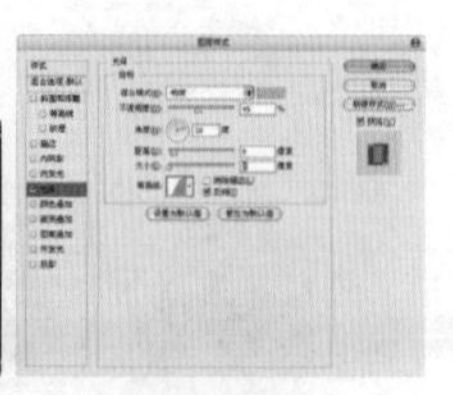

图11-389

技巧提示

"光泽"样式的参数面板没有特别的选项，这里不再重复讲解。

实例练习——使用"光泽"样式制作彩色玻璃字

实例文件	实例练习——使用"光泽"样式制作彩色玻璃字.psd
视频教学	实例练习——使用"光泽"样式制作彩色玻璃字.flv
难易指数	★★★★★
知识掌握	掌握"光泽"样式和"内阴影"样式的使用

实例效果

本例主要针对如何使用"光泽"和"内阴影"样式制作文字进行练习，效果如图11-390所示。

图11-390

操作步骤

步骤01 打开本书配套光盘中的1.jpg文件，如图11-391所示。

步骤02 单击工具箱中的"横排文字工具"按钮，在选项栏中选择合适的字体，输入"MAX"，在文字图层上单击右键，选择"栅格化文字"命令，如图11-392和图11-393所示。

图11-391

图11-392

图11-393

步骤03 按住Ctrl键单击载入MAX图层选区，执行"选择>修改>平滑"命令，设置"取样半径"为30像素，如图11-394所示。单击工具箱中的"橡皮擦工具"按钮，擦掉文字尖角部分。新建图层1，使用钢笔工具绘制出心形闭合路径，单击右键执行"建立选区"命令，并填充黄色和蓝色，效果如图11-395所示。

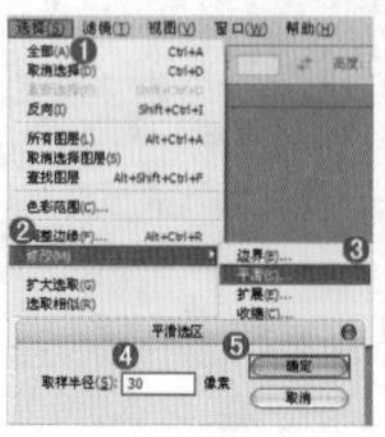

图11-394

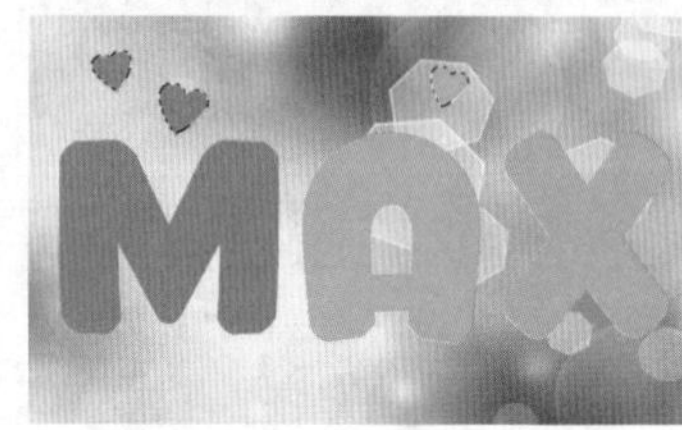

图11-395

步骤04 按Ctrl+E组合键合并图层MAX和图层1，调整合并后图层的"填充"数值为30%，效果如图11-396所示。

步骤05 单击"图层"面板底部的"添加图层样式"按钮，选择"内阴影"样式，设置颜色为黑色，"混合模式"为"亮光"，"不透明度"为38%，"距离"为5像素，"大小"为21像素，"等高线"为一种自定义形状，"杂色"为2%；选中"光泽"选项，设置其"混合模式"为"颜色加深"，"角度"为-39度，"距离"为6像素，"大小"为17像素，"等高线"为"环形-双"，如图11-397所示。

图11-396

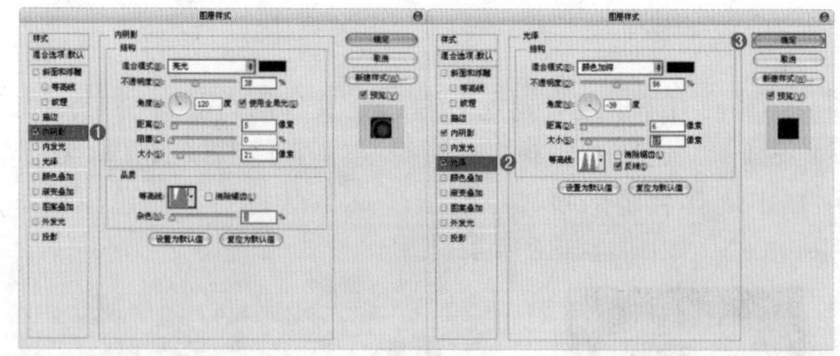

图11-397

步骤06 用同样的方法制作底部小字，如图11-398所示。

步骤07 打开气泡素材文件2.png，放在"图层"面板最顶端，最终效果如图11-399所示。

图11-398

图11-399

11.13.6 颜色叠加

颜色叠加样式可以在图像上叠加设置的颜色，并且可以通过模式的修改调整图像与颜色的混合效果，如图 11-400 ～图 11-402 所示分别为原始图像、添加了“颜色叠加”样式以后的图像效果与“颜色叠加”参数面板。

技巧提示

这里的混合模式与“图层”面板中的混合模式相同，具体内容参见 11.10 节。

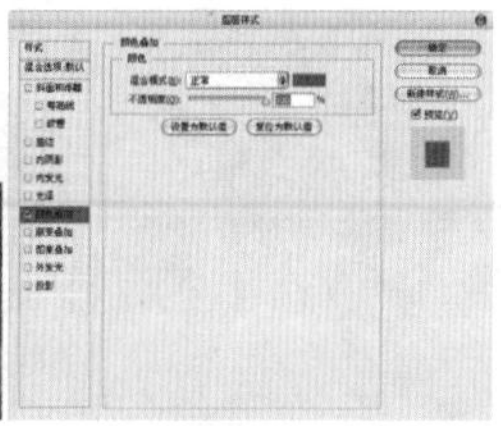

图11-400　　图11-401　　图11-402

11.13.7 渐变叠加

“渐变叠加”样式可以在图层上叠加指定的渐变色，不仅能够制作带有多种颜色的对象，更能够通过巧妙的渐变颜色设置制作出突起、凹陷等三维效果以及带有反光的质感效果。如图 11-403 ～图 11-405 所示分别为原始图像、添加“渐变叠加”样式以后的图像效果和“渐变叠加”参数面板。

图11-403　　图11-404　　图11-405

实例练习——利用“渐变叠加”样式制作按钮

实例文件	实例练习——利用“渐变叠加”样式制作按钮.psd
视频教学	实例练习——利用“渐变叠加”样式制作按钮.flv
难易指数	★★★★☆
知识掌握	掌握“渐变叠加”样式的使用方法

实例效果

本例使用“渐变叠加”样式制作晶莹文字效果，如图 11-406 所示。

图11-406

操作步骤

步骤 01 按 Ctrl+N 组合键创建空白文件。单击工具箱中的“渐变工具”按钮，编辑一种黑色到深灰色的渐变，并在选项栏中设置渐变样式为对称渐变，在画布中填充该渐变，如图 11-407 和图 11-408 所示。

图11-407

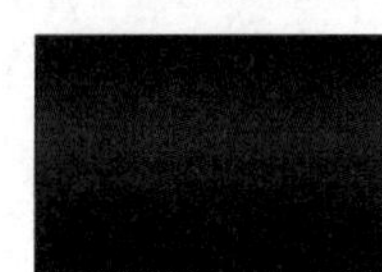

图11-408

步骤 02 新建图层 1，单击工具箱中的“圆角矩形工具”按钮，在选项栏中设置类型为“形状”，设置半径为 30 像素，如图 11-409 所示。在图层 1 中绘制大小适合的圆角矩形，单击“图层”面板底部的“添加图层样式”按钮，选择“渐变叠加”样式，在“渐变编辑器”中添加“色标”，设置其“渐变”样式为一种灰色系渐变，“角度”为 39 度，单击“确定”按钮结束操作，如图 11-410 所示。效果如图 11-411 所示。

图11-409

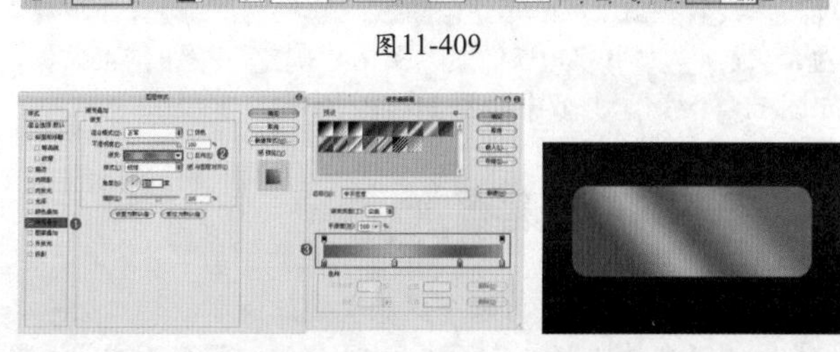

图11-410　　图11-411

步骤 03 新建图层 2，同样使用圆角矩形工具绘制小一点的圆角矩形，单击“图层”面板底部的“添加图层样式”按钮，选择“渐变叠加”样式，设置其“渐变”样式为一种较浅的灰白色系渐变，单击“确定”按钮结束操作，如图 11-412 所示。效果如图 11-413 所示。

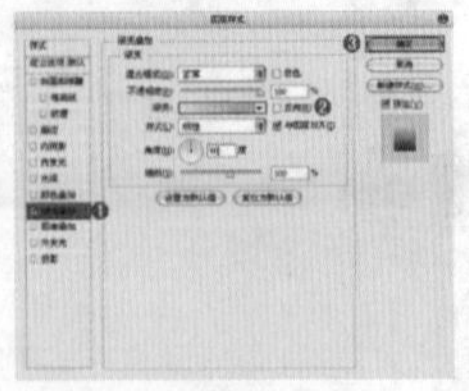
图11-412

图11-413

步骤 04 新建图层 3，绘制较小的圆角矩形，添加“渐变叠加”样式，设置其“渐变”样式为一种灰白渐变，“角度”为 65 度，单击“确定”按钮结束操作，如图 11-414 所示。效果如图 11-415 所示。

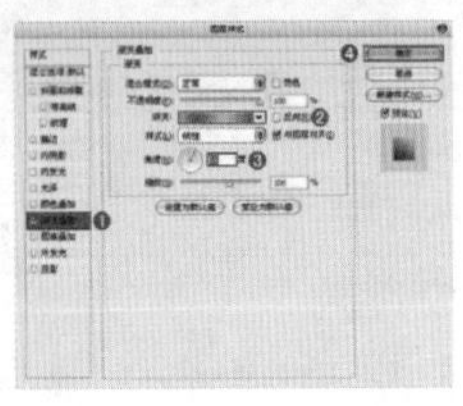
图11-414

图11-415

步骤 05 新建图层“顶”，单击工具箱中的“圆角矩形工具”按钮，绘制小一点的圆角矩形。单击“图层”面板底部的“添加图层样式”按钮，选择“渐变叠加”样式，在“渐变编辑器”中将浅绿和深绿“色标”设置为相邻，两个“色标”离得越近，在图像中色界越明显，将其设置为一种绿色系渐变，单击“确定”按钮结束操作，如图 11-416 所示。效果如图 11-417 所示。

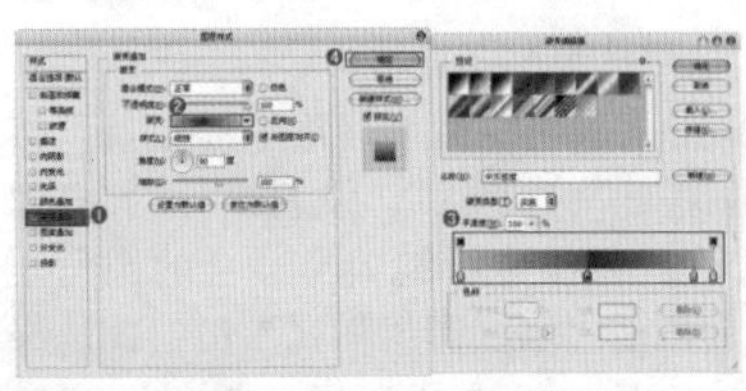
图11-416

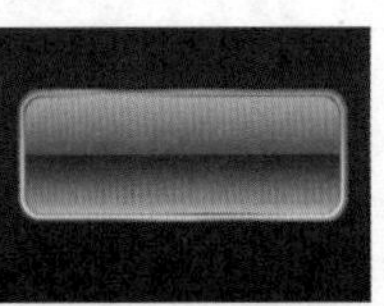
图11-417

步骤 06 单击工具箱中的“横排文字工具”按钮T，在选项栏中选择合适的字体，输入“VISION”。单击“图层”面板底部的“添加图层样式”按钮，选择“内阴影”样式，设置其“混合模式”为“正片叠底”，颜色为深绿色，“距离”为 5 像素，“大小”为 5 像素，单击“确定”按钮结束操作，如图 11-418 所示。效果如图 11-419 所示。

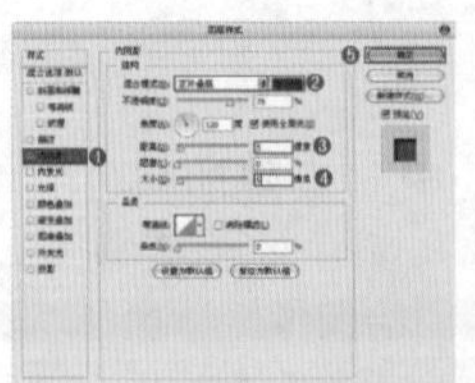
图11-418

图11-419

步骤 07 用同样的方法制作出蓝色按钮，如图 11-420 所示。

图11-420

步骤 08 下面开始制作按钮的倒影效果。复制并合并按钮的所有图层，使用“自由变换”快捷键 Ctrl+T，单击右键，选择“垂直翻转”命令并移动到合适位置，如图 11-421 所示。效果如图 11-422 所示。

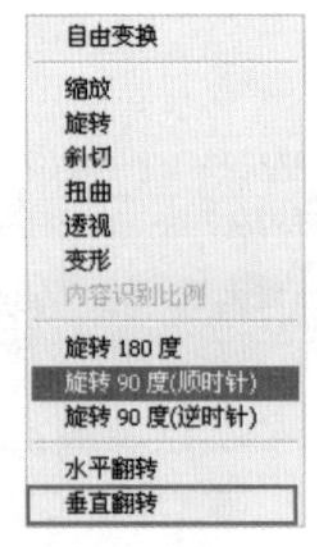

图11-421

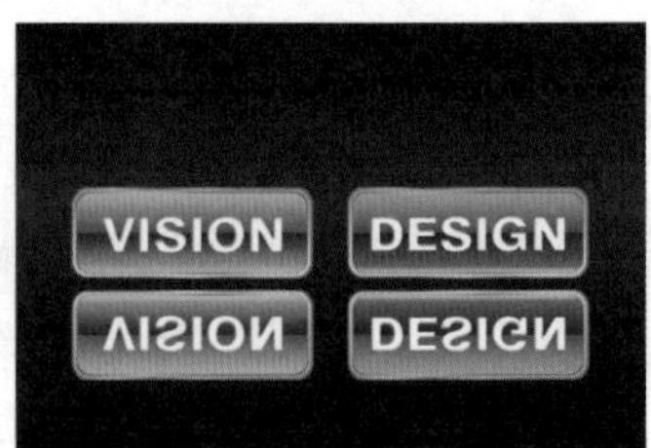

图11-422

步骤 09 选择图层“投影”，单击“图层”面板底部的“添加图层蒙版”按钮，单击工具箱中的“渐变工具”按钮，设置黑白色的渐变，在投影部分图层蒙版中进行拖曳填充，并设置该图层的“不透明度”为 30%，如图 11-423 所示。最终效果如图 11-424 所示。

图11-423

图11-424

11.13.8 图案叠加

“图案叠加”样式可以在图像上叠加图案，与“颜色叠加”和“渐变叠加”样式相同，也可以通过混合模式的设置使叠加的图案与原图像进行混合。如图 11-425 ～图 11-427 所示分别为原始图像、添加“图案叠加”样式以后的图像效果和“图案叠加”参数面板。

图11-425

图11-426

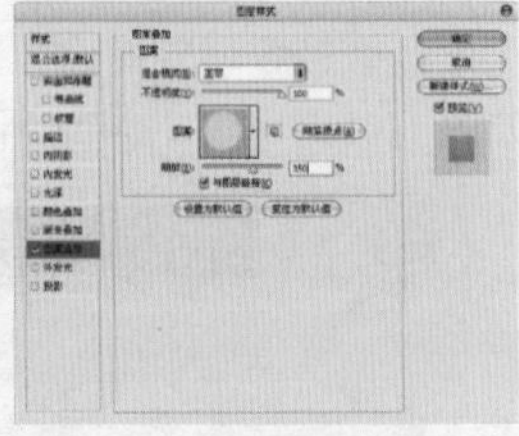
图11-427

实例练习——使用“图案叠加”样式制作糖果文字

实例文件	实例练习——使用“图案叠加”样式制作糖果文字.psd
视频教学	实例练习——使用“图案叠加”样式制作糖果文字.flv
难易指数	★★★★★
知识掌握	掌握“图案叠加”样式的使用方法

实例效果

本例效果如图 11-428 所示。

图11-428

操作步骤

步骤 01 打开本书配套光盘中的素材文件 1.jpg 文件，如图 11-429 所示。

步骤 02 单击工具箱中的“横排文字工具”按钮T，在选项栏中选择合适的字体，设置“文本颜色”为白色，输入“SWEET”，如图 11-430 所示。

图11-429

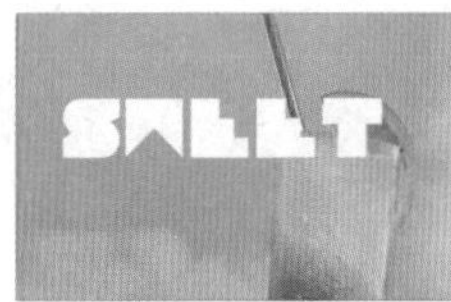

图11-430

步骤 03 选择图层 SWEET，单击“图层”面板底部的“添加图层样式”按钮，选择“投影”样式，设置“不透明度”为 20%，“角度”为 90 度，“距离”为 2 像素，“扩展”为 100%，“大小”为 4 像素，如图 11-431 和图 11-432 所示。

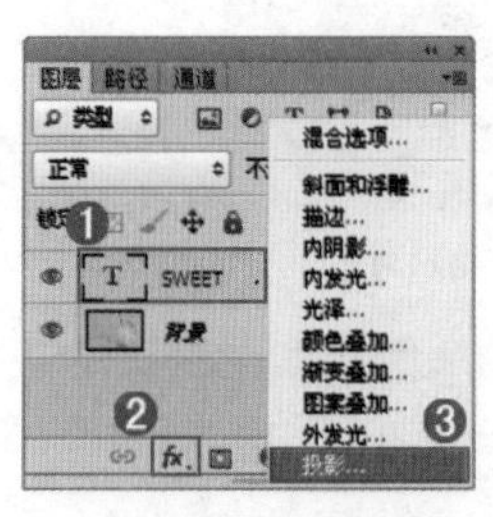

图11-431

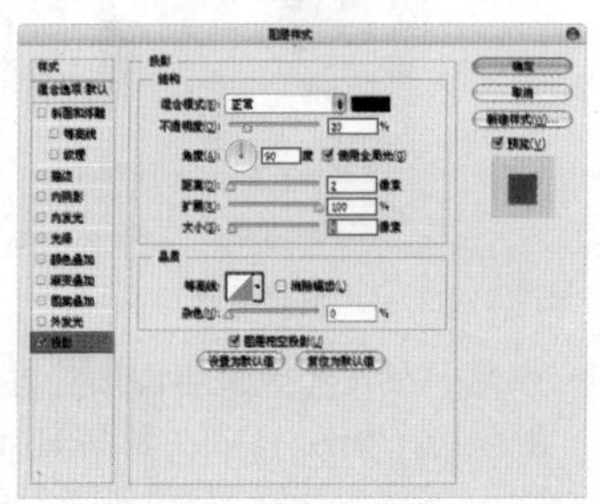

图11-432

步骤 04 选择“内阴影”样式，设置其“不透明度”为 40%，“距离”为 5 像素，“大小”为 2 像素；选中“斜面和浮雕”选项，设置其“深度”为 320%，“大小”为 160 像素，“角度”为 90 度，“高度”为 20 度，“光泽等高线”为，“高光模式”为“线性减淡（添加）”，“不透明度”为 65%，“阴影模式”为“叠加”，“不透明度”为 40%，如图 11-433 所示。

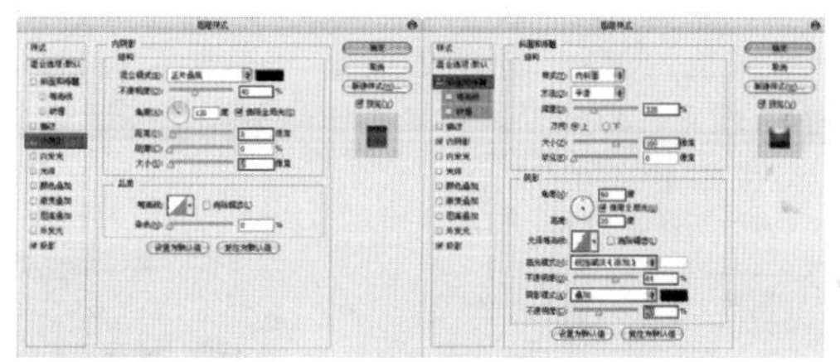

图11-433

步骤 05 选择“光泽”选项，设置其“混合模式”为“正片叠底”，并调整颜色为绿色，“距离”为 11 像素，“大小”为 14 像素；选择“渐变叠加”选项，设置其“混合模式”为“线性加深”，“渐变”为一种黄色系的渐变样式，如图 11-434 所示。

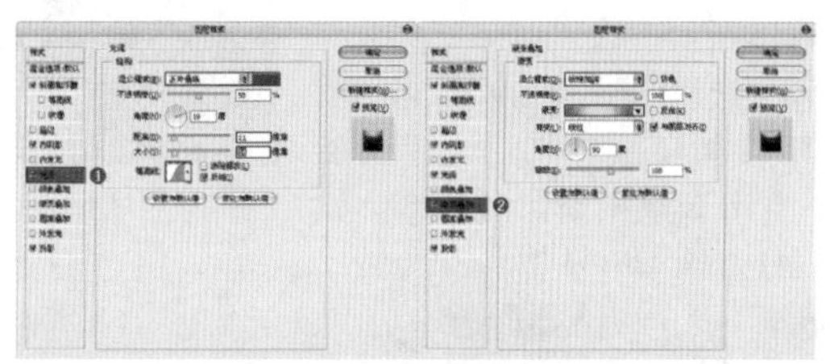

图11-434

步骤 06 选择“图案叠加”选项，设置其“图案”类型为；选择“描边”选项，设置其“大小”为 2 像素，“填充类型”为“渐变”、“渐变”为一种黄绿色渐变样式，“角度”为负 90 度，单击“确定”按钮结束操作，如图 11-435 所示。效果如图 11-436 所示。

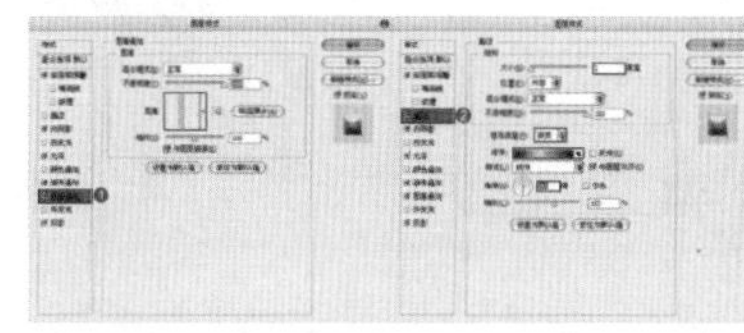

图11-435

图11-436

※技术拓展：载入外置图案

执行“编辑 > 预设管理器”命令，在“预设管理器”窗口中设置“预设类型”为“图案”，单击“载入”按钮，选择素材 2.pat 并载入，最后单击“完成”按钮，即可载入外置图案。如图 11-437 所示。

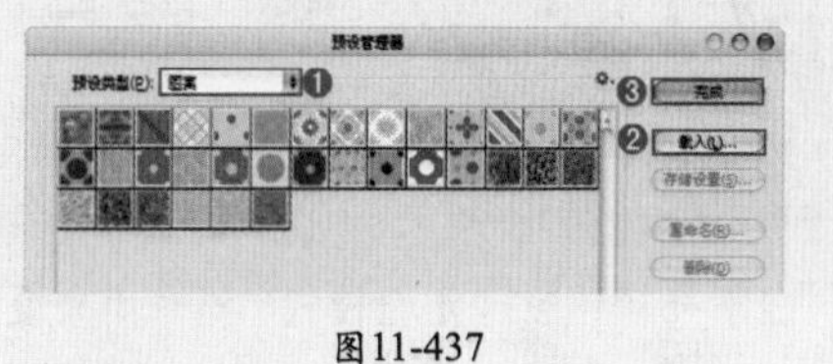

图11-437

步骤 07 复制图层 SWEET，重命名为 SWEET2，单击右键选择“清除图层样式”命令。单击“图层”面板底部的“添加图层样式”按钮，选择“外发光”样式，设置其“不透明度”为40%，颜色为绿色到透明的渐变，“扩展”为2%，“大小”为10像素；选中“内发光”，设置其“不透明度”为40%，颜色为黄色到透明的渐变，“阻塞”为11%，“大小”为13像素，单击“确定”按钮结束操作，如图11-438所示。效果如图11-439所示。

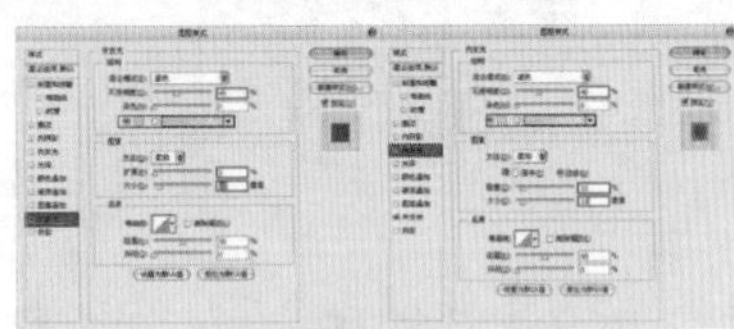

图11-438

图11-439

步骤08 单击工具箱中的“横排文字工具”按钮T，输入“GO!”，如图11-440所示。

图11-440

步骤09 选择图层SWEET，单击右键复制图层样式，选择图层GO!，单击右键粘贴图层样式，如图11-441～图11-443所示。

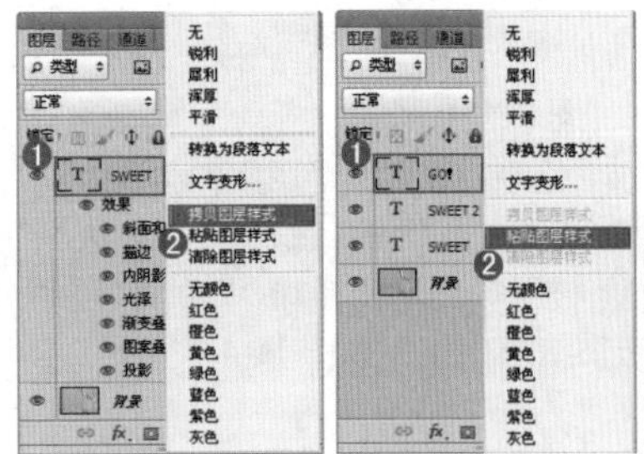

图11-441　图11-442　图11-443

步骤10 复制图层GO!，重命名为GO!2，选择图层SWEET2，单击右键复制图层样式，如图11-444所示。选择图层GO!2，单击右键粘贴图层样式，如图11-445所示。效果如图11-446所示。

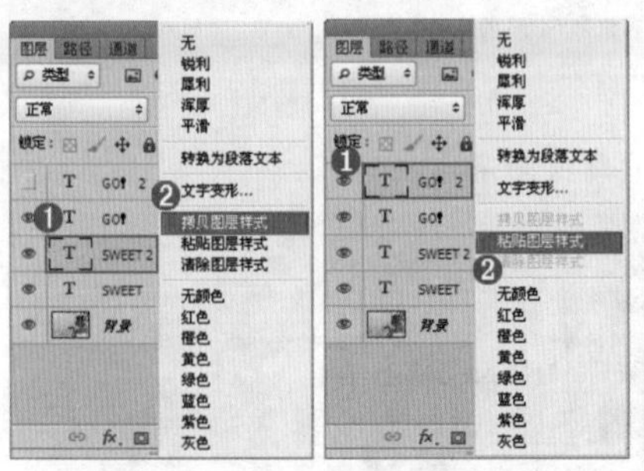

图11-444　图11-445　图11-446

步骤11 打开本书配套光盘中的素材文件3.png，将素材放入相应位置，最终效果如图11-447所示。

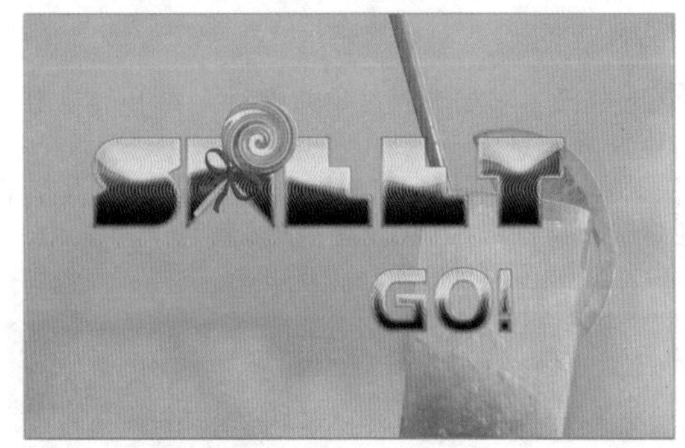

图11-447

11.13.9 外发光

“外发光”样式可以沿图层内容的边缘向外创建发光效果，可用于制作自发光效果以及人像或者其他对象的梦幻般的光晕效果。如图11-448～图11-450所示分别为原始图像、添加了“外发光”样式以后的图像效果以及“外发光”参数面板。

图11-448

图11-449

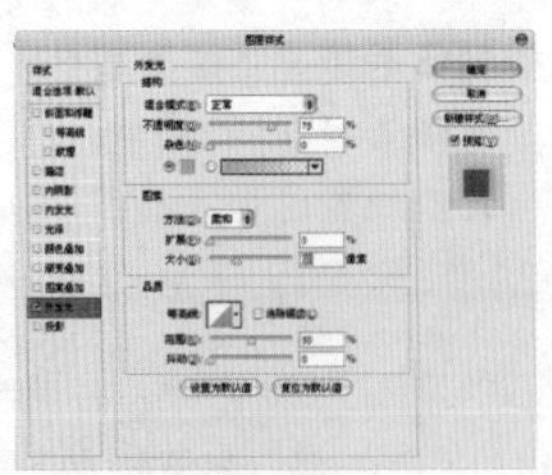

图11-450

- 混合模式/不透明度：“混合模式”选项用来设置发光效果与下面图层的混合方式；“不透明度”选项用来设置发光效果的不透明度，如图11-451和图11-452所示。

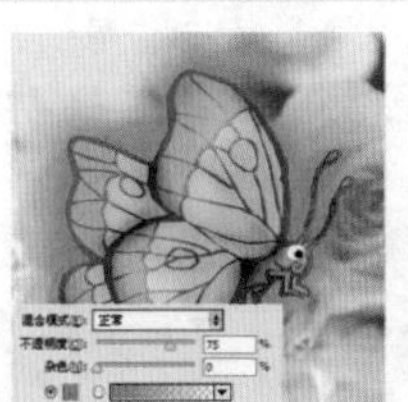

图11-451

图11-452

- 杂色：在发光效果中添加随机的杂色效果，使光晕产生颗粒感，如图11-453和图11-454所示。

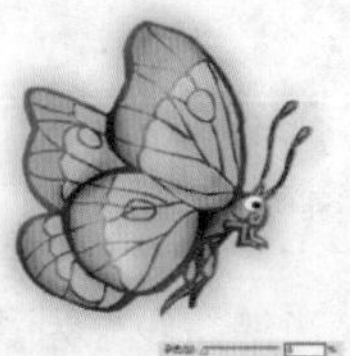

图11-453

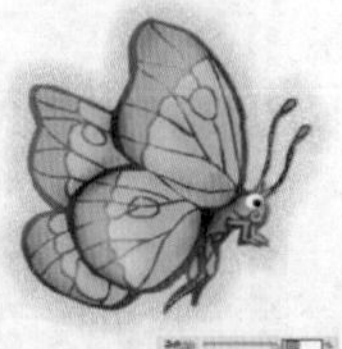

图11-454

- 发光颜色：单击“杂色”选项下面的颜色块，可以设置发光颜色；单击颜色块后面的渐变条，可以在“渐变编辑器”对话框中选择或编辑渐变色，如图 11-455 和图 11-456 所示。

图11-455

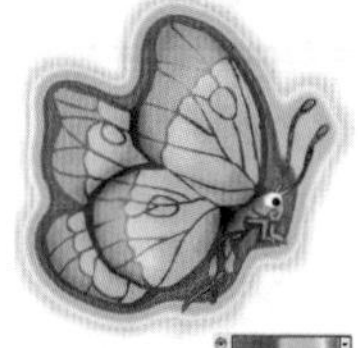
图11-456

● 方法：用来设置发光的方式。选择“柔和”选项，发光效果比较柔和，如图 11-457 所示；选择“精确”选项，可以得到精确的发光边缘，如图 11-458 所示。

图11-457

图11-458

● 扩展 / 大小：“扩展”选项用来设置发光范围的大小；“大小”选项用来设置光晕范围的大小。

实例练习——利用“外发光”样式制作空心发光字

实例文件	实例练习——利用“外发光”样式制作空心发光字 .psd
视频教学	实例练习——利用“外发光”样式制作空心发光字 .flv
难易指数	★★★★★
知识掌握	掌握“外发光”样式的使用方法、图层样式的复制与粘贴

实例效果

本例使用“外发光”样式制作空心发光文字，效果如图 11-459 所示。

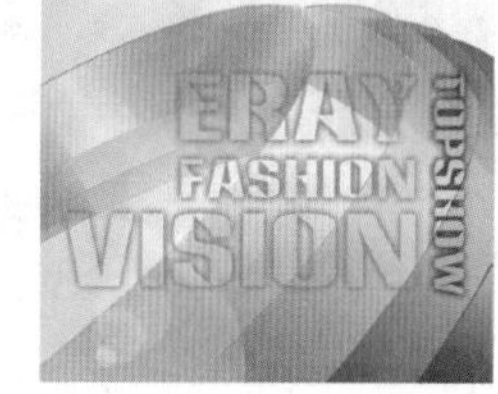
图11-459

操作步骤

步骤 01 打开本书配套光盘中的素材文件 1.jpg 文件，如图 11-460 所示。

步骤 02 单击工具箱中的“横排文字工具”按钮T，在选项栏中选择合适的字体，输入“TOPSHOW”。单击“图层”面板底部的“添加图层样式”按钮，选择“外发光”样式，设置“混合模式”为“正常”，颜色为绿色到透明的渐变，“扩展”为 7%，“大小”为 16 像素，单击“确定”按钮结束操作，如图 11-461 所示。

图11-460

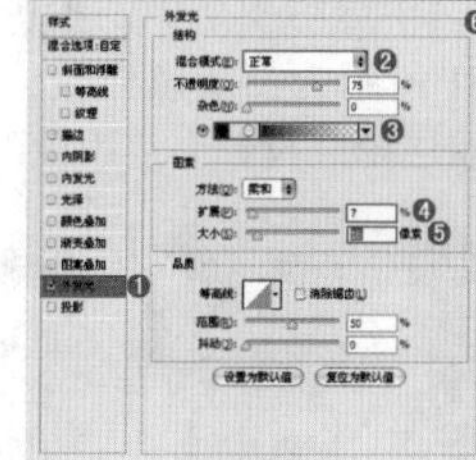
图11-461

步骤 03 单击工具箱中的“横排文字工具”按钮T，输入字母“VISION”。选择图层 TOPSHOW，单击右键，选择“拷贝图层样式”命令。选择图层 VISION，单击右键选择“粘贴图层样式”命令，如图 11-462 所示。

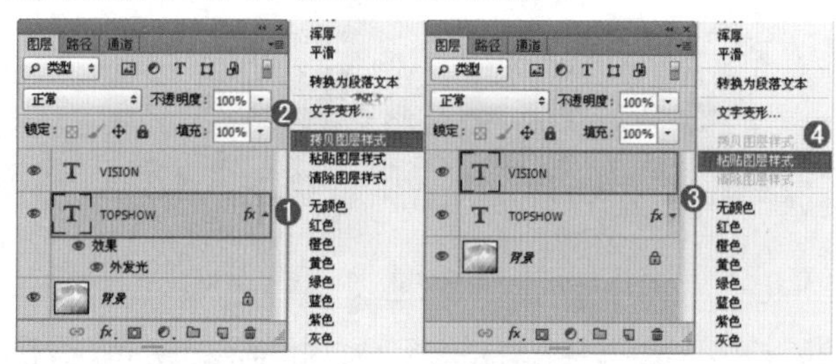
图11-462

步骤 04 调整图层 TOPSHOW 和图层 VISION 的位置，如图 11-463 所示。

步骤 05 单击工具箱中的“横排文字工具”按钮T，输入字母 FASHION，选择图层 TOPSHOW，单击右键复制图层样式，选择图层 FASHION，单击右键粘贴图层样式，然后调整字母的大小和位置，效果如图 11-464 所示。

步骤 06 单击工具箱中的“横排文字工具”按钮T，输入“ERAY”，选择图层 TOPSHOW，单击右键复制图层样式，选择图层“ERAY ”，单击右键粘贴图层样式，然后调整字母的大小和位置。最终效果如图 11-465 所示。

图11-463

图11-464

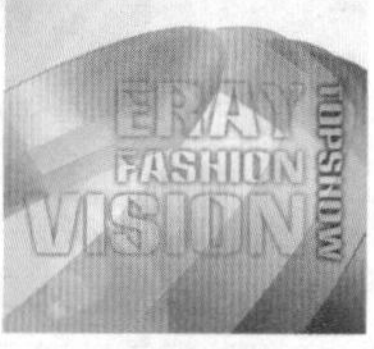
图11-465

11.13.10 投影

使用“投影”样式可以为图层模拟出向后的投影效果，可增强某部分的层次感和立体感，平面设计中常用于需要突显的文字中。如图 11-466 ～图 11-468 所示分别为添加投影样式前后的对比效果以及“投影”参数面板。

图11-466

图11-467

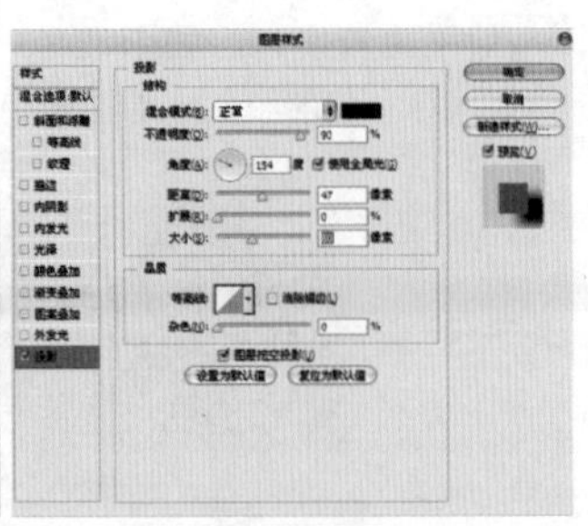

图11-468

技巧提示

需要注意的是，这里的投影与现实中的投影有些差异。现实中的投影通常产生在物体的后方或者下方，并且随着光照方向的不同产生不同的透视，而这里的投影只在后方产生，并且不具备真实的透视感。如图 11-469 和图 11-470 所示分别为模拟真实的投影效果与“投影”样式的效果。

图11-469

图11-470

- 混合模式：用来设置投影与下面图层的混合方式，默认设置为“正片叠底”，如图 11-471 和图 11-472 所示。

图11-471

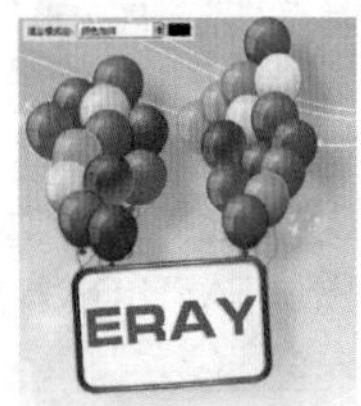

图11-472

- 阴影颜色：单击“混合模式”选项右侧的颜色块，可以设置阴影的颜色。
- 不透明度：设置投影的不透明度。数值越小，投影越淡。
- 角度：用来设置投影应用于图层时的光照角度，指针方向为光源方向，相反方向为投影方向，如图 11-473 和图 11-474 所示分别是设置“角度”为 47° 和 144° 时的投影效果。

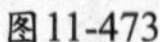

图11-473

图11-474

- 使用全局光：选中该复选框，可以保持所有光照的角度一致；取消选中该复选框，可以为不同的图层分别设置光照角度。
- 距离：用来设置投影偏移图层内容的距离。
- 大小：用来设置投影的模糊范围，该值越大，模糊范围越广；反之，投影越清晰。
- 扩展：用来设置投影的扩展范围。注意，该值会受“大小”选项的影响。
- 等高线：以调整曲线的形状来控制投影的形状，可以手动调整曲线形状，也可以选择内置的等高线预设如图 11-475 ～图 11-477 所示。

图11-475

图11-476

图11-477

- 消除锯齿：混合等高线边缘的像素，使投影更加平滑。该选项对于尺寸较小且具有复杂等高线的投影比较实用。
- 杂色：用来在投影中添加杂色的颗粒感效果，数值越大，颗粒感越强，如图 11-478 和图 11-479 所示。
- 图层挖空投影：用来控制半透明图层中投影的可见性。选中该复选框，如果当前图层的“填充”数值小于 100%，则半透明图层中的投影不可见，如图 11-480 和图 11-481 所示为图层填充数值为 60% 时，选中和取消选中“图层挖空投影”复选框的投影效果。

图11-478

图11-479

图11-480

图11-481

实例练习——制作带有投影的文字

实例文件	实例练习——制作带有投影的文字.psd
视频教学	实例练习——制作带有投影的文字.flv
难易指数	★★★★★
技术要点	“投影”图层样式

实例效果

本例素材如图 11-482 所示，效果如图 11-483 所示。

图 11-482

图 11-483

操作步骤

步骤 01 按 Ctrl+O 组合键，打开素材文件 1.jpg，如图 11-484 所示。

步骤 02 单击工具箱中的“文字工具”按钮，在画布中输入文字，并适当调整文字大小与颜色，如图 11-485 所示。

图 11-484

图 11-485

步骤 03 选择其中一个文字图层，单击“图层”面板中的“添加图层样式”按钮，在菜单中选择“投影”选项，如图 11-486 所示。

步骤 04 弹出“图层样式”对话框，设置“角度”为 30 度，“距离”为 15 像素，“扩展”为 0%，“大小”为 15 像素，单击确定按钮结束操作，如图 11-487 所示。效果如图 11-488 所示。

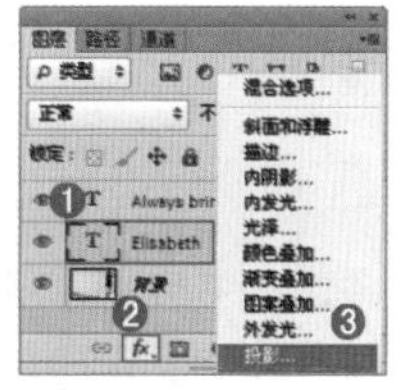
图 11-486

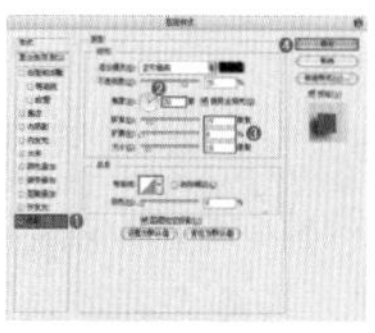
图 11-487

图 11-488

步骤 05 下面直接将第一部分文字的样式赋给第二部分文字。在“图层”面板中带有图层样式的文字图层右侧单击右键，选择“拷贝图层样式”命令，然后到另外的文字图层上单击右键，选择“粘贴图层样式”命令即可，如图 11-489 所示。最终效果如图 11-490 所示。

图 11-489

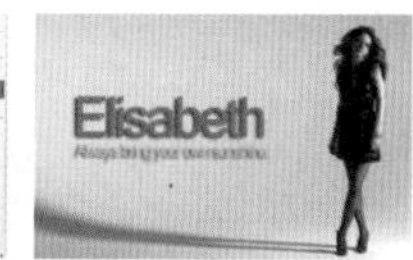
图 11-490

11.14 “样式”面板

在 Photoshop 中可以对创建好的图层样式进行存储，可以将其存储为一个独立的文件，便于调用和传输。同样，也可以对其进行载入、删除、重命名等操作。如图 11-491 ～图 11-498 所示为几种图层样式的效果。

图 11-491　图 11-492　图 11-493　图 11-494

图 11-495

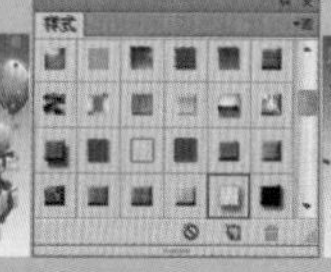
图 11-496

图 11-497

图 11-498

11.14.1 “样式”面板

执行“窗口 > 样式”命令，可打开“样式”面板。在“样式”面板中，可以清除为图层添加的样式，也可以新建和删除样式，如图 11-499 所示。

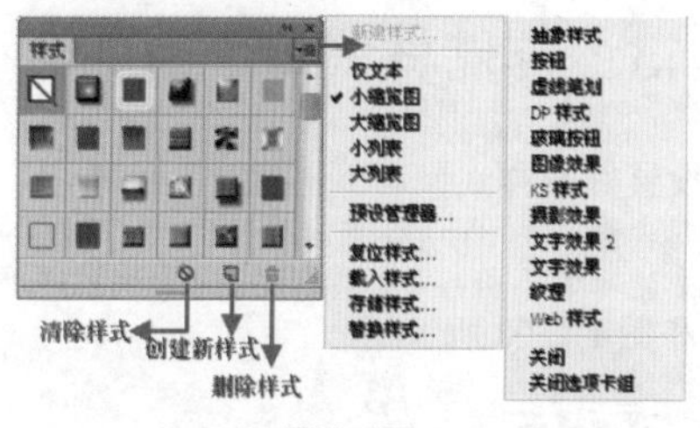

图 11-499

理论实践——使用已有的图层样式

（1）打开包含两个图层的文件，如图 11-500 要将“样式”面板中的样式应用到图层中，可以首先在“图层”面板中选择该图层，如图11-501所示。

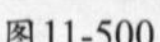

图11-500

图11-501

> **技巧提示**
>
> 使用外挂样式时，经常会出现与预期效果相差甚远的情况，这时可以检查是否当前样式参数对于当前图像并不适合，可以在图层样式上单击鼠标右键，选择“缩放样式”命令进行调整。

（2）在“样式”面板中选择需要应用的样式，如图11-502所示。

（3）此时可以在“图层”面板中看到，该图层上出现了多个图层样式，如图11-503所示，并且原图层外观也发生了变化，如图11-504所示。

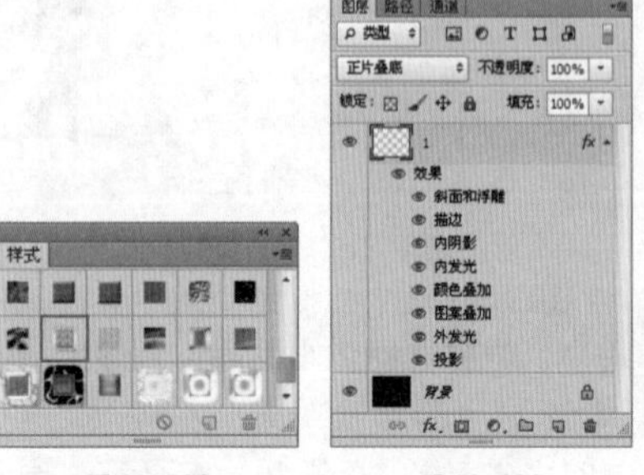
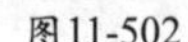
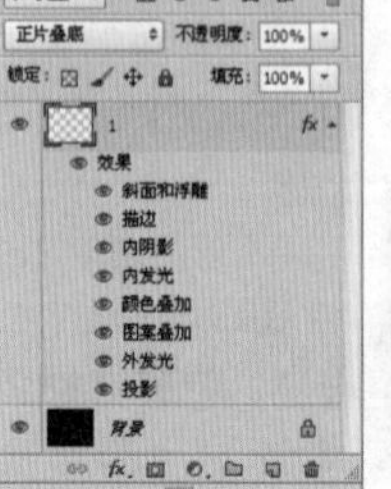

图11-502　图11-503　图11-504

11.14.2 创建与删除样式

理论实践——将当前图层的样式创建为预设

在“图层”面板中选择一个图层，然后在“样式”面板下单击“创建新样式”按钮，接着在弹出的“新建样式”对话框中为样式设置一个名称，单击“确定”按钮后，新建的样式会保存在“样式”面板的末尾，在“新建样式”对话框中选中“包含图层混合选项”复选框，创建的样式将具有图层中的混合模式。如图11-505所示。

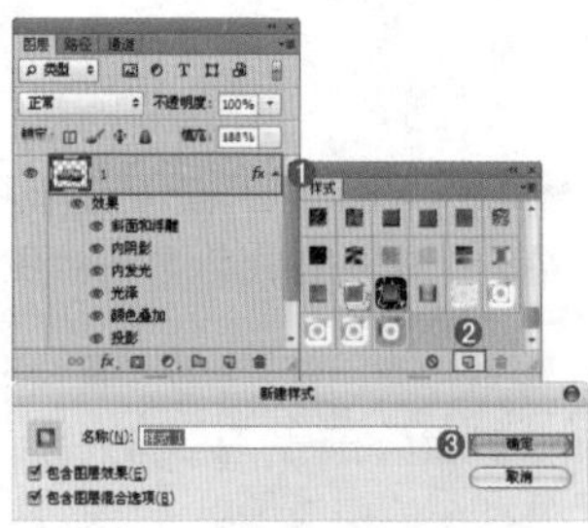

图11-505

理论实践——删除样式

将样式拖曳到“样式”面板下面的“删除样式”按钮上即可删除创建的样式，如图11-506所示。也可以在“样式”面板中按住Alt键，当光标变为剪刀形状时，单击需要删除的样式即可将其删除。

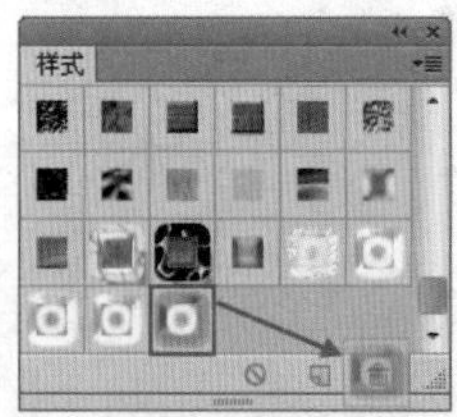

图11-506

11.14.3 存储样式库

要将设置好的样式保存到“样式”面板中，也可以在面板菜单中选择“存储样式”命令，打开“存储”对话框，然后为其设置一个名称，将其保存为一个单独的样式库，如图11-507和图11-508所示。

> **技巧提示**
>
> 如果将样式库保存在Photoshop安装程序的Presets>Styles文件夹中，那么在重启Photoshop后，该样式库的名称会出现在“样式”面板菜单的底部。

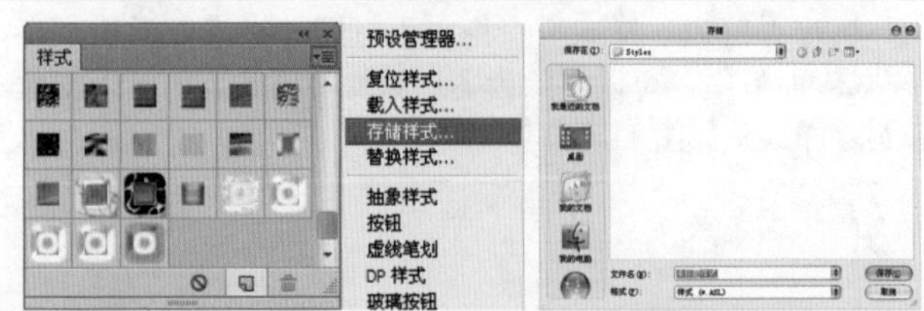

图11-507　图11-508

11.14.4 载入样式库

“样式”面板菜单的下半部分是Photoshop提供的预设样式库，选择一种样式库，系统会弹出一个提示对话框。如果单击“确定”按钮，可以载入样式库并替换掉“样式”面板中的所有样式；如果单击“追加”按钮，则该样式库会添加到原有样式的后面，如图11-509和图11-510所示。

答疑解惑：如何将“样式”面板中的样式恢复到默认状态？

如果要将样式恢复到默认状态，可以在“样式”面板菜单中选择“复位样式”命令，然后在弹出的对话框中单击“确定”按钮。另外，在这里介绍一下如何载入外部的样式。执行面板菜单中的“载入样式”命令，可以打开“载入”对话框，选择外部样式即可将其载入到“样式”面板中。

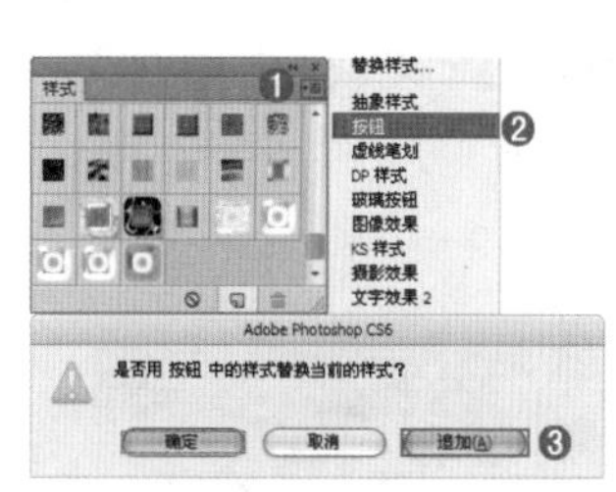
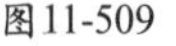

图11-509

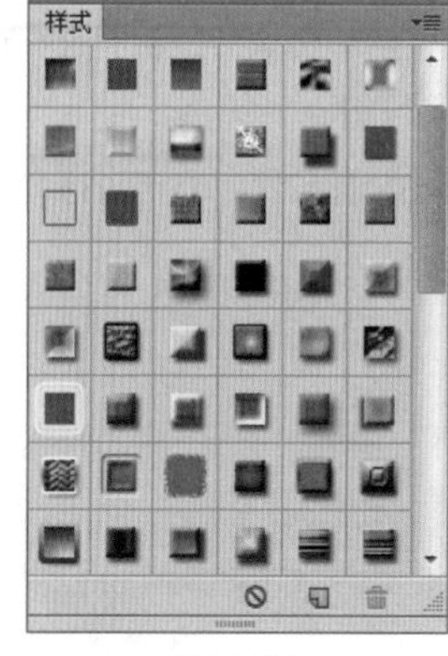

图11-510

11.15 填充图层

填充图层是一种比较特殊的图层，它可以使用纯色、渐变或图案填充图层。与普通图层相同，对于填充图层也可以设置混合模式、不透明度、图层样式以及编辑蒙版等。

11.15.1 创建纯色填充图层

理论实践——创建纯色填充图层

纯色填充图层可以用一种颜色填充图层，并带有一个图层蒙版。

（1）执行“图层>新建填充图层>纯色”命令，可以打开“新建图层”对话框，在该对话框中可以设置纯色填充图层的名称、颜色、混合模式和不透明度，并且可以为下一图层创建剪贴蒙版，如图11-511和图11-512所示。

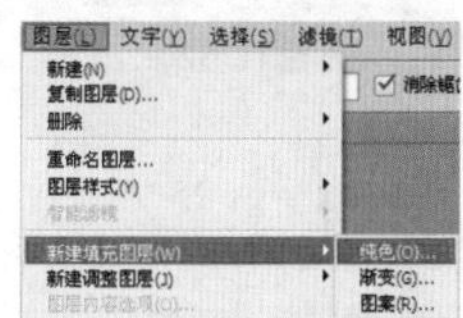

图11-511

图11-512

（2）在“新建图层”对话框中设置好相关选项以后，单击“确定”按钮，打开“拾取实色”对话框，然后拾取一种颜色，单击“确定”按钮后即可创建一个纯色填充图层，如图11-513和图11-514所示。

（3）创建好纯色填充图层以后，可以调整其混合模式、不透明度或编辑其蒙版，也可以为其添加图层样式，如图11-515～图11-518所示。

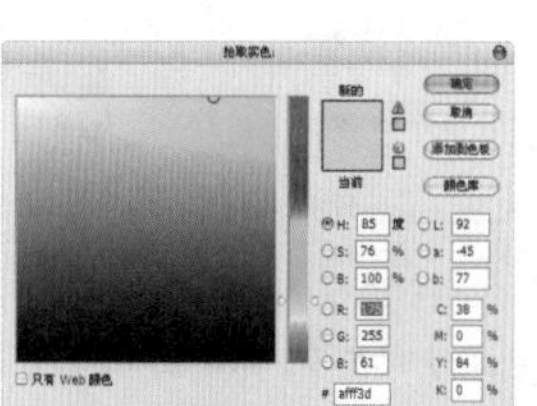

图11-513

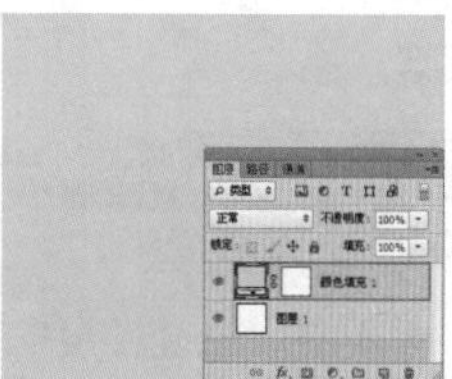

图11-514

图11-515

图11-516

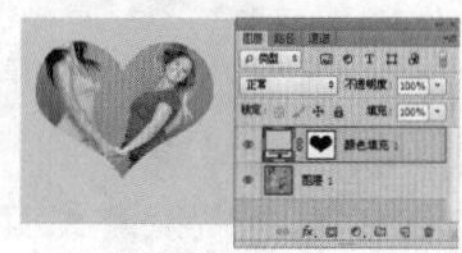

图11-517

图11-518

11.15.2 创建渐变填充图层

理论实践——创建渐变填充图层

渐变填充图层可以用一种渐变色填充图层，并带有一个图层蒙版。

（1）执行“图层 > 新建填充图层 > 渐变”命令，可以打开“新建图层”对话框，在该对话框中可以设置渐变填充图层的名称、颜色、混合模式和不透明度，并且可以为下一图层创建剪贴蒙版，如图 11-519 和图 11-520 所示。

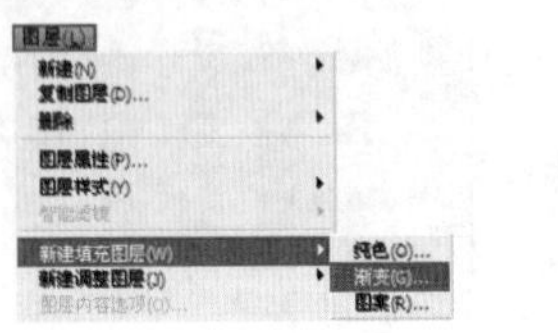

图11-519

图11-520

（2）在“新建图层”对话框中设置好相关选项以后，单击“确定”按钮，打开“渐变填充”对话框，在该对话框中可以设置渐变的颜色、样式、角度和缩放等，如图 11-521 所示。单击“确定”按钮，即可创建一个渐变填充图层，如图 11-522 所示。

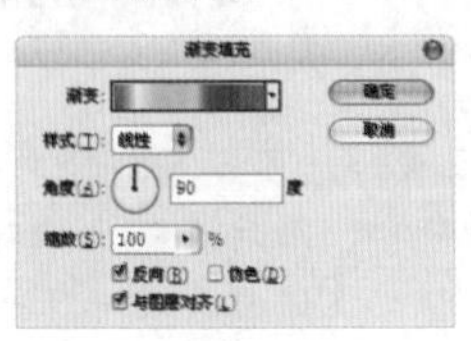

图11-521

图11-522

11.15.3 创建图案填充图层

理论实践——创建图案填充图层

图案填充图层可以用一种图案填充图层，并带有一个图层蒙版。

（1）执行“图层 > 新建填充图层 > 图案”命令，如图 11-523 所示，可以打开“新建图层”对话框，在该对话框中可以设置图案填充图层的名称、颜色、混合模式和不透明度，并且可以为下一图层创建剪贴蒙版，如图 11-524 所示。

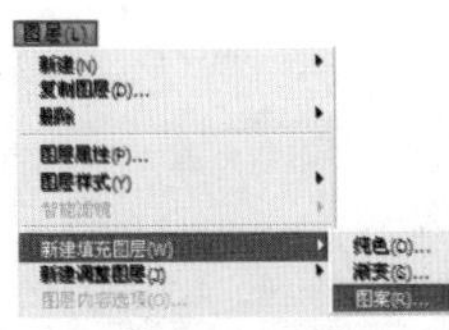

图11-523

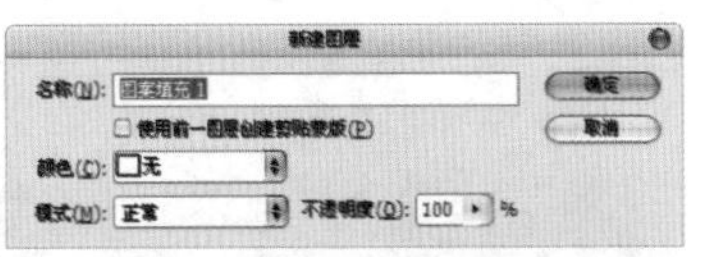

图11-524

（2）在“新建图层”对话框中设置好相关选项以后，单击“确定”按钮，打开“图案填充”对话框，在该对话框中可以选择一种图案，并且可以设置图案的缩放比例等，如图 11-525 所示。单击“确定”按钮，即可创建一个图案填充图层，效果如图 11-526 所示。

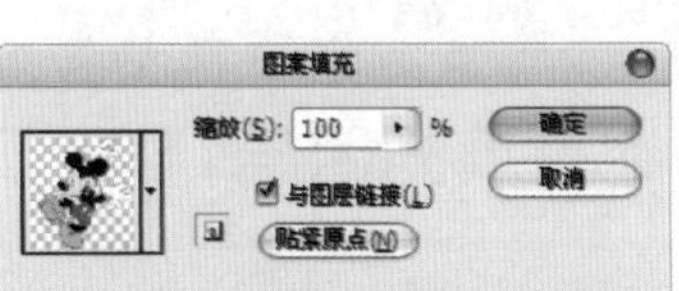

图11-525

图11-526

技巧提示

填充图层也可以直接在“图层”面板中进行创建，单击“图层”面板下面的“创建新的填充或调整图层”按钮，在弹出的菜单中选择相应的命令即可，如图 11-527 所示。

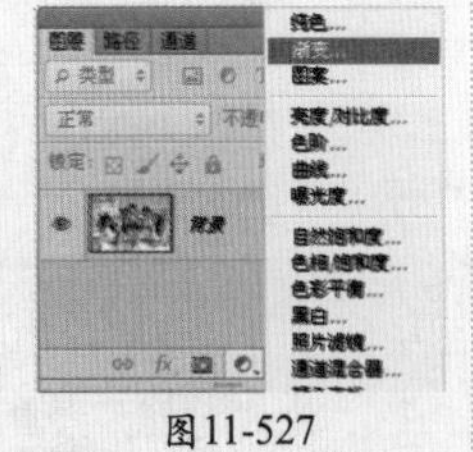

图11-527

11.16 智能对象图层

在 Photoshop CS6 中，智能对象可以看作嵌入当前文件的一个独立文件，它可以包含位图，也可以包含 Illustrator 中创建的矢量图形，而且在编辑过程中不会破坏智能对象的原始数据，因此对智能对象图层所执行的操作都是非破坏性操作。

11.16.1 创建智能对象

理论实践——创建智能对象

创建智能对象的方法主要有以下 3 种。

（1）执行“文件 > 打开为智能对象”命令，可以选择一个图像作为智能对象打开。在“图层”面板中，智能对象图层的缩览图右下角会出现一个智能对象图标，如图 11-528 所示。

（2）先打开一个图像，然后执行“文件 > 置入”命令，如图 11-529 所示。可以选择一个图像作为智能对象置入到当前文档中，如图 11-530 所示。

图11-528

图11-529

图11-530

（3）在“图层”面板中选择一个图层，然后执行“图层 > 智能对象 > 转换为智能对象”命令，如图 11-531 所示。或者单击鼠标右键选择“转换为智能对象”命令，如图 11-532 所示。

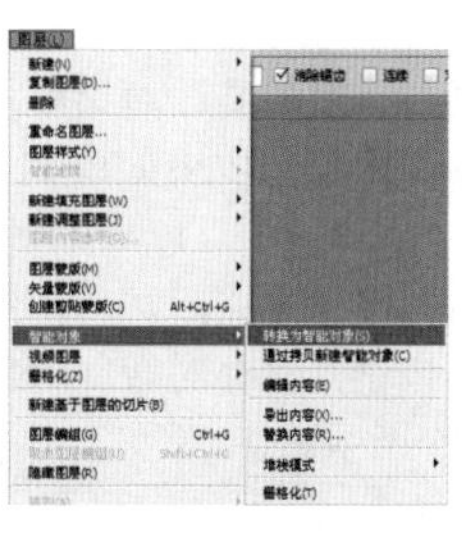
图11-531

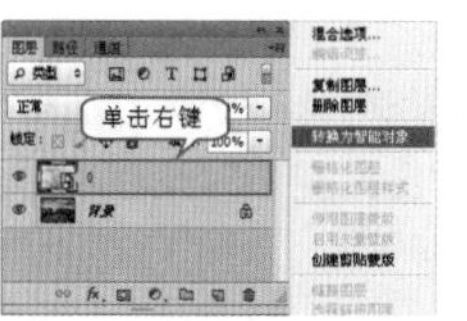

图11-532

另外，可以将 Adobe Illustrator 中的矢量图形作为智能对象导入到 Photoshop 中，或是将 PDF 文件创建为智能对象，如图 11-533 和图 11-534 所示。

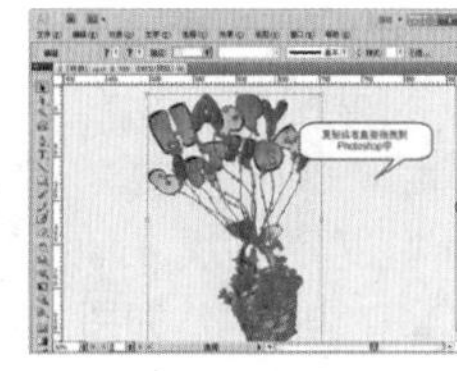
图11-533

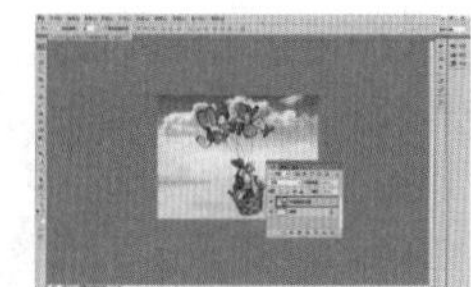
图11-534

11.16.2 编辑智能对象

实例练习——编辑智能对象

实例文件	实例练习——编辑智能对象 .psd
视频教学	实例练习——编辑智能对象 .flv
难易指数	★★★★★
知识掌握	掌握如何编辑智能对象

实例效果

创建智能对象以后，可以根据实际情况对其进行编辑。编辑智能对象不同于编辑普通图层，它需要在一个单独的文档中进行操作。本例主要针对智能对象的编辑方法进行练习，效果如图 11-535 所示。

图11-535

操作步骤

步骤 01 打开本书配套光盘中的 1.jpg 文件，如图 11-536 所示。

步骤 02 执行“文件 > 置入”命令，然后在弹出的“置入”对话框中选择文件 2.png，此时该素材会作为智能对象置入到当前文档中，如图 11-537 和图 11-538 所示。

图11-536

图11-537

图11-538

步骤 03 执行“图层 > 智能对象 > 编辑内容”命令，如图 11-539 所示。或双击智能对象图层的缩览图，Photoshop 会弹出一个对话框，单击“确定”按钮，如图 11-540 所示，可以将智能对象在一个单独的文档中打开，如图 11-541 所示。

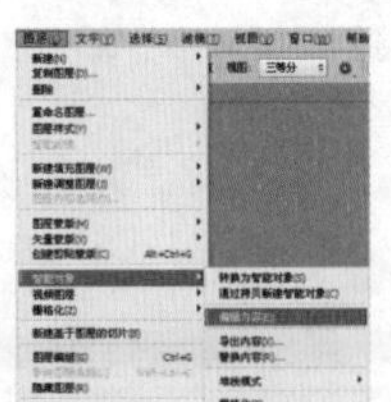
图11-539

图11-540

图11-541

步骤 04 按 Ctrl+U 快捷键打开“色相 / 饱和度”对话框，然后设置“色相”为 180，如图 11-542 所示。效果如图 11-543 所示。

步骤 05 单击文档右上角的“关闭”按钮关闭文件，然后在弹出的提示对话框中单击“是”按钮，保存对智能对象所作的修改，如图 11-544 和图 11-545 所示。

图11-542

图11-543

图11-544

图11-545

11.16.3 复制智能对象

理论实践——复制智能对象

在“图层”面板中选择智能对象图层，然后执行“图层 > 智能对象 > 通过拷贝新建智能对象”命令，可以复制一个智能对象，如图 11-546 所示。

当然，也可以将智能对象拖曳到“图层”面板下面的“创建新图层”按钮上，或者直接按 Ctrl+J 快捷键，如图 11-547 所示。

图11-546

图11-547

11.16.4 替换对象内容

实例练习——替换智能对象内容

实例文件	实例练习——替换智能对象内容.psd
视频教学	实例练习——替换智能对象内容.flv
难易指数	★★★★★
知识掌握	掌握如何替换智能对象内容

实例效果

创建智能对象以后，如果对其不满意，可以将其替换成其他的智能对象，如图 11-548 和图 11-549 所示。

图11-548

图11-549

操作步骤

步骤 01 打开一个包含智能对象的文件 1.psd，如图 11-550 和图 11-551 所示。

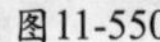
图11-550

图11-551

步骤 02 选择“智能对象”图层，然后执行“图层 > 智能对象 > 替换内容”命令，如图 11-552 所示。打开“置入”对话框，选择 2.png 文件，此时智能对象将被替换为 2.png 智能对象，如图 11-553 所示。适当调整大小及位置，最终效果如图 11-554 所示。

> **技巧提示**
>
> 替换智能对象时，虽然图像发生了变化，但是图层名称不会改变。

图11-552

图11-553

图11-554

11.16.5 导出智能对象

理论实践——导出智能对象

在“图层”面板中选择智能对象，然后执行“图层 > 智能对象 > 导出内容”命令，可以将智能对象以原始置入格式导出。如果智能对象是利用图层来创建的，那么应以 PSB 格式导出，如图 11-555 所示。

读书笔记

图11-555

11.16.6 将智能对象转换为普通图层

理论实践——将智能对象转换为普通图层

执行“图层 > 智能对象 > 栅格化”命令可以将智能对象转换为普通图层，转换为普通图层以后，原始图层缩览图上的智能对象标志也会消失，如图 11-556 和图 11-557 所示。

读书笔记

图556

图557

11.16.7 为智能对象添加智能滤镜

理论实践——为智能对象添加智能滤镜

应用于智能对象的任何滤镜都是智能滤镜，智能滤镜属于非破坏性滤镜。由于智能滤镜的参数是可以调整的，因此可以调整智能滤镜的作用范围，或将其移除、隐藏等，如图 11-558 所示。关于智能滤镜的更多知识将在后面的章节中进行详细讲解。

图11-558

11.17 图像堆栈

图像堆栈将一组参考帧相似，但品质或内容不同的图像组合在一起。将多个图像组合到堆栈中之后，就可以对它们进行处理，生成一个复合视图，消除不需要的内容或杂色。

11.17.1 创建图像堆栈

要获得最佳结果，图像堆栈中包含的图像应具有相同的尺寸和极其相似的内容，如从固定视点拍摄的一组静态图像或静态视频摄像机录制的一系列帧等。图像的内容应非常相似，以能够将它们与组中的其他图像套准或对齐。

将单独的图像组合到一个多图层图像中，如图 11-559 和图 11-560 所示。执行“选择 > 所有图层”命令，然后执行“编辑 > 自动对齐图层”命令，并选择“自动”作为对齐选项，如图 11-561 所示。

图11-559

图11-560

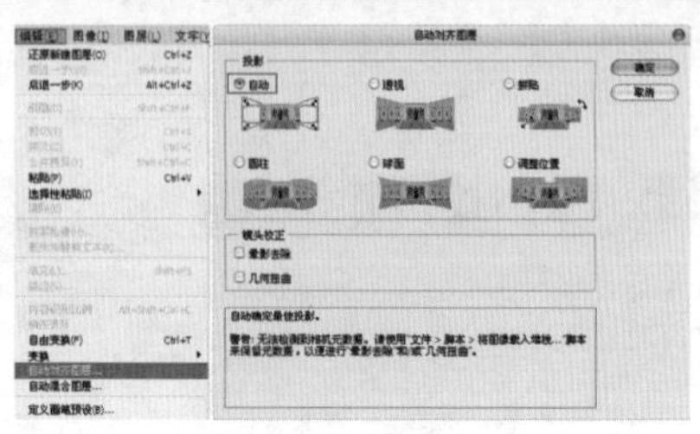

图11-561

执行“图层 > 智能对象 > 转换为智能对象”命令，如图 11-562 所示，然后执行“图层 > 智能对象 > 堆栈模式”命令，再从子菜单中选择堆栈模式即可，如图 11-563 所示。

图11-562　　图11-563

11.17.2 编辑图像堆栈

要在图像堆栈上保留渲染效果，需将智能对象转换为常规图层（可以在转换之前复制智能对象，以备今后重新渲染此图像堆栈），可以执行“图层 > 智能对象 > 栅格化图层”命令，如图 11-564 所示。

如需编辑图像堆栈，则需要执行“图层 > 智能对象 > 编辑内容”命令，如图 11-565 所示。或双击相应的图层缩览图，在弹出的对话框中单击“确定”按钮，即可打开构成堆栈图层的原始图像并进行编辑，如图 11-566 和图 11-567 所示。编辑完成并保存后，回到原始文件中，更改效果会呈现在原智能对象上。

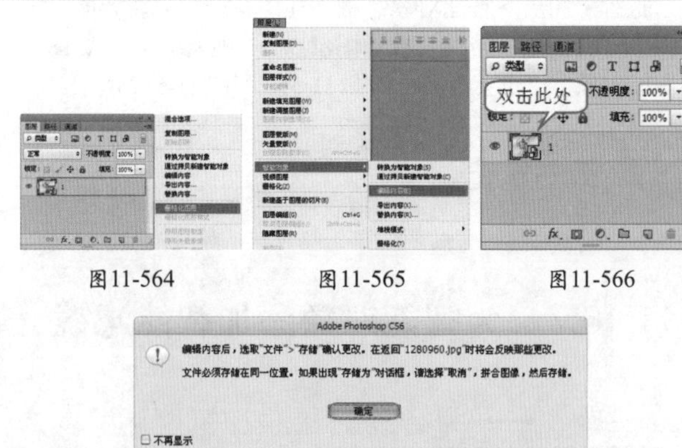

图11-564　　图11-565　　图11-566

图11-567

实例练习——月色荷塘

实例文件	实例练习——月色荷塘.psd
视频教学	实例练习——月色荷塘.flv
难易指数	★★★★★
技术要点	图层样式、混合模式

实例效果

本例主要使用大量的光效素材，配合图层混合模式制作梦幻般的月色荷塘效果，如图 11-568 所示。

图11-568

操作步骤

步骤 01 打开本书配套光盘中的素材文件 1.jpg，如图 11-569 所示。

步骤 02 为其添加图层蒙版，使用黑色柔角画笔在蒙版中涂抹多余的部分，如图 11-570 所示。

图11-569

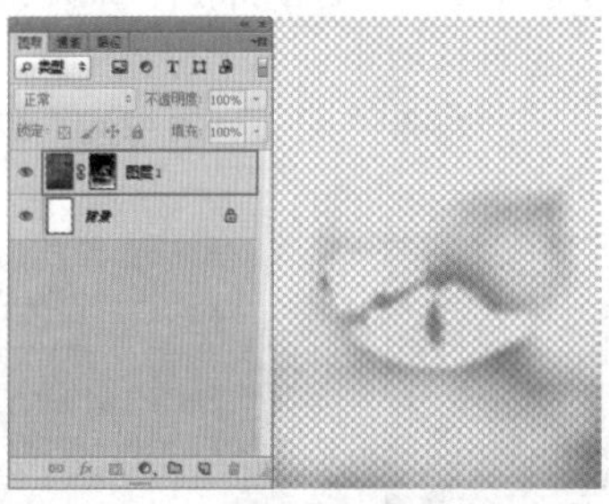

图11-570

步骤 03 新建图层，选择工具箱中的画笔工具，设置圆形柔角画笔，并设置合适的前景色，在画面中进行涂抹，如图 11-571 所示。设置图层的混合模式为“叠加”，如图 11-572 所示。效果如图 11-573 所示。

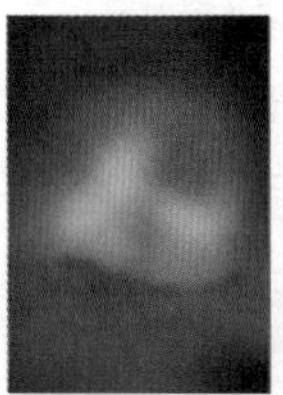

图11-571

图11-572

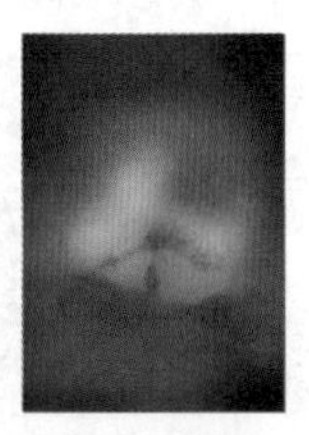

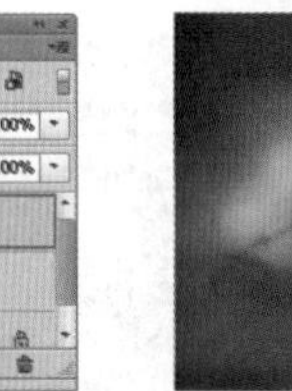

图11-573

步骤 04 导入光效素材 2.jpg，如图 11-574 所示，并为其添加图层蒙版。选择图层蒙版，使用柔角画笔工具在画面合适位置绘制，并设置图层的混合模式为“滤色”，如图 11-575 所示。效果如图 11-576 所示。

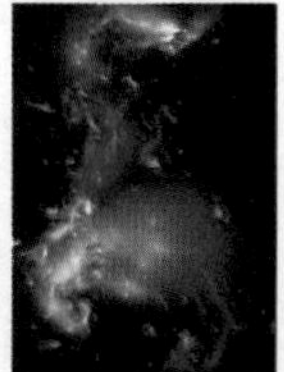

图11-574

图11-575

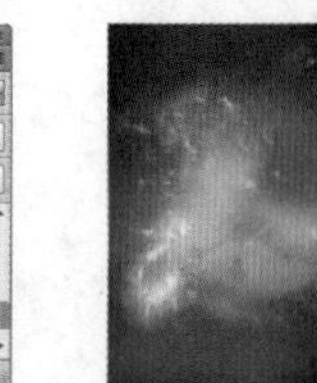

图11-576

步骤 05 新建图层，使用柔角画笔工具在画面中进行涂抹，制作出彩色的效果，如图 11-577 所示。设置图层的混合模式为“柔光”，如图 11-578 所示。效果如图 11-579 所示。

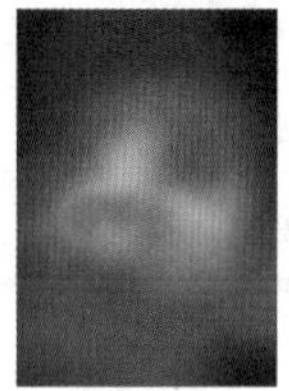

图11-577

图11-578

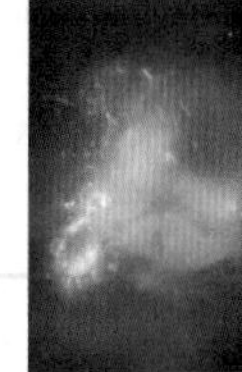

图11-579

步骤 06 导入素材 3.png，如图 11-580 所示。同样设置其混合模式为柔光，并为其添加图层蒙版，使用黑色柔角画笔涂抹多余的部分，如图 11-581 所示。效果如图 11-582 所示。

图11-580

图11-581

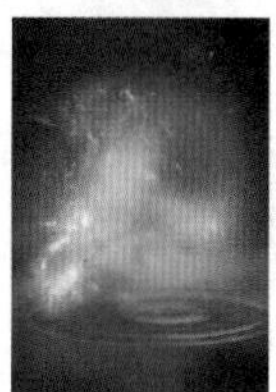

图11-582

步骤 07 接着导入 4.png，使用同样的方法进行处理，如图 11-583 所示。

步骤 08 新建图层，使用黑色柔角画笔工具绘制阴影效果，如图 11-584 所示。

步骤 09 导入花朵素材 5.png，置于画面中合适的位置，如图 11-585 所示。

图11-583

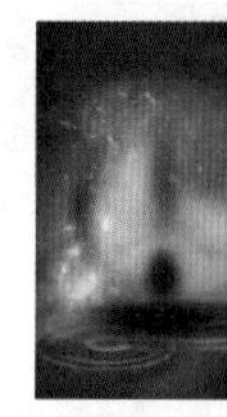

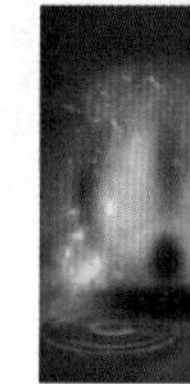

图11-584

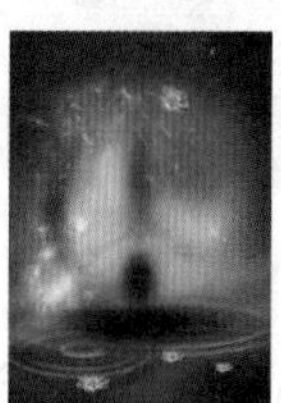

图11-585

步骤 10 将“荷花”图层载入选区，在该图层下方新建图层，并为其填充黑色，执行“滤镜 > 模糊 > 高斯模糊”命令，设置“半径”为 8 像素，如图 11-586 所示，模拟阴影效果，如图 11-587 所示。

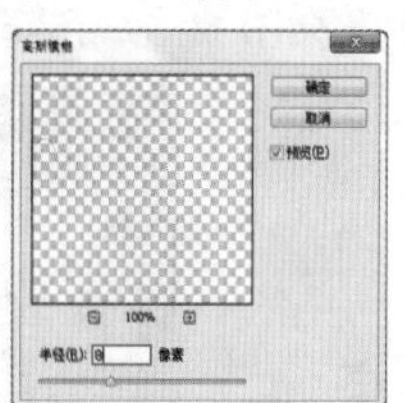

图11-586

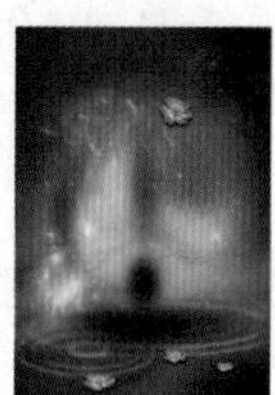

图11-587

步骤 11 选中现有所有图层，将其置于同一图层组中，命名为“背景”，如图 11-588 所示。

步骤 12 在“图层”面板顶部新建图层，使用钢笔工具在画面中绘制一个形状，转换为选区后为其填充黄色，如图 11-589 所示。

步骤 13 执行“图层 > 图层样式 > 斜面和浮雕”命令，在弹出的对话框中设置"样式"为"内斜面","方法"为"平滑","深度"为582%,"方向"为"上","大小"为79像素,"软化"为0像素,"角度"为90度,"高度"为21度,"不透明度"为58%,"阴影模式"为"亮光","颜色"为淡黄色,"不透明度"为37%,如图11-590所示。

图11-588

图11-589

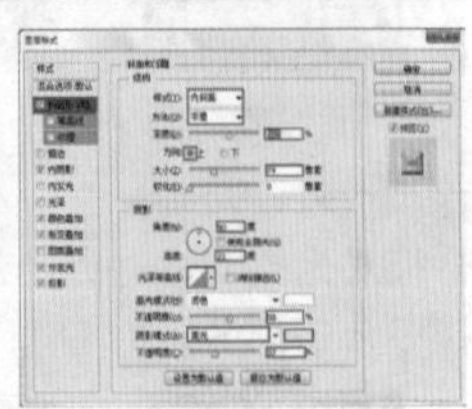
图11-590

步骤14 选中"投影"选项,设置"混合模式"为"柔光",颜色为黑色,"不透明度"为75%,"距离"为13像素,"扩展"为100%,"大小"为8像素,如图11-591所示。

步骤15 选中"外发光"选项,设置"混合模式"为"滤色","不透明度"为75%,颜色为橘黄色,"方法"为"柔和","扩展"为0%,"大小"为65像素,如图11-592所示。

步骤16 选中"渐变叠加"选项,设置其"混合模式"为"正常","不透明度"为89%,编辑一种从黄到绿的渐变,"样式"为"径向","角度"为143度,缩放为150%,如图11-593所示。

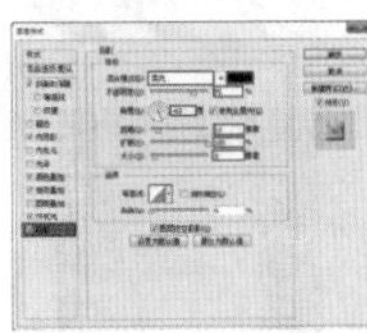
图11-591

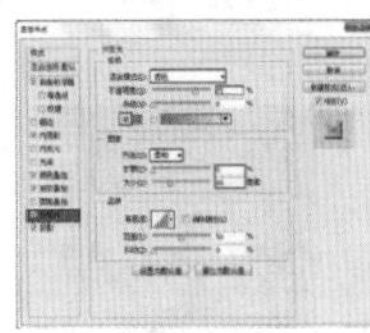
图11-592

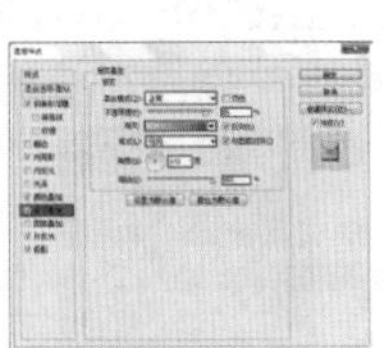
图11-593

步骤17 选中"颜色叠加"选项,设置"混合模式"为"正片叠底",颜色为黄色,"不透明度"为100%,如图11-594所示。

步骤18 选中"内阴影"选项,设置"混合模式"为"正片叠底",颜色为深绿色,"不透明度"为69%,"角度"为-65度,"距离"为26像素,"阻塞"为20%,"大小"为10像素,如图11-595所示。效果如图11-596所示。

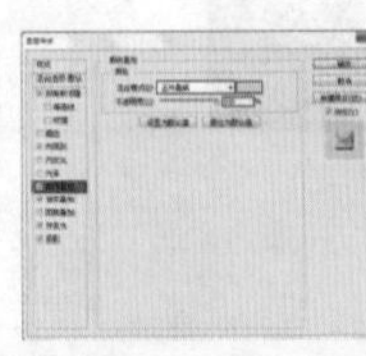
图11-594

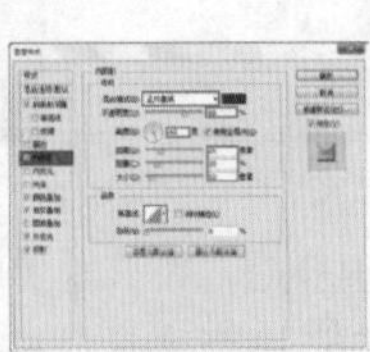
图11-595

图11-596

步骤19 导入海水素材6.png,如图11-597所示。设置其混合模式为"叠加",并为其添加图层蒙版,如图11-598所示。使用黑色画笔工具涂抹画面中多余的部分,效果如图11-599所示。

图11-597

图11-598

图11-599

步骤20 导入光效素材7.png,如图11-600所示。为其创建剪贴蒙版,设置图层的混合模式为滤色,如图11-601所示。

步骤21 执行"图像 > 调整 > 可选颜色"命令,同样为其创建剪贴蒙版,双击可选颜色图层,如图11-602所示。在弹出的对话框中设置"颜色"为"蓝色","青色"为0,"洋红"为47,"黄色"为-24,"黑色"为2,如图11-603所示。

图11-600

图11-601

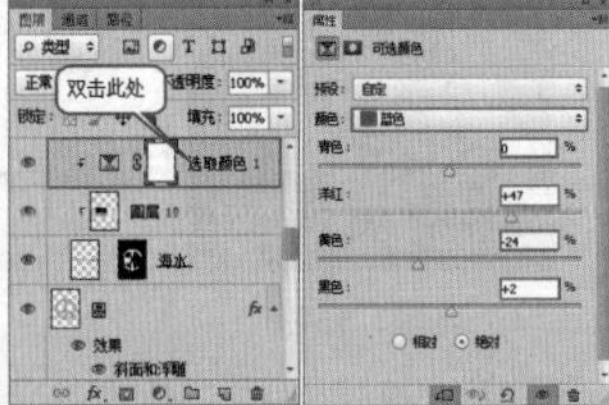

图11-602　图11-603

步骤22 导入鱼素材8.png,并设置其混合模式为"正片叠底",如图11-604所示,效果如图11-605所示。

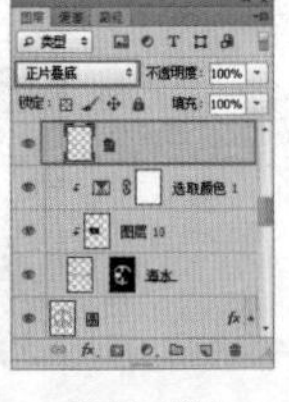
图11-604

图11-605

步骤23 导入水流素材9.png,如图11-606所示。为其添加图层蒙版,使用黑色柔角画笔涂抹多余部分,设置图层的混合模式为"变亮",如图11-607所示。效果如图11-608所示。

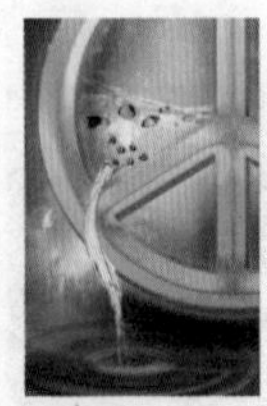
图11-606

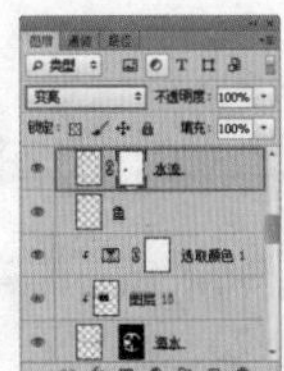
图11-607

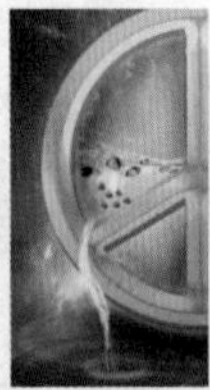
图11-608

步骤24 在"图层"面板顶部新建色相/饱和度调整图层,设置"色相"数值为-108,"饱和度"数值为36,"明度"为0,如图11-609所示。选择图层蒙版,使用黑色柔角画笔涂抹画面中多余的部分，然后为其创建剪贴蒙版，如图 11-610 所示。效果如图 11-611 所示。

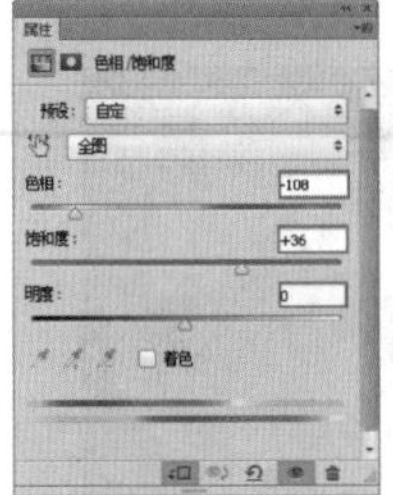
图11-609

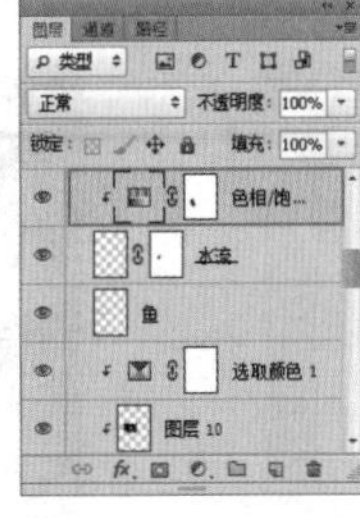
图11-610

图11-611

步骤 25 导入 10.png，置于画面中合适的位置，如图 11-612 所示。选中所有水的图层，置于同一图层组中，并命名为“水”，如图 11-613 所示。

步骤 26 导入花朵装饰素材 11.png，置于画面中合适的位置，如图 11-614 所示。效果如图 11-615 所示。

图11-612

图11-613

图11-614

图11-615

步骤 27 导入人像素材 12.png，适当旋转摆放在右侧，如图 11-616 所示。

步骤 28 创建可选颜色调整图层，并为其创建剪贴蒙版，如图 11-617 所示。设置“颜色”为“中性色”，“青色”为 -5，“洋红”为 2，“黄色”为 9，“黑色”为 9，如图 11-618 所示。

图11-616

图11-617

图11-618

步骤 29 创建曲线调整图层，压暗人像，使用黑色柔角画笔在蒙版中涂抹人像左半部分。同样为其创建剪贴蒙版，如图 11-619 所示。效果如图 11-620 所示。

步骤 30 新建图层，为其填充黑色，如图 11-621 所示。执行“滤镜 > 渲染 > 镜头光晕”命令，在弹出的对话框中设置亮度数值为 100，如图 11-622 所示。

步骤 31 设置图层的混合模式为“滤色”，并将其移动到画面中合适的位置，如图 11-623 所示。效果如图 11-624 所示。

步骤 32 导入光效素材 13.jpg，置于画面中合适的位置。同样设置图层的混合模式为“滤色”，如图 11-625 所示。效果如图 11-626 所示。

图11-619

图11-620

图11-621

图11-622

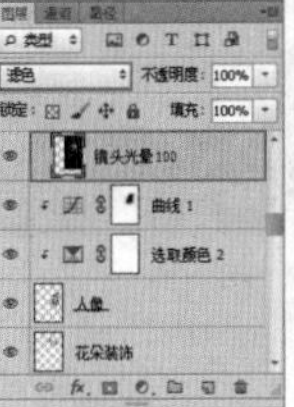
图11-623

图11-624

图11-625

图11-626

步骤 33 导入光效素材 14.png，为其添加图层蒙版，使用黑色柔角画笔绘制多余的部分，设置图层的混合模式为“变亮”，如图 11-627 所示。

步骤 34 新建图层，设置前景色为淡黄色。为了便于观察，暂时隐藏光效图层，使用柔角画笔工具沿着水流的边缘进行绘制，如图 11-628 所示。

步骤 35 新建图层，设置前景色为橘红色，使用渐变工具在画面顶部绘制红色到透明的线性渐变，使用矩形选框工具在渐变顶部绘制合适大小的矩形，并为其填充前景色，如图 11-629 所示。

图11-627

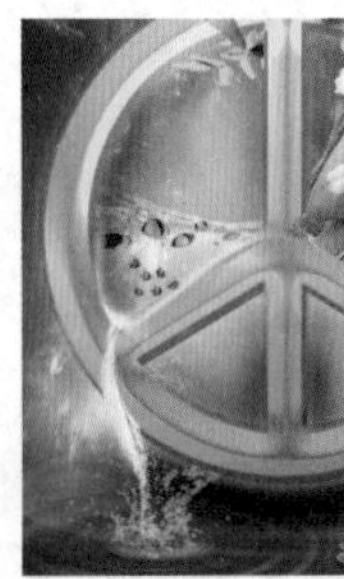
图11-628

图11-629

步骤 36 复制红色渐变图层，并适当将其向下移动，如图 11-630 所示 . 合并两个渐变图层，将其旋转到合适的角度，置于画面中合适的位置，如图 11-631 所示。

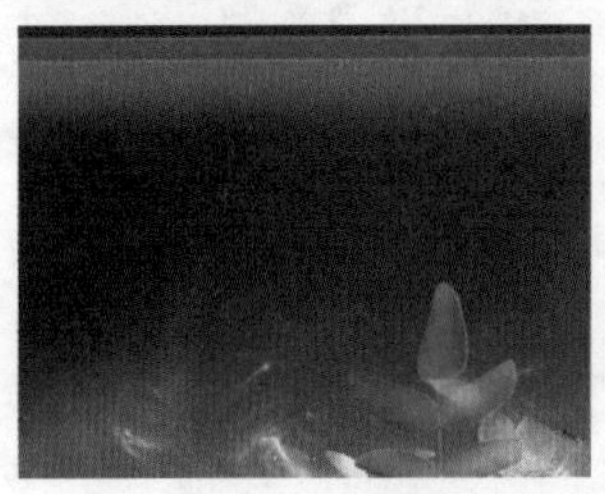
图11-630

图11-631

步骤 37 用同样的方法制作其他光带，并置于画面中合适的位置，如图 11-632 所示。

步骤 38 选择所有光效图层，置于同一图层组中，命名为"光效"，并为其添加蒙版，使用黑色柔角画笔涂抹绘制光效的多余部分，如图 11-633 所示。效果如图 11-634 所示。

图11-632

图11-633

图11-634

步骤 39 在"图层"面板顶部创建曲线调整图层，在弹出的对话框中调整曲线的弯曲程度，提高画面对比度，如图 11-635 所示。最终效果如图 11-636 所示。

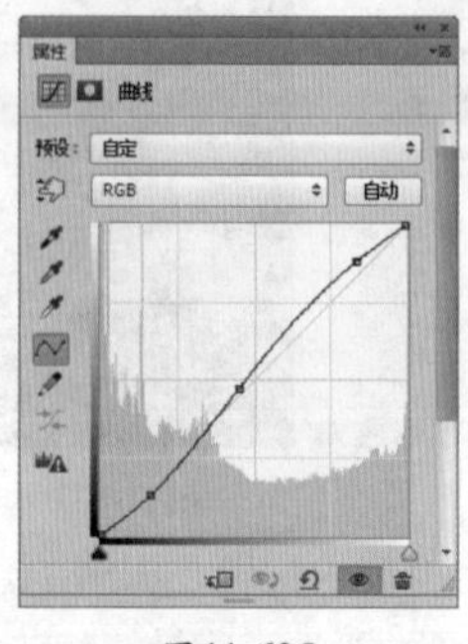

图11-635

图11-636

Chapter 12

第12章

蒙版的使用

蒙版原本是摄影术语，是指用于控制照片不同区域曝光的传统暗房技术。在Photoshop中，蒙版则是用于合成图像的必备利器，由于蒙版可以遮盖住部分图像，使其避免受到操作的影响。这种隐藏而非删除的编辑方式是一种非常方便的非破坏性编辑方式。

本章学习要点：

- 掌握快速蒙版的使用方法
- 掌握剪贴蒙版的使用方法
- 掌握矢量蒙版的使用方法
- 掌握图层蒙版的使用方法

12.1 认识蒙版

蒙版原本是摄影术语，是指用于控制照片不同区域曝光的传统暗房技术。在 Photoshop 中，蒙版则是用于合成图像的必备利器，由于蒙版可以遮盖住部分图像，使其避免受到操作的影响。这种隐藏而非删除的编辑方式是一种非常方便的非破坏性编辑方式。

在 Photoshop 中，蒙版分为快速蒙版、剪贴蒙版、矢量蒙版和图层蒙版。快速蒙版具有创建和编辑选区的功能；剪贴蒙版通过一个对象的形状来控制其他图层的显示区域；矢量蒙版通过路径和矢量形状控制图像的显示区域；图层蒙版通过蒙版中的灰度信息来控制图像的显示区域。如图 12-1 和图 12-2 所示是用蒙版合成的作品。

图12-1

图12-2

技巧提示

使用蒙版编辑图像，可以避免因为使用橡皮擦或剪贴、删除等造成的失误操作。另外，还可以对蒙版应用一些滤镜，以得到一些意想不到的特效。

12.2 使用属性面板调整蒙版

执行“窗口 > 属性”命令，打开“属性”面板。当所选图层包含图层蒙版或矢量蒙版时，“属性”面板将显示蒙版的参数设置。在这里可以对所选图层的图层蒙版及矢量蒙版的不透明度和羽化参数等进行调整，如图 12-3 所示。

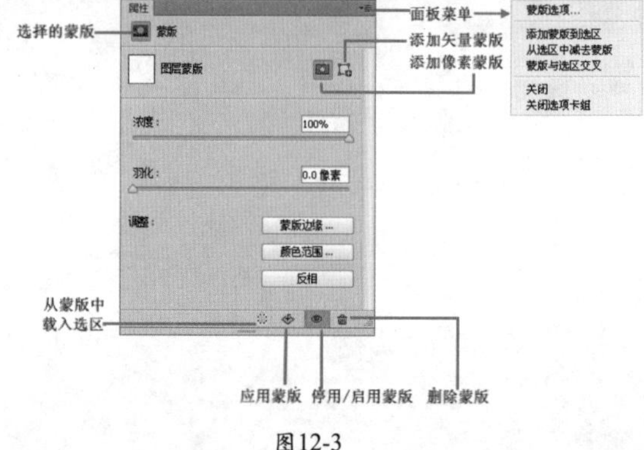

图12-3

- 选择的蒙版：显示当前在“图层”面板中选择的蒙版。
- 添加像素蒙版 / 添加矢量蒙版：单击“添加像素蒙版”按钮，可以为当前图层添加一个像素蒙版；单击“添加矢量蒙版”按钮，可以为当前图层添加一个矢量蒙版。
- 浓度：该选项类似于图层的“不透明度”，用来控制蒙版的不透明度，也就是蒙版遮盖图像的强度。
- 羽化：用来控制蒙版边缘的柔化程度。数值越大，蒙版边缘越柔和；数值越小，蒙版边缘越生硬。
- 蒙版边缘：单击该按钮，可以打开“调整蒙版”对话框。在该对话框中，可以修改蒙版边缘，也可以使用不同的背景来查看蒙版，其使用方法与“调整边缘”对话框相同。
- 颜色范围：单击该按钮，可以打开“色彩范围”对话框。在该对话框中，可以通过修改“颜色容差”来修改蒙版的边缘范围。
- 反相：单击该按钮，可以反转蒙版的遮盖区域，即蒙版中黑色部分会变成白色，而白色部分会变成黑色，未遮盖的图像将边调整为负片。
- 从蒙版中载入选区：单击该按钮，可以从蒙版中生成选区。另外，按住 Ctrl 键单击蒙版的缩览图，也可以载入蒙版的选区。
- 应用蒙版：单击该按钮，可将蒙版应用到图像中，同时删除蒙版以及被蒙版遮盖的区域。
- 停用 / 启用蒙版：单击该按钮，可以停用或重新启用蒙版。停用蒙版后，在“属性”面板的缩览图和“图层”面板中的蒙版缩览图中都会出现一个红色的叉号。
- 删除蒙版：单击该按钮，可以删除当前选择的蒙版。

12.3 快速蒙版

在快速蒙版模式下，可以将选区作为蒙版进行编辑，并且可以使用几乎全部的绘画工具或滤镜对蒙版进行编辑。当在快速蒙版模式中工作时，“通道”面板中出现一个临时的快速蒙版通道。但是，所有的蒙版编辑都是在图像窗口中完成的。

12.3.1 创建快速蒙版

在工具箱中单击“以快速蒙版模式编辑”按钮或按Q键，可以进入快速蒙版编辑模式，此时在“通道”面板中可以观察到一个快速蒙版通道，如图12-4和图12-5所示。

图12-4

图12-5

12.3.2 编辑快速蒙版

进入快速蒙版编辑模式后，可以使用绘画工具（如画笔工具）在图像上进行绘制，绘制区域将以红色显示出来，如图12-6所示。红色的区域表示未选中的区域，非红色区域表示选中的区域。

在工具箱中单击“以快速蒙版模式编辑”按钮或按Q键退出快速蒙版编辑模式，可以得到想要的选区，如图12-7所示。

在快速蒙版模式下，还可以使用滤镜来编辑蒙版对快速蒙版。应用“拼贴”滤镜的效果如图12-8所示。

按Q键退出快速蒙版编辑模式后，可以得到具有拼贴效果的选区，如图12-9所示。

图12-6

图12-7

图12-8

图12-9

技巧提示

使用快速蒙版制作选区的内容详见5.2.5节。

实例练习——用快速蒙版调整图像局部

实例文件	实例练习——用快速蒙版调整图像局部.psd
视频教学	实例练习——用快速蒙版调整图像局部.flv
难易指数	★★★★★
知识掌握	掌握快速蒙版的使用方法

实例效果

本例主要针对快速蒙版的使用方法进行练习，效果如图12-10所示。

图12-10

操作步骤

步骤01 打开本书配套光盘中的素材文件，按Q键进入快速蒙版编辑模式，设置前景色为黑色，接着使用画笔工具在地面和人像的区域进行绘制，如图12-11和图12-12所示。

图12-11

图12-12

步骤02 绘制完成后按Q键退出快速蒙版编辑模式，得到如图12-13所示的选区。

图12-13

步骤 03 按 Ctrl+B 组合键打开“色彩平衡”对话框，设置“色阶”为 -64、+53、0，如图 12-14 所示，效果如图 12-15 所示。

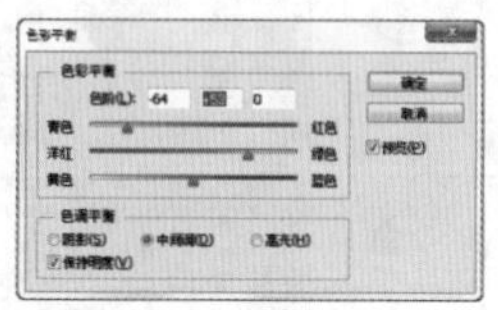

图12-14

图12-15

步骤 04 按 Q 键再次进入快速蒙版编辑模式，然后使用画笔工具（设置较小的“大小”数值）在天空和人像区域进行绘制，接着按 Q 键退出快速蒙版编辑模式，得到地面选区，如图 12-16 和图 12-17 所示。

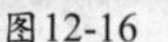

图12-16

图12-17

技巧提示

由于人像被蒙版填充，因此使用白色画笔擦除人像红色蒙版区域。

步骤 05 按 Ctrl+U 组合键打开“色相 / 饱和度”对话框，设置“色相”为 -38，如图 12-18 所示。最终效果如图 12-19 所示。

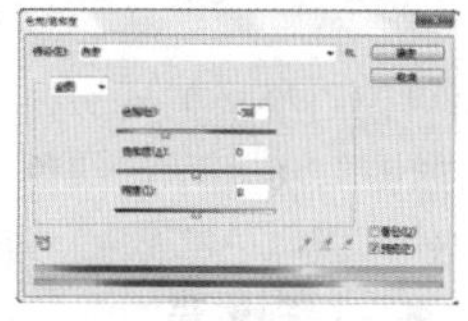

图12-18

图12-19

12.4 剪贴蒙版

剪贴蒙版由两部分组成：基底图层和内容图层。基底图层是位于剪贴蒙版最底端的一个图层，内容图层则可以有多个。如图 12-20 所示。其原理是通过使用处于下方图层的形状来限制上方图层的显示状态，也就是说，基底图层用于限定最终图像的形状，而顶图层则用于限定最终图像显示的颜色图案，如图 12-21 和图 12-22 所示。

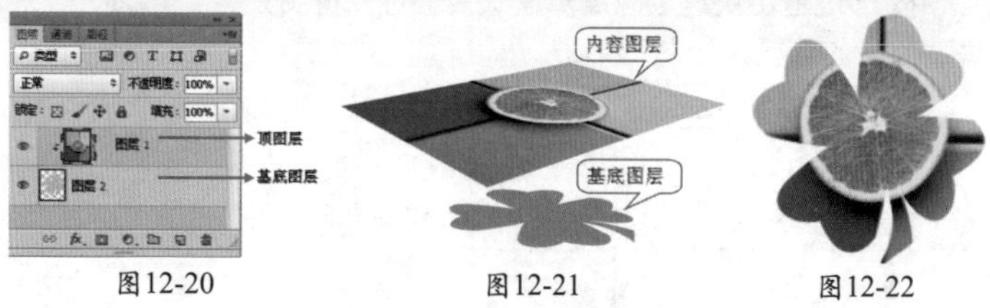

图12-20　图12-21　图12-22

1.基底图层

基底图层只有一个，它决定了位于其上面的图像的显示范围。如果对基底图层进行移动、变换等操作，那么上面的图像也会随之受到影响，如图 12-23 所示。

2.内容图层

内容图层可以是一个或多个。对内容图层的操作不会影响基底图层，但是对其进行移动、变换等操作时，其显示范围也会随之而改变，如图 12-24 所示。需要注意的是，剪贴蒙版虽然可以应用在多个图层中，但是这些图层是不能隔开的，必须是相邻的图层。

图12-23

图12-24

技巧提示

剪贴蒙版的内容图层不仅可以是普通的像素图层，还可以是调整图层、形状图层、填充图层等类型图层，如图 12-25 所示。

使用调整图层作为剪贴蒙版的内容图层是非常常见的，主要可以用作对某一图层的调整而不影响其他图层，如图 12-26 和图 12-27 所示。

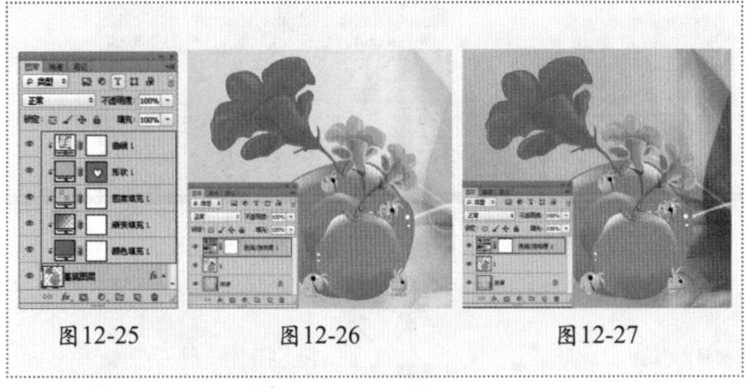

图12-25　　图12-26　　图12-27

※技术拓展：剪贴蒙版与图层蒙版的差别

(1) 从形式上看，普通的图层蒙版只作用于一个图层，好像是在图层上面进行遮挡一样。但剪贴蒙版却是对一组图层进行影响，而且是位于被影响图层的最下面。

(2) 普通的图层蒙版本身不是被作用的对象，而剪贴蒙版本身也是被作用的对象。

(3) 普通的图层蒙版仅仅影响作用对象的不透明度，而剪贴蒙版除了影响所有顶层的不透明度外，其自身的混合模式及图层样式都将对顶层产生直接影响。

12.4.1 创建剪贴蒙版

打开一个包含 3 个图层的文档，如图 12-28 和图 12-29 所示。下面以该文档来讲解如何创建剪贴蒙版。

创建剪贴蒙版主要有以下 3 种方法。

(1) 首先把“图形”图层放在人像图层下面（即背景的左面），然后选择“人像”图层，执行“图层 > 创建剪贴蒙版”命令或按 Alt+Ctrl+G 组合键，可以将“人像”图层和“图形”图层创建为一个剪贴蒙版，创建完成后，“人像”图层就只显示“图形”图层的区域，如图 12-30 所示。

图12-28

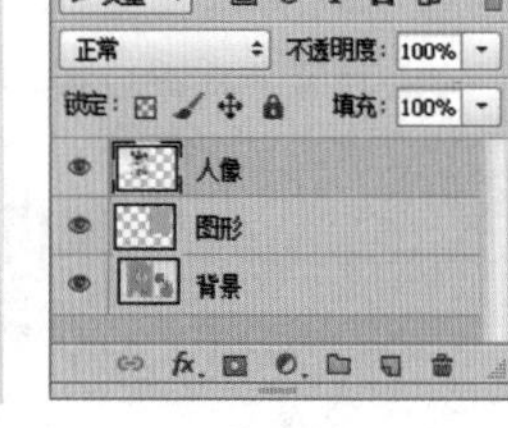

图12-29

(2) 在“人像”图层的名称上单击鼠标右键，然后在弹出的菜单中选择“创建剪贴蒙版”命令，如图 12-31 所示，即可将“人像”图层和“图形”图层创建为一个剪贴蒙版。

(3) 先按住 Alt 键，然后将光标放置在“人像”图层和“图形”图层之间的分隔线上，待光标变成⬚形状时单击鼠标左键，如图 12-32 所示，这样也可以将“人像”图层和“图形”图层创建为一个剪贴蒙版。

图12-30

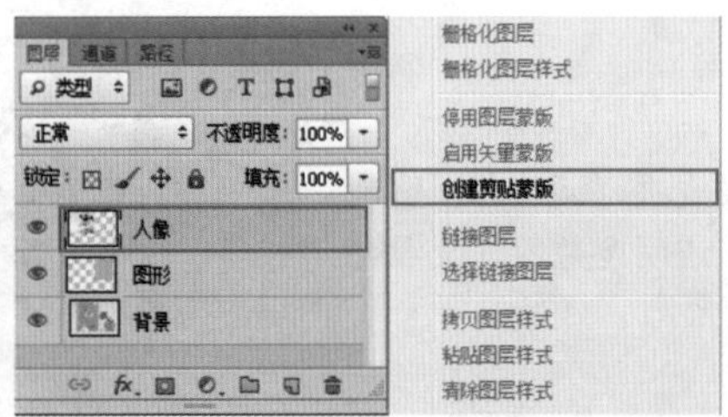

图12-31

图12-32

12.4.2 释放剪贴蒙版

释放剪贴蒙版与创建剪贴蒙版相似，也有多种方法。

(1) 选择“人像”图层，然后执行“图层 > 释放剪贴蒙版”命令或按 Alt+Ctrl+G 组合键，即可释放剪贴蒙版。释放剪贴蒙版以后，“人像”图层就不再受“形状”图层的控制，如图 12-33 所示。

(2) 在“人像”图层的名称上单击鼠标右键，然后在弹出的菜单中选择“释放剪贴蒙版”命令，如图 12-34 所示。

(3) 先按住 Alt 键，然后将光标放置在“人像”图层和“图形”图层之间的分隔线上，待光标变成⬚形状时单击鼠标左键，如图 12-35 所示。

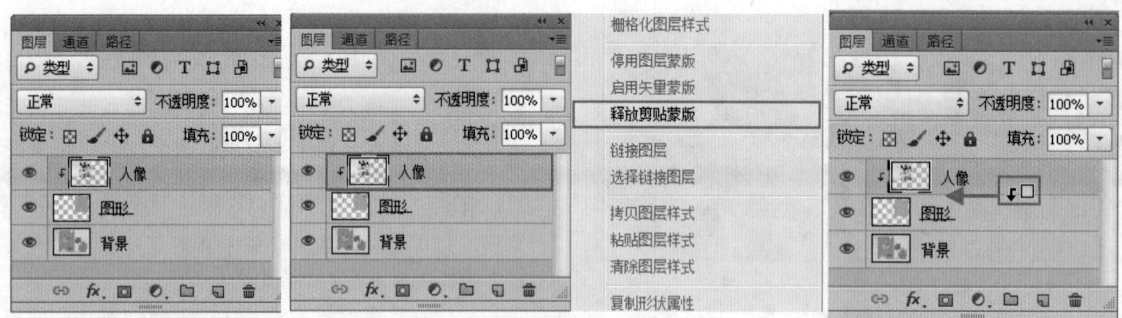

图12-33　　图12-34　　图12-35

12.4.3　编辑剪贴蒙版

剪贴蒙版具有普通图层的属性，如不透明度、混合模式、图层样式等。

理论实践——调整内容图层顺序

与调整普通图层顺序相同，单击并拖动调整即可。需要注意的是，一旦移动到基底图层的下方，就相当于释放剪贴蒙版。

理论实践——编辑内容图层

当对内容图层的不透明度和混合模式进行调整时，只有与基底图层的混合效果发生变化，不会影响剪贴蒙版中的其他图层，如图 12-36 和图 12-37 所示。

技巧提示

注意，剪贴蒙版虽然可以存在多个内容图层，但是这些图层不能是隔开的，必须是相邻的图层。

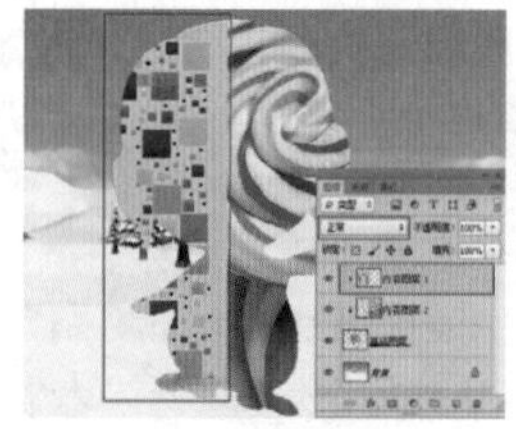

图12-36

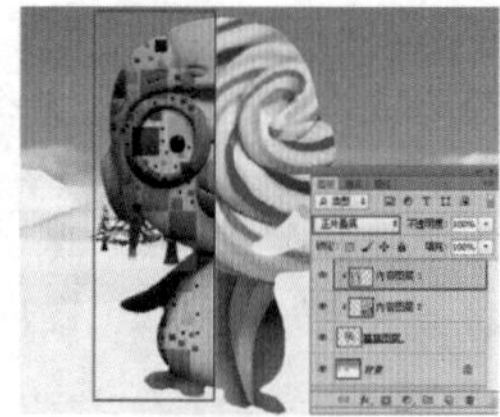

图12-37

理论实践——编辑基底图层

当对基底图层的不透明度和混合模式进行调整时，整个剪贴蒙版中的所有图层都会以设置的不透明度数值以及混合模式进行混合，如图 12-38 和图 12-39 所示。

图12-38

图12-39

实例练习——使用剪贴蒙版

实例文件	实例练习——使用剪贴蒙版 .psd
视频教学	实例练习——使用剪贴蒙版 .flv
难易指数	★★★★★
技术要点	剪贴蒙版、魔棒工具

实例效果

本例效果如图 12-40 所示。

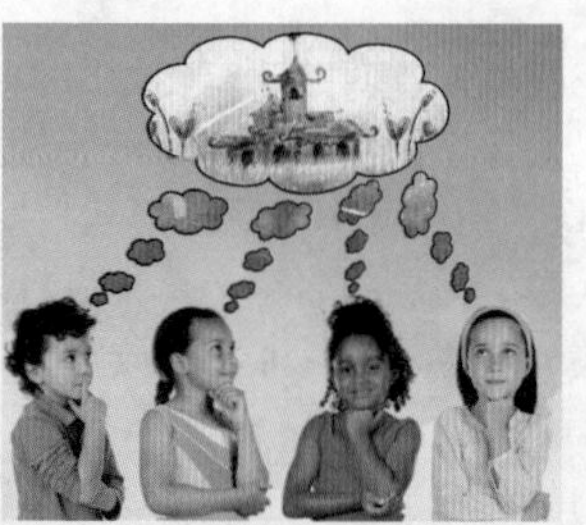

图12-40

操作步骤

步骤 01 打开素材文件，单击工具箱中的“魔棒工具”按钮，再单击选项栏中的“添加到选区”按钮，选中白色的区域，如图 12-41 所示。

步骤 02 执行复制、粘贴命令，将白色区域作为新图层。导入前景素材文件，放在“图层”面板的顶端，并单击右键，选择“创建剪贴蒙版”命令，如图 12-42 所示。最终效果如图 12-43 所示。

图12-41

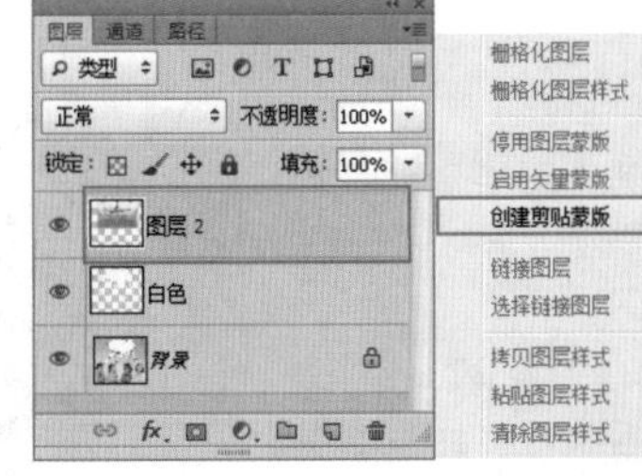

图12-42

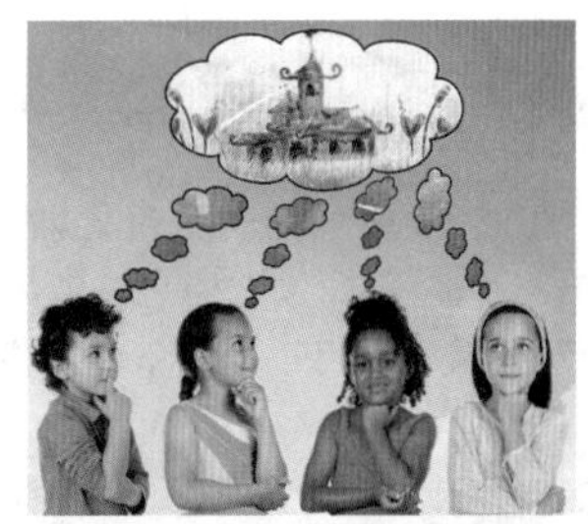

图12-43

理论实践——为剪贴蒙版添加图层样式

若要为剪贴蒙版添加图层样式，需要在基底图层上添加，如图 12-44 所示。如果错将图层样式添加在内容图层上，那么样式是不会出现在剪贴蒙版形状上的，如图 12-45 所示。

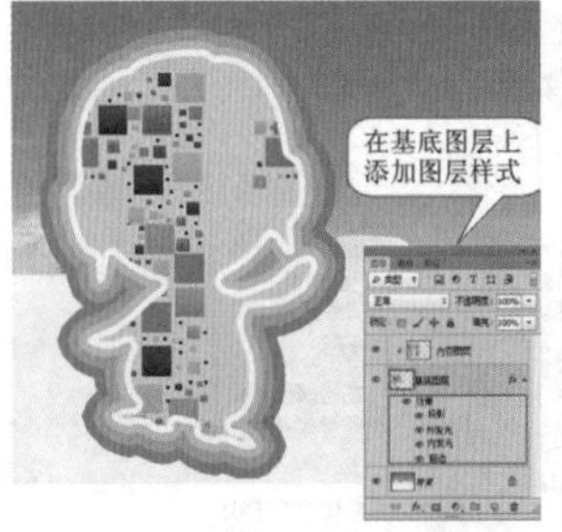

图12-44

图12-45

理论实践——加入剪贴蒙版

在已有剪贴蒙版的情况下，将一个图层拖动到基底图层上方，如图 12-46 所示，即可将其加入到剪贴蒙版组中，如图 12-47 所示。

图12-46

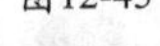

图12-47

理论实践——移出剪贴蒙版

将内容图层移到基底图层的下方，就相当于将其移出剪贴蒙版组，即可释放该图层，如图 12-48 和图 12-49 所示。

图12-48

图12-49

12.5 矢量蒙版

矢量蒙版是矢量工具，以钢笔或形状工具在蒙版上绘制路径形状控制图像的显示 / 隐藏，并且矢量蒙版可以调整路径节点，从而制作出精确的蒙版区域。

12.5.1 创建矢量蒙版

如图 12-50 所示为一个包含两个图层的文档，其“图层”面板如图 12-51 所示。下面以文档来讲解如何创建矢量蒙版。

创建矢量蒙版可以用以下两种方法。

（1）先使用圆角矩形工具（在选项栏中选择“路径”选项 路径 ）在图像上绘制一个矩形路径，如图 12-52 所示。然后执行“图层 > 矢量蒙版 > 当前路径”命令，如图 12-53 所示。可以基于当前路径为图层创建一个矢量蒙版，如图 12-54 所示。

图12-50

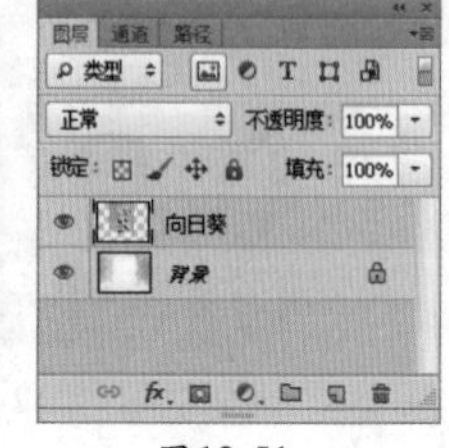

图12-51

（2）绘制出路径以后，按住 Ctrl 键在“图层”面板下单击“添加图层蒙版”按钮 ，也可以为图层添加矢量蒙版，如图 12-55 所示。

图12-52

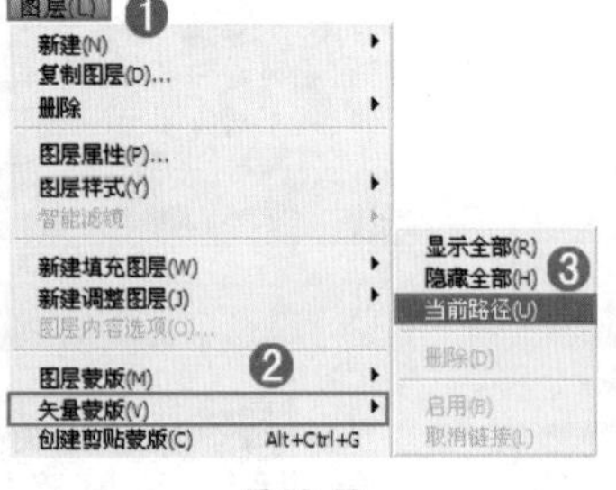

图12-53

图12-54

图12-55

12.5.2 在矢量蒙版中绘制形状

创建矢量蒙版以后，可以继续使用钢笔工具或形状工具在矢量蒙版中绘制形状，如图 12-56 和图 12-57 所示。

图12-56

图12-57

12.5.3 将矢量蒙版转换为图层蒙版

在蒙版缩览图上单击鼠标右键，然后在弹出的菜单中选择“栅格化矢量蒙版”命令，如图 12-58 所示，蒙版就会转换为图层蒙版，不再有矢量形状存在，如图 12-59 所示。

技巧提示

先选择图层，然后执行“图层 > 栅格化 > 矢量蒙版”命令，也可以将矢量蒙版转换为图层蒙版。

图12-58

图12-59

12.5.4 删除矢量蒙版

在蒙版缩览图上单击鼠标右键，在弹出的菜单中选择“删除矢量蒙版”命令，即可删除矢量蒙版，如图 12-60 所示。

图12-60

12.5.5 编辑矢量蒙版

针对矢量蒙版的编辑主要是对矢量蒙版中路径的编辑，除了可以使用钢笔、形状工具在矢量蒙版中绘制形状以外，还可以通过调整路径锚点的位置改变矢量蒙版的外形，或者通过变换路径调整其角度大小等，如图 12-61 和图 12-62 所示。具体的路径编辑方法可以参考第 8 章。

图12-61

图12-62

12.5.6 链接/取消链接矢量蒙版

在默认状态下，图层与矢量蒙版是链接在一起的（链接处有一个图标），当移动、变换图层时，矢量蒙版也会跟着发生变化。如果不想变换图层或矢量蒙版时影响对方，可以单击链接图标取消链接。如果要恢复链接，可以在取消链接的地方单击鼠标左键，或者执行“图层 > 矢量蒙版 > 链接”命令，如图 12-63 和图 12-64 所示。

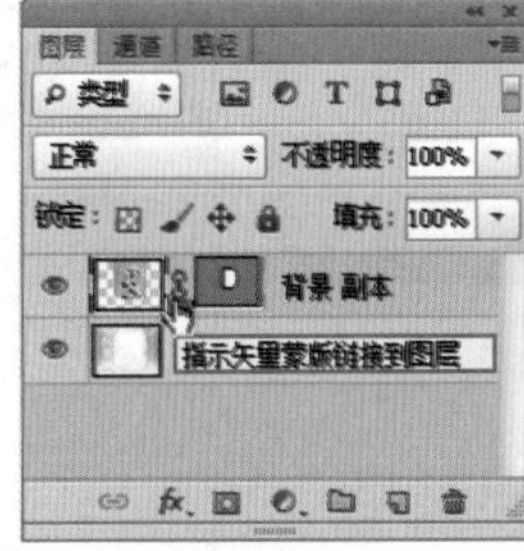

图12-63

图12-64

12.5.7 为矢量蒙版添加效果

可以像普通图层一样，向矢量蒙版添加图层样式，只不过图层样式只对矢量蒙版中的内容起作用，对隐藏的部分不会有影响，如图 12-65 和图 12-66 所示。

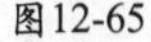
图12-65

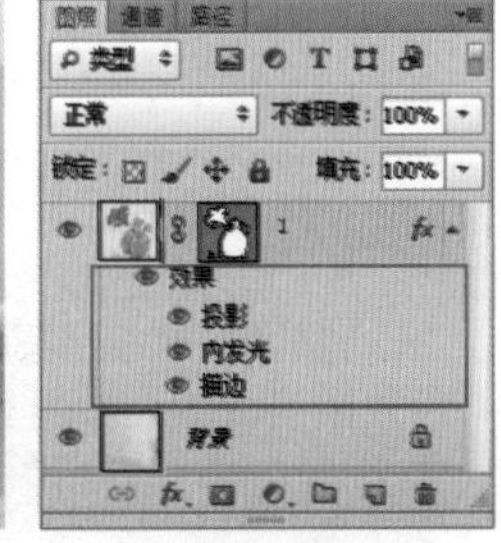

图12-66

12.6 图层蒙版

12.6.1 图层蒙版的工作原理

图层蒙版与矢量蒙版相似，都属于非破坏性编辑工具。但是图层蒙版是位图工具，通过使用画笔工具、填充命令等处理蒙版的黑白关系，从而控制图像的显示与隐藏。在创建调整图层、填充图层以及为智能对象添加智能滤镜时，Photoshop 会自动为图层添加一个图层蒙版，用户可以在图层蒙版中对调色范围、填充范围及滤镜应用区域进行调整。在 Photoshop 中，图层蒙版遵循“黑透、白不透”的工作原理。

打开一个文档，该文档中包含两个图层，其中“图层 1”有一个白色的图层蒙版，如图 12-67 所示。按照图层蒙版“黑透、白不透”的工作原理，此时文档窗口中将完全显示“图层 1”的内容，如图 12-68 所示。

如果要全部显示“背景”图层的内容，可以选择“图层 1”的蒙版，然后填充为黑色，如图 12-69 和图 12-70 所示。如果要以半透明方式显示当前图像，可以用灰色填充“图层 1”的蒙版，如图 12-71 和图 12-72 所示。

图12-67

图12-68

图12-69

图12-70

图12-71

图12-72

技巧提示

除了可以在图层蒙版中填充颜色以外，还可以在图层蒙版中填充渐变、使用不同的画笔工具来编辑以及应用各种滤镜等，如图 12-73~ 图 12-78 所示分别是填充渐变、使用画笔以及应用“纤维”滤镜以后的蒙版状态与图像效果。

图12-73

图12-74

图12-75

图12-76

图12-77

图12-78

12.6.2 创建图层蒙版

创建图层蒙版的方法有很多种，既可以直接在“图层”面板或“属性”面板中创建，也可以从选区或图像中生成图层蒙版。

理论实践——在“图层”面板中创建图层蒙版

选择要添加图层蒙版的图层，然后单击“图层”面板底部的“添加图层蒙版”按钮，如图 12-79 所示，可以为当前图层添加一个图层蒙版，如图 12-80 所示。

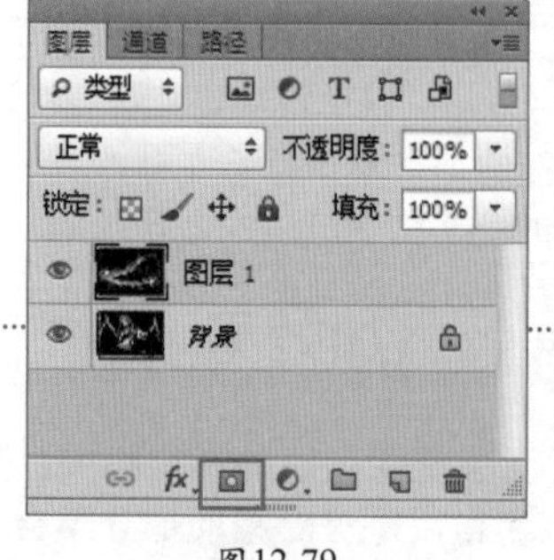
图12-79

图 12-80

理论实践——从选区生成图层蒙版

如果当前图像中存在选区，如图 12-81 所示，单击“图层”面板底部的“添加图层蒙版”按钮，可以基于当前选区为图层添加图层蒙版，选区以外的图像将被蒙版隐藏，如图 12-82 和图 12-83 所示。

图12-81

图12-82

图12-83

理论实践——从图像生成图层蒙版

还可以将一张图像作为某个图层的图层蒙版。下面讲解如何将图12-84所示图像创建为图12-85所示图像的图层蒙版。

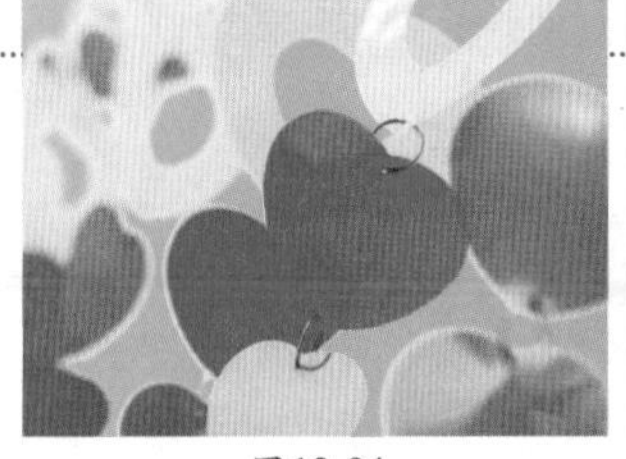
图12-84

图12-85

（1）打开素材文件，选中“图层2”，按Ctrl+A组合键全选当前图像，然后使用复制快捷键Ctrl+C，如图12-86和图12-87所示。

（2）复制完毕后将“图层2”隐藏，选择“图层1”，并单击“图层”面板底部的“添加图层蒙版”按钮，为其添加一个图层蒙版，如图12-88所示。

（3）按住Alt键单击蒙版缩览图，如图12-89所示。将图层蒙版在文档窗口中显示出来，此时图层蒙版为空白状态，如图12-90所示。

图12-86

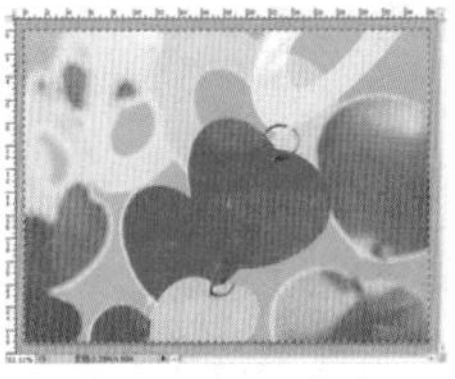
图12-87

图12-88

图12-89

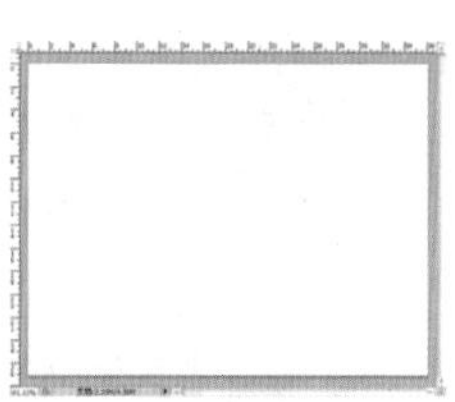
图12-90

技巧提示

步骤（3）的操作主要是为了更加便捷地显示出图层蒙版，也可以打开“通道”面板，显示出最底部的“图层1蒙版”通道并进行粘贴，如图12-91所示。

图12-91

技巧提示

由于图层蒙版只识别灰度图像，所以粘贴到图层蒙版中的内容将会自动转换为黑白效果。

（4）按粘贴快捷键Ctrl+V，将刚才复制的“图层2”的内容粘贴到蒙版中，如图12-92和图12-93所示。

图12-92

图12-93

（5）单击“图层1”缩览图即可显示图像效果，如图12-94和图12-95所示。

图12-94

图12-95

12.6.3 应用图层蒙版

应用图层蒙版是指将图像中对应蒙版中的黑色区域删除，白色区域保留下来，而灰色区域将呈透明效果，并且删除图层蒙版。在图层蒙版缩览图上单击鼠标右键，在弹出的菜单中选择“应用图层蒙版”命令，如图12-96所示，可以将蒙版应用在当前图层中。应用图层蒙版以后，蒙版效果将会应用到图像上，如图12-97所示。

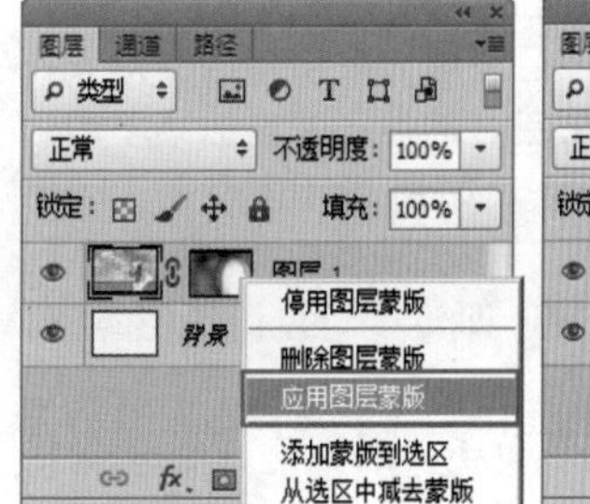

图12-96

图12-97

第12章 蒙版的使用

12.6.4 停用/启用/删除图层蒙版

理论实践——停用图层蒙版

如果要停用图层蒙版，可以采用以下两种方法来完成。

（1）执行“图层 > 图层蒙版 > 停用”命令，或在图层蒙版缩览图上单击鼠标右键，然后在弹出的菜单中选择“停用图层蒙版”命令，如图 12-98 所示。停用蒙版后，在“属性”面板的缩览图和“图层”面板的蒙版缩览图中都会出现一个红色的叉号 ×，如图 12-99 所示。

（2）选择图层蒙版，然后单击“属性”面板底部的“停用 / 启用蒙版”按钮 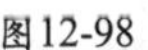 即可，如图 12-100 和图 12-101 所示。

图12-98

图12-99

图12-100

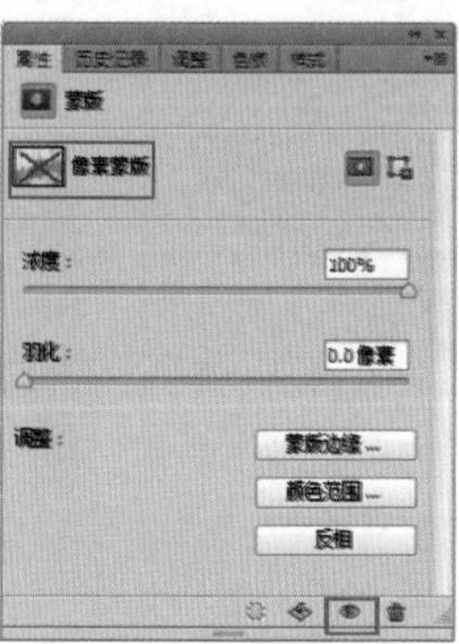

图12-101

技巧提示

在对带有图层蒙版的图层进行编辑时，初学者经常会忽略当前操作的对象是图层还是蒙版。比如使用第 2 种方法停用图层蒙版时，如果选择的是“图层 1”，那么“属性”面板中的“停用 / 启用蒙版”按钮将变成不可单击的灰色状态，如图 12-102 所示，只有选择了“图层 1”的蒙版后，才能使用该按钮，如图 12-103 所示。

图12-102

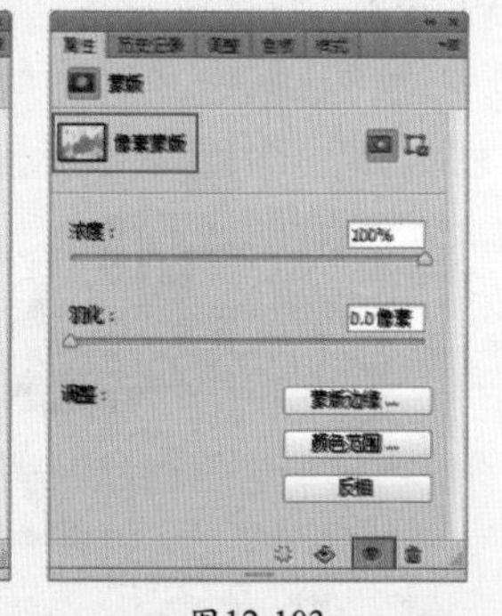

图12-103

理论实践——启用图层蒙版

在停用图层蒙版后，如果要重新启用图层蒙版，可以采用以下 3 种方法来完成。

（1）执行“图层 > 图层蒙版 > 启用”命令，或在蒙版缩览图上单击鼠标右键，然后在弹出的菜单中选择“启用图层蒙版”命令，如图 12-104 和图 12-105 所示。

（2）单击蒙版缩览图，即可重新启用图层蒙版，如图 12-106 所示。

（3）选择蒙版，然后单击“属性”面板底部的“停用 / 启用蒙版”按钮。

图12-104

图12-105

图12-106

理论实践——删除图层蒙版

如果要删除图层蒙版，可以采用以下 4 种方法来完成。

（1）选中图层，执行“图层 > 图层蒙版 > 删除”命令，如图 12-107 所示。

（2）在蒙版缩览图上单击鼠标右键，然后在弹出的菜单中选择“删除图层蒙版”命令，如图 12-108 所示。

（3）将蒙版缩览图拖曳到“图层”面板下面的“删除图层”按钮上，如图 12-109 所示，然后在弹出的对话框中单击“删除”按钮。

（4）选择蒙版，然后直接在“属性”面板中单击“删除蒙版”按钮，如图 12-110 所示。

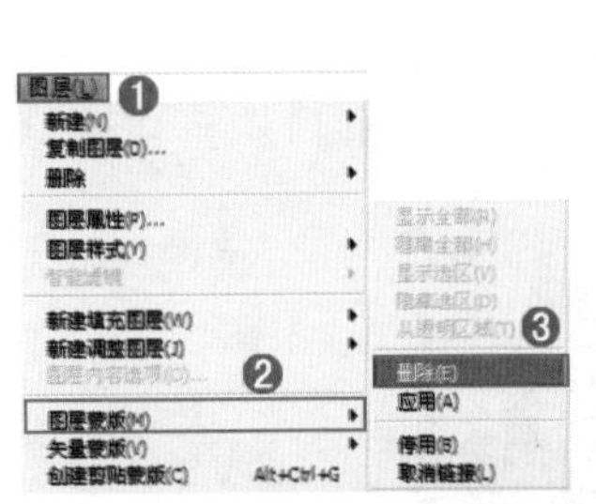
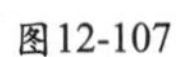

图12-107

图12-108

图12-109

图12-110

12.6.5 转移/替换/复制图层蒙版

理论实践——转移图层蒙版

单击要转移的图层蒙版缩览图并将蒙版拖曳到其他图层上，如图 12-111 所示，即可将该图层的蒙版转移到其他图层上，如图 12-112 所示。

图12-111

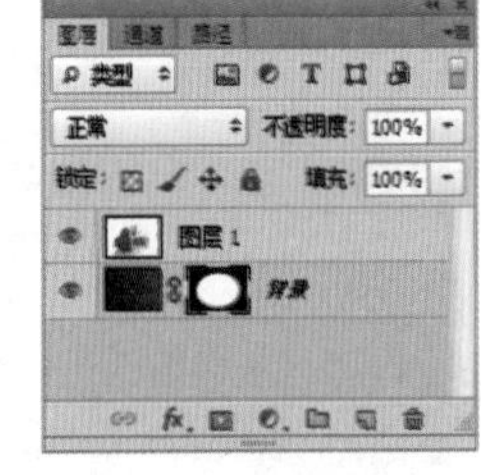

图12-112

理论实践——替换图层蒙版

如果要用一个图层的蒙版替换另外一个图层的蒙版，可以将该图层的蒙版缩览图拖曳到另外一个图层的蒙版缩览图上，如图 12-113 所示。然后在弹出的对话框中单击“是”按钮。替换图层蒙版以后，“图层 1”的蒙版将被删除，同时“背景”图层的蒙版会换成“图层 1”的蒙版，如图 12-114 所示。

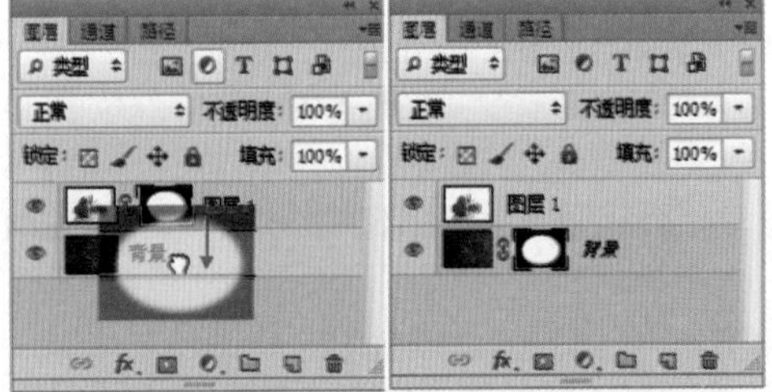

图12-113　　图12-114

理论实践——复制图层蒙版

如果要将一个图层的蒙版复制到另外一个图层上，可以按住 Alt 键将蒙版缩览图拖曳到另外一个图层上，如图 12-115 和图 12-116 所示。

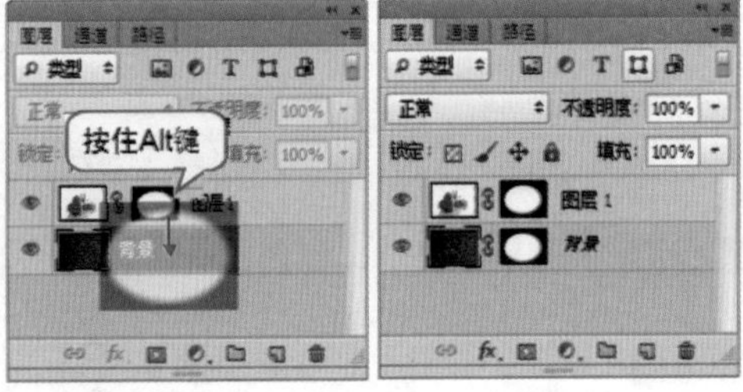

图12-115　　图12-116

12.6.6 蒙版与选区的运算

在图层蒙版缩览图上单击鼠标右键，如图 12-117 所示，在弹出的菜单中可以看到 3 个关于蒙版与选区运算的命令，如图 12-118 所示。

技巧提示

按住 Ctrl 键单击蒙版的缩览图，可以载入蒙版的选区。

图12-117

- 停用图层蒙版
- 删除图层蒙版
- 应用图层蒙版
- 添加蒙版到选区
- 从选区中减去蒙版
- 蒙版与选区交叉
- 调整蒙版...
- 蒙版选项...

图12-118

理论实践——添加蒙版到选区

如果当前图像中没有选区，选择“添加蒙版到选区”命令，可以载入图层蒙版的选区，如图 12-119 所示。

如果当前图像中存在选区，如图 12-120 所示，执行该命令，可以将蒙版的选区添加到当前选区中，如图 12-121 所示。

图12-119

图12-120

图12-121

理论实践——从选区中减去蒙版

如果当前图像中存在选区，选择“从选区中减去蒙版”命令，可以从当前选区中减去蒙版的选区，如图 12-122 所示。

理论实践——蒙版与选区交叉

如果当前图像中存在选区，选择“蒙版与选区交叉”命令，可以得到当前选区与蒙版选区的交叉区域，如图 12-123 所示。

图12-122

图12-123

实例练习——使用蒙版合成瓶中小世界

实例文件	实例练习——使用蒙版合成瓶中小世界 .psd
视频教学	实例练习——使用蒙版合成瓶中小世界 .flv
难易指数	★★★★★
技术要点	自由变换工具、图层蒙版、色相 / 饱和度

实例效果

本例效果如图 12-124 所示。

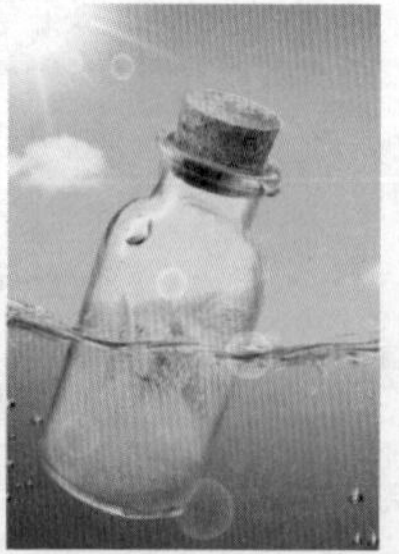

图12-124

操作步骤

步骤 01 打开背景文件，如图 12-125 所示。

步骤 02 导入带有海星的图片文件，按 Ctrl+T 组合键，执行自由变换，将其旋转到合适角度，如图 12-126 所示。

图12-125

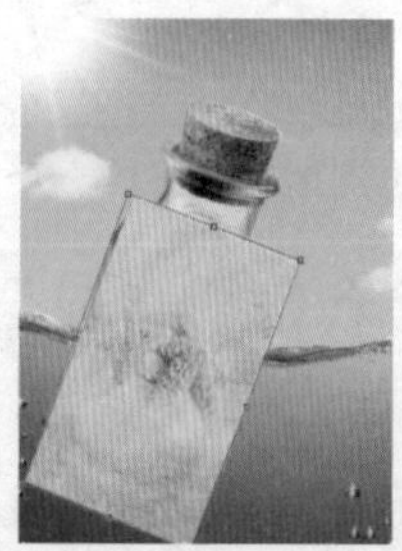

图12-126

步骤 03 单击“图层”面板底部的“添加图层蒙版”按钮，为当前图层添加图层蒙版，如图 12-127 所示。使用黑色柔角画笔在该图层蒙版上进行绘制，隐藏多余的部分，如图 12-128 所示。

步骤 04 导入前景素材文件，如图 12-129 所示。

步骤 05 使用套索工具绘制一块蓝色海底区域，如图 12-130 所示。使用复制和粘贴的快捷键（Ctrl+C，Ctrl+V）复制出单独的蓝色海水，放在海水里面的瓶子前面，如图 12-131 所示。

步骤 06 降低“不透明度”为 30%，最终效果如图 12-132 所示。

图 12-127

图 12-128

图 12-129

图 12-130

图 12-131

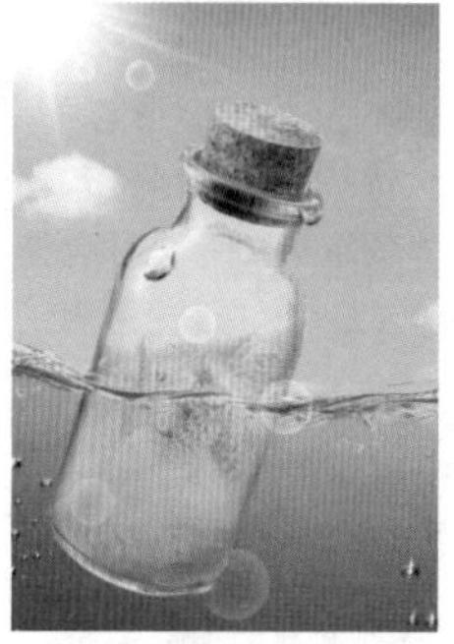

图 12-132

实例练习——使用图层蒙版制作唱歌的苹果

实例文件	实例练习——使用图层蒙版制作唱歌的苹果 .psd
视频教学	实例练习——使用图层蒙版制作唱歌的苹果 .flv
难易指数	★★★★★
技术要点	图层蒙版、剪贴蒙版

实例效果

本例效果如图 12-133 所示。

图 12-133

操作步骤

步骤 01 打开背景素材文件，如图 12-134 所示，单击“图层”面板底部的“创建图层组”按钮，创建“红苹果”图层组，如图 12-135 所示。

步骤 02 导入红苹果素材，如图 12-136 所示。首先制作苹果的阴影效果。新建图层，并命名为“阴影”，单击工具箱中的“画笔工具”按钮，选中一个圆形柔角画笔，在选项栏中设置其“不透明度”为 60%，设置前景色为黑色，在苹果底部进行绘制，如图 12-137 所示。

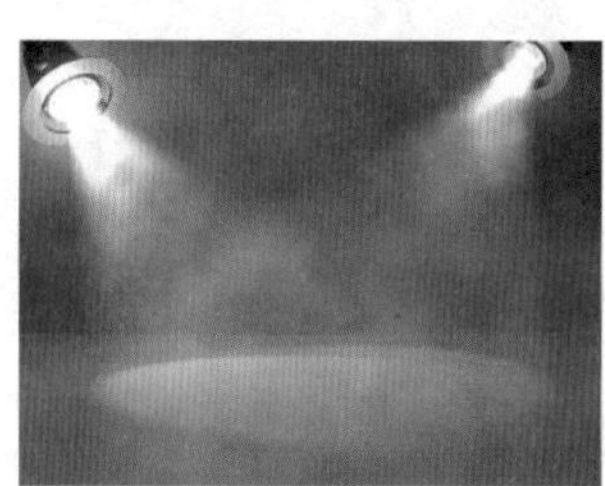

图 12-134

图 12-135

图 12-136

图 12-137

> **技巧提示**
>
> 由于背景图中表现的是类似舞台灯光的效果，并且左侧的灯距离苹果较近，所以这里的阴影应该在苹果底部偏右的位置。

第 12 章 蒙版的使用

步骤 03 下面导入“嘴”素材，使用矩形选框工具框选嘴的部分，如图 12-138 所示。按 Ctrl + Shift + I 组合键反向选择，按 Delete 键删除多余背景，如图 12-139 所示。

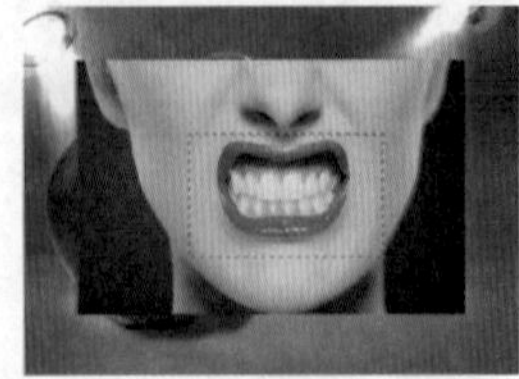

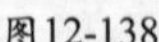

图12-138

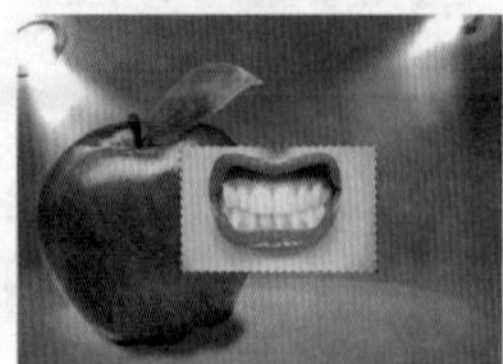

图12-139

步骤 04 为了使嘴形与苹果外形相吻合，需要使用自由变换工具（快捷键为 Ctrl+T）调整位置，单击鼠标右键，选择“透视”、“变形”命令进行调整，如图 12-140 和图 12-141 所示。

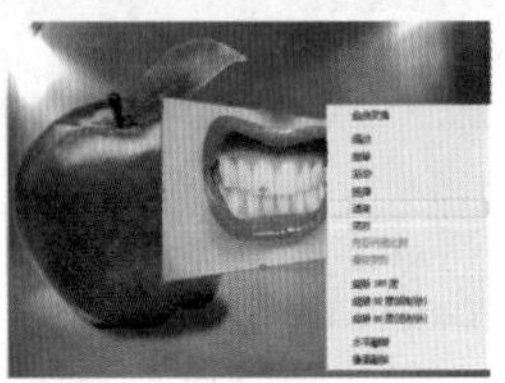

图12-140

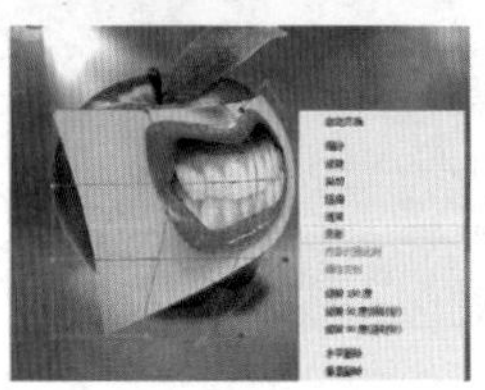

图12-141

步骤 05 打开“调整”面板，如图 12-142 所示。单击并新建一个“色相 / 饱和度”调整图层，设置“色相”为 -13，“饱和度”为 +28，如图 12-143 所示。在该调整图层上单击鼠标右键，选择“创建剪贴蒙版”命令，如图 12-144 所示。如图 12-145 所示。

图12-142

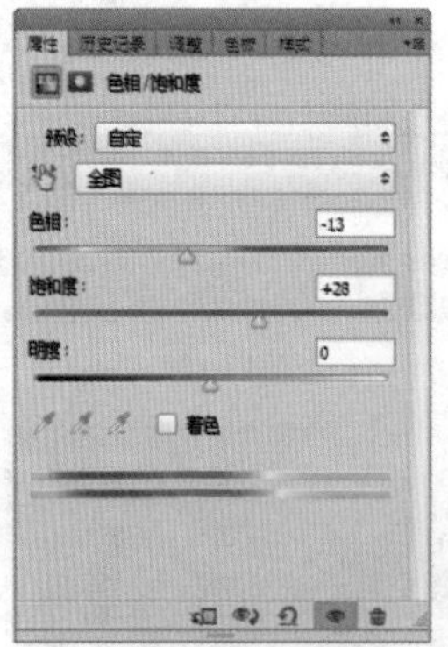

图12-143

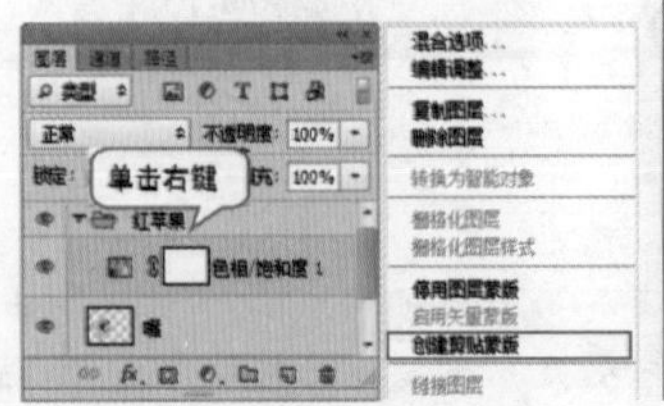

图12-144

图12-145

步骤 06 使用钢笔工具沿着嘴唇外轮廓进行绘制，如图 12-146 所示。绘制完毕后按 Ctrl+Enter 组合键建立选区，然后单击“添加图层蒙版”按钮，将嘴唇部分保留下来，如图 12-147 所示。

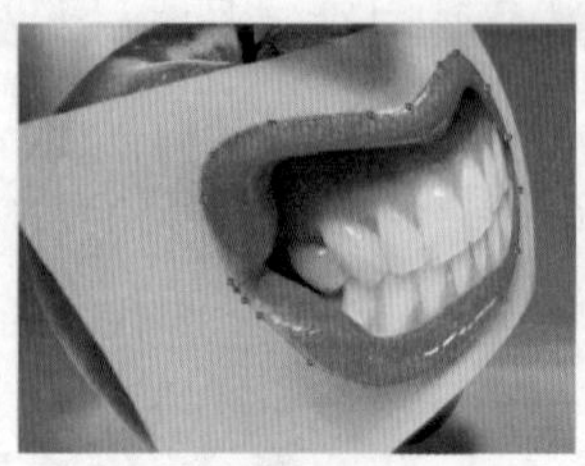

图12-146

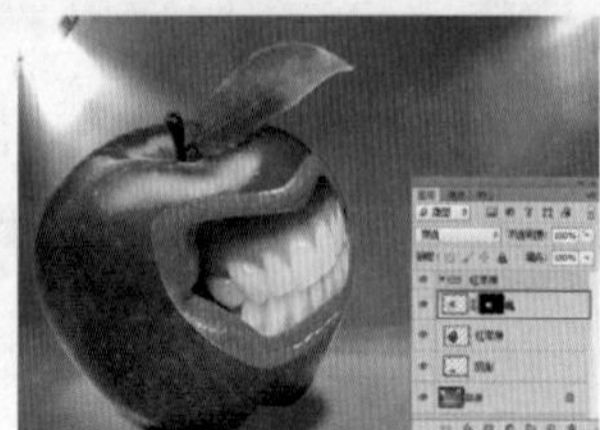

图12-147

步骤 07 为“嘴”图层添加图层样式。执行“图层 > 图层样式 > 投影”命令，设置投影颜色为黑色，“混合模式”为“正片叠底”，“不透明度”为 52%，“角度”为 30 度，“距离”为 28 像素，“大小”为 35 像素，如图 12-148 所示。效果如图 12-149 所示。

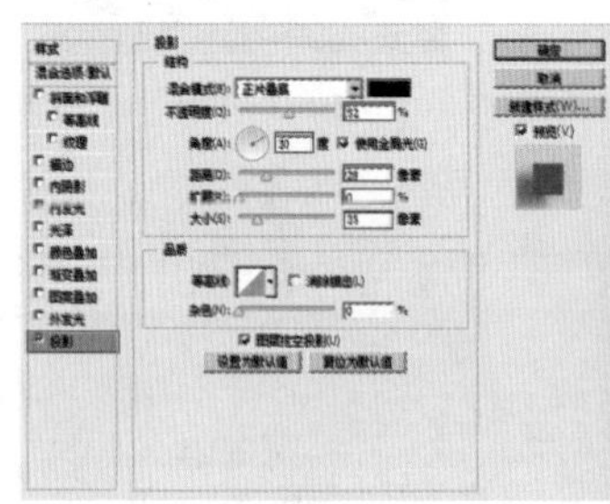

图12-148

图12-149

步骤 08 红苹果部分制作完成，下面使用同样的方法制作青苹果部分，最后导入麦克风文件，效果如图 12-150 所示。

图12-150

通道的应用

通道是用于存储图像颜色信息和选区信息等不同类型信息的灰度图像。一个图像最多可有 56 个通道。所有的新通道都具有与原始图像相同的尺寸和像素数目。在 Photoshop 中，只要是支持图像颜色模式的格式，都可以保留颜色通道；如果要保存 Alpha 通道，可以将文件存储为 PDF、TIFF、PSB 或 Raw 格式；如果要保存专色通道，可以将文件存储为 DCS 2.0 格式。在 Photoshop 中包含 3 种类型的通道，分别是颜色通道、Alpha 通道和专色通道。

本章学习要点：

- 掌握通道的基本操作方法
- 掌握通道调色的思路与技巧
- 熟练掌握通道抠图法

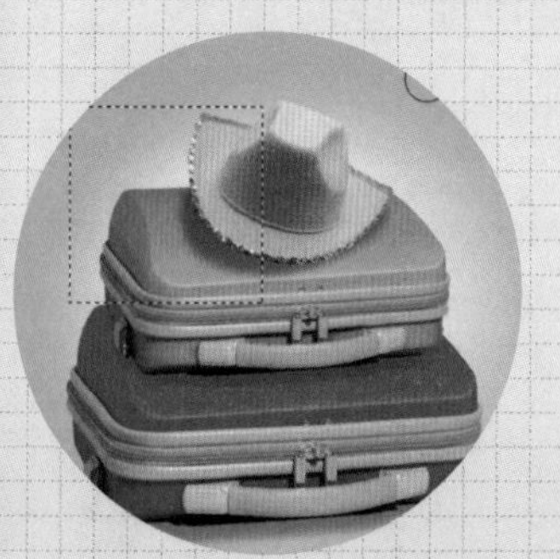

13.1 了解通道的类型

通道是用于存储图像颜色信息和选区信息等不同类型信息的灰度图像。一个图像最多可有 56 个通道。所有的新通道都具有与原始图像相同的尺寸和像素数目。在 Photoshop 中，只要是支持图像颜色模式的格式，都可以保留颜色通道；如果要保存 Alpha 通道，可以将文件存储为 PDF、TIFF、PSB 或 Raw 格式；如果要保存专色通道，可以将文件存储为 DCS 2.0 格式。在 Photoshop 中包含 3 种类型的通道，分别是颜色通道、Alpha 通道和专色通道。

13.1.1 颜色通道

颜色通道是将构成整体图像的颜色信息整理并表现为单色图像的工具。根据图像颜色模式的不同，颜色通道的数量也不同。例如，RGB 模式的图像有 RGB、红、绿、蓝 4 个通道，如图 13-1 所示；CMYK 颜色模式的图像有 CMYK、青色、洋红、黄色、黑色 5 个通道，如图 13-2 所示；Lab 颜色模式的图像有 Lab、明度、a、b 4 个通道，如图 13-3 所示；而位图和索引颜色模式的图像只有一个位图通道和一个索引通道，如图 13-4 和图 13-5 所示。

图13-1

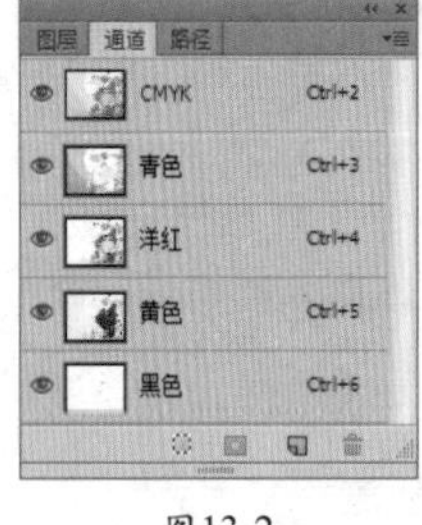

图13-2

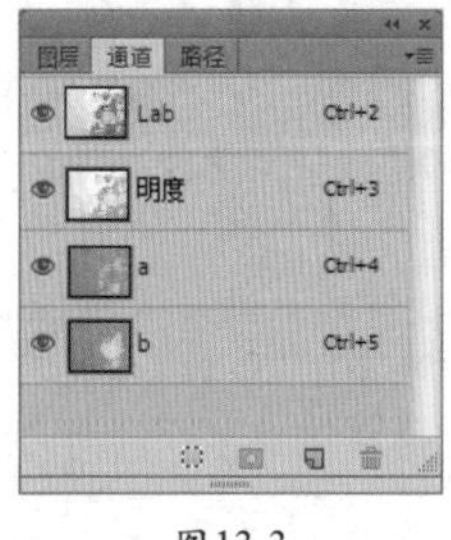

图13-3

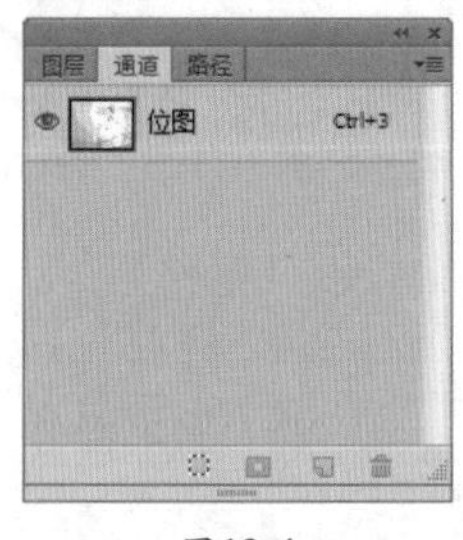

图13-4

图13-5

在默认情况下，"通道"面板中所显示的单色通道都为灰色。如果要以彩色来显示单色通道，可以执行"编辑 > 首选项 > 界面"命令，打开"首选项"对话框，然后在"选项"选项组下选中"用彩色显示通道"复选框，如图 13-6 和图 13-7 所示。

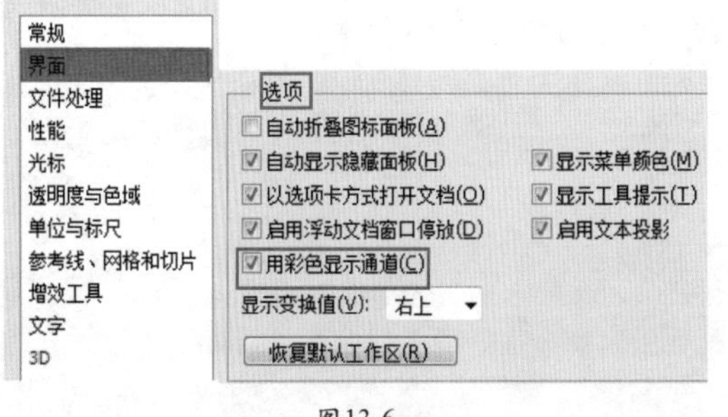

图13-6

图13-7

13.1.2 Alpha通道

Alpha 通道主要用于选区的存储、编辑与调用。Alpha 通道是一个 8 位的灰度通道，该通道用 256 级灰度来记录图像中的透明度信息，定义透明、不透明和半透明区域，如图 13-8 所示。其中黑色处于未选中状态，白色处于完全选中状态，灰色则表示部分选中状态（即羽化区域）。使用白色涂抹 Alpha 通道可以扩大选区范围；使用黑色涂抹可以收缩选区；使用灰色涂抹可以增加羽化范围，如图 13-9 所示。

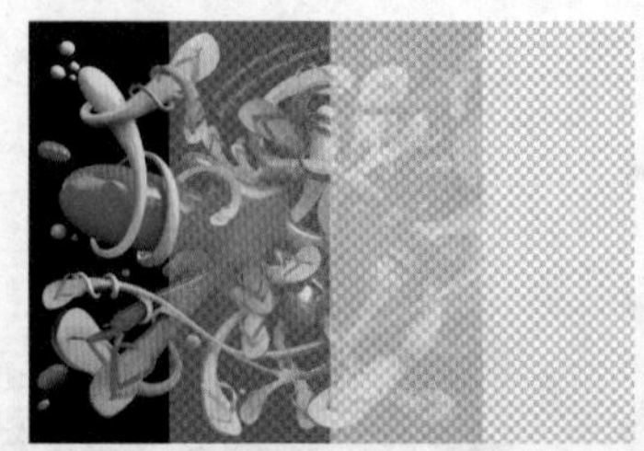
图13-8

图13-9

※技术拓展：Alpha 通道与选区的相互转化

在包含选区的情况下(如图 13-10 所示)，单击“通道”面板中的“将选区存储为通道”按钮，可以创建一个 Alpha1 通道，同时选区会存储到通道中，这就是 Alpha 通道的第 1 个功能，即存储选区，如图 13-11 所示。

将选区转化为 Alpha 通道后，单独显示 Alpha 通道可以看到一个黑白图像，如图 13-12 所示，这时可以对该黑白图像进行编辑，从而达到编辑选区的目的，如图 13-13 所示。

单击“通道”面板中的“将通道作为选区载入”按钮，或者按住 Ctrl 键单击 Alpha 通道缩略图，即可载入之前存储的 Alpha1 通道的选区，如图 13-14 所示。

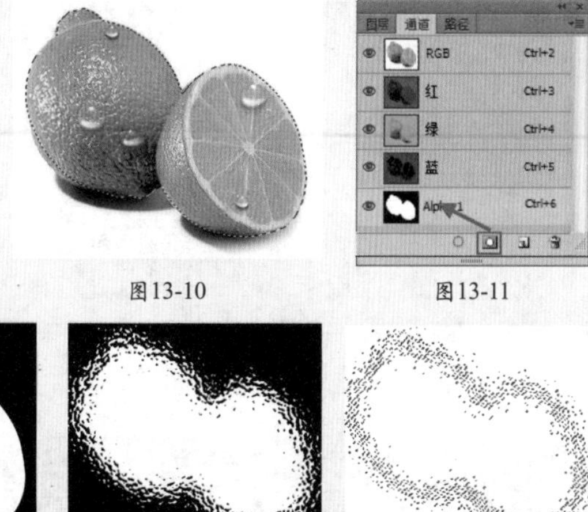

图13-10　图13-11

图13-12　图13-13　图13-14

13.1.3　专色通道

专色通道主要用来指定用于专色油墨印刷的附加印版。它可以保存专色信息，同时也具有 Alpha 通道的特点。每个专色通道只能存储一种专色信息，而且是以灰度形式来存储的。除位图模式外，其余所有的色彩模式图像都可以建立专色通道。

13.2 “通道”面板

打开任意一张图像，在“通道”面板中能够看到 Photoshop 自动为该图像创建的颜色信息通道。“通道”面板主要用于创建、存储、编辑和管理通道。执行“窗口 > 通道”命令可以打开“通道”面板，如图 13-15 所示。

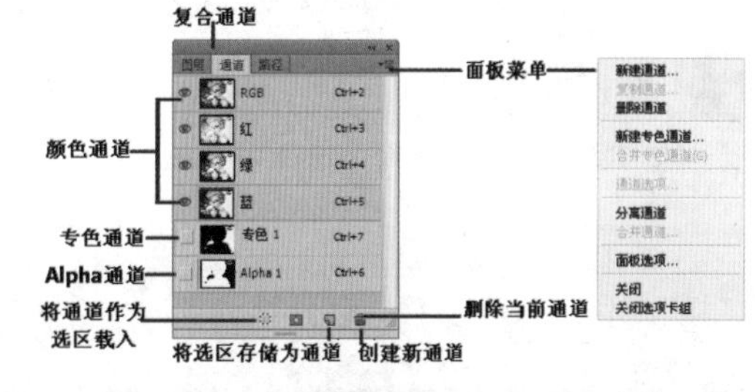

- 颜色通道：这 4 个通道都用来记录图像的颜色信息。
- 复合通道：该通道用来记录图像的所有颜色信息。
- Alpha 通道：用来保存选区和灰度图像的通道。
- 将通道作为选区载入：单击该按钮，可以载入所选通道图像的选区。
- 将选区存储为通道：如果图像中有选区，单击该按钮，可以将选区中的内容存储到通道中。
- 创建新通道：单击该按钮，可以新建一个 Alpha 通道。
- 删除当前通道：将通道拖曳到该按钮上，可以删除选择的通道。

复合通道　面板菜单　颜色通道　专色通道　Alpha通道　将通道作为选区载入　将选区存储为通道　创建新通道　删除当前通道

图13-15

?答疑解惑：如何更改通道的缩略图大小？

在“通道”面板下面的空白处单击鼠标右键，然后在弹出的菜单中选择相应的命令，如图 13-16 所示，即可改变通道缩略图的大小，如图 13-17 所示。

或者在面板菜单中选择“面板选项”命令，如图 13-18 所示，在弹出的“通道面板选项”对话框中也可以修改通道缩略图的大小，如图 13-19 所示。

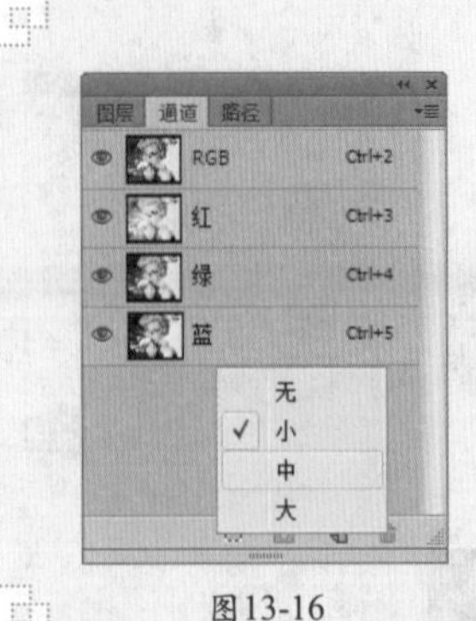

图13-16

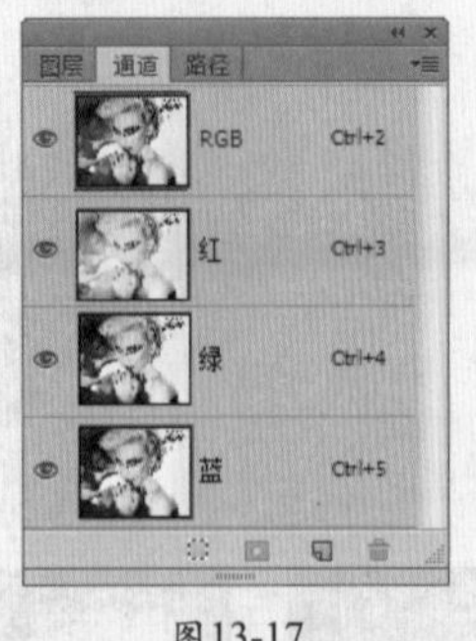

图13-17

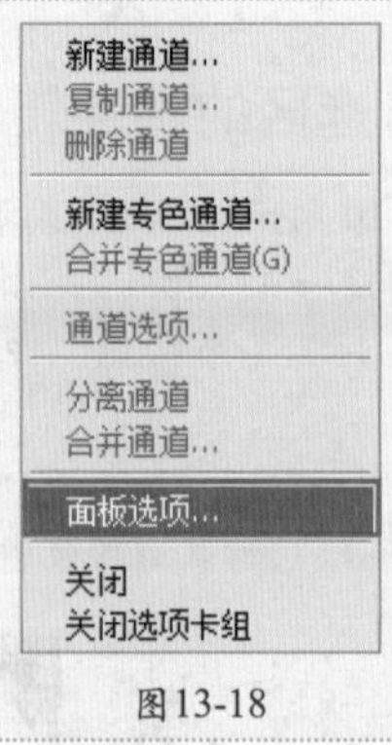

图13-18

图13-19

13.3 通道的基本操作

在“通道”面板中可以选择某个通道进行单独操作，也可切换某个通道的显示和隐藏，或对其进行复制、删除、分离、合并等操作。

13.3.1 快速选择通道

在“通道”面板中单击某一通道名称即可选中该通道，在每个通道后面有对应的“Ctrl+数字”格式快捷键，如在图13-20中“红”通道后面有Ctrl+3组合键，表示按Ctrl+3组合键可以单独选择“红”通道。

在“通道”面板中按住Shift键并单击可以一次选择多个颜色通道、Alpha通道或专色通道，如图13-21所示。但是颜色通道不能够与另外两种通道共同处于被选状态，如图13-22所示。

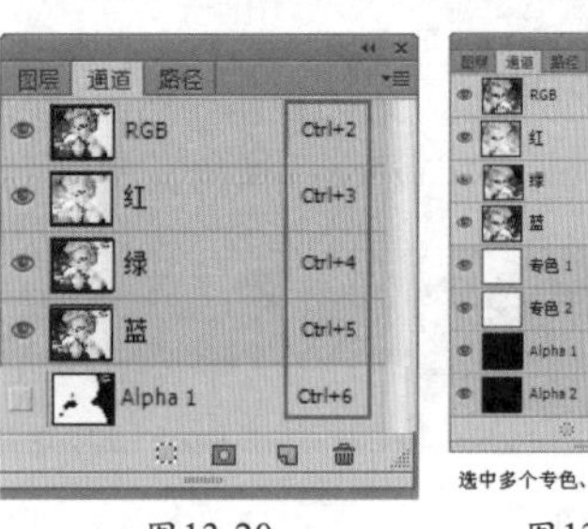

图13-20

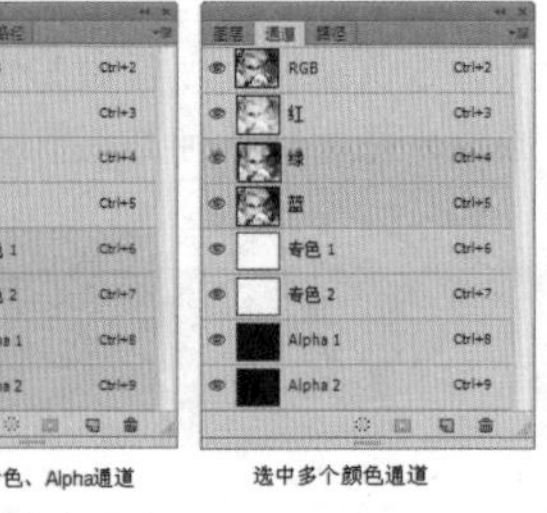

图13-21　图13-22

技巧提示

选中Alpha通道或专色通道后可以直接使用移动工具进行移动，而想要移动整个颜色通道，则需要进行全选后移动。

实例练习——通道错位制作迷幻视觉效果

实例文件	实例练习——通道错位制作迷幻视觉效果.psd
视频教学	实例练习——通道错位制作迷幻视觉效果.flv
难易指数	★★★★★
技术要点	选择通道、移动通道

实例效果

本例效果如图13-23所示。

图13-23

操作步骤

步骤01 打开素材文件，如图13-24所示。进入“通道”面板，选择“绿”通道。为了便于观察，将RGB通道显示出来，如图13-25所示。

图13-24

图13-25

步骤02 按Ctrl+A组合键，全选当前图像，使用移动工具将绿通道向左上移动，此时可以看到颜色边缘处出现由于绿通道错位而造成的红、蓝通道混合出的洋红色与绿色的效果，如图 13-26 所示。

步骤 03 为了强化迷幻效果，选择“红”通道，同样按 Ctrl+A 组合键，使用移动工具将红通道向右上移动，如图 13-27 所示。

步骤 04 选择“蓝”通道，按 Ctrl+A 组合键，使用移动工具将蓝通道向左下移动，如图 13-28 所示。

步骤 05 回到“图层”面板中，导入光效素材，设置“图层”面板中混合模式为“滤色”，如图 13-29 所示。最终效果如图 13-30 所示。

图13-26

图13-27

图13-28

图13-29

图13-30

13.3.2 显示/隐藏通道

通道的显示隐藏与“图层”面板中相同，每个通道的左侧都有一个图标，如图 13-31 所示。单击该图标，可以使相应通道隐藏，单击隐藏状态的通道右侧的▢图标，可以恢复该通道的显示，如图 13-32 所示。

图13-31

图13-32

技巧提示

注意，在任何一个颜色通道隐藏的情况下，复合通道都被隐藏。在所有颜色通道显示的情况下，复合通道不能被单独隐藏。

13.3.3 排列通道

如果“通道”面板中包含多个通道，除默认的颜色通道的顺序不能调整外，其他通道可以像调整图层位置一样调整排列位置，如图 13-33 和图 13-34 所示。

图13-33

图13-34

13.3.4 重命名通道

要重命名 Alpha 通道或专色通道，可以在“通道”面板中双击该通道的名称，激活名称文本框，然后输入新名称即可，如图 13-35 所示。默认的颜色通道的名称是不能进行重命名的，如图 13-36 所示。

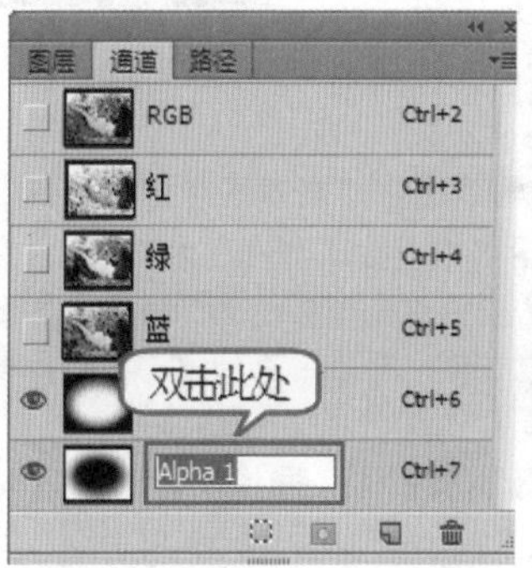

图13-35

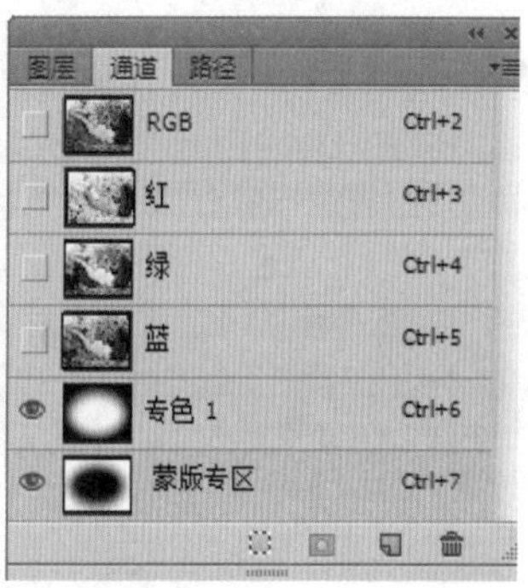

图13-36

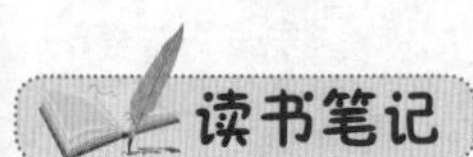

13.3.5 新建和编辑Alpha/专色通道

理论实践——新建 Alpha 通道

如果要新建 Alpha 通道，可以在“通道”面板下面单击“创建新通道”按钮，如图 13-37 和图 13-38 所示。Alpha 通道可以使用大多数绘制、修饰工具进行创建，也可以使用命令滤镜等进行编辑，如图 13-39 所示。

图13-37

图13-38

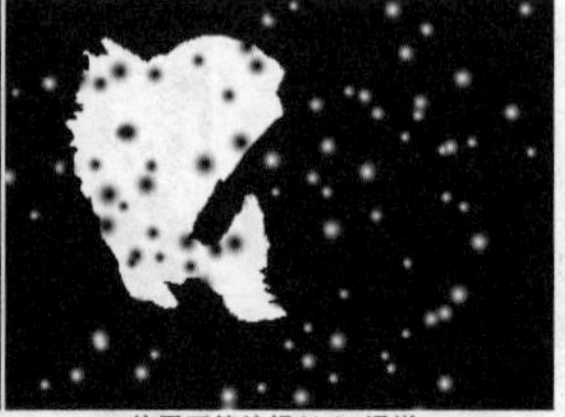

图13-39

技巧提示

默认情况下，编辑 Alpha 通道时文档窗口中只显示通道中图像，如图 13-40 所示。为了能够更精确地编辑 Alpha 通道，可以将复合通道显示出来。此时蒙版的白色区域将变为透明，黑色区域为半透明的红色，类似于快速蒙版的状态，如图 13-41 所示。

图13-40

图13-41

理论实践——新建和编辑专色通道

专色印刷是指采用黄、品红、青和黑墨四色墨以外的其他色油墨来复制原稿颜色的印刷工艺。包装印刷中经常采用专色印刷工艺印刷大面积底色。

（1）打开素材文件，如图 13-42 所示。在本例中需要将图像中大面积的黑色背景部分采用专色印刷，所以首先需要进入“通道”面板，选择“红”通道载入选区，如图 13-43 所示。单击鼠标右键，选择“选择反向”命令，得到黑色部分的选区，如图 13-44 所示。

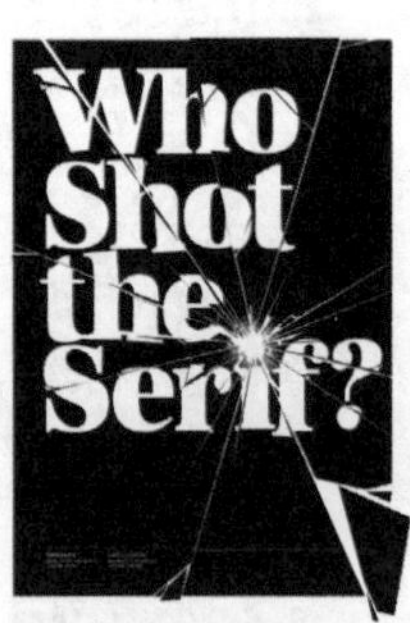

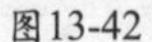

图13-42

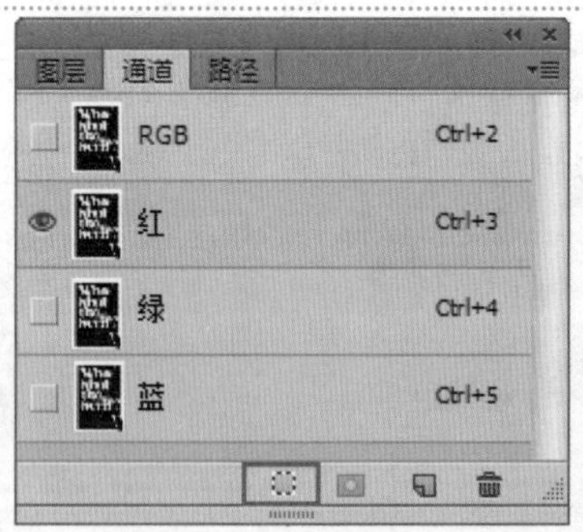

图13-43

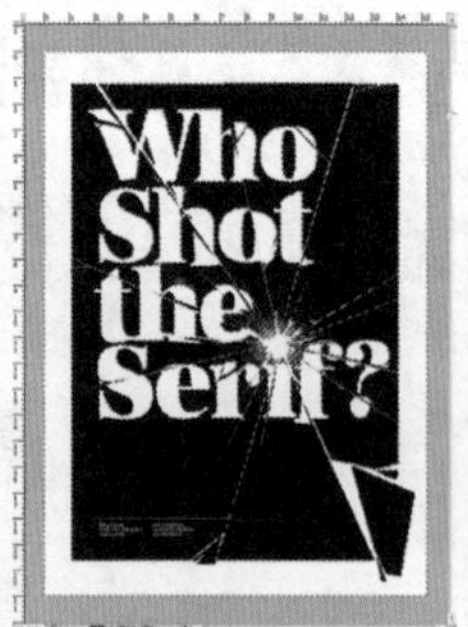

图13-44

（2）在“通道”面板的菜单中选择“新建专色通道”命令，如图 13-45 所示。在弹出的“新建专色通道”对话框中设置“密度”为 100% 并单击颜色，如图 13-46 所示，在弹出的“拾色器”对话框中单击“颜色库”按钮，如图 13-47 所示。在弹出的“颜色库”对话框中选择一个专色，并单击“确定”按钮，如图 13-48 所示。回到“新建专色通道”对话框中，单击“确定”按钮完成操作，如图 13-49 所示。

（3）此时在通道最底部出现新建的专色通道，如图 13-50 所示。并且当前图像中的黑色部分被刚才所选的黄色专色填充，如图 13-51 所示。

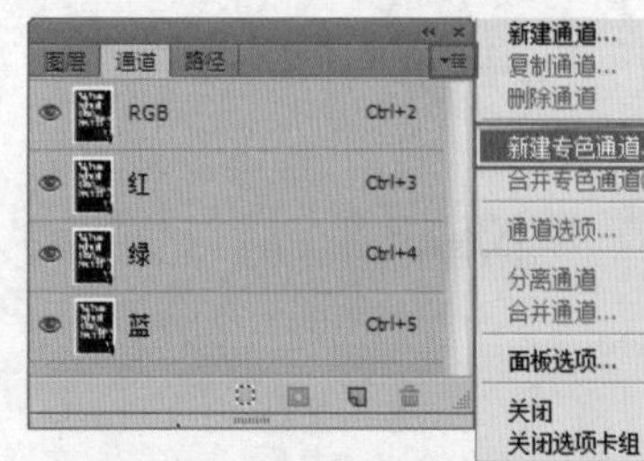

图13-45

图13-46

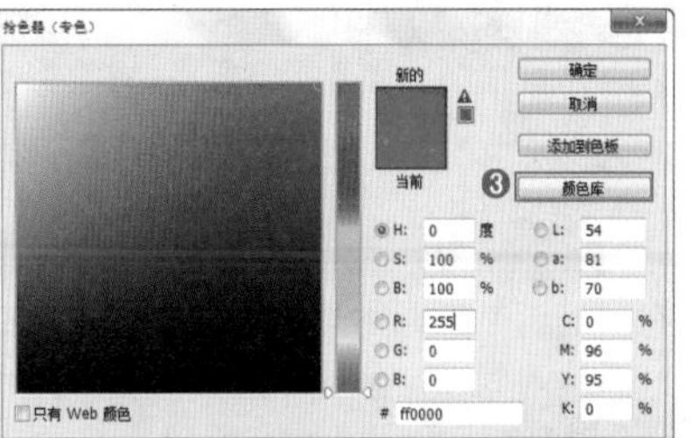

图13-47

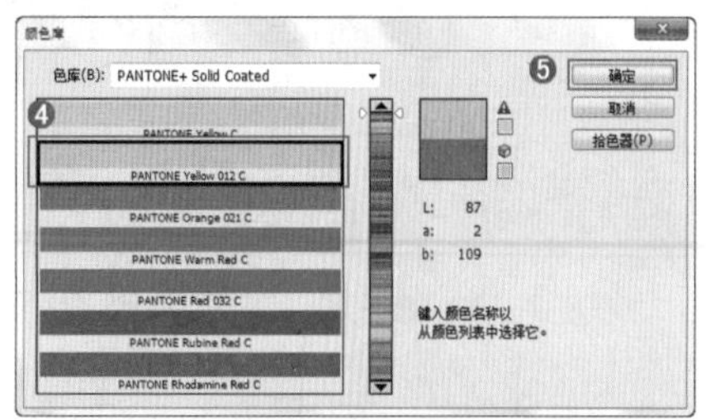

图13-48

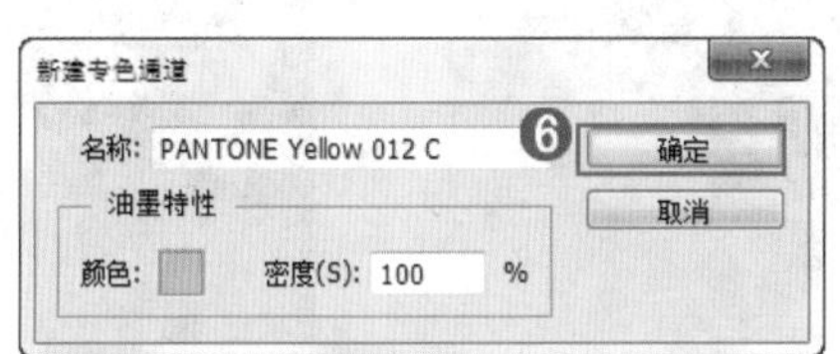
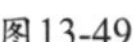

图13-49

图13-50

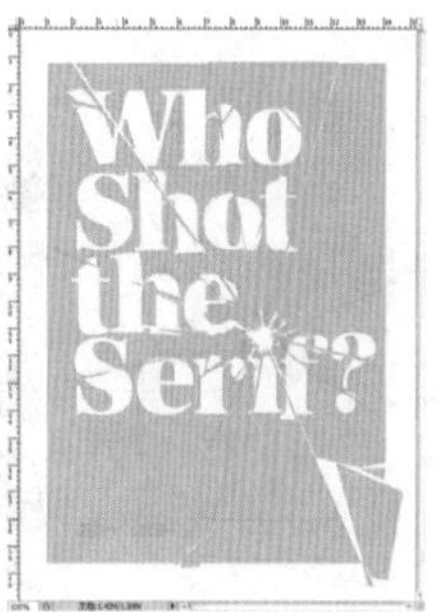

图13-51

> **技巧提示**
>
> 创建专色通道以后，也可以通过使用绘画或编辑工具在图像中绘画的方式编辑专色。使用黑色绘制的为有专色的区域；用白色涂抹的区域无专色；用灰色绘画可添加不透明度较低的专色；绘制时该工具的“不透明度”选项决定了用于打印输出的实际油墨浓度。

（4）如果要修改专色设置，可以双击专色通道的缩览图，如图13-52所示，即可重新打开“新建专色通道”对话框进行设置，如图13-53所示。

图13-52

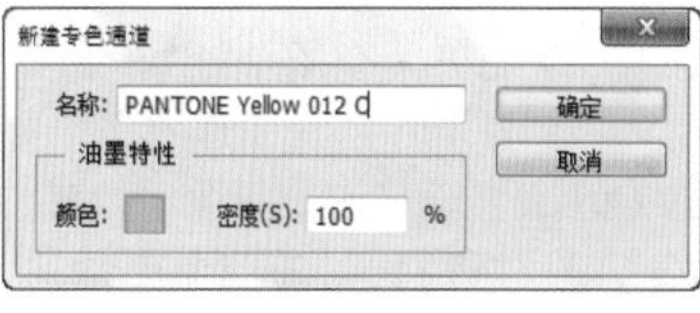

图13-53

13.3.6 复制通道

想要复制通道，可以在面板菜单中选择“复制通道”命令，即可将当前通道复制出一个副本，如图13-54所示；或在通道上单击鼠标右键，然后在弹出的菜单中选择“复制通道”命令，如图13-55所示；还可直接将通道拖曳到“创建新通道”按钮上，如图13-56所示。

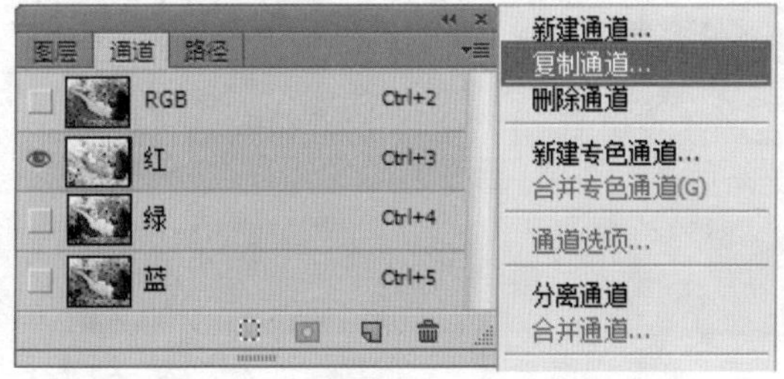

图13-54

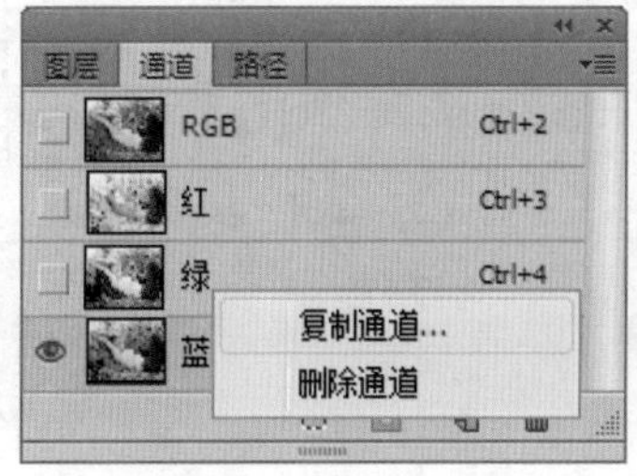

图13-55

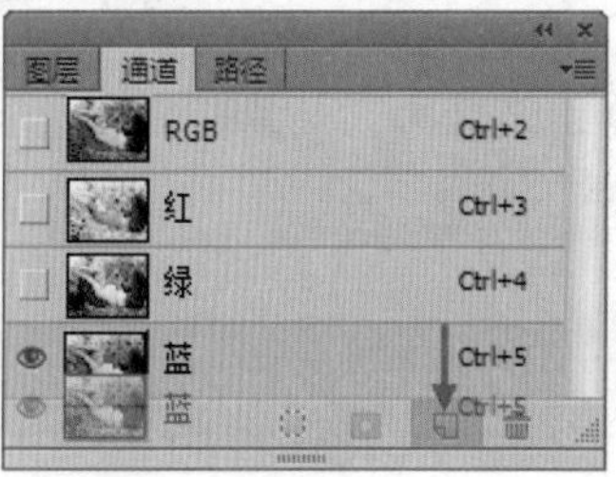

图13-56

13.3.7 将通道中的内容粘贴到图像中

理论实践——将通道中的内容粘贴到图像中

（1）打开素材文件，如图 13-57 所示。在“通道”面板中选择“蓝”通道，画面中会显示该通道的灰度图像，如图 13-58 所示。

（2）按 Ctrl+A 组合键全选，按 Ctrl+C 组合键复制，如图 13-59 所示。

（3）单击 RGB 复合通道显示彩色的图像，并回到“图层”面板。按 Ctrl+V 组合键可以将复制的通道粘贴到一个新的图层中，如图 13-60 所示。

图13-57

图13-58

图13-59

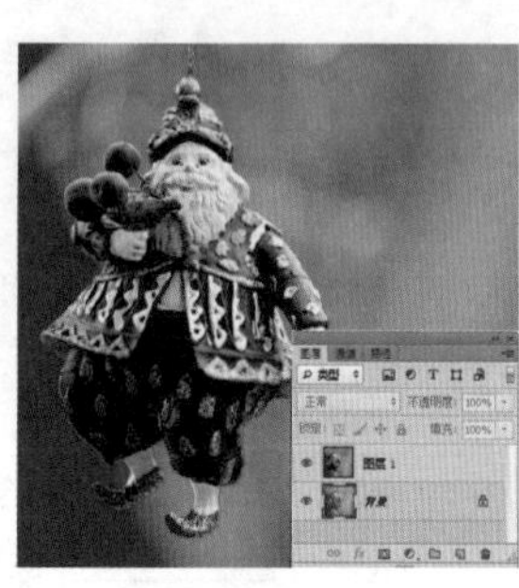
图13-60

13.3.8 将图像中的内容粘贴到通道中

理论实践——将图像中的内容粘贴到通道中

（1）打开两个图像文件，如图 13-61 和图 13-62 所示。

（2）在其中一个图片的文档窗口中按 Ctrl+A 组合键全选图像，然后按 Ctrl+C 组合键复制图像，如图 13-63 所示。

（3）切换到另外一个图片的文档窗口，进入“通道”面板，单击“创建新通道”按钮，新建一个 Alpha1 通道，接着按 Ctrl+V 组合键将复制的图像粘贴到通道中，如图 13-64 所示。

（4）显示出 RGB 复合通道与 Alpha1 通道，如图 13-65 和图 13-66 所示。

图13-61

图13-62

图13-63

图13-64

图13-65

图13-66

13.3.9 删除通道

复杂的 Alpha 通道会占用很大的磁盘空间，因此在保存图像之前，可以删除无用的 Alpha 通道和专色通道。如果要删除通道，可以采用以下两种方法来完成。

（1）将通道拖曳到“通道”面板下面的“删除当前通道”按钮 上，如图 13-67 和图 13-68 所示。

（2）在通道上单击鼠标右键，然后在弹出的菜单中选择“删除通道”命令，如图 13-69 所示。

图13-67

图13-68

图13-69

答疑解惑：可以删除颜色通道吗？

可以。但是在删除颜色通道时要特别注意，如果删除的是红、绿、蓝通道中的一个，那么 RGB 通道也会被删除，如图 13-70 和图 13-71 所示；如果删除的是 RGB 通道，那么将删除 Alpha 通道和专色通道以外的所有通道，如图 13-72 所示。

图13-70

图13-71

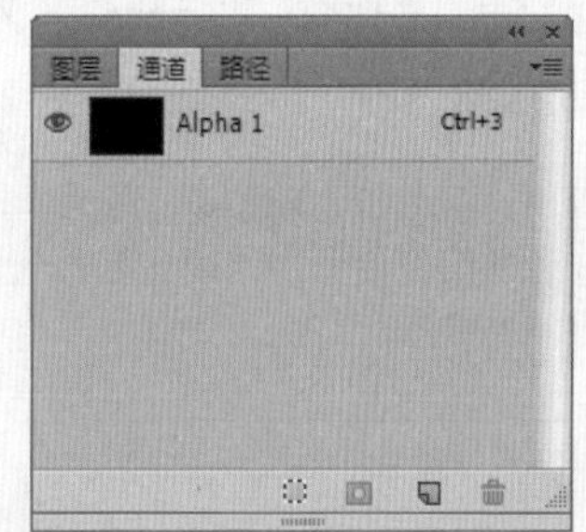

图13-72

13.3.10 合并通道

可以将多个灰度图像合并为一个图像的通道。要合并的图像必须为打开的已拼合的灰度模式图像，并且像素尺寸相同。不满足以上条件的情况下，“合并通道”命令将不可用。

理论实践——合并通道

（1）打开 3 张颜色模式、大小相同的图片文件，如图 13-73~ 图 13-75 所示。

图13-73

图13-74

图13-75

技巧提示

已打开的灰度图像的数量决定了合并通道时可用的颜色模式。比如，4张图像可以合并为一个RGB图像、CMYK图像、Lab图像或多通道图像，而打开3张图像则不能合并出CMYK图像。

（2）对3张图像分别执行“图像>模式>灰度”命令，如图13-76所示。在弹出的对话框中单击“扔掉”按钮，将图片全部转换为灰度图像，如图13-77所示。

（3）在第1张图像的“通道”面板菜单中选择“合并通道”命令，如图13-78所示。打开“合并通道”对话框，设置“模式”为“RGB颜色”，单击“确定”按钮，如图13-79所示。

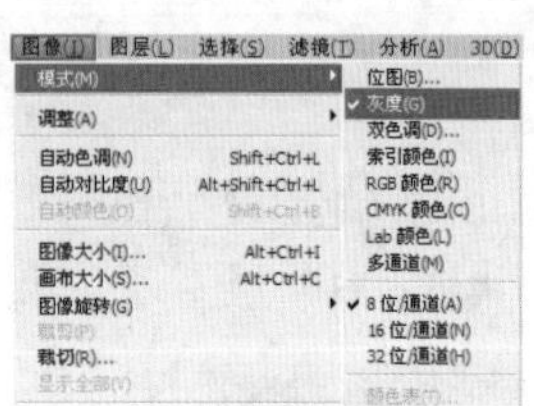

图13-76

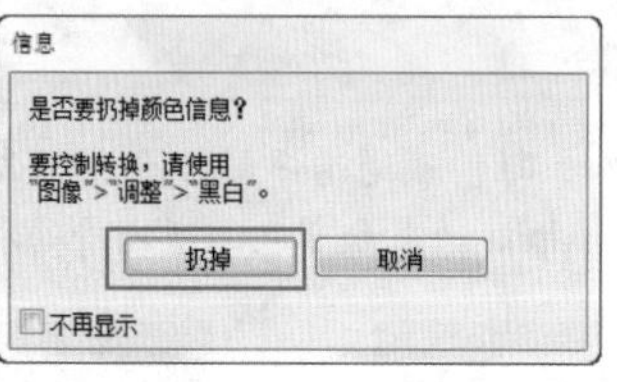

图13-77

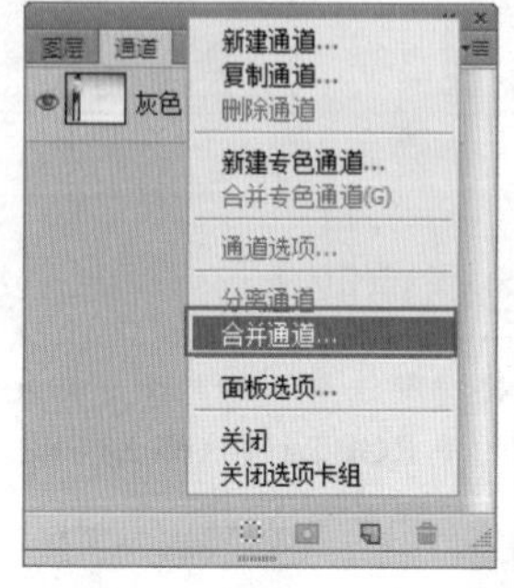

图13-78

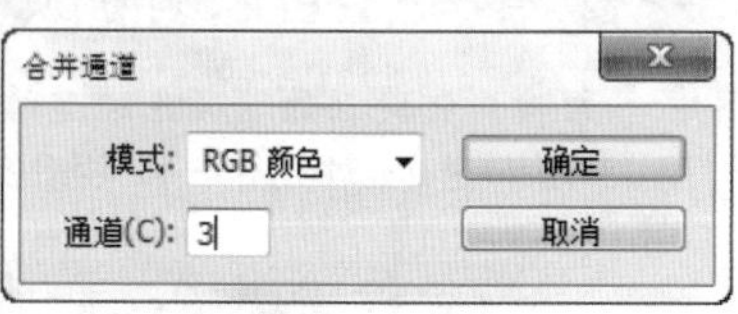

图13-79

（4）弹出“合并RGB通道”对话框，在该对话框中可以选择以哪个图像来作为红色、绿色、蓝色通道，如图13-80所示。选择好通道图像后单击“确定”按钮，此时在“通道”面板中会出现一个RGB颜色模式的图像，如图13-81所示。图像效果如图13-82所示。

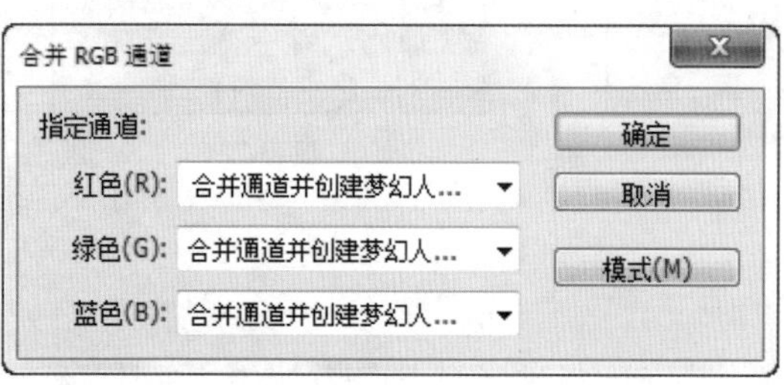

图13-80

图13-81

图13-82

13.3.11 分离通道

打开一张RGB颜色模式的图像，如图13-83所示。在“通道”面板的菜单中选择“分离通道”命令，如图13-84所示。可以将红、绿、蓝3个通道单独分离成3张灰度图像并关闭彩色图像，同时每个图像的灰度都与之前的通道灰度相同，如图13-85所示。

图13-83

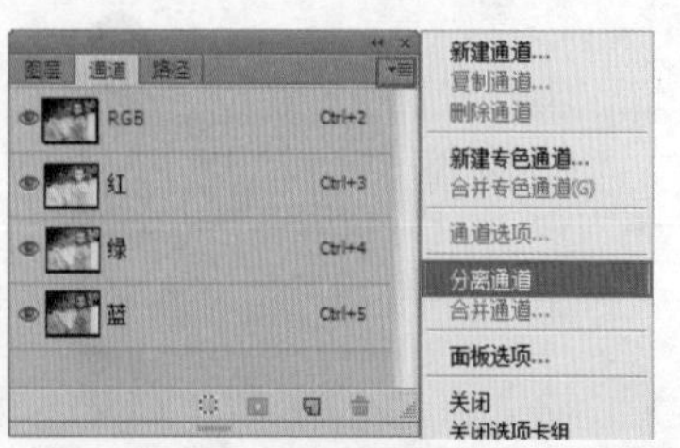

图13-84

图13-85

13.4 通道的高级操作

通道的功能非常强大，它不仅可以用来存储选区，还可以用来混合图像、制作选区、调色等。

13.4.1 用“应用图像”命令混合通道

打开包含人像和光斑图层的文档，如图13-86和图13-87所示。下面就以该文档为例来讲解如何使用“应用图像”命令来混合通道。

选择“光斑”图层，然后执行“图像 > 应用图像”命令，打开“应用图像”对话框，如图13-88所示。“应用图像”命令可以将作为“源”的图像的图层或通道与作为“目标”的图像的图层或通道进行混合。

图13-86

图13-87

图13-88

- 源：该选项组主要用来设置参与混合的源对象。“源”下拉列表框用来选择混合通道的文件（必须是打开的文档）；“图层”下拉列表框用来选择参与混合的图层；“通道”下拉列表框用来选择参与混合的通道；选中“反相”复选框可以使通道先反相，然后再进行混合，如图13-89所示。
- 目标：显示被混合的对象。
- 混合：该选项组用于控制“源”对象与“目标”对象的混合方式。“混合”下拉列表框用于设置混合模式，如图13-90所示为“滤色”混合效果；“不透明度”用来控制混合的程度；选中“保留透明区域”复选框，可以将混合效果限定在图层的不透明区域范围内；选中“蒙版”复选框，可以显示出“蒙版”的相关选项，如图13-91所示，可以选择任何颜色通道和Alpha通道来作为蒙版。

图13-89

图13-90

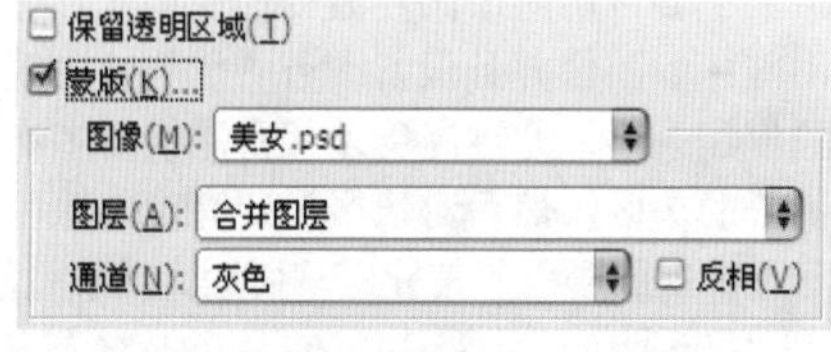

图13-91

※技术拓展：相加模式与减去模式

在“混合”下拉列表框中有两种“图层”面板中不具备的混合模式：“相加”与“减去”模式，这两种模式是通道独特的混合模式。

- 相加：这种混合方式可以增加两个通道中的像素值，是在两个通道中组合非重叠图像的好方法，因为较高的像素值代表较亮的颜色，所以向通道添加重叠像素可使图像变亮。效果如图13-92所示。
- 减去：这种混合方式可以从目标通道中相应的像素上减去源通道中的像素值，如图13-93所示。

图13-92

图13-93

13.4.2 用“计算”命令混合通道

“计算”命令可以混合两个来自一个源图像或多个源图像的单个通道，得到的混合结果可以是新的灰度图像或选区、通道，如图 13-94 所示。执行“图像 > 计算”命令，可打开“计算”对话框，如图 13-95 所示。

- 源 1：用于选择参与计算的第 1 个源图像、图层及通道。
- 图层：如果源图像具有多个图层，可以在这里进行图层的选择。
- 混合：与“应用图像”命令的“混合”选项相同。
- 结果：用于选择计算完成后生成的结果。选择“新建文档”选项，可以得到一个灰度图像，如图 13-96 所示；选择“新建通道”选项，可以将计算结果保存到一个新的通道中，如图 13-97 所示；选择“选区”选项，可以生成一个新的选区，如图 13-98 所示。

图13-94

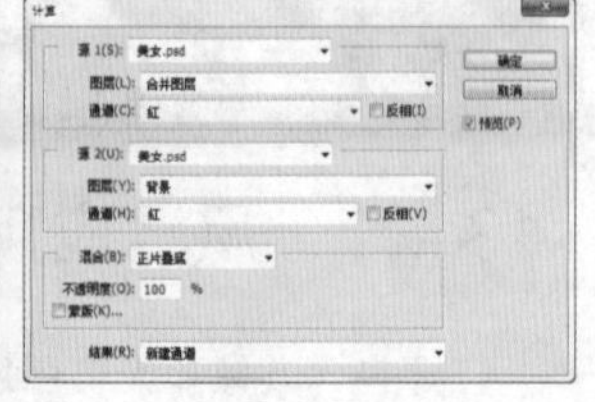

图13-95

图13-96

图13-97

图13-98

实例练习——保留细节的通道计算磨皮法

实例文件	实例练习——保留细节的通道计算磨皮法 .psd
视频教学	实例练习——保留细节的通道计算磨皮法 .flv
难易指数	★★★★☆
技术要点	“高反差保留滤镜”、“计算”命令的使用

实例效果

本例主要讲解时下比较流行的通道计算磨皮法。该方法具有不破坏源图像并且保留细节的优势，主要利用通道单一颜色的便利条件，通过高反差保留滤镜与多次计算得到皮肤瑕疵部分的选区，然后对选区进行亮度、颜色的调整，减小瑕疵与正常皮肤颜色的差异，从而达到磨皮效果。如图 13-99 和图 13-100 所示。

图13-99

图13-100

操作步骤

步骤 01 打开素材，如图 13-101 所示。打开“通道”面板，经过观察能够发现蓝通道中面部瑕疵比较明显，如图 13-102 所示。拖曳“蓝”通道到“新建通道”按钮上，创建“蓝 副本”通道，如图 13-103 所示。

图13-101

图13-102

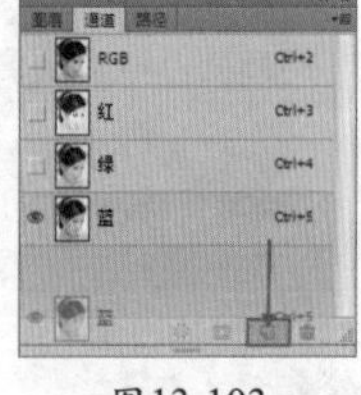

图13-103

技巧提示

一定要复制通道后进行编辑，避免原通道发生变化而导致图像颜色发生错误。

步骤 02 对“蓝 副本”通道执行“滤镜 > 其他 > 高反差保留”命令，如图 13-104 所示。设置“半径”为 10.0 像素，如图 13-105 所示。此处数值不固定，主要为了强化瑕疵区域与正常皮肤的反差，可根据实际情况调整，效果如图 13-106 所示。

步骤 03 执行“图像 > 计算”命令，在弹出的“计算”对话框中设置源 1、源 2 的通道均为“蓝 副本”，“混合”为“叠加”，如图 13-107 所示。单击“确定”按钮完成计算，得到 Alpha1 通道，如图 13-108 所示。

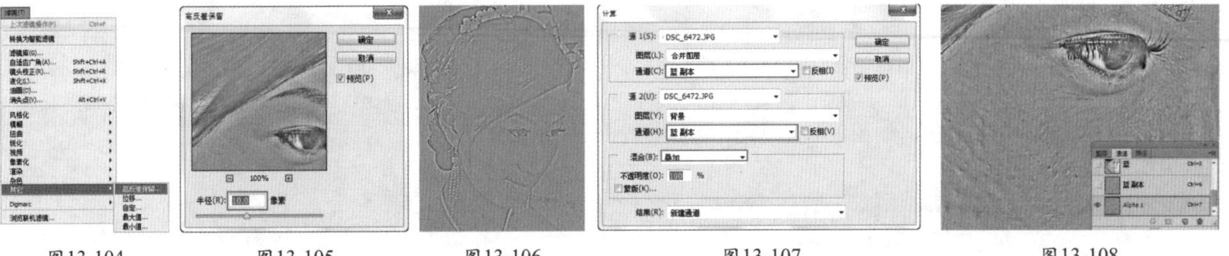

图13-104　图13-105　图13-106　图13-107　图13-108

步骤 04 继续对 Alpha1 通道执行“图像 > 计算”命令，在弹出的“计算”对话框中设置源 1、源 2 的通道均为 Alpha1，“混合”为“叠加”，如图 13-109 所示。单击“确定”按钮完成计算，得到 Alpha2 通道，如图 13-110 所示。

步骤 05 按住 Ctrl 键单击 Alpha2 通道缩略图，载入选区。单击通道中的 RGB 复合通道，回到“图层”面板中，单击右键执行“选择反向”命令，此时选区包含瑕疵选区，如图 13-111 所示。

步骤 06 创建曲线调整图层，调整曲线形状，如图 13-112 所示。随着曲线提亮，人像整体变亮，并且瑕疵部分逐渐消失，如图 13-113 所示。

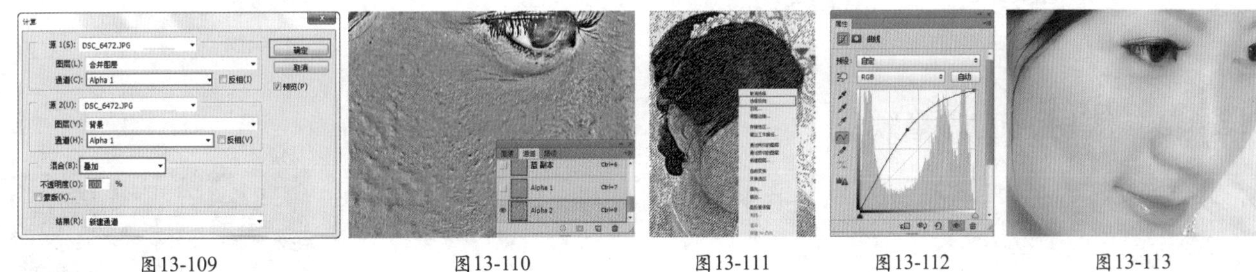

图13-109　图13-110　图13-111　图13-112　图13-113

步骤 07 由于上一次调整曲线后人像偏亮，再次创建曲线调整图层，适当将画面压暗，如图 13-114 所示。效果如图 13-115 所示。

步骤 08 经过两次曲线调整后，人像面部瑕疵少了很多，整体更加光滑柔美。但是人像轮廓有些模糊，这时可以将两个曲线调整图层放在一个图层组中并为图层组添加图层蒙版，使用黑色画笔在人像眉眼、鼻翼、嘴唇边缘、头发以及面部轮廓等过于模糊的部分涂抹，如图 13-116 所示。效果如图 13-117 所示。

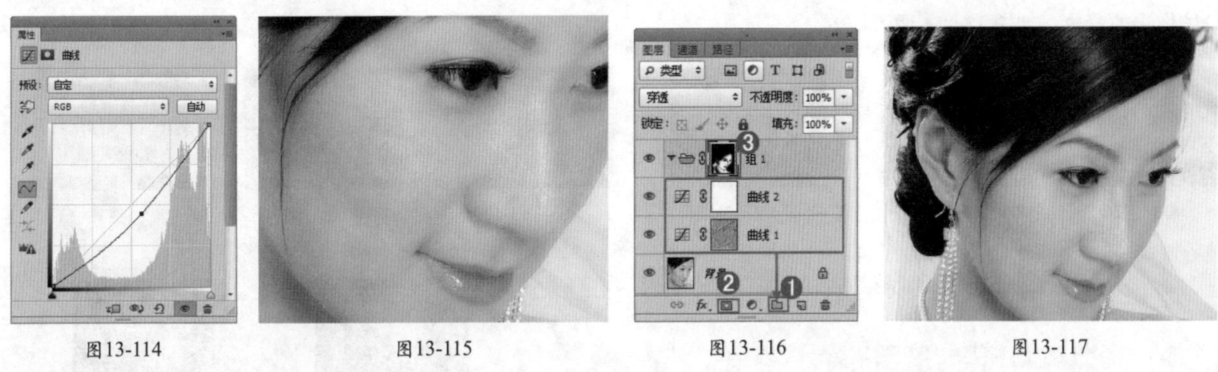

图13-114　图13-115　图13-116　图13-117

技巧提示

使用纯黑的画笔在图层蒙版中进行涂抹会完全去除对该部分的影响，为了过渡更加柔和，需要使用柔角画笔，并且可以适当降低画笔的不透明度和流量。

步骤 09 盖印当前效果，观察全图能够发现腮部有些阴影，显得皮肤凹凸不平，如图 13-118 所示。

步骤 10 对于这部分可以使用套索工具绘制合适的选区，设置适当的羽化值，如图 13-119 和图 13-120 所示。绘制出选区后执行“滤镜 > 模糊 > 高斯模糊”命令，在弹出的“高斯模糊”对话框中设置适当的半径，使这部分颜色均匀，去除皮肤凹凸不平的感觉，如图 13-121 和图 13-122 所示。

步骤 11 由于人像经过磨皮损失了部分细节，需要对图像执行“滤镜 > 锐化 > 智能锐化”命令，适当调整数值，如图 13-123 所示，为照片还原部分细节，最终效果如图 13-124 所示。

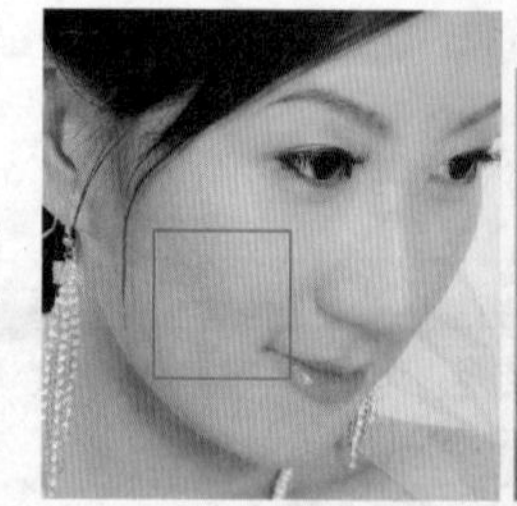
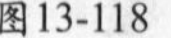

图13-118

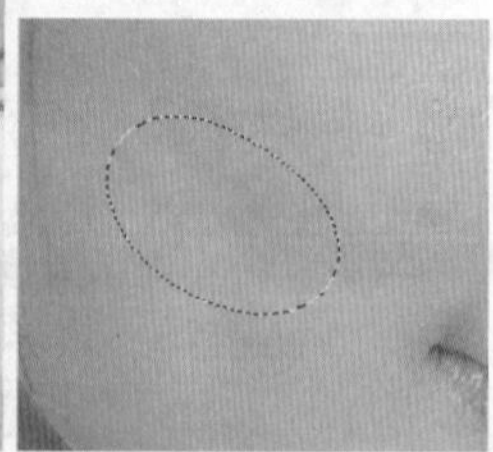

图13-119

图13-120

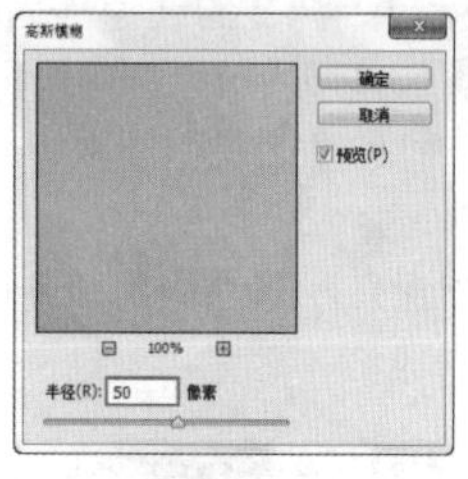

图13-121

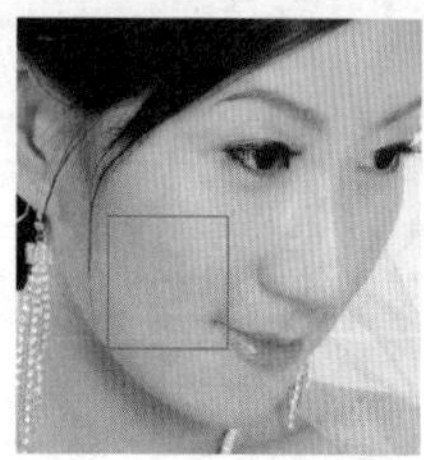

图13-122

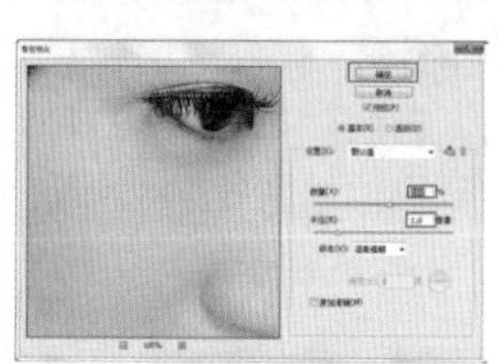

图13-123

图13-124

13.4.3 使用通道调整颜色

图13-125

通道调色是一种高级调色技术。可以对一张图像的单个通道应用各种调色命令，从而达到调整图像中单种色调的目的。打开一张图像，如图 13-125 所示，下面以该图像为例来介绍如何用通道调色。

（1）单独选择“红”通道，按 Ctrl+M 组合键打开“曲线”对话框，将曲线向上调节，可以增加图像中的红色数量，如图 13-126 所示；将曲线向下调节，则可以减少图像中的红色，如图 13-127 所示。

（2）单独选择“绿”通道，将曲线向上调节，可以增加图像中的绿色数量，如图 13-128 所示；将曲线向下调节，则可以减少图像中的绿色，如图 13-129 所示。

（3）单独选择“蓝”通道，将曲线向上调节，可以增加图像中的蓝色数量，如图 13-130 所示；将曲线向下调节，则可以减少图像中的蓝色，如图 13-131 所示。

图13-126

图13-127

图13-128

图13-129

图13-130

图13-131

实例练习——使用通道校正偏色图像

实例文件	实例练习——使用通道校正偏色图像 .psd
视频教学	实例练习——使用通道校正偏色图像 .flv
难易指数	★★★★★
技术要点	通道中的曲线调整

实例效果

本例素材如图 13-132 所示，效果如图 13-133 所示。

图13-132

图13-133

步骤01 打开素材图像，如图13-134所示。从中可以看出照片偏色情况比较严重。打开"通道"面板，单击选择"红"通道（为了便于观察调整效果，可以显示出RGB复合通道），如图13-135所示。

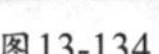

图13-134

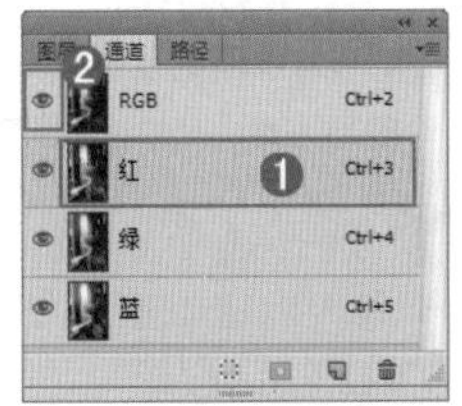

图13-135

技巧提示

判断一张图像是否偏色，单纯用眼睛去看或者凭感觉是不准确的。比较科学的方法是在图像中使用"颜色取样器"工具标记现实中应该是黑色、灰色、白色的像素点，借助Photoshop信息面板中的RGB数值进行判断。完全不偏色的情况下，每个颜色的RGB数值应该相同或者尽可能相近，RGB数值差异越大，则偏色情况越严重，如图13-136所示。

图13-136

步骤02 执行"图像>调整>曲线"命令，适当将曲线提亮，如图13-137所示。此时能够看到图像中红色的成分增加了，使图像偏紫了一些，如图13-138所示。

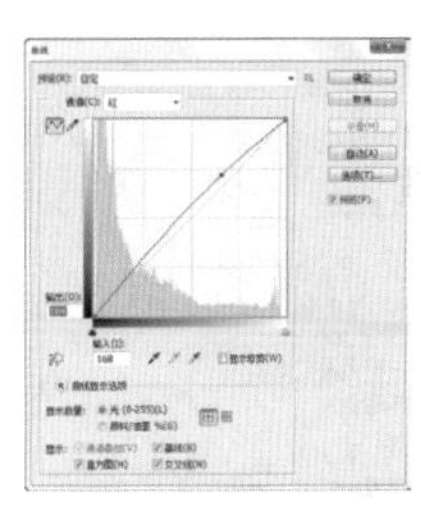

图13-137

图13-138

步骤03 选择"蓝"通道并显示出RGB复合通道，如图13-139所示。在"蓝"通道上适当压暗，如图13-140所示。降低蓝色在图像中的比例，如图13-141所示。

图13-139

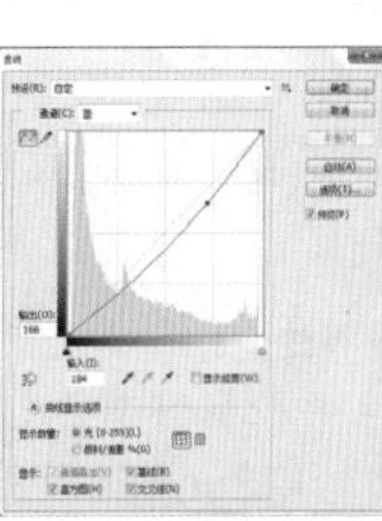

图13-140

图13-141

步骤04 按快捷键Ctrl+2选择RGB复合通道并回到"图层"面板，再次执行"图像>调整>曲线"命令，如图13-142所示。适当将图像提亮，图像颜色恢复正常，效果如图13-143所示。

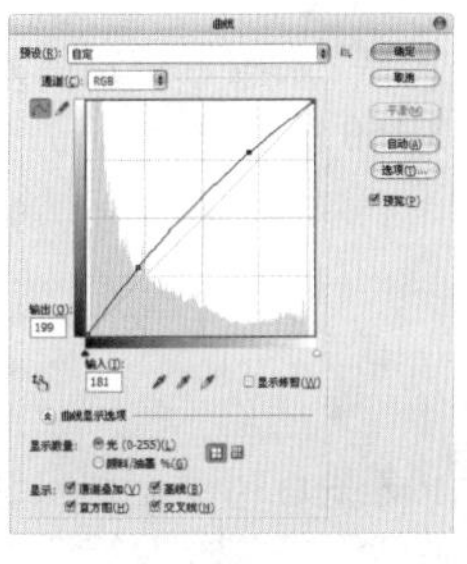

图13-142

图13-143

实例练习——Lab模式调出淡雅青红色

实例文件	实例练习——Lab模式调出淡雅青红色.psd
视频教学	实例练习——Lab模式调出淡雅青红色.flv
难易指数	★★★★★
技术要点	Lab通道

实例效果

本例效果如图13-144所示。

图13-144

操作步骤

步骤01 新建空白文件并填充为黑色，导入人像照片素材放在居中的位置，如图13-145所示。

图13-145

步骤02 执行"图像>模式>Lab颜色"命令，如图13-146所示。在弹出的对话框中单击"不拼合"按钮，将当前图像转换为Lab模式，如图13-147所示。

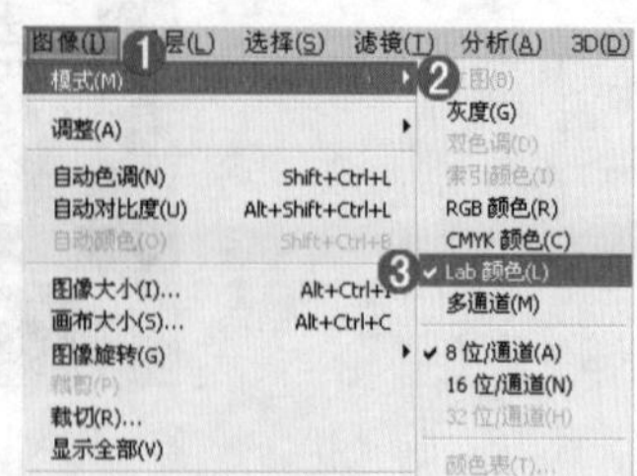

图13-146

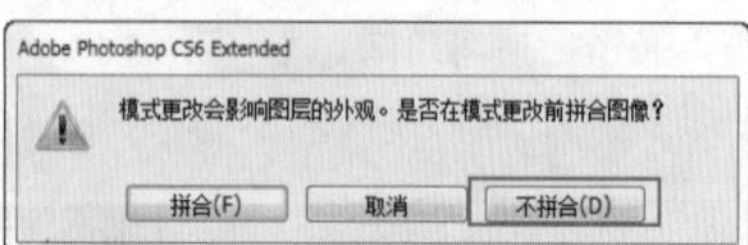

图13-147

技巧提示

在前面章节讲解过，Lab模式有3个通道：明度、a和b。明度通道主要控制图像亮度，而a、b通道则用于控制图像颜色。其中a通道的色彩变化是由绿到红，而b通道则是由黄到蓝。所以使用Lab模式调色可以直接在"通道"面板中对a、b通道进行亮度的调整，以快捷地制作出"反转片"、"阿宝色"等流行色调。

步骤03 在"通道"面板中选择a通道，并显示出RGB复合通道，如图13-148所示。按Ctrl+M组合键，在弹出的"曲线"对话框中调整曲线形状，单击"确定"按钮结束操作，如图13-149所示。效果如图13-150所示。

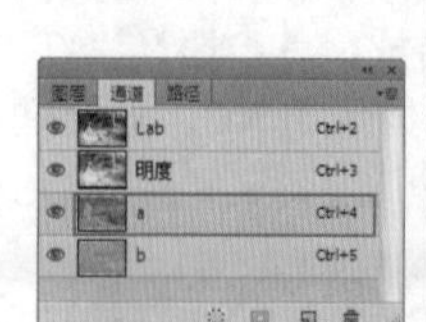

图13-148

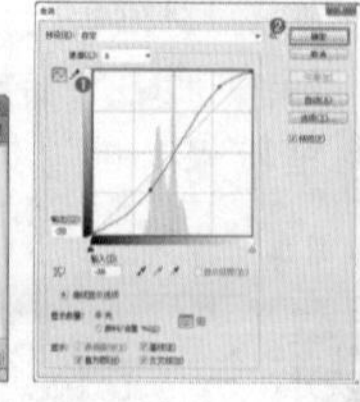

图13-149

图13-150

步骤04 选择通道b，如图13-151所示，同样进行曲线调整，单击"确定"按钮结束操作，如图13-152所示。效果如图13-153所示。

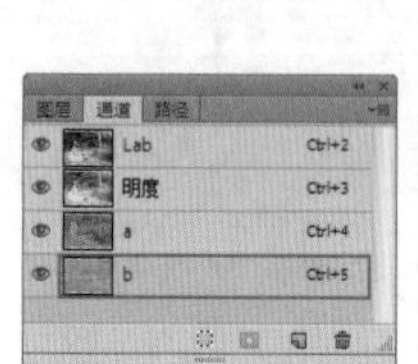

图13-151

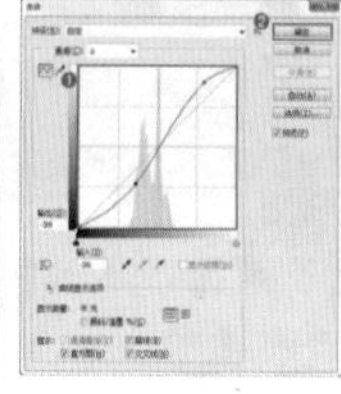

图13-152

图13-153

步骤05 最后对"明度"通道使用曲线命令，适当将其提亮，如图13-154和图13-155所示。导入文字素材，最终效果如图13-156所示。

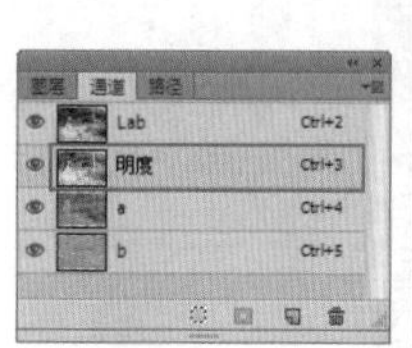

图13-154

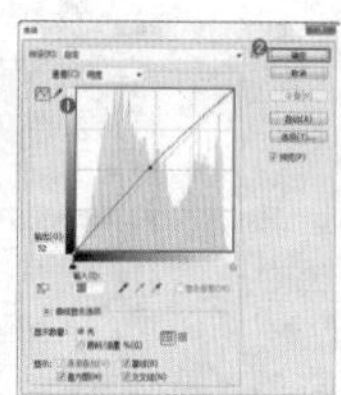

图13-155

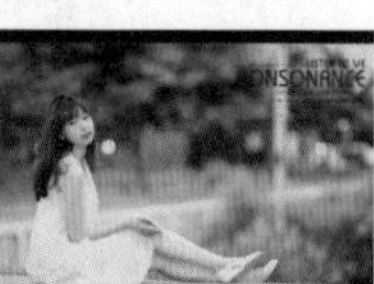

图13-156

13.4.4 通道抠图

通道抠图主要是利用图像的色相差别或明度差别来创建选区，在操作过程中可以多次重复使用"亮度/对比度"、"曲线"、"色阶"等调整命令，以及画笔、加深、减淡等工具对通道进行调整，以得到最精确的选区。通道抠图法常用于抠选毛发、云朵、烟雾以及半透明的婚纱等对象。如图13-157和图13-158所示。

图13-157

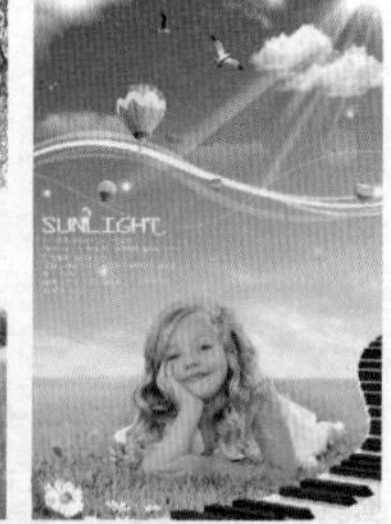

图13-158

实例练习——使用通道抠出毛茸茸的小动物

实例文件	实例练习——使用通道抠出毛茸茸的小动物.psd
视频教学	实例练习——使用通道抠出毛茸茸的小动物.flv
难易指数	★★★★★
技术要点	画笔工具、通道面板

实例效果

本例效果如图13-159所示。

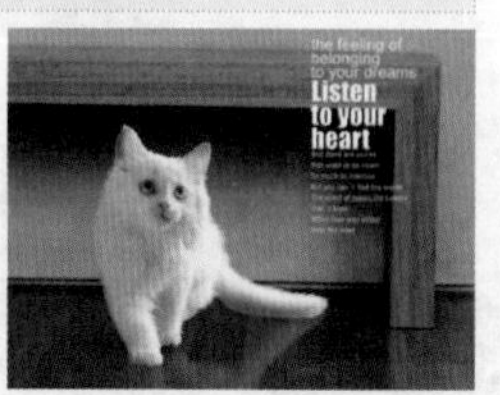

图13-159

操作步骤

步骤01 打开背景文件并导入小动物素材，如图13-160和图13-161所示。

图13-160

图13-161

步骤 02 进入“通道”面板，复制绿色通道，如图 13-162 所示。按 Ctrl+M 组合键，在弹出的“曲线”对话框中调整曲线形状，如图 13-163 所示。使暗部的部分更暗，亮部的部分更亮，如图 13-164 所示。

图13-162

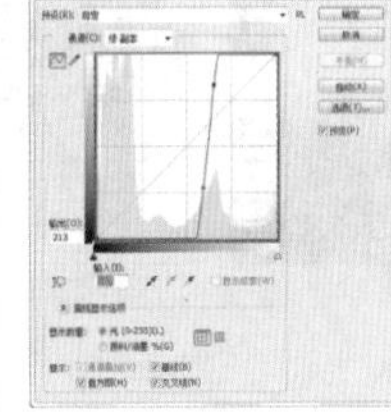
图13-163

图13-164

技巧提示

使用通道抠图的主要目的是在通道中强化前景和背景的明暗对比，所以需要尽量选择前景和背景明度对比较强烈的通道，并且一定要复制所选通道后进行操作，否则会破坏原图颜色。

步骤 03 此时该图像背景基本变为黑色，只有右侧地面部分为灰色，可以使用工具箱中的加深工具，设置“范围”为“暗部”，进行涂抹，使其变为黑色。而小动物身体上的灰色区域则可以使用白色画笔或减淡工具进行涂抹，使动物部分变为白色，效果如图 13-165 所示。

步骤 04 载入绿通道副本选区，回到“图层”面板中，选择“动物”图层，单击“添加图层蒙版”按钮为其添加图层蒙版，如图 13-166 所示。隐藏背景部分，如图 13-167 所示。

步骤 05 复制“动物”图层，在“图层”面板中设置“不透明度”为 20%，如图 13-168 所示。使用“自由变换”快捷键，单击右键执行“垂直翻转”命令，制作倒影效果，如图 13-169 所示。

图13-165

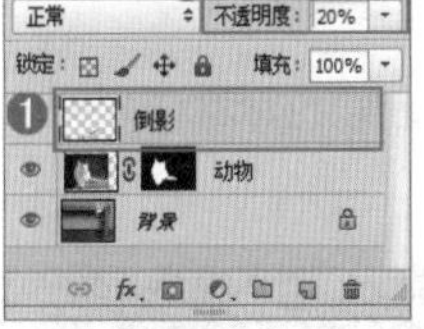
图13-166

图13-167

图13-168

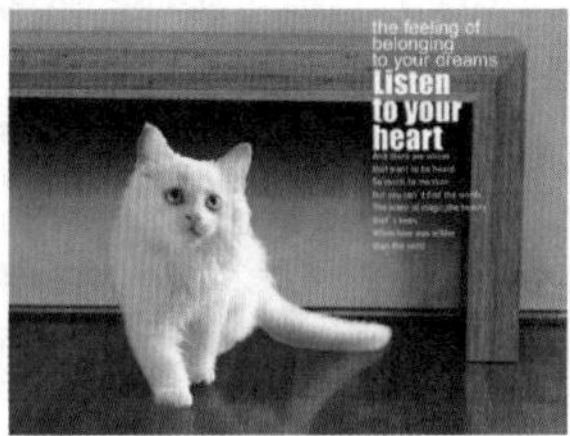
图13-169

技巧提示

由于背景图像右侧家具底部有明显的反光，为了使前景与背景融合得更好，需要模拟出类似的反光效果。

步骤 06 最后使用黑色画笔绘制阴影部分，如图 13-170 所示。最终效果如图 13-171 所示。

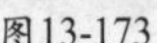
图13-170

图13-171

实例练习——使用通道抠图抠选云朵

实例文件	实例练习——使用通道抠图抠选云朵.psd
视频教学	实例练习——使用通道抠图抠选云朵.flv
难易指数	★★★★★
技术要点	通道抠图

实例效果

本例效果如图 13-172 所示。

图13-172

操作步骤

步骤 01 打开背景素材，如图 13-173 所示。导入云朵素材，并放在左上角，如图 13-174 所示。

图13-173

图13-174

步骤 02 隐藏背景图层，选择云朵图层。进入“通道”面板，选择一个前景与背景明暗反差较大的通道——红通道，复制红通道并执行“图像 > 调整 > 曲线”命令，单击按钮，如图13-175所示，在如图13-176所示的位置单击，使该区域变为黑色。

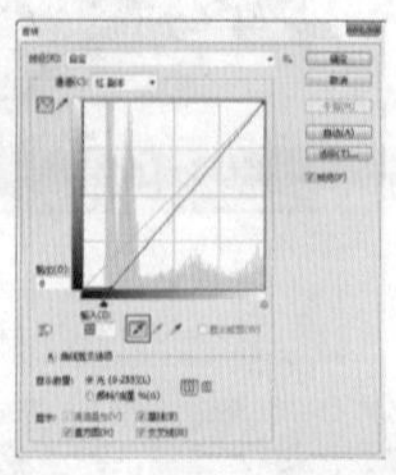
图13-175

图13-176

步骤03 继续单击底部灰色区域，如图13-177所示。底部同样变为黑色，如图13-178所示。

图13-177

图13-178

步骤04 完成曲线调整之后，使用黑色画笔工具将左侧多余的云朵覆盖上黑色，如图13-179所示。

步骤05 对该通道执行“滤镜 > 模糊 > 高斯模糊”命令，设置“半径”为3像素，如图13-180所示。

步骤06 载入红通道副本选区，选择RGB复合通道，并回到“图层”面板中执行“选择 > 修改 > 收缩”命令，设置“收缩量”为3像素，如图13-181所示。在“图层”面板中为云朵图层添加图层蒙版，如图13-182所示。

图13-179

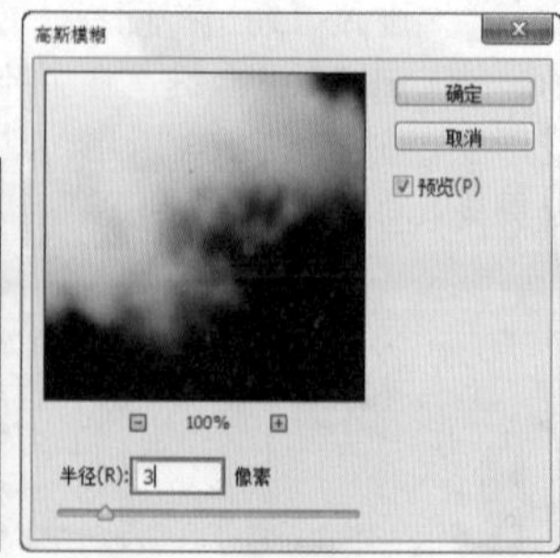

图13-180

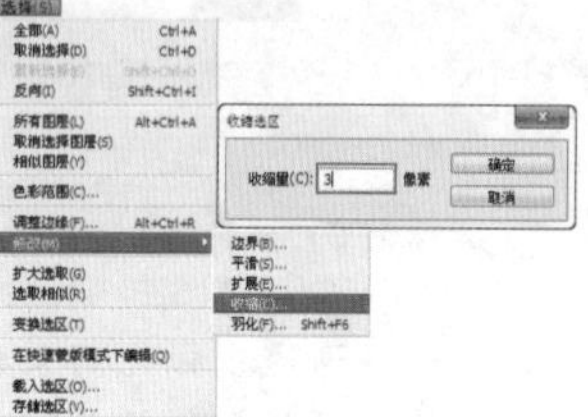

图13-181

图13-182

步骤07 此时可以看到云朵背景部分被去除了，如图13-183所示。用同样的方法制作其他云朵并导入前景素材，最终效果如图13-184所示。

图13-183

图13-184

实例练习——使用通道抠图为长发美女换背景

实例文件	实例练习——使用通道抠图为长发美女换背景.psd
视频教学	实例练习——使用通道抠图为长发美女换背景.flv
难易指数	★★★★★
技术要点	通道抠图

实例效果

本例素材如图13-185所示，效果如图13-186所示。

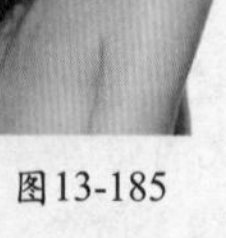
图13-185

图13-186

操作步骤

步骤01 打开人像素材，如图13-187所示。按住Alt键双击背景图层，将其转换为普通图层。进入“通道”面板，复制蓝通道，如图13-188所示。按Ctrl+M组合键，在弹出的“曲线”对话框中调整曲线形状，使暗部的部分更暗，亮部的部分更亮，如图13-189所示。效果如图13-190所示。

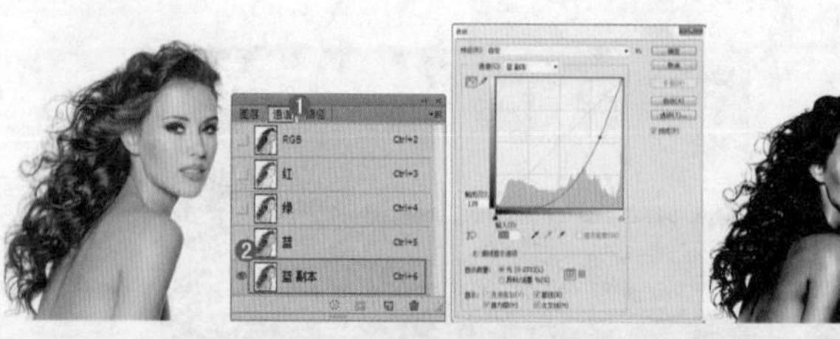
图13-187 图13-188 图13-189 图13-190

步骤02 使用工具箱中的加深工具和减淡工具，加深背景部分，减淡人像部分，强化前景与背景的对比，如图 13-191 所示。

步骤 03 由于当前人像部分为黑色，背景部分为白色，被选中的区域为背景，所以需要执行“图像 > 调整 > 反相”命令，将当前通道黑白翻转，如图 13-192 所示。

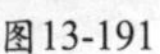
图13-191

图13-192

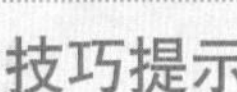
技巧提示

为了使头发边缘部分与背景融合得更加真实，可以在边缘处适当涂抹出灰色区域，如图 13-193 所示。

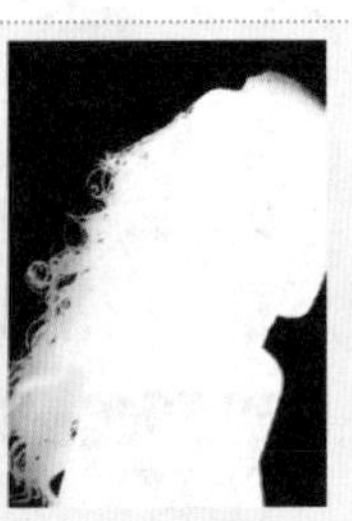
图13-193

步骤 04 按住 Ctrl 键单击蓝副本通道缩略图载入选区，回到“图层”面板中，为“人像”图层添加图层蒙版，并设置其混合模式为“正片叠底”，如图 13-194 所示。效果如图 13-195 所示。

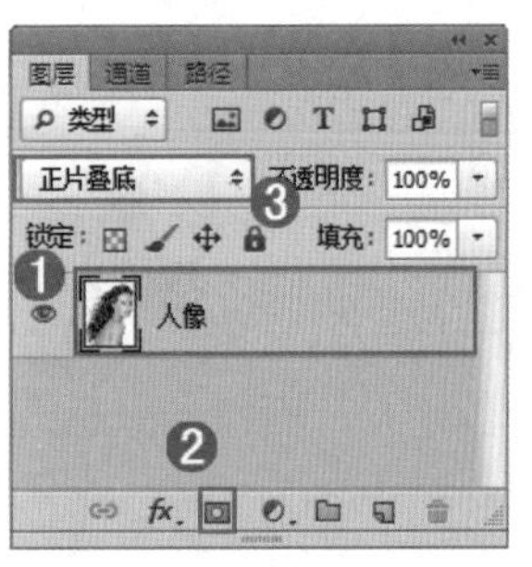

图13-194

图13-195

步骤 05 导入背景素材，将其放置在人像图层下方，由于人像图层的混合模式为“正片叠底”，所以从人像身上能够透出背景图的花纹，如图 13-196 所示。

步骤 06 为背景图层添加图层蒙版，使用画笔工具，适当设置画笔的大小及不透明度，设置前景色为黑色，涂抹去掉影响人像肤色部分，如图 13-197 所示。效果如图 13-198 所示。

步骤 07 导入前景素材，最终效果如图 13-199 所示。

图13-196

图13-197

图13-198

图13-199

实例练习——打造唯美梦幻感婚纱照

实例文件	实例练习——打造唯美梦幻感婚纱照 .psd
视频教学	实例练习——打造唯美梦幻感婚纱照 .flv
难易指数	★★★★★
技术要点	通道抠图法、调整图层的使用

实例效果

本例效果如图 13-200 所示。

图13-200

操作步骤

步骤 01 打开背景素材，如图 13-201 所示。导入人像照片，本例重点在于将半透明的白纱从背景中提取出来，首先需要使用钢笔工具绘制出人像外轮廓选区，并将其复制出来，如图 13-202 所示。

图13-201

图13-202

步骤 02 对人像主体进行调整，进入“通道”面板，复制绿通道，如图 13-203 所示。按 Ctrl+M 组合键，在弹出的“曲线”对话框中调整曲线形状，使暗部的部分更暗，亮部的部分更亮，如图 13-204 所示。效果如图 13-205 所示。

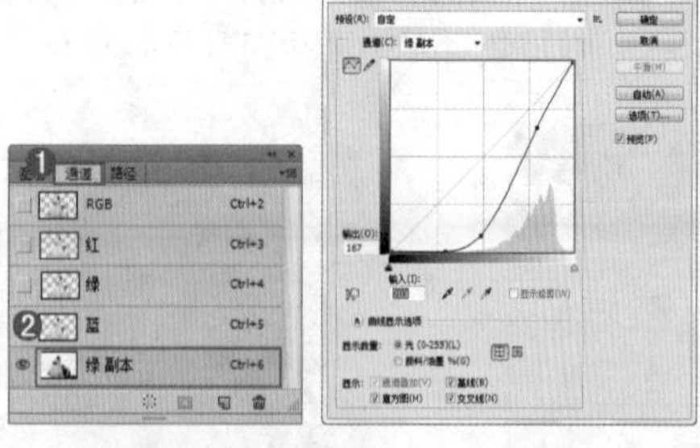

图13-203

图13-204

图13-205

技巧提示

为了制作出薄纱的半透明效果，在通道中透明度较高的区域需要体现出较深的灰色，而透明度较低的区域则需要体现出较浅的灰色，白色的区域为完全不透明，黑色的区域为完全透明。

步骤 03 按 Ctrl 键单击绿通道副本，载入选区。进入“图层”面板，单击“添加图层蒙版”按钮，如图 13-206 所示。此时可以看到身体两侧的薄纱效果非常好，但是人像部分变为透明，如图 13-207 所示。

图13-206

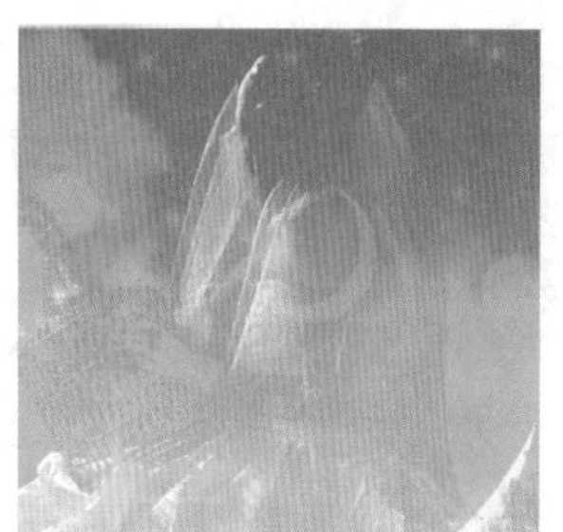

图13-207

步骤 04 下面需要还原人像身上不透明的部分。这里可以使用钢笔工具绘制精确选区，并在蒙版中填充白色，使人像部分显示出来而保持薄纱部分半透明的效果，如图 13-208 所示。

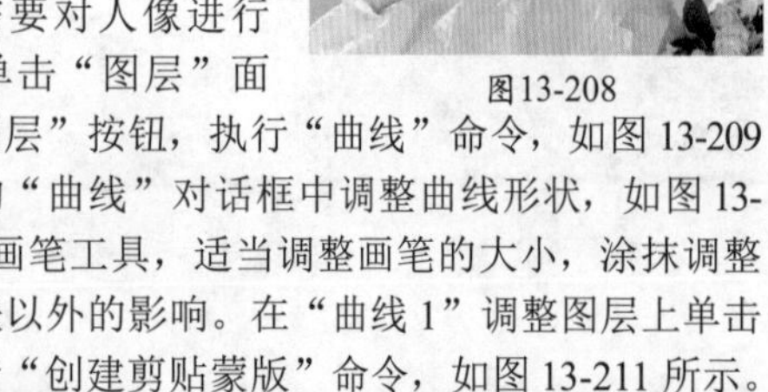

图13-208

步骤 05 下面需要对人像进行适当的调色。单击“图层”面板中的“调整图层”按钮，执行“曲线”命令，如图 13-209 所示。在弹出的“曲线”对话框中调整曲线形状，如图 13-210 所示。使用画笔工具，适当调整画笔的大小，涂抹调整图层对人像皮肤以外的影响。在“曲线 1”调整图层上单击右键，选择执行“创建剪贴蒙版”命令，如图 13-211 所示。使其只对人像图层起作用，如图 13-212 所示。

步骤 06 创建“可选颜色”调整图层，单击右键，选择“创建剪贴蒙版”命令，设置“颜色”为“白色”,“洋红”为 -100%，“黄色”为 -100%，如图 13-213 所示。使用画笔工具，适当调整画笔的大小，涂抹调整图层对婚纱以外的影响，如图 13-214 所示。

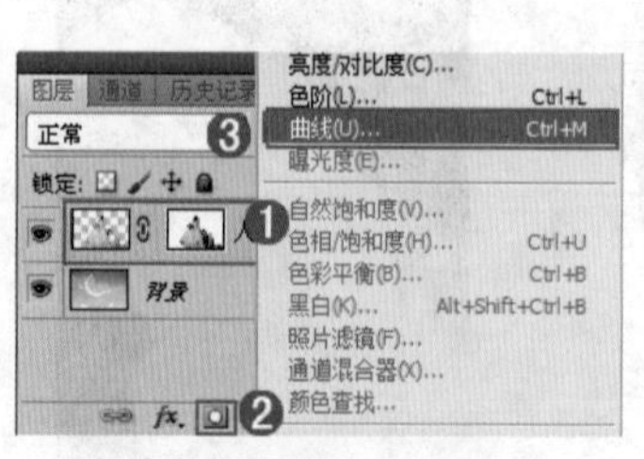

图13-209

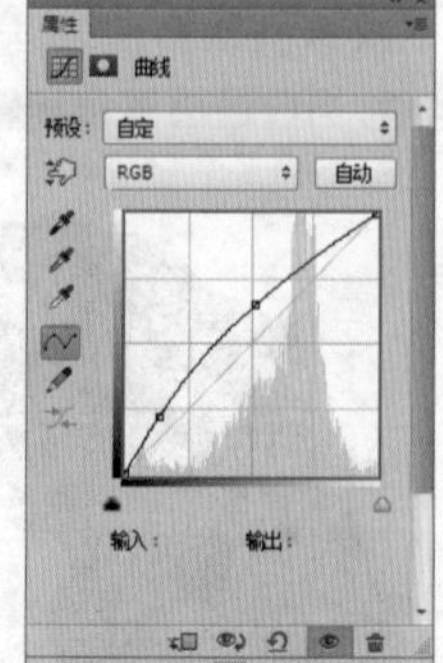

图13-210

图13-211

图13-212

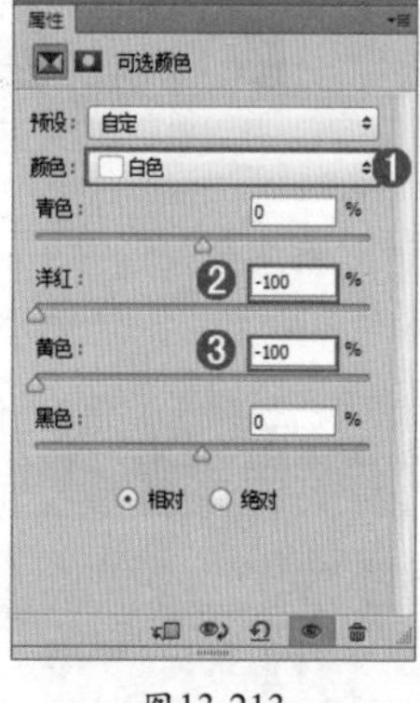

图13-213

图13-214

步骤 07 创建“自然饱和度”调整图层，设置“自然饱和度”为 -100，如图 13-215 所示。单击右键，选择“创建剪贴蒙版”命令，如图 13-216 所示。

图13-215

图13-216

步骤 08 下面需要制作桌子附近的薄纱。仍然使用钢笔工具从原图中提取出薄纱，将其他图层隐藏，如图 13-217 所示。进入“通道”面板，复制绿通道，按 Ctrl+M 组合键，在弹出的“曲线”对话框中调整曲线形状，使暗部的部分更暗，亮部的部分更亮，如图 13-218 所示。

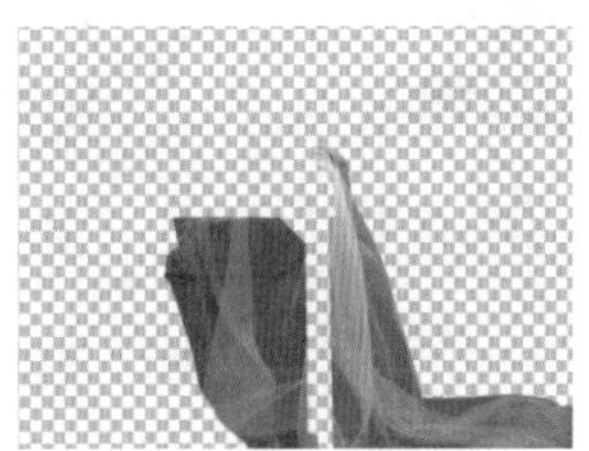

图13-217

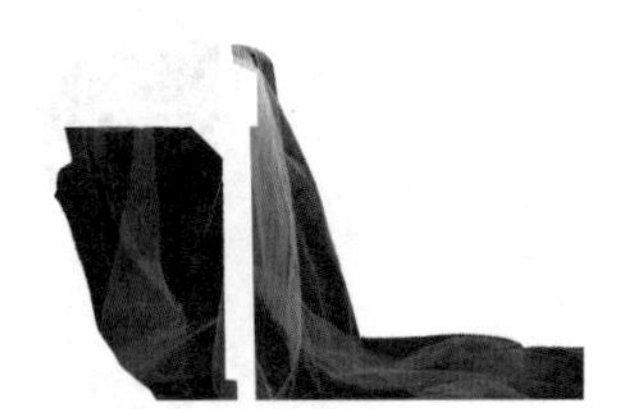

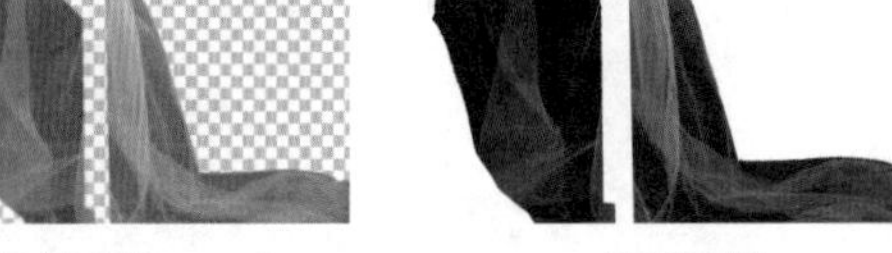

图13-218

步骤 09 载入绿通道副本选区，进入“图层”面板，为其添加图层蒙版，制作透明效果，如图 13-219 所示。

步骤 10 导入前景素材，最终效果如图 13-220 所示。

图13-219

图13-220

实例练习——使用通道制作水彩画效果

实例文件	实例练习——使用通道制作水彩画效果 .psd
视频教学	实例练习——使用通道制作水彩画效果 .flv
难易指数	★★★★★
技术要点	通道与选区的转换

实例效果

本例素材如图 13-221 所示，效果如图 13-222 所示。

图13-221

图13-222

操作步骤

步骤 01 打开人像素材文件，如图 13-223 所示。进入“通道”面板，拖曳“绿”通道到“新建 Alpha 通道”按钮上，复制出绿通道副本，如图 13-224 所示。效果如图 13-225 所示。

图13-223

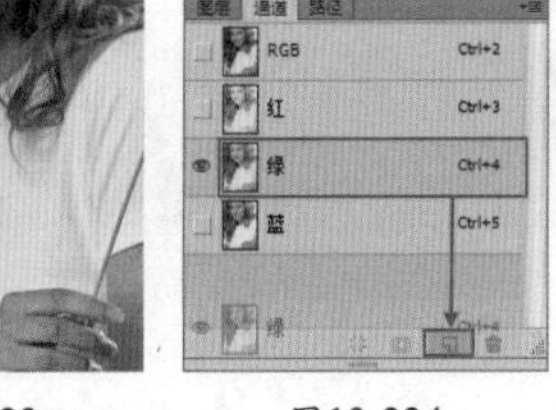

图13-224

图13-225

步骤 02 对复制出的绿通道副本执行“图像 > 新建调整图层 > 曲线”命令，调整曲线形状，强化黑白对比，如图 13-226 所示。效果如图 13-227 所示。

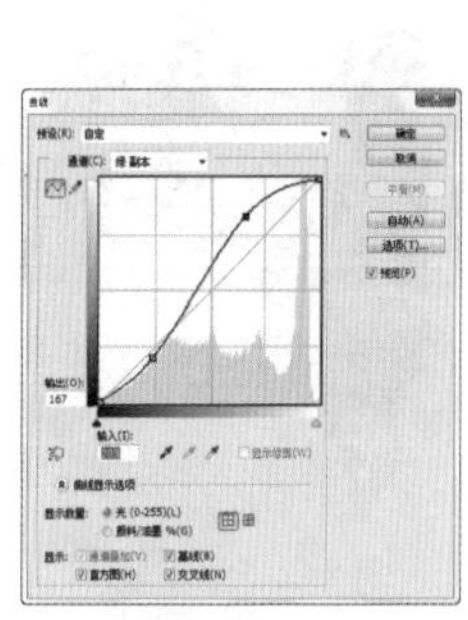

图13-226

图13-227

步骤 03 继续执行“图像 > 新建调整图层 > 阈值”命令，设置“阈值色阶”为 135，如图 13-228 和图 13-229 所示。

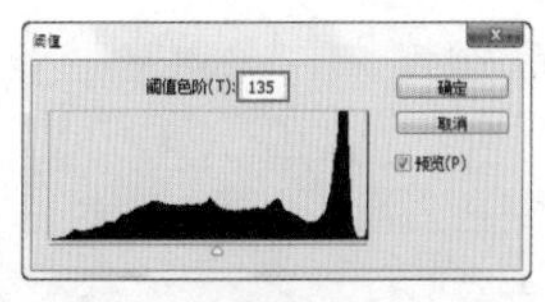

图13-228

图13-229

步骤 04 导入水彩斑点素材，调整好大小和位置，并将该图层隐藏，如图 13-230 所示。

步骤 05 回到“通道”面板，单击“将通道作为选区载入”按钮 载入当前选区，并 Ctrl+Shift+I 组合键进行反向，如图 13-231 所示。

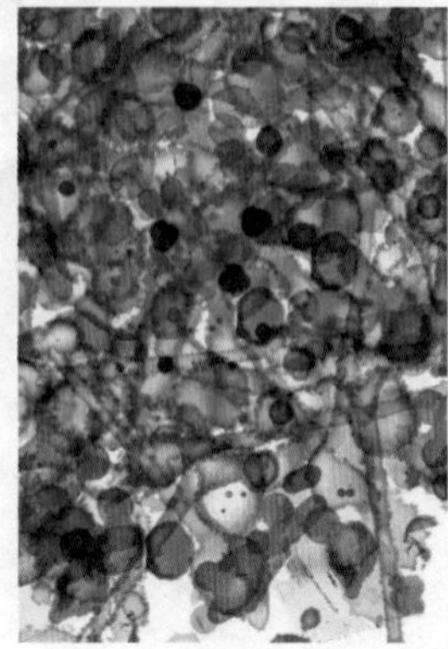

图13-230

图13-231

步骤 06 回到“图层”面板中，隐藏其他图层，显示出水彩素材，然后以当前选取为水彩图层添加图层蒙版，如图 13-232 所示。效果如图 13-233 所示。

图13-232

图13-233

步骤 07 在“水彩”图层下方新建图层并填充白色，将“水彩”图层与白色图层进行合并，命名为“合并”，如图 13-234 所示。

图13-234

步骤 08 将“合并”图层的混合模式设置为“正片叠底”，如图 13-235 所示。导入背景素材，放在图层面板的最底部。最终效果如图 13-236 所示。

图13-235

图13-236

滤镜与增效工具的使用

滤镜本身是一种摄影器材，安装在相机上，用于改变光源的色温，以满足摄影及制作特殊效果的需要。在 Photoshop 中，滤镜的功能非常强大，不仅可以制作一些常见的素描、印象派绘画等特殊艺术效果，还可以创作出绚丽无比的创意图像。

本章学习要点：

- 掌握智能滤镜的使用方法
- 了解常用滤镜的适用范围
- 熟练掌握“液化”滤镜的使用方法
- 了解各个滤镜组的功能与特点
- 了解常用外挂滤镜的安装与使用方法

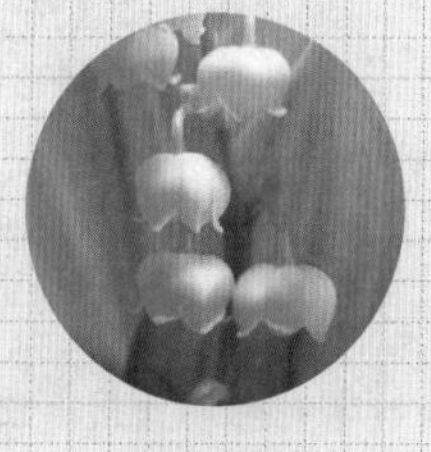

14.1 初识滤镜

滤镜本身是一种摄影器材，安装在相机上，用于改变光源的色温，以满足摄影及制作特殊效果的需要。在 Photoshop 中，滤镜的功能非常强大，不仅可以制作一些常见的素描、印象派绘画等特殊艺术效果，还可以创作出绚丽无比的创意图像，如图 14-1 和图 14-2 所示。

在 Photoshop 中，“滤镜”菜单中的滤镜分为 3 类：“滤镜库”、“自适应广角”、“镜头校正”、“液化”、“油画”和“消失点”滤镜属于特殊滤镜；“风格化”、“模糊”、“扭曲”、“锐化”、“视频”、“像素化”、“渲染”、“杂色”和“其他”属于滤镜组；如果安装了外挂滤镜，在“滤镜”菜单的底部会显示出来，如图 14-3 所示。

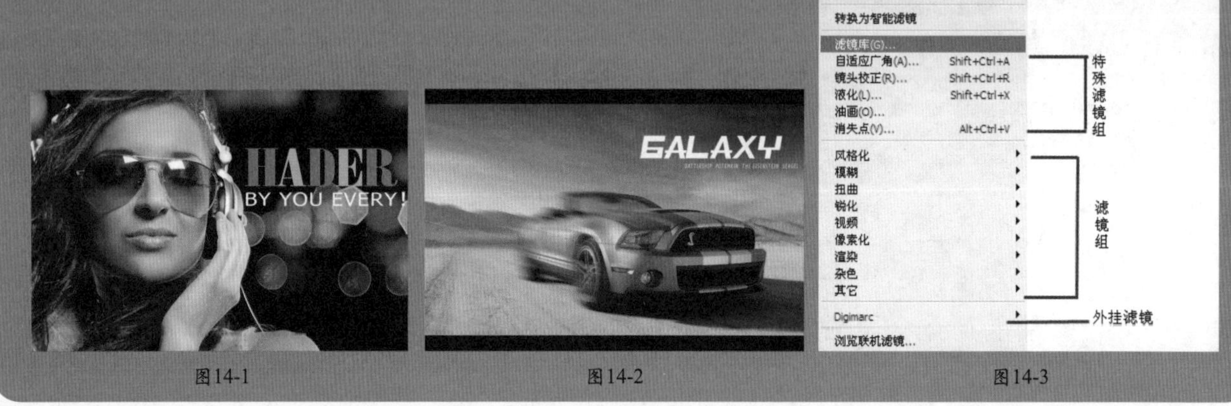

图14-1 图14-2 图14-3

14.1.1 滤镜的使用方法

为图像添加滤镜的方法很简单，执行“滤镜 > 滤镜库”命令，如图 14-4 和图 14-5 所示。

打开滤镜库，选择合适的滤镜，然后适当调节参数，调整完成后单击“确定”按钮结束操作，如图 14-6 所示。效果如图 14-7 所示。

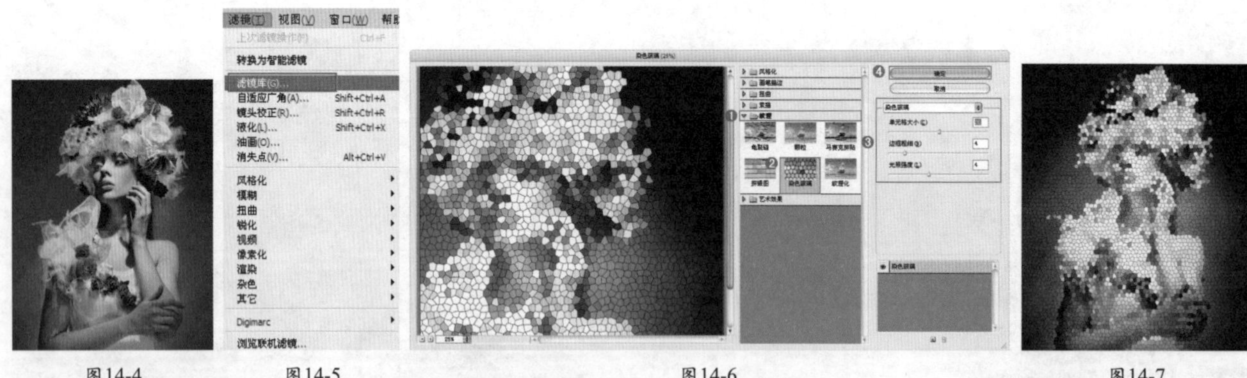

图14-4 图14-5 图14-6 图14-7

技巧提示

滤镜在 Photoshop 中具有非常神奇的作用。使用时只需要从“滤镜”菜单中选择需要的滤镜，然后适当调节参数即可。在通常情况下，滤镜需要配合通道、图层等一起使用，才能获得最佳艺术效果。

在使用滤镜时，掌握了其使用原则和技巧，可以大大提高工作效率。

- 使用滤镜处理图层中的图像时，该图层必须是可见图层。
- 如果图像中存在选区，则滤镜效果只应用在选区之内；如果没有选区，则滤镜效果将应用于整个图像，如图14-8所示。
- 滤镜效果以像素为单位进行计算，因此，相同参数处理不同分辨率的图像，其效果也不一样。
- 只有“云彩”滤镜可以应用在没有像素的区域，其余滤镜都必须应用在包含像素的区域（某些外挂滤镜除外）。
- 滤镜可以用来处理图层蒙版、快速蒙版和通道。

滤镜应用于选区　　滤镜应用于整个图像

图14-8

- 在CMYK颜色模式下，某些滤镜将不可用；在索引和位图颜色模式下，所有的滤镜都不可用。如果要对CMYK图像、索引图像和位图图像应用滤镜，可以执行“图像 > 模式 >RGB颜色”命令，将图像模式转换为RGB颜色模式后，再应用滤镜。
- 当应用完一个滤镜以后，“滤镜”菜单下的第1行会出现该滤镜的名称，执行该命令或按Ctrl+F组合键，可以按照上一次应用该滤镜的参数配置再次对图像应用该滤镜。另外，按Alt+Ctrl+F组合键可以打开滤镜的对话框，对滤镜参数进行重新设置。
- 在任何一个滤镜对话框中按住Alt键，“取消”按钮 取消 都将变成“复位”按钮 复位，单击“复位”按钮 复位，可以将滤镜参数恢复到默认设置，如图14-9所示。
- 在应用滤镜的过程中，如果要终止处理，可以按Esc键。
- 在应用滤镜时，通常会弹出该滤镜的对话框或滤镜库，在预览窗口中可以预览滤镜效果，同时可以拖曳图像，以观察其他区域的效果，如图14-10所示。单击 - 按钮和 + 按钮可以缩放图像的显示比例。另外，在图像的某个点上单击，预览窗口中就会显示出该区域的效果，如图14-11所示。

图14-9

图14-10

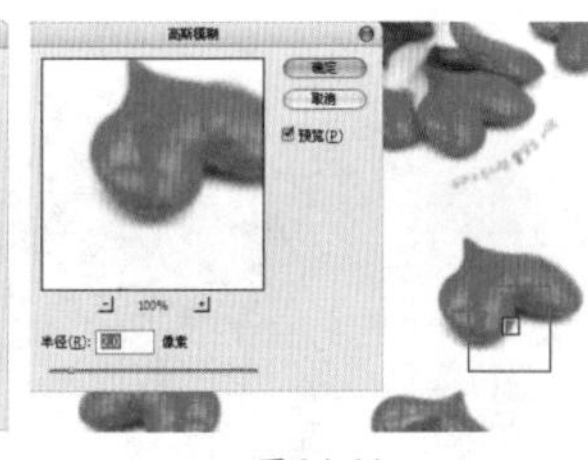
图14-11

14.1.2 智能滤镜

应用于智能对象的任何滤镜都是智能滤镜，智能滤镜属于非破坏性滤镜。由于智能滤镜的参数是可以调整的，因此可以调整智能滤镜的作用范围，或对其进行移除、隐藏等操作，如图14-12所示。

要使用智能滤镜，首先需要将普通图层转换为智能对象。在普通图层的缩略图上单击鼠标右键，在弹出的菜单中选择“转换为智能对象”命令，即可将普通图层转换为智能对象，如图14-13所示。

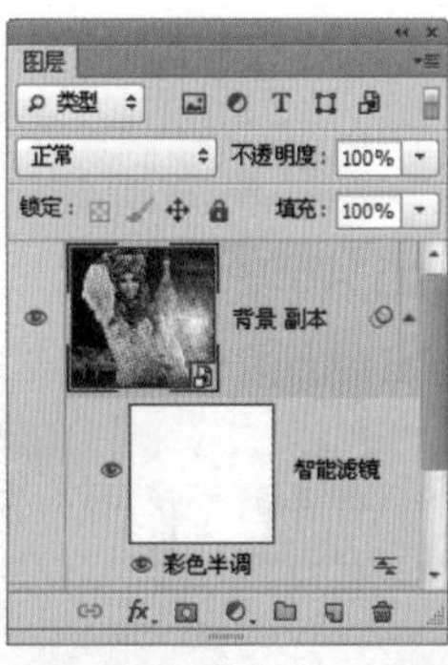

图14-12

图14-13

答疑解惑：哪些滤镜可以作为智能滤镜使用？

除了“抽出”滤镜、“液化”滤镜和“镜头模糊”滤镜以外，其他滤镜都可以作为智能滤镜使用，当然，也包含支持智能滤镜的外挂滤镜。另外，“图像 > 调整”菜单下的“阴影 / 高光”和“变化”命令也可以作为智能滤镜来使用。

智能滤镜包含一个类似于图层样式的列表，因此可以隐藏、停用和删除滤镜，如图14-14所示。另外，还可以设置智能滤镜与图像的混合模式，双击滤镜名称右侧的图标，可以在弹出的“混合选项”对话框中调节滤镜的模式和不透明度，如图14-15所示。

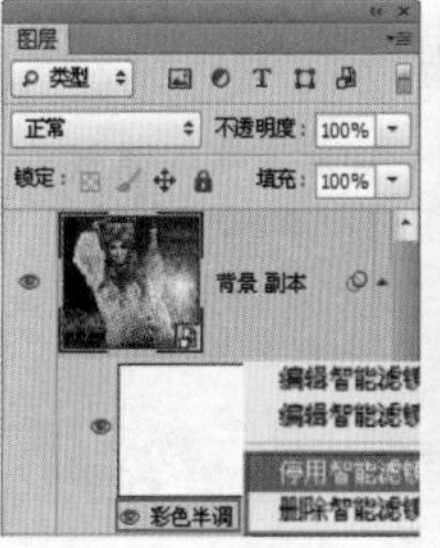
图14-14

图14-15

14.1.3 渐隐滤镜效果

“渐隐滤镜库”命令可以用于更改滤镜效果的不透明度和混合模式，相当于将滤镜效果图层放在原图层的上方，并调整滤镜图层的混合模式以及透明度得到的效果，如图 14-16 和图 14-17 所示。

图14-16　　图14-17

> **技巧提示**
>
> “渐隐滤镜库”命令必须在进行了编辑操作之后立即执行，如果中间又进行其他操作，则该命令会发生相应的变化。

理论实践——利用渐隐调整滤镜效果

（1）执行“文件 > 打开”命令，打开素材文件，如图 14-18 所示。执行“滤镜 > 滤镜库”命令，如图 14-19 所示。

（2）在“滤镜库”中选择“素描”滤镜组，单击“影印”滤镜缩略图，设置“细节”为 4，“暗度”为 20，如图 14-20 所示。效果如图 14-21 所示。

图14-18

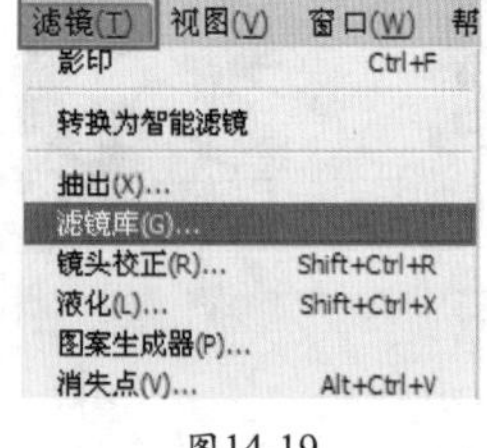

图14-19

图14-20

图14-21

（3）执行“编辑 > 渐隐滤色库”命令，如图 14-22 所示，然后在弹出的“渐隐”对话框中设置“模式”为“正片叠底”，如图 14-23 所示。最终效果如图 14-24 所示。

图14-22

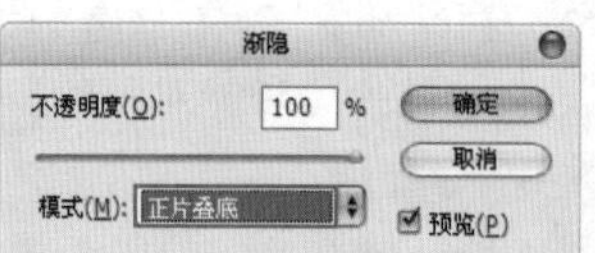

图14-23

图14-24

> **※技术拓展：提高滤镜性能**
>
> 在应用某些滤镜，如“铬黄渐变”滤镜、“光照效果”滤镜等时会占用大量的内存，特别是处理高分辨率的图像，Photoshop 的处理速度会更慢。遇到这种情况，可以尝试使用以下 3 种方法来提高处理速度。
>
> （1）关闭多余的应用程序。
>
> （2）在应用滤镜之前先执行“编辑 > 清理”菜单下的命令，释放出部分内存。
>
> （3）将计算机内存多分配给 Photoshop 一些。执行“编辑 > 首选项 > 性能”命令，打开“首选项”对话框，然后在“内存使用情况”选项组下将 Photoshop 的使用量设置得高一些，如图 14-25 所示。

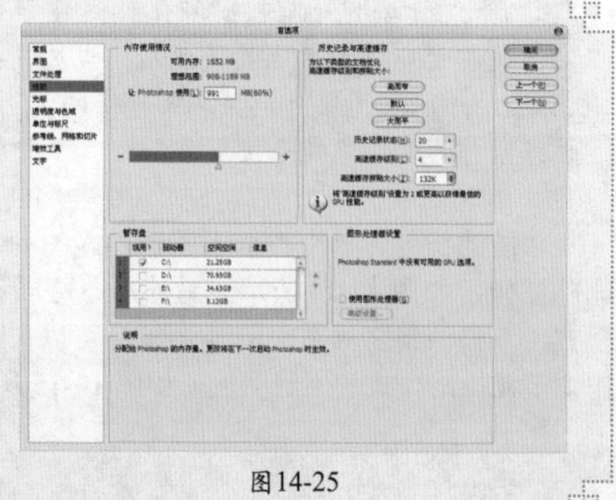

图14-25

14.2 特殊滤镜

14.2.1 滤镜库

执行“滤镜 > 滤镜库”命令，打开滤镜库对话框，其中集合了多个滤镜，如图 14-26 所示。在滤镜库中，可以对一张图像应用一个或多个滤镜，或对同一图像多次应用同一滤镜。另外，还可以使用其他滤镜替换原有的滤镜。在滤镜库中选择某个组，并在其中单击某个滤镜缩略图，在预览窗口中即可观察到滤镜效果，在右侧的参数设置面板中可以进行参数的设置。

图14-26

- **效果预览窗口**：用来预览滤镜的效果。
- **缩放预览窗口**：单击⊟按钮，可以缩小预览窗口的显示比例；单击⊞按钮，可以放大预览窗口的显示比例。另外，还可以在缩放列表中选择预设的缩放比例。
- **显示 / 隐藏滤镜缩略图**：单击该按钮，可以隐藏滤镜缩略图，以增大预览窗口。
- **滤镜列表**：可在该列表中选择一个滤镜。这些滤镜是按名称汉语拼音的先后顺序排列的。
- **参数设置面板**：单击滤镜组中的一个滤镜，可以将该滤镜应用于图像，同时在参数设置面板中会显示该滤镜的参数选项。
- **当前使用的滤镜**：显示当前使用的滤镜。
- **滤镜组**：滤镜库中共包含 6 组滤镜，单击滤镜组前面的▶图标，可以展开该滤镜组。
- **“新建效果图层”按钮**：单击该按钮，可以新建一个效果图层，在该图层中可以应用一个滤镜。
- **“删除效果图层”按钮**：选择一个效果图层以后，单击该按钮可以将其删除。
- **当前选择的滤镜**：单击一个效果图层，可以选择该滤镜。

技巧提示

选择一个滤镜效果图层以后，使用鼠标左键可以向上或向下调整该图层的位置，如图 14-27 所示。效果图层的顺序对图像效果有影响。

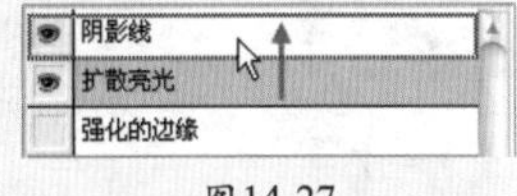

图14-27

- **隐藏的滤镜**：单击效果图层前面的👁图标，可以隐藏滤镜效果。

技巧提示

滤镜库中只包含一部分滤镜，如“模糊”滤镜组和“锐化”滤镜组就不在滤镜库中。

14.2.2 自适应广角

执行“滤镜 > 自适应广角”命令，可打开“自适应广角”对话框。“自适应广角”滤镜可以对广角、超广角及鱼眼效果进行变形校正。在“校正”下拉列表中可以选择校正的类型，包含鱼眼、透视、自动、完整球面，如图 14-28 所示。

图14-28

- **约束工具**：将鼠标指针放在控件上可获得帮助。
- **多边形约束工具**：单击图像或拖动端点可添加或编辑约束。按住 Shift 键单击可添加水平 / 垂直约束。按住 Alt 键单击可删除约束。
- **移动工具**：拖动以在画布中移动内容。

- 抓手工具：放大窗口的显示比例后，可以使用该工具移动画面。
- 缩放工具：单击即可放大窗口的显示比例，按住 Alt 键单击即可缩小显示比例。

14.2.3 镜头校正

使用数码相机拍摄照片时经常会出现桶形失真、枕形失真、晕影和色差等问题，“镜头校正”滤镜可以快速修复常见的镜头瑕疵，也可以用来旋转图像或修复由于相机在垂直 / 水平方向上倾斜而导致的图像透视错误现象（该滤镜只能处理 8 位 / 通道和 16 位 / 通道的图像）。执行“滤镜 > 镜头校正”命令，可打开“镜头校正”对话框，如图 14-29 所示。

图14-29

- 移去扭曲工具：使用该工具可以校正镜头桶形失真或枕形失真。
- 拉直工具：绘制一条直线，可以将图像拉直到新的横轴或纵轴。
- 移动网格工具：使用该工具可以移动网格，以将其与图像对齐。
- 抓手工具 / 缩放工具：这两个工具的使用方法与工具箱中的相应工具完全相同。

下面讲解“自定”选项卡中的参数选项，如图 14-30 所示。

图14-30

- 几何扭曲：主要用来校正镜头桶形失真或枕形失真，如图 14-31 所示。数值为正时，图像将向外扭曲；数值为负时，图像将向中心扭曲，如图 14-32 所示。
- 色差：用于校正色边。在进行校正时，放大预览窗口的图像，可以清楚地查看色边校正情况。
- 晕影：校正由于镜头缺陷或镜头遮光处理不当而导致的边缘较暗的图像。“数量”选项用于设置沿图像边缘变亮或变暗的程度，如图 14-33 和图 14-34 所示；“中点”选项用来指定受“数量”数值影响的区域的宽度。
- 变换：“垂直透视”选项用于校正由于相机向上或向下倾斜而导致的图像透视错误，设置为 -100 时，可以将图像变换为俯视效果，设置为 100 时，可以将图像变换为仰视效果，如图 14-35 所示；“水平透视”选项用于校正图像在水平方向上的透视效果，如图 14-36 所示；“角度”选项用于旋转图像，以针对相机歪斜加以校正，如图 14-37 所示；“比例”选项用来控制镜头校正的比例。

图14-31

图14-32

图14-33

图14-34

图14-35

图14-36

图14-37

14.2.4 液化

“液化”滤镜是修饰图像和创建艺术效果的强大工具，常用于数码照片修饰，如人像身形调整、面部结构调整等。“液化”命令的使用方法较简单，但功能相当强大，可以创建推、拉、旋转、扭曲和收缩等变形效果。执行“滤镜 > 液化”命令，可打开“液化”对话框，默认情况下该对话框以简洁的基础模式显示，很多功能处于隐藏状态，在右侧面板中选中“高级模式”复选框可以显示出完整的功能，如图 14-38 所示。

图14-38

1.工具

在“液化”对话框的左侧排列着多种工具，包括变形工具、蒙版工具、抓手工具和缩放工具等。

- 向前变形工具：可以向前推动像素，如图 14-39 所示。
- 重建工具：用于恢复变形的图像。在变形区域单击或拖曳光标进行涂抹时，可以使变形区域的图像恢复到原来的效果，如图 14-40 所示。
- 顺时针旋转扭曲工具：拖曳光标可以顺时针旋转像素，如图 14-41 所示。如果按住 Alt 键进行操作，则可以逆时针旋转像素，如图 14-42 所示。

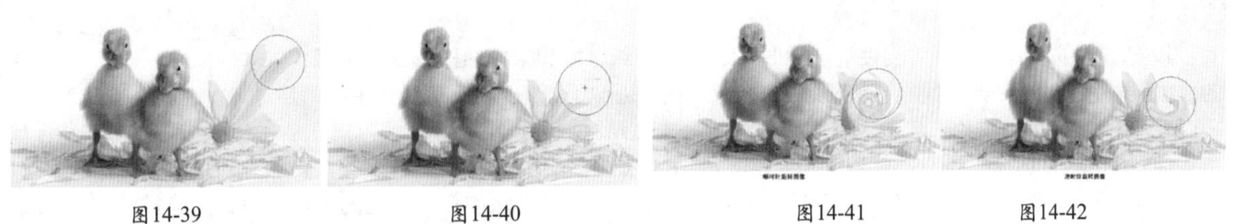

图14-39　图14-40　图14-41　图14-42

- 褶皱工具：可以使像素向画笔区域的中心移动，使图像产生内缩效果，如图 14-43 所示。
- 膨胀工具：可以使像素向画笔区域中心以外的方向移动，使图像产生向外膨胀的效果，如图 14-44 所示。
- 左推工具：当向上拖曳光标时，像素会向左移动；当向下拖曳光标时，像素会向右移动，如图 14-45 和图 14-46 所示；按住 Alt 键向上拖曳光标时，像素会向右移动；按住 Alt 键向下拖曳光标时，像素会向左移动。

图14-43　图14-44　图14-45　图14-46

- 冻结蒙版工具：如果需要对某个区域进行处理，并且不希望操作影响到其他区域，可以使用该工具绘制出冻结区域，该区域将受到保护而不会发生变形，如图 14-47 和图 14-48 所示。
- 解冻蒙版工具：使用该工具在冻结区域涂抹，可以将其解冻，如图 14-49 所示。

图14-47　图14-48　图14-49

- 抓手工具 / 缩放工具：这两个工具的使用方法与工具箱中的相应工具完全相同。

2.工具选项

在“工具选项”选项组下，可以设置当前使用的工具的各种属性，如图14-50所示。

图14-50

- 画笔大小：用来设置扭曲图像的画笔的大小。
- 画笔密度：控制画笔边缘的羽化范围。画笔中心产生的效果最强，边缘处最弱。
- 画笔压力：控制画笔在图像上产生扭曲的速度。
- 画笔速率：设置在使工具（如旋转扭曲工具）在预览图像中保持静止时扭曲所应用的速度。
- 光笔压力：当计算机配有压感笔或数位板时，选中该复选框可以通过压感笔的压力来控制工具。

3.重建选项

“重建选项”选项组下的参数主要用来设置重建方式，以及如何撤销所执行的操作，如图14-51所示。

图14-51

- 模式：设置重建的模式。选择“刚性”选项时，表示在冻结区域和未冻结区域之间边缘处的像素网格中保持直角，可以恢复未冻结的区域，使之近似于原始外观；选择“生硬”选项时，表示在冻结区域和未冻结区域之间的边缘处未冻结区域将采用冻结区域内的扭曲，扭曲将随着与冻结区域距离的增加而逐渐减弱；选择“平滑”选项时，表示在冻结区域和未冻结区域之间创建平滑连续的扭曲；选择“松散”选项时，产生的效果类似于“平滑”选项产生的效果，但冻结区域和未冻结区域的扭曲之间的连续性更大；选择“恢复”选项时，表示均匀地消除扭曲，不进行任何平滑处理。
- 重建：单击该按钮，可以应用重建效果。
- 恢复全部：单击该按钮，可以取消所有的扭曲效果。

4.蒙版选项

如果图像中包含选区或蒙版，可以通过“蒙版选项”选项组来设置蒙版的保留方式，如图14-52所示。

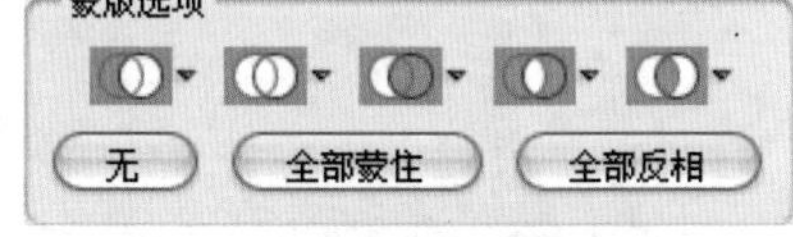

图14-52

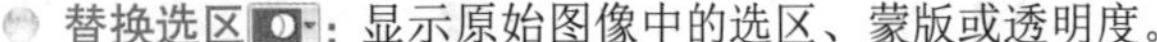

- 替换选区：显示原始图像中的选区、蒙版或透明度。

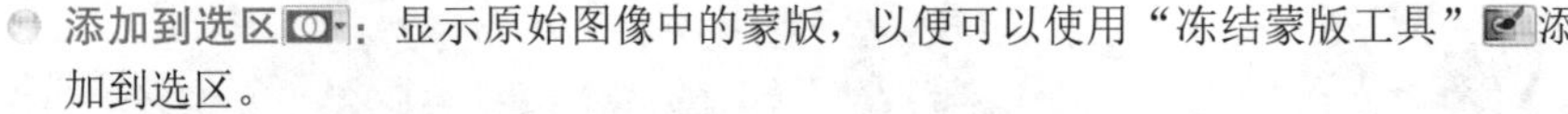

- 添加到选区：显示原始图像中的蒙版，以便可以使用“冻结蒙版工具”添加到选区。
- 从选区中减去：从当前的冻结区域中减去通道中的像素。
- 与选区交叉：只使用当前处于冻结状态的选定像素。
- 反相选区：使用选定像素使当前的冻结区域反相。
- 无：单击该按钮，可以使图像全部解冻。
- 全部蒙住：单击该按钮，可以使图像全部冻结。
- 全部反相：单击该按钮，可以使冻结区域和解冻区域反相。

5.视图选项

“视图选项”选项组主要用来显示或隐藏图像、网格和背景。另外，还可以设置网格大小和颜色、蒙版颜色、背景模式和不透明度，如图14-53所示。

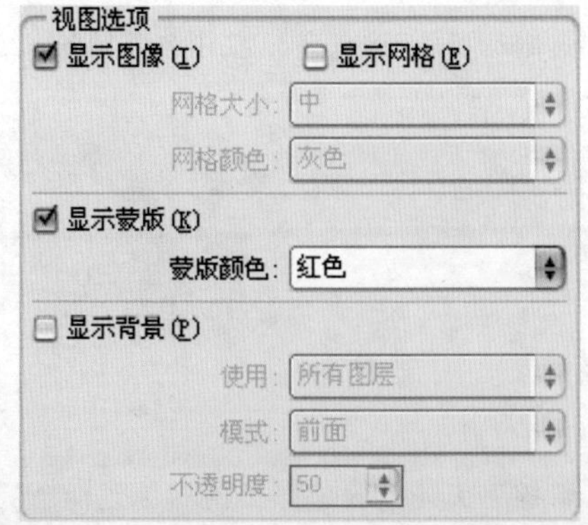

图14-53

- 显示图像：控制是否在预览窗口中显示图像。
- 显示网格：选中该复选框，可以在预览窗口中显示网格，通过网格可以更好地查看扭曲，如图14-54和图14-55所示分别是扭曲前的网格和扭曲后的网格。选中“显示网格”复选框后，下面的“网格大小”和“网格颜色”选项才可用，这两个选项主要用来设置网格的密度和颜色。
- 显示蒙版：控制是否显示蒙版。可以在下面的“蒙版颜色”选项中修改蒙版的颜色，如图14-56所示是蓝色蒙版效果。

图14-54

图14-55

图14-56

- 显示背景：如果当前文档中包含多个图层，可以在“使用”下拉列表中选择其他图层来作为查看背景；“模式”选项主要用来设置背景的查看方式；“不透明度”选项主要用来设置背景的不透明度。

实例练习——打造S形身材美女

实例文件	实例练习——打造S形身材美女.psd
视频教学	实例练习——打造S形身材美女.flv
难易指数	★★★★★
技术要点	掌握“液化”命令

实例效果

本例素材如图14-57所示，效果如图14-58所示。

图14-57

图14-58

操作步骤

步骤01 打开素材文件，如图14-59所示。执行“滤镜>液化”命令，如图14-60所示。

图14-59

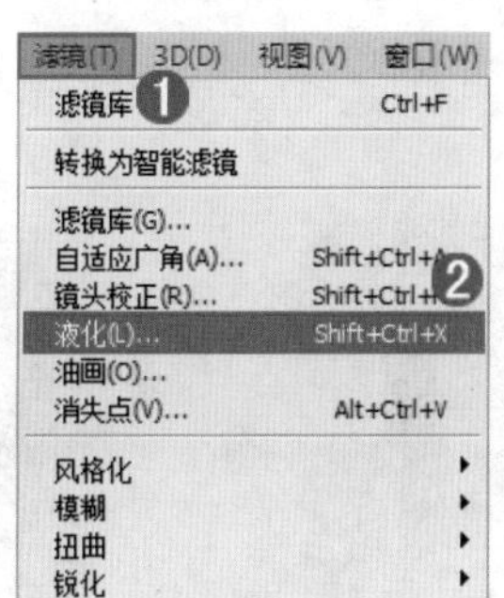

图14-60

步骤02 单击“向前变形工具”按钮，在工具选项中设置“画笔大小”数值为391，“画笔密度”数值为35，“画笔压力”数值为65，调整人像背部和腹部，如图14-61所示。

步骤03 适当调整画笔大小，继续调整人像手臂和臀部，使人物看起来更纤瘦，单击“确定”按钮结束操作，如图14-62所示。

图14-61

图14-62

步骤04 导入光效素材，设置其混合模式为“滤色”，如图14-63所示。然后输入艺术字，如图14-64所示。

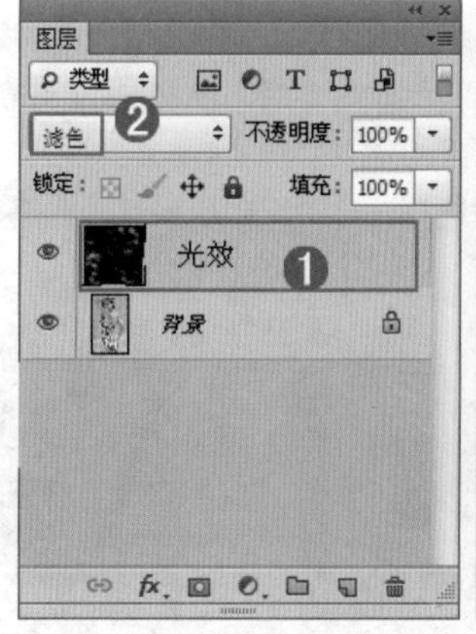

图14-63

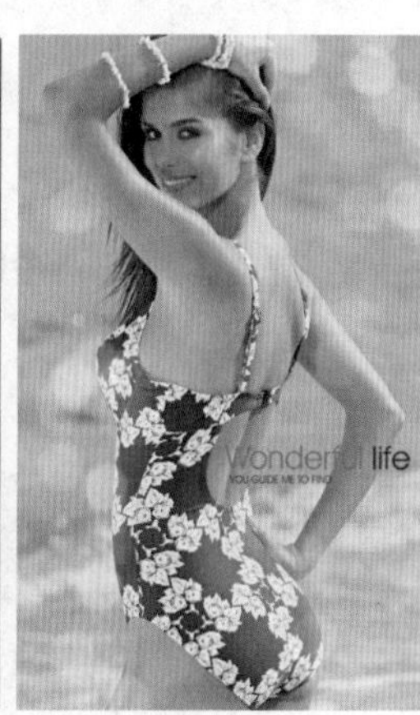

图14-64

实例练习——使用液化工具雕琢完美五官

实例文件	实例练习——使用液化工具雕琢完美五官 .psd
视频教学	实例练习——使用液化工具雕琢完美五官 .flv
难易指数	★★★★★
技术要点	“液化”命令

实例效果

本例效果如图 14-65 所示。

图14-65

操作步骤

步骤 01 打开素材文件，如图 14-66 所示。执行“滤镜 > 液化”命令，如图 14-67 所示。

步骤 02 单击“向前变形工具”按钮，在工具选项中设置“画笔大小”数值为 300，“画笔密度”数值为 35，“画笔压力”数值为 50。在人像面部边缘处单击并向内拖动光标，以达到瘦脸的效果，单击“确定”按钮结束操作，如图 14-68 所示。

步骤 03 导入艺术字素材，最终效果如图 14-69 所示。

图14-66

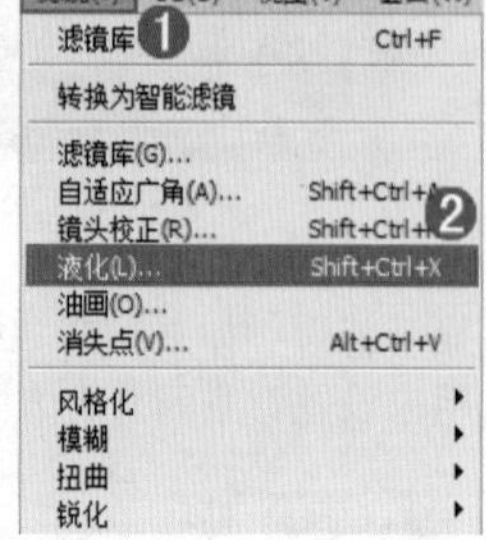

图14-67

图14-68

图14-69

14.2.5 油画

使用“油画”命令可以为普通照片添加油画效果，如图 14-70 和图 14-71 所示。“油画”滤镜最大的特点就是笔触鲜明，整体感觉厚重，有质感。执行“滤镜 > 油画”命令，可打开“油画”对话框进行参数设置。

图14-70

图14-71

14.2.6 消失点

“消失点”滤镜可以在包含透视平面（如建筑物的侧面、墙壁、地面或任何矩形对象）的图像中进行透视校正操作。在修饰、仿制、复制、粘贴或移去图像内容时，Photoshop 可以准确确定这些操作的方向。执行“滤镜 > 消失点”命令，可打开“消失点”对话框，如图 14-72 所示。

- 编辑平面工具：用于选择、编辑、移动平面的节点以及调整平面的大小，如图 14-73 所示是一个创建的透视平面，如图 14-74 所示是使用该工具修改过后的透视平面。

图14-72

图14-73

图14-74

- 创建平面工具：用于定义透视平面的 4 个角节点，如图 14-75 所示。创建好 4 个角节点以后，可以使用该工具对节点进行移动、缩放等操作。如果按住 Ctrl 键拖曳边节点，可以拉出一个垂直平面，如图 14-76 所示。另外，如果节点的位置不正确，可以按 Backspace 键删除该节点。

图14-75

图14-76

- 选框工具：使用该工具可以在创建好的透视平面上绘制选区，以选中平面上的某个区域，如图 14-77 所示。建立选区后，将光标放置在选区内，按住 Alt 键拖曳选区，可以复制图像，如图 14-78 所示。如果按住 Ctrl 键拖曳选区，则可以用源图像填充该区域。
- 图章工具：使用该工具时，按住 Alt 键在透视平面内单击，可以设置取样点，如图 14-79 所示，然后在其他区域拖曳鼠标即可进行仿制操作，如图 14-80 所示。

图14-77

图14-78

图14-79

图14-80

技巧提示

选择“图章工具”后，在对话框的顶部可以设置该工具修复图像的模式。如果要绘画的区域不需要与周围的颜色、光照和阴影混合，可以选择“关”选项；如果要绘画的区域需要与周围的光照混合，同时又需要保留样本像素的颜色，可以选择“明亮度”选项；如果要绘画的区域需要保留样本像素的纹理，同时又要与周围像素的颜色、光照和阴影混合，可以选择“开”选项。

- 画笔工具：主要用来在透视平面上绘制选定的颜色。
- 变换工具：主要用来变换选区，其作用相当于“编辑 > 自由变换”命令，如图 14-81 所示是利用“选框工具”复制的图像，如图 14-82 所示是利用“变换工具”对选区进行变换以后的效果。
- 吸管工具：可以使用该工具在图像上拾取颜色，以用作“画笔工具”的绘画颜色。
- 测量工具：使用该工具可以在透视平面中测量项目的距离和角度。
- 抓手工具：在预览窗口中移动图像。
- 缩放工具：在预览窗口中放大或缩小图像的视图。
- 抓手工具 / 缩放工具：这两个工具的使用方法与工具箱中的相应工具完全相同。

图14-81

图14-82

14.3 风格化滤镜组

14.3.1 查找边缘

使用“查找边缘”滤镜可以自动查找图像像素对比度变化强烈的边界，将高反差区变亮，低反差区变暗，而其他区域则介于两者之间，同时硬边会变成线条，柔边会变粗，从而形成一个清晰的轮廓，如图14-83和图14-84所示。

图14-83

图14-84

14.3.2 等高线

“等高线”滤镜用于查找主要亮度区域，并为每个颜色通道勾勒主要亮度区域，以获得与等高线图中的线条类似的效果，如图14-85和图14-86所示。

- 色阶：用来设置区分图像边缘亮度的级别。
- 边缘：用来设置处理图像边缘的位置。选择“较低”选项时，可以在基准亮度等级以下的轮廓上生成等高线；选项“较高”选项时，可以在基准亮度等级以上的轮廓上生成等高线。

图14-85

图14-86

14.3.3 风

“风”滤镜在图像中放置一些细小的水平线条来模拟风吹效果。如图14-87所示为原始图像与应用“风”滤镜后的效果以及“风”对话框。

- 方法：包括“风”、“大风”和“飓风”3种等级，如图14-88所示分别是这3种等级的效果。

图14-87

图14-88

- 方向：用来设置风源的方向，包括“从右”和“从左”两种。

答疑解惑：如何制作垂直效果的“风”？

使用“风”滤镜只能产生向右或向左吹的风效果。如果要在垂直方向上制作风吹效果，就需要先旋转画布，然后应用“风”滤镜，最后将画布旋转到原始位置即可，如图14-89所示。

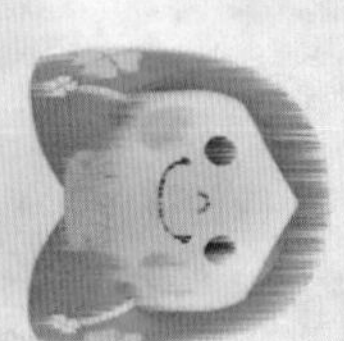

图14-89

14.3.4 浮雕效果

“浮雕效果”滤镜可以通过勾勒图像或选区的轮廓和降低周围颜色值来生成凹陷或凸起的浮雕效果。如图14-90和图14-91所示为原始图像、应用“浮雕效果”滤镜以后的效果以及“浮雕效果”对话框。

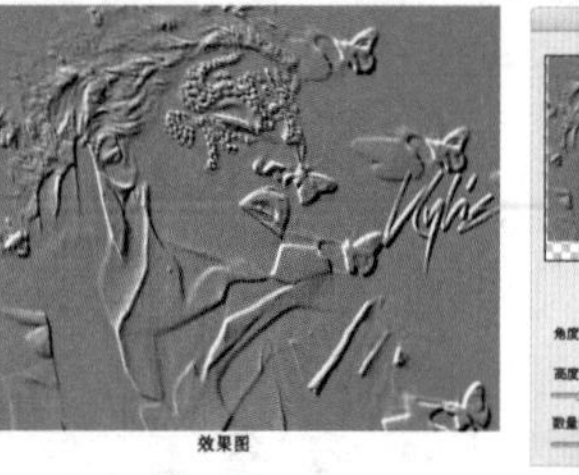

图14-90

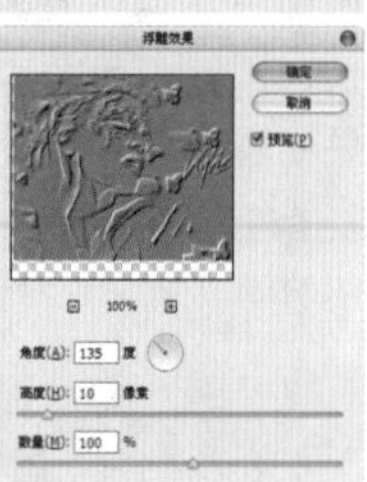
图14-91

- 角度：用于设置浮雕效果的光线方向。光线方向会影响浮雕的凸起位置。
- 高度：用于设置浮雕效果的凸起高度。
- 数量：用于设置浮雕滤镜的作用范围。数值越大，边界越清晰（小于40%时，图像会变灰）。

14.3.5 扩散

“扩散”滤镜可以通过使图像中相邻的像素按指定的方式有机移动，形成一种类似于透过磨砂玻璃观察物体时的分离模糊效果。如图14-92所示为原始图像、应用“扩散”滤镜以后的效果以及“扩散”对话框。

图14-92

- 正常：使图像的所有区域都进行扩散处理，与图像的颜色值没有任何关系。
- 变暗优先：用较暗的像素替换亮部区域的像素，并且只有暗部像素产生扩散。
- 变亮优先：用较亮的像素替换暗部区域的像素，并且只有亮部像素产生扩散。
- 各向异性：使用图像中较暗和较亮的像素产生扩散效果，即在颜色变化最小的方向上搅乱像素。

14.3.6 拼贴

“拼贴”滤镜可以将图像分解为一系列块状，并使其偏离原来的位置，以产生不规则拼砖的图像效果，如图14-93所示为原始图像、应用“拼贴”滤镜以后的效果以及“拼贴”对话框。

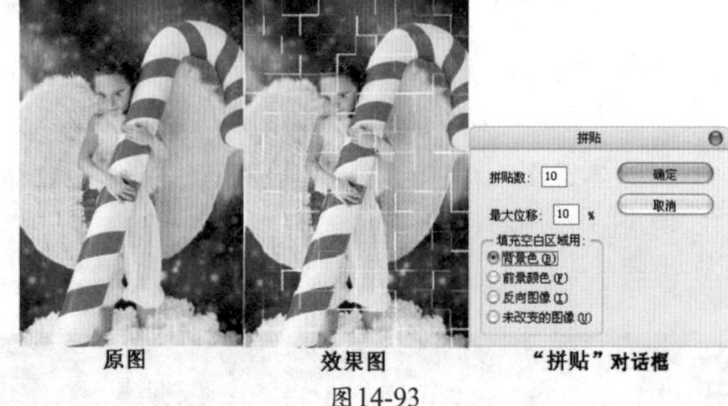

图14-93

- 拼贴数：用来设置在图像每行和每列中要显示的贴块数。
- 最大位移：用来设置拼贴偏移原始位置的最大距离。
- 填充空白区域用：用来设置填充空白区域的使用方法。

实例练习——制作趣味拼图

实例文件	实例练习——制作趣味拼图.psd
视频教学	实例练习——制作趣味拼图.flv
难易指数	★★★★★
技术要点	“拼贴”滤镜

实例效果

本例效果如图14-94所示。

图14-94

操作步骤

步骤01 打开前景素材文件，执行“滤镜>风格化>拼贴”命令，设置其“拼贴数”为8，“最大位移”为5%，单击“确定”按钮结束操作，如图14-95所示。效果如图14-96所示。

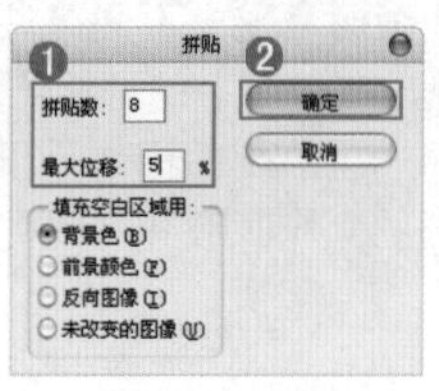

图14-95

图14-96

步骤 02 导入背景素材，放在底部。新建图层，单击工具箱中的“套索工具”按钮，分别在右上角和左下角绘制三角形选区，如图 14-97 所示，然后将其填充为白色，最终效果如图 14-98 所示。

图14-97

图14-98

14.3.7 曝光过度

“曝光过度”滤镜可以混合负片和正片图像，类似于显影过程中将摄影照片短暂曝光的效果，如图 14-99 所示为原始图像及应用“曝光过度”滤镜以后的效果。

原图　“曝光过度”效果

图14-99

14.3.8 凸出

“凸出”滤镜可以将图像分解成一系列大小相同且有机重叠放置的立方体或椎体，以生成特殊的 3D 效果。如图 14-100 和图 14-101 所示为原始图像、应用“凸出”滤镜以后的效果以及“凸出”对话框。

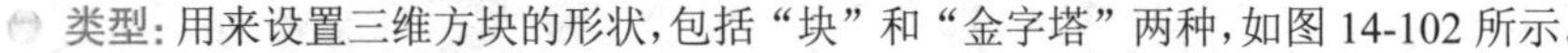

- **类型**：用来设置三维方块的形状，包括“块”和“金字塔”两种，如图 14-102 所示。
- **大小**：用来设置立方体或金字塔底面的大小。

图14-100

图14-101

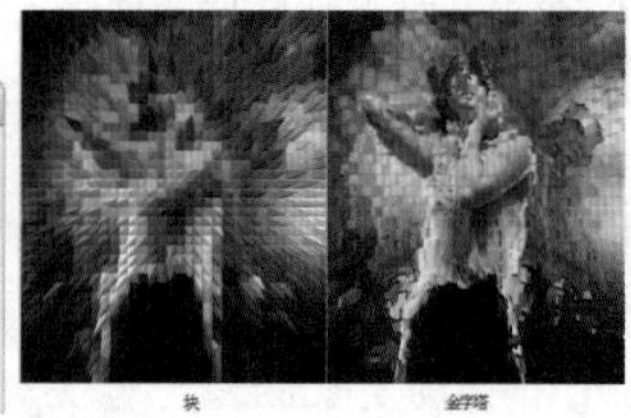

图14-102

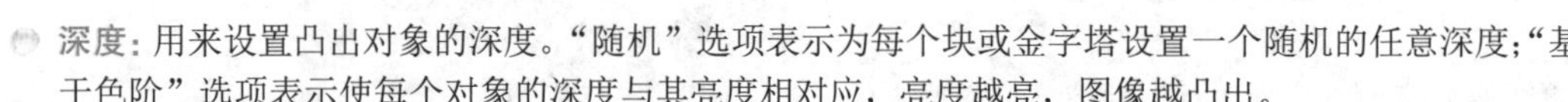

- **深度**：用来设置凸出对象的深度。“随机”选项表示为每个块或金字塔设置一个随机的任意深度；“基于色阶”选项表示使每个对象的深度与其亮度相对应，亮度越亮，图像越凸出。
- **立方体正面**：选中该复选框，将失去图像的整体轮廓，生成的立方体上只显示单一的颜色，如图 14-103 所示。
- **蒙版不完整块**：选中该复选框，使所有图像都包含在凸出的范围之内。

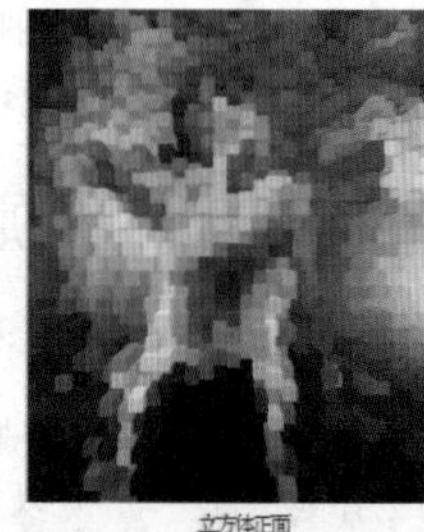

图14-103

14.4 模糊滤镜组

14.4.1 场景模糊

使用“场景模糊”滤镜可以使画面呈现出不同区域不同模糊程度的效果。执行“滤镜 > 模糊 > 场景模糊”命令，在画面中单击放置多个“图钉”，选中每个图钉并通过调整模糊数值即可使画面产生渐变的模糊效果。调整完成后，在“模糊效果”面板中还可以针对模糊区域的“光源散景”、“散景颜色”、“光照范围”进行调整，如图 14-104 所示。

- **模糊**：用于设置模糊强度。

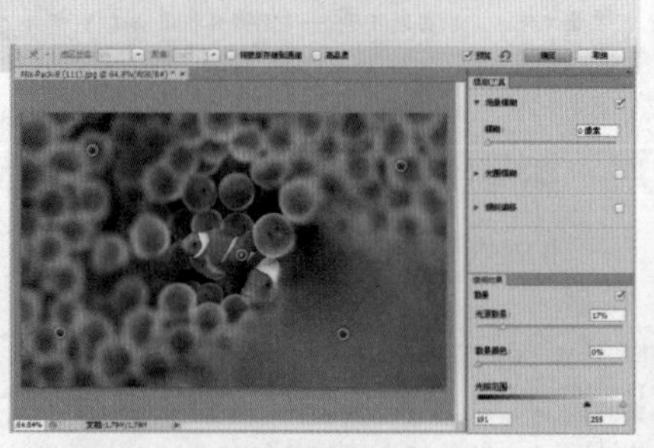
图14-104

- **光源散景**：用于控制光照亮度，数值越大，高光区域的亮度就越高。
- **散景颜色**：通过调整数值控制散景区域颜色的程度。
- **光照范围**：通过调整滑块用色阶来控制散景的范围。

14.4.2 光圈模糊

使用“光圈模糊”命令可将一个或多个焦点添加到图像中。用户可以根据不同的要求对焦点的大小与形状、图像其余部分的模糊数量以及清晰区域与模糊区域之间的过渡效果进行相应的设置。执行“滤镜 > 模糊 > 光圈模糊”命令，在“模糊工具”面板中可以对“光圈模糊”的数值进行设置，数值越大，模糊程度也越大。在“模糊效果”面板中还可以针对模糊区域的“光源散景”、“散景颜色”、“光照范围”进行调整，如图14-105所示。也可以将光标定位到控制框上，调整控制框的大小以及圆度。调整完成后，单击选项栏中的“确定”按钮即可，如图14-106所示。

图14-105

图14-106

14.4.3 倾斜偏移

移轴摄影，即移轴镜摄影，泛指利用移轴镜头创作的作品，所拍摄的照片效果就像是缩微模型一样，非常的特别，如图14-107和图14-108所示。

对于没有昂贵移轴镜头的摄影爱好者来说，如果想得到移轴效果的照片，可以使用“倾斜偏移”滤镜轻松地模拟“移轴摄影”滤镜。执行“滤镜 > 模糊 > 倾斜偏移”命令，通过调整中心点的位置可以调整清晰区域的位置，调整控制框可以调整清晰区域的大小，如图14-109所示。

图14-107

图14-108

图14-109

- **模糊**：用于设置模糊强度。
- **扭曲**：用于控制模糊扭曲的形状。
- **对称扭曲**：选中该复选框，可以从两个方向应用扭曲。

14.4.4 表面模糊

“表面模糊”滤镜可以在保留边缘的同时模糊图像，可以用该滤镜创建特殊效果并消除杂色或粒度。如图14-110和图14-111所示为原始图像，应用“表面模糊”滤镜以后的效果以及“表面模糊”对话框。

- **半径**：用于设置模糊取样区域的大小。
- **阈值**：控制相邻像素色调值与中心像素值相差多大时才能成为模糊的一部分。色调值差小于阈值的像素将被排除在模糊之外。

图14-110

图14-111

实例练习——使用"表面模糊"滤镜

实例文件	实例练习——使用"表面模糊"滤镜.psd
视频教学	实例练习——使用"表面模糊"滤镜.flv
难易指数	★★★★
技术要点	"表面模糊"滤镜

实例效果

本例素材如图14-112所示，效果如图14-113所示。

图14-112

图14-113

操作步骤

步骤01 打开素材文件，如图14-114所示。执行"滤镜>模糊>高斯模糊"命令，设置其"半径"为3像素，单击"确定"按钮结束操作，如图14-115所示。

图14-114

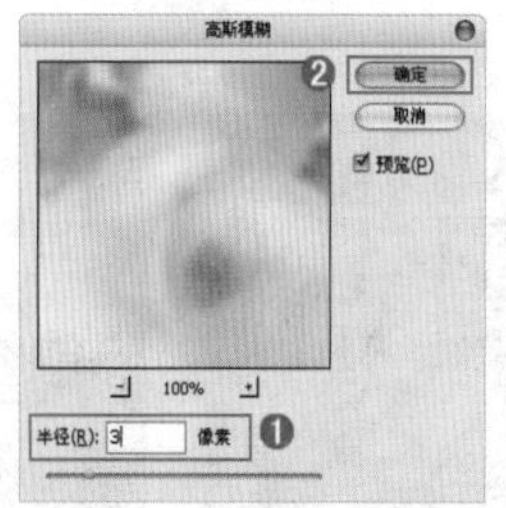

图14-115

步骤02 进入"历史记录"面板，单击工具箱中的"历史记录画笔工具"按钮，标记最后一项"高斯模糊"，并回到上一步骤状态下，对帽子部分进行涂抹，如图14-116所示。效果如图14-117所示。

步骤03 执行"滤镜>模糊>表面模糊"命令，设置其"半径"为40像素，"阈值"为15色阶，单击"确定"按钮结束操作，如图14-118和图14-119所示。

图14-116

图14-117

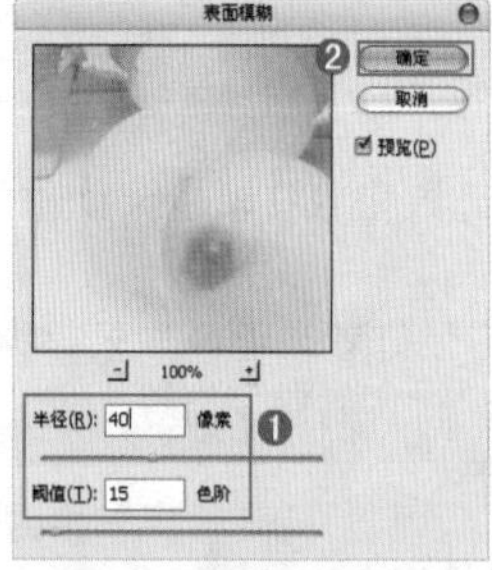

图14-118

图14-119

步骤04 导入边框与文字素材文件，最终效果如图14-120所示。

图14-120

14.4.5 动感模糊

"动感模糊"滤镜可以沿指定的方向（-360°～360°）以指定的距离（1～999像素）进行模糊，所产生的效果类似于在固定的曝光时间拍摄一个高速运动的对象。如图14-121和图14-122所示为原始图像、应用"动感模糊"滤镜以后的效果以及"动感模糊"对话框。

- 角度：用来设置模糊的方向。
- 距离：用来设置像素模糊的程度。

图14-121

图14-122

实例练习——使用“动感模糊”滤镜制作幻影飞车

实例文件	实例练习——使用“动感模糊”滤镜制作幻影飞车 .psd
视频教学	实例练习——使用“动感模糊”滤镜制作幻影飞车 .flv
难易指数	★★★★★
技术要点	“动感模糊”滤镜

实例效果

本例效果如图 14-123 所示。

图14-123

操作步骤

步骤 01 打开素材文件，如图 14-124 所示。复制“背景”图层作为图层 1，对图层 1 执行“滤镜 > 模糊 > 动感模糊”命令，在弹出的“动感模糊”对话框中设置“距离”为 35 像素，单击“确定”按钮结束操作，如图 14-125 所示。

图14-124

图14-125

步骤 02 单击“添加图层蒙版”按钮，单击工具箱中的“画笔工具”按钮，设置前景色为黑色，并设置适当的画笔大小，对车身前半部分进行涂抹，如图 14-126 和图 14-127 所示。

步骤 03 再次复制素材，对图层 2 执行“滤镜 > 模糊 > 动感模糊”命令，在弹出的“动感模糊”对话框中设置“距离”为 60 像素，单击“确定”按钮结束操作，如图 14-128 所示。

步骤 04 同样单击“添加图层蒙版”按钮，使用画笔工具，设置前景色为黑色，并适当设置画笔大小，对车身前半部分和背景进行涂抹，如图 14-129 所示。

图14-126

图14-127

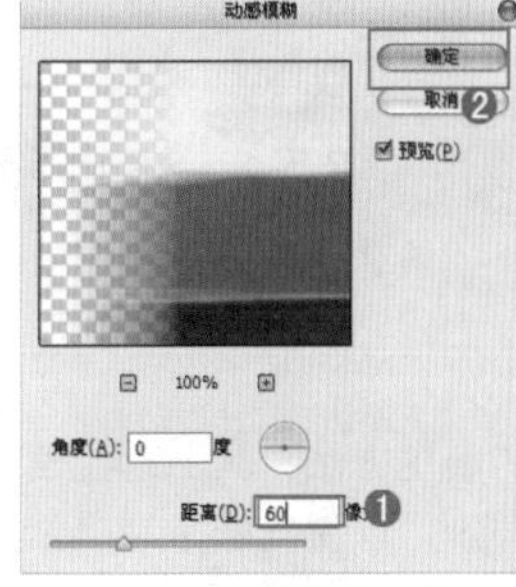

图14-128

图14-129

步骤 05 最后使用“横排文字工具”按钮 T 在右上方输入字母并添加投影效果，最终效果如图 14-130 所示。

图14-130

14.4.6 方框模糊

“方框模糊”滤镜可以基于相邻像素的平均颜色值来模糊图像，生成的模糊效果类似于方块模糊。如图 14-131 和图 14-132 所示为原始图像，应用“方框模糊”滤镜以后的效果以及“方框模糊”对话框。

半径：调整用于计算指定像素平均值的区域大小。数值越大，产生的模糊效果越好。

图14-131

图14-132

14.4.7 高斯模糊

“高斯模糊”滤镜可以向图像中添加低频细节，使图像产生一种朦胧的模糊效果。如图14-133和图14-134所示分别为原始图像、应用“高斯模糊”滤镜以后的效果以及“高斯模糊”对话框。

图14-133　　图14-134

半径：调整用于计算指定像素平均值的区域大小。数值越大，产生的模糊效果越好。

实例练习——高斯模糊磨皮法

实例文件	实例练习——高斯模糊磨皮法.psd
视频教学	实例练习——高斯模糊磨皮法.flv
难易指数	★★★★★
技术要点	“高斯模糊”滤镜

实例效果

高斯模糊磨皮法是一种常见的磨皮方法，其原理主要是将皮肤部分模糊，从而虚化细节瑕疵，以使皮肤呈现光滑的质感。本例素材如图14-135，效果如图14-136所示。

图14-135

图14-136

操作步骤

步骤01 打开素材文件，按Ctrl+J组合键复制“背景”图层，并在“背景 副本”图层上单击鼠标右键，选择执行“转换为智能对象”命令，如图14-137所示。

步骤02 执行“滤镜 > 模糊 > 高斯模糊”命令，如图14-138所示。在弹出的“高斯模糊”对话框中设置“半径”为8像素，单击“确定”按钮结束操作，如图14-139所示。

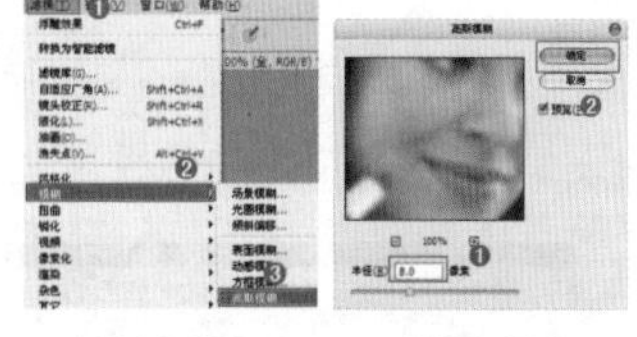

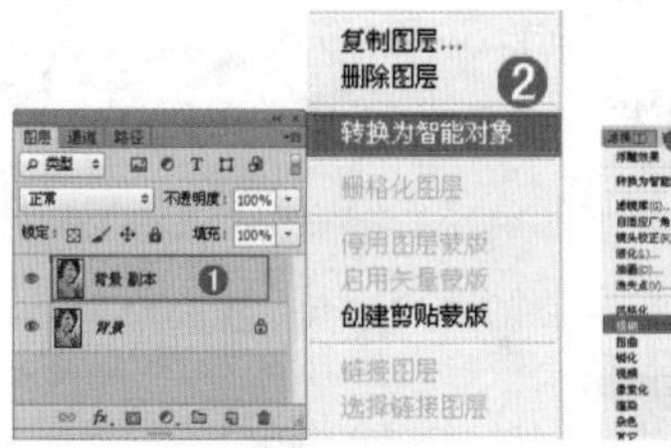

图14-137　　图14-138　　图14-139

步骤03 此时可以看到该图层出现了模糊效果，在“图层”面板中单击“背景 副本”图层下方的“智能滤镜”蒙版，如图14-140所示，为其填充黑色，图像模糊效果消失。然后设置前景色为白色，使用画笔工具，选择一个圆形柔角画笔，设置较大的画笔大小，“硬度”为0，“不透明度”与“流量”均为50%，如图14-141所示。

图14-140

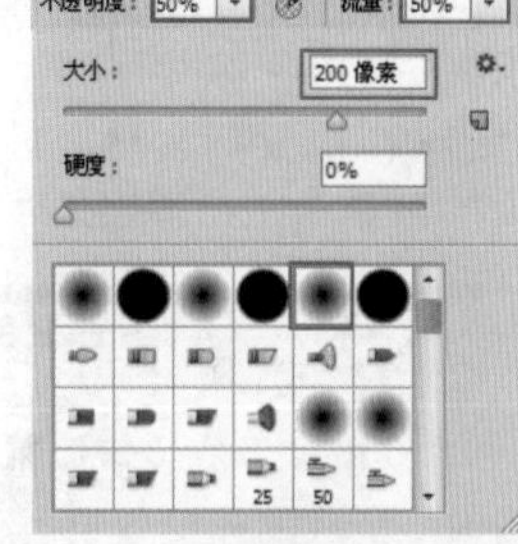

图14-141

步骤04 画笔设置完成后需要首先在人像面部大块区域进行涂抹，如两侧颧骨部分、额头以及下颌部分，注意不要涂抹到转折明显的部分，如图14-142所示。

步骤 05 经过大块区域的涂抹，皮肤整体呈现出柔和的光滑效果，继续减小画笔大小，涂抹皮肤的细节区域，如图 14-143 所示。

步骤 06 在绘制过程中画笔的大小需要随着绘制区域的不同进行修改，而画笔的不透明度和流量保持在 50% 左右，以避免一次性涂抹强度过大，最终效果如图 14-144 所示。

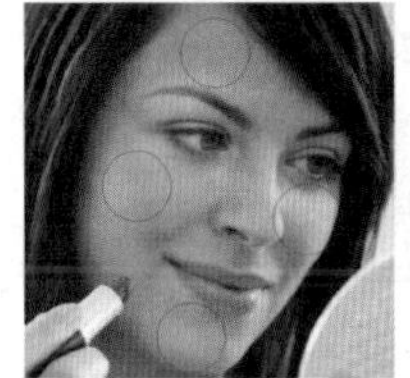

图14-142

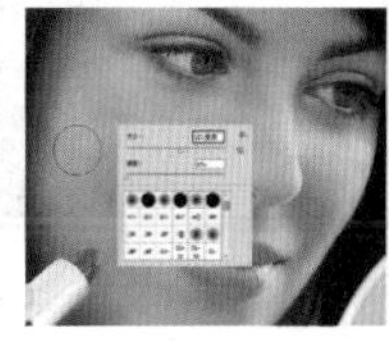

图14-143

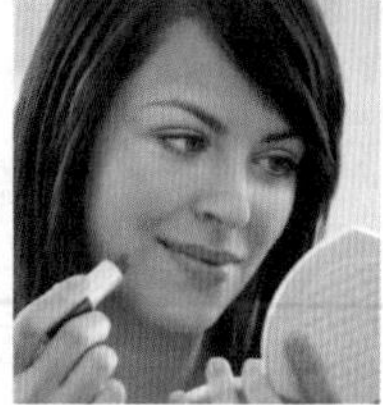

图14-144

14.4.8 进一步模糊

“进一步模糊”滤镜可以平衡已定义的线条和遮蔽区域的清晰边缘旁边的像素，使变化显得柔和（该滤镜属于轻微模糊滤镜，并且没有参数设置对话框），如图 14-145 所示为原始图像以及应用“进一步模糊”滤镜以后的效果。

图14-145

14.4.9 径向模糊

“径向模糊”滤镜用于模拟缩放或旋转相机时所产生的模糊，可产生一种柔化的模糊效果。如图 14-146 和图 14-147 所示分别为原始图像、应用“径向模糊”滤镜以后的效果以及“径向模糊”对话框。

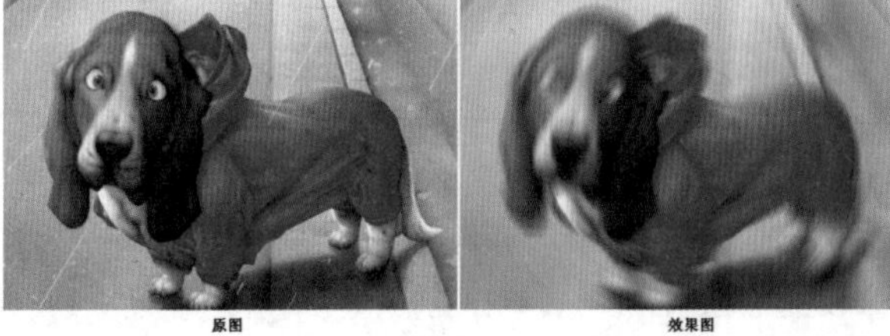

图14-146

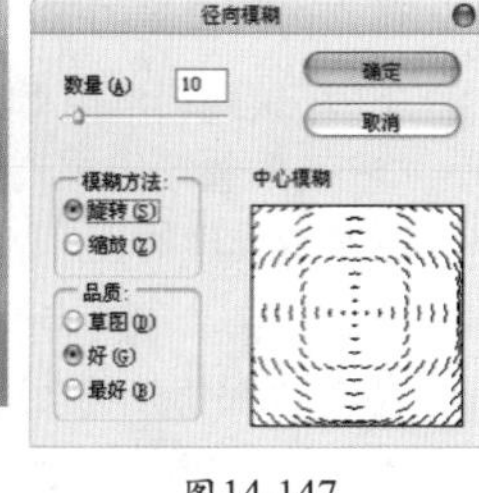

图14-147

- **数量**：用于设置模糊的强度。数值越大，模糊效果越明显。
- **模糊方法**：选中“旋转”单选按钮，图像可以沿同心圆环线产生旋转的模糊效果；选中“缩放”单选按钮，可以从中心向外产生反射模糊效果，如图 14-148 所示。
- **中心模糊**：将光标放置在设置框中，使用鼠标左键拖曳可以定位模糊的原点，原点位置不同，模糊中心也不同，如图 14-149 所示。

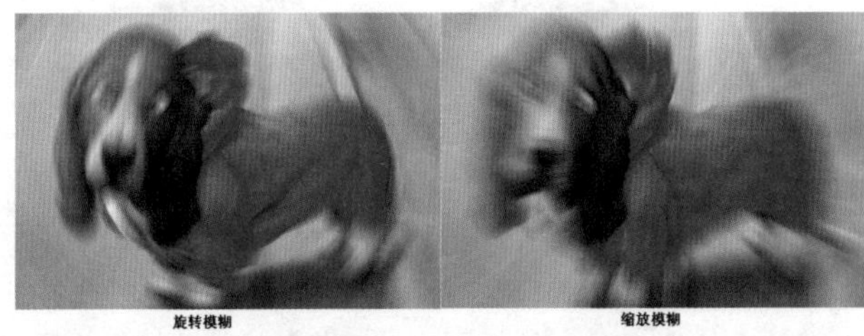

图14-148

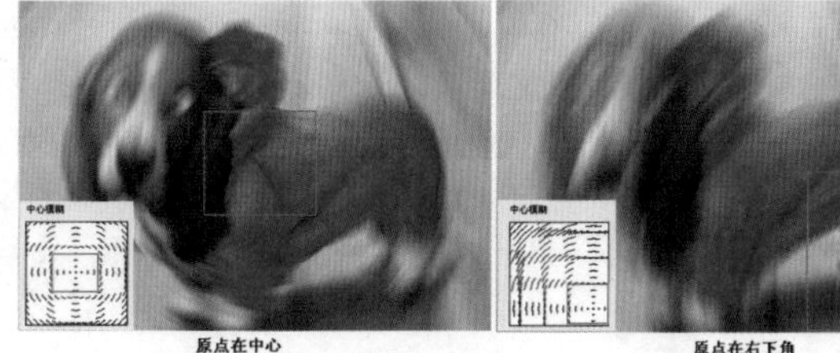

图14-149

- **品质**：用来设置模糊效果的质量。“草图”的处理速度较快，但会产生颗粒效果；“好”和“最好”的处理速度较慢，但是生成的效果比较平滑。

14.4.10 镜头模糊

“镜头模糊”滤镜可以向图像中添加模糊，模糊效果取决于模糊的“源”设置。如果图像中存在 Alpha 通道或图层蒙版，则可以为图像中的特定对象创建景深效果，使该对象在焦点内，而使另外的区域变得模糊。如图 14-150 所示是一张普通人物照片，图像中没有景深效果。如果要模糊背景区域，就可以将这个区域存储为选区蒙版或 Alpha 通道，如图 14-151 所示。这样在应用“镜头模糊”滤镜时，将“源”设置为“图层 1 蒙版”或 Alpha1 通道，如图 14-152 所示，就可以模糊选区中的图像，即模糊背景区域，如图 14-153 所示。

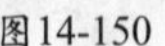

图14-150

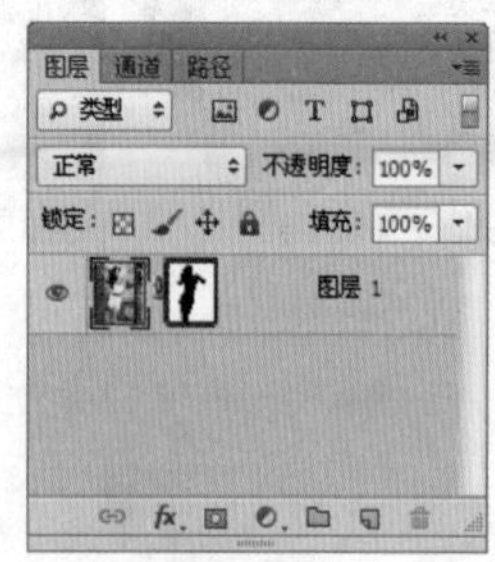

图14-151

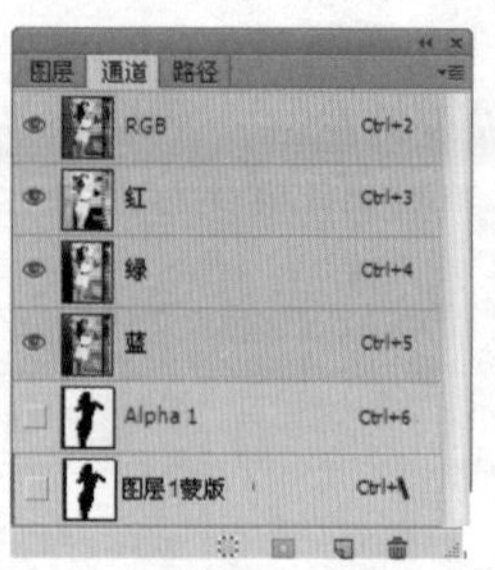

图14-152

图14-153

执行“滤镜 > 模糊 > 镜头模糊”命令，可打开“镜头模糊”对话框，如图 14-154 所示。

- 预览：用来设置预览模糊效果的方式。选中“更快”单选按钮，可以提高预览速度；选中“更加准确”单选按钮，可以查看模糊的最终效果，但生成的预览时间更长。
- 深度映射：从“源”下拉列表中可以选择使用 Alpha 通道或图层蒙版来创建景深效果（前提是图像中存在 Alpha 通道或图层蒙版），其中通道或蒙版中的白色区域将被模糊，而黑色区域则保持原样；“模糊焦距”选项用来设置位于角点内的像素的深度；“反相”选项用来反转 Alpha 通道或图层蒙版。
- 光圈：该选项组用来设置模糊的显示方式。“形状”选项用来选择光圈的形状；“半径”选项用来设置模糊的数量；“叶片弯度”选项用来设置对光圈边缘进行平滑处理的程度；“旋转”选项用来旋转光圈。

图14-154

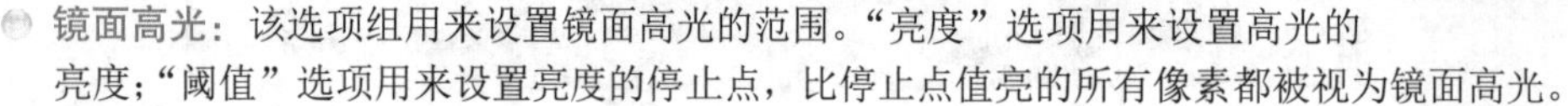

- 镜面高光：该选项组用来设置镜面高光的范围。“亮度”选项用来设置高光的亮度；“阈值”选项用来设置亮度的停止点，比停止点值亮的所有像素都被视为镜面高光。

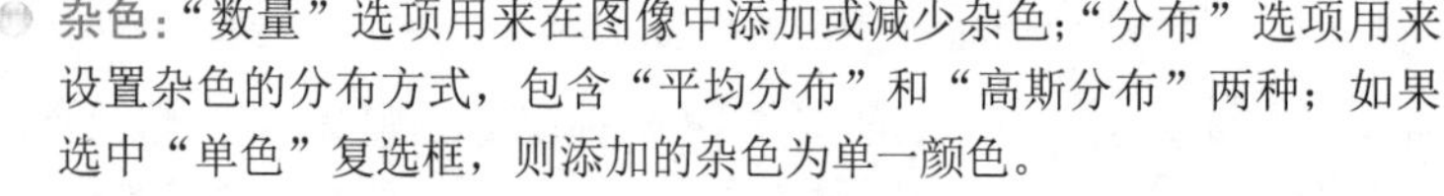

- 杂色：“数量”选项用来在图像中添加或减少杂色；“分布”选项用来设置杂色的分布方式，包含“平均分布”和“高斯分布”两种；如果选中“单色”复选框，则添加的杂色为单一颜色。

14.4.11 模糊

“模糊”滤镜用于在图像中有显著颜色变化的地方消除杂色，它可以通过平衡已定义的线条和遮蔽区域的清晰边缘旁边的像素来使图像变得柔和（该滤镜没有参数设置对话框），如图 14-155 所示为原始图像及应用“模糊”滤镜以后的效果。

图14-155

> **技巧提示**
>
> “模糊”滤镜与“进一步模糊”滤镜都属于轻微模糊滤镜。相比于“进一步模糊”滤镜，“模糊”滤镜的模糊效果要低 3~4 倍。

14.4.12 平均

“平均”滤镜可以查找图像或选区的平均颜色，再用该颜色填充图像或选区，以创建平滑的外观效果。如图 14-156 所示为原始图像及应用“平均”滤镜以后的效果。

原图

效果图

图14-156

14.4.13 特殊模糊

“特殊模糊”滤镜可以精确地模糊图像。如图 14-157 和图 14-158 所示分别为原始图像、应用“特殊模糊”滤镜以后的效果以及“特殊模糊”对话框。

- 半径：用来设置要应用模糊的范围。
- 阈值：用来设置像素具有多大差异后才会被模糊处理。
- 品质：设置模糊效果的质量，包括“低”、“中等”和“高”3 种。
- 模式：选择“正常”选项，不会在图像中添加任何特殊效果；选择“仅限边缘”选项，将以黑色显示图像，以白色描绘图像边缘像素亮度值变化强烈的区域；选择“叠加边缘”选项，将以白色描绘图像边缘像素亮度值变化强烈的区域，如图 14-159 所示。

图 14-157

图 14-158

图 14-159

14.4.14 形状模糊

“形状模糊”滤镜可以用设置的形状来创建特殊的模糊效果。如图 14-160 和图 14-161 所示分别为原始图像、应用“形状模糊”滤镜以后的效果以及“形状模糊”对话框。

- 半径：用来调整形状的大小。数值越大，模糊效果越好。
- 形状列表：在形状列表中选择一个形状，可以使用该形状来模糊图像。单击形状列表右侧的三角形图标▶，可以载入预设的形状或外部的形状，如图 14-162 所示。

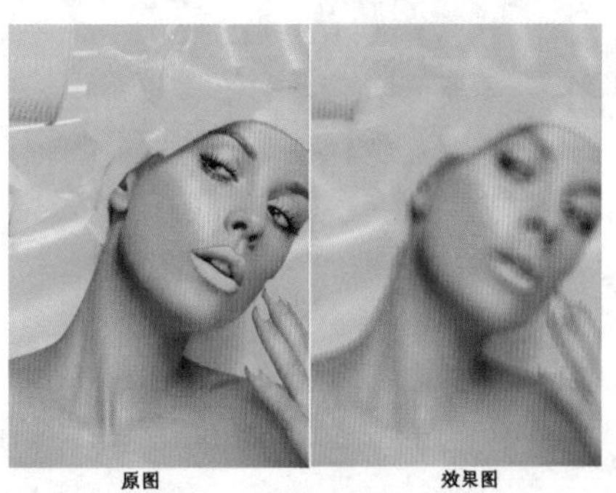

图 14-160

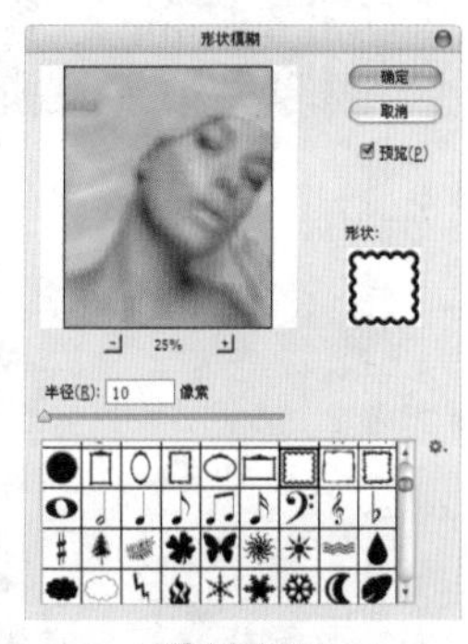

图 14-161

仅文本
✔ 小缩览图
大缩览图
小列表
大列表

复位自定形状...
替换自定形状...

全部
动物
箭头
艺术纹理
横幅和奖品
胶片
画框
污渍矢量包
灯泡
音乐
自然
物体
装饰
形状
符号
台词框
拼贴
Web

图 14-162

14.5 扭曲滤镜组

14.5.1 波浪

“波浪”滤镜可以在图像上创建类似于波浪起伏的效果。如图 14-163 和图 14-164 所示分别为原始图像、应用“波浪”滤镜以后的效果以及“波浪”对话框。

图 14-163

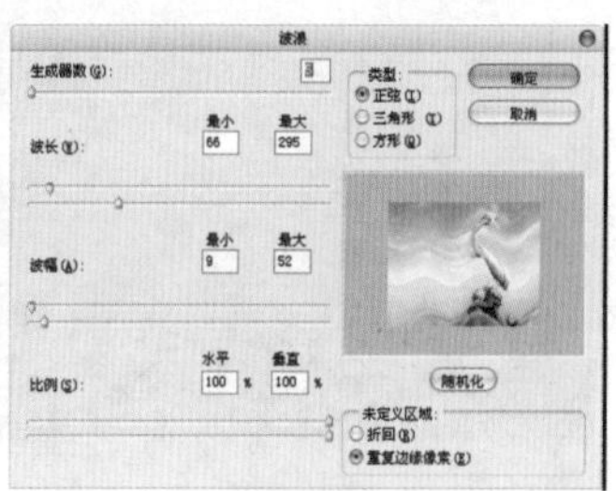

图 14-164

- 生成器数：用来设置波浪的强度。
- 波长：用来设置相邻两个波峰之间的水平距离，包括“最小”和“最大”两个选项，其中“最小”数值不能超过“最大”数值。
- 波幅：设置波浪的宽度（最小）和高度（最大）。
- 比例：设置波浪在水平方向和垂直方向上的波动幅度。
- 类型：选择波浪的形态，包括“正弦”、“三角形”和“方形”3种形态，如图14-165所示。

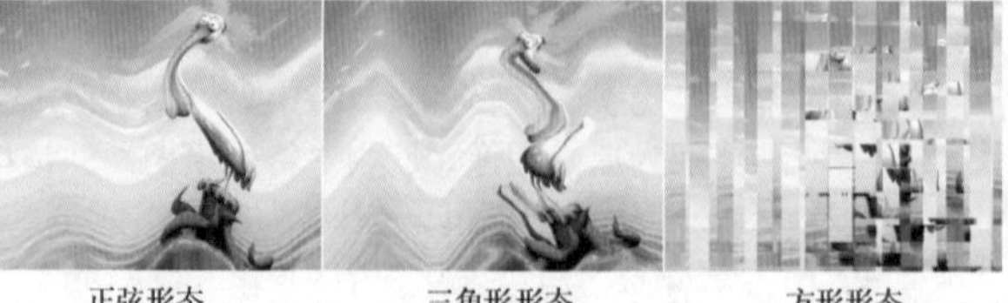

正弦形态　　三角形形态　　方形形态

图14-165

- 随机化：如果对波浪效果不满意，可以单击该按钮，以重新生成波浪效果。
- 未定义区域：用来设置空白区域的填充方式。选中“折回”单选按钮，可以在空白区域填充溢出的内容；选中“重复边缘像素”单选按钮，可以填充扭曲边缘的像素颜色。

14.5.2 波纹

“波纹”滤镜与“波浪”滤镜类似，但只能控制波纹的数量和大小。如图14-166和图14-167所示分别为原始图像、应用“波纹”滤镜以后的效果以及“波纹”对话框。

原图　　效果图

图14-166　　图14-167

- 数量：用于设置产生波纹的数量。
- 大小：选择所产生的波纹的大小。

14.5.3 极坐标

“极坐标”滤镜可以将图像从平面坐标转换到极坐标，或从极坐标转换到平面坐标，如图14-168和图14-169所示分别为原始图像以及“极坐标”对话框。

- 平面坐标到极坐标：使矩形图像变为圆形图像，如图14-170所示。
- 极坐标到平面坐标：使圆形图像变为矩形图像，如图14-171所示。

图14-168

图14-169

图14-170

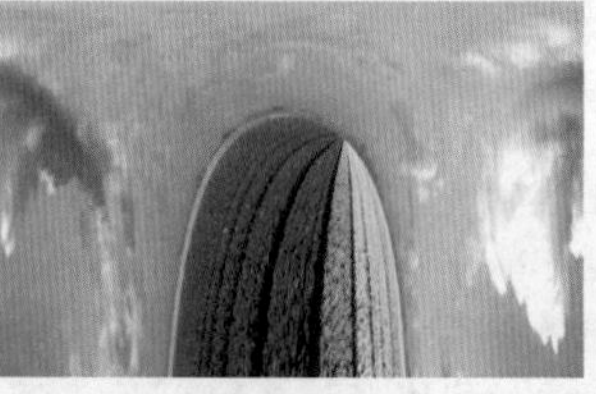

图14-171

实例练习——使用“极坐标”滤镜制作极地星球

实例文件	实例练习——使用“极坐标”滤镜制作极地星球 .psd
视频教学	实例练习——使用“极坐标”滤镜制作极地星球 .flv
难易指数	★★★★★
技术要点	“极坐标”滤镜

实例效果

本例效果如图 14-172 所示。

图14-172

操作步骤

步骤 01 打开素材文件，按住 Alt 键双击背景图层，将其转换为普通图层，如图 14-173 所示。

图14-173

步骤 02 执行“滤镜 > 扭曲 > 极坐标”命令，如图 14-174 所示。在弹出的“极坐标”对话框中选中“平面坐标到极坐标”单选按钮，单击“确定”按钮结束操作，如图 14-175 所示。

步骤 03 按 Ctrl+T 组合键，将当前图层进行横向缩放，按 Ctrl+Enter 组合键结束操作，如图 14-176 和图 14-177 所示。

步骤 04 使用裁切工具去除多余的区域，单击工具箱中的“椭圆选框工具”按钮，绘制椭圆选区，单击鼠标右键，选择“选择反相”命令，并按 Shift+F5 组合键为所选区域填充蓝色，最终效果如图 14-178 所示。

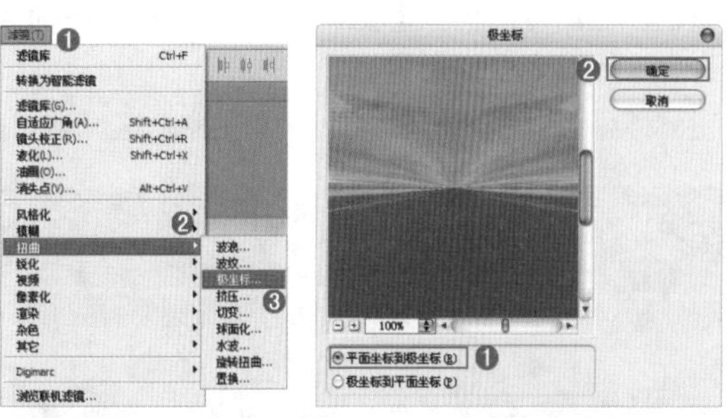

图14-174　图14-175

图14-176

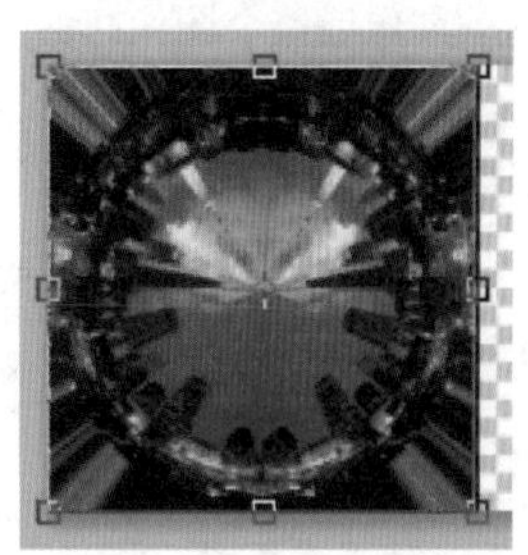

图14-177

图14-178

14.5.4 挤压

“挤压”滤镜可以将选区内的图像或整个图像向外或向内挤压，如图 14-179 和图 14-180 所示分别为原始图像以及“挤压”对话框。

- 数量：用来控制挤压图像的程度。当数值为负值时，图像会向外挤压；当数值为正值时，图像会向内挤压，如图 14-181 所示。

图14-179

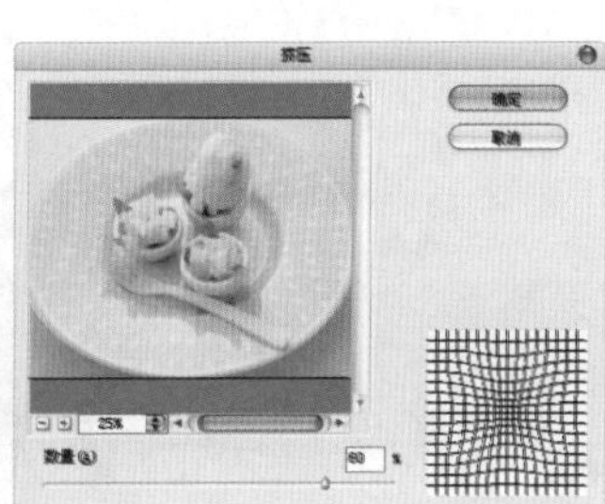

图14-180

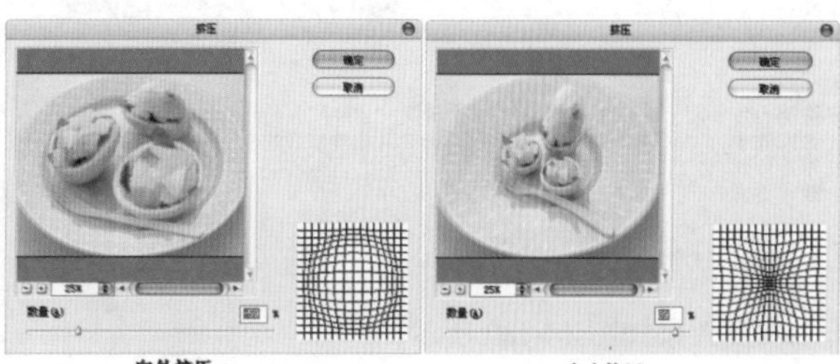

图14-181

14.5.5 切变

“切变”滤镜可以沿一条曲线扭曲图像，通过拖曳调整框中的曲线可以应用相应的扭曲效果，如图 14-182 和图 14-183 所示分别为原始图像以及“切变”对话框。

- 曲线调整框：可以通过控制曲线的弧度来控制图像的变形效果，如图 14-184 所示。
- 折回：在图像的空白区域中填充溢出图像之外的图像内容，如图 14-185 所示。

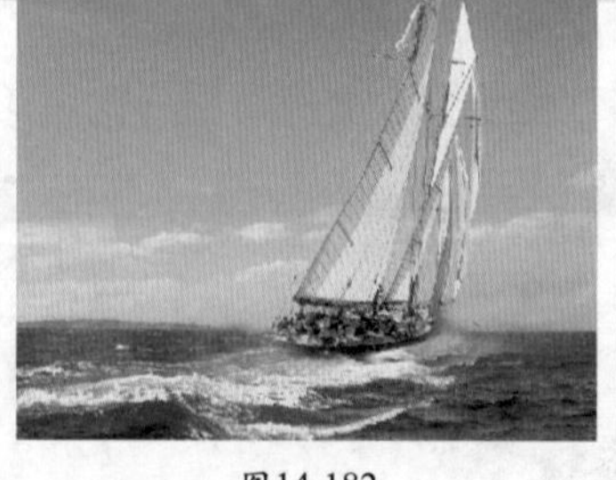
图14-182

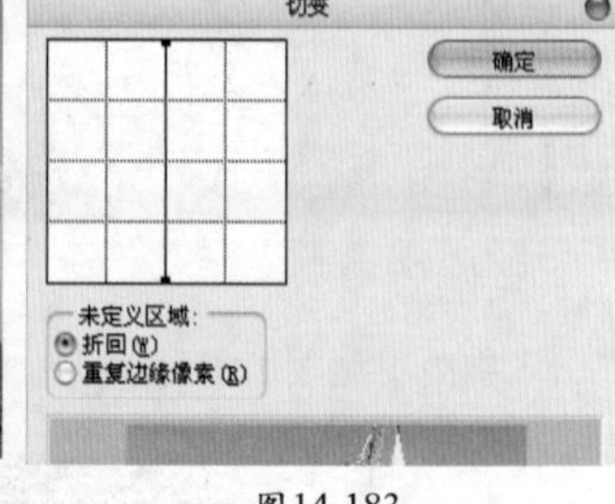

图14-183

- 重复边缘像素：在图像边界不完整的空白区域填充扭曲边缘的像素颜色，如图 14-185 所示。

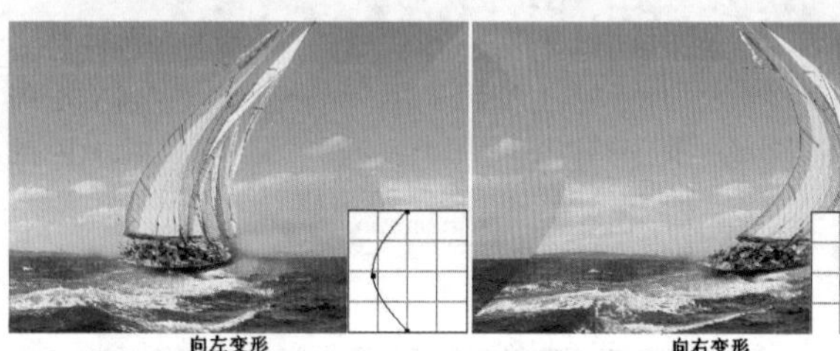

图14-184

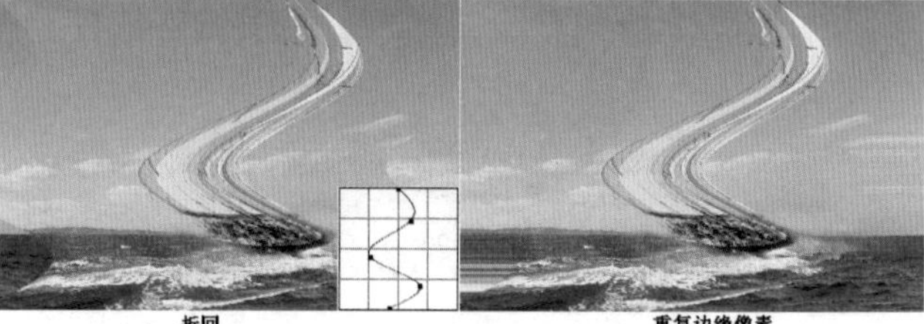

图14-185

14.5.6 球面化

“球面化”滤镜可以将选区内的图像或整个图像扭曲为球形，如图 14-186 和图 14-187 所示分别为原始图像、应用“球面化”滤镜的效果以及“球面化”对话框。

- 数量：用来设置图像球面化的程度。当设置为正值时，图像会向外凸起；当设置为负值时，图像会向内收缩，如图 14-188 所示。

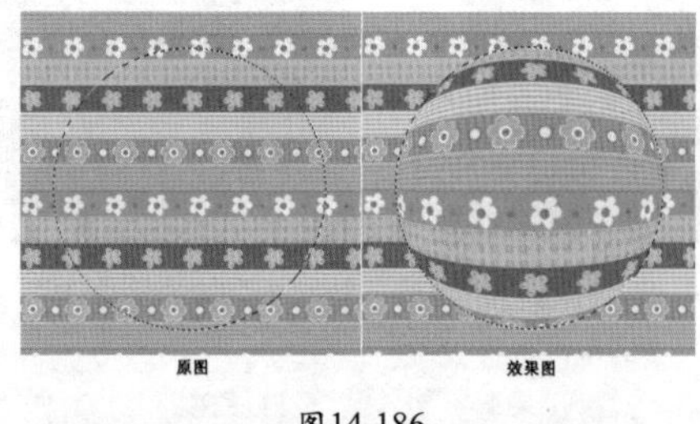

图14-186

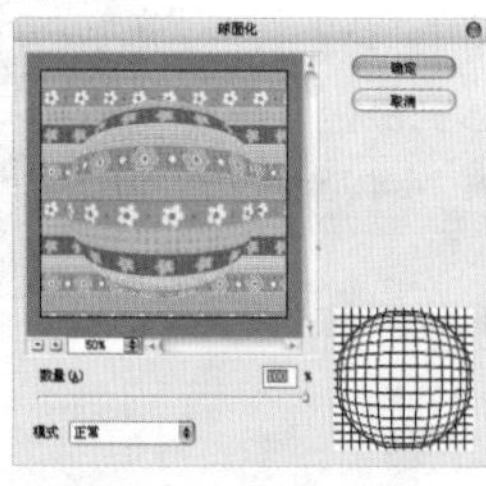

图14-187

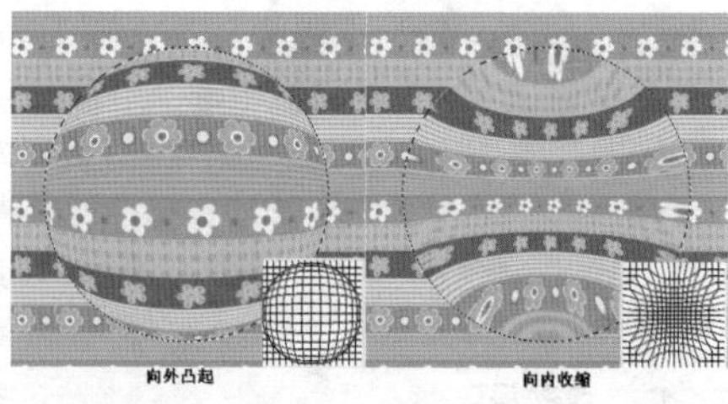

图14-188

- 模式：用来选择图像的挤压方式，包括“正常”、“水平优先”和“垂直优先”3 种方式。

实例练习——使用“球面化”滤镜制作按钮

实例文件	实例练习——使用“球面化“滤镜制作按钮 .psd
视频教学	实例练习——使用“球面化”滤镜制作按钮 .flv
难易指数	★★★★★
技术要点	“球面化”滤镜

实例效果

本例效果如图 14-189 所示。

图14-189

操作步骤

步骤 01 按 Ctrl+N 组合键，在弹出的“新建”对话框中设置“宽度”为 1402 像素，“高度”为 992 像素，如图 14-190 所示。

步骤 02 导入底纹素材文件，如图 14-191 所示。执行“滤镜 > 模糊 > 高斯模糊”命令，设置“半径”为 9 像素，如图 14-192 所示。

图14-190

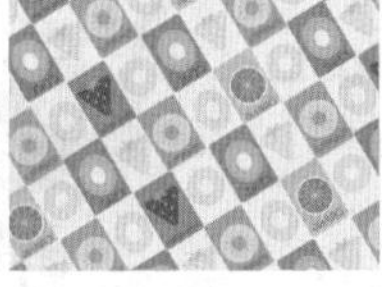
图14-191

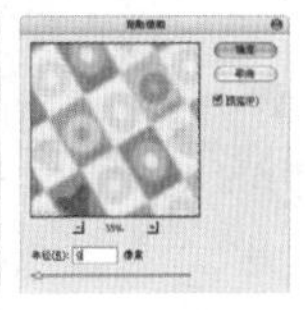
图14-192

步骤 03 再次导入底纹素材，单击工具箱中的“自定形状工具”按钮，选择花朵形状，并按 Shift 键创建一个花形选区，按 Ctrl+Enter 组合键建立选区，如图 14-193 所示。

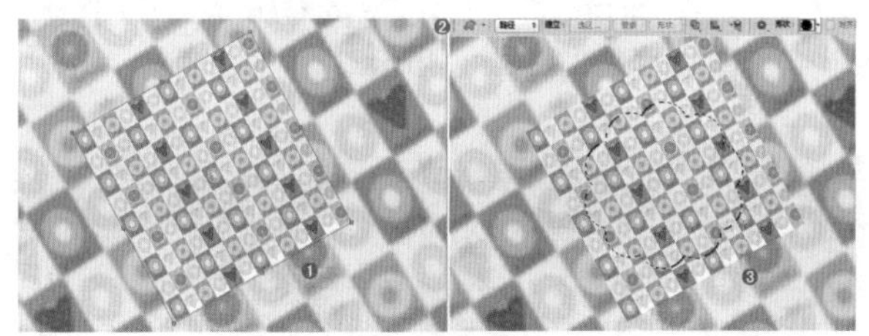
图14-193

步骤 04 执行“滤镜 > 扭曲 > 球面化”命令，设置“数量”为 100%，如图 14-194 所示。按 Ctrl + Shift + I 组合键反向选择，再按 Delete 键删除选区内图像，如图 14-195 所示。

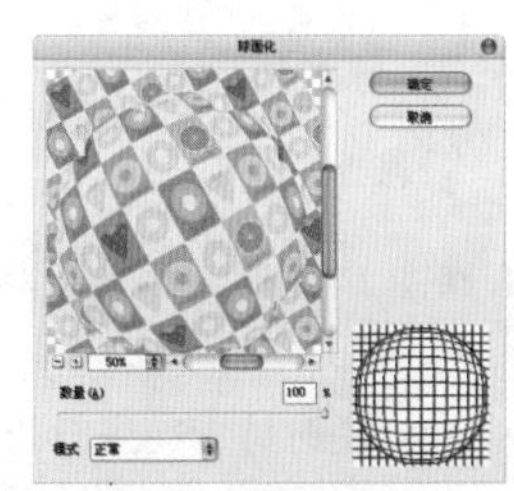
图14-194

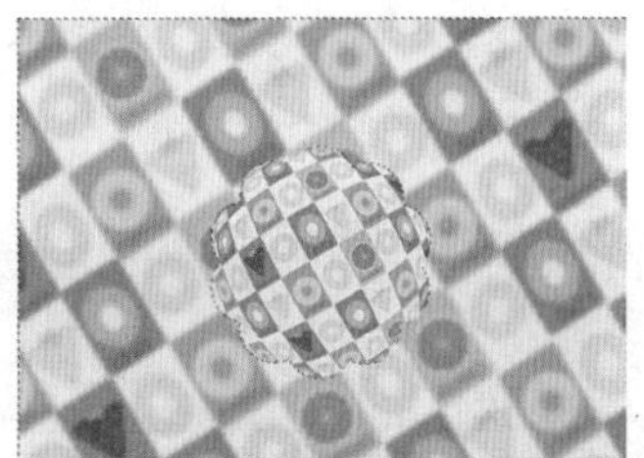
图14-195

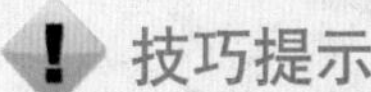

技巧提示

如果球面扭曲度不明显，可以再次按 Ctrl+F 快捷键执行该滤镜，加大膨胀效果。

步骤 05 执行“编辑 > 预设管路器”命令，在弹出的窗口中选择“样式”，载入图层样式“素材 01（2）.asl”文件，单击“载入”按钮。然后执行“窗口 > 样式”命令，在“样式”面板中找到载入的样式，单击“按钮样式 1”样式即可，如图 14-196 所示。效果如图 14-197 所示。

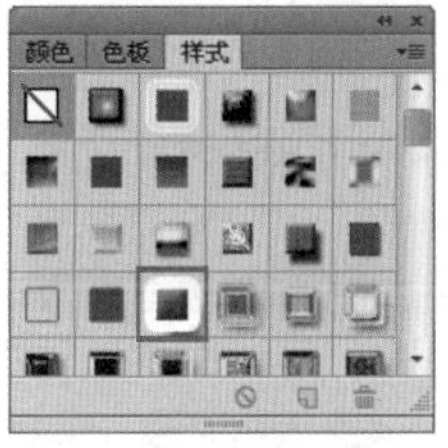
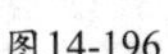
图14-196

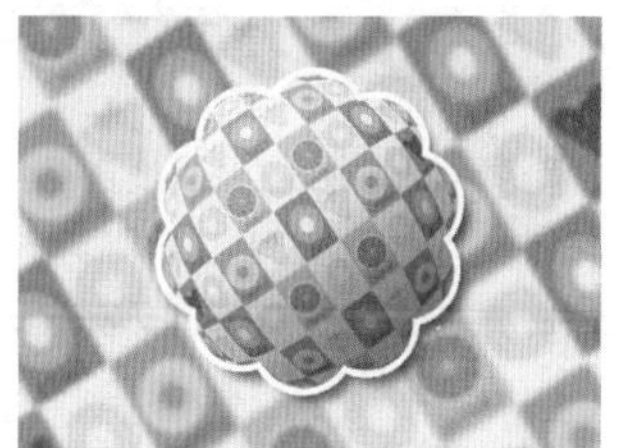
图14-197

步骤 06 为了使球体更具立体感，创建新图层，选择画笔工具，设置“不透明度”和“流量”均为 40%，在圆球顶部涂抹白色，按 Alt+Ctrl+G 组合键创建剪贴蒙版，并设置混合模式为“柔光”，如图 14-198 所示。效果如图 14-199 所示。用同样的方法绘制阴影部分，如图 14-200 和图 14-201 所示。

图14-198

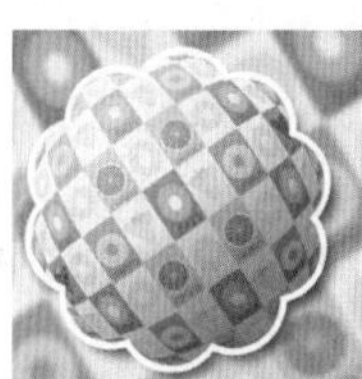
图14-199

图14-200

图14-201

步骤 07 下面输入文字，在工具箱中单击“创建文字变形工具”按钮，设置“弯曲”为 20%，如图 14-202 所示。效果如图 14-203 所示。

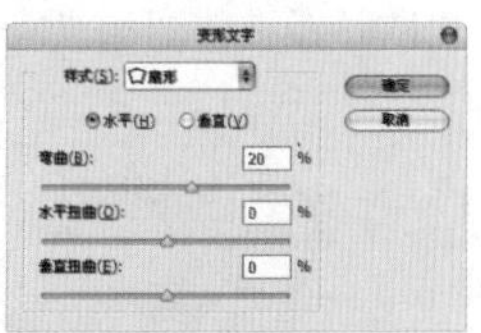
图14-202

图14-203

步骤 08 单击“样式”面板中的“按钮样式 2”即可，如图 14-204 所示。最终效果如图 14-205 所示。

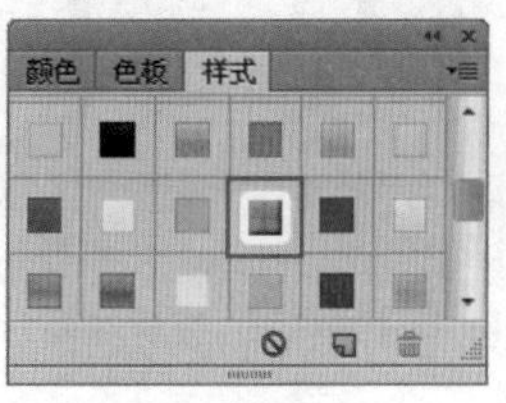
图14-204

图14-205

14.5.7 水波

“水波”滤镜可以使图像产生真实的水波波纹效果，如图 14-206 和图 14-207 所示分别为原始图像（创建了一个选区）以及“水波”对话框。

- 数量：用来设置波纹的数量。当设置为负值时，将产生下凹的波纹；当设置为正值时，将产生上凸的波纹，如图 14-208 所示。

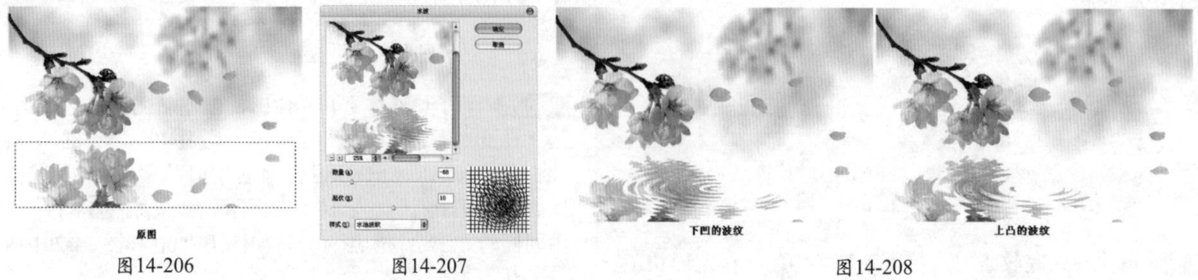

图14-206　　图14-207　　图14-208

- 起伏：用来设置波纹的数量。数值越大，波纹越多。
- 样式：用来选择生成波纹的方式。选择“围绕中心”选项时，可以围绕图像或选区的中心产生波纹；选择“从中心向外”选项时，波纹将从中心向外扩散；选择“水池波纹”选项时，可以产生同心圆形状的波纹，如图 14-209 所示。

图14-209

14.5.8 旋转扭曲

“旋转扭曲”滤镜可以顺时针或逆时针旋转图像，旋转会围绕图像的中心进行处理，如图 14-210 和图 14-211 所示分别为原始图像以及“旋转扭曲”对话框。

- 角度：用来设置旋转扭曲的方向。当设置为正值时，会沿顺时针方向进行扭曲；当设置为负值时，会沿逆时针方向进行扭曲，如图 14-212 所示。

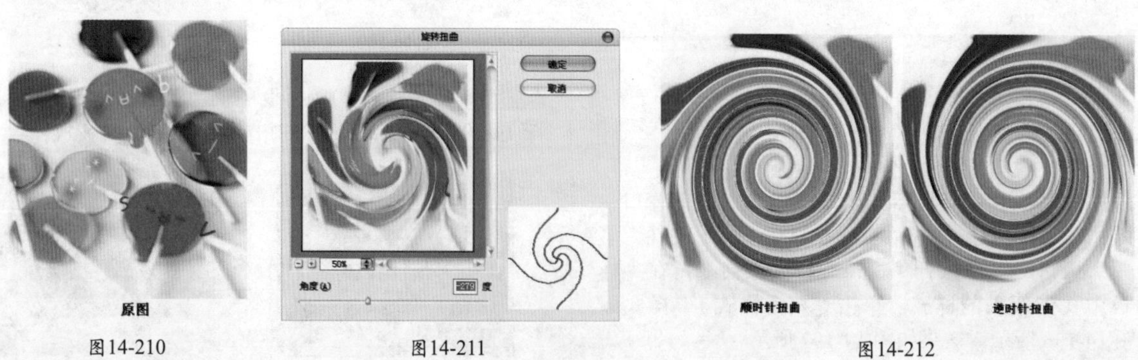

图14-210　　图14-211　　图14-212

14.5.9 置换

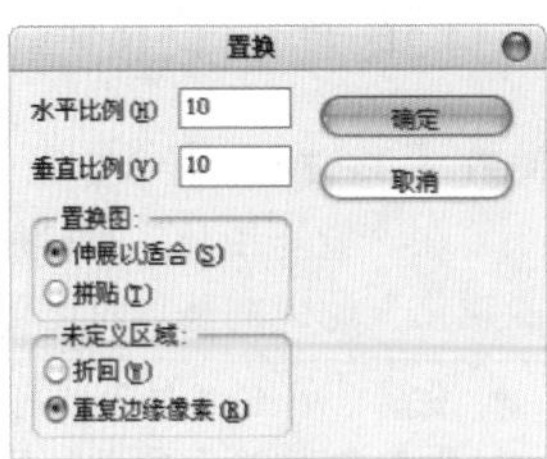

图14-213

“置换”滤镜可以用另外一张图像（必须为PSD文件）的亮度值使当前图像的像素重新排列，并产生位移效果，如图14-213所示为“置换”对话框。

- 水平/垂直比例：用来设置水平方向和垂直方向所移动的距离。单击“确定”按钮可以载入PSD文件，然后用该文件扭曲图像。
- 置换图：用来设置置换图像的方式，包括“伸展以适合”和“拼贴”两种。

14.6 锐化滤镜组

锐化滤镜组可以通过增强相邻像素之间的对比度来聚集模糊的图像。锐化滤镜组包含5种滤镜：USM锐化、进一步锐化、锐化、锐化边缘和智能锐化。

14.6.1 USM锐化

“USM锐化”滤镜可以查找图像颜色发生明显变化的区域，然后将其锐化。如图14-214和图14-215所示为原始图像、应用“USM锐化”滤镜以后的效果以及“USM锐化”对话框。

图14-214

图14-215

- 数量：用来设置锐化效果的精细程度。
- 半径：用来设置图像锐化的半径范围大小。
- 阈值：只有相邻像素之间的差值达到所设置的阈值时才会被锐化。该值越大，被锐化的像素就越少。

14.6.2 进一步锐化

“进一步锐化”滤镜可以通过增加像素之间的对比度使图像变得清晰，但锐化效果不明显（该滤镜没有参数设置对话框），如图14-216所示为原始图像与应用两次“进一步锐化”滤镜以后的效果。

图14-216

14.6.3 锐化

“锐化”滤镜与“进一步锐化”滤镜一样（该滤镜没有参数设置对话框），都可以通过增加像素之间的对比度使图像变清晰，但是其锐化效果没有“进一步锐化”滤镜的锐化效果明显，应用3次“锐化”滤镜，相当于应用了1次“进一步锐化”滤镜。

14.6.4 锐化边缘

“锐化边缘”滤镜只锐化图像的边缘，同时会保留图像整体的平滑度（该滤镜没有参数设置对话框），如图14-217所示为原始图像及应用“锐化边缘”滤镜以后的效果。

图14-217

14.6.5 智能锐化

“智能锐化”滤镜的功能比较强大，它具有独特的锐化选项，可以设置锐化算法、控制阴影和高光区域的锐化量，如

图 14-218 和图 14-219 所示分别为原始图像与“智能锐化”对话框。

图14-218　　图14-219

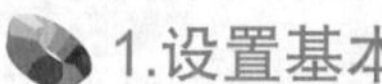

1.设置基本选项

在“智能锐化”对话框中选中“基本”单选按钮，可以设置“智能锐化”滤镜的基本锐化功能。

- 设置：单击“存储当前设置的拷贝”按钮，可以将当前设置的锐化参数存储为预设参数；单击“删除当前设置”按钮，可以删除当前选择的自定义锐化配置。
- 数量：用来设置锐化的精细程度。数值越大，越能强化边缘之间的对比度，如图 14-220 所示分别是设置“数量”为 100% 和 500% 时的锐化效果。
- 半径：用来设置受锐化影响的边缘像素的数量。数值越大，受影响的边缘就越宽，锐化的效果也越明显，如图 14-221 所示分别是设置“半径”为 3 像素和 6 像素时的锐化效果。
- 移去：选择锐化图像的算法。选择“高斯模糊”选项，可以使用“USM 锐化”滤镜的方法锐化图像；选择“镜头模糊”选项，可以查找图像中的边缘和细节，并对细节进行更加精细的锐化，以减少锐化的光晕；选择“动感模糊”选项，可以激活下面的“角度”选项，通过设置“角度”值可以减少由于相机或对象移动而产生的模糊效果。
- 更加准确：选中该复选框，可以使锐化效果更加精确。

图14-220

图14-221

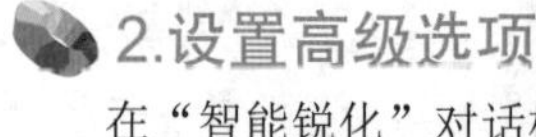

2.设置高级选项

在“智能锐化”对话框中选中“高级”单选按钮，可以设置“智能锐化”滤镜的高级锐化功能。高级锐化功能包含“锐化”、“阴影”和“高光”3 个选项卡，如图 14-222~ 图 14-224 所示，其中“锐化”选项卡中的参数与基本锐化选项完全相同。

- 渐隐量：用于设置阴影或高光中的锐化程度。
- 色调宽度：用于设置阴影和高光中色调的修改范围。
- 半径：用于设置每个像素周围的区域的大小。

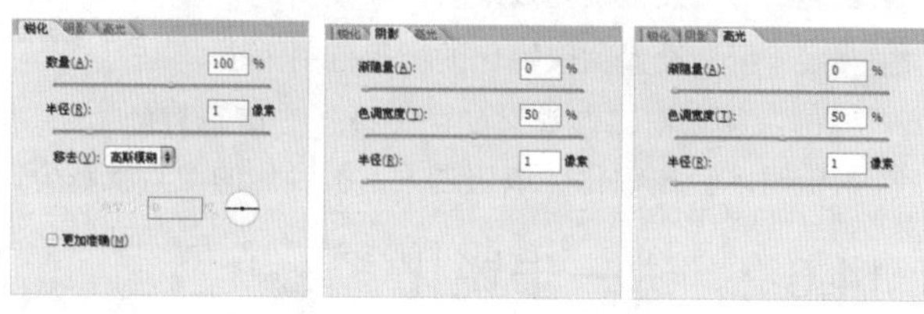

图14-222　　图14-223　　图14-224

实例练习——模糊图像变清晰

实例文件	实例练习——模糊图像变清晰 .psd
视频教学	实例练习——模糊图像变清晰 .flv
难易指数	★★★★★
技术要点	“锐化”滤镜

实例效果

本例素材如图 14-225 所示，效果如图 14-226 所示。

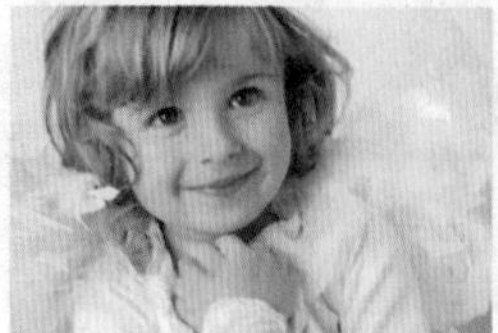
图14-225

图14-226

操作步骤

步骤 01 打开素材文件，如图 14-227 所示。

步骤 02 执行“滤镜 > 锐化 > 智能锐化”命令，设置“数量”为 18%，“半径”为 64 像素，单击“确定”按钮结束操作，如图 14-228 所示。

图14-227　　图14-228

步骤 03 执行“滤镜 > 锐化 > 锐化边缘”命令，此时可以看到人像头发部分更加锐利，如图 14-229 所示。

图14-229

步骤 04 导入光效素材文件，在“图层”面板中设置其混合模式为“滤色”，如图14-230所示。最终效果如图14-231所示。

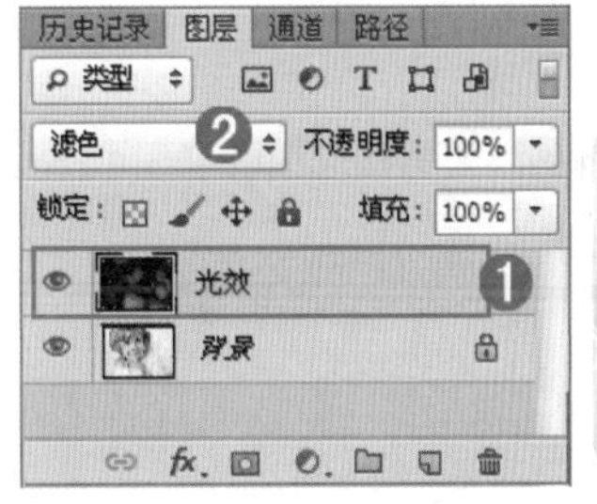

图14-230

图14-231

实例练习——打造HDR效果照片

实例文件	实例练习——打造HDR效果照片.psd
视频教学	实例练习——打造HDR效果照片.flv
难易指数	★★★★★
技术要点	“锐化”滤镜

实例效果

本例素材如图14-232所示，效果如图14-233所示。

图14-232　图14-233

操作步骤

步骤 01 打开素材文件，执行“图像>调整>阴影/高光”命令，设置其“阴影”选项组中“数量”为81%，“色调宽度”为54%，“半径”为446像素；设置其“高光”选项组中“数量”为100%，“色调宽度”为52%，“半径”为30像素；设置其“调整”选项组中“颜色校正”为-19，“中间调对比度”为-100，单击“确定”按钮结束操作，如图14-234所示。效果如图14-235所示。

步骤 02 执行“滤镜>锐化>智能锐化”命令，如图14-236所示。设置其“数量”为150%，“半径”为3像素，单击“确定”按钮结束操作，如图14-237所示。

步骤 03 最终效果如图14-238所示。

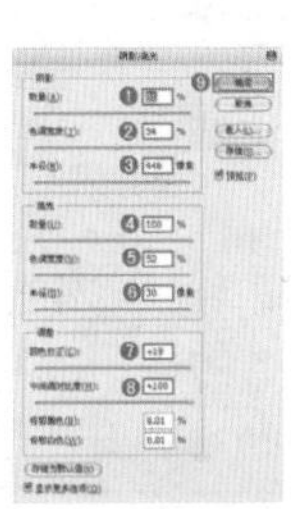

图14-234

图14-235

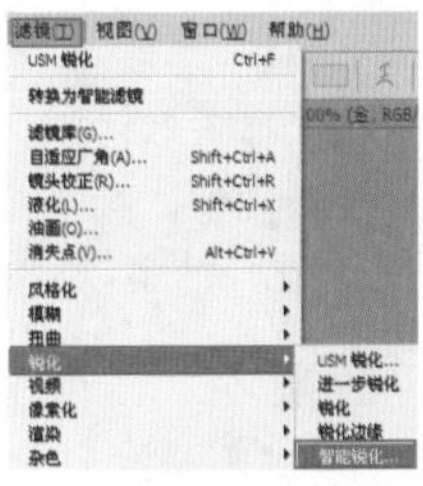

图14-236

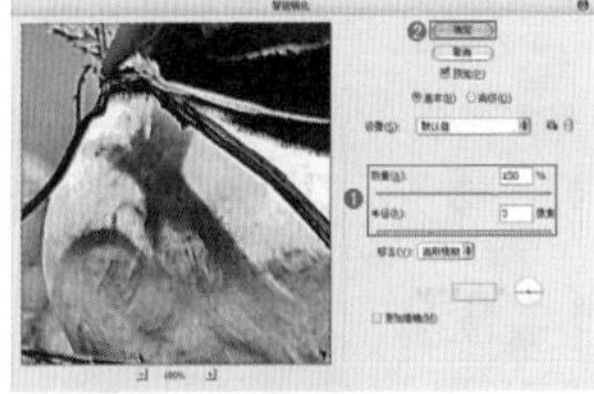

图14-237

图14-238

14.7 视频滤镜组

视频滤镜组包含两种滤镜：NTSC颜色和逐行，如图14-239所示。这两个滤镜可处理隔行扫描方式的设备中提取的图像。

NTSC 颜色
逐行...

图14-239

14.7.1 NTSC颜色

“NTSC 颜色”滤镜可以将色域限制在电视机重现可接受的范围内，以防止过饱和颜色渗到电视扫描行中。

14.7.2 逐行

“逐行”滤镜可以移去视频图像中的奇数或偶数隔行线，使在视频上捕捉的运动图像变得平滑，如图 14-240 所示为“逐行”对话框。

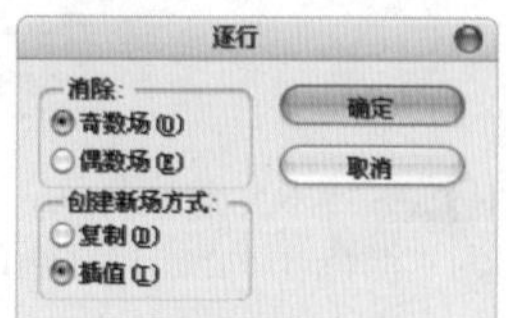

图14-240

- 消除：用来控制消除逐行的方式，包括“奇数场”和“偶数场”两种。
- 创建新场方式：用来设置消除场以后用何种方式来填充空白区域。选中“复制”单选按钮，可以复制被删除部分周围的像素来填充空白区域；选中“插值”单选按钮，可以利用被删除部分周围的像素，通过插值的方法进行填充。

14.8 像素化滤镜组

像素化滤镜组可以将图像进行分块或平面化处理，共包含 7 种滤镜：彩块化、彩色半调、点状化、晶格化、马赛克、碎片和铜版雕刻，如图 14-241 所示。

彩块化
彩色半调...
点状化...
晶格化...
马赛克...
碎片
铜版雕刻...

图14-241

14.8.1 彩块化

“彩块化”滤镜可以将纯色或相近色的像素结成相近颜色的像素块（该滤镜没有参数设置对话框），常用来制作手绘图像、抽象派绘画等艺术效果，如图 14-242 所示为原始图像以及应用“彩块化”滤镜以后的效果。

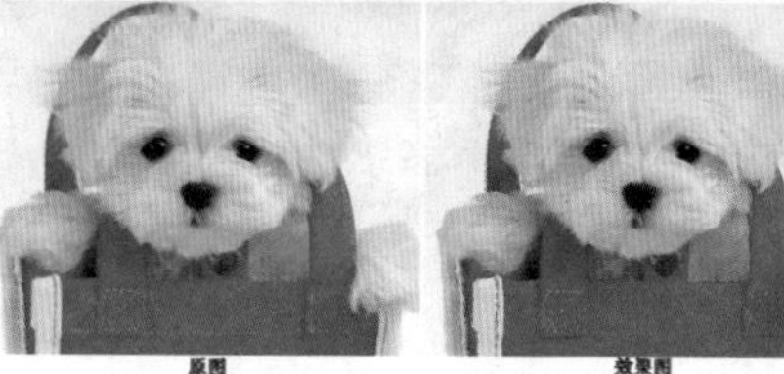

图14-242

14.8.2 彩色半调

“彩色半调”滤镜可以模拟在图像的每个通道上使用放大的半调网屏的效果。如图 14-243 和图 14-244 所示分别为原始图像、应用“彩色半调”滤镜以后的效果以及“彩色半调”对话框。

- 最大半径：用来设置生成的最大网点的半径。
- 网角（度）：用来设置图像各个原色通道的网点角度。

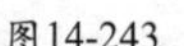

图14-243

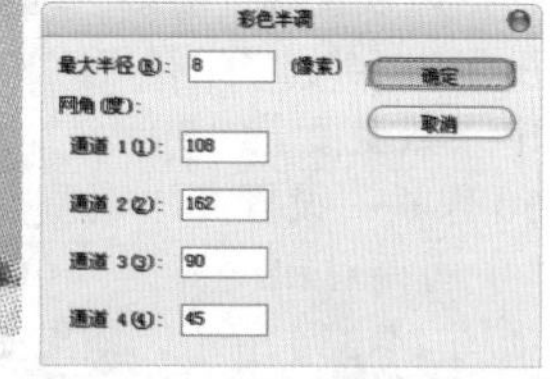

图14-244

14.8.3 点状化

“点状化”滤镜可以将图像中的颜色分解成随机分布的网点，并使用背景色作为网点之间的画布区域。如图 14-245 和图 14-246 所示分别为原始图像、应用“点状化”滤镜以后的效果以及“点状化”对话框。

单元格大小：用来设置每个多边形色块的大小。

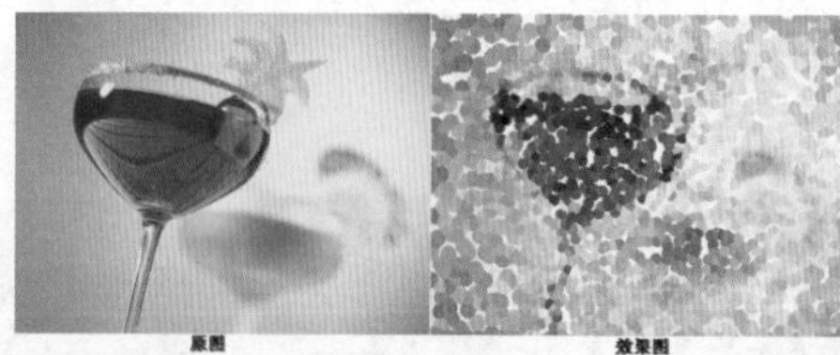

图14-245

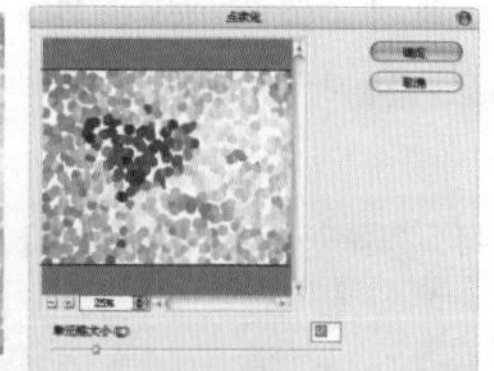

图14-246

14.8.4 晶格化

“晶格化”滤镜可以使图像中颜色相近的像素结块形成多边形纯色。如图 14-247 和图 14-248 所示分别为原始图像、应用

“晶格化”滤镜以后的效果以及“晶格化”对话框。

图14-247

图14-248

单元格大小：用来设置每个多边形色块的大小。

14.8.5 马赛克

“马赛克”滤镜可以使像素结为方形色块，创建出类似马赛克的效果。如图14-249和图14-250所示分别为原始图像、应用“马赛克”滤镜以后的效果以及“马赛克”对话框。

图14-249

图14-250

单元格大小：用来设置每个多边形色块的大小。

14.8.6 碎片

“碎片”滤镜可以将图像中的像素复制4次，然后将复制的像素平均分布，并使其相互偏移（该滤镜没有参数设置对话框），如图14-251所示为原始图像及应用“碎片”滤镜以后的效果。

图14-251

14.8.7 铜版雕刻

“铜版雕刻”滤镜可以将图像转换为黑白区域的随机图案或彩色图像中完全饱和颜色的随机图案，如图14-252和图14-253所示为原始图像和“铜版雕刻”对话框。

类型：用于选择铜版雕刻的类型，包括“精细点”、“中等点”、“粒状点”、“粗网点”、“短直线”、“中长直线”、“长直线”、“短描边”、“中长描边”和“长描边”10种类型。

图14-252

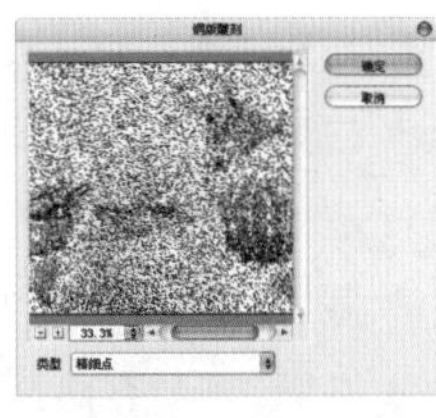

图14-253

14.9 渲染滤镜组

渲染滤镜组用于在图像中创建云彩图案、3D形状、折射图案和模拟的光反射效果，包含5种滤镜：分层云彩、光照效果、镜头光晕、纤维和云彩。

14.9.1 分层云彩

“分层云彩”滤镜可以将云彩数据与现有的像素以差值方式进行混合（该滤镜没有参数设置对话框）。首次应用该滤镜时，图像的某些部分会被反相成云彩图案，如图14-254所示为原始图像及应用“分层云彩”滤镜后的效果。

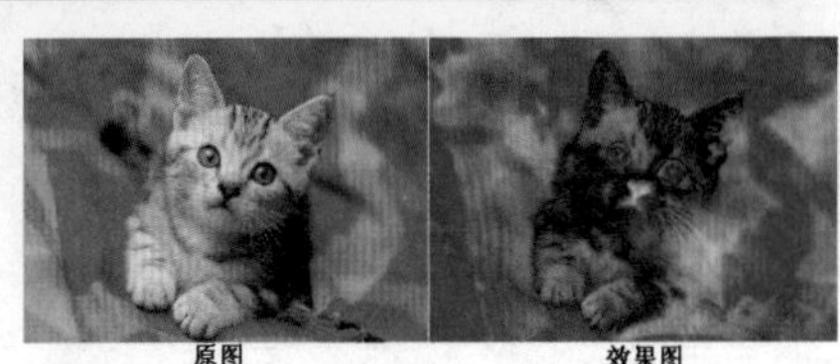

图14-254

14.9.2 光照效果

“光照效果”滤镜的功能相当强大，不仅可以在 RGB 图像上产生多种光照效果，也可以使用灰度文件的凹凸纹理图产生类似 3D 的效果，并可存储为自定样式以在其他图像中使用。执行“滤镜 > 渲染 > 光照效果”命令，可打开“光照效果”对话框，如图 14-255 所示。

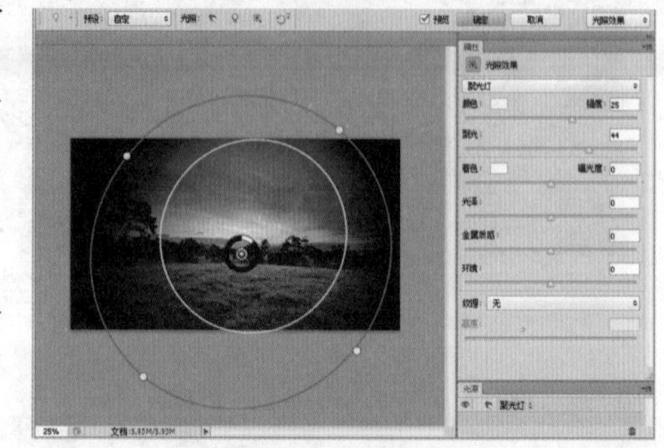

图 14-255

在选项栏的“预设”下拉列表中包含多种预设的光照效果，选中某一项即可更改当前画面效果，如图 14-256 所示。

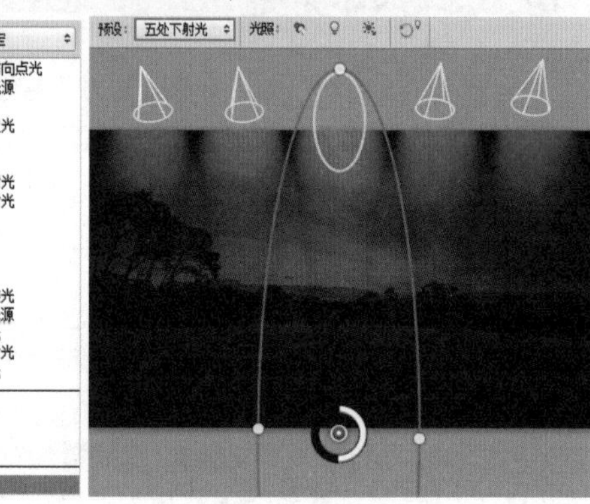

图 14-256

- **两点钟方向点光**：即具有中等强度 (17) 和宽焦点 (91) 的黄色点光。
- **蓝色全光源**：即具有全强度 (85) 和没有焦点的高处蓝色全光源。
- **圆形光**：即 4 个点光。“白色”为全强度 (100) 和集中焦点 (8) 的点光；“黄色”为强强度 (88) 和集中焦点 (3) 的点光；“红色”为中等强度 (50) 和集中焦点 (0) 的点光；“蓝色”为全强度 (100) 和中等焦点 (25) 的点光。
- **向下交叉光**：即具有中等强度 (35) 和宽焦点 (100) 的两种白色点光。
- **交叉光**：即具有中等强度 (35) 和宽焦点 (69) 的白色点光。
- **默认**：即具有中等强度 (35) 和宽焦点 (69) 的白色点光。
- **五处下射光 / 五处上射光**：即具有全强度 (100) 和宽焦点 (60) 的下射或上射的 5 个白色点光。
- **手电筒**：即具有中等强度 (46) 的黄色全光源。
- **喷涌光**：即具有中等强度 (35) 和宽焦点 (69) 的白色点光。
- **平行光**：即具有全强度 (98) 和没有焦点的蓝色平行光。
- **RGB 光**：即产生中等强度 (60) 和宽焦点 (96) 的红色、蓝色与绿色光。
- **柔化直接光**：即两种不聚焦的白色和蓝色平行光。其中白色光为柔和强度 (20)，而蓝色光为中等强度 (67)。
- **柔化全光源**：即中等强度 (50) 的柔和全光源。
- **柔化点光**：即具有全强度 (98) 和宽焦点 (100) 的白色点光。
- **三处下射光**：即具有柔和强度 (35) 和宽焦点 (96) 的右边中间白色点光。
- **三处点光**：即具有轻微强度 (35) 和宽焦点 (100) 的 3 个点光。
- **载入**：若要载入预设，需要选择下拉列表中的“载入”选项，在弹出的窗口中选择文件并单击“确定”按钮即可。
- **存储**：若要存储预设，需要选择下拉列表中的“存储”选项，在弹出的窗口中选择存储位置并命名该样式，然后单击“确定”按钮即可。存储的预设包含每种光照的所有设置，并且无论何时打开图像，存储的预设都会出现在“样式”菜单中。
- **删除**：若要删除预设，需要选择该预设并选择下拉列表中的“删除”选项。
- **自定**：若要创建光照预设，需要选择下拉列表中的“自定”选项，然后单击“光照”图标以添加点光、点测光和无限光类型。按需要重复，最多可获得 16 种光照。

在选项栏中单击“光照”右侧的按钮即可快速在画面中添加光源，单击“重置当前光照”按钮即可对当前光源进行重置，如图 14-257~ 图 14-259 所示分别为 3 种光源的对比效果。

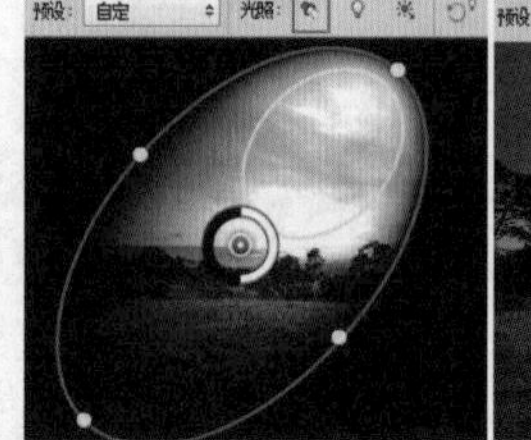

图 14-257

图 14-258

图 14-259

- **聚光灯**：投射一束椭圆形的光柱。预览窗口中的线条定义光照方向和角度，而手柄定义椭圆边缘。若要移动光源，需要在外部椭圆内拖动光源。若要旋转光源，需要在外部椭圆外拖动光源。若要更改聚光角度，需要拖动内部椭圆的边缘。若要扩展或收缩椭圆，需要拖动 4 个外部手柄中的一个。按住 Shift 键并拖动，可使角度保持不变而只更改椭圆的大小。按住 Ctrl 键并拖动，可保持大小不变并更改点光的角度或方向。若要更改椭圆中光源填充的强度，可拖动中心部位强度环的白色部分。

- 点光：像灯泡一样使光在图像正上方的各个方向照射。若要移动光源，可将光源拖动到画布上的任何地方。若要更改光的分布（通过移动光源使其更近或更远来反射光），需要拖动中心部位强度环的白色部分。
- 无限光：像太阳一样使光照射在整个平面上。若要更改方向，需要拖动线段末端的手柄。若要更改亮度，需要拖动光照控件中心部位强度环的白色部分。

创建光源后，在“属性”面板中即可对该光源进行光源类型和参数的设置，在灯光类型下拉列表中可对光源类型进行更改，如图 14-260 所示。

图14-260

- 颜色：单击后面的颜色图标，可以在弹出的“选择光照颜色”对话框中设置灯光的颜色。
- 强度：用来设置灯光的光照大小。
- 聚光：用来控制灯光的光照范围。该选项只能用于聚光灯。
- 着色：单击以填充整体光照。
- 曝光度：用来控制光照的曝光效果。数值为负值时，可以减少光照；数值为正值时，可以增加光照。
- 光泽：用来设置灯光的反射强度。
- 金属质感：用于设置反射的光线是光源色彩，还是图像本身的颜色。该值越大，反射光越接近反射体本身的颜色；该值越小，反射光越接近光源颜色。
- 环境：漫射光，使该光照如同与室内的其他光照（如日光或荧光）相结合一样。设置为 100 表示只使用此光源；设置为 -100 表示移去此光源。

- 纹理：在下拉列表中选择通道，为图像应用纹理通道。
- 高度：启用“纹理”后，该选项可用。可以控制应用纹理后凸起的高度，可拖动“高度”滑块将纹理从平滑 (0) 改变为凸起 (100)。

在“光源”面板中显示了当前场景中包含的光源，如果需要删除某个灯光，选中后单击“光源”面板右下角的“回收站”按钮即可，如图 14-261 所示。

图14-261

在“光照效果”工作区中，使用“纹理通道”可以将 Alpha 通道添加到图像中的灰度图像（称作凹凸图）来控制光照效果。向图像中添加 Alpha 通道的效果，如图 14-262 所示。从“属性”面板的“纹理”下拉列表中选择一种通道，拖动“高度”滑块即可观察到画面将以纹理所选通道的黑白关系发生从平滑 (0) 到凸起 (100) 的变化。如图 14-263 和图 14-264 所示。

图14-262

图14-263

图14-264

14.9.3 镜头光晕

“镜头光晕”滤镜可以模拟亮光照射到相机镜头所产生的折射效果，如图 14-265 和图 14-266 所示分别为原始图像以及“镜头光晕”对话框。

- 预览窗口：在该窗口中可以通过拖曳十字线来调节光晕的位置，如图 14-267 所示。
- 亮度：用来控制镜头光晕的亮度，其取值范围为 10%~300%，如图 14-268 所示分别是设置“亮度”值为 100% 和 200%

时的效果。

图14-265

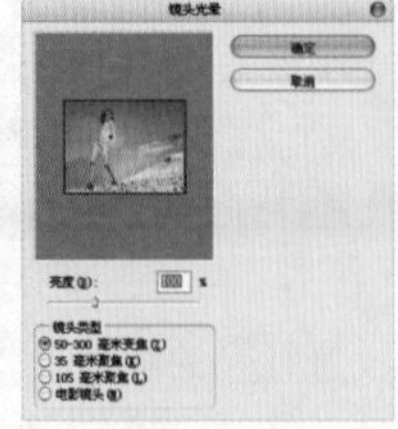
图14-266

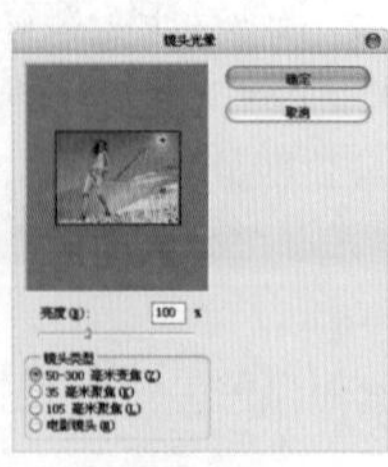
图14-267

图14-268

- 镜头类型：用来选择镜头光晕的类型，包括“50-300 毫米变焦”、“35 毫米聚焦”、“105 毫米聚焦”和“电影镜头”4 种类型，如图 14-269 所示。

图14-269

实例练习——制作正午阳光效果

实例文件	实例练习——制作正午阳光效果.psd
视频教学	实例练习——制作正午阳光效果.flv
难易指数	★★★★★
技术要点	“镜头光晕”滤镜

实例效果

本例效果如图 14-270 所示。

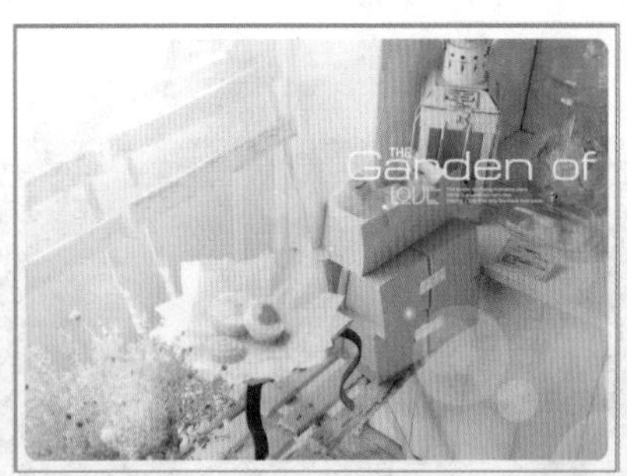
图14-270

操作步骤

步骤 01 打开素材文件，如图 14-271 所示。

步骤 02 新建图层并填充为黑色，执行“滤镜 > 渲染 > 镜头光晕”命令，如图 14-272 所示。设置一个合适角度，调整“亮度”为 151%，单击“确定”按钮结束操作，如图 14-273 所示。

步骤 03 在“图层”面板中设置其混合模式为滤色，如图 14-274 所示。效果如图 14-275 所示。

步骤 04 导入前景素材文件，最终效果如图 14-276 所示。

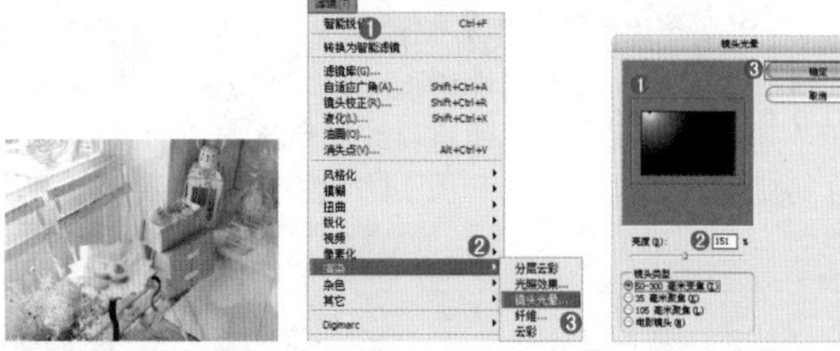
图14-271　图14-272　图14-273

答疑解惑：为什么要新建黑色图层？

“镜头光晕”滤镜会直接在所选图层上添加光效，所以完成滤镜操作之后不能方便地修改光效的位置或亮度等属性。但是，如果新建空白图层又不能够进行“镜头光晕”滤镜操作。所以需要新建黑色图层，并通过调整混合模式来滤去黑色部分。

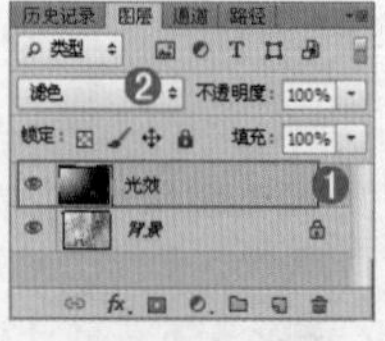
图14-274

图14-275

图14-276

14.9.4 纤维

“纤维”滤镜可以根据前景色和背景色（如图 14-277 所示）来创建类似编织的纤维效果，如图 14-278 和 14-279 所示为应用“纤维”滤镜以后的效果以及“纤维”对话框。

- 差异：用来设置颜色变化的方式。较小的数值可以生成较长的颜色条纹；较大的数值可以生成较短且颜色分布变化更大的纤维，如图 14-280 所示。

图14-277

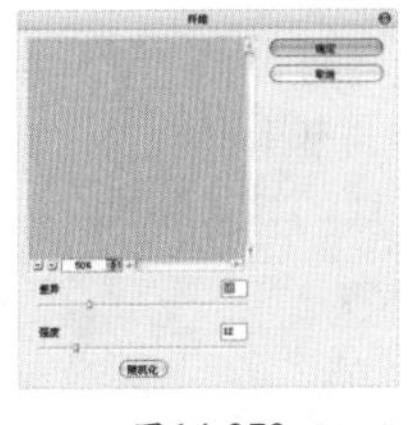

图14-278

图14-279

图14-280

- 强度：用来设置纤维外观的明显程度。
- 随机化：单击该按钮，可以随机生成新的纤维。

14.9.5 云彩

“云彩”滤镜可以根据前景色和背景色随机生成云彩图案（该滤镜没有参数设置对话框），如图 14-281 所示为应用“云彩”滤镜以后的效果。

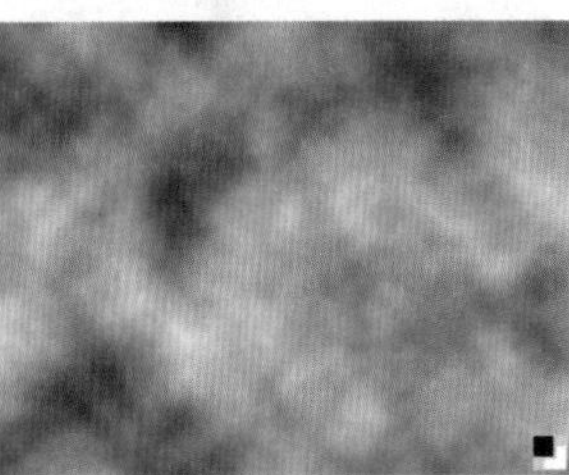

图14-281

14.10 杂色滤镜组

杂色滤镜组可以添加或移去图像中的杂色，有助于将选择的像素混合到周围的像素中。杂色滤镜组包含 5 种滤镜：减少杂色、蒙尘与划痕、去斑、添加杂色和中间值。

14.10.1 减少杂色

“减少杂色”滤镜可以基于影响整个图像或各个通道的参数设置来保留边缘并减少图像中的杂色。如图 14-282 和图 14-283 所示分别为原始图像、应用“减少杂色”滤镜以后的效果以及“减少杂色”对话框。

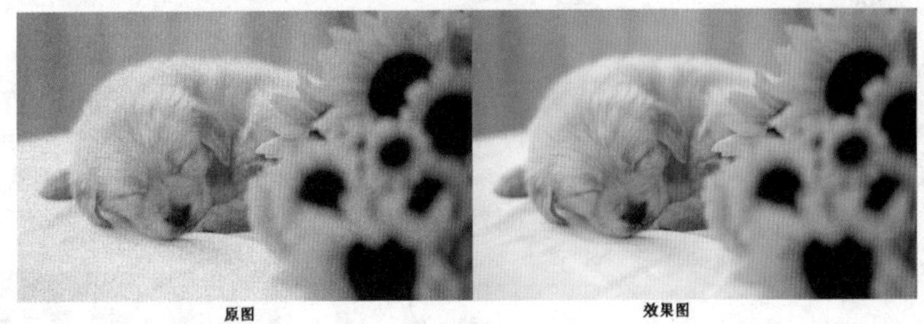

图14-282

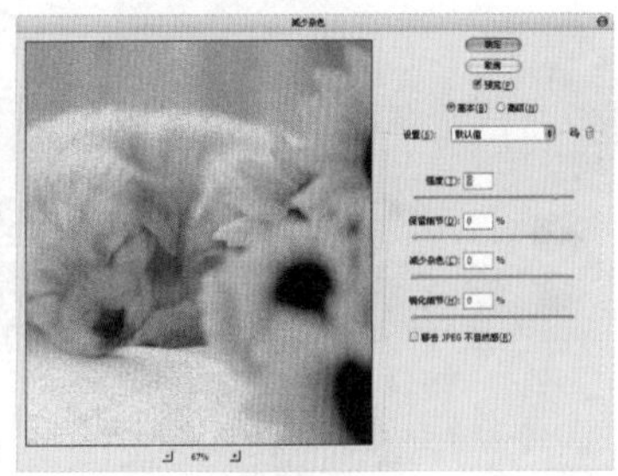

图14-283

1.设置基本选项

在“减少杂色”对话框中选中“基本”单选按钮，可以设置“减少杂色”滤镜的基本参数。

- 强度：用来设置应用于所有图像通道的明亮度杂色的减少量。

- 保留细节：用来控制保留图像的边缘和细节（如头发）的程度。数值为100%时，可以保留图像的大部分细节，但是会将明亮度杂色减到最低。
- 减少杂色：移去随机的颜色像素。数值越大，减少的颜色杂色越多。
- 锐化细节：用来设置移去图像杂色时锐化图像的程度。
- 移除 JPEG 不自然感：选中该复选框，可以移去因 JPEG 压缩而产生的不自然块。

2.设置高级选项

在“减少杂色”对话框中选中“高级”单选按钮，可以设置“减少杂色”滤镜的高级参数。其中“整体”选项卡的内容与基本参数完全相同，如图 14-284 所示；“每通道”选项卡可以基于红、绿、蓝通道来减少通道中的杂色，如图 14-285 所示。

图14-284　　图14-285

14.10.2 蒙尘与划痕

“蒙尘与划痕”滤镜可以通过修改具有差异化的像素来减少杂色，可以有效地去除图像中的杂点和划痕，如图 14-286 和图 14-287 所示分别为原始图像、应用“蒙尘与划痕”滤镜以后的效果以及“蒙尘与划痕”对话框。

- 半径：用来设置柔化图像边缘的范围。
- 阈值：用来定义像素的差异有多大才被视为杂点。数值越大，消除杂点的能力越弱。

图14-286

图14-287

实例练习——使用“蒙尘与划痕”滤镜进行磨皮

实例文件	实例练习——使用“蒙尘与划痕”滤镜进行磨皮.psd
视频教学	实例练习——使用“蒙尘与划痕”滤镜进行磨皮.flv
难易指数	★★★★★
技术要点	“蒙尘与划痕”滤镜

实例效果

本例素材如图 14-288 所示，效果如图 14-289 所示。

图14-288

图14-289

操作步骤

步骤 01 打开素材文件，如图 14-290 所示。执行“滤镜 > 杂色 > 蒙尘与划痕”命令，如图 14-291 所示。设置其“半径”为 8 像素，“阈值”为 2 色阶，单击“确定”按钮结束操作，如图 14-292 所示。

图14-290

图14-291

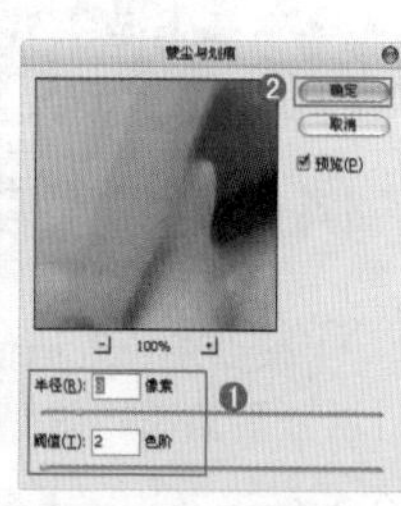

图14-292

步骤 02 进入“历史记录”面板，单击工具箱中的“历史记录画笔工具”按钮，标记最后一项“蒙尘与划痕”，并回到上一步骤状态下，如图 14-293 所示。对人像头部及衣服部分进行涂抹，使人像看起来更清晰，最终效果如图 14-294 所示。

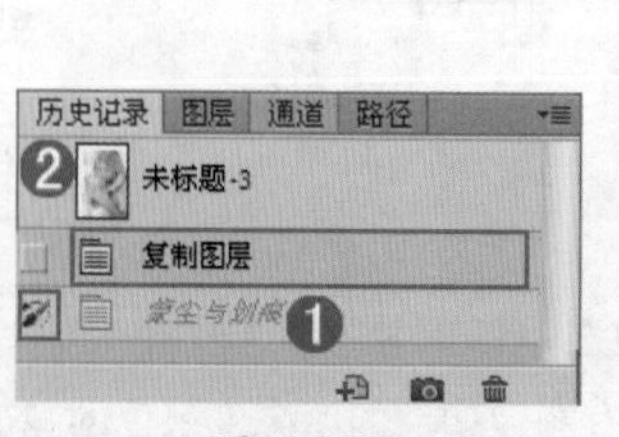

图14-293

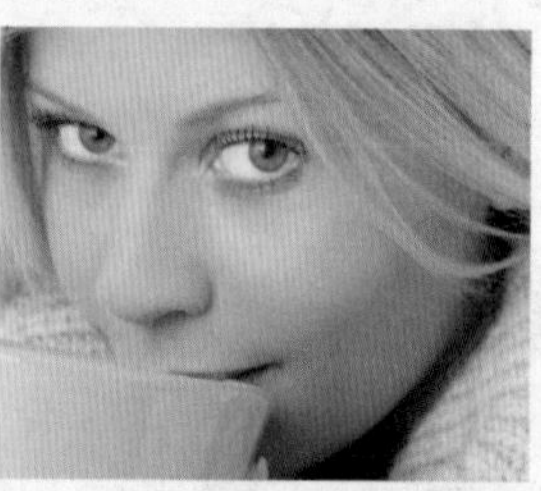

图14-294

14.10.3 去斑

“去斑”滤镜可以检测图像的边缘（发生显著颜色变化的区域），并模糊边缘外的所有区域，同时会保留图像的细节（该滤镜没有参数设置对话框），如图14-295所示为原始图像以及应用“去斑”滤镜以后的效果。

图14-295

14.10.4 添加杂色

“添加杂色”滤镜可以在图像中添加随机像素，也可以用来修缮图像中经过重大编辑的区域，如图14-296和图14-297所示分别为原始图像、应用“添加杂色”滤镜以后的效果以及“添加杂色”对话框。

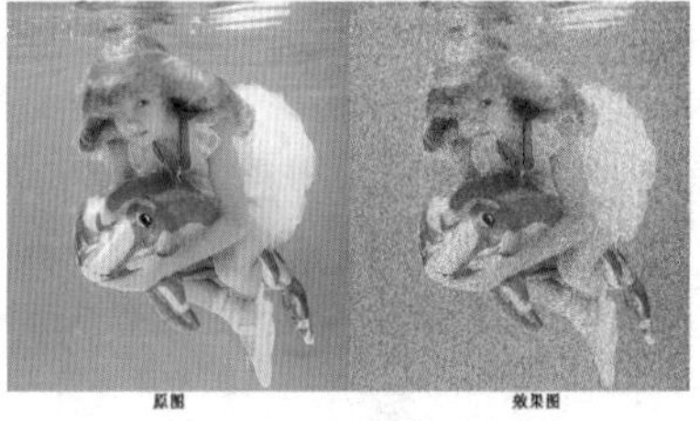

图14-296

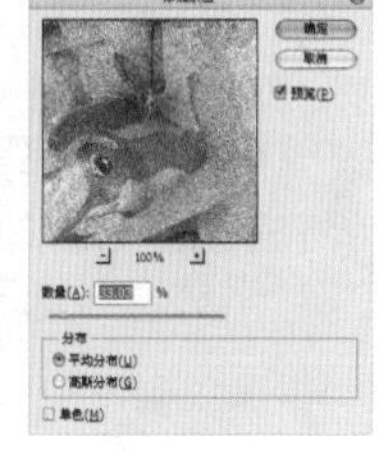
图14-297

- 数量：用来设置添加到图像中的杂点的数量。
- 分布：选中“平均分布”单选按钮，可以随机向图像中添加杂点，杂点效果比较柔和；选中“高斯分布”单选按钮，可以沿一条钟形曲线分布杂色的颜色值，以获得斑点状的杂点效果。
- 单色：选中该复选框，杂点只影响原有像素的亮度，并且像素的颜色不会发生改变。

实例练习——使用“添加杂色”滤镜制作雪天效果

实例文件	实例练习——使用“添加杂色”滤镜制作雪天效果.psd
视频教学	实例练习——使用“添加杂色”滤镜制作雪天效果.flv
难易指数	★★★★★
技术要点	“添加杂色”滤镜

实例效果

本例效果如图14-298所示。

图14-298

操作步骤

步骤01 打开素材文件，如图14-299所示。新建图层并将其填充为黑色，执行“滤镜>杂色>添加杂色”命令，如图14-300所示。

图14-299

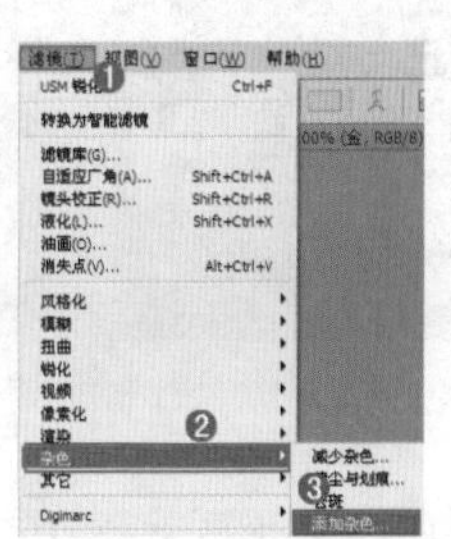
图14-300

步骤02 设置其“数量”为33%，单击“确定”按钮结束操作，如图14-301所示。在“图层”面板中设置其混合模式为“滤色”，“不透明度”为60%，如图14-302所示。此时可以看到杂色图层的黑色部分被隐去，只留下白色的杂点，如图14-303所示。

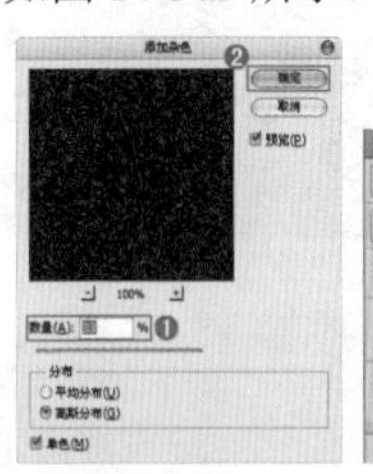
图14-301

图14-302

图14-303

步骤03 由于当前的杂点较小，密度比较高，所以需要使用矩形选框工具，绘制较小的矩形选区，并使用“自由变换”快捷键Ctrl+T，将雪花调大，如图14-304所示。

步骤04 单击图层面板中的“添加图层蒙版”按钮，如图14-305所示。单击工具箱中的“画笔工具”按钮，设置前景色为黑色，对飘雪进行适当涂抹隐藏，如图14-306所示。

图14-304

图14-305

步骤 05 考虑到真实的雪花具有大小不同、疏密不同的特性，所以需要多次复制雪花图层，调整大小，并在图层蒙版中适当擦除过于均匀的部分，最终效果如图 14-307 所示。

图14-306

图14-307

14.10.5 中间值

“中间值”滤镜可以混合选区中像素的亮度来减少图像的杂色。该滤镜会搜索像素选区的半径范围以查找亮度相近的像素，并且会扔掉与相邻像素差异太大的像素，然后用搜索到的像素的中间亮度值来替换中心像素。如图 14-308 和图 14-309 所示分别为原始图像、应用“中间值”滤镜以后的效果以及“中间值”对话框。

原图　　效果图

图14-308

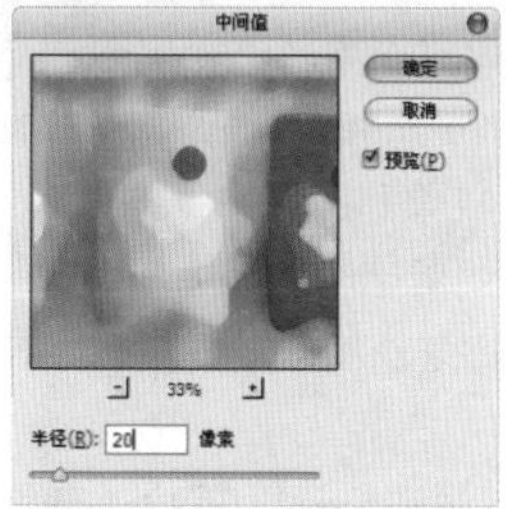

图14-309

半径：用于设置搜索像素选区的半径范围。

14.11 其他滤镜组

其他滤镜组中，有些滤镜可以允许用户自定义滤镜效果，有些滤镜可以修改蒙版、在图像中使选区发生位移和快速调整图像颜色。其他滤镜组包含 5 种滤镜：高反差保留、位移、自定、最大值和最小值。

14.11.1 高反差保留

“高反差保留”滤镜可以在具有强烈颜色变化的地方按指定的半径来保留边缘细节，并且不显示图像的其余部分。如图 14-310 和图 14-311 所示分别为原始图像、应用“高反差保留”滤镜以后的效果以及“高反差保留”对话框。

原图　　效果图

图14-310

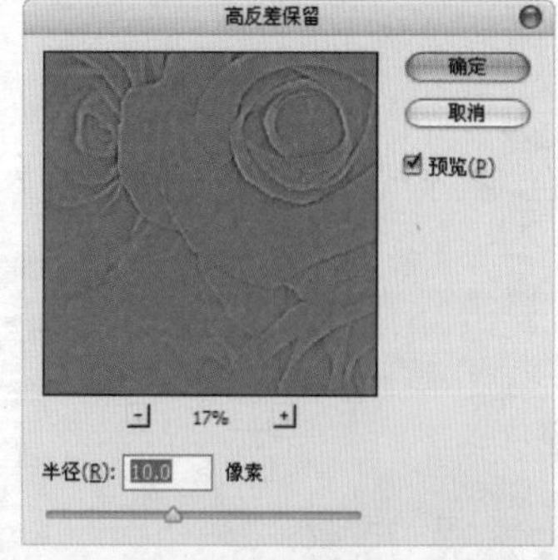

图14-311

半径：用来设置滤镜分析处理图像像素的范围。数值越大，所保留的原始像素就越多；当数值为 0.1 像素时，仅保留图像边缘的像素。

14.11.2 位移

“位移”滤镜可以在水平或垂直方向上偏移图像，如图 14-312~ 图 14-314 所示分别为原始图像、应用“位移”滤镜以后的效果以及“位移”对话框。

图14-312

图14-313

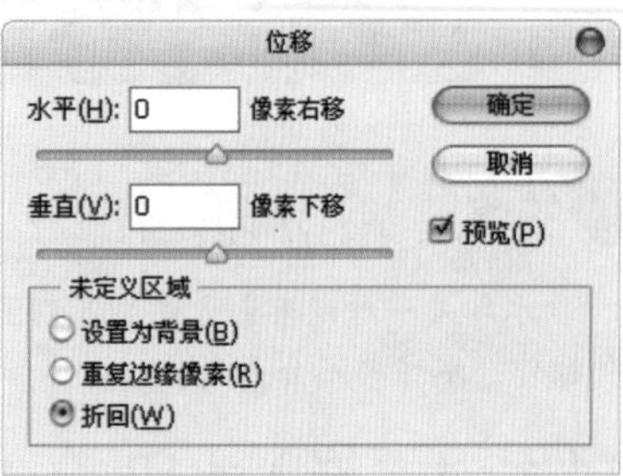

图14-314

- 水平：用来设置图像像素在水平方向上的偏移距离。数值为正值时，图像会向右偏移，同时左侧会出现空缺。
- 垂直：用来设置图像像素在垂直方向上的偏移距离。数值为正值时，图像会向下偏移，同时上方会出现空缺。
- 未定义区域：用来选择图像发生偏移后填充空白区域的方式。选中“设置为背景”单选按钮，可以用背景色填充空缺区域；选中“重复边缘像素”单选按钮，可以在空缺区域填充扭曲边缘的像素颜色；选中“折回”单选按钮，可以在空缺区域填充溢出图像之外的图像内容。

14.11.3 自定

“自定”滤镜可以设计用户自己的滤镜效果。该滤镜可以根据预定义的“卷积”数学运算来更改图像中每个像素的亮度值，如图 14-315 所示为“自定”对话框。

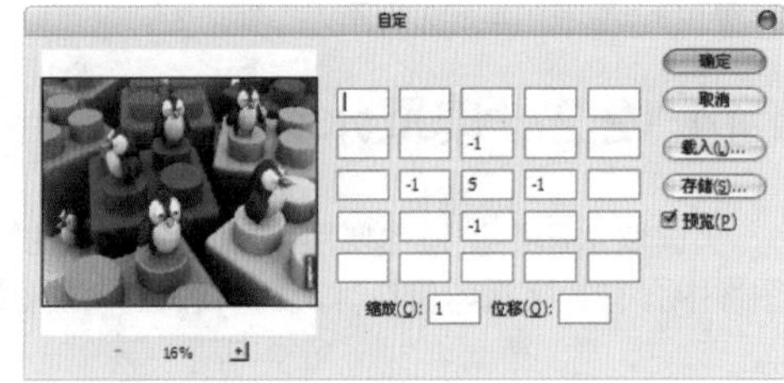
图14-315

14.11.4 最大值

“最大值”滤镜对于修改蒙版非常有用。该滤镜可以在指定的半径范围内，用周围像素的最大亮度值替换当前像素的亮度值。“最大值”滤镜具有阻塞功能，可以展开白色区域，而阻塞黑色区域。如图 14-316 和图 14-317 所示分别为原始图像、应用“最大值”滤镜以后的效果以及“最大值”对话框。

半径：设置用周围像素的最大亮度值来替换当前像素的亮度值的范围。

原图 效果图

图14-316

图14-317

14.11.5 最小值

“最小值”滤镜对于修改蒙版非常有用。该滤镜具有伸展功能，可以扩展黑色区域，而收缩白色区域。如图 14-318 和图 14-319 所示分别为原始图像、应用“最小值”滤镜以后的效果以及“最小值”对话框。

图14-318

图14-319

半径：设置滤镜扩展黑色区域、收缩白色区域的范围。

14.12 Digimarc滤镜组

Digimarc 滤镜组可以在图像中添加数字水印，使图像的版权通过 Digimarc ImageBridge 技术的数字水印受到保护，如图 14-320 所示。

读取水印...
嵌入水印...

图14-320

答疑解惑：水印是什么？

水印是一种以杂色方式嵌入到图像中的数字代码，通过肉眼是观察不到的。嵌入数字水印以后，无论对图像进行何种操作，水印都不会丢失。

14.12.1 嵌入水印

“嵌入水印”滤镜可以在图像中添加版权信息，如图 14-321 所示为“嵌入水印”对话框。在嵌入水印之前，必须先在 Digimarc 公司进行注册，以获得一个 Digimarc ID，然后将该 ID 标识号同著作版权信息一并嵌入到图像中（注意，这个操作需要支付一定的费用），如图 14-322 所示。

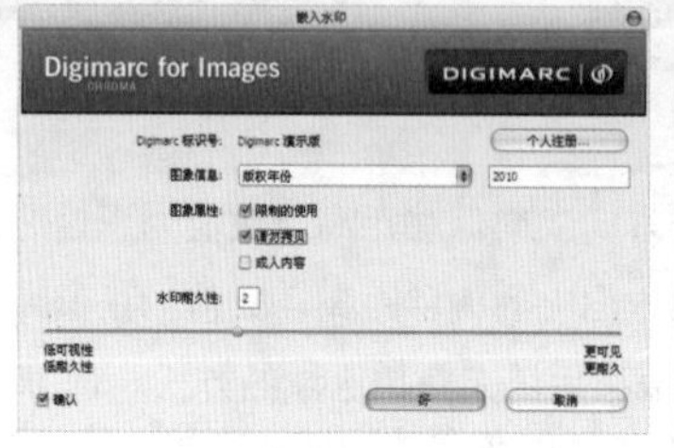

图14-321

图14-322

14.12.2 读取水印

“读取水印”滤镜主要用来读取图像中的数字水印内容，如图 14-323 所示。当一个图像中含有数字水印信息时，在状态栏和图像文档窗口的最左侧会显示一个字母 C。

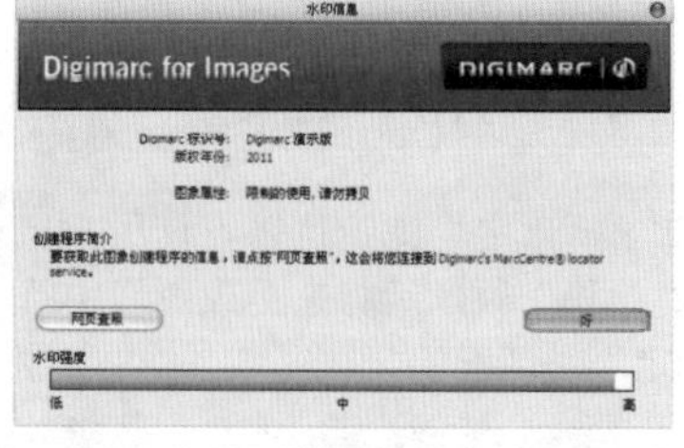

图14-323

14.13 外挂滤镜

外挂滤镜也就是通常所说的第三方滤镜，是由第三方厂商或个人开发的一类增效工具。外挂滤镜以其种类繁多、效果明显而备受 Photoshop 用户的喜爱。

14.13.1 安装外挂滤镜

外挂滤镜与内置滤镜不同，它需要用户进行手动安装，根据外挂滤镜的类型不同，可以选用下面两种方法中的一种来进行安装。

（1）如果是封装的外挂滤镜，可以直接按正常方法进行安装。

（2）如果是普通的外挂滤镜，需要将文件安装到 Photoshop 安装文件下的 Plug-in 目录下。

安装完成外挂滤镜后，在“滤镜”菜单的最底部就可以观察到外挂滤镜，如图 14-324 所示。

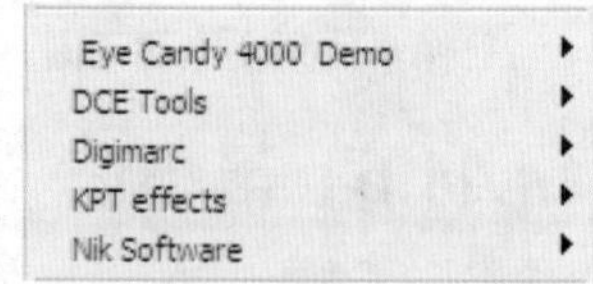

图14-324

技巧提示

本章选用目前运用比较广泛的 Nik Color Efex Pro 3.0 滤镜、KPT 7.0 滤镜和 Eye Candy 4000 滤镜进行介绍。

14.13.2 专业调色滤镜——Nik Color Efex Pro 3.0

Nik Color Efex Pro 3.0 滤镜是美国 nik multimedia 公司出品的基于 Photoshop 的一套滤镜插件。其 complete 版本包含 75 个不同效果的滤镜，Nik Color Efex Pro 3.0 滤镜可以很轻松地制作出彩色转黑白效果、反转负冲效果以及各种暖调镜、颜色渐变镜、天空镜、日出日落镜等特殊效果，如图 14-325 所示。

如果要使用 Nik Color Efex Pro 3.0 滤镜制作各种特殊效果，只需在其左侧内置的滤镜库中选择相应的滤镜即可。同时，每一个滤镜都具有很强的可控性，可以任意调节方向、角度、强度、位置，从而得到更精确的效果，如图 14-326 所示。

从细微的图像修正到颠覆性的视觉效果，Nik Color Efex Pro 3.0 滤镜都提供了一套相当完整的插件。Nik Color Efex Pro 3.0 滤镜允许用户为照片加上原来所没有的东西，比如“岱赭”滤镜可以将白天拍摄的照片变成夜晚背景，如图 14-327 所示。

图14-325

图14-326

图14-327

技巧提示

Nik Color Efex Pro 3.0 滤镜的种类非常多，并且大部分滤镜都包含多个预设效果，如图 14-328 所示是“油墨”滤镜的所有预设效果。关于其他滤镜，这里不再介绍。

图14-328

实例练习——利用 Nik Color Efex Pro 3.0

实例文件	实例练习——利用 Nik Color Efex Pro 3.0.psd
视频教学	实例练习——利用 Nik Color Efex Pro 3.0.flv
难易指数	★★★★★
技术要点	Ni Color Efex Pro 3.0 Complete

实例效果

本例主要针对 Nik Color Efex Pro 3.0 滤镜的使用方法进行练习。

图14-329

图14-330

操作步骤

步骤 01 打开本书配套光盘中的素材文件，如图 14-329 所示。执行“滤镜 >Nik Software>Color Efex Pro 3.0 Complete”命令，打开 Color Efex Pro 3.0 对话框，如图 14-330 所示。

步骤 02 在对话框左侧的滤镜组中选择“双色滤镜”，然后在右侧的“方法”下拉列表中选择负片正冲为 T04，如图 14-331 所示，最终效果如图 14-332 所示。

图14-331

图14-332

14.13.3 智能磨皮滤镜——Imagenomic Portraiture

Portraiture 是一款 Photoshop 的插件，用于人像图片润色，减少了人工选择图像区域的重复劳动。它能智能地对图像中的皮肤材质、头发、眉毛、睫毛等部位进行平滑和减少疵点处理，如图 14-333 所示。

图14-333

14.13.4 位图特效滤镜——KPT 7.0

KPT 滤镜的全称为 Kai's Power Tools，由 Metacreations 公司开发。作为 Photoshop 第三方滤镜的佼佼者，KPT 系列滤镜一直受到广大用户的青睐。KPT 系列滤镜经历了 KPT 3.0、KPT 5.0、KPT 6.0 和 KPT 7.0 等几个版本的升级，如今的最新版为 KPT 7.0。成功安装 KPT 7.0 滤镜之后，在滤镜菜单的底部能够找到 KPT effects 滤镜组，如图 14-334 所示。

- KPT Channel Surfing：该滤镜允许用户单独对图像中的各个通道进行处理（如模糊或锐化所选中的通道），也可以调整色彩的对比度、色彩数、透明度等属性。如图 14-335 和图 14-336 所示分别为原始图像及 KPT Channel Surfing 滤镜效果。
- KPT Fluid：该"滤镜"可以在图像中加入模拟液体流动的效果，如扭曲变形等，如图 14-337 所示。
- KPT FraxFlame Ⅱ：该滤镜能够捕捉并修改图像中不规则的几何形状，并且能够改变选中的几何形状的颜色、对比度、扭曲等，如图 14-338 所示。

KPT Channel Surfing...
KPT Fluid...
KPT FraxFlame II...
KPT Gradient Lab...
KPT Hyper Tiling...
KPT Ink Dropper...
KPT Lightning...
KPT Pyramid Paint...
KPT Scatter...

图14-334

图14-335

图14-336

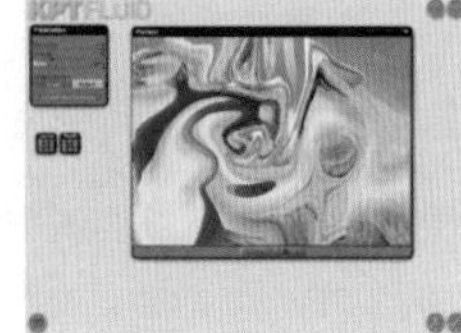
图14-337

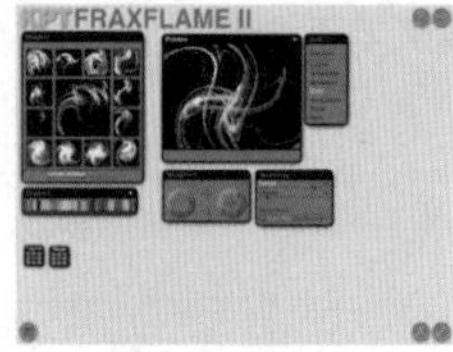

图14-338

- KPT Gradient Lab：使用该滤镜可以创建不同形状、不同水平高度、不同透明度的复杂的色彩组合并运用在图像中，如图 14-339 所示。
- KPT Hyper Tiling：使用该滤镜可以制作类似于瓷砖贴墙的效果，将相似或相同的图像元素组合成一个可供反复调用的对象，如图 14-340 所示。
- KPT Ink Dropper：该滤镜可以在图像中绘制出墨水滴入静水中的效果，如图 14-341 所示。
- KPT Lightning：该滤镜可以通过简单的设置在图像中创建出惟妙惟肖的闪电效果，如图 14-342 所示。
- KPT Pyramid Paint：该滤镜可以将图像转换为手绘感较强的绘画效果，如图 14-343 所示。
- KPT Scatter：该滤镜可以去除图像表面的污点或在图像中创建各种微粒运动的效果，同时还可以控制每一个质点的具体位置、颜色、阴影等，如图 14-344 所示。

图14-339

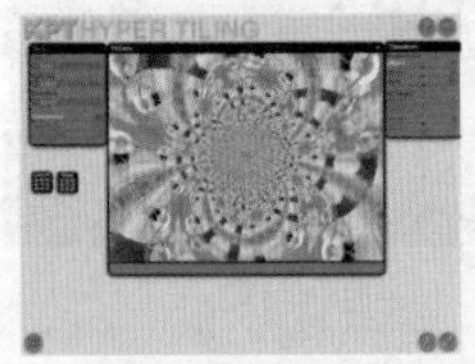

图14-340

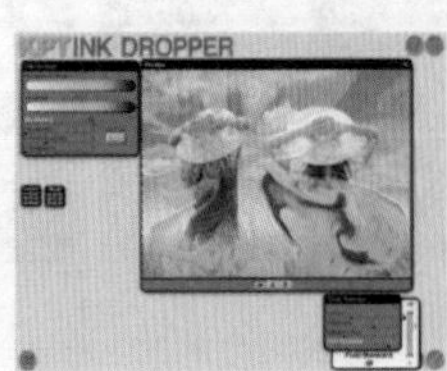

图14-341

图14-342

图14-343

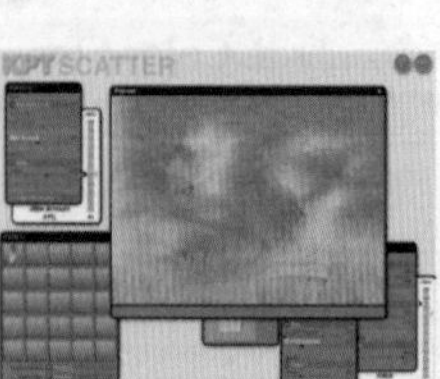

图14-344

14.13.5 位图特效滤镜——Eye Candy 4000

Eye Candy 4000 滤镜是 Alien Skin 公司出品的一组极为强大的、非常经典的 Photoshop 外挂滤镜。Eye Candy 4000 滤镜的功能千变万化，拥有极为丰富的特效。它包含 23 种滤镜，可以模拟出反相、铬合金、闪耀、发光、阴影、HSB 噪点、水滴、水迹、挖剪、玻璃、斜面、烟幕、漩涡、毛发、木纹、编织、星星、斜视、大理石、摇动、运动痕迹、溶化、火焰等效果，如图 14-345~ 图 14-348 所示为部分滤镜效果。

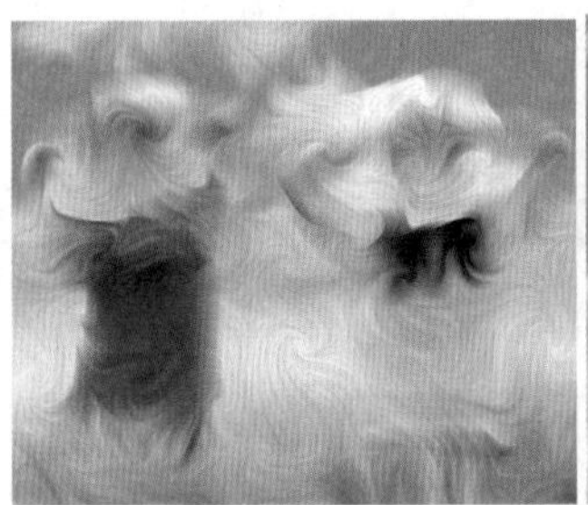

图14-345

图14-346

图14-347

图14-348

14.13.6 位图特效滤镜——Alien Skin Xenofex

Xenofex 是 Alien Skin 公司最新的滤镜套件之一，具有操作简单、效果精彩的优势。其内含的滤镜套件高达 16 种，包括 Baked Earth（龟裂）、Constellation（星化）、Crumple（弄皱）、Distress（挤压）、Electrify（电花）、Flag（旗飘）、Lightning（闪电）、Little Fluffy Clouds（云霭）、Origami（结晶）、Puzzle（拼图）、Rounded Rectangle（圆角）、Shatter（爆炸）、Shower Door（毛玻璃）、Stain（上釉）、Stamper（邮图）和 Television（电视）。如图 14-349~ 图 14-352 所示为部分滤镜效果。

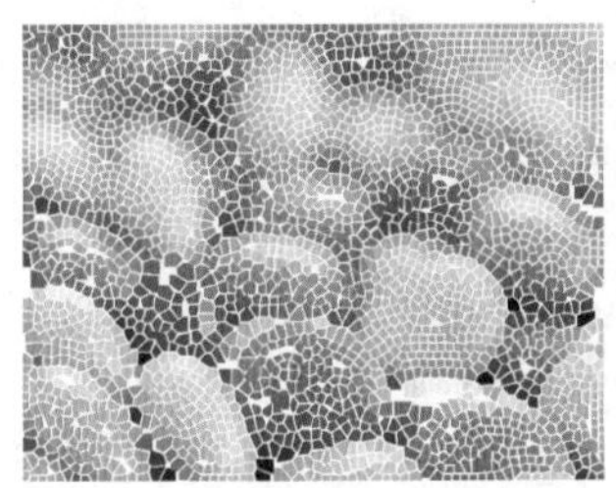

图14-349

图14-350

图14-351

图14-352

※ 技术拓展：其他外挂滤镜

Photoshop 的外挂滤镜多达千余种，下面介绍另外几种比较常用的外挂滤镜。

- Xenofex 滤镜：是一款可以制作出玻璃、墙、拼图、闪电等多种效果的滤镜。
- BladePro 滤镜：是一个套用材质处理图像的滤镜。该滤镜可以将木材、纸张等质料叠加在另一张图片上，使原来普通的图像变成具有各种质感的特殊效果。
- FeatherGIF 滤镜：在网页设计中，经常需要将背景透明的 GIF 图片嵌入到网页上或者将图片边缘修剪得比较自然、好看，这时一般会用到淡入淡出、边缘羽化、边缘颗粒等方法，虽然这些操作并不难，然而却比较繁琐。但是，如果使用 FeatherGIF 滤镜来进行操作，那么对图片的这些边缘处理就可以变得非常轻松、快捷。
- our Seasons 滤镜：Four Seasons 滤镜可以模拟出一年四季中的任何效果，以及日出、日落、天空、阳光等大自然效果。
- Photo Graphics 滤镜：使用 Photo Graphics 滤镜可以很容易地绘制出复杂的几何图形或按曲线排列文字等效果。

Chapter 15

第15章

Web图形处理与切片

Photoshop 在网页制作中是必不可少的工具，不仅可以用于制作页面广告、边框、装饰等，还能通过 Web 工具设计和优化 Web 图形或页面元素，以及制作交互式按钮图形和 Web 照片画廊。

本章学习要点：

- 认识Web安全色
- 掌握切片工具的使用方法
- 掌握创建、编辑切片的方法
- Web图形的优化和输出

15.1 了解Web安全色

Photoshop 在网页制作中是必不可少的工具，不仅可以用于制作页面广告、边框、装饰等，还能通过 Web 工具设计和优化 Web 图形或页面元素，以及制作交互式按钮图形和 Web 照片画廊。如图 15-1~ 图 15-3 所示为部分优秀网页作品。

由于网页会在不同的操作系统或在不同的显示器中浏览，而不同操作系统的颜色都有一些细微的差别，不同浏览器对颜色的编码显示也不同，确保制作出的网页颜色能够在所有显示器中显示相同的效果是非常重要的，所以在制作网页时就需要使用“Web 安全色”。所谓 Web 安全色是指能在不同操作系统和不同浏览器中同时正常显示颜色，如图 15-4 所示。

图15-1

图15-2

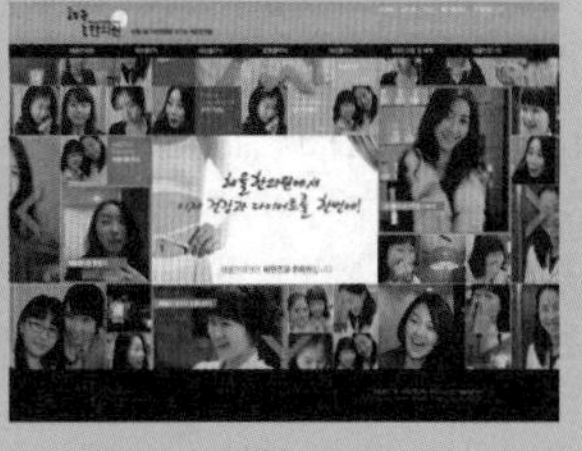
图15-3

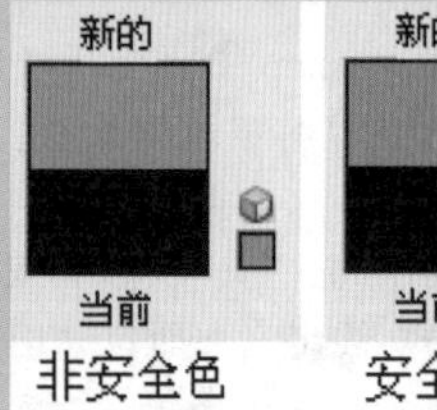

图15-4

理论实践——将非安全色转化为安全色

在“拾色器”对话框中选择颜色时，在所选颜色右侧会出现警告图标，就说明当前选择的颜色不是 Web 安全色，如图 15-5 所示。单击该图标，即可将当前颜色替换为与其最接近的 Web 安全色，如图 15-6 所示。

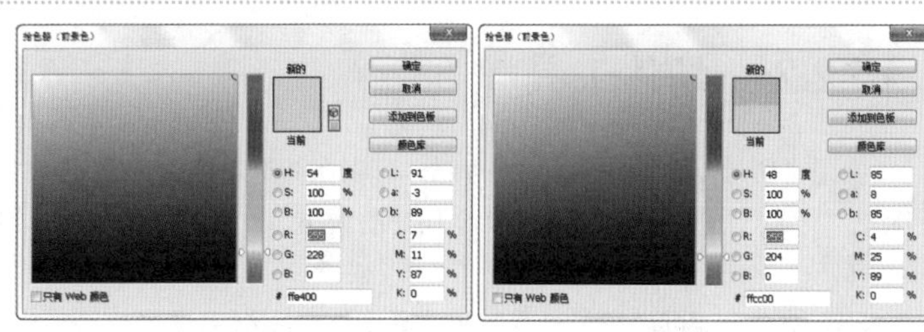
图15-5　　图15-6

理论实践——在安全色状态下工作

（1）在“拾色器”对话框中选择颜色时，可以选中底部的“只有 Web 颜色”复选框，这样可以始终在 Web 安全色下工作，如图 15-7 所示。

（2）在使用“颜色”面板设置颜色时，如图 15-8 所示，可以在其菜单中选择“Web 颜色滑块”命令，如图 15-9 所示。“颜色”面板会自动切换为 Web 颜色滑块模式，并且可选颜色数量明显减少，如图 15-10 所示。

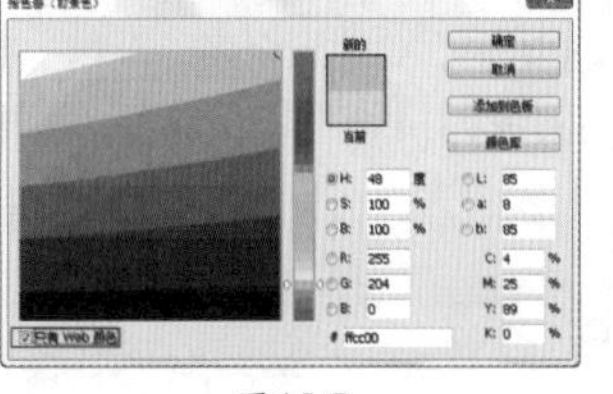
图15-7

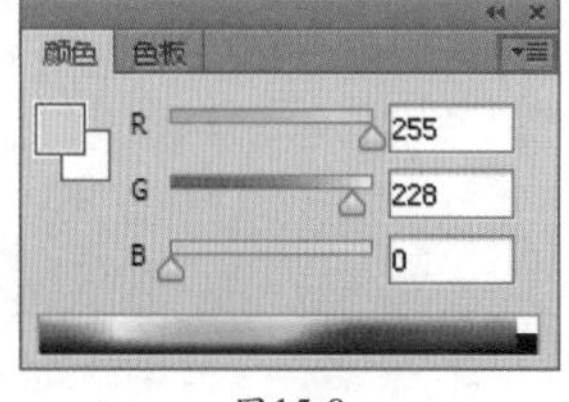

图15-8

（3）也可以在其菜单中选择“建立 Web 安全曲线”命令，如图 15-11 和图 15-12 所示。之后能够发现，底部的四色曲线图出现明显的阶梯效果，并且可选颜色数量同样减少了很多，如图 15-13 所示。

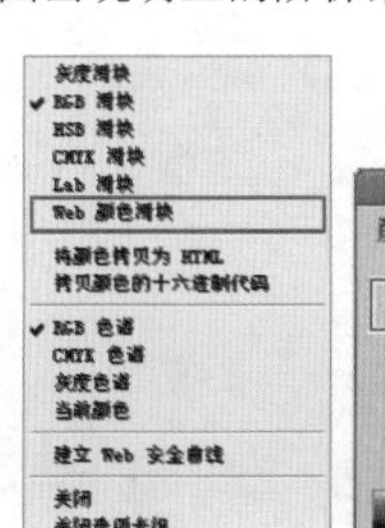
图15-9

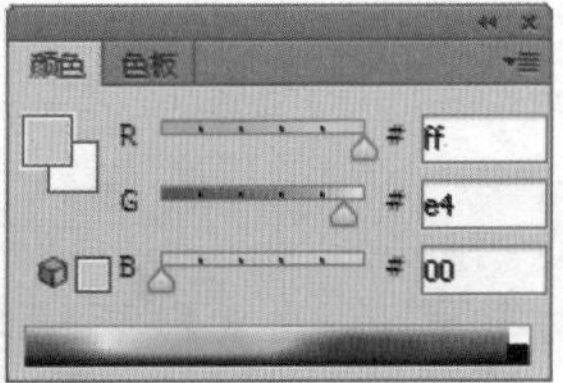

图15-10

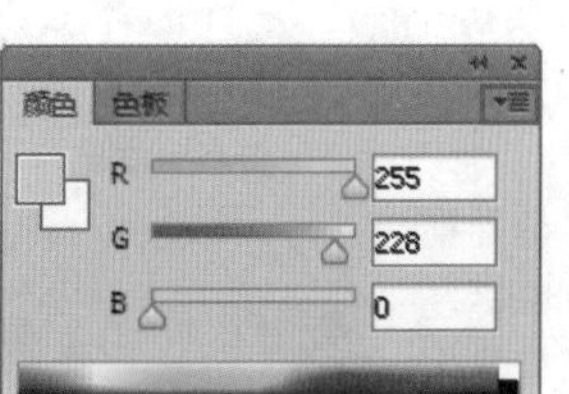

图15-11

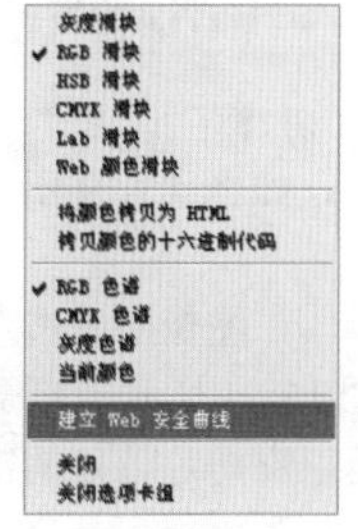

图15-12

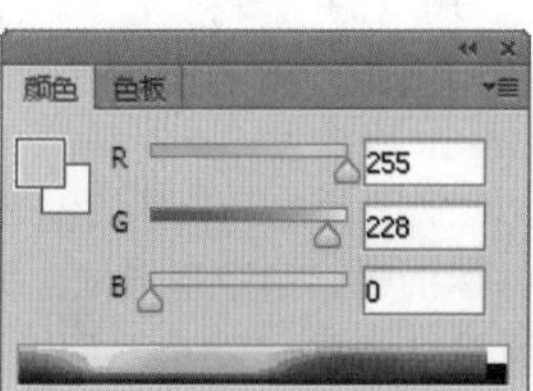

图15-13

15.2 切片的创建与编辑

为了使网页浏览流畅，在网页制作中往往不会直接使用整张大尺寸的图像。通常情况下都会将整张图像“分割”为多个部分，这就需要使用切片技术。切片技术就是将一整张图像切割成若干小块，并以表格的形式加以定位和保存，如图15-14所示。

图15-14

15.2.1 什么是切片

在Photoshop中存在两种切片，分别是用户切片和基于图层的切片。用户切片是使用切片工具创建的切片；而基于图层的切片是通过图层创建的切片。创建新的切片时会生成附加的自动切片来占据图像的区域，自动切片可以填充图像中用户切片或基于图层的切片未定义的空间。每一次添加或编辑切片时，都会重新生成自动切片。用户切片和基于图层切片由实线定义，而自动切片则由虚线定义，如图15-15所示。

用户切片　自动切片

图15-15

技巧提示

如果切片处于隐藏状态，执行“视图 > 显示 > 切片”命令可以显示切片。

15.2.2 切片工具

使用“切片工具”创建切片时，可以在其选项栏中设置切片的创建样式。

- 正常：可以通过拖曳鼠标来确定切片的大小，如图15-16所示。
- 固定长宽比：可以在“宽度”和“高度”文本框中设置切片的宽高比，如图15-17所示。
- 固定大小：可以在“宽度”和“高度”文本框中设置切片的固定大小，如图15-18所示。
- 基于参考线的切片：创建参考线以后，单击该按钮可以从参考线创建切片。

图15-16

图15-17

图15-18

15.2.3 创建切片

创建切片的方法有3种，可以使用切片工具直接创建切片，还可以基于参考线或图层创建切片。

理论实践——利用切片工具创建切片

（1）打开素材文件，选择“切片工具”，然后在选项栏中设置“样式”为“正常”，如图15-19所示。效果如图15-20所示。

（2）与绘制选区的方法相似，在图像中单击左键并拖曳鼠标创建一个矩形选框，如图15-21所示。释放鼠标左键就可以创建一个用户切片，而用户切片以外的部分将生成自动切片，如图15-22所示。

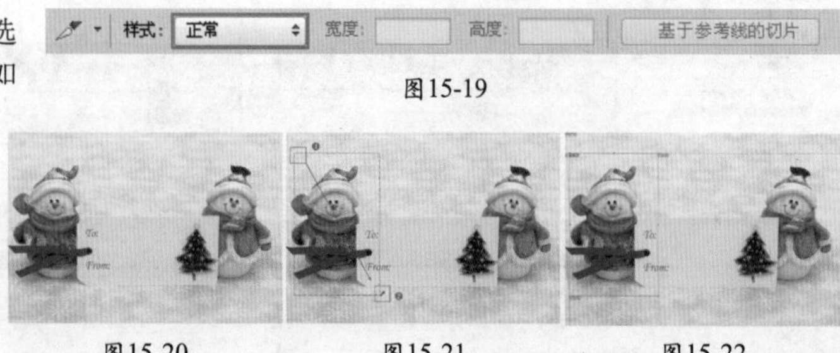

图15-19

图15-20　图15-21　图15-22

技巧提示

切片工具与矩形选框工具有很多相似之处，如使用切片工具创建切片时，按住 Shift 键可以创建正方形切片，如图 15-23 所示；按住 Alt 键可以从中心向外创建矩形切片，如图 15-24 所示；按住 Shift+Alt 组合键，可以从中心向外创建正方形切片，如图 15-25 所示。

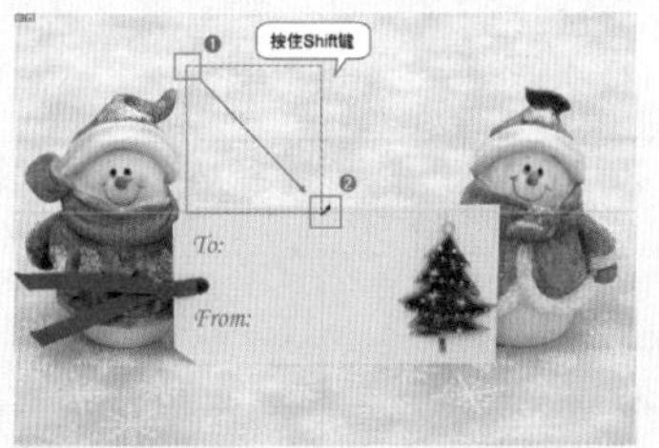

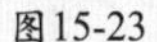
图15-23

图15-24

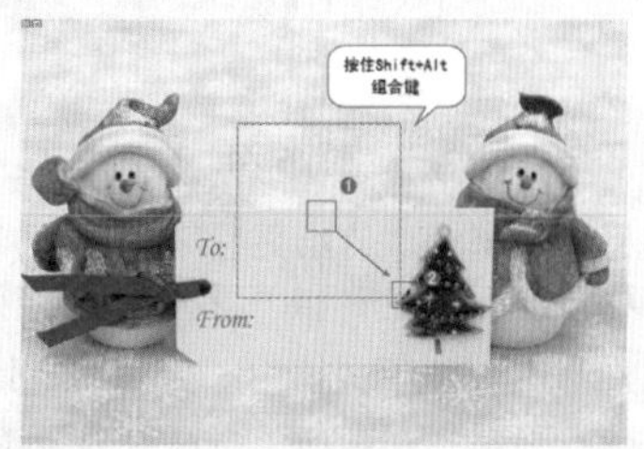

图15-25

理论实践——基于参考线创建切片

在包含参考线的文件中可以创建基于参考线的切片。

（1）打开素材文件，按 Ctrl+R 组合键显示出标尺，然后分别从水平标尺和垂直标尺上拖曳出参考线，以定义切片的范围，如图 15-26 所示。

（2）单击工具箱中的“切片工具”按钮，然后在选项栏中单击“基于参考线的切片”按钮 基于参考线的切片 ，即可基于参考线的划分方式创建出切片，如图 15-27 所示。

（3）切片效果如图 15-28 所示。

图15-26

图15-27

图15-28

理论实践——基于图层创建切片

（1）打开背景素材文件，然后将草莓素材拖曳到背景文件中，如图 15-29 所示。效果如图 15-30 所示。

（2）选择“图层 1”，执行“图层 > 新建基于图层的切片”命令，即可创建包含该图层所有像素的切片，如图 15-31 所示。

（3）基于图层创建切片以后，当对图层进行移动、缩放、变形等操作时，切片会跟随该图层进行自动调整，如图 15-32 所示为移动和缩放图层后切片的变化效果。

图15-29

图15-30

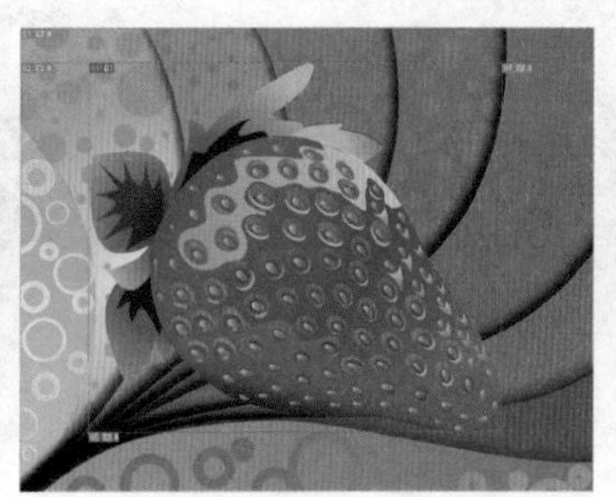
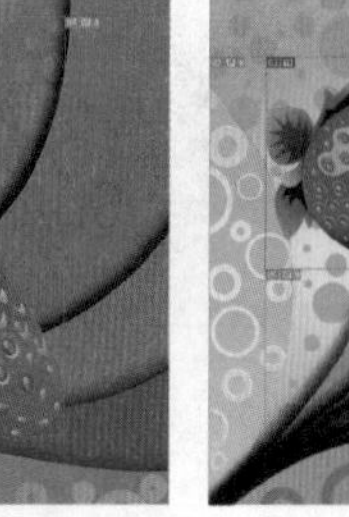
图15-31

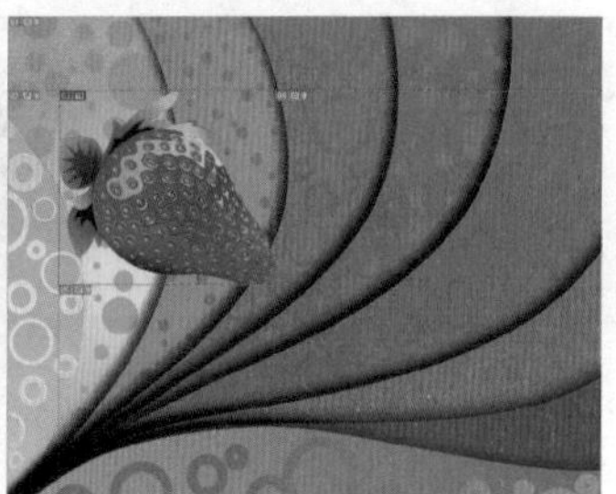
图15-32

15.2.4 选择和移动切片

使用“切片选择工具”可以对切片进行选择、调整堆叠顺序、对齐与分布等操作，在工具箱中单击“切片选择工具”按钮，其选项栏如图 15-33 所示。

图15-33

- **调整切片堆叠顺序**：创建切片后，最后创建的切片处于堆叠顺序中的最顶层。如果要调整切片的堆叠顺序，可以通过“置为顶层”按钮、“前移一层”按钮、“后移一层”按钮和“置为底层”按钮来完成。
- **提升**：单击该按钮，可以将所选的自动切片或图层切片提升为用户切片。
- **划分**：单击该按钮，可以打开“划分切片”对话框，在该对话框中可以对所选切片进行划分。
- **对齐与分布切片**：选择多个切片后，可以单击相应的按钮来对齐或分布切片。
- **隐藏自动切片**：单击该按钮，可以隐藏自动切片。
- **为当前切片设置选项**：单击该按钮，可以在弹出的“切片选项”对话框中设置切片的名称、类型、指定 URL 地址等，如图 15-34 所示。

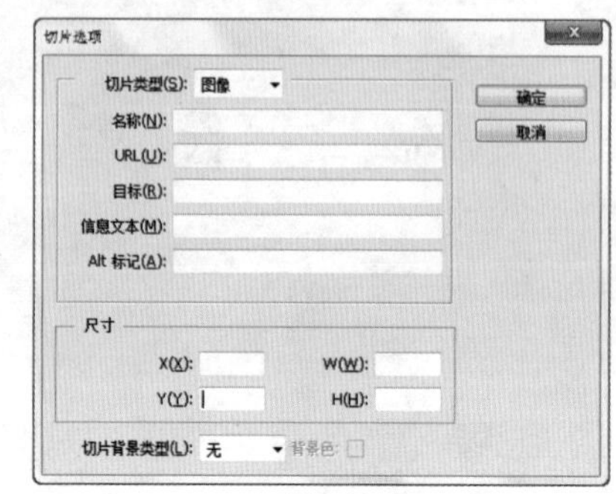

图15-34

理论实践——选择、移动与调整切片

（1）使用“切片工具”在图像上创建两个用户切片，如图 15-35 和图 15-36 所示。

（2）单击工具箱中的“切片选择工具”按钮，在图像中选中一个切片，如图 15-37 所示。

（3）按住 Shift 键的同时单击其他切片进行加选，如图 15-38 所示。

图15-35

图15-36

图15-37

图15-38

> **技巧提示**
>
> 如果在移动切片时按住 Shift 键，可以在水平、垂直或 45° 角方向进行移动。

（4）如果要移动切片，可以先选择切片，然后拖曳鼠标即可，如图 15-39 所示。

（5）如果要调整切片的大小，可以拖曳切片定界点进行调整，如图 15-40 所示。

（6）如果要复制切片，可以在按住 Alt 键的同时拖曳切片进行复制，如图 15-41 所示。

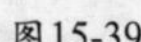

图15-39

图15-40

图15-41

15.2.5 删除切片

删除切片的方法有以下几种。

（1）执行“视图 > 清除切片”命令，可以删除所有的用户切片和基于图层的切片。

（2）选择切片以后，单击鼠标右键，在弹出的菜单中选择“删除切片”命令也可以删除切片，如图 15-42 所示。

（3）若要删除单个或多个切片，可以使用“切片选择工具”选择一个或多个切片，然后按 Delete 键或 Backspace 键将其删除。

> **技巧提示**
>
> 删除了用户切片或基于图层的切片后，将会重新生成自动切片以填充文档区域。
>
> 删除基于图层的切片并不会删除相关图层，但是删除与基于图层的切片相关的图层会删除该基于图层的切片（无法删除自动切片）。
>
> 如果删除一个图像中的所有用户切片和基于图层的切片，将会保留一个包含整个图像的自动切片。

图15-42

15.2.6 锁定切片

执行“视图 > 锁定切片”命令，如图 15-43 所示，可以锁定所有的用户切片和基于图层的切片。锁定切片以后，将无法对切片进行移动、缩放或其他更改。再次执行“视图 > 锁定切片”命令即可取消锁定。

图15-43

15.2.7 转换为用户切片

要为自动切片设置不同的优化设置，必须将其转换为用户切片。用“切片选择工具”选择需要转换的自动切片，然后在选项栏中单击“提升”按钮 提升 即可将其转换为用户切片，如图 15-44 和图 15-45 所示。

图15-44

图15-45

15.2.8 划分切片

“划分切片”命令可以沿水平、垂直或同时沿这两个方向划分切片。不论原始切片是用户切片还是自动切片，划分后的切片总是用户切片。在“切片选择工具”的选项栏中单击“划分”按钮 划分... ，可打开“划分切片”对话框，如图 15-46 所示。

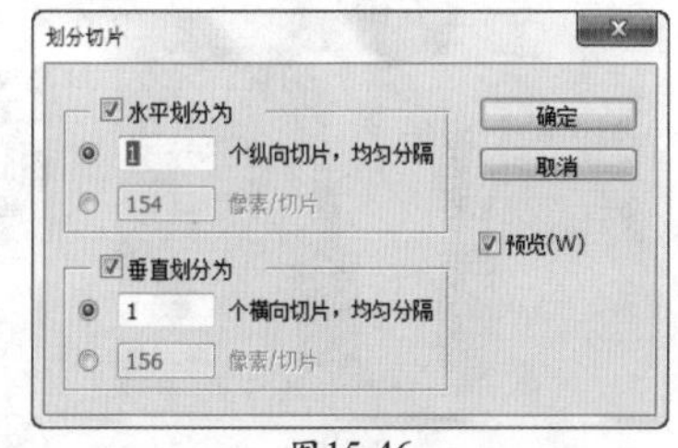

图15-46

- 水平划分为：选中该复选框，可以在水平方向上划分切片。
- 垂直划分为：选中该复选框，可以在垂直方向上划分切片。
- 预览：选中该复选框，可以在画面中预览切片的划分结果。

15.2.9 设置切片选项

切片选项主要包括对切片名称、尺寸、URL、目标等属性的设置。在使用切片工具状态下双击某一切片或选择某一切片，并在选项栏中单击“为当前切片设置选项”按钮，可以打开“切片选项”对话框，如图 15-47 所示。

- 切片类型：设置切片输出的类型，即在与 HTML 文件一起导出时，切片数据在 Web 中的显示方式。选择“图像”选项时，切片包含图像数据；选择“无图像”选项时，可以在切片中输入 HTML 文本，但无法导出图像，也无法在 Web 中浏览；选择“表”选项时，切片导出时将作为嵌套表写入到 HTML 文件中。
- 名称：用来设置切片的名称。

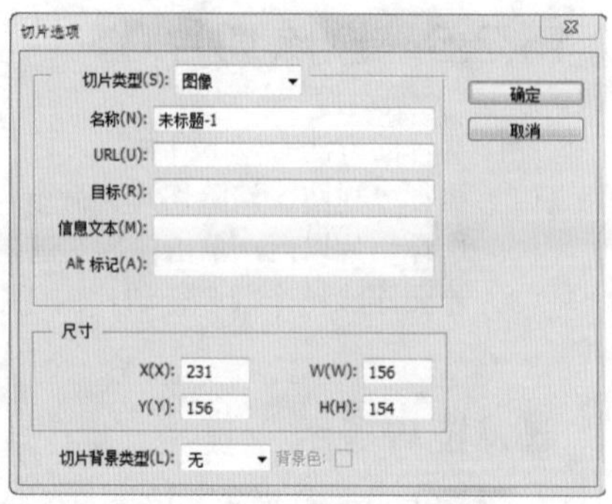

图15-47

- URL：设置切片链接的 Web 地址（只能用于“图像”切片），在浏览器中单击切片图像时，即可链接到所设置的网址和目标框架。
- 目标：设置目标框架的名称。
- 信息文本：设置出现在浏览器中的信息。
- Alt 标记：设置选定切片的 Alt 标记。Alt 文本在图像下载过程中取代图像，并在某些浏览器中作为工具提示出现。
- 尺寸：X、Y 选项用于设置切片的位置，W、H 选项用于设置切片的大小。
- 切片背景类型：选择一种背景色来填充透明区域（用于“图像”切片）或整个区域（用于“无图像”切片）。

15.2.10 组合切片

使用“组合切片”命令，Photoshop 会通过连接组合切片的外边缘创建的矩形来确定所生成切片的尺寸和位置，将多个切片组合成一个单独的切片。使用“切片选择工具”选择多个切片，单击鼠标右键，然后在弹出的菜单中选择“组合切片”命令，如图 15-48 所示，所选的切片即可组合为一个切片，如图 15-49 所示。

技巧提示

组合切片时，如果组合切片不相邻，或者比例、对齐方式不同，则新组合的切片可能会与其他切片重叠。组合切片将采用选定的切片系列中的第 1 个切片的优化设置，并且始终为用户切片，而与原始切片是否包含自动切片无关。

图15-48

图15-49

理论实践——组合切片

（1）打开素材文件，使用“切片工具”创建两个切片，如图 15-50 所示。
（2）使用“切片选择工具”选择其中一个切片，如图 15-51 所示。
（3）按住 Shift 键加选另一个切片，接着单击鼠标右键，选择“组合切片”命令，如图 15-52 所示。
（4）此时这两个切片会组合成一个单独的切片，如图 15-53 所示。

图15-50

图15-51

图15-52

图15-53

15.2.11 导出切片

使用“存储为 Web 和设备所用格式”命令可以导出和优化切片图像。该命令会将每个切片存储为单独的文件，并生成显示切片所需的 HTML 或 CSS 代码。执行“文件 > 存储为 Web 和设备所用格式”命令，设置参数并单击“存储”按钮，然后选择存储位置及类型即可，如图 15-54~ 图 15-56 所示。

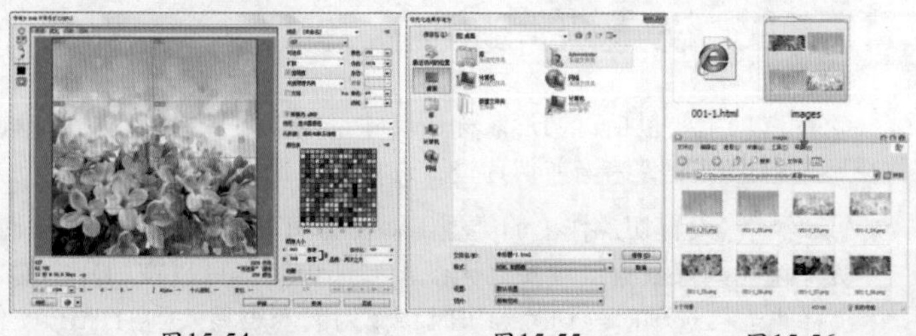

图15-54　图15-55　图15-56

15.3 网页翻转按钮

在网页中，按钮的使用很常见，并且按钮“按下”、“弹起”或将光标放在按钮上都会出现不同的效果，这就是“翻转”。要创建翻转，至少需要两个图像，一个用于表示处于正常状态的图像，另一个用于表示处于更改状态的图像，如图 15-57 所示为播放器中按钮翻转的效果。

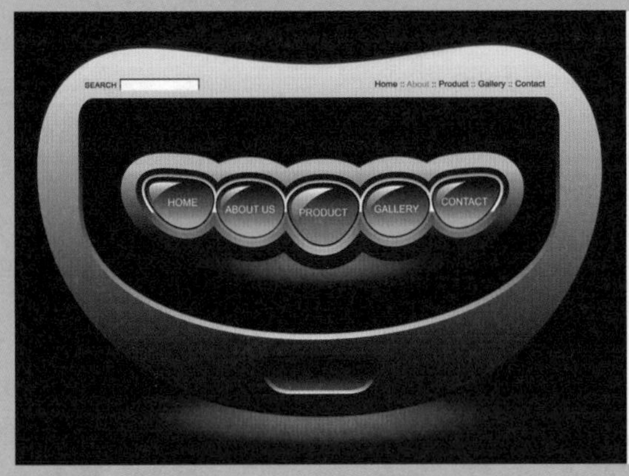

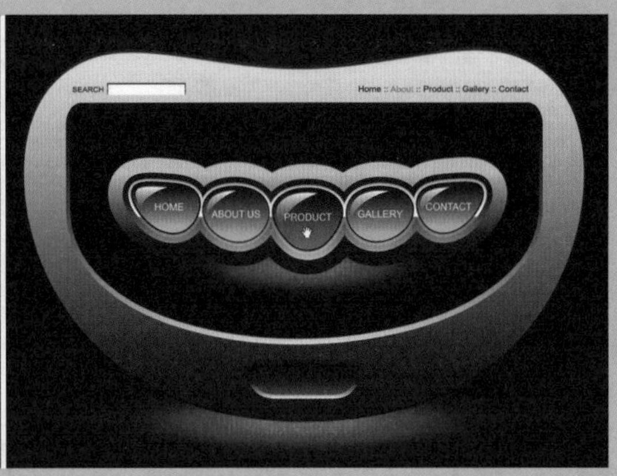

图15-57

实例练习——创建网页翻转按钮

实例文件	实例练习——创建网页翻转按钮 .psd
视频教学	实例练习——创建网页翻转按钮 .flv
难易指数	★★★★★
知识掌握	掌握如何创建网页翻转按钮的方法

实例效果

本例效果如图 15-58 所示。

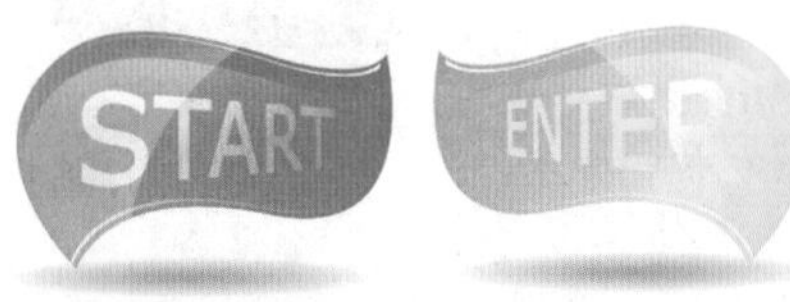

图15-58

操作步骤

步骤 01 常见的按钮翻转效果有很多，如改变按钮颜色、改变按钮方向、改变按钮内容等。本例将针对这些常见方式进行讲解。打开素材文件，如图 15-59 所示。

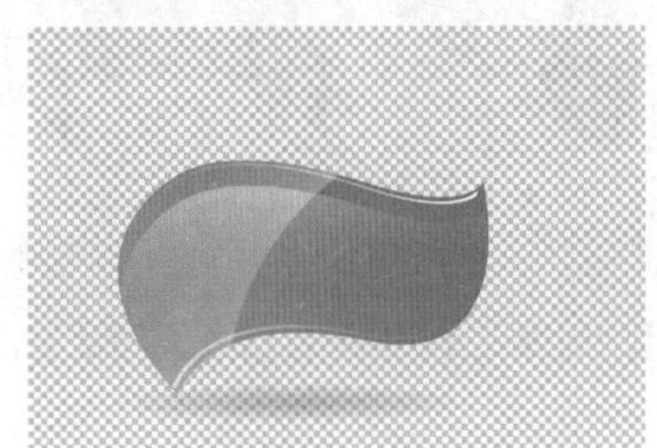

图15-59

步骤 02 首先制作主图像，即翻转前的图像。使用“横排文字工具” T.在图像上输入“START”，如图 15-60 所示。栅格化文字图层，然后按 Ctrl+T 组合键进入自由变换状态，然后调整好文字与按钮之间的透视关系，如图 15-61 所示。

图15-60

图15-61

步骤 03 在“图层”面板中设置文字图层的混合模式为“叠加”，效果如图 15-62 所示。

步骤 04 主按钮制作完成，执行“文件 > 存储为”命令，将该按钮存储为“按钮 1.png”。

步骤 05 下面制作次图像，即翻转后的图像。同样使用之前的素材，执行“编辑 > 变换 > 水平翻转”命令，如图 15-63 所示。

图15-62

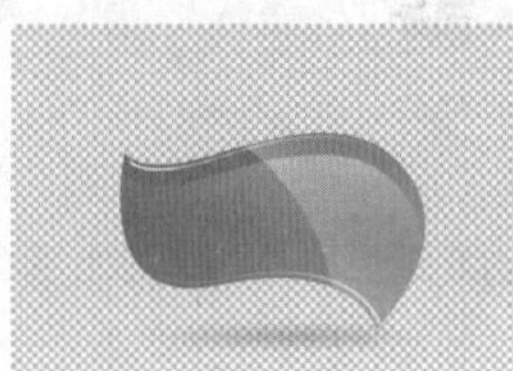

图15-63

步骤 06 为了使翻转效果更加直观，执行“图像 > 调整 > 色

相 / 饱和度”命令，在弹出的“色相 / 饱和度”对话框中设置“色相”为 29，如图 15-64 所示。使按钮由橙色变为金黄色，如图 15-65 所示。

图15-64

图15-65

步骤 07 同样使用“横排文字工具” T.在图像上输入字母，进行变换后设置文字图层的混合模式为“叠加”，如图 15-66 所示。

步骤 08 执行“文件 > 存储为”命令，将该按钮存储为“按钮 2.png”，两个按钮制作完成。翻转按钮创建完成后，需要在 Dreamweaver 中将按钮图像置入到网页内，并自动为翻转动作添加 JavaScript 代码以后才能翻转，按钮效果如图 15-67 所示。

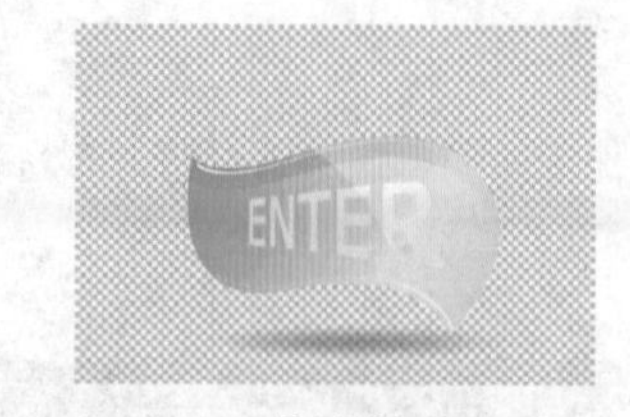

图15-66

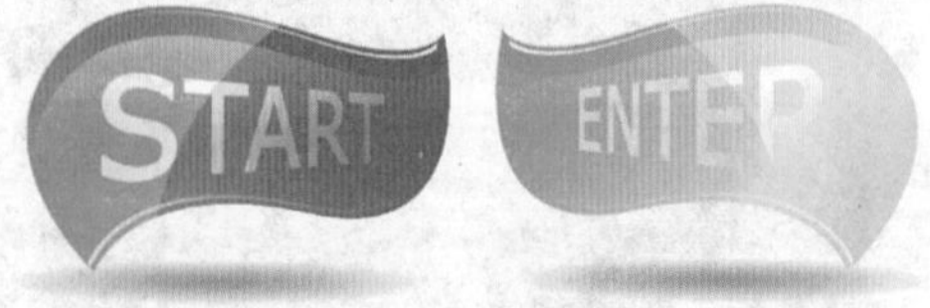

图15-67

15.4 Web图形输出

15.4.1 存储为Web所用格式

创建切片后，对图像进行优化可以减小图像的大小，从而可以使 Web 服务器更加高效地存储、传输和下载图像。执行“文件 > 存储为 Web 所用格式”命令，可打开“存储为 Web 所用格式”对话框，在该对话框中可以对图像进行优化和输出，如图 15-68 所示。

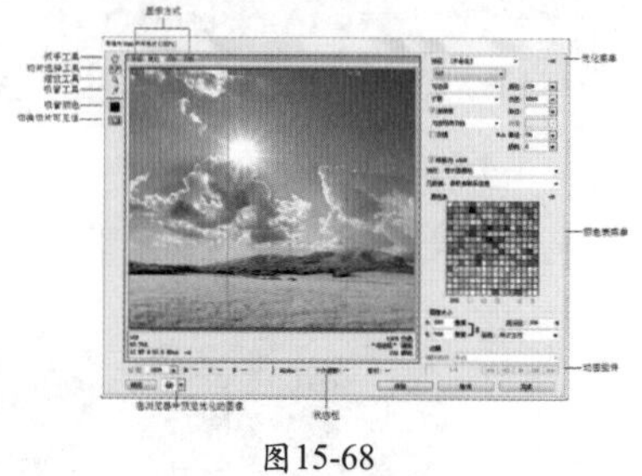

图15-68

- 显示方式：选择“原稿”选项卡，窗口中只显示没有优化的图像，如图 15-69 所示；选择“优化”选项卡，窗口中只显示优化的图像，如图 15-70 所示；选择“双联”选项卡，窗口中会显示优化前和优化后的图像，如图 15-71 所示；选择“四联”选项卡，窗口中会显示图像的 4 个版本，除了原稿以外的 3 个图像可以进行不同的优化，如图 15-72 所示。

图15-69

图15-70

图15-71

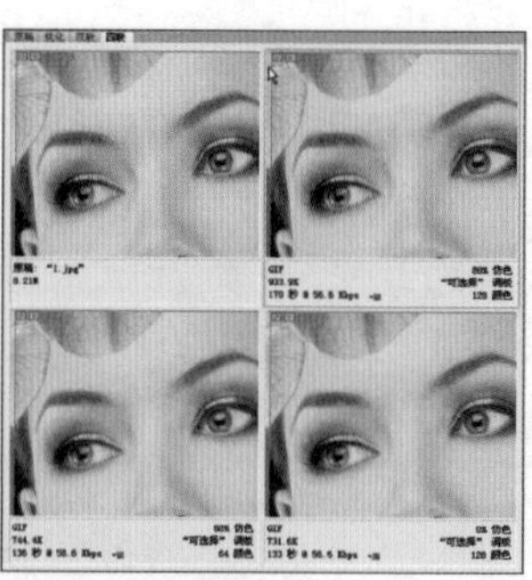

图15-72

- 抓手工具 / 缩放工具：使用“抓手工具”可以移动查看图像；使用“缩放工具”可以放大图像窗口，按住 Alt 键单击窗口则会缩小显示比例。
- 切片选择工具：当一张图像上包含多个切片时，可以使用该工具选择相应的切片，以进行优化。
- 吸管工具 / 吸管颜色：使用“吸管工具”在图像上单击，可以拾取单击处的颜色，并显示在“显示颜色”图标中。

- 切换切片可见性：激活该按钮，在窗口中才能显示出切片。
- 优化菜单：在该菜单中可以存储优化设置、设置优化文件大小等，如图 15-73 所示。
- 颜色表：将图像优化为 GIF、PNG-8、WBMP 格式时，可以在颜色表中对图像的颜色进行优化设置。
- 颜色表菜单：该菜单下包含与颜色表相关的一些命令，可以删除颜色、新建颜色、锁定颜色或对颜色进行排序等。
- 图像大小：将图像大小设置为指定的像素尺寸或原稿大小的百分比。
- 状态栏：显示光标所在位置的图像的颜色值等信息。
- 在浏览器中预览优化图像：单击按钮，可以在 Web 浏览器中预览优化后的图像。

存储设置...
删除设置
优化文件大小...
重组视图
链接切片
取消切片链接
取消全部切片链接
编辑输出设置...

图15-73

15.4.2 Web图形优化格式详解

不同格式的图像文件的质量与大小不同，合理选择优化格式，可以有效地控制图形的质量。可供选择的 Web 图形的优化格式包括 GIF、JPEG、PNG-8、PNG-24 和 WBMP 格式。

1. 优化为GIF格式

GIF 是用于压缩具有单调颜色和清晰细节的图像的标准格式，它是一种无损压缩格式。GIF 文件支持 8 位颜色，因此它可以显示多达 256 种颜色，如图 15-74 所示是 GIF 格式的设置选项。

- 设置文件格式：设置优化图像的格式。
- 减低颜色深度算法 / 颜色：设置用于生成颜色查找表的方法，以及在颜色查找表中使用的颜色数量，如图 15-75 和图 15-76 所示分别是设置“颜色”为 8 和 128 时的优化效果。

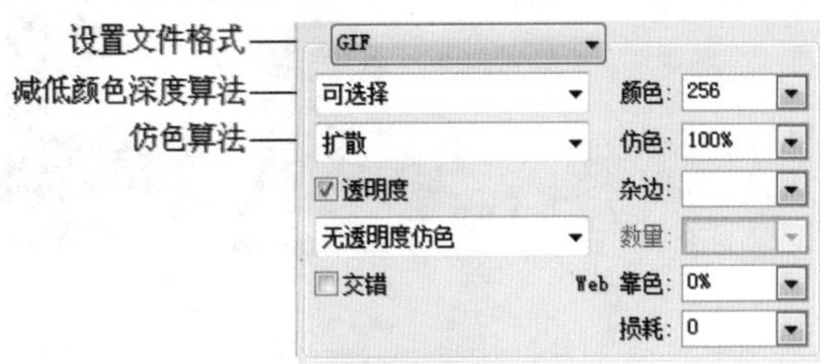

图15-74

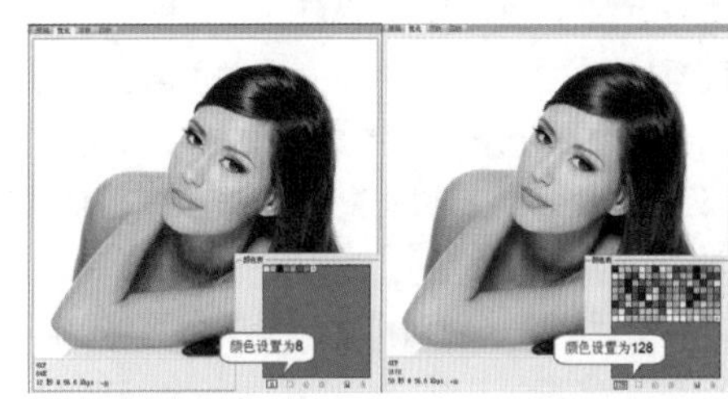

图15-75 图15-76

- 仿色算法 / 仿色：仿色是指通过模拟计算机的颜色来显示提供的颜色的方法。较高的仿色百分比可以使图像生成更多的颜色和细节，但是会增加文件的大小。
- 透明度 / 杂边：设置图像中透明像素的优化方式。如图 15-77 所示分别为背景透明的图像；选中“透明度”复选框，并设置“杂边”颜色为橘黄色时的图像效果；选中“透明度”，但没有设置“杂边”颜色时的图像效果；取消选中“透明度”并设置“杂边”颜色为橘黄色时的图像效果。

图15-77

- 交错：当正在下载图像文件时，在浏览器中显示图像的低分辨率版本。
- Web 靠色：设置将颜色转换为最接近 Web 面板等效颜色的容差级别。数值越大，转换的颜色越多，如图 15-78 所示是设置“Web 靠色”为 80% 和 20% 时的图像效果。

- 损耗：扔掉一些数据来减小文件的大小，通常可以将文件减小5%~40%，设置5~10的损耗值不会对图像产生太大的影响。如果设置的损耗值大于10，文件虽然会变小，但是图像的质量会下降，如图15-79所示为设置“损耗”值为10与60时的图像效果。

图15-78

图15-79

2. 优化为JPEG格式

JPEG格式是用于压缩连续色调图像的标准格式。将图像优化为JPEG格式的过程中，会丢失图像的一些数据，如图15-80所示是JPEG格式的参数选项。

JPEG
压缩方式— 高 品质：60
连续 模糊：0
优化 杂边：
嵌入颜色配置文件

图15-80

- 压缩方式/品质：选择压缩图像的方式。后面的“品质”数值越大，图像的细节越丰富，但文件也越大，如图15-81所示是分别设置“品质”数值为0和100时的图像效果。
- 连续：在Web浏览器中以渐进的方式显示图像。
- 优化：创建更小但兼容性更低的文件。
- 嵌入颜色配置文件：在优化文件中存储颜色配置文件。
- 模糊：创建类似于“高斯模糊”滤镜的图像效果。数值越大，模糊效果越明显，但会减小图像的大小，在实际工作中，“模糊”值最好不要超过0.5。如图15-82所示是设置“模糊”为1和6时的图像效果。
- 杂边：为原始图像的透明像素设置一个填充颜色。

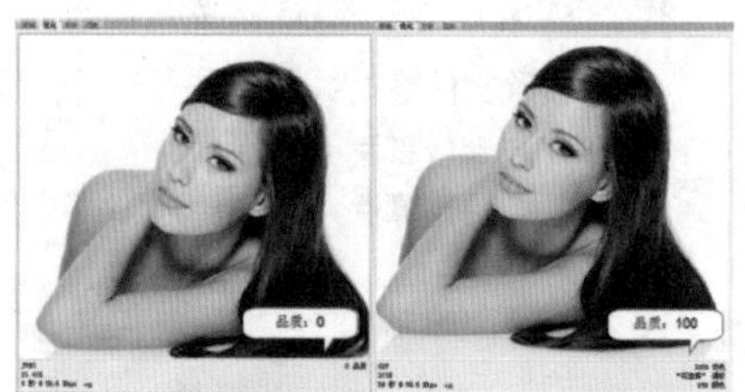

图15-81

图15-82

3. 优化为PNG-8格式

PNG-8格式与GIF格式一样，可以有效地压缩纯色区域，同时保留清晰的细节。PNG-8格式也支持8位颜色，因此它可以显示多达256种颜色，如图15-83所示是PNG-8格式的参数选项。

PNG-8
可感知 颜色：256
扩散 仿色：100%
透明度 杂边：
无透明度仿色 数量：
交错 Web 靠色：0%

图15-83

4. 优化为PNG-24格式

PNG-24格式可以在图像中保留多达256个透明度级别，适合于压缩连续色调图像，但它所生成的文件比JPEG格式生成的文件要大得多，如图15-84所示。

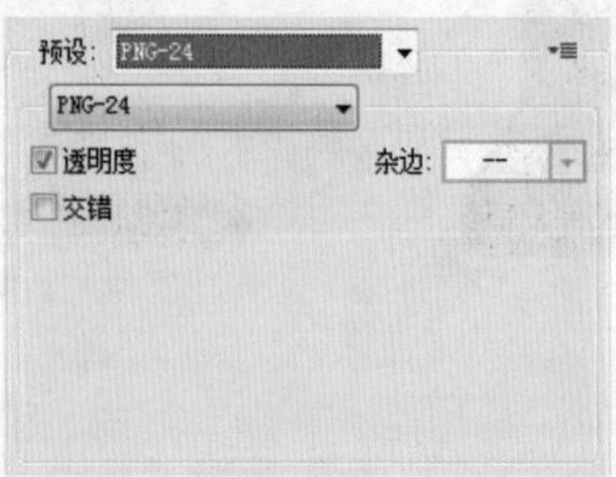

图15-84

5. 优化为WBMP格式

WBMP 格式是用于优化移动设备图像的标准格式，其参数选项如图 15-85 所示。WBMP 格式只支持 1 位颜色，即 WBMP 图像只包含黑色和白色像素，如图 15-86 和图 15-87 所示分别是原始图像和 WBMP 图像。

图15-85

图15-86　图15-87

15.4.3 Web图形输出设置

在“存储为 Web 和设备所用格式”对话框右上角的优化菜单中选择“编辑输出设置”命令（如图 15-88 所示），可以打开“输出设置”对话框，在这里可以对 Web 图形进行输出设置。直接在“输出设置”对话框中单击“确定”按钮即可使用默认的输出设置。也可以选择其他预设进行输出，如图 15-89 所示。

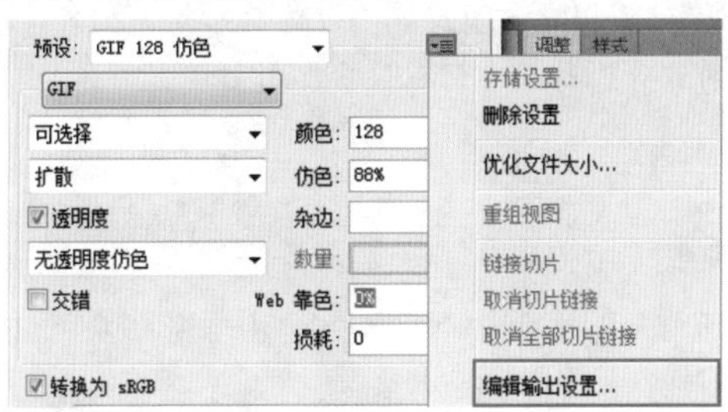

图15-88

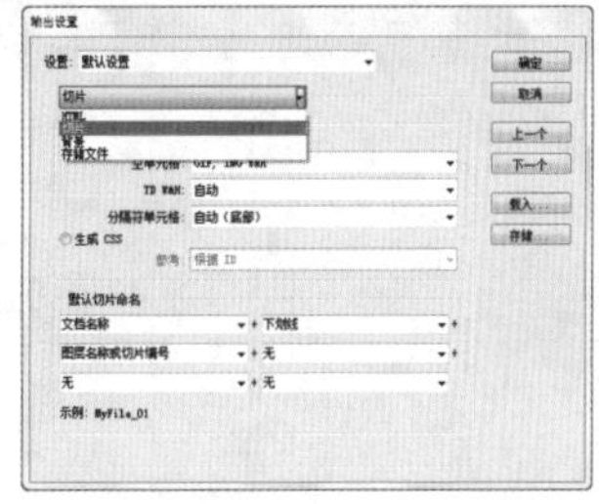

图15-89

15.5 导出到Zoomify

Photoshop 可以导出高分辨的 JPEG 文件和 HTML 文件，然后可以将这些文件上载到 Web 服务器上，以便查看者平移和缩放该图像查看更多细节。执行“文件 > 导出 >Zoomify”命令，可以打开“Zoomify™ 导出”对话框，在该对话框中可以设置导出图像和文件的相关选项，如图 15-90 所示。效果如图 15-91 所示。

“Zoomify™ 导出”对话框中主要选项的含义如下。

- 模板：设置在浏览器中查看图像的背景和导航。
- 输出位置：指定文件的位置和名称。
- 图像拼贴选项：设置图像的品质。
- 浏览器选项：设置基本图像在查看者浏览器中的像素宽度和高度。

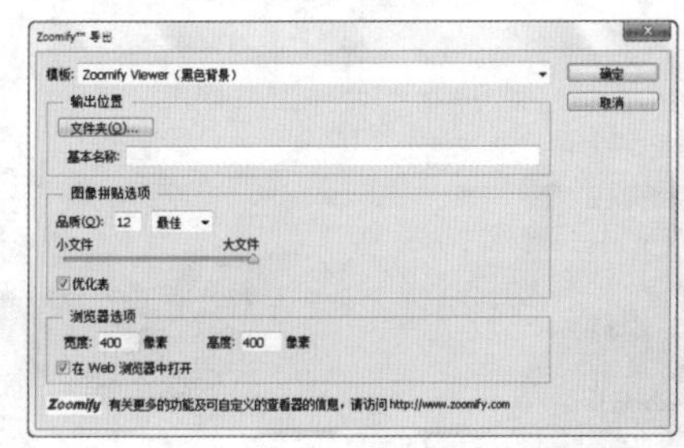

图15-90

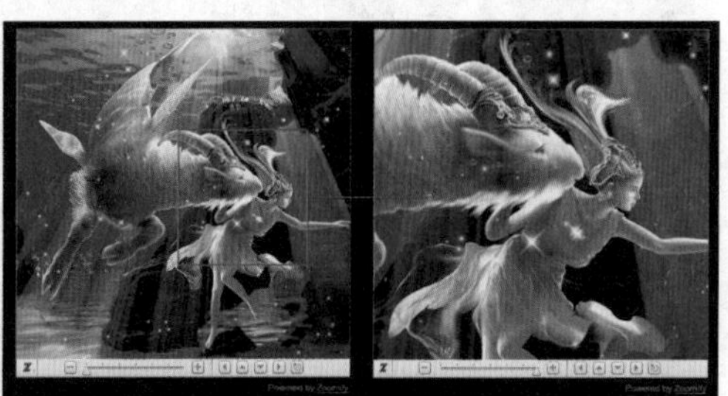

图15-91

Chapter 16

第16章

动态视频文件处理

动画是在一段时间内显示的一系列图像或帧。每一帧较前一帧都有少许的变化，当连续、快速地浏览这些帧时就会产生运动或发生其他变化。在 Photoshop CS6 Extended 中可以导入视频文件或序列图像，并可对其使用绘制工具、添加蒙版以及应用滤镜、变化、图层样式和混合模式等进行修饰编辑。另外，还可以通过修改图像图层来产生运动和变化，创建基于帧或时间轴的动画。

本章学习要点：

- 了解Photoshop中视频的处理方法
- 掌握动态素材的导入与输出
- 掌握时间轴动画的创建方法
- 掌握帧动画的创建方法

16.1 了解Photoshop的视频处理功能

动画是在一段时间内显示的一系列图像或帧。每一帧较前一帧都有少许的变化，当连续、快速地浏览这些帧时就会产生运动或发生其他变化。在 Photoshop CS6 Extended 中可以导入视频文件或序列图像，并可对其使用绘制工具、添加蒙版以及应用滤镜、变化、图层样式和混合模式等进行修饰编辑。另外，还可以通过修改图像图层来产生运动和变化，创建基于帧或时间轴的动画，如图 16-1 所示。

图16-1

技巧提示

需要注意的是，在新版本中安装 Photoshop Extended 才包含视频和动画功能。

16.1.1 什么是视频图层

视频图层与普通图层相似，区别在于视频图层的缩略图右下角带有图标。打开一个动态视频文件或图像序列文件，如图 16-2 所示。Photoshop 会自动创建视频图层。可以像编辑普通图层一样，使用画笔、仿制图章等工具在视频图层各个帧上绘制和修饰，也可以在视频图层上创建选区或应用蒙版，如图 16-3 所示。效果如图 16-4 所示。

图16-2

图16-3

图16-4

16.1.2 认识时间轴动画面板

执行“窗口 > 时间轴”命令，可以打开“时间轴”面板。在 Photoshop CS6 Extended 默认情况下显示的是“时间轴”动画面板，如图 16-5 所示。时间轴模式下的动画面板显示了文档图层的帧持续时间和动画属性。如果当前动画面板是时间轴模式，可以单击“转换为帧动画”按钮切换到帧模式动画面板。

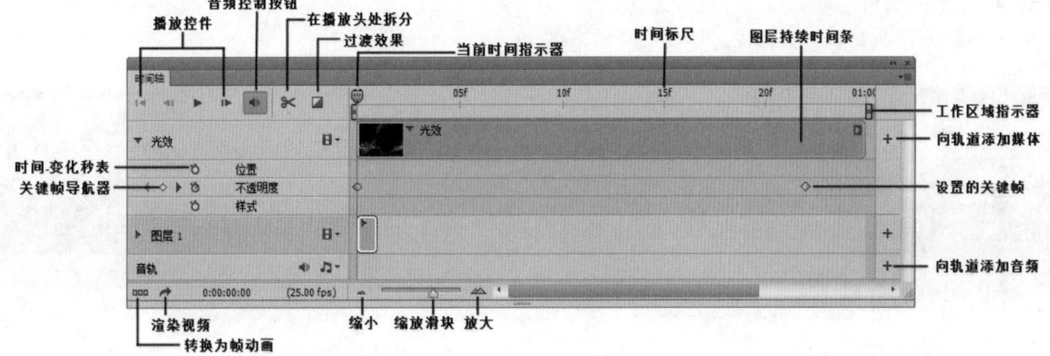

图16-5

- 播放控件：包括“转到第一帧”按钮、“转到上一帧”按钮、“播放”按钮和“转到下一帧”按钮，是用于控制视频播放的按钮。
- 时间 - 变化秒表：启用或停用图层属性的关键帧设置。
- 关键帧导航器：轨道标签左侧的箭头按钮用于将当前时间指示器从当前位置移动到上一个或下一个关键帧。单击中间的按钮可添加或删除当前时间的关键帧。
- 音频控制按钮：可以关闭或启用音频的播放。
- 在播放头处拆分：可以在时间指示器所在位置拆分视频或音频。
- 过渡效果：单击该按钮并执行下拉菜单中的相应命令，可以为视频添加过渡效果，创建专业的淡化和交叉淡化效果。
- 当前时间指示器：拖曳当前时间指示器可以浏览帧，或者更改当前时间或帧。
- 时间标尺：根据当前文档的持续时间和帧速率，水平测量持续时间或帧计数。
- 图层持续时间条：指定图层在视频或动画中的时间位置。
- 工作区域指示器：拖曳位于顶部轨道任一端的蓝色标签，可以标记要预览或导出的动画或视频的特定部分。
- 向轨道添加媒体 / 音频：单击该按钮，可以打开一个对话框，将视频或音频添加到轨道中。
- 转换为帧动画：单击该按钮，可以将动画面板切换到帧动画模式。

16.1.3 认识帧动画面板

在 Photoshop 标准版中，动画面板以帧模式出现，而在 Photoshop CS6 Extended 中，则是以“时间轴”动画面板显示，此时可以单击“转换为帧动画”按钮切换到帧动画面板。动画帧面板显示动画中每个帧的缩览图。使用面板底部的工具可浏览各个帧、设置循环选项、添加和删除帧以及预览动画，如图 16-6 所示。

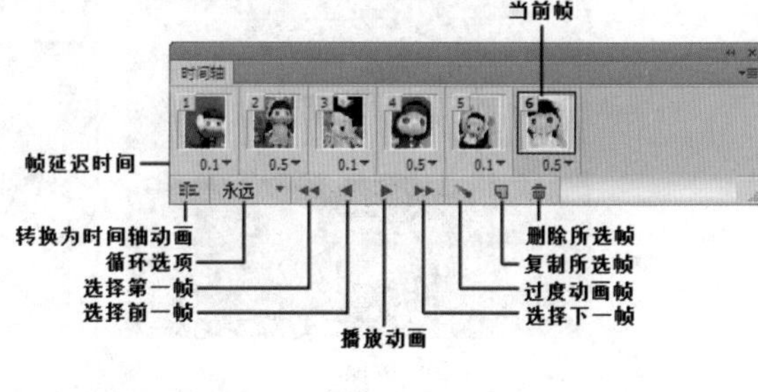

图16-6

- 当前帧：当前选择的帧。
- 帧延迟时间：设置帧在回放过程中的持续时间。
- 循环选项：设置动画在作为动画 GIF 文件导出时的播放次数。
- 选择第一帧：单击该按钮，可以选择序列中的第 1 帧作为当前帧。
- 选择上一帧：单击该按钮，可以选择当前帧的前一帧。
- 播放动画：单击该按钮，可以在文档窗口中播放动画。如果要停止播放，可以再次单击该按钮。
- 选择下一帧：单击该按钮，可以选择当前帧的下一帧。
- 过渡动画帧：在两个现有帧之间添加一系列帧，通过插值方法使新帧之间的图层属性均匀。
- 复制所选帧：通过复制“动画”面板中的选定帧向动画添加帧。
- 删除所选帧：将所选择的帧删除。
- 转换为时间轴动画：将帧模式动画面板切换到时间轴模式。

16.2 创建视频文档和视频图层

对已有视频文件进行编辑只需打开或导入即可，如果要制作新的视频文件，则需要创建视频文档或视频图层。

16.2.1 创建视频文档

与创建普通文档相同，创建视频文档需要执行“文件 > 新建”命令，打开“新建”对话框，然后在“预设”下拉列表中选择“胶片和视频”选项，如图 16-7 所示。新建的文档带有非打印参考线，可以划分出图像的动作安全区域和标题安全区域，如图 16-8 所示。

图16-7

图16-8

技巧提示

创建“胶片和视频”类型文档时，可在“大小”下拉列表中选择适合的特定视频的预设大小，如 NTSC、PAL、HDTV 等，如图 16-9 所示。

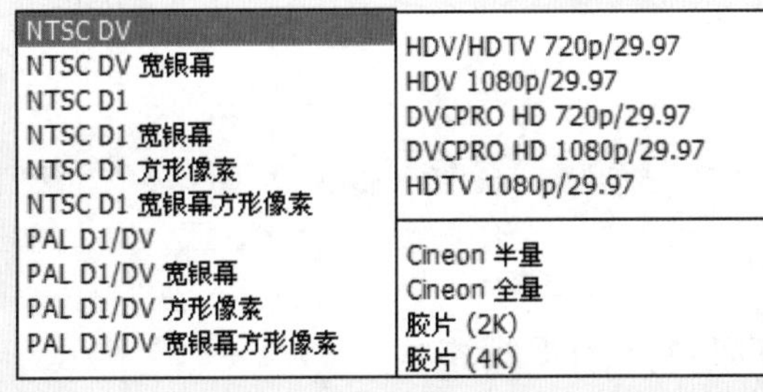

图16-9

16.2.2 新建视频图层

创建视频图层的方法有两种，一种是创建空白的视频图层；另一种是以类似导入的方式将其他视频文件作为现有文件的视频图层。

（1）新建一个文档，然后执行“图层 > 视频图层 > 新建空白视频图层”命令，如图 16-10 所示，可以新建一个空白的视频图层，如图 16-11 所示。

（2）执行“图层 > 视频图层 > 从文件新建视频图层”命令，如图 16-12 所示，可以将视频文件或图像序列以视频图层的形式导入到打开的文档中，如图 16-13 所示。

图16-10

图16-11

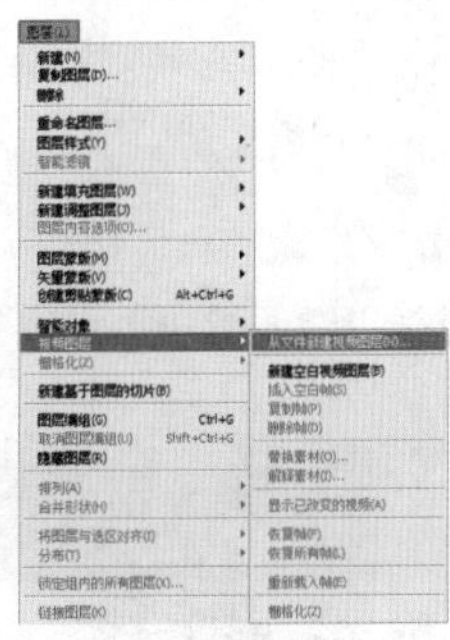

图16-12

图16-13

16.3 视频文件的打开与导入

16.3.1 打开视频文件

在 Photoshop CS6 Extended 中可以像打开图片文件一样直接打开视频文件，执行“文件 > 打开”命令，如图 16-14 所示。然后选择一个 Photoshop 支持的视频文件，如图 16-15 所示。此时打开的文件中会自动生成一个视频图层，如图 16-16 所示。效果如图 16-17 所示。

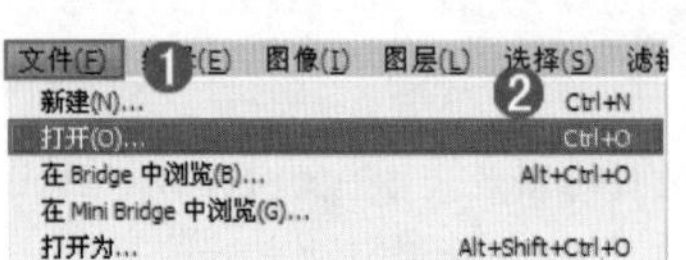

图16-14

图16-15

图16-16

图16-17

技巧提示

另外，还可以从 Bridge 直接打开视频。在 Bridge 中选择视频文件后，执行“文件 > 打开方式 >Adobe Photoshop CS6”命令，即可在 Photoshop CS6 Extended 中打开该视频文件。

※技术拓展：Photoshop 可以打开的视频格式

在通常情况下，Photoshop CS6 Extended 可以打开多种 QuickTime 视频格式的视频文件和图像序列，如 MPEG-1（.mpg 或 .mpeg）、MPEG-4（.mp4 或 .m4v）、MOV、AVI 等。如果计算机中安装了 MPEG-2 编码器，还支持 MPEG-2 格式。注意，在 QuickTime 版本过低或者没有安装 QuickTime 的情况下会出现视频文件无法打开的现象。

16.3.2 导入视频文件

在 Photoshop CS6 Extended 中，可以直接打开视频文件，也可以将视频文件导入到已有文件中。导入的视频文件将作为图像帧序列的模式显示。导入视频文件的具体操作如下。

（1）打开已有文件，执行“文件 > 导入 > 视频帧到图层”命令，然后在弹出的“打开”对话框中选择动态视频素材，如图 16-18 所示。

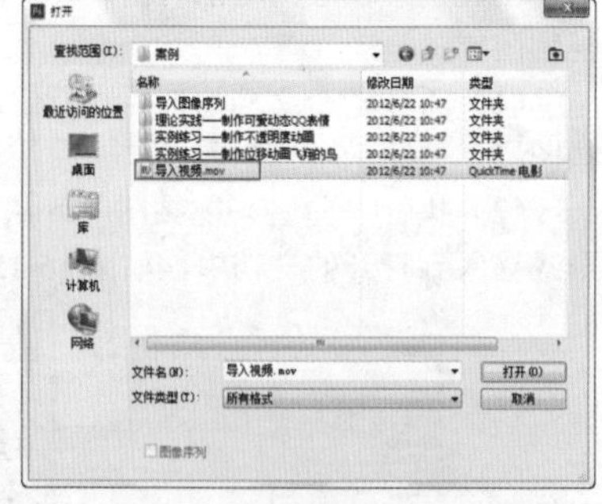

图16-18

（2）单击“打开”按钮，此时 Photoshop 会弹出“将视频导入图层”对话框，如图 16-19 所示。

（3）如果要导入所有视频帧，可以在“将视频导入图层”对话框中选中“从开始到结束”单选按钮，效果如图 16-20 所示。

（4）如果要导入部分视频帧，可以在“将视频导入图层”对话框选中“仅限所选范围”单选按钮，然后按住 Shift 键的同时拖曳时间滑块，设置导入的帧范围，如图 16-21 所示。效果如图 16-22 所示。

图16-19

图16-20

图16-21

图16-22

16.3.3 导入图像序列

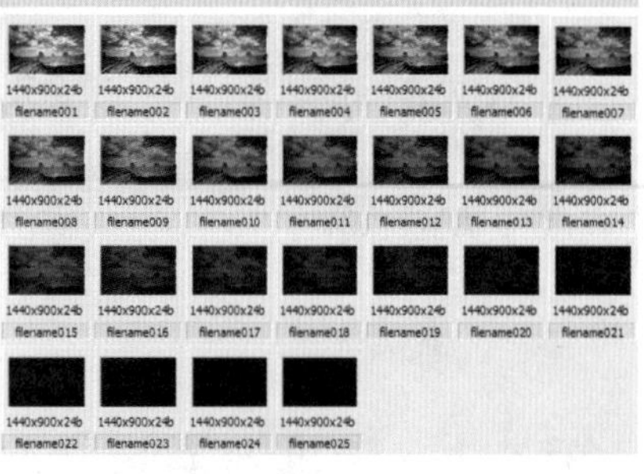

图16-23

动态素材的另一种常见存在形式是图像序列，当导入包含序列图像文件的文件夹时，每个图像都会变成视频图层中的帧。序列图像文件应该位于一个文件夹中（只包含要用作帧的图像），并按顺序命名（如 filename001、filename002、filename003 等）。如果所有文件具有相同的像素尺寸，则有可能成功创建动画，如图 16-23 所示。

导入图像序列的具体操作如下。

（1）执行“文件 > 打开”命令，打开序列文件所在文件夹，在该文件夹中选择一张除最后一张图像以外的其他图像，并选中“图像序列”复选框，单击“打开”按钮，如图 16-24 所示。

图16-24

（2）此时 Photoshop 会弹出“帧速率”对话框，在该对话框中可以设置动画的帧速率，这里设为 25，如图 16-25 所示。

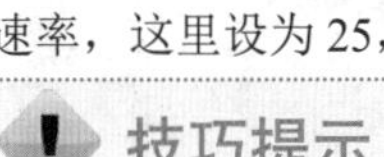

技巧提示

帧速率也称为 FPS（Frames Per Second，帧 / 秒）。是指每秒钟刷新的图片的帧数，也可以理解为图形处理器每秒钟能够刷新几次。对影片内容而言，帧速率指每秒所显示的静止帧格数。要生成平滑连贯的动画效果，帧速率一般不小于 8fps；而电影的帧速率为 24fps。捕捉动态视频内容时，此数越大越好。

（3）在“帧速率”对话框中单击“确定”按钮 确定 ，Photoshop 会自动生成一个视频图层，另外，在“时间轴”动画面板中也可以单击“播放”按钮 ▶ 观察导入的图像序列的动态效果，如图 16-26 所示。

图16-25

图16-26

技巧提示

如果要观看图像序列的动画效果，可以在“时间轴”动画面板中拖曳“当前时间指示器”，如图 16-27 和图 16-28 所示分别是 0:00:00:00 和 0:00:00:13 时的画面效果。

图16-27

图16-28

16.4 编辑视频图层

在 Photoshop CS6 Extended 中可以对打开的视频文件进行多种方式的编辑，如对视频文件应用滤镜、蒙版、变换、图层样式和混合模式等，如图 16-29 所示。

图16-29

技巧提示

需要注意的是，有些操作虽然可以对打开的视频文件起作用，但是很多时候只针对当前帧而不是整个视频。例如要对视频文件进行颜色调整，对当前视频文件执行“图像 > 调整 > 色相 / 饱和度”命令后，在切换到另一帧时又回到之前的状态。这时在该视频图层上方创建“色相 / 饱和度”调整图层即可解决这个问题，如图 16-30~ 图 16-33 所示。

图16-30

图16-31

图16-32

图16-33

16.4.1 校正像素长宽比

像素长宽比用于描述帧中的单一像素的宽度与高度的比例，不同的视频标准使用不同的像素长宽比。计算机显示器上的图像是由方形像素组成的，而视频编码设备是由非方形像素组成的，这就会导致它们在交换图像时造成图像扭曲。如果要校正像素的长宽比，可以执行“视图＞像素长宽比校正”命令，这样就可以在显示器上准确地查看DV和D1视频格式的文件。如图16-34和图16-35所示分别为发生扭曲的图像和校正像素长宽比后的图像。

图16-34

图16-35

※技术拓展：像素长宽比和帧长宽比的区别

像素长宽比用于描述帧中的单一像素的宽度与高度的比例；帧长宽比用于描述图像宽度与高度的比例。例如，DV NTSC的帧长宽比为4:3，而典型的宽银幕的帧长宽比为16:9。

16.4.2 修改视频图层的属性

将视频文件作为视频图层导入到文档中之后，可以对视频图层的位置、不透明度、样式进行调整，并且可以通过调整这些属性的数值来制作关键帧动画。

实例练习——制作不透明度动画

实例文件	实例练习——制作不透明度动画.psd
视频教学	实例练习——制作不透明度动画.flv
难易指数	★★★★★
知识掌握	掌握不透明度动画的制作方法

实例效果

本例主要针对不透明度动画的制作方法进行练习，如图16-36所示。

图16-36

操作步骤

步骤01 按Ctrl+O组合键，在弹出的“打开”对话框中打开人像素材序列的文件夹，在该文件夹中选择第1张图像，然后选中“图像序列”复选框，如图16-37所示。接着在弹出的“帧速率”对话框中设置“帧速率”为25，如图16-38所示。

图16-37

图16-38

步骤02 导入光效素材，将其放置在视频图层的上一层，并设置其混合模式为“滤色”，如图16-39所示。

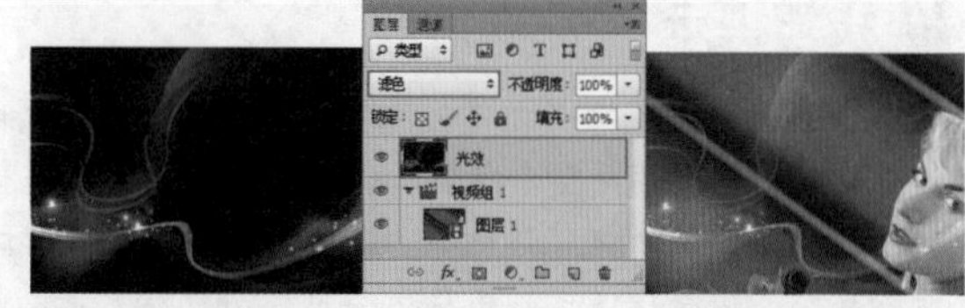

图16-39

步骤 03 首先设置“光效”图层的“不透明度”为 0%，如图 16-40 所示。然后在“时间轴”动画面板中选择“光效”图层，单击该图层前面的▶图标，展开其属性列表，接着将“当前时间指示器”拖曳到第 0:00:00:00 帧位置，最后单击“不透明度”属性前面的“时间 - 变化秒表”图标，为其设置一个关键帧，如图 16-41 所示。

图16-40

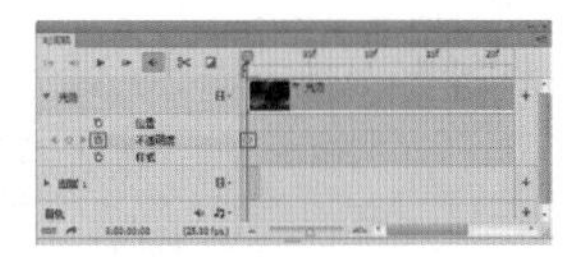

图16-41

步骤 04 将“当前时间指示器”拖曳到第 0:00:00:22 帧位置，然后在“图层”面板中设置“光效”图层的“不透明度”为 100%，如图 16-42 所示。此时“时间轴”动画面板中会自动生成一个关键帧，如图 16-43 所示。

图16-42

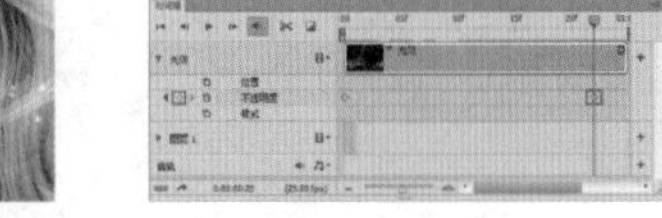
图16-43

步骤 05 单击“播放”按钮▶，可以观察到人像的移动光效越来越明显，如图 16-44 所示。

步骤 06 执行“文件 > 存储为”命令，首先存储工程文件，设置合适的文件名并存储为 .PSD 格式，如图 16-45 所示。

图16-44

图16-45

步骤 07 执行“文件 > 导出 > 渲染视频”命令，如图 16-46 所示。在弹出的“渲染视频”对话框窗口中设置输出的文件名以及存储路径；在文件选项组中选择 Adobe Medi Encoder，设置“大小”为“文档大小”；在“范围”选项组中选中“所有帧”；最后单击“渲染”按钮开始输出，如图 16-47 所示。最终得到一个“渲染.mov”视频文件，如图 16-48 所示。

图16-46

图16-47

图16-48

16.4.3 插入、复制和删除空白视频帧

在空白视频图层中可以添加、删除或复制空白视频帧。

在“时间轴”动画面板中选择空白视频图层，然后将当前时间指示器拖曳到所需帧位置。执行“图层 > 视频图层”菜单下的“插入空白帧”、“删除帧”、“复制帧”命令，可以分别在当前时间位置插入一个空白帧、删除当前时间处的视频帧、添加一个处于当前时间的视频帧的副本，如图 16-49 所示。

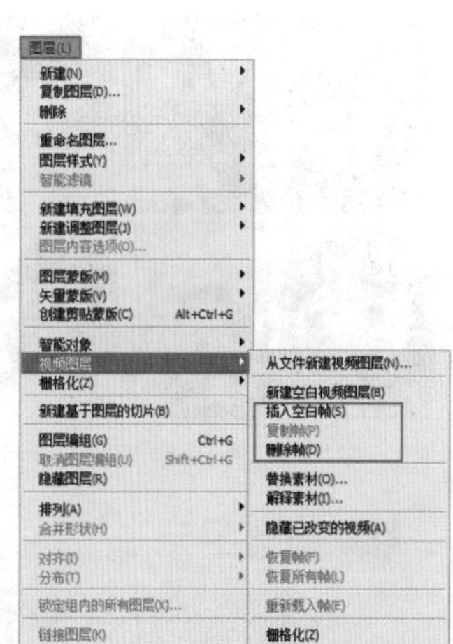

图16-49

16.4.4 替换和解释素材

在 Photoshop CS6 Extended 中，即使移动或重命名源素材也会保持视频图层和源文件之间的链接。如果链接由于某种原因断开，“图层”面板中的图层上会出现警告图标。要重新建立视频图层与源文件之间的链接，需要使用“替换素材”命令。“替换素材”命令还可以将视频图层中的视频帧或图像序列帧替换为不同的视频或图像序列源中的帧。如需要重新链接到源文件或替换视频图层的内容，可以选中该图层，如图 16-50 所示，然后执行“图层 > 视频图层 > 替换素材”命令，如图 16-51 所示，再选择相应的视频或图像序列文件即可，如图 16-52 所示。

如果使用了包含 Alpha 通道的视频，则需要在 Photoshop CS6 Extended 中指定如何解释视频中的 Alpha 通道和帧速率。在“时间轴”面板或“图层”面板中选择视频图层，执行“图层 > 视频图层 > 解释素材”命令，在弹出的对话框中进行设置即可，如图 16-53 所示。

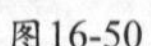
图16-50

图16-51

图16-52

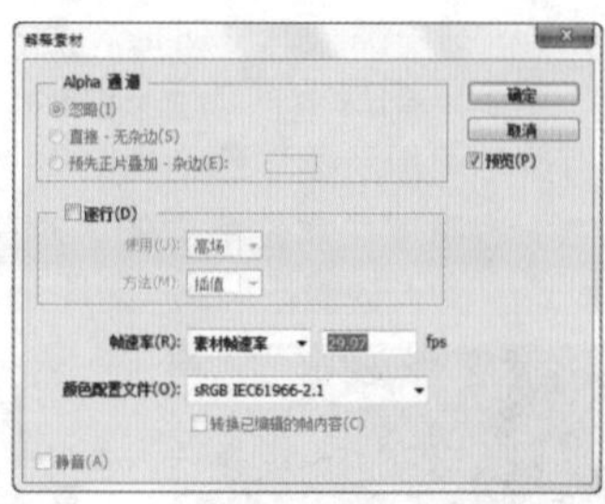
图16-53

16.4.5 恢复视频帧

在 Photoshop CS6 Extended 中，如果要放弃对帧视频图层和空白视频图层所做的编辑，可以在“时间轴”动画面板中选择该视频图层，然后将“当前时间指示器”拖曳到该视频帧的特定帧上，接着执行“图层 > 视频图层 > 恢复帧”命令。如果要恢复视频图层或空白视频图层中的所有帧，可以执行“图层 > 视频图层 > 恢复所有帧”命令。

16.5 创建与编辑帧动画

16.5.1 创建帧动画

在帧模式下，可以在“时间轴”动画面板中创建帧动画，每个帧表示一个图层配置。具体操作如下。

（1）依次在 Photoshop 中打开 6 张尺寸相同的素材图像，如图 16-54 所示。创建同等尺寸的文件，并将全部图像放置在其中，如图 16-55 所示。

（2）摆放好后，在“图层”面板顶部创建新的空白图层，使用圆角矩形工具绘制圆角半径为 10px 的圆角矩形，如图 16-56 所示。按 Ctrl+Enter 组合键建立选区，如图 16-57 所示。单击右键，在弹出的菜单中选择“选择反向”命令，设置前景色为白色，按 Alt+Delete 快捷键为当前选区填充前景色，如图 16-58 所示。

图16-54

图16-55

图16-56

图16-57

图16-58

技巧提示

此图层作为边框图层置于顶部，不需要制作动态效果。

（3）执行“窗口 > 时间轴”命令，打开“时间轴”动画面板，单击右下角的“转换为帧动画”按钮将面板转换为动画帧面板，如图 16-59 所示。

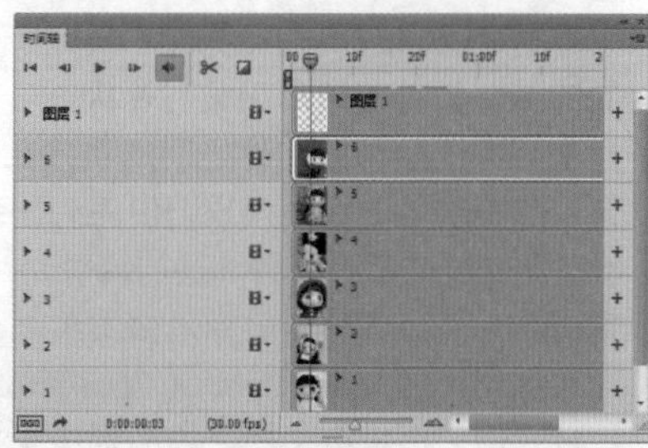
图16-59

（4）此时在动画帧面板中只有一帧，下面将该帧的“帧延迟时间”设置为 0.1 秒，并设置“循环模式”为永远，如图 16-60 所示。

（5）为了制作出动态效果，下面需要创建更多的帧。单击 5 次“复制所选帧”

按钮，创建出另外5帧，如图16-61所示。

图16-60

图16-61

（6）在动画帧面板中选择第2帧，回到“图层”面板中，将图层6隐藏，如图16-62所示。此时可以看到画面显示的是图层5的效果，如图16-63所示。并且在动画帧面板中第2帧的缩略图也发生了变化，如图16-64所示。

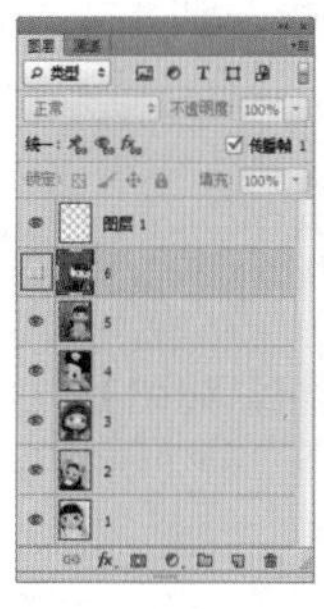

图16-62

图16-63

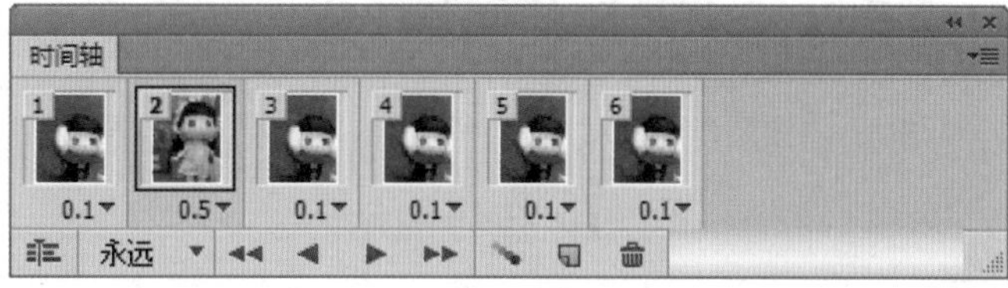

图16-64

（7）继续在动画帧面板中选择第3帧，回到“图层”面板中将图层6和图层5都隐藏，如图16-65所示。此时可以看到画面显示的是图层4的效果，如图16-66所示。并且在动画帧面板中第3帧的缩略图也发生了变化，如图16-67所示。

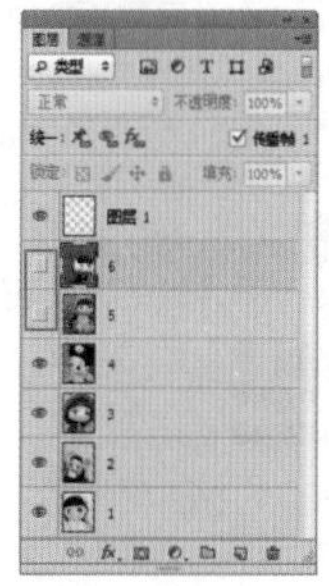

图16-65

图16-66

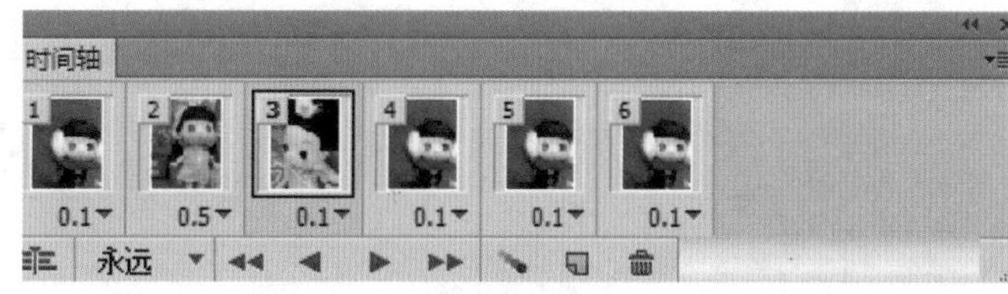

图16-67

（8）依此类推，在第4帧上隐藏图层6、5、4，显示图层3；在第5帧上隐藏图层6、5、4、3，显示图层2；在第6帧上隐藏图层6、5、4、3、2，显示图层1，在动画帧面板中能够看到每帧都显示了不同的缩略图，此时可以单击底部的“播放”按钮预览当前效果，如图16-68所示。

（9）单击底部“停止”按钮停止播放，如图16-69所示。如果需要更改某一帧的延迟时间，可以单击该帧缩略图下方的帧延迟时间下拉箭头，将其设置为0.5，如图16-70所示。

图16-68

图16-69

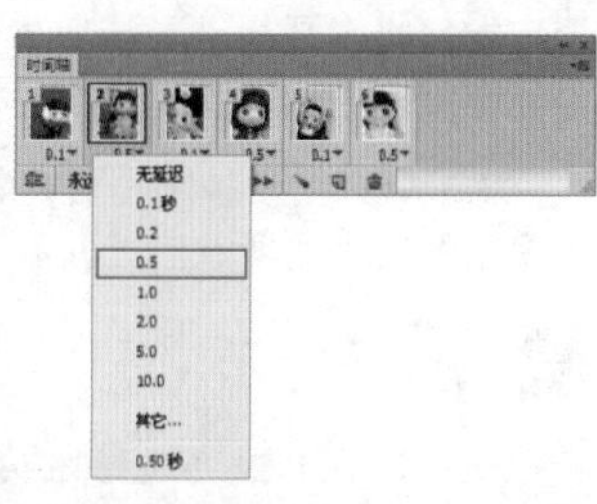

图16-70

（10）动画设置完成，执行“文件 > 存储为Web所用格式”命令，将制作的动态图像进行输出，如图16-71所示。

（11）在弹出的“存储为Web所用格式”对话框中设置格式为GIF，“颜色”为256，“仿色”为100%，单击“存储”按钮，并选择输出路径即可，如图16-72所示。

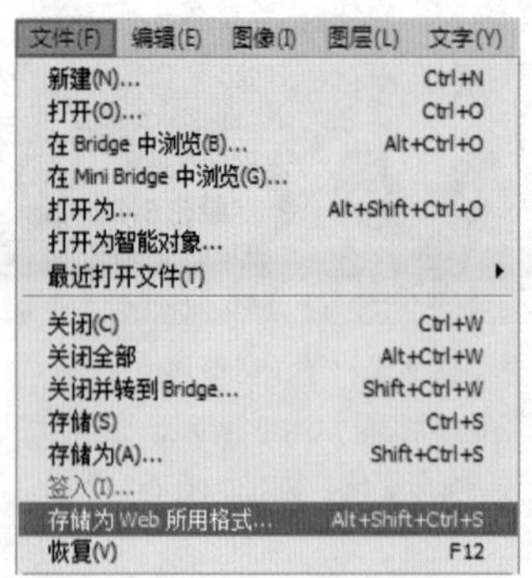

图16-71

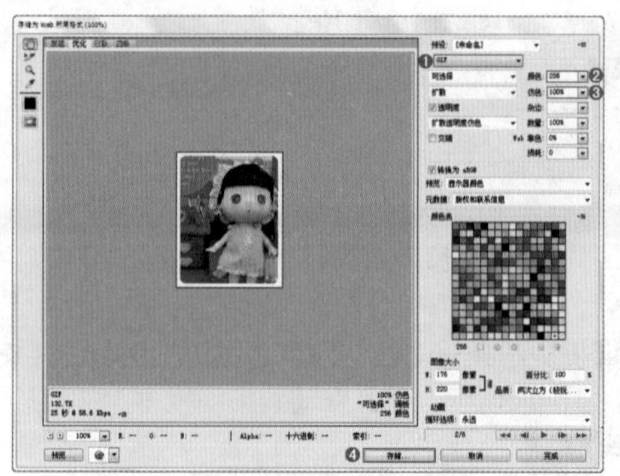

图16-72

16.5.2 更改动画中图层的属性

打开动画帧面板后，“图层”面板发生了一些变化，出现了“统一”按钮以及“传播帧 1”复选框，如图 16-73 所示。

图16-73

技巧提示

在“图层”面板菜单中选择“动画选项”命令，可以对“统一”按钮和“传播帧 1”选项的显示或隐藏进行控制，如图 16-74 所示。

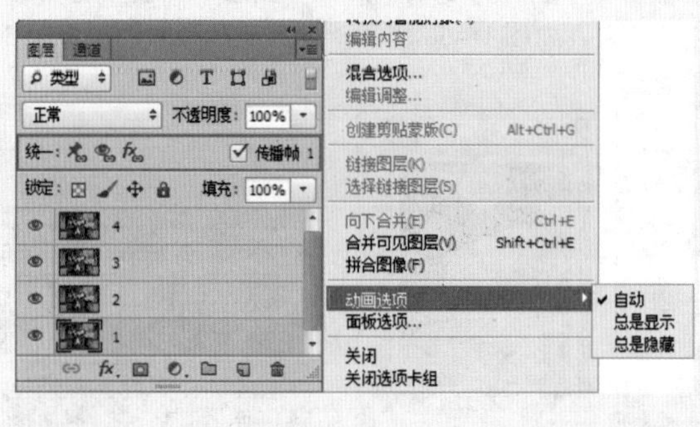

图16-74

- 自动：在动画帧面板打开时显示“统一”按钮。
- 总是显示：无论是在打开还是关闭“动画”面板时都显示“统一”按钮。
- 总是隐藏：无论是在打开还是关闭“动画”面板时都隐藏“统一”按钮。
- 统一:：“统一”按钮包括“统一图层位置”、“统一图层可见性”和“统一图层样式”。使用这些按钮将决定如何将对现用动画帧所做的属性更改应用于同一图层中的其他帧。当单击某个“统一”按钮时，将在现用图层的所有帧中更改该属性；再次单击该按钮时，更改将仅应用于现用帧。
- ：用于控制是否将第一帧中的属性的更改应用于同一图层中的其他帧。选中该复选框，更改第一帧中的属性后，现用图层中的所有后续帧都会发生与第一帧相关的更改，并保留已创建的动画。

技巧提示

按住 Shift 键并选择图层中任何连续的帧组，然后更改任何选定帧的某个属性也可以达到“传播帧”的目的。

16.5.3 编辑动画帧

在“时间轴”面板中选择一个或多个帧后（按住 Shift 键或 Ctrl 键可以选择多个连续和非连续的帧），在面板菜单中可以执行新建帧、删除单帧、删除动画、复制 / 粘贴单帧、反向帧等操作，如图 16-75 所示。

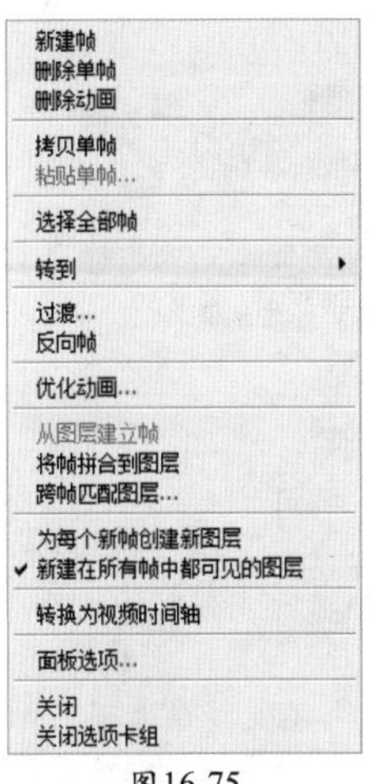

图16-75

- 新建帧：创建新的帧，功能与按钮相同。
- 删除单帧 / 删除多帧：删除当前所选的一帧，如果当前选择的是多帧，则此命令为“删除多帧”，如图 16-76 和图 16-77 所示。

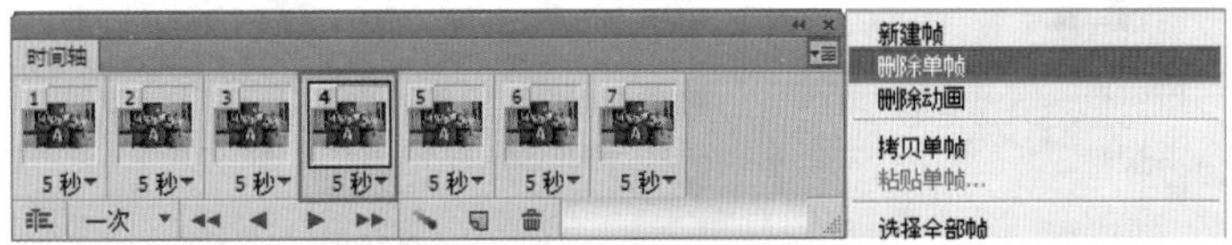

图16-76

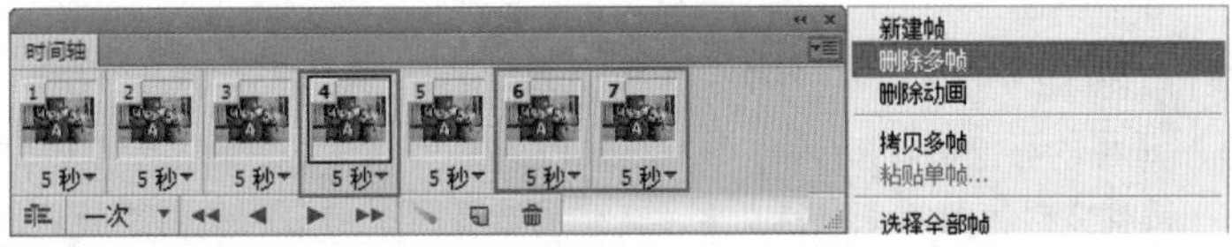

图16-77

> **技巧提示**
>
> 在动画帧面板中，按住 Ctrl 键可以选择任意多个帧；按住 Shift 键可以选择连续的帧。

- 删除动画：删除全部动画帧。
- 复制单帧 / 复制多帧：复制当前所选的一帧，如图 16-78 所示。如果当前选择的是多帧，则此命令为“拷贝多帧”，如图 16-79 所示。复制帧与复制图层不同，可以理解为具有给定图层配置的图像副本。在复制帧时，复制的是图层的配置（包括每一图层的可见性设置、位置和其他属性）。

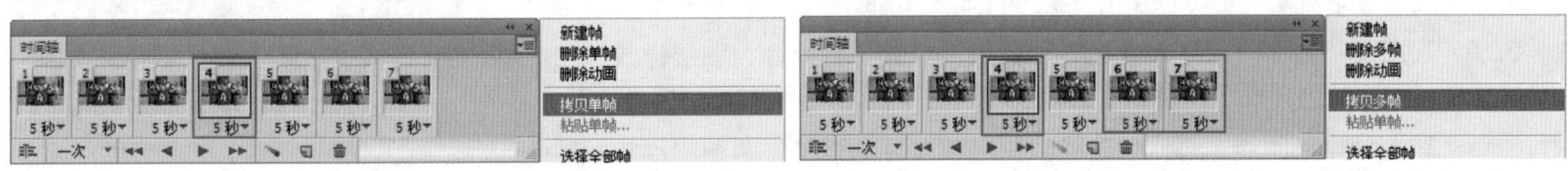

图16-78　　图16-79

- 粘贴单帧 / 粘贴多帧：之前复制的是单个帧，此处显示“粘贴单帧”；之前复制的是多个帧，此处则显示“粘贴多帧”。粘贴帧就是将之前复制的图层的配置应用到目标帧。选择此命令后会弹出“粘贴帧”对话框，在这里可以对粘贴方式进行设置，如图 16-80 所示。
- 选择全部帧：执行该命令可一次性选中所有帧，如图 16-81 所示。

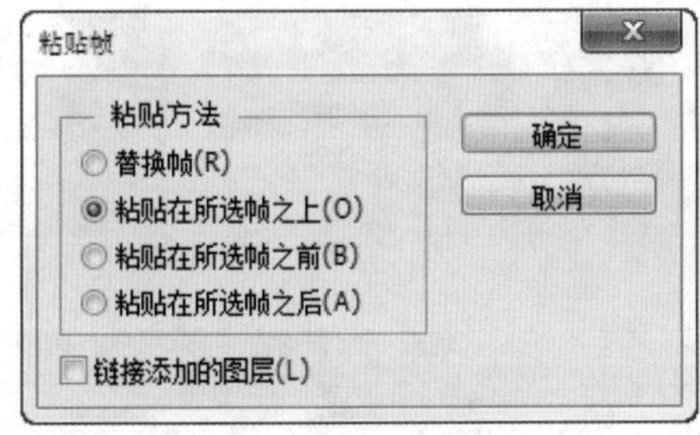

图16-80

图16-81

- 转到：快速转到下一帧 / 上一帧 / 第一帧 / 最后一帧，如图 16-82 所示。
- 过渡：在两个现有帧之间添加一系列帧，通过插值方法使新帧之间的图层属性均匀。选中需要过渡的帧，按下“过渡”按钮或执行“过渡”命令，并设置合适的参数即可，如图 16-83 所示。效果如图 16-84 所示。
- 反向帧：将当前所有帧的播放顺序翻转，如图 16-85 所示为对比效果。
- 优化动画：完成动画后，应优化动画，以便快速下载到 Web 浏览器。

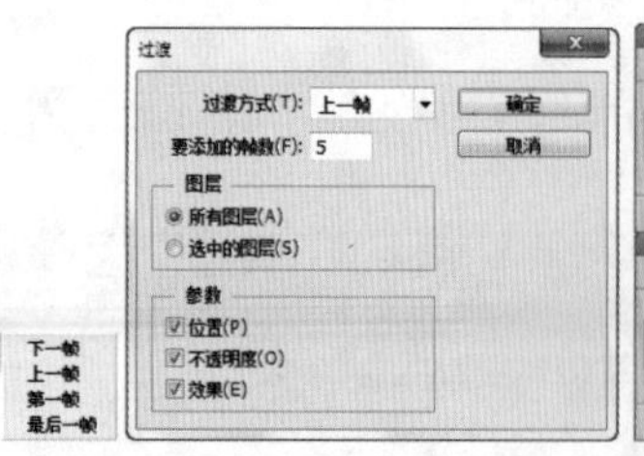

图16-82 图16-83

图16-84

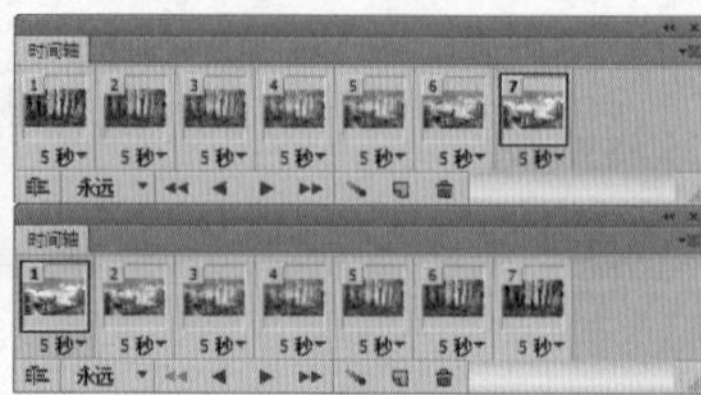

图16-85

※技术拓展："优化动画"对话框详解

"优化动画"对话框如图 16-86 所示。

图16-86

- 外框：将每一帧裁剪到相对于上一帧发生了变化的区域。使用该选项创建的动画文件比较小，但是与不支持该选项的GIF 编辑器不兼容。
- 去除多余像素：使帧中与前一帧保持相同的所有像素变为透明。为了有效去除多余像素，必须选择"优化"面板中的"透明度"选项。使用"去除多余像素"选项时，需要将帧处理方法设置为"自动"。

- 从图层建立帧：在包含多个图层并且只有一帧的文件中，执行该命令可以创建与图层数量相等的帧，并且每一帧所显示的内容均为单一图层效果。如图 16-87 和图 16-88 所示。
- 将帧拼合到图层：使用该选项会以当前视频图层中的每个帧的效果创建单一图层。在需要将视频帧作为单独的图像文件导出时，或在图像堆栈中需要使用静态对象时都可以使用该命令，如图 16-89 和图 16-90 所示。
- 跨帧匹配图层：在多个帧之间匹配各个图层的位置、可视性、图层样式等属性，这些帧之间既可以是相邻的，也可以是不相邻（即跨帧）的。
- 为每个新帧创建新图层：每次创建帧时使用该命可令自动将新图层添加到图像中。新图层在新帧中是可见的，但在其他帧中是隐藏的。如果创建的动画要求将新的可视图素添加到每一帧，可使用该选项以节省时间。

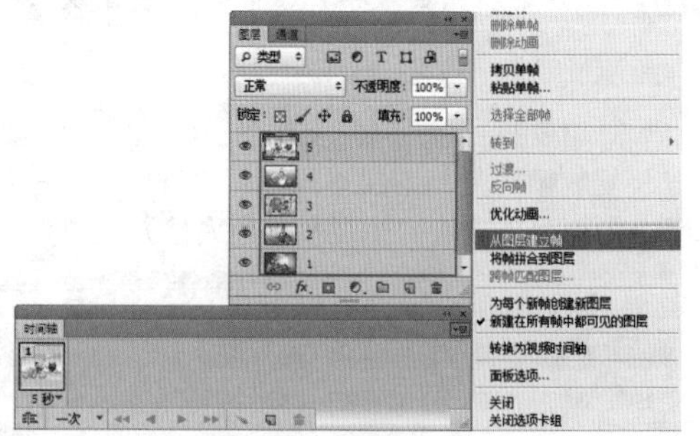

图16-87

图16-88

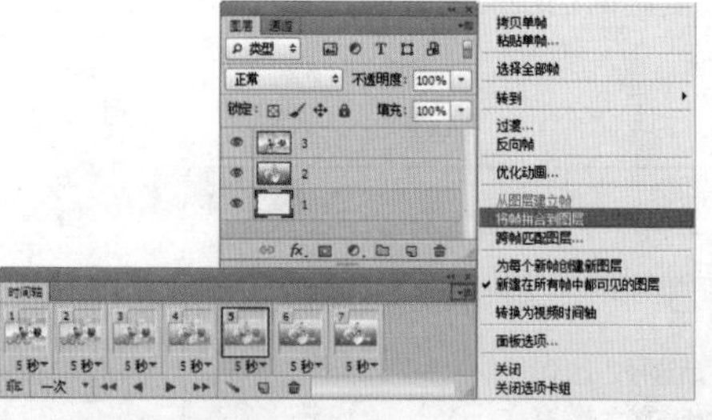

图16-89

图16-90

- 新建在所有帧中都可见的图层：选中该选项，新建图层自动在所有帧上显示；取消选中该选项，新建图层只在当前帧显示。
- 转换为视频时间轴：选择该选项即可转换为时间轴动画面板。
- 面板选项：可打开"动画面板选项"对话框，可以对动画帧面板的缩览图显示方式进行设置，如图 16-91 和图 16-92 所示。
- 关闭：关闭动画帧面板。
- 关闭选项卡组：关闭动画帧面板所在选项卡组。

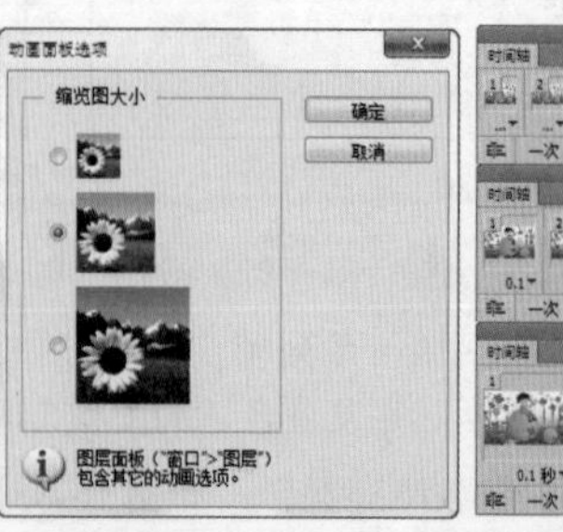

图16-91

图16-92

16.6 存储、预览与输出

16.6.1 存储工程文件

编辑完视频图层后，可以将动画存储为 GIF 文件，以便在 Web 上观看。在 Photoshop CS6 Extended 中，可以将视频和动画存储为 QuickTime 影片或 PSD 文件。如果未将工程文件渲染输出为视频，则最好将工程文件存储为 PSD 文件，以保留之前所做的编辑操作。执行“文件 > 存储”或者“文件 > 存储为”命令均可存储为 .psd 格式文件，如图 16-93 所示。

文件(F) 编辑(E) 图像(I) 图层(L) 文字(Y)
新建(N)... Ctrl+N
打开(O)... Ctrl+O
在 Bridge 中浏览(B)... Alt+Ctrl+O
在 Mini Bridge 中浏览(G)...
打开为... Alt+Shift+Ctrl+O
打开为智能对象...
最近打开文件(T)
关闭(C) Ctrl+W
关闭全部 Alt+Ctrl+W
关闭并转到 Bridge... Shift+Ctrl+W
存储(S) Ctrl+S
存储为(A)... Shift+Ctrl+S
签入(I)...
存储为 Web 所用格式... Alt+Shift+Ctrl+S
恢复(V) F12

图16-93

16.6.2 预览视频

在 Photoshop CS6 Extended 中，可以在文档窗口中预览视频或动画，Photoshop 会使用 RAM 在编辑会话期间预览视频或动画。当播放帧或拖曳“当前时间指示器”预览帧时，Photoshop 会自动对这些帧进行高速缓存，以便在下一次播放时能够更快地回放，如图 16-94 所示。如果要预览视频效果，可以在动画面板中单击“播放”按钮或按 Space 键（即空格键）来播放或停止播放视频，如图 16-95 所示。

图16-94

图16-95

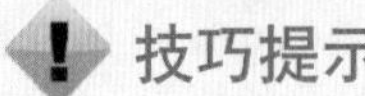

技巧提示

打开“存储为 Web 所用格式”对话框，然后在左下角单击“预览”按钮，可以在 Web 浏览器中预览该动画。在这里可以更准确地查看为 Web 创建的预览效果，如图 16-96 所示。效果如图 16-97 所示。

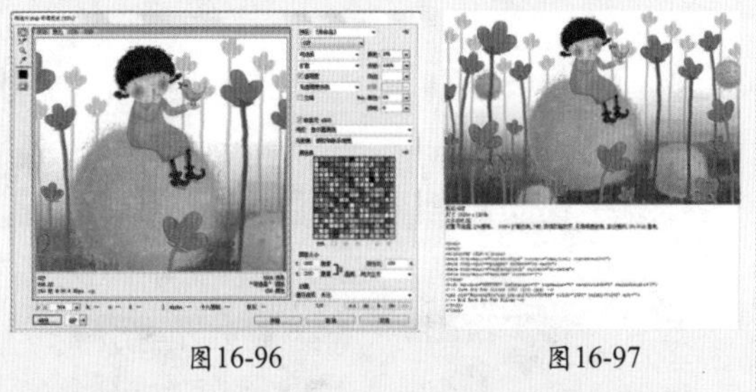

图16-96 图16-97

16.6.3 渲染输出

在 Photoshop CS6 Extended 中，可以将时间轴动画与视频图层一起导出。执行“文件 > 导出 > 渲染视频”命令，可以将视频导出为 QuickTime 影片或图像序列，如图 16-98 所示。

- 位置：在“位置”选项组下可以设置文件的名称和位置。
- 文件选项：在文件选项组中可以对渲染的类型进行设置，在下拉列表中选择 Adobe Media Encoder 可以将文件输出为动态影片；选择“Photoshop 图像序列”则可以将文件输出为图像序列。选择任何一种类型的输出模式都可以进行相应尺寸、质量等参数的调整。
- 范围：在“范围”选项组下可以设置要渲染的帧范围，包括“所有帧”、“帧内”和“当前所选帧”3 种方式。

图16-98

● 渲染选项：在“渲染选项”选项组下可以设置 Alpha 通道的渲染方式以及视频的帧速率。

实例练习——制作飞走的小鸟动画

实例文件	实例练习——制作飞走的小鸟动画 .psd
视频教学	实例练习——制作飞走的小鸟动画 .flv
难度级别	★★★★★
技术要点	位移动画、透明度动画的制作

实例效果

本例主要针对位置动画的制作方法进行练习，效果如图 16-99 所示。

图16-99

操作步骤

步骤 01 打开背景素材，并导入前景动物素材作为图层 1，如图 16-100 所示。

步骤 02 使用“移动工具”将图层 1 拖曳到如图 16-101 所示的位置，打开“时间轴”动画面板，将光标移至图层持续时间条的右侧，按住左键并拖曳，将时间条拖曳为 0:00:02:00，如图 16-102 所示。

图16-100

图16-101

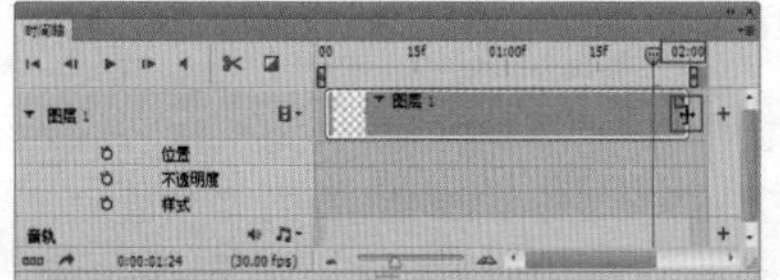

图16-102

步骤 03 此时在“时间轴”动画面板中可以看到动画持续时间变为 2 秒。在动画面板中展开“图层 1”图层的属性，然后将“当前时间指示器”拖曳到 0:00:00:00 的位置，接着单击“位置”属性前的“时间 - 变化秒表”图标，为其设置一个关键帧，如图 16-103 所示。

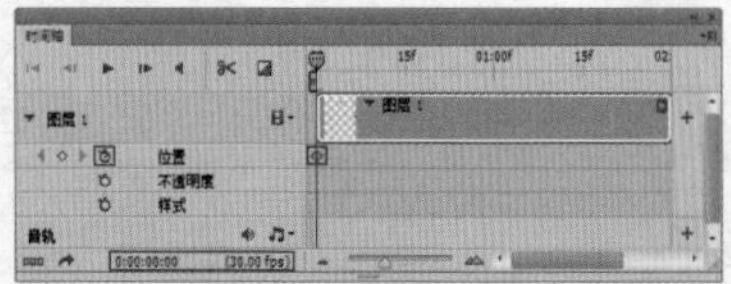

图16-103

步骤 04 将“当前时间指示器”拖曳到 0:00:00:16 的位置，然后将“动物”图层拖曳到如图 16-104 所示的位置，此时在动画面板中会生成第 2 个位置关键帧，如图 16-105 所示。

图16-104

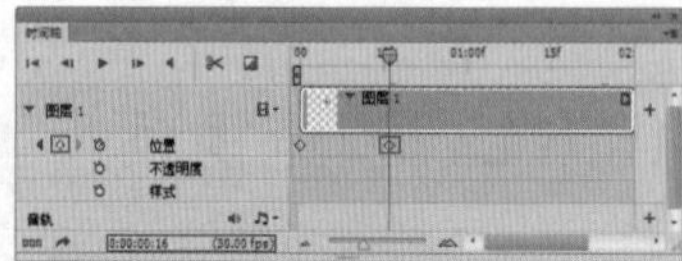

图16-105

步骤 05 将“当前时间指示器”拖曳到 0:00:01:06 的位置，然后将“动物”图层拖曳到如图 16-106 所示的位置，此时在动画面板中会生成第 3 个位置关键帧，如图 16-107 所示。

图16-106

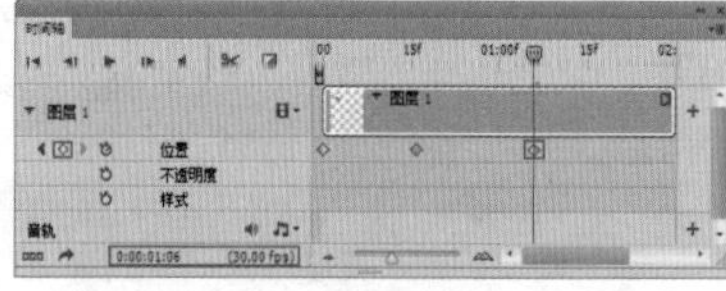

图16-107

步骤 06 将“当前时间指示器”拖曳到 0:00:01:29 的位置，然后将“动物”图层拖曳到如图 16-108 所示的位置，此时在动画面板中会生成第 4 个位置关键帧，如图 16-109 所示。

图16-108

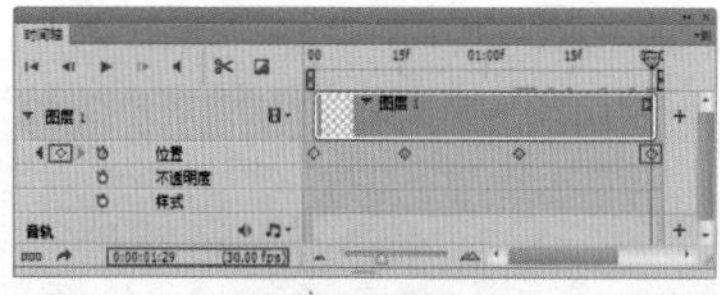

图16-109

步骤 07 将“当前时间指示器”拖曳到 0:00:01:00 位置，然后单击“不透明度”属性前面的“时间 - 变化秒表”图标，为其设置一个关键帧，如图 16-110 所示。

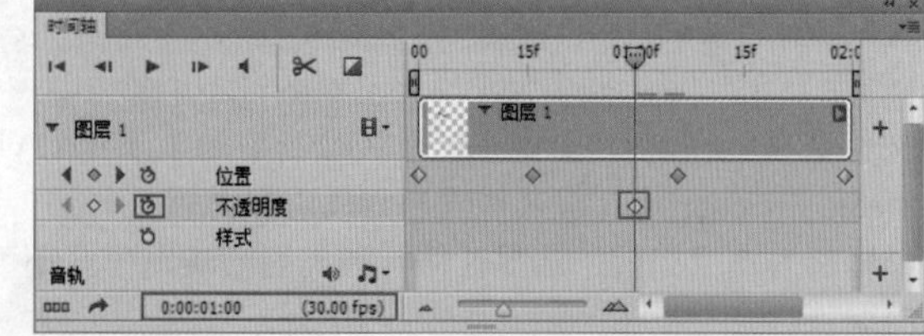

图16-110

步骤 08 将“当前时间指示器”拖曳到 0:00:01:29 位置，

然后在“图层”面板中设置“图层 1”的“不透明度”为 0%，如图 16-111 所示。此时在动画面板中会生成第 2 个不透明度关键帧，如图 16-112 所示。

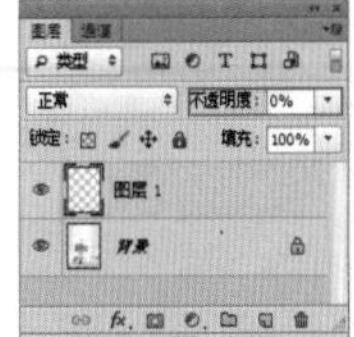
图16-111

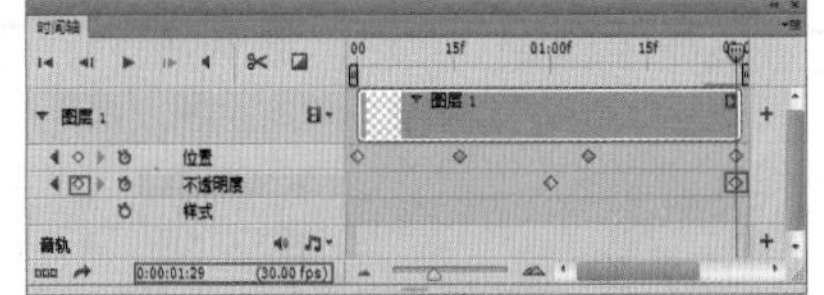
图16-112

步骤 09 单击“播放”按钮▶，观察动画，效果如图 16-113 所示。

图16-113

步骤 10 执行“文件 > 存储为”命令，首先存储工程文件，设置合适的文件名并存储为 PSD 格式，如图 16-114 所示。

步骤 11 下面需要将制作好的动画输出为图像序列文件。执行“文件 > 导出 > 渲染视频”命令，如图 16-115 所示。在弹出的“渲染视频”对话框中设置输出的文件名以及存储路径；在文件选项组中选择“Photoshop 图像序列”，设置“起始编号”为 1，“位数”为 2，“大小”为“文档大小”；在“范围”选项组中选中“所有帧”，最后单击“渲染”按钮开始输出，如图 16-116 所示。最终得到图像序列文件，如图 16-117 所示。

图16-114

图16-115

图16-116

图16-117

Chapter 17

第17章

3D功能的应用

从 Photoshop CS3 开始，Photoshop 分为两个版本：标准版和扩展版（Extended），在扩展版中包含了 3D 功能。Adobe Photoshop CS6 Extended 可以打开多种三维软件创建的模型，如 3ds Max、MAYA、Alias 等软件。在 Photoshop 中打开 3D 文件时，原有的纹理、渲染以及光照信息都会被保留，并且可以通过移动 3D 模型，或对其制作动画、更改渲染模式、编辑或添加光照，或将多个 3D 模型合并为一个 3D 场景等操作编辑 3D 文件。

本章学习要点：

- 掌握 3D 工具的使用方法
- 掌握凸出命令的使用方法
- 掌握编辑 3D 纹理的方法

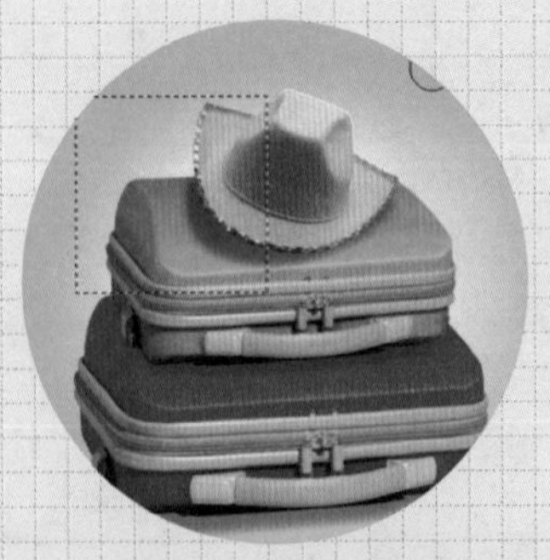

17.1 什么是3D功能

从 Photoshop CS3 开始，Photoshop 分为两个版本：标准版和扩展版（Extended），在扩展版中包含了 3D 功能。Adobe Photoshop CS6 Extended 可以打开多种三维软件创建的模型，如 3ds Max、MAYA、Alias 等软件。在 Photoshop 中打开 3D 文件时，原有的纹理、渲染以及光照信息都会被保留，并且可以通过移动 3D 模型，或对其制作动画、更改渲染模式、编辑或添加光照，或将多个 3D 模型合并为一个 3D 场景等操作编辑 3D 文件。如图 17-1~ 图 17-4 所示为使用 3D 功能创作的作品。

在 Photoshop 中导入或创建 3D 模型后，都会在“图层”面板中出现相应的 3D 图层，并且模型的纹理显示在 3D 图层下的条目中，用户可以将纹理作为独立的 2D 文件打开并编辑，或使用 Photoshop 绘图工具和调整工具直接在模型上编辑，如图 17-5 和图 17-6 所示。

图17-1

图17-2

图17-3

图17-4

图17-5

图17-6

※技术拓展：3D 文件主要组成部分详解

- 网格：每个 3D 模型都由成千上万个单独的多边形框架结构组成，网格也就是通常所说的模型。3D 模型通常至少包含一个网格，也可能包含多个网格。如图 17-7 所示分别为模型的渲染效果与网格效果。
- 材质：一个模型可以由一种或多种材质构成，这些材质控制整个模型的外观或局部的外观。在纹理映射的子组件中，可以通过调整子组件的积累效果来创建或编辑模型的材质。如图 17-8 所示为同一模型不同材质的效果。
- 光源：用于照亮场景和模型。Photoshop CS6 中的光源包括无限光、聚光灯和点光 3 种类型。可以移动和调整现有光照的颜色和强度，并且可以将新光照添加到 3D 场景中。如图 17-9 所示为不同的光照效果。

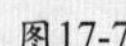
图17-7

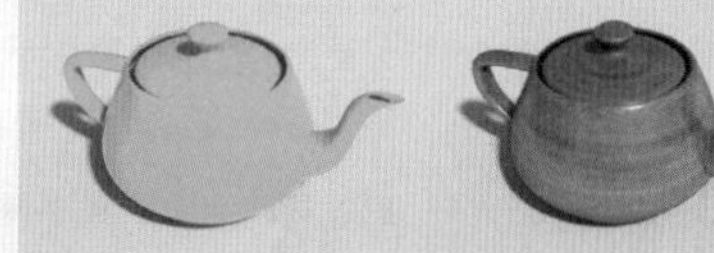
图17-8

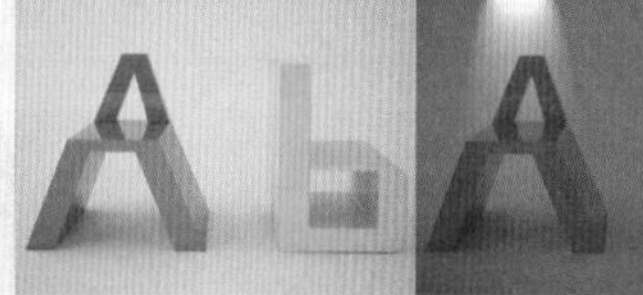
图17-9

17.2 熟悉3D工具

在 Photoshop CS6 中打开 3D 文件后，在选项栏中可以看到一组 3D 工具，如图 17-10 所示。使用 3D 工具可以对 3D 对象进行旋转、滚动、平移、滑动和缩放操作。

3D 模式：

图17-10

17.2.1 认识3D轴

当选择任意 3D 对象时，都会显示出 3D 轴，可以通过 3D 轴以另一种操作方式控制选定对象。将光标放置在任意轴的锥尖上，单击并向相应方向拖动即可沿 X/Y/Z 轴移动对象；单击轴间内弯曲的旋转线框，在出现的旋转平面的黄色圆环上单击并拖动即可旋转对象；单击并向上或向下拖动 3D 轴中央的立方块即可等比例调整对象大小，如图 17-11 所示。

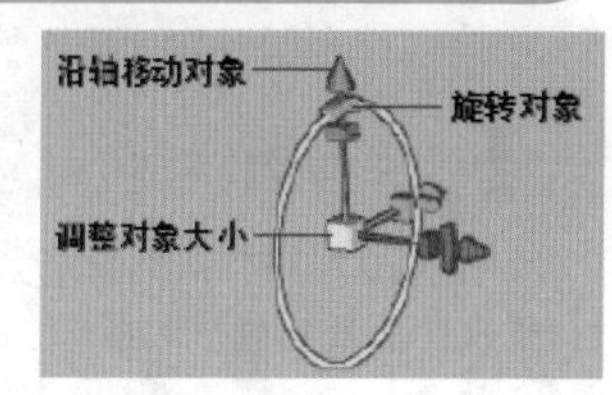

图17-11

17.2.2 熟悉3D对象工具

图17-12

在 3D 面板中选中 3D 对象时，选项栏中会显示出 3D 对象工具，包括 3D 对象旋转工具、3D 对象滚动工具、3D 对象平移工具、3D 对象滑动工具和 3D 对象缩放工具。使用这些工具对 3D 模型进行调整时，发生改变的只有模型本身，场景不会发生变化。导入 3D 模型文件，单击选项栏中的 3D 对象工具按钮，即可对象进行操作，如图 17-12 和图 17-13 所示。

- "3D 对象旋转工具"按钮：使用"3D 对象旋转工具"上下拖曳光标，可以围绕 X 轴旋转模型；在两侧拖曳光标，可以围绕 Y 轴旋转模型；如果按住 Alt 键的同时拖曳光标，可以滚动模型。如图 17-14 和图 17-15 所示分别为围绕 X 轴旋转和围绕 Y 轴旋转的效果。
- "3D 对象滚动工具"：使用"3D 对象滚动工具"在两侧拖曳光标，可以围绕 Z 轴旋转模型，如图 17-16 所示。

图17-13

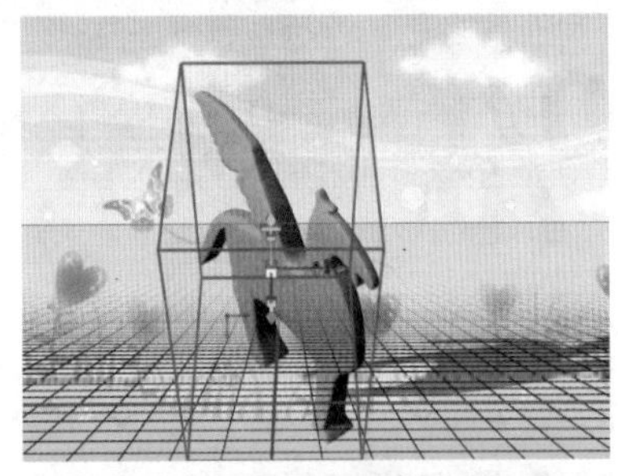
图17-14

图17-15

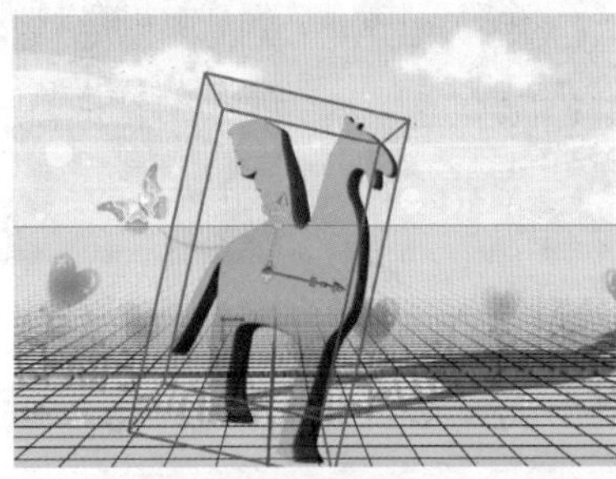
图17-16

- "3D 对象平移工具"按钮：使用"3D 对象平移工具"在两侧拖曳光标，可以在水平方向上移动模型；上下拖曳光标，可以在垂直方向上移动模型；如果按住 Alt 键的同时拖曳光标，可以沿 X/Z 轴方向移动模型。如图 17-17 和图 17-18 所示分别为在水平方向上移动与在垂直方向上移动的效果。
- "3D 对象滑动工具"按钮：使用"3D 对象滑动工具"在两侧拖曳光标，可以在水平方向上移动模型；上下拖曳光标，可以将模型移近或移远；如果按住 Alt 键的同时拖曳光标，可以沿 X/Z 轴方向移动模型。如图 17-19 和图 17-20 所示分别将模型移近和移远的效果。

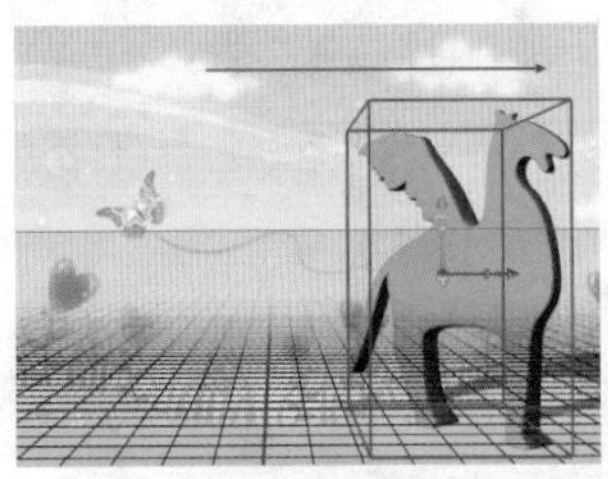
图17-17

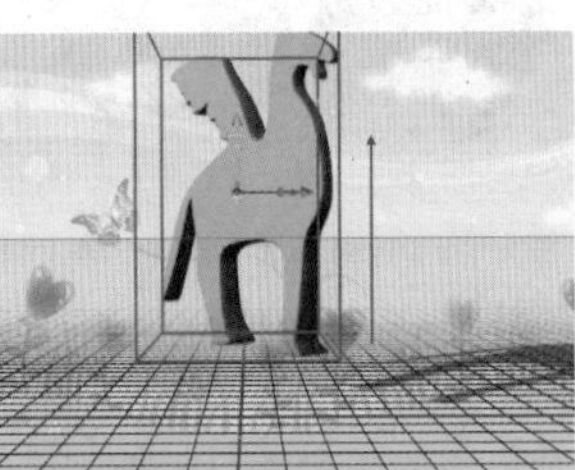
图17-18

图17-19

图17-20

- "3D 对象缩放工具"按钮：使用"3D 对象缩放工具"上下拖曳光标，可以放大或缩小模型；如果按住 Alt 键的同时拖曳光标，可以沿 Z 轴方向缩放模型。如图 17-21 和图 17-22 所示分别为等比例缩放与沿 Z 轴缩放的效果。

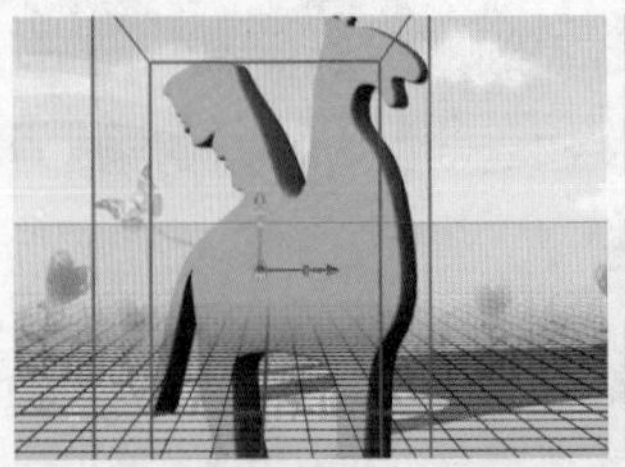
图17-21

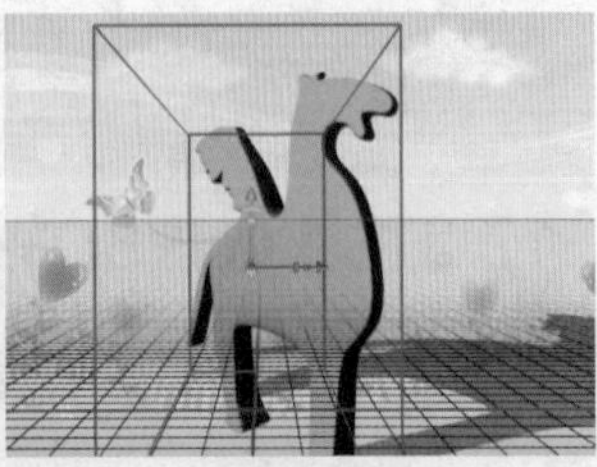
图17-22

技巧提示

移动 3D 对象后，执行"3D> 将对象紧贴地面"命令，可以使其紧贴到 3D 地面上。

17.2.3 认识3D相机工具

使用3D相机工具可以改变相机视图，在3D面板中选中“当前视图”时，如图17-23所示，选项栏中会显示出3D相机工具，包括3D旋转相机工具、3D滚动相机工具、3D平移相机工具、3D移动相机工具、3D缩放相机工具，使用3D相机工具操作3D视图时，3D对象的位置保持固定不变，如图17-24和图17-25所示。

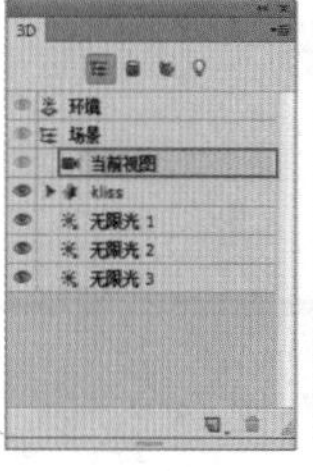

图17-23

图17-24

- “3D旋转相机工具”按钮：使用“3D旋转相机工具”拖曳光标，可以沿X或Y轴方向环绕移动相机；如果按住Alt键的同时拖曳光标，可以滚动相机，如图17-26和图17-27所示。

自动选择： 组 显示变换控件 3D模式：

图17-25

- “3D滚动相机工具”按钮：使用“3D滚动相机工具”拖曳光标，可以滚动相机，如图17-28所示。

图17-26

图17-27

图17-28

- “3D平移相机工具”按钮：使用“3D平移相机工具”拖曳光标，可以沿X或Y轴方向平移相机；如果按住Alt键的同时拖曳光标，可以沿X或Z轴方向平移相机，如图17-29和图17-30所示。
- “3D移动相机工具”按钮：使用“3D移动相机工具”拖曳光标，可以步进相机（Z轴转换和Y轴旋转）；如果按住Alt键的同时拖曳光标，可以沿Z/X轴方向步览（Z轴平移和X轴旋转），如图17-31和图17-32所示。

图17-29

图17-30

图17-31

- “3D缩放相机工具”按钮：使用“3D缩放相机工具”拖曳光标，可以更改3D相机的视角（最大视角为180°），如图17-33和图17-34所示。

图17-32

图17-33

图17-34

17.3 熟悉3D面板

执行“视图 >3D”命令，可打开 3D 面板。在“图层”面板中选择 3D 图层后，3D 面板中会显示与之关联的组件。在 3D 面板的顶部可以切换“场景”、“网格”、“材质”和“光源”组件的显示，如图 17-35 所示。

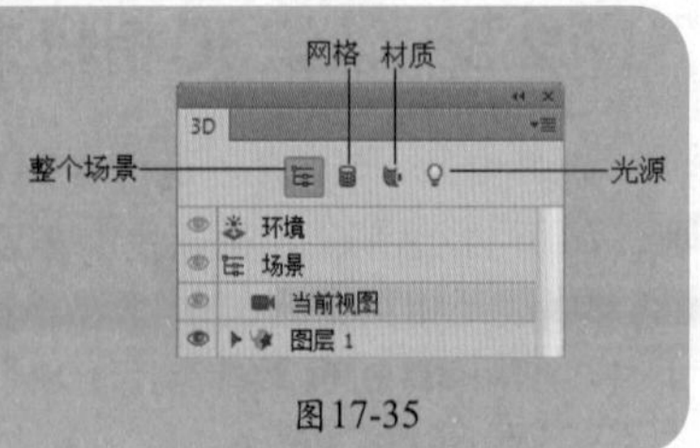

图17-35

技巧提示

使用 3D 功能时经常会用到“属性”面板，执行“窗口 > 属性”命令可以打开“属性”面板。

17.3.1 了解3D场景设置

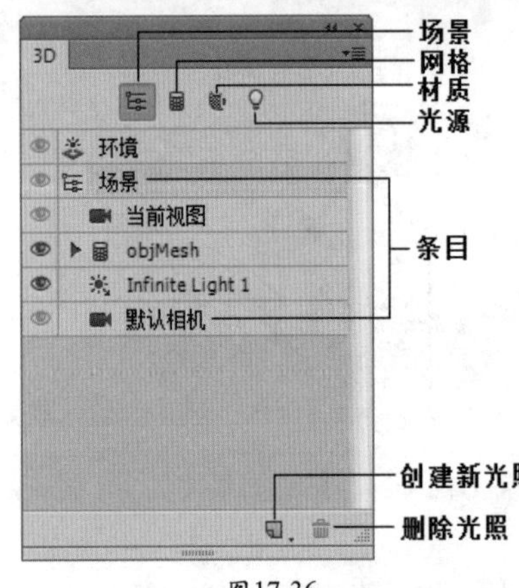

图17-36

单击“场景”按钮即可切换到 3D 场景面板，如图 17-36 所示。使用 3D 场景设置可以更改渲染模式、选择要在其上绘制的纹理或创建横截面等。

- 条目：选择条目中的选项，可以在“属性”面板中进行相关的设置。
- 创建新光照：单击“创建新光照”按钮，在弹出的下拉菜单中选择相关命令，即可创建相应的光照，如图 17-37 所示。
- 删除光照：选择光照选项，单击“删除光照”按钮，即可将选中的光照删除。

新建点光
新建聚光灯
新建无限光

图17-37

17.3.2 了解相机视图

选择 3D 面板中的“当前视图”选项，如图 17-38 所示。调整 3D 相机时，在“属性”面板“视图”下拉列表中相关选项，可以以不同的视角来观察模型，如图 17-39 所示。不同角度的对比图如图 17-40 所示。

单击“属性”面板中的“透视”按钮，调整“景深”参数，如图 17-41 所示，可以使一部分对象处于焦点范围内，从而变得清晰。其他对象处于焦点范围外，从而变得模糊。

单击“属性”面板中的“正交”按钮，调整“缩放”参数，如图 17-42 所示，可以调整模型，使其远离或靠近观察者。

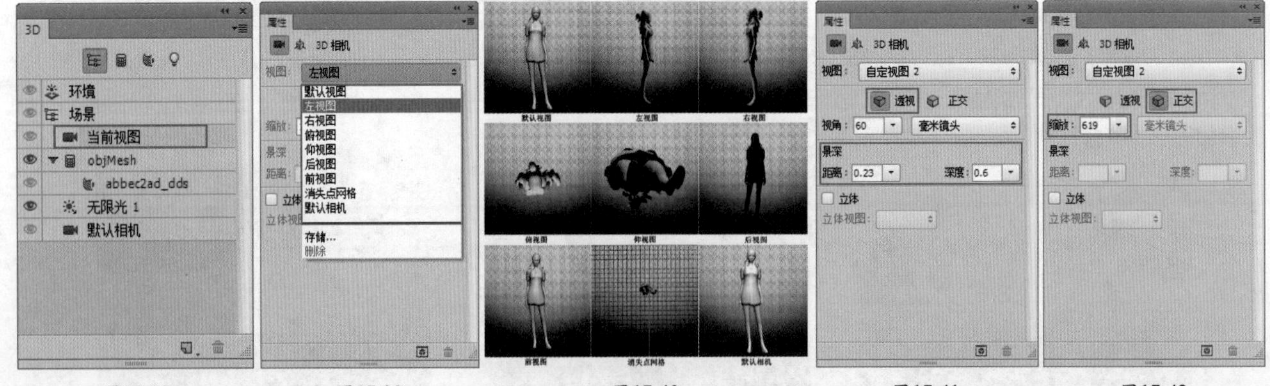

图17-38　图17-39　图17-40　图17-41　图17-42

17.3.3 了解3D网格设置

单击 3D 面板顶部的“网格”按钮，可以切换到 3D 网格面板，如图 17-43 所示。可以在“属性”面板中进行相关的设置，如图 17-44 所示。

- 捕捉阴影：控制选定的网格是否在其表面上显示其他网格所产生的阴影。
- 投影：控制选定的网格是否投影到其他网格表面上。
- 不可见：选中该复选框可以隐藏网格，但是会显示其表面的所有阴影。

图17-43

图17-44

17.3.4 掌握3D材质设置

3D 材质的制作与 2D 思维不太相同，3D 材质的调整主要是从材质本身的物理属性出发进行分析。常见的物理属性包括：物体本身固有的属性（颜色、花纹等）、物体是否透明、凹凸效果、是否具有明显反射、是否是发光物体等。以木桌材质为例，首先想到的一定是木纹的表面（漫射属性）；既然是木质，那么一定不会透明（不透明度属性）；木质表面应该会有些许的木纹凹凸效果（凹凸属性）；剖光的木桌也会有一些反射现象等（反射属性）等。经过这样的分析，比对 3D 材质面板的参数设置很容易模拟出相应的材质。如图 17-45 所示为部分常见物体的属性分析。

图17-45

单击 3D 面板顶部的“材质”按钮，可以切换到 3D 材质面板，在材质面板中列出了当前 3D 文件中使用的材质，如图 17-46 所示。可以在“属性”面板中更改“漫射”、“不透明度”、“凹凸”、“反射”、“发光”等相关属性来调整材质效果。当然，3D 材质面板还包含多个预设材质可供编辑使用，单击材质缩览图右侧的下拉按钮，可以展开预设的材质类型，如图 17-47 所示为 18 种预设材质效果。

纹理映射下拉菜单：单击该按钮，可以弹出一个下拉菜单，在该菜单中可以创建、载入、打开、移去以及编辑纹理映射的相关属性。如图 17-48 和图 17-49 所示。

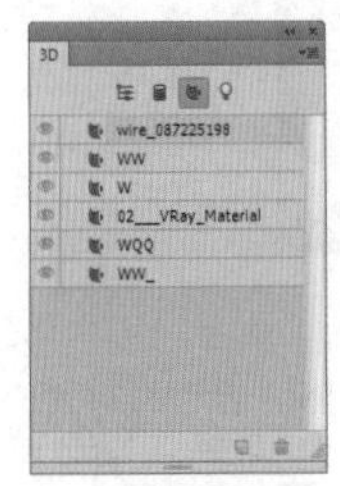
图17-46

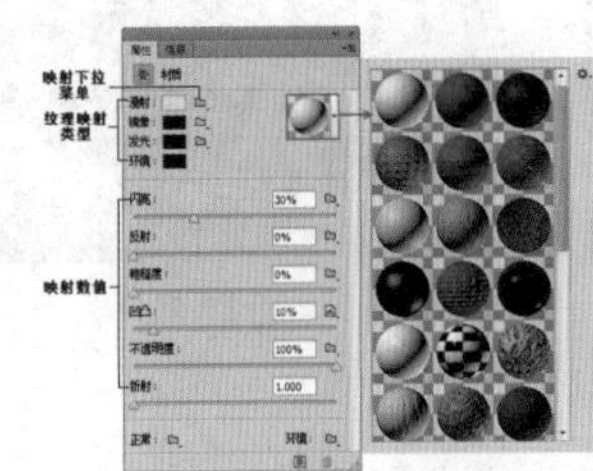

图17-47

图17-48

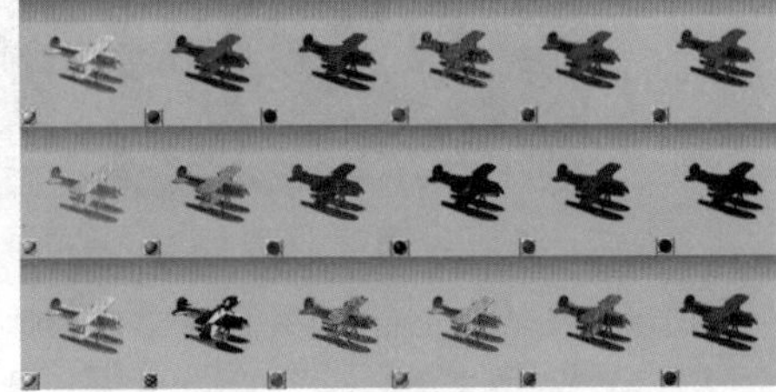
图17-49

※技术拓展：纹理映射类型详解

- 漫射：设置材质的颜色。漫射映射可以是实色，也可以是任意 2D 内容。
- 镜像：设置镜面高光的颜色。
- 发光：设置不依赖于光照即可显示的颜色，即创建从内部照亮 3D 对象的效果。
- 环境：设置在反射表面上可见的环境光的颜色。该颜色与用于整个场景的全局环境色相互作用。
- 闪亮：定义光泽设置所产生的反射光的散射。低反光度（高散射）可以产生更明显的光照，而焦点不足；高反光度（低散射）可以产生不明显、更亮、更耀眼的高光。

- 反射：增加 3D 场景、环境映射和材质表面上的其他对象的反射效果。
- 粗糙度：设置材质表面的粗糙程度。
- 凹凸：通过灰度图像在材质表面创建凹凸效果，而并不修改网格。凹凸映射是一种灰度图像，其中较亮的值可以创建比较突出的表面区域，较暗的值可以创建平坦的表面区域。
- 不透明度：用来设置材质的不透明度。
- 折射：可以增加 3D 场景、环境映射和材质表面上其他对象的反射效果。
- 正常：与凹凸映射纹理一样，正常映射会增加模型表面的细节。
- 环境：存储 3D 模型周围环境的图像。环境映射会作为球面全景来应用。

17.3.5 掌握3D光源设置

光在真实世界中是必不可少的，万事万物都是因光的存在才能够被肉眼观察到。在 3D 软件中，灯光也是必不可少的一个组成部分，不仅仅为了照亮场景，更能够起到装饰点缀的作用。单击 3D 面板顶部的“光源”按钮，可以切换到 3D 光源面板，如图 17-50 所示。可以在“属性”面板中进行相关设置，如图 17-51 所示。

图17-50

图17-51

- 预设：包含多种内置光照效果，切换即可观察到预览效果，如图 17-52~图 17-54 所示分别是预设的“白光”、“翠绿”和“红光”光源。
- 类型：设置光照的类型，包括“点光”、“聚光灯”、“无限光”和“基于图像”4 种，效果如图 17-55~图 17-57 所示。

图17-52

图17-53

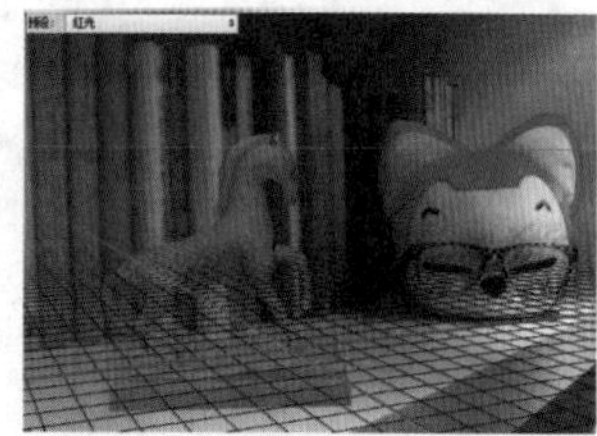

图17-54

图17-55

图17-56

图17-57

- 强度：用来设置光照的强度。数值越大，灯光越亮，如图 17-58 和图 17-59 所示分别是“强度”为 47% 和 150% 时的对比效果。
- 颜色：用来设置光源的颜色。单击“颜色”选项右侧的色块可以打开“选择光照颜色”对话框，在该对话框中可以自定义光照的颜色，如图 17-60 和图 17-61 所示分别是光照颜色为红色和绿色时的对比效果。

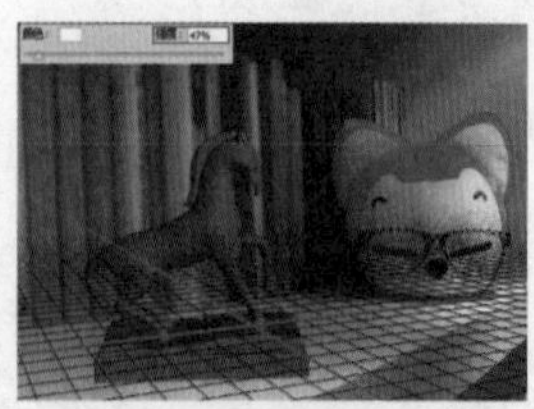

图17-58

图17-59

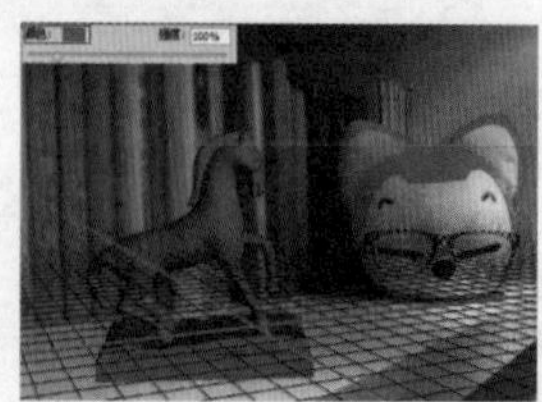

图17-60

图17-61

- 阴影：选中该复选框，可以从前景表面到背景表面、从单一网格到其自身或从一个网格到另一个网格产生投影。
- 柔和度：对阴影边缘进行模糊，使其产生衰减效果。

17.4 创建3D对象

17.4.1 从3D文件新建图层

执行“3D>从3D文件新建图层”命令，在弹出的“打开”对话框中选择要打开的文件即可，打开的3D文件作为3D图层出现在“图层”面板中，如图17-62~图17-64所示。

图17-62

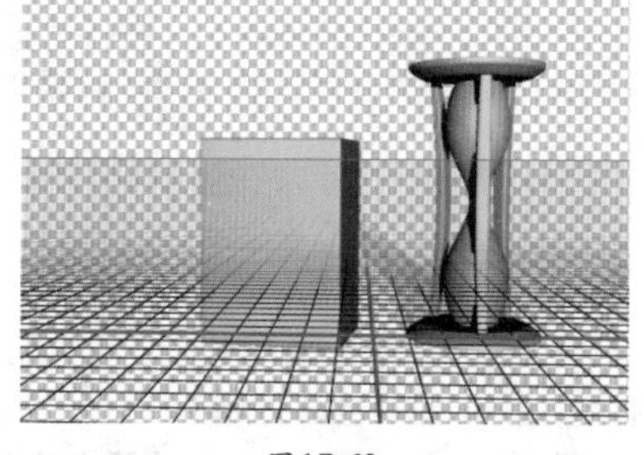
图17-63

图17-64

技巧提示

执行“文件>打开”命令或将3D文件拖曳到Photoshop中也可以作为3D对象打开。

答疑解惑：Photoshop CS6 可以打开哪些格式的3D文件？

使用Photoshop CS6可以打开和处理由Adobe Acrobat 3D Version 8、3D Studio Max、Alias、Maya以及Google Earth等软件创建的3D文件，支持的3D文件格式包括U3D、3DS、OBJ、KMZ和DAE。

17.4.2 从所选图层新建3D凸出

使用“从所选图层新建3D凸出”命令能够快速地将普通图层、智能对象图层、文字图层、形状图层、填充图册转换为3D凸出。选中某个图层，如图17-65所示，执行“3D>从所选图层新建3D凸出”命令，此时所选图层出现3D凸出效果，如图17-66所示。

图17-65

图17-66

在“属性”面板中可以对其参数进行调整。在“网格”属性面板中，可以在“形状预设”中选择一种凸出效果，并设置变形轴、修改“凸出深度”数值等，单击“编辑源”按钮，可以将凸出之前的对象以独立文件的形式打开并进行编辑，如图17-67所示。在“变形”属性面板中，可以对“凸出深度”、“扭转”以及“锥度”数值进行设置，从而调整凸出的效果，如图17-68所示。

在“盖子”属性面板中，可以对3D图形的前面、背面进行设置，如图17-69所示。在“坐标”属性面板中，可以对3D图形的位置以及缩放程度进行设置，如图17-70所示。

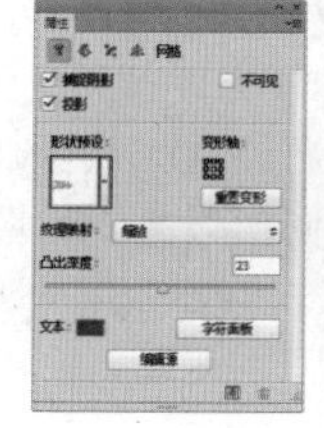
图17-67　　图17-68　　图17-69

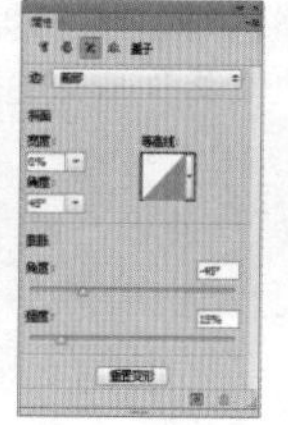

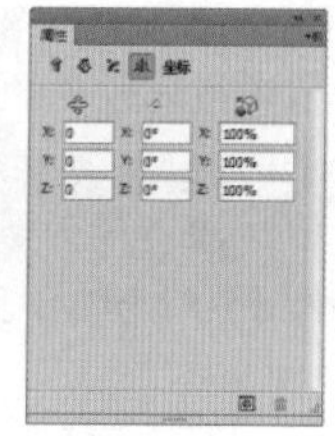
图17-70

17.4.3 从所选路径新建3D凸出

当文档中包含路径时，执行“3D> 从所选路径新建 3D 凸出”命令，可以从当前所选路径创建 3D 凸出，如图 17-71 和图 17-72 所示。

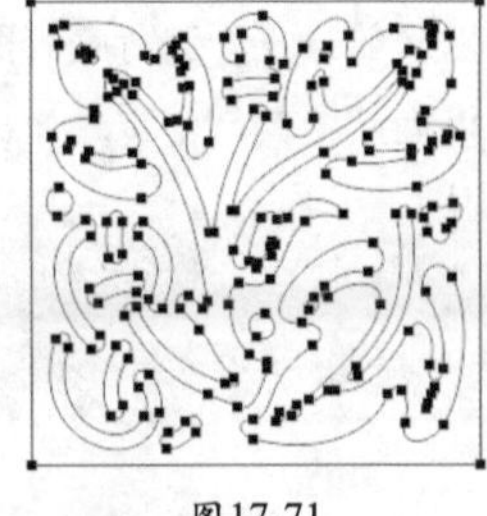
图17-71

图17-72

17.4.4 从当前选区新建3D凸出

在 Photoshop 中，“从当前选区新建 3D 凸出”命令可以将 2D 对象转换到 3D 网格中，在 3D 空间中可以精确地进行凸出、膨胀和调整操作。创建一个像素选区，然后执行“3D> 从当前选区新建 3D 凸出”命令，可打开 3D 面板，如图 17-73 和图 17-74 所示。选择相关的选项，在“属性”面板中可进行相应的设置。

图17-73

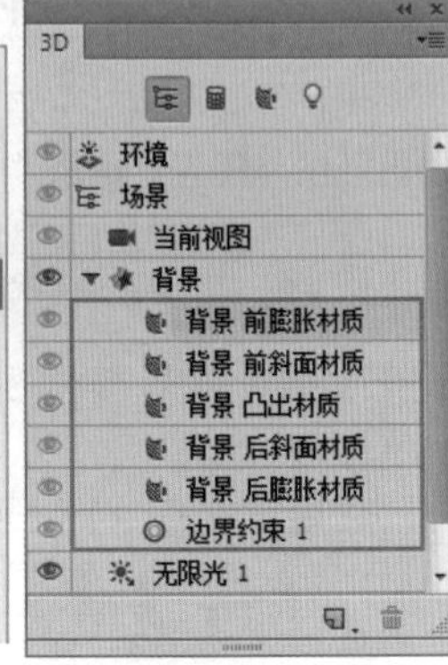

图17-74

17.4.5 创建3D明信片

创建 3D 明信片是指将一张 2D 图像转换为 3D 对象，并可以三维的模式对该图像进行调整。执行“3D> 从图层新建网格 > 明信片”命令，可将一张普通图像创建为 3D 明信片。创建 3D 明信片以后，原始的 2D 图层会作为 3D 明信片对象的“漫射”纹理映射在“图层”面板中。另外，使用选项栏中的“旋转 3D 对象工具”可以对 3D 明信片进行旋转操作，以观察不同的角度，如图 17-75 和图 17-76 所示。

图17-75

图17-76

17.4.6 创建内置3D形状

打开一张素材图像，如图 17-77 所示。执行“3D> 从图层新建网格 > 网格预设”命令，选择一个形状后，2D 图像可转换为 3D 图层，并且得到一个 3D 模型，该模型可以包含一个或多个网格，如图 17-78 和图 17-79 所示。

图17-77

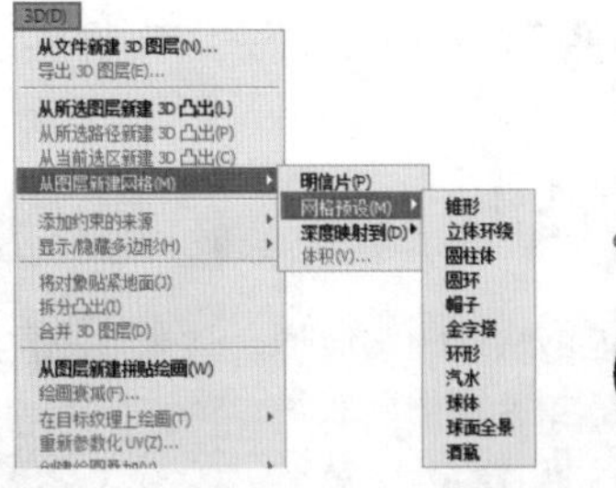
图17-78

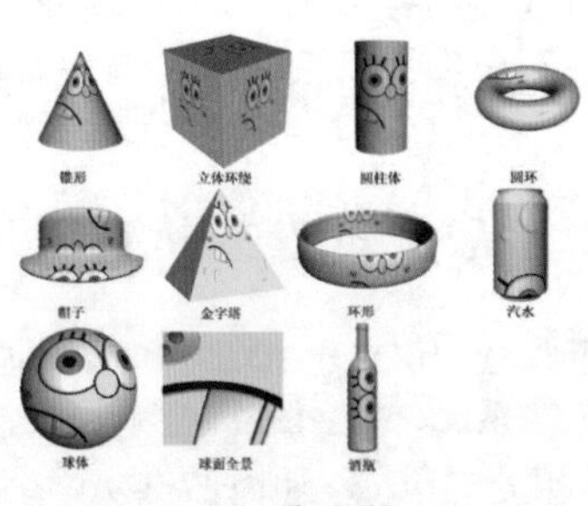
图17-79

17.4.7 创建3D网格

“深度映射到”命令是将原有图像的灰度转换为深度映射，将明度值转换为较亮的值将生成表面凸起的区域，转换为较暗的值将生成凹下的区域，从而制作出深浅不一的表面。执行“3D> 从图层新建网格 > 深度映射到”菜单下的命令，可生成不同的效果，如图 17-80~ 图 17-82 所示。

图17-80　图17-81

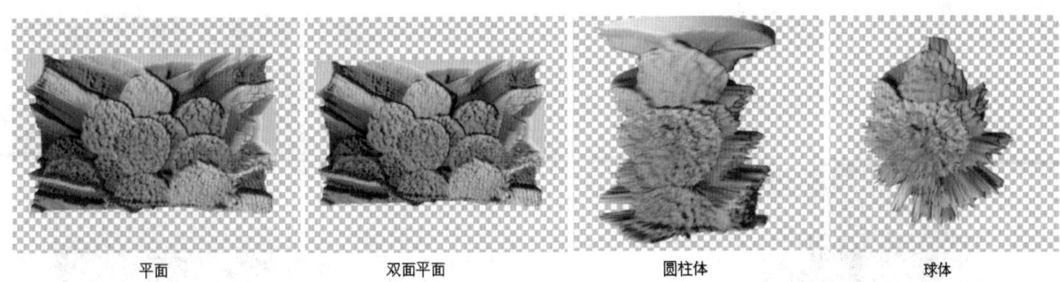

图17-82

17.4.8 创建3D体积

Photoshop CS6 Extended 可以对医学使用的 DICOM 图像文件（.dc3、.dcm、.dic 或无扩展名）进行处理。打开 DICOM 文件，Photoshop 会读取文件中的所有帧，并将其转换为图层。对其执行“3D> 从图层新建网格 > 体积”命令，即可创建 DICOM 帧的 3D 体积。

实例练习——使用凸出制作立体字

实例文件	实例练习——使用凸出制作立体字 .psd
视频教学	实例练习——使用凸出制作立体字 .flv
难易指数	★★★★★
技术要点	3D 凸出、渐变工具以及描边路径

实例效果

本例效果如图 17-83 所示。

图17-83

操作步骤

步骤 01 打开背景文件，创建新组，命名为“文字”，如图 17-84 和图 17-85 所示。

图17-84

图17-85

步骤 02 设置合适的字体以及字号，分别输入文字“春”、“意”、“盎”、“然”，如图 17-86 所示。

图17-86

技巧提示

由于后面的制作中每个文字都需要旋转到不同角度，所以在这里需要分层输入文字。

步骤 03 首先为“春”字添加 3D 效果。选择“春”图层，执行“3D> 从所选图层新建 3D 凸出”命令，在 3D 面板中选择“春”，如图 17-87 所示。在“属性”面板中单击“变形”按钮，设置“凸出深度”为 -199，“锥度”为 100%，如图 17-88 所示。

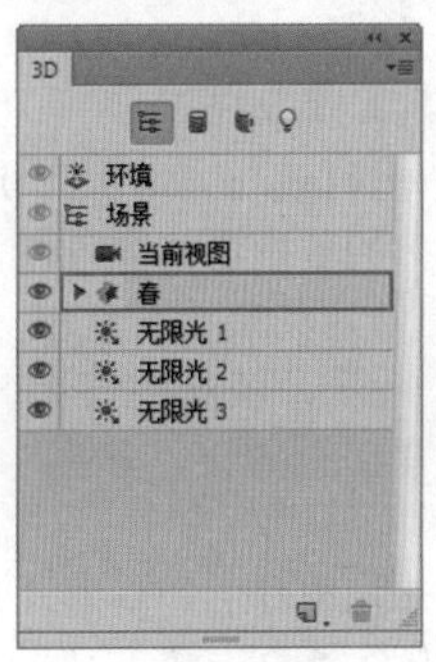

图17-87

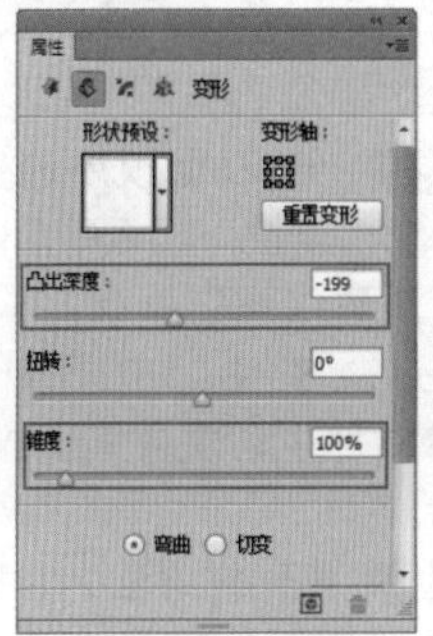

图17-88

步骤 04 为了使预览更加清晰，可隐藏背景图层，“春”字效果如图 17-89 所示。

图17-89

步骤 05 下面开始调整立体文字材质，在这里主要使用纯色填充和渐变填充。在 3D 面板中展开文字材质，选择“春 前膨胀材质”，如图 17-90 所示。在“属性”面板中单击“漫射”的下拉菜单按钮，执行“新建纹理”命令，如图 17-91 所示。进入新文档后使用渐变工具，编辑一种粉色系的渐变并进行填充，如图 17-92 所示。填充完毕后回到 3D 图层，文字正面出现渐变效果，如图 17-93 所示。

图17-90

图17-91

图17-92

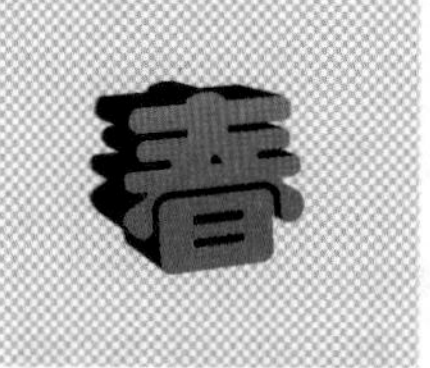
图17-93

步骤 06 在 3D 面板中选择“春 凸出材质”，如图 17-94 所示。在“属性”面板中单击“漫射”的下拉菜单按钮，执行“新建纹理”命令，弹出新文档并为其填充紫红色（R：154，G：8，B：70），如图 17-95 所示。填充完毕后回到原始文件中，文字侧面自动生成紫红色效果，如图 17-96 所示。

步骤 07 用同样方法为其他不同面添加紫红色的材质，在制作完文字后，可使用选项栏中的“3D 对象旋转工具”适当调整文字角度，如图 17-97 所示。

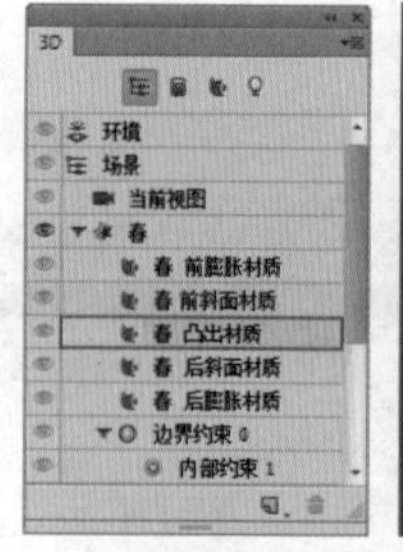
图17-94

图17-95

图17-96

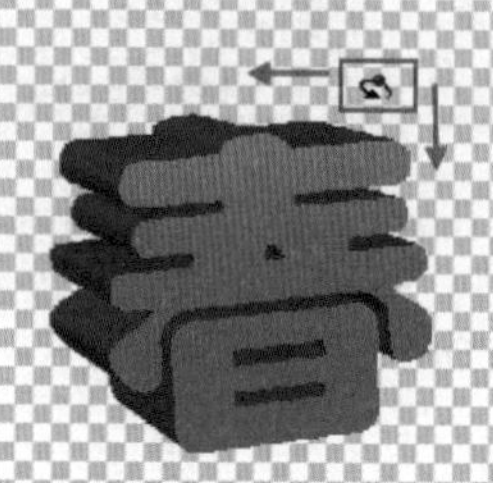
图17-97

技巧提示

在文件中如果存在多个 3D 对象图层，可能会占用较大的内存，造成运行不流畅的问题。为了避免这种情况的出现，可以在 3D 对象制作完毕后将其转换为普通图层，也就是在 3D 图层上单击鼠标右键，在弹出的菜单中选择“栅格化 3D”命令，如图 17-98 和图 17-99 所示。

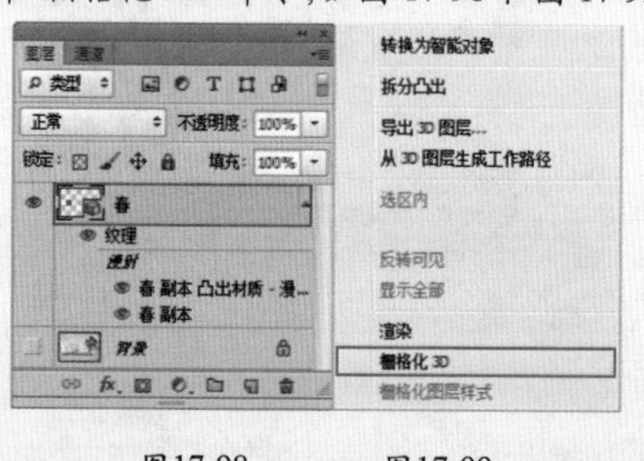
图17-98　图17-99

步骤 08 用同样的方法制作出其他文字的 3D 效果，可以将每个文字调整到不同的角度，如图 17-100 所示。

图17-100

步骤 09 显示出背景图层，在“图层”面板顶部创建新组，命名为“前景”，导入前景素材，如图 17-101 所示。

步骤 10 新建图层制作藤条部分。设置画笔为 3px 的圆形画笔，前景色为棕色，使用钢笔工具在“盎”字上绘制一条弯曲线段，然后单击鼠标右键，在弹出的菜单中选择“描边路径”命令，设置工具为画笔，如图 17-102 和图 17-103 所示。

图17-101

图17-102

图17-103

步骤 11 复制藤条填充白色，向右上适当移动，并且合并两个图层，命名为“藤条”。添加图层蒙版，使用黑色画笔擦除一些线段，使藤条与文字有穿插感。最后为藤条添加“投影”图层样式，如图 17-104~ 图 17-106 所示。

步骤 12 最终效果如图 17-107 所示。

图17-104

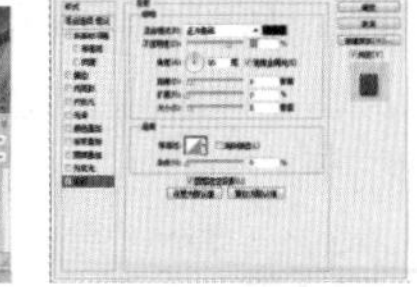

图17-105

图17-106

图17-107

17.5 编辑3D对象

对于 3D 对象也可以进行多种编辑，如将多个 3D 对象合并为一个、将 3D 图层转换为普通图层或智能对象，甚至可以按之前所讲过的动画知识制作简单的 3D 动画，当然也可以为 3D 文件添加一个或多个 2D 图层作为装饰以创建复合效果。如图 17-108 所示是插花的模型，可以修改模型颜色或为其添加一个背景图像，如图 17-109 所示。

图17-108

图17-109

17.5.1 合并3D对象

选择多个 3D 图层（如图 17-110 和图 17-111 所示）执行“3D> 合并 3D 图层”命令（如图 17-112 所示）可以将所选 3D 图层合并为一个图层。合并后，每个 3D 文件的所有网格和材质都包含在合并后的图层中，如图 17-113 所示。

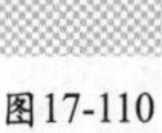
图17-110

图17-111

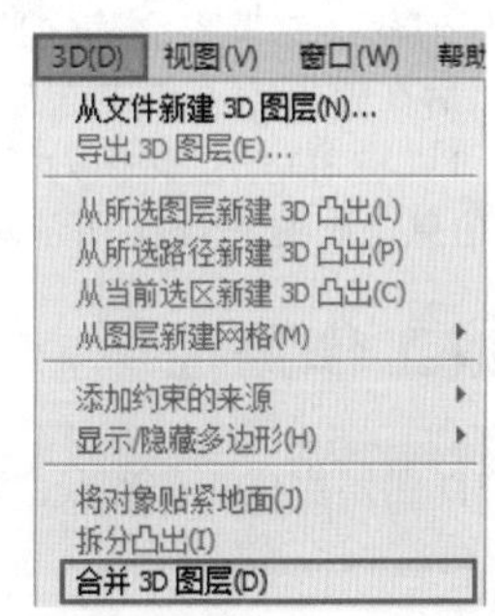

图17-112

图17-113

技巧提示

3D 对象合并后可能会出现位置移动的情况，合并后的每部分都显示在 3D 面板网格中，可以使用其中的 3D 工具选择并重新调整各个网格的位置。

17.5.2 拆分3D对象

执行“3D> 拆分 3D 对象”命令可以将 3D 对象拆分为多个独立的部分，便于从图层、路径或选区创建的 3D 对象的单独编辑。如图 17-114 所示为一组 3D 文字对象，在 3D 面板中可以看到 5 个字母为一个整体，如图 17-115 所示。

执行“3D>拆分3D对象”命令后，5个字母被拆分为独立的个体，在3D面板中可以隐藏其中某些部分，选中某个对象即可对其进行独立的编辑，如图17-116和图17-117所示。

图17-114

图17-115

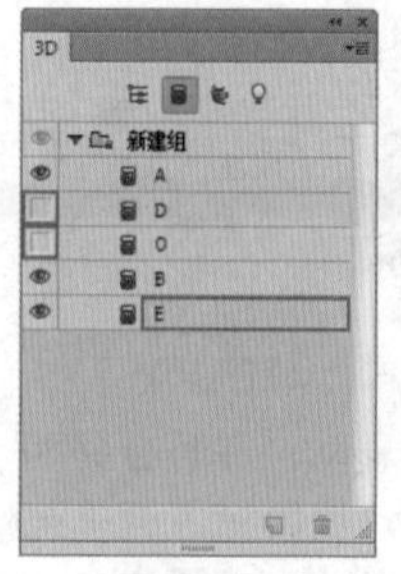

图17-116

图17-117

17.5.3 将3D图层转换为2D图层

选择一个3D图层后，在其图层名称上单击鼠标右键，然后在弹出的菜单中选择“栅格化3D”命令，如图17-118所示，可以将3D内容在当前状态下进行栅格化，如图17-119所示。

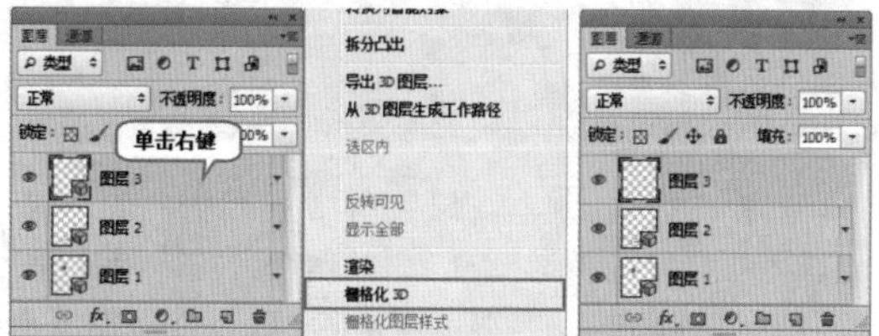

图17-118 图17-119

技巧提示

将3D图层转换为2D图层后，就不能够再次编辑3D模型的位置、渲染模式、纹理以及光源。栅格化的图像会保留3D场景的外观，但格式会变成平面化的2D格式的普通图层。

17.5.4 将3D图层转换为智能对象

将3D图层转换为智能对象后，可以将变换或智能滤镜等其他调整应用于智能对象。双击图层缩略图，可以重新打开智能对象图层以编辑原始3D场景，应用于智能对象的任何变换或调整会随之应用于3D内容。在3D图层上单击鼠标右键，然后在弹出的菜单中选择“转换为智能对象”命令，如图17-120所示，可以将3D图层转换为智能对象，这样可以保留包含在3D图层中的3D信息，如图17-121所示。

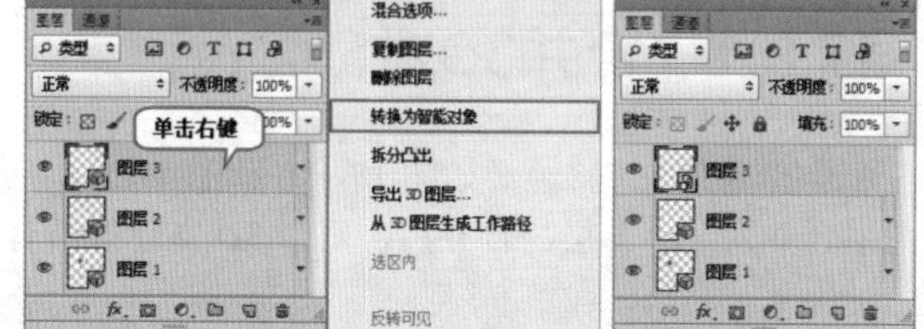

图17-120 图17-121

17.5.5 从3D图层生成工作路径

选择3D图层，执行“3D>从3D图层生成工作路径”命令，即可以当前对象生成工作路径，如图17-122~图17-124所示。

图17-122

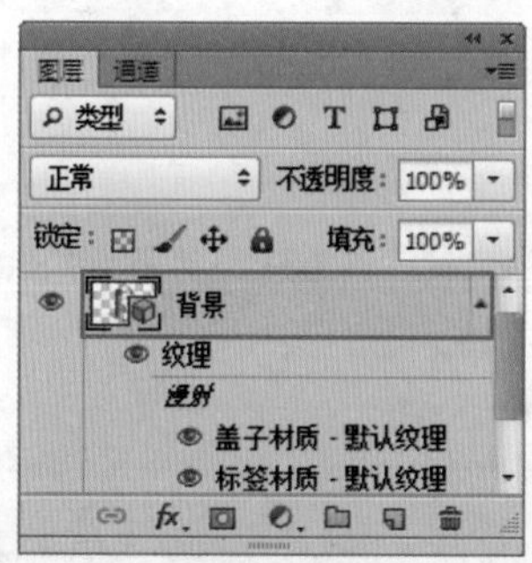

图17-123

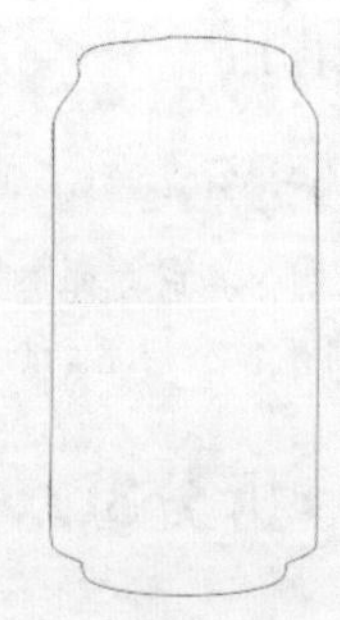
图17-124

17.5.6 创建3D动画

在 Photoshop 中，使用时间轴动画面板同样可以对 3D 对象创建动画。在 3D 图层中，可以对 3D 对象或相机位置、3D 渲染设置、3D 横截面等属性制作动画效果。例如，使用 3D 对象或相机工具可以实时移动模型或 3D 相机，Photoshop 可以在位置移动或相机移动之间创建帧过渡，以创建平滑的运动效果；更改渲染模式从而可以在某些渲染模式之间产生过渡效果；旋转相交平面以实时显示更改的横截面；更改帧之间的横截面设置，在动画中高亮显示不同的模型区域。如图 17-125 所示为在空间中移动 3D 模型并实时改变其显示方式的动画效果。

图17-125

> **技巧提示**
>
> 3D 动画的制作思路和方法与平面动画相同，具体的制作方法可以参考第 16 章的相关内容。

17.6 3D纹理绘制与编辑

在 Photoshop 中打开 3D 文件时，纹理将作为 2D 文件与 3D 模型一起导入到 Photoshop 中。这些纹理会显示在 3D 图层的下方，并按照漫射、凹凸和光泽度等类型编组显示。也可以使用绘画工具和调整工具对纹理进行编辑，或者创建新的纹理。

17.6.1 编辑2D格式的纹理

图17-126　　图17-127

在“属性”面板中选择包含纹理的材质，然后单击“漫射”选项后面的“编辑漫射纹理”按钮，在弹出的菜单中选择“编辑纹理”命令，纹理可以作为智能对象在独立的文档窗口中打开，这样就可以在纹理上绘画或进行编辑，如图 17-126 和图 17-127 所示。

> **技巧提示**
>
> 在“图层”面板中双击纹理可以快速地将纹理作为智能对象在独立的文档窗口中打开，如图 17-128 所示。

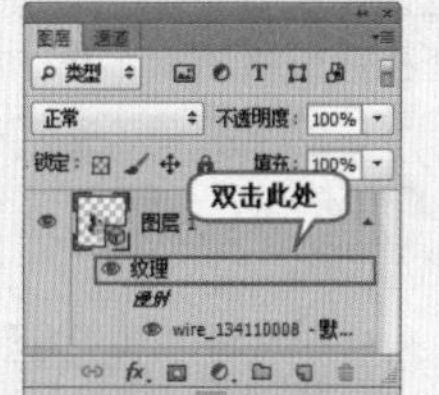

图17-128

17.6.2 显示或隐藏纹理

在“图层”面板中单击“纹理”左侧的图标，可以控制纹理的显示与隐藏，如图 17-129 和图 17-130 所示。

图17-129　　图17-130

17.6.3 创建绘图叠加

"UV 映射"是指将 2D 纹理映射中的坐标与 3D 模型上的特定坐标相匹配，使 2D 纹理正确地绘制在 3D 模型上。双击"图层"面板中的纹理条目，可以在单独的文档窗口中打开纹理文件，如图 17-131 和图 17-132 所示。执行"3D> 创建绘图叠加"菜单下的命令，UV 叠加将作为附加图层添加到纹理的"图层"面板中，如图 17-133 所示。

- 线框：显示 UV 映射的边缘数据。
- 着色：显示使用实色渲染模式的模型区域。
- 正常：显示转换为 RGB 值的几何常值。

各命令效果如图 17-134 所示。

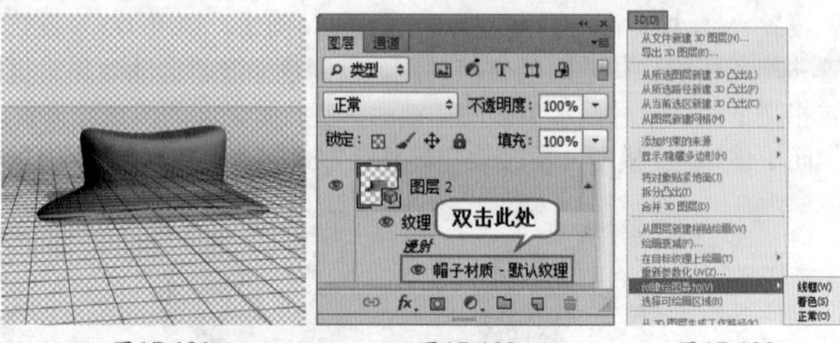

图17-131 图17-132 图17-133

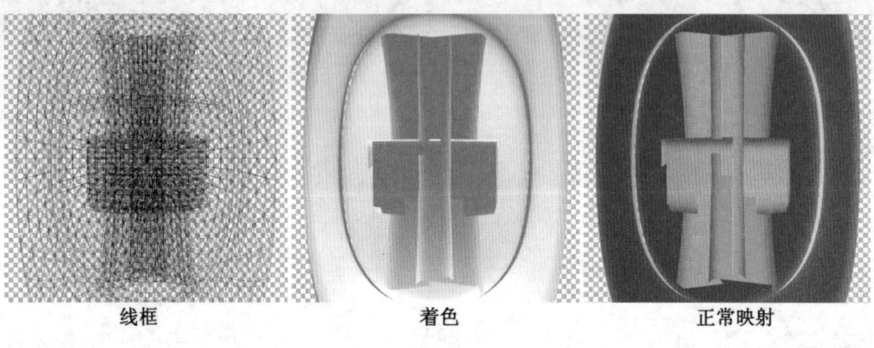

线框 着色 正常映射

图17-134

17.6.4 重新参数化纹理映射

打开 3D 文件时，如果出现模型表面纹理产生多余的接缝、图案拉伸或区域挤压等扭曲的情况，这是因为 3D 文件的纹理没有正确映射到网格。执行"3D> 重新参数化 UV"命令，可以将纹理重新映射到模型，以校正扭曲并创建更有效的表面覆盖，如图 17-135 和图 17-136 所示。

图17-135 图17-136

执行"重新参数化 UV"命令后会弹出如图 17-137 所示的对话框，单击"确定"按钮后会再弹出一个对话框，单击"低扭曲度"按钮可以使纹理图案保持不变，但是会在模型表面产生较多接缝；单击"较少接缝"按钮，可以使模型上出现的接缝数量最小化，但是会产生更多的纹理拉伸或挤压，如图 17-138 所示。

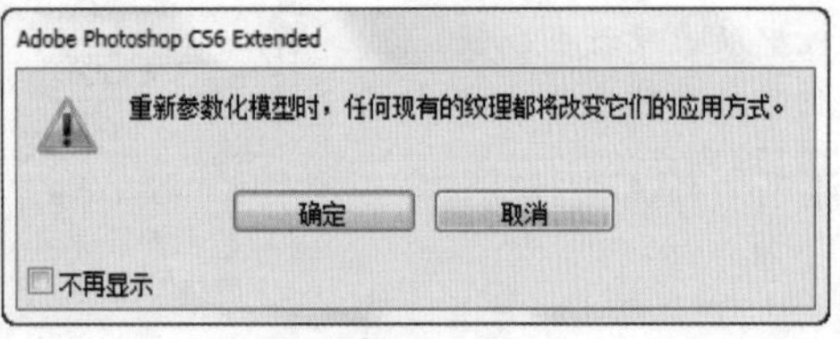

图17-137

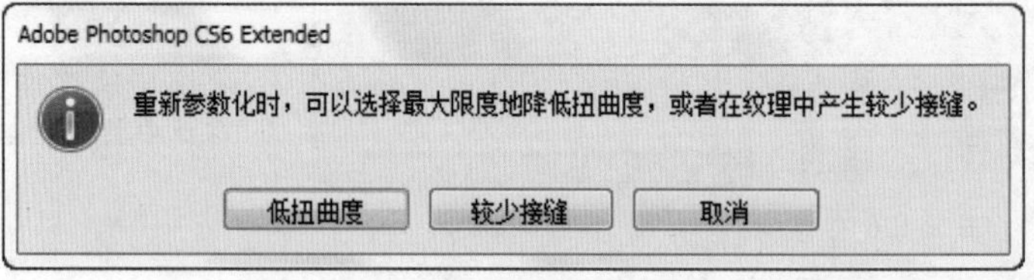

图17-138

17.6.5 创建重复纹理的拼贴

重复纹理由网格图案中完全相同的拼贴构成，可以提供更逼真的模型表面覆盖，使用更少的存储空间，并且可以提高渲染性能。可以将任意的 2D 文件转换成拼贴绘画，在预览多个拼贴如何在绘画中相互作用之后，可以存储一个拼贴作为重复纹理。

17.6.6 在3D模型上绘制纹理

在 Photoshop CS6 Extended 中。可以像绘制 2D 图像一样使用绘画工具直接在 3D 模型上进行绘制，并且使用选区工具选择特定的模型区域后，可以在选定区域内绘制。

1.选择绘画表面

在包含隐藏区域的模型上绘画时，可以使用选区工具在 3D 模型上制作一个选区，以限定要绘画的区域，然后在 3D 菜单下选择相应的命令，将部分模型进行隐藏，如图 17-139 和图 17-140 所示。

- 选区内：选择该命令后，只影响完全包含在选区内的图形，如图 17-141 所示。取消选择该命令后，将隐藏选区所接触到的所有多边形。
- 反转可见：使当前可见表面不可见，而使不可见表面可见。
- 显示全部：使所有隐藏的表面都可见。

图17-139

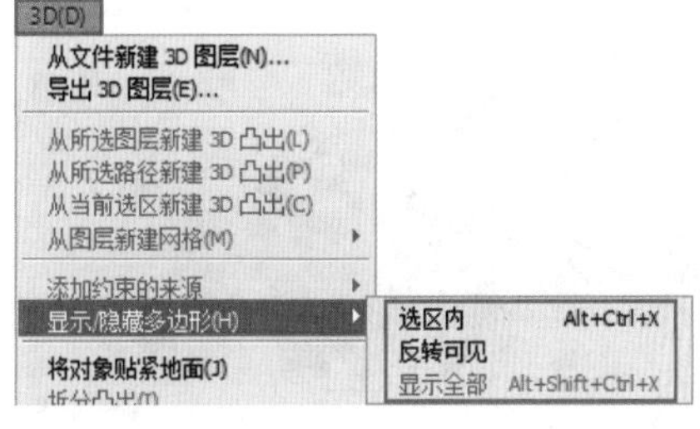

图17-140

图17-141

2.设置绘画衰减角度

在模型上绘画时，绘画衰减角度控制着表面在偏离正面视图弯曲时的油彩使用量。衰减角度是根据正常或朝向用户的模型表面突出部分的直线来计算的。执行“3D> 绘画衰减”命令，可打开“3D 绘画衰减”对话框，如图 17-142 和图 17-143 所示。

- 最小角度：设置绘画随着接近最大衰减角度而渐隐的范围。例如，如果最大衰减角度是 45°，最小衰减角度是 30°，那么在 30° 和 45° 的衰减角度之间，绘画不透明度将会从 100 减少到 0。
- 最大角度：最大绘画衰减角度在 0° ~90° 之间。设置为 0° 时，绘画仅应用于正对前方的表面，没有减弱角度；设置为 90° 时，绘画可以沿着弯曲的表面（如球面）延伸至其可见边缘；设置为 45° 时，绘画区域限制在未弯曲到大于 45° 的球面区域。

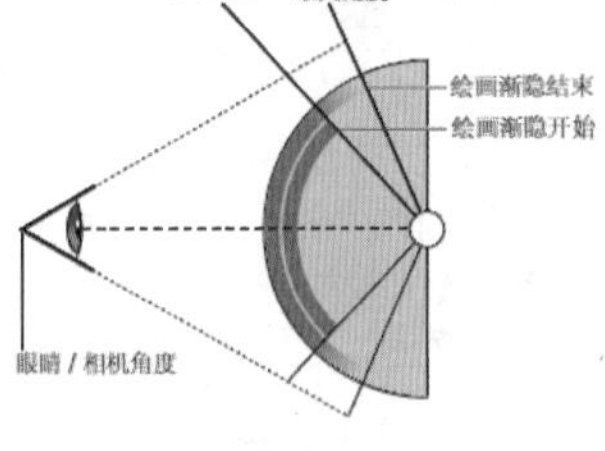

图17-142

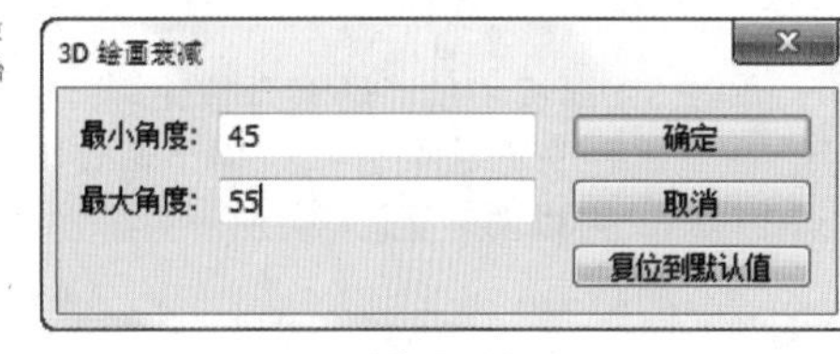

图17-143

3.标识可绘画区域

因为模型视图不能提供与 2D 纹理之间的一一对应，所以直接在模型上绘画与直接在 2D 纹理映射上绘画是不同的，这就可能导致无法明确判断是否可以成功地在某些区域绘画。执行“3D> 选择可绘画区域”命令，即可方便地选择模型上可以绘画的最佳区域。

17.6.7 使用3D材质吸管工具

在 Photoshop 中打开一个 3D 模型素材文件，如图 17-144 所示。

单击工具箱中的“材质吸管工具”按钮，将光标移至中间的足球上并单击，对材质进行取样，如图 17-145 所示。此时在“属性”面板上可以显示出所选材质，从而进行相关编辑，如图 17-146 所示。

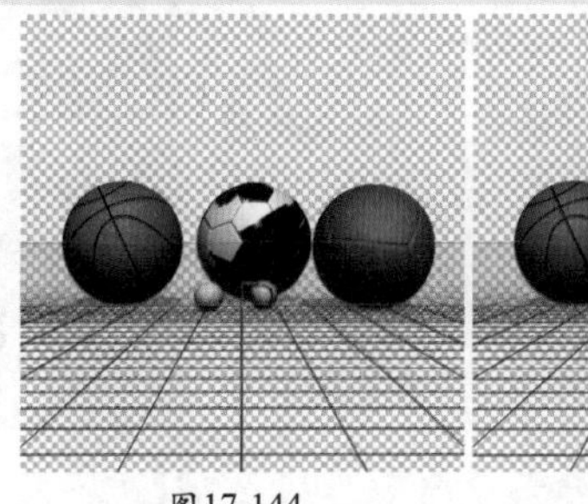

图17-144

图17-145

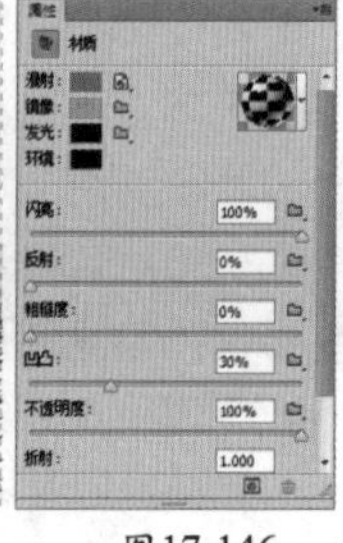

图17-146

17.6.8 使用3D材质拖放工具

在 Photoshop 中打开一个 3D 模型素材文件，如图 17-147 所示。

单击工具箱中的“材质拖放工具”按钮，在选项栏中打开材质下拉列表，选择一种材质，如图 17-148 所示。将光标移至模型上，如图 17-149 所示，单击即可将选中的材质应用到模型中，如图 17-150 所示。

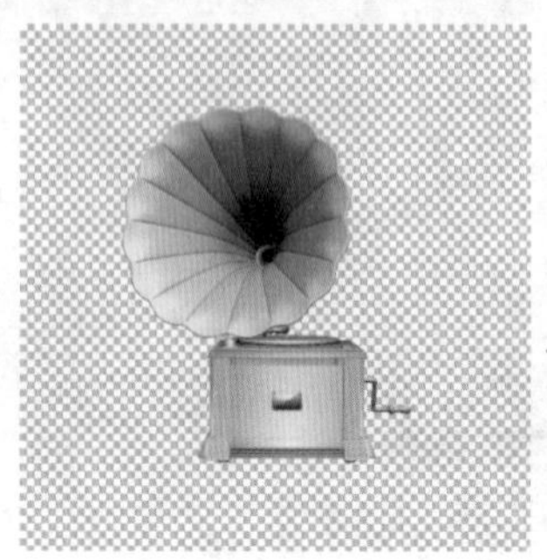
图17-147

图17-148

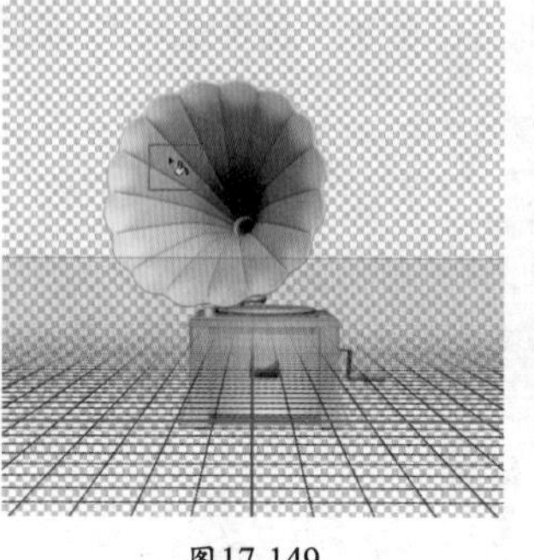
图17-149

图17-150

17.7 渲染3D模型

“渲染”是使用三维软件制图的最后一个步骤，与操作时预览的效果不同，渲染需要在完成模型、光照、材质的设置之后进行，并且对 3D 模型进行渲染以得到最终的精细的 2D 图像。在 3D 渲染设置对话框中可以指定如何绘制 3D 模型。

17.7.1 渲染设置

单击 3D 面板中的“场景”按钮，选择“场景”选项，如图 17-151 所示。在“属性”面板中分别选中“预设”、“横截面”、“表面”、“线条”和“点”以后，可以调整与之相关的一些参数，如图 17-152 所示。

图17-151

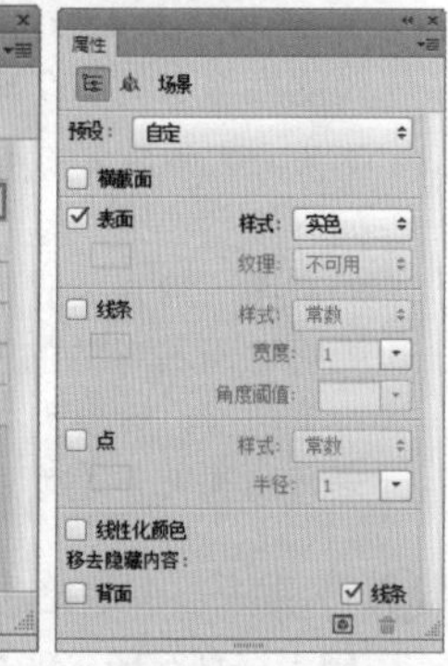

图17-152

1.预设

在“预设”下拉列表中包括多种渲染方式，默认的渲染预设为实色方式，即显示模型的可见表面，而“线框”和“顶点”预设只显示底层结构，如图 17-153 所示是预设的渲染效果。

2.横截面

表面样式选项的使用可以创建角度与模型相交的平面截面，方便用户切入到模型内部进行内容的查看，如图 17-154 所示。

- 切片：可以选择沿 X、Y、Z 3 种轴向来创建切片。
- 倾斜：可以将平面朝向任意可能的倾斜方向旋转至 360°。
- 位移：可以沿平面的轴进行平面的移动，从而不改变平面的角度。
- 平面：选中该复选框，可以显示创建横截面的相交平面，同时可以设置平面的颜色。

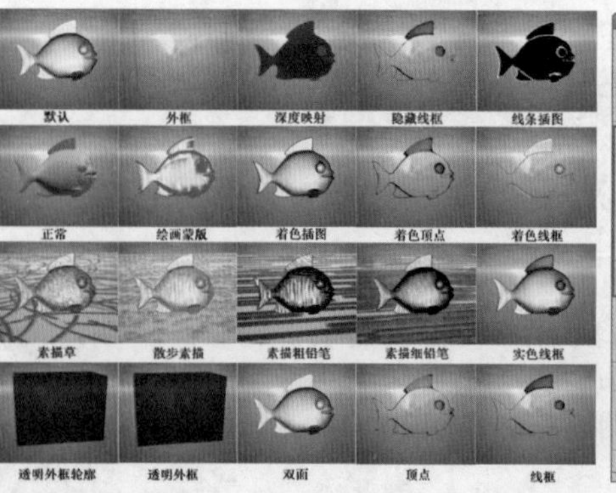

图17-153

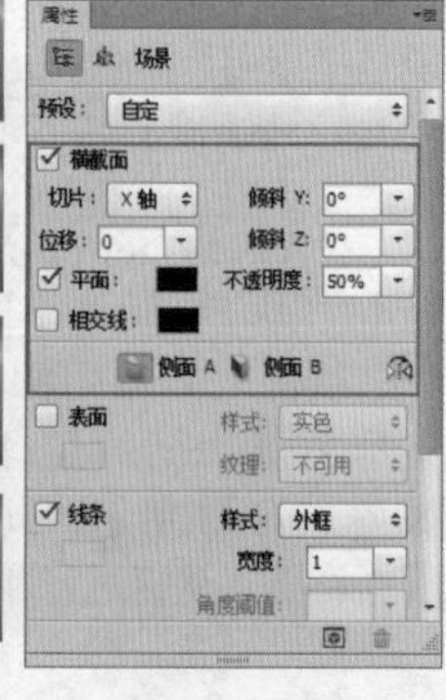

图17-154

- 不透明度：对平面的不透明度进行相应的设置。
- 相交线：选中该复选框，会以高亮显示横截面平面相交的模型区域，同时可以设置相交线的颜色。
- 侧面 A/B：单击“侧面 A”按钮或“侧面 B”按钮，可以显示横截面 A 侧或横截面 B 侧。
- 互换横截面侧面：单击“互换横截面侧面”按钮，可以将模型的显示区更改为相交平面的反面。

3.表面

选中“属性”面板中的“表面”复选框后，可以通过“样式”设置模型表面的显示方式，如图 17-155 所示。11 种样式的对比效果如图 17-156 所示。

纹理：在“纹理”选项中可以对模型进行指定的纹理映射。

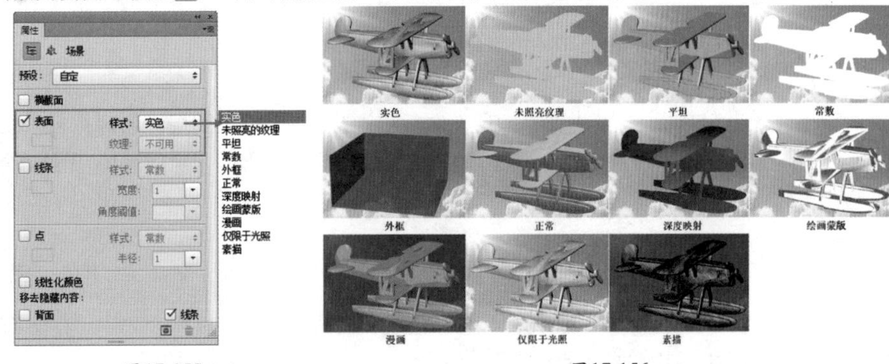

图17-155　　图17-156

4.线条

选中“属性”面板中的“线条”复选框后，可以在“样式”下拉列表中选择显示方式，并且可以对颜色、“宽度”和“角度阈值”进行调整，如图 17-157 所示。4 种样式的对比效果如图 17-158 所示。

5.点

选中“属性”面板中的“点”复选框，可以在“样式”的下拉列表中选择显示方式，并且可以对颜色和“半径”进行调整，如图 17-159 所示。4 种样式的对比效果如图 17-160 所示。

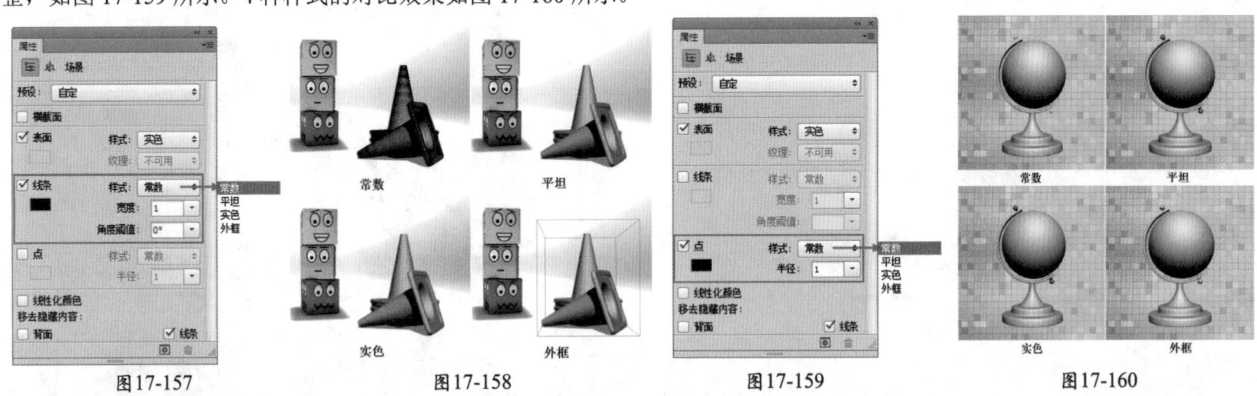

图17-157　　图17-158　　图17-159　　图17-160

17.7.2 渲染

通常在测试渲染效果时只需渲染场景中的一小部分即可判断整个模型的最终渲染效果。可以使用选区工具在模型上制作一个选区，然后执行“3D> 渲染”命令或按 Alt+Shift+Ctrl+R 快捷键即可渲染选中的区域，如图 17-161 所示。不包含任何选区时将渲染整个画面。

图17-161

17.7.3 恢复渲染

在渲染 3D 选区或整个模型时，如果进行了其他操作，Photoshop 会终止渲染操作，这时可以执行“3D> 恢复渲染”命令来重新渲染 3D 模型。

17.8 存储和导出3D文件

制作完成的 3D 文件可以像普通文件一样进行存储，也可以将 3D 图层导出为特定格式的 3D 文件。

17.8.1 导出3D图层

如果要导出 3D 图层，可以在“图层”面板中选择相应的 3D 图层，然后执行“3D> 导出 3D 图层”命令，打开“存储为”对话框，在“格式”下拉列表中可以选择将 3D 图层导出为 Collada DAE、Wavefront/OBJ、U3D 或 Google Earth 4 KMZ 格式的文件。

17.8.2 存储3D文件

如果要保留 3D 模型的位置、光源、渲染模式和横截面，可以执行“文件 > 存储为”命令，打开“存储为”对话框，然后选择 PSD、PSB、TIFF 或 PDF 格式进行保存。

综合实例——3D 炫彩立体文字

实例文件	综合实例——3D 炫彩立体文字 .psd
视频教学	综合实例——3D 炫彩立体文字 .flv
难易指数	★★★★★
技术要点	3D 凸出、渐变工具、魔棒工具以及“曲线”调整图层

实例效果

本例效果如图 17-162 所示。

图17-162

操作步骤

步骤 01 使用新建快捷键 Ctrl+N，在弹出的“新建”对话框中设置“宽度”为 1500 像素，“高度”为 1111 像素，“背景内容”为“白色”，如图 17-163 所示。

步骤 02 设置前景色为浅绿色（G：169，R：198，B：170），单击工具箱中的“画笔工具”按钮，选择柔角圆形画笔，设置较大的半径，降低画笔“不透明度”为 50%，绘制出四周边角，如图 17-164 所示。

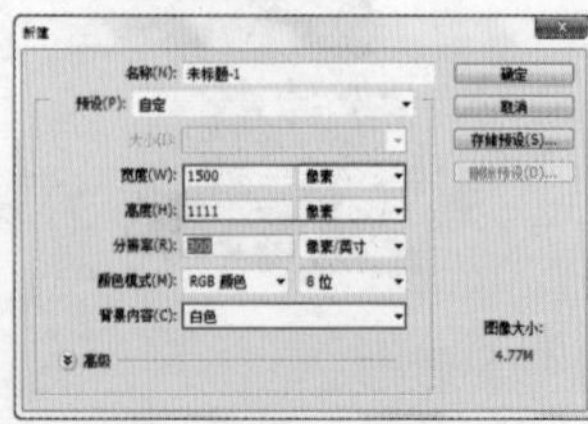

图17-163

图17-164

步骤 03 创建新组，设置前景色为蓝色，单击工具箱中的“横排文字工具”按钮T，设置合适的字体及大小，分别输入两排字母，如图 17-165 和图 17-166 所示。

图17-165

图17-166

步骤 04 隐藏 STUDIO 图层，选中 ERAY 图层，执行“3D> 从所选图层新建 3D 凸出”命令，在 3D 面板中选择文字条目，在“属性”面板中单击“变形”按钮，设置“凸出深度”为 -489，“锥度”为 90%，如图 17-167 所示。此时字母出现 3D 效果，调整好角度，如图 17-168 所示。

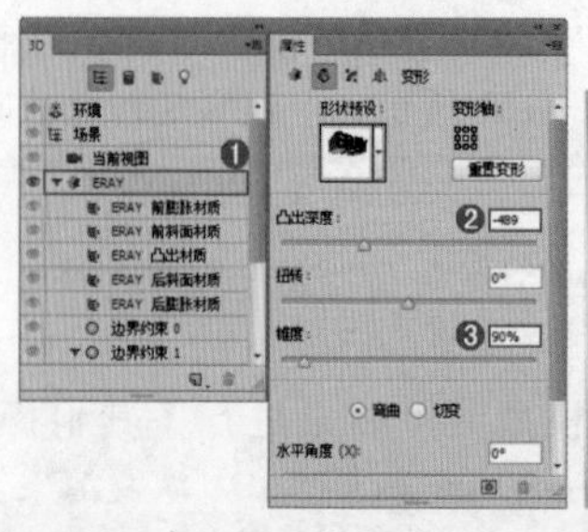

图17-167

图17-168

步骤 05 创建新组，命名为 ERAY，将 ERAY 的 3D 图层放在其中，单击右键，在弹出的菜单中选择“栅格化 3D”命令，将 3D 图层转换为普通图层。单击工具箱中的“魔棒工具”按钮，在选项栏中单击“添加到选区”按钮，并设置“容差”为 32，在图像中单击选择 ERAY 文字侧面选区，如图 17-169 所示。

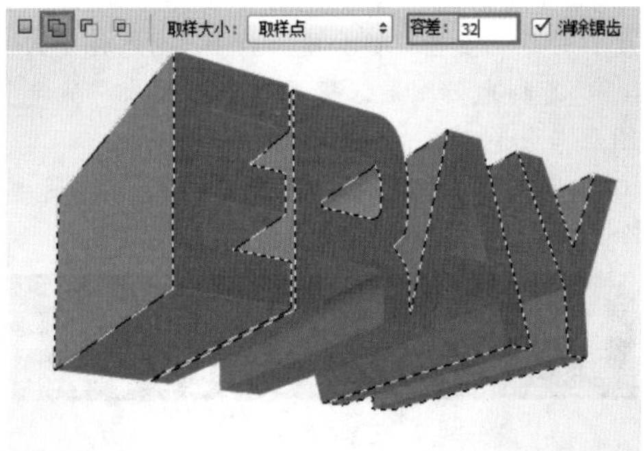

图17-169

步骤 06 新建图层，命名为“侧面”，使用绿色系柔角圆画笔在选区内涂抹绘制，制作出立体感，并设置该图层混合模式为“正片叠底”，如图 17-170~ 图 17-172 所示。

图17-170

图17-171

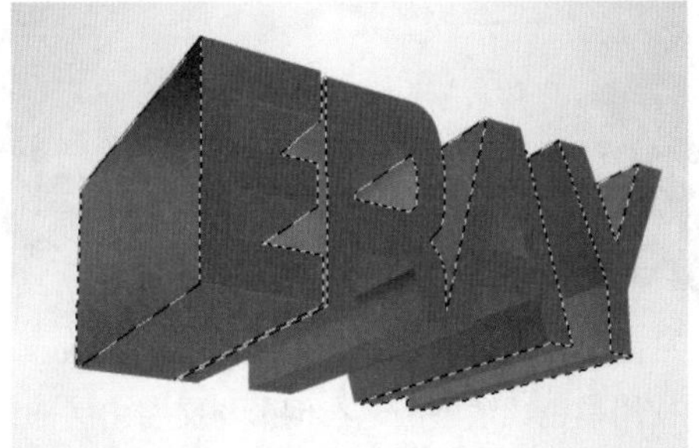

图17-172

步骤 07 取消选区后继续使用魔棒工具，制作出文字向下的面的选区，如图 17-173 所示。以当前选区创建“曲线”调整图层，调整好曲线的样式。此时立体文字中向下的面颜色加深了一些，如图 17-174 所示。

步骤 08 载入“侧面”图层选区，创建“曲线 2”调整图层，调整曲线形状，增强选区内对比，如图 17-175 所示。

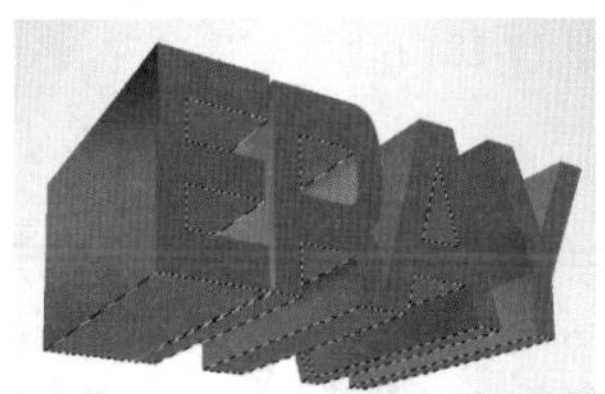

图17-173

图17-174

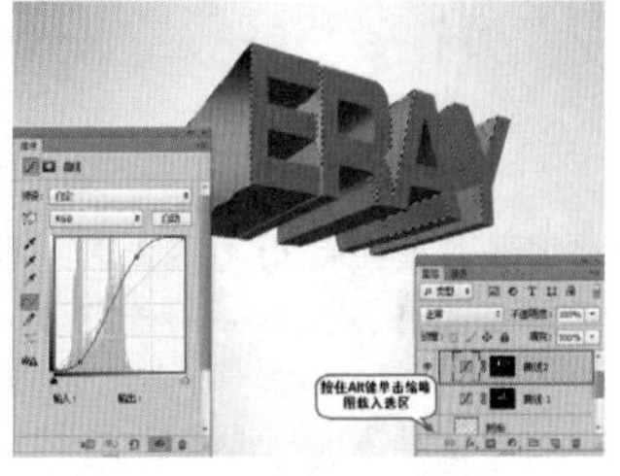

图17-175

步骤 09 继续使用魔棒工具选出 ERAY 文字正面的选区，新建图层，命名为“正面”，单击工具箱中的“渐变工具”按钮，编辑一种蓝绿色系的渐变，并在“正面”图层中拖曳填充，如图 17-176 和图 17-177 所示。

图17-176

图17-177

步骤 10 为了模拟出正面与立面交界处的坡面效果，需要为“正面”图层添加图层样式，执行“图层 > 图层样式 > 描边”命令，在弹出的“图层样式”对话框中设置描边“大小”为 2 像素，“位置”为“居中”，“混合模式”为“正片叠底”，“不透明度”为 100%，“颜色”为淡绿色，如图 17-178 和图 17-179 所示。

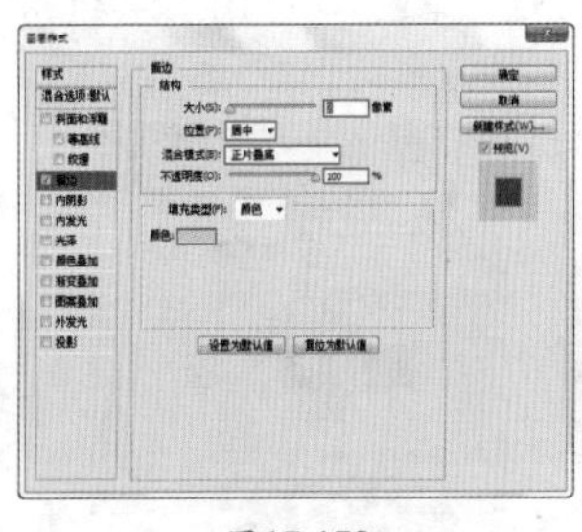

图17-178

图17-179

步骤 11 创建新图层“高光”，制作白色半透明倾斜高光，如图 17-180 所示。按住 Ctrl 键单击“正面”图层缩览图，载入“正面”图层选区。回到“高光”图层，添加图层蒙版，保留高光的正面区域，如图 17-181 所示。

图17-180

图17-181

答疑解惑：如何制作白色斜条高光？

（1）新建图层，使用矩形选框工具绘制矩形。

（2）使用渐变工具，编辑一种白色到透明的渐变，填充选区。

（3）旋转到合适的角度。

（4）复制多个，调整每个图层的不透明度，最后合并为一个图层。如图 17-182 所示。

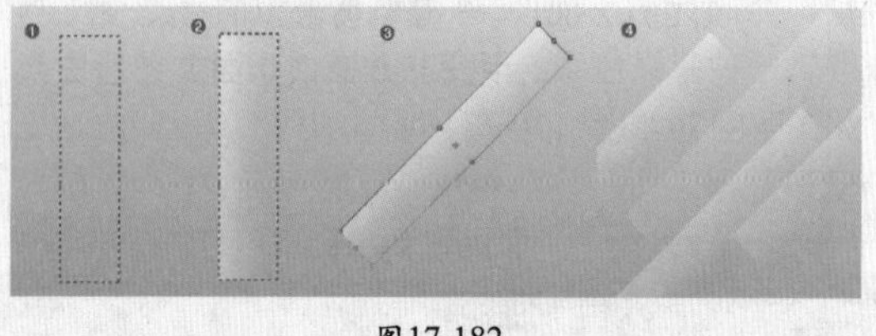

图17-182

步骤 12 用同样的方法制作底部的立体文字，如图 17-183 所示。

图17-183

步骤 13 导入光效素材，载入“正面”图层选区，并为其添加图层蒙版，设置混合模式为“滤色”，如图 17-184 和图 17-185 所示。

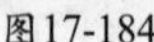

图17-184

图17-185

答疑解惑：如何制作光效素材？

（1）新建图层并填充黑色，执行“滤镜 > 渲染 > 镜头光晕”命令，设置合适的亮度。

（2）对镜头光晕图层执行“图像 > 调整 > 色相 / 饱和度”命令，设置“饱和度”为 0，使光效变为黑白。

（3）复制光效图层，设置混合模式为“滤色”，此时原图层与复制图层的光效均能显示。

（4）复制多个，调整每个图层的位置，最后合并为一个图层。如图 17-186 所示。

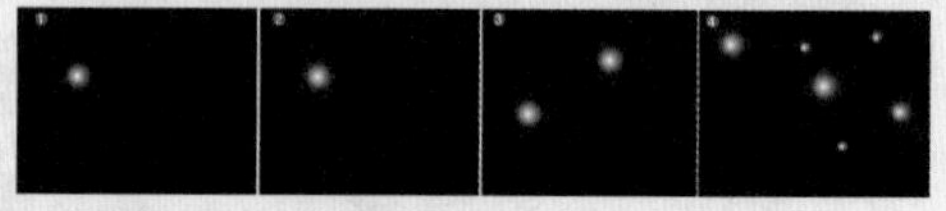

图17-186

步骤 14 合并两组文字图层，使用自由变换工具快捷键 Ctrl+T 调整位置。单击右键，在弹出的菜单中选择“透视”命令，调整透视角度，如图 17-187 和图 17-188 所示。

图17-187

图17-188

步骤 15 导入前景素材，放到合适位置，如图 17-189 所示。

步骤 16 复制“文字”图层和“前景”图层，然后合并图层，按 Ctrl+T 组合键垂直翻转图层。添加图层蒙版，使用黑色画笔绘制渐变倒影效果，降低该图层“不透明度”为 48%，如图 17-190 所示。

图17-189

图17-190

步骤 17 使用黑色柔边圆画笔在倒影与文字中间部分绘制黑色阴影，最终效果如图 17-191 所示。

图17-191

综合实例——使用3D功能制作创意海报

实例文件	综合实例——使用3D功能制作创意海报.psd
视频教学	综合实例——使用3D功能制作创意海报.flv
难易指数	★★★★★
技术要点	3D凸出、模糊工具、高斯模糊、图层样式

实例效果

本例效果如图17-192所示。

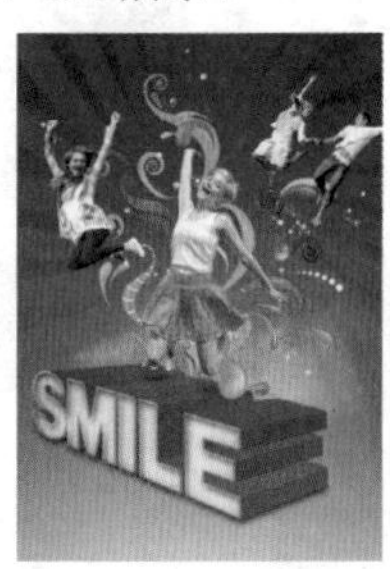

图17-192

操作步骤

步骤01 打开背景素材文件，创建新组，命名为“文字”，如图17-193和图17-194所示。

图17-193

图17-194

技巧提示

背景部分的制作非常简单，以蓝色系渐变填充底色，顶部的放射状对象可以首先绘制其中一个分支；对其进行自由变换，将中心的位置调整到一侧，适当旋转后完成自由变换；多次使用复制并重复上次自由变换操作（快捷键为Ctrl+Alt+Shift+T）即可制作出放射效果。如图17-195~图17-197所示。

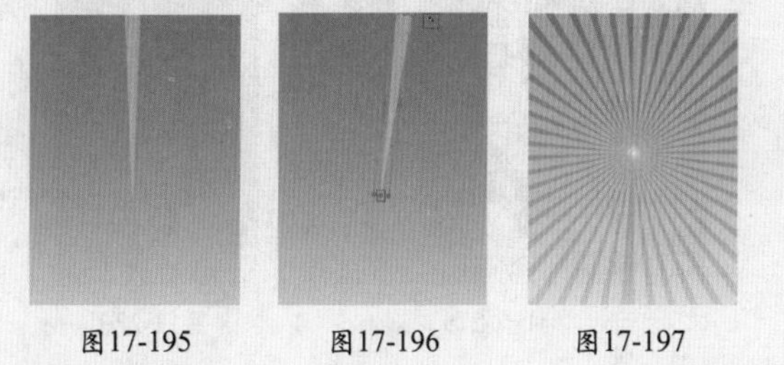

图17-195　图17-196　图17-197

步骤02 单击工具箱中的“文字工具”按钮T，输入单词“SMILE”，在“字符”面板中设置合适的字体和大小，如图17-198所示。

图17-198

步骤03 选中SMILE图层，执行“3D>从所选图层新建3D凸出”命令，在3D面板中选择文字条目，如图17-199所示。在“属性”面板中单击“变形”按钮，设置“凸出深度”为-1168，“锥度”为100%，如图17-200所示。

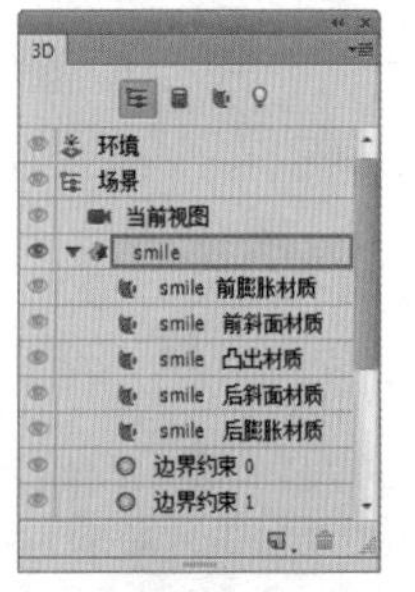

图17-199

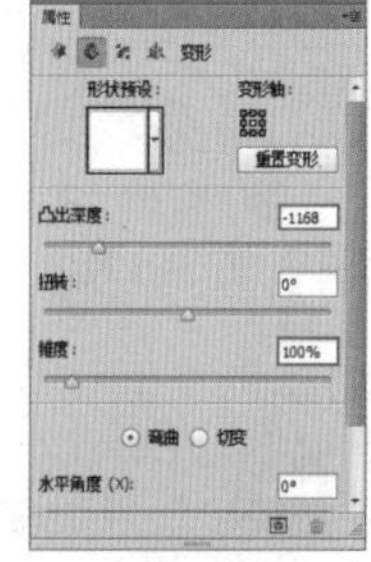

图17-200

步骤04 下面需要编辑立体文字的材质，在3D面板中展开smile材质，单击“smile凸出材质”条目，如图17-201所示。在“属性”面板中单击漫射的下拉菜单按钮，执行“新建纹理”命令，如图17-202所示。进入新文档后填充渐变，如图17-203所示。填充完毕后回到3D图层，文字的侧面生成渐变效果，如图17-204所示。

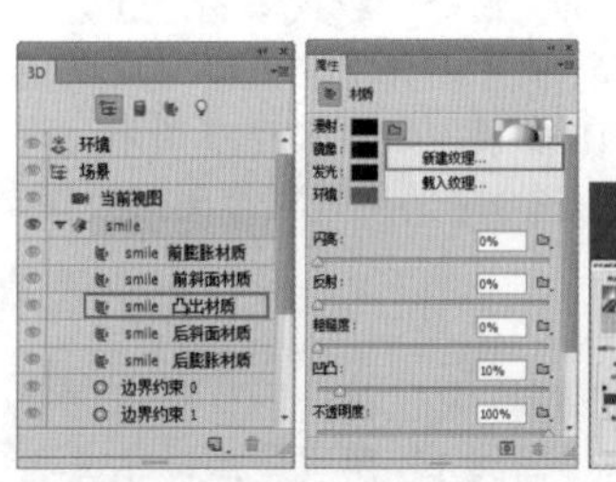

图17-201　图17-202

图17-203

图17-204

步骤05 使用魔棒工具提取文字正面选区，如图17-205所示。按Ctrl+C和Ctrl+V组合键复制粘贴，复制出独立的文字正面图层，如图17-206所示。

图17-205

图17-206

步骤 06 选中文字正面图层，执行“图层 > 图层样式 > 内阴影”命令，在弹出的“图层样式”对话框中设置内阴影“混合模式”为正片叠底，“不透明度”为 75%，“角度”为 120 度，“距离”为 24 像素，“大小”为 35 像素，如图 17-207 所示。

步骤 07 选中“内发光”选项，设置“混合模式”为“正常”，“不透明度”为 61%，由蓝色到透明渐变，“方法”为柔和，“大小”为 81 像素，如图 17-208 所示。

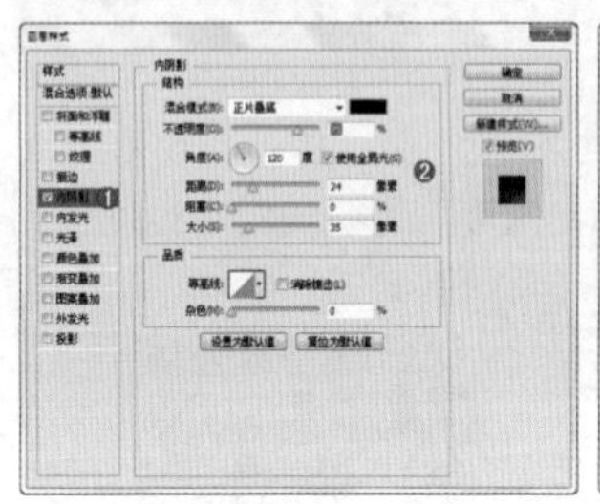

图17-207

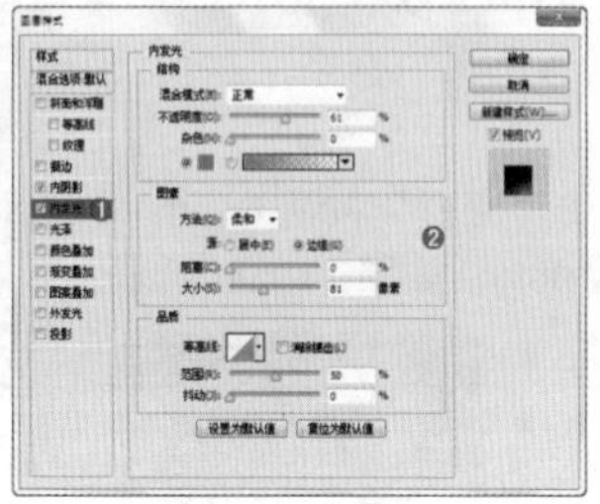

图17-208

步骤 08 选中“斜面和浮雕”选项，设置“样式”为“内斜面”，“方法”为“平滑”，“深度”为 101%，“大小”为 1 像素，“角度”为 120 度，“高度”为 30 度，“高光模式”为滤色，“不透明度”为 75%，“阴影模式”为正片叠底，“不透明度”为 75%，如图 17-209 所示。

步骤 09 选中“描边”选项，设置“大小”为 3 像素，“位置”为“外部”，“混合模式”为“正常”，“不透明度”为 100%，“填充类型”为渐变，“渐变”颜色由蓝色到白色，“角度”为 90 度，“缩放”为 101%，如图 17-210 所示。此时效果如图 17-211 所示。

步骤 10 复制 3D 文字图层，命名为“阴影”，单击右键，在弹出的菜单中选择“栅格化 3D”命令，载入该图层选区并填充黑色，如图 17-212 所示。执行“滤镜 > 模糊 > 高斯模糊”命令，设置“半径”为 18 像素，如图 17-213 所示。降低“不透明度”为 75%，移动到合适的位置模拟阴影效果，如图 17-214 所示。

步骤 11 导入花纹素材，如图 17-215 所示。

步骤 12 创建“曲线”调整图层，调整曲线形状将图像提亮，如图 17-216 所示。单击“曲线 1”图层蒙版，填充黑色，然后使用白色画笔绘制中间部分，使其只提亮图像的中间部分，如图 17-217 所示。

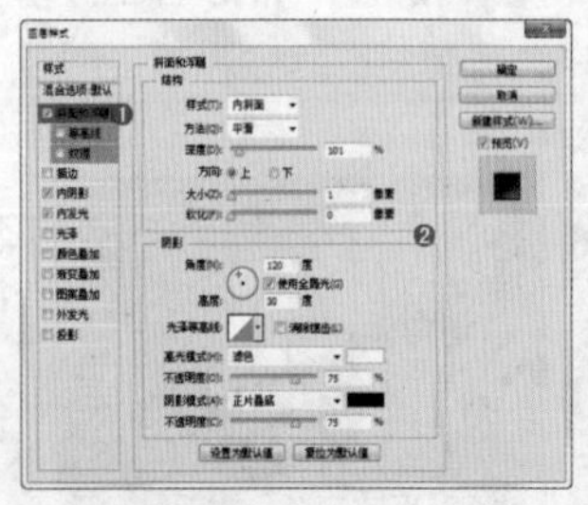

图17-209

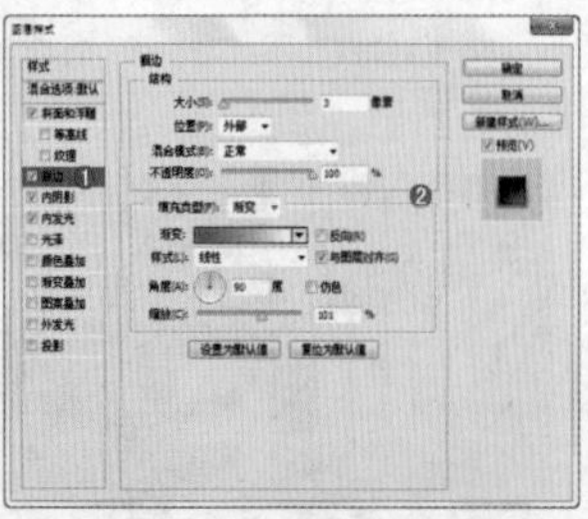

图17-210

图17-211

图17-212

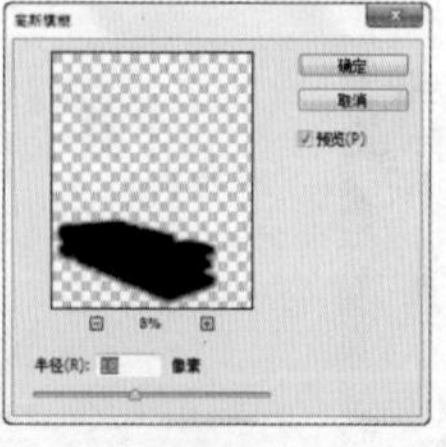

图17-213

图17-214

图17-215

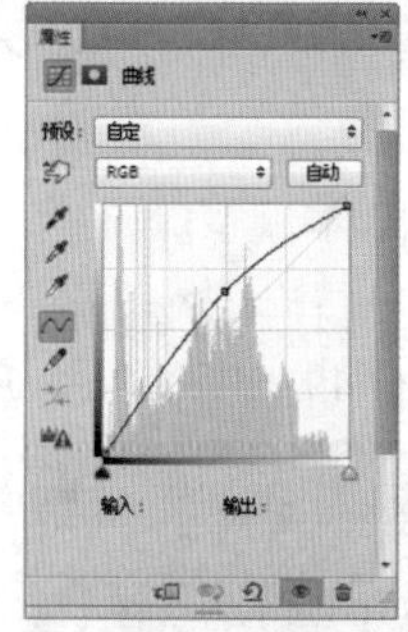

图17-216

步骤 13 下面导入其他人像素材。使用钢笔工具依次去除人像背景，使用“自由变换”命令调整人像大小、位置及角度，如图 17-218 所示。

图17-217

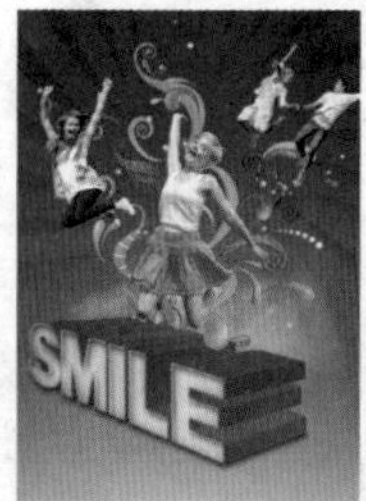

图17-218

步骤 14 最后创建新图层，使用黑色画笔绘制人像腿下的阴影，降低“不透明度”为 45%，如图 17-219 所示。最终效果如图 17-220 所示。

图17-219

图17-220

自动化操作与打印输出

Photoshop 中的动作用于对一个或多个文件执行一系列操作，使用其相关功能可以记录使用过的操作，然后快速地对某个文件进行指定操作或者对一批文件进行同样处理。使用动作进行自动化处理不仅能够确保操作结果的一致性，而且可避免重复的操作步骤，从而节省处理大量文件的时间。

本章学习要点：

- 掌握如何使用动作实现自动化操作
- 掌握批处理文件的方法
- 了解脚本和数据驱动图形
- 掌握打印的基本设置
- 了解色彩管理与输出

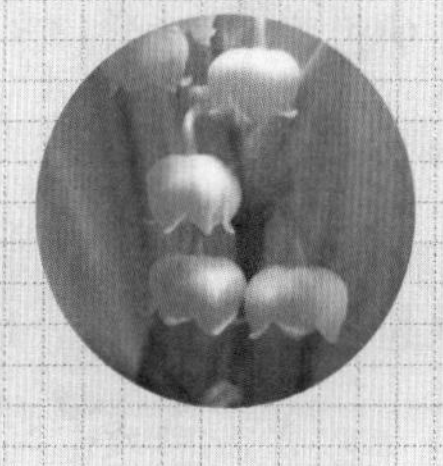

18.1 使用“动作”面板

Photoshop 中的动作用于对一个或多个文件执行一系列操作，使用其相关功能可以记录使用过的操作，然后快速地对某个文件进行指定操作或者对一批文件进行同样处理。使用动作进行自动化处理不仅能够确保操作结果的一致性，而且可避免重复的操作步骤，从而节省处理大量文件的时间。

18.1.1 认识“动作”面板

执行“窗口 > 动作”命令或按 Alt+F9 快捷键，可打开“动作”面板。“动作”面板是进行文件自动化处理的核心工具之一，在“动作”面板中可以进行动作的记录、播放、编辑、删除、管理等操作，如图 18-1 所示。

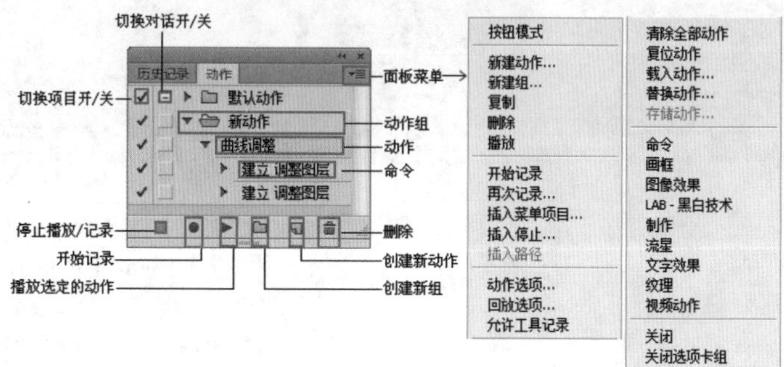

图18-1

- 切换项目开 / 关：如果动作组、动作和命令前显示该图标，代表该动作组、动作和命令可以被执行；如果没有该图标，代表不可以被执行。
- 切换对话开 / 关：如果命令前显示该图标，表示动作执行到该命令时会暂停，并打开相应命令的对话框，此时可以修改命令的参数，单击“确定”按钮可以继续执行后面的动作；如果动作组和动作前出现该图标，并显示为红色，则表示该动作中有部分命令设置了暂停。
- 动作组 / 动作 / 命令：动作组是一系列动作的集合，而动作是一系列操作命令的集合。
- “停止播放 / 记录”按钮：用来停止播放动作和停止记录动作。
- “开始记录”按钮：单击该按钮，可以开始录制动作。
- “播放选定的动作”按钮：选择一个动作后，单击该按钮可以播放该动作。
- “创建新组”按钮：单击该按钮，可以创建一个新的动作组，以保存新建的动作。
- “创建新动作”按钮：单击该按钮，可以创建一个新的动作。
- “删除”按钮：选择动作组、动作或命令后，单击该按钮，可以将其删除。

单击“动作”面板右上角的图标，可以打开“动作”面板的菜单。在“动作”面板的菜单中，可以切换动作的显示状态、记录 / 插入动作、加载预设动作等，如图 18-2 所示。

- 按钮模式：执行该命令，可以将动作切换为按钮状态，如图 18-3 所示。再次执行该命令，可以切换到普通显示状态。
- 动作基本操作：执行这些命令，可以新建动作或动作组、复制 / 删除动作或动作组以及播放动作。
- 记录、插入操作：执行这些命令，可以记录动作、插入菜单项目、插入停止以及插入路径。
- 选项设置：设置动作和回放的相关选项。
- 清除、复位、载入、替换、存储动作：执行这些命令，可以清除全部动作、复位动作、载入动作、替换和存储动作。
- 预设动作组：执行这些命令，可以将预设的动作组添加到“动作”面板中。

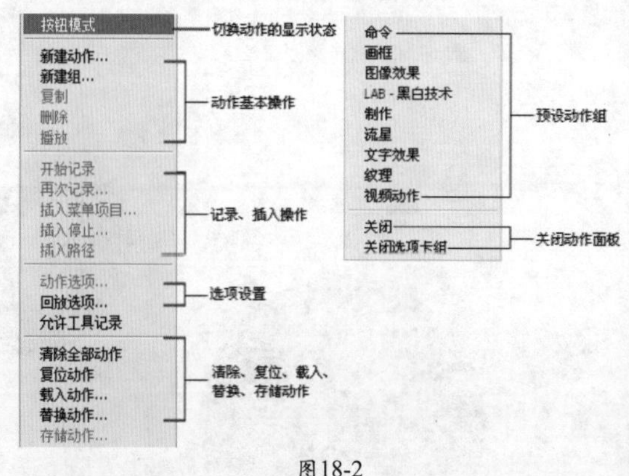

图18-2

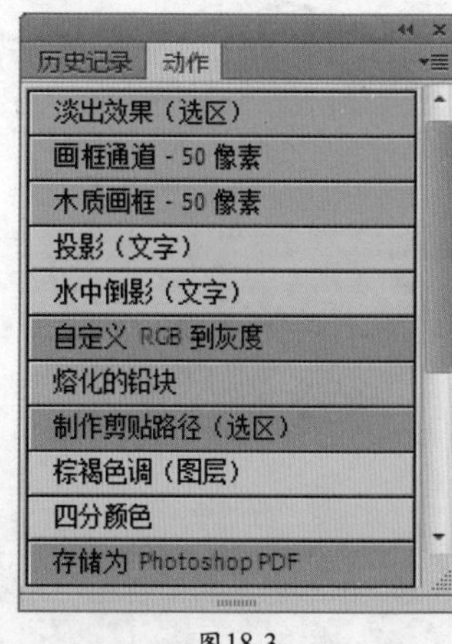

历史记录 动作
淡出效果（选区）
画框通道 - 50 像素
木质画框 - 50 像素
投影（文字）
水中倒影（文字）
自定义 RGB 到灰度
熔化的铅块
制作剪贴路径（选区）
棕褐色调（图层）
四分颜色
存储为 Photoshop PDF

图18-3

18.1.2 记录动作

在 Photoshop 中，并不是所有工具和命令操作都能够被直接记录下来，使用选框、套索、魔棒、裁剪、切片、魔术橡皮擦、渐变、油漆桶、文字、形状、注释、吸管和颜色取样器等工具进行操作时，操作会被记录下来。“历史记录”面板、“色板”面板、“颜色”面板、“路径”面板、“通道”面板、“图层”面板和“样式”面板中的操作也可以记录为动作。

实例练习——录制与应用动作

实例文件	实例练习——录制与应用动作.psd
视频教学	实例练习——录制与应用动作.flv
难易指数	★★★★★
技术要点	录制动作、应用动作

实例效果

本例主要针对如何录制动作以及如何对其他文件应用录制的动作进行练习。

操作步骤

步骤01 打开素材文件，如图18-4所示，执行“窗口>动作”命令或按快捷键Alt+F9，打开“动作”面板。

图18-4

步骤02 在“动作”面板中单击“创建新组”按钮，如图18-5所示。然后在弹出的“新建组”对话框中设置“名称”为“新动作”，如图18-6所示。

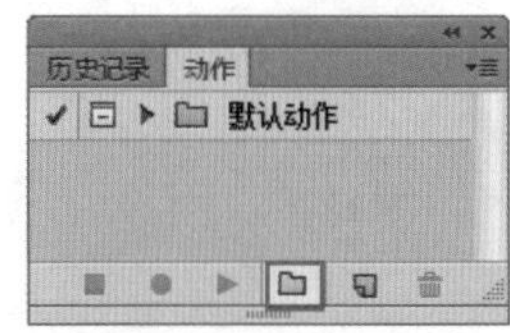

图18-5

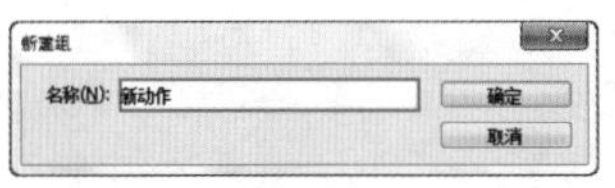

图18-6

步骤03 在“动作”面板中单击“创建新动作”按钮，如图18-7所示。然后在弹出的“新建动作”对话框中设置“名称”为“曲线调整”。为了便于查找，可以将“颜色”设置为“蓝色”，最后单击“记录”按钮，开始记录操作，如图18-8所示。

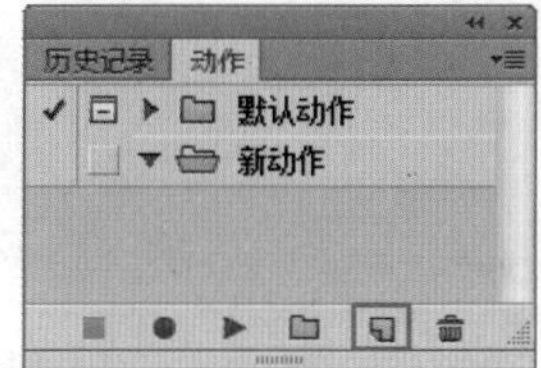

图18-7

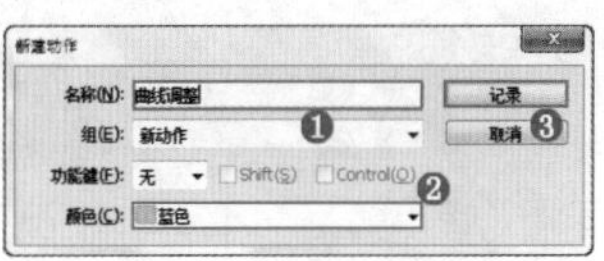

图18-8

步骤04 按Ctrl+M组合键打开“曲线”属性面板，然后在“预设”下拉列表中选择“反冲RGB”效果，此时在“动作”面板中会自动记录当前进行的曲线动作，如图18-9和图18-10所示。

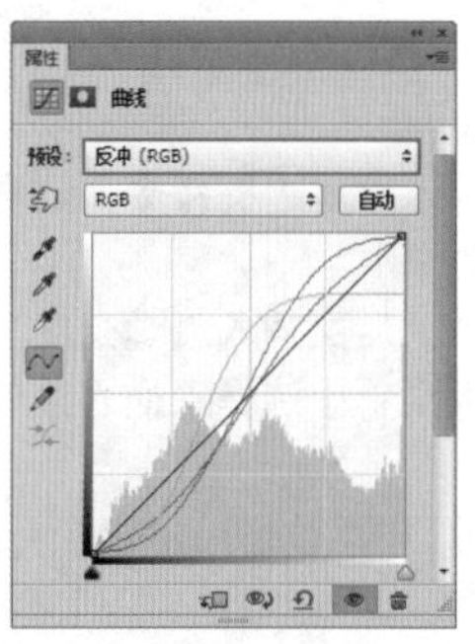

图18-9

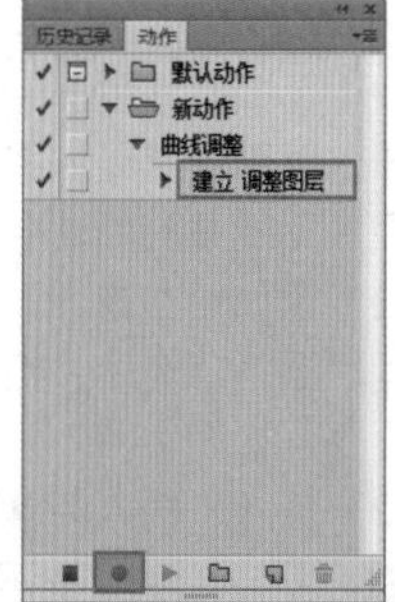

图18-10

步骤05 按Ctrl+U组合键打开“色相/饱和度”对话框，选择“全图”选项，设置“色相”为-19，“饱和度”为22，如图18-11所示。然后选择“青色”选项，设置“色相”为111，“饱和度”为-40，如图18-12所示。

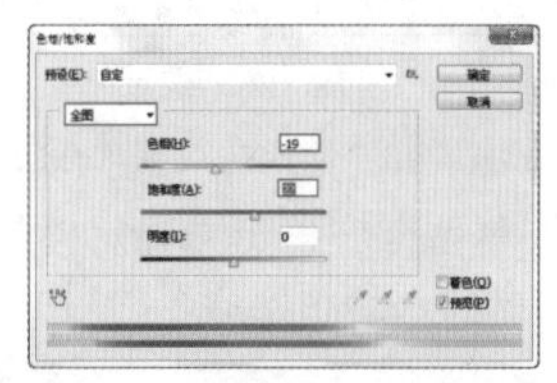

图18-11

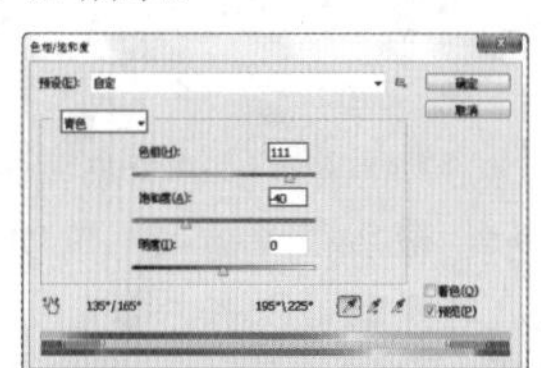

图18-12

步骤06 按Shift+Ctrl+S组合键存储文件，在“动作”面板中单击“停止播放/记录”按钮，停止记录，如图18-13所示。

步骤07 关闭当前文档，然后打开照片素材文件，如图18-14所示。

图18-13

图18-14

第18章 自动化操作与打印输出

步骤 08 在“动作”面板中选择曲线动作并单击“播放”按钮▶，如图 18-15 所示。此时 Photoshop 会按照前面记录的动作处理图像，最终效果如图 18-16 所示。

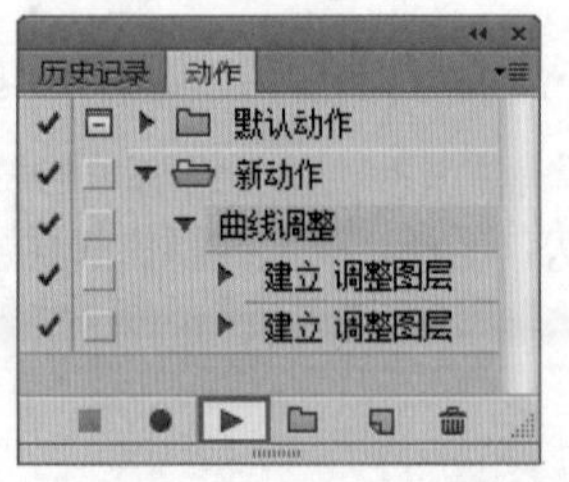

图18-15

图18-16

18.1.3 在动作中插入项目

记录完成的动作也可以进行调整，如可以向动作中插入菜单项目、停止和路径。

理论实践——插入菜单项目

插入菜单项目是指在动作中插入菜单中的命令，这样可以将很多不能录制的命令插入到动作中。

（1）比如要在建立调整图层命令后面插入“曝光度”命令，可以选择该命令，然后在面板菜单中选择“插入菜单项目”命令，如图 18-17 所示。

（2）打开“插入菜单项目”对话框，如图 18-18 所示。

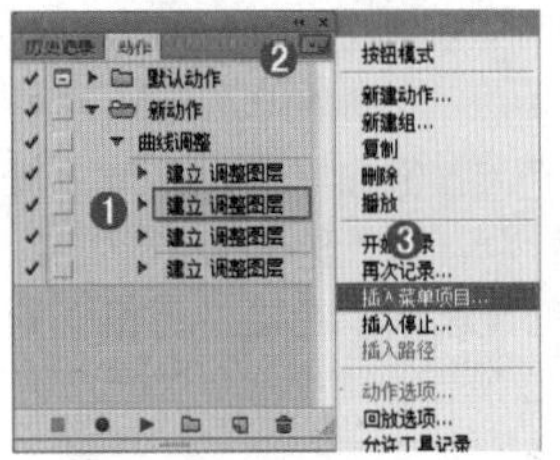
图18-17

图18-18

（3）接着执行“图像 > 调整 > 曝光度”命令，如图 18-19 所示。最后在“插入菜单项目”对话框中单击“确定”按钮，这样就可以将“曝光度”命令插入到相应命令的后面，如图 18-20 所示。

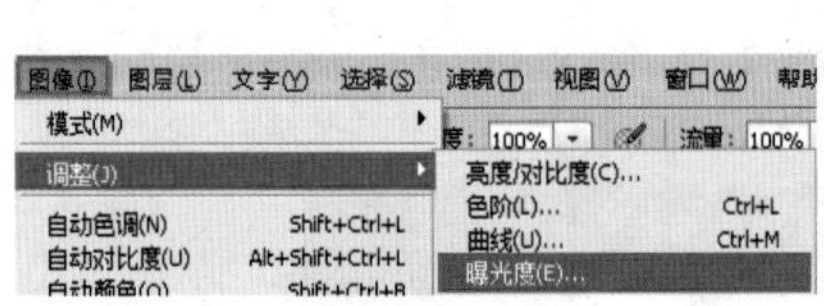

图18-19

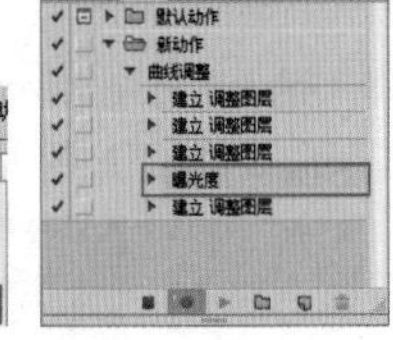
图18-20

（4）添加新的命令之后，可以在“动作”面板中双击新添加的命令，在弹出以对话框中设置参数即可，如图 18-21 和图 18-22 所示。

图18-21

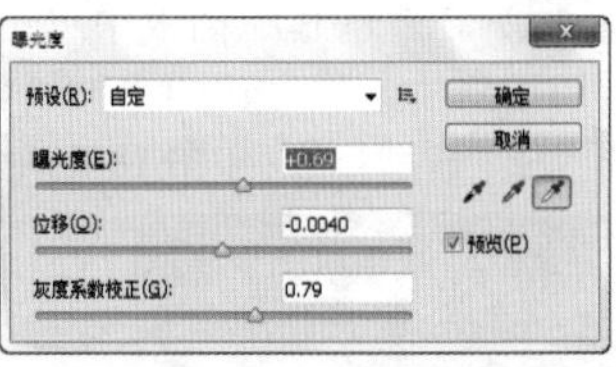

图18-22

理论实践——插入停止

前面提到过并不是所有的操作都能够被记录下来，这时就需要使用“插入停止”命令。插入停止是指让动作播放到某一个步骤时自动停止，并弹出提示。这样就可以手动执行无法记录为动作的操作，如使用画笔工具绘制或者使用加深、减淡、锐化、模糊等工具。

（1）选择一个命令，然后在面板菜单中选择“插入停止”命令，如图 18-23 所示。

（2）在弹出的“记录停止”对话框中输入提示信息，并选中“允许继续”复选框，单击“确定”按钮，如图 18-24 所示。

（3）此时“停止”动作就会插入到“动作”面板中。在“动作”面板中播放选定的动作，播放到“停止”动作时，Photoshop 会弹出一个“信息”对话框，如果单击“继续”按钮，则不会停止，并继续播放后面的动作；单击“停止”按钮则会停止播放当前动作，如图 18-25 和图 18-26 所示。

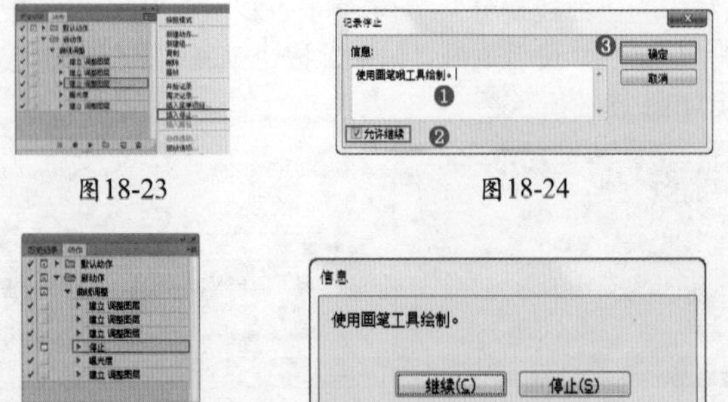

图18-23　图18-24　图18-25　图18-26

理论实践——插入路径

由于在自动记录时，路径形状是不能够被记录的，使用“插入路径”命令可以将路径作为动作的一部分包含在动作中。插入的路径可以是钢笔和形状工具创建的路径，也可以是从 Illustrator 中粘贴的路径。

（1）首先在文件中绘制需要使用的路径，然后在“动作”面板中选择一个命令，再在“动作”面板菜单中选择“插入路径”命令，如图 18-27 和图 18-28 所示。

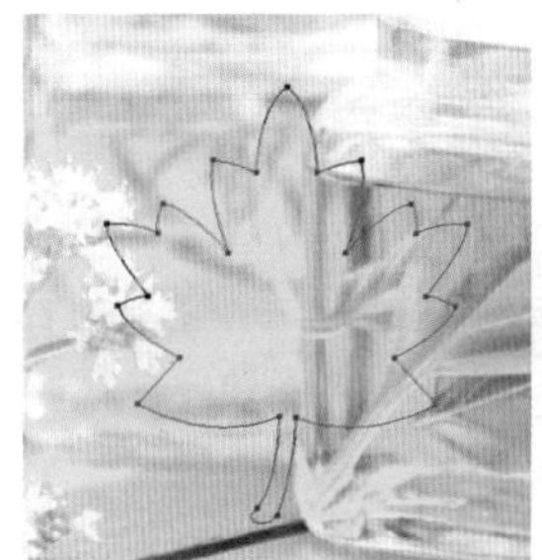

图18-27

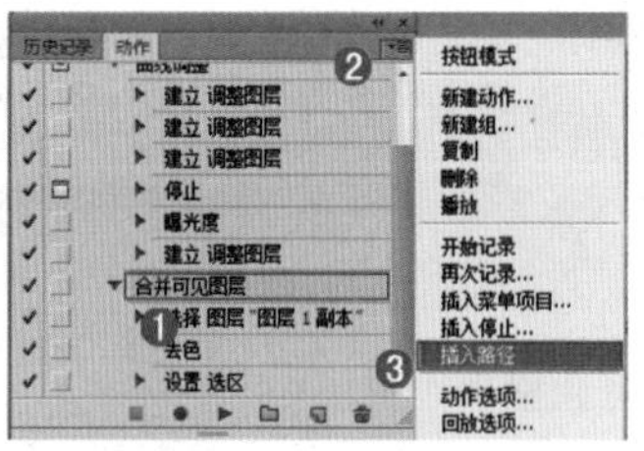

图18-28

（2）在“动作”面板中出现“设置工作路径”命令，在对文件执行动作时会自动添加该路径，如图 18-29 所示。

图18-29

技巧提示

如果记录下的一个动作会被用于不同大小的画布，为了确保所有的命令和画笔描边能够按相关的画布大小比例而不是基于特定的像素坐标记录，可以在标尺上单击右键，在弹出的菜单中选择“百分比”选项，将标尺单位转变为百分比，如图 18-30 所示。

图18-30

18.1.4 播放动作

播放动作就是对图像应用所选动作或者动作中的一部分。如果要对文件播放整个动作，可以选择该动作的名称，然后在“动作”面板中单击“播放选定的动作”按钮▶，或从面板菜单中选择“播放”命令。如果为动作指定了快捷键，则可以按该快捷键自动播放动作。如图 18-31 所示。

如果要对文件播放动作的一部分，可以选择要开始播放的命令，然后在“动作”面板中单击“播放选定的动作”按钮▶，或从面板菜单中选择“播放”命令，如图 18-32 所示。

如果要对文件播放单个命令，可以选择该命令，然后按住 Ctrl 键的同时在“动作”面板中单击“播放选定的动作”按钮▶，或按住 Ctrl 键双击该命令。

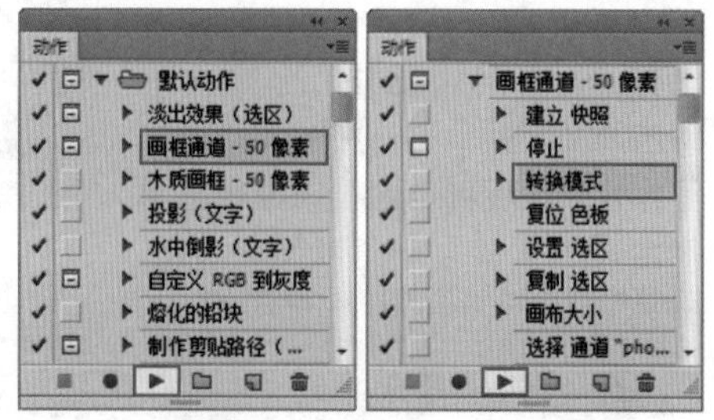

图18-31　　图18-32

技巧提示

为了避免使用动作后得到不满意的结果而多次撤销，可以在运行一个动作之前打开“历史记录”面板，创建一个当前效果的快照。如果需要撤销操作，只需要单击之前创建的快照即可快速还原使用动作之前的效果。

18.1.5 指定回放速度

在“回放选项”对话框中可以设置动作的播放速度，也可以将其暂停，以便对动作进行调试。在“动作”面板的菜单中选择“回放选项”命令可以打开“回放选项”对话框，如图 18-33 和图 18-34 所示。

- 加速：以正常的速度播放动作。在加速播放动作时，计算机屏幕可能不会在动作执行的过程中更新（即不出现应用动作的过程，而直接显示结果）。

- 逐步：显示每个命令的处理结果，然后再执行动作中的下一个命令。
- 暂停：选中该单选按钮，并在后面设置时间以后，可以指定播放动作时各个命令的间隔时间。

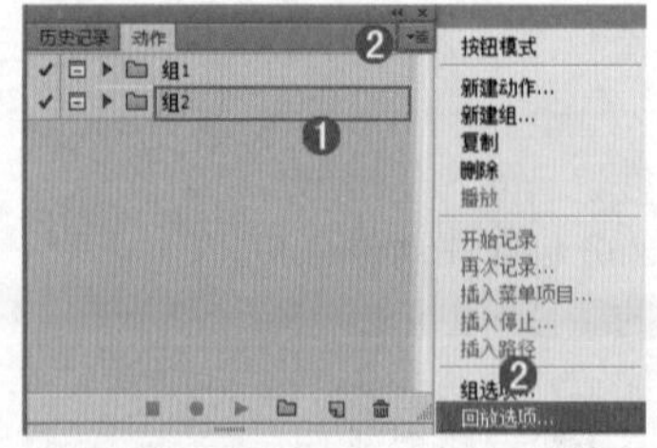

图18-33

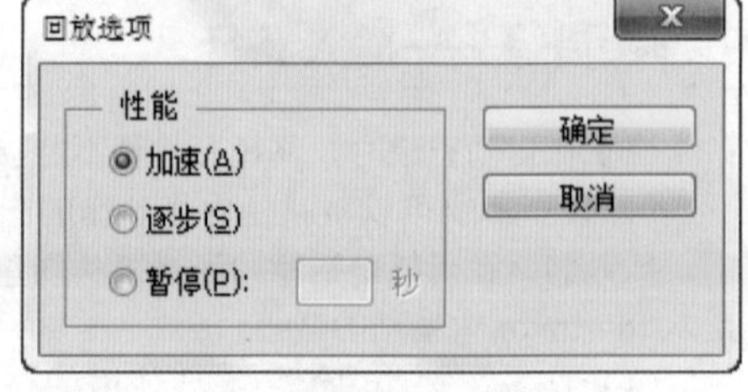

图18-34

18.1.6 管理动作和动作组

“动作”面板的布局与“图层”面板相似，同样可以对动作进行重新排列、复制、删除、重命名、分类管理等操作。

> **技巧提示**
>
> 在“动作”面板中也可以使用 Shift 键来选择连续的动作步骤，或者使用 Ctrl 键来选择非连续的多个动作步骤，接着可以对选中动作进行移动、复制、删除等操作。需要注意的是，选择多个步骤仅能在一个动作中实现。

理论实践——调整动作排列顺序

单击动作或动作组并将其拖曳到合适的位置上，释放鼠标即可调整动作排列顺序，如图 18-35 和图 18-36 所示。

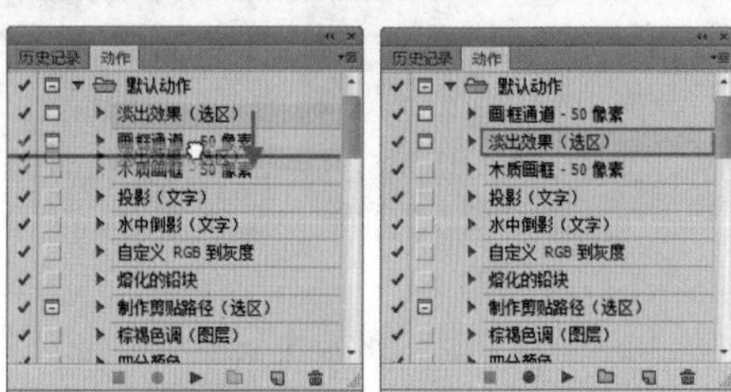

图18-35　图18-36

理论实践——复制动作

将动作或命令拖曳到“动作”面板下面的“创建新动作”按钮上即可复制动作或命令，如图 18-37 所示。

如果要复制动作组，可以将动作组拖曳到“动作”面板下面的“创建新组”按钮上，如图 18-38 所示。

另外，还可以通过在面板菜单中选择“复制”命令来复制动作、动作组或命令，如图 18-39 所示。

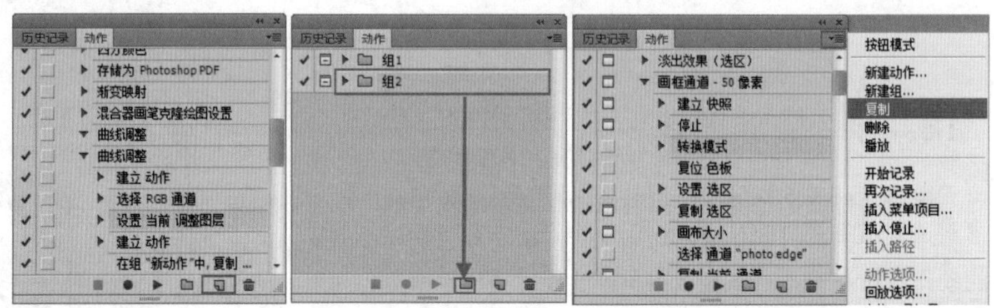

图18-37　图18-38　图18-39

> **技巧提示**
>
> 在“动作”面板中按下 Alt 键选择一个动作并进行拖动也能够复制该动作。

理论实践——删除动作

选中要删除的动作、动作组或命令，将其拖曳到“动作”面板下面的“删除”按钮上，或是在面板菜单中选择“删除”命令即可将其删除，如图 18-40 所示。

如果要删除“动作”面板中的所有动作，可以在面板菜单中选择“清除全部动作”命令，如图 18-41 所示。

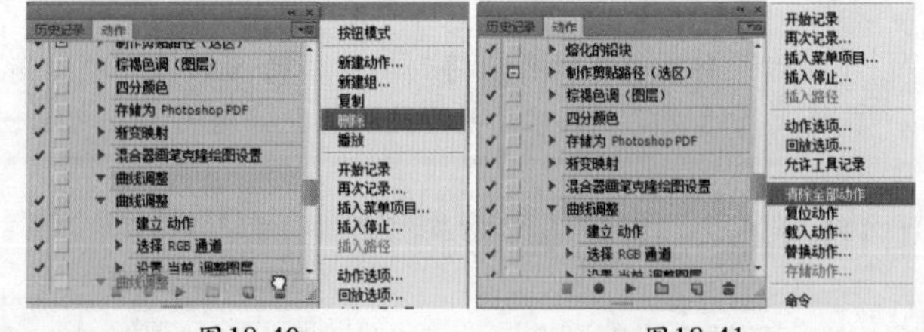

图18-40　图18-41

理论实践——重命名动作

如果要重命名某个动作或动作组，可以双击该动作或动作组的名称，然后重新输入名称即可，如图 18-42 所示。

还可以在面板菜单中选择“动作选项”或“组选项”命令来重命名名称，如图 18-43~ 图 18-45 所示。

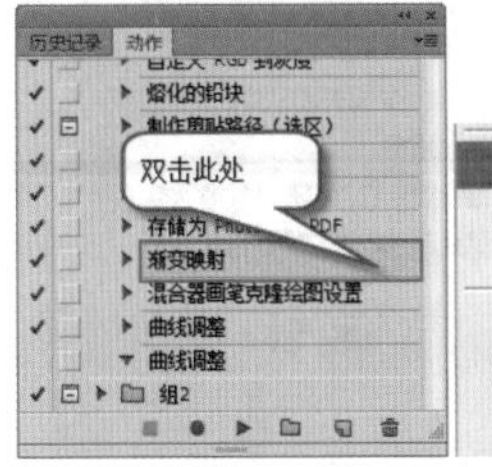

图18-42

动作选项...
回放选项...
允许工具记录
清除全部动作
复位动作
载入动作...

图18-43

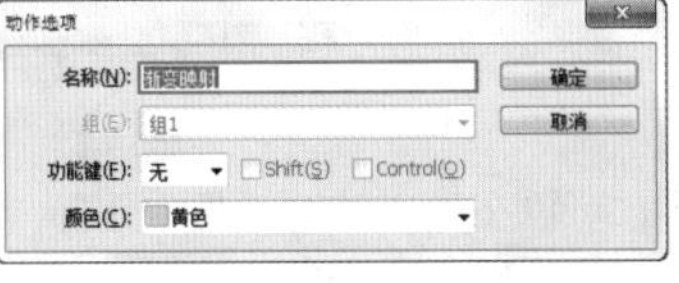

图18-44

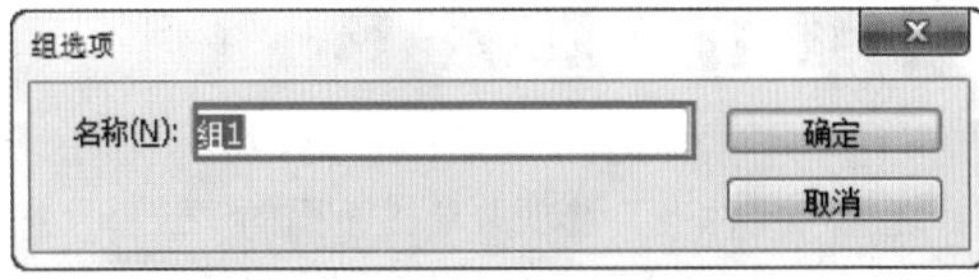

图18-45

理论实践——存储动作组

如果要将记录的动作存储起来，可以在面板菜单中选择“存储动作”命令，如图 18-46 所示，然后将动作组存储为 ATN 格式的文件，如图 18-47 所示。

图18-46 图18-47

技巧提示

按住 Ctrl+Alt 组合键的同时执行“存储动作”命令，可以将动作存储为 TXT 文本，在该文本中可以查看动作的相关内容，但是不能载入到 Photoshop 中。

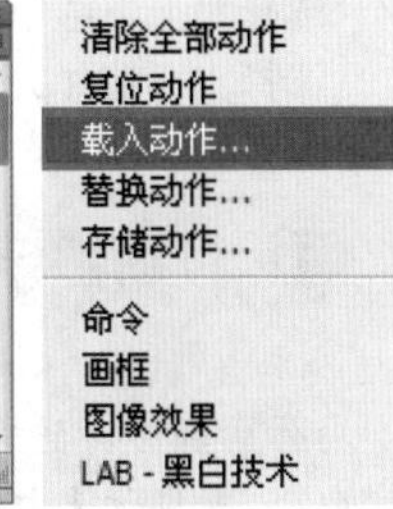

理论实践——载入动作组

为了快速地制作某些特殊效果，可以在网站上下载相应的动作库，下载完毕后需要将其载入到 Photoshop 中。在面板菜单中选择“载入动作”命令，然后选择硬盘中的动作组文件即可，如图 18-48 所示。

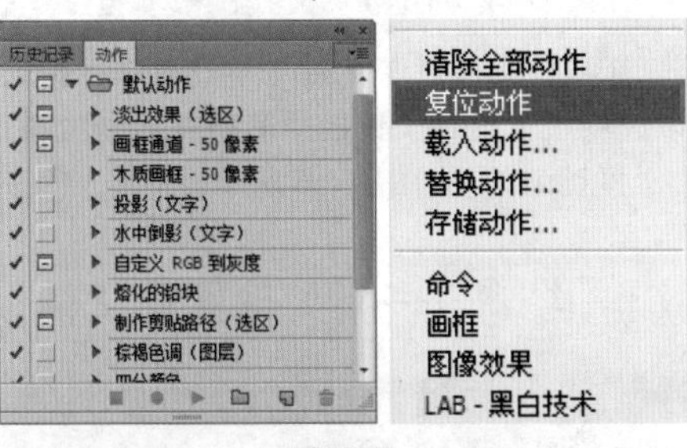

图18-48

理论实践——复位动作

在面板菜单中选择“复位动作”命令，可以将“动作”面板中的动作恢复到默认的状态，如图 18-49 所示。

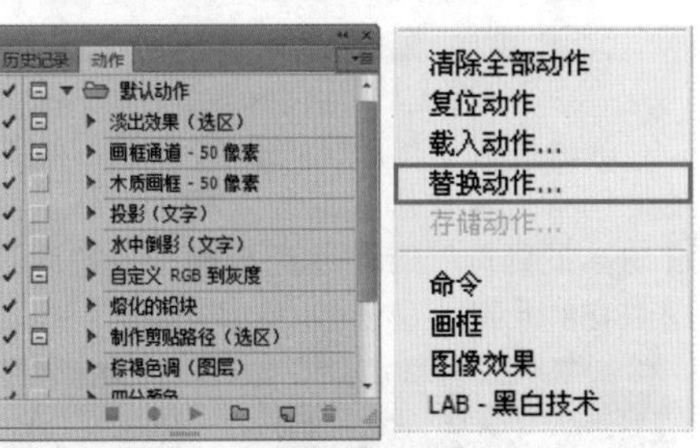

图18-49

理论实践——替换动作

在面板菜单中选择“替换动作”命令，可以将“动作”面板中的所有动作替换为硬盘中的其他动作，如图 18-50 所示。

图18-50

18.2 自动化处理大量文件

18.2.1 批处理

在实际操作中，很多时候需要对大量的图像进行同样的处理，如调整多张数码照片的尺寸、统一调整色调、制作大量的证件照等。这时就可以通过使用 Photoshop 中的批处理功能来完成大量重复的操作，提高工作效率并实现图像处理的自动化。“批处理”命令可以对一个文件夹中的所有文件运行动作，如可以使用“批处理”命令处理一个文件夹下所有照片的大小和分辨率，如图 18-51 所示。执行“文件 > 自动 > 批处理”命令，可打开“批处理”对话框，如图 18-52 所示。

（1）“播放”组：选择要用来处理文件的动作，如图 18-53 所示。

（2）“源”组：选择要处理的文件，如图 18-54 所示。

图18-51

图18-53

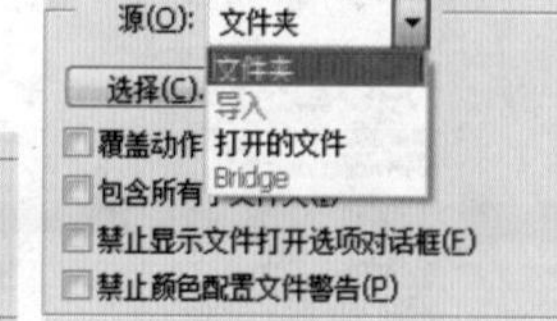

图18-52　图18-54

- 选择“文件夹”选项并单击下面的“选择”按钮，可以在弹出的对话框中选择一个文件夹。
- 选择“导入”选项，可以处理来自扫描仪、数码相机、PDF 文档的图像。
- 选择“打开的文件”选项，可以处理当前所有打开的文件。
- 选择 Bridge 选项，可以处理 Adobe Bridge 中选定的文件。
- 选中“覆盖动作中的‘打开’命令”复选框，在批处理时可以忽略动作中记录的“打开”命令。
- 选中“包含所有子文件夹”复选框，可以将批处理应用到所选文件夹中的子文件夹。
- 选中“禁止显示文件打开选项对话框”复选框，在批处理时不会打开文件选项对话框。
- 选中“禁止颜色配置文件警告”复选框，在批处理时会关闭颜色方案信息的显示。

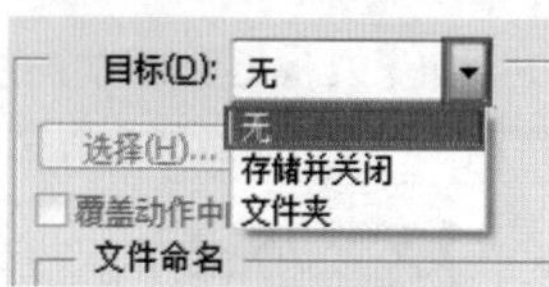

图18-55

（3）“目标”组：设置完成批处理以后文件的保存位置，如图 18-55 所示。

- 选择“无”选项，表示不保存文件，文件仍处于打开状态。
- 选择“存储并关闭”选项，可以将文件保存在原始文件夹中，并覆盖原始文件。
- 选择“文件夹”选项并单击下面的“选择”按钮，可以指定用于保存文件的文件夹。

技巧提示

当设置“目标”为“文件夹”时，下面将出现一个“覆盖动作中的‘存储为’命令”复选框。如果动作中包含“存储为”命令，则应该选中该复选框，这样在批处理时，动作中的“存储为”命令将引用批处理的文件，而不是动作中指定的文件名和位置。

（4）“文件命名”组：当设置“目标”为“文件夹”时，可以在该选项组下设置文件的命名格式以及文件的兼容性（Windows、Mac OS 和 Unix），如图 18-56 所示。

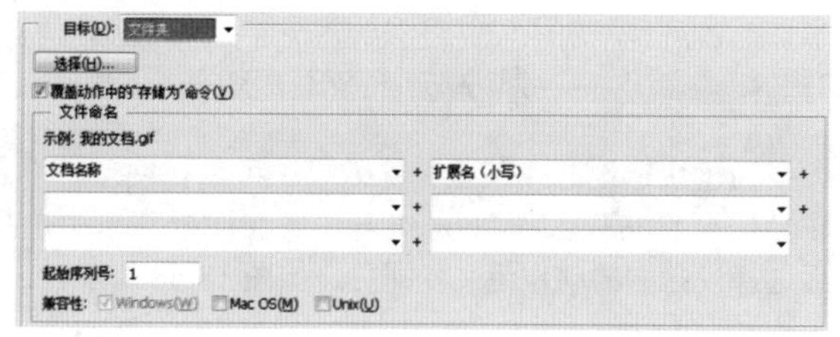

图18-56

实例练习——批处理图像文件

实例文件	实例练习——批处理图像文件.psd
视频教学	实例练习——批处理图像文件.flv
难易指数	★★★★★
技术要点	批处理

实例效果

本例将对 4 张图像进行批处理。对多个图像文件进行批处理首先需要创建或载入相关动作，然后执行“文件 > 自动 > 批处理”命令并进行相应设置即可，如图 18-57 和图 18-58 所示。

图18-57

图18-58

操作步骤

步骤 01 无需打开素材图像，但是需要载入已有的动作素材，在“动作”面板的菜单中执行“载入动作”命令，如图 18-59 所示。然后在弹出的“载入”对话框中选择已有的动作素材文件，完成后可以看到载入的样式出现在“动作”面板中，如图 18-60 所示。

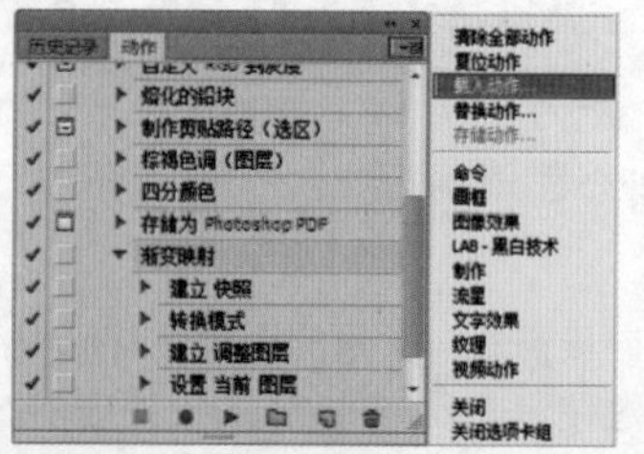

图18-59

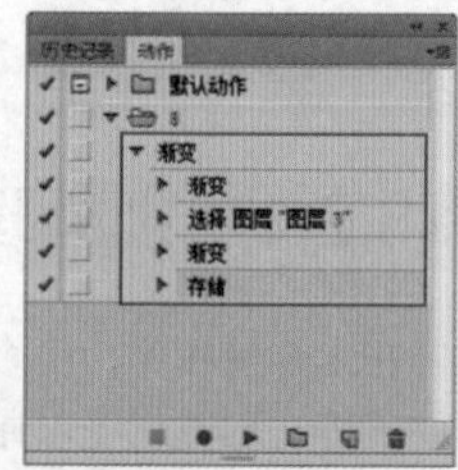

图18-60

步骤 02 执行“文件 > 自动 > 批处理”命令，打开“批处理”对话框，然后在“播放”选项组下选择上一步载入的“渐变”动作，并设置“源”为“文件夹”，接着单击下面的“选择”按钮 选择(C)... ，在弹出的对话框中选择本书配套光盘中的“系列照”文件夹，如图18-61所示。

图18-61

步骤03 设置“目标”为“文件夹”，然后单击下面的“选择”按钮 选择(C)... ，接着设置好文件的保存路径，最后选中“覆盖动作中的存储为命令”复选框，如图18-62所示。

图18-62

步骤04 在“批处理”对话框中单击“确定”按钮 确定 ，Photoshop会自动处理文件夹中的图像，并将其保存到设置好的文件夹中，如图18-63所示。

图18-63

技巧提示

要改进批处理的性能，可以执行“编辑 > 首选项 > 性能”命令，减少历史记录状态的数目，如图18-64所示。

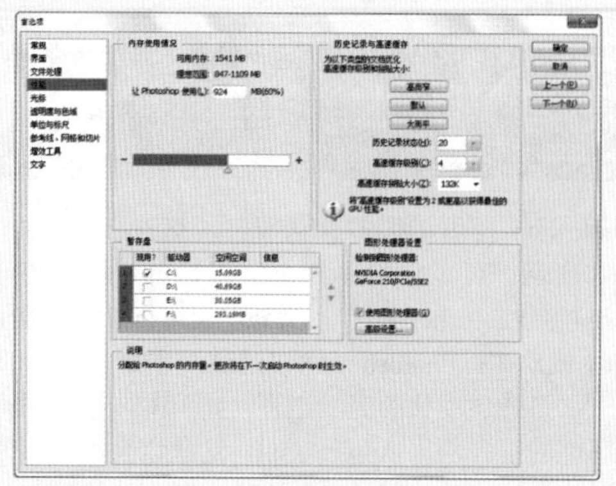

图18-64

接着在“历史记录”面板菜单中选择“历史记录选项”命令，然后在打开的对话框中取消选中“自动创建第一幅快照”复选框，如图18-65和图18-66所示。

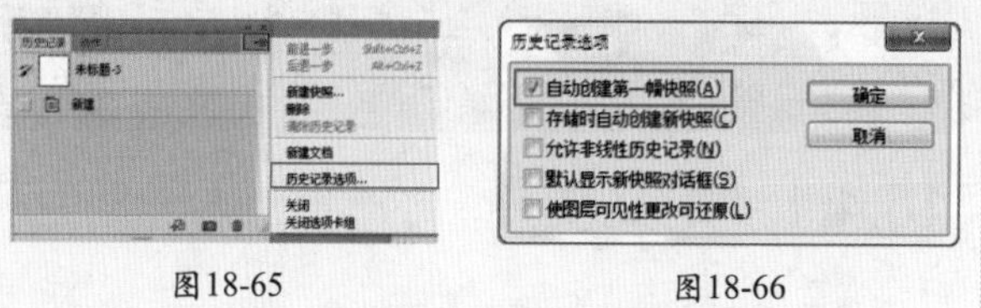

图18-65　　图18-66

18.2.2 图像处理器

使用“图像处理器”命令可以方便并且批量地转换图像文件格式、调整文件大小和质量。执行“文件 > 脚本 > 图像处理器”命令，可打开“图像处理器”对话框，使用“图像处理器”命令可以将一组文件转换为JPEG、PSD或TIFF文件中的一种，或者将文件同时转换为这3种格式，如图18-67所示。

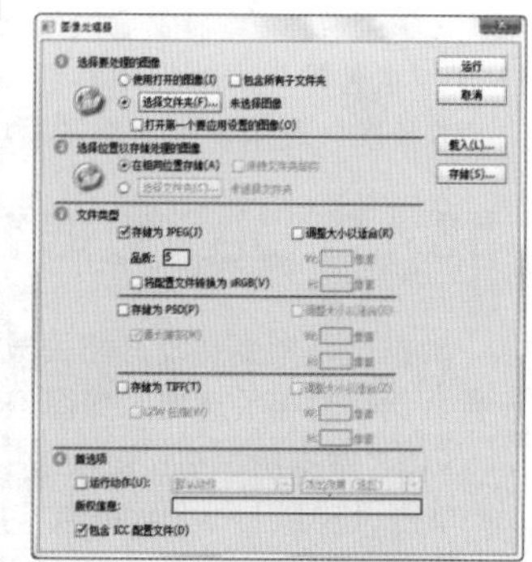

图18-67

- 选择要处理的图像：选择需要处理的文件，也可以选择一个文件夹中的文件。如果选中“打开第一个要应用设置的图像”复选框，将对所有图像应用相同的设置。

技巧提示

通过图像处理器应用的设置是临时性的，只能在图像处理器中使用。如果未在图像处理器中更改图像的当前Camera Raw设置，则会使用这些设置来处理图像。

- 选择位置以存储处理的图像：选择处理后的文件的存储路径。
- 文件类型：设置将文件处理成何种类型，包括JPEG、PSD和TIFF 3种格式。可以将文件处理成其中一种类型，也可以处理成两种或3种类型。
- 首选项：在该选项组下可以选择动作来运用处理程序。

技巧提示

设置好参数后，可以单击“存储”按钮，将当前配置存储起来。在下次需要使用时，就可以单击“载入”按钮来载入保存的参数配置。

18.3 脚本

Photoshop 提供了很多默认事件，这些事件集中在“文件 > 脚本”菜单下，如图 18-68 所示。可以使用事件（如在 Photoshop 中打开、存储或导出文件）来触发 JavaScript 或 Photoshop 动作。另外，也可以使用任何可编写脚本的 Photoshop 事件来触发脚本或动作。Photoshop 可以通过脚本来支持外部自动化。在 Windows 中，可以使用支持 COM 自动化的脚本语言，如 VB Script；在 Mac OS 中，可以使用允许发送 Apple 事件的语言，如 AppleScript。这些语言虽然不是跨平台的，但可以控制多个应用程序，如 Photoshop、Illustrator 和 Microsoft Office。

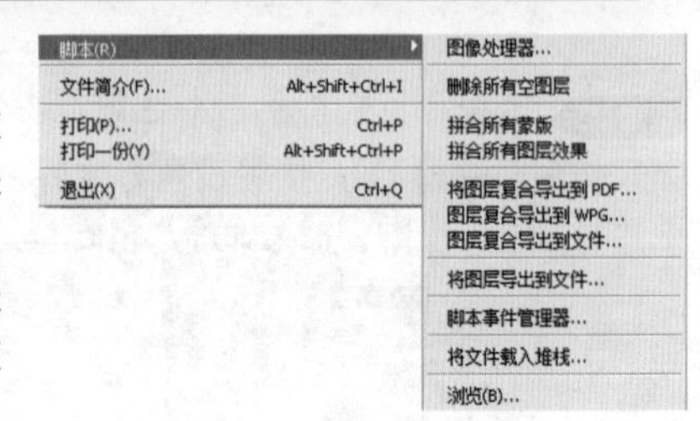

图18-68

18.4 数据驱动图形

利用数据驱动图形，可以快速、准确地生成图像的多个版本，以用于印刷项目或 Web 项目。可以通过从 Photoshop 中导出来生成图形，也可以创建在 Adobe GoLive 或 Adobe Graphics Server 等其他程序中使用的模板。

18.4.1 定义变量

变量是指用来定义模板中将发生变化的元素。可以定义 3 种类型的变量，分别是可见性变量、像素替换变量和文本替换变量，如图 18-69 所示。执行“图像 > 变量 > 定义”命令，可打开“变量”对话框，如图 18-70 所示。

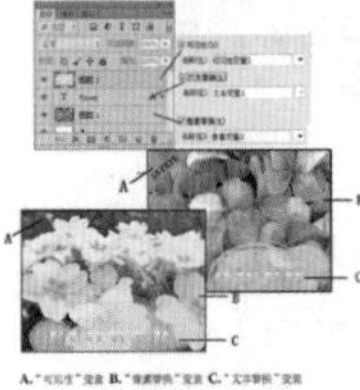

图18-69

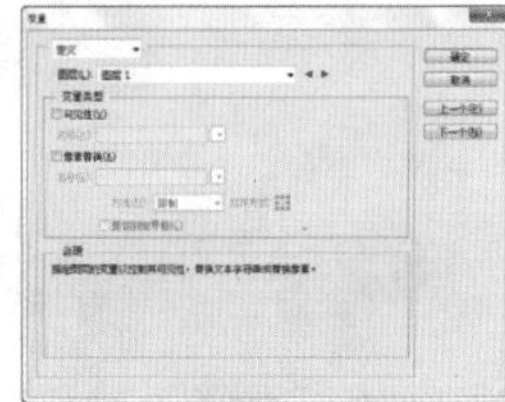

图18-70

- 图层：选择用于定义变量的图层，“背景”图层不能定义变量。
- 变量类型：设置需要定义的变量类型。“可见性”表示显示或隐藏图层的内容；“像素替换”表示使用其他图像文件中的像素来替换当前图层中的像素；“文本替换”表示替换文字图层中的文本字符串。

18.4.2 定义数据组

数据组是指变量及其相关数据的集合。执行“图像 > 变量 > 数据组”命令，可打开“变量”对话框，在该对话框中可以设置数据组的相关选项，如图 18-71 所示。

（1）“数据组”组：在该选项给下可对数据组进行操作。

- 单击“转到上一个数据组”按钮◄，可以切换到前一个数据组。
- 单击“转到下一个数据组”按钮►，可以切换到后一个数据组。
- 单击“基于当前数据组创建新数据组”按钮，可以创建一个新数据组。
- 单击“删除此数据组”按钮，可以删除选定的数据组。

（2）“变量”组：在该选项组下可以调整变量的数据。

- 对于可见性变量，选中“可见”选项，可以显示图层的内容。
- 对于像素替换变量，单击“选择文件”按钮，可以选择需要替换的图像文件。
- 对于文本替换变量T，可以在“值”文本框中输入一个文本字符串。

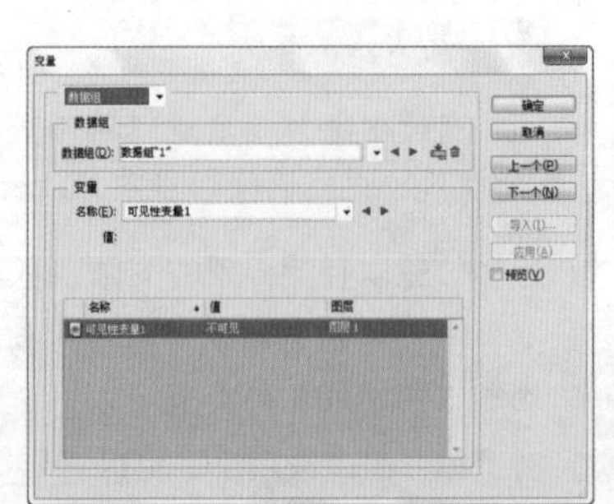

图18-71

18.4.3 预览和应用数据组

创建模板图像和数据组以后，执行“图像 > 应用数据组”命令，可打开“应用数据组”对话框，如图 18-72 所示。从列表中选择数据组，然后选中“预览”复选框，可以在文档窗口中预览图像。单击“应用”按钮 应用 ，可以将数据组的内容应用于基本图像，同时所有变量和数据组保持不变。

图18-72

18.4.4 导入与导出数据组

执行“文件 > 导入 > 变量数据组”命令或在数据组的“变量”对话框中单击“导入”按钮 导入(I)... ，可以导入在文本编辑器或电子表格程序中创建的数据组。定义变量及一个或多个数据组后，执行“文件 > 导出 > 数据组作为文件”命令，可以按批处理模式使用数据组将图像导出为 PSD 文件。

综合实例——利用数据组替换图像

实例文件	综合实例——利用数据组替换图像 .psd
视频教学	综合实例——利用数据组替换图像 .flv
难易指数	★★★★★
技术要点	定义变量、导入数据组文件

实例效果

本例将使用数据组替换图像文件的部分内容，从而达到快速制作大量版式相同但内容不同的图像的目的，如图 18-73 所示。使用本例的思路能够快速制作类似日历、员工卡等数量众多、内容繁杂的项目。

图18-73

操作步骤

步骤 01 首先需要制作模板文件。为了便于操作，可以将非变量图层合并为一个背景图层。从文件中可以看到，需要更改个人资料的文字部分和照片部分，如图 18-74 和图 18-75 所示。

图18-74

图18-75

步骤 02 下面开始为图像定义变量，即在 Photoshop 中指定需要改变的内容。执行“图像 > 变量 > 定义”命令，如图 18-76 所示。

步骤 03 弹出“变量”对话框。首先需要在“图层”下拉列表中选择一个变量文字图层，如“布兰妮”，然后选中“文本替换”复选框，并在“名称”文本框中输入“姓名”，如图 18-77 所示。

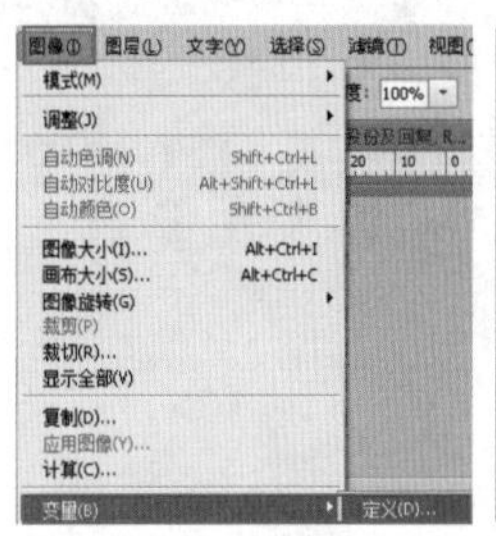

图18-76

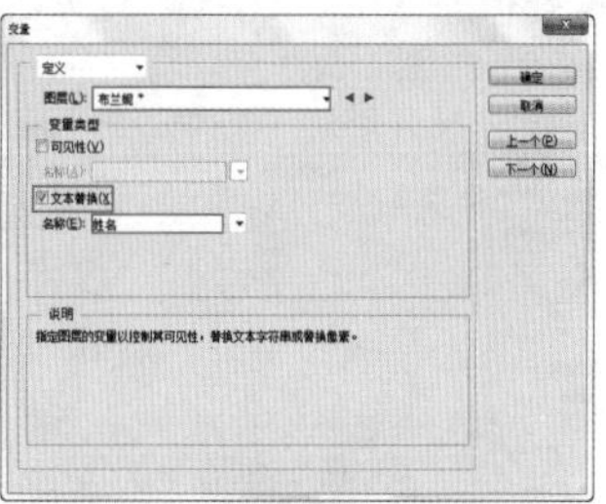

图18-77

技巧提示

定义过变量的图层名称后会显示“*”。

步骤 04 用同样的方法定义列表中的其他文字变量图层。为“购物”定义“变量类型”为“文本替换”，“名称”为“爱好”；为“歌手”定义变量类型为“文本替换”，“名称”为“职业”；为“1981”定义“变量类型”为“文本替换”，“名称”为“年份”，最后选择“照片”图层，由于这一图层为人像照片，所以需要设置“变量类型”为“像素替换”，并设置名称为“照片”，“方法”为“限制”，如图 18-78 所示。

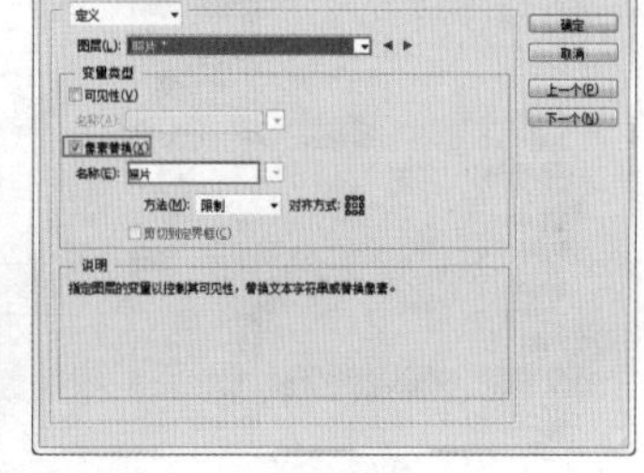

图18-78

步骤 05 此时在图层下拉列表中可以看到所有的变量均被定义完毕，如图 18-79 所示。

步骤 06 变量定义完成后需要制作数据组，数据组需要在“记事本”中进行制作。创建空白记事本文件，命名为“变量”，并输入所需内容，如图 18-80 所示。

图18-79　　图18-80

技巧提示

第一行为变量项目，以下所有行为变量值。

第一行中的项目名称必须与在“变量”对话框中为每个图层定义的变量名称完全一致。

文件中的项目用制表符隔开而不是空格（按 Tab 建即可输入制表符）。

像素替换变量一般是用一个外部图像替换，变量值应该是一个图像的相对路径或绝对路径，如果图像与数据组文件保存在同一目录下，使用相对路径即可。

步骤 07 数据组文本完成之后，需要将文本存储为 *.txt 或 *.csv 文件。*.txt 格式的数据组文件最好用 ANSI 编码存储。准备好需要使用的照片素材，放置在“照片”文件夹内，如图 18-81 和图 18-82 所示。

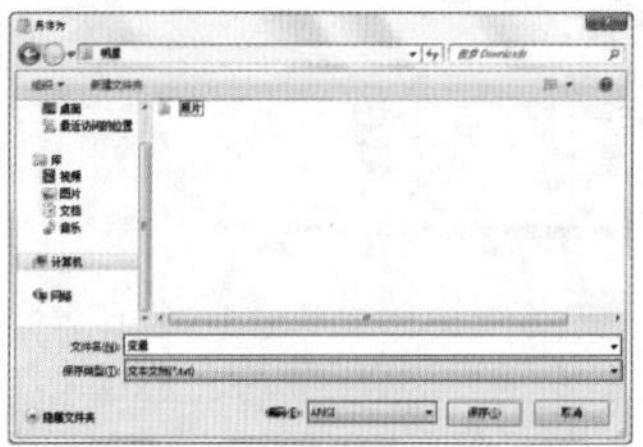

图18-81

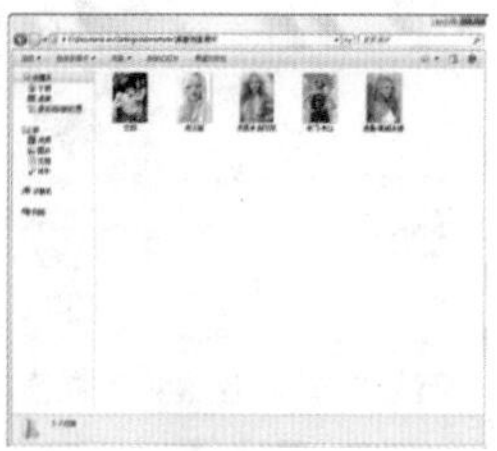

图18-82

步骤 08 执行“图像 > 变量 > 数据组”命令，如图 18-83 所示。在弹出的“变量”对话框中单击右侧的“导入”按钮，如图 18-84 所示。在弹出的“导入数据组”对话框中单击“选择文件”按钮，拾取之前创建的数据组文本，选中“将第一列用作数据组名称”复选框，单击“确定”按钮完成操作，如图 18-85 所示。

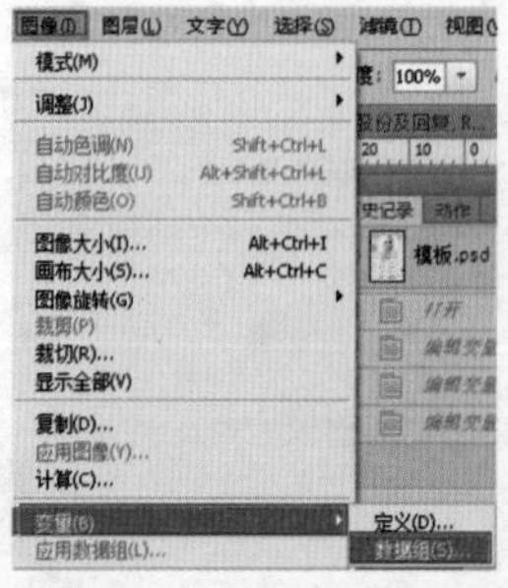

图18-83

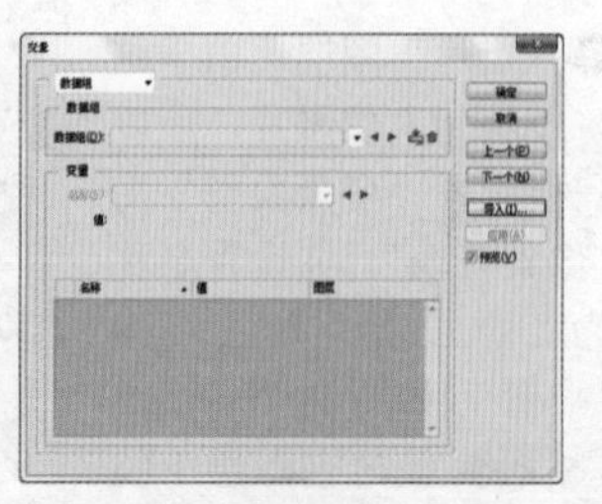

图18-84

步骤 09 数据组导入成功后，选中“预览”复选框，然后在“数据组”，下拉列表中选择一个数据组，即可预览该数据的结果图像，单击“确定”按钮完成当前操作，如图 18-86 所示。

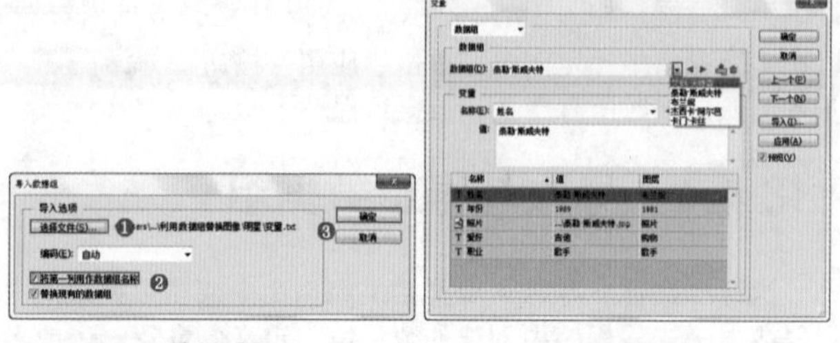

图18-85　　图18-86

步骤 10 执行“图像 > 应用数据组”命令，如图 18-87 所示。观察预览结果，正确后单击“应用”按钮将数据应用到文件，如图 18-88 所示。

图18-87

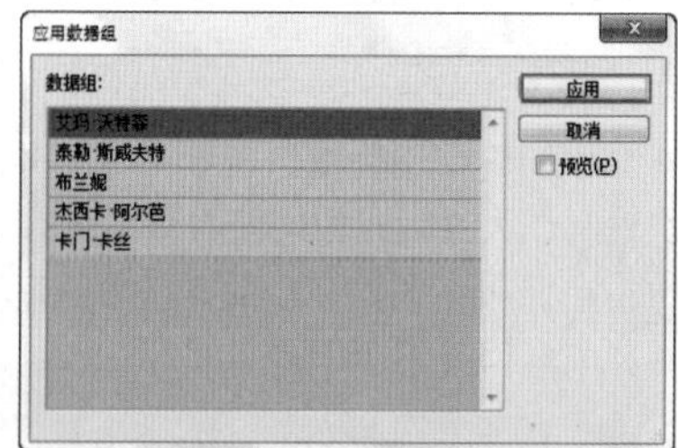

图18-88

步骤 11 执行“文件 > 导出 > 数据组作为文件”命令，如图 18-89 所示。在弹出的“将数据组作为文件导出”对话框中选择输出文件存储的位置，并选择所有数据组，单击“确定”按钮开始导出，如图 18-90 所示。

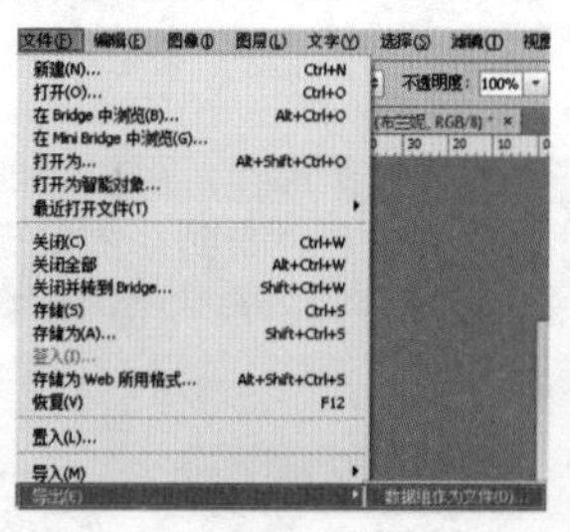

图18-89

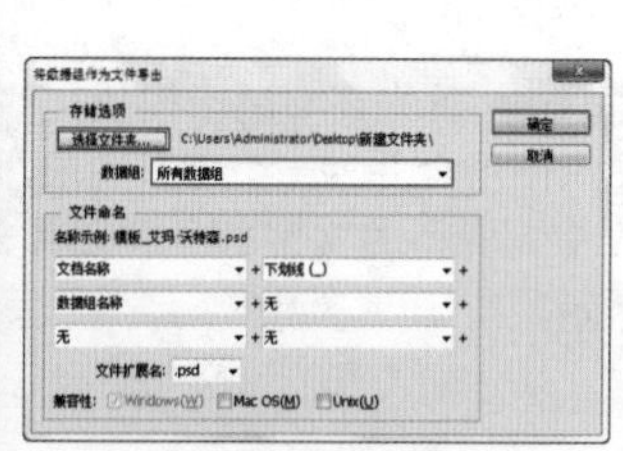

图18-90

步骤 12 Photoshop 将开始自动创建 PSD 文件，最终效果如图 18-91 所示。

图18-91

18.5 创建颜色陷印

陷印又称扩缩或补漏白，主要是为了弥补因印刷不精确而造成的相邻的不同颜色之间留下的无色空隙，如图 18-92 所示。

> **技巧提示**
>
> 肉眼观察印刷品时，会出现一种深色距离较近，浅色距离较远的错觉。因此，在处理陷印时，需要掩盖深色下的浅色，而保持上层的深色不变。

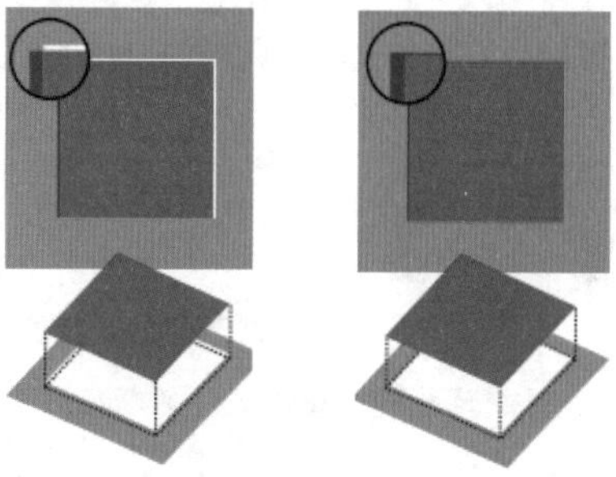

不包含陷印的未对齐对象　　包含陷印的未对齐对象

图18-92

执行“图像 > 陷印”命令，可以打开“陷印”对话框。其中“宽度”选项表示印刷时颜色向外扩张的距离，如图 18-93 所示。

> **技巧提示**
>
> 只有图像的颜色为 CMYK 颜色模式时，“陷印”命令才可用。另外，图像是否需要陷印及陷印宽度和单位一般由印刷商决定。

图18-93

18.6 打印设置与色彩管理

18.6.1 设置打印基本选项

文件在打印之前需要对其印刷参数进行设置。执行“文件 > 打印”命令打开“Photoshop 打印设置”对话框，在该对话框中可以预览打印作业的效果，并且可以对打印机、打印份数、输出选项和色彩管理等进行设置，如图 18-94 所示。

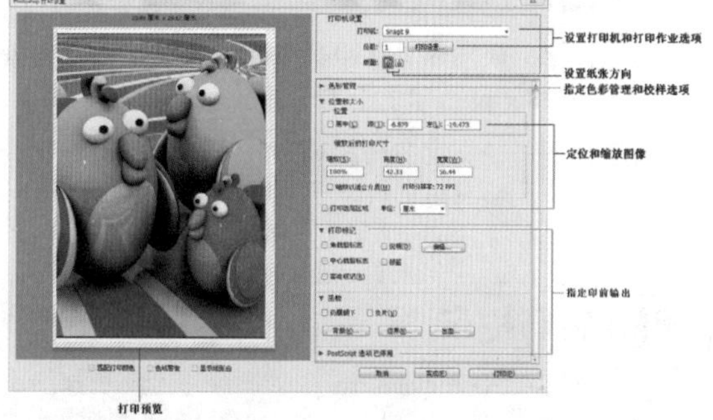

图18-94

- 打印机：在下拉列表中可以选择打印机。
- 份数：设置要打印的份数。
- 打印设置：单击该按钮，可以打开一个属性对话框。在该对话框中可以设置纸张的方向、页面的打印顺序和打印页数。
- 版面：单击“横向打印纸张”按钮或“纵向打印纸张”按钮可将纸张方向设置为横向或纵向。
- 位置：选中“居中”复选框，可以将图像定位于可打印区域的中心；取消选中该复选框，可以在“顶”和“左”文本框中输入数值来定位图像，也可以在预览区域中移动图像进行自由定位，从而打印部分图像。
- 缩放后的打印尺寸：如果选中“缩放以适合介质”复选框，可以自动缩放图像到适合纸张的可打印区域；如果取消选中该复选框，可以在“缩放”文本框中输入图像的缩放比例，或在“高度”和“宽度”文本框中设置图像的尺寸。
- 打印选定区域：选中该复选框，可以启用对话框中的裁剪控制功能，调整定界框移动或缩放图像。

18.6.2 指定色彩管理

在“Photoshop 打印设置”对话框中，不仅可以对打印参数进行设置，还可以对打印图像的色彩以及输出的打印标记和函数进行设置。“色彩管理”面板可以对打印颜色进行设置。在“Photoshop 打印设置”对话框中选择“色彩管理”选项，可以切换到“色彩管理”面板，如图 18-95 所示。

- 颜色处理：设置是否使用色彩管理。如果使用色彩管理，则需要确定将其应用于程序中还是打印设备中。
- 打印机配置文件：选择适用于打印机和要使用的纸张类型的配置文件。
- 渲染方法：指定颜色从图像色彩空间转换到打印机色彩空间的方式，共有“可感知”、“饱和度”、“相对比色”、“绝对比色”4个选项。可感知渲染将尝试保留颜色之间的视觉关系，色域外颜色转变为可重现颜色时，色域内的颜色可能会发生变化。因此，如果图像的色域外颜色较多，可感知渲染是最理想的选择。相对比色渲染可以保留较多的原始颜色，是色域外颜色较少时的理想选择。

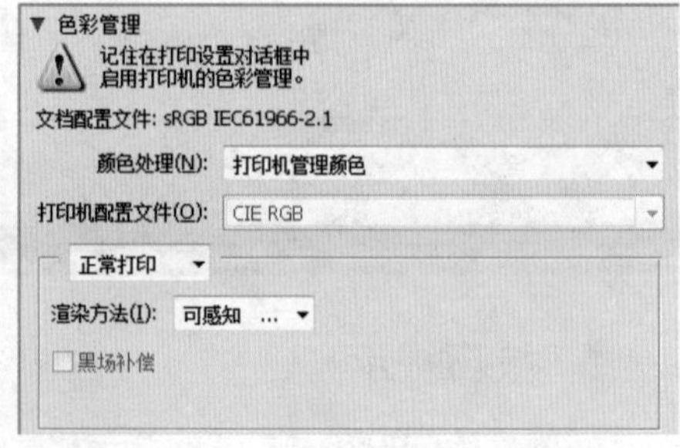

图18-95

技巧提示

在一般情况下，打印机的色彩空间要小于图像的色彩空间。因此，通常会造成某些颜色无法重现，而所选的渲染方法将尝试补偿这些色域外的颜色。

18.6.3 指定印前输出

在“Photoshop 打印设置”对话框中可以指定页面标记和其他输出内容，如图18-96所示。

- 角裁剪标志：在要裁剪页面的位置打印裁剪标记。可以在角上打印裁剪标记。在PostScript打印机上，选择该复选框也将打印星形色靶。
- 说明：打印在“文件简介”对话框中输入的任何说明文本（最多约300个字符）。
- 中心裁剪标志：在要裁剪页面的位置打印裁剪标记。可以在每条边的中心打印裁剪标记。
- 标签：在图像上方打印文件名。如果打印分色，则将分色名称作为标签的一部分进行打印。
- 套准标记：在图像上打印套准标记（包括靶心和星形靶）。这些标记主要用于对齐PostScript打印机上的分色。

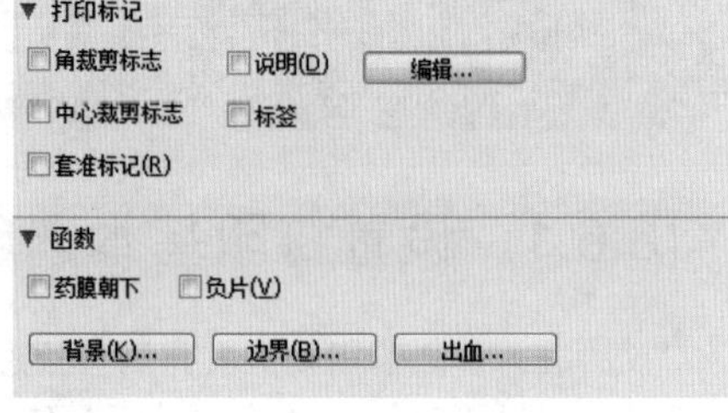

图18-96

- 药膜朝下：使文字在药膜朝下（即胶片或像纸上的感光层背对）时可读。在正常情况下，打印在纸上的图像是药膜朝上时打印的，感光层正对时文字可读。打印在胶片上的图像通常采用药膜朝下的方式打印。
- 负片：打印整个输出（包括所有蒙版和任何背景色）的反相版本。

技巧提示

“负片”与“图像>调整>反相”命令不同，“负片”是将输出转换为负片。尽管正片胶片在许多国家/地区很普遍，但是如果要将分色直接打印到胶片，可能需要负片。

- 背景：选择要在页面上的图像区域外打印的背景色。
- 边界：在图像周围打印一个黑色边框。
- 出血：在图像内而不是在图像外打印裁剪标记。

Chapter 19

第19章

精通人像照片精修

拍摄照片后经常会因为各种原因对照片的效果不满意，如粗糙的皮肤，明显的皱纹、大粗腿等，这种原因可能是主观的，也可能是客观的，使用 Photoshop 对照片进行精修会让你实现满意的效果。本章将讲解人像照片精修的各种方法。

本章学习要点：

- 美化脸形
- 快速打造嫩白肌肤
- 还原年轻面孔
- 为美女带上美瞳
- 变身长腿美女
- 靓丽青春的彩妆

19.1 美化脸形

实例文件	美化脸形 .psd
视频教学	美化脸形 .flv
难易指数	★★★★★
技术要点	"液化"命令

实例效果

对比效果如图 19-1 和图 19-2 所示。

图19-1

图19-2

操作步骤

步骤 01 打开素材文件，原图人像面部有些变形，左侧面颊明显偏大，可以使用"液化"滤镜进行校正，如图 19-3 所示。

步骤 02 执行"滤镜 > 液化"命令，单击"向前变形工具"按钮，设置"画笔大小"为 211，"画笔密度"为 100，"画笔压力"为 65，在左侧面颊处单击并由左向右拖曳，如图 19-4 所示。

图19-3

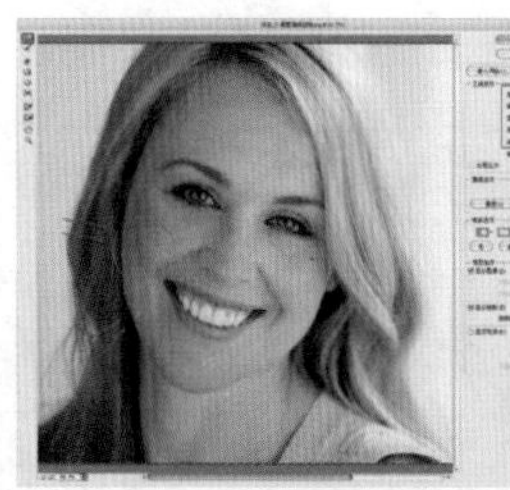
图19-4

技巧提示

在液化操作中所使用到的工具数值并不是一成不变的，在实际操作中需要根据实际情况进行调整，切不可生搬硬套。

步骤 03 此时人像面部出现"瓜子脸"的效果，继续使用向前变形工具适当调整右侧面颊形状，如图 19-5 所示。

步骤 04 另外，人像还有轻微的大小眼问题，可以选择膨胀工具并设置合适的参数在右侧眼睛处单击，使双眼大小接近，如图 19-6 所示。

图19-5

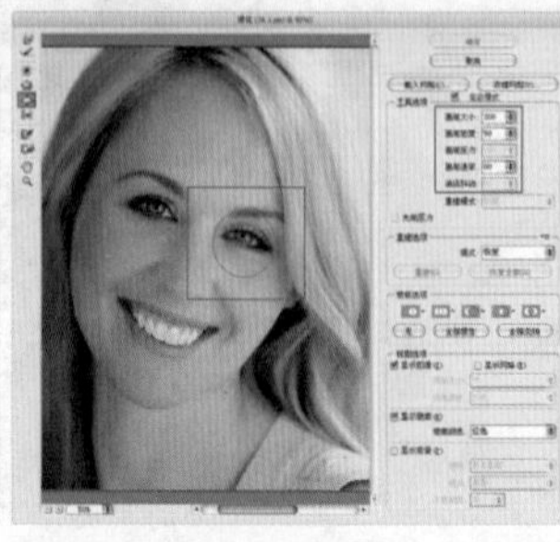
图19-6

步骤 05 最后单击"确定"按钮完成液化操作，最终效果如图 19-7 所示。

图19-7

技巧提示

一般进行人像面部的液化调整，主要是针对面部轮廓与五官形状比例的调整，通常可以使用"自由变换"命令或"液化"滤镜。

处理人像面部时需要注意"三庭五眼"之间的关系。"三庭"是指在正面人像中发际线到眉线为上庭、眉线到鼻底线为中庭、从鼻底线到下巴尖线为下庭；"五眼"则是指将面部正面纵向分为5等份，以一个眼长为一份，即两眼之间距离为一个眼的距离，从外眼角垂线至外耳孔垂线之间为一个眼的距离，如图 19-8 所示。

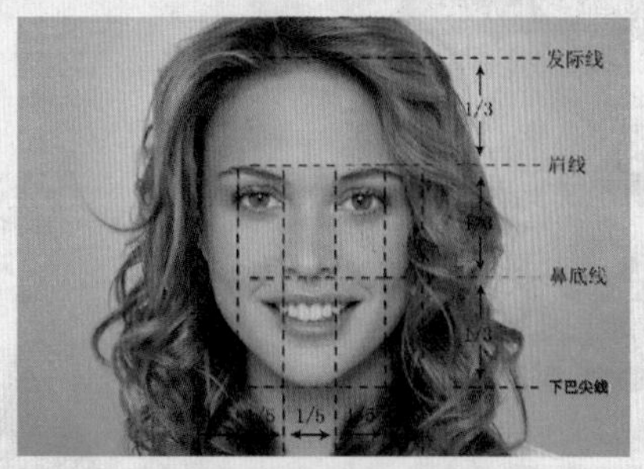

图19-8

19.2 快速打造嫩白肌肤

实例文件	快速打造嫩白肌肤.psd
视频教学	快速打造嫩白肌肤.flv
难易指数	
技术要点	“曲线”、“可选颜色”调整图层

实例效果

对比效果如图 19-9 和图 19-10 所示。

图19-9

图19-10

操作步骤

步骤 01 打开素材文件，如图 19-11 所示。素材中人像肤色有些暗淡发黄。首先执行“图层 > 新建调整图层 > 曲线”命令，创建“曲线”调整图层，将图像提亮，如图 19-12 所示。单击“曲线”图层蒙版，填充黑色，然后使用白色画笔绘制人像皮肤区域，如图 19-13 和图 19-14 所示。

图19-11

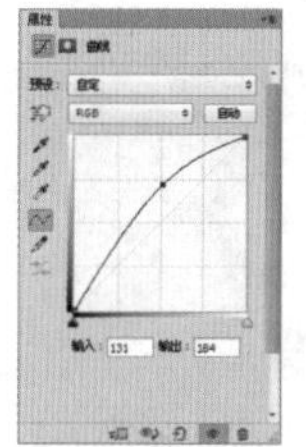

图19-12

图19-13

图19-14

> **技巧提示**
>
> 图层蒙版中只允许绘制黑、白、灰这类饱和度为 0 的颜色，黑白区域控制着原图层的擦去或保留。

步骤 02 创建“可选颜色”调整图层，在“颜色”下拉列表中选择“黄色”，设置“黄色”数值为 -36，如图 19-15 所示。最终效果如图 19-16 所示。

图19-15

图19-16

19.3 保留质感美白肌肤

实例文件	保留质感美白肌肤.psd
视频教学	保留质感美白肌肤.flv
难易指数	
技术要点	图层混合模式、修复画笔工具、外挂磨皮滤镜

实例效果

对比效果如图 19-17 和图 19-18 所示。

图19-17

图19-18

操作步骤

步骤 01 打开素材文件，如图 19-19 所示。

步骤 02 首先对人像脸部进行去皱处理。选择“修复画笔工具”，按住 Alt 键单击脸部皮肤较为平滑的区域，再回到有皱纹的区域进行涂抹，如图 19-20 所示。去皱后的效果如图 19-21 所示。

步骤 03 下面提亮肤色。创建新图层，将前景色设置为肉色（R：240，G：206，B：181），然后使用画笔工具绘制人像皮肤区域，如图 19-22 所示。

图19-19

设置混合模式为“柔光”，如图 19-23，效果如图 19-24 所示。

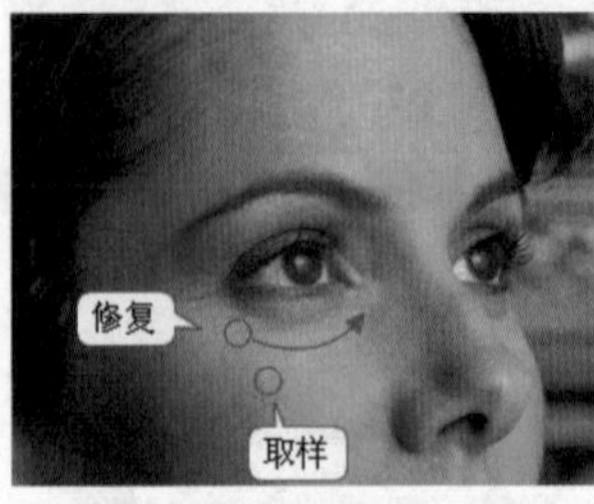

图19-20

图19-21

图19-22

图19-23

图19-24

技巧提示

“柔光”混合模式是根据绘图色的明暗程度来决定最终色是变亮还是变暗，当绘图色比 50% 的灰亮时，则底色图像变亮；当绘图色比 50% 的灰暗时，则底色图像变暗。

所以在人像亮度矫正时经常利用“柔光”模式的这一特性来进行皮肤的明暗调整，并且使用图层混合的方法不会影响到原图。

步骤 04 下面需要使用外挂滤镜对图像进行细致磨皮。首先使用快捷键 Ctrl + Alt + Shift + E 盖印图层，然后执行“滤镜 > Imagenomic>Portraiture”命令，在弹出的对话框中设置参数，如图 19-25 和图 19-26 所示。

图19-25

图19-26

步骤 05 磨皮后的人像皮肤变得光滑很多，但是人像头发和眼睛四周也被模糊处理了，因此需要还原头发和眼部四周的质感。执行“滤镜 > 锐化 > 智能锐化”命令，适当设置锐化数值，如图 19-27 所示。

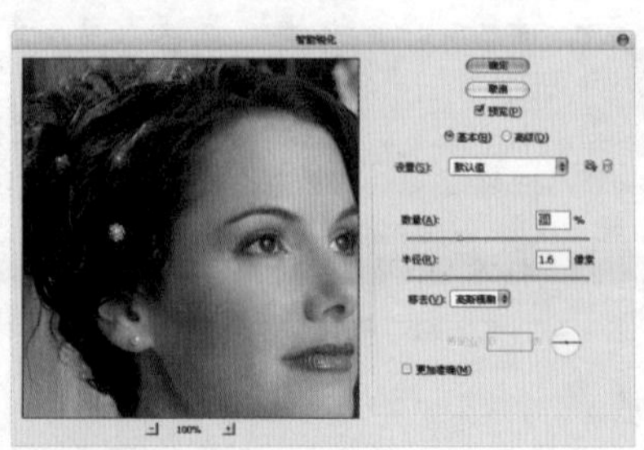
图19-27

技巧提示

Portraiture 是一款优秀的人像美化插件，多用于人像图片磨皮润色，减少了人工选择图像区域的重复劳动。它能够智能地对图像中的皮肤材质、头发、眉毛、睫毛等部位进行平滑和减少疵点处理。

步骤 06 下面对人像皮肤进行调色。创建“可选颜色”调整图层，在“颜色”下拉列表中选择“黄色”，设置“黄色”数值为 -39，如图 19-28 所示。单击“可选颜色”图层蒙版，填充黑色，然后使用白色画笔绘制人像皮肤区域，如图 19-29 和图 19-30 所示。

图19-28

图19-29

图19-30

步骤 07 最后创建“亮度 / 对比度”调整图层，设置“对比度”数值为 26，如图 19-31 所示。最终效果如图 19-32 所示。

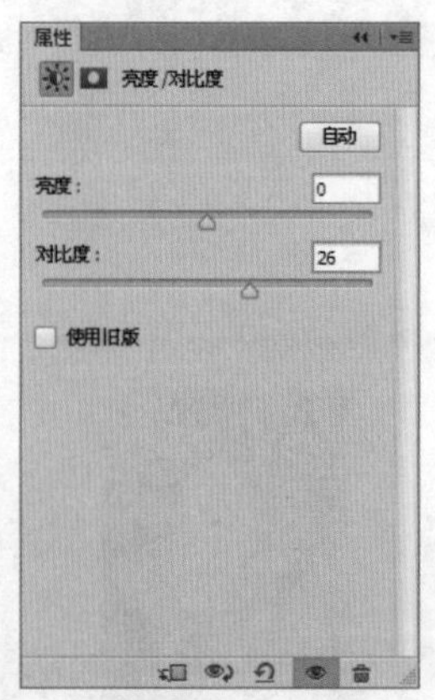

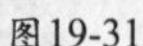
图19-31

图19-32

19.4 还原年轻面孔

实例文件	还原年轻面孔 .psd
视频教学	还原年轻面孔 .flv
难易指数	★★★★★
技术要点	修复画笔工具、滤镜磨皮技术

实例效果

对比效果如图 19-33 和图 19-34 所示。

图19-33

图19-34

操作步骤

步骤 01 打开素材文件，如图 19-35 所示。下面开始去除人像的皱纹，以左眼为例。选择“修复画笔工具”，设置合适的画笔大小和间距，如图 19-36 所示。

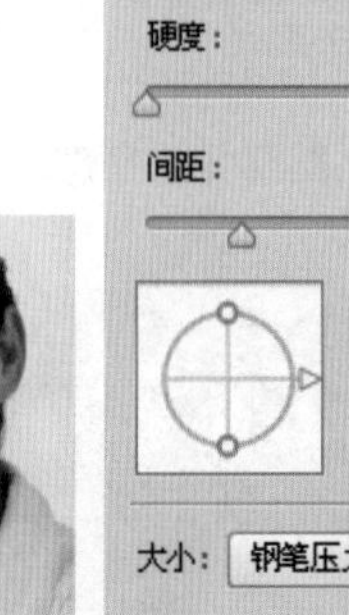

图19-35

图19-36

> **技巧提示**
>
> 为了让修复的效果更好，可以在绘制不同区域的过程中调整画笔大小和间距数值。注意，为了使修补区域过渡更柔和，画笔硬度尽量设置为 0%。

读书笔记

步骤 02 按住 Alt 键单击脸部皮肤较为平滑的区域，再回到左下眼袋处，对皱纹区域进行涂抹，如图 19-37 所示。

步骤 03 接着吸取右侧脸颊皮肤，涂抹眼尾部分的细纹，如图 19-38 所示。

步骤 04 用同样的方法处理面部其他区域的细纹，如图 19-39 所示。

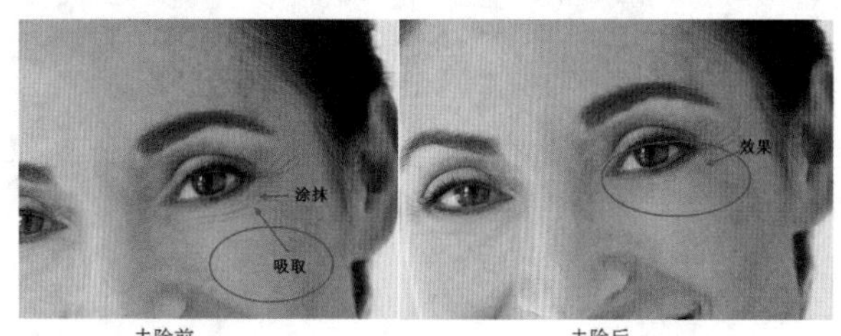

图19-37

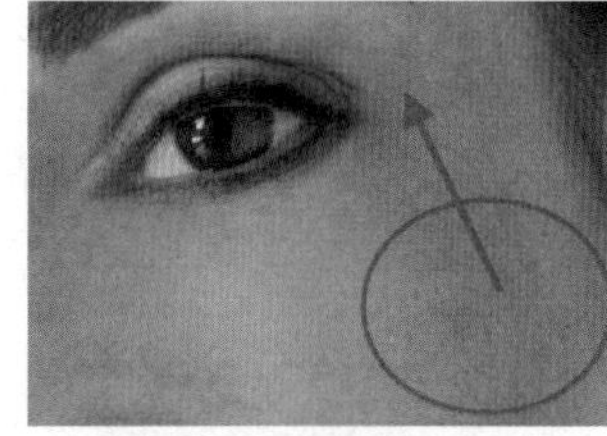

图19-38

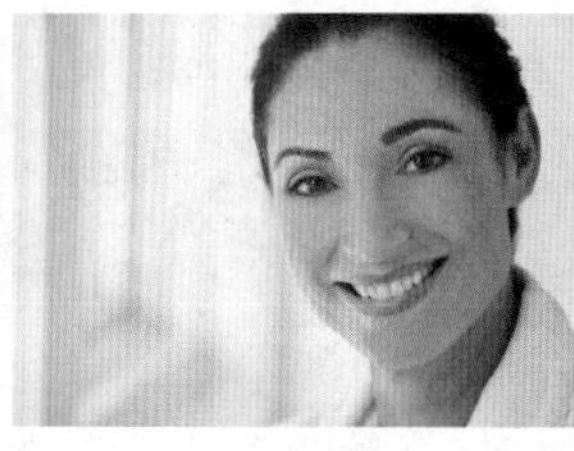

图19-39

> **技巧提示**
>
> 在这里使用的是修复画笔工具进行皱纹的去除，当然也可以使用 Photoshop 提供的其他修复工具，如仿制图章、污点修复画笔、修复画笔、修补等工具，也可以快速修复图像中的污点和瑕疵。

步骤 05 最后使用外挂滤镜对图像进行磨皮即可，如图 19-40 所示。最终效果如图 19-41 所示。

图19-40

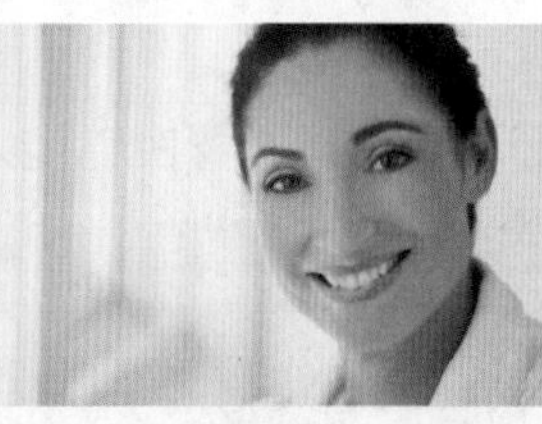

图19-41

19.5 为美女带上美瞳

实例文件	为美女带上美瞳 .psd
视频教学	为美女带上美瞳 .flv
难易指数	★★★★★
技术要点	混合模式、图层蒙版、外挂笔刷

实例效果

对比效果如图 19-42 和图 19-43 所示。

图19-42

图19-43

操作步骤

步骤 01 打开素材文件，如图 19-44 所示。

步骤 02 下面给人像添加美瞳。导入瞳孔素材文件，放置在右侧瞳孔处，如图 19-45 所示。

图19-44

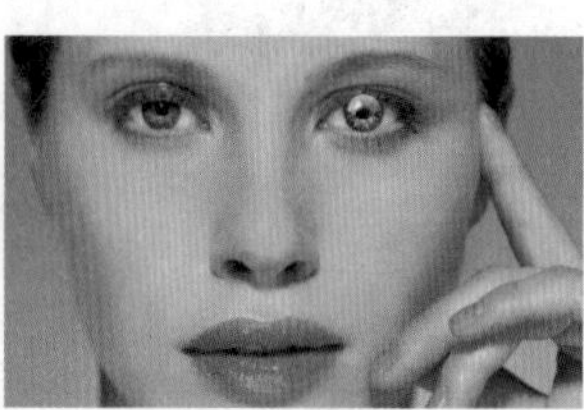
图19-45

步骤 03 为该图层添加图层蒙版，使用黑色画笔擦除眼球以外多余部分，设置混合模式为“柔光”，如图 19-46 和图 19-47 所示。

图19-46

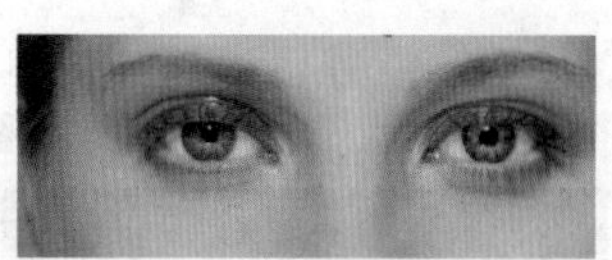
图19-47

步骤 04 复制美瞳图层，移动到另一侧，适当调整图层蒙版，如图 19-48 所示。

步骤 05 创建新图层，载入外挂睫毛笔刷素材文件。设置前景色为黑色，使用画笔画出睫毛，如图 19-49 所示。

图19-48

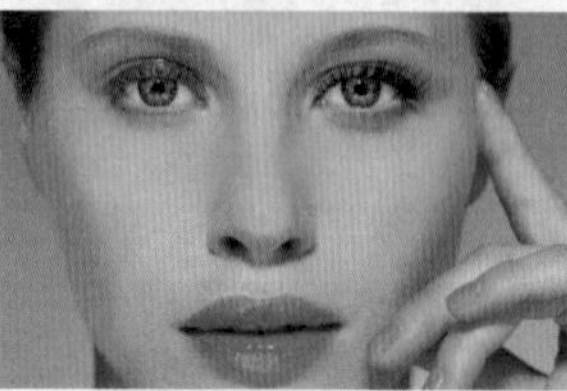
图19-49

技巧提示

眼睫毛必须与眼睛形状相符，睫毛弯度与眼睛的弯度应大小相近。可以使用自由变换工具快捷键 Ctrl+T 调整大小，或者单击右键，选择“斜切”、“扭曲”、“透视”、“变形”命令，来调整睫毛形状，如图 19-50 和图 19-51 所示。

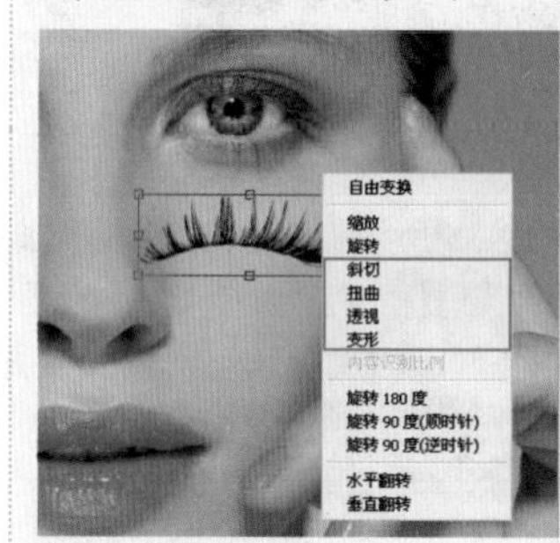

图19-50

图19-51

步骤 06 复制睫毛图层并水平翻转移动到另外一侧，最终效果如图 19-52 所示。

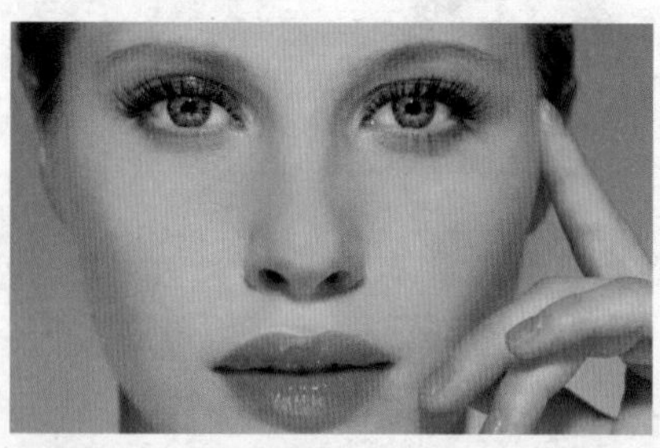
图19-52

19.6 魅惑烟熏妆

实例文件	魅惑烟熏妆 .psd
视频教学	魅惑烟熏妆 .flv
难易指数	★★★★★
技术要点	“曲线”调整图层、混合模式

实例效果

对比效果如图 19-53 和图 19-54 所示。

图19-53

图19-54

操作步骤

步骤 01 打开人像素材文件，如图 19-55 所示。由于照片整体偏暗，首先需要对其亮度进行校正。

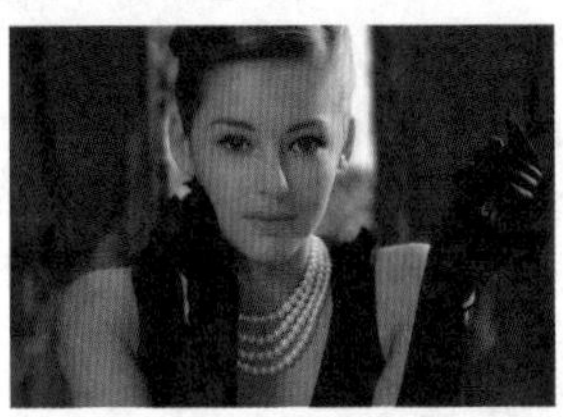

图19-55

步骤 02 复制“背景”图层，设置其混合模式为“滤色”，“不透明度”为 60%，如图 19-56 所示。添加图层蒙版，使用黑色画笔擦除过亮的地方，如图 19-57 所示。

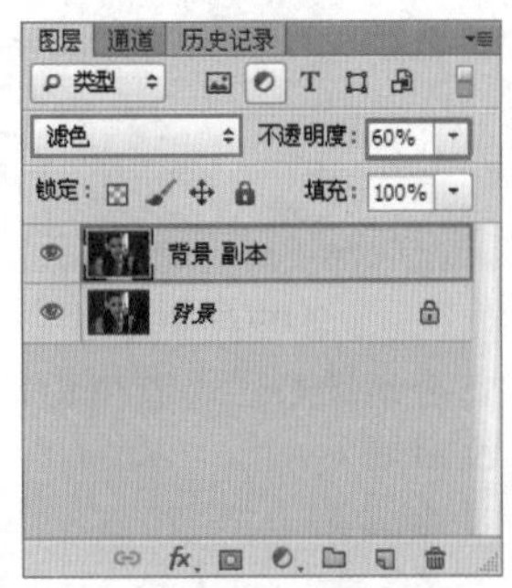

图19-56

图19-57

> **技巧提示**
>
> 通常执行滤色模式后的颜色都较浅。任何颜色和黑色执行滤色，原色不受影响；任何颜色和白色执行滤色，得到的是白色；而与其他颜色执行滤色，会产生漂白的效果。

步骤 03 创建新图层，设置前景色为灰色，然后使用柔边圆画笔在人像皮肤较暗的区域上绘制，如图 19-58 所示。设置混合模式为“柔光”，如图 19-59 所示，效果如图 19-60 所示。

步骤 04 创建“曲线 1”调整图层，调整曲线形状，如图 19-61 和 19-62 所示。单击“曲线”图层蒙版，填充黑色，然后使用白色笔画在制人像上眼睑绘制，使上眼睑的部分颜色加深，如图 19-63 所示。

图19-58

图19-59

图19-60

图19-61

图19-62

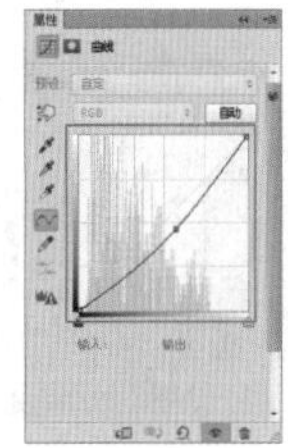

图19-63

步骤 05 创建“曲线 2”调整图层，调整曲线形状，如图 19-64 所示。单击“曲线”图层蒙版，填充黑色，然后使用白色画笔在靠近上下眼睑的区域绘制，如图 19-65 和图 19-66 所示。

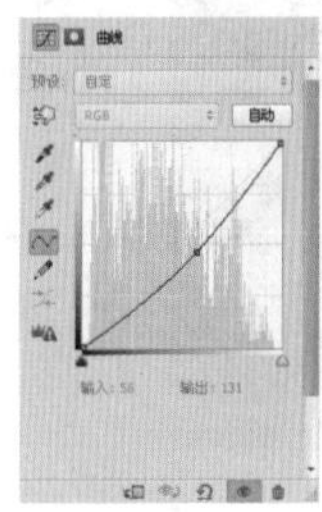

图19-64

图19-65

图19-66

> **技巧提示**
>
> 使用 Photoshop 为人像制作烟熏妆时需要注意妆面的层次感，可以按照实际中彩妆绘制的过程，先铺底色，然后按照由浅至深的颜色进行绘制，如图 19-67 所示。

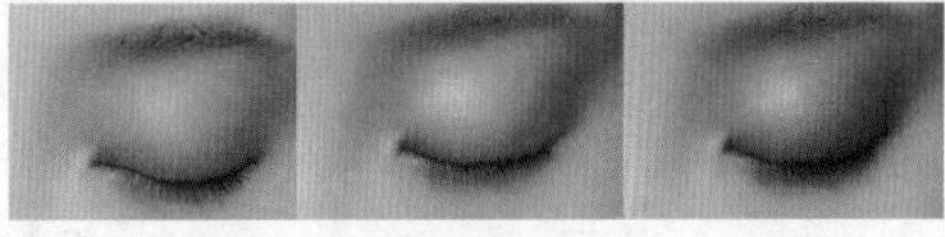

图19-67

步骤 06 最终效果如图 19-68 所示。

图19-68

19.7 水润唇妆

实例文件	水润唇妆 .psd
视频教学	水润唇妆 .flv
难易指数	★★★★★
技术要点	“色相 / 饱和度”、“曲线”、“色阶”调整图层，“添加杂色”命令

实例效果

对比效果如图 19-69 和图 19-70 所示。

图19-69

图19-70

操作步骤

步骤 01 打开素材文件，如图 19-71 所示。

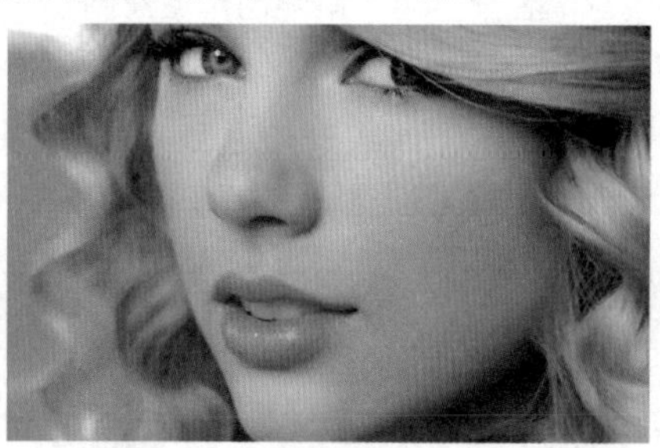

图19-71

步骤 02 绘制嘴唇选区，然后创建“色相 / 饱和度”调整图层，如图 19-72 所示。在“色相 / 饱和度”调整面板颜色下拉列表框中选择“全图”选项，设置“色相”数值为 -19，“明度”为 10，如图 19-73 所示，此时嘴唇效果如图 19-74 所示。

图19-72

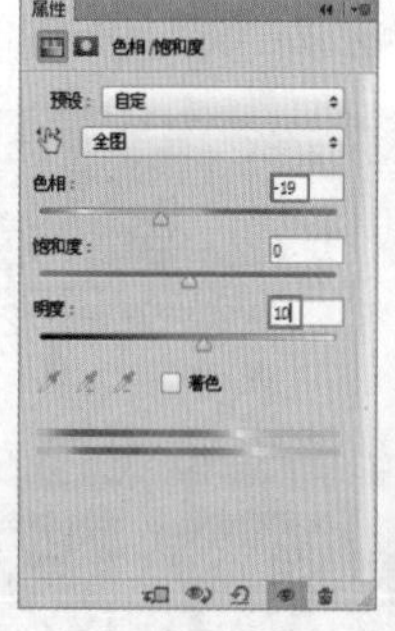

图19-73

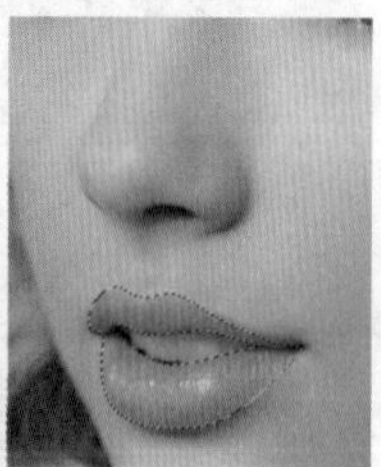

图19-74

步骤 03 下面制作亮片。创建新图层，使用套索工具，设置适当的羽化数值，沿着嘴唇勾勒出轮廓选区，填充为黑色，如图 19-75 所示。

步骤 04 执行“滤镜 > 杂色 > 添加杂色”命令，设置“数量”为 40.00%，选中“高斯分布”单选按钮，并选中“单色”复选框，如图 19-76 所示。此时黑色的图层出现白色斑点，如图 19-77 所示。

图19-75

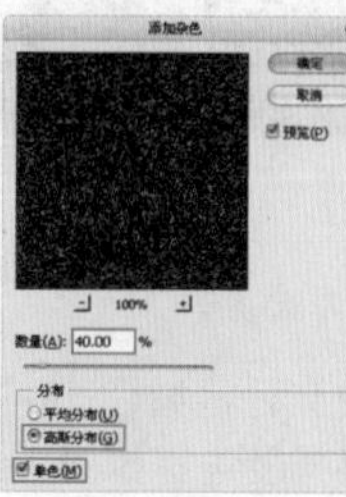

图19-76

图19-77

步骤 05 设置该图层混合模式为“柔光”，“不透明度”为 40%，如图 19-78 所示。此时黑色部分完全隐藏，白色的部分出现亮片的效果，如图 19-79 所示。

图19-78

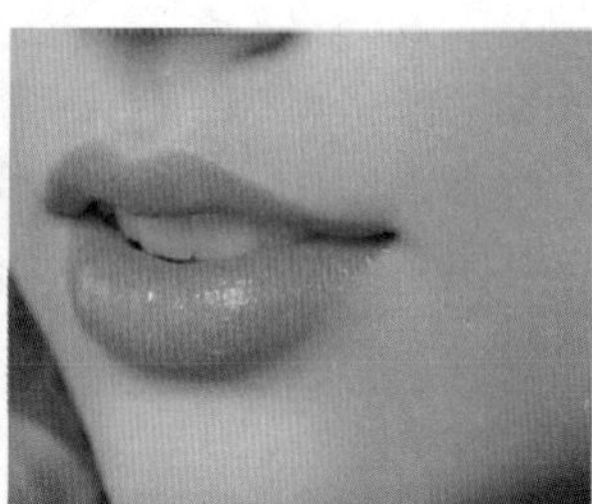

图19-79

步骤 06 创建“曲线”调整图层，分别调整红通道和 RGB 通道曲线形状，如图 19-80 和图 19-81 所示。

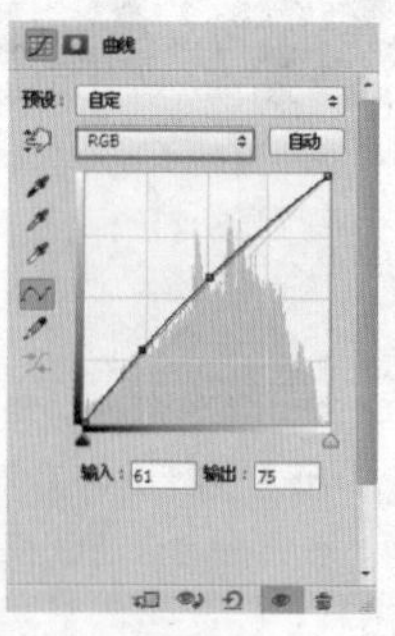

图19-80

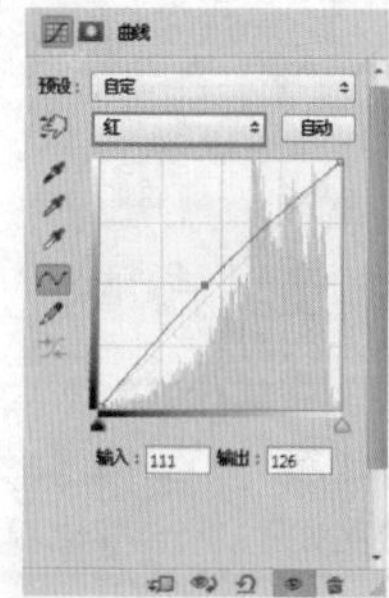

图19-81

步骤 07 单击“曲线”图层蒙版，填充黑色，然后使用白色画笔绘制人像嘴唇，如图 19-82 所示。

步骤 08 创建“色阶”调整图层，在下拉列表中选择 RGB，分别设置阴影、中间调和高光数值为 42：1：230，如图 19-83 所示。

步骤 09 单击“色阶”图层蒙版，填充黑色，然后使用白色画笔绘制人像嘴唇，如图 19-84 所示。

步骤 10 创建“曲线”调整图层，将图像提亮，如图 19-85 所示。最终效果如图 19-86 所示。

图19-82

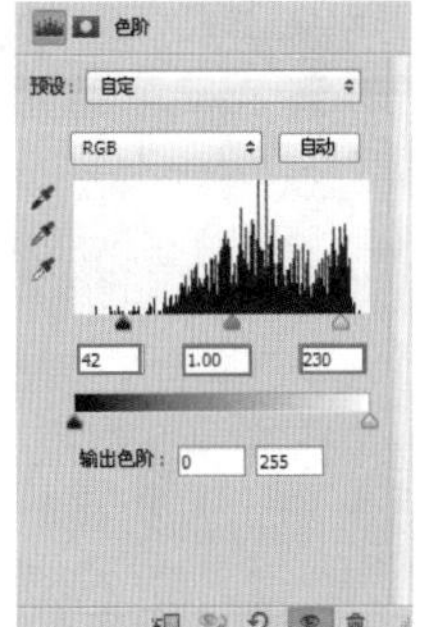

图19-83

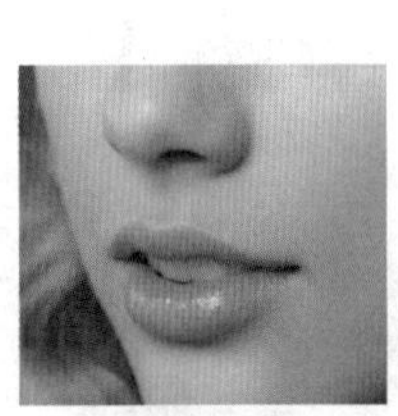
图19-84

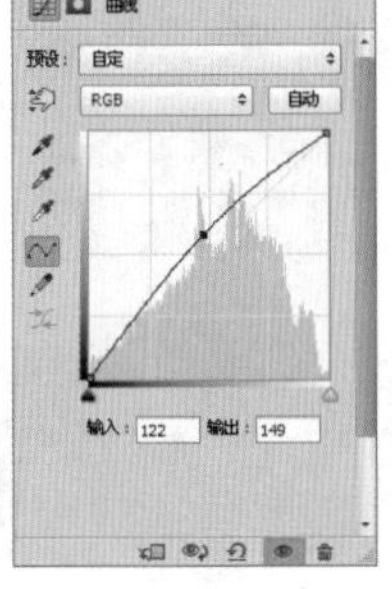

图19-85

图19-86

※技术拓展：色阶参数详解

输入色阶：用来调整图像的阴影（左侧滑块）、中间调（中间滑块）和高光区域（右侧滑块）。可拖动滑块或者在滑块下面的文本框中输入数值来进行调整。向左移动滑块，可使与之对应的色调变亮。向右拖动，则使之变暗，如图 19-87 所示。

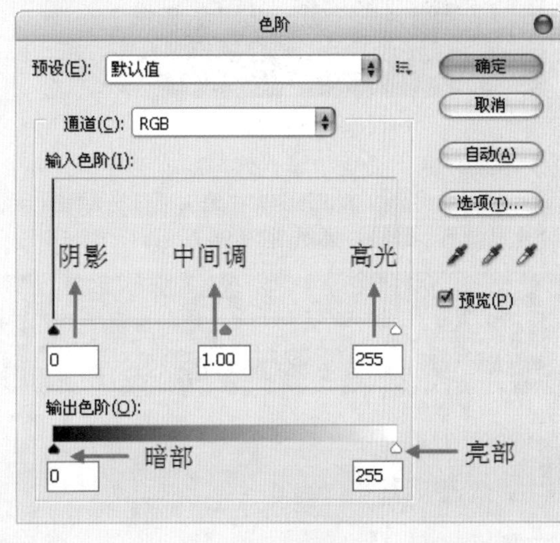

图19-87

19.8 补全发色

实例文件	补全发色.psd
视频教学	补全发色.flv
难易指数	★★★★★
技术要点	“颜色”混合模式

实例效果

对比效果如图 19-88 和图 19-89 所示。

图19-88

图19-89

操作步骤

步骤 01 打开素材文件，如图 19-90 所示。从图像中可以看出，人像头顶的发色与其他部分发色差异较大，首先使用“吸管工具”吸取类似正常头发部分的颜色，如图 19-91 所示。

图19-90

图19-91

步骤 02 新建图层，单击工具箱中的“画笔工具”按钮，选择一个圆形画笔，设置“硬度”为 0 并设置合适的大小。在头顶颜色不均匀的部分进行涂抹，如图 19-92 所示。

技巧提示

选择合适的混合颜色其实并不容易，可以选取类似的颜色，然后设置好该图层的混合模式，再对颜色图层进行色相 / 饱和度以及亮度的调整。这样既快捷又能够直观地观察到最终效果。

图19-92

步骤03 在“图层”面板中设置该图层的混合模式为“颜色”，如图19-93所示。此时可以看到头顶部分颜色与底部颜色过渡很自然，最终效果如图19-94所示。

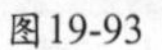

图19-93

图19-94

技巧提示

“颜色”混合模式是采用底色的亮度以及绘图色的色相、饱和度来创建最终色。它可保护原图的灰阶层次，对于图像的色彩微调、给单色和彩色图像着色都非常有用。

19.9 炫彩发色

实例文件	炫彩发色.psd
视频教学	炫彩发色.flv
难易指数	★★★★★
技术要点	“色相/饱和度”调整图层

实例效果

对比效果如图19-95和图19-96所示。

图19-95

图19-96

操作步骤

步骤01 打开人像素材文件，如图19-97所示。人像头发是与皮肤同色系的棕褐色，在本案例中需要将头发颜色变为反差较大的紫色。

图19-97

步骤02 创建“色相/饱和度”调整图层，在颜色下拉列表中选择“全图”，设置“色相”为-73，“饱和度”为31，如图19-98和图19-99所示。

图19-98

图19-99

步骤03 单击“色相/饱和度”图层蒙版，填充黑色，然后使用白色画笔绘制人像头发区域，如图19-100所示。此时只有人像头发受到影响，而其他部分还原为正常状态。最终效果如图19-101所示。

图19-100

图19-101

答疑解惑：为什么先为蒙版填充黑色？

根据蒙版中“黑色隐藏，白色显示”的原理，由于这里“色相/饱和度”调整图层的主要作用区域应该为头发，所以背景部分应该填充黑色，头发部分应该填充白色。而头发部分相对整张图像是较小的区域，所以先填充黑色再使用画笔绘制白色更便捷。

19.10 短发变长发

实例文件	短发变长发.psd
视频教学	短发变长发.flv
难易指数	★★★★★
技术要点	仿制图章工具、外挂画笔工具

实例效果

对比效果如图19-102和图19-103所示。

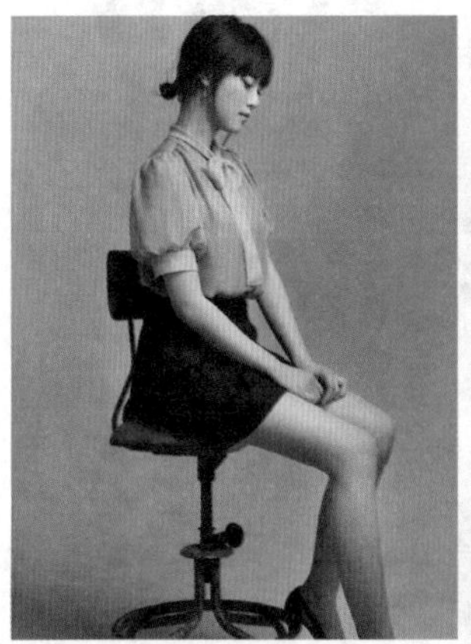
图19-102

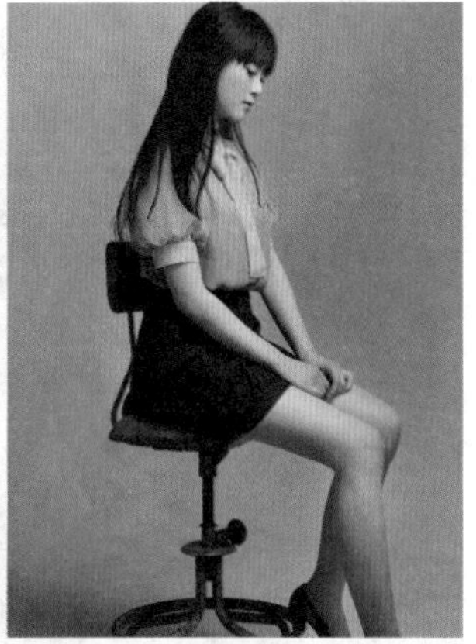
图19-103

操作步骤

步骤01 打开人像素材文件，如图19-104所示。本案例需要对人像的发型进行调整，这里主要使用外挂头发画笔。

步骤02 首先需要去除人像头发扎起来的部位。使用“仿制图章工具”，按住Alt键吸取背景像素，如图19-105所示。然后在人像头发扎起来的部位进行涂抹，头发即被掩盖，如图19-106所示。

图19-104

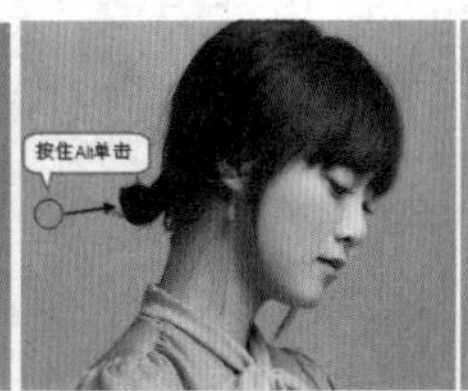

图19-105

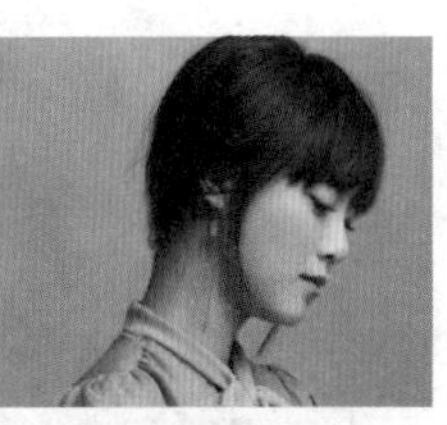
图19-106

步骤03 创建新组，命名为“头发”，选择工具箱中的画笔工具，在画笔面板菜单中选择“载入画笔”命令，选择外挂头发笔刷，如图19-107所示。

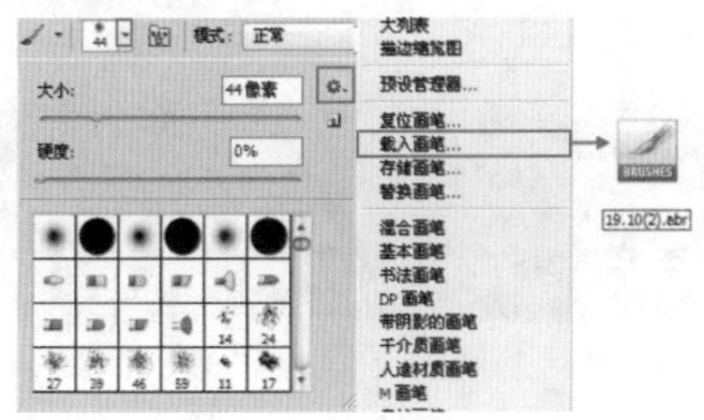

图19-107

步骤04 导入头发笔刷文件后，使用3种不同的头发画笔绘制头发，如图19-108所示。

图19-108

答疑解惑：如何绘制自然的头发效果？

要想使头发与人像本身相融合，首先要吸取人像本身头发的颜色，不至于使颜色差距太大。其次是选择好适当的头发笔刷形状，让头发有前后层次感，如图19-109和图19-110所示。最后是添加图层蒙版，对头发多余部分或者棱角太过分明的地方进行柔和处理，如图19-111所示。

图19-109

图19-110

图19-111

步骤05 为了使头发效果更逼真，需要制作头发的阴影部分。新建图层并拖曳图层放置在“头发组”的下层。使用黑色柔边圆画笔，降低“不透明度”和“流量”均为60%，沿着头发和衣服分叉处进行绘制，如图19-112所示。绘制完成后在“图层”面板中降低“不透明度”为62%，如图19-113所示。最终效果如图19-114所示。

图19-112

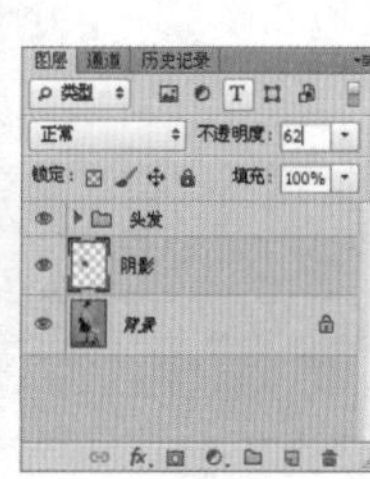

图19-113

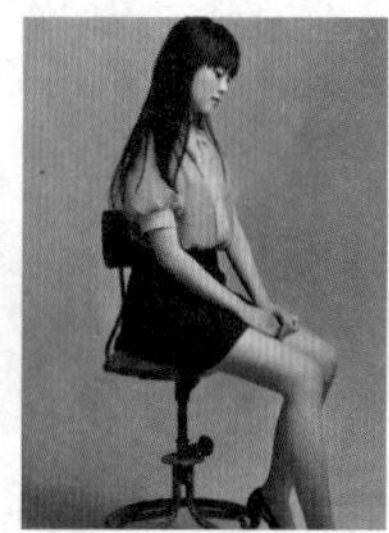
图19-114

19.11 衣服换颜色

实例文件	衣服换颜色 .psd
视频教学	衣服换颜色 .flv
难易指数	★★★★★
技术要点	“色相 / 饱和度”调整图层

实例效果

对比效果如图 19-115 和图 19-116 所示。

图19-115

图19-116

操作步骤

步骤 01 打开人像素材文件，如图 19-117 所示。从素材文件来看，人像服装以紫色为主，并且与背景颜色差别较大，可以使用“色相 / 饱和度”命令进行编辑。除此之外，也可以使用“替换颜色”命令、颜色替换画笔工具进行颜色的更改。

步骤 02 创建“色相 / 饱和度”调整图层，设置“色相”为 -101，“饱和度”为 38，如图 19-118 所示。此时服装变为青绿色，同时人像肤色和背景色也发生了变化，如图 19-119 所示。

步骤 03 单击“色相 / 饱和度”图层蒙版，填充黑色，然后使用白色画笔在人像衣服部分进行涂抹，使调整图层只对衣服部分起作用，如图 19-120 所示。

步骤 04 此时观察到人像衣服中心有个三角形区域的颜色需要改变，如图 19-121 所示。再次创建“色相 / 饱和度”调整图层，在颜色下拉列表中选择“全图”，设置“色相”为 -49，如图 19-122 所示。

步骤 05 单击“色相 / 饱和度”图层蒙版，填充黑色，然后使用白色画笔绘制衣服上剩余的紫色部分，如图 19-123 所示。最终效果如图 19-124 所示。

图19-117

图19-118

图19-119

图19-120

图19-121

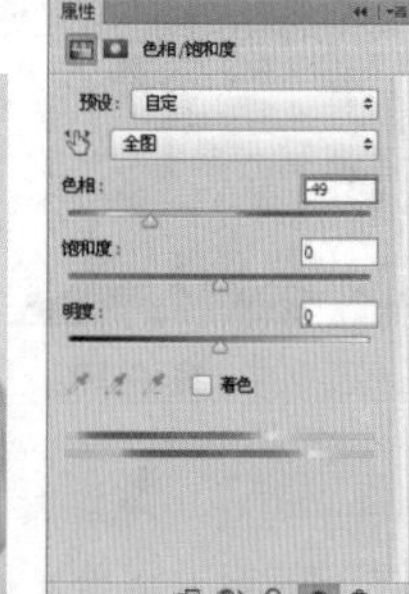

图19-122

图19-123

图19-124

19.12 使用液化滤镜调整身形

实例文件	使用液化滤镜调整身形 .psd
视频教学	使用液化滤镜调整身形 .flv
难易指数	★★★★★
技术要点	滤镜液化技术、仿制图章工具

实例效果

对比效果如图19-125和图19-126所示。

图19-125

图19-126

操作步骤

步骤01 打开人像素材文件，如图19-127所示。从图中明显地看出人像腰部曲线不是很好，发型和面部结构也需要进行调整。

步骤02 执行“滤镜 > 液化”命令，在弹出的对话框中单击“向前变形工具”，设置“画笔大小”为241，“画笔密度”为35，“画笔压力”为100，对准人像腰部，向右推进，如图19-128所示。

图19-127

图19-128

步骤03 在细小部分也可适当降低“画笔大小”为61，“画笔密度”为35，“画笔压力”为100，如图19-129所示。

步骤04 下面液化人像过于蓬松的头发，设置“画笔大小”为26，“画笔密度”为35，“画笔压力”为100，修整头发形状，如图19-130所示。

步骤05 接下来修饰脸形。由脸颊斜向上提拉，改变脸部弧线，设置“画笔大小”为91，“画笔密度”为35，“画笔压力”为100，如图19-131所示。

图19-129

图19-130

步骤06 接着对人像手臂和小腿进行修饰。手臂适当向上提拉减少赘肉，腿部则向中间拖曳，使腿部看起来更加纤细，如图19-132和图19-133所示。

图19-131

图19-132

图19-133

步骤07 经过液化修饰的人像看起来修长纤细，但是人像身边的景物由于拖曳有些变形，因此需要使用“仿制图章工具”进行处理。按住Alt键，单击一块与变形景物相像的地方，再回到变形图像上进行仿制，如图19-134所示。

图19-134

步骤08 最终效果如图19-135所示。

图19-135

> ## 技巧提示
>
> 调整人像形体除了可以使用"自由变换"命令和"液化"滤镜外，还可以使用"操控变形"命令来进行调整。该命令可以通过为所选图像添加网格和控制点，来直观地改变人像的动态姿势，如图19-136所示。
>
> 
>
> 图19-136

19.13 变身长腿美女

实例文件	变身长腿美女 .psd
视频教学	变身长腿美女 .flv
难易指数	★★★★★
技术要点	自由变换工具、矩形选框工具、"液化"命令

实例效果

对比效果如图19-137和图19-138所示。

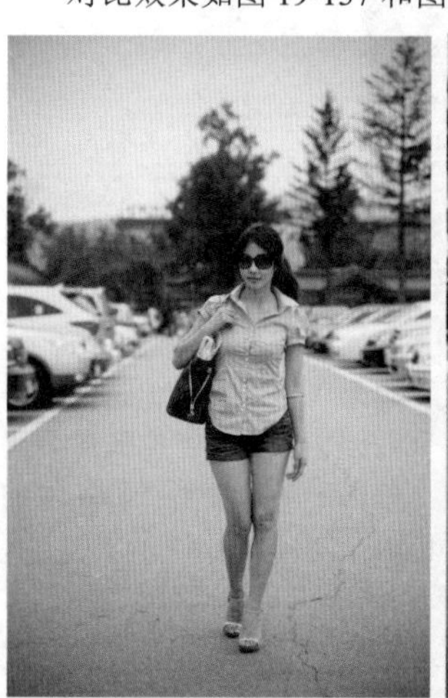

图19-137　　图19-138

操作步骤

步骤01 打开人像素材文件，如图19-139所示，在本例中将使用自由变换工具打造九头身完美比例的高挑形象。

步骤02 首先复制背景图像，按自由变换工具快捷键Ctrl+T，单击右键，在弹出的菜单中选择"透视"命令，拖曳顶部方形拉杆向中间移动，如图19-140和图19-141所示。

图19-139　　图19-140　　图19-141

步骤03 将人像图层向上移动，然后使用矩形选框工具框选人像手部以下部位，建立选区后使用自由变换工具快捷键Ctrl+T拉长腿部到适当位置即可，如图19-142和图19-143所示。

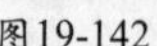

图19-142　　图19-143

答疑解惑：如何拉长或缩短局部图像？

如果要拉长或缩短局部图像，首先选择需要拉长或缩短的局部，然后使用自由变换工具快捷键 Ctrl+T 进行适当的拉长或缩短。完成后按 Enter 键确认，再按 Ctrl+D 组合键取消选择。如图 19-144 和图 19-145 所示。

图19-144

图19-145

步骤 04 同理拉长小腿。再次向上移动图像，然后使用矩形选框工具框选小腿以下部位。使用自由变换工具快捷键 Ctrl+T 进行拉长，如图 19-146 和图 19-147 所示。

图19-146

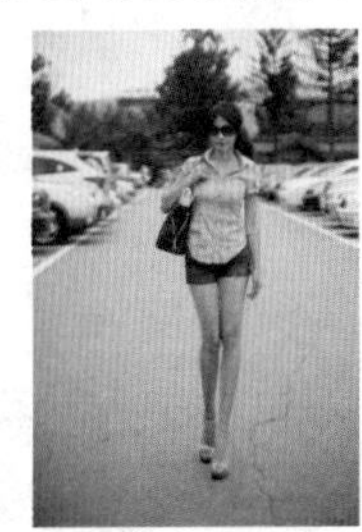

图19-147

步骤 05 执行“滤镜 > 液化”命令，对人像小腿进行修饰，如图 19-148 所示。

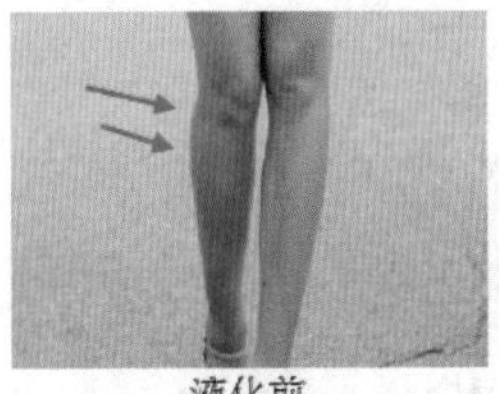

液化前

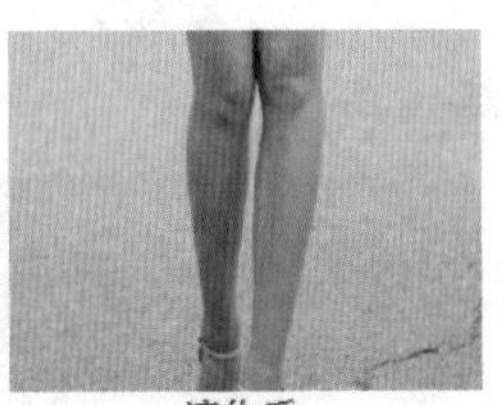

液化后

图19-148

步骤 06 腿部修饰完毕，最后拉长人像上半身即可。使用矩形选框工具框选上半身，建立选区后使用自由变换工具快捷键 Ctrl+T 向上拉长，如图 19-149 和图 19-150 所示。

步骤 07 最终效果如图 19-151 所示。

图19-149

图19-150

图19-151

※技术拓展：人体比例结构

人体比例结构通常是以一个人的头高来做衡量标准的，一个正常成年人的比例用“站七、坐五、盘三半”7 个字就能够形容出来。在人像精修中，主要掌握好人体的最基本的比例即可，清除由于角度和透视造成的比例失调。

所谓“站七”是指说人站立时整个身高几乎等于 7~7.5 个头高的和。“坐五”是指坐姿的人的高度相当于 5 个头高的和。“盘三半”就是蹲姿或盘腿坐姿的人的高度相当于 3 个头高的和，如图 19-152 所示。

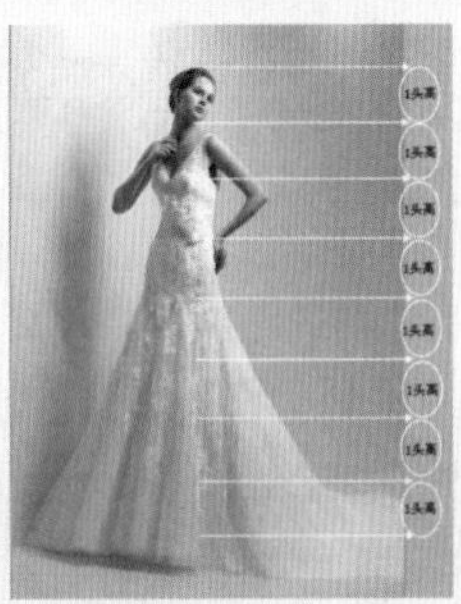

图19-152

19.14 为照片换个美丽的背景

实例文件	为照片换个美丽的背景 .psd
视频教学	为照片换个美丽的背景 .flv
难易指数	★★★★★
技术要点	快速选择工具和钢笔工具

实例效果

本例效果如图 19-153 所示。

图19-153

操作步骤

步骤 01 按 Ctrl+O 组合键打开背景素材文件，如图 19-154 所示。

步骤 02 导入人像素材文件放在图像中，如图 19-155 所示。下面开始为人像去除原有的背景。图像中人像与背景颜色反差较大，使用基于颜色选择的工具就可以分离出背景。

图19-154

图19-155

步骤 03 使用“快速选择工具”，在选项栏中单击“添加到选区”按钮，如图 19-156 所示。回到图像中，在人像背景处单击左侧黑色区域，可以看到黑色部分被载入了选区，继续依次单击加选左侧白色区域以及右侧的背景部分，可以得到背景中大部分的选区，如图 19-157 和图 19-158 所示。

30 对所有图层取样

图19-156

步骤 04 由于在刚才使用快速选择工具时，人像头发的部分被误选了进来，如图 19-159 所示，需要进行去除。可以使用“钢笔工具”绘制出头发部分的闭合路径，单击右键，在弹出的菜单中选择“建立选区”命令，在弹出的对话框中选中“从选区中减去”单选按钮，完成后可以看到头发部分从选区中去除了，如图 19-160 和图 19-161 所示。

步骤 05 按 Delete 键删除人像背景，人像被完整抠出。最终效果如图 19-162 所示。

图19-157

图19-158

图19-159

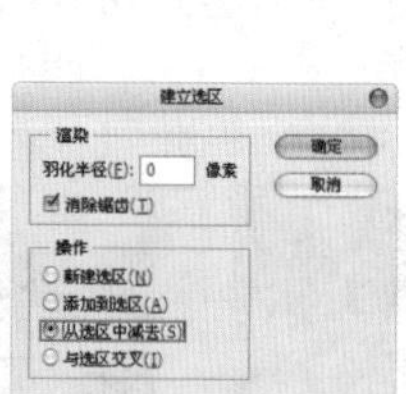

图19-160

图19-161

图19-162

19.15 金色系派对彩妆

实例文件	金色系派对彩妆.psd
视频教学	金色系派对彩妆.flv
难易指数	★★★★★
技术要点	“可选颜色”、“曲线”、“色相/饱和度”调整图层，混合模式

实例效果

对比效果如图 19-163 和图 19-164 所示。

图19-163

图19-164

操作步骤

步骤 01 打开人像素材文件，如图 19-165 所示。人像发色与肤色接近，显得肤色偏黄，而且妆面比较简单。

图19-165

步骤 02 首先调整人像肤色。创建“选取颜色 1”调整图层，在“颜色”下拉列表中选择“黄色”，设置“黑色”数值为 -76，如图 19-166 所示。单击“选取颜色 1”图层蒙版，填充黑色，然后使用白色画笔绘制人像皮肤区域，如图 19-167 和图 19-168 所示。

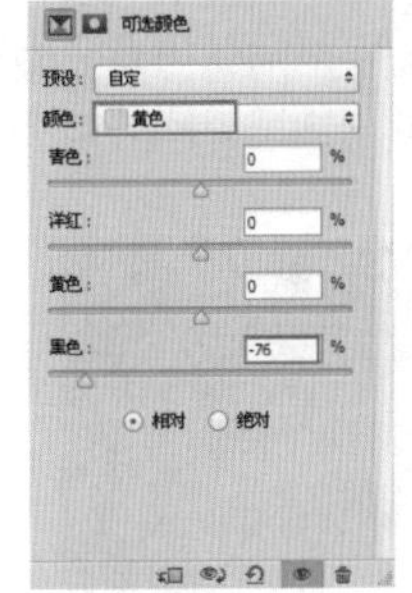

图19-166

图19-167

图19-168

步骤 03 继续调整嘴唇颜色，这里选用橘红色，可以显得皮肤更加白皙。创建“色相 / 饱和度 1”调整图层，设置“色相”为 -9，“饱和度”为 24，如图 19-169 所示。本图层只要求改变嘴的颜色，单击“色相 / 饱和度”图层蒙版，填充黑色，然后使用白色画笔绘制人像嘴唇，如图 19-170 和图 19-171 所示。

图19-169

图19-170

图19-171

步骤 04 配合唇彩的颜色，这里将头发也调整为橘红色系。创建“选取颜色 2”调整图层，在“颜色”下拉列表中选择“红色”，设置“青色”为 -7，“洋红”为 66，“黄色”为 99，如图 19-172 所示；选择“黄色”，设置“青色”为 100，“洋红”为 -100，“黄色”为 +100，“黑色”为 51，如图 19-173 所示。单击“选取颜色 2”图层蒙版，填充黑色，然后使用白色画笔绘制人像头发部分，如图 19-174 和图 19-175 所示。

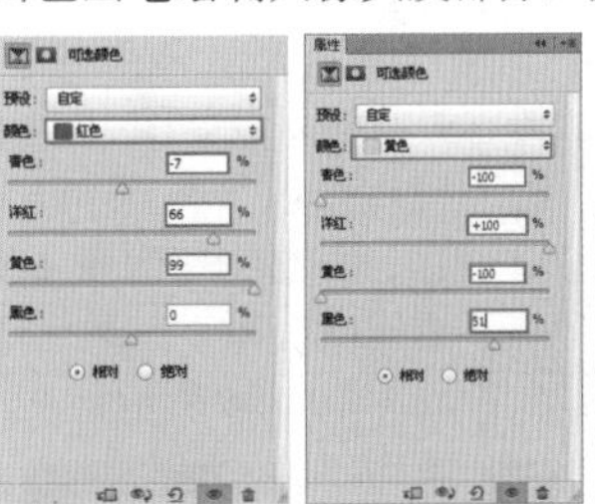

图19-172　图19-173

图19-174

图19-175

步骤 05 创建新图层，为人物绘制睫毛。设置前景色为黑色，载入睫毛外挂笔刷文件，在画笔面板中选择睫毛笔刷，如图 19-176 所示。设置适合的大小，在新图层上单击绘制并进行自由变换，使其与眼睛形状相匹配，如图 19-177 所示。

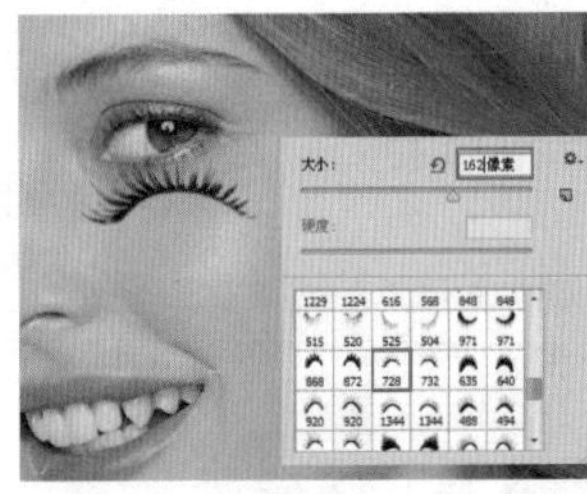

图19-176

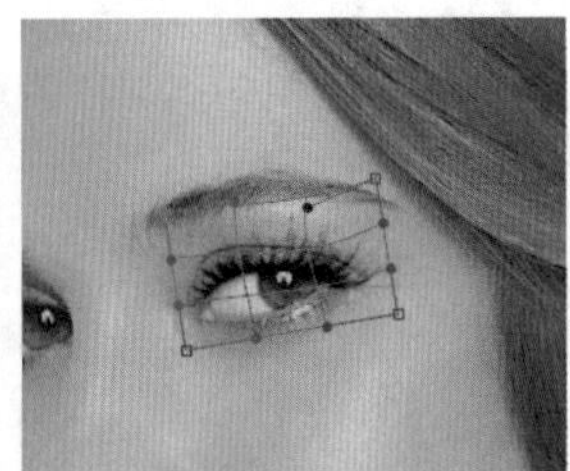

图19-177

步骤 06 使用橡皮擦工具擦除多余的部分，并使用同样的方法制作另外一侧的睫毛，如图 19-178 所示。

图19-178

步骤 07 新建图层，制作脸部腮红，以及细微高光和暗调的处理。首先将前景色设置为橘红色（R：241，G：110，B：90），然后使用半透明柔角圆形画笔在脸颊两边绘制。注意，涂抹到高光处时尽量避免涂抹到颜色，如图 19-179 所示。接着在鼻子侧面阴影处绘制一条暗色作为鼻影部分，用于强化鼻子的立体感，如图 19-180 所示。设置该图层混合模式为“柔光”，“不透明度”为 86%，如图 19-181 和图 19-182 所示。

图19-179　图19-180

图19-181　图19-182

步骤 08 下面导入贴钻素材，放置在眼睛四周，如图 19-183 所示。

步骤 09 接着制作眼影部分。创建图层，命名为“眼影 1”，使用黑色柔边圆画笔，设置画笔“不透明度”和“流量”均为 30%，沿着眼线在眼睛四周绘制，如图 19-184 所示。

图19-183

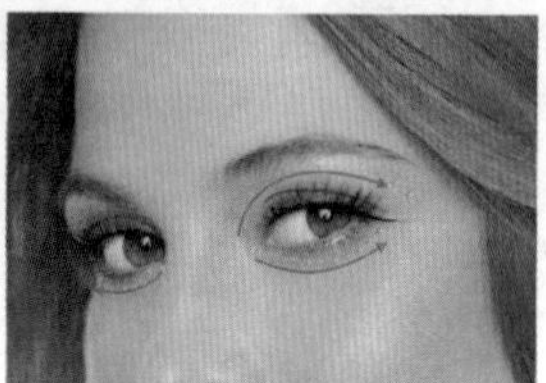

图19-184

步骤 10 创建图层，命名为“眼影 2”，设置眼影颜色为黄色（R：225，G：165，B：95），大范围在眼圈周围绘制，然后使用白色画笔绘制高光区域，如图 19-185 所示。设置“混合模式”为“柔光”，效果如图 19-186 所示。

图19-185

图19-186

步骤 11 创建新图层，再次在上眼皮上绘制白色高光，如图 19-187 所示。设置混合模式为“变亮”，“不透明度”为 43%，如图 19-188 所示。

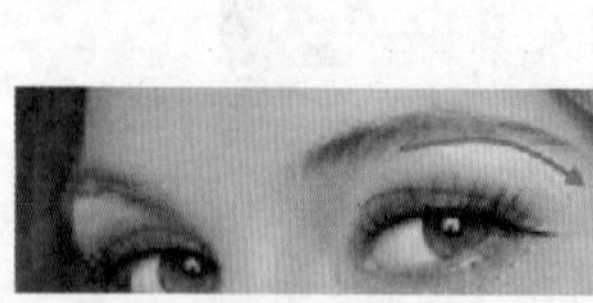

图19-187

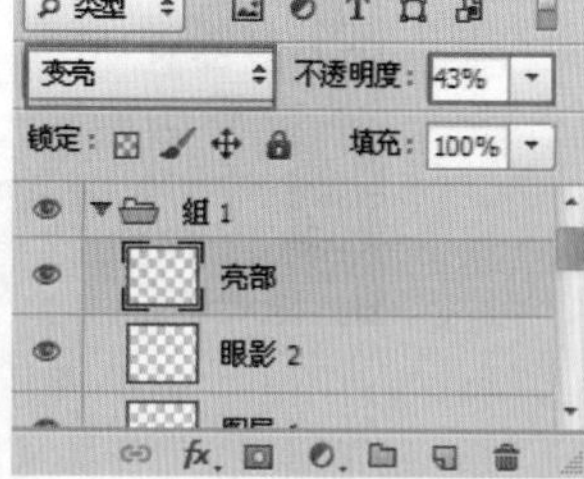

图19-188

步骤 12 使用白色画笔，降低画笔不透明度和流量，绘制下眼线，如图 19-189 所示。

步骤 13 创建新图层，命名为“眼妆亮片”。单击“画笔”面板，设置画笔“大小”为 1 像素，“间距”为 100%。选中“散布”，设置“散布”为 797%，如图 19-190 所示。然后设置前景色为白色，绘制在上眼皮上，并设置混合模式为“柔光”，如图 19-191 和图 19-192 所示。

图19-189

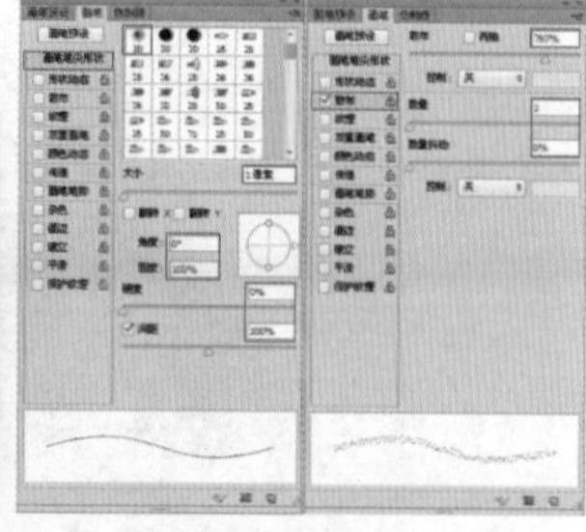

图19-190

图19-191

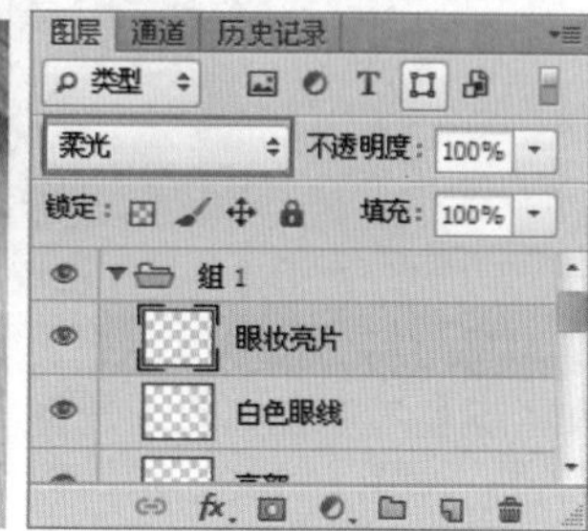

图19-192

步骤 14 创建“曲线”调整图层为眼睛增加神采，如图 19-193 所示。单击“曲线”图层蒙版，填充黑色，然后使用白色画笔绘制瞳孔部分，适当提亮曲线，便可观察到眼睛底部出现比较明显的反光，如图 19-194 所示。

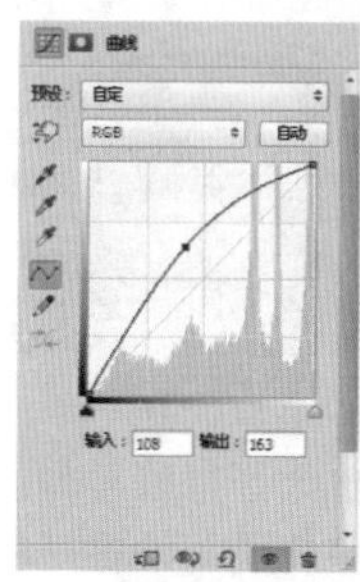

图19-193

图19-194

步骤 15 导入羽毛睫毛笔刷，设置前景色为白色，如图 19-195 所示。分别在眼睛两侧绘制白色羽毛睫毛，并使用自由变换工具进行适当调整，然后使用橡皮擦工具擦除其他部分，只保留部分羽毛即可，如图 19-196 所示。

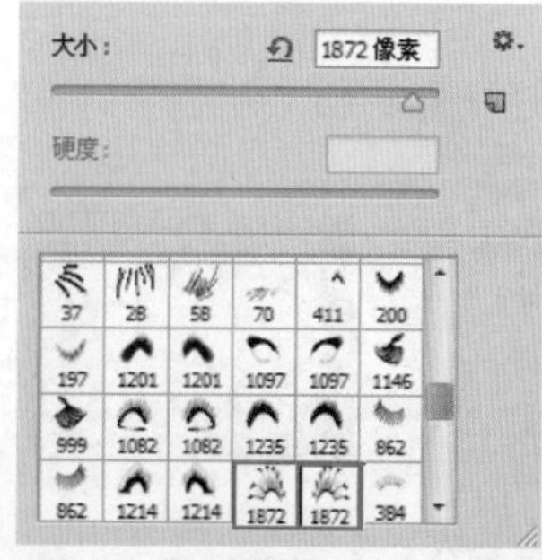

图19-195

图19-196

步骤 16 载入羽毛选区，使用渐变工具为其填充金黄色系的渐变，如图 19-197 所示。

步骤 17 最后导入光效素材，设置混合模式为“滤色”，添加图层蒙版，使用黑色画笔适当涂人像脸部的光效，如图 19-198 所示。最终效果如图 19-199 所示。

图19-197

图19-198

图19-199

19.16 靓丽青春彩妆

实例文件	靓丽青春彩妆 .psd
视频教学	靓丽青春彩妆 .flv
难易指数	★★★★★
技术要点	“可选颜色”调整图层

实例效果

对比效果如图 19-200 和图 19-201 所示。

图19-200

图19-201

操作步骤

步骤 01 打开人像素材文件，如图 19-202 所示。人像妆面很简单，非常适合制作色彩丰富的靓丽彩妆。

步骤 02 首先制作腮红部分。创建“色相 / 饱和度 1”调整图层，在颜色下拉列表中选择“全图”，设置“色相”为 -9，“饱和度”为 8，如图 19-203 所示。单击“色相 / 饱和度”图层蒙版，填充黑色，然后使用白色画笔绘制人像腮红，如图 19-204 和图 19-205 所示。

图19-202

图19-203

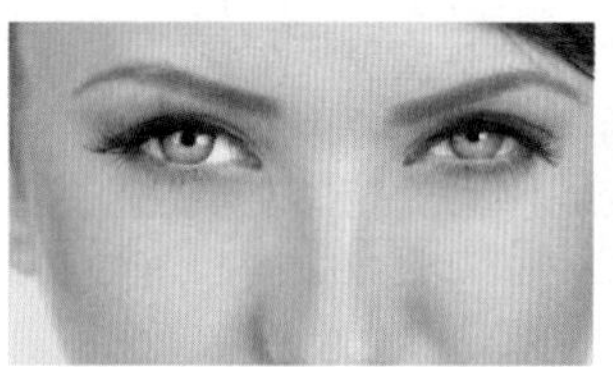
图19-204

图19-205

步骤 03 下面开始制作多彩的唇妆，这部分主要使用多个“色相 / 饱和度”调整图层制作出 4 个颜色的嘴唇，如图 19-206 所示。

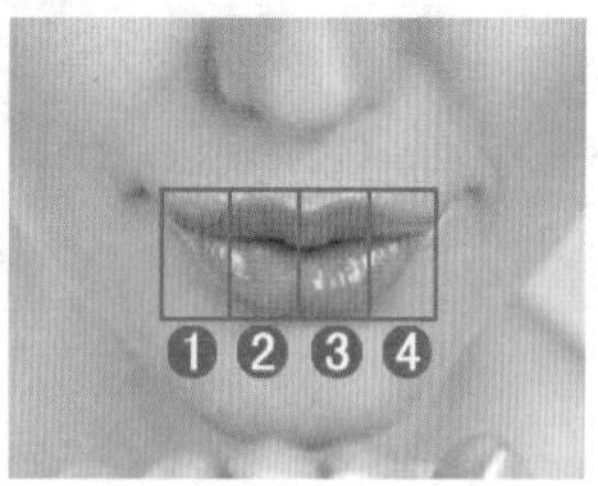

图19-206

步骤 04 创建“色相 / 饱和度 2”调整图层，在颜色下拉列表中选择“全图”，设置“色相”为 40，“饱和度”为 57，如图 19-207 所示。单击“色相 / 饱和度 3”图层蒙版，填充黑色，然后使用白色画笔绘制嘴唇 2 区域和下眼线，如图 19-208 和图 19-209 所示。

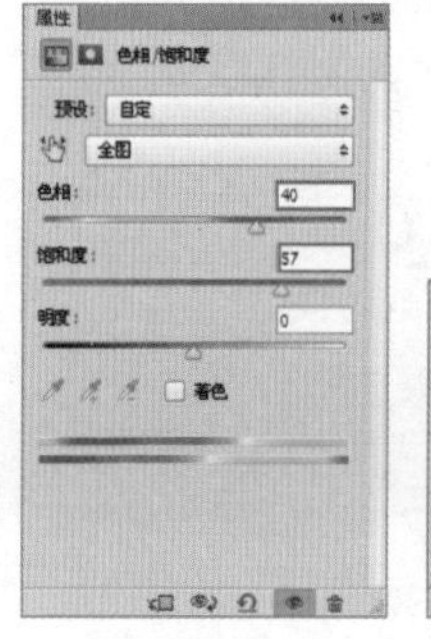
图19-207

图19-208

图19-209

步骤 05 创建“色相 / 饱和度 3”调整图层，在颜色下拉列表表中选择“全图”，设置“色相”为15，“饱和度”为49，如图19-210所示。单击“色相/饱和度3”图层蒙版，填充黑色，然后使用白色画笔绘制人像嘴唇3区域和上眼影，如图19-211和图19-212所示。

图19-210

图19-211

图19-212

步骤06 创建“色相/饱和度4”调整图层，在颜色下拉列表中选择“全图”，设置“色相”为-46，如图19-213所示。单击“色相/饱和度4”图层蒙版，填充黑色，然后使用白色画笔绘制人像嘴唇4区域和内眼角，如图19-214和图19-215所示。

图19-213

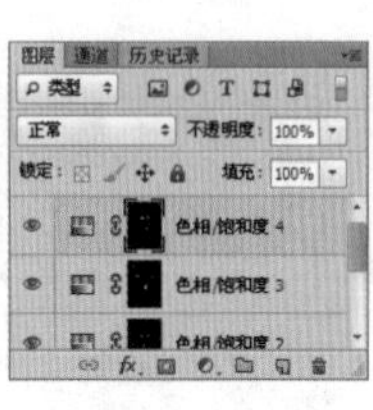

图19-214

图19-215

步骤07 创建“色相/饱和度5”调整图层，在颜色下拉列表中选择“全图”，设置“色相”为87，如图19-216所示。单击“色相/饱和度5”图层蒙版，填充黑色，然后使用白色画笔绘制人像嘴唇1区域和下眼影，如图19-217和图19-218所示。

图19-216

图19-217

图19-218

技巧提示

“色相/饱和度”是非常重要的命令，它可以对色彩的三大属性：色相、饱和度（纯度）和明度进行修改。其特点是既可以单独调整单一颜色（包括红、黄、绿、蓝、青、洋红等）的色相、饱和度和明度，也可以同时调整图像中所有颜色的色相、饱和度和明度。

步骤08 导入前景和羽毛素材文件，最终效果如图19-219所示。

图19-219

Chapter 20

第20章

精通特效照片处理

在 Photoshop 中可以对图片设置各种特效，如素描、水彩效果、红外线摄影效果等，本章将通过几个具体实例介绍不同特效的制作方法。

本章学习要点：

- 模拟素描效果人像
- 红外线摄影效果
- 复古老照片
- 唯美水彩画效果
- 欧美风格混合插画

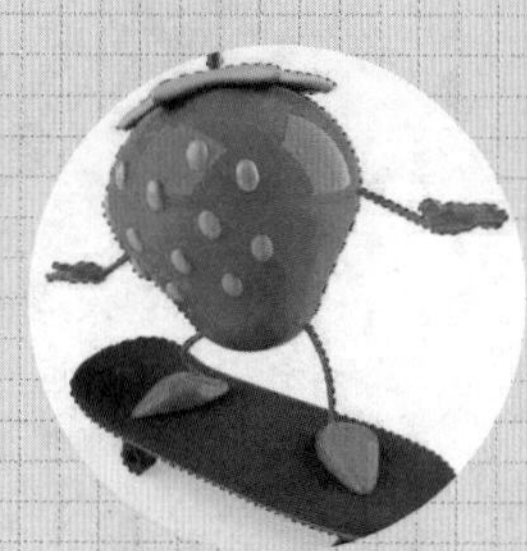

20.1 模拟素描效果人像

实例文件	模拟素描效果人像 .psd
视频教学	模拟素描效果人像 .flv
难易指数	
技术要点	“黑白”调整图层、“曲线”调整图层、画笔工具

实例效果

对比效果如图 20-1 和图 20-2 所示。

图20-1

图20-2

操作步骤

步骤 01 打开素材文件，如图 20-3 所示。执行“图层 > 新建调整图层 > 黑白”命令，创建“黑白 1”调整图层，如图 20-4 所示。

图20-3

图20-4

步骤 02 此时图像变为黑白效果，适当调整各颜色参数以改变图像各部分的明暗程度，如图 20-5 和图 20-6 所示。

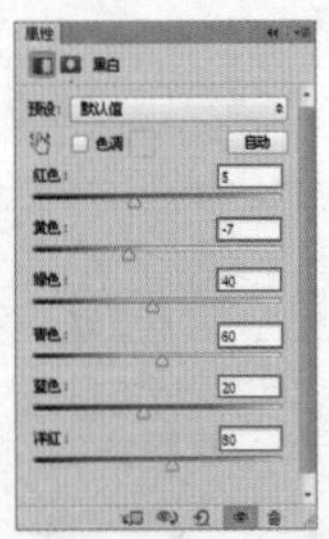
图20-5

图20-6

步骤 03 创建“曲线 1”调整图层，将曲线形状调整为 S 形，增强图像明暗对比，如图 20-7 和图 20-8 所示。

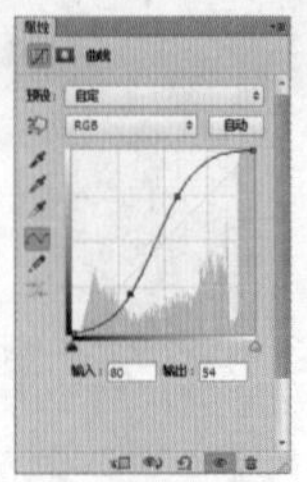
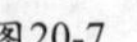
图20-7

图20-8

步骤 04 单击“曲线 1”图层蒙版，单击工具箱中的“画笔工具”按钮，设置前景色为黑色。在“画笔”面板中单击“画笔预设”按钮，在弹出的“画笔”面板中选择一种喷溅画笔，设置“大小”为 123 像素，“间距”为 2%，如图 20-9 所示。在蒙版中涂抹人像高光区域，如图 20-10 和图 20-11 所示。

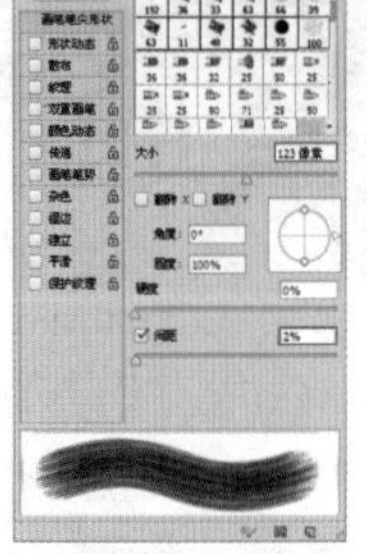
图20-9

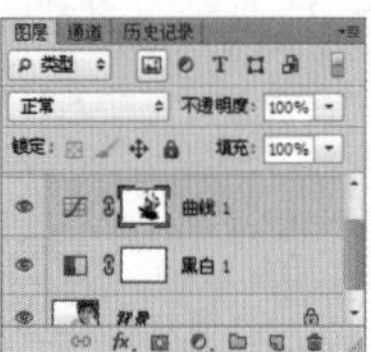
图20-10

图20-11

步骤 05 创建新图层，填充白色，然后为该图层添加图层蒙版，同样使用画笔工具，设置画笔为黑色，在画笔选项栏中将画笔“不透明度”及“流量”设置为 70%，在蒙版中进行适当涂抹，如图 20-12 所示，还原出人像部分，多次涂抹可制作出素描中有虚有实的笔触感，如图 20-13 所示。

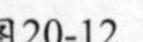
图20-12

图20-13

技巧提示

在绘制头发时要有层次感，线条可以随意一些，但是需要按照头发的走向有条理地绘制，如图 20-14 所示。

图20-14

绘制人像面部时，主要是抓住暗调和亮调的对比效果。从原图可以看出人像右侧相对较亮，在白色图层的蒙版绘制过程中可以绘制得淡一些；反之，另外一侧作为暗部需要多次绘制，如图 20-15 所示。

人像身体的部分处于画布的边缘，可以使用较大的画笔随意绘制，呈现一种渐渐淡出的效果，如图 20-16 所示。

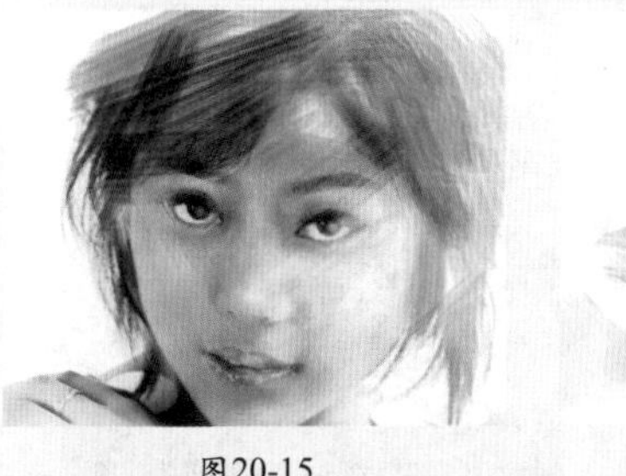
图20-15

图20-16

步骤 06 继续使用画笔工具，设置笔尖类型为圆形硬角画笔，设置画笔笔尖“大小”为 2 像素，绘制签名，如图 20-17 和图 20-18 所示。

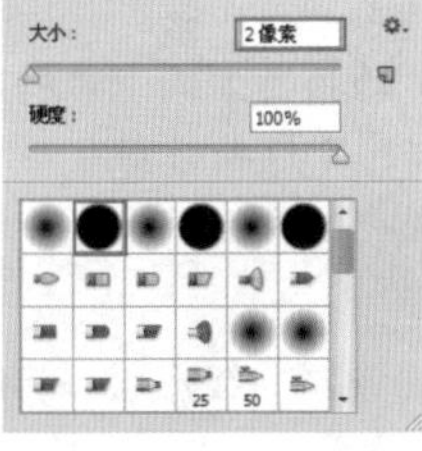
图20-17

图20-18

步骤 07 新建图层，命名为“渐变”，单击工具箱中的“渐变工具”按钮，在选项栏中编辑一种褐色系的渐变，设置渐变类型为线性渐变，如图 20-19 所示。在“渐变”图层中拖曳填充，如图 20-20 所示。

图20-19

步骤 08 设置该图层混合模式为“柔光”，如图 20-21 所示。此时可以看到素描人像变为棕色效果，如图 20-22 所示。

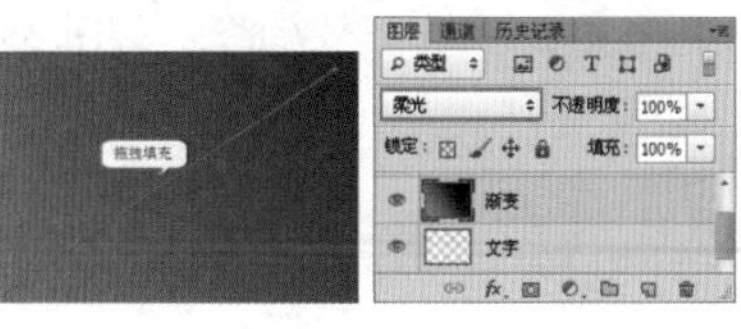
图20-20　图20-21

图20-22

技巧提示

按照步骤 08 的思路还可以与其他渐变颜色或者图像素材进行混合，制作出更加丰富的素描效果。如将七彩渐变图层以柔光的混合模式制作出多彩的素描，如图 20-23 和图 20-24 所示；或者将旧纸张素材以正片叠底的混合模式制作出旧纸上的素描效果，如图 20-25 和图 20-26 所示。

图20-23

图20-24

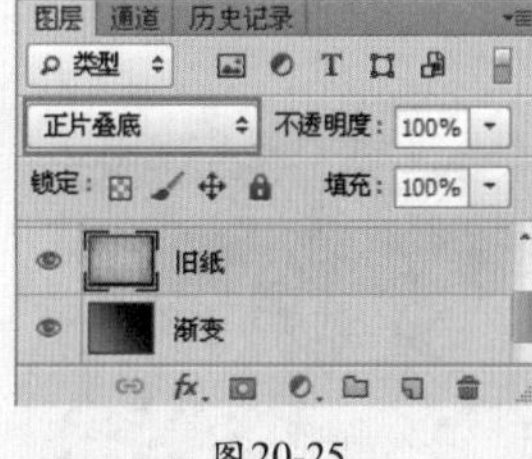
图20-25

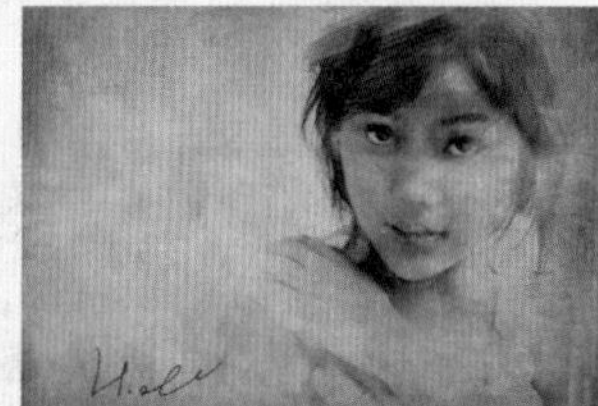
图20-26

20.2 红外线摄影效果

实例文件	红外线摄影效果 .psd
视频教学	红外线摄影效果 .flv
难易指数	★★★★★
技术要点	“色相 / 饱和度”调整图层、“曲线”调整图层

实例效果

对比效果如图 20-27 和图 20-28 所示。

图20-27

图20-28

操作步骤

步骤 01 打开素材文件，如图 20-29 所示。执行“图层 > 新建调整图层 > 色相 / 饱和度”命令，创建“色相 / 饱和度 1”调整图层，如图 20-30 所示。

图20-29

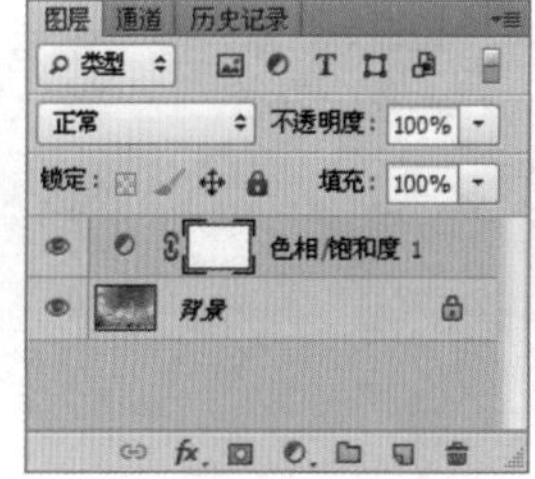
图20-30

步骤 02 设置颜色为“红色”，调整“色相”为15，“饱和度”为40，如图20-31所示。将麦子的暗部变为红色，如图20-32所示。

图20-31　图20-32

步骤 03 设置颜色为“黄色”，调整“色相”为-31，“明度”为23，如图20-33所示。此时麦子变为黄色，如图20-34所示。

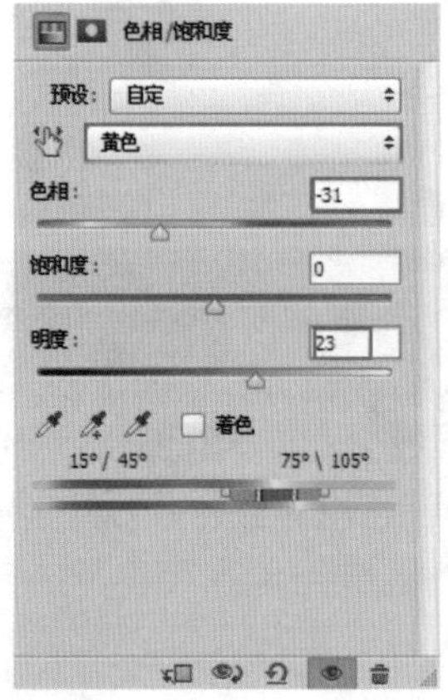

图20-33　图20-34

步骤 04 设置颜色为“青色”，调整“色相”为16，如图20-35所示。天空的颜色稍有些变化，如图20-36所示。

图20-35　图20-36

步骤 05 设置颜色为“蓝色”，调整“色相”为30，如图20-37所示。天空的颜色变为青色。至此，红外线效果制作完成，如图20-38所示。

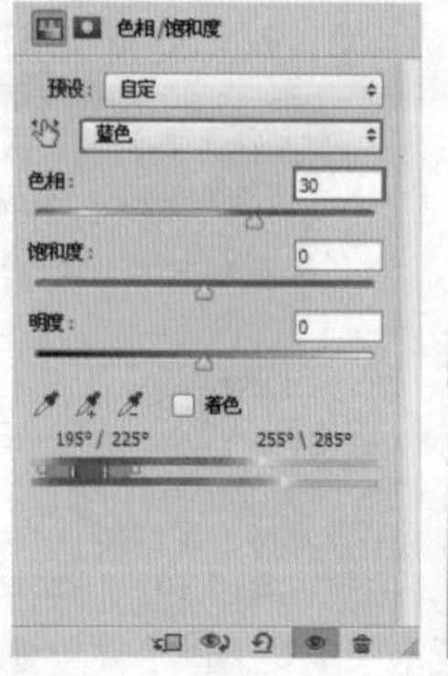

图20-37　图20-38

技巧提示

红外线摄影是一种较为另类的拍摄方式，它利用红外感光设备与红外滤镜相配合，可以拍摄出有别于传统彩色照片的红外线效果，这种画面可以给人一种强烈震撼的视觉效果。

步骤 06 创建“曲线 1”调整图层，设置曲线形状，将暗部压暗，如图20-39和图20-40所示。

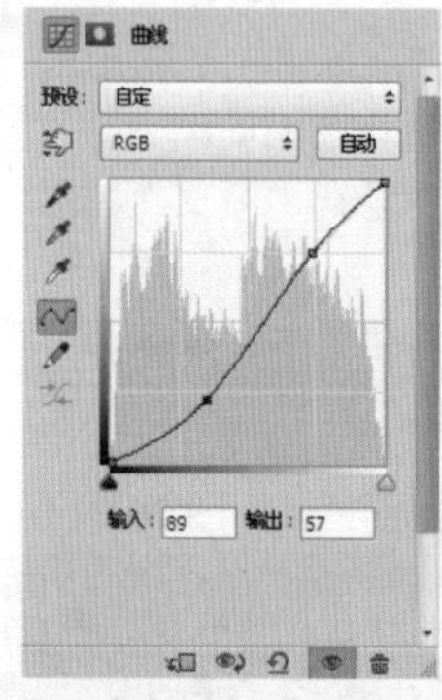

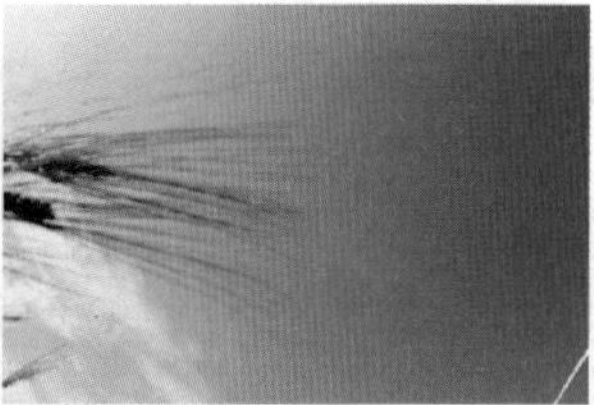

图20-39　图20-40

步骤 07 下面制作暗角效果。创建“曲线 2”调整图层，调整曲线形状，将图像压暗，如图20-41和图20-42所示。

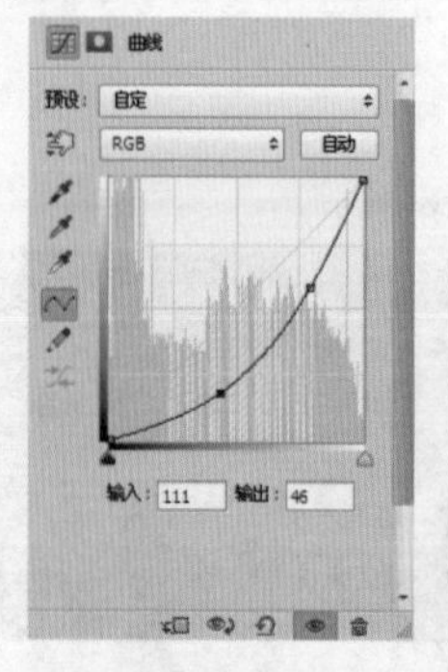

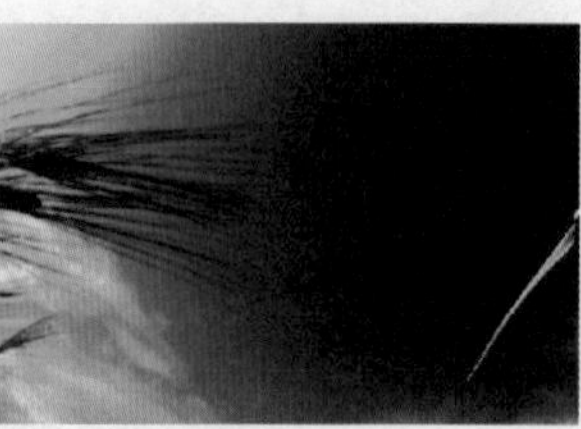

图20-41　图20-42

步骤 08 选择工具箱中的画笔工具，设置前景色为黑色，选择一个圆形柔角画笔，设置较大的半径，在“曲线 2”调整图层的图层蒙版中涂抹图像中心的部分，使该调整图层只对四角起作用，如图 20-43 和图 20-44 所示。

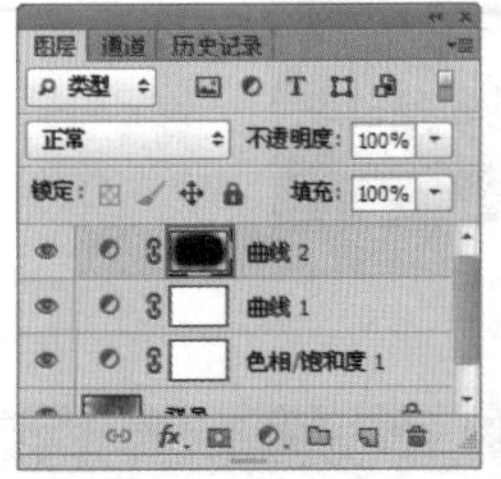

图20-43

图20-44

步骤 09 输入艺术字，最终效果如图 20-45 所示。

图20-45

20.3 打造电影效果

实例文件	打造电影效果 .psd
视频教学	打造电影效果 .flv
难易指数	★★★★★
技术要点	“可选颜色”、“曝光度”调整图层、图层样式

实例效果

对比效果如图 20-46 和图 20-47 所示。

图20-46

图20-47

操作步骤

步骤 01 按 Ctrl+N 组合键，在弹出的“新建”对话框中设置文件“宽度”为 1920 像素，“高度”为 1390 像素，“背景内容”为“透明”，单击“确定”按钮创建新文件，如图 20-48 所示。导入照片素材文件，放在如图 20-49 所示的位置。

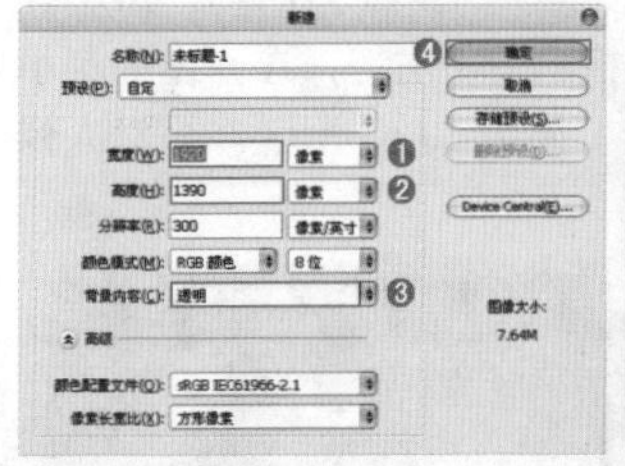

图20-48

图20-49

步骤 02 素材图像颜色比较单薄，为了制作出电影效果，需要对其进行颜色调整。执行“图层 > 新建调整图层 > 可选颜色”命令，创建可选颜色调整图层，在颜色下拉列表中分别选择“白色”、“中性色”、“黑色”，设置参数，如图 20-50~图 20-52 所示。

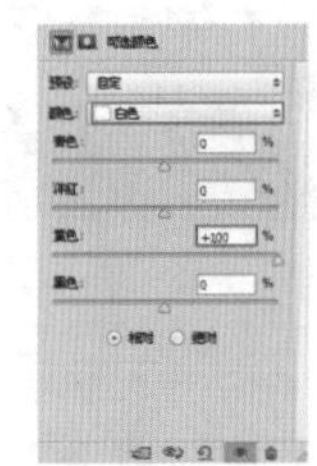

图20-50

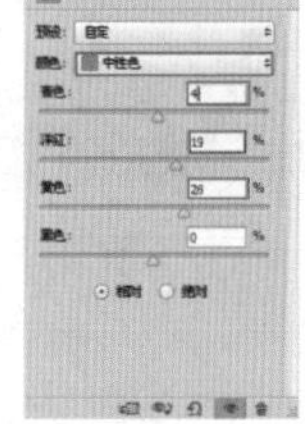

图20-51

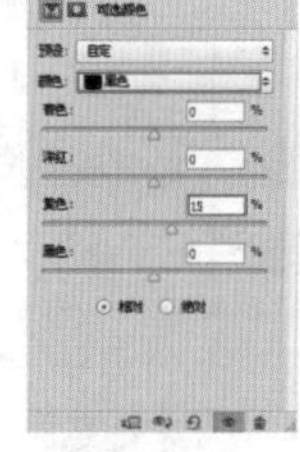

图20-52

步骤 03 此时照片暗部偏紫，亮部偏黄，出现了类似电影的浓郁的色彩，如图 20-53 所示。

图20-53

步骤 04 下面制作暗角。创建“曝光度 1”调整图层，设置“曝光度”为 -20，“位移”为 0，“灰度系数校正”为 1.00，如图 20-54 所示。然后在“曝光度 1”图层蒙版中填充黑色，并使用白色画笔绘制四周区域，使该调整图层只对四角起作用，如图 20-55 所示。

图20-54

图20-55

※技术拓展："曝光度"参数详解

- 曝光度：向左拖曳滑块，可以降低曝光效果；向右拖曳滑块，可以增强曝光效果。
- 位移：该选项主要对阴影和中间调起作用，可以使其变暗，但对高光基本不会产生影响。
- 灰度系数校正：使用一种乘方函数来调整图像灰度系数。

步骤05 选择工具箱中的矩形选框工具，在顶部绘制一个矩形选区，然后按住Shift键在底部绘制另外一个选区，并填充黑色，制作出电影画面中最明显的特点，如图20-56所示。

步骤06 选择工具箱中的横排文字工具，在底部输入文字。执行"图层>添加图层样式>投影"命令，在投影"图层样式"对话框中设置"混合模式"为"正片叠底"，"不透明度"为75%，"角度"为30度，"距离"为5像素，"大小"为5像素，如图20-57所示。最终效果如图20-58所示。

图20-56

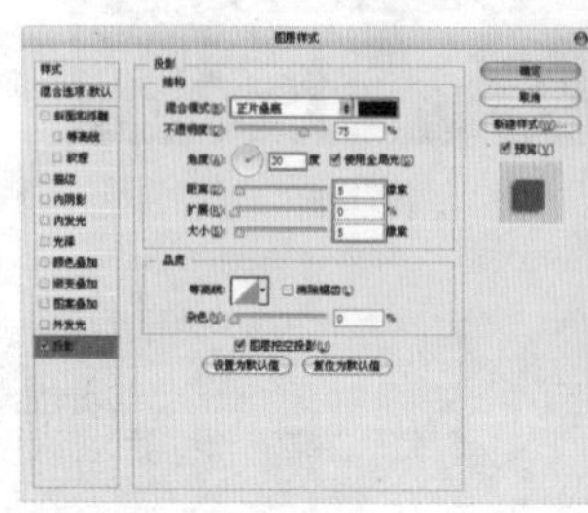

图20-57

图20-58

20.4 复古老照片

实例文件	复古老照片.psd
视频教学	复古老照片.flv
难易指数	★★★★★
技术要点	"黑白"、"色彩平衡"、"曲线"调整图层，混合模式

实例效果

对比效果如图20-59和图20-60所示。

图20-59

图20-60

操作步骤

步骤01 打开底纹素材文件，如图20-61所示。导入照片素材，放在底纹图层上方，如图20-62所示。

图20-61

图20-62

步骤02 为人像图层添加一个图层蒙版，使用画笔工具，设置前景色为黑色。在选项栏中单击"画笔预设"按钮，选择一种粉笔笔刷，设置画笔"大小"为85像素，如图20-63所示。在蒙版中涂抹四周边角部分，制作出破旧的效果，如图20-64所示。

图20-63

图20-64

步骤03 调整整体色调。创建"黑白1"调整图层，调整各颜色的参数，并在"图层"面板中单击右键，在弹出的菜单中选择"创建剪贴蒙版"命令，如图20-65所示。只对人像图层做调整，如图20-66所示。

图20-65

图20-66

技巧提示

剪贴蒙版是一个可以用其形状遮盖其他图稿的对象，因此使用剪贴蒙版只能看到蒙版形状内的区域，从效果上来说，就是将图稿裁剪为蒙版的形状。剪贴蒙版可以只对目标图层起作用而不影响其他图层。

步骤 04 创建“色彩平衡 1”调整图层，分别对“阴影”、“中间调”和“高光”色调进行调整，如图 20-67~图 20-69 所示。然后单击右键，在弹出的菜单中选择“创建剪贴蒙版”命令，如图 20-70 所示。

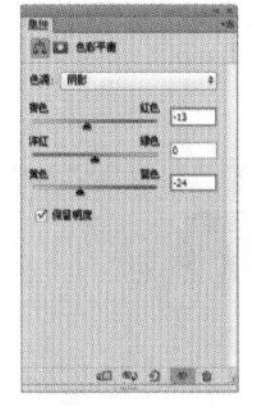
图20-67

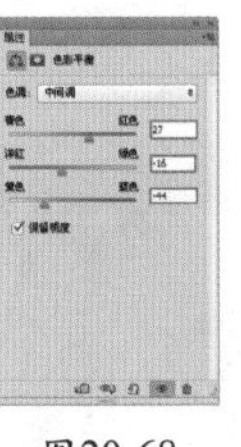
图20-68

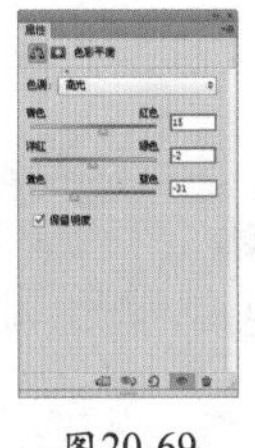
图20-69

图20-70

步骤 05 创建“曲线 1”调整图层，将曲线形状调整为 S 形，增强图像明暗对比，如图 20-71 所示。在该曲线调整图层上单击右键，在弹出的菜单中选择“创建剪贴蒙版”命令，如图 20-72 所示。

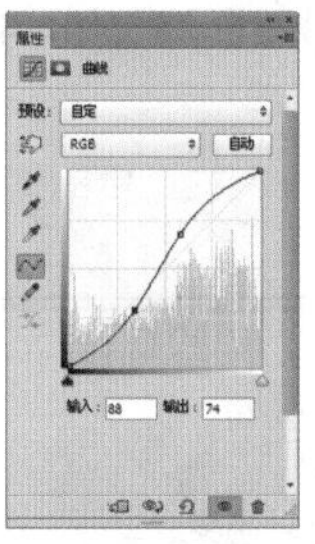
图20-71

图20-72

步骤 06 复制背景图层并移动到“图层”面板的顶部，将其混合模式设置为“正片叠底”，并单击右键，在弹出的菜单中选择“创建剪贴蒙版”命令，使底纹与照片进行混合，如图 20-73 所示。最后在底部输入艺术文字。最终效果如图 20-74 所示。

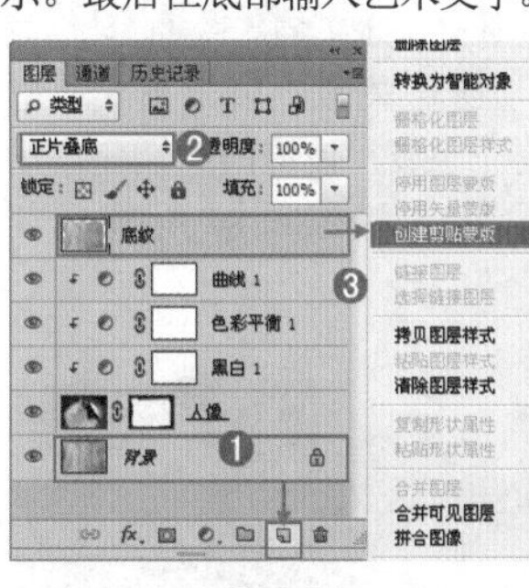

图20-73

图20-74

20.5 唯美水彩画效果

实例文件	唯美水彩画效果 .psd
视频教学	唯美水彩画效果 .flv
难易指数	★★★★★
技术要点	“水彩画纸”滤镜、“调色刀”滤镜、“查找边缘”滤镜、“曲线”命令、“自然饱和度”命令

实例效果

对比效果如图 20-75 和图 20-76 所示。

图20-75

图20-76

操作步骤

步骤 01 打开素材文件，如图 20-77 所示。将“背景”图层拖曳到“新建图层”按钮上进行复制，如图 20-78 所示。

步骤 02 执行“滤镜 > 滤镜库 > 素描 > 水彩画纸”命令，设置“纤维长度”为 3，“亮度”为 65，“对比度”为 83。此时照片呈现出一种绘画效果，设置该图层名称为“水彩画纸”，如图 20-79 所示。

图20-77

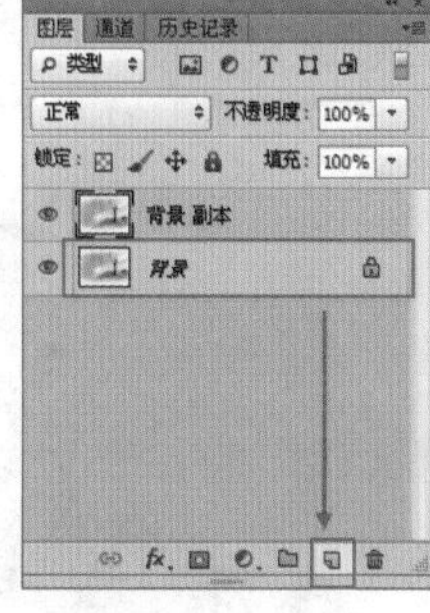

图20-78

图20-79

步骤 03 设置“水彩画纸”图层的“不透明度”为35%，如图20-80和图20-81所示。

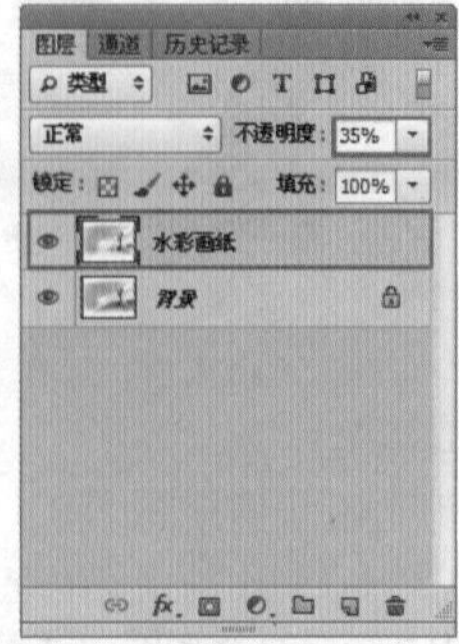
图20-80

图20-81

步骤 04 创建“曲线 1”调整图层，适当提亮曲线，如图20-82所示。单击“曲线 1”图层蒙版，填充黑色，然后使用白色柔角画笔绘制人像皮肤区域，使该曲线调整图层只对人像皮肤部分起作用，如图20-83和图20-84所示。

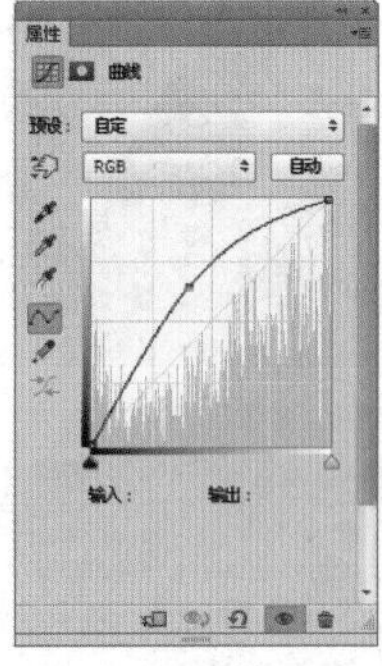
图20-82

图20-83

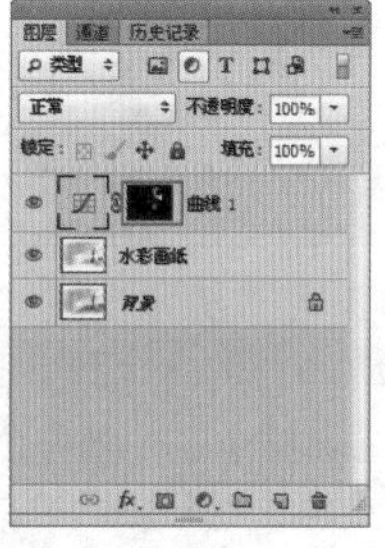
图20-84

步骤 05 按Ctrl + Alt + Shift + E组合键盖印图层，执行“滤镜 > 滤镜库 > 艺术效果 > 调色刀”命令，设置“描边效果”为9，“描边细节”为3，“软化度”为2，如图20-85所示。

图20-85

步骤 06 设置该图层混合模式为“柔光”，如图20-86和图20-87所示。

步骤 07 继续使用快捷键Ctrl + Alt + Shift + E盖印图层，命名为“查找边缘”。执行“滤镜 > 风格化 > 查找边缘”命令，设置混合模式为“正片叠底”，“不透明度”为40%，如图20-88所示。这一图层主要用于制作水彩画中描边的效果，如图20-89所示。

图20-86

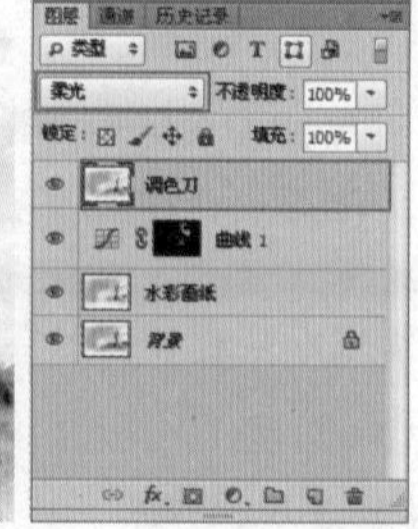
图20-87

图20-88

图20-89

步骤 08 为“查找边缘”图层添加图层蒙版，在蒙版中使用黑色柔边圆画笔涂抹绘制，如图20-90所示。去掉多余的部分，如图20-91所示。

图20-90

图20-91

步骤 09 创建“自然饱和度”调整图层，设置“自然饱和度”为100，如图20-92所示。使图像整体更加鲜艳，如图20-93所示。

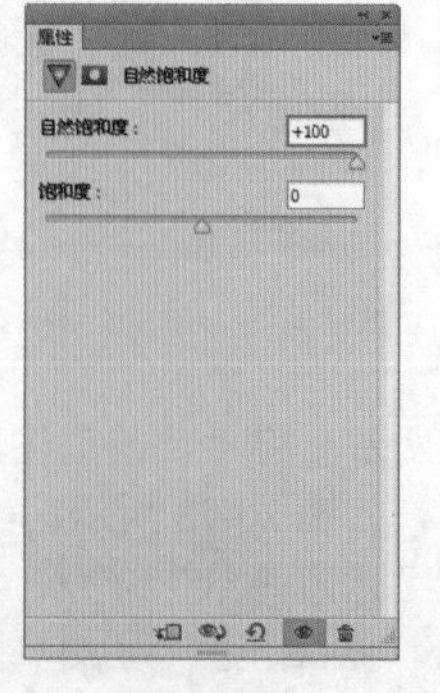
图20-92

图20-93

答疑解惑：自然饱和度与色相 / 饱和度有何不同？

调节“自然饱和度”选项，不会生成饱和度过高或过低的颜色，画面始终保持一个比较平衡的色调，对于调节人像非常有用。而调节“色相 / 饱和度”则是比较大的调整，特别是对不同的颜色，如图 20-94 所示。

图20-94

步骤 10 最后导入艺术字素材，最终效果如图 20-95 所示。

图20-95

20.6 中国风水墨风情

实例文件	中国风水墨风情 .psd
视频教学	中国风水墨风情 .flv
难易指数	★★★★★
技术要点	钢笔工具、画笔工具、“曲线”调整图层

实例效果

对比效果如图 20-96 和图 20-97 所示。

图20-96

图20-97

操作步骤

步骤 01 打开水墨背景素材文件。创建新组，命名为“人像”，导入人像素材文件，放在图像的右侧，如图 20-98 和图 20-99 所示。

图20-98

图20-99

步骤 02 单击工具箱中的“钢笔工具”按钮，沿人像外轮廓勾勒出闭合路径，如图 20-100 所示。

步骤 03 按 Ctrl+Enter 组合键将路径快速转换为选区，并为该图层添加图层蒙版，使人像从背景中分离出来，如图 20-101 和图 20-102 所示。

图20-100

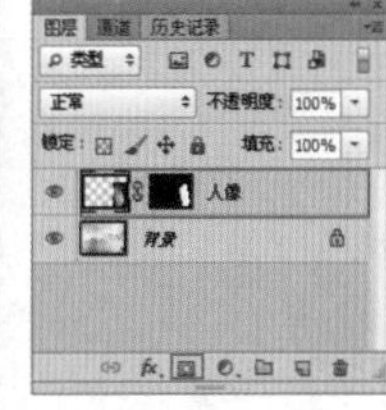
图20-101

图20-102

步骤 04 设置前景色为黑色，单击工具箱中的“画笔工具”按钮，在画笔选项栏中设置“不透明度”为 40%，“流量”为 40%。在图层蒙版中涂抹纱的部分，将其绘制成半透明效果。然后在“人像”图层蒙版上单击右键，在弹出的菜单中选择“应用图层蒙版”命令，如图 20-103 所示。

步骤 05 下面需要将薄纱部分加长。选择工具箱中的套索工具，在薄纱部分绘制选区，并进行复制、粘贴。将薄纱复制为独立的一个图层，如图 20-104 和图 20-105 所示。

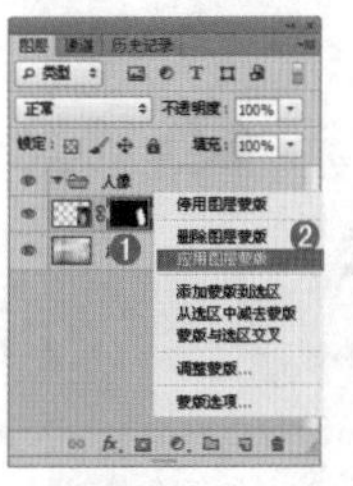
图20-103

图20-104

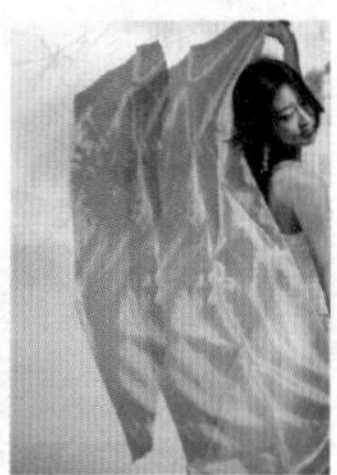
图20-105

步骤 06 对复制出的薄纱图层使用自由变换快捷键 Ctrl+T，将其旋转到合适的角度，如图 20-106 所示。

步骤 07 下面需要对薄纱进行变形。单击右键，在弹出的菜单中选择“变形”命令，如图 20-107 所示。通过定界框上的控制点调整其形状，调整完成后双击完成变形。

图20-106

图20-107

技巧提示

需要注意的是，在调整薄纱图层时，薄纱边缘一定要与原人像薄纱有重叠的部分，以便更好地融合在一起。

步骤 08 由于新薄纱与人像身上的薄纱之间有明显的重叠部分，下面需要分别对人像和薄纱图层添加图层蒙版，并使用黑色柔角画笔在交接区域进行涂抹，使其更好地过渡，调整完成后使用合并快捷键 Ctrl+E 合并为一个图层，如图 20-108 所示。

步骤 09 选择工具箱中的减淡工具，在人像上涂抹，使人像提亮，如图 20-109 所示。

图20-108

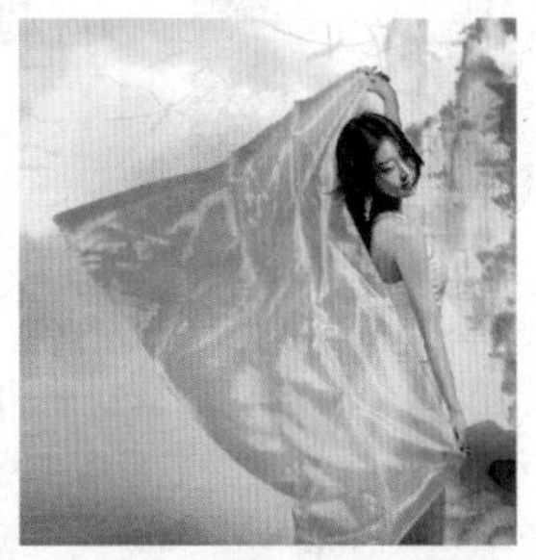
图20-109

步骤 10 创建“曲线”调整图层，提亮曲线，如图 20-110 所示。接着在图层蒙版中填充黑色，使用白色画笔涂抹出人像皮肤部分，如图 20-111 所示。

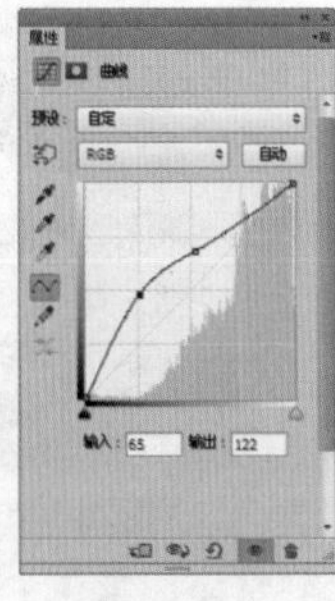

图20-110

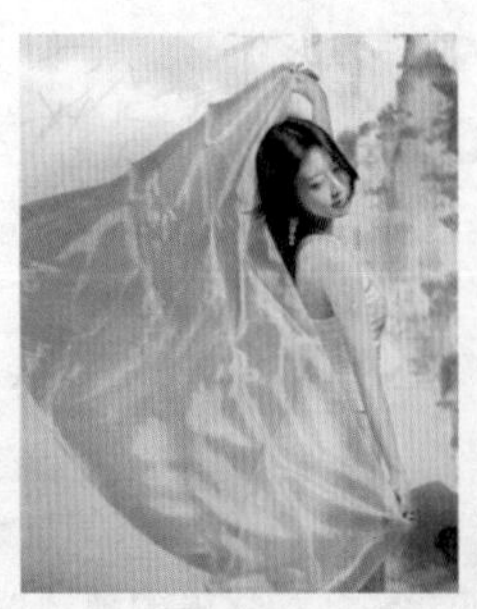
图20-111

步骤 11 为人像图层添加图层蒙版，设置前景色为黑色，使用较大的圆形柔角半透明画笔在薄纱处涂抹，如图 20-112 所示。

步骤 12 导入花瓣素材，将其摆放到薄纱上，如图 20-113 所示。

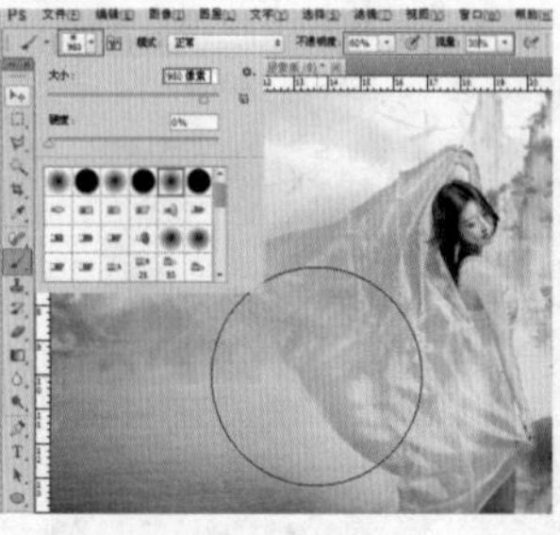
图20-112

图20-113

步骤 13 本例想制作从薄纱中分离出花瓣的效果，所以薄纱上需要有花瓣形状的缺口。载入花瓣图层选区，适当移动到薄纱上合适的位置，然后选中图层蒙版，填充黑色即可制作出缺口，如图 20-114 所示。

步骤 14 多次重复上述操作，并复制花瓣图层，调整到合适的位置，如图 20-115 所示。

图20-114

图20-115

步骤 15 导入花纹素材，摆放在薄纱的边缘，如图 20-116 所示。

步骤 16 下面开始制作人像长发效果。创建“头发”图层组，新建“头发 1”图层，单击工具箱中的“画笔工具”按钮，设置前景色为黑色，接着载入外挂的头发笔刷，使用该笔刷在人像头部的左侧单击绘制，绘制完毕后对其执行自由变换，调整到合适的角度，如图 20-117 所示。

图20-116

图20-117

步骤 17 为头发图层添加一个图层蒙版，在图层蒙版涂抹头发多余部分，如图 20-118 所示。

步骤 18 复制头发图层，调整位置和大小，摆放到合适的位置，以丰富飘逸长发的细节，如图 20-119 所示。

图20-118

图20-119

步骤 19 导入书法文字素材文件，然后调整好其大小和位置，如图 20-120 所示。

步骤 20 创建“曲线”调整图层，将图像提亮，如图 20-121 所示。最终效果如图 20-122 所示。

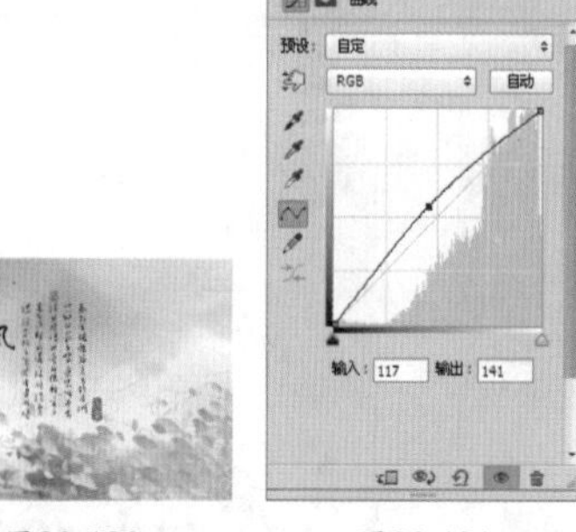
图20-120　图20-121

图20-122

20.7 爆炸破碎效果

实例文件	爆炸破碎效果.psd
视频教学	爆炸破碎效果.flv
难易指数	★★★★★
技术要点	“画笔”面板，渐变工具，“曲线”、“自然饱和度”调整图层，混合模式

实例效果

对比效果如图 20-123 和图 20-124 所示。

图20-123

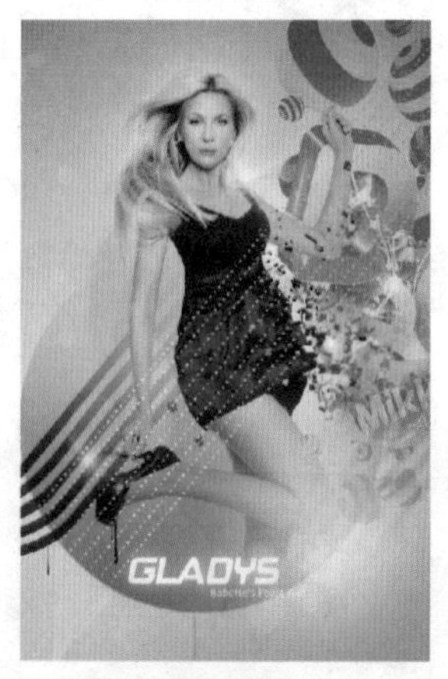

图20-124

操作步骤

步骤 01 打开人像素材文件，创建新组并命名为“人像”，如图 20-125 所示。

步骤 02 设置前景色为黑色，背景色为白色。选择工具箱中的画笔工具，在选项栏中打开画笔预设面板，在面板菜单中选择载入最底部的“方头画笔”，然后在弹出的对话框中单击“追加”按钮。在画笔预设面板中选择一个方头画笔，设置“大小”为 40 像素，如图 20-126 所示。

图20-125

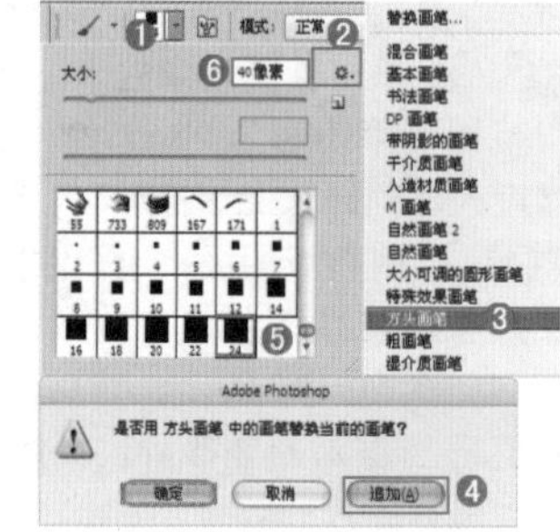
图20-126

步骤 03 按 F5 键打开“画笔”面板，设置“间距”为 300%，如图 20-127 所示；选中“形状动态”选项，设置“大小抖动”为 45%，“角度抖动”为 69%，“圆角抖动”为 80%，“最小圆度”为 10%，如图 20-128 所示；选中“散布”选项，设置“散布”为 462%，“数量”为 2，“数量抖动”为 10%，如图 20-129 所示；选中“颜色动态”选项，设置“前景 / 背景抖动”为 76%，如图 20-130 所示。

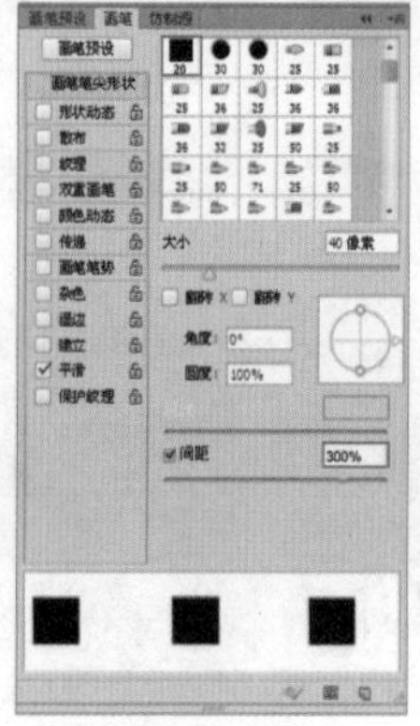
图20-127

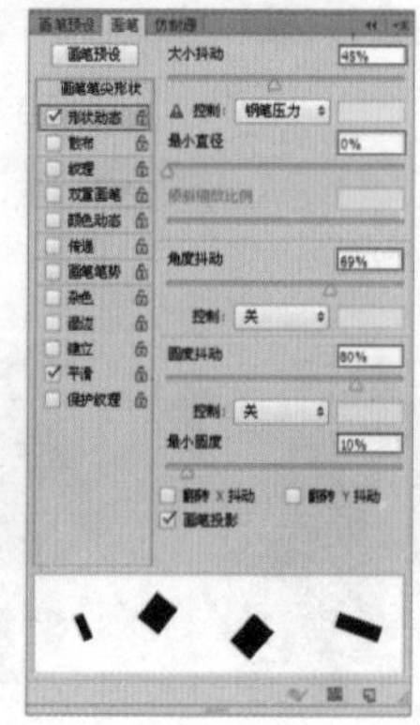
图20-128

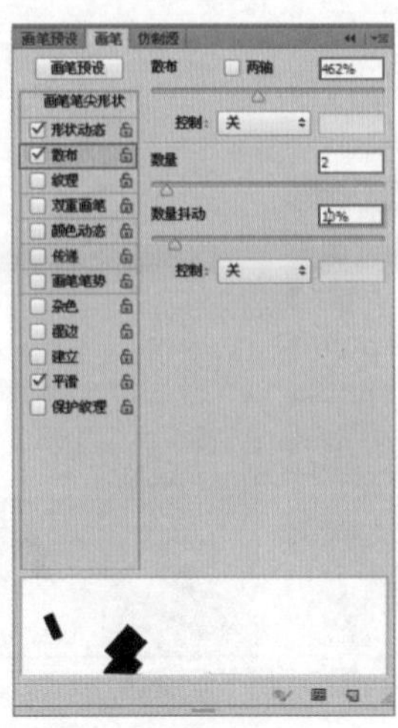

图20-129

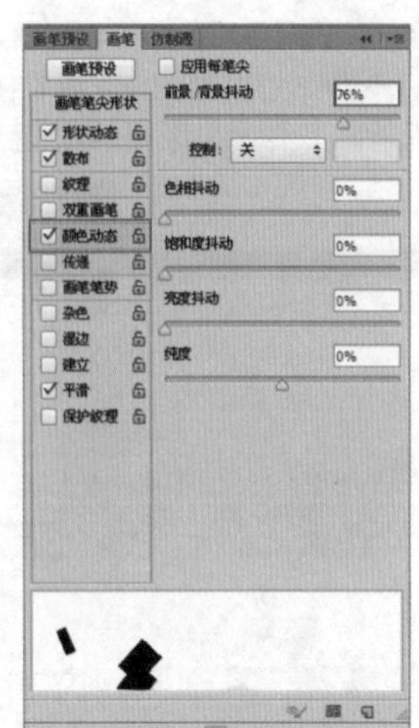

图20-130

步骤 04 新建图层，在人像裙子的部分进行绘制，如图 20-131 所示。

步骤 05 调整画笔笔尖大小，绘制更小的碎片，如图 20-132 所示。

步骤 06 单击工具箱中的"加深工具"按钮，在选项栏中设置范围为"阴影"，曝光度为 100%，如图 20-133 所示。在靠近人像的碎片上涂抹加深，如图 20-134 所示。

步骤 07 创建新图层，选择刚刚使用的画笔样式，使用吸管工具吸取皮肤颜色作为前景色，同样在人像左手臂绘制碎片，如图 20-135 所示。然后添加图层蒙版，使用黑色方形画笔适当擦除一些碎片，如图 20-136 所示。此时人像周围出现爆炸碎片的效果。

图20-131　图20-132

范围：阴影　曝光度：100%　保护色调

图20-133

图20-134

图20-135

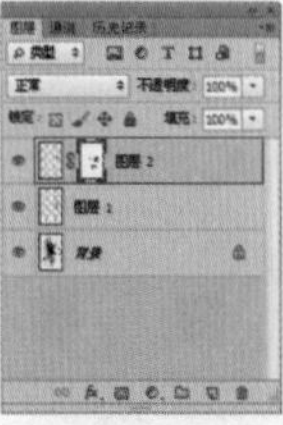

图20-136

步骤 08 导入中景装饰素材文件，如图 20-137 所示。

步骤 09 创建"曲线"调整图层，调整曲线形状，使图像变亮，如图 20-138 和图 20-139 所示。

图20-137

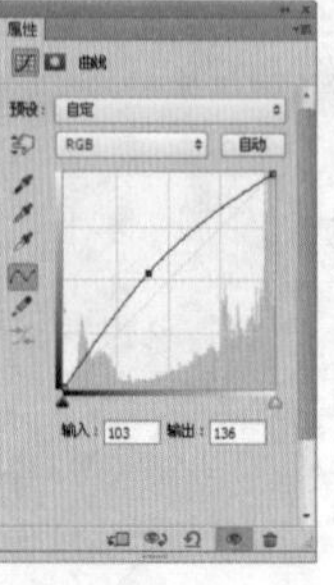

图20-138

图20-139

步骤 10 新建图层，使用椭圆选框工具绘制圆形选区。单击工具箱中的"渐变工具"按钮，编辑一种由黑色到透明的渐变，如图 20-140 所示。在图像中拖曳填充渐变，如图 20-141 所示。

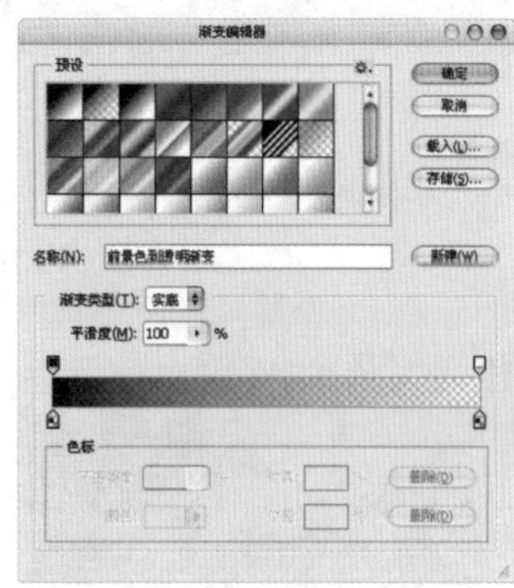

图20-140

图20-141

步骤 11 创建新图层"紫色渐变"，放在"图层"面板的最顶端。使用渐变工具编辑一种紫色系渐变，填充整个图层，如图 20-142 和图 20-143 所示。

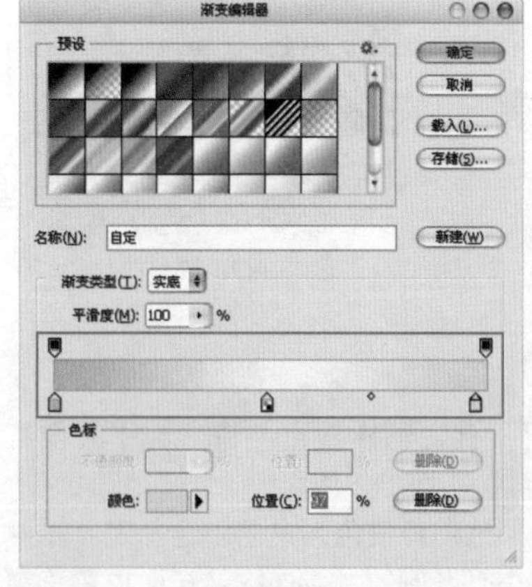

图20-142

图20-143

步骤 12 设置该图层的混合模式为"正片叠底"，并为其添加图层蒙版，如图 20-144 所示。使用黑色圆形柔角画笔涂抹人像区域，还原人像原来的颜色，如图 20-145 所示。

图20-144

图20-145

步骤 13 创建新图层“蓝色渐变”，编辑一种由蓝色到透明的渐变，在图中自右下向图像中心拖曳填充，如图 20-146 和图 20-147 所示。

图20-146

图20-147

步骤 14 设置前景色为白色，使用画笔工具，选择一个圆形柔角画笔，设置较大的画笔半径。在选项栏中设置画笔“不透明度”和“流量”均为 50%，在膝盖处绘制白色光斑，如图 20-148 所示。

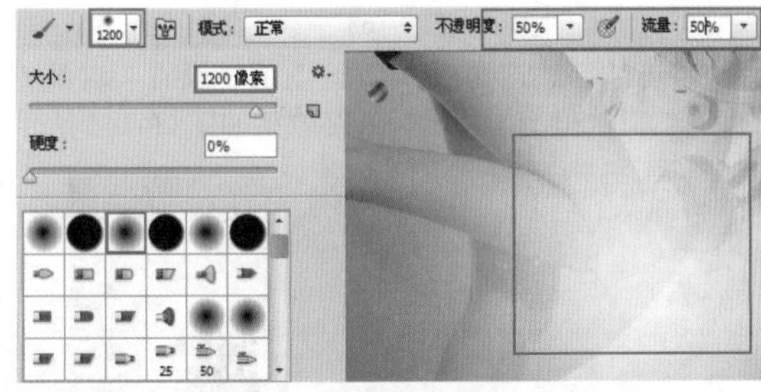

图20-148

步骤 15 设置白色光斑图层的不透明度为 80%，导入前景装饰素材文件，如图 20-149 所示。

图20-149

技巧提示

如图 20-150 所示的素材制作起来并不复杂，主要由 3 部分构成：斑点虚线、线性结构和发光文字。这些都是很常见的合成元素，下面进行详细讲解。

图20-150

(1) 斑点虚线的制作

使用画笔工具，在“画笔”面板中选择一个圆形画笔，设置合适的大小、硬度和间距，如图 20-151 所示。在图像中按住 Shift 键拖曳绘制出水平的斑点虚线，如图 20-152 所示。然后使用移动工具按住 Alt 键向下拖曳复制出多条，如图 20-153 所示。将所有虚线合并为一个图层后对其进行自由变换，旋转到合适的角度，如图 20-154 所示。在“图层”面板中选中斑点虚线图层，单击“锁定透明像素”按钮，如图 20-155 所示。回到图像中可以使用有色画笔进行涂抹上色，如图 20-156 所示。

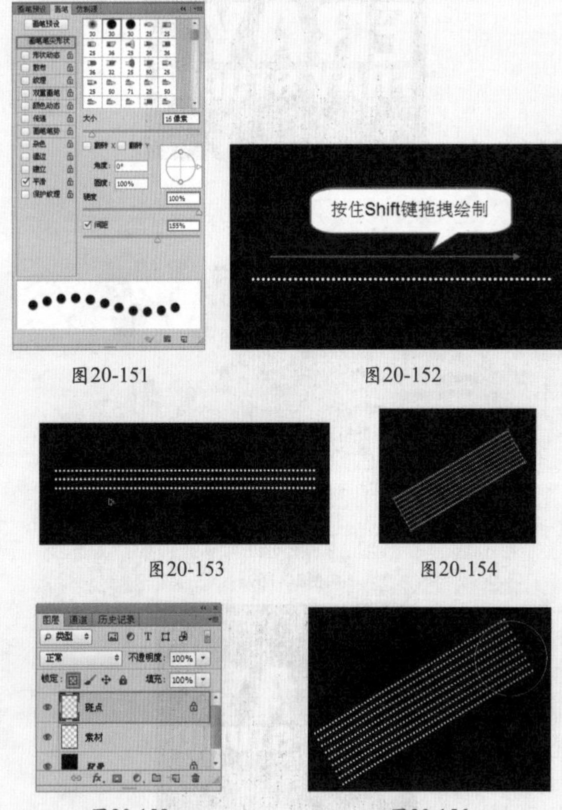

图20-151 图20-152

图20-153 图20-154

图20-155 图20-156

（2）线性结构的制作

首先需要新建图层，使用钢笔工具绘制一个曲线路径，然后使用1px大小的画笔进行描边路径，得到一条曲线后按Ctrl+J组合键复制并对其执行自由变换，按Enter键完成变换。使用复制并重复上次变换快捷键Ctrl+Shift+Alt+T，多次重复上次操作，即可得到多条规则排列的线性结构，如图20-157所示。

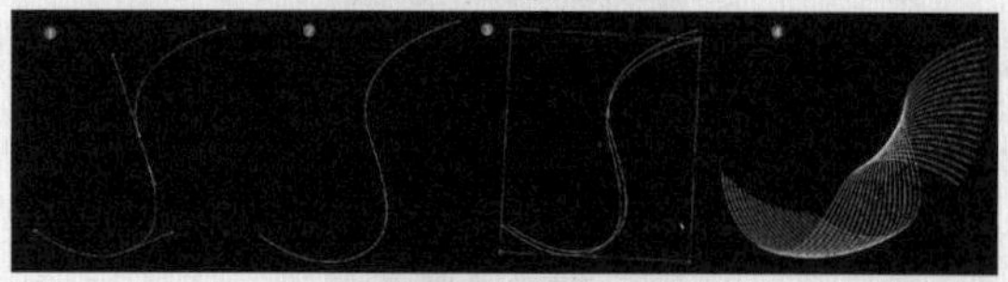

图20-157

（3）发光文字的制作

首先使用文字工具输入文字，如图20-158所示。执行“图层>图层样式>外发光”命令，设置合适的不透明度、颜色、大小，如图20-159所示。文字出现外发光的效果，如图20-160所示。在外发光文字图层上单击右键，在弹出的菜单中选择“拷贝图层样式”命令，如图20-161所示。右击另外一个文字图层，在弹出的菜单中选择“粘贴图层样式”命令，如图20-162所示。另外的文字也出现了外发光效果，如图20-163所示。

图20-158

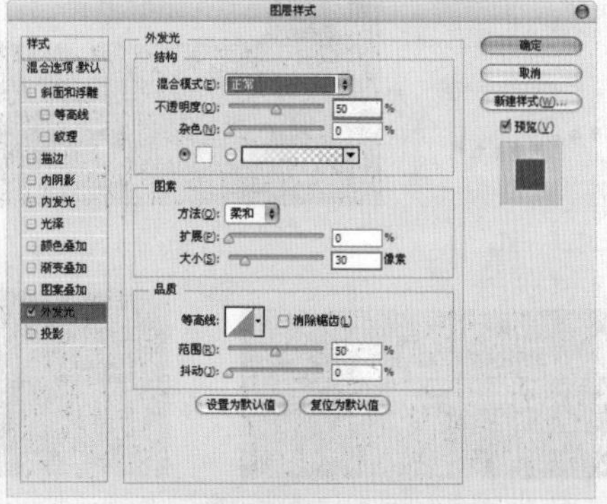

图20-159

图20-160

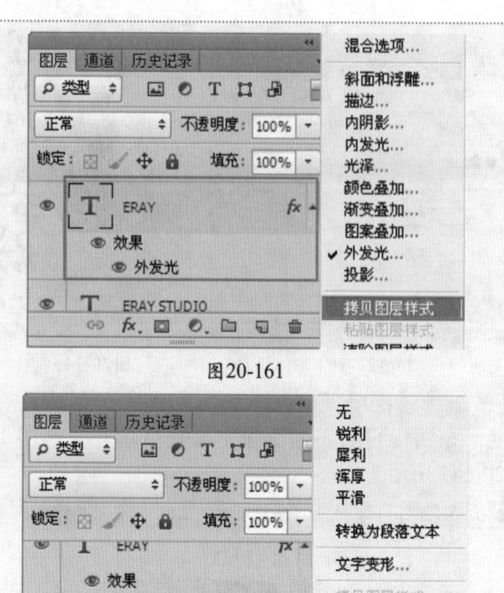

图20-161

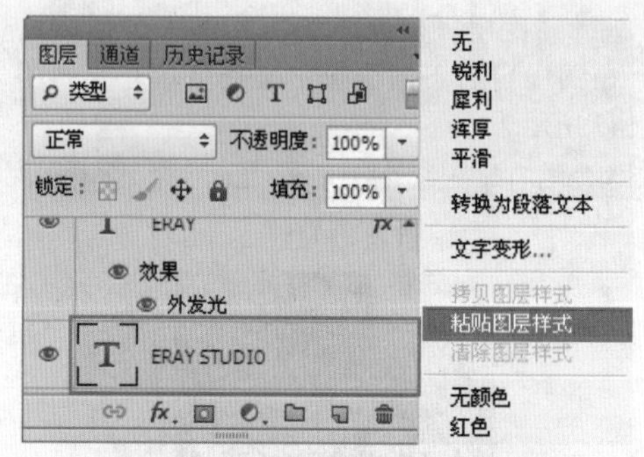

图20-162

图20-163

步骤 16 创建“自然饱和度”调整图层，设置“自然饱和度”为93，如图20-164所示。最终效果如图20-165所示。

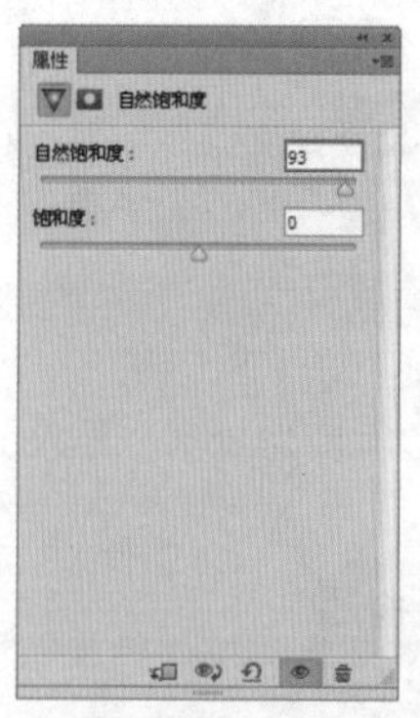

图20-164

图20-165

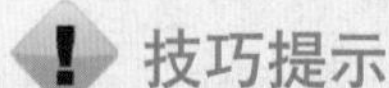

技巧提示

调节“自然饱和度”选项，不会生成饱和度过高或过低的颜色，画面始终会保持一个比较平衡的色调，对于调节人像非常有用。

20.8 古典工笔手绘效果

实例文件	古典工笔手绘效果 .psd
视频教学	古典工笔手绘效果 .flv
难易指数	★★★★★
技术要点	钢笔工具、历史记录画笔工具、"高斯模糊"命令、"可选颜色"调整图层、"曲线"调整图层

实例效果

对比效果如图 20-166 和图 20-167 所示。

图20-166

图20-167

操作步骤

步骤 01 打开背景素材，如图 20-168 所示。导入人像素材，并放在"背景"图层上方。本例选用的照片中模特的服装、配饰和造型很有古典中式的味道，但是人像面部具有明显西方人的特质，如图 16-169 所示。所以在处理时需要着重处理眉眼部分，柔化面部起伏，头发颜色和造型也需要进行更改。

图20-168

图20-169

技巧提示

背景素材的制作非常简单，首先使用渐变工具填充浅色系渐变，然后导入手绘风格的花朵素材，并调整其混合模式和不透明度即可。

步骤 02 单击工具箱中的"钢笔工具"按钮，沿人像外轮廓勾勒出闭合路径，如图 20-170 所示。按 Ctrl+Enter 组合键将路径快速转换为选区，并为该图层添加图层蒙版，使人像从背景中分离出来，如图 20-171 所示。

步骤 03 将照片转换为手绘效果最主要的就是减少照片中的细节，首选对皮肤部分进行磨皮操作。执行"滤镜 > 模糊 > 高斯模糊"命令，然后在"高斯模糊"对话框中设置"半径"为 4 像素，如图 20-172 所示。

步骤 04 在"历史记录"面板中标记最后一项"高斯模糊"操作，如图 20-173 所示，并返回到上一步操作状态下，然后使用历史记录画笔工具在人像皮肤部位涂抹。使皮肤部分减少细节，如图 20-174 所示。

图20-170

图20-171

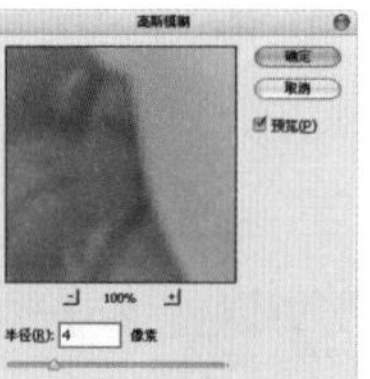

图20-172

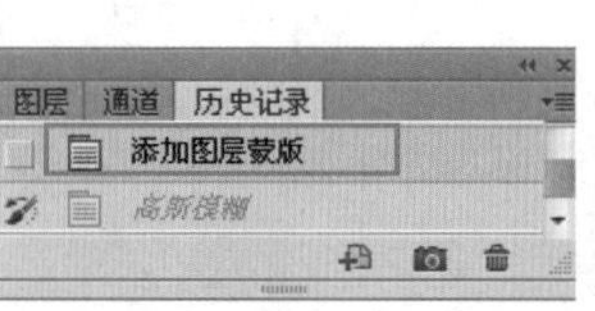

图20-173

图20-174

步骤 05 接着对头发与饰物进行模糊。执行"滤镜 > 模糊 > 特殊模糊"命令，然后设置"半径"为 5 像素，"阈值"为 7 色阶，如图 20-175 所示。同样回到"历史记录"面板标记"表面模糊"回到上一步，使用历史记录画笔工具涂抹头发与饰物，使其在保留大体颜色关系的基础上减少不必要的细节，最后可以使用"涂抹工具"进行适当涂抹，模糊多余细节，如图 20-176 所示。

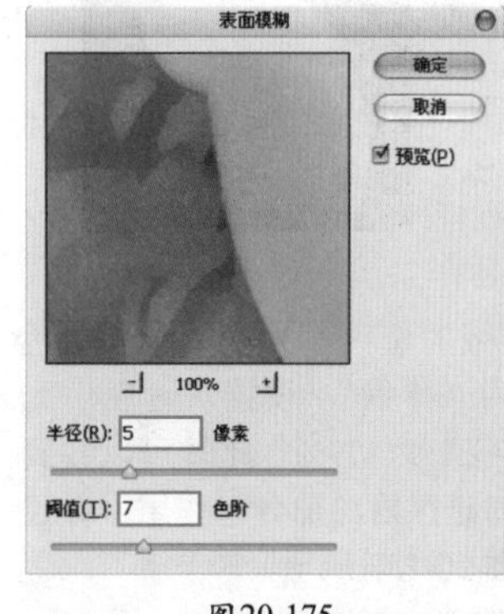

图20-175

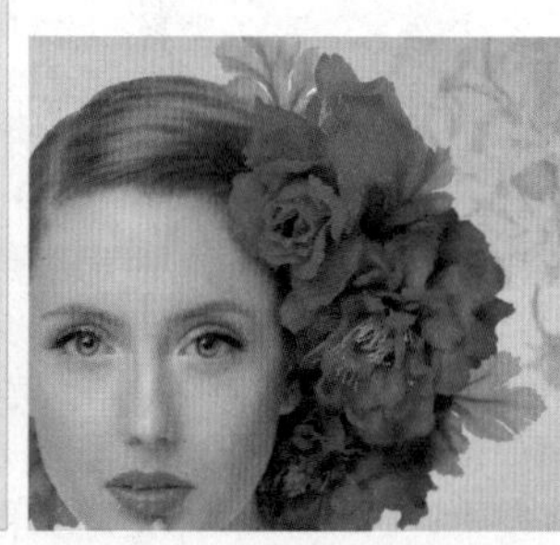
图20-176

步骤 06 创建"选取颜色 1"调整图层，对皮肤颜色进行调整，设置"颜色"为"红色"，设置"青色"为 -17%，"洋红"为 -27%，"黄色"为 -31%，如图 20-177 所示；设置"颜色"为"黄色"，设置"青色"为 -13%，"洋红"为 -17%，"黄色"为 -21%，如图 20-178 所示。在图层蒙版中填充黑色，使用白色画笔涂抹出人像皮肤部分，如图 20-179 所示。

步骤 07 下面开始调整人像头发部分的颜色。创建"曲线 1"调整图层，分别对 RGB、"红"、"绿"通道进行调整，如

图 20-180 ～图 20-181 所示。

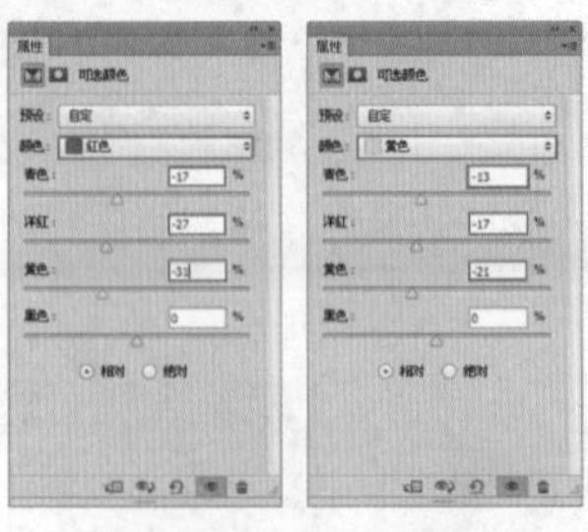

图20-177　图20-178　图20-179

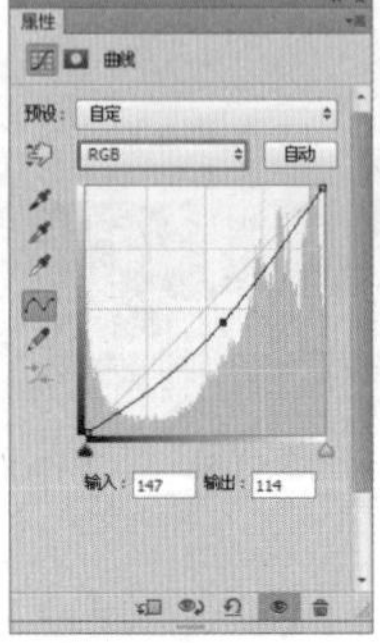
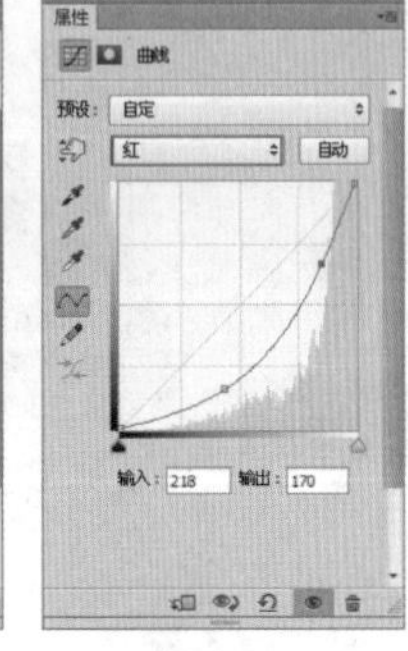
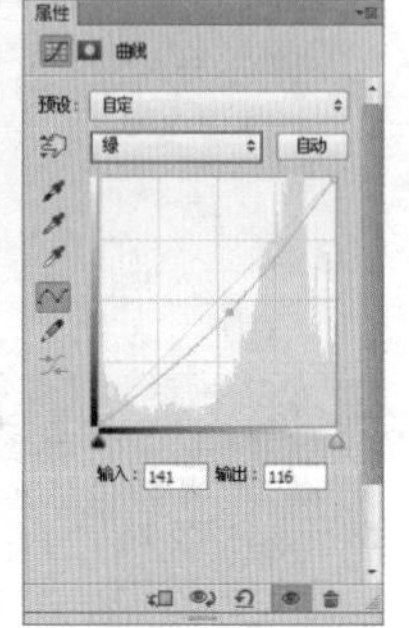

图20-180　图20-181　图20-182

步骤 08 在“曲线”调整图层蒙版中填充黑色，使用白色画笔涂抹头发部分，使该调整图层只对头发部分起作用，如图 20-183 所示。

图20-183

步骤 09 载入曲线调整图层蒙版的选区，创建“选取颜色 2”调整图层，设置“颜色”为“黄色”，设置“青色”为 +100%，“洋红”为 -63%，“黄色”为 -79%。此时可以看到新创建的可选颜色调整图层只对选区内的部分起作用，并且头发中黄色部分变为黑色，如图 20-184 所示。

图20-184

步骤 10 经过前面的模糊处理，人像皮肤纹理的细节已基本去除。下面需要“软化”面部的转折，使人像更接近东方人的样貌。由于对皮肤部分的处理需要创建多个图层，为了便于管理，在这里可以创建图层组，并在图层组中创建新的图层，如图 20-185 所示。

步骤 11 使用工具箱中的“吸管工具”吸取皮肤的颜色，如图 20-186 所示。

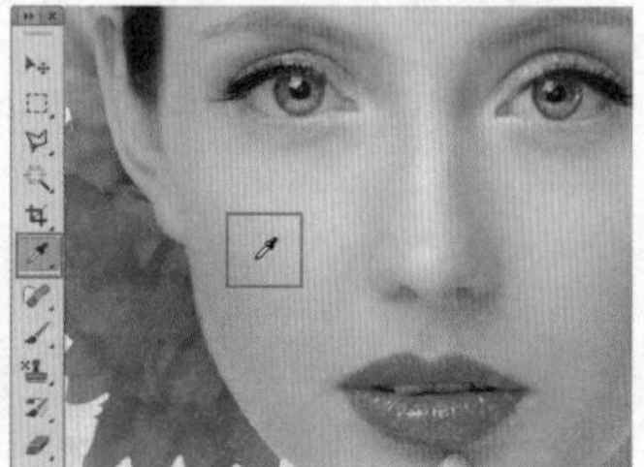

图20-185　图20-186

步骤 12 吸取皮肤颜色后单击工具箱中的“画笔工具”按钮，在选项栏中单击下拉按钮，选择一个圆形柔角画笔，并设置合适的画笔大小和硬度，然后在选项栏中将画笔“不透明度”和“流量”均设置为 50%，在新建图层中的左侧颧骨部分进行涂抹，柔化颧骨部分的起伏，如图 20-187 所示。

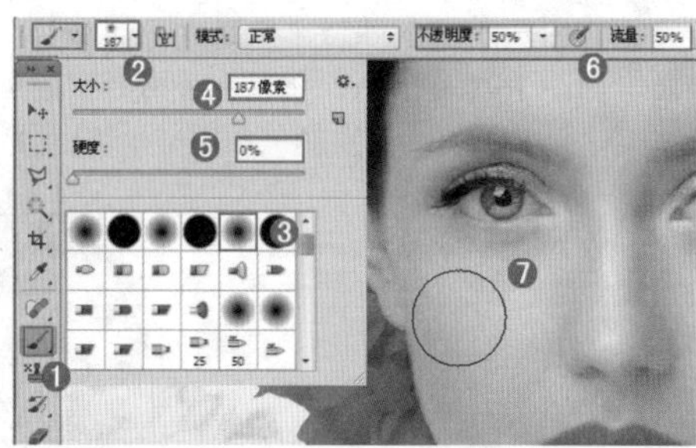

图20-187

步骤 13 在绘制过程中按住 Alt 键可快速切换为吸管工具，这样便于随时更改画笔颜色。在绘制细节较少的较为平坦的区域（如额头、面颊、脖颈、肩部）时可将画笔调大，简单涂抹保留基本起伏和明暗关系即可；而绘制细节部分（如鼻、耳、人中、手指）时则需要将画笔调小，随时吸取原图颜色进行精细涂抹。涂抹效果如图 20-188 所示。

图20-188

技巧提示

本例中的手绘部分对于有绘画基础的读者可能比较简单，如果没有绘画基础或对形体明暗关系等把握不好，可以使用如下方法：

（1）使用套索工具，设置合适的羽化半径，在人像面部绘制选区，如图 20-189 和图 20-190 所示。

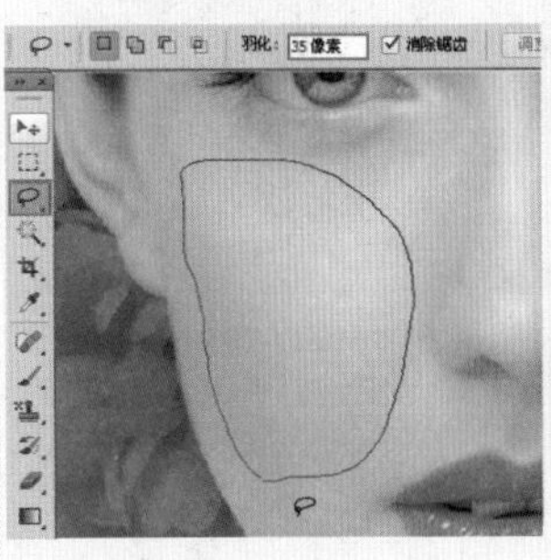

图20-189

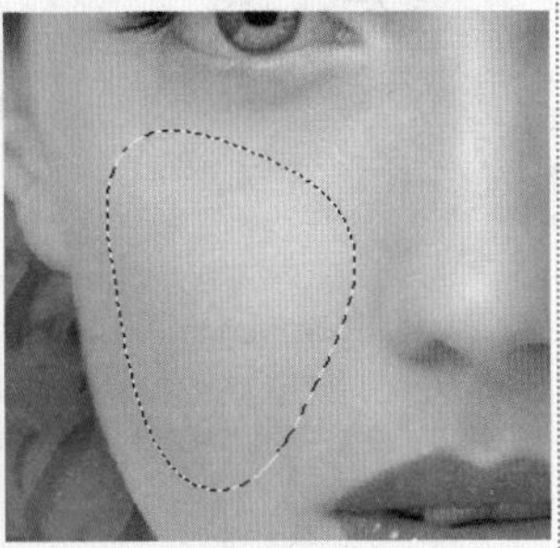

图20-190

（2）得到羽化的选区后复制选区中的内容作为新图层，并对得到的新图层使用“高斯模糊”滤镜，如图 20-191 所示。被模糊过的图层既能够保留基本的颜色关系，又有柔化的过渡的起伏效果，如图 20-192 所示。

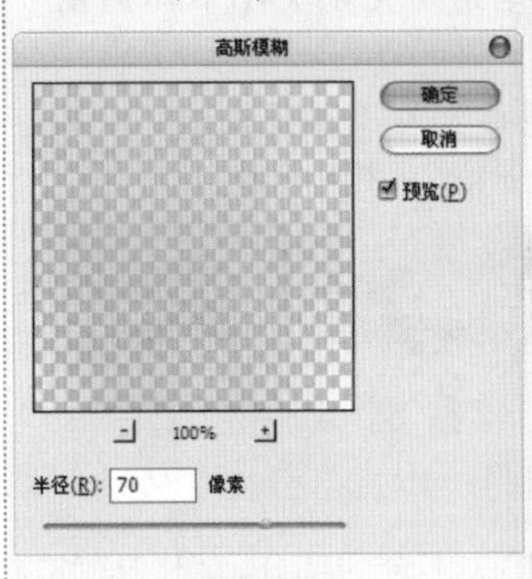

图20-191

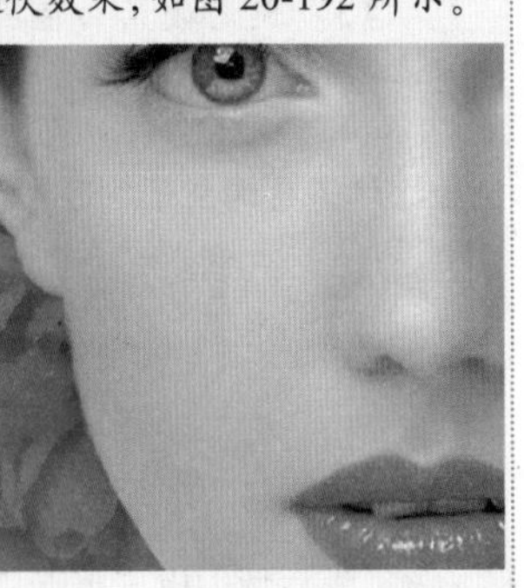

图20-192

步骤 14 下面开始制作眉毛部分，主要使用外挂笔刷。执行“编辑 > 预设管理器”命令，在打开的预设管理器中单击“载入”按钮，选择笔刷素材，如图 20-193 所示。

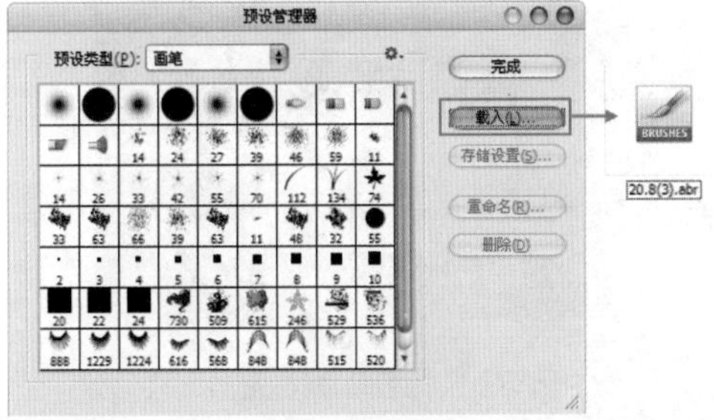

图20-193

步骤 15 载入完成后新建图层，使用“画笔工具”，设置前景色为棕色，选择载入的外挂笔刷中的眉毛画笔，并设置合适的大小。新建图层并单击绘制，如图 20-194 所示。

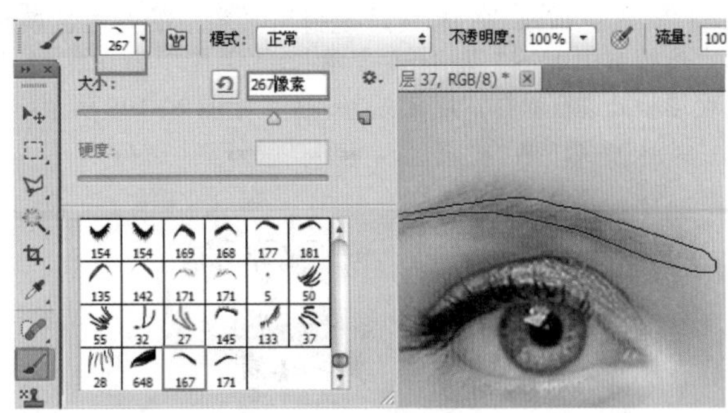

图20-194

步骤 16 由于外挂笔刷的形状与人像眉毛不太符合，需要对眉毛外形进行调整。按 Ctrl+T 组合键，对眉毛进行变形操作，调整其弧度，如图 20-195 所示。

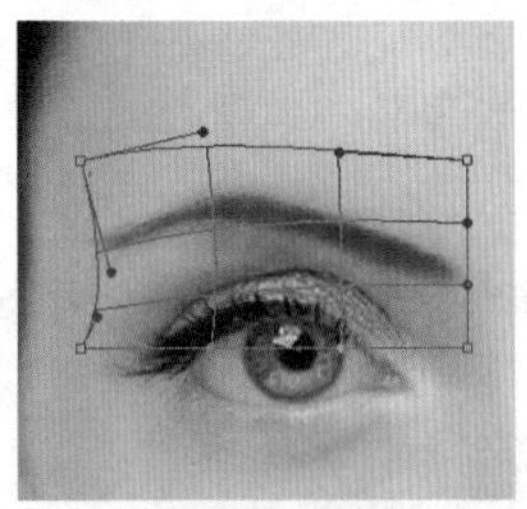

图20-195

步骤 17 为了盖住原图人像的眉毛，还需要在该眉毛图层进行适当涂抹，使用画笔工具吸取眉毛周围皮肤的颜色进行涂抹即可。为了丰富眉毛细节，也可以调小画笔，吸取原图眉毛颜色进行适当涂抹，效果如图 20-196 所示。

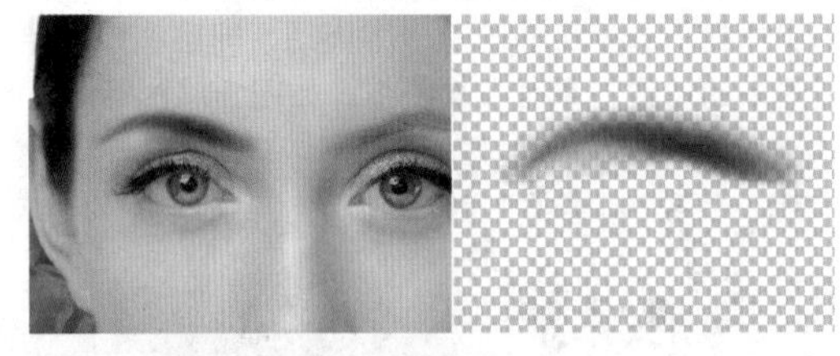

图20-196

步骤 18 在“面妆”图层组的上方新建一个“左眼”图层组，使用“矩形选框工具”框选左侧眼睛，然后按 Ctrl+J 组合键将选区中的图像复制一个到“左眼”图层中。执行“滤镜 > 模糊 > 表面模糊”命令，设置“半径”为 5 像素，“阈值”为 15 色阶，如图 20-197 所示。

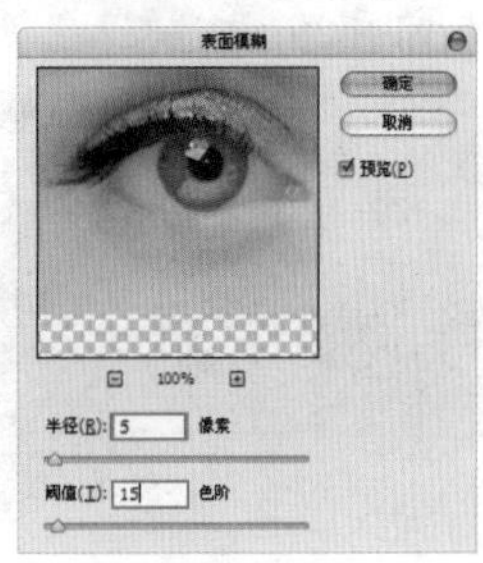

图20-197

步骤 19 设置前景色为棕色，选择工具箱中的颜色替换画笔，设置其“大小”为 44 像素左右，“硬度”为 0%，在上眼睑彩妆处进行涂抹，使其变为棕色，如图 20-198 所示。

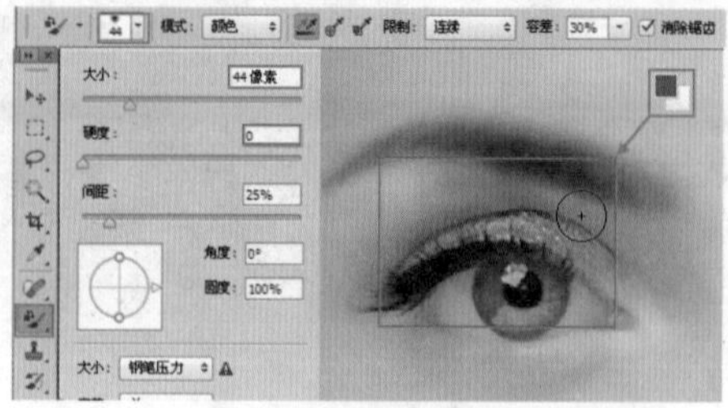

图20-198

步骤 20 选择工具箱中的模糊工具，选择一个圆形画笔，设置合适的大小和硬度，在上眼睑处涂抹，去掉多余细节，如图 20-199 所示。

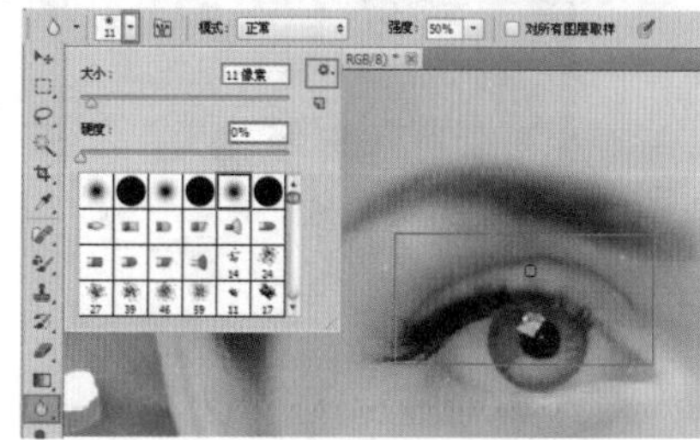

图20-199

步骤 21 下面开始制作眼睫毛，为了表现工笔画的感觉，这里使用涂抹工具进行绘制。设置合适的笔尖大小，“硬度”为 0%，在选项栏中设置涂抹画笔“强度”为 45%，在眼睫毛根部黑色的部分单击并向左上方拖动，即可拖曳出黑色带有衰减效果的曲线，重复多次制作，如图 20-200 所示。

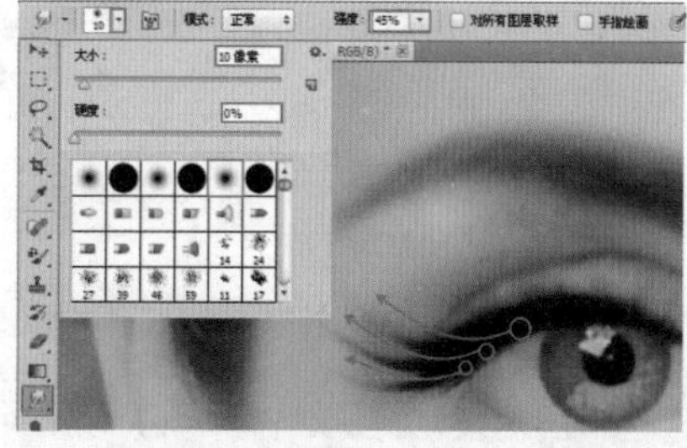

图20-200

步骤 22 选择工具箱中的加深工具，选择圆形柔角画笔加深上下眼睑的部分，如图 20-201 所示。

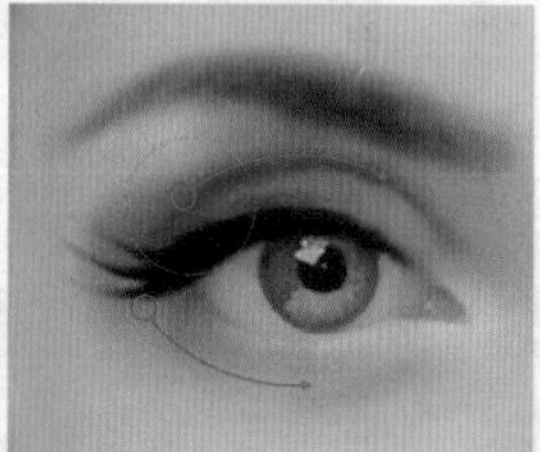

图20-201

步骤 23 使用画笔工具，设置笔尖为圆形柔角画笔，并降低画笔的不透明度，绘制内眼角和眼白处的高光，如图 20-202 所示。

步骤 24 继续使用画笔工具绘制瞳孔部分，如图 20-203 所示。

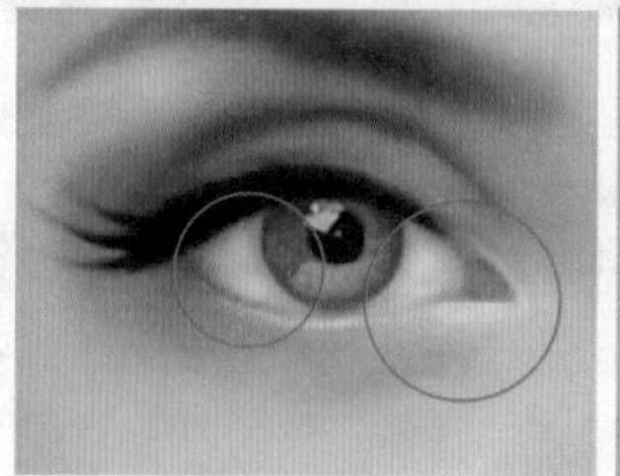

图20-202

图20-203

技巧提示

瞳孔部分的制作：

（1）使用套索工具绘制眼球轮廓的选区，并填充深灰色。

（2）设置颜色为白色，使用较小的半透明画笔绘制瞳孔下半部分的反光。

（3）使用硬角白色画笔绘制几个大小不同的高光点。

（4）最后使用画笔工具绘制右上角亮斑，可以配合涂抹工具调整光斑形状，如图 20-204 所示。

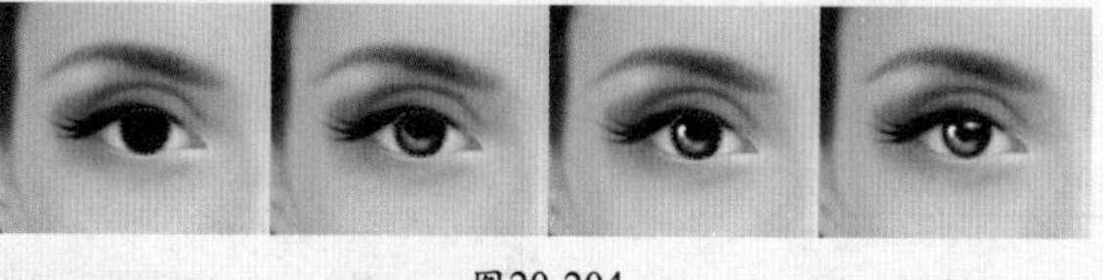

图20-204

步骤 25 最后使用橡皮擦工具擦去多余的部分。用同样的方法绘制出另外一只眼睛，如图 20-205 所示。

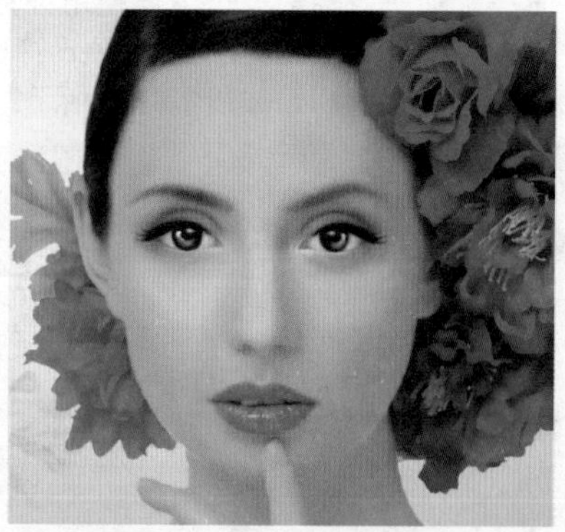

图20-205

步骤 26 创建“色相 / 饱和度 1”调整图层，设置相关参数，如图 20-206 和图 20-207 所示。然后在图层蒙版中填充黑色，使用白色画笔涂抹眼影部分，如图 20-208 和图 20-209 所示。

图20-206　　图20-207　　图20-208

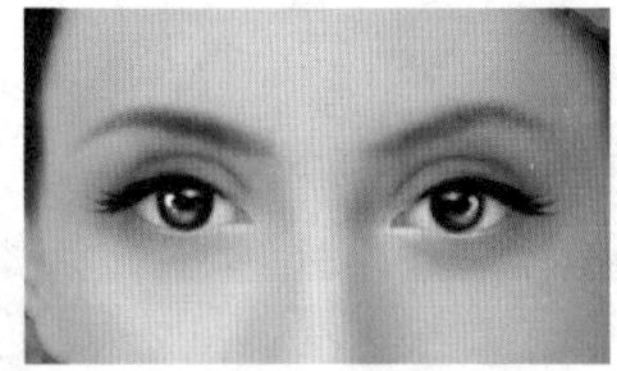

图20-209

步骤 27 下面开始制作嘴唇部分。使用矩形选框工具框选唇部区域，然后按 Ctrl+J 组合键将选区中的图像复制到“嘴唇”图层中。执行“滤镜 > 模糊 > 高斯模糊”命令，设置“半径”为 2 像素，如图 20-210 所示。在“历史记录”面板中标记“高斯模糊”操作，并返回到上一步操作状态下，然后使用历史记录画笔工具在嘴唇部位涂抹，使嘴唇变模糊，如图 20-211 所示。

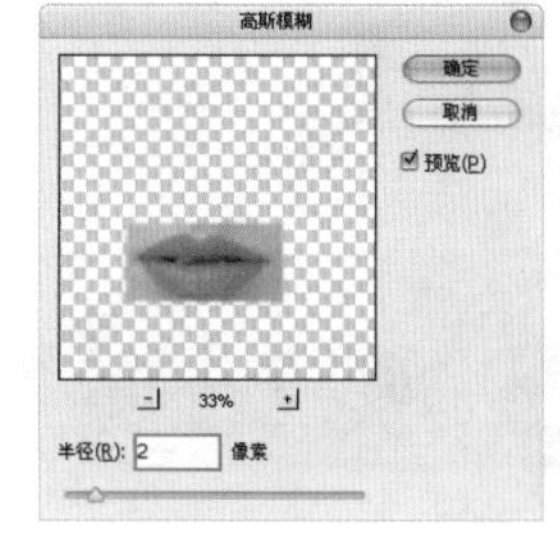

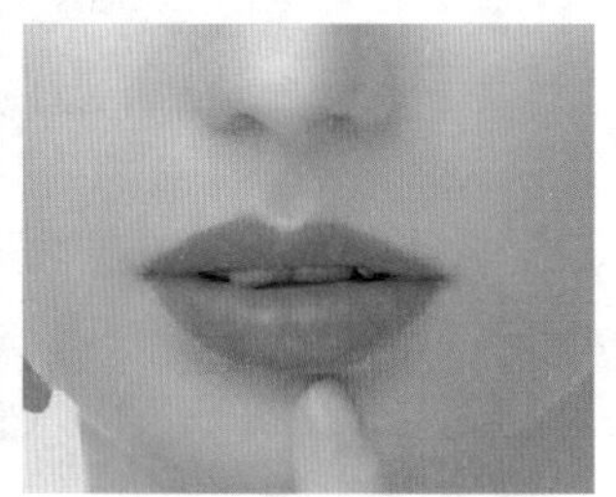

图20-210　　图20-211

步骤 28 新建图层，制作唇部高光效果。使用“钢笔工具” 绘制出一个闭合路径，如图 20-212 所示。单击鼠标右键，选择“建立选区”命令，设置“羽化半径”为 10 像素，在弹出的对话框中单击“确定”按钮，如图 20-213 所示，然后填充白色，如图 20-214 所示。

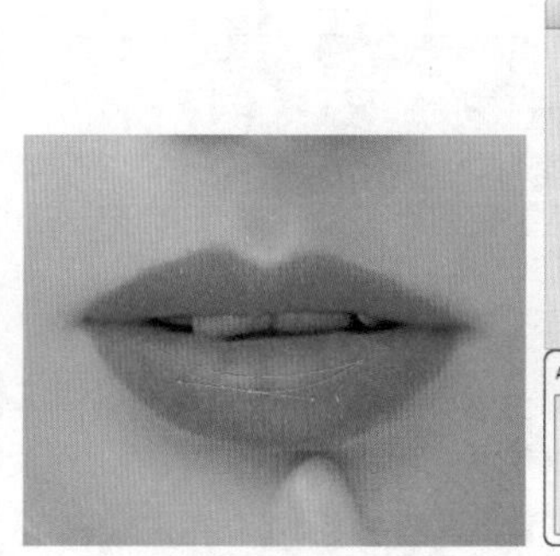

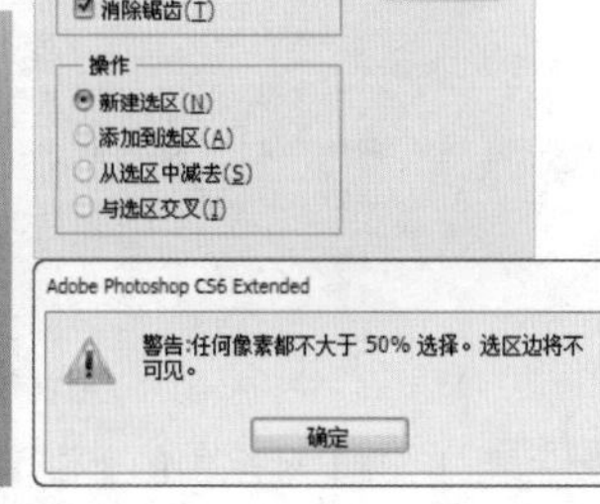

图20-212　　图20-213

步骤 29 使用画笔工具，设置较小的半径大小，绘制白色唇线，如图 20-215 所示。

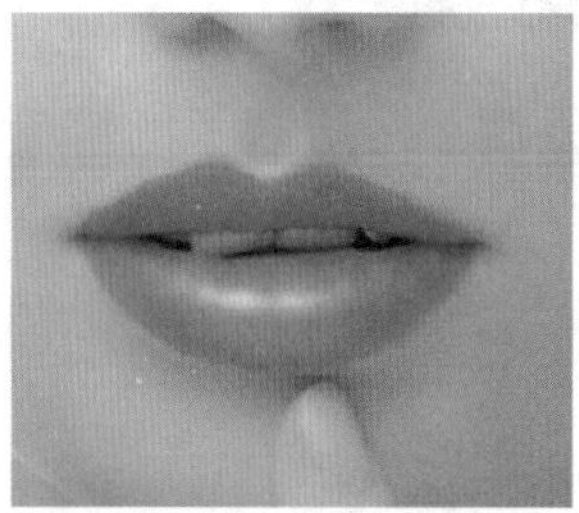

图20-214　　图20-215

步骤 30 导入花朵文身素材，如图 20-216 所示。设置该图层的混合模式为“正片叠底”，“不透明度”为 75%，并为图层添加一个图层蒙版，使用黑色画笔涂抹多余部分，如图 20-217 所示。

图20-216　　图20-217

步骤 31 下面为人像添加长发。在“人像”图层的下面新建“头发”图层，然后选择“画笔工具” ，选择载入的头发笔刷，设置前景色为黑色，单击绘制，并进行角度与大小的调整，如图 20-218 所示。继续设置前景色为深棕色，用同样的方法进行绘制并移至合适的位置，如图 20-219 所示。

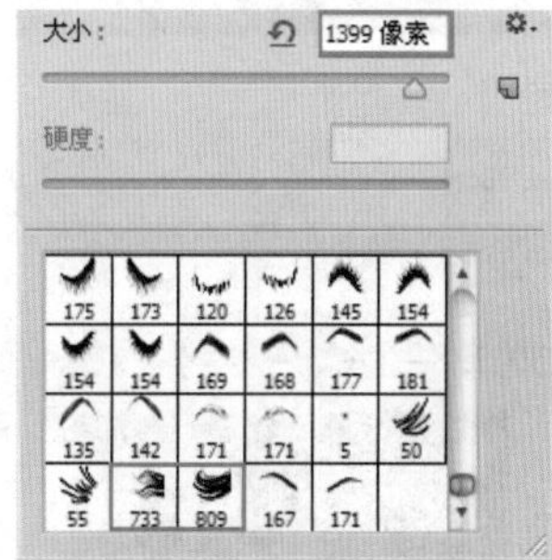

图20-218　　图20-219

步骤 32 由于使用外挂笔刷绘制出的头发看起来缺少立体感，下面需要绘制一些发丝。新建图层组，放置到“图层”面板的最顶端。创建图层，设置前景色为棕色，单击工具箱中的“画笔工具”按钮 ，选择一个圆形硬角画笔，设置“大小”为 4 像素，“硬度”为 100%，如图 20-220 所示。然后按 F5 键打开“画笔”面板，选中“形状动态”选项，设置“控制”为“钢笔压力”，如图 20-221 所示。

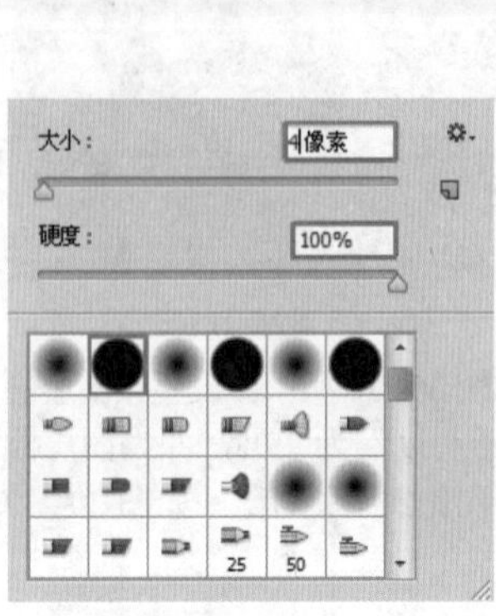

图20-220

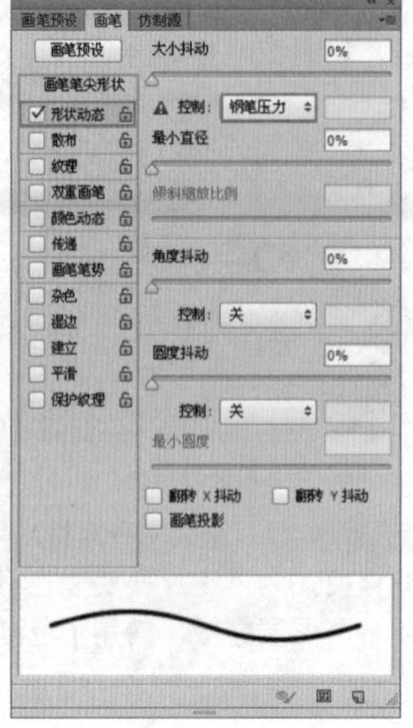

图20-221

步骤 33 接着使用“钢笔工具”在头顶部分绘制出一个路径，单击右键，在弹出的菜单中选择“描边路径”命令，在弹出的对话框中设置“工具”为“画笔”，选中“模拟压力”复选框，单击“确定”按钮结束操作，如图20-222所示。采用模拟压力的方法制作出的描边路径具有两端细、中间粗的特性，非常适合绘制发丝，如图20-223所示。

步骤 34 采用同样的方法继续绘制长发效果，如图20-224和图20-225所示。

步骤 35 最后导入书法文字，放在“人像”图层下方，并设置“不透明度”为60%。最终效果如图20-226所示。

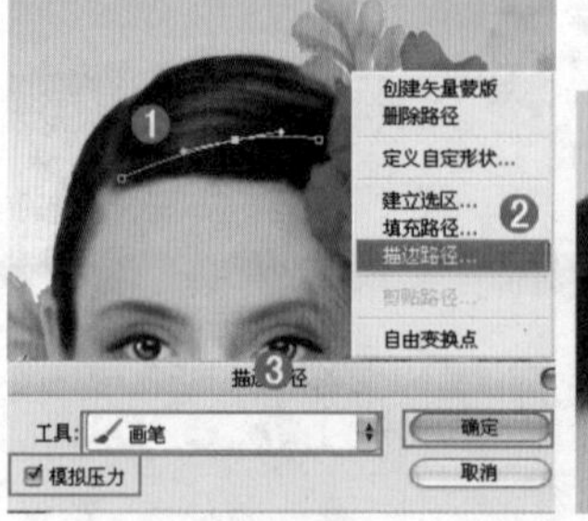

图20-222

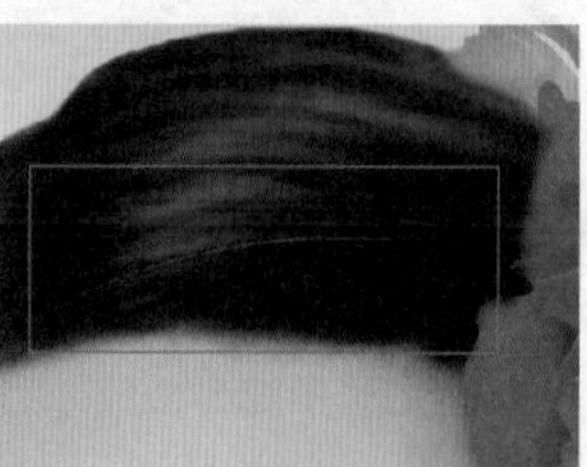

图20-223

图20-224

图20-225

图20-226

20.9 欧美风格混合插画

实例文件	欧美风格混合插画.psd
视频教学	欧美风格混合插画.flv
难易指数	★★★★★
技术要点	“查找边缘”滤镜、“照亮边缘”滤镜、钢笔工具、画笔工具

实例效果

对比效果如图20-227和图20-228所示。

图20-227

图20-228

操作步骤

步骤 01 按Ctrl+N组合键，在弹出的“新建”对话框中设置文件“宽度”为2306像素，“高度”为3458像素，“背景内容”为“透明”，单击“确定”按钮创建新文件，如图20-229所示。

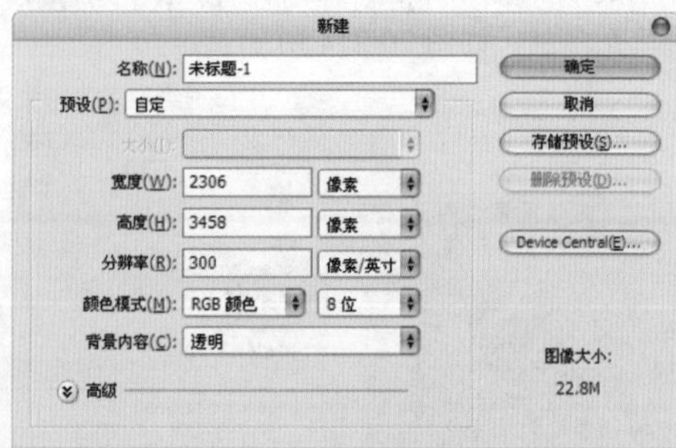

图20-229

步骤 02 单击工具箱中的“渐变工具”按钮，在选项栏上单击“径向渐变”按钮，如图20-230所示。在弹出的“渐变编辑器”对话框中编辑一种黄色到枚红色的渐变，单击“确定”按钮结束操作，如图 20-231 所示。

图20-230

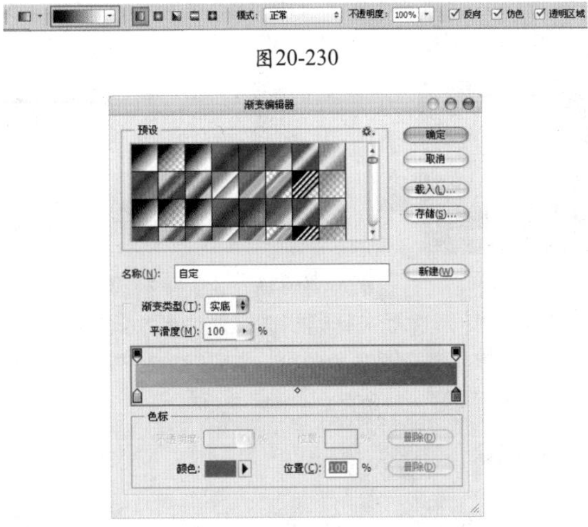

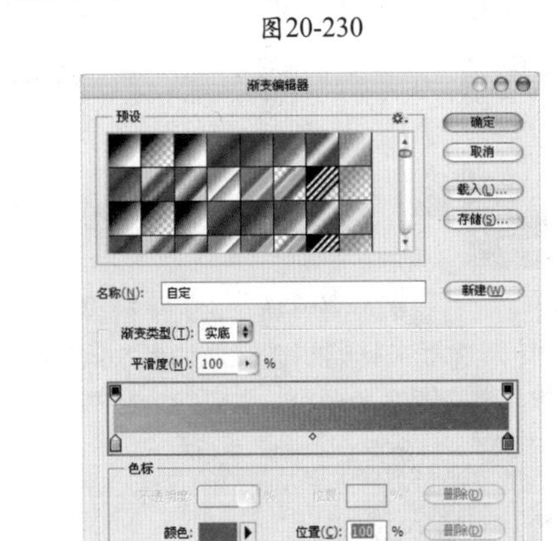

图20-231

步骤 03 在画面中按住左键并向外拖曳，释放鼠标完成渐变背景的制作，如图 20-232 所示。单击“图层”面板中的“创建新组”按钮，创建图层组“背景”，将“渐变底色”图层放入图层组“背景”中，如图 20-233 所示。

图20-232

图20-233

步骤 04 隐藏“渐变底色”图层，新建“定义画笔”图层，如图 20-234 所示。绘制出一条较细的黑色曲线，单击工具箱中的“矩形选框工具”按钮，框选当前曲线，如图 20-235 所示。执行“编辑 > 定义画笔预设”命令，如图 20-236 所示。在弹出的“画笔名称”对话框中输入画笔名称，单击“确定”按钮结束操作，如图 20-237 所示。

图20-234

图20-235

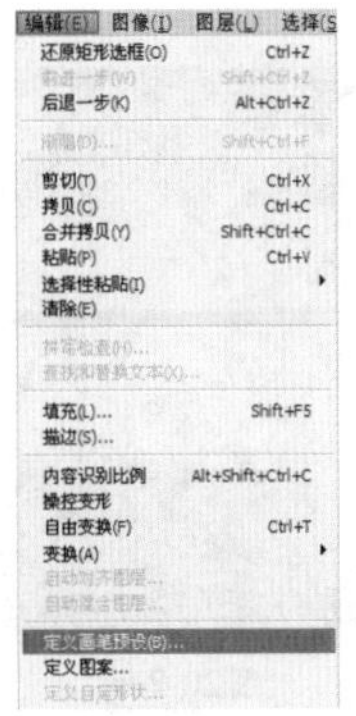

图20-236

图20-237

步骤 05 单击“画笔工具”按钮，在选项栏中选择新定义的画笔，如图 20-238 所示。打开“画笔”面板，设置“大小”为 800 像素，“角度”为 140 度，“间距”为 1%，如图 20-239 所示；选中“形状动态”选项，设置“控制”为“钢笔”压力，如图 20-240 所示。

图20-238

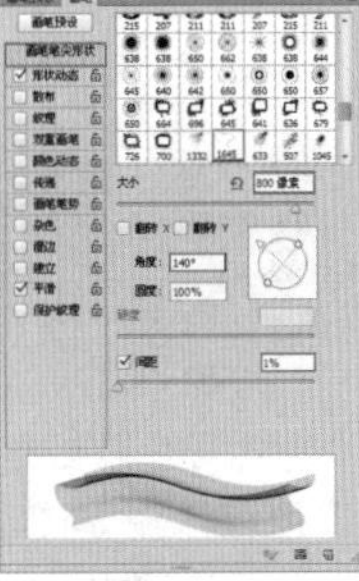

图20-239

图20-240

步骤 06 在“图层”面板中单击显示“渐变底色”图层，隐藏“定义画笔”图层，设置前景色为白色，新建图层“描边路径”，使用钢笔工具绘制一条路径，单击右键选择“描边路径”命令，在弹出的对话框中选中“模拟压力”复选框，如图 20-241 和图 20-242 所示。

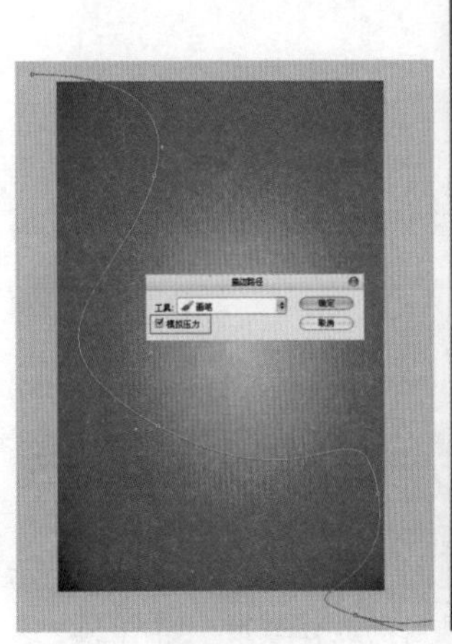

图20-241

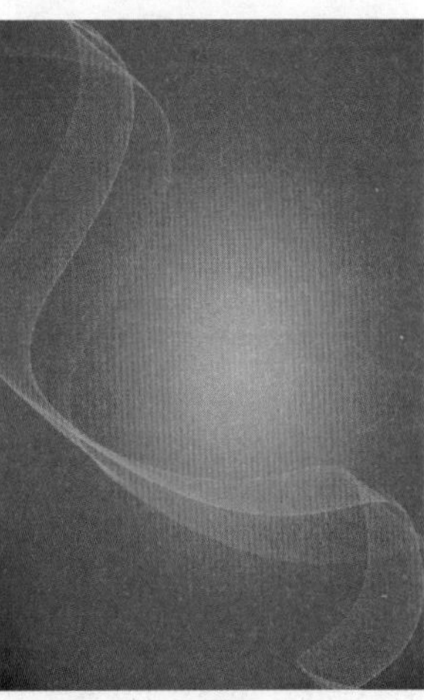

图20-242

步骤 07 导入光效素材，如图 20-243 所示。设置其混合模式为“滤色”，如图20-244和图20-245所示。

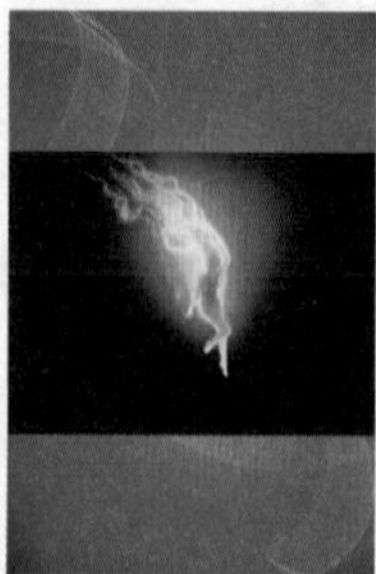

图20-243

图20-244

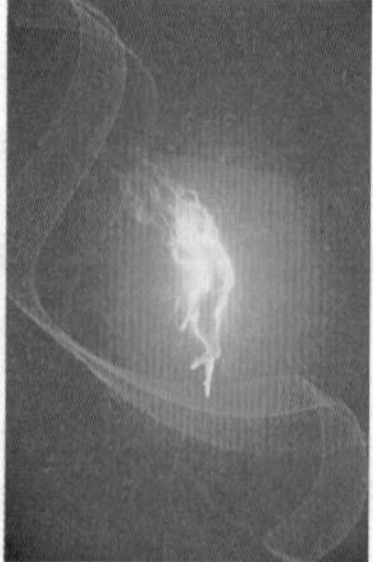

图20-245

步骤 08 导入剪影素材，放在画面中心的位置，如图20-246所示。继续导入立体形状素材，在图层面板中设置“不透明度”数值为25%，如图20-247和图20-248所示。

图20-246

图20-247

图20-248

步骤 09 下面进行立体效果彩色花纹的绘制。单击“图层”面板中的“创建新组”按钮，创建图层组“花纹1”，在图层组中创建新图层，单击工具箱中的“钢笔工具”按钮，在图层上绘制花纹路径，如图20-249所示。单击右键，在弹出的菜单中选择“建立选区”命令，如图20-250所示。在弹出的“建立选区”对话框中单击“确定”按钮结束操作，如图20-251所示，然后填充橙色，如图20-252所示。

图20-249　图20-250　图20-251　图20-252

步骤 10 单击工具箱中的“加深工具”按钮，在花纹上方涂抹，进行加深，使其产生凸起的立体效果，如图20-253所示。

步骤 11 下面需要定义一个图案用于填充。新建图层“图案”，将其他图层隐藏，使用椭圆选框工具，按住Shift键绘制正圆选区，并填充黄色，如图20-254所示。多次复制摆放出如图20-255所示的效果。

图20-253

图20-254

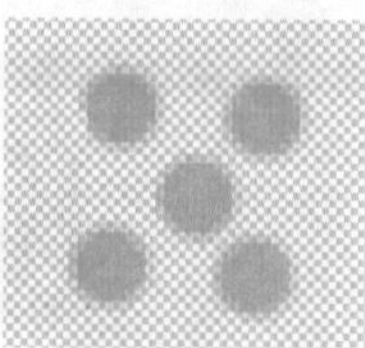

图20-255

步骤 12 使用矩形选框工具绘制选区，如图20-256所示，然后执行“编辑 > 定义图案”命令，如图20-257所示。

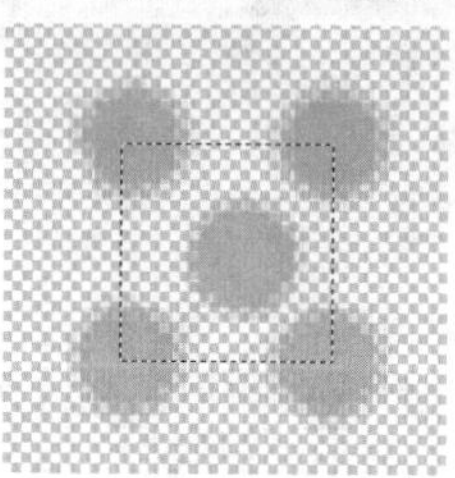

图20-256

图20-257

步骤 13 显示其他图层显示。选中之前绘制的花纹图层并载入选区，执行“编辑 > 填充”命令，或按Shift+F5组合键，在弹出的“填充”对话框中设置使用图案填充，并单击“自定图案”，在下拉列表中选择设置的图案，单击“确定”按钮结束操作，如图20-258和图20-259所示。

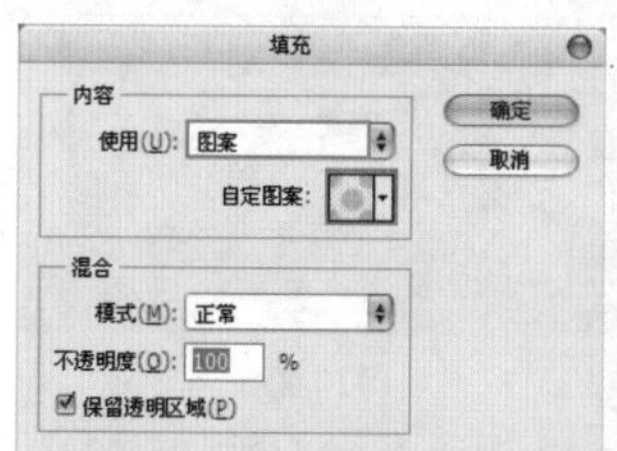

图20-258

图20-259

步骤 14 使用椭圆选框工具绘制正圆并填充为白色，然后选择画笔工具，在选项栏中设置画笔大小为100的柔边圆画笔，设置“不透明度”为50%，如图20-260所示。在花纹上按住左键绘制高光部分，如图20-261和图20-262所示。

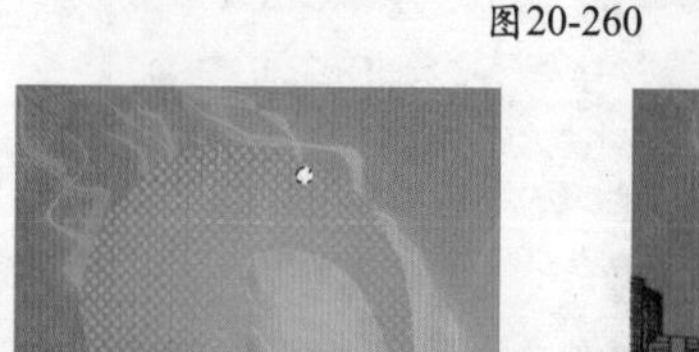

图20-260

图20-261　图20-262

步骤 15 继续绘制另外一个花纹。新建图层，使用钢笔工具在图层上绘制花纹路径，如图 20-263 所示。单击右键，在弹出的菜单中选择“建立选区”命令，在弹出的“建立选区”对话框中单击“确定”按钮结束操作，如图 20-264 和图 20-265 所示。

图20-263

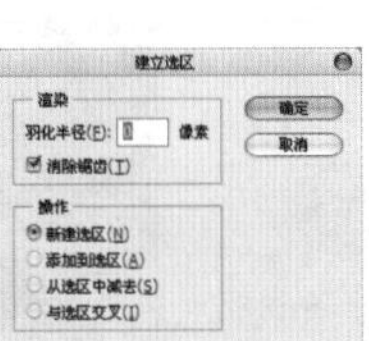

图20-264

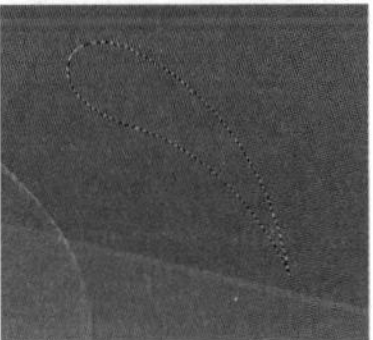
图20-265

步骤 16 单击“渐变工具”按钮，在选项栏中设置渐变类型为线性渐变，如图 20-266 所示。编辑土红色系渐变，在画面中进行填充，如图 20-267 和图 20-268 所示。

图20-266

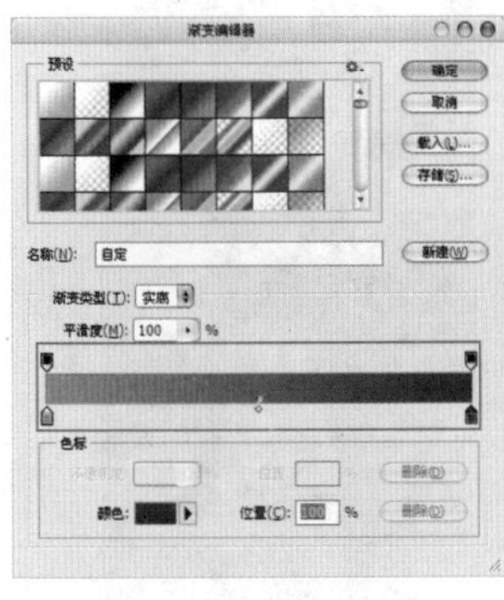

图20-267

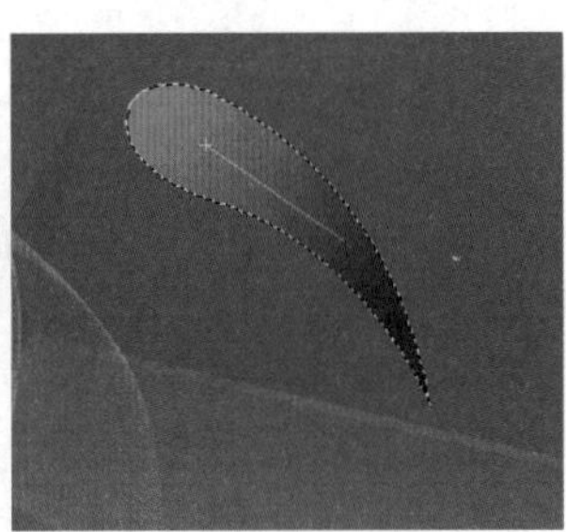
图20-268

步骤 17 继续使用钢笔工具在图层上绘制条纹路径，如图 20-269 所示。单击右键，在弹出的菜单中选择“建立选区”命令，并为其填充橙色系渐变，如图 20-270 所示。

图20-269

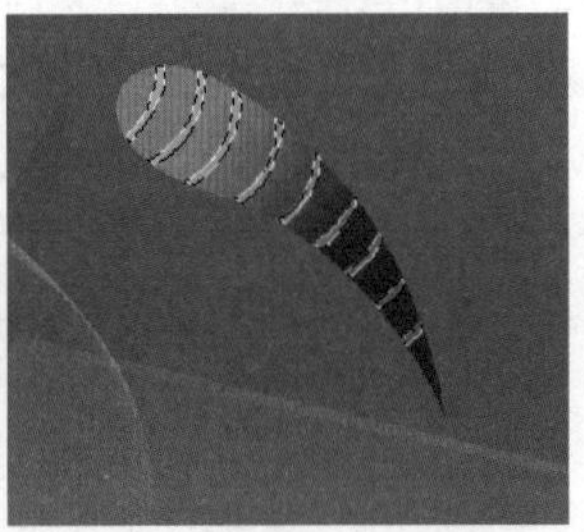
图20-270

步骤 18 同样使用画笔工具制作高光部分，在选项栏中设置画笔大小为 70 的柔角圆形画笔，设置“不透明度”为 50%，在花纹上按住左键绘制高光部分，如图 20-271 所示。

步骤 19 用同样方法制作出其他不同图样填充及不同形状的花纹，如图 20-272 所示。

步骤 20 导入矢量感素材，并调整其大小和摆放位置，如图 20-273 所示。

步骤 21 复制素材图层，按 Ctrl+T 组合键并单击右键，在弹出的菜单中选择“垂直翻转”命令，如图 20-274 所示。将垂直翻转过的图层向下移动，如图 20-275 所示。

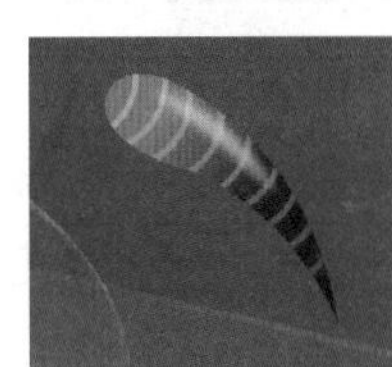
图20-271

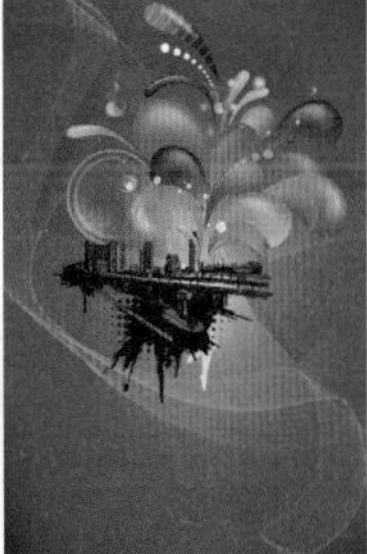
图20-272

图20-273

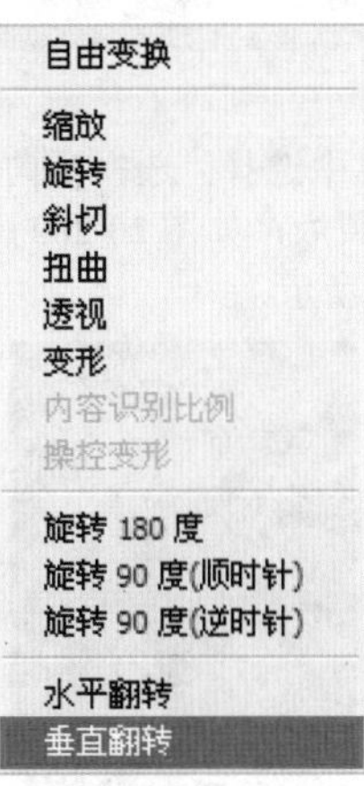

图20-274

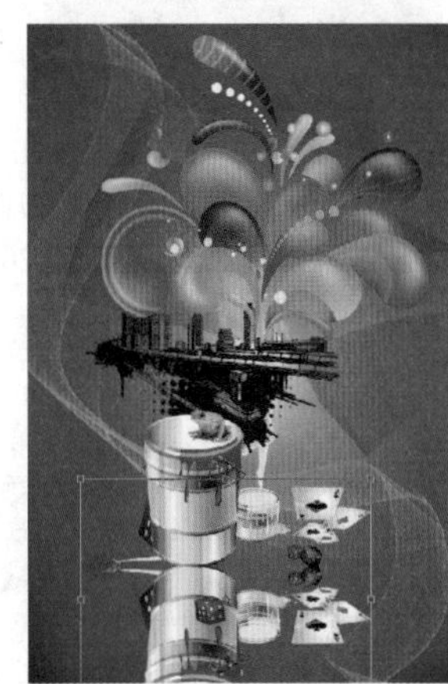
图20-275

步骤 22 在“图层”面板中设置“底部倒影”图层的“不透明度”为 25%，单击“添加图层蒙版”按钮为该图层添加图层蒙版，如图 20-276 所示。使用黑色柔角画笔在图形下方涂抹，隐藏多余部分，如图 20-277 所示。

图20-276

图20-277

步骤 23 新建图层组“人像”，导入人像素材放在偏右侧的位置，如图 20-278 所示。

步骤 24 选择工具箱中的魔棒工具，在选项栏中单击“添加到选区”按钮，设置“容差”为 30，选中“连续”复选框，在人像素材的背景上多次单击直至选中全部背景，如图 20-279

所示。

图20-278

图20-279

步骤 25 单击右键，在弹出的菜单中选择“选择反向”命令，然后为该人像图层添加图层蒙版，如图 20-280 所示。隐藏多余的背景部分，如图 20-281 所示。

图20-280

图20-281

步骤 26 复制人像图层，命名为“人像阴影”，在该图层蒙版上单击右键，在弹出的菜单中选择“应用图层蒙版”命令，载入选区并填充为黑色，在“图层”面板中设置“不透明度”为 45%，如图 20-282 所示。按 Ctrl+T 组合键对该阴影图层进行缩放，如图 20-283 所示。

图20-282

图20-283

步骤 27 下面需要对人像进行调色。创建一个可选颜色调整图层，在该调整图层上单击右键，在弹出的菜单中选择“创建剪贴蒙版”命令，设置“颜色”为“黑色”，“黑色”为 18，如图 20-284 所示。此时可以看到图像中的黑色部分被加深，如图 20-285 所示。

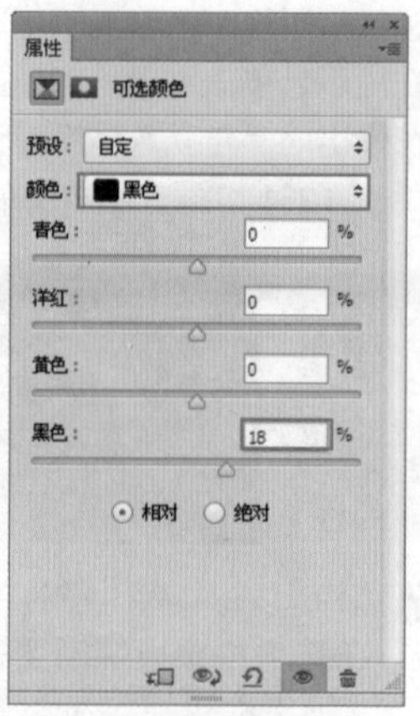

图20-284

图20-285

步骤 28 创建“亮度 / 对比度”调整图层，设置“对比度”为 42，如图 20-286 和图 20-287 所示。

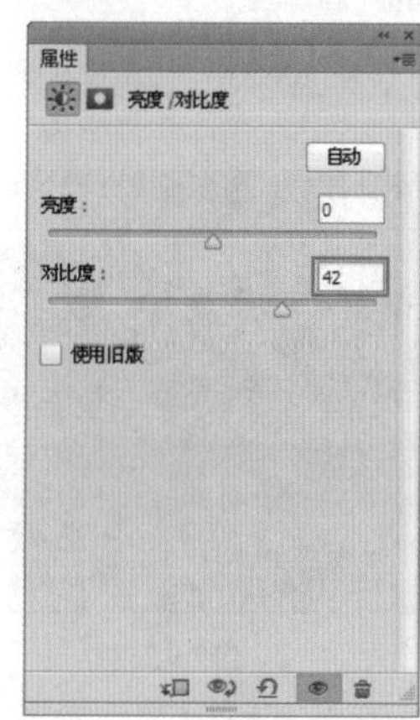

图20-286

图20-287

步骤 29 再次复制人像图层命名为“查找边缘”，并执行“应用图层蒙版”命令，然后执行“滤镜 > 风格化 > 查找边缘”命令，如图 20-288 和图 20-289 所示。

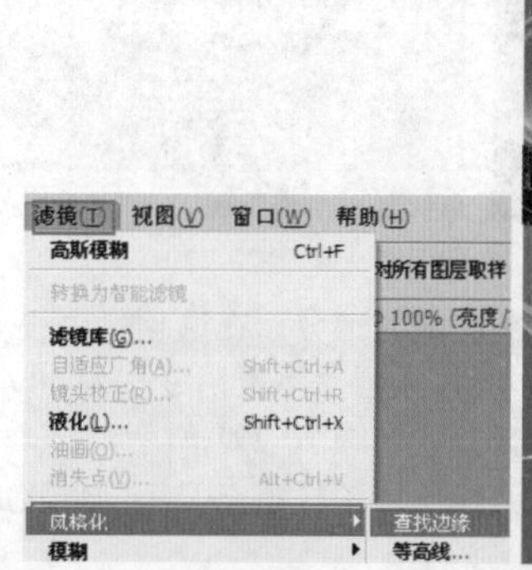

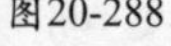

图20-288

图20-289

步骤 30 设置“查找边缘”图层的混合模式为“正片叠底”，为其添加图层蒙版，在图层蒙版中使用黑色画笔涂抹人像左上部分以外的区域，如图 20-290 和图 20-291 所示。

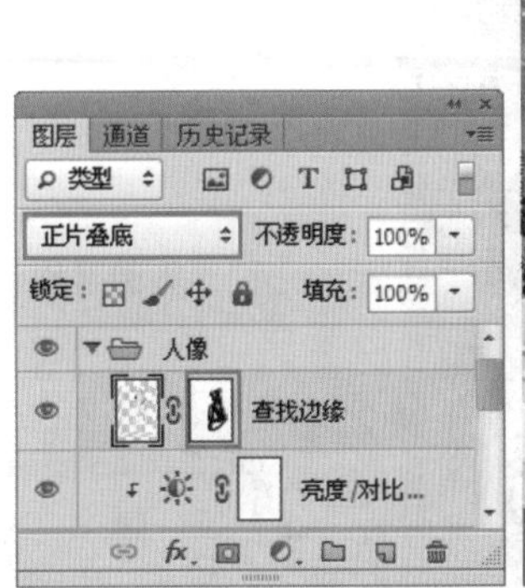

图20-290　　图20-291

步骤 31 再次复制人像图层，命名为“照亮边缘”，执行“应用图层蒙版”命令，然后执行“滤镜 > 滤镜库 > 风格化 > 照亮边缘”命令，在弹出的“照亮边缘”对话框中设置“边缘宽度”为 2，“边缘亮度”为 12，“平滑度”为 4，如图 20-292 所示。

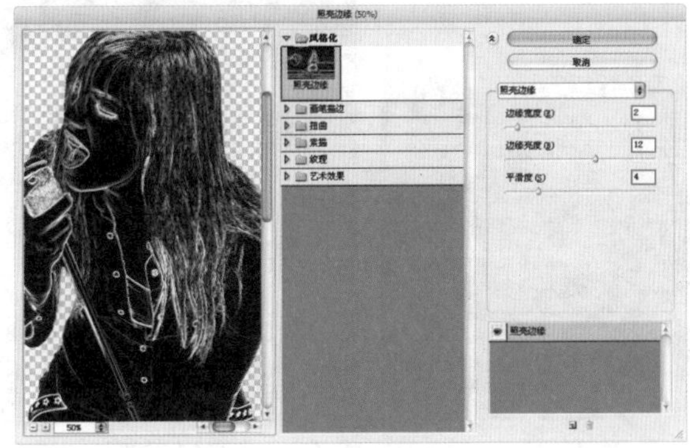

图20-292

步骤 32 设置“照亮边缘”图层的混合模式为“滤色”，此时图像中黑色的部分被隐藏。为该图层添加图层蒙版，使用黑色画笔涂抹上身部分，如图 20-293 和图 20-294 所示。

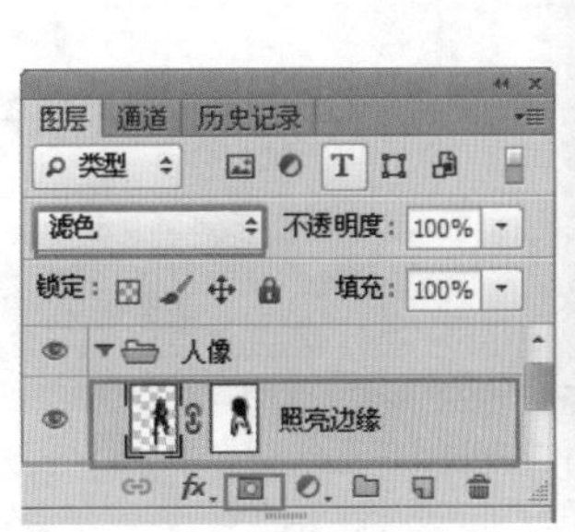

图20-293　　图20-294

步骤 33 使用钢笔工具绘制闭合路径，按 Ctrl+Enter 组合键将其转换为选区，并填充枚红色，如图 20-295 和图 20-296 所示。

图20-295　　图20-296

步骤 34 使用与背景中的立体感花纹同样的绘制方法绘制前景花纹，如图 20-297 所示。

步骤 35 在“图层”面板中单击“添加图层样式”按钮 fx.，如图 20-298 所示。在下拉列表中选择“外发光”选项，如图 20-299 所示。在“图层样式”面板中设置“混合模式”为“滤色”，“不透明度”为 75%，颜色为黄色，“方法”为“柔和”，“大小”为 32 像素，“范围”为 50%，单击“确定”按钮结束操作，如图 20-300 和图 20-301 所示。

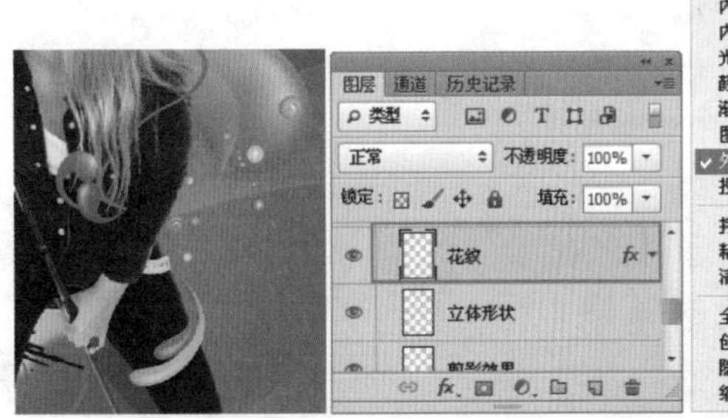

图20-297　　图20-298　　图20-299

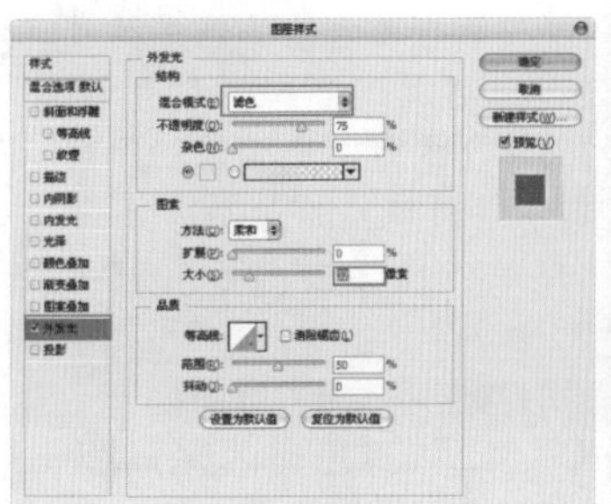

图20-300　　图20-301

步骤 36 选择画笔工具，单击选项栏中的“画笔预设选取器”按钮，在下拉列表中选择“载入画笔”选项，如图 20-302 所示。在弹出的“载入”对话框中选择羽毛画笔素材所在位置，单击“载入”按钮完成载入，如图 20-303 所示。

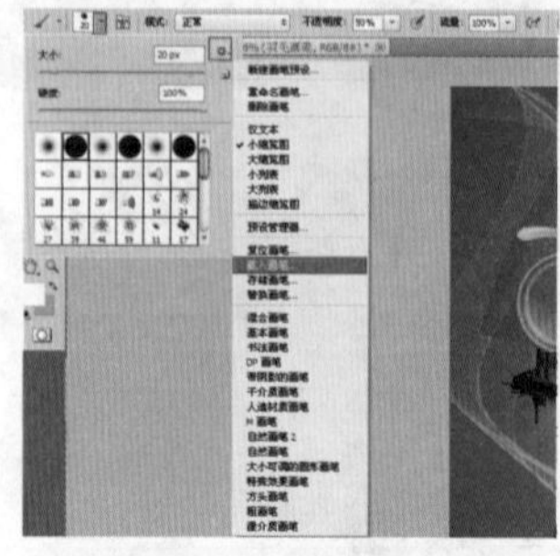

图20-302

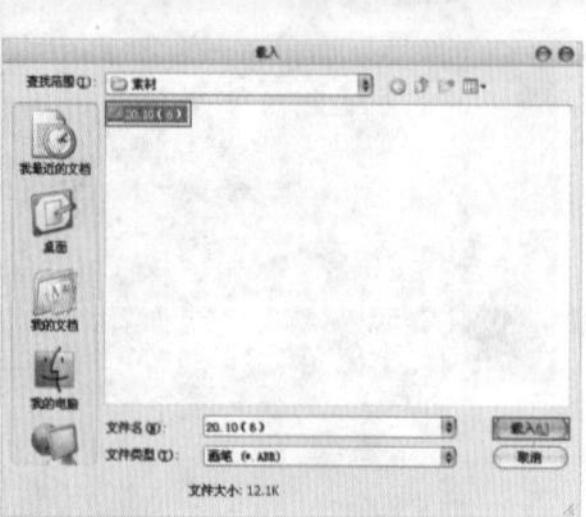

图20-303

步骤 37 设置前景色为白色，新建“羽毛画笔”图层，按 F5 键打开“画笔”面板，选择羽毛笔刷，设置“大小”为 186 像素，“间距”为 199%，如图 20-304 所示；选中“形状动态”选项，并设置“大小抖动”为 59%，“角度抖动”为 100%，如图 20-305 所示。

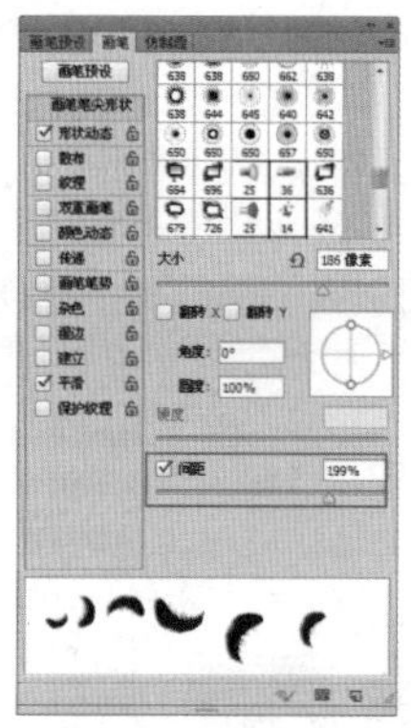

图20-304

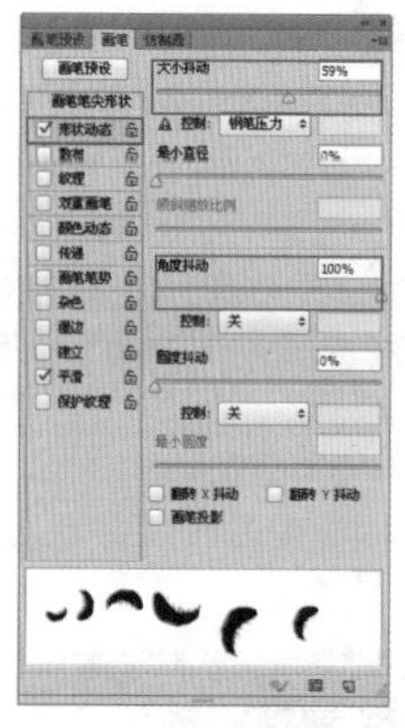

图20-305

步骤 38 在画面中间部分单击绘制羽毛，如图 20-306 所示。设置“羽毛画笔”图层的“不透明度”为 70%，如图 20-307 和图 20-308 所示。

图20-306

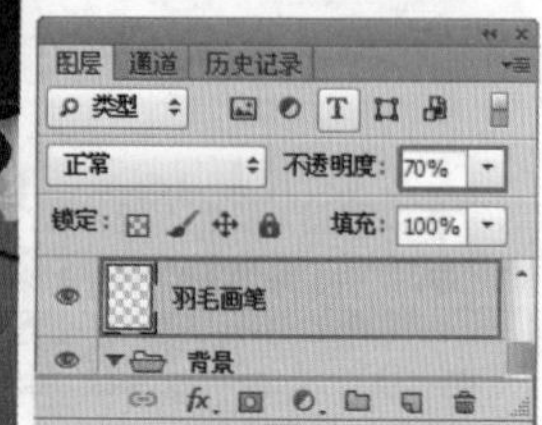

图20-307

步骤 39 最终效果如图 20-309 所示。

图20-308

图20-309

Chapter 21

第21章

精通平面设计

平面设计是 Photoshop 软件的一个非常重要的应用，广泛应用于广告、海报设计、网站界面设计以及各种包装设计等 。本章将介绍 Photoshop 在创意手机广告、影楼主题婚纱版式、炫彩音乐网站页面设计以及薯片包装等设计中的应用。

本章学习要点：

- 创意手机广告
- 影楼主题婚纱版式
- 宴会邀请函
- 淡雅风格茶包装设计
- 卡通风格星球世界海报

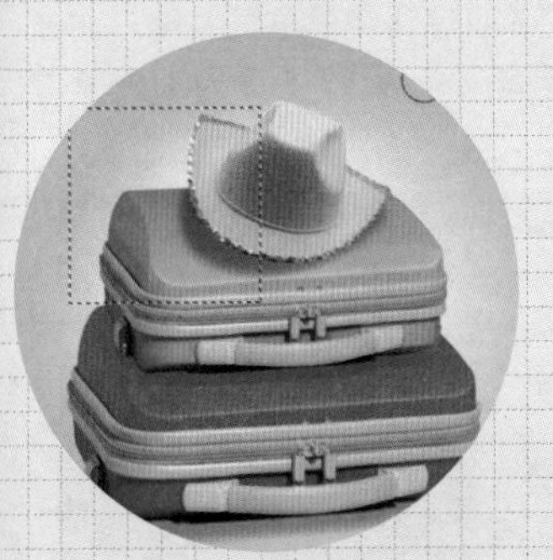

21.1 创意手机广告

实例文件	创意手机广告.psd
视频教学	创意手机广告.flv
难易指数	★★★★★
技术要点	渐变工具、图层样式、钢笔工具、"高斯模糊"命令

实例效果

对比效果如图21-1和图21-2所示。

图21-1

图21-2

操作步骤

步骤01 按Ctrl+N组合键，在弹出的"新建"对话框中设置"宽度"为1800像素，"高度"为1864像素，"分辨率"为300像素/英寸，"颜色模式"为"RGB颜色"，"背景内容"为"透明"，如图21-3所示。

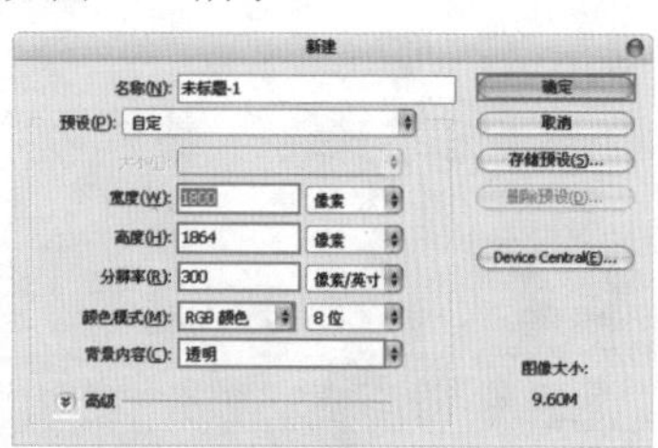

图21-3

步骤02 单击工具箱中的"渐变工具"按钮，在选项栏中打开渐变编辑器，编辑一种绿色系的渐变，如图21-4所示，然后由左至右进行拖曳，如图21-5所示。

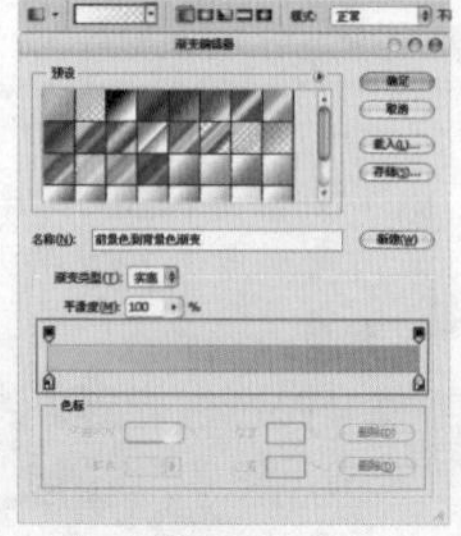

图21-4

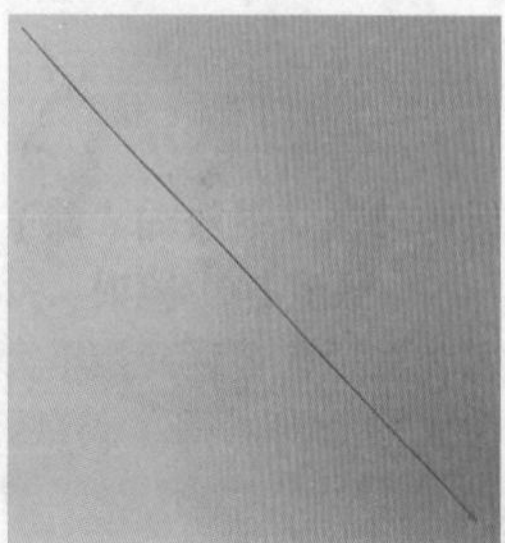

图21-5

步骤03 在"图层"面板中创建新图层组，用于制作矢量图形。使用工具箱中的钢笔工具绘制出闭合的平滑路径，如图21-6所示。按快捷键Ctrl+Enter建立选区，新建图层并填充为白色，如图21-7所示。

图21-6

图21-7

步骤04 用同样的方法继续使用钢笔工具绘制图形，并填充黄色系渐变，如图21-8所示。

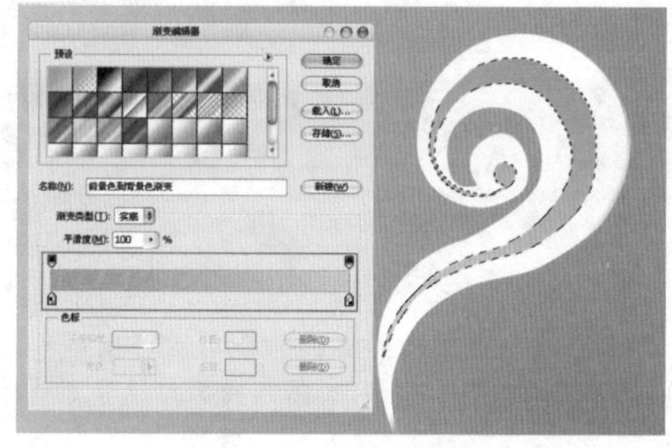

图21-8

步骤05 下面使用"描边路径"的方法制作曲线。首先对画笔进行设置，选择一个圆形画笔，设置画笔"大小"为2像素，"硬度"为100%，如图21-9所示。设置前景色为橘黄色，然后使用钢笔工具绘制一条曲线路径，单击右键，在弹出的菜单中选择"描边路径"命令，设置工具为"画笔"，如图21-10所示。

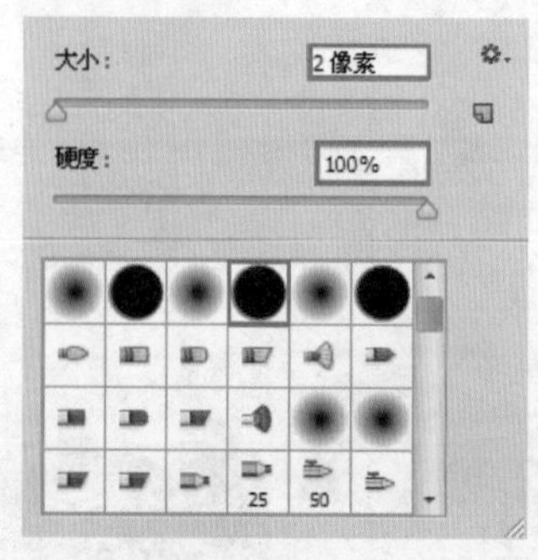

图21-9

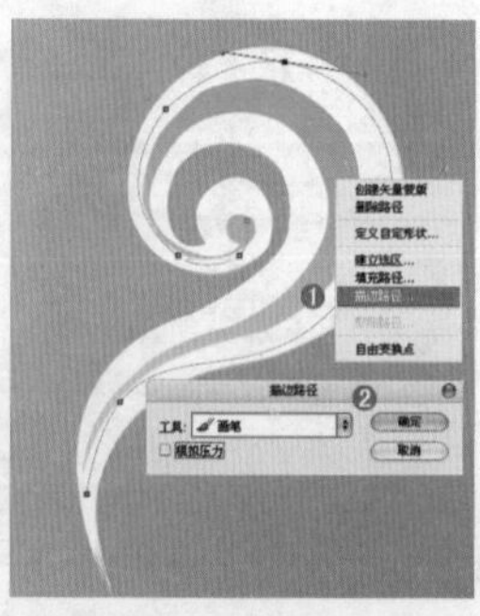

图21-10

技巧提示

当需要进行多次描边路径的操作时，多次单击右键选择“描边路径”命令就变得很麻烦。下面介绍一个描边路径的快捷方法。创建路径后，调整好画笔大小、压力等参数，按Enter键即可完成一次描边，再次绘制路径并按Enter键，即可使用当前画笔设置进行描边。

路径描边不只可以使用画笔，还可以使用加深、减淡、模糊工具，在“描边路径”对话框中可切换工具，如图21-11所示。

图21-11

步骤06 绘制效果如图21-12所示。

步骤07 用同样的方法绘制出更多形状不同的曲线花纹并填充绿色。使用自由变换工具快捷键Ctrl+T适当调整位置，合并绿色花纹图层，命名为“手机花纹2”，如图21-13所示。

图21-12

图21-13

步骤08 下面导入手机素材文件，如图21-14所示。将“手机”图层放置在“手机花纹2”图层的下方，如图21-15所示。

图21-14

图21-15

步骤09 选中“手机”图层，执行“图层>图层样式>外发光”命令，设置其“混合模式”为“滤色”，“不透明度”为75%，颜色为黄色，“大小”为68像素，如图21-16和图21-17所示。

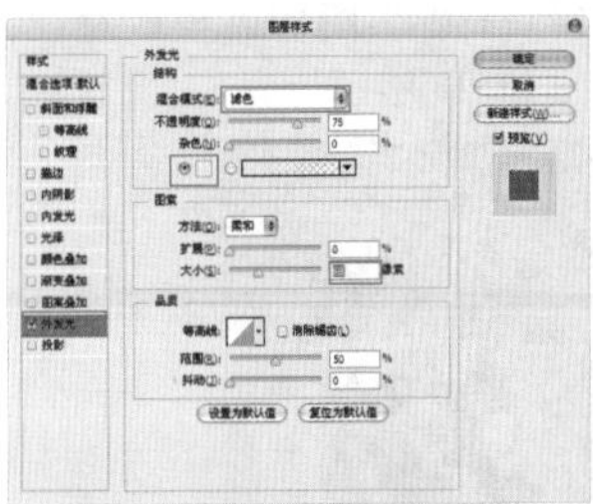

图21-16

图21-17

步骤10 拖曳“手机”图层到新建图层按钮上，创建一个副本图层，如图21-18所示。将新建图层命名为“阴影”并将其放置在“手机”图层下面，用于制作手机阴影。右击“手机”图层的图层样式，在弹出的菜单中选择“清除图层样式”命令，如图21-19所示。

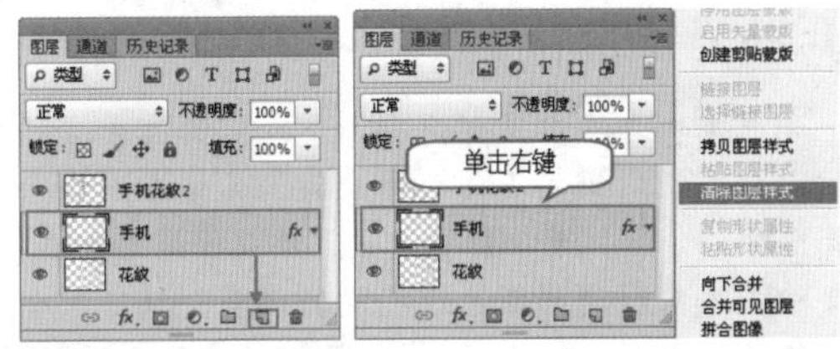

图21-18 图21-19

步骤11 按Ctrl键单击“阴影”图层缩览图建立手机选区，然后填充黑色（此时隐藏“手机”图层），如图21-20和图21-21所示。

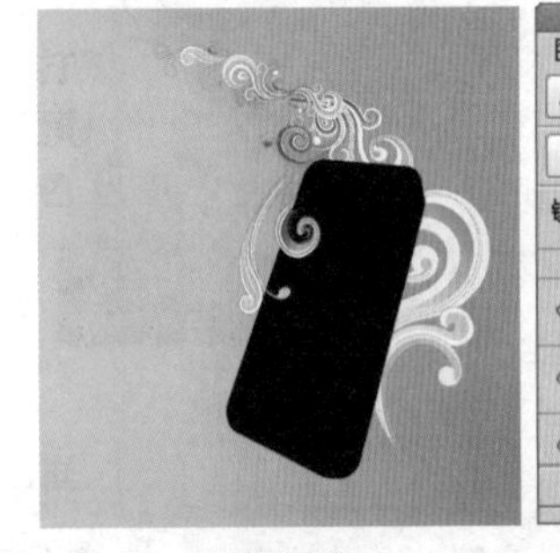

图21-20

图21-21

步骤12 对“阴影”图层执行“滤镜>模糊>高斯模糊”命令，在弹出的对话框中设置“半径”为45像素，如图21-22所示。显示出“手机”图层，并适当向右下移动“阴影”图层，如图21-23所示。

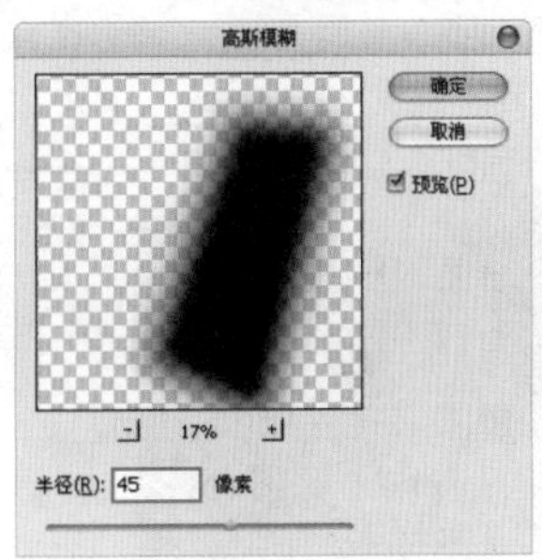

图21-22

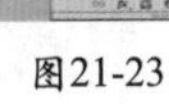

图21-23

步骤 13 导入前景素材文件。"手机"图层需要放置在"手机花纹 2"图层的下方，如图 21-24 所示。

图21-24

技巧提示

前景素材的制作并不复杂，首先需要搜寻合适的素材，然后使用钢笔工具或橡皮擦工具等去除多余背景并摆放到合适位置，最后为了使合成效果更加真实，需要对各个素材进行颜色或亮度的调整，以匹配整个作品的光感色调。如图 21-25 和图 21-26 所示为前景素材与制作时所使用到的素材。

图21-25

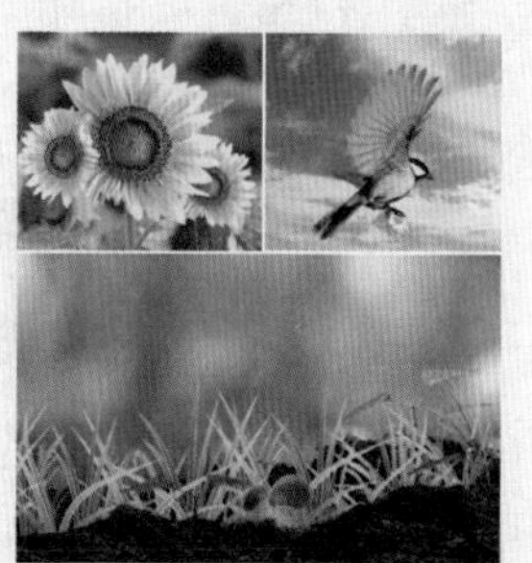

图21-26

步骤 14 设置画笔大小为 2 像素，颜色为白色，使用钢笔工具绘制一条弯曲的线，如图 21-27 所示。单击鼠标右键，在弹出的菜单中选择"描边路径"命令，设置"工具"为"画笔"，如图 21-27 所示。同理多次绘制白色线条，如图 21-28 所示。

图21-27

图21-28

步骤 15 最后使用白色柔边圆画笔绘制一些圆点，最终效果如图 21-29 所示。

图21-29

21.2 影楼主题婚纱版式

实例文件	影楼主题婚纱版式.psd
视频教学	影楼主题婚纱版式.flv
难易指数	★★★★★
技术要点	图层蒙版、图层混合模式、"可选颜色"和"曲线"调整图层

实例效果

对比效果如图 21-30 和图 21-31 所示。

图21-30

图21-31

操作步骤

Part 1 制作背景

步骤 01 本例选用一套婚纱照中的两张照片作为素材，在构图上采用近实远虚的思路进行制作。首先打开背景素材文件，如图 21-32 所示。

图21-32

技巧提示

若要制作背景素材，首先可以填充蓝绿色系渐变，然后使用较大的柔角画笔工具涂抹添加更多的颜色变化，最后选用手绘感较强的花朵进行叠加得到当前效果，如图 21-33 所示。

图21-33

步骤 02 创建新组，命名为“背景”，导入花朵素材文件摆放在左下角的位置，如图 21-34 所示。然后复制“花”图层，按 Ctrl+T 组合键，单击右键，在弹出的菜单中选择“垂直翻转”命令，设置其“不透明度”为 54%，并添加图层蒙版，使用黑色画笔擦除倒影边缘处，如图 21-35 所示。

图21-34

图21-35

步骤 03 导入孔雀羽毛素材，设置混合模式为“正片叠底”，素材中的白色区域完全消失，如图 21-36 所示。

步骤 04 使用套索工具绘制出如图 21-37 所示的选区。选中“羽毛”图层，使用复制和粘贴快捷键（Ctrl+C，Ctrl+V）复制出新的图层“羽毛 副本”，如图 21-38 所示。

图21-36

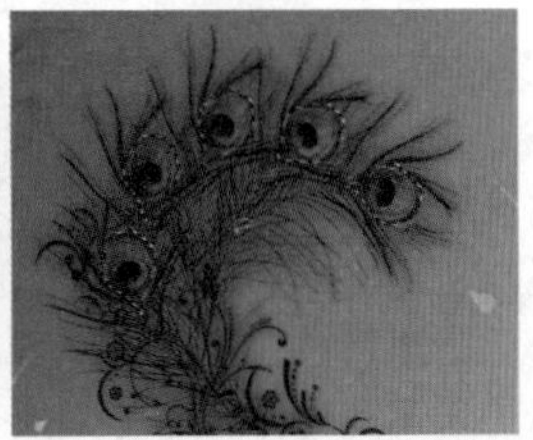

图21-37

步骤 05 设置“羽毛 副本”图层的混合模式为“叠加”，如图 21-39 所示。

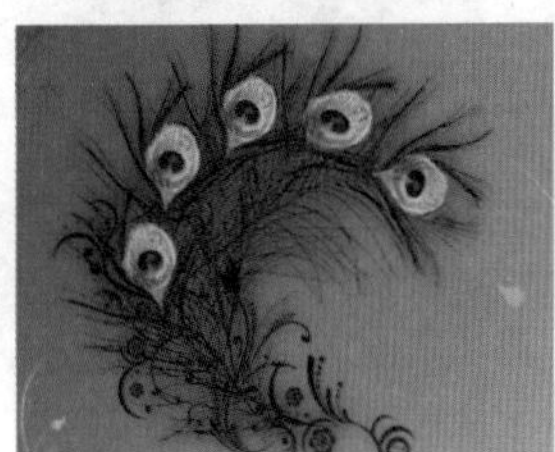

图21-38

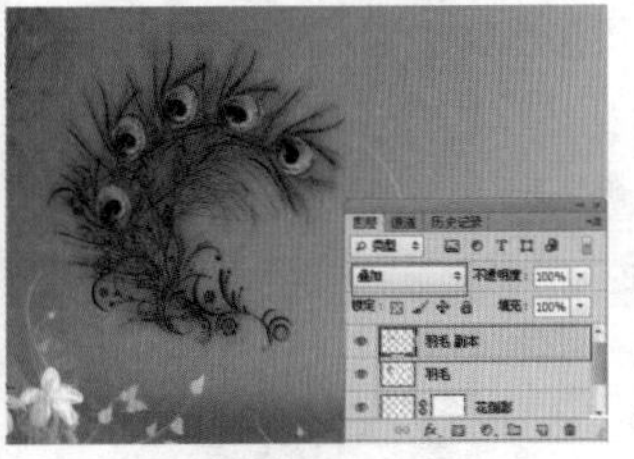

图21-39

Part 2 制作主体人像

步骤 01 创建新组，命名为“人像 1”。导入人像素材文件，使用钢笔工具沿人像边缘绘制闭合路径，建立人像选区，如图 21-40 所示。按 Ctrl + Shift + I 组合键反向选择，然后按 Delete 键删除人像背景，如图 21-41 所示。

图21-40

图21-41

步骤 02 下面制作裙子倒影。复制“人像 1”图层副本并将该图层命名为“裙子投影”，使用自由变换工具快捷键 Ctrl+T，单击右键，在弹出的菜单中选择“垂直翻转”命令，然后设置其“不透明度”为 50%，如图 21-42 所示。

步骤 03 创建“选取颜色”调整图层，在“颜色”下拉列表中选择“红色”，设置“青色”为 -13%，“洋红”为 3%，“黄色”为 24%，“黑色”为 64%，单击其图层蒙版，填充黑色，然后使用白色画笔绘制人像皮肤区域，如图 21-43 所示。

图21-42

图21-43

步骤 04 载入“选取颜色 1”调整图层选区，以当前选区创建“曲线 1”调整图层，调整曲线形状，将所选区域提亮，如图 21-44 所示。

步骤 05 导入头饰素材文件，如图 21-45 所示。

图21-44

图21-45

步骤 06 导入第二张婚纱照片素材，放置在右侧，如图 21-46 所示。

步骤 07 为该图层添加图层蒙版，设置前景色为黑色，选择画笔工具，设置为圆形柔角画笔，在蒙版中涂抹去掉边缘部分，并设置该图层混合模式为“柔光”，如图 21-47 所示。

图21-46

图21-47

步骤 08 导入文字素材，摆放到合适位置，如图 21-48 所示。

步骤 09 最后制作暗角。创建“暗角”调整图层，调整曲线形状将图像压暗，并在曲线调整图层蒙版中使用黑色柔角画笔在图像中心的部分进行涂抹绘制，如图 21-49 所示，使曲线调整图层只对四周起作用，最终效果如图 21-50 所示。

图21-48

图21-49

图21-50

21.3 宴会邀请函

实例文件	宴会邀请函.psd
视频教学	宴会邀请函.flv
难易指数	★★★★★
技术要点	渐变工具、图层样式、钢笔工具、文字工具、“高斯模糊”命令

实例效果

本例效果如图 21-51 所示。

图21-51

操作步骤

Part 1 制作平面图正面

步骤 01 按 Ctrl+N 组合键，在弹出的“新建”对话框中设置“宽度”为 1687 像素，“高度”为 1200 像素，“分辨率”为 300 像素 / 英寸，“颜色模式”为“CMYK 颜色”，“背景内容”为“透明”，如图 21-52 所示。

技巧提示

邀请函通常是需要进行批量印刷的，所以在创建文件时需要设置较高的分辨率以保证印刷质量，而且颜色模式也需要设置为 CMYK，以保证印刷颜色的准确。

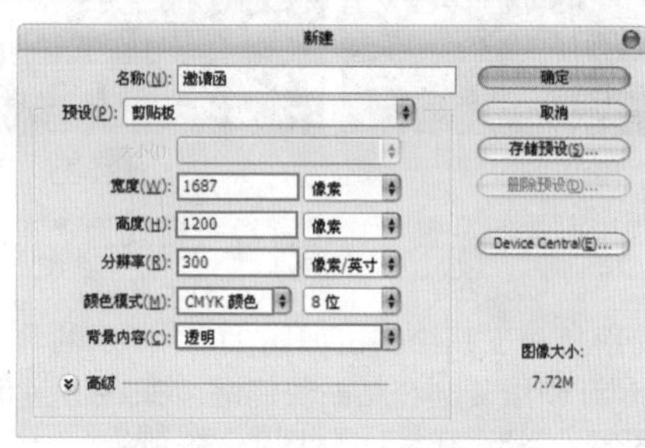

图21-52

步骤 02 邀请函包括两部分：正面和背面。首先创建新组，命名为“正面”，导入带有底纹的红色背景素材文件，如图 21-53 所示。

步骤 03 新建图层，使用矩形选框工具在左侧绘制一个矩形选区，选择渐变工具，在渐变编辑器中编辑一种从淡黄到土黄的渐变，选择“对称”渐变方式。完成后在选区中进行填充，方向如图 21-54 所示，然后取消选区。

图21-53

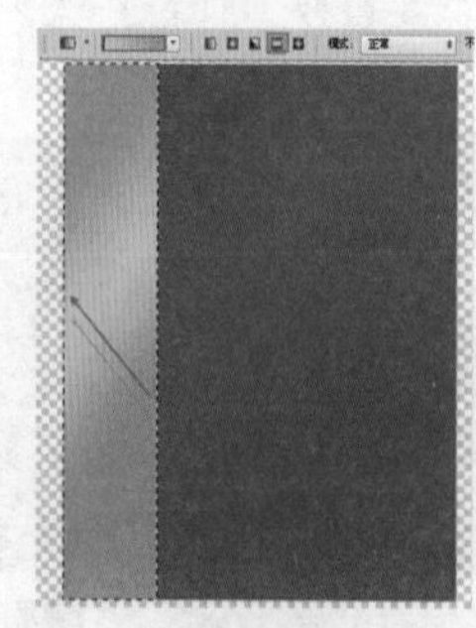
图21-54

步骤 04 导入底纹素材文件，载入金色渐变选区，单击右键，在弹出的菜单中选择“选择反向”命令，如图 21-55 所示。选中底纹图层，按 Delete 键删除所选区域，如图 21-56 所示。

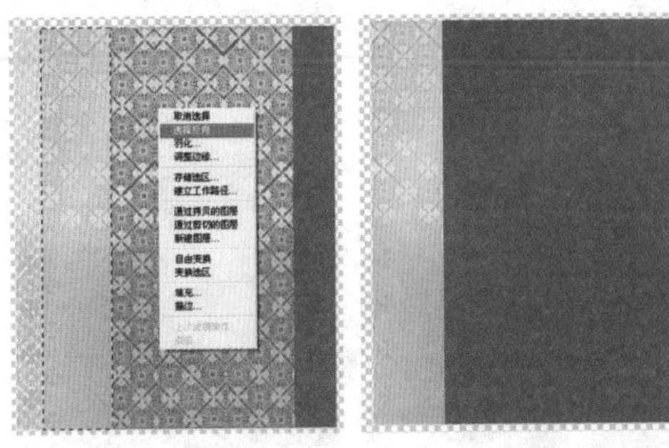

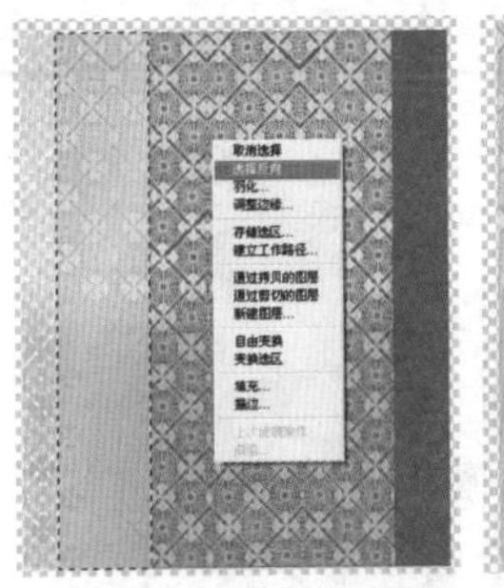
图21-55

图21-56

步骤 05 导入圆盘素材文件，如图 21-57 所示。按住 Alt 键单击红色底纹图层的缩览图载入选区。再回到圆盘图层，为其添加图层蒙版，则选区以外的多余部分被隐藏，如图 21-58 所示。

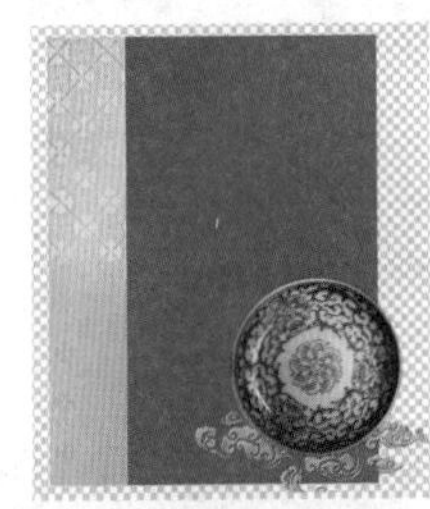
图21-57

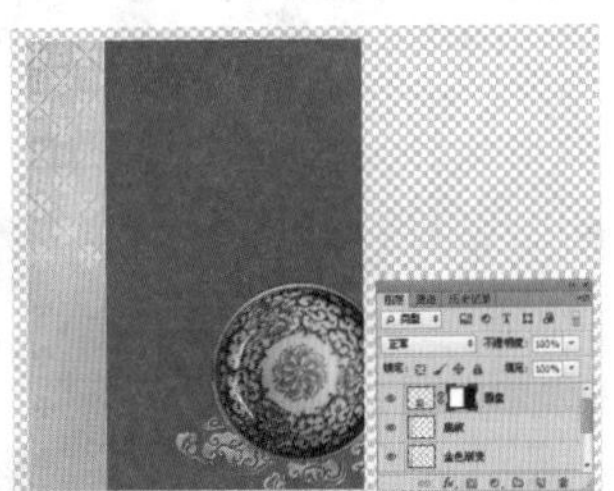
图21-58

步骤 06 导入前景书法文字与花朵的素材文件，同样载入红色底纹图层的选区，为前景添加图层蒙版，隐藏多余部分，如图 21-59 所示。

图21-59

步骤 07 导入鱼素材，执行“图层 > 图层样式 > 投影”命令，设置“混合模式”为“正片叠底”，颜色为黑色，“不透明度”为 75%，“角度”为 110 度，“距离”为 5 像素，“大小”为 5 像素，如图 21-60 和图 21-61 所示。

步骤 08 使用文字工具，在视图中输入文字“中秋晚会邀请函”，如图 21-62 所示。

步骤 09 对文字执行“图层 > 图层样式 > 渐变叠加”命令，为文字添加图层样式，设置其“混合模式”为正常，“不透明度”为 100%，“角度”为 90 度，编辑一种对称的金色系渐变，如图 21-63 所示。

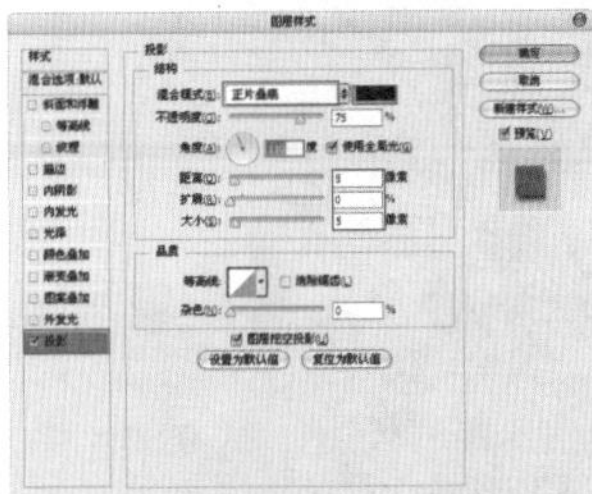
图21-60

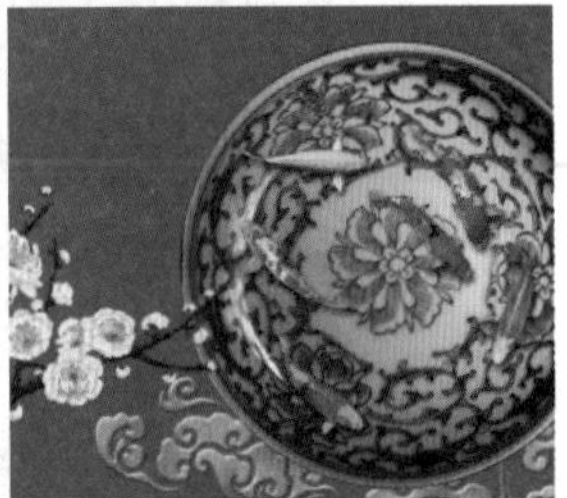
图21-61

图21-62

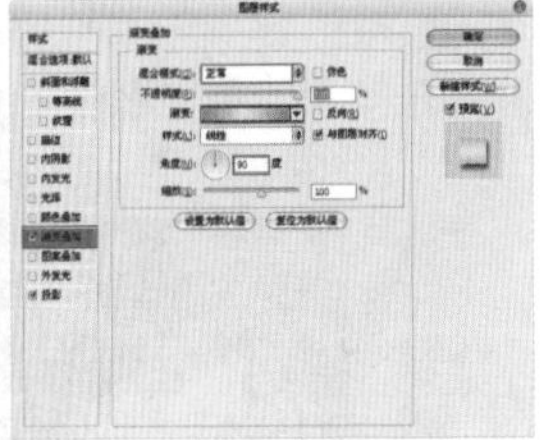
图21-63

步骤 10 选中“描边”选项，设置“大小”为 1 像素，“位置”为“外部”，“混合模式”为“正常”，“不透明度”为 30%，填充颜色为黑色，如图 21-64 和图 21-65 所示。

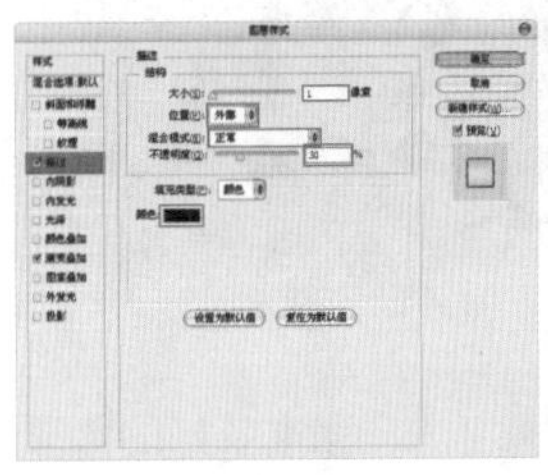
图21-64

图21-65

步骤 11 正面效果如图 21-66 所示。

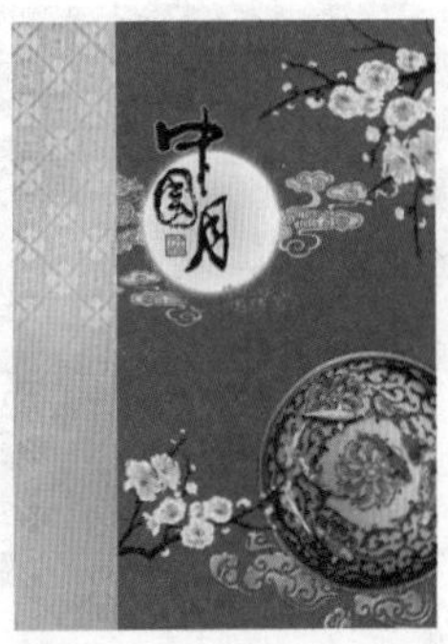
图21-66

Part 2 制作平面图背面

步骤 01 创建新组，命名为“背面”。由于背面底纹与正面相同，可以复制“正面”组中的“底纹”、“金色系渐变”、“底纹”图层，并放置在“背面”组中，然后对其进行“自由变换 > 水平翻转”操作，并摆放到合适位置，如图 21-67

所示。

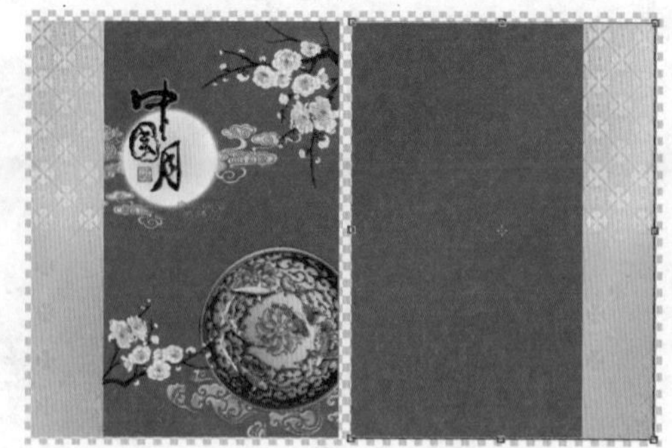

图21-67

步骤 02 导入艺术字素材文件，正面与背面的平面图效果如图 21-68 所示。

图21-68

Part 3 制作立体效果图

步骤 01 制作立体效果图首先需要导入一张准备好的背景素材文件，背景素材在选择时需要注意光感和拍摄角度，如图 21-69 所示。

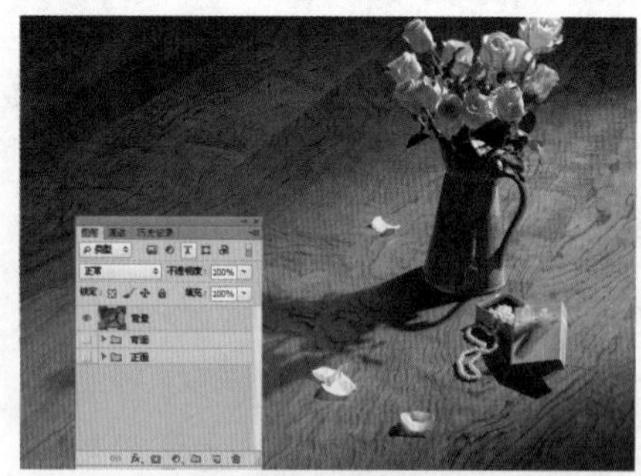

图21-69

步骤 02 为了避免破坏原始分层文件，这里需要创建新组，命名为“组 1”，复制“正面”图层组，并单击右键，在弹出的菜单中选择“合并组”命令作为“正面 副本”，放置在“组 1”中，如图 21-70 所示。

步骤 03 对“正面 副本”图层执行自由变换，首先将其缩放到合适大小，并进行适当旋转，摆放到花瓶附近的位置，如图 21-71 所示。

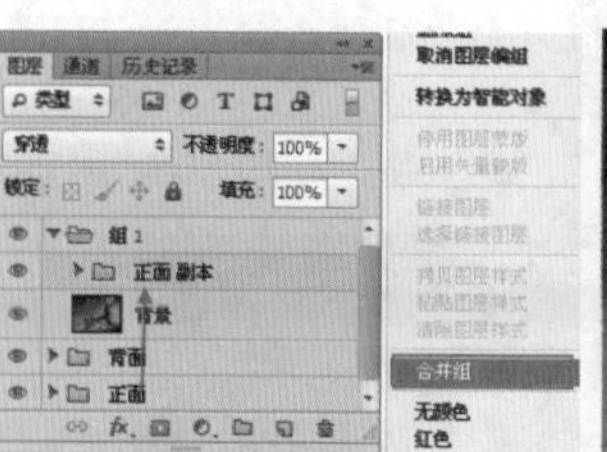

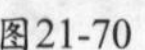

图21-70

图21-71

步骤 04 单击右键，在弹出的菜单中选择“扭曲”命令，如图 21-72 所示。调整左侧两角的控制点，调整“正面 副本”图层的透视效果，如图 21-73 所示。

图21-72

图21-73

步骤 05 执行“图层 > 图层样式 > 投影”命令，设置“混合模式”为正片叠底，“不透明度”为 75%，“角度”为 110 度，“距离”为 8 像素，“大小”为 9 像素，如图 21-74 和图 21-75 所示。

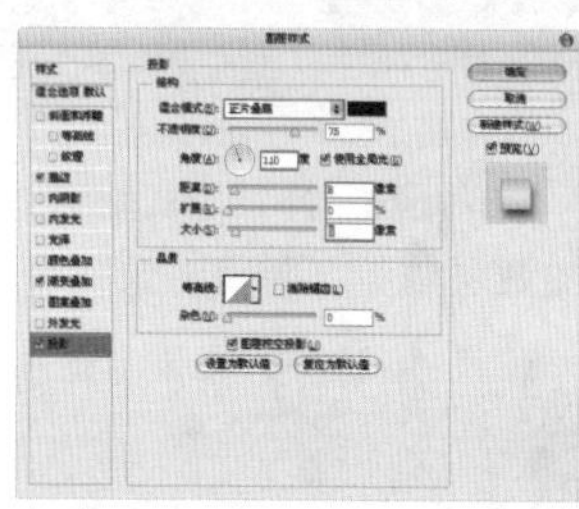

图21-74

图21-75

步骤 06 复制“正面 副本”图层，建立“正面副本 2”图层制作内页。删除图层样式，建立选区，填充颜色为乳白色（R：212，G：207，B：191），如图 21-76 所示。然后将“正面副本 2”图层拖曳至“正面 副本”图层下方，适当调整角度，如图 21-77 所示。

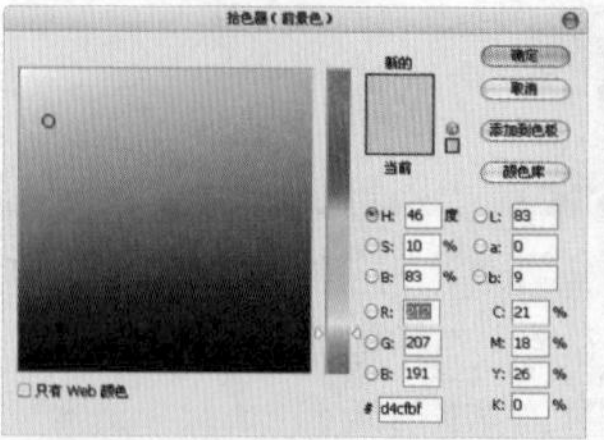

图21-76

图21-77

步骤 07 导入蝴蝶结素材文件，使用自由变换快捷键 Ctrl+T 调整其位置与角度，如图 21-78 所示。

步骤 08 在“蝴蝶结”图层下方新建图层“阴影”，载入蝴蝶结选区，填充黑色，设置“不透明度”为39%，并适当移动。如图21-79所示。

图21-78

图21-79

步骤 09 制作另一个背面向上的邀请函，如图21-80所示。

步骤 10 选中“背景”图层，框选部分鲜花，并使用复制和粘贴快捷键（Ctrl+C，Ctrl+V）复制出一个“花”图层，如图21-81和图21-82所示。

步骤 11 按自由变换快捷键Ctrl+T，单击右键，在弹出的菜单中选择“垂直翻转”命令，再使用橡皮工具擦除多余花朵，制作出遮挡部分邀请函的效果，如图21-83所示。

步骤 12 最后创建新图层，选择画笔工具，设置画笔“不透明度”和“流量”均为40%，绘制邀请函上面一层薄薄的鲜花的投影，最终效果如图21-84所示。

图21-80

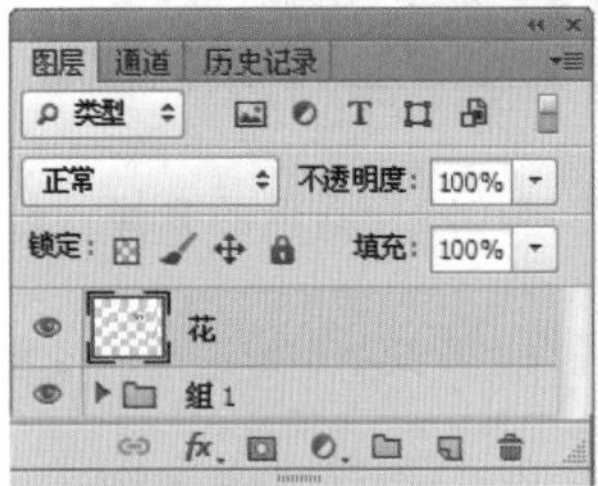

图21-81

图21-82

图21-83

图21-84

21.4 炫彩音乐网站页面设计

实例文件	炫彩音乐网站页面设计.psd
视频教学	炫彩音乐网站页面设计.flv
难易指数	★★★★★
技术要点	图层样式、钢笔工具、自定形状工具、调整图层

实例效果

本例主要通过使用自定形状工具制作出风格时尚的网页导航界面，通过添加图层样式丰富画面的视觉效果，如图21-85所示。

图21-85

操作步骤

Part 1 制作页面主体部分

步骤 01 导入背景素材1.jpg，置于画面中，如图21-86所示。

步骤 02 新建图层，选择圆角矩形工具，设置绘制模式为“路径”，调整圆角数值，在画面中合适的位置绘制圆角矩形，转换为选区后为其填充黑色，如图21-87所示。

图21-86

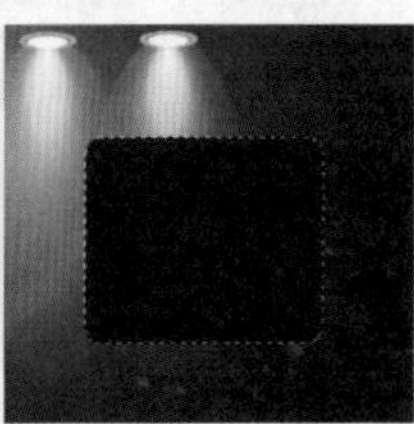

图21-87

步骤 03 在圆角矩形图层下方新建图层，使用紫色柔角画笔绘制，使矩形与背景之间产生空间感，如图 21-88 所示。

步骤 04 在矩形的图层上方新建图层，载入黑色矩形选区。使用渐变工具为其填充白色到透明的线性渐变，作为矩形的光泽，如图 21-89 所示。

图21-88

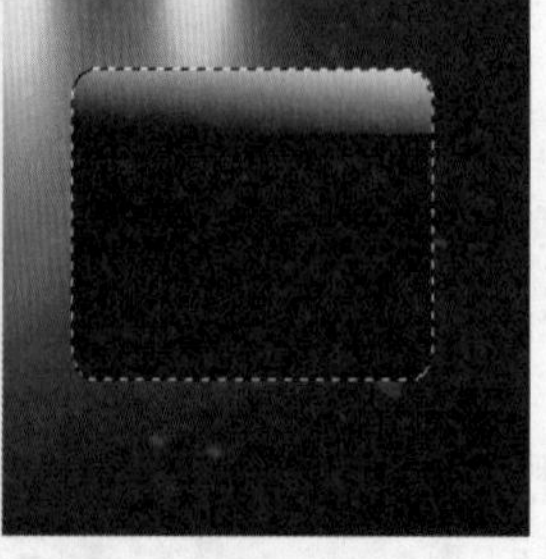
图21-89

步骤 05 用同样的方法新建图层，添加紫色的光泽，如图 21-90 所示。

步骤 06 新建图层，使用矩形选框工具绘制矩形选区，并为其描边，效果如图 21-91 所示。

图21-90

图21-91

步骤 07 为矩形框添加图层样式，在弹出的对话框中选中“斜面和浮雕”，设置“样式”为“内斜面”，“方法”为“平滑”，“深度”为 100%，“方向”为“上”，“大小”为 4 像素，“软化”为 0 像素，“角度”为 120 度，“高度”为 30 度，“不透明度”为 0%。如图 21-92 所示。

步骤 08 选中“描边”选项，设置“大小”为 3 像素，“位置”为“外部”，“混合模式”为“正常”，“不透明度”为 52%，“填充类型”为“渐变”，编辑一种白色到黑色的渐变，设置“样式”为“对称的”，“角度”为 90 度，“缩放”为 150%，如图 21-93 所示。

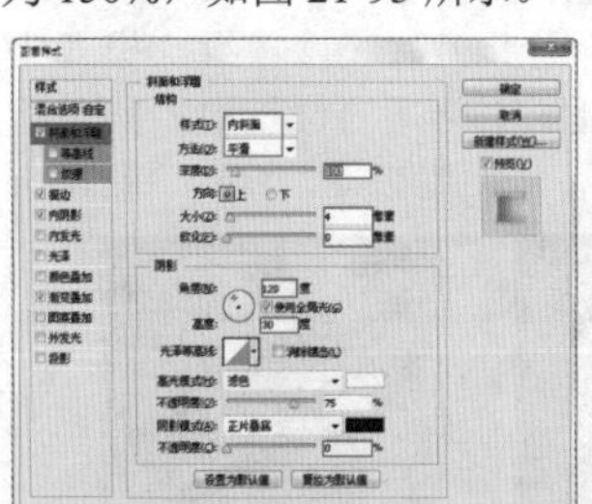
图21-92

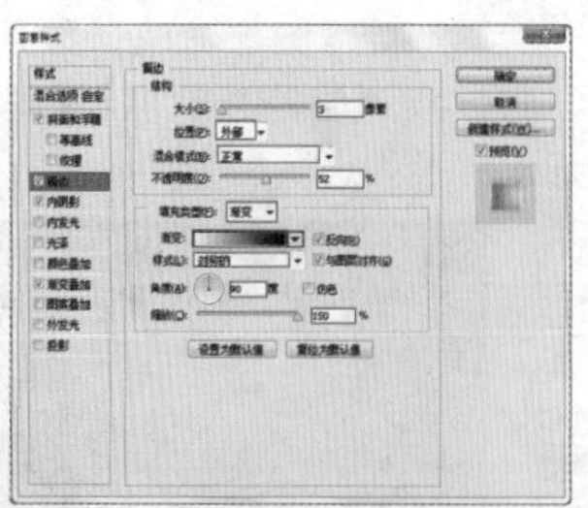
图21-93

步骤 09 选中“内阴影”选项，设置“混合模式”为“正片叠底”，颜色为黑色，“不透明度”为 53%，“角度”为 180 度，“距离”为 12 像素，“阻塞”为 0%，“大小”为 65 像素，如图 21-94 所示。

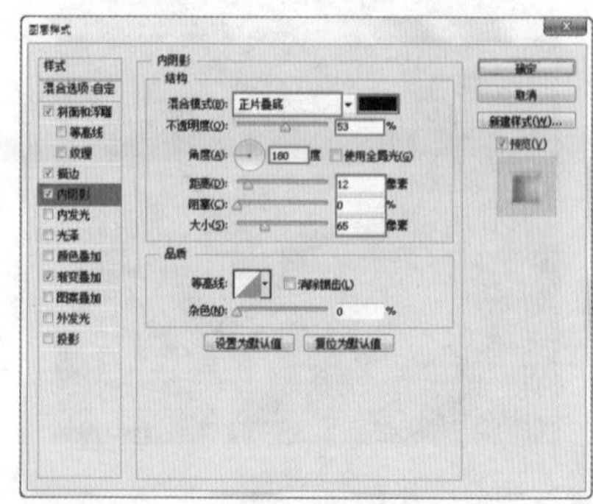
图21-94

步骤 10 选中“渐变叠加”选项，设置“混合模式”为“正常”，“不透明度”为 19%，编辑一种白色到透明的渐变，设置“角度”为 90 度，“缩放”为 36%，如图 21-95 所示。效果如图 21-96 所示。

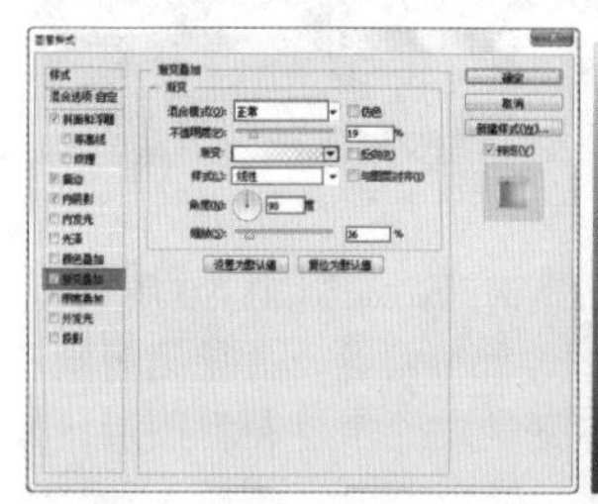
图21-95

图21-96

步骤 11 选择圆角矩形工具，设置绘制模式为“形状”，颜色为紫色，大小为 3 点，半径为 8 像素，如图 21-97 所示。在画面中绘制，效果如图 21-98 所示。

图21-97

步骤 12 接着为其添加图层样式，在弹出的对话框中选中“斜面和浮雕”选项，设置“样式”为“描边浮雕”，“方法”为“平滑”，设置“深度”为 75%，“方向”为“上”，“大小”为 6 像素，“软化”为 0 像素，“角度”为 120 度，“高度”为 25 度，选择合适的光泽等高线，设置高光模式为颜色减淡，阴影的“不透明度”为 60%，选中“等高线”复选框，如图 21-99 所示。

图21-98

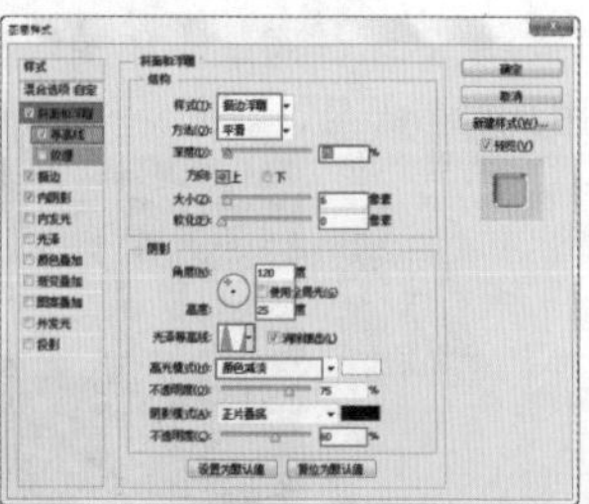
图21-99

步骤 13 选中“描边”选项，设置“大小”为 3 像素，“位置”为“外部”，“混合模式”为“正常”，“不透明度”为93%，“填充类型”为“渐变”，编辑一种灰色系的渐变，设置“样式”为“线性”，“角度”为0度，如图21-100所示。

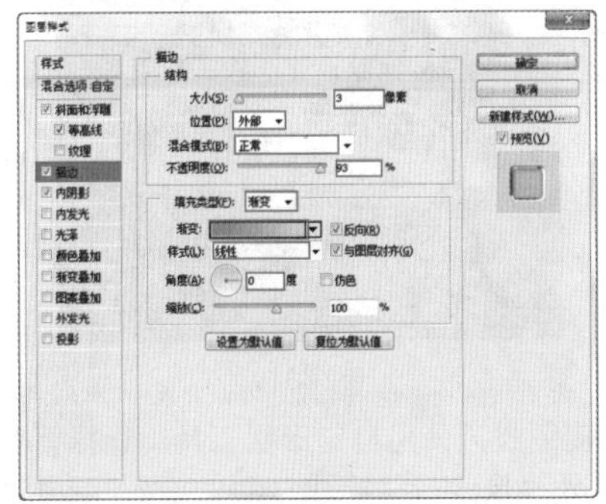

图21-100

步骤 14 选中“内阴影”选项，设置“混合模式”为“正片叠底”，“颜色”为“黑色”，“不透明度”为50%，“角度”为120度，“距离”为1像素，“阻塞”为0%，“大小”为5像素，如图21-101所示。效果如图21-102所示。

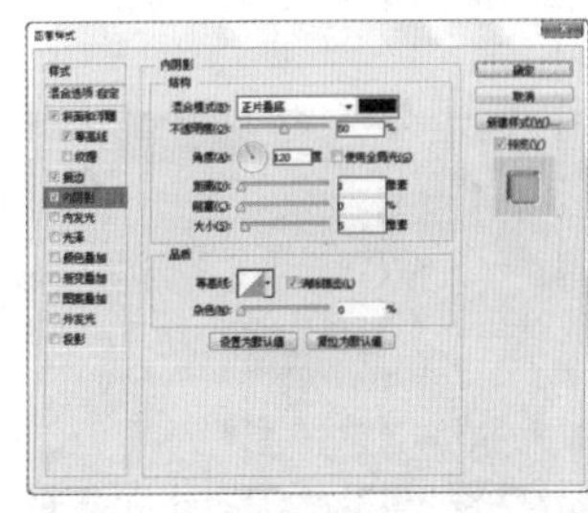

图21-101

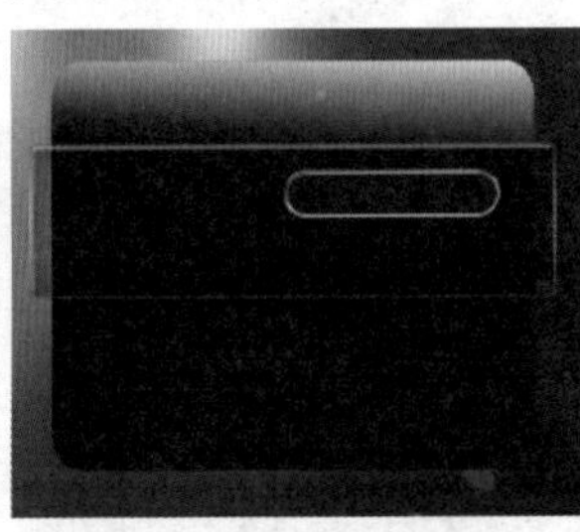

图21-102

步骤 15 复制圆角矩形，并置于画面中合适的位置，如图21-103所示。

步骤 16 导入按钮素材2.png，置于画面中合适的位置，如图21-104所示。

图21-103

图21-104

步骤 17 复制按钮素材图层，置于原素材的下方，垂直翻转并为其添加图层蒙版，使用黑色柔角画笔涂抹多余部分，如图21-105所示，制作出按钮的倒影效果，如图21-106所示。

步骤 18 新建图层，设置前景色为白色，使用白色柔角画笔工具绘制白色光斑，效果如图21-107所示。

步骤 19 使用横排文字工具，设置合适的前景色、字号以及字体，输入文字，如图21-108所示。

图21-105

图21-106

图21-107

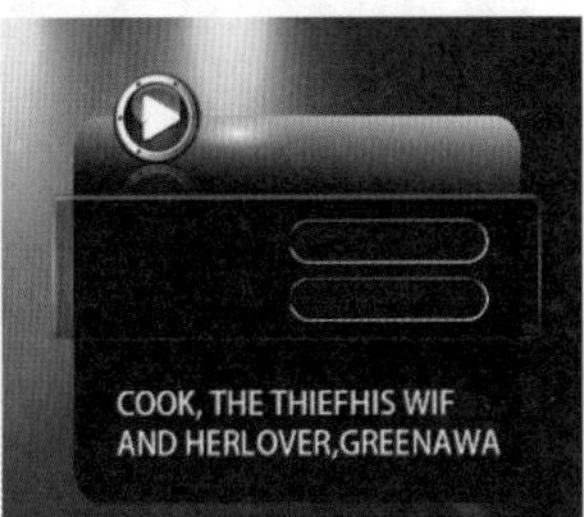

图21-108

步骤 20 为文字图层添加图层样式，在弹出的对话框中选中“斜面和浮雕”选项，设置“样式”为“内斜面”，“方法”为“平滑”，“深度”为100%，“方向”为“上”，“大小”为0像素，“软化”为0像素，“角度”为90度，“高度”为30度，“高光模式”为“滤色”，“不透明度”为40%，“阴影模式”为“正常”，颜色为蓝色，“不透明度”为92%，如图21-109所示。

步骤 21 选中“内阴影”选项，设置“混合模式”为“正常”，颜色为白色，“不透明度”为42%，“角度”为90度，“距离”为0像素，“阻塞”为0%，“大小”为1像素，如图21-110所示。

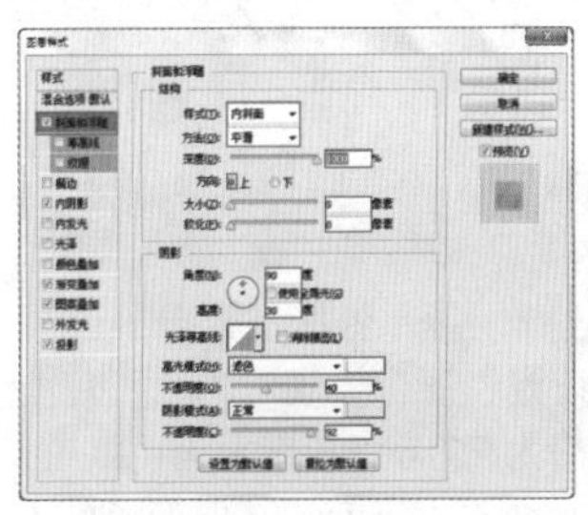

图21-109

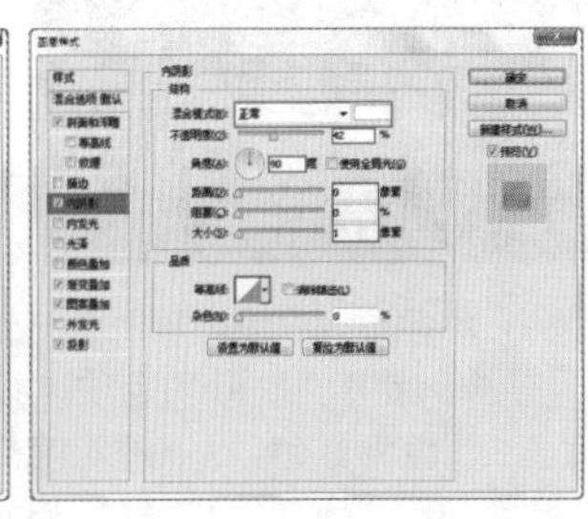

图21-110

步骤 22 选中“渐变叠加”选项，设置“混合模式”为“正常”，“不透明度”为100%，编辑一种白色到透明的渐变，设置“样式”为“线性”，“角度”为90度，如图21-111所示。

步骤 23 选中“图案叠加”选项，设置“混合模式”为“正常”，“不透明度”为100%，选择一个合适的图案，如图21-112所示。

步骤 24 选中“投影”选项，设置“混合模式”为“正常”，颜色为黑色，“不透明度”为40%，“角度”为90度，“距离”为1像素，“扩展”为0%，“大小”为3像素，如

图 21-113 所示。效果如图 21-114 所示。

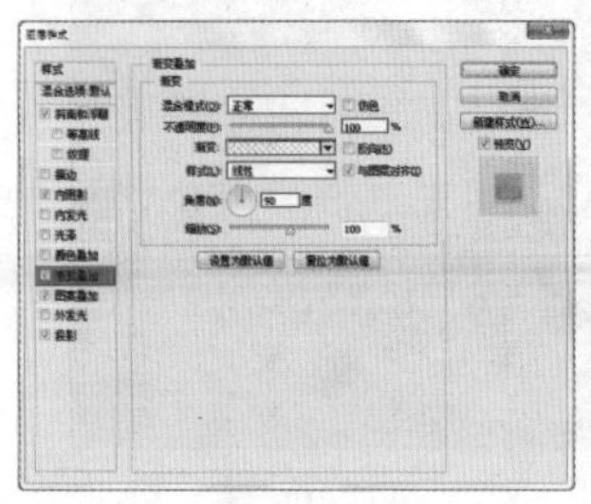
图21-111

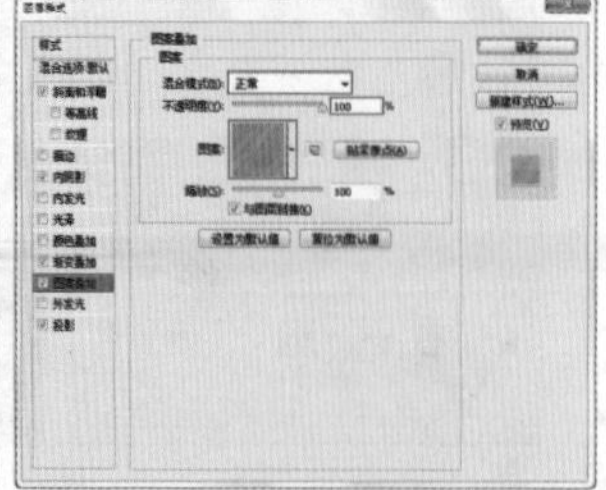
图21-112

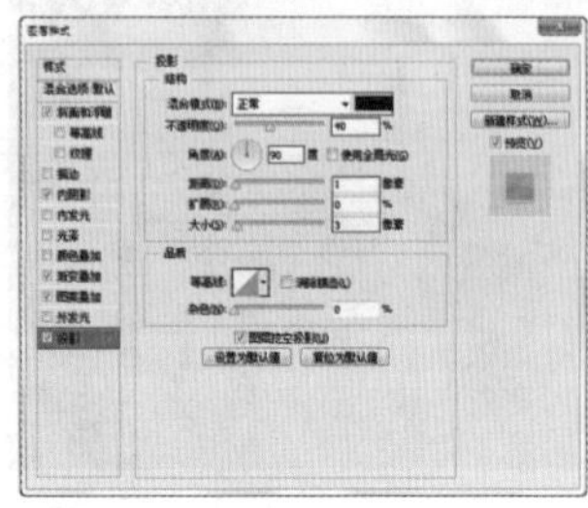
图21-113

图21-114

步骤 25 继续使用横排文字工具，设置前景色为淡黄色，设置合适的字号以及字体，在画面中输入文字，效果如图 21-115 所示。

步骤 26 为其添加图层样式。选中“渐变叠加”选项，设置“混合模式”为“正常”，“不透明度”为 100%，编辑一种黄色系的渐变，设置“样式”为“线性”，“角度”为 90 度，“缩放”为 100%。如图 21-116 所示。

图21-115

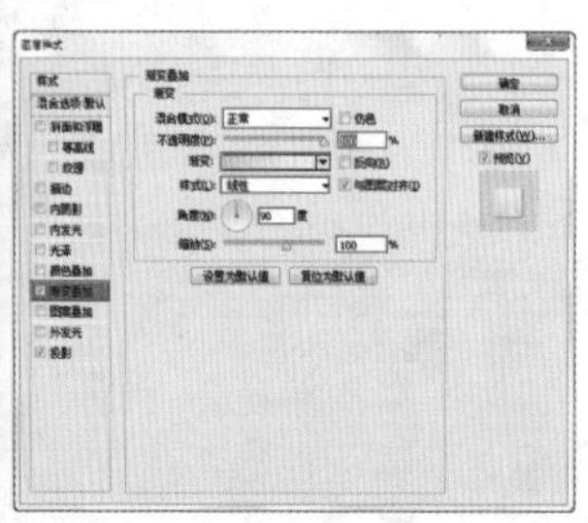
图21-116

步骤 27 选中“投影”选项，设置“混合模式”为“正片叠底”，颜色为红色，“不透明度”为 75%，“角度”为 120 度，“距离”为 1 像素，“扩展”为 0%，“大小”为 0 像素，单击“确定”按钮，如图 21-117 所示。效果如图 21-118 所示。

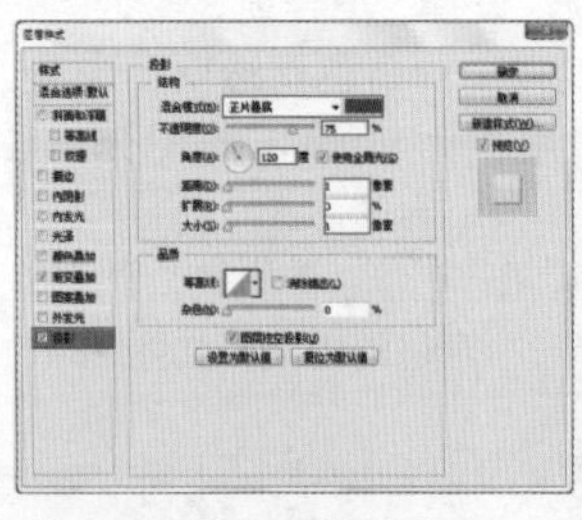
图21-117

图21-118

步骤 28 用同样方法制作出其他文字，如图 21-119 所示。

图21-119

步骤 29 新建图层，使用自定形状工具，选择箭头形状，设置绘制模式为“像素”，“模式”为“正常”，前景色为淡黄色，在画面中拖曳绘制出箭头的形状，如图 21-120 和图 21-121 所示。

图21-120

步骤 30 为箭头添加与文字图层相同的图层样式，如图 21-122 所示。

图21-121

图21-122

步骤 31 用同样的方法绘制另外一个箭头，其中一个区域制作完成，如图 21-123 所示。

步骤 32 用同样的方法制作出其他按钮区域，如图 21-124 所示。

图21-123

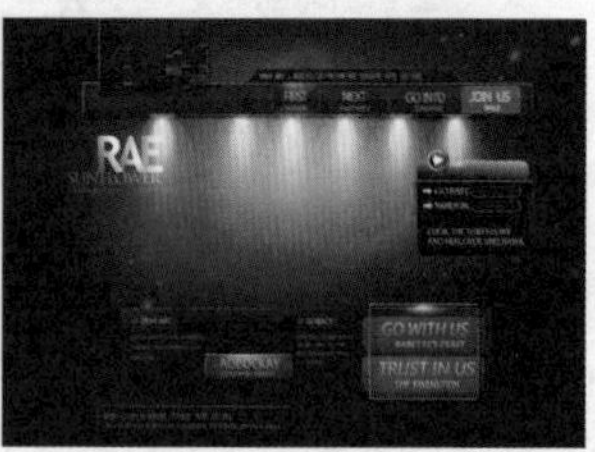
图21-124

Part 2 制作人物部分

步骤 01 导入人像素材 3.png，置于画面中合适的位置，如图 21-125 所示。

步骤 02 导入人像素材 4.png 置于画面中合适的位置，如图 21-126 所示。使用钢笔工具勾勒出人像轮廓，建立选区后为其添加图层蒙版，如图 21-127 所示。

图21-125

图21-126

步骤 03 打开“调整”面板，在人像素材4.png图层上方创建色相/饱和度调整图层，设置“色相”为0，“饱和度”为36，“明度”为0，并为其创建剪贴蒙版，如图21-128所示。

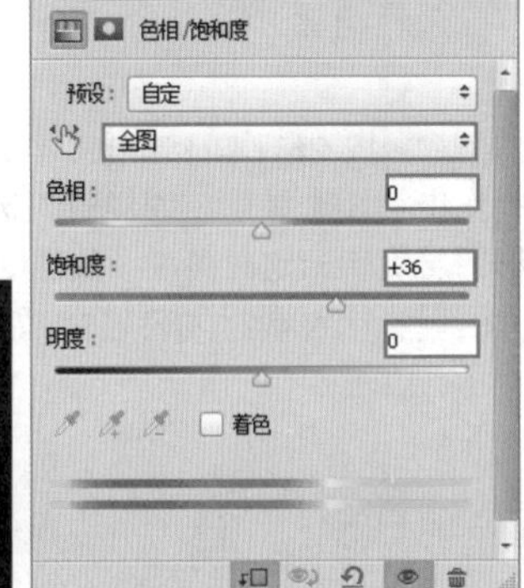

图21-127

图21-128

步骤 04 创建“色阶”调整图层，并同样为其创建剪贴蒙版，拖动色阶的滑块，调整画面的亮度，如图21-129所示。

步骤 05 创建“曲线”调整图层，再次创建剪贴蒙版，调整曲线的弯曲程度，提亮人像部分，如图21-130所示。

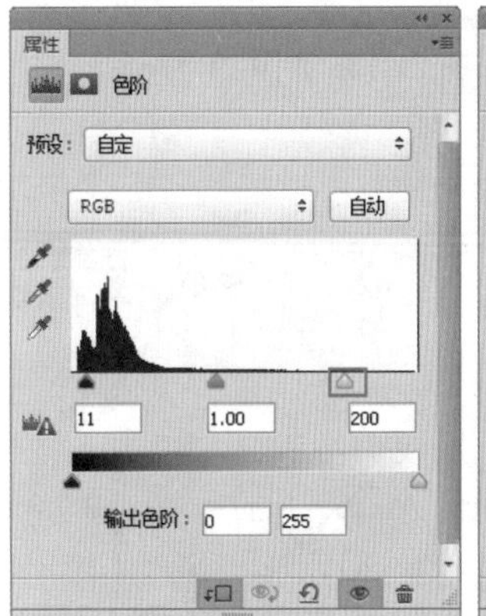

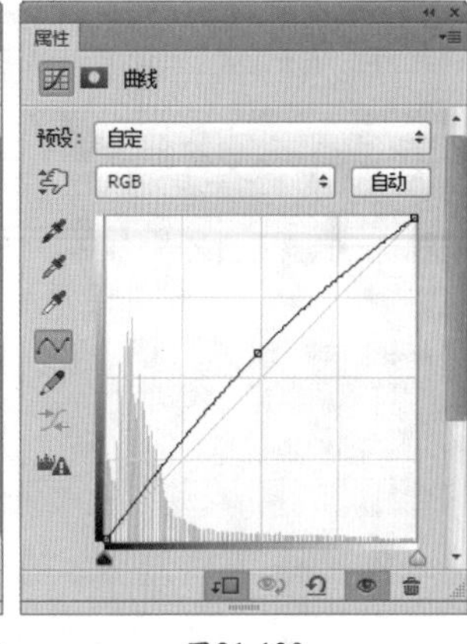

图21-129

图21-130

步骤 06 最后需要对画面整体进行调整，再次创建“曲线”调整图层，调整曲线的弯曲度，提亮画面，如图21-131所示。最终效果如图21-132所示。

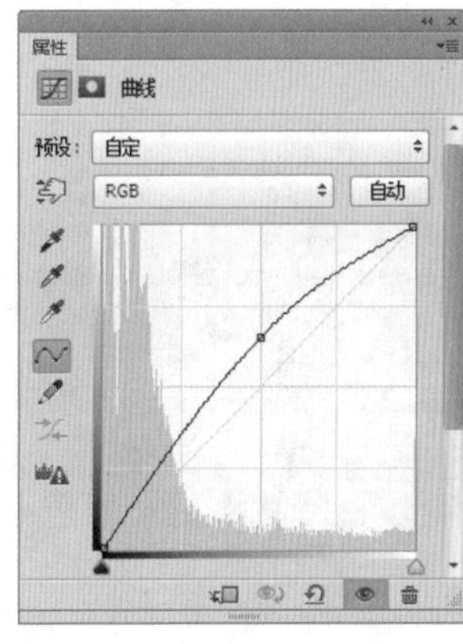

图21-131

图21-132

21.5 薯片包装

实例文件	薯片包装.psd
视频教学	薯片包装.flv
难易指数	★★★★★
技术要点	“高斯模糊”命令、图层样式、自定形状工具、自由变换工具

实例效果

本例效果如图21-133所示。

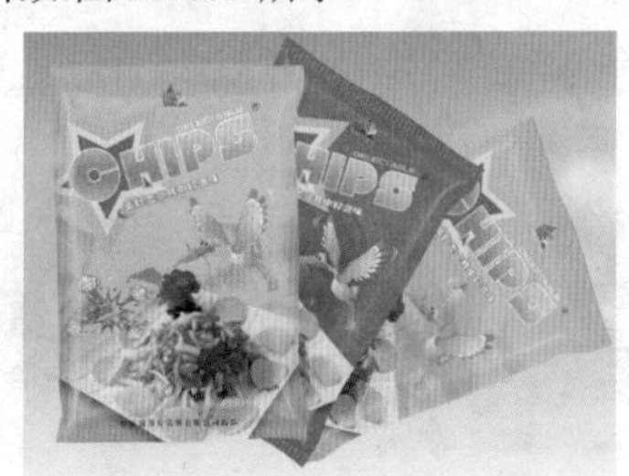

图21-133

操作步骤

Part 1 制作薯片平面图

步骤 01 按Ctrl+N组合键，在弹出的“新建”对话框中设置“宽度”为1341像素，“高度”为1000像素，“分辨率”为300像素/英寸，“颜色模式”为“CMYK颜色”，“背景内容”为“透明”。如图21-134所示。

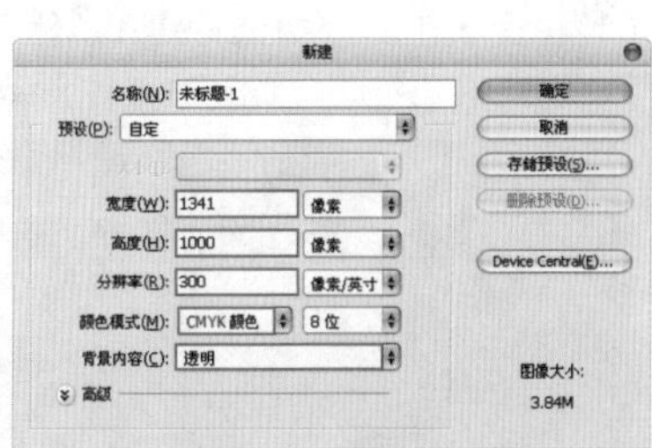

图21-134

步骤 02 首先制作薯片包装平面图，为了便于管理，创建图层组“组 1”。新建图层，使用矩形选框工具框选一个矩形，由上向下填充蓝色系渐变，如图 21-135 和图 21-136 所示。

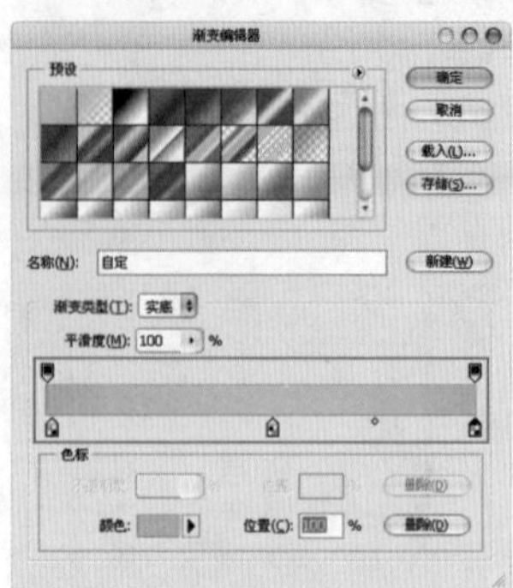
图21-135

图21-136

步骤 03 导入薯片素材文件，如图 21-137 所示。设置混合模式为“颜色加深”，并为其添加图层蒙版，使用黑色画笔擦除两边区域，只保留中间部分，如图 21-138 所示。

图21-137

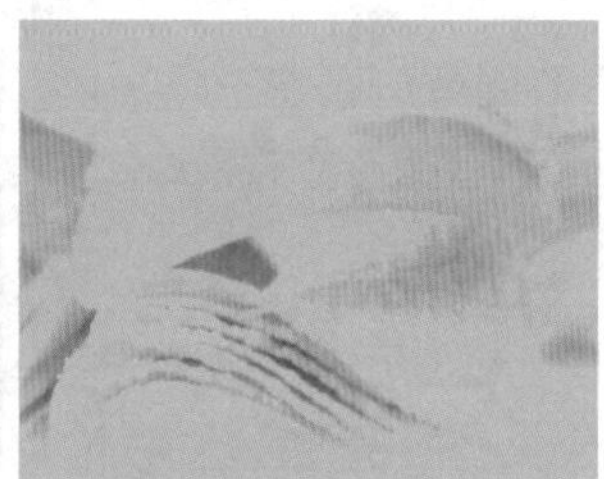
图21-138

步骤 04 新建图层，设置前景色为绿色，单击工具箱中的“自定形状工具”按钮，在选项栏中单击“像素填充”按钮，并选择一个星形，如图 21-139 所示。在画布中拖曳绘制出一个绿色的星形，如图 21-140 所示。

图21-139

步骤 05 复制绿色星形图层，载入选区并为其填充黄色，使用自由变换工具快捷键 Ctrl+T，然后按住 Shift+Alt 组合键等比例向中心缩进，如图 21-141 所示。

图21-140

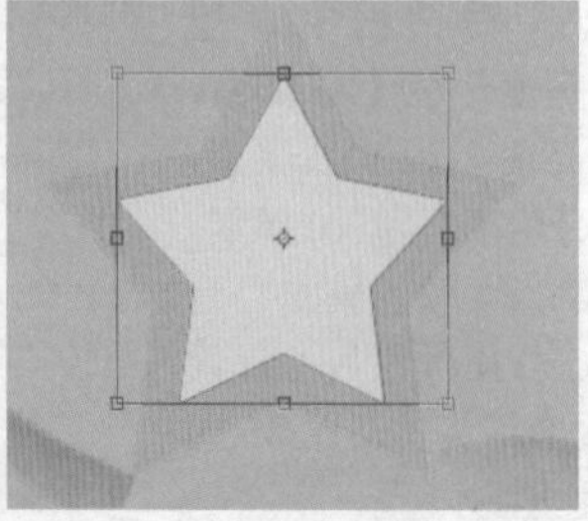
图21-141

※技术拓展：自由变换工具快捷键

按住 Shift+Alt 组合键等比例向中心缩放；按住 Shift 键等比例缩放；按住 Alt 键向中心缩放。如图 21-142 ～图 21-144 所示。

图21-142

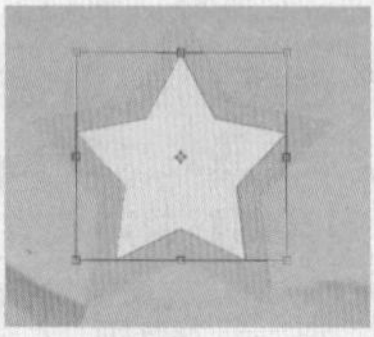
图21-143

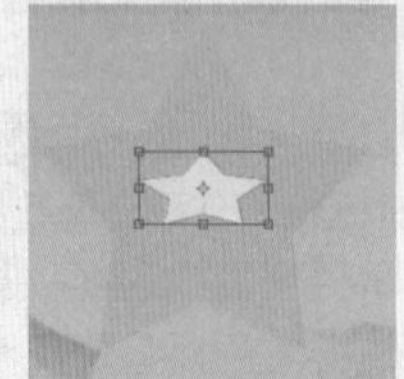
图21-144

步骤 06 按 Ctrl+Alt+Shift+T 组合键复制并重复上一次变换，制作出第 3 个星形，同样载入选区并填充红色。选中 3 个星形图层旋转一定的角度，如图 21-145 所示。

步骤 07 导入素材文件，摆放到包装的底部，如图 21-146 所示。

图21-145

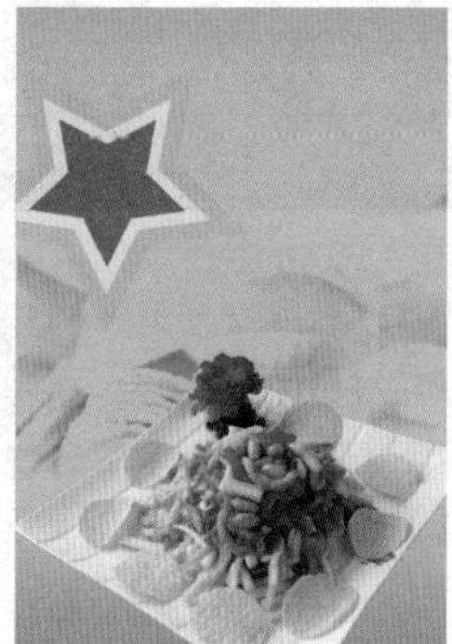
图21-146

步骤 08 复制该素材图层，放在原图层下方。按 Ctrl 键单击素材图层缩略图载入选区，并为其填充黑色，再执行“滤镜 > 模糊 > 高斯模糊”命令，进行适当模糊处理，设置图层“不透明度”为 52% 作为阴影，如图 21-147 所示。

步骤 09 导入前景卡通素材，放在合适的位置，如图 21-148 所示。

图21-147

图21-148

步骤 10 使用文字工具输入顶部品牌文字，如图 21-149

所示。

图21-149

步骤 11 对文字图层执行“自由变换”命令，将其适当旋转，如图 21-150 所示。

步骤 12 对文字图层执行“图层 > 图层样式 > 投影”命令，设置“混合模式”为“正片叠底”，颜色为褐色，“不透明度”为 50%，“角度”为 90 度，“距离”为 2 像素，“扩展”为 3%，“大小”为 2 像素，并选择一个合适的等高线形状，如图 21-151 所示。

图21-150

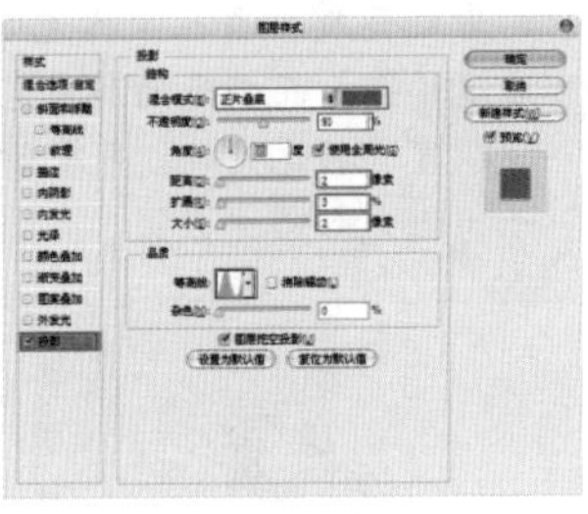

图21-151

步骤 13 选中“内发光”选项，设置“混合模式”为“滤色”，“不透明度”为 75%，颜色为黄色，“阻塞”为 20%，“大小”为 4 像素，如图 21-152 所示。

步骤 14 选中“斜面和浮雕”选项，设置“样式”为“内斜面”，“方法”为“平滑”，“深度”为 205%，“大小”为 2 像素，“角度”为 120 度，“高度”为 25 度，“高光模式”为“滤色”，颜色为白色，“不透明度”为 85%，“阴影模式”为“正片叠底”，颜色为黄色，“不透明度”为 75%，如图 21-153 所示。

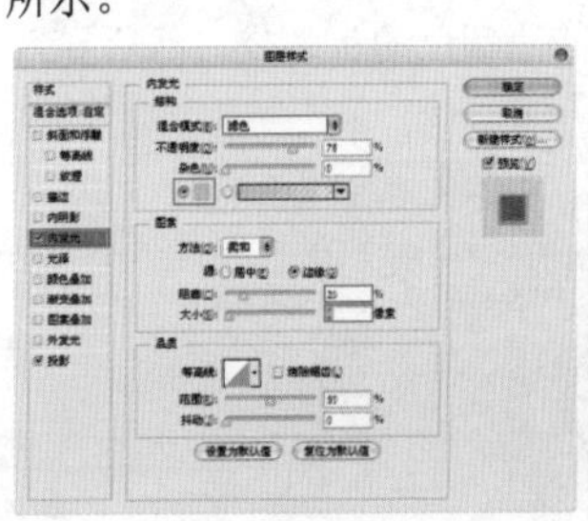

图21-152

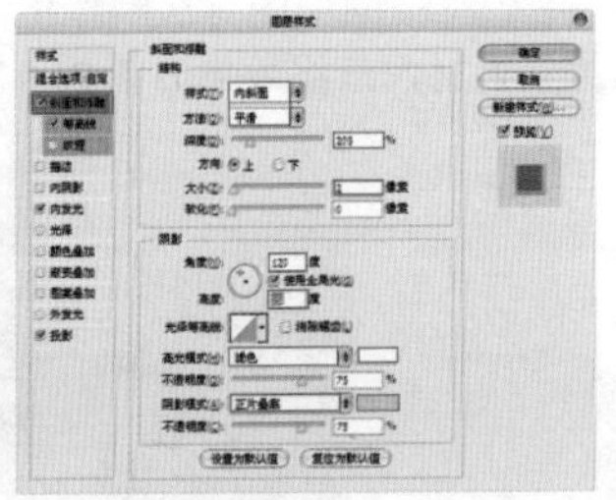

图21-153

步骤 15 选中“等高线”选项，在“等高线”下拉列表中编辑一种等高线，设置“范围”为 38%，如图 21-154 所示。

步骤 16 选中“渐变叠加”选项设置“混合模式”为“正常”，“不透明度”为 100%，“角度”为 90 度，“样式”为“线性”，编辑一种黄色系的渐变，如图 21-155 所示。

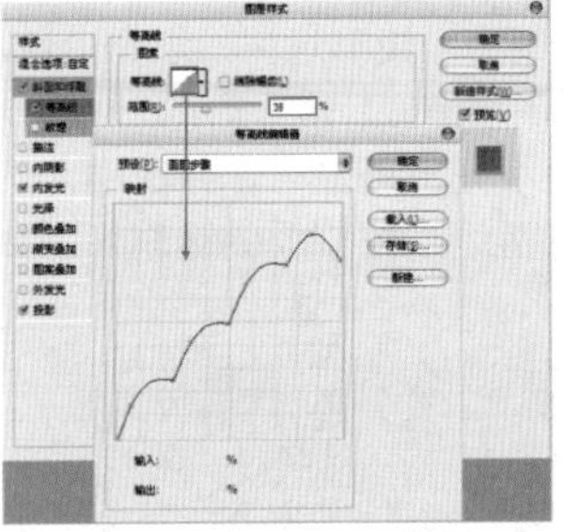

图21-154

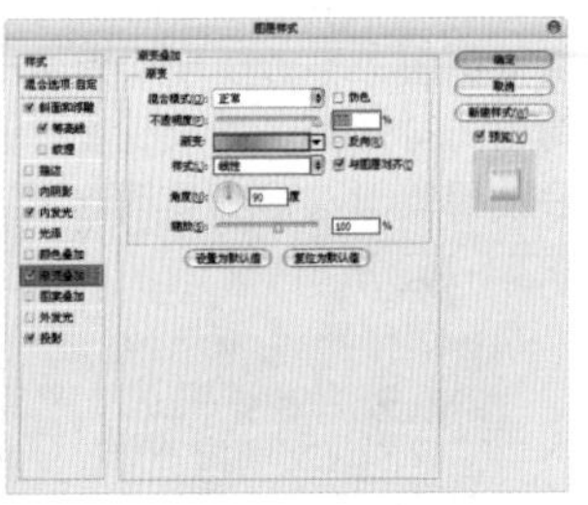

图21-155

步骤 17 选中“描边”选项，设置“大小”为 3 像素，“位置”为“外部”，“颜色”为白色，如图 21-156 和图 21-157 所示。

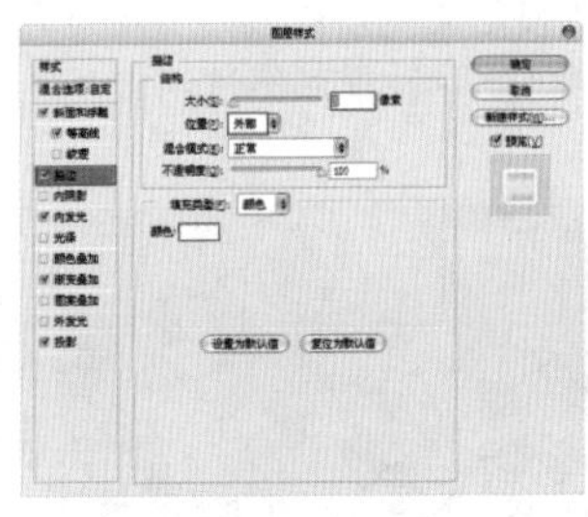

图21-156

图21-157

步骤 18 接着输入两组文字，如图 21-158 所示。然后为其添加“描边”图层样式，如图 21-159 和图 21-160 所示。

图21-158

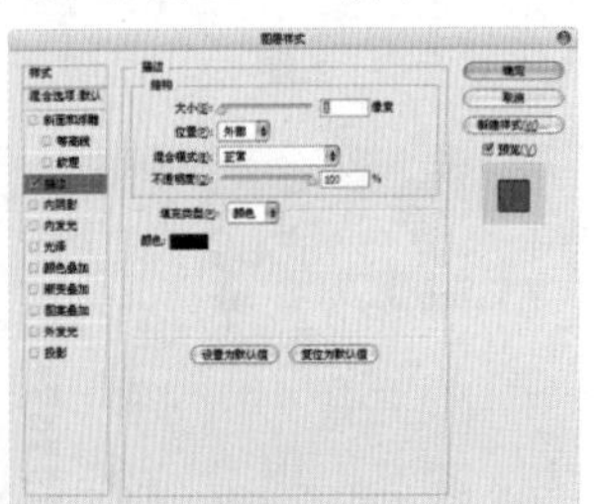

图21-159

步骤 19 此时包装平面效果制作完成，如图 21-161 所示。

图21-160

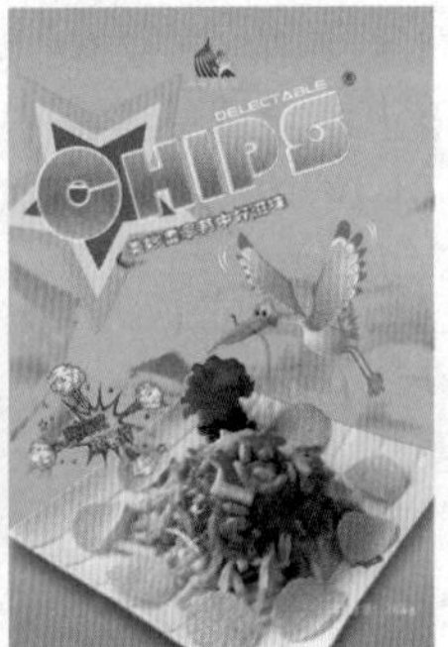

图21-161

Part 2 制作立体效果

步骤 01 薯片类膨化食品包装的立体效果主要是由包装边缘的扭曲与包装表面的光泽感营造出的。首先制作顶部和底部的压痕，使用矩形选框工具绘制一个矩形选区，填充白色，降低图层“不透明度”为70%，如图21-162所示。然后复制出一排矩形，如果长度参差不齐也可整体合并图层，然后使用矩形选框工具框选上下两边，按Delete键删除，如图21-163所示。

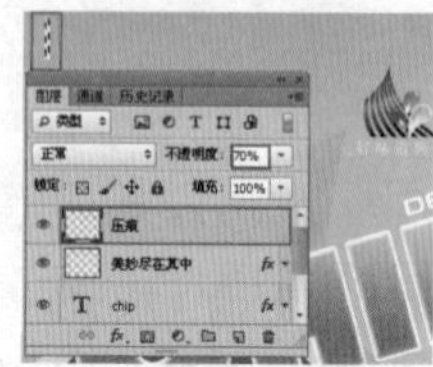
图21-162

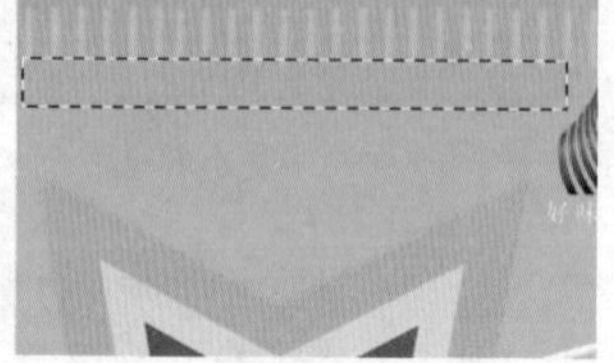
图21-163

步骤 02 为“压痕”图层添加“投影”图层样式，具体设置如图21-164所示。在“图层”面板中设置“不透明度”为59%，效果如图21-165所示。

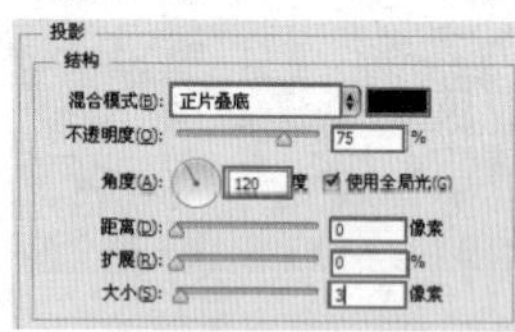

图21-164

图21-165

步骤 03 复制“组1”，命名为“组1副本”，如图21-166所示。单击右键，在弹出的菜单中选择“合并组”命令，命名为“立面”，如图21-167所示。

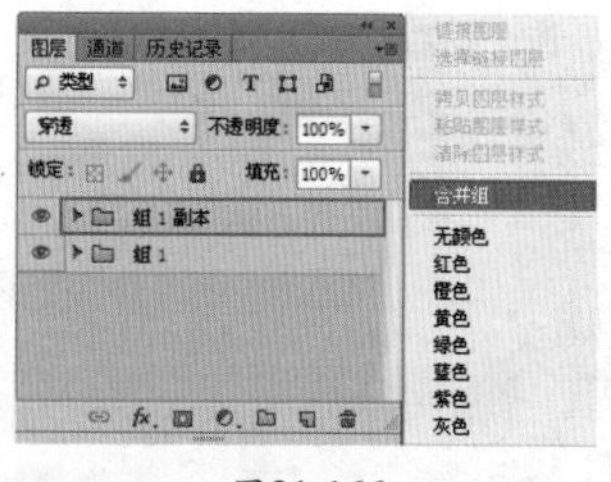

图21-166

图21-167

步骤 04 为了使包装袋有膨胀的效果，可以使用钢笔工具绘制出平面四周不规则的边缘路径，如图21-168所示。建立选区后为该图层添加图层蒙版，边缘部分随即被隐藏，如图21-169和图21-170所示。

图21-168

图21-169

图21-170

步骤 05 下面开始制作高光光泽。创建新组，命名为“高光”，新建图层，使用钢笔工具和画笔工具绘制白色高光线条，适当使用模糊工具处理过渡关系，效果如图21-171所示。

图21-171

技巧提示

高光光泽制作中主要分为两种：抛光和哑光。抛光表面比较光滑，而哑光表面呈现些许磨砂的质感。两者的差别主要在于抛光的高光范围较小，边缘较硬，亮度均衡；而哑光的高光范围可以相对大些，边缘有比较明显的羽化效果，亮度有明显的过渡。如图21-172所示为抛光和哑光效果。

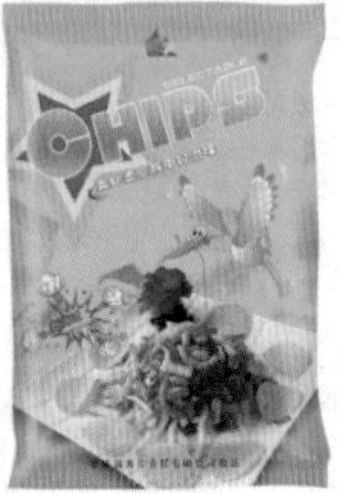
图21-172

在制作过程中，抛光表面的高光光泽主要使用钢笔工具绘制相应高光形状，转换为选区之后填充高光色，并降低该图层不透明度。哑光表面可以将制作好的抛光光泽进行模糊或者直接使用柔角画笔进行绘制。

步骤 06 用同样的方法制作出其他颜色的包装袋，然后导入背景素材，最终效果如图21-173所示。

图21-173

21.6 淡雅风格茶包装设计

实例文件	淡雅风格茶包装设计.psd
视频教学	淡雅风格茶包装设计.flv
难易指数	★★★★★
技术要点	文字工具、渐变工具、钢笔工具、高斯模糊命令"色相/饱和度"调整图层、"曲线"调整图层、加深工具

实例效果

本例效果如图21-174所示。

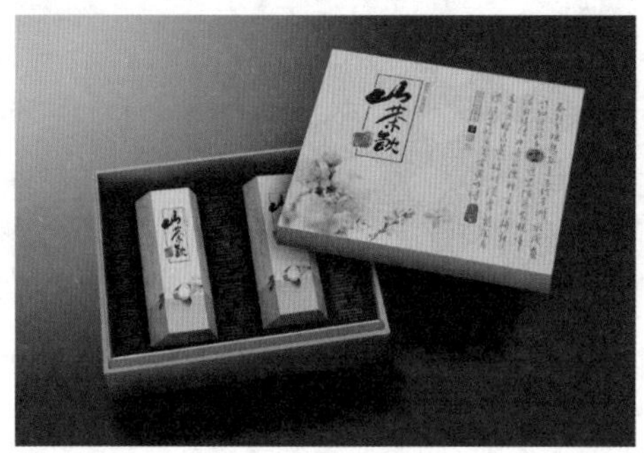

图21-174

操作步骤

Part 1 制作包装的平面图

步骤01 创建"组1"，按Ctrl+N组合键，在弹出的"新建"对话框中设置"宽度"为2192像素，"高度"为1500像素，如图21-175所示。

步骤02 平面图包括礼盒的平面图以及茶罐的平面图，首先制作礼盒部分的平面图。导入背景素材文件，如图21-176所示。

图21-175

图21-176

步骤03 导入底纹素材文件，设置混合模式为"柔光"，"不透明度"为25%，添加图层蒙版，使用黑色画笔降低画笔"不透明度"为25%，擦除遮盖花朵的部分，如图21-177所示。

步骤04 使用书法字体输入文字"山茶饮"，如图21-178所示。接着导入印章素材文件，如图21-179所示。

步骤05 在文字图层下方新建图层。使用矩形选框工具绘制矩形，执行"编辑>描边"命令，设置"宽度"为3px，吸取文字颜色，单击"确定"按钮，如图21-180所示。接着使用橡皮擦工具擦除挡住文字的部分，如图21-181所示。

图21-177

图21-178

图21-179

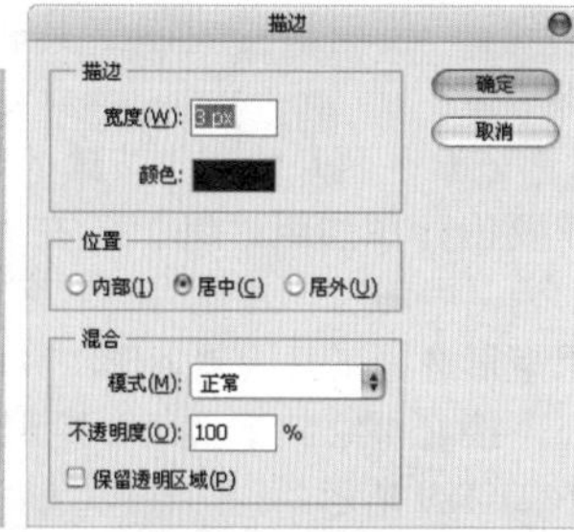

图21-180

步骤06 导入书法文字素材文件放置在右侧，或使用书法字体输入相应文字，如图21-182所示。

图21-181

图21-182

步骤07 设置前景色为黑色，单击"圆角矩形工具"按钮，在选项栏中选择"形状"并设置"半径"为2像素，在图像中绘制一个圆角矩形，如图21-183所示。

步骤08 使用矩形选框工具绘制矩形选框，如图21-184所示。

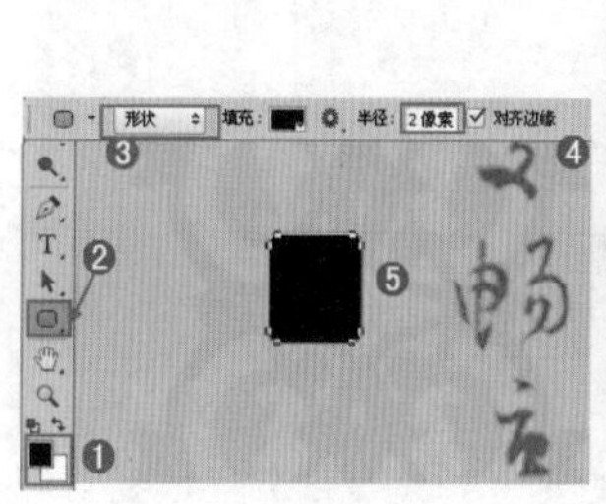
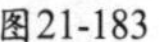

图21-183

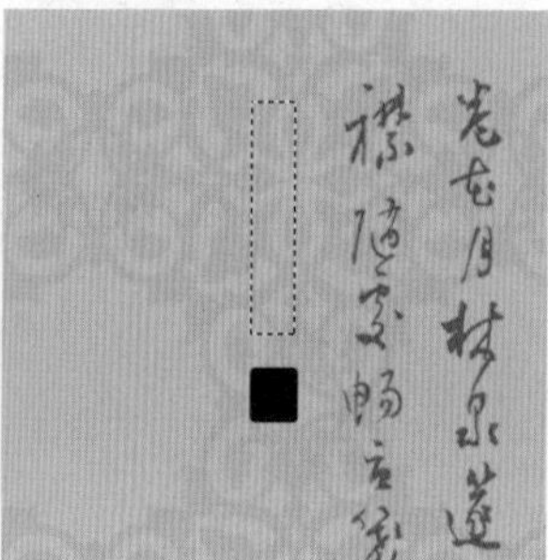

图21-184

步骤 09 执行"编辑 > 描边"命令，设置描边"宽度"为2px，"颜色"为棕色，"位置"为居中，如图 21-185 和图 21-186 所示。

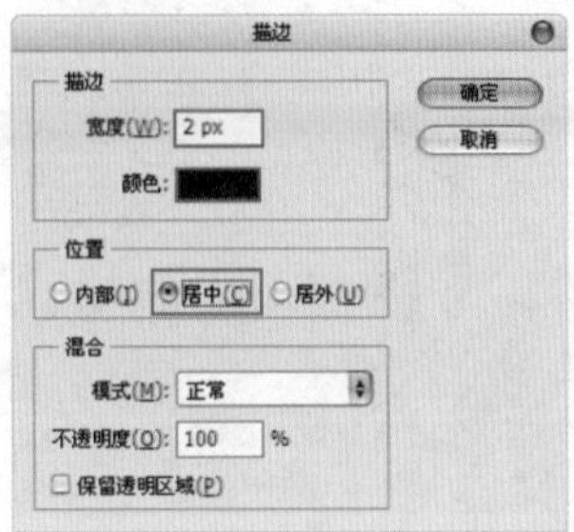

图21-185

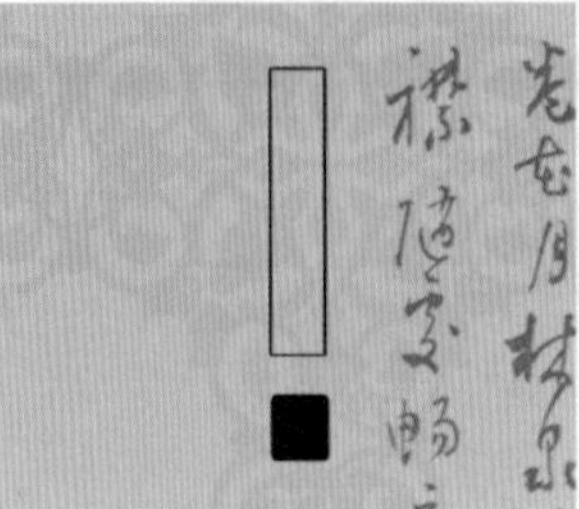

图21-186

步骤 10 使用横排文字工具输入其他文字，如图 21-187 所示。

步骤 11 下面开始制作茶罐的包装，为了便于图层的管理，需要创建图层组"组 2"，在"组 2"中创建 3 个新组，分别为"中间"、"左面"、"右面"。首先制作"中间"组。使用矩形选框工具绘制矩形，吸取"组 1"中背景颜色进行填充，接着再绘制下半部分矩形，填充褐色，如图 21-188 和图 21-189 所示。

图21-187

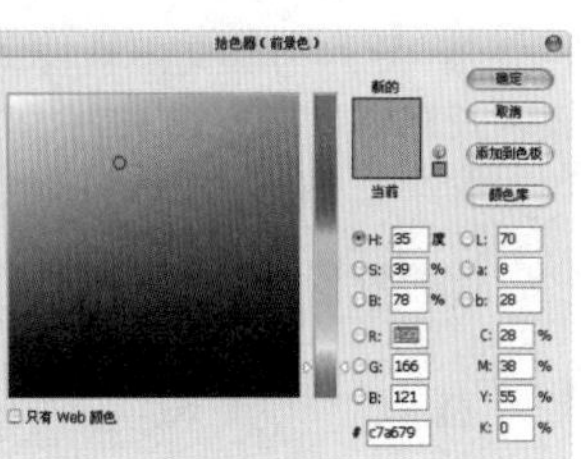

图21-188

步骤 12 拖曳"组 1"中的底纹图层，复制副本，并摆放到茶罐包装的上方。使用矩形选框框选多余部分，按 Delete 键删除，设置混合模式为柔光，"不透明度"为 25%，如图 21-190 和图 21-191 所示。

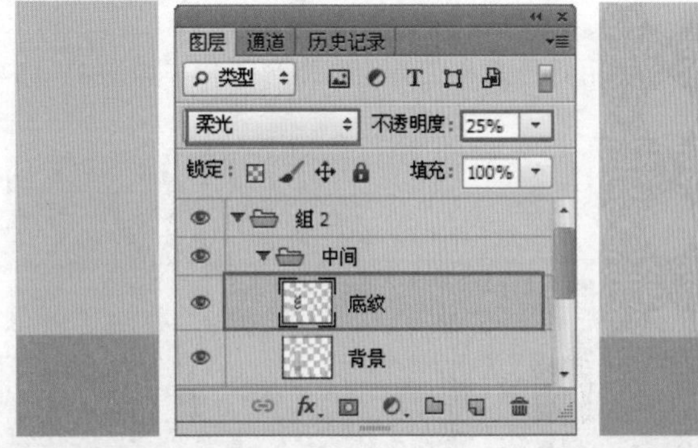

图21-189　图21-190　图21-191

步骤 13 接着复制"组 1"中的文字 LOGO 部分摆放到茶罐的上半部分，导入工笔画素材，使用矩形选框工具框选并删除多余部分，如图 21-192 和图 21-193 所示。

步骤 14 制作"左面"组。复制"中间"组中的"背景"、"底纹"图层，移动到左侧，如图 21-194 所示。

图21-192

图21-193

图21-194

步骤 15 使用文字工具，选择合适的字体以及字号输入文字，如图 21-195 所示。然后对其进行自由变换，顺时针旋转 90°，摆放到居左的位置，如图 21-196 所示。

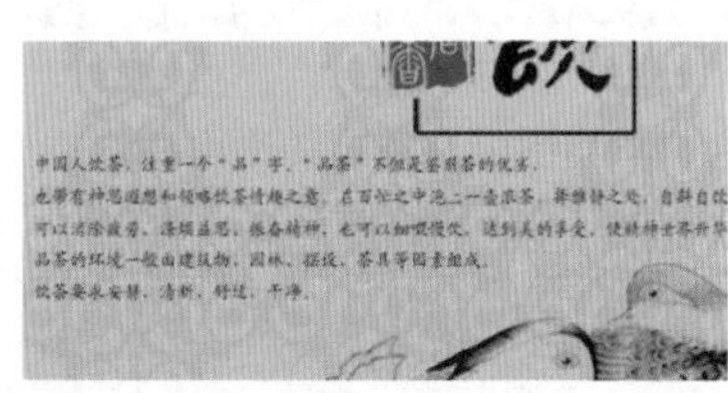

图21-195

图21-196

步骤 16 再次导入工笔画文件，摆放到可以与中间图像衔接的位置，并删除多余的部分，如图 21-197 所示。

步骤 17 用同样的方法制作右侧的部分，如图 21-198 所示。

图21-197

图21-198

Part 2 制作包装立体效果图

步骤 01 复制并合并“组 1”、“组 2”，将原组隐藏。创建新组，并新建背景色图层。选择渐变工具，编辑一种灰色系渐变，如图 21-199 所示。在选项栏中设置渐变类型为放射性渐变。在画布中斜向下拖曳绘制，如图 21-200 所示。

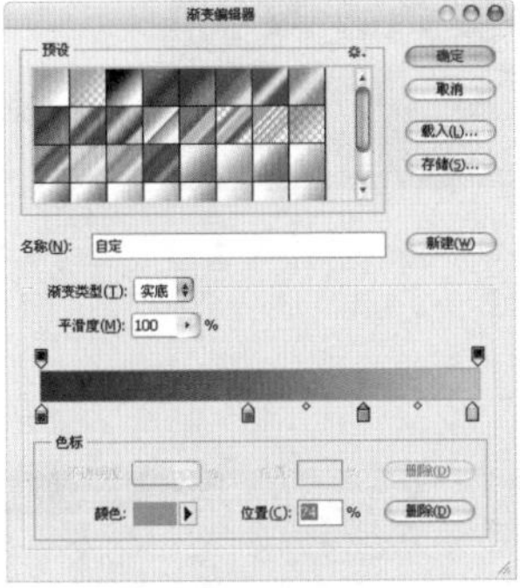

图21-199

图21-200

步骤 02 首先制作茶罐部分的立体效果。选中“组 2”中的茶罐中部图层，并进行合并。使用自由变换工具快捷键 Ctrl+T 调整位置，制作出顶面的效果，如图 21-201 所示。

步骤 03 创建“曲线”调整图层，提亮画面，如图 21-202 所示。单击右键，在弹出的菜单中选择“创建剪贴蒙版”命令，如图 21-203 所示。

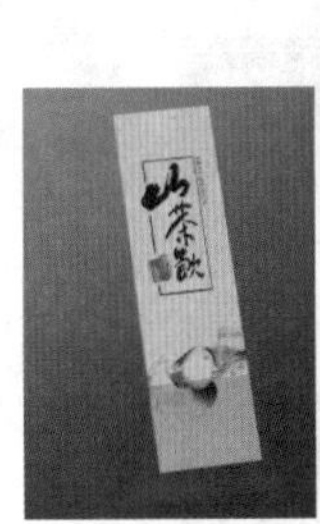

图21-201

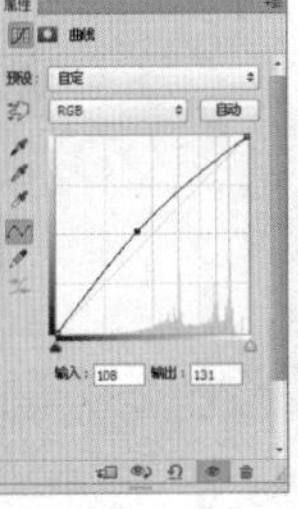

图21-202

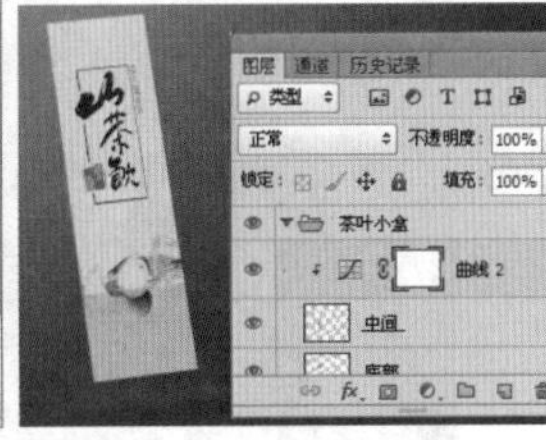

图21-203

步骤 04 同理，分别将左、右两侧的部分合并图层并进行变形，摆放到两侧的位置，如图 21-204 所示。为了压暗两侧，分别为“左面”和“右面”图层创建色相 / 饱和度调整图层，在“颜色”下拉列表中选择“全图”，设置“明度”数值为 -30，如图 21-205 所示，并且分别创建剪贴蒙版，如图 21-206 所示。

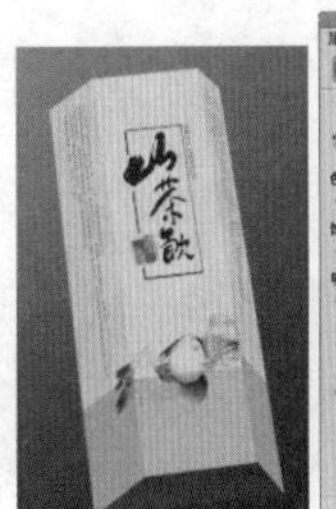

图21-204

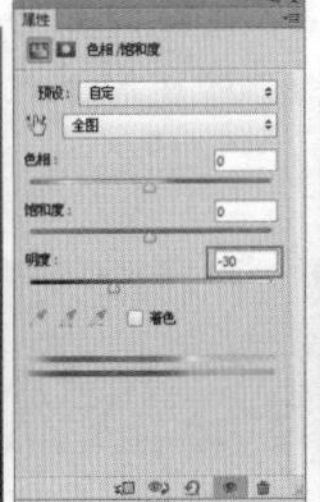

图21-205

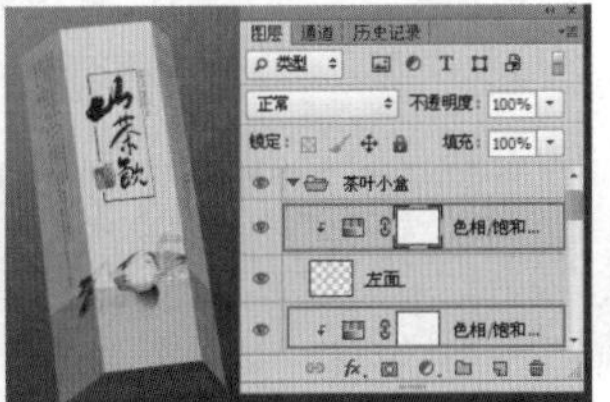

图21-206

步骤 05 在茶罐底部新建图层，使用黑色画笔绘制阴影效果，如图 21-207 和图 21-208 所示。

步骤 06 复制茶罐图层组，摆放到右侧，如图 21-209 所示。

图21-207

图21-208

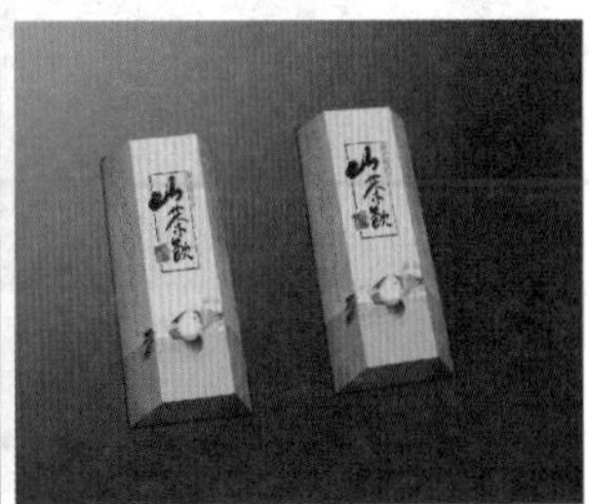

图21-209

步骤 07 下面制作礼盒内部。隐藏茶罐部分，导入竹席素材，如图 21-210 所示。多次复制制作出细密的纹理效果，并合并图层，然后使用自由变换工具快捷键 Ctrl+T 调整位置以及透视效果，如图 21-211 所示。

图21-210

图21-211

步骤 08 创建“选取颜色 1”调整图层，在“颜色”下拉列表中选择“中性色”，设置“青色”数值为 15，如图 21-212 所示。单击右键创建剪贴蒙版，此时竹席倾向于青绿色，如图 21-213 所示。

图21-212

图21-213

步骤 09 显示出茶罐图层，在底部新建图层，使用黑色画笔绘制茶罐底部的阴影，使其产生凹陷效果，如图 21-214 所示。

步骤 10 下面制作盒子的立面。使用钢笔工具绘制立面大致图形，并填充褐色，如图 21-215 所示。

步骤 11 使用加深工具加深靠里的部分，使其产生立体效果，如图 21-216 和图 21-217 所示。

图21-214

图21-215

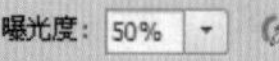

图21-216

步骤 12 接着使用钢笔工具在立面的边缘处绘制截面效果，并填充比较浅的颜色，如图 21-218 所示。

图21-217

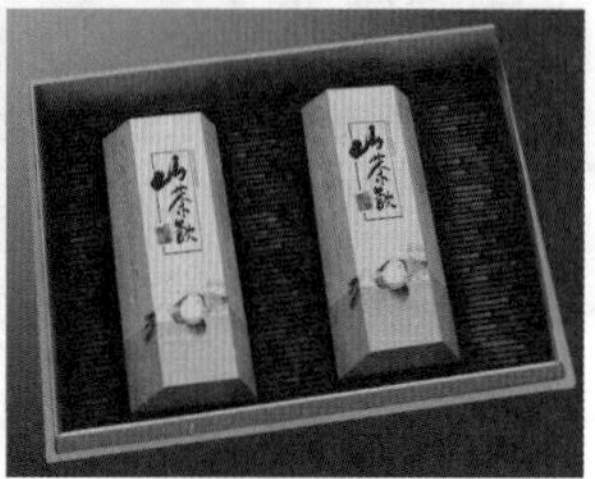

图21-218

步骤 13 用同样的方法制作出外立面，为了使其产生真实的阴影效果，也可以使用加深 / 减淡工具进行涂抹，如图 21-219 所示。

步骤 14 下面制作礼盒盖子部分。将合并的礼盒平面图进行自由变换，调整其位置，角度以及大小，摆放在右上角，如图 21-220 所示。

图21-219

图21-220

步骤 15 然后使用多边形套索工具绘制盒盖的立面，填充浅土黄色后适当使用加深工具涂抹制作立体效果，如图 21-221 所示。

步骤 16 在盖子下方新建图层，使用多边形套索工具绘制选区并填充黑色，然后执行“滤镜 > 模糊 > 高斯模糊”命令，如图 21-222 所示。此时盖子下方出现阴影效果，如图 21-223 所示。

图21-221

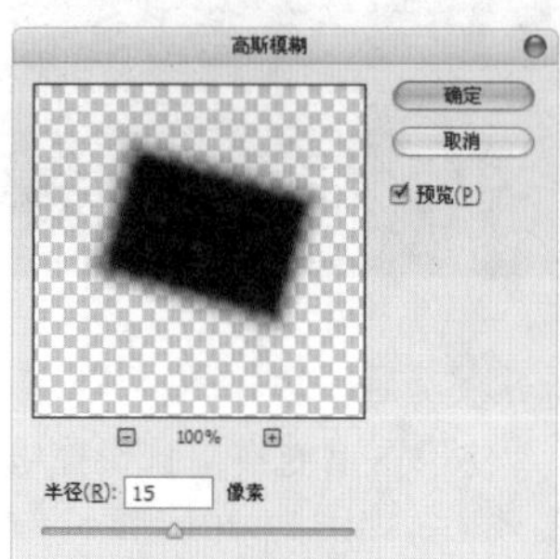

图21-222

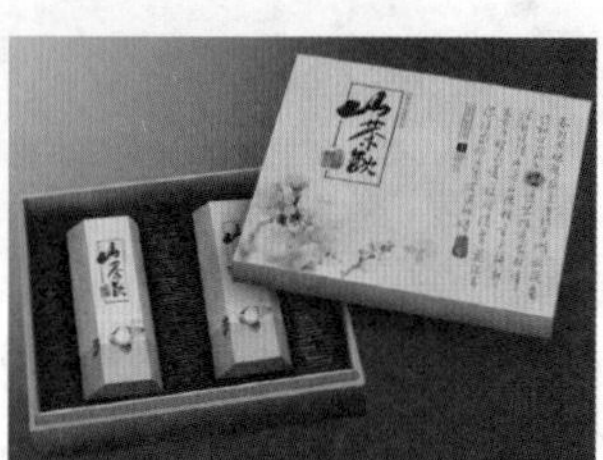

图21-223

步骤 17 用同样的方法在盒子和盖子底部接近地面的部分制作阴影，最终效果如图 21-224 所示。

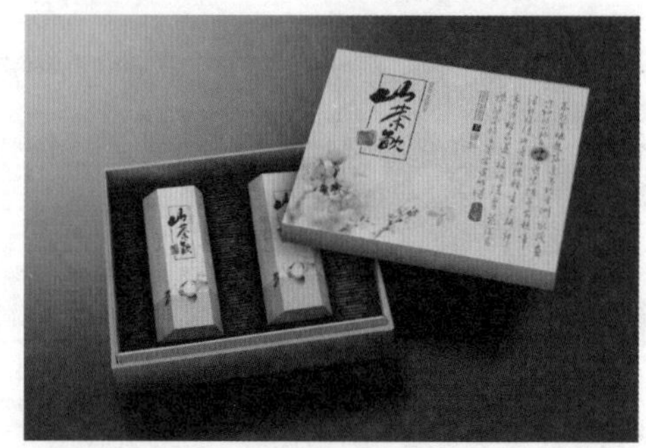

图21-224

技巧提示

在模拟阴影时，需要注意的是，画面所有物体的阴影方向、颜色以及强度等属性需要统一。在本例中背景颜色制作的是渐变效果，主要就是为了模拟光源位于左上角的效果，所以相应的阴影必然是位于物体的右下角。

21.7 卡通风格星球世界海报

实例文件	卡通风格星球世界海报 .psd
视频教学	卡通风格星球世界海报 .flv
难易指数	★★★★★
技术要点	3D 凸纹、渐变工具、图层样式、加深和减淡工具、选框工具

实例效果

本例效果如图 21-225 所示。

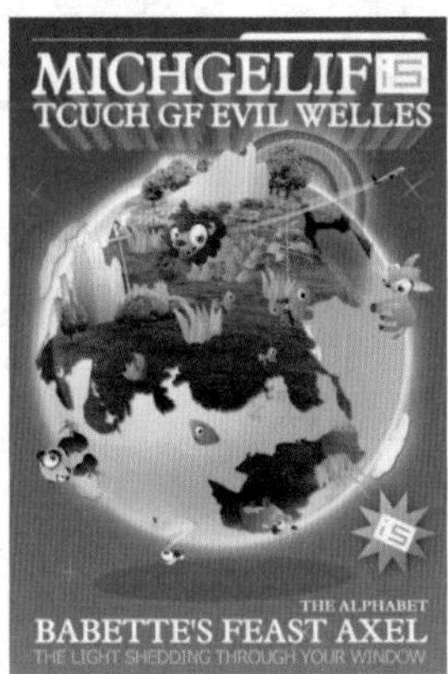

图21-225

操作步骤

Part 1 制作3D立体文字

步骤 01 按 Ctrl+N 组合键，在弹出的"新建"对话框中设置"宽度"为 2000 像素，"高度"为 2910 像素，如图 21-226 所示。

图21-226

步骤 02 单击工具箱中的"渐变工具"按钮，编辑一种蓝色系的渐变，如图 21-227 所示。在图像中填充，如图 21-228 所示。

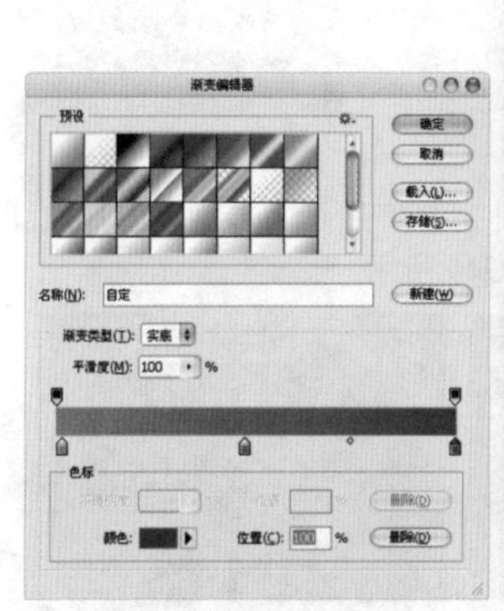

图21-227　　图21-228

步骤 03 创建新组，命名为"底"，使用文字工具输入文字，如图 21-229 和图 21-230 所示。

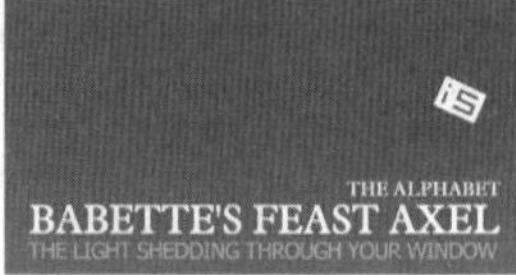

图21-229　　图21-230

步骤 04 下面选择自定形状工具，在选项栏中选择一个星形并在图像中绘制形状，按 Ctrl+Enter 组合键建立选区，如图 21-231 所示。

图21-231

步骤 05 选择渐变工具，设置由浅灰色到深灰色的渐变，如图 21-232 所示。然后设置渐变类型为"径向渐变"，在选区内由中心向四周拖曳，如图 21-233 所示。

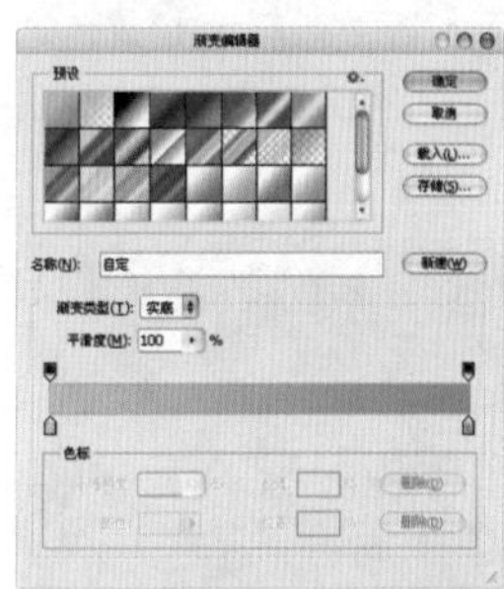

图21-232　　图21-233

步骤 06 下面为图形添加图层样式。在"图层样式"对话框中选中"投影"选项，设置"混合模式"为正片叠底，"不透明度"为 75%，"角度"为 120 度，"距离"为 14 像素，"大小"为 54 像素，如图 21-234 和图 21-235 所示。

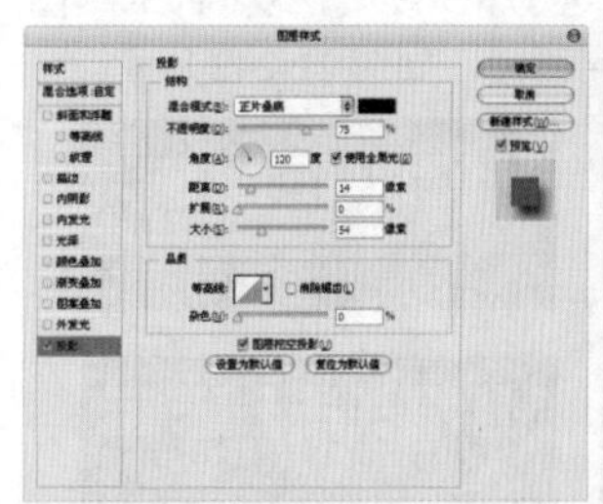

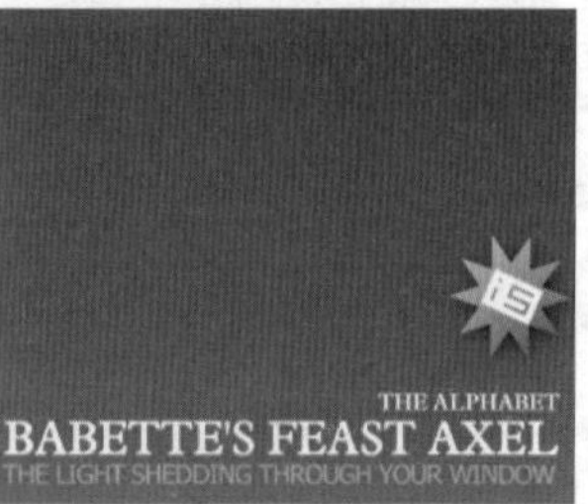

图21-234　　图21-235

步骤 07 创建新组，命名为"顶 -3D"，使用文字工具输入文字，如图 21-236 所示。执行"3D> 从所选图层新建 3D 凸出"命令，在 3D 面板中单击文字条目，如图 21-237 所示。在"属性"面板中设置"凸出深度"为 -631，如图 21-238 所示。

TCUCH GF EVIL WELLES

图21-236

图21-237

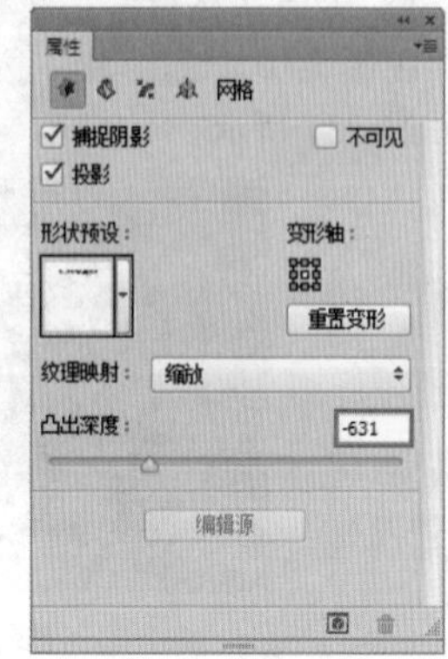

图21-238

步骤 08 单击“3D”面板中的文字的“凸出材质”条目，在“属性”面板中单击漫射的下拉菜单按钮，执行“新建纹理”命令，如图 21-239 所示。进入新文档后填充蓝色渐变，如图 21-240 所示。回到 3D 图层，文字侧面自动生成蓝色渐变效果，如图 21-241 所示。

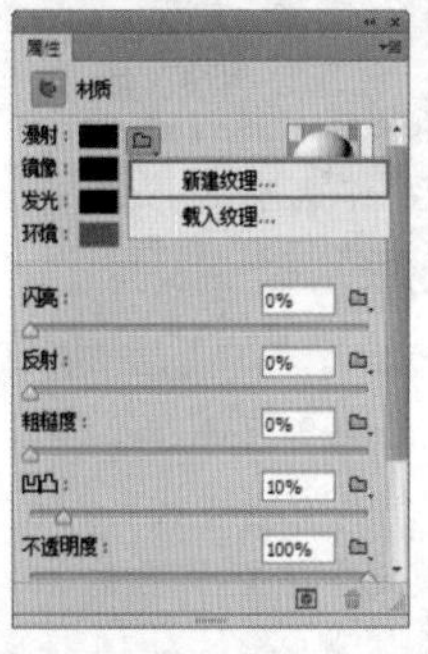

图21-239

图21-240

步骤 09 同理，制作出其他文字的 3D 效果。复制“is”图层，建立文字副本，放置在文字后面，如图 21-242 所示。

图21-241

图21-242

步骤 10 使用矩形选框工具绘制矩形，并填充颜色。选择圆角矩形工具，绘制比较扁的圆角矩形，按 Ctrl+Enter 组合键建立选区，并填充颜色，如图 21-243 所示。使用矩形选框工具框选圆角矩形下半部分，按 Delete 键删除多余部分，如图 21-244 所示。

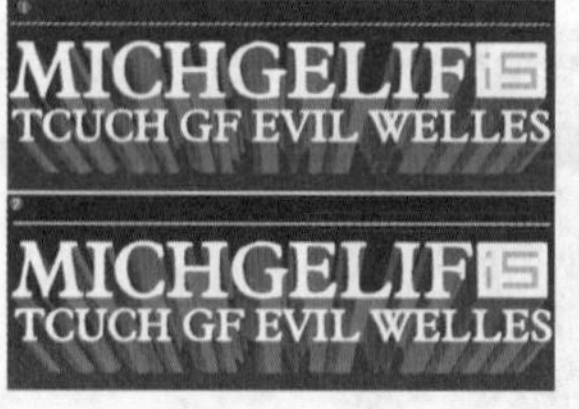

图21-243

图21-244

Part 2 制作主体部分

步骤 01 导入矢量地球素材，如图 21-245 所示。

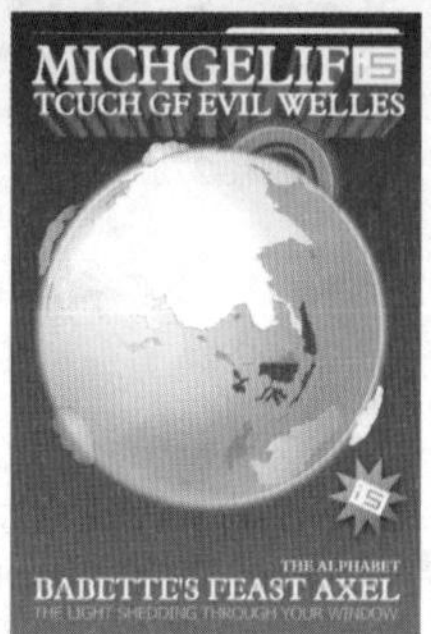

图21-245

步骤 02 执行“图层 > 图层样式 > 外发光”命令，设置“混合模式”为“滤色”，“不透明度”为 75%，颜色为淡蓝色，“大小”为 120 像素，如图 21-246 和图 21-247 所示。

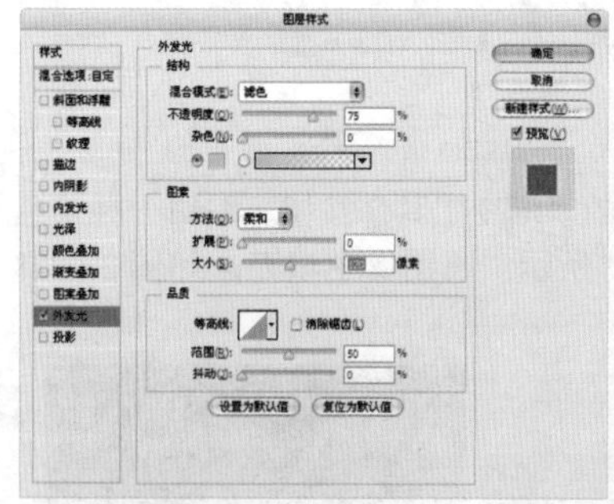

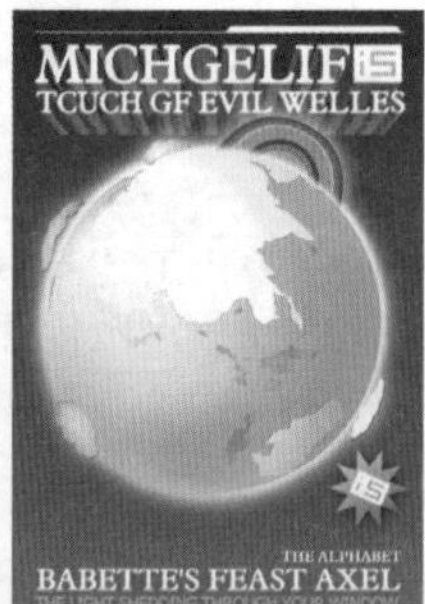

图21-246

图21-247

步骤 03 导入草皮素材，如图 21-248 所示。多次复制草地图层，平铺在地球上，如图 21-249 所示。

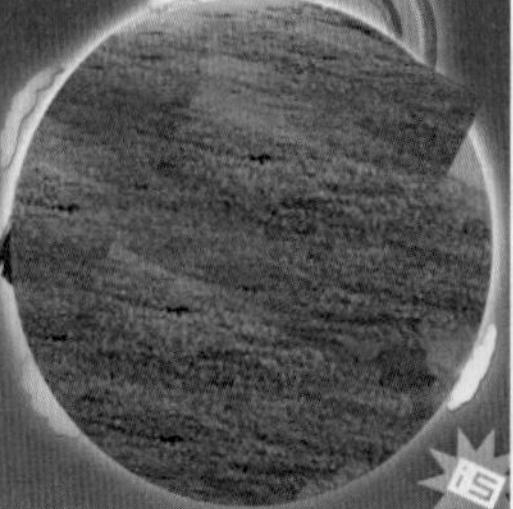

图21-248

图21-249

技巧提示

也可以将草地图像定义为自定义图案，然后绘制选区并进行图案填充。

步骤 04 使用钢笔工具绘制出地球板块的效果，建立选区后按 Ctrl + Shift + I 组合键反向选择，按 Delete 键删除多余部分，如图 21-250 所示。然后使用加深工具和减淡工具绘制地球高光和阴影部分，如图 21-251 所示。

图21-250

图21-251

步骤 05 为了使草皮更具有立体感，需要为其添加“投影”图层样式。设置颜色为黑色，“混合模式”为“正片叠底”，“不透明度”为 75%，“角度”为 120 度，“距离”为 5 像素，“大小”为 5 像素，如图 21-252 和图 21-253 所示。

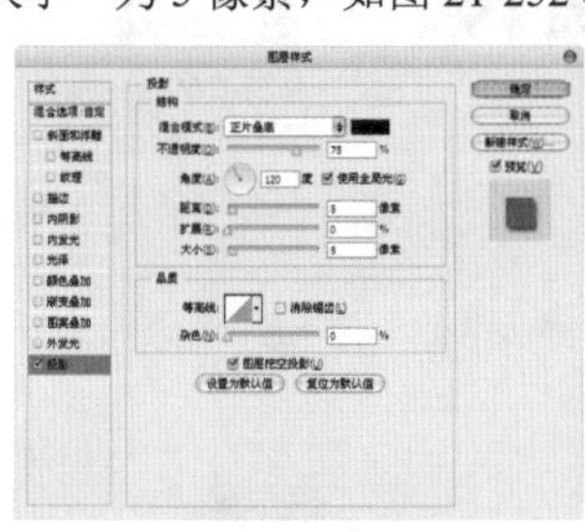
图21-252

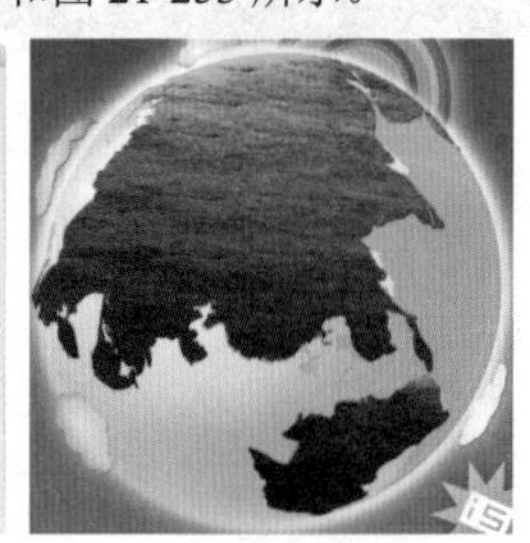
图21-253

步骤 06 在“草皮”图层下方添加图层，使用多边形套索工具绘制不规则图形并填充黑色，如图 21-254 所示。

步骤 07 选择“地球”图层，添加图层蒙版，使用黑色画笔在黑色边缘处涂抹，模拟出海水效果，如图 21-255 所示。

图21-254

图21-255

步骤 08 继续新建图层，命名为“阴影”。使用椭圆选框工具在地球下方绘制椭圆，并填充黑色，设置“不透明度”为 26%，如图 21-256 所示。

步骤 09 创建新组，命名为“星光”。在图中绘制出多个星光效果，如图 21-257 所示。

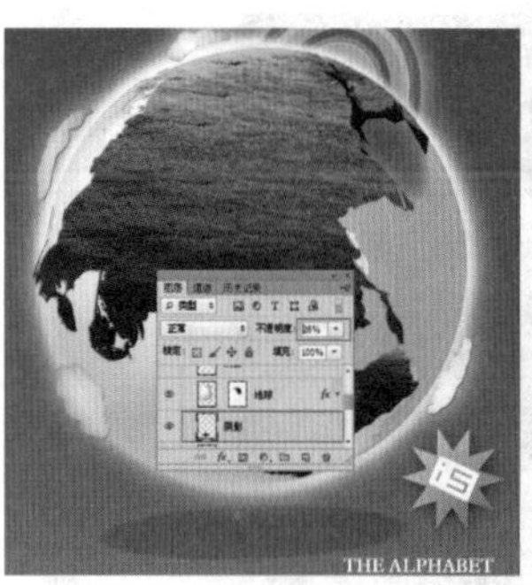

图21-256

图21-257

答疑解惑：如何制作星光？

设置画笔“大小”为 5 像素，“硬度”为 0%，在图像上单击。使用自由变换工具快捷键 Ctrl+T 拉长圆点，再复制图层，使用自由变换工具快捷键 Ctrl+T 横向调整位置即可，如图 21-258 所示。

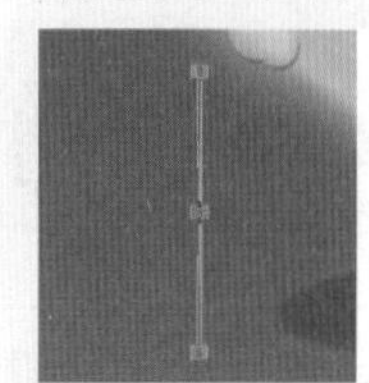
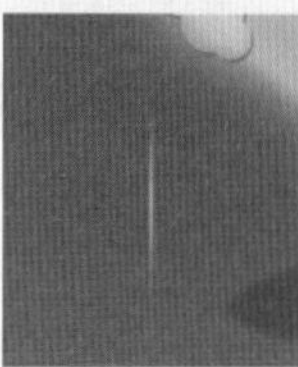
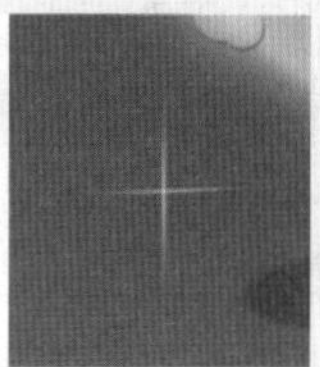
图21-258

步骤 10 使用椭圆选框工具绘制比地球稍大的圆形选区，单击右键，在弹出的菜单中选择“羽化”命令，设置“羽化半径”为 5 像素，如图 21-259 和图 21-260 所示。

图21-259

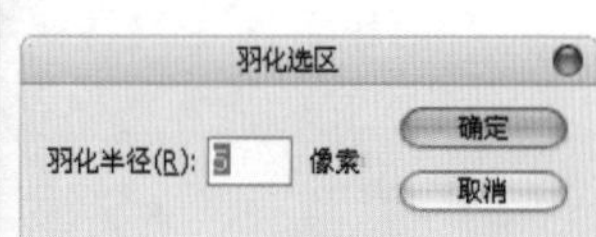

图21-260

步骤 11 新建图层，为当前圆形羽化选区填充白色，如图 21-261 和图 21-262 所示。降低“不透明度”为 20%，如图 21-263 所示。使用橡皮擦工具擦除中间部分制作反光效果，如图 21-264 所示。

图21-261

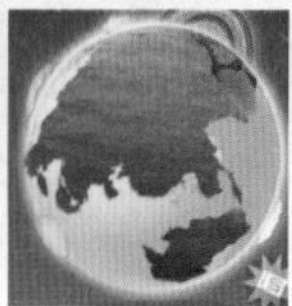
图21-262

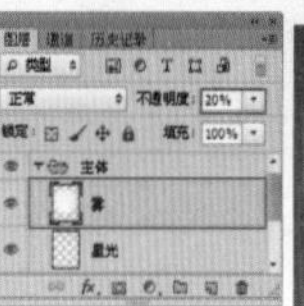
图21-263

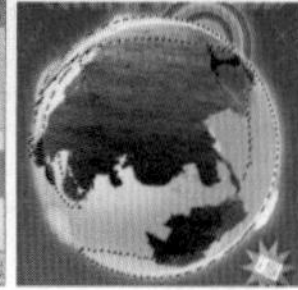
图21-264

步骤 12 导入前景卡通素材，摆放到合适位置，如图 21-265 所示。

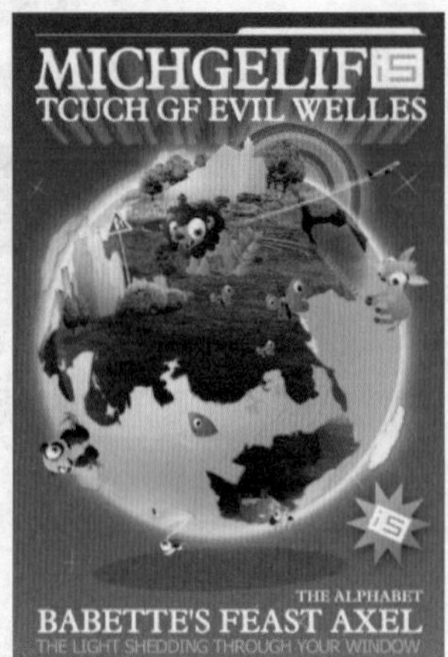

图21-265

步骤 13 使用钢笔工具绘制草叶形状，按 Ctrl+Enter 组合键建立选区。为当前选区填充绿色（R：119，G：185，B：24）。选择加深工具，在选区内涂抹出立体效果，如图 21-266 和图 21-267 所示。

图21-266

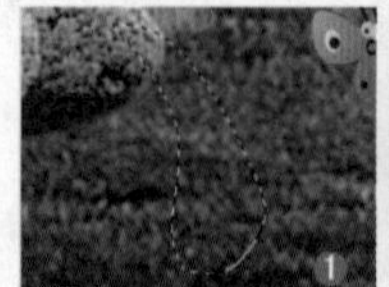

图21-267

步骤 14 多次复制草叶并适当变形，然后摆放在一起，如图 21-268 所示。

步骤 15 最终效果如图 21-269 所示。

图21-268

图21-269

读书笔记

精通创意合成

创意设计即把简单的东西或想法不断延伸而给予的另一种表现方式，包括设计的各个方向。创意设计除了具备设计的一般要素外，还需要融入与众不同的设计理念——创意。本章将通几个具体实例介绍视觉创意设计的方法。

本章学习要点：

- 唯美人像合成
- 炸开的破碎效果
- 电脑风暴
- 手绘感童话季节
- 巴黎夜玫瑰
- 光效奇幻秀

22.1 唯美人像合成

实例文件	唯美人像合成 .psd
视频教学	唯美人像合成 .flv
难易指数	★★★★★
技术要点	图层样式、"高斯模糊"滤镜、外挂画笔、"色相 / 饱和度"调整图层

实例效果

本例效果如图 22-1 所示。

图22-1

操作步骤

步骤 01 打开背景素材文件，如图 22-2 所示。导入人像素材，如图 22-3 所示。

图22-2

图22-3

步骤 02 新建"人像"图层组。导入人像素材文件，选择魔棒工具，设置"容差"为 20，在白色背景部分单击，制作出人像选区，单击右键，在弹出的菜单中选择"选择反向"命令，并按 Delete 键删除人像背景。使用自由变换工具快捷键 Ctrl+T 适当调整人像的大小，如图 22-4 所示。

步骤 03 创建新组，命名为"妆面"。导入文身素材文件，放在人像肩膀处，降低"不透明度"为 24%，如图 22-5 所示。

图22-4

图22-5

步骤 04 单击工具箱中的"钢笔工具"按钮，在选项栏中选择"路径"，如图 22-6 所示。在左侧眼睛附近绘制花纹形状路径，如图 22-7 所示。

图22-6

步骤 05 按 Ctrl+Enter 组合键建立选区，设置前景色为白色，新建图层，使用填充前景色快捷键 Alt+Delete 将当前选区填充为白色，如图 22-8 所示。

图22-7

图22-8

步骤 06 新建图层，使用钢笔工具绘制眼影轮廓，如图 22-9 所示。按 Ctrl+Enter 组合键建立选区，并为选区填充粉红色（R：232，G：51，B：81），如图 22-10 所示。

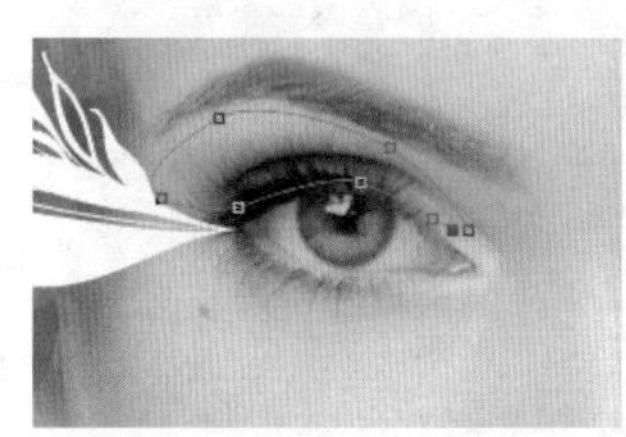

图22-9

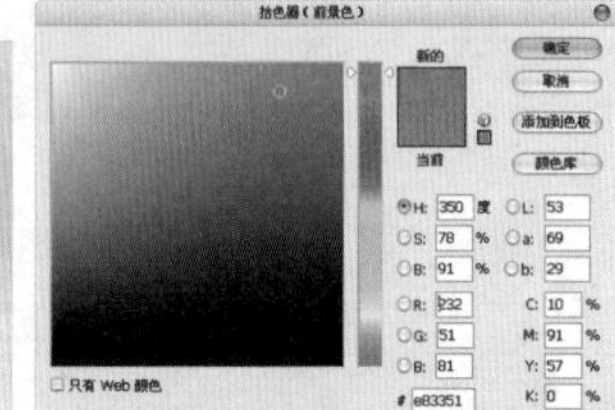

图22-10

步骤 07 对眼影图层执行"滤镜 > 模糊 > 高斯模糊"命令，设置"半径"为 15 像素，如图 22-11 和图 22-12 所示。

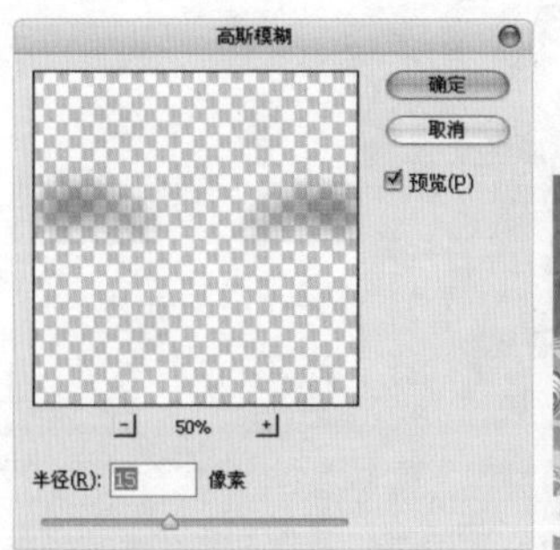

图22-11

图22-12

步骤 08 接着使用黑色柔边圆画笔绘制眼线，如图 22-13 所示。

图22-13

> **技巧提示**
>
> 在绘制眼线的过程中可能很难一次成型，可以使用画笔工具绘制大致形状，然后使用涂抹工具修改细节。

步骤 09 载入睫毛笔刷素材，设置前景色为黑色，单击绘制并使用自由变换工具快捷键 Ctrl+T 调整位置，将睫毛摆放到合适的位置，如图 22-14 所示。

步骤 10 为了配合粉红色系的眼妆，下面调整嘴唇的颜色。创建“色相 / 饱和度 1”调整图层，设置“色相”为 -19，“饱和度”为 23。单击“色相 / 饱和度 1”图层蒙版，填充黑色，然后使用白色画笔绘制人像嘴唇，如图 22-15 所示。

图22-14

图22-15

步骤 11 新建图层，使用钢笔工具继续绘制花纹的闭合路径，放置在左侧面颊的部分，如图 22-16 所示。建立选区后填充白色，并设置该图层混合模式为“柔光”，为其添加图层蒙版，擦除多余的部分，如图 22-17 所示。

图22-16

图22-17

步骤 12 选中人像图层，使用矩形工具框选左侧头花部分，如图 22-18 所示。执行“复制”与“粘贴”命令，将花朵复制为一个新的图层，对该图层执行“图像 > 调整 > 色相 / 饱和度”命令，将花朵调整为红色，如图 22-19 所示。

图22-18

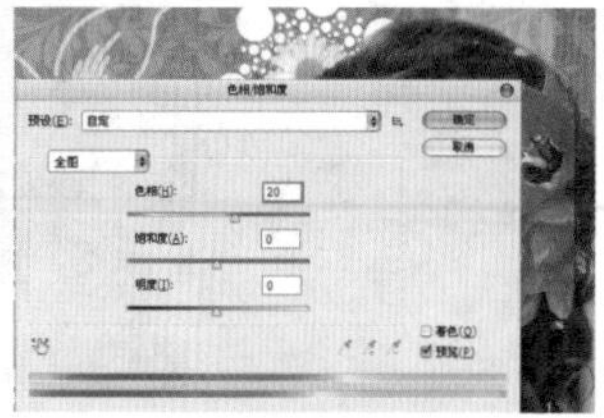

图22-19

步骤 13 为花朵图层添加图层蒙版，使用黑色柔角画笔涂抹遮盖住眼睛的头发部分，设置混合模式为“点光”，“不透明度”为 51%，如图 22-20 所示。

图22-20

步骤 14 继续使用画笔工具，在预设管理器中选择载入的另外一个羽毛形状的睫毛笔刷，如图 22-21 所示。在图像中的眼睛处单击，绘制出睫毛，并按 Alt 键单击睫毛图层缩览图载入选区，为其填充黄到橙色的渐变效果，如图 22-22 和图 22-23 所示。

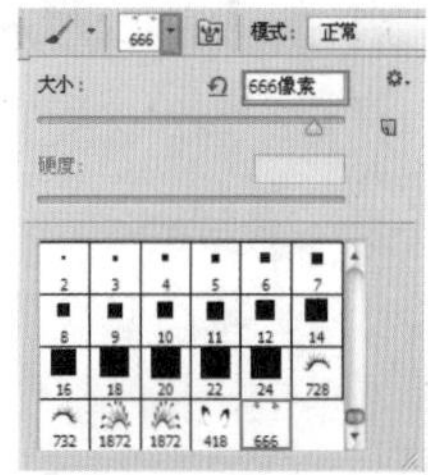

图22-21

图22-22

图22-23

步骤 15 导入瞳孔素材，可以看到瞳孔素材与人像很难融合，如图 22-24 所示。这时需要在“图层”面板中设置其混合模式为“柔光”，此时瞳孔素材的质感呈现在混合之后的效果中，如图 22-25 所示。

图22-24

图22-25

步骤 16 导入下眼睑处的贴钻素材，如图 22-26 所示。

步骤 17 导入前景素材文件，如图 22-27 所示。

图22-26

图22-27

步骤 18 设置前景色为白色，选择画笔工具，按 F5 键打开“画笔”面板，分别对“画笔笔尖形状”、“形状动态”和“散布”选项进行设置，如图 22-28~ 图 22-30 所示。

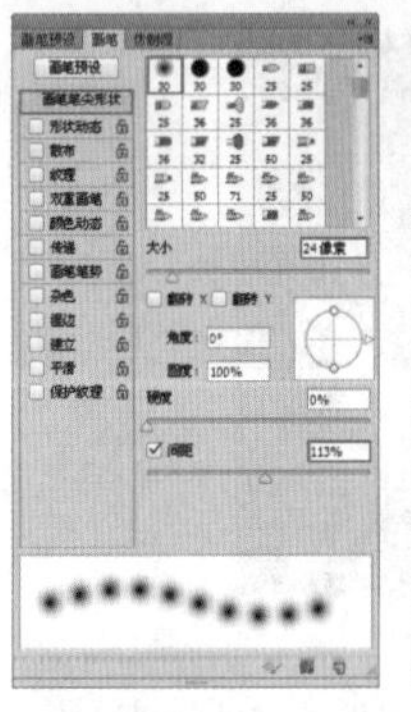

图22-28

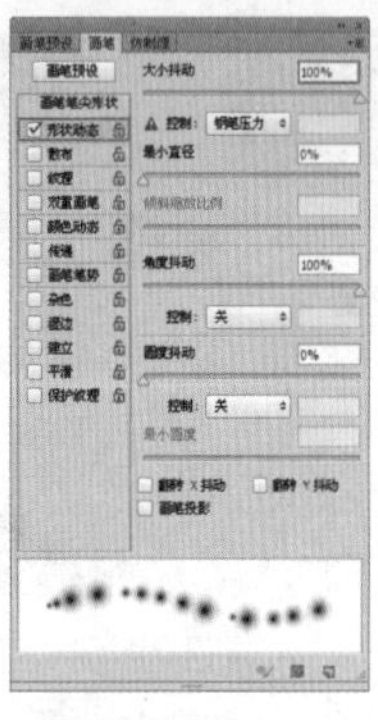

图22-29

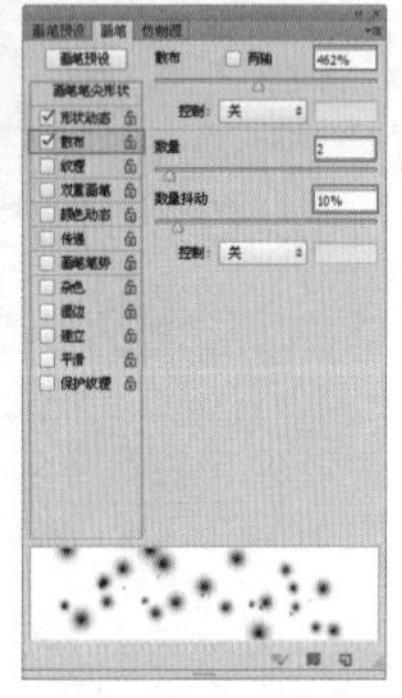

图22-30

步骤 19 设置完毕后在图像中拖曳绘制出光斑效果，如图 22-31 所示。

图22-31

步骤 20 为“光斑”图层添加“外发光”图层样式，设置“混合模式”为“叠加”，“不透明度”为 75%，颜色为淡黄色，“大小”为 51 像素，如图 22-32 所示。最终效果如图 22-33 所示。

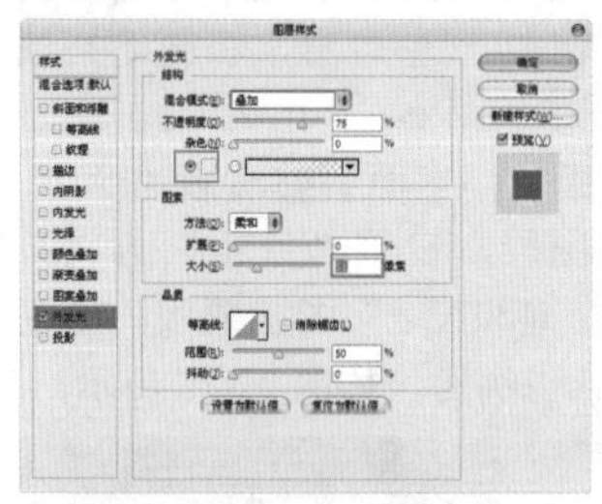

图22-32

图22-33

22.2 炸开的破碎效果

实例文件	炸开的破碎效果 .psd
视频教学	炸开的破碎效果 .flv
难易指数	★★★★
技术要点	定义自定画笔，“曲线”、“色彩平衡”、“可选颜色”调整图层，“高斯模糊”命令

实例效果

对比效果如图 22-34 和图 22-35 所示。

图22-34

图22-35

操作步骤

Part 1 编辑人像部分

步骤 01 打开背景素材文件，如图 22-36 所示。导入人像素材，旋转到合适的角度，如图 22-37 所示。

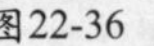

图22-36

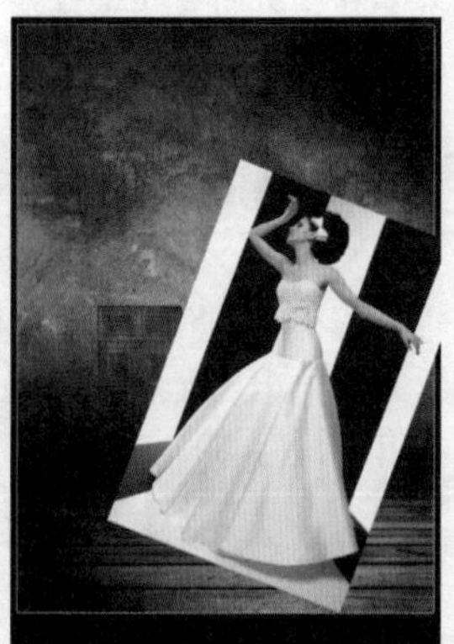

图22-37

步骤 02 使用钢笔工具沿人像外轮廓绘制路径，按 Ctrl+Enter 组合键转换为选区，如图 22-38 所示。按

Ctrl+Shift+I 组合键反向选择，按 Delete 键删除人像背景，如图 22-39 所示。

图22-38

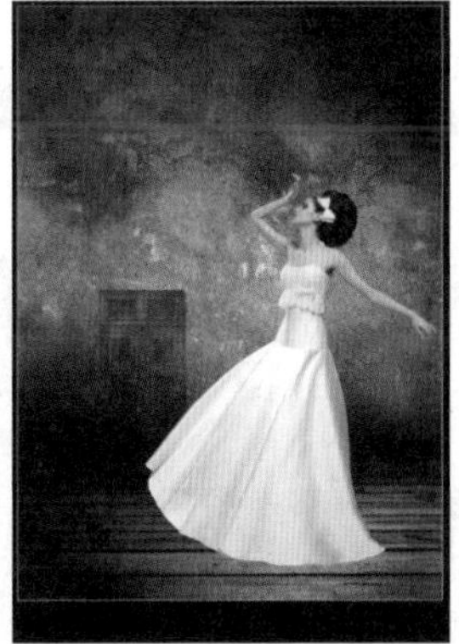
图22-39

步骤 03 打开飞鸟素材，执行“编辑 > 定义画笔预设”命令，将其定义为画笔，如图 22-40 所示。

图22-40

步骤 04 为了制作出裙摆爆炸的效果，首先需要将裙子边缘抹去部分。为“人像”图层添加一个图层蒙版，选择“画笔工具”，设置前景色为黑色。在选项栏中单击“画笔预设”拾取器，选择刚刚定义的飞鸟笔刷，如图 22-41 和图 22-42 所示。然后使用画笔在图层蒙版中裙角的部分涂抹，可以看到在裙角边缘出现飞鸟形状的破碎痕迹，如图 22-43 和图 22-44 所示。

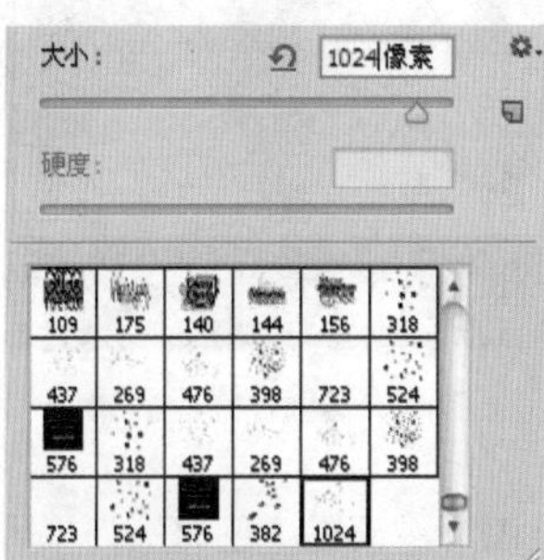

图22-41

图22-42

步骤 05 新建图层，放在“人像”图层下方用于制作投影。载入人像选区，将选区填充为黑色，然后执行“滤镜 > 模糊 > 高斯模糊”命令，在弹出的“高斯模糊”对话框中设置“半径”为 35 像素，如图 22-45 所示。

图22-43

图22-44

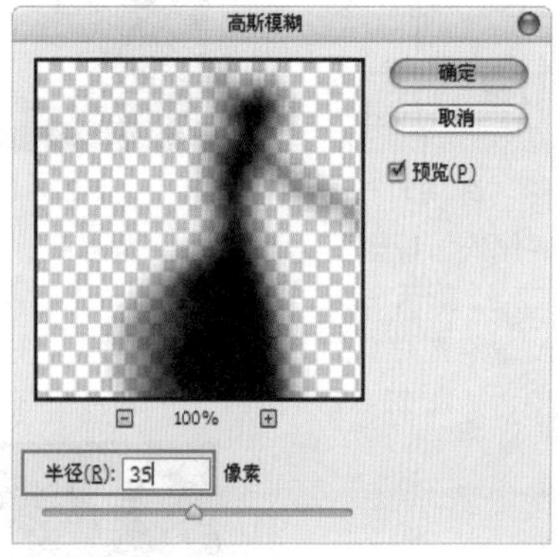

图22-45

步骤 06 使用自由变换工具快捷键 Ctrl+T 适当调整投影大小，使投影产生与人像保持一定距离的效果。设置图层的“不透明度”为 40%，如图 22-46 和图 22-47 所示。

图22-46

图22-47

步骤 07 导入人像头饰素材。将该图层的混合模式设置为“明度”，如图 22-48 和图 22-49 所示。

图22-48

图22-49

步骤 01 创建“鸟”图层组并新建图层。使用“画笔工具”，设置前景色为白色。在选项栏中单击“画笔预设”拾取器，选择飞鸟笔刷，如图 22-50 所示，在画布中进行绘制。调整画笔大小，多次绘制飞鸟碎片，如图 22-51 所示。

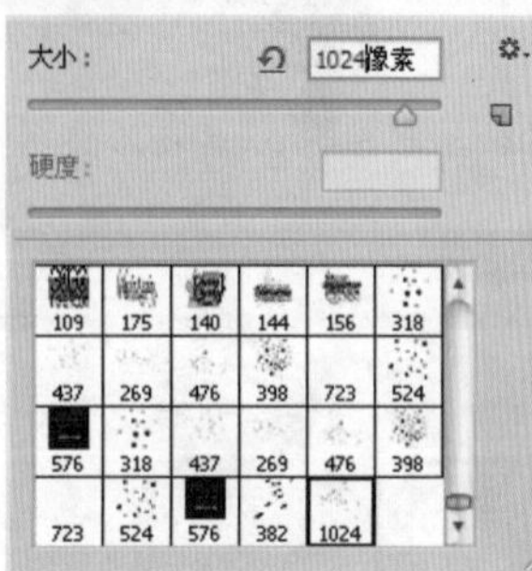

图22-50

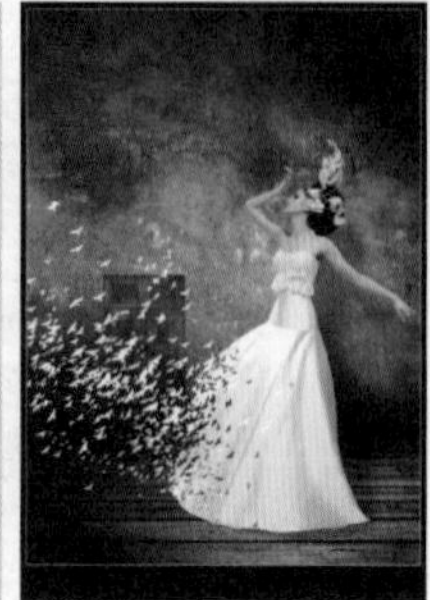

图22-51

步骤 02 与制作人像投影的方法相同，为飞鸟碎片制作投影效果，如图 22-52 所示。

步骤 03 导入鸟笼素材文件，调整好大小放置在“鸟”图层组的下一层中，如图 22-53 所示。

图22-52

图22-53

步骤 04 制作暗角效果，创建“曲线”调整图层，在下拉列表中选择 RGB，然后调整曲线样式，如图 22-54 所示。在图层蒙版上使用黑色柔角画笔涂抹，去除四角外的部分，如图 22-55 所示。

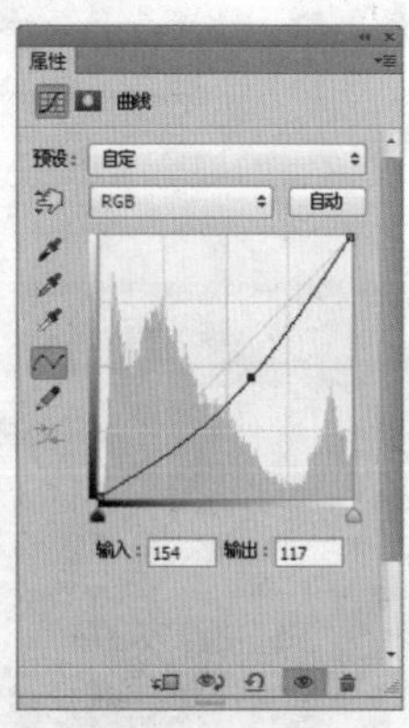

图22-54

图22-55

技巧提示

由于调整图层需要对四个角起作用，体现在蒙版中的效果即是四角为白色，其他区域均为黑色。如图 22-56~ 图 22-58 所示。用于制作暗角的曲线调整图层蒙版为了得到均匀柔和的边缘可以参考如下操作。

图22-56

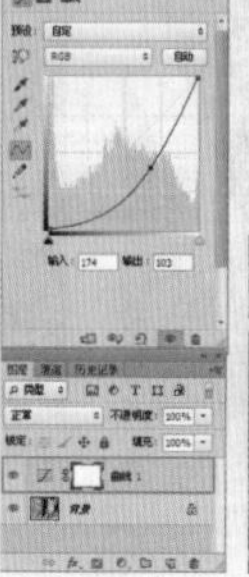

图22-57

图22-58

(1) 选择工具箱中的画笔工具，选择一个圆形画笔，设置较小的笔尖大小，设置硬度为 0。在调整图层蒙版的中心位置单击绘制一个黑点，如图 22-59 所示。

(2) 选中调整图层蒙版，执行“自由变换”命令，放大黑色圆点，此时可以看到调整图层起作用的区域集中在图像的四个角，如图 22-60 和图 22-61 所示。

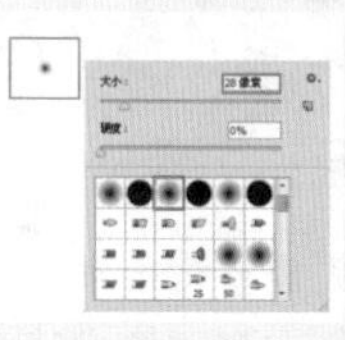

图22-59

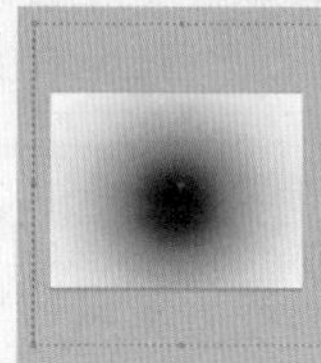

图22-60

图22-61

(3) 由于蒙版是通过黑白灰关系控制调整图层起作用的范围，所以也可以使用“曲线”命令调整蒙版的黑白程度，如图 22-62 和图 22-63 所示。

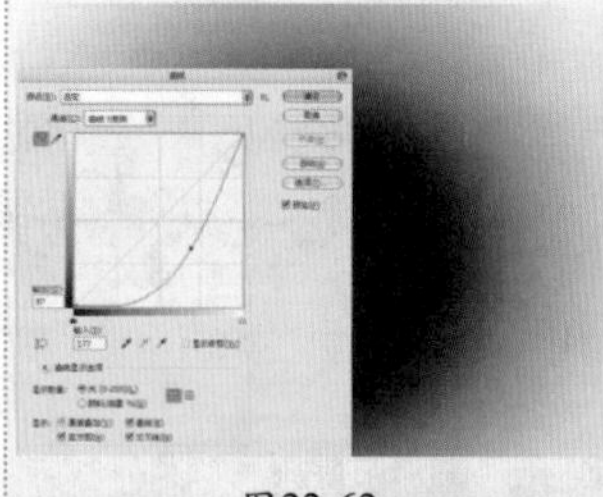

图22-62

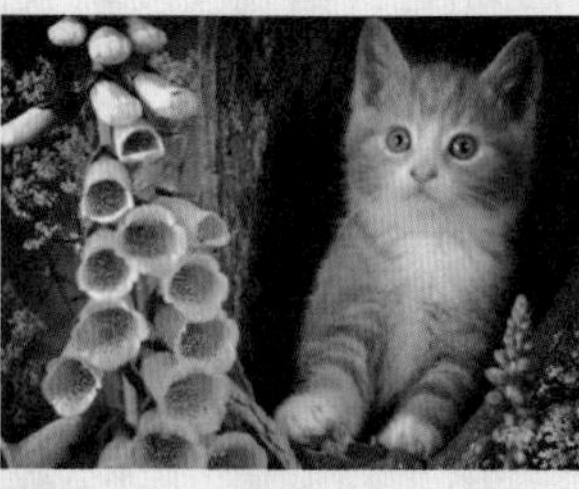

图22-63

步骤 05 创建“色彩平衡”调整图层，设置“色调”为“阴影”，数值为 5、0、15，如图 22-64 所示；设置“色调”为“中间调”，数值为 -10、0、23，如图 22-65 所示；设置“色调”为“高光”，数值为 0、-5、-31，如图 22-66 所示。在图层蒙版中使用黑色画笔涂抹裙子部分，如图 22-67 所示。

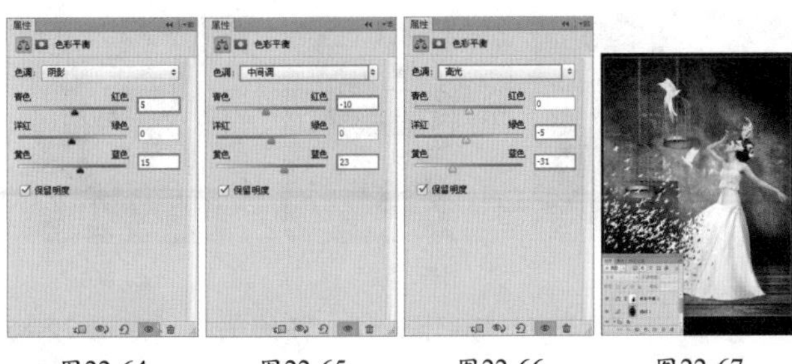

图22-64　图22-65　图22-66　图22-67

步骤 06 创建“可选颜色”调整图层，在“颜色”下拉列表中选择“白色”，设置“洋红”为 35%，如图 22-68 和图 22-69 所示。

步骤 07 最后输入艺术文字，最终效果如图 22-70 所示。

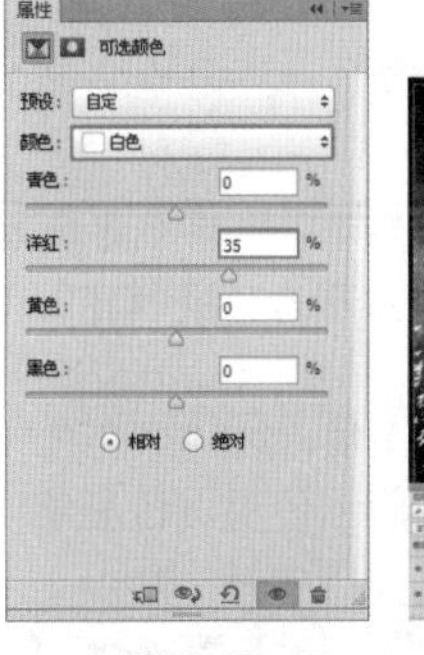

图22-68

图22-69

图22-70

22.3 飞翔的气球

实例文件	飞翔的气球 .psd
视频教学	飞翔的气球 .flv
难易指数	★★★★★
技术要点	“曲线”、“色相 / 饱和度”、“可选颜色”、“自然饱和度”调整图层，钢笔工具

实例效果

对比效果如图 22-71 和图 22-72 所示。

图22-71

图22-72

操作步骤

Part 1 对人像进行编辑

步骤 01 打开背景素材文件，如图 22-73 所示。

步骤 02 创建新组，命名为“人像”，在“人像”组中创建新组，命名为“调色”。首先导入人像素材文件，使用钢笔工具绘制人像轮廓，并添加图层蒙版，抠出人像，如图 22-74 所示。

步骤 03 由于人像肤色偏暗，首先需要对人像进行调整。创建“选取颜色 1”调整图层，在“颜色”下拉列表中分别选择“红色”、“黄色”、“白色”、“黑色”，并调整相应的数值，如图 22-75~ 图 22-78 所示。然后在图层蒙版上使用白色画笔绘制人像皮肤区域，并且建立剪贴蒙版，如图 22-79 和图 22-80 所示。

图22-73

图22-74

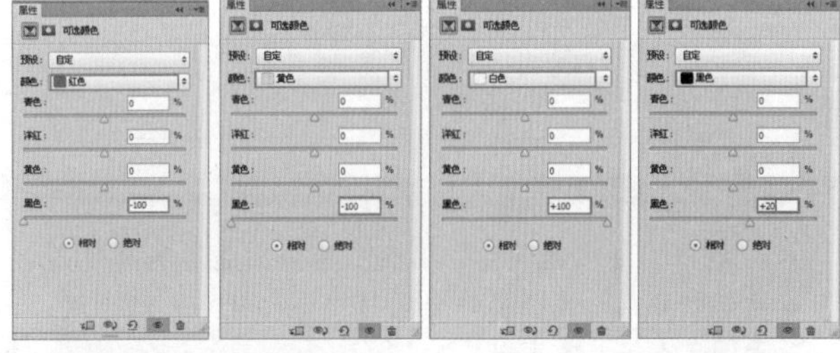

图22-75　图22-76　图22-77　图22-78

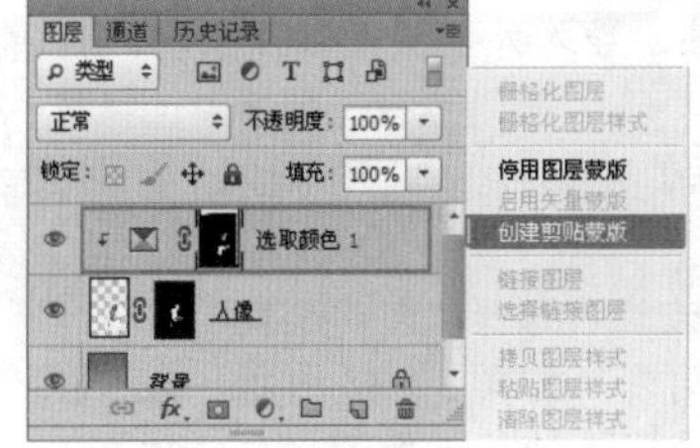

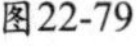

图22-79

图22-80

技巧提示

剪贴蒙版可以只对目标图层起作用而不影响其他图层。

步骤 04 载入可选颜色调整图层蒙版选区，创建“曲线 1”调整图层，调整曲线形状，将选区内肤色提亮，并且建立剪贴蒙版，如图 22-81 所示。

步骤 05 创建“色相/饱和度 1”调整图层，在“颜色”下拉列表中选择“黄色”，然后在图层蒙版上使用白色画笔绘制人像皮肤区域，并且建立剪贴蒙版，如图 22-82 所示。

图22-81

图22-82

步骤 06 创建“自然饱和度 1”调整图层，设置“自然饱和度”为 100，“饱和度”为 63，并建立剪贴蒙版，如图 22-83 所示。

图22-83

技巧提示

调节“自然饱和度”选项，不会生成饱和度过高或过低的颜色，画面始终会保持一个比较平衡的色调，对于调节人像非常有用。

步骤 07 下面补全人像头发，这里主要使用外挂头发画笔。单击“画笔工具”按钮，导入外挂头发笔刷素材。新建图层，设置前景色为黑色，在“画笔预设”面板中选择其中一个头发笔刷，设置合适的大小后在画布中绘制，如图 22-84 所示。

步骤 08 在头发图层上右击，选择“自由变换”命令，调整头发到合适的位置和角度，如图 22-85 所示。按 Enter 键结束后使用橡皮擦工具擦除挡住人像的部分，如图 22-86 所示。

图22-84

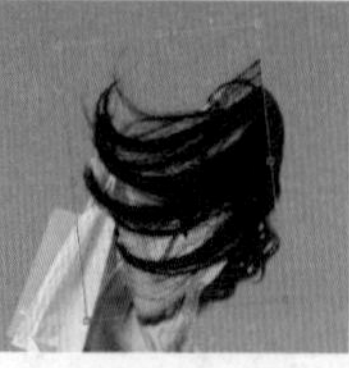
图22-85

图22-86

步骤 09 用同样的方法制作另外一侧的头发，如图 22-87 所示。

步骤 10 将所有人像图层合并，下面对嘴唇颜色进行调整。单击工具箱中的“颜色替换画笔工具”按钮，在选项栏中设置合适的画笔大小，设置“模式”为“色相”，前景色为粉红色，在嘴唇上涂抹，使嘴唇由橙色变为粉红色，如图 22-88 所示。

图22-87

图22-88

步骤 11 由于原人像素材质量较差，图片噪点较多，这里可以使用外挂磨皮软件进行适当磨皮。执行“滤镜>Imagenomic>Portraiture 2”命令，使用吸管工具吸取皮肤颜色，适当调整数值即可，如图 22-89 和图 22-90 所示。

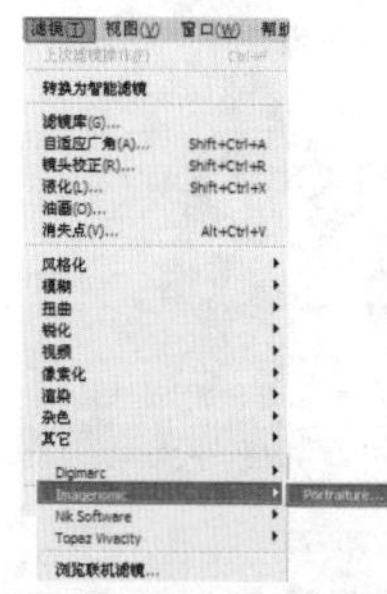
图22-89

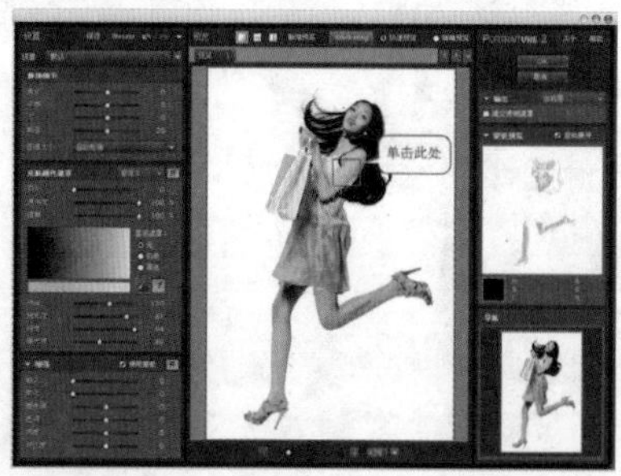
图22-90

步骤 12 此时人像皮肤光滑了很多，但仍存在偏暗和缺少光泽的问题。单击工具箱中的“减淡工具”按钮，在图像中需要的位置进行涂抹减淡，如图 22-91 所示。

图22-91

答疑解惑：如何局部提亮人像？

在本例中主要使用减淡工具提亮人像受光区域，强化人像肌肤质感。选择减淡工具，设置其“范围”为“中间调”，“曝光度”为 50%，如图 22-92 所示。在人像较暗的区域涂抹，如图 22-93 所示。

图22-92

腿部绘制前　　腿部绘制后

图22-93

另外，用高光模式减淡时，被减淡的地方饱和度会很高，如红色用高光模式减淡时会变橙色，橙色用高光模式减淡时会变黄色。

用暗调模式减淡时，被减淡的地方饱和度会很低，一个颜色反复地涂刷以后，会变为白色，而不掺杂其他颜色。

用中间调模式减淡时，被减淡的地方颜色会比较柔和，饱和度也比较正常。

Part 2 制作前景装饰

步骤 01 创建新组，命名为“前景装饰”。导入气球素材，放在人像附近，如图 22-94 所示。

步骤 02 为了制作出数量众多的气球，这里需要多次复制气球图层，调整气球的大小、位置，并改变气球图层的颜色。制作其他气球时可以删除丝带部分。另外，为了使气球有一种不断膨胀的效果，当复制到一定阶段时要进行适当变形，使用自由变换工具快捷键 Ctrl+T，单击右键，在弹出的菜单中选择“透视”、“斜切”命令即可，如图 22-95 所示。效果如图 22-96 所示。

步骤 03 下面制作气球线。创建新组，命名为“线”。首先设置画笔“大小”为 1 像素，“硬度”为 100%，如图 22-97 所示，然后设置前景色为白色，接着选择钢笔工具，在气球底部绘制一条直线到人像手中，单击右键，在弹出的菜单中选择“描边路径”命令，如图 22-98 所示。

图22-94

图22-95

图22-96

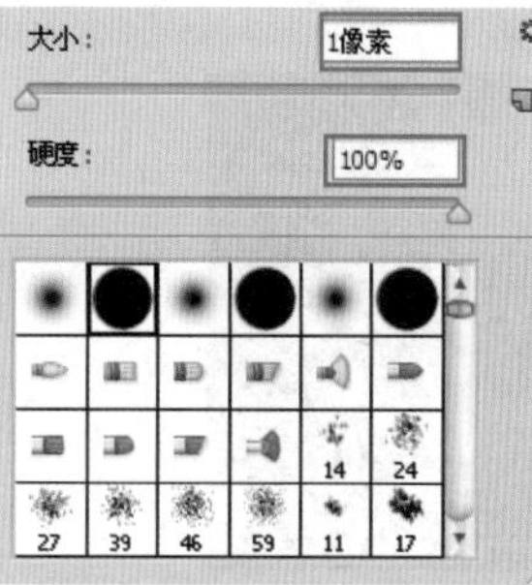

图22-97

图22-98

步骤 04 在弹出的“描边路径”对话框中，设置“工具”为“画笔”，单击“确定”按钮，如图 22-99 所示。

步骤 05 同理，使用工钢笔工具绘制其他线条。注意，线条要有层次感，画笔描边粗细可以适当变换，而且需要注意线条与气球的穿插关系，如图 22-100 所示。

图22-99

图22-100

步骤 06 最后导入化妆品素材，摆放到气球中，最终效果如图 22-101 所示。

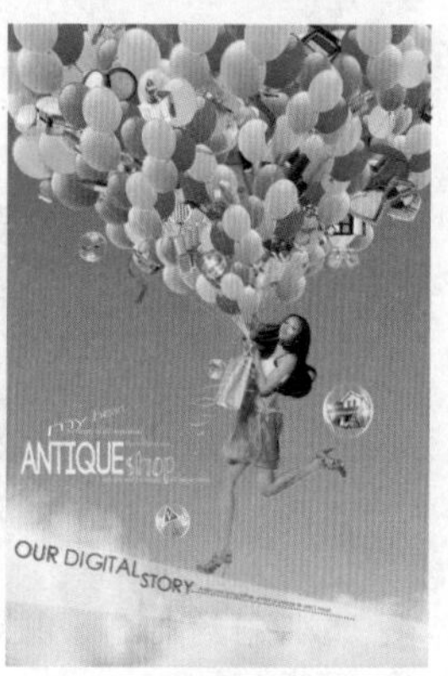

图22-101

第 22 章 精通创意合成

22.4 电脑风暴

实例文件	电脑风暴 .psd
视频教学	电脑风暴 .flv
难易指数	★★★★★
技术要点	钢笔工具、混合模式、调整图层

实例效果

本例主要通过使用素材的合成制作出奇幻的视觉效果，通过调整图层的运用使合成效果更加自然和谐。效果如图 22-102 所示。

图22-102

操作步骤

步骤 01 打开本书配套光盘中的素材文件 1.jpg，如图 22-103 所示。

步骤 02 导入乌贼素材 2.jpg 置于画面中合适的位置，如图 22-104 所示。使用钢笔工具在蒙版中绘制出章鱼的外形，转换为选区后为其添加图层蒙版，使背景部分隐藏，如图 22-105 所示。效果如图 22-106 所示。

图22-103

图22-104

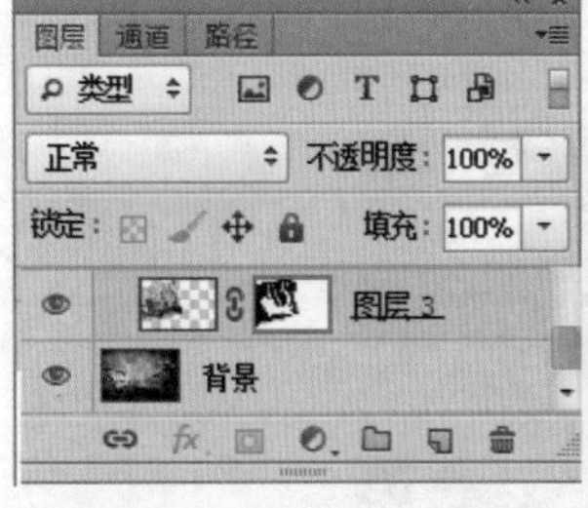

图22-105

图22-106

步骤 03 打开“调整”面板，在其中单击并创建可选颜色调整图层，将其放置在乌贼图层的上方，单击右键，在弹出的菜单中选择“创建剪贴蒙版”命令，如图 22-107 所示。设置“颜色”为“红色”，调整“青色”为 100，“洋红”为 -5，“黄色”为 -60，“黑色”为 37，如图 22-108 所示；设置“颜色”为“黄色”，调整“青色”为 100，“洋红”为 29，“黄色”为 -52，“黑色”为 0，如图 22-109 所示；设置“颜色”为“白色”，调整“青色”为 0，“洋红”为 7，“黄色”为 17，“黑色”为 0，如图 22-110 所示；设置“颜色”为“中性色”，调整“青色”为 43，“洋红”为 16，“黄色”为 -52，“黑色”为 9，如图 22-111 所示。此时效果如图 22-112 所示。

图22-107

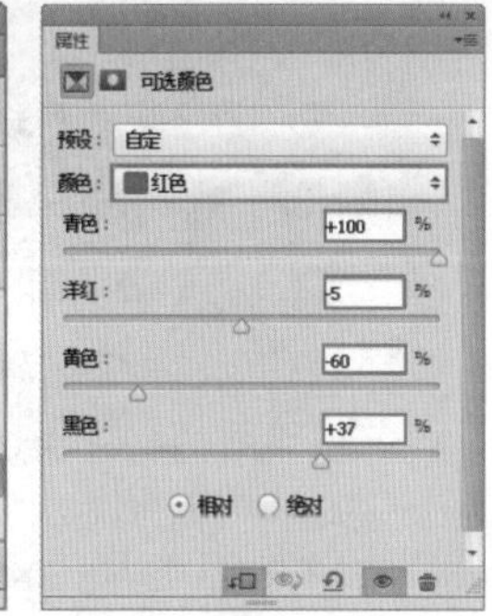

图22-108

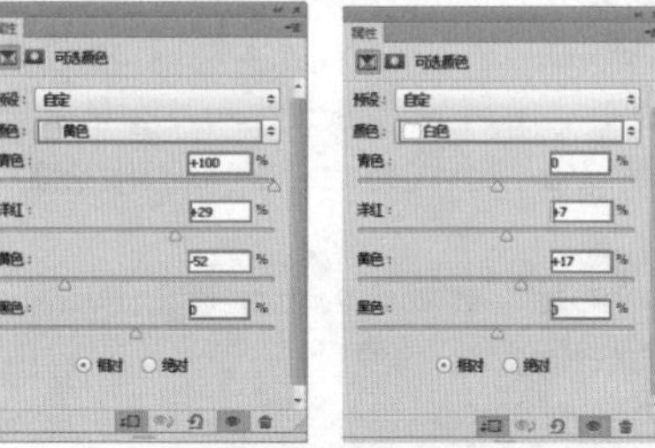

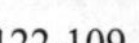

图22-109

图22-110

图22-111

图22-112

步骤 04 导入水花素材 3.png，置于乌贼图层下方，如图 22-113 所示。设置图层的混合模式为“正片叠底”，为其添加图层蒙版，如图 22-114 所示。使用黑色画笔擦除多余部分，如图 22-115 所示。

图22-113　　图22-114　　图22-115

步骤 05 接着在水花素材上方创建色相/饱和度调整图层，同样为其创建剪贴蒙版，设置“色相”为27，“饱和度”为-78，“明度”为0，如图22-116和图22-117所示。

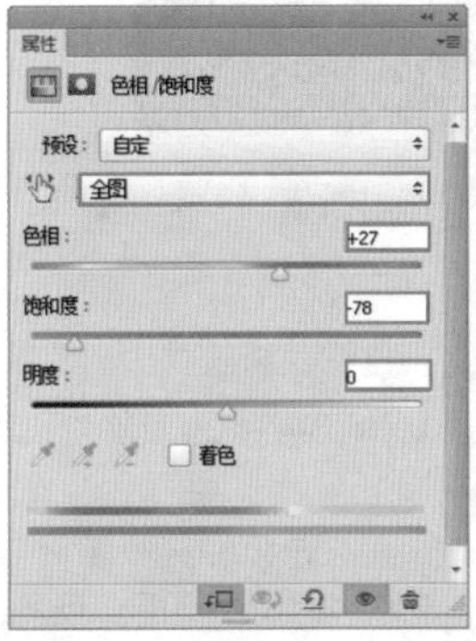

图22-116

图22-117

步骤 06 创建曲线调整图层，同样为其创建剪贴蒙版，调整曲线的弯曲度，提高画面对比度，如图22-118和图22-119所示。

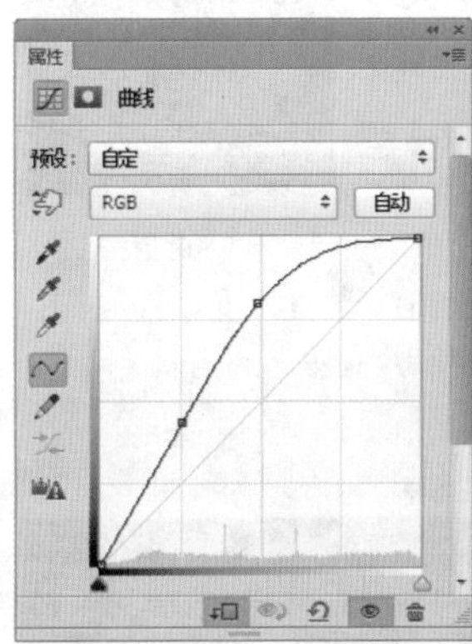

图22-118

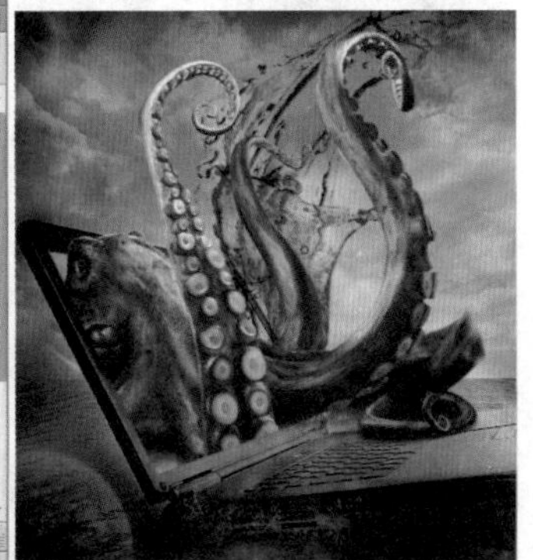

图22-119

步骤 07 选中所有水的图层，将其置于同一图层组中，并为其添加图层蒙版，使用黑色画笔涂抹多余部分，如图22-120所示。

步骤 08 用同样的方法制作出其他水花，置于画面中合适的位置，如图22-121所示。

步骤 09 为了便于观察，暂时隐藏所有图层。在“图层”面板顶部新建图层，使用半透明的柔角画笔绘制乌贼的爪子形状，如图22-122所示。设置图层的混合模式为“色相”，如图22-123所示。效果如图22-124所示。

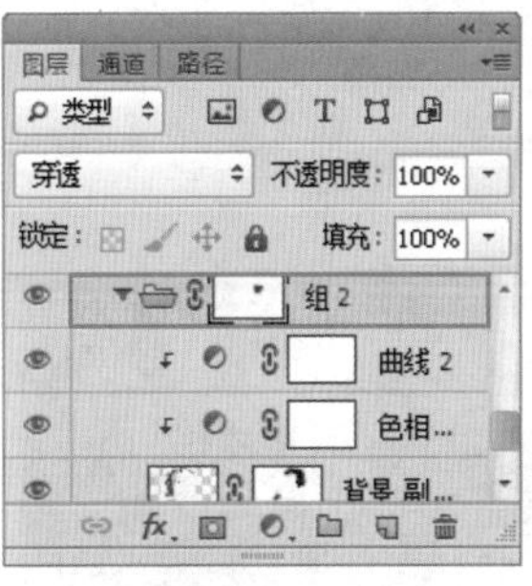

图22-120

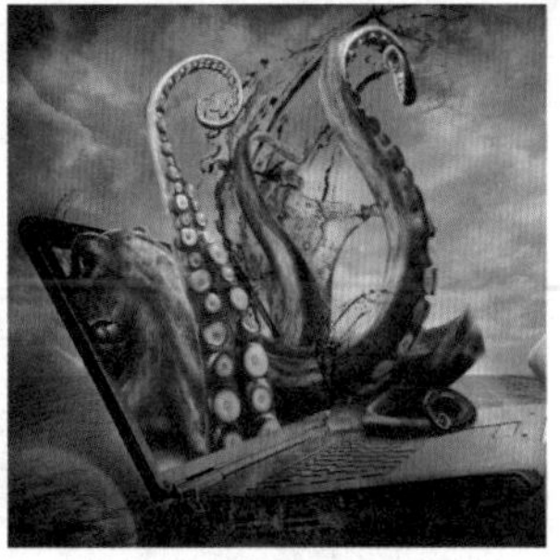

图22-121

图22-122

图22-123

步骤 10 导入珊瑚素材4.png置于键盘上，如图22-125所示。

图22-124

图22-125

步骤 11 导入爆破碎片素材5.png，摆放在画面中合适的位置，制作出爆破的效果，如图22-126所示。

步骤 12 复制爆破碎片素材5.png，并运当移动，丰富爆破效果，如图22-127所示。

图22-126

图22-127

步骤 13 用同样的方法复制图层，置于“图层”面板顶部，设置图层的混合模式为“颜色减淡”，如图 22-128 和图 22-129 所示。

图22-128

图22-129

步骤 14 新建图层，使用灰色的柔角画笔在画面合适的位置进行绘制，如图 22-130 所示。设置其混合模式为“线性加深”，如图 22-131 和图 22-132 所示。

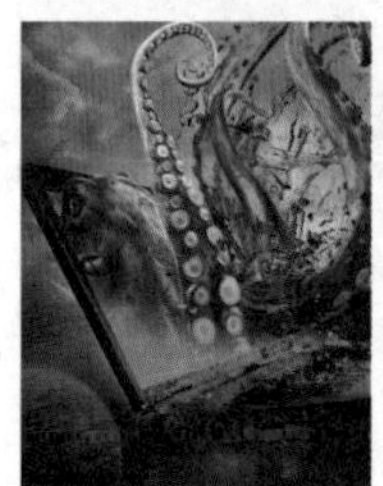

图22-130

图22-131

图22-132

步骤 15 导入素材 6.png，置于画面中合适的位置，如图 22-133 所示。

步骤 16 导入光效素材 7.png，置于画面中合适的位置，设置图层的混合模式为“滤色”，如图 22-134 和图 22-135 所示。

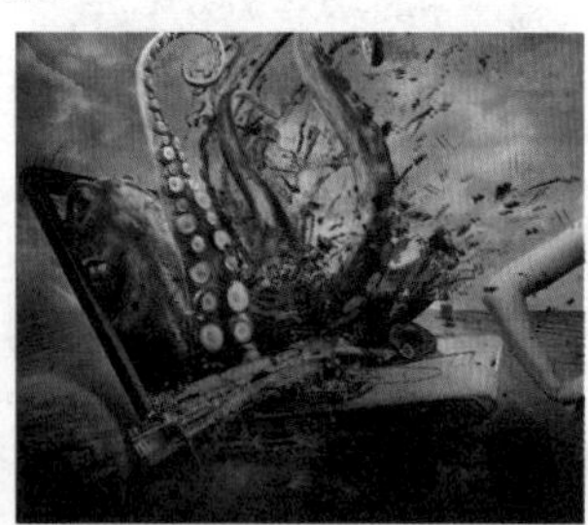

图22-133

图22-134

步骤 17 使用横排文字工具设置合适的字号、字体在画面右下角输入文字，载入 8.asl 样式素材，如图 22-136 所示。在“样式”面板中单击为文字赋予该样式，如图 22-137 所示。

图22-135

图22-136

图22-137

技巧提示

执行“编辑＞预设＞预设管理器”命令，打开“预设管理器”对话框，在其中单击“载入”按钮，选择素材文件即可载入该样式。

步骤 18 新建图层，为其填充黑色，如图 22-138 所示。添加图层蒙版，使用黑色柔角画笔涂抹画面中心区域，压暗画面四角，如图 22-139 和图 22-140 所示。

图22-138

图22-139

图22-140

步骤 19 创建曲线调整图层，调整曲线弯曲程度，提亮画面整体效果，如图 22-141 和图 22-142 所示。

图22-141

图22-142

22.5 手绘感童话季节

实例文件	手绘感童话季节 .psd
视频教学	手绘感童话季节 .flv
难易指数	★★★★★
技术要点	画笔工具、外挂笔刷、“自由变换”命令、渐变工具、图层混合模式

实例效果

对比效果如图 22-143 和图 22-144 所示。

图22-143

图22-144

操作步骤

Part 1 制作手绘感强烈的背景

步骤 01 首先打开背景素材，如图 22-145 所示。

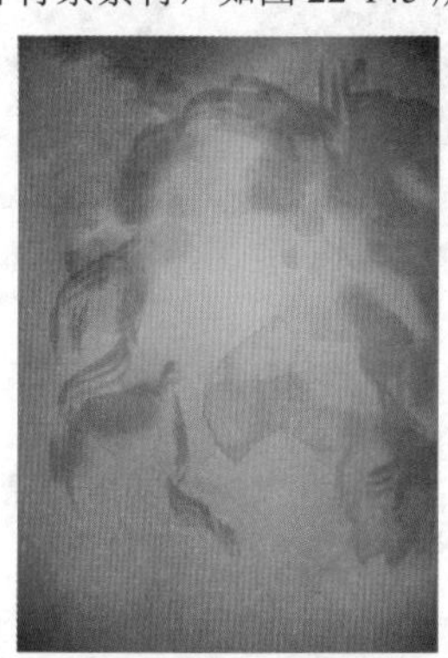

图22-145

> **技巧提示**
>
> 背景素材的制作方法也很简单，主要使用旧纸张质地的素材与墨水印记素材相混合，即可得到既有纸张纹理又有墨水印记的效果，多种颜色的效果可以通过新建彩色图层并进行适当的混合模式的设置得到。

步骤 02 打开树木素材，使用"钢笔工具"绘制出一个闭合路径，单击右键，在弹出的菜单中选择"建立选区"命令，使用反向选择快捷键 Ctrl+Shift+I 进行反向选择，如图 22-146 所示。按 Delete 键，图像即被完整抠出，如图 22-147 所示。

步骤 03 执行"编辑 > 操控变形"命令，如图 22-148 所示。在树干上单击添加图钉，然后通过调整图钉的位置改变树干为所需要的形状。调整完成后按 Enter 键结束操作，如图 22-149 所示。

图22-146

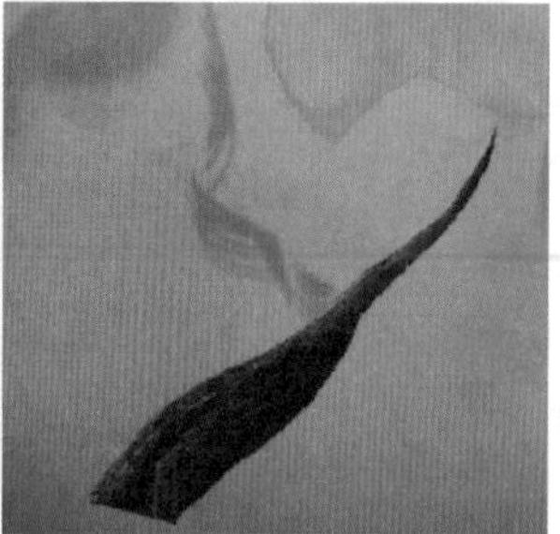

图22-147

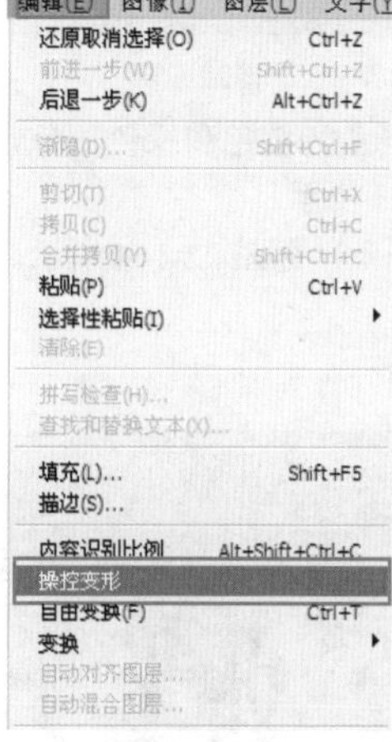

图22-148

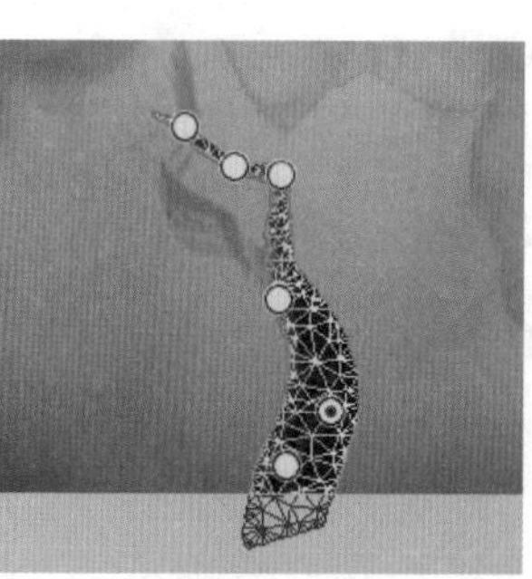

图22-149

步骤 04 复制出另外一部分树干，使用同样的方法进行变形并摆放在顶部，如图 22-150 所示。

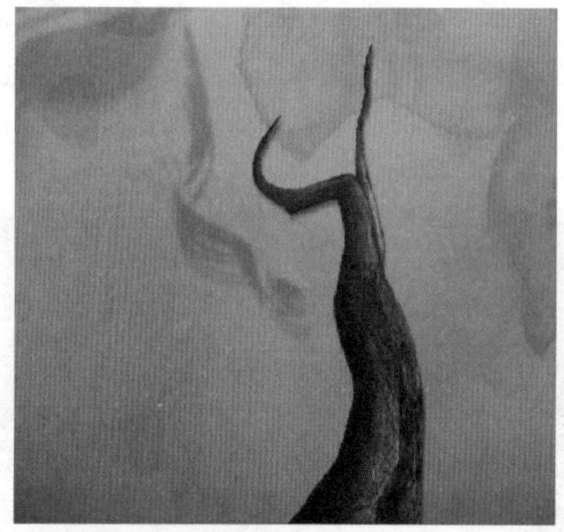

图22-150

> **技巧提示**
>
> 在制作操控变形效果之后，图像容易变模糊，可以执行"滤镜 > 锐化"命令，如果需要多次执行"锐化"命令，使用锐化快捷键 Ctrl+F 进一步锐化，即可使图像很清晰。

步骤 05 新建图层，设置前景色为橙色。单击工具箱中的"画笔工具"按钮，在"画笔预设"面板中选择一个合适的笔刷，并设置“大小”为135像素，如图22-151所示。在树干的部分进行涂抹，制作出不规则的绘画效果，如图22-152所示。

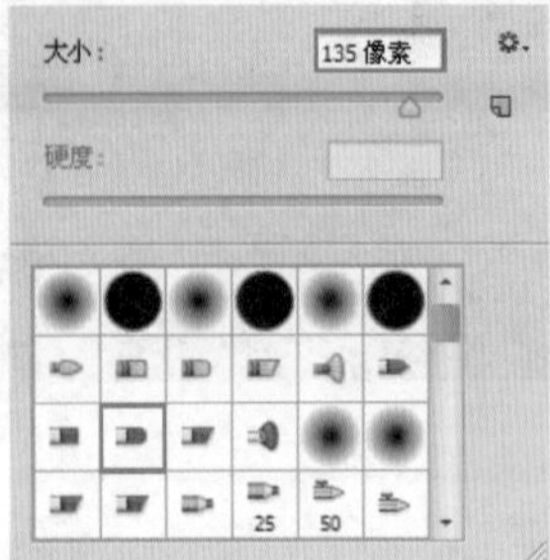

图22-151

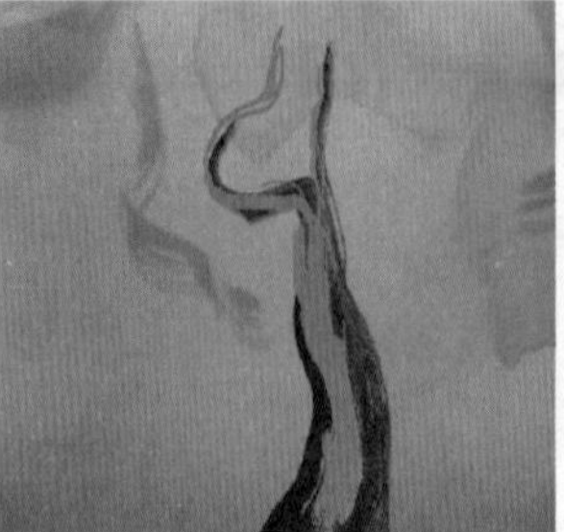
图22-152

步骤 06 用同样的方法，设置前景色为黄色和绿色，分别绘制另外的不规则线条，如图22-153所示。

步骤 07 导入瓢虫素材，放在树干上，如图22-154所示。

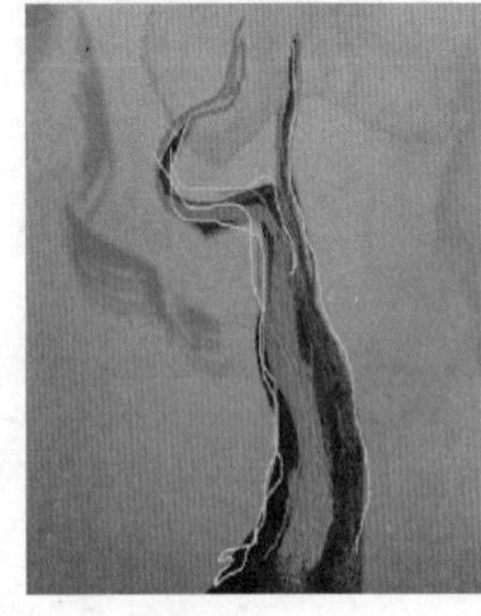
图22-153

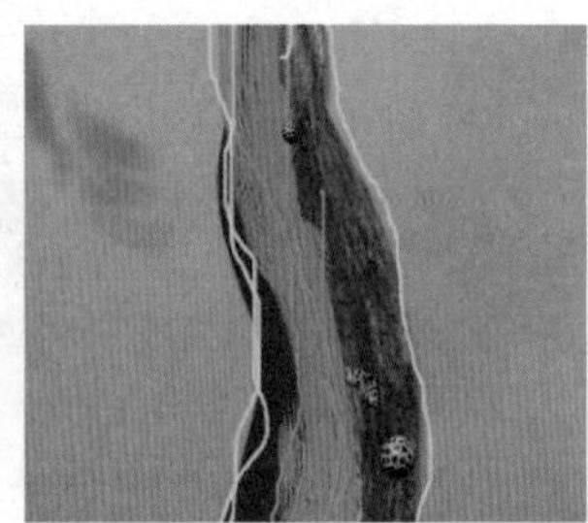
图22-154

步骤 08 导入泥土素材，摆放在图像最下方，如图22-155所示。在“图层”面板中为其添加图层蒙版，使用黑色填充蒙版，并使用较小的白色画笔在最底部进行涂抹，如图22-156所示。制作出土层效果，如图22-157所示。

图22-155

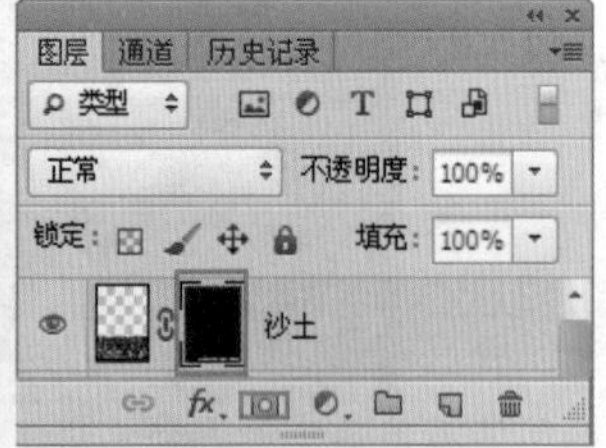

图22-156

图22-157

步骤 09 导入草地花朵素材，摆放在树干底部，如图22-158所示。同样添加图层蒙版，在底部区域使用黑色画笔适当涂抹，使其与沙土进行融合，如图22-159和图22-160所示。

图22-158

图22-159

步骤 10 继续导入手绘感强烈的叶子素材，摆放在合适的位置，如图22-161所示。

图22-160

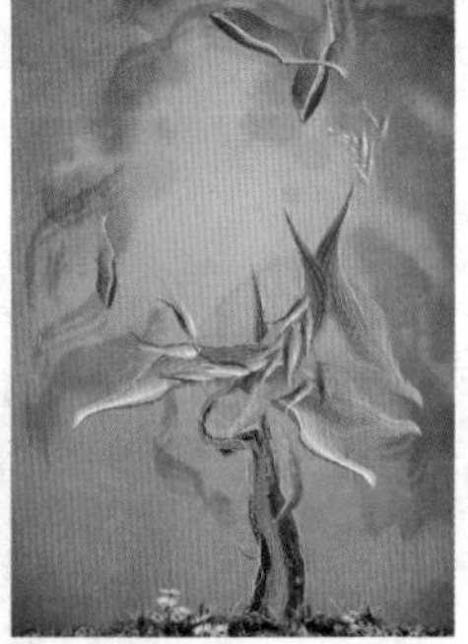
图22-161

Part 2 制作人像部分

步骤 01 首先导入人像素材，执行“自由变换”命令，单击右键，在弹出的菜单中选择“变形”命令，人像图层上出现网格，将右下角的控制点向下拖动即可改变人像形态，如图22-162所示。

图22-162

步骤 02 变换完毕后按Enter键结束操作。单击工具箱中的“钢笔工具”按钮，绘制人像外轮廓，按Ctrl+Enter组合键将路径转换为选区，得到人像选区后在“图层”面板为其添加图层蒙版，如图22-163所示。此时可以看到白色的背景部分被完全隐藏，如图22-164所示。

图22-163

图22-164

步骤03 下面需要对人像颜色进行调整。由于背景部分的饱和度较高，所以需要对人像图层创建一个色相/饱和度调整图层，并在该图层上单击右键，在弹出的菜单中选择“创建剪贴蒙版”命令，如图22-165所示。然后调整其“饱和度”为27，如图22-166和图22-167所示。

图22-165

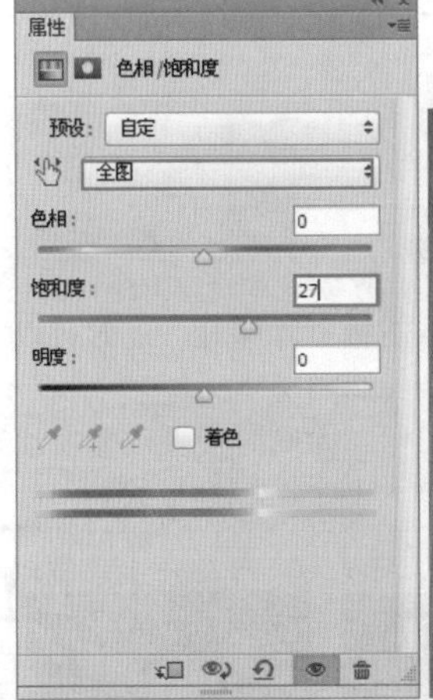

图22-166

图22-167

步骤04 再次创建新图层，使用多种颜色画笔在人像右侧面颊和肩膀处绘制不同颜色，如图22-168所示。

图22-168

技巧提示

制作不规则的彩色区域也可以使用以下方法：新建图层，首先使用矩形选框工具绘制矩形，然后选择渐变工具，设置七彩渐变颜色，由上向下进行拖曳，如图22-169所示。最后使用“涂抹工具”，在渐变颜色上涂抹，以达到颜色混合的目的，如图22-170和图22-171所示。

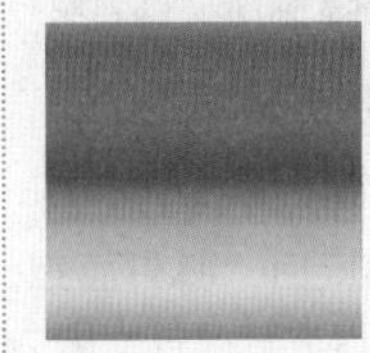

图22-169

图22-170

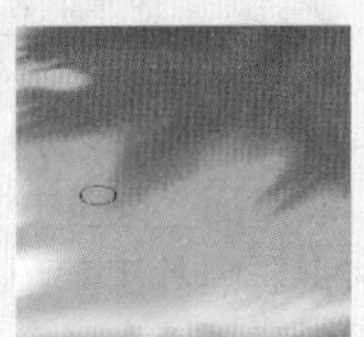

图22-171

步骤05 设置彩色图层的混合模式为“颜色加深”，如图22-172所示。此时可以看到彩色色块混合到人像面部上，如图22-173所示。

图22-172

图22-173

步骤06 选择工具箱中的画笔工具，设置前景色为白色，选择较小的柔角圆形画笔，设置较低的不透明度和流量，在嘴唇上绘制出光泽效果，如图22-174所示。

步骤07 下面开始模拟人像融化的效果，主要是使用钢笔工具绘制出融化滴出液体的闭合路径，如图22-175所示。将其转换为选区后填充肉色，如图22-176所示。

图22-174

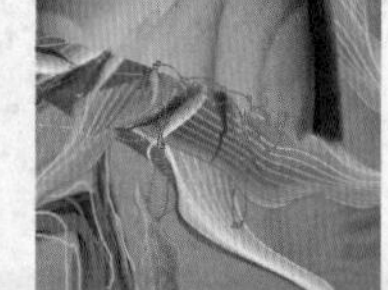

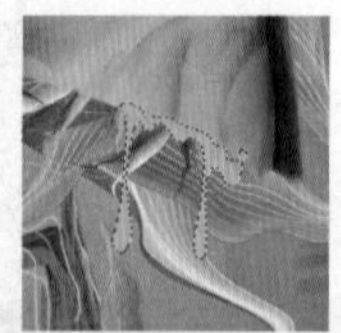

图22-175　　图22-176

技巧提示

为了使融化效果更真实，可以使用吸管工具吸取附近皮肤的颜色进行填充。

步骤 08 单击工具箱中的"加深工具"按钮，在融化的液体部分边缘进行涂抹，使其更具有立体感，并使用减淡工具在中心部分适当涂抹，制作出凸出效果，如图 22-177 所示。用同样的方法制作出其他融化部分，如图 22-178 所示。

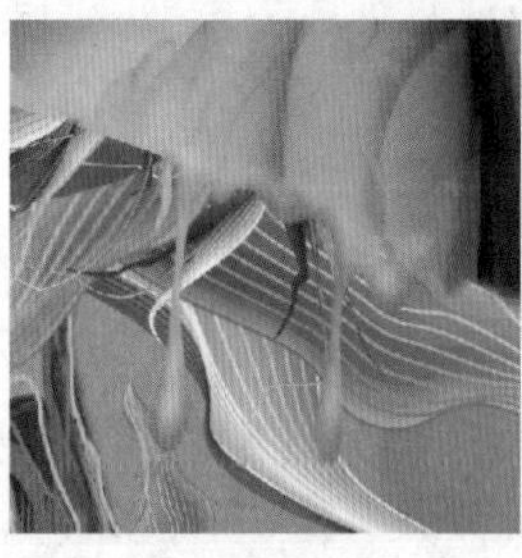

图22-177

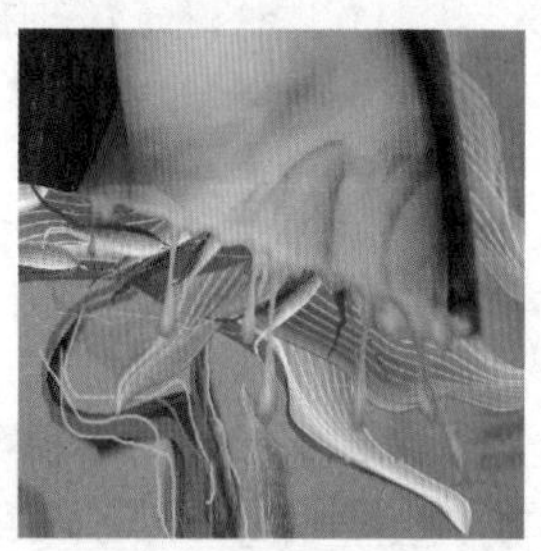

图22-178

步骤 09 下面开始制作头发部分。新建图层，由于这里需要制作比较夸张的纷飞的长发，所以需要载入素材文件中的头发笔刷素材，单击"画笔工具"按钮，选择合适的头发样式，如图 22-179 所示。使用吸管工具吸取头发颜色，然后在新建的图层中绘制出一缕长发，如图 22-180 所示。

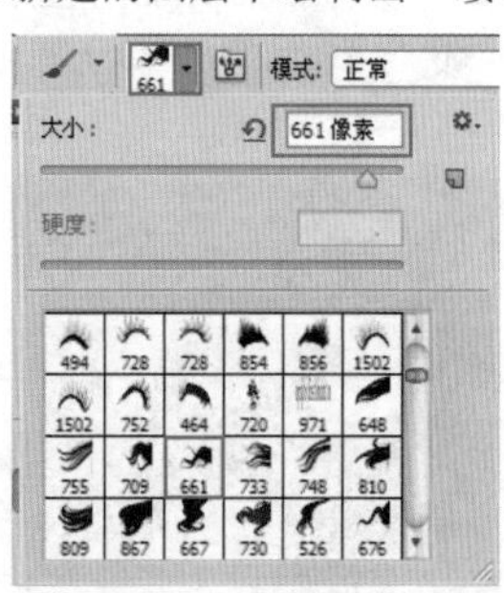

图22-179

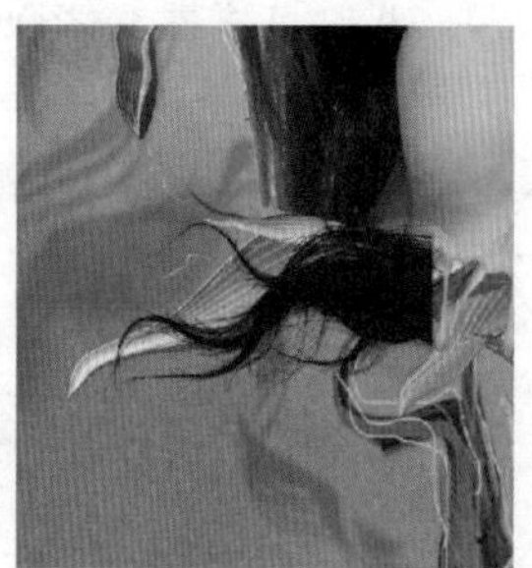

图22-180

步骤 10 下面需要对长发进行编辑。由于这一部分长发需要放在左下的部分，首先对其执行"自由变换"操作，适当拉长，并摆放到合适的位置，如图 22-181 所示。完成变形后需要使用柔角橡皮擦工具擦去与原始头发的交界，使头发过渡更柔和，如图 22-182 所示。

步骤 11 用同样的方法制作出另外的长发，在制作过程中需要注意，每部分长发的颜色都需要使用吸管工具吸取最近区域的颜色，这样既能保持长发的真实性，又不至于使颜色过于单调，如图 22-183 所示。

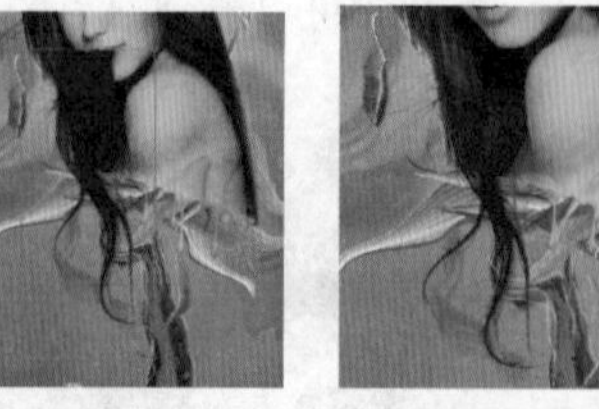

图22-181

图22-182

图22-183

步骤 12 为了强化人像照片的手绘感，下面需要绘制一些表层的发丝。新建图层组，并在其中新建图层，设置前景色为红灰色，单击"画笔工具"按钮，选择一个圆形画笔，设置其"大小"为 1 像素，"硬度"为 100%，如图 22-184 所示。继续使用钢笔工具绘制发丝的路径，单击右键，在弹出的菜单中选择"描边路径"命令，在弹出的"描边路径"对话框中设置"工具"为"画笔"，并选中"模拟压力"复选框，如图 22-185 所示。

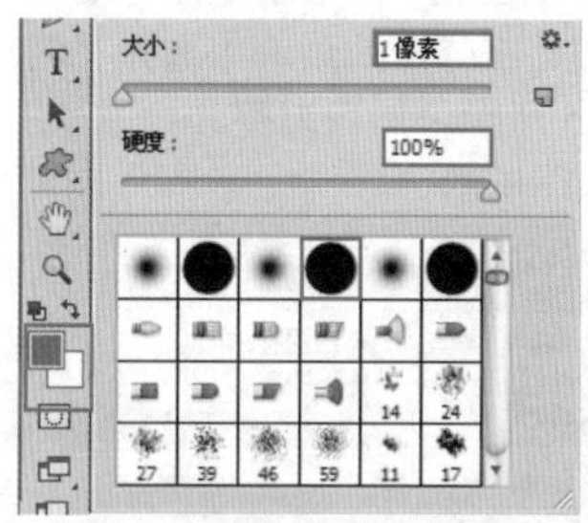

图22-184

图22-185

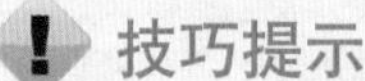

技巧提示

为了使"模拟压力"选项生效，需要在"画笔"面板中选中"形状动态"选项，并设置"控制"为"钢笔压力"，如图 22-186 所示。

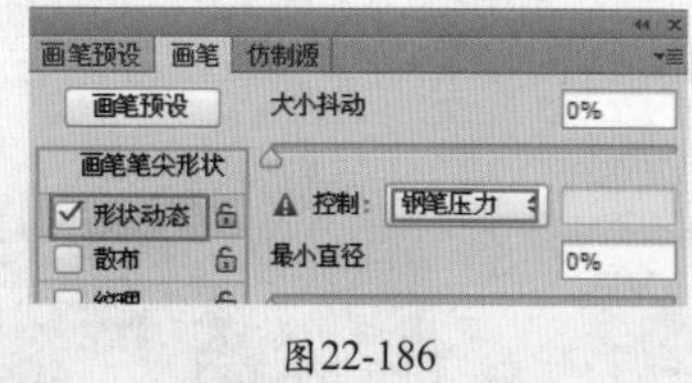

图22-186

步骤 13 描边路径结束后可以单击右键删除路径，此时可以看到两端细中间粗的发丝效果，如图 22-187 所示。

步骤 14 用同样的方法绘制其他发丝。绘制时需要注意发丝的走向和层次感，最好是将头部分为多个区域进行绘制，如图 22-188 和图 22-189 所示。

图22-187

图22-188

图22-189

> **技巧提示**
>
> 在发丝颜色的选择上可以吸取该区域的颜色，然后选择接近的偏亮一些的颜色即可。

Part 3 制作前景部分

步骤 01 导入喷溅素材，放在人像肩膀附近，如图 22-190 所示。

步骤 02 新建图层。单击工具箱中的“钢笔工具”按钮，绘制出撕纸边缘效果的闭合路径，如图 22-191 所示。将其转换为选区后填充灰色到白色的渐变，如图 22-192 所示。

图22-190

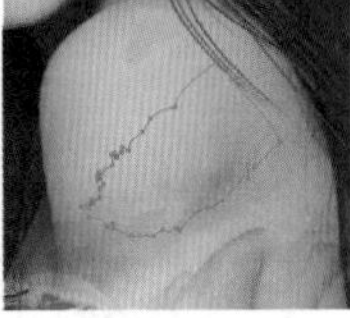
图22-191

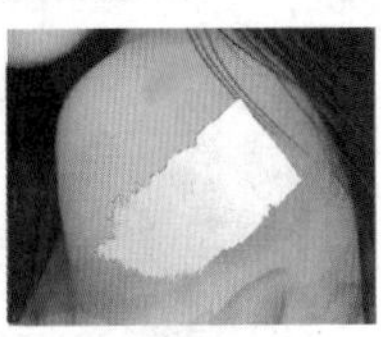
图22-192

步骤 03 为该图层添加“内投影”图层样式，设置颜色为黑色，“混合模式”为“正片叠底”，“不透明度”为 63%，“角度”为 135 度，“距离”为 5 像素，“大小”为 5 像素，如图 22-193 和图 22-194 所示。

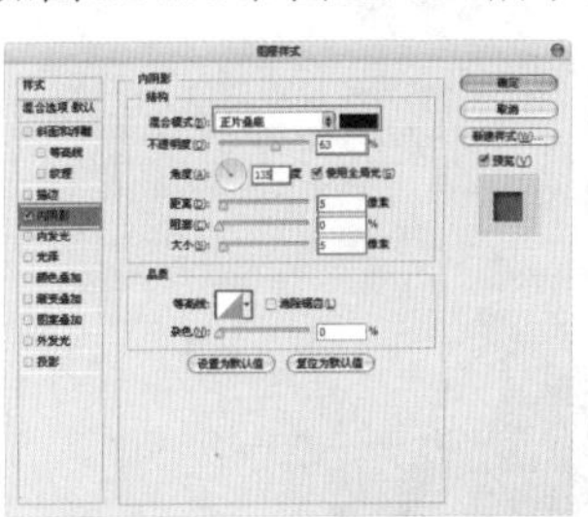
图22-193

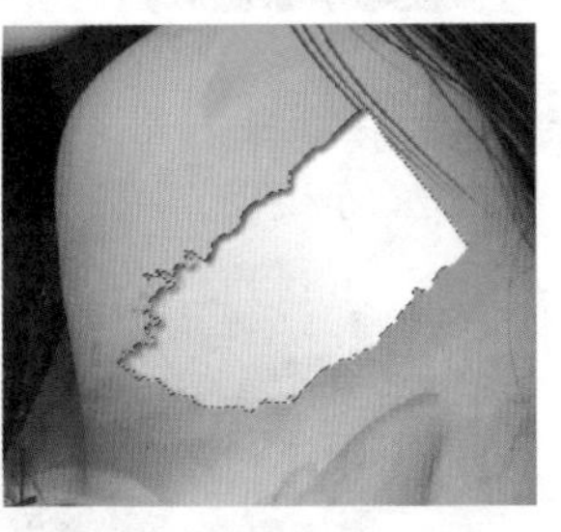
图22-194

步骤 04 继续使用同样的方法绘制出内部深灰色的撕裂效果并导入卷边素材，如图 22-195 和图 22-196 所示。

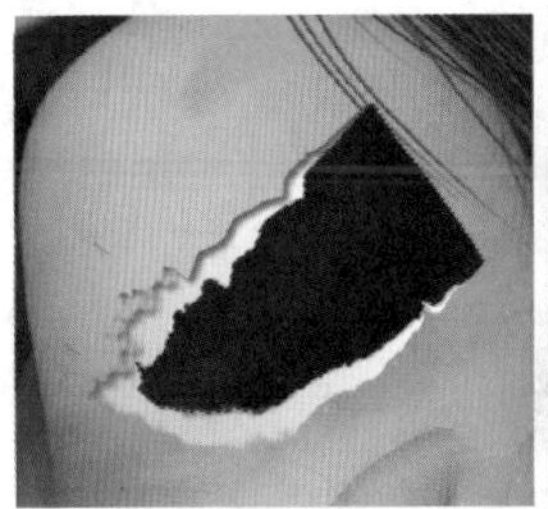
图22-195

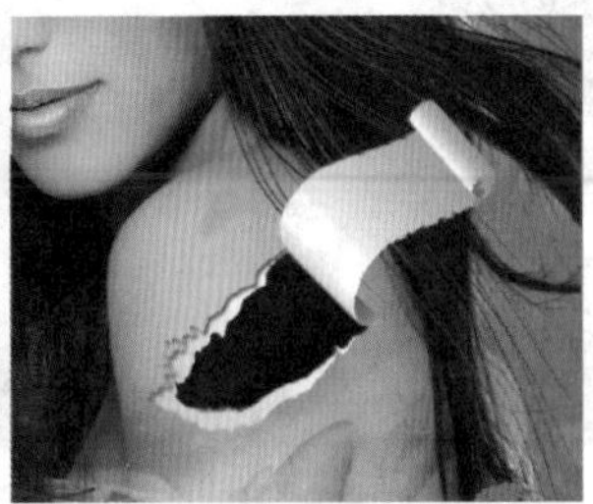
图22-196

步骤 05 最后导入蝴蝶和光斑素材，放在人像肩膀撕裂的部分，如图 22-197 所示。

> **技巧提示**
>
> 蝴蝶光斑素材的制作方法并不复杂，主要需要使用多种颜色和形态的蝴蝶素材，摆放得疏密有致即可。光斑部分的制作则应用到“画笔”面板中画笔的“间距”、“形状动态”以及“散布”选项。

步骤 06 最终效果如图 22-198 所示。

图22-197

图22-198

22.6 机械美女

实例文件	机械美女 .psd
视频教学	机械美女 .flv
难易指数	★★★★★
技术要点	图层样式、“塑料包装”滤镜、“高斯模糊”滤镜

实例效果

对比效果如图 22-199 和图 22-200 所示。

图22-199

图22-200

操作步骤

Part 1 人像部分调整

步骤 01 创建新文件，新建“人像”图层组，导入人像素材放在其中，如图 22-201 所示。使用“钢笔工具”绘制人像外轮廓闭合路径，按 Ctrl+Enter 组合键建立选区并以当前选区为人像添加图层蒙版，使背景部分隐藏，如图 22-202 和图 22-203 所示。

步骤 02 为了制作出机械效果，首先需要将人像的身体进行“拆分”。继续使用“钢笔工具”在人像腰部勾勒出路径，然后按 Ctrl+Enter 组合键将路径转换为选区，接着在图层蒙版中将选区填充为黑色，如图 22-204 所示。

图22-201 图22-202 图22-203

步骤 03 使用钢笔工具或者黑色画笔工具在蒙版中绘制手臂关节和手指关节的部分，如图 22-205 所示。

图22-204

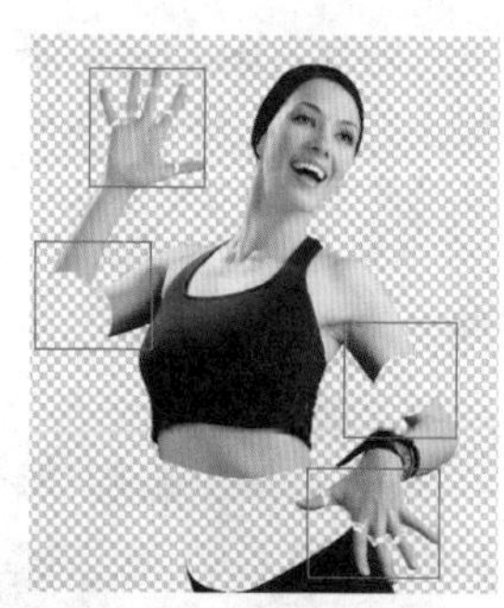

图22-205

步骤 04 人像的身体被分为几个部分，为了使剖面效果更真实，需要在剖面处制作出相应的结构和厚度。创建“分解”图层组，然后创建图层。以腹部区域为例，人类腹腔可以看作是一个比较扁的圆柱体，所以切面应该是接近椭圆形的。使用“钢笔工具” 绘制出一个闭合路径，单击右键选择“建立选区”命令，接着使用“吸管工具” 吸取皮肤颜色，按 Alt+Delete 组合键为选区填充颜色。再使用“加深工具” 加深边缘部分，如图 22-206 所示。

步骤 05 用同样的方法制作出两侧胳膊部分以及手指部分的剖面效果，如图 22-207 所示。

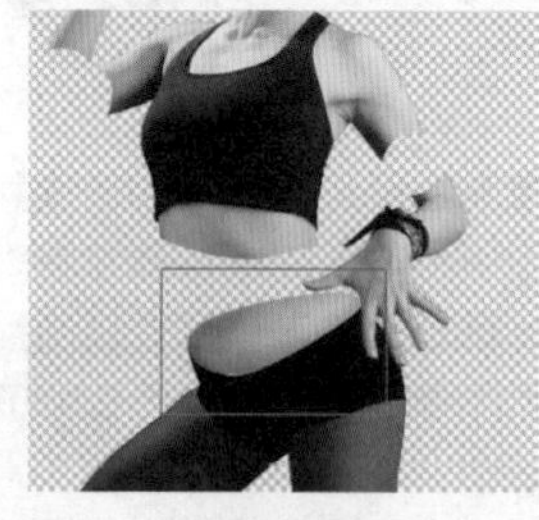

图22-206

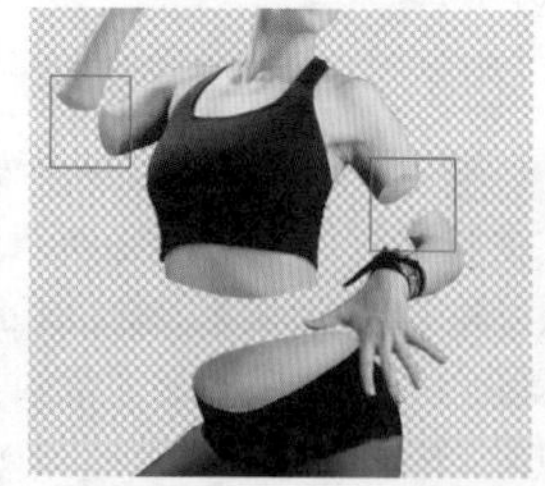

图22-207

步骤 06 继续创建图层，使用钢笔工具在腹部剖面处绘制出一个椭圆路径，单击右键，在弹出的菜单中选择“建立选区”命令，接着设置前景色为黑色，按 Alt+Delete 键为选区填充黑色，制作出中空的效果，如图 22-208 所示。

步骤 07 创建新图层，在黑洞的上面使用钢笔工具绘制出一个路径，如图 22-209 所示。填充黑色，然后为其添加一个“渐变叠加”样式，设置“渐变”为黑白灰交替的渐变，“样式”为线性，“角度”为 176 度。此时填充的部分出现金属质感，如图 22-210 所示。

图22-208

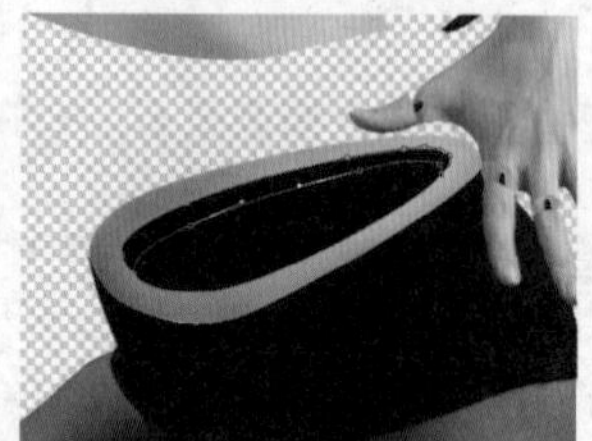

图22-209

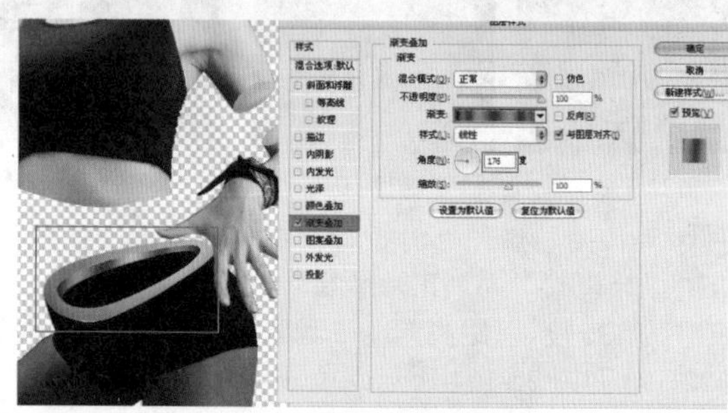

图22-210

步骤 08 用同样的方法制作出手臂关节的空心效果，如图 22-211 所示。

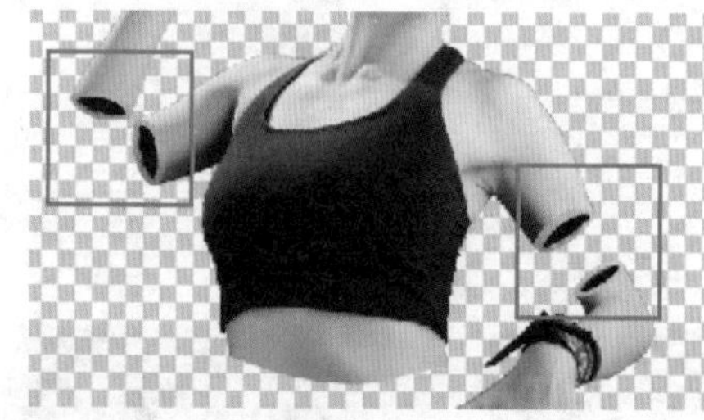

图22-211

步骤 09 创建“手”图层组，然后在其中创建新图层，并采用绘制腰部的方法制作出手部分解效果，如图 22-212 和图 22-213 所示。

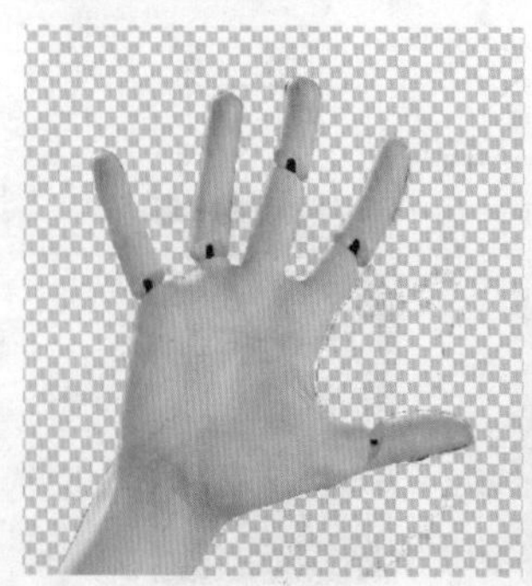

图22-212

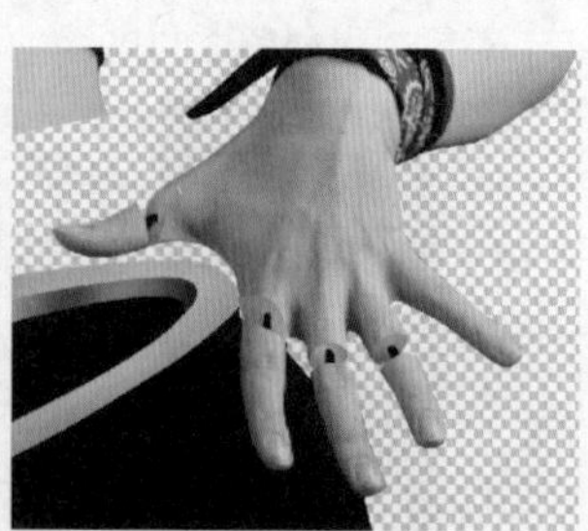

图22-213

步骤 10 按 Ctrl+J 组合键复制一个人像，然后执行“滤镜 > 滤镜库 > 艺术效果 > 塑料包装”命令，在弹出的“塑料包装”对话框中设置“高光强度”为 12，“细节”为 5，“平滑度”为 7，如图 22-214 所示。

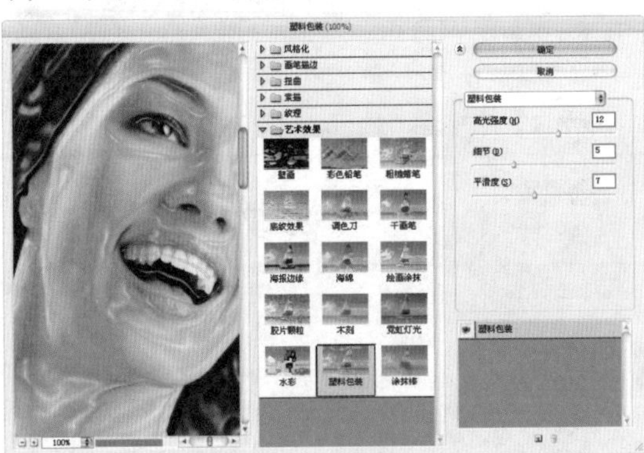

图22-214

步骤 11 接着为图层添加一个图层蒙版，在图层蒙版中使用黑色画笔涂抹人像皮肤部分，如图 22-215 和图 22-216 所示。

图22-215

图22-216

步骤 12 调整衣服的色调。创建“曲线 1”调整图层，如图 22-217 所示。单击右键，在弹出的菜单中选择“创建剪贴蒙版”命令，使其只对“人像 副本”图层进行调整，如图 22-218 所示。调整好曲线的样式，接着在图层蒙版中使用黑色画笔涂抹多余部分，如图 22-219 所示。

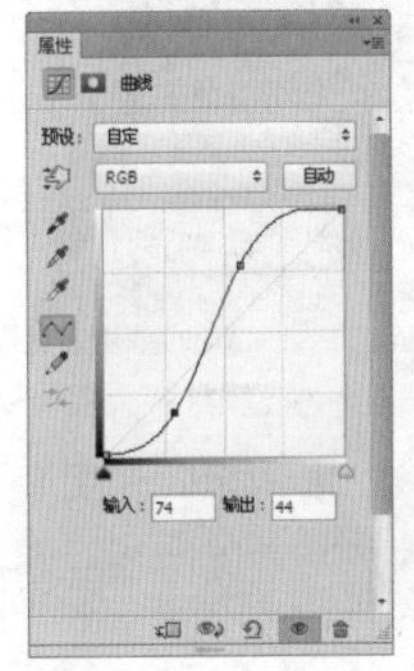

图22-217

图22-218

图22-219

Part 2 合成机械元素

步骤 01 导入背景素材，放在“图层”面板最底部，如图 22-220 所示。

图22-220

步骤 02 下面开始合成机械元素。在这里需要使用到大量的机械素材，在选取素材的过程中需要注意素材质感、受光方向等属性的匹配问题。创建“机械”图层组，导入机械素材文件，旋转到合适角度放在腹部区域，使用“钢笔工具”按腰部黑洞的大小勾勒出机械素材的轮廓，然后按 Ctrl+Enter 组合键载入路径的选区，如图 22-221 所示。接着为其添加一个选区蒙版，使选区以外的部分隐藏，如图 22-222 所示。

图22-221

图22-222

步骤 03 导入放在腹部剖面上方的素材，并旋转到合适角度，如图 22-223 所示。为其添加图层蒙版，使用黑色画笔涂抹背景以及多余的区域，如图 22-224 所示。

图22-223

图22-224

步骤 04 用同样的方法导入另外一部分素材，使用钢笔工具抠除背景部分，然后使用自由变换工具快捷键 Ctrl+T，调整大小和位置，如图 22-225 所示。

图22-225

步骤 05 继续使用钢笔工具在腰部上方绘制出闭合路径，转换为选区后填充灰白交替的渐变效果，模拟出金属镶边效果，如图 22-226 所示。

步骤 06 下面导入齿轮素材，放在人像右胸部分，单击工具箱中的“椭圆选框工具”按钮，在选项栏中单击“添加到选区”按钮，多次框选绘制出 3 个齿轮的选区，如图 22-227 所示。

图22-226　图22-227

步骤 07 隐藏齿轮图层，新建图层。设置前景色为黑色，按 Alt+Delete 组合键填充黑色，如图 22-228 所示。

步骤 08 使用钢笔工具在边缘处绘制出立面效果的闭合路径，如图 22-229 所示。转换为选区后填充黑色，如图 22-230 所示。

步骤 09 选中立面图层，执行“图层 > 图层样式 > 投影”命令，在弹出的对话框中设置投影颜色为黑色，“混合模式”为“正片叠底”，“角度”为 18 度，“扩展”为 29%，“大小”为 5 像素，如图 22-231 所示。

步骤 10 选中“渐变叠加”选项，编辑一种黑色和灰色交替的渐变，设置“角度”为 102 度，此时这一部分呈现凹陷效果，如图 22-232 和图 22-233 所示。

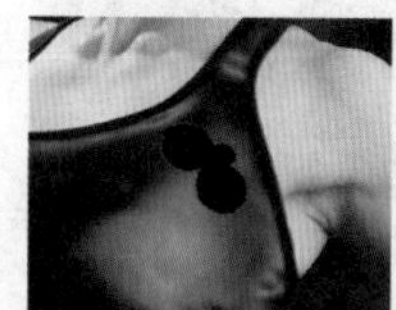

图22-228

图22-229

图22-230

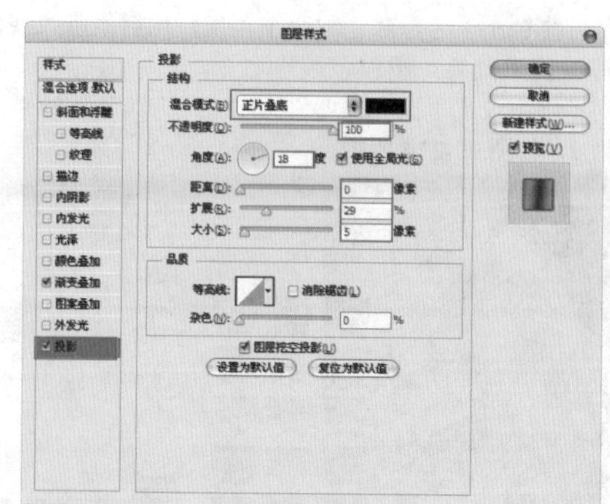

图22-231

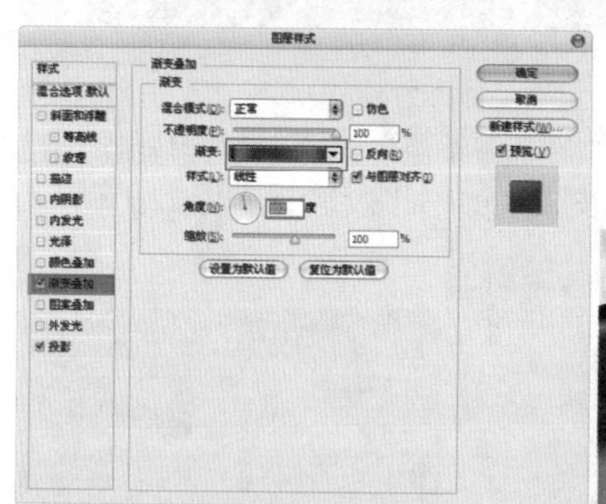

图22-232

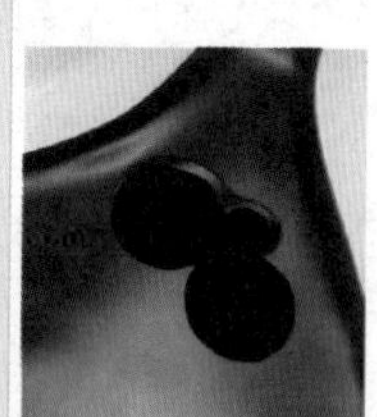

图22-233

步骤 11 显示出齿轮图层，单击工具箱中的“魔棒工具”按钮，在选项栏中设置“容差”为 5，取消选中“连续”复选框。选中白色背景部分，单击右键，选择“选择反向”命令，如图 22-234 所示。为其添加图层蒙版，使白色背景部分隐藏，如图 22-235 所示。

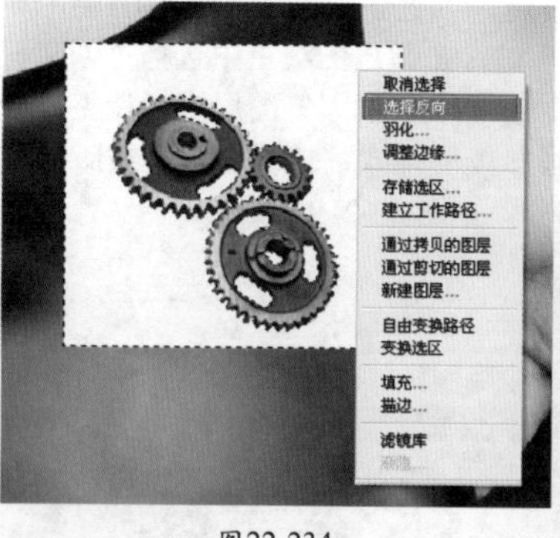

图22-234

图22-235

步骤 12 继续导入左臂机械素材，如图 22-236 所示。使用套索工具绘制选区并为其添加图层蒙版，使背景部分隐藏，如图 22-237 所示。

步骤 13 继续使用同样的方法制作右手肘和左侧小指部分，如图 22-238 所示。

步骤 14 分别导入金属电线、齿轮以及金属零件素材，多次复制并变形制作出头部装饰，如图 22-239 所示。

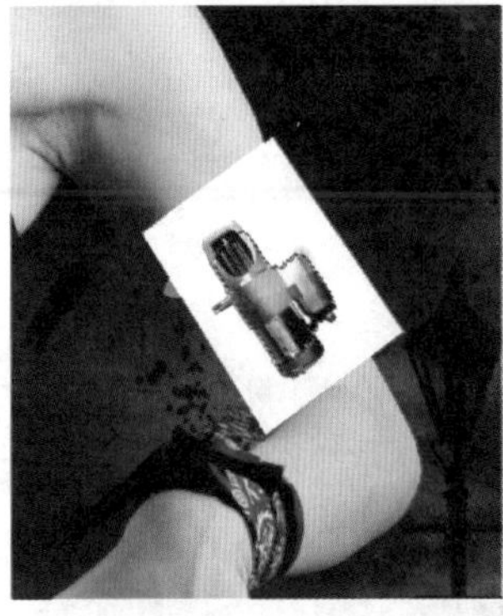

图22-236

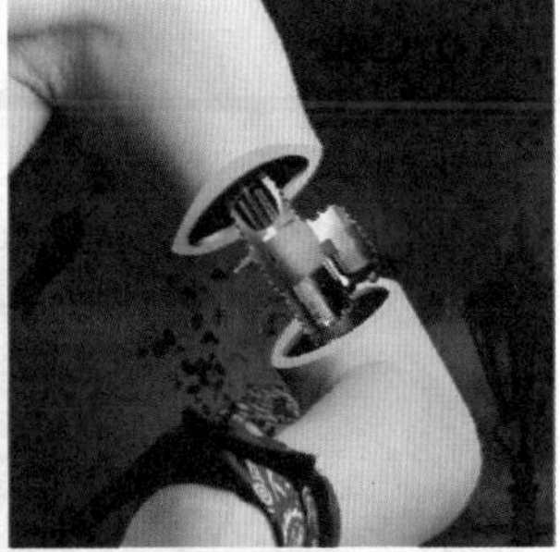

图22-237

图22-238

图22-239

技巧提示

金属线的不同弧度可以使用“操控变形”命令进行调整。首先旋转到合适的角度，执行“编辑 > 操控变形”命令，在金属线上单击添加适量图钉，调整图钉位置即可改变金属线的形状，按 Enter 键完成操作，如图 22-240 所示。

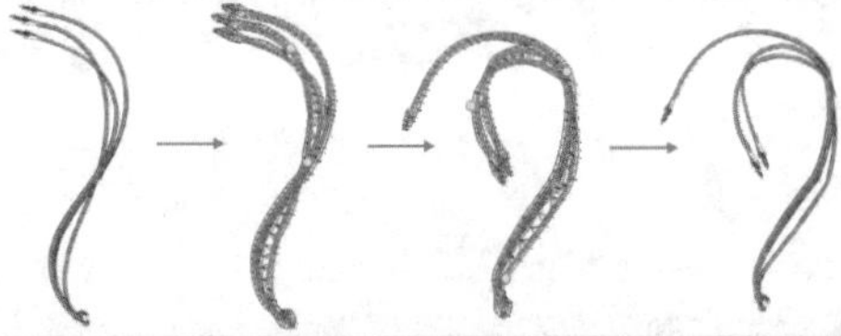

图22-240

步骤 15 下面开始制作投影。按 Ctrl+J 组合键复制一个人像，然后将其放置在下一层，按住 Ctrl 键单击缩略图，载入其选区，设置前景色为黑色，然后按 Alt+Delete 组合键用前景色填充选区，将投影向右移动一段距离并适当调整角度，如图 22-241 所示。

步骤 16 执行“滤镜 > 模糊 > 高斯模糊”命令，然后在弹出的“高斯模糊”对话框中设置“半径”为 45 像素，如图 22-242 所示。使投影边缘产生虚化效果，如图 22-243 所示。最后设置其图层的“不透明度”为 35%，如图 22-244 所示。

图22-241

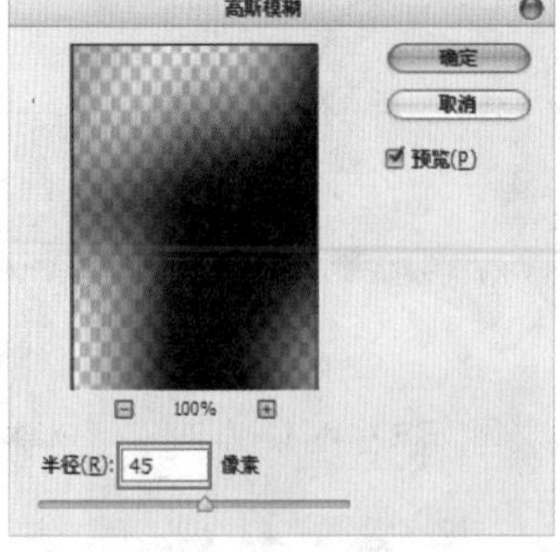

图22-242

图22-243

图22-244

Part 3 制作吊线部分

步骤 01 创建“线”图层组并建新图层。首先设置画笔为白色的 4 像素圆形画笔，然后使用“钢笔工具”绘制一个路径，单击右键，在弹出的菜单中选择“描边路径”命令，接着在弹出的对话框中设置“工具”为“画笔”，选中“模拟压力”复选框，如图 22-245 所示。此时即可以当前设置的画笔进行描边，如图 22-246 所示。

图22-245

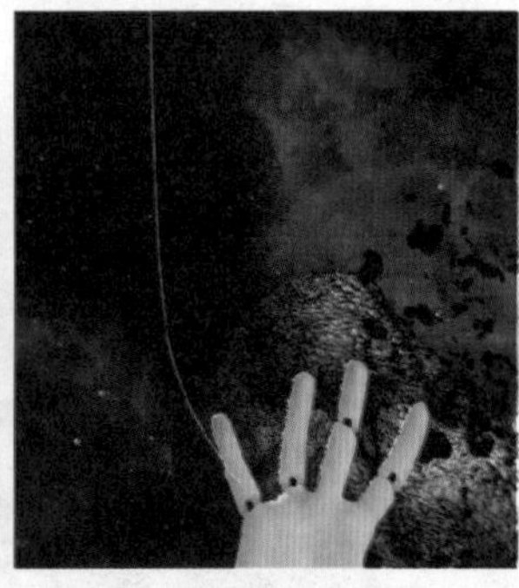

图22-246

步骤 02 用同样的方法制作出其他连接到手指的线条，如图 22-247 所示。

步骤 03 导入按钉素材，放在之前绘制的线头处，如图 22-248 所示。

步骤 04 用同样的方法摆放其他按钉，如图 22-249 和图 22-250 所示。

步骤 05 嵌入艺术字素材，效果如图 22-251 所示。

图22-247

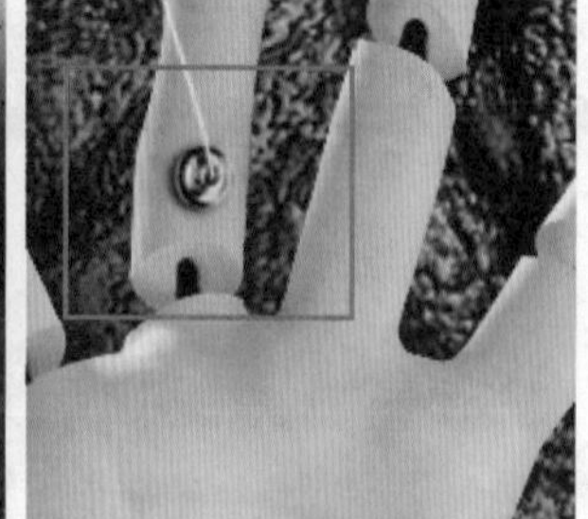

图22-248

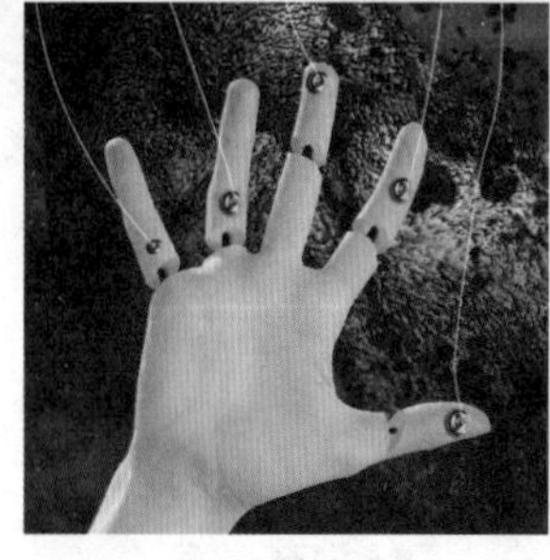

图22-249

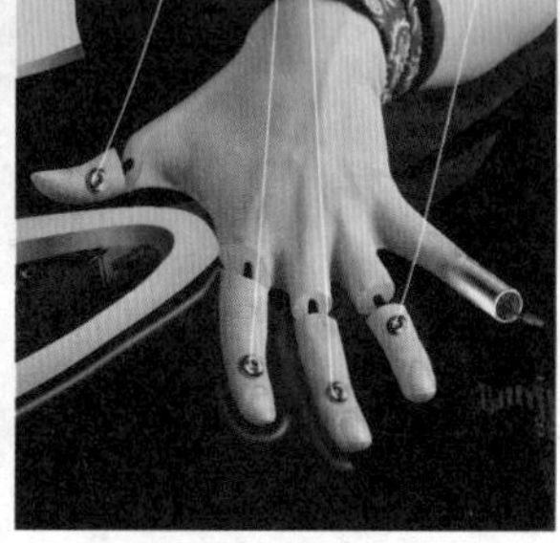

图22-250

步骤 06 下面调整画面的整体明暗关系。创建"曲线 2"调整图层，然后调整好曲线的样式，接着使用黑色画笔工具在蒙版中的中间区域涂抹，使四周变暗中间变亮，如图 22-252 和图 22-253 所示。最终效果如图 22-254 所示。

图22-251

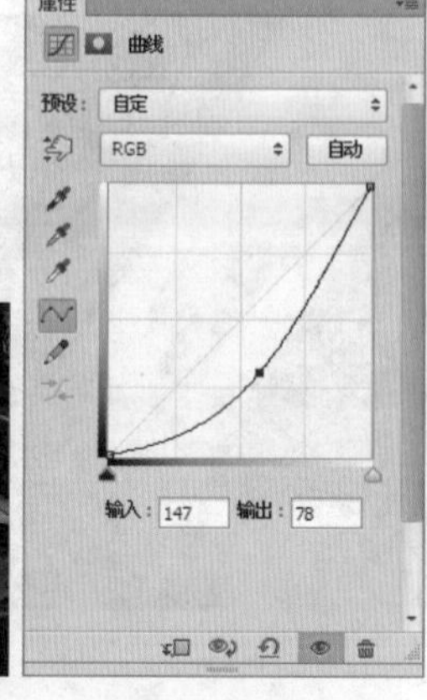

图22-252

图22-253

图22-254

22.7 巴黎夜玫瑰

实例文件	巴黎夜玫瑰.psd
视频教学	巴黎夜玫瑰.flv
难易指数	★★★★★
技术要点	"可选颜色"、"曲线"调整图层、混合模式、画笔工具

实例效果

本例效果如图 22-255 所示。

图22-255

操作步骤

Part 1 合成主体部分

步骤 01 首先打开天空背景素材，如图 22-256 所示。然后导入前景建筑素材，如图 22-257 所示。

图22-256

图22-257

步骤 02 单击工具箱中的"钢笔工具"按钮，绘制建筑和地面部分的闭合路径，如图 22-258 所示。

图22-258

步骤 03 单击右键，在弹出的菜单中选择“建立选区”命令，然后为该图层添加图层蒙版，使背景部分隐藏，如图 22-259 所示。

图22-259

步骤 04 创建“选取颜色 1”调整图层，单击右键，在弹出的菜单中选择“创建剪贴蒙版”命令，只对城堡图层做调整。在“颜色”下拉列表中选择“青色”，设置“青色”为 -100%，“洋红”为 -100%，“黄色”为 100%，如图 22-260 所示；在“颜色”下拉列表选择“蓝色”，设置“青色”为 -100%，“洋红”为 42%，“黄色”为 100%，如图 22-261 所示，效果如图 22-262 所示。

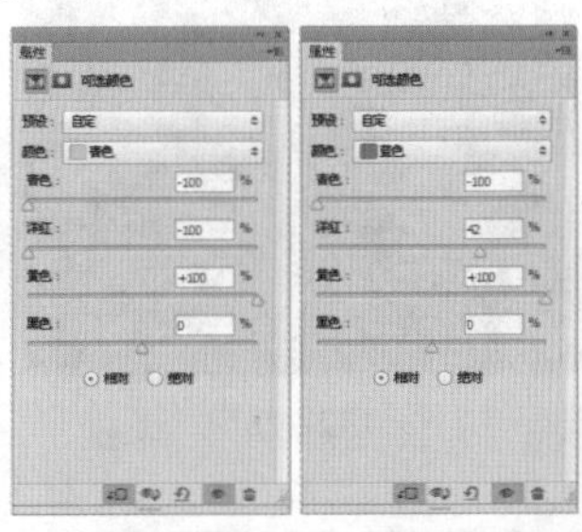

图22-260 图22-261 图22-262

步骤 05 导入人像素材，单击工具箱中的“魔棒工具”按钮，设置选项栏中的“容差”为 20，单击“添加到选区”按钮，选中“连续”复选框，然后在图中多次单击灰色背景部分，载入背景部分选区，如图 22-263 所示。

步骤 06 载入背景部分选区后单击右键，选择“选择反向”命令，然后为该人像图层添加图层蒙版，使背景部分隐藏，如图 22-264 所示。

图22-263 图22-264

步骤 07 创建“曲线 1”调整图层，进行整体亮度调整，适当提亮图像，如图 22-265 和图 22-266 所示。

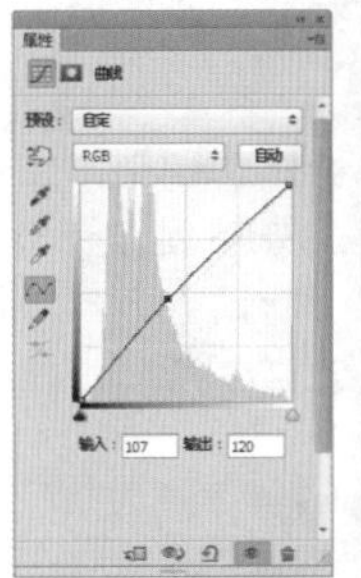

图22-265 图22-266

Part 2 添加前景元素

步骤 01 新建“前景”图层组，接着导入前景花瓣素材文件，将其放置在裙子底部的位置，如图 22-267 所示。

图22-267

步骤 02 导入光效素材文件，适当旋转后放到左下角的位置，如图 22-268 所示。设置图层的混合模式为“滤色”，并为图层添加图层蒙版，再使用黑色画笔涂抹多余部分，如图 22-269 所示。

图22-268 图22-269

步骤 03 导入头部花朵素材文件，放置在头部作为装饰，如

图 22-270 所示。

图22-270

> **技巧提示**
>
> 头饰部分的制作主要使用花朵素材并为其添加阴影效果，多次复制摆放到合适位置即可。

步骤 04 下面开始制作前景雪花效果。创建新图层，使用“画笔工具”，设置前景色为白色，然后按 F5 键打开“画笔”面板，调整好“画笔笔尖形状”、“形状动态”和“散布”选项的相关设置，如图 22-271~ 图 22-273 所示。在画布中绘制雪花效果，如图 22-274 所示。

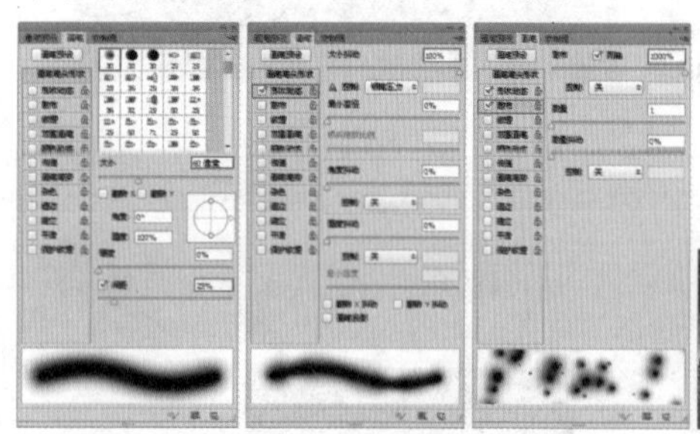

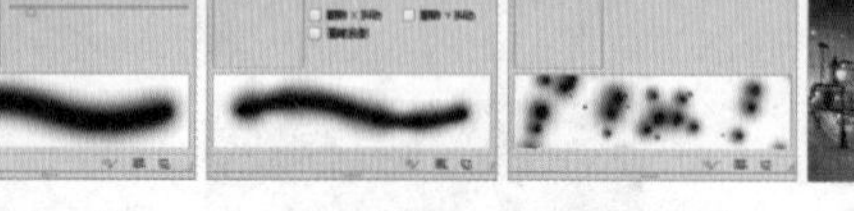

图22-271　图22-272　图22-273　图22-274

步骤 05 接着新建图层，设置前景色为黄色（R：255，G：178，B：57），使用颜色填充快捷键 Alt+Delete 填充颜色，如图 22-275 所示。然后设置混合模式为“正片叠底”，“不透明度”为 70%，如图 22-276 所示，并为图层添加图层蒙版，使用黑色画笔涂抹多余部分，如图 22-277 所示。

步骤 06 导入前景以及艺术字素材，摆放在左上角的位置，如图 22-278 所示。

步骤 07 下面调整画面的整体明暗关系。创建“曲线 2”调整图层，调整好曲线的样式，如图 22-279 所示。接着使用黑色画笔工具在蒙版的中间区域涂抹，如图 22-280 所示，使四周变暗，而中间变亮。最终效果如图 22-281 所示。

图22-275　图22-276　图22-277

> **技巧提示**
>
> 通常执行正片叠底模式后的颜色比原来两种颜色都深。任何颜色和黑色正片叠底得到的仍然是黑色；任何颜色和白色执行正片叠底则保持原来的颜色不变，而与其他颜色执行此模式会产生暗室中以此种颜色照明的效果或者强烈的颜色倾向。

图22-278

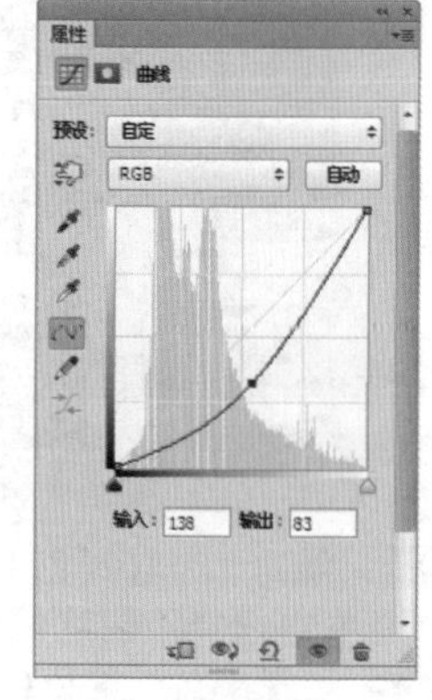

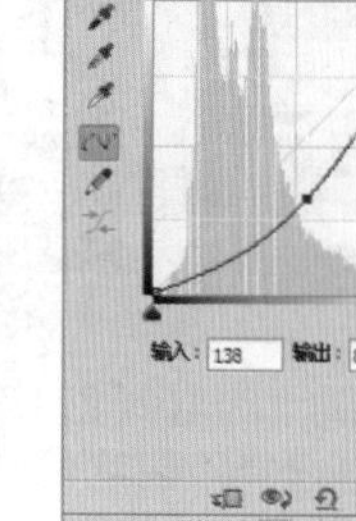

图22-279

图22-280

图22-281

22.8 光效奇幻秀

实例文件	光效奇幻秀 .psd
视频教学	光效奇幻秀 .flv
难易指数	★★★★★
技术要点	文字工具、画笔描边、图层样式

实例效果

本例主要通过使用大量的光效素材混合出奇幻的视觉效果，将文字转换为形状进行调整，制作出艺术感强烈的艺术字效果，如图 22-282 所示。

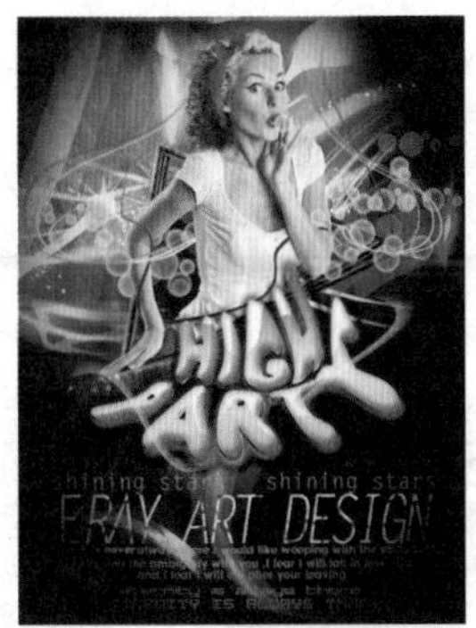

图22-282

操作步骤

步骤 01 打开本书配套光盘中的素材文件 1.jpg，如图 22-283 所示。

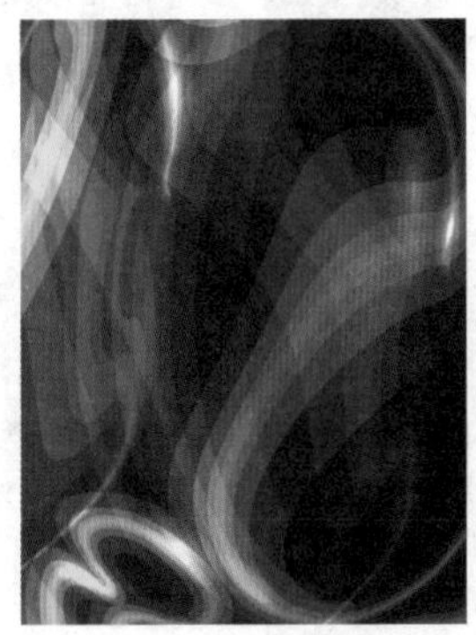

图22-283

步骤 02 执行“图层 > 图层样式 > 斜面和浮雕”命令，在弹出的对话框中设置“样式”为“内斜面”，“方法”为“平滑”，“深度”为 684%，“方向”为“上”，“大小”为 24 像素，“软化”为 0 像素，单击“确定”按钮，如图 22-284 和图 22-285 所示。

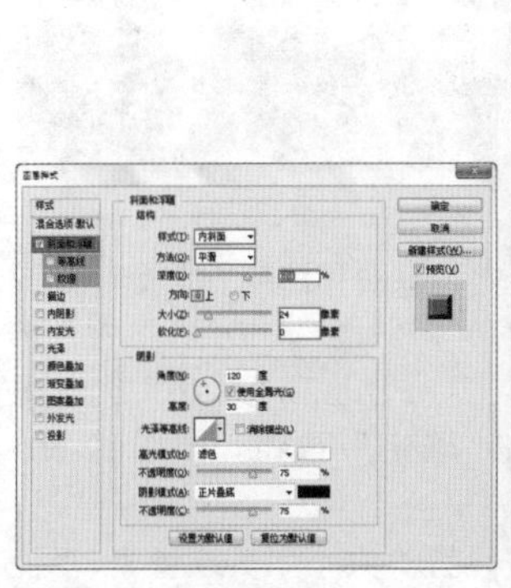

图22-284

图22-285

步骤 03 执行“图层 > 新建调整图层 > 色相 / 饱和度”命令，设置“色相”为 -12，“饱和度”为 3，如图 22-286 所示；执行“图层 > 新建调整图层 > 曲线”命令，调整曲线的弯曲程度，压暗画面，如图 22-287 所示。

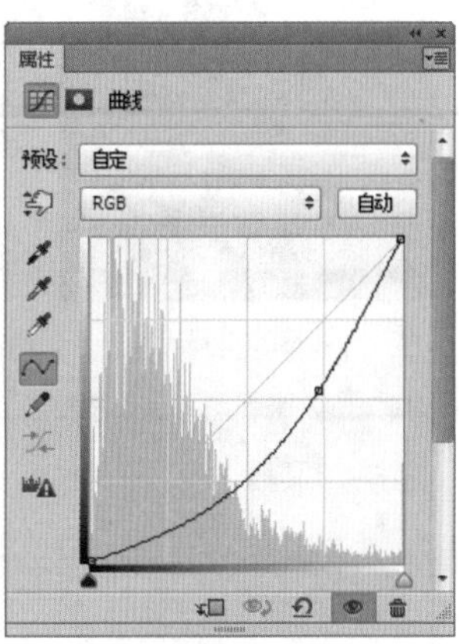

图22-286

图22-287

步骤 04 新建图层，使用半透明的柔角画笔工具在画面中绘制多个彩色斑点，如图 22-288 所示。设置图层的混合模式为“亮光”，如图 22-289 和图 22-290 所示。

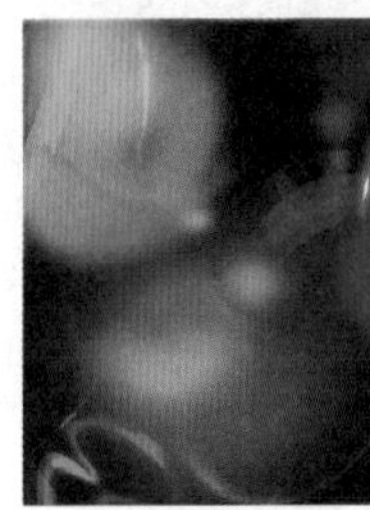

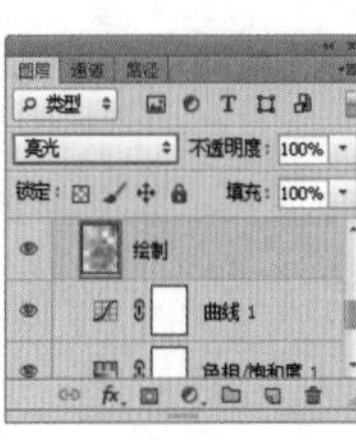

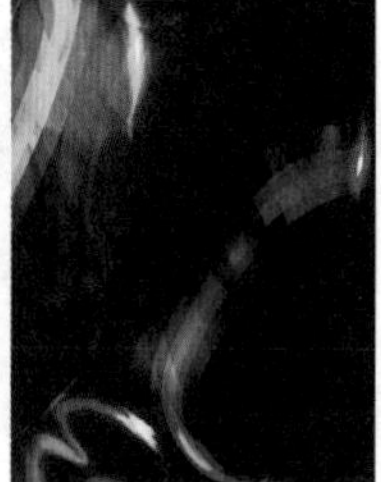

图22-288

图22-289

图22-290

步骤 05 在“图层”面板上方新建图层组，命名为“泡泡”，接着在其下方新建图层，使用椭圆选框工具按住 Shift 键在画面中绘制合适的正圆，并为其填充前景色，如图 22-291 所示。然后对其执行“图层 > 图层样式 > 渐变叠加”命令，在弹出的对话框中设置混合模式为正常，“不透明度”为 46%，编辑一种粉色系的渐变，设置“样式”为“线性”，“角度”为 90 度，如图 22-292 和图 22-293 所示。

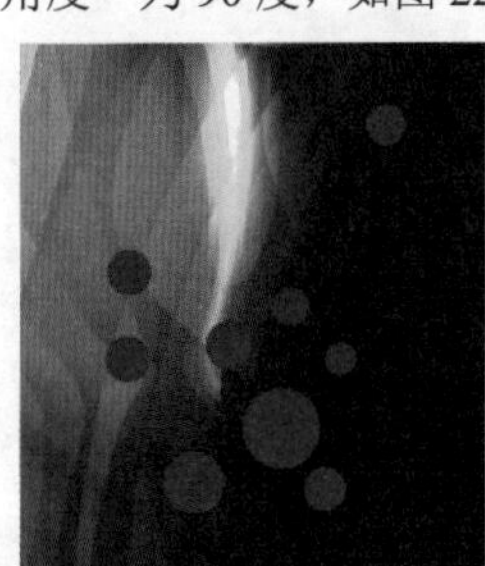

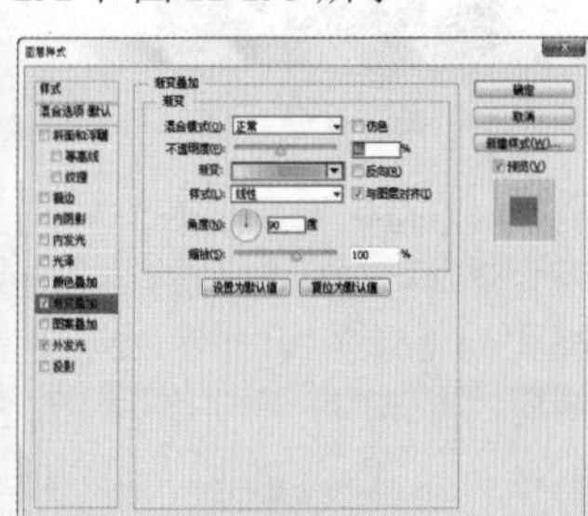

图22-291

图22-292

步骤 06 选中“外发光”选项，设置“混合模式”为“滤色”，“方法”为“柔和”，“扩展”为 0%，“大小”为 5 像素，如图 22-294 所示。然后设置图层的填充为 %0，如图 22-295 和图 22-296 所示。

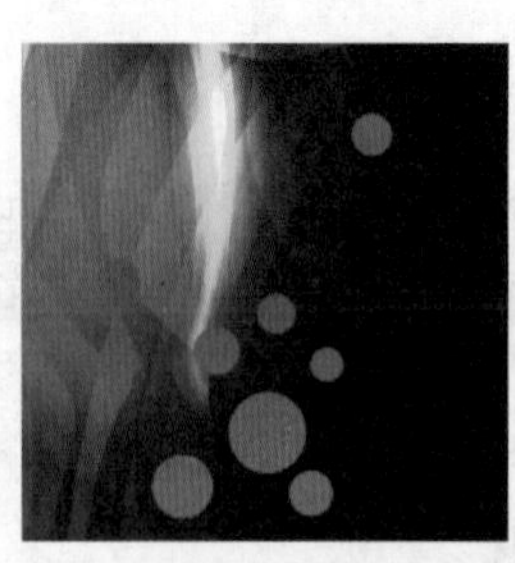

图22-293

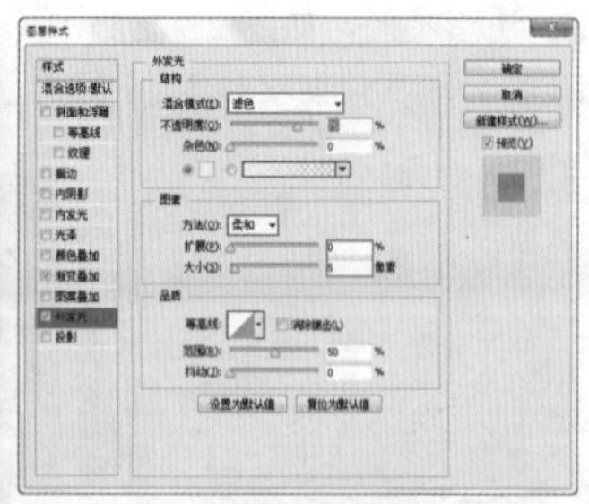

图22-294

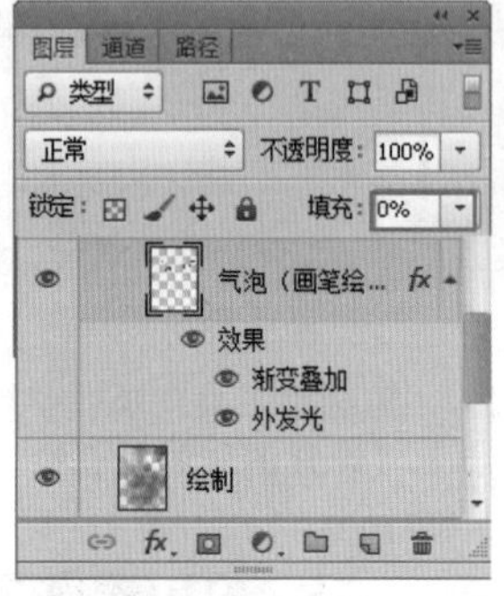

图22-295

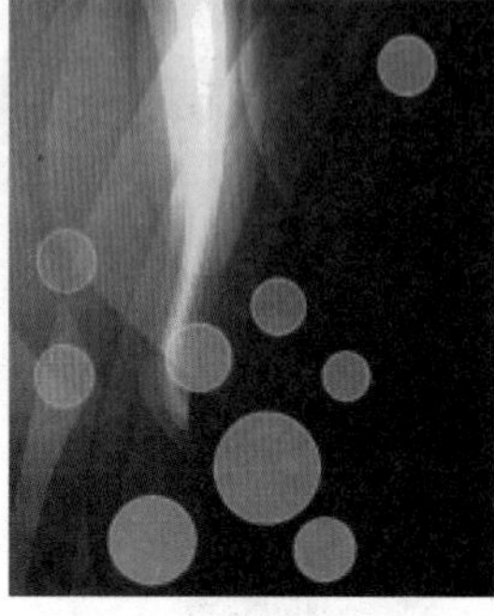

图22-296

步骤 07 用同样的方法在画面中绘制其他泡泡，如图 22-297 所示。

步骤 08 导入光效素材 2.jpg 置于画面中合适的位置。设置“光效”图层的混合模式为“滤色”，如图 22-298 和图 22-299 所示。

图22-297

图22-298

步骤 09 为强化光效效果，在“图层”面板顶部新建图层，使用柔角画笔在画面顶部绘制黄色的光斑，并设置图层的混合模式为“亮光”，如图 22-300 和图 22-301 所示。选中所有图层，置于同一图层组中，命名为“背景”，如图 22-302 所示。

步骤 10 复制“背景”图层组，合并为一个图层，命名为“相框”，使用多边形套索工具在画面中合适的位置绘制不规则的四边形相框选区，并为其添加图层蒙版，如图 22-303 所示。按 Ctrl+T 组合键将其旋转到合适角度，如图 22-304 所示。

图22-299

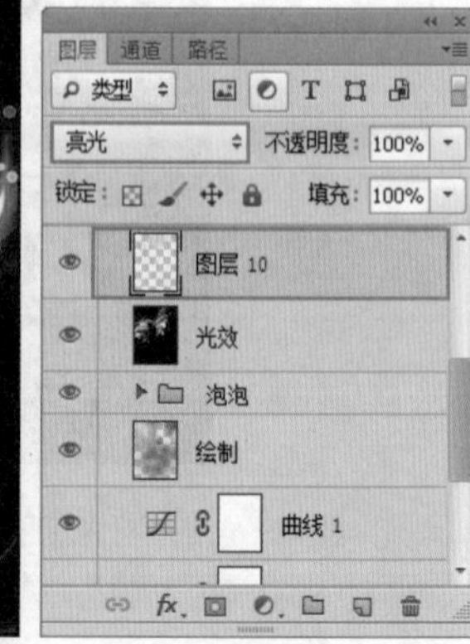

图22-300

图22-301

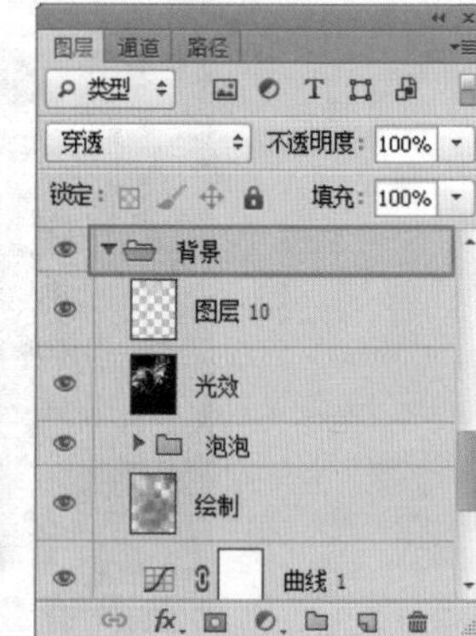

图22-302

图22-303

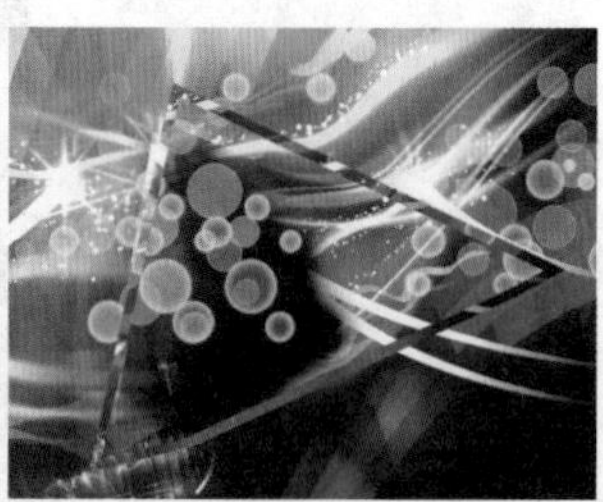

图22-304

步骤 11 执行“图层 > 图层样式 > 斜面和浮雕”命令，在弹出的对话框中设置“样式”为“内斜面”，“方法”为“平滑”，“深度”为 460%，“方向”为“上”，“大小”为 5 像素，“软化”为 0 像素，单击“确定”按钮。如图 22-305 所示。

步骤 12 选中“描边”选项，设置“大小”为 9 像素，“位置”为“外部”，“混合模式”为“正常”，“不透明度”为 29%，“填充类型”为渐变（编辑一种紫色系的渐变），“样式”为“线性”，单击“确定”按钮，如图 22-306 所示。

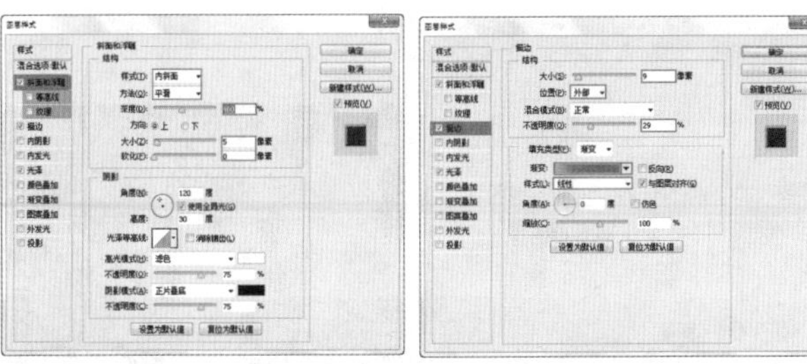

图22-305　　图22-306

步骤 13 选中“光泽”选项，设置“混合模式”为“正片叠底”，“不透明度”为50%，“角度”为19度，“距离”为11像素，“大小”为14像素，单击“确定”按钮，如图22-307所示。

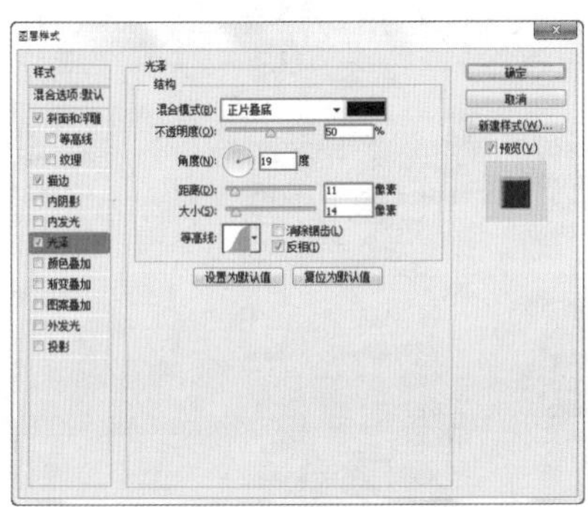

图22-307

步骤 14 复制多个相框图层，并旋转至合适角度，如图22-308和图22-309所示。

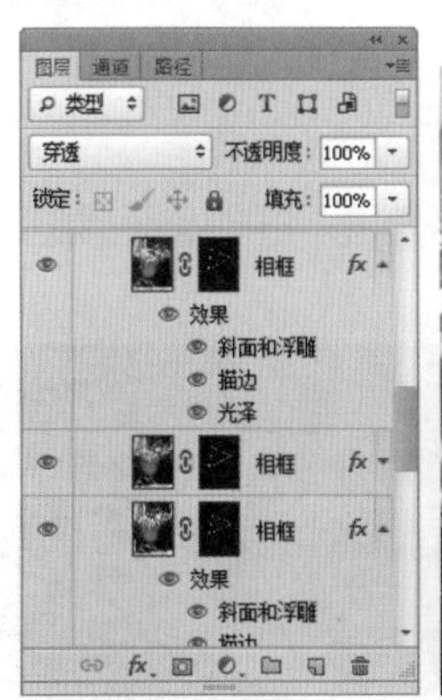

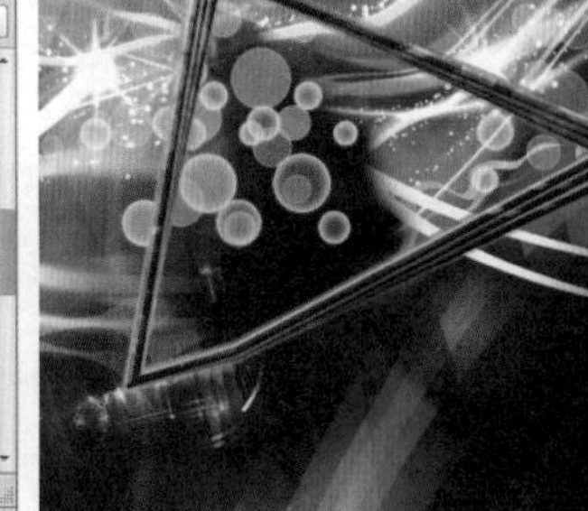

图22-308　　图22-309

步骤 15 导入人像素材3.jpg，如图22-310所示。绘制需要保留的选区，然后为其添加图层蒙版，如图22-311所示。隐藏多余部分，制作出人物站在相框中的视觉效果，如图22-312所示。

步骤 16 复制“人像”图层，设置图层的混合模式为“正片叠底”，多次复制以强化人物效果，如图22-313和图22-314所示。

步骤 17 再次复制“人像”图层，置于“图层”面板顶部，设置图层的混合模式为“正常”，如图22-315所示。使用黑色柔角画笔在蒙版中涂抹人物头发区域，如图22-316所示。

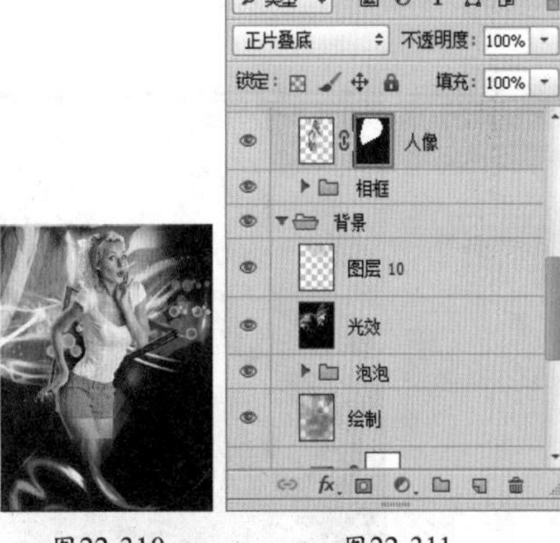

图22-310　　图22-311　　图22-312

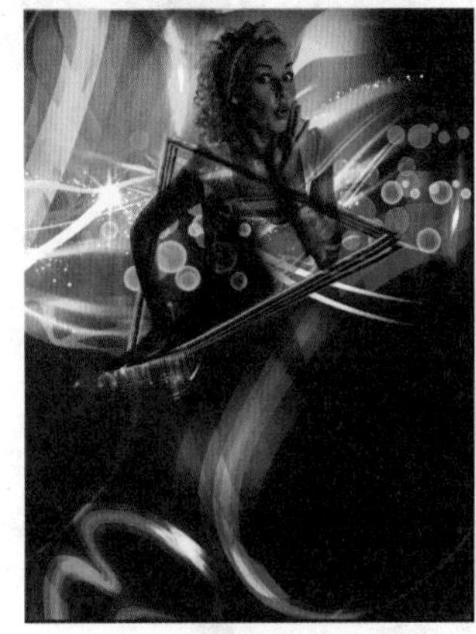

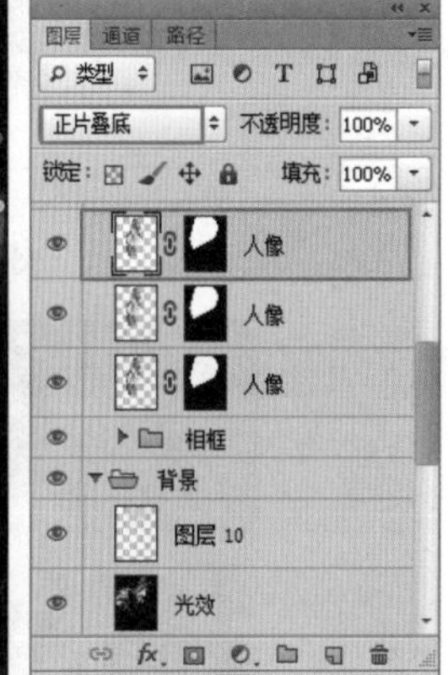

图22-313　　图22-314

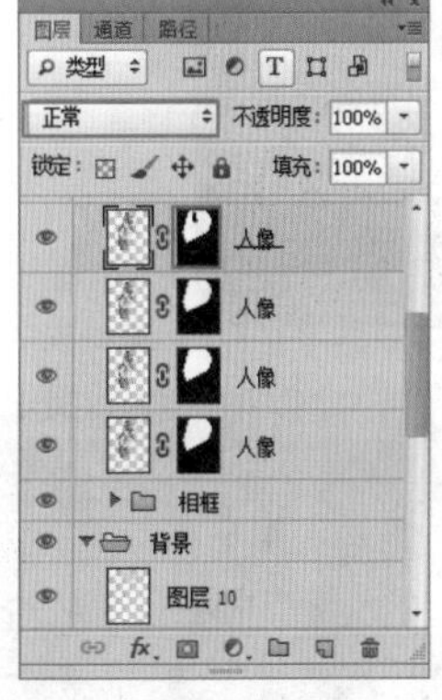

图22-315　　图22-316

步骤 18 在“图层”面板顶部创建曲线调整图层，并为其创建剪贴蒙版，使其只对“人像”图层的作用。双击调整图层，在弹出的面板中为曲线添加锚点，调整曲线的弯曲程度，如图22-317和图22-318所示。

步骤 19 新建图层，选择画笔工具设置画笔“大小”为5，“硬度”为100，设置前景色为白色。选择钢笔工具设置绘制类型为“路径”，在画面中绘制合适的路径形状，如图22-319

所示。绘制完毕后单击右键，选择“描边路径”命令，如图 22-320 所示。在弹出的对话框中设置“工具”为“画笔”，并选中“模拟压力”复选框。如图 22-321 所示。效果如图 22-322 所示。

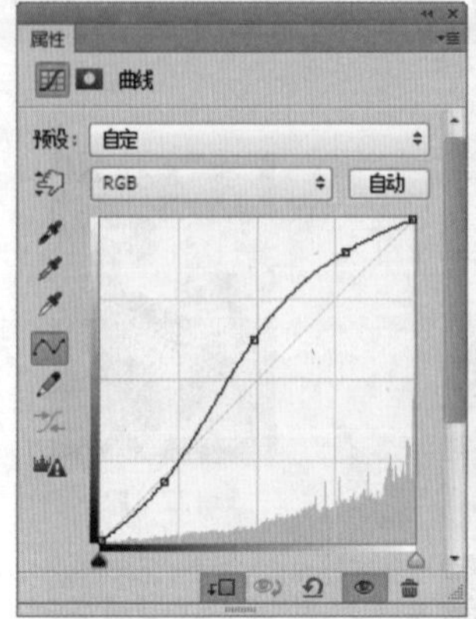

图22-317

图22-318

图22-319

图22-320

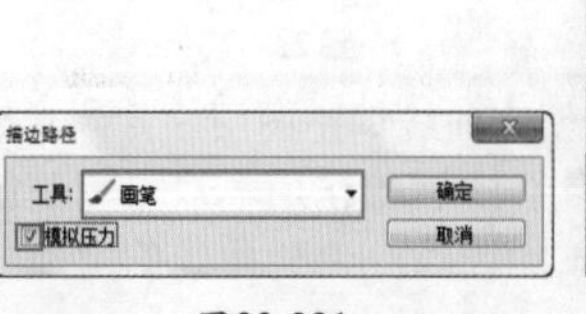

图22-321

图22-322

步骤 20 为其添加图层蒙版，使用黑色画笔在蒙版中涂抹多余部分，如图 22-323 所示，制作出环绕人像的效果，如图 22-324 所示。

图22-323

图22-324

步骤 21 执行“图层 > 图层样式 > 内发光”命令，设置“混合模式”为“正常”，“不透明度”为 94%，编辑一种白色到黄色的渐变，设置“方法”为“柔和”，如图 22-325 所示。

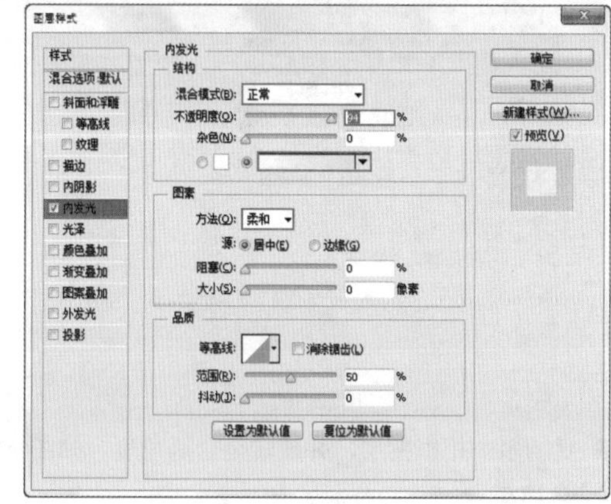

图22-325

步骤 22 用同样的方法绘制环绕人像的其他彩条，如图 22-326 所示。

步骤 23 在“图层”面板顶部新建图层组，用同样的方法绘制其他泡泡，如图 22-327 所示。

图22-326

图22-327

步骤 24 新建图层组，命名为“文字”，设置合适的字号、字体以及前景色，在画面合适位置输入文字，如图 22-328 所示。

步骤 25 选择大标题文字图层，执行“图层 > 图层样式 > 斜面和浮雕”命令，设置“样式”为“内斜面”，“方法”为“平滑”，“深度”为 113%，“方向”为“上”，“大小”为 81 像素，“软化”为 12 像素，“高光模式”为“滤色”，颜色设置为白色，“不透明度”为 100%，“阴影模式”为“正片叠底”，颜色为蓝色，“不透明度”为75%。如图22-329所示。

图22-328

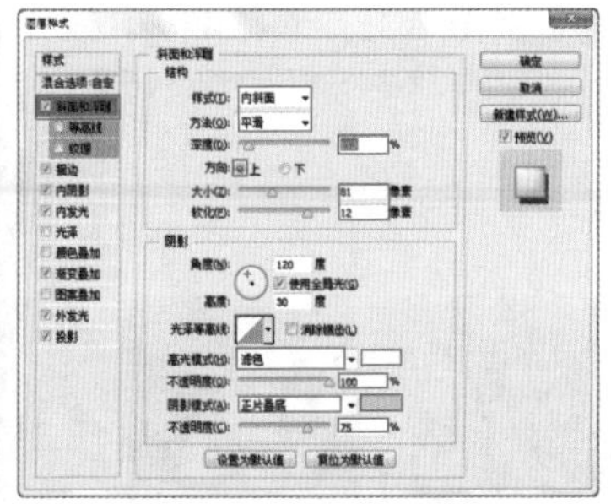

图22-329

步骤26 选中“描边”选项，设置“大小”为3像素，“位置”为“外部”，“混合模式”为“正常”，“不透明度”为100%，“填充类型”为“颜色”，“颜色”为深蓝色，如图22-330所示。

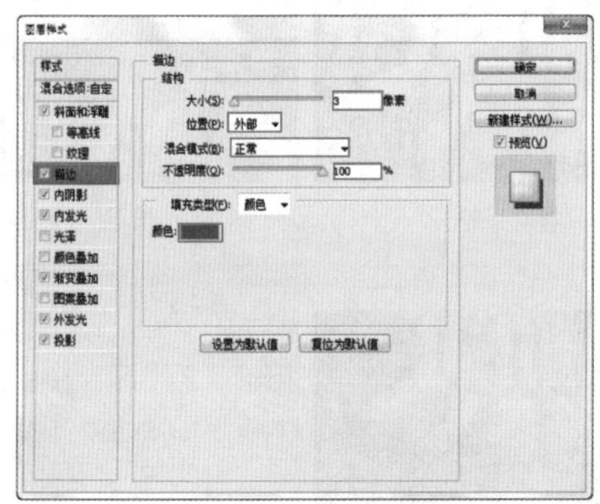

图22-330

步骤27 选中“内阴影”选项，设置“混合模式”为“正片叠底”，“不透明度”为86%，“角度”为120度，“距离”为9像素，“阻塞”为0%，“大小”为27像素，如图22-331所示。

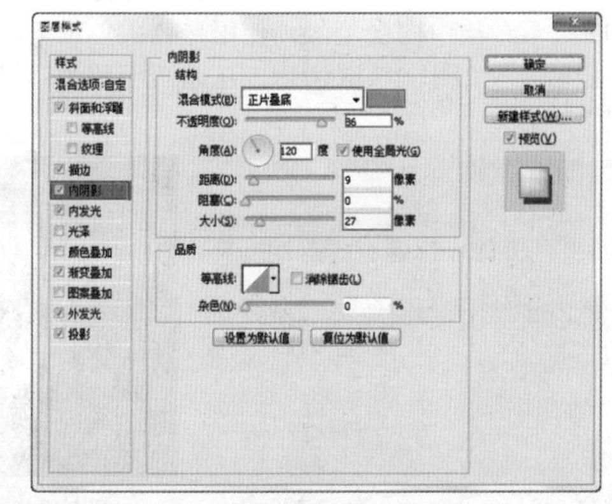

图22-331

步骤28 选中“内发光”选项，设置“混合模式”为“滤色”，“不透明度”为75%，“方法”为“柔和”，“源”为“边缘”，“阻塞”为0%，“大小”为5像素，如图22-332所示。

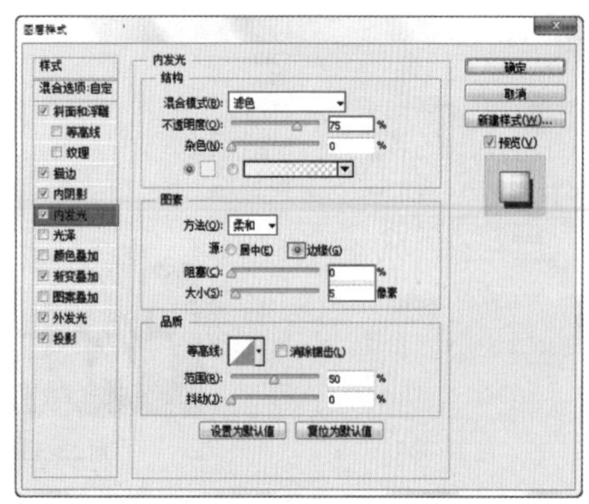

图22-332

步骤29 选中“渐变叠加”选项，设置“混合模式”为“正常”，“不透明度”为100%，编辑一种多彩的渐变类型，设置“样式”为“线性”，“角度”为94度，如图22-333所示。

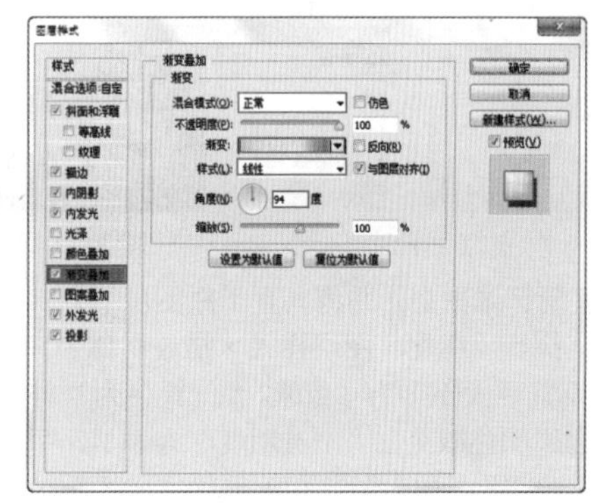

图22-333

步骤30 选中“外发光”选项，设置“混合模式”为“滤色”，“不透明度”为75%，颜色为紫色，“方法”为“柔和”，“扩展”为17%，“大小”为16像素。如图22-334所示。

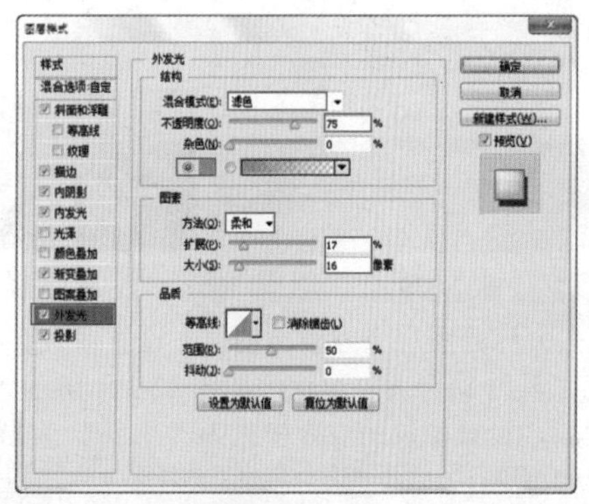

图22-334

步骤31 选中“投影”选项，设置“混合模式”为“正片叠底”，“不透明度”为100%，颜色为紫色，“角度”为120度，“距离”为35像素，“扩展”为0%，“大小”为0像素，编辑一种等高线形状，如图22-335和图22-336所示。

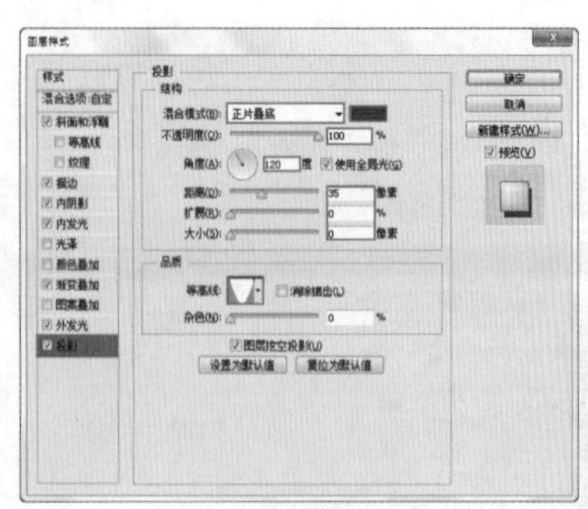

图22-335　　图22-336

步骤 32 选择大标题图层，单击右键，在弹出的菜单中选择“转换为形状”命令，如图 22-337 所示。将文字图层转换为形状图层，然后对其进行适当变形，如图 22-338 所示。

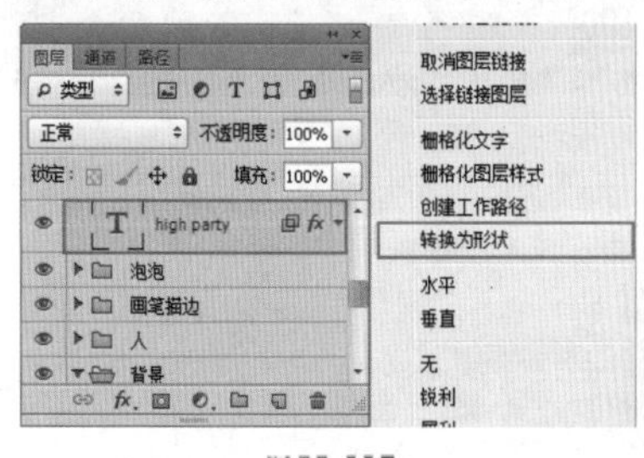

图22-337　　图22-338

步骤 33 复制标题图层，并将其置于原图层下方，清除所有图层样式，执行“图层 > 图层样式 > 描边”命令。在弹出的对话框中设置“大小”为 4 像素，“位置”为“外部”，“混合模式”为“颜色减淡”，“不透明度”为 81%，“填充类型”为“渐变”，编辑一种七彩渐变，设置“样式”为“线性”，单击“确定”按钮，如图 22-339 和图 22-340 所示。

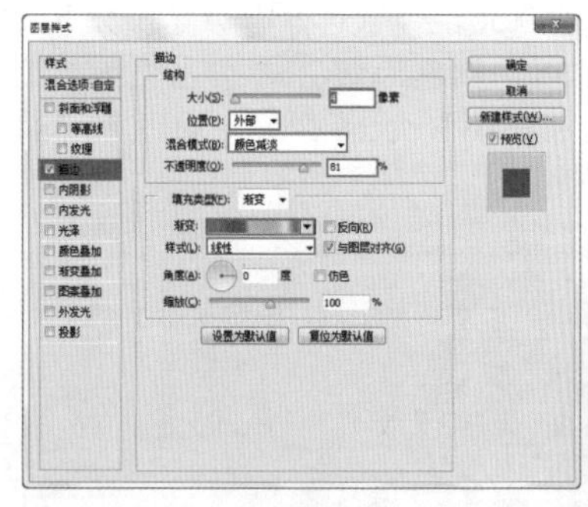

图22-339　　图22-340

步骤 34 在大标题图层上方新建图层，设置前景色为白色，使用画笔工具绘制合适的形状，如图 22-341 所示。为其创建剪贴蒙版，设置图层的混合模式为“滤色”，如图 22-342 和图 22-343 所示。

步骤 35 用同样的方法制作其他文字并添加图层样式，如图 22-344 所示。

步骤 36 导入光带素材 4.jpg，设置图层的混合模式为“滤色”，如图 22-345 和图 22-346 所示。

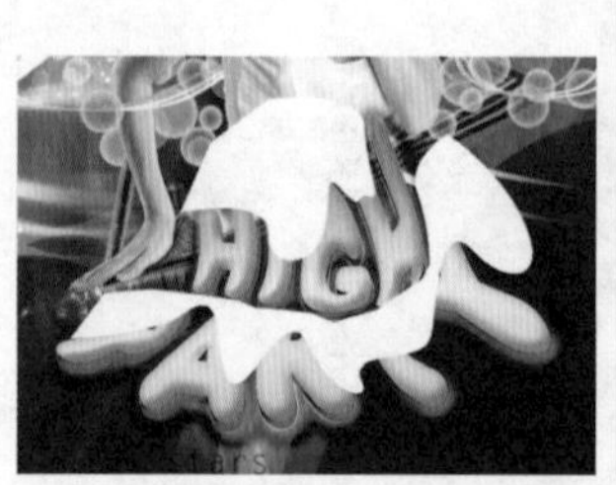

图22-341　　图22-342

图22-343　　图22-344

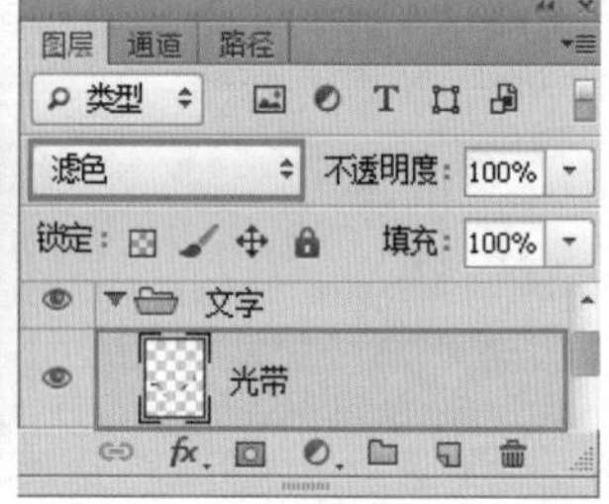

图22-345　　图22-346

步骤 37 在“图层”面板顶部创建曝光度调整图层，设置“曝光度”为 -20，“位移”为 0，“灰度系数校正”为 1，如图 22-347 所示。选中图层蒙版，使用黑色柔角画笔在蒙版中心区域绘制，如图 22-348 所示，压暗画面四角。最终效果如图 22-349 所示。

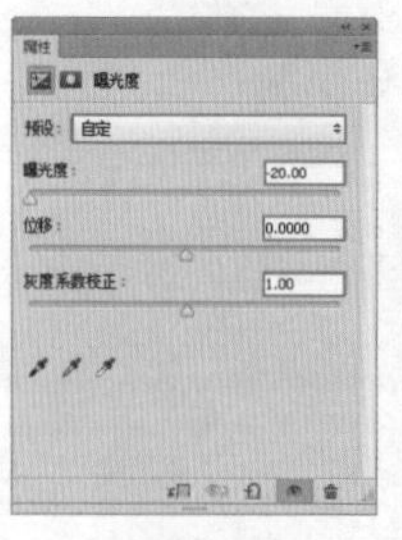

图22-347　　图22-348　　图22-349

Photoshop CS6 常用快捷键速查表

工具快捷键

移动工具	V
矩形选框工具	M
椭圆选框工具	M
套索工具	L
多边形套索工具	L
磁性套索工具	L
快速选择工具	W
魔棒工具	W
吸管工具	I
颜色取样器工具	I
标尺工具	I
注释工具	I
裁剪工具	C
透视裁剪工具	C
切片工具	C
切片选择工具	C
污点修复画笔工具	J
修复画笔工具	J
修补工具	J
内容感知移动工具	J
红眼工具	J
画笔工具	B
铅笔工具	B
颜色替换工具	B
混合器画笔工具	B
仿制图章工具	S
图案图章工具	S
历史记录画笔工具	Y
历史记录艺术画笔工具	Y
橡皮擦工具	E
背景橡皮擦工具	E
魔术橡皮擦工具	E
渐变工具	G
油漆桶工具	G
减淡工具	O
加深工具	O
海绵工具	O
钢笔工具	P
自由钢笔工具	P
横排文字工具	T
直排文字工具	T
横排文字蒙版工具	T
直排文字蒙版工具	T
路径选择工具	A
直接选择工具	A
矩形工具	U
圆角矩形工具	U
椭圆工具	U
多边形工具	U
直线工具	U
自定形状工具	U
抓手工具	H
旋转视图工具	R
缩放工具	Z
默认前景色/背景色	D
前景色/背景色互换	X
切换标准/快速蒙版模式	Q
切换屏幕模式	F
切换保留透明区域	/
减小画笔大小	[
增加画笔大小	]
减小画笔硬度	{
增加画笔硬度	}

应用程序菜单快捷键

“文件”菜单	
新建	Ctrl+N
打开	Ctrl+O
在 Bridge 中浏览	Alt+Ctrl+O
打开为	Alt+Shift+Ctrl+O
关闭	Ctrl+W
关闭全部	Alt+Ctrl+W
关闭并转到 Bridge	Shift+Ctrl+W
存储	Ctrl+S
存储为	Shift+Ctrl+S
存储为 Web 所用格式	Alt+Shift+Ctrl+S
恢复	F12
文件简介	Alt+Shift+Ctrl+I
打印	Ctrl+P
打印一份	Alt+Shift+Ctrl+P
退出	Ctrl+Q
“编辑”菜单	
还原/重做	Ctrl+Z
前进一步	Shift+Ctrl+Z
后退一步	Alt+Ctrl+Z
渐隐	Shift+Ctrl+F
剪切	Ctrl+X
拷贝	Ctrl+C
合并拷贝	Shift+Ctrl+C
粘贴	Ctrl+V
原位粘贴	Shift+Ctrl+V
贴入	Alt+Shift+Ctrl+V
填充	Shift+F5
内容识别比例	Alt+Shift+Ctrl+C
自由变换	Ctrl+T
再次变换	Shift+Ctrl+T
颜色设置	Shift+Ctrl+K
键盘快捷键	Alt+Shift+Ctrl+K
菜单	Alt+Shift+Ctrl+M
首选项>常规	Ctrl+K
“图像”菜单	
调整>色阶	Ctrl+L
调整>曲线	Ctrl+M
调整>色相/饱和度	Ctrl+U
调整>色彩平衡	Ctrl+B
调整>黑白	Alt+Shift+Ctrl+B
调整>反相	Ctrl+I
调整>去色	Shift+Ctrl+U
自动色调	Shift+Ctrl+L
自动对比度	Alt+Shift+Ctrl+L
自动颜色	Shift+Ctrl+B
图像大小	Alt+Ctrl+I
画布大小	Alt+Ctrl+C
“图层”菜单	
新建>图层	Shift+Ctrl+N
新建>通过拷贝的图层	Ctrl+J
新建>通过剪切的图层	Shift+Ctrl+J
创建/释放剪贴蒙版	Alt+Ctrl+G
图层编组	Ctrl+G
取消图层编组	Shift+Ctrl+G
排列>置为顶层	Shift+Ctrl+]
排列>前移一层	Ctrl+]
排列>后移一层	Ctrl+[
排列>置为底层	Shift+Ctrl+[
合并图层	Ctrl+E
合并可见图层	Shift+Ctrl+E
“选择”菜单	
全部	Ctrl+A

续表

取消选择	Ctrl+D
重新选择	Shift+Ctrl+D
反向	Shift+Ctrl+I
所有图层	Alt+Ctrl+A
查找图层	Alt+Shift+Ctrl+F
调整边缘	Alt+Ctrl+R
修改>羽化	Shift+F6
“滤镜”菜单	
上次滤镜操作	Ctrl+F
自适应广角	Shift+Ctrl+A
镜头校正	Shift+Ctrl+R
液化	Shift+Ctrl+X
消失点	Alt+Ctrl+V
“视图”菜单	
校样颜色	Ctrl+Y
色域警告	Shift+Ctrl+Y
放大	Ctrl++
缩小	Ctrl+-
按屏幕大小缩放	Ctrl+0
实际像素	Ctrl+1
显示额外内容	Ctrl+H
显示>目标路径	Shift+Ctrl+H
显示>网格	Ctrl+'
显示>参考线	Ctrl+;
标尺	Ctrl+R
对齐	Shift+Ctrl+;
锁定参考线	Alt+Ctrl+;
“窗口”菜单	
动作	F9
画笔	F5
图层	F7
信息	F8
颜色	F6
“帮助”菜单	
Photoshop 帮助	F1

面板菜单快捷键

“3D”面板	
渲染	Alt+Shift+Ctrl+R
“历史记录”面板	
前进一步	Shift+Ctrl+Z
后退一步	Alt+Ctrl+Z
“图层”面板	
新建图层	Shift+Ctrl+N
创建/释放剪贴蒙版	Alt+Ctrl+G
合并图层	Ctrl+E
合并可见图层	Shift+Ctrl+E